2022 | 全国勘察设计注册工程师
执业资格考试用书

Yiji Zhuce Yiegou Gongchengshi Zhiye Zige Kaoshi
Jichu Kaoshi Shijuan

一级注册结构工程师执业资格考试
基础考试试卷

注册工程师考试复习用书编委会/编
曹纬浚/主编

人民交通出版社股份有限公司
北京

内 容 提 要

本书收录有2009~2021年(2015年停考,下同)公共基础考试试卷(即基础考试上午卷),2008~2011年、2013年、2016~2021年专业基础考试试卷(即基础考试下午卷),每套试卷均参考实际考试试卷排版,并提供参考答案及详细解析。

本书配电子题库(有效期一年),考生可微信扫描封面"二维码",登录"注考大师"在线学习,部分试题有视频解析。

本书适合参加2022年一级注册结构工程师执业资格考试基础考试的考生模拟练习,还可作为相关专业培训班的辅导资料。

图书在版编目(CIP)数据

2022一级注册结构工程师执业资格考试基础考试试卷/曹纬浚主编. -- 北京:人民交通出版社股份有限公司,2022.3

2022全国勘察设计注册工程师执业资格考试用书

ISBN 978-7-114-17784-2

I. ①2… II. ①曹… III. ①建筑结构-资格考试-习题集 IV. ①TU3-44

中国版本图书馆CIP数据核字(2021)第279553号

书　　名:2022一级注册结构工程师执业资格考试基础考试试卷
著 作 者:曹纬浚
责任编辑:刘彩云
责任印制:刘高彤
出版发行:人民交通出版社股份有限公司
地　　址:(100011)北京市朝阳区安定门外外馆斜街3号
网　　址:http://www.ccpcl.com.cn
销售电话:(010)59757973
总 经 销:人民交通出版社股份有限公司发行部
经　　销:各地新华书店
印　　刷:北京市密东印刷有限公司
开　　本:889×1194　1/16
印　　张:51
字　　数:970千
版　　次:2022年3月　第1版
印　　次:2022年3月　第1次印刷
书　　号:ISBN 978-7-114-17784-2
定　　价:148.00元(含两册)

注册工程师考试复习用书
编　委　会

版权声明

目　录

（公共基础）

2009年度全国勘察设计注册工程师

执业资格考试试卷

基础考试

（上）

二〇〇九年九月

应考人员注意事项

1. 本试卷科目代码为“1”，考生务必将此代码填涂在答题卡“科目代码”相应的栏目内，否则，无法评分。

2. 书写用笔：**黑色或蓝色钢笔、签字笔或圆珠笔**；

   填涂答题卡用笔：**黑色 2B 铅笔**。

3. 必须用书写用笔将工作单位、姓名、准考证号填写在答题卡和试卷相应的栏目内。

4. 本试卷由 120 题组成，每题 1 分，满分 120 分，本试卷全部为单项选择题，每小题的四个备选项中只有一个正确答案，错选、多选、不选均不得分。

5. 考生作答时，必须按**题号在答题卡上**将相应试题所选选项对应的**字母用 2B 铅笔涂黑**。

6. 在答题卡上书写与题意无关的语言，或在答题卡上作标记的，均按违纪试卷处理。

7. 考试结束时，由监考人员当面将试卷、答题卡一并收回。

8. 草稿纸由各地统一配发，考后收回。

单项选择题（共 120 分，每题 1 分。每题的备选项中只有一个最符合题意。）

1. 设$\vec{\alpha} = -\vec{i} + 3\vec{j} + \vec{k}$，$\vec{\beta} = \vec{i} + \vec{j} + t\vec{k}$，已知$\vec{\alpha} \times \vec{\beta} = -4\vec{i} - 4\vec{k}$，则$t =$

A. −2　　B. 0

C. −1　　D. 1

2. 设平面方程为$x + y + z + 1 = 0$，直线方程为$1 - x = y + 1 = z$，则直线与平面：

A. 平行　　B. 垂直

C. 重合　　D. 相交但不垂直

3. 设函数$f(x) = \begin{cases} 1 + x, & x \geqslant 0 \\ 1 - x^2, & x < 0 \end{cases}$，在$(-\infty, +\infty)$内：

A. 单调减少　　B. 单调增加

C. 有界　　D. 偶函数

4. 若函数$f(x)$在点x_0间断，$g(x)$在点x_0连续，则$f(x)g(x)$在点x_0：

A. 间断　　B. 连续

C. 第一类间断　　D. 可能间断可能连续

5. 函数$y = \cos^2\frac{1}{x}$在x处的导数是：

A. $\frac{1}{x^2}\sin\frac{2}{x}$　　B. $-\sin\frac{2}{x}$

C. $-\frac{2}{x^2}\cos\frac{1}{x}$　　D. $-\frac{1}{x^2}\sin\frac{2}{x}$

6. 设$y = f(x)$是(a, b)内的可导函数，x，$x + \Delta x$是(a, b)内的任意两点，则：

A. $\Delta y = f'(x)\Delta x$

B. 在x，$x + \Delta x$之间恰好有一点ξ，使$\Delta y = f'(\xi)\Delta x$

C. 在x，$x + \Delta x$之间至少存在一点ξ，使$\Delta y = f'(\xi)\Delta x$

D. 在x，$x + \Delta x$之间的任意一点ξ，使$\Delta y = f'(\xi)\Delta x$

7. 设$z = f(x^2 - y^2)$，则$\mathrm{d}z =$

A. $2x - 2y$　　B. $2x\mathrm{d}x - 2y\mathrm{d}y$

C. $f'(x^2 - y^2)\mathrm{d}x$　　D. $2f'(x^2 - y^2)(x\mathrm{d}x - y\mathrm{d}y)$

8. 若$\int f(x)\mathrm{d}x = F(x)+C$，则$\int \frac{1}{\sqrt{x}} f(\sqrt{x})\mathrm{d}x =$

A. $\frac{1}{2}F(\sqrt{x})+C$

B. $2F(\sqrt{x})+C$

C. $F(x)+C$

D. $\frac{F(\sqrt{x})}{\sqrt{x}}$

9. $\int \frac{\cos 2x}{\sin^2 x \cos^2 x}\mathrm{d}x =$

A. $\cot x - \tan x + C$

B. $\cot x + \tan x + C$

C. $-\cot x - \tan x + C$

D. $-\cot x + \tan x + C$

10. $\frac{\mathrm{d}}{\mathrm{d}x}\int_0^{\cos x}\sqrt{1-t^2}\,\mathrm{d}t$等于：

A. $\sin x$

B. $|\sin x|$

C. $-\sin^2 x$

D. $-\sin x\,|\sin x|$

11. 下列结论中正确的是：

A. $\int_{-1}^{1}\frac{1}{x^2}\mathrm{d}x$收敛

B. $\frac{\mathrm{d}}{\mathrm{d}x}\int_0^{x^2} f(t)\mathrm{d}t = f(x^2)$

C. $\int_1^{+\infty}\frac{1}{\sqrt{x}}\mathrm{d}x$发散

D. $\int_{-\infty}^{0} e^{-\frac{x^2}{2}}\mathrm{d}x$发散

12. 曲面$x^2+y^2+z^2=2z$之内及曲面$z=x^2+y^2$之外所围成的立体的体积$V=$

A. $\int_0^{2\pi}\mathrm{d}\theta\int_0^1 r\mathrm{d}r\int_r^{\sqrt{1-r^2}}\mathrm{d}z$

B. $\int_0^{2\pi}\mathrm{d}\theta\int_0^r r\mathrm{d}r\int_{r^2}^{1-\sqrt{1-r^2}}\mathrm{d}z$

C. $\int_0^{2\pi}\mathrm{d}\theta\int_0^r r\mathrm{d}r\int_r^{1-r}\mathrm{d}z$

D. $\int_0^{2\pi}\mathrm{d}\theta\int_0^1 r\mathrm{d}r\int_{1-\sqrt{1-r^2}}^{r^2}\mathrm{d}z$

13. 已知级数$\sum_{n=1}^{\infty}(u_{2n}-u_{2n+1})$是收敛的，则下列结论成立的是：

A. $\sum_{n=1}^{\infty}u_n$必收敛

B. $\sum_{n=1}^{\infty}u_n$未必收敛

C. $\lim_{n\to\infty}u_n=0$

D. $\sum_{n=1}^{\infty}u_n$发散

14. 函数$\frac{1}{3-x}$展开成$(x-1)$的幂级数是：

A. $\sum_{n=0}^{\infty}\frac{x^n}{2^n}$

B. $\sum_{n=0}^{\infty}\left(\frac{1-x}{2}\right)^n$

C. $\sum_{n=0}^{\infty}\frac{(x-1)^n}{2^{n+1}}$

D. $\sum_{n=0}^{\infty}(-1)^n\frac{x^n}{4^{n+1}}$

15. 微分方程$(3+2y)x\mathrm{d}x+(1+x^2)\mathrm{d}y=0$的通解为：

A. $1+x^2=Cy$ B. $(1+x^2)(3+2y)=C$

C. $(3+2y)^2=\frac{C}{1+x^2}$ D. $(1+x^2)^2(3+2y)=C$

16. 微分方程$y''+ay'^2=0$满足条件$y|_{x=0}=0$，$y'|_{x=0}=-1$的特解是：

A. $\frac{1}{a}\ln|1-ax|$ B. $\frac{1}{a}\ln|ax|+1$

C. $ax-1$ D. $\frac{1}{a}x+1$

17. 设$\boldsymbol{\alpha}_1,\boldsymbol{\alpha}_2,\boldsymbol{\alpha}_3$是 3 维列向量，$|\boldsymbol{A}|=|\boldsymbol{\alpha}_1,\boldsymbol{\alpha}_2,\boldsymbol{\alpha}_3|$，则与$|\boldsymbol{A}|$相等的是：

A. $|\boldsymbol{\alpha}_2,\boldsymbol{\alpha}_1,\boldsymbol{\alpha}_3|$ B. $|-\boldsymbol{\alpha}_2,-\boldsymbol{\alpha}_3,-\boldsymbol{\alpha}_1|$

C. $|\boldsymbol{\alpha}_1+\boldsymbol{\alpha}_2,\boldsymbol{\alpha}_2+\boldsymbol{\alpha}_3,\boldsymbol{\alpha}_3+\boldsymbol{\alpha}_1|$ D. $|\boldsymbol{\alpha}_1,\boldsymbol{\alpha}_1+\boldsymbol{\alpha}_2,\boldsymbol{\alpha}_1+\boldsymbol{\alpha}_2+\boldsymbol{\alpha}_3|$

18. 设$\boldsymbol{A}$是$m\times n$非零矩阵，$\boldsymbol{B}$是$n\times l$非零矩阵，满足$\boldsymbol{AB}=0$，以下选项中不一定成立的是：

A. $\boldsymbol{A}$的行向量组线性相关 B. $\boldsymbol{A}$的列向量组线性相关

C. $\boldsymbol{B}$的行向量组线性相关 D. $r(\boldsymbol{A})+r(\boldsymbol{B})\leqslant n$

19. 设$\boldsymbol{A}$是 3 阶实对称矩阵，$\boldsymbol{P}$是 3 阶可逆矩阵，$\boldsymbol{B}=\boldsymbol{P}^{-1}\boldsymbol{AP}$，已知$\boldsymbol{\alpha}$是$\boldsymbol{A}$的属于特征值$\lambda$的特征向量，则$\boldsymbol{B}$的属于特征值$\lambda$的特征向量是：

A. $\boldsymbol{P\alpha}$ B. $\boldsymbol{P}^{-1}\boldsymbol{\alpha}$ C. $\boldsymbol{P}^{\mathrm{T}}\boldsymbol{\alpha}$ D. $(\boldsymbol{P}^{-1})^{\mathrm{T}}\boldsymbol{\alpha}$

20. 设$\boldsymbol{A}=\begin{bmatrix}1&1\\1&2\end{bmatrix}$，与$\boldsymbol{A}$合同的矩阵是：

A. $\begin{bmatrix}1&-1\\-1&2\end{bmatrix}$ B. $\begin{bmatrix}-1&1\\1&-2\end{bmatrix}$

C. $\begin{bmatrix}1&1\\-1&2\end{bmatrix}$ D. $\begin{bmatrix}1&-1\\1&2\end{bmatrix}$

21. 若$P(A)=0.5$，$P(B)=0.4$，$P(\overline{A}-B)=0.3$，则$P(A\cup B)=$

A. 0.6 B. 0.7 C. 0.8 D. 0.9

22. 设随机变量$X\sim N(0,\sigma^2)$，则对任何实数λ，都有：

A. $P(X\leqslant\lambda)=P(X\geqslant\lambda)$ B. $P(X\geqslant\lambda)=P(X\leqslant-\lambda)$

C. $X-\lambda\sim N(\lambda,\sigma^2-\lambda^2)$ D. $\lambda X\sim N(0,\lambda\sigma^2)$

23. 设随机变量X的概率密度为$f(x)=\begin{cases}\frac{3}{8}x^2, & 0<x<2\\ 0, & 其他\end{cases}$，则$Y=\frac{1}{X}$的数学期望是：

A. $\frac{3}{4}$　　B. $\frac{1}{2}$　　C. $\frac{2}{3}$　　D. $\frac{1}{4}$

24. 设总体X的概率密度为$f(x,\theta)=\begin{cases}e^{-(x-\theta)}, & x\geqslant\theta\\ 0, & x<\theta\end{cases}$，而$X_1,X_2,\cdots,X_n$是来自该总体的样本，则未知参数$\theta$的最大似然估计是：

A. $\overline{X}-1$

B. $n\overline{X}$

C. $\min(X_1,X_2,\cdots,X_n)$

D. $\max(X_1,X_2,\cdots,X_n)$

25. 1mol 刚性双原子理想气体，当温度为T时，每个分子的平均平动动能为：

A. $\frac{3}{2}RT$　　B. $\frac{5}{2}RT$　　C. $\frac{3}{2}kT$　　D. $\frac{5}{2}kT$

26. 在恒定不变的压强下，气体分子的平均碰撞频率$\overline{Z}$与温度T的关系为：

A. $\overline{Z}$与T无关

B. $\overline{Z}$与$\sqrt{T}$成正比

C. $\overline{Z}$与$\sqrt{T}$成反比

D. $\overline{Z}$与T成正比

27. 汽缸内有一定量的理想气体，先使气体做等压膨胀，直至体积加倍，然后做绝热膨胀，直至降到初始温度，在整个过程中，气体的内能变化 ΔE和对外做功W为：

A. $\Delta E=0$，$W>0$

B. $\Delta E=0$，$W<0$

C. $\Delta E>0$，$W>0$

D. $\Delta E<0$，$W<0$

28. 一个汽缸内储有一定量的单原子分子理想气体，在压缩过程中对外界做功 209J，此过程中气体内能增加 120J，则外界传给气体的热量为：

A. −89J　　B. 89J　　C. 329J　　D. 0

29. 已知平面简谐波的方程为$y=A\cos(Bt-Cx)$，式中A、B、C为正常数，此波的波长和波速分别为：

A. $\frac{B}{C}$，$\frac{2\pi}{C}$

B. $\frac{2\pi}{C}$，$\frac{B}{C}$

C. $\frac{\pi}{C}$，$\frac{2B}{C}$

D. $\frac{2\pi}{C}$，$\frac{C}{B}$

30. 一平面简谐波在弹性媒质中传播，在某一瞬间，某质元正处于其平衡位置，此时它的：

A. 动能为零，势能最大

B. 动能为零，热能为零

C. 动能最大，势能最大

D. 动能最大，势能为零

31. 通常声波的频率范围是：

A. 20~200Hz
B. 20~2000Hz
C. 20~20000Hz
D. 20~200000Hz

32. 在空气中用波长为λ的单色光进行双缝干涉实验，观测到相邻明条纹的间距为 1.33mm，当把实验装置放入水中（水的折射率$n = 1.33$）时，则相邻明条纹的间距变为：

A. 1.33mm
B. 2.66mm
C. 1mm
D. 2mm

33. 波长为λ的单色光垂直照射到置于空气中的玻璃劈尖上，玻璃的折射率为n，则第三级暗条纹处的玻璃厚度为：

A. $\frac{3\lambda}{2n}$
B. $\frac{\lambda}{2n}$
C. $\frac{3\lambda}{2}$
D. $\frac{2n}{3\lambda}$

34. 若在迈克尔逊干涉仪的可动反射镜 M 移动 0.620mm 过程中，观察到干涉条纹移动了 2300 条，则所用光波的波长为：

A. 269nm
B. 539nm
C. 2690nm
D. 5390nm

35. 波长分别为$\lambda_1 = 450$nm和$\lambda_2 = 750$nm的单色平行光，垂直入射到光栅上，在光栅光谱中，这两种波长的谱线有重叠现象，重叠处波长为λ_2谱线的级数为：

A. $2,3,4,5,\cdots$
B. $5,10,15,20,\cdots$
C. $2,4,6,8,\cdots$
D. $3,6,9,12,\cdots$

36. 一束自然光从空气投射到玻璃板表面上，当折射角为 30°时，反射光为完全偏振光，则此玻璃的折射率为：

A. $\frac{\sqrt{3}}{2}$
B. $\frac{1}{2}$
C. $\frac{\sqrt{3}}{3}$
D. $\sqrt{3}$

37. 化学反应低温自发，高温非自发，该反应的：

A. $\Delta H < 0$，$\Delta S < 0$
B. $\Delta H > 0$，$\Delta S < 0$
C. $\Delta H < 0$，$\Delta S > 0$
D. $\Delta H > 0$，$\Delta S > 0$

38. 已知氯电极的标准电势为 1.358V，当氯离子浓度为 $0.1\text{mol}\cdot\text{L}^{-1}$，氯气分压为$0.1 \times 100$kPa时，该电极的电极电势为：

A. 1.358V
B. 1.328V
C. 1.388V
D. 1.417V

39. 已知下列电对电极电势的大小顺序为：$E(F_2/F) > E(Fe^{3+}/Fe^{2+}) > E(Mg^{2+}/Mg) > E(Na^+/Na)$，则下列离子中最强的还原剂是：

A. F　　B. Fe^{2+}　　C. Na^+　　D. Mg^{2+}

40. 升高温度，反应速率常数最大的主要原因是：

A. 活化分子百分数增加　　B. 混乱度增加

C. 活化能增加　　D. 压力增大

41. 下列各波函数不合理的是：

A. $\psi(1,1,0)$　　B. $\psi(2,1,0)$

C. $\psi(3,2,0)$　　D. $\psi(5,3,0)$

42. 将反应$MnO_2 + HCl \longrightarrow MnCl_2 + Cl_2 + H_2O$配平后，方程式中$MnCl_2$的系数是：

A. 1　　B. 2　　C. 3　　D. 4

43. 某一弱酸 HA 的标准解离常数为1.0×10^{-5}，则相应弱酸强碱盐 MA 的标准水解常数为：

A. 1.0×10^{-9}　　B. 1.0×10^{-2}

C. 1.0×10^{-19}　　D. 1.0×10^{-5}

44. 某化合物的结构式为（苯环邻位取代 —CHO、—CH_2OH），该有机化合物不能发生的化学反应类型是：

A. 加成反应　　B. 还原反应

C. 消除反应　　D. 氧化反应

45. 聚丙烯酸酯的结构式为 $\left[CH_2-\underset{\displaystyle CO_2R}{\underset{|}{CH}} \right]_n$，它属于：

①无机化合物；②有机化合物；③高分子化合物；④离子化合物；⑤共价化合物。

A. ①③④　　B. ①③⑤

C. ②③⑤　　D. ②③④

46. 下列物质中不能使酸性高锰酸钾溶液褪色的是：

A. 苯甲醛　　B. 乙苯　　C. 苯　　D. 苯乙烯

47. 设力$\boldsymbol{F}$在x轴上的投影为F，则该力在与x轴共面的任一轴上的投影：

A. 一定不等于零　　B. 不一定等于零

C. 一定等于零　　D. 等于F

48. 等边三角形ABC，边长为a，沿其边缘作用大小均为F的力F_1、F_2、F_3，方向如图所示，力系向A点简化的主矢及主矩的大小分别为：

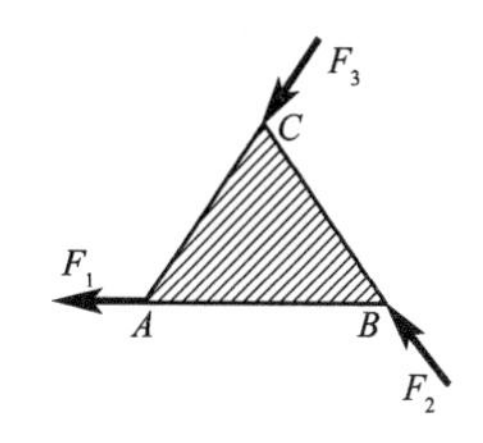

A. $F_R = 2F$，$M_A = \frac{\sqrt{3}}{2}Fa$

B. $F_R = 0$，$M_A = \frac{\sqrt{3}}{2}Fa$

C. $F_R = 2F$，$M_A = \sqrt{3}Fa$

D. $F_R = 2F$，$M_A = Fa$

49. 已知杆AB和杆CD的自重不计，且在C处光滑接触，若作用在杆AB上力偶矩为M_1，若欲使系统保持平衡，作用在CD杆上力偶矩M_2的，转向如图所示，则其矩值为：

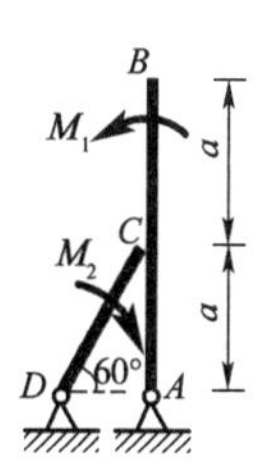

A. $M_2 = M_1$

B. $M_2 = \frac{4}{3}M_1$

C. $M_2 = 2M_1$

D. $M_2 = 3M_1$

50. 物块重力的大小$W = 100\text{kN}$，置于$\alpha = 60°$的斜面上，与斜面平行力的大小$F_P = 80\text{kN}$（如图所示），若物块与斜面间的静摩擦系数$f = 0.2$，则物块所受的摩擦力$\boldsymbol{F}$为：

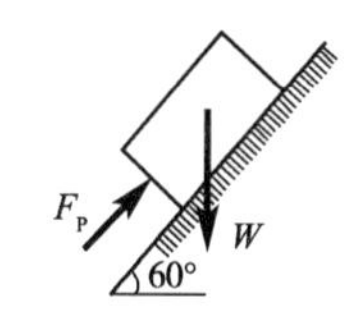

A. $F = 10\text{kN}$，方向为沿斜面向上

B. $F = 10\text{kN}$，方向为沿斜面向下

C. $F = 6.6\text{kN}$，方向为沿斜面向上

D. $F = 6.6\text{kN}$，方向为沿斜面向下

51. 若某点按$s = 8 - 2t^2$（s以 m 计，t以 s 计）的规律运动，则$t = 3\text{s}$时点经过的路程为：

A. 10m

B. 8m

C. 18m

D. 8m 至 18m 以外的一个数值

52. 杆$OA = l$，绕固定轴O转动，某瞬时杆端A点的加速度$\boldsymbol{a}$如图所示，则该瞬时杆OA的角速度及角加速度分别为：

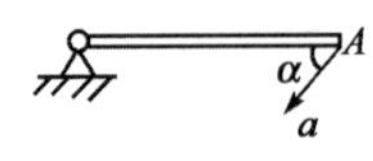

A. 0，$\frac{a}{l}$

B. $\sqrt{\frac{a\cos\alpha}{l}}$，$\frac{a\sin\alpha}{l}$

C. $\sqrt{\frac{a}{l}}$，0

D. 0，$\sqrt{\frac{a}{l}}$

53. 图示绳子的一端绕在滑轮上，另一端与置于水平面上的物块 B 相连，若物块 B 的运动方程为$x = kt^2$，其中k为常数，轮子半径为R。则轮缘上A点的加速度大小为：

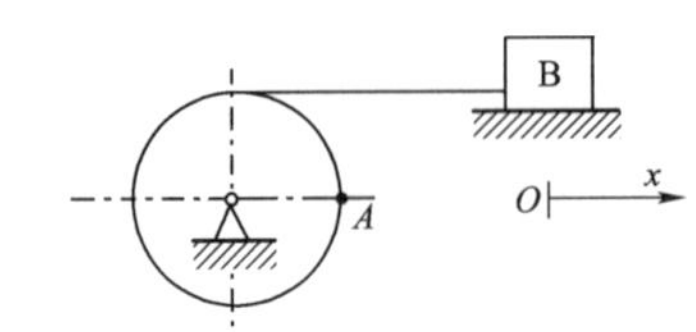

A. $2k$

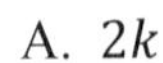

B. $\sqrt{4k^2t^2 / R}$

C. $(2k + 4k^2t^2) / R$

D. $\sqrt{4k^2 + 16k^4t^4 / R^2}$

54. 质量为m的质点M，受有两个力$\boldsymbol{F}$和$\boldsymbol{R}$的作用，产生水平向左的加速度$\boldsymbol{a}$，如图所示，它在x轴方向的动力学方程为：

A. $ma = R - F$

B. $-ma = F - R$

C. $ma = R + F$

D. $-ma = R - F$

55. 均质圆盘质量为m，半径为R，在铅垂平面内绕O轴转动，图示瞬时角速度为ω，则其对O轴的动量矩和动能大小分别为：

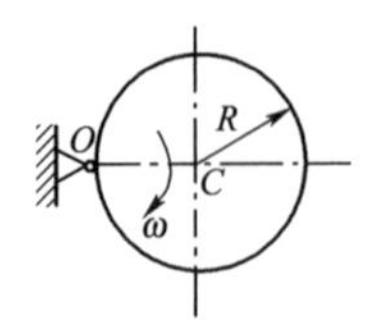

A. $mR\omega$，$\frac{1}{4}mR\omega$

B. $\frac{1}{2}mR\omega$，$\frac{1}{2}mR\omega$

C. $\frac{1}{2}mR^2\omega$，$\frac{1}{2}mR^2\omega^2$

D. $\frac{3}{2}mR^2\omega$，$\frac{3}{4}mR^2\omega^2$

56. 质量为m，长为 $2l$的均质细杆初始位于水平位置，如图所示。A端脱落后，杆绕轴B转动，当杆转到铅垂位置时，AB杆角加速度的大小为：

A. 0

B. $\frac{3g}{4l}$

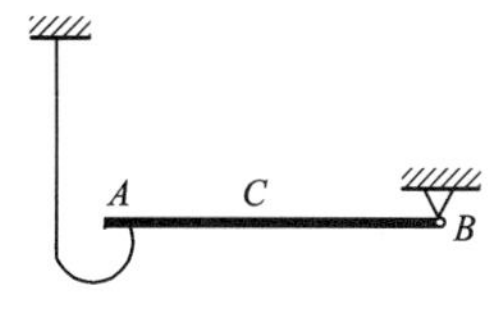

C. $\frac{3g}{2l}$

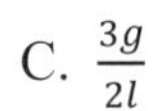

D. $\frac{6g}{l}$

57. 均质细杆AB重力为$\boldsymbol{P}$，长为 $2l$，A端铰支，B端用绳系住，处于水平位置，如图所示。当B端绳突然剪断瞬时，AB杆的角加速度大小为$\frac{3g}{4l}$，则A处约束力大小为：

A. $F_{\mathrm{A}x}=0$，$F_{\mathrm{A}y}=0$

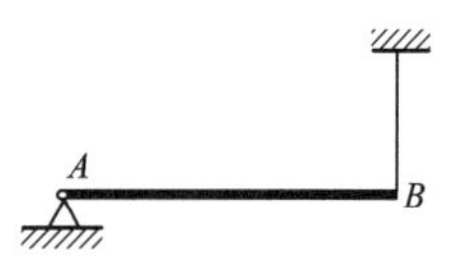

B. $F_{\mathrm{A}x}=0$，$F_{\mathrm{A}y}=P/4$

C. $F_{\mathrm{A}x}=P$，$F_{\mathrm{A}y}=P/2$

D. $F_{\mathrm{A}x}=0$，$F_{\mathrm{A}y}=P$

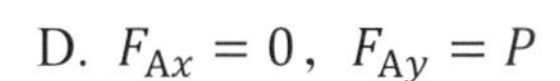

58. 图示弹簧质量系统，置于光滑的斜面上，斜面的倾角α可以在0°~90°间改变，则随α的增大，系统振动的固有频率：

A. 增大

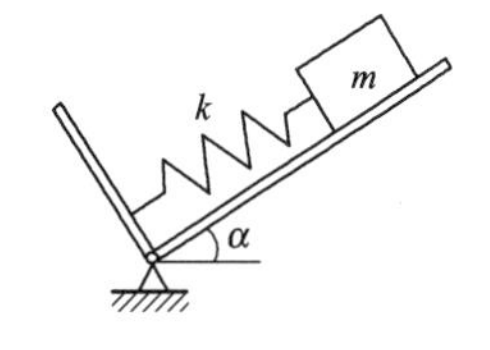

B. 减小

C. 不变

D. 不能确定

59. 在低碳钢拉伸实验中，冷作硬化现象发生在：

A. 弹性阶段　　B. 屈服阶段

C. 强化阶段　　D. 局部变形阶段

60. 螺钉受力如图所示，已知螺钉和钢板的材料相同，拉伸许用应力$[\sigma]$是剪切许用应力$[\tau]$的 2 倍，即$[\sigma]=2[\tau]$，钢板厚度t是螺钉头高度h的 1.5 倍，则螺钉直径d的合理值为：

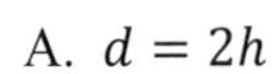

A. $d=2h$

B. $d=0.5h$

C. $d^2=2Dt$

D. $d^2=Dt$

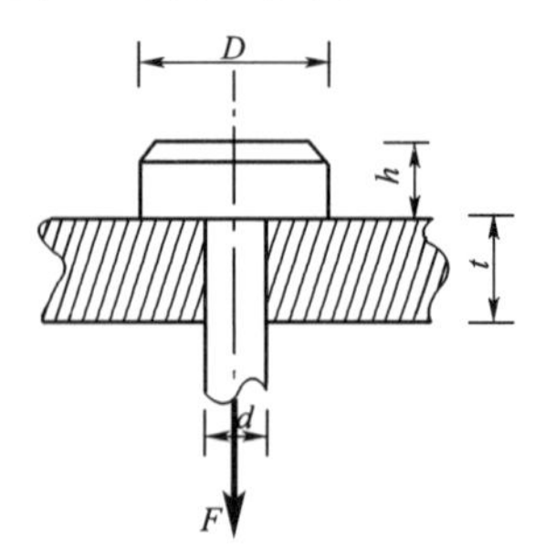

61. 直径为d的实心圆轴受扭，若使扭转角减小一半，圆轴的直径需变为：

A. $\sqrt[4]{2}d$　　B. $\sqrt[3]{\sqrt{2}}d$

C. $0.5d$　　D. $2d$

62. 图示圆轴抗扭截面模量为W_t，剪切模量为G，扭转变形后，圆轴表面A点处截取的单元体互相垂直的相邻边线改变了γ角，如图所示。圆轴承受的扭矩T为：

A. $T=G\gamma W_t$

B. $T=\frac{G\gamma}{W_t}$

C. $T=\frac{\gamma}{G}W_t$

D. $T=\frac{W_t}{G\gamma}$

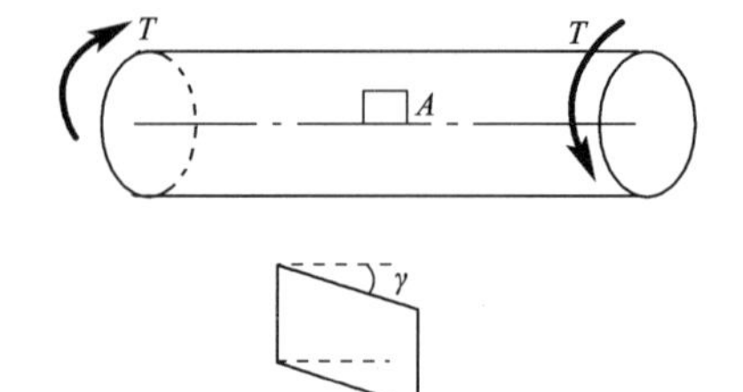

63. 矩形截面挖去一个边长为a的正方形，如图所示，该截面对z轴的惯性矩I_z为：

A. $I_z=\frac{bh^3}{12}-\frac{a^4}{12}$

B. $I_z=\frac{bh^3}{12}-\frac{13a^4}{12}$

C. $I_z=\frac{bh^3}{12}-\frac{a^4}{3}$

D. $I_z=\frac{bh^3}{12}-\frac{7a^4}{12}$

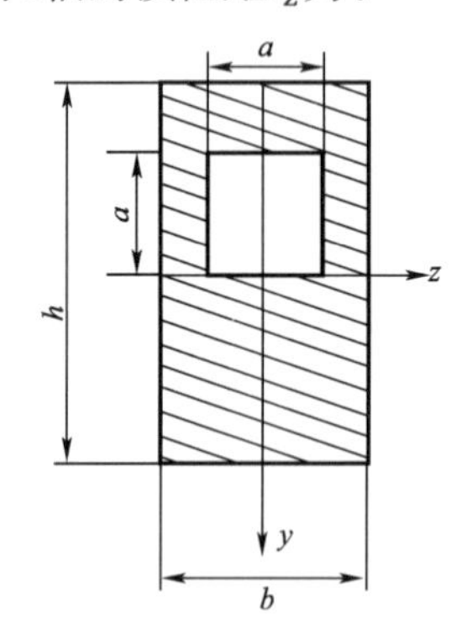

64. 图示外伸梁，A截面的剪力为：

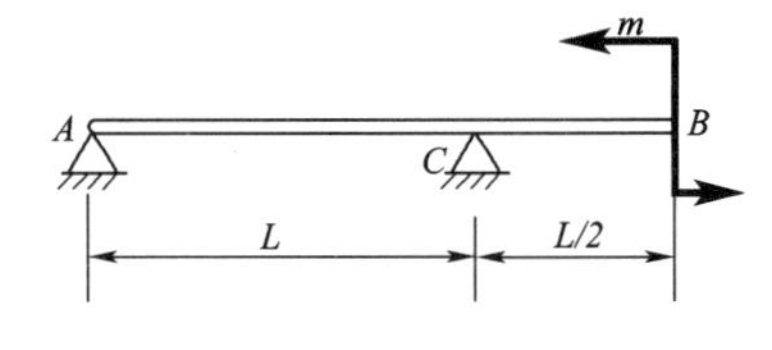

A. 0　　B. $\frac{3m}{2L}$　　C. $\frac{m}{L}$　　D. $-\frac{m}{L}$

65. 两根梁长度、截面形状和约束条件完全相同，一根材料为钢，另一根材料为铝。在相同的外力作用下发生弯曲变形，两者不同之处为：

A. 弯曲内力　　B. 弯曲正应力

C. 弯曲切应力　　D. 挠曲线

66. 图示四个悬臂梁中挠曲线是圆弧的为：

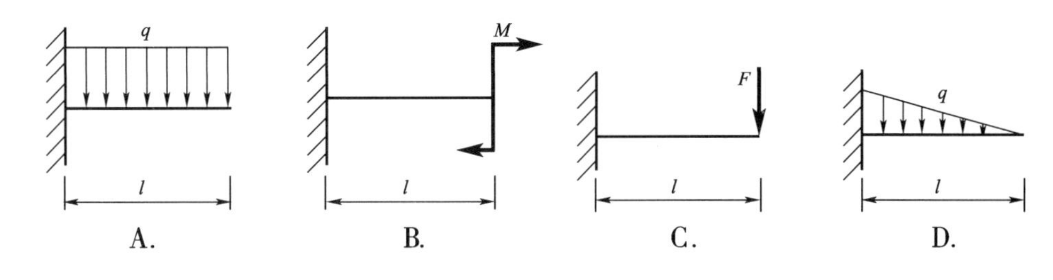

67. 受力体一点处的应力状态如图所示，该点的最大主应力σ_1为：

A. 70MPa

B. 10MPa

C. 40MPa

D. 50MPa

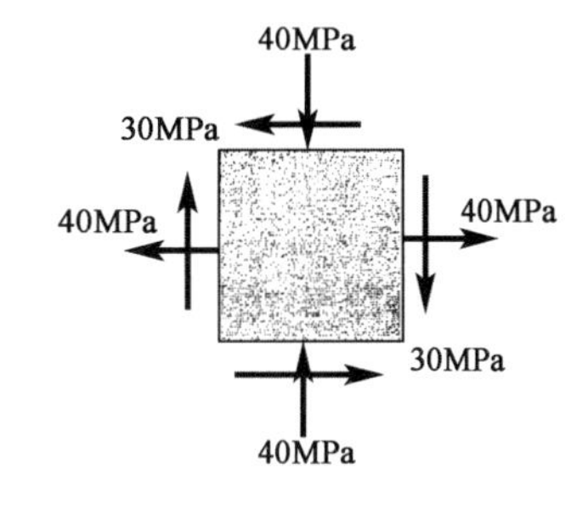

68. 图示T形截面杆，一端固定一端自由，自由端的集中力F作用在截面的左下角点，并与杆件的轴线平行。该杆发生的变形为：

A. 绕y和z轴的双向弯曲

B. 轴向拉伸和绕y、z轴的双向弯曲

C. 轴向拉伸和绕z轴弯曲

D. 轴向拉伸和绕y轴弯曲

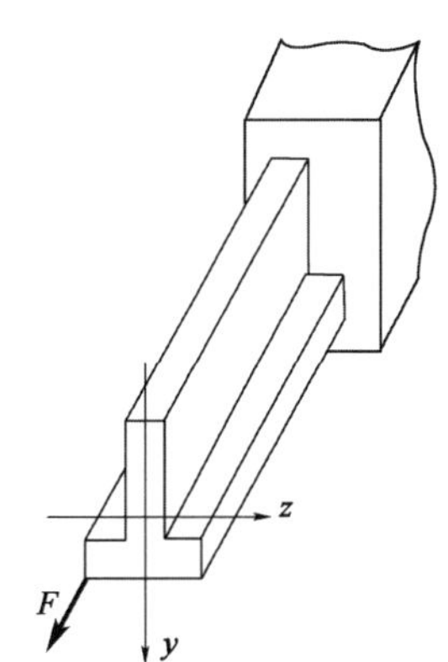

69. 图示圆轴，在自由端圆周边界承受竖直向下的集中力F，按第三强度理论，危险截面的相当应力σ_{eq3}为：

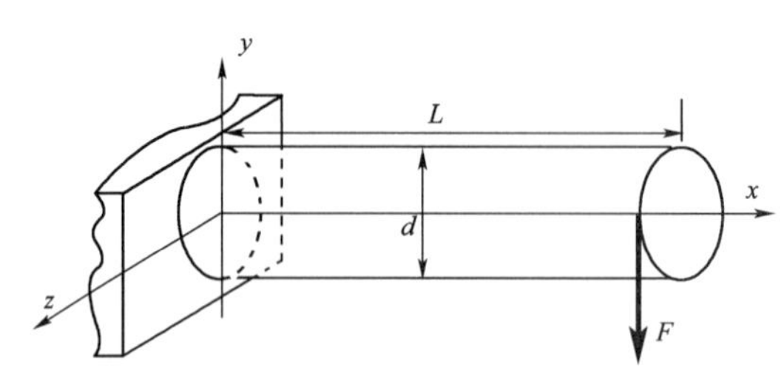

A. $\sigma_{\text{eq3}}=\frac{16}{\pi d^3}\sqrt{(FL)^2+4\left(\frac{Fd}{2}\right)^2}$

B. $\sigma_{\text{eq3}}=\frac{16}{\pi d^3}\sqrt{(FL)^2+\left(\frac{Fd}{2}\right)^2}$

C. $\sigma_{\text{eq3}}=\frac{32}{\pi d^3}\sqrt{(FL)^2+4\left(\frac{Fd}{2}\right)^2}$

D. $\sigma_{\text{eq3}}=\frac{32}{\pi d^3}\sqrt{(FL)^2+\left(\frac{Fd}{2}\right)^2}$

70. 两根完全相同的细长（大柔度）压杆AB和CD如图所示，杆的下端为固定铰链约束，上端与刚性水平杆固结。两杆的弯曲刚度均为EI，其临界荷载F_{a}为：

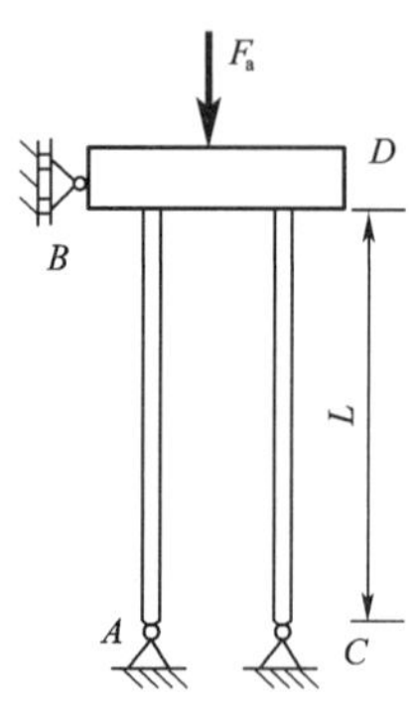

A. $2.04\times\frac{\pi^2 EI}{L^2}$

B. $4.08\times\frac{\pi^2 EI}{L^2}$

C. $8\times\frac{\pi^2 EI}{L^2}$

D. $2\times\frac{\pi^2 EI}{L^2}$

71. 静止的流体中，任一点的压强的大小与下列哪一项无关？

A. 当地重力加速度

B. 受压面的方向

C. 该点的位置

D. 流体的种类

72. 静止油面（油面上为大气）下 3m 深度处的绝对压强为下列哪一项？（油的密度为800kg/m^3，当地大气压为 100kPa）

A. 3kPa

B. 23.5kPa

C. 102.4kPa

D. 123.5kPa

73. 根据恒定流的定义，下列说法中正确的是：

A. 各断面流速分布相同

B. 各空间点上所有运动要素均不随时间变化

C. 流线是相互平行的直线

D. 流动随时间按一定规律变化

74. 正常工作条件下的薄壁小孔口与圆柱形外管嘴，直径d相等，作用水头H相等，则孔口流量Q_1和孔口收缩断面流速v_1与管嘴流量Q_2和管嘴出口流速v_2的关系是：

A. $v_1 < v_2$，$Q_1 < Q_2$

B. $v_1 < v_2$，$Q_1 > Q_2$

C. $v_1 > v_2$，$Q_1 < Q_2$

D. $v_1 > v_2$，$Q_1 > Q_2$

75. 明渠均匀流只能发生在：

A. 顺坡棱柱形渠道

B. 平坡棱柱形渠道

C. 逆坡棱柱形渠道

D. 变坡棱柱形渠道

76. 在流量、渠道断面形状和尺寸、壁面粗糙系数一定时，随底坡的增大，正常水深将会：

A. 减小

B. 不变

C. 增大

D. 随机变化

77. 有一个普通完全井，其直径为 1m，含水层厚度$H = 11\text{m}$，土壤渗透系数$k = 2\text{m/h}$。抽水稳定后的井中水深$h_0 = 8\text{m}$，试估算井的出水量：

A. $0.084\text{m}^3/\text{s}$

B. $0.017\text{m}^3/\text{s}$

C. $0.17\text{m}^3/\text{s}$

D. $0.84\text{m}^3/\text{s}$

78. 研究船体在水中航行的受力试验，其模型设计应采用：

A. 雷诺准则

B. 弗劳德准则

C. 韦伯准则

D. 马赫准则

79. 在静电场中，有一个带电体在电场力的作用下移动，由此所做的功的能量来源是：

A. 电场能　　B. 带电体自身的能量

C. 电场能和带电体自身的能量　　D. 电场外部的能量

80. 图示电路中，$u_C = 10\text{V}$，$i_1 = 1\text{mA}$，则：

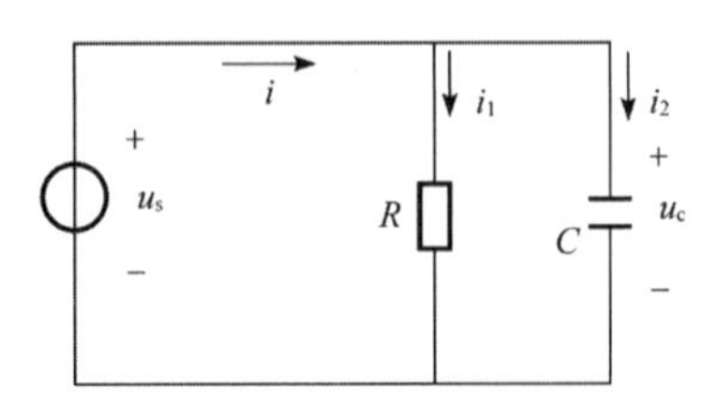

A. 因为$i_2 = 0$，使电流$i_1 = 1\text{mA}$　　B. 因为参数C未知，无法求出电流i

C. 虽然电流i_2未知，但是$i > i_1$成立　　D. 电容储存的能量为 0

81. 图示电路中，电流I_1和电流I_2分别为：

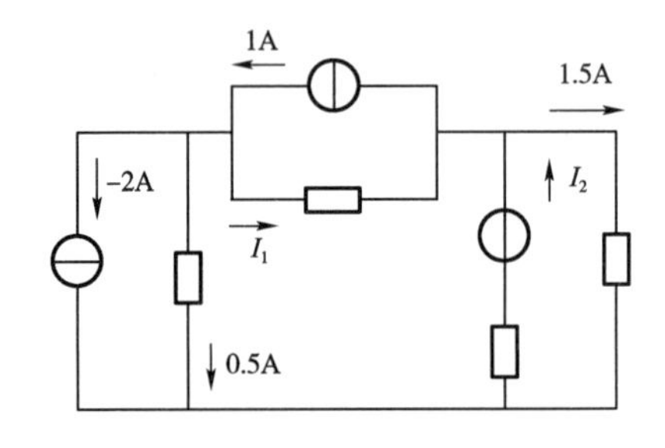

A. 2.5A 和 1.5A　　B. 1A 和 0A

C. 2.5A 和 0A　　D. 1A 和 1.5A

82. 正弦交流电压的波形图如图所示，该电压的时域解析表达式为：

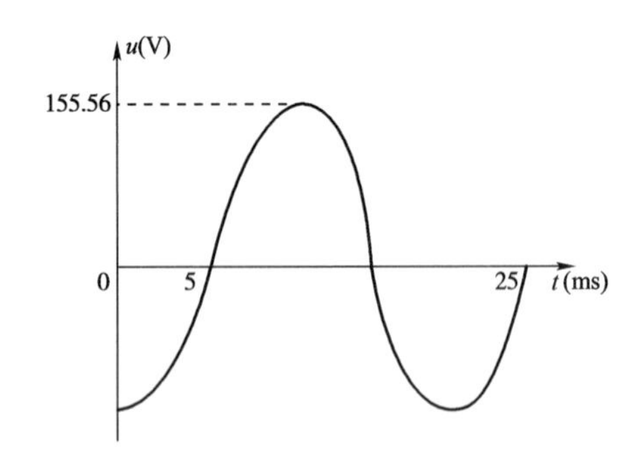

A. $u(t) = 155.56\sin(\omega t - 5°)\,\text{V}$　　B. $u(t) = 110\sqrt{2}\sin(314t - 90°)\,\text{V}$

C. $u(t) = 110\sqrt{2}\sin(50t + 60°)\,\text{V}$　　D. $u(t) = 155.56\sin(314t - 60°)\,\text{V}$

83. 图示电路中，若$u = U_{\mathrm{M}} \sin(\omega t + \psi_{\mathrm{u}})$，则下列表达式中一定成立的是：

式 1：$u = u_{\mathrm{R}} + u_{\mathrm{L}} + u_{\mathrm{C}}$

式 2：$u_{\mathrm{X}} = u_{\mathrm{L}} - u_{\mathrm{C}}$

式 3：$U_{\mathrm{X}} < U_{\mathrm{L}}$及$U_{\mathrm{X}} < U_{\mathrm{C}}$

式 4：$U^2 = U_{\mathrm{R}}^2 + (U_{\mathrm{L}} + U_{\mathrm{C}})^2$

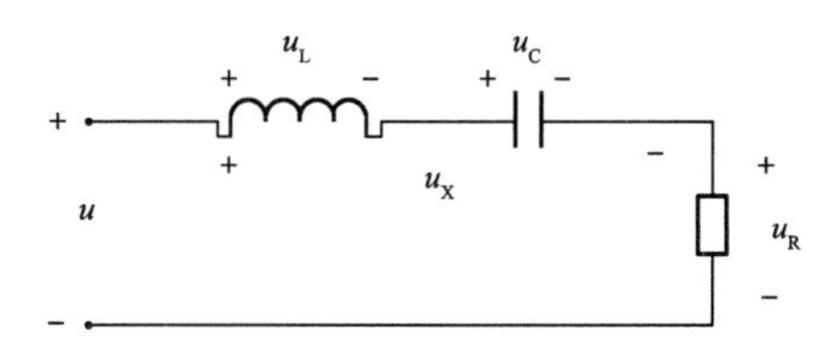

A. 式 1 和式 3　　　　B. 式 2 和式 4

C. 式 1，式 3 和式 4　　　　D. 式 2 和式 3

84. 图 a）所示电路的激励电压如图 b）所示，那么，从$t = 0$时刻开始，电路出现暂态过程的次数和在换路时刻发生突变的量分别是：

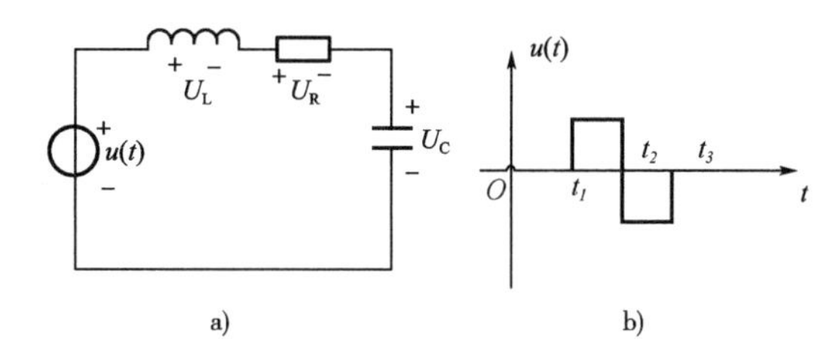

A. 3 次，电感电压　　　　B. 4 次，电感电压和电容电流

C. 3 次，电容电流　　　　D. 4 次，电阻电压和电感电压

85. 在信号源$(u_{\mathrm{s}}, R_{\mathrm{s}})$和电阻$R_{\mathrm{L}}$之间插入一个理想变压器，如图所示，若电压表和电流表的读数分别为 100V 和 2A，则信号源供出电流的有效值为：

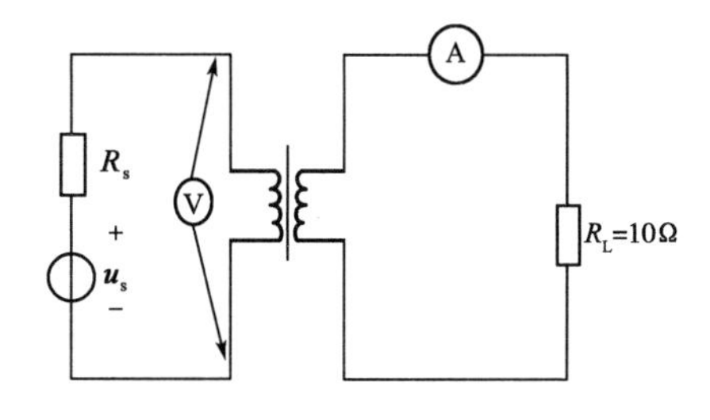

A. 0.4A　　　　B. 10A

C. 0.28A　　　　D. 7.07A

86. 三相异步电动机的工作效率与功率因数随负载的变化规律是：

A. 空载时，工作效率为 0，负载越大功率越高

B. 空载时，功率因数较小，接近满负荷时达到最大值

C. 功率因数与电动机的结构和参数有关，与负载无关

D. 负载越大，功率因数越大

87. 在如下关于信号与信息的说法中，正确的是：

A. 信息含于信号之中　　B. 信号含于信息之中

C. 信息是一种特殊的信号　　D. 同一信息只能承载于一种信号之中

88. 数字信号如图所示，如果用其表示数值，那么，该数字信号表示的数量是：

A. 3 个 0 和 3 个 1

B. 一万零一十一

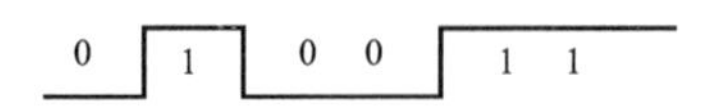

C. 3

D. 19

89. 用传感器对某管道中流动的液体流量$x(t)$进行测量，测量结果为$u(t)$，用采样器对$u(t)$采样后得到信号$u^*(t)$，那么：

A. $x(t)$和$u(t)$均随时间连续变化，因此均是模拟信号

B. $u^*(t)$仅在采样点上有定义，因此是离散时间信号

C. $u^*(t)$仅在采样点上有定义，因此是数字信号

D. $u^*(t)$是$x(t)$的模拟信号

90. 模拟信号$u(t)$的波形图如图所示，它的时间域描述形式是：

A. $u(t)=2(1-e^{-10t})\cdot 1(t)$

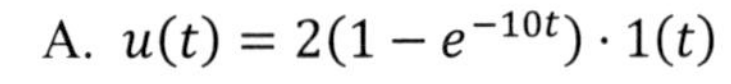

B. $u(t)=2(1-e^{-0.1t})\cdot 1(t)$

C. $u(t)=[2(1-e^{-10t})-2]\cdot 1(t)$

D. $u(t)=2(1-e^{-10t})\cdot 1(t)-2\cdot 1(t-2)$

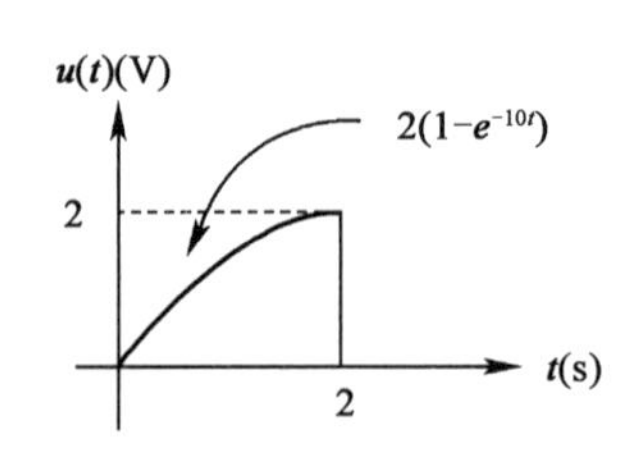

91. 模拟信号放大器是完成对输入模拟量：

A. 幅度的放大　　B. 频率的放大

C. 幅度和频率的放大　　D. 低频成分的放大

92. 某逻辑问题的真值表如表所示，由此可以得到，该逻辑问题的输入输出之间的关系为：

C	A	B	F
0	0	0	0
0	0	1	0
0	1	0	0
0	1	1	0
1	0	0	1
1	0	1	0
1	1	0	0
1	1	1	1

A. $F = 0 + 1 = 1$　　B. $F = \overline{A}\overline{B}C + ABC$

C. $F = A\overline{B}C + A\overline{B}C$　　D. $F = \overline{A}\overline{B} + AB$

93. 电路如图所示，D 为理想二极管，$u_{\mathrm{i}} = 6\sin\omega t\,(\mathrm{V})$，则输出电压的最大值$U_{\mathrm{oM}}$为：

A. 6V

B. 3V

C. −3V

D. −6V

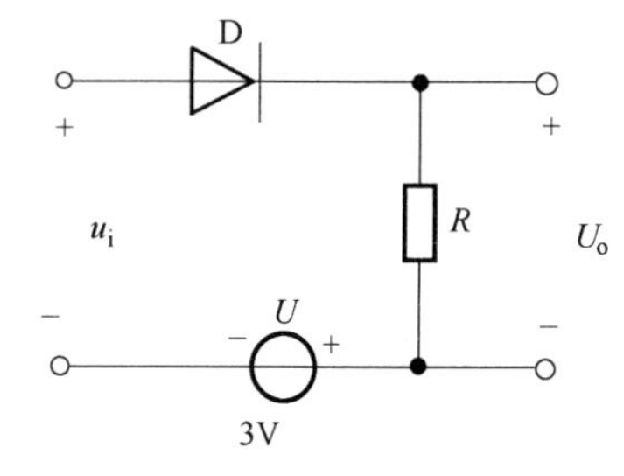

94. 将放大倍数为 1、输入电阻为 100Ω、输出电阻为 50Ω 的射极输出器插接在信号源(u_s, R_s)与负载(R_L)之间，形成图 b）电路，与图 a）电路相比，负载电压的有效值：

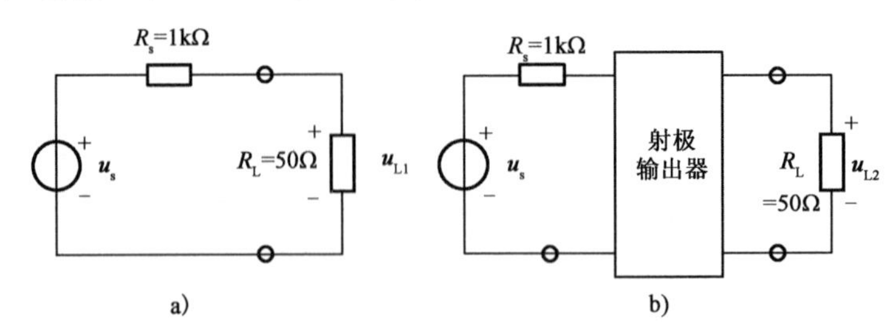

A. $U_{L2} > U_{L1}$　　B. $U_{L2} = U_{L1}$

C. $U_{L2} < U_{L1}$　　D. 因为u_s未知，不能确定U_{L1}和U_{L2}之间的关系

95. 数字信号$B = 1$时，图示两种基本门的输出分别为：

A. $F_1 = A$，$F_2 = 1$　　B. $F_1 = 1$，$F_2 = A$

C. $F_1 = 1$，$F_2 = 0$　　D. $F_1 = 0$，$F_2 = A$

96. JK 触发器及其输入信号波形如图所示，该触发器的初值为 0，则它的输出Q为：

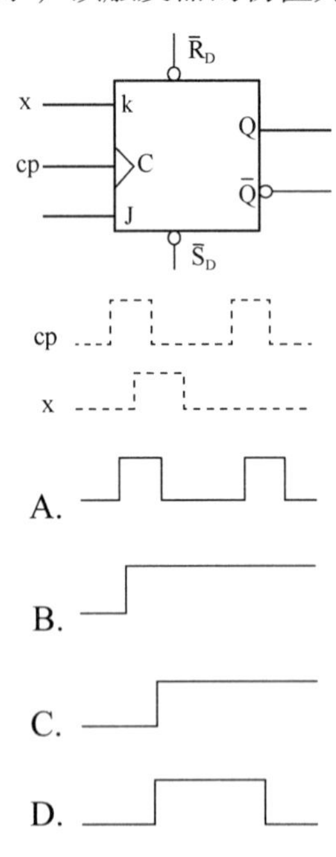

97. 存储器的主要功能是：

A. 自动计算　　B. 进行输入/输出

C. 存放程序和数据　　D. 进行数值计算

98. 按照应用和虚拟机的观点，软件可分为：

A. 系统软件，多媒体软件，管理软件

B. 操作系统，硬件管理系统和网络系统

C. 网络系统，应用软件和程序设计语言

D. 系统软件，支撑软件和应用软件

99. 信息具有多个特征，下列四条关于信息特征的叙述中，有错误的一条是：

A. 信息的可识别性，信息的可变性，信息的可流动性

B. 信息的可处理性，信息的可存储性，信息的属性

C. 信息的可再生性，信息的有效性和无效性，信息的使用性

D. 信息的可再生性，信息的独立存在性，信息的不可失性

100. 将八进制数 763 转换成相应的二进制数，其正确的结果是：

A. 110101110　　B. 110111100

C. 100110101　　D. 111110011

101. 计算机的内存储器以及外存储器的容量通常：

A. 以字节即 8 位二进制数为单位来表示

B. 以字即 16 位二进制数为单位来表示

C. 以二进制数为单位来表示

D. 以双字即 32 位二进制数为单位来表示

102. 操作系统是一个庞大的管理控制程序，它由五大管理功能组成，在下面四个选项中，不属于这五大管理功能的是：

A. 作业管理，存储管理

B. 设备管理，文件管理

C. 进程与处理器调度管理，存储管理

D. 中断管理，电源管理

103. 在 Windows 中，对存储器采用分页存储管理技术时，规定一个页的大小为：

A. 4G 字节　　B. 4K 字节

C. 128M 字节　　D. 16K 字节

104. 为解决主机与外围设备操作速度不匹配的问题，Windows 采用了下列哪项技术来解决这个矛盾：

A. 缓冲技术　　B. 流水线技术

C. 中断技术　　D. 分段、分页技术

105. 计算机网络技术涉及：

A. 通信技术和半导体工艺技术　　B. 网络技术和计算机技术

C. 通信技术和计算机技术　　D. 航天技术和计算机技术

106. 计算机网络是一个复合系统，共同遵守的规则称为网络协议，网络协议主要由：

A. 语句、语义和同步三个要素构成　　B. 语法、语句和同步三个要素构成

C. 语法、语义和同步三个要素构成　　D. 语句、语义和异步三个要素构成

107. 关于现金流量的下列说法中，正确的是：

A. 同一时间点上现金流入和现金流出之和，称为净现金流量

B. 现金流量图表示现金流入、现金流出及其与时间的对应关系

C. 现金流量图的零点表示时间序列的起点，同时也是第一个现金流量的时间点

D. 垂直线的箭头表示现金流动的方向，箭头向上表示现金流出，即表示费用

108. 项目前期研究阶段的划分，下列正确的是：

A. 规划，研究机会和项目建议书

B. 机会研究，项目建议书和可行性研究

C. 规划，机会研究，项目建议书和可行性研究

D. 规划，机会研究，项目建议书，可行性研究，后评价

109. 某项目建设期 3 年，共贷款 1000 万元，第一年贷款 200 万元，第二年贷款 500 万元，第三年贷款 300 万元，贷款在各年内均衡发生，贷款年利率为 7%，建设期内不支付利息，建设期利息为：

A. 98.00 万元　　B. 101.22 万元

C. 138.46 万元　　D. 62.33 万元

110. 下列不属于股票融资特点的是：

A. 股票融资所筹备的资金是项目的股本资金，可作为其他方式筹资的基础

B. 股票融资所筹资金没有到期偿还问题

C. 普通股票的股利支付，可视融资主体的经营好坏和经营需要而定

D. 股票融资的资金成本较低

111. 融资前分析和融资后分析的关系，下列说法中正确的是：

A. 融资前分析是考虑债务融资条件下进行的财务分析

B. 融资后分析应广泛应用于各阶段的财务分析

C. 在规划和机会研究阶段，可以只进行融资前分析

D. 一个项目财务分析中融资前分析和融资后分析两者必不可少

112. 经济效益计算的原则是：

A. 增量分析的原则　　B. 考虑关联效果的原则

C. 以全国居民作为分析对象的原则　　D. 支付意愿原则

113. 某建设项目年设计生产能力为 8 万台，年固定成本为 1200 万元，产品单台售价为 1000 元，单台产品可变成本为 600 元，单台产品销售税金及附加为 150 元，则该项目的盈亏平衡点的产销量为：

A. 48000 台　　B. 12000 台

C. 30000 台　　D. 21819 台

114. 下列可以提高产品价值的是：

A. 功能不变，提高成本　　B. 成本不变，降低功能

C. 成本增加一些，功能有很大提高　　D. 功能很大降低，成本降低一些

115. 按照《中华人民共和国建筑法》规定，建设单位申领施工许可证，应该具备的条件之一是：

A. 拆迁工作已经完成　　B. 已经确定监理企业

C. 有保证工程质量和安全的具体措施　　D. 建设资金全部到位

116. 根据《中华人民共和国招标投标法》的规定，下列包括在招标公告中的是：

A. 招标项目的性质、数量　　B. 招标项目的技术要求

C. 对投标人员资格的审查标准　　D. 拟签订合同的主要条款

117. 按照《中华人民共和国合同法》的规定，招标人在招标时，招标公告属于合同订立过程中的：

A. 邀约　　B. 承诺

C. 要约邀请　　D. 以上都不是

118. 根据《中华人民共和国节约能源法》的规定，为了引导用能单位和个人使用先进的节能技术、节能产品，国务院管理节能工作的部门会同国务院有关部门：

A. 发布节能技术政策大纲

B. 公布节能技术、节能产品的推广目录

C. 支持科研单位和企业开展节能技术的应用研究

D. 开展节能共性和关键技术，促进节能技术创新和成果转化

119. 根据《中华人民共和国环境保护法》的规定，有关环境质量标准的下列说法中，正确的是：

A. 对国家污染物排放标准中已经作出规定的项目，不得再制定地方污染物排放标准

B. 地方人民政府对国家环境质量标准中未作出规定的项目，不得制定地方标准

C. 地方污染物排放标准必须经过国务院环境主管部门的审批

D. 向已有地方污染物排放标准的区域排放污染物的，应当执行地方排放标准

120. 根据《建设工程勘察设计管理条例》的规定，编制初步设计文件应当：

A. 满足编制方案设计文件和控制概算的需要

B. 满足编制施工招标文件、主要设备材料订货和编制施工图设计文件的需要

C. 满足非标准设备制作，并注明建筑工程合理使用年限

D. 满足设备材料采购和施工的需要

2009 年度全国勘察设计注册工程师执业资格考试基础考试（上）

试题解析及参考答案

1. 解 $\vec{\alpha}\times\vec{\beta}=\begin{vmatrix}\vec{i} & \vec{j} & \vec{k}\\ -1 & 3 & 1\\ 1 & 1 & t\end{vmatrix}=\vec{i}\,(-1)^{1+1}\begin{vmatrix}3 & 1\\ 1 & t\end{vmatrix}+\vec{j}\,(-1)^{1+2}\begin{vmatrix}-1 & 1\\ 1 & t\end{vmatrix}+$

$$\vec{k}\,(-1)^{1+3}\begin{vmatrix}-1 & 3\\ 1 & 1\end{vmatrix}=(3t-1)\,\vec{i}+(t+1)\,\vec{j}-4\,\vec{k}$$

已知$\vec{\alpha}\times\vec{\beta}=-4\,\vec{i}-4\,\vec{k}$

则$-4=3t-1$，$t=-1$

或$t+1=0$，$t=-1$

答案：C

2. 解 直线的点向式方程为$\frac{x-1}{-1}=\frac{y+1}{1}=\frac{z-0}{1}$，$\vec{s}=\{-1,1,1\}$。平面$x+y+z+1=0$，平面法向量$\vec{n}=\{1,1,1\}$。而$\vec{n}\cdot\vec{s}=\{1,1,1\}\cdot\{-1,1,1\}=1\neq0$，故$\vec{n}$不垂直于$\vec{s}$且$\vec{s}$，$\vec{n}$坐标不成比例，即$\frac{-1}{1}\neq\frac{1}{1}$，因此$\vec{n}$不平行于$\vec{s}$。从而可知直线与平面不平行、不重合且直线也不垂直于平面。

答案：D

3. 解 **方法 1：**可通过画出函数图形判定（见解图）。

方法 2：求导数$f'(x)=\begin{cases}1, & x>0\\ -2x, & x<0\end{cases}$

在$(-\infty,+\infty)$内，$f'(x)>0$。

答案：B

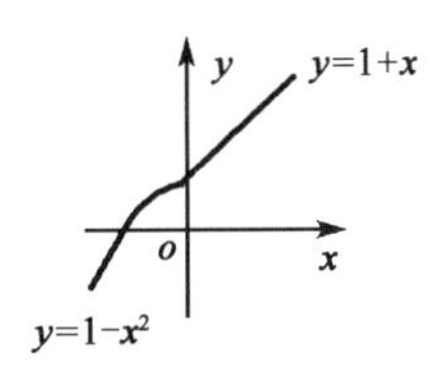

题 3 解图

4. 解 通过举例来说明。

设点$x_0=0$，$f(x)=\begin{cases}1, & x\geqslant0\\ 0, & x<0\end{cases}$，在$x_0=0$间断，$g(x)=0$，在$x_0=0$连续，而$f(x)\cdot g(x)=0$，在$x_0=0$连续。

设点$x_0=0$，$f(x)=\begin{cases}1, & x\geqslant0\\ 0, & x<0\end{cases}$，在$x_0=0$处间断，$g(x)=1$，在$x_0=0$处连续，而$f(x)\cdot g(x)=\begin{cases}1, & x\geqslant0\\ 0, & x<0\end{cases}$，在$x_0=0$处间断。

答案：D

5. 解 利用复合函数求导公式计算，本题由$y=u^2$，$u=\cos v$，$v=\frac{1}{x}$复合而成。所以$y'=\left(\cos^2\frac{1}{x}\right)'=2\cos\frac{1}{x}\cdot\left(-\sin\frac{1}{x}\right)\cdot\left(-\frac{1}{x^2}\right)=\frac{1}{x^2}\sin\frac{2}{x}$。

答案：A

6. 解 利用拉格朗日中值定理计算，$f(x)$在$[x,x+\Delta x]$连续，在$(x,x+\Delta x)$可导，则有$f(x+\Delta x)-$

$f(x)=f'(\xi)\Delta x$。

即$\Delta y=f'(\xi)\Delta x$（至少存在一点ξ，$x<\xi<x+\Delta x$）。

答案：C

7. 解 本题为二元复合函数求全微分，计算公式为$\mathrm{d}z=\frac{\partial z}{\partial x}\mathrm{d}x+\frac{\partial z}{\partial y}\mathrm{d}y$，$\frac{\partial z}{\partial x}=f'(x^2-y^2)\cdot 2x$，$\frac{\partial z}{\partial y}=f'(x^2-y^2)\cdot(-2y)$，代入得：

$\mathrm{d}z=f'(x^2-y^2)\cdot 2x\mathrm{d}x+f'(x^2-y^2)(-2y)\mathrm{d}y=2f'(x^2-y^2)(x\mathrm{d}x-y\mathrm{d}y)$

答案：D

8. 解 将积分变形：$\int\frac{1}{\sqrt{x}}f(\sqrt{x})\mathrm{d}x=\int f(\sqrt{x})\mathrm{d}(2\sqrt{x})=2\int f(\sqrt{x})\mathrm{d}\sqrt{x}$，利用已知条件$\int f(x)\mathrm{d}x=F(x)+C$，得出$\int\frac{1}{\sqrt{x}}f(\sqrt{x})\mathrm{d}x=2F(\sqrt{x})+C$。

答案：B

9. 解 利用公式$\cos 2x=\cos^2 x-\sin^2 x$，将被积函数变形：

$$\begin{aligned}原式&=\int\frac{\cos^2 x-\sin^2 x}{\sin^2 x\cos^2 x}\mathrm{d}x=\int\left(\frac{1}{\sin^2 x}-\frac{1}{\cos^2 x}\right)\mathrm{d}x\\&=\int\frac{1}{\sin^2 x}\mathrm{d}x-\int\frac{1}{\cos^2 x}\mathrm{d}x\\&=-\cot x-\tan x+C\end{aligned}$$

答案：C

10. 解 本题为求复合的积分上限函数的导数，利用下列公式计算。

$$\frac{\mathrm{d}}{\mathrm{d}x}\int_0^{g(x)}\sqrt{1-t^2}\mathrm{d}t=\sqrt{1-g^2(x)}\cdot g'(x)$$

所以$\frac{\mathrm{d}}{\mathrm{d}x}\int_0^{\cos x}\sqrt{1-t^2}\mathrm{d}t=\sqrt{1-\cos^2 x}\cdot(-\sin x)=-\sin x\sqrt{\sin^2 x}=-\sin x\,|\sin x|$

答案：D

11. 解 逐项排除法。

选项A：$x=0$为被积函数$f(x)=\frac{1}{x^2}$的无穷不连续点，计算方法：

$$\int_{-1}^{1}\frac{1}{x^2}\mathrm{d}x=\int_{-1}^{0}\frac{1}{x^2}\mathrm{d}x+\int_{0}^{1}\frac{1}{x^2}\mathrm{d}x$$

只要判断其中一个发散，即广义积分发散，计算$\int_0^1\frac{1}{x^2}\mathrm{d}x=-\frac{1}{x}\Big|_0^1=-1+\lim\limits_{x\to 0^+}\frac{1}{x}=+\infty$，所以选项A错误。

选项B：$\frac{\mathrm{d}}{\mathrm{d}x}\int_0^{x^2}f(t)\mathrm{d}t=f(x^2)\cdot 2x$，显然错误。

选项C：$\int_1^{+\infty}\frac{1}{\sqrt{x}}\mathrm{d}x=2\sqrt{x}\Big|_1^{+\infty}=2\left(\lim\limits_{x\to\infty}\sqrt{x}-1\right)=+\infty$发散，正确。

选项D：由$\frac{1}{\sqrt{2\pi}}e^{-\frac{x^2}{2}}$为标准正态分布的概率密度函数，可知$\int_{-\infty}^{0}e^{-\frac{x^2}{2}}\mathrm{d}x$收敛。

也可用下面方法判定：

因$\int_{-\infty}^{0} e^{-\frac{x^2}{2}}\mathrm{d}x = \int_{-\infty}^{0} e^{-\frac{y^2}{2}}\mathrm{d}y$

$$\int_{-\infty}^{0} e^{-\frac{x^2}{2}}\mathrm{d}x \int_{-\infty}^{0} e^{-\frac{y^2}{2}}\mathrm{d}y = \int_{-\infty}^{0}\int_{-\infty}^{0} e^{-\frac{x^2+y^2}{2}}\mathrm{d}x\mathrm{d}y = \int_{\pi}^{\frac{3}{2}\pi}\mathrm{d}\theta \int_{0}^{+\infty} re^{-\frac{r^2}{2}}\mathrm{d}r$$

$$= \frac{\pi}{2}\left[-\int_{0}^{+\infty} e^{-\frac{r^2}{2}}\mathrm{d}\left(-\frac{r^2}{2}\right)\right] = -\frac{\pi}{2}e^{-\frac{r^2}{2}}\Big|_{0}^{+\infty} = \frac{\pi}{2}$$

因此，$\left(\int_{-\infty}^{0} e^{-\frac{x^2}{2}}\mathrm{d}x\right)^2 = \frac{\pi}{2}$，$\int_{-\infty}^{0} e^{-\frac{x^2}{2}}\mathrm{d}x = \sqrt{\frac{\pi}{2}}$收敛，选项D错误。

答案：C

12. 解 利用柱面坐标计算三重积分（见解图）。

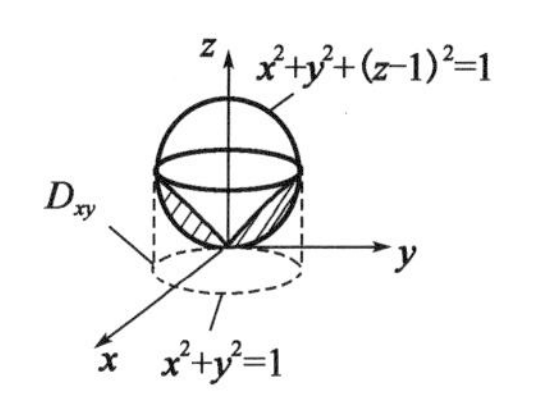

题12解图

立体体积$V = \iiint 1\mathrm{d}V$，联立$\begin{cases} x^2+y^2+z^2=2z \\ z=x^2+y^2 \end{cases}$，消$z$得$D_{xy}$：

$x^2+y^2 \leqslant 1$

由$x^2+y^2+z^2=2z$，得到

$x^2+y^2+(z-1)^2=1$，$(z-1)^2=1-x^2-y^2$，$z-1=\pm\sqrt{1-x^2-y^2}$，$z=1\pm\sqrt{1-x^2-y^2}$

取$z=1-\sqrt{1-x^2-y^2}$

$1-\sqrt{1-x^2-y^2} \leqslant z \leqslant x^2+y^2$，即$1-\sqrt{1-r^2} \leqslant z \leqslant r^2$，积分区域$\Omega$在柱面坐标下的形式为

$\begin{cases} 1-\sqrt{1-r^2} \leqslant z \leqslant r^2 \\ 0 \leqslant r \leqslant 1 \\ 0 \leqslant \theta \leqslant 2\pi \end{cases}$，$\mathrm{d}V = r\mathrm{d}r\mathrm{d}\theta\mathrm{d}z$，写成三次积分

先对z积分，再对r积分，最后对θ积分，即得选项D。

答案：D

13. 解 通过举例说明。

（1）取$u_n=1$，级数$\sum\limits_{n=1}^{\infty} u_n = \sum\limits_{n=1}^{\infty} 1$，级数发散，而$\sum\limits_{n=1}^{\infty}(u_{2n}-u_{2n+1}) = \sum\limits_{n=1}^{\infty}(1-1) = \sum\limits_{n=1}^{\infty} 0$，级数收敛。

（2）取$u_n=0$，$\sum\limits_{n=1}^{\infty} u_n = \sum\limits_{n=1}^{\infty} 0$，级数收敛，而$\sum\limits_{n=1}^{\infty}(u_{2n}-u_{2n+1}) = \sum\limits_{n=1}^{\infty} 0$，级数收敛。

答案：B

14. 解 将函数$\frac{1}{3-x}$变形，利用公式$\frac{1}{1-x} = 1+x+x^2+\cdots+x^n+\cdots \ (-1,1)$，将函数展开成$x-1$幂级数，即

$$\frac{1}{3-x} = \frac{1}{2-(x-1)} = \frac{1}{2\left(1-\frac{x-1}{2}\right)} = \frac{1}{2}\cdot\frac{1}{1-\frac{x-1}{2}}$$

再利用公式写出最后结果，所以

$$\frac{1}{3-x} = \frac{1}{2}\left[1+\frac{x-1}{2}+\left(\frac{x-1}{2}\right)^2+\cdots+\left(\frac{x-1}{2}\right)^n\right] = \frac{1}{2}\sum_{n=0}^{\infty}\left(\frac{x-1}{2}\right)^n = \sum_{n=0}^{\infty}\frac{(x-1)^n}{2^{n+1}}$$

答案：C

15. 解 方程的类型为可分离变量方程，将方程分离变量，得

$$-\frac{1}{3+2y}\mathrm{d}y=\frac{x}{1+x^2}\mathrm{d}x$$

两边积分：

$$-\int\frac{1}{3+2y}\mathrm{d}y=\int\frac{x}{1+x^2}\mathrm{d}x$$

$$-\frac{1}{2}\int\frac{1}{3+2y}\mathrm{d}(3+2y)=\frac{1}{2}\int\frac{1}{1+x^2}\mathrm{d}(x^2+1)$$

$$-\frac{1}{2}\ln(3+2y)=\frac{1}{2}\ln(1+x^2)+C$$

$$\frac{1}{2}\ln(1+x^2)+\frac{1}{2}\ln(3+2y)=-C$$

$\ln(1+x^2)+\ln(3+2y)=-2C$，令$-2C=\ln C_1$，$\ln(1+x^2)+\ln(3+2y)=\ln C_1$，故$(1+x^2)(3+2y)=C_1$。

答案：B

16. 解 本题为可降阶的高阶微分方程，按不显含变量x计算。设$y'=P$，$y''=P'$，方程化为$P'+aP^2=0$，$\frac{\mathrm{d}P}{\mathrm{d}x}=-aP^2$，分离变量，$\frac{1}{P^2}\mathrm{d}P=-a\mathrm{d}x$，积分得$-\frac{1}{P}=-ax+C_1$，代入初始条件$x=0$，$P=y'=-1$，得$C_1=1$，即$-\frac{1}{P}=-ax+1$，$P=\frac{1}{ax-1}$，$\frac{\mathrm{d}y}{\mathrm{d}x}=\frac{1}{ax-1}$，求出通解，代入初始条件，求出特解。

即$y=\int\frac{1}{ax-1}\mathrm{d}x=\frac{1}{a}\ln|ax-1|+C$，代入初始条件$x=0$，$y=0$，得$C=0$。

故特解为$y=\frac{1}{a}\ln|1-ax|$。

答案：A

17. 解 利用行列式的运算性质变形、化简。

A 项：$|\alpha_2,\alpha_1,\alpha_3|\xlongequal{c_1\leftrightarrow c_2}-|\alpha_1,\alpha_2,\alpha_3|$，错误。

B 项：$|-\alpha_2,-\alpha_3,-\alpha_1|=(-1)^3|\alpha_2,\alpha_3,\alpha_1|\xlongequal{c_1\leftrightarrow c_3}(-1)^3(-1)|\alpha_1,\alpha_3,\alpha_2|\xlongequal{c_2\leftrightarrow c_3}$

$$(-1)^3(-1)(-1)|\alpha_1,\alpha_2,\alpha_3|=-|\alpha_1,\alpha_2,\alpha_3|\text{，错误。}$$

C 项：
$$\begin{aligned}|\alpha_1+\alpha_2,\alpha_2+\alpha_3,\alpha_3+\alpha_1|&=|\alpha_1,\alpha_2+\alpha_3,\alpha_3+\alpha_1|+|\alpha_2,\alpha_2+\alpha_3,\alpha_3+\alpha_1|\\&=|\alpha_1,\alpha_2+\alpha_3,\alpha_3|+|\alpha_1,\alpha_2+\alpha_3,\alpha_1|+\\&\quad|\alpha_2,\alpha_2,\alpha_3+\alpha_1|+|\alpha_2,\alpha_3,\alpha_3+\alpha_1|\\&=|\alpha_1,\alpha_2+\alpha_3,\alpha_3|+|\alpha_2,\alpha_3,\alpha_3+\alpha_1|\\&=|\alpha_1,\alpha_2,\alpha_3|+|\alpha_2,\alpha_3,\alpha_1|\\&=|\alpha_1,\alpha_2,\alpha_3|+|\alpha_1,\alpha_2,\alpha_3|=2|\alpha_1,\alpha_2,\alpha_3|\text{，错误。}\end{aligned}$$

D 项：$|\alpha_1,\alpha_2,\alpha_3+\alpha_2+\alpha_1|\xlongequal{(-1)c_1+c_3}|\alpha_1,\alpha_2,\alpha_3+\alpha_2|\xlongequal{(-1)c_2+c_3}|\alpha_1,\alpha_2,\alpha_3|$，正确。

答案：D

18. 解 $\boldsymbol{A}$、$\boldsymbol{B}$为非零矩阵且$\boldsymbol{AB}=0$，由矩阵秩的性质可知$r(\boldsymbol{A})+r(\boldsymbol{B})\leqslant n$，而$\boldsymbol{A}$、$\boldsymbol{B}$为非零矩阵，

则$r(\boldsymbol{A})\geqslant 1$，$r(\boldsymbol{B})\geqslant 1$，又因$r(\boldsymbol{A})<n$，$r(\boldsymbol{B})<n$，则由$1\leqslant r(\boldsymbol{A})<n$，知$\boldsymbol{A}_{m\times n}$的列向量相关，$1\leqslant r(\boldsymbol{B})<n$，$\boldsymbol{B}_{n\times l}$的行向量相关，从而选项 B、C、D 均成立。

答案：A

19. 解　利用矩阵的特征值、特征向量的定义判定，即问满足式子$\boldsymbol{Bx}=\lambda\boldsymbol{x}$中的$\boldsymbol{x}$是什么向量？已知$\boldsymbol{\alpha}$是$\boldsymbol{A}$属于特征值$\lambda$的特征向量，故

$$\boldsymbol{A\alpha}=\lambda\boldsymbol{\alpha} \tag{①}$$

将已知式子$\boldsymbol{B}=\boldsymbol{P}^{-1}\boldsymbol{AP}$两边，左乘矩阵$\boldsymbol{P}$，右乘矩阵$\boldsymbol{P}^{-1}$，得$\boldsymbol{PBP}^{-1}=\boldsymbol{PP}^{-1}\boldsymbol{APP}^{-1}$，化简为$\boldsymbol{PBP}^{-1}=\boldsymbol{A}$，即

$$\boldsymbol{A}=\boldsymbol{PBP}^{-1} \tag{②}$$

将②式代入①式，得

$$\boldsymbol{PBP}^{-1}\boldsymbol{\alpha}=\lambda\boldsymbol{\alpha} \tag{③}$$

将③式两边左乘$\boldsymbol{P}^{-1}$，得$\boldsymbol{BP}^{-1}\boldsymbol{\alpha}=\lambda\boldsymbol{P}^{-1}\boldsymbol{\alpha}$，即$\boldsymbol{B}(\boldsymbol{P}^{-1}\boldsymbol{\alpha})=\lambda(\boldsymbol{P}^{-1}\boldsymbol{\alpha})$，成立。

答案：B

20. 解　由合同矩阵定义，若存在一个可逆矩阵$\boldsymbol{C}$，使$\boldsymbol{C}^{\mathrm{T}}\boldsymbol{AC}=\boldsymbol{B}$，则称$\boldsymbol{A}$合同于$\boldsymbol{B}$。

取$\boldsymbol{C}=\begin{bmatrix}-1 & 0\\ 0 & 1\end{bmatrix}$，$|\boldsymbol{C}|=-1\neq 0$，$\boldsymbol{C}$可逆，可验证$\boldsymbol{C}^{\mathrm{T}}\boldsymbol{AC}=\begin{bmatrix}1 & -1\\ -1 & 2\end{bmatrix}$。

答案：A

21. 解　$P(\overline{A}-B)=P(\overline{A}\,\overline{B})=P(\overline{A\cup B})=0.3$，$P(A\cup B)=1-P(\overline{A\cup B})=0.7$

答案：B

22. 解　（1）判断选项 A、B 的对错。

方法 1：利用定积分、广义积分的几何意义

$$P(a<X<b)=\int_a^b f(x)\mathrm{d}x=S$$

S为$[a,b]$上曲边梯形的面积。

$N(0,\sigma^2)$的概率密度为偶函数，图形关于直线$x=0$对称。

因此选项 B 对，选项 A 错。

方法 2：利用正态分布概率计算公式

$$P(X\leqslant\lambda)=\Phi\left(\frac{\lambda-0}{\sigma}\right)=\Phi\left(\frac{\lambda}{\sigma}\right)$$

$$P(X\geqslant\lambda)=1-P(X<\lambda)=1-\Phi\left(\frac{\lambda}{\sigma}\right)$$

$$P(X\leqslant-\lambda)=\Phi\left(\frac{-\lambda}{\sigma}\right)=1-\Phi\left(\frac{\lambda}{\sigma}\right)$$

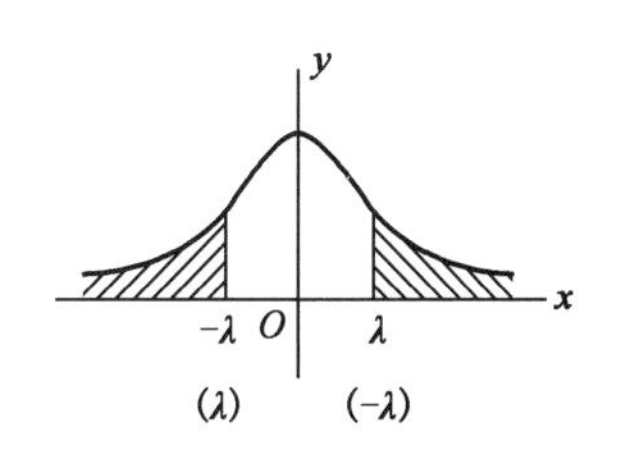

题 22 解图

选项 B 对，选项 A 错。

（2）判断选项C、D的对错。

方法1：验算数学期望与方差

$E(X-\lambda)=\mu-\lambda=0-\lambda=-\lambda\neq\lambda(\lambda\neq 0$ 时)，选项C错；

$D(\lambda X)=\lambda^2\sigma^2\neq\lambda\sigma^2(\lambda\neq 0$，$\lambda\neq 1$ 时)，选项D错。

方法2：利用结论

若$X\sim N(\mu,\sigma^2)$，a、b为常数且$a\neq 0$，则$aX+b\sim N(a\mu+b,a^2\sigma^2)$；

$X-\lambda\sim N(-\lambda,\sigma^2)$，选项C错；

$\lambda X\sim N(0,\lambda^2\sigma^2)$，选项D错。

答案：B

23. 解 $E(Y)=E\left(\frac{1}{X}\right)=\int_0^2\frac{1}{x}\frac{3}{8}x^2\mathrm{d}x=\frac{3}{4}$。

答案：A

24. 解 似然函数［将$f(x)$中的x改为x_i并写在$\prod_{i=1}^{n}$后面］：

$$L(\theta)=\prod_{i=1}^{n}e^{-(x_i-\theta)},\ x_1,x_2,\cdots,x_n\geqslant\theta$$

$$\ln L(\theta)=\sum_{i=1}^{n}\ln e^{-(x_i-\theta)}=\sum_{i=1}^{n}(\theta-x_i)=n\theta-\sum_{i=1}^{n}x_i$$

$$\frac{\mathrm{d}\ln L(\theta)}{\mathrm{d}\theta}=n>0$$

$\ln L(\theta)$及$L(\theta)$均为θ的单调增函数，θ取最大值时，$L(\theta)$取最大值。

由于$x_1,x_2\cdots,x_n\geqslant\theta$，因此$\theta$的最大似然估计值为$\min(x_1,x_2,\cdots,x_n)$。

答案：C

25. 解 分子平均平动动能$\overline{w}=\frac{3}{2}kT$。

答案：C

26. 解 气体分子的平均碰撞频率$\overline{Z}=\sqrt{2}\pi d^2n\bar{v}$，其中$\bar{v}$为分子的平均速率，$n$为分子数密度（单位体积内分子数），$\bar{v}=1.6\sqrt{\frac{RT}{M}}$，$p=nkT$，于是$\overline{Z}=\sqrt{2}\pi d^2\frac{p}{kT}1.6\sqrt{\frac{RT}{M}}=\sqrt{2}\pi d^2\frac{p}{k}1.6\sqrt{\frac{R}{MT}}$，所以$p$不变时，$\overline{Z}$与$\sqrt{T}$成反比。

答案：C

27. 解 因为气体内能与温度有关，今降到初始温度，$\Delta T=0$，则$\Delta E_{内}=0$；又等压膨胀和绝热膨胀都对外做功，$W>0$。

答案：A

28. 解 根据热力学第一定律$Q=\Delta E+W$，注意到“在压缩过程中外界做功209J”，即系统对外做功$W = -209\text{J}$。又$\Delta E = 120\text{J}$，故$Q = 120 + (-209) = -89\text{J}$，即系统对外放热 89J，也就是说外界传给气体的热量为-89J。

答案：A

29. 解 比较平面谐波的波动方程$y = A\cos 2\pi\left(\frac{t}{T} - \frac{x}{\lambda}\right)$

$$y = A\cos(Bt - Cx) = A\cos 2\pi\left(\frac{Bt}{2\pi} - \frac{Cx}{2\pi}\right) = A\cos 2\pi\left(\frac{t}{\frac{2\pi}{B}} + \frac{x}{\frac{2\pi}{C}}\right)$$

故周期$T = \frac{2\pi}{B}$，频率$\nu = \frac{B}{2\pi}$，波长$\lambda = \frac{2\pi}{C}$，由此波速$u = \lambda\nu = \frac{B}{C}$。

答案：B

30. 解 质元经过平衡位置时，速度最大，故动能最大，根据机械波动能量特征，质元动能最大势能也最大。

答案：C

31. 解 声学基础知识。声波的频率范围为 20~20000Hz，低于 20Hz 为次声波，高于 20000Hz 为超声波。

答案：C

32. 解 双缝干涉时，条纹间距$\Delta x = \lambda_n \frac{D}{d}$，在空气中干涉，有$1.33 \approx \lambda \frac{D}{d}$，此光在水中的波长为$\lambda_n = \frac{\lambda}{n}$，此时条纹间距$\Delta x(\text{水}) = \frac{\lambda D}{nd} = \frac{1.33}{n} = 1\text{mm}$。

答案：C

33. 解 劈尖暗纹出现的条件为$\delta = 2ne + \frac{\lambda}{2} = (2k+1)\frac{\lambda}{2}$，$k = 0,1,2,\cdots$。令$k = 3$，有$2ne + \frac{\lambda}{2} = \frac{7\lambda}{2}$，得出$e = \frac{3\lambda}{2n}$。

答案：A

34. 解 对迈克尔逊干涉仪，条纹移动$\Delta x = \Delta n \frac{\lambda}{2}$，令$\Delta x = 0.62$，$\Delta n = 2300$，则

$$\lambda = \frac{2 \times \Delta x}{\Delta n} = \frac{2 \times 0.62}{2300} = 5.39 \times 10^{-4}\text{mm} = 539\text{nm}$$

注：$1\text{nm} = 10^{-9}\text{m} = 10^{-6}\text{mm}$。

答案：B

35. 解 $(a+b)\sin\phi = k\lambda$，$k = 1,2,3,\cdots$，即$k_1\lambda_1 = k_2\lambda_2$，$\frac{k_1}{k_2} = \frac{\lambda_2}{\lambda_1} = \frac{750}{450} = \frac{5}{3}$。

故重叠处波长λ_2的级数k_2必须是 3 的整数倍，即$3,6,9,12,\cdots$。

答案：D

36. 解 注意到“当折射角为 30°时，反射光为完全偏振光”，说明此时入射角即起偏角i_0。根据$i_0 + \gamma_0 = \frac{\pi}{2}$，$i_0 = 60°$，再由$\tan i_0 = \frac{n_2}{n_1}$，$n_1 \approx 1$，可得$n_2 = \tan 60° = \sqrt{3}$。

答案：D

37. 解 反应自发性判据（最小自由能原理）：$\Delta G<0$，自发过程，过程能向正方向进行；$\Delta G=0$，平衡状态；$\Delta G>0$，非自发过程，过程能向逆方向进行。

由公式$\Delta G=\Delta H-T\Delta S$及自发判据可知，当 ΔH和 ΔS均小于零时，ΔG在低温时小于零，所以低温自发，高温非自发。转换温度$T=\frac{\Delta H}{\Delta S}$。

答案：A

38. 解 根据电极电势的能斯特方程式

$$\varphi_{Cl_2/Cl^-}=\varphi^{\Theta}_{Cl_2/Cl^-}+\frac{0.0592}{n}\lg\frac{\frac{p(Cl_2)}{p^{\Theta}}}{\left[\frac{c(Cl)}{c^{\Theta}}\right]^2}=1.358+\frac{0.0592}{2}\times\lg 10=1.388V$$

答案：C

39. 解 电对中，斜线右边为氧化态，斜线左边为还原态。电对的电极电势越大，表示电对中氧化态的氧化能力越强，是强氧化剂；电对的电极电势越小，表示电对中还原态的还原能力越强，是强还原剂。所以依据电对电极电势大小顺序，知氧化剂强弱顺序：$F_2>Fe^{3+}>Mg^{2+}>Na^+$；还原剂强弱顺序：$Na>Mg>Fe^{2+}>F$。

答案：B

40. 解 反应速率常数：表示反应物均为单位浓度时的反应速率。升高温度能使更多分子获得能量而成为活化分子，活化分子百分数可显著增加，发生化学反应的有效碰撞增加，从而增大反应速率常数。

答案：A

41. 解 波函数$\psi(n,l,m)$可表示一个原子轨道的运动状态。n,l,m的取值范围：主量子数n可取的数值为$1,2,3,4,\cdots$；角量子数l可取的数值为$0,1,2,\cdots,(n-1)$；磁量子数m可取的数值为$0,\pm1,\pm2,\pm3,\cdots,\pm l$。选项 A 中$n$取 1 时，$l$最大取$n-1=0$。

答案：A

42. 解 可以用氧化还原配平法。配平后的方程式为$MnO_2+4HCl=MnCl_2+Cl_2+2H_2O$。

答案：A

43. 解 弱酸强碱盐的标准水解常数为：

$$K_h=\frac{K_w}{K_a}=\frac{1.0\times10^{-14}}{1.0\times10^{-5}}=1.0\times10^{-9}$$

答案：A

44. 解 苯环含有双键，可以发生加成反应；醛基既可以发生氧化反应，也可以发生还原反应。

答案：C

45. 解 聚丙烯酸酯不是无机化合物，是有机化合物，是高分子化合物，不是离子化合物；是共价化合物。

答案： C

46. 解 苯甲醛和乙苯可以被高锰酸钾氧化为苯甲酸而使高锰酸钾溶液褪色，苯乙烯的乙烯基可以使高锰酸钾溶液褪色。苯不能使高锰酸钾褪色。

答案： C

47. 解 根据力的投影公式，$F_x = F\cos\alpha$，当$\alpha = 0$时$F_x = F$，即力$\boldsymbol{F}$与x轴平行，故只有当力$\boldsymbol{F}$在与x轴垂直的y轴（$\alpha = 90°$）上投影为 0 外，在其余与x轴共面轴上的投影均不为 0。

答案： B

48. 解 将力系向A点简化，F_3沿作用线移到A点，F_2平移到A点附加力偶即主矩$M_{\mathrm{A}} = M_{\mathrm{A}}(F_2) = \frac{\sqrt{3}}{2}aF$，三个力的主矢$F_{\mathrm{R}y} = 0$，$F_{\mathrm{R}x} = F_1 + F_2\sin 30° + F_3\sin 30° = 2F$（向左）。

答案： A

49. 解 根据受力分析，A、C、D处的约束力均为水平方向（见解图），考虑杆AB的平衡$\sum M = 0$，$M_1 - F_{\mathrm{NC}} \cdot a = 0$，可得$F_{\mathrm{NC}} = \frac{M_1}{a}$；分析杆$DC$，采用力偶的平衡方程$F'_{\mathrm{NC}} \cdot a - M_2 = 0$，$F'_{\mathrm{NC}} = F_{\mathrm{NC}}$，即得$M_2 = M_1$。

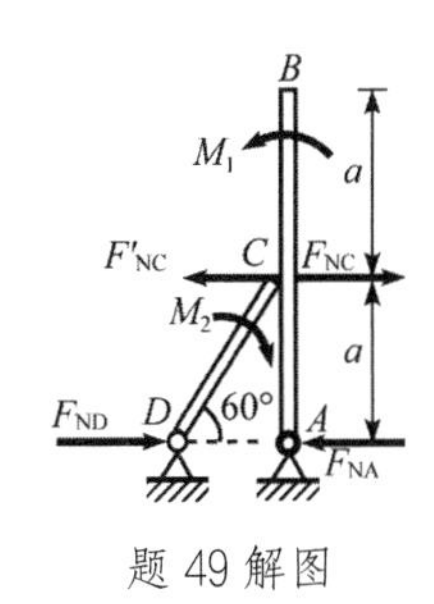

题 49 解图

答案： A

50. 解 根据摩擦定律$F_{\max} = W\cos 60° \times f = 10\mathrm{kN}$，沿斜面的主动力为$W\sin 60° - F_{\mathrm{p}} = 6.6\mathrm{kN}$，方向向下。由平衡方程得摩擦力的大小应为 6.6kN。

答案： C

51. 解 当$t = 0\mathrm{s}$时，$s = 8\mathrm{m}$，当$t = 3\mathrm{s}$时，$s = -10\mathrm{m}$，点的速度$v = \frac{\mathrm{d}s}{\mathrm{d}t} = -4t$，即沿与$s$正方向相反的方向从 8m 处经过坐标原点运动到了−10m 处，故所经路程为 18m。

答案： C

52. 解 根据定轴转动刚体上一点加速度与转动角速度、角加速度的关系：$a_n = \omega^2 l$，$a_\tau = \alpha l$，而题中$a_n = a\cos\alpha = \omega^2 l$，$\omega = \sqrt{\frac{a\cos\alpha}{l}}$，$a_\tau = a\sin\alpha = \alpha l$，$\alpha = \frac{a\sin\alpha}{l}$。

答案：B

53. 解 物块B的速度为：$v_B=\frac{dx}{dt}=2kt$；加速度为：$a_B=\frac{d^2x}{dt^2}=2k$；而轮缘点A的速度与物块B的速度相同，即$v_A=v_B=2kt$；轮缘点A的切向加速度与物块B的加速度相同，则

$$a_A=\sqrt{a_{An}^2+a_{A\tau}^2}=\sqrt{\left(\frac{v_B^2}{R}\right)^2+a_B^2}=\sqrt{\frac{16k^4t^4}{R^2}+4k^2}$$

答案：D

54. 解 将动力学矢量方程$m\boldsymbol{a}=\boldsymbol{F}+\boldsymbol{R}$，在$x$方向投影，有$-ma=F-R$。

答案：B

55. 解 根据定轴转动刚体动量矩和动能的公式：$L_O=J_O\omega$，$T=\frac{1}{2}J_O\omega^2$，其中：$J_O=\frac{1}{2}mR^2+mR^2=\frac{3}{2}mR^2$，$L_O=\frac{3}{2}mR^2\omega$，$T=\frac{3}{4}mR^2\omega^2$。

答案：D

56. 解 根据定轴转动微分方程$J_B\alpha=M_B(\boldsymbol{F})$，当杆转动到铅垂位置时，受力如解图所示，杆上所有外力对B点的力矩为零，即$M_B(\boldsymbol{F})=0$。

答案：A

57. 解 绳剪断瞬时（见解图），杆的$\omega=0$，$\alpha=\frac{3g}{4l}$；则质心的加速度$a_{Cx}=0$，$a_{Cy}=\alpha l=\frac{3g}{4}$。根据质心运动定理：$\frac{P}{g}a_{Cy}=P-F_{Ay}$，$F_{Ax}=0$，$F_{Ay}=P-\frac{P}{g}\times\frac{3}{4}g=\frac{P}{4}$。

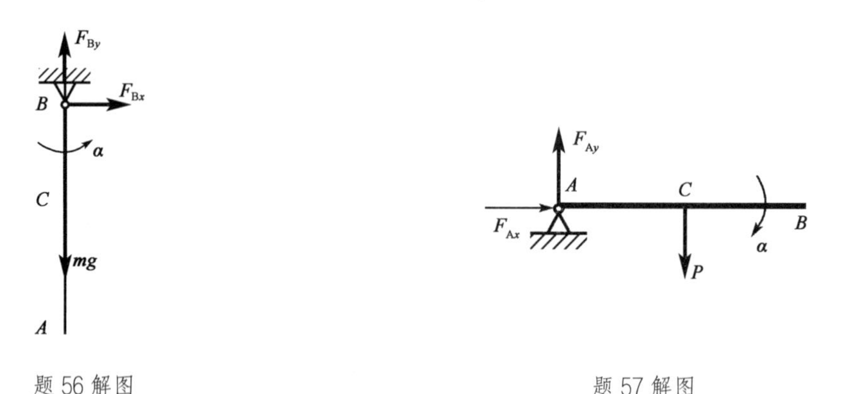

题56解图 题57解图

答案：B

58. 解 质点振动的固有频率与倾角无关。

答案：C

59. 解 由低碳钢拉伸实验的应力-应变曲线图可知，卸载时的直线规律和再加载时的冷作硬化现象都发生在强化阶段。

答案：C

60. 解 把螺钉杆拉伸强度条件$\sigma=\frac{F}{\frac{\pi}{4}d^2}=[\sigma]$和螺母的剪切强度条件$\tau=\frac{F}{\pi dh}=[\tau]$，代入$[\sigma]=2[\tau]$，即得$d=2h$。

答案： A

61. 解 使$\varphi_1=\frac{\varphi}{2}$，即$\frac{T}{GI_{\mathrm{p1}}}=\frac{1}{2}\frac{T}{GI_{\mathrm{p}}}$，所以$I_{\mathrm{p1}}=2I_{\mathrm{p}}$，$\frac{\pi}{32}d_1^4=2\frac{\pi}{32}d^4$，得$d_1=\sqrt[4]{2}d$。

答案： A

62. 解 圆轴表面$\tau=\frac{T}{W_{\mathrm{t}}}$，又$\tau=G\gamma$，所以$T=\tau W_{\mathrm{t}}=G\gamma W_{\mathrm{t}}$。

答案： A

63. 解 图中正方形截面$I_z^{方}=\frac{a^4}{12}+\left(\frac{a}{2}\right)^2\cdot a^2=\frac{a^4}{3}$，整个截面$I_z=I_z^{矩}-I_z^{方}=\frac{bh^3}{12}-\frac{a^4}{3}$

答案： C

64. 解 设F_{A}向上，$\sum M_{\mathrm{C}}=0$，$m-F_{\mathrm{A}}L=0$，则$F_{\mathrm{A}}=\frac{m}{L}$，再用直接法求$A$截面的剪力$F_{\mathrm{s}}=F_{\mathrm{A}}=\frac{m}{L}$。

答案： C

65. 解 因为钢和铝的弹性模量不同，而4个选项之中只有挠曲线与弹性模量有关，所以选挠曲线。

答案： D

66. 解 由集中力偶M产生的挠曲线方程$f=\frac{Mx^2}{2EI}$是x的二次曲线可知，挠曲线是圆弧的为选项B。

答案： B

67. 解 $\sigma_1=\frac{\sigma_x+\sigma_y}{2}+\sqrt{\left(\frac{\sigma_x-\sigma_y}{2}\right)^2+\tau_x^2}=\frac{40+(-40)}{2}+\sqrt{\left[\frac{40-(-40)}{2}\right]^2+30^2}=50\mathrm{MPa}$

答案： D

68. 解 这显然是偏心拉伸，而且对y、z轴都有偏心。把力F平移到截面形心，要加两个附加力偶矩，该杆将发生轴向拉伸和绕y、z轴的双向弯曲。

答案： B

69. 解 把力F沿轴线z平移至圆轴截面中心，并加一个附加力偶，则使圆轴产生弯曲和扭转组合变形。最大弯矩$M=FL$，最大扭矩$T=F\frac{d}{2}$，$\sigma_{\mathrm{eq3}}=\frac{\sqrt{M^2+T^2}}{W_z}=\frac{32}{\pi d^3}\sqrt{(FL)^2+\left(\frac{Fd}{2}\right)^2}$。

答案： D

70. 解 当压杆AB和CD同时达到临界荷载时，结构的临界荷载：

$$F_{\mathrm{a}}=2F_{\mathrm{cr}}=2\times\frac{\pi^2EI}{(0.7L)^2}=4.08\frac{\pi^2EI}{L^2}$$

答案： B

71. 解 静压强特性为流体静压强的大小与受压面的方向无关。

答案： B

72. 解 绝对压强要计及液面大气压强，$p = p_0 + \rho g h$，$p_0 = 100\text{kPa}$，代入题设数据后有：

$$p' = 100\text{kPa} + 0.8 \times 9.8 \times 3\text{kPa} = 123.52\text{kPa}$$

答案： D

73. 解 根据恒定流定义可得，各空间点上所有运动要素均不随时间变化的流动为恒定流。

答案： B

74. 解 孔口流速系数$\varphi = 0.97$、流量系数$\mu = 0.62$，管嘴的流速系数$\varphi = 0.82$、流量系数$\mu = 0.82$。相同直径、相同水头的孔口流速大于圆柱形外管嘴流速，但流量小于后者。

答案： C

75. 解 根据明渠均匀流发生的条件可得（明渠均匀流只能发生在顺坡渠道中）。

答案： A

76. 解 根据谢才公式$v = C\sqrt{Ri}$，当底坡i增大时，流速增大，在题设条件下，水深应减小。

答案： A

77. 解 先用经验公式$R = 3000S\sqrt{k}$，求影响半径：

$$R = 3000 \times (11 - 8) \times \sqrt{2/3600} = 212.1\text{m}$$

再应用普通完全井公式$Q = 1.366\frac{k(H^2 - h^2)}{\lg\frac{R}{r_0}}$，计算流量：

$$Q = 1.366 \times \frac{2}{3600} \times \frac{11^2 - 8^2}{\lg\frac{212.1}{0.5}} = 0.0164\text{m}^3/\text{s}$$

答案： B

78. 解 船在明渠中航行试验，是属于明渠重力流性质，应选用弗劳德准则。

答案： B

79. 解 带电体是在电场力的作用下做功，其能量来自电场和自身的能量。

答案： C

80. 解 直流电源作用下的直流稳态电路中，电容相当于断路$i_2 = 0$，电容元件存储的能量与电压的平方成正比。$u_C = u_R = u_s \neq 0$，即电容的存储能量不为 0，$i = i_1 + i_2 = i_1 = 1\text{mA}$。

答案： A

81. 解 根据节电的电流关系 KCL，列写两个节点电流方程即可解出：

$I_1 = 1 - (-2) - 0.5 = 2.5\text{A}$，$I_2 = 1.5 + 1 - I_1 = 0$

答案： C

82. 解 对正弦交流电路的三要素在函数式和波形图表达式的分析可知：

$U_m = 155.56V$；$\varphi_u = -90°$；$\omega = 2\pi/T = 314rad/s$（$T = 20ms$）

因此，可以写出：$u(t) = 155.56\sin(314t - 90°) = 110\sqrt{2}\sin(314t - 90°)$ V

答案：B

83. 解 在正弦交流电路中，分电压与总电压的大小符合相量关系，电感电压超前电流 90°，电容电流落后电流 90°。

式 2 应该为：$u_x = u_L + u_C$

式 4 应该为：$U^2 = U_R^2 + (U_L - U_C)^2$

答案：A

84. 解 在有储能原件存在的电路中，电感电流和电容电压不能跃变。本电路的输入电压发生了三次跃变。在图示的 RLC 串联电路中因为电感电流不跃变，电阻的电流、电压和电容的电流不会发生跃变。

答案：A

85. 解 理想变压器的内部损耗为零，$P_1 = P_2$；$P_2 = I_2^2R_L = 2^2 \times 10 = 40W$。

电源供出电流$I_1 = \frac{P_1}{U_1} = \frac{40}{100} = 0.4A$。

答案：A

86. 解 三相交流电动机的功率因素和效率均与负载的大小有关，电动机接近空载时，功率因素和效率都较低，只有当电动机接近满载工作时，电动机的功率因素和效率才达到较大的数值。

答案：B

87. 解 “信息”指的是人们通过感官接收到的关于客观事物的变化情况；“信号”是信息的表示形式，是传递信息的工具，如声、光、电等。信息是存在于信号之中的。

答案：A

88. 解 图示信号是用电位高低表示的二进制数$(010011)_B$，将其转换为十进制的数值是

$$(010011)_B = 1 \times 2^4 + 1 \times 2^1 + 1 \times 2^0 = 16 + 2 + 1 = 19$$

答案：D

89. 解 $x(t)$是原始信号，$u(t)$是模拟电压信号，它们都是时间的连续信号；而$u^*(t)$是经过采样器以后的采样信号，是离散信号$u^*(t)$。数字信号是用二进制代码表示的离散时间信号。

答案：B

90. 解 此题可以用叠加原理分析，将信号分解为一个指数信号和一个阶跃信号的叠加。

答案：D

91. 解　模拟信号放大器的基本要求是不能失真，即要求放大信号的幅度，不可以改变信号的频率。

答案： A

92. 解　此题要求掌握的是如何将真值表转换为逻辑表达式。输出变量 F 为在输入变量 ABC 的控制下数值为 1 的或逻辑。输入变量用与逻辑表示，取值“1”时写原变量，取值“0”时写反变量。

答案： B

93. 解　分析二极管电路的方法：先将二极管视为断路，判断二极管的端部电压。如果二极管处于正向偏置状态，二极管导通，可将二极管视为短路；如果二极管处于反向偏置状态，二极管截止，可将二极管视为断路。简化后含有二极管的电路已经成为线性电路，用线性电路理论分析可得结果。

本题中，$u_i > 3\text{V}$时，二极管导通，输出电压U_o的最大值为：

$$U_{omax} = U_{im} - U = 6 - 3 = 3\text{V}$$

答案： B

94. 解　理解放大电路输入电阻和输出电阻的概念，利用其等效电路计算可得结果。

图 a）：$U_{L1} = \frac{R_L}{R_s + R_L} U_s = \frac{50}{1000+50} U_s = \frac{U_s}{21}$

图 b）：等效电路图

$u_i = u_s \frac{r_i}{r_i + R_s} = \frac{U_s}{11}$

$u_{os2} = A_u u_i = \frac{U_s}{11}$

$U_{L2} = \frac{R_L}{R_L + r_o} U_{os2} = \frac{U_s}{22}$

所以$U_{L2} < U_{L1}$。

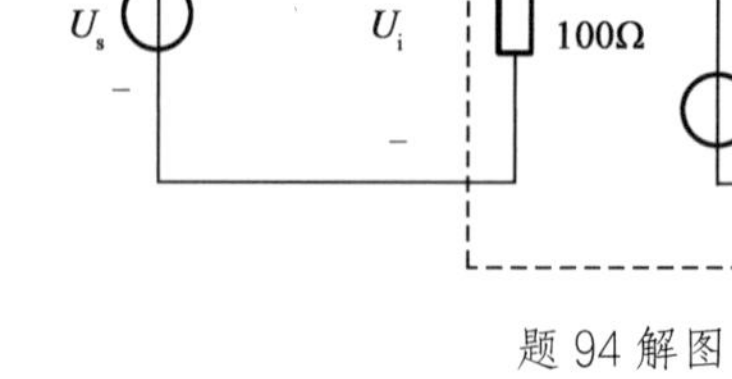

题 94 解图

答案： C

95. 解　左边电路是或门，$F_1 = A + B$，右边电路是与门，$F_2 = A \cdot B$。根据逻辑电路的基本关系，当$B = 1$时，$F_1 = A + 1 = 1$；$F_2 = A \cdot 1 = A$。

答案： B

96. 解　图示电路是电位触发的 JK 触发器。当 cp 在上升沿时，触发器取输入信号 JK。触发器的状态由 JK 触发器的功能表（略）确定。

答案： B

97. 解　存放正在执行的程序和当前使用的数据，它具有一定的运算能力。

答案： C

98. 解　按照应用和虚拟机的观点，计算机软件可分为系统软件、支撑软件、应用软件三类。

答案：D

99. 解 信息有以下主要特征：可识别性、可变性、可流动性、可存储性、可处理性、可再生性、有效性和无效性、属性和可使用性。

答案：D

100. 解 一位八进制对应三位二进制，7 对应 111，6 对应 110，3 对应 011。

答案：D

101. 解 内存储器容量是指内存存储容量，即内容储存器能够存储信息的字节数。外储器是可将程序和数据永久保存的存储介质，可以说其容量是无限的。字节是信息存储中常用的基本单位。

答案：A

102. 解 操作系统通常包括几大功能模块：处理器管理、作业管理、存储器管理、设备管理、文件管理、进程管理。

答案：D

103. 解 Windows 中，对存储器的管理采取分段存储、分页存储管理技术。一个存储段可以小至 1 个字节，大至 4G 字节，而一个页的大小规定为 4K 字节。

答案：B

104. 解 Windows 采用了缓冲技术来解决主机与外设的速度不匹配问题，如使用磁盘高速缓冲存储器，以提高磁盘存储速率，改善系统整体功能。

答案：A

105. 解 计算机网络是计算机技术和通信技术的结合产物。

答案：C

106. 解 计算机网络协议的三要素：语法、语义、同步。

答案：C

107. 解 现金流量图表示的是现金流入、现金流出与时间的对应关系。同一时间点上的现金流入和现金流出之差，称为净现金流量。箭头向上表示现金流入，向下表示现金流出。现金流量图的零点表示时间序列的起点，但第一个现金流量不一定发生在零点。

答案：B

108. 解 投资项目前期研究可分为机会研究（规划）阶段、项目建议书（初步可行性研究）阶段、可行性研究阶段。

答案：B

109. 解 根据题意，贷款在各年内均衡发生，建设期内不支付利息，则

第一年利息：$(200/2) \times 7\% = 7$万元

第二年利息：$(200 + 500/2 + 7) \times 7\% = 31.99$万元

第三年利息：$(200 + 500 + 300/2 + 7 + 31.99) \times 7\% = 62.23$万元

建设期贷款利息：$7 + 31.99 + 62.23 = 101.22$万元

答案： B

110. 解 股票融资（权益融资）的资金成本一般要高于债权融资的资金成本。

答案： D

111. 解 融资前分析不考虑融资方案，在规划和机会研究阶段，一般只进行融资前分析。

答案： C

112. 解 经济效益的计算应遵循支付意愿原则和接受补偿原则（受偿意愿原则）。

答案： D

113. 解 按盈亏平衡产量公式计算：

$$\text{盈亏平衡点产销量} = \frac{1200 \times 10^4}{1000 - 600 - 150} = 48000 \text{ 台}$$

答案： A

114. 解 根据价值公式进行判断：价值(V) = 功能(F)/成本(C)。

答案： C

115. 解 《中华人民共和国建筑法》第八条规定，申请领取施工许可证，应当具备下列条件。

（一）已经办理该建筑工程用地批准手续；

（二）依法应当办理建设工程许可证的，已经取得建设工程规划许可证；

（三）需要拆迁的，其拆迁进度符合施工要求；

（四）已经确定建筑施工企业；

（五）有满足施工需要的资金安排、施工图纸及技术资料；

（六）有保证工程质量和安全的具体措施。

拆迁进度符合施工要求即可，不是拆迁全部完成，所以选项 A 错；并非所有工程都需要监理，所以选项 B 错；建设资金不是全部到位，所以选项 D 错。

答案： C

116. 解 《中华人民共和国招标投标法》第十六条规定，招标人采用公开招标方式的，应当发布招标公告。依法必须进行招标的项目的招标公告，应当通过国家指定的报刊、信息网络或者其他媒介发布。

招标公告应当载明招标人的名称和地址，招标项目的性质、数量、实施地点和时间以及获取招标文件的办法等事项，所以A对。其他几项内容应在招标文件中载明，而不是招标公告中。

答案：A

117. 解 参见《中华人民共和国民法典》第四百七十三条。

要约邀请是希望他人向自己发出要约的意思表示。寄送的价目表、拍卖公告、招标公告、招股说明书、商业广告等为要约邀请。

答案：C

118. 解 根据《中华人民共和国节约能源法》第五十八条规定，国务院管理节能工作的部门会同国务院有关部门制定并公布节能技术、节能产品的推广目录，引导用能单位和个人使用先进的节能技术、节能产品。

答案：B

119. 解 《中华人民共和国环境保护法》第十五条规定，国务院环境保护行政主管部门，制定国家环境质量标准。省、自治区、直辖市人民政府对国家环境质量标准中未作规定的项目，可以制定地方环境质量标准；对国家环境质量标准中已作规定的项目，可以制定严于国家环境质量标准。地方环境质量标准必须报国务院环境保护主管部门备案。 凡是向已有地方环境质量标准的区域排放污染物的，应当执行地方环境质量标准。选项C错在"审批"两字，是备案不是审批。

答案：D

120. 解 《建设工程勘察设计管理条例》第二十六条规定，编制建设工程勘察文件，应当真实、准确，满足建设工程规划、选址、设计、岩土治理和施工的需要。编制方案设计文件，应当满足编制初步设计文件和控制概算的需要。编制初步设计文件，应当满足编制施工招标文件、主要设备材料订货和编制施工图设计文件的需要。编制施工图设计文件，应当满足设备材料采购、非标准设备制作和施工的需要，并注明建设工程合理使用年限。

答案：B

2010年度全国勘察设计注册工程师

执业资格考试试卷

基础考试

（上）

二〇一〇年九月

应考人员注意事项

1. 本试卷科目代码为“1”，考生务必将此代码填涂在答题卡“科目代码”相应的栏目内，否则，无法评分。
2. 书写用笔：**黑色或蓝色钢笔、签字笔或圆珠笔**；
   填涂答题卡用笔：**黑色 2B 铅笔**。
3. 必须用书写用笔将工作单位、姓名、准考证号填写在答题卡和试卷相应的栏目内。
4. 本试卷由 120 题组成，每题 1 分，满分 120 分，本试卷全部为单项选择题，每小题的四个备选项中只有一个正确答案，错选、多选、不选均不得分。
5. 考生作答时，必须按**题号在答题卡上**将相应试题所选选项对应的**字母用 2B 铅笔涂黑**。
6. 在答题卡上书写与题意无关的语言，或在答题卡上作标记的，均按违纪试卷处理。
7. 考试结束时，由监考人员当面将试卷、答题卡一并收回。
8. 草稿纸由各地统一配发，考后收回。

单项选择题（共 120 题，每题 1 分。每题的备选项中只有一个最符合题意。）

1. 设直线方程为$\begin{cases}x=t+1\\y=2t-2\\z=-3t+3\end{cases}$，则直线：

A. 过点$(-1,2,-3)$，方向向量为$\vec{i}+2\vec{j}-3\vec{k}$

B. 过点$(-1,2,-3)$，方向向量为$-\vec{i}-2\vec{j}+3\vec{k}$

C. 过点$(1,2,-3)$，方向向量为$\vec{i}-2\vec{j}+3\vec{k}$

D. 过点$(1,-2,3)$，方向向量为$-\vec{i}-2\vec{j}+3\vec{k}$

2. 设$\vec{\alpha}$，$\vec{\beta}$，$\vec{\gamma}$都是非零向量，若$\vec{\alpha}\times\vec{\beta}=\vec{\alpha}\times\vec{\gamma}$，则：

A. $\vec{\beta}=\vec{\gamma}$

B. $\vec{\alpha}/\!/\vec{\beta}$且$\vec{\alpha}/\!/\vec{\gamma}$

C. $\vec{\alpha}/\!/(\vec{\beta}-\vec{\gamma})$

D. $\vec{\alpha}\perp(\vec{\beta}-\vec{\gamma})$

3. 设$f(x)=\frac{e^{3x}-1}{e^{3x}+1}$，则：

A. $f(x)$为偶函数，值域为$(-1,1)$

B. $f(x)$为奇函数，值域为$(-\infty,0)$

C. $f(x)$为奇函数，值域为$(-1,1)$

D. $f(x)$为奇函数，值域为$(0,+\infty)$

4. 下列命题正确的是：

A. 分段函数必存在间断点

B. 单调有界函数无第二类间断点

C. 在开区间内连续，则在该区间必取得最大值和最小值

D. 在闭区间上有间断点的函数一定有界

5. 设函数$f(x)=\begin{cases}\frac{2}{x^2+1}, & x\leqslant 1\\ ax+b, & x>1\end{cases}$可导，则必有：

A. $a=1$，$b=2$

B. $a=-1$，$b=2$

C. $a=1$，$b=0$

D. $a=-1$，$b=0$

6. 求极限$\lim\limits_{x\to 0}\frac{x^2\sin\frac{1}{x}}{\sin x}$时，下列各种解法中正确的是：

A. 用洛必达法则后，求得极限为0

B. 因为$\lim\limits_{x\to 0}\sin\frac{1}{x}$不存在，所以上述极限不存在

C. 原式$=\lim\limits_{x\to 0}\frac{x}{\sin x}x\sin\frac{1}{x}=0$

D. 因为不能用洛必达法则，故极限不存

7. 下列各点中为二元函数$z=x^3-y^3-3x^2+3y-9x$的极值点的是：

A. $(3,-1)$

B. $(3,1)$

C. $(1,1)$

D. $(-1,-1)$

8. 若函数$f(x)$的一个原函数是e^{-2x}，则$\int f''(x)\mathrm{d}x$等于：

A. $e^{-2x}+C$

B. $-2e^{-2x}$

C. $-2e^{-2x}+C$

D. $4e^{-2x}+C$

9. $\int xe^{-2x}\mathrm{d}x$等于：

A. $-\frac{1}{4}e^{-2x}(2x+1)+C$

B. $\frac{1}{4}e^{-2x}(2x-1)+C$

C. $-\frac{1}{4}e^{-2x}(2x-1)+C$

D. $-\frac{1}{2}e^{-2x}(x+1)+C$

10. 下列广义积分中收敛的是：

A. $\int_0^1\frac{1}{x^2}\mathrm{d}x$

B. $\int_0^2\frac{1}{\sqrt{2-x}}\mathrm{d}x$

C. $\int_{-\infty}^0 e^{-x}\mathrm{d}x$

D. $\int_1^{+\infty}\ln x\,\mathrm{d}x$

11. 圆周$\rho=\cos\theta$，$\rho=2\cos\theta$及射线$\theta=0$，$\theta=\frac{\pi}{4}$所围的图形的面积$S=$

A. $\frac{3}{8}(\pi+2)$

B. $\frac{1}{16}(\pi+2)$

C. $\frac{3}{16}(\pi+2)$

D. $\frac{7}{8}\pi$

12. 计算$I=\iiint\limits_{\Omega} z\mathrm{d}v$，其中$\Omega$为$z^2=x^2+y^2$，$z=1$围成的立体，则正确的解法是：

A. $I=\int_0^{2\pi}\mathrm{d}\theta\int_0^1 r\mathrm{d}r\int_0^1 z\mathrm{d}z$

B. $I=\int_0^{2\pi}\mathrm{d}\theta\int_0^1 r\mathrm{d}r\int_r^1 z\mathrm{d}z$

C. $I=\int_0^{2\pi}\mathrm{d}\theta\int_0^1 \mathrm{d}z\int_r^1 r\mathrm{d}r$

D. $I=\int_0^1\mathrm{d}z\int_0^{\pi}\mathrm{d}\theta\int_0^z zr\mathrm{d}r$

13. 下列各级数中发散的是：

A. $\sum\limits_{n=1}^{\infty}\frac{1}{\sqrt{n+1}}$

B. $\sum\limits_{n=1}^{\infty}(-1)^{n-1}\frac{1}{\ln(n+1)}$

C. $\sum\limits_{n=1}^{\infty}\frac{n+1}{3^n}$

D. $\sum\limits_{n=1}^{\infty}(-1)^{n-1}\left(\frac{2}{3}\right)^n$

14. 幂级数$\sum\limits_{n=1}^{\infty}\frac{(x-1)^n}{3^n n}$的收敛域是：

A. $[-2,4)$

B. $(-2,4)$

C. $(-1,1)$

D. $\left[-\frac{1}{3},\frac{4}{3}\right)$

15. 微分方程$y''+2y=0$的通解是：

A. $y=A\sin 2x$

B. $y=A\cos x$

C. $y=\sin\sqrt{2}x+B\cos\sqrt{2}x$

D. $y=A\sin\sqrt{2}x+B\cos\sqrt{2}x$

16. 微分方程$y\mathrm{d}x+(x-y)\mathrm{d}y=0$的通解是：

A. $\left(x-\frac{y}{2}\right)y=C$

B. $xy=C\left(x-\frac{y}{2}\right)$

C. $xy=C$

D. $y=\frac{C}{\ln\left(x-\frac{y}{2}\right)}$

17. 设$\boldsymbol{A}$是m阶矩阵，$\boldsymbol{B}$是n阶矩阵，行列式$\begin{vmatrix}0 & \boldsymbol{A}\\ \boldsymbol{B} & 0\end{vmatrix}=$

A. $-|\boldsymbol{A}||\boldsymbol{B}|$

B. $|\boldsymbol{A}||\boldsymbol{B}|$

C. $(-1)^{m+n}|\boldsymbol{A}||\boldsymbol{B}|$

D. $(-1)^{mn}|\boldsymbol{A}||\boldsymbol{B}|$

18. 设$\boldsymbol{A}$是 3 阶矩阵，矩阵$\boldsymbol{A}$的第 1 行的 2 倍加到第 2 行，得矩阵$\boldsymbol{B}$，则下列选项中成立的是：

A. $\boldsymbol{B}$的第 1 行的-2倍加到第 2 行得$\boldsymbol{A}$

B. $\boldsymbol{B}$的第 1 列的-2倍加到第 2 列得$\boldsymbol{A}$

C. $\boldsymbol{B}$的第 2 行的-2倍加到第 1 行得$\boldsymbol{A}$

D. $\boldsymbol{B}$的第 2 列的-2倍加到第 1 列得$\boldsymbol{A}$

19. 已知三维列向量$\boldsymbol{\alpha}$，$\boldsymbol{\beta}$满足$\boldsymbol{\alpha}^{\mathrm{T}}\boldsymbol{\beta}=3$，设3阶矩阵$\boldsymbol{A}=\boldsymbol{\beta}\boldsymbol{\alpha}^{\mathrm{T}}$，则：

A. $\boldsymbol{\beta}$是$\boldsymbol{A}$的属于特征值0的特征向量

B. $\boldsymbol{\alpha}$是$\boldsymbol{A}$的属于特征值0的特征向量

C. $\boldsymbol{\beta}$是$\boldsymbol{A}$的属于特征值3的特征向量

D. $\boldsymbol{\alpha}$是$\boldsymbol{A}$的属于特征值3的特征向量

20. 设齐次线性方程组$\begin{cases}x_1-kx_2=0\\kx_1-5x_2+x_3=0\\x_1+x_2+x_3=0\end{cases}$，当方程组有非零解时，$k$值为：

A. −2或3　　B. 2或3

C. 2或−3　　D. −2或−3

21. 设事件A，B相互独立，且$P(A)=\frac{1}{2}$，$P(B)=\frac{1}{3}$，则$P\left(B\middle|A\cup\overline{B}\right)$等于：

A. $\frac{5}{6}$　　B. $\frac{1}{6}$

C. $\frac{1}{3}$　　D. $\frac{1}{5}$

22. 将3个球随机地放入4个杯子中，则杯中球的最大个数为2的概率为：

A. $\frac{1}{16}$　　B. $\frac{3}{16}$

C. $\frac{9}{16}$　　D. $\frac{4}{27}$

23. 设随机变量X的概率密度为$f(x)=\begin{cases}\frac{1}{x^2}, & x\geqslant 1\\0, & \text{其他}\end{cases}$，则$P(0\leqslant X\leqslant 3)=$

A. $\frac{1}{3}$　　B. $\frac{2}{3}$

C. $\frac{1}{2}$　　D. $\frac{1}{4}$

24. 设随机变量(X,Y)服从二维正态分布，其概率密度为$f(x,y)=\frac{1}{2\pi}e^{-\frac{1}{2}(x^2+y^2)}$，则$E(X^2+Y^2)=$

A. 2　　B. 1

C. $\frac{1}{2}$　　D. $\frac{1}{4}$

25. 一定量的刚性双原子分子理想气体储于一容器中，容器的容积为V，气体压强为p，则气体的内能为：

A. $\frac{3}{2}pV$　　B. $\frac{5}{2}pV$

C. $\frac{1}{2}pV$　　D. pV

26. 理想气体的压强公式是：

A. $p=\frac{1}{3}nmv^2$　　B. $p=\frac{1}{3}nm\overline{v}$

C. $p=\frac{1}{3}nm\overline{v}^2$　　D. $p=\frac{1}{3}n\overline{v}^2$

27. “理想气体和单一热源接触做等温膨胀时，吸收的热量全部用来对外做功。”对此说法，有如下几种讨论，正确的是：

A. 不违反热力学第一定律，但违反热力学第二定律

B. 不违反热力学第二定律，但违反热力学第一定律

C. 不违反热力学第一定律，也不违反热力学第二定律

D. 违反热力学第一定律，也违反热力学第二定律

28. 一定量的理想气体，由一平衡态p_1，V_1，T_1变化到另一平衡态p_2，V_2，T_2，若$V_2>V_1$，但$T_2=T_1$，无论气体经历什么样的过程：

A. 气体对外做的功一定为正值

B. 气体对外做的功一定为负值

C. 气体的内能一定增加

D. 气体的内能保持不变

29. 在波长为λ的驻波中，两个相邻的波腹之间的距离为：

A. $\frac{\lambda}{2}$　　B. $\frac{\lambda}{4}$

C. $\frac{3\lambda}{4}$　　D. λ

30. 一平面简谐波在弹性媒质中传播时，某一时刻在传播方向上一质元恰好处在负的最大位移处，则它的：

A. 动能为零，势能最大　　B. 动能为零，势能为零

C. 动能最大，势能最大　　D. 动能最大，势能为零

31. 一声波波源相对媒质不动，发出的声波频率是ν_0。设一观察者的运动速度为波速的$\frac{1}{2}$，当观察者迎着波源运动时，他接收到的声波频率是：

A. $2\nu_0$　　B. $\frac{1}{2}\nu_0$

C. ν_0　　D. $\frac{3}{2}\nu_0$

32. 在双缝干涉实验中，光的波长 600nm，双缝间距 2mm，双缝与屏的间距为 300cm，则屏上形成的干涉图样的相邻明条纹间距为：

A. 0.45mm　　B. 0.9mm　　C. 9mm　　D. 4.5mm

33. 在双缝干涉实验中，若在两缝后（靠近屏一侧）各覆盖一块厚度均为d，但折射率分别为n_1和n_2（$n_2 > n_1$）的透明薄片，从两缝发出的光在原来中央明纹处相遇时，光程差为：

A. $d(n_2 - n_1)$　　B. $2d(n_2 - n_1)$

C. $d(n_2 - 1)$　　D. $d(n_1 - 1)$

34. 在空气中做牛顿环实验，如图所示，当平凸透镜垂直向上缓慢平移而远离平面玻璃时，可以观察到这些环状干涉条纹：

单色光

A. 向右平移　　B. 静止不动

C. 向外扩张　　D. 向中心收缩

35. 一束自然光通过两块叠放在一起的偏振片，若两偏振片的偏振化方向间夹角由α_1转到α_2，则转动前后透射光强度之比为：

A. $\frac{\cos^2\alpha_2}{\cos^2\alpha_1}$　　B. $\frac{\cos\alpha_2}{\cos\alpha_1}$　　C. $\frac{\cos^2\alpha_1}{\cos^2\alpha_2}$　　D. $\frac{\cos\alpha_1}{\cos\alpha_2}$

36. 若用衍射光栅准确测定一单色可见光的波长，在下列各种光栅常数的光栅中，选用哪一种最好：

A. 1.0×10^{-1}mm　　B. 5.0×10^{-1}mm

C. 1.0×10^{-2}mm　　D. 1.0×10^{-3}mm

37. $K_{sp}^{\Theta}(Mg(OH)_2) = 5.6 \times 10^{-12}$，则$Mg(OH)_2$在$0.01mol \cdot L^{-1}$NaOH溶液中的溶解度为：

A. $5.6 \times 10^{-9}mol \cdot L^{-1}$　　B. $5.6 \times 10^{-10}mol \cdot L^{-1}$

C. $5.6 \times 10^{-8}mol \cdot L^{-1}$　　D. $5.6 \times 10^{-5}mol \cdot L^{-1}$

38. $BeCl_2$ 中 Be 的原子轨道杂化类型为：

A. sp　　B. sp^2　　C. sp^3　　D. 不等性 sp^3

39. 常温下，在 CH_3COOH 与 CH_3COONa 的混合溶液中，若它们的浓度均为$0.10mol \cdot L^{-1}$，测得 pH 是 4.75，现将此溶液与等体积的水混合后，溶液的 pH 值是：

A. 2.38　　B. 5.06　　C. 4.75　　D. 5.25

40. 对一个化学反应来说，下列叙述正确的是：

A. $\Delta_r G_m^\ominus$越小，反应速率越快　　B. $\Delta_r H_m^\ominus$越小，反应速率越快

C. 活化能越小，反应速率越快　　D. 活化能越大，反应速率越快

41. 26 号元素原子的价层电子构型为：

A. $3d^5 4s^2$　　B. $3d^6 4s^2$　　C. $3d^6$　　D. $4s^2$

42. 确定原子轨道函数ψ形状的量子数是：

A. 主量子数　　B. 角量子数　　C. 磁量子数　　D. 自旋量子数

43. 下列反应中$\Delta_r S_m^\ominus > 0$的是：

A. $2H_2(g) + O_2(g) \longrightarrow 2H_2O(g)$

B. $N_2(g) + 3H_2(g) \longrightarrow 2NH_3(g)$

C. $NH_4Cl(s) \longrightarrow NH_3(g) + HCl(g)$

D. $CO_2(g) + 2NaOH(aq) \longrightarrow Na_2CO_3(aq) + H_2O(l)$

44. 下称各化合物的结构式，不正确的是：

A. 聚乙烯：$-\!\!\left[CH_2-CH_2 \right]\!\!-_n$　　B. 聚氯乙烯：$-\!\!\left[CH_2-\underset{\displaystyle Cl}{\underset{|}{CH}} \right]\!\!-_n$

C. 聚丙烯：$-\!\!\left[CH_2-CH_2-CH_2 \right]\!\!-_n$　　D. 聚 1-丁烯：$-\!\!\left[CH_2CH(C_2H_5) \right]\!\!-_n$

45. 下列化合物中，没有顺、反异构体的是：

A. $CHCl=CHCl$　　B. $CH_3CH=CHCH_2Cl$

C. $CH_2=CHCH_2CH_3$　　D. $CHF=CClBr$

46. 六氯苯的结构式正确的是：

A. 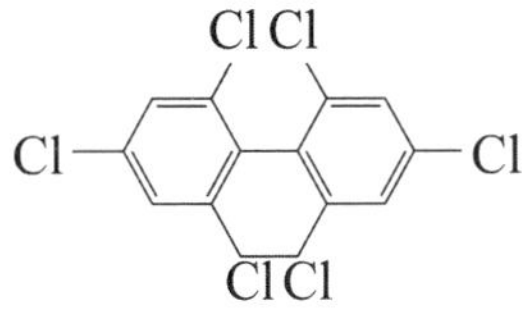　　B.

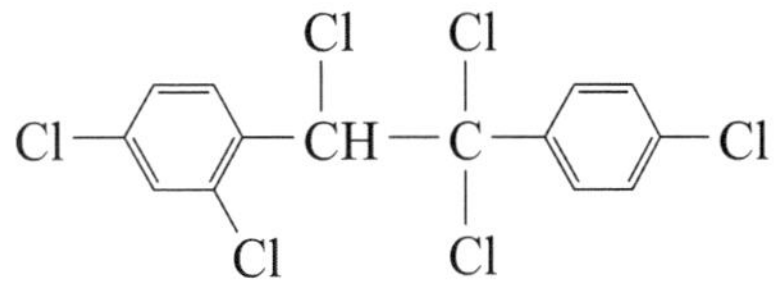

C. 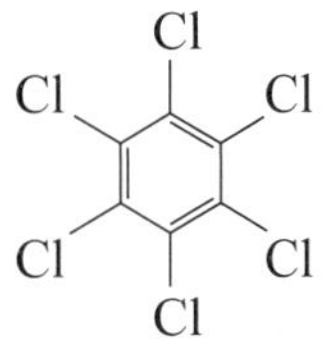　　D.

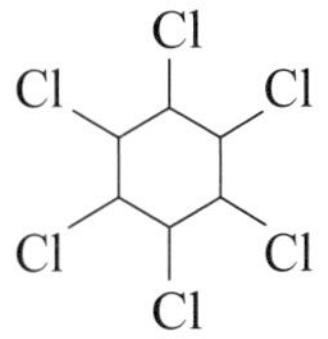

47. 将大小为 100N 的力$\boldsymbol{F}$沿x、y方向分解，如图所示，若$\boldsymbol{F}$在x轴上的投影为 50N，而沿x方向的分力的大小为 200N，则$\boldsymbol{F}$在y轴上的投影为：

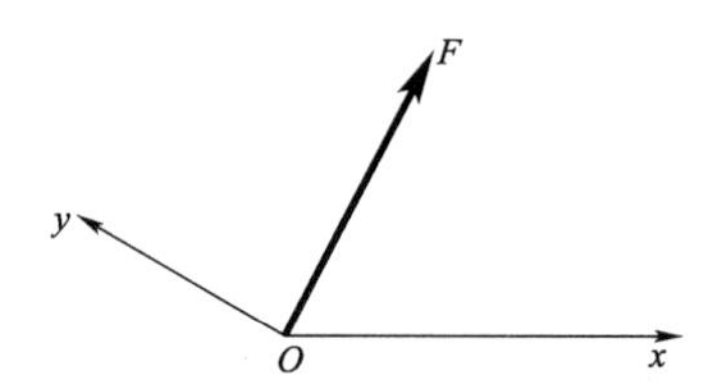

A. 0

B. 50N

C. 200N

D. 100N

48. 图示等边三角形ABC，边长a，沿其边缘作用大小均为F的力，方向如图所示。则此力系简化为：

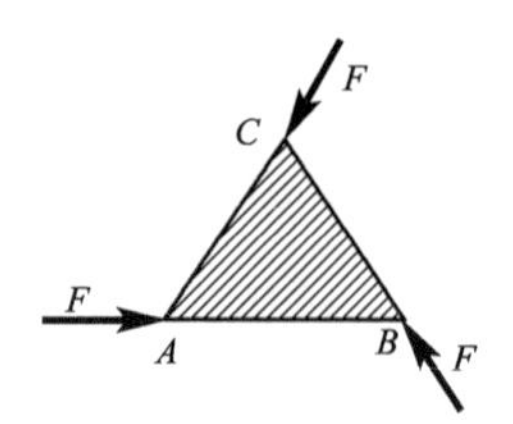

A. $F_{\mathrm{R}}=0$；$M_{\mathrm{A}}=\frac{\sqrt{3}}{2}Fa$

B. $F_{\mathrm{R}}=0$；$M_{\mathrm{A}}=Fa$

C. $F_{\mathrm{R}}=2F$；$M_{\mathrm{A}}=\frac{\sqrt{3}}{2}Fa$

D. $F_{\mathrm{R}}=2F$；$M_{\mathrm{A}}=\sqrt{3}Fa$

49. 三铰拱上作用有大小相等，转向相反的二力偶，其力偶矩大小为M，如图所示。略去自重，则支座A的约束力大小为：

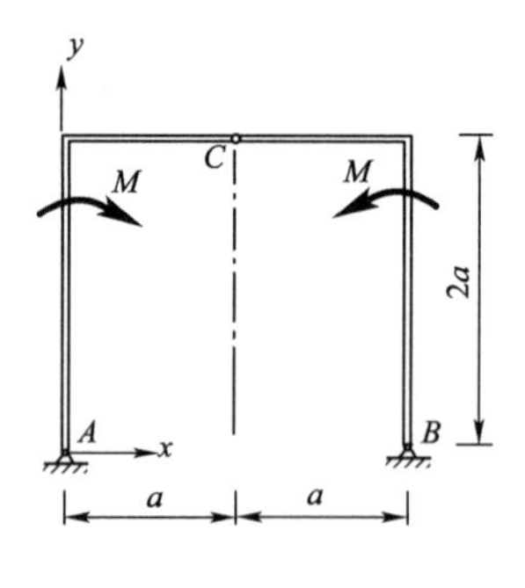

A. $F_{\mathrm{A}x}=0$；$F_{\mathrm{A}y}=\frac{M}{2a}$

B. $F_{\mathrm{A}x}=\frac{M}{2a}$；$F_{\mathrm{A}y}=0$

C. $F_{\mathrm{A}x}=\frac{M}{a}$；$F_{\mathrm{A}y}=0$

D. $F_{\mathrm{A}x}=\frac{M}{2a}$；$F_{\mathrm{A}y}=M$

50. 简支梁受分布荷载作用如图所示。支座A、B的约束力为：

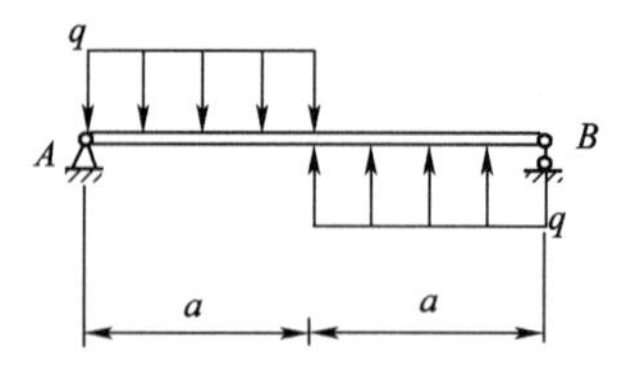

A. $F_{\mathrm{A}}=0$，$F_{\mathrm{B}}=0$

B. $F_{\mathrm{A}}=\frac{1}{2}qa\uparrow$，$F_{\mathrm{B}}=\frac{1}{2}qa\uparrow$

C. $F_{\mathrm{A}}=\frac{1}{2}qa\uparrow$，$F_{\mathrm{B}}=\frac{1}{2}qa\downarrow$

D. $F_{\mathrm{A}}=\frac{1}{2}qa\downarrow$，$F_{\mathrm{B}}=\frac{1}{2}qa\uparrow$

51. 已知质点沿半径为 40cm 的圆周运动，其运动规律为$s=20t$（s以 cm 计，t以 s 计）。若$t=1\text{s}$，则点的速度与加速度的大小为：

A. 20cm/s；$10\sqrt{2}\text{cm/s}^2$　　B. 20cm/s；10cm/s^2

C. 40cm/s；20cm/s^2　　D. 40cm/s；10cm/s^2

52. 已知点的运动方程为$x=2t$，$y=t^2-t$，则其轨迹方程为：

A. $y=t^2-t$　　B. $x=2t$

C. $x^2-2x-4y=0$　　D. $x^2+2x+4y=0$

53. 直角刚杆OAB在图示瞬间角速度$\omega=2\text{rad/s}$，角加速度$\varepsilon=5\text{rad/s}^2$，若$OA=40\text{cm}$，$AB=30\text{cm}$，则$B$点的速度大小、法向加速度的大小和切向加速度的大小为：

A. 100cm/s；200cm/s^2；250cm/s^2

B. 80cm/s^2；160cm/s^2；200cm/s^2

C. 60cm/s^2；120cm/s^2；150cm/s^2

D. 100cm/s^2；200cm/s^2；200cm/s^2

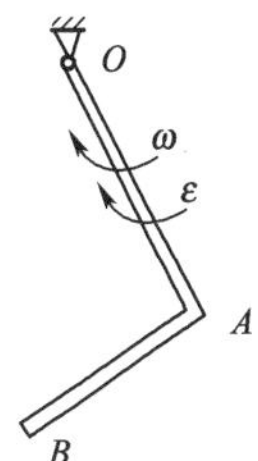

54. 重为$\boldsymbol{W}$的货物由电梯载运下降，当电梯加速下降、匀速下降及减速下降时，货物对地板的压力分别为$\boldsymbol{R}_1$、$\boldsymbol{R}_2$、$\boldsymbol{R}_3$，它们之间的大小关系为：

A. $R_1=R_2=R_3$　　B. $R_1>R_2>R_3$

C. $R_1<R_2<R_3$　　D. $R_1<R_2>R_3$

55. 如图所示，两重物M_1和M_2的质量分别为m_1和m_2，两重物系在不计质量的软绳上，绳绕过匀质定滑轮，滑轮半径为r，质量为m，则此滑轮系统对转轴O之动量矩为：

A. $L_O=\left(m_1+m_2-\frac{1}{2}m\right)rv$ ↘

B. $L_O=\left(m_1-m_2-\frac{1}{2}m\right)rv$ ↘

C. $L_O=\left(m_1+m_2+\frac{1}{2}m\right)rv$ ↘

D. $L_O=\left(m_1+m_2+\frac{1}{2}m\right)rv$ ↗

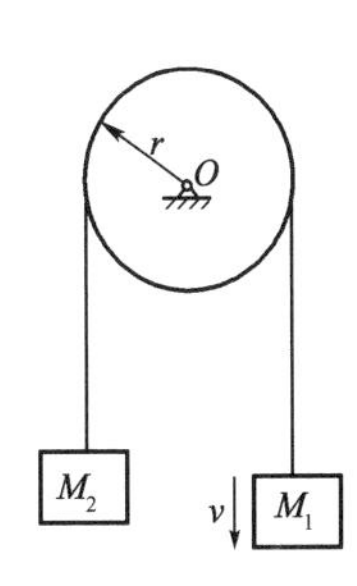

56. 质量为m，长为 $2l$的均质杆初始位于水平位置，如图所示。A端脱落后，杆绕轴B转动，当杆转到铅垂位置时，AB杆B处的约束力大小为：

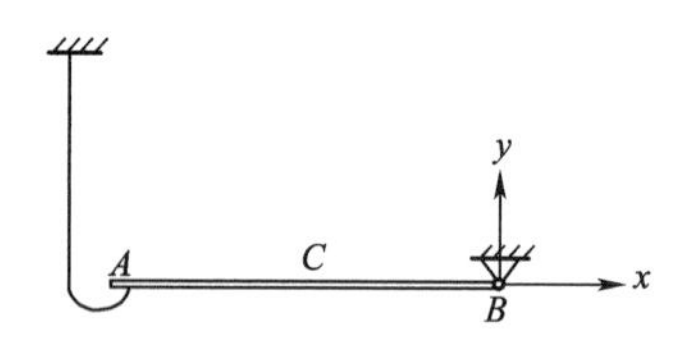

A. $F_{Bx}=0$，$F_{By}=0$

B. $F_{Bx}=0$，$F_{By}=\frac{mg}{4}$

C. $F_{Bx}=l$，$F_{By}=mg$

D. $F_{Bx}=0$，$F_{By}=\frac{5mg}{2}$

57. 图示均质圆轮，质量为m，半径为r，在铅垂图面内绕通过圆盘中心O的水平轴转动，角速度为ω，角加速度为ε，此时将圆轮的惯性力系向O点简化，其惯性力主矢和惯性力主矩的大小分别为：

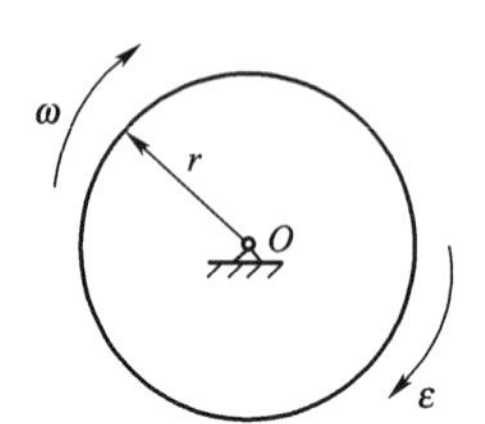

A. 0；0

B. $mr\varepsilon$；$\frac{1}{2}mr^2\varepsilon$

C. 0；$\frac{1}{2}mr^2\varepsilon$

D. 0；$\frac{1}{4}mr^2\omega^2$

58. 5 根弹簧系数均为k的弹簧，串联与并联时的等效弹簧刚度系数分别为：

A. $5k$；$\frac{k}{5}$　　B. $\frac{5}{k}$；$5k$

C. $\frac{k}{5}$；$5k$　　D. $\frac{1}{5k}$；$5k$

59. 等截面杆，轴向受力如图所示。杆的最大轴力是：

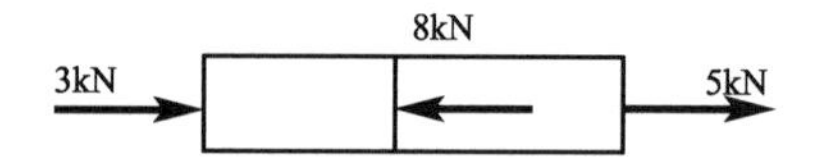

A. 8kN

B. 5kN

C. 3kN

D. 13kN

60. 钢板用两个铆钉固定在支座上，铆钉直径为d，在图示荷载下，铆钉的最大切应力是：

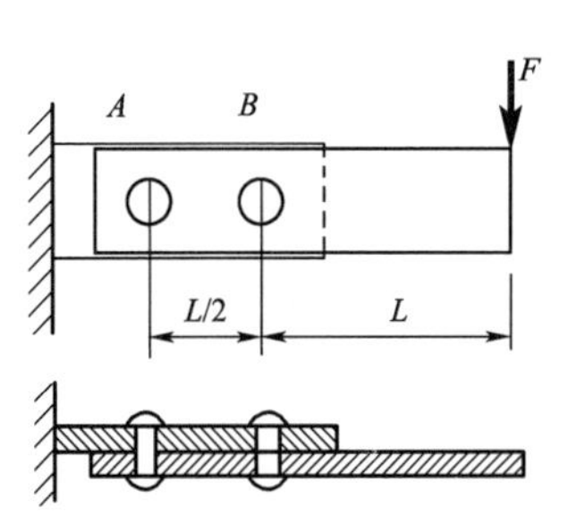

A. $\tau_{\max}=\frac{4F}{\pi d^2}$

B. $\tau_{\max}=\frac{8F}{\pi d^2}$

C. $\tau_{\max}=\frac{12F}{\pi d^2}$

D. $\tau_{\max}=\frac{2F}{\pi d^2}$

61. 圆轴直径为d，剪切弹性模量为G，在外力作用下发生扭转变形，现测得单位长度扭转角为θ，圆轴的最大切应力是：

A. $\tau=\frac{16\theta G}{\pi d^3}$　　B. $\tau=\theta G\frac{\pi d^3}{16}$

C. $\tau=\theta Gd$　　D. $\tau=\frac{\theta Gd}{2}$

62. 直径为d的实心圆轴受扭，为使扭转最大切应力减小一半，圆轴的直径应改为：

A. $2d$　　B. $0.5d$

C. $\sqrt{2}d$　　D. $\sqrt[3]{2}d$

63. 图示矩形截面对z_1轴的惯性矩I_{z1}为：

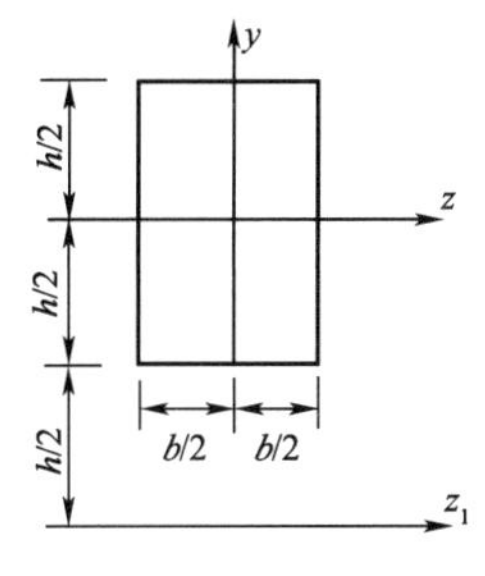

A. $I_{z1}=\frac{bh^3}{12}$

B. $I_{z1}=\frac{bh^3}{3}$

C. $I_{z1}=\frac{7bh^3}{6}$

D. $I_{z1}=\frac{13bh^3}{12}$

64. 图示外伸梁，在C、D处作用相同的集中力F，截面A的剪力和截面C的弯矩分别是：

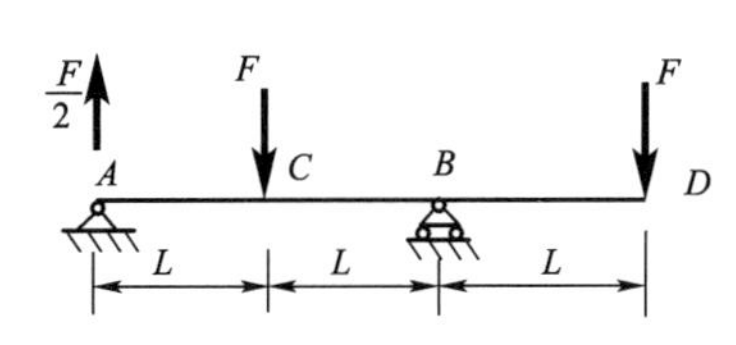

A. $F_{\mathrm{SA}}=0$，$M_{\mathrm{C}}=0$

B. $F_{\mathrm{SA}}=F$，$M_{\mathrm{C}}=FL$

C. $F_{\mathrm{SA}}=F/2$，$M_{\mathrm{C}}=FL/2$

D. $F_{\mathrm{SA}}=0$，$M_{\mathrm{C}}=2FL$

65. 悬臂梁AB由两根相同的矩形截面梁胶合而成。若胶合面全部开裂，假设开裂后两杆的弯曲变形相同，接触面之间无摩擦力，则开裂后梁的最大挠度是原来的：

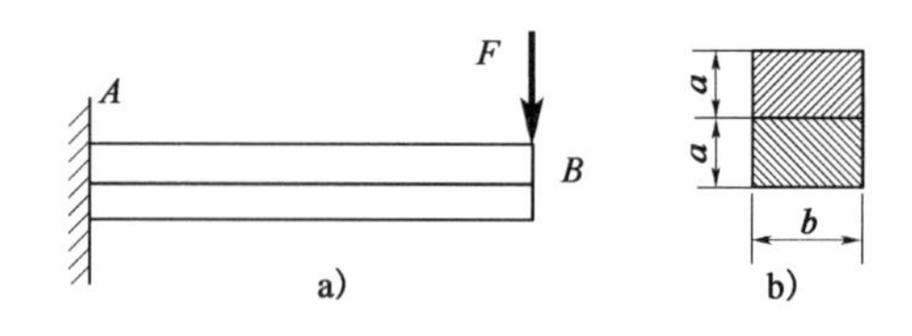

A. 两者相同

B. 2 倍

C. 4 倍

D. 8 倍

66. 图示悬臂梁自由端承受集中力偶M。若梁的长度减小一半，梁的最大挠度是原来的：

A. 1/2

B. 1/4

C. 1/8

D. 1/16

M

L

67. 在图示 4 种应力状态中，切应力值最大的应力状态是：

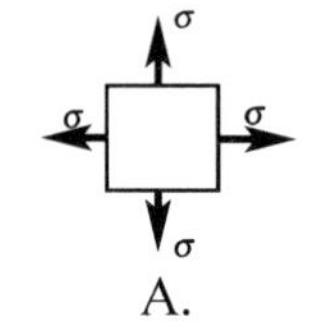

A.

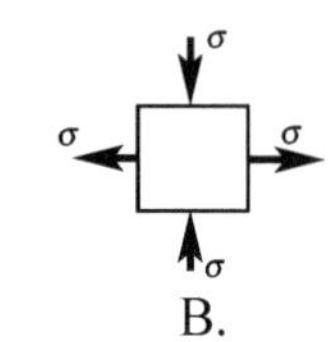

B.

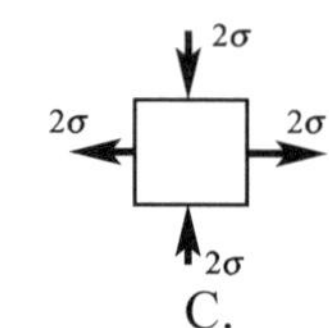

C.

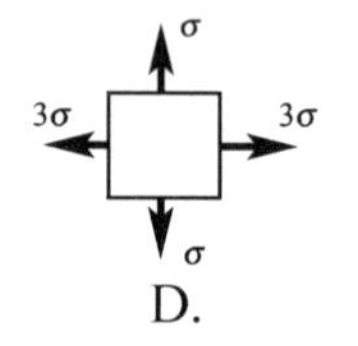

D.

68. 图示矩形截面杆AB，A端固定，B端自由。B端右下角处承受与轴线平行的集中力F，杆的最大正应力是：

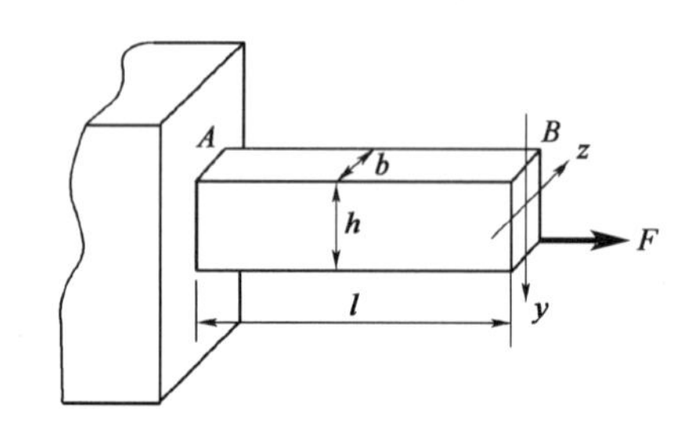

A. $\sigma = \frac{3F}{bh}$

B. $\sigma = \frac{4F}{bh}$

C. $\sigma = \frac{7F}{bh}$

D. $\sigma = \frac{13F}{bh}$

69. 图示圆轴固定端最上缘A点的单元体的应力状态是：

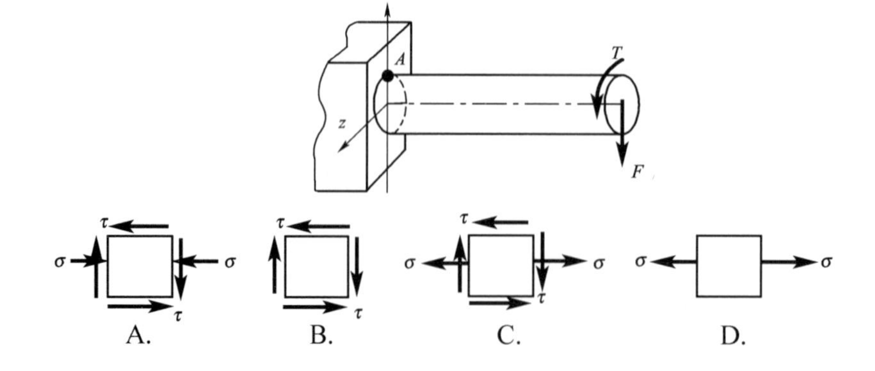

70. 图示三根压杆均为细长（大柔度）压杆，且弯曲刚度均为EI。三根压杆的临界荷载F_{cr}的关系为：

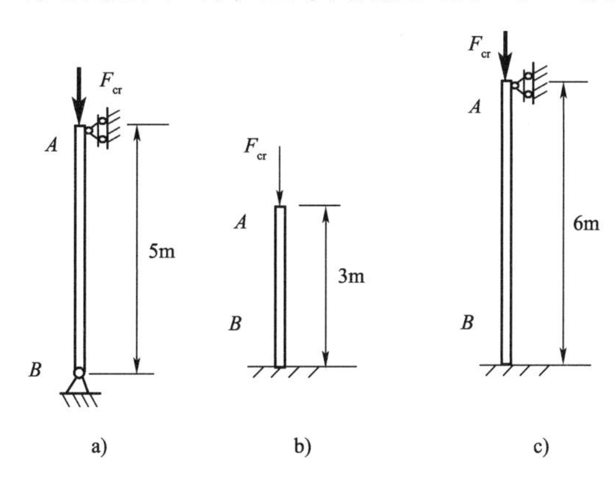

A. $F_{cra} > F_{crb} > F_{crc}$　　B. $F_{crb} > F_{cra} > F_{crc}$

C. $F_{crc} > F_{cra} > F_{crb}$　　D. $F_{crb} > F_{crc} > F_{cra}$

71. 如图所示，上部为气体下部为水的封闭容器装有 U 形水银测压计，其中 1、2、3 点位于同一平面上，其压强的关系为：

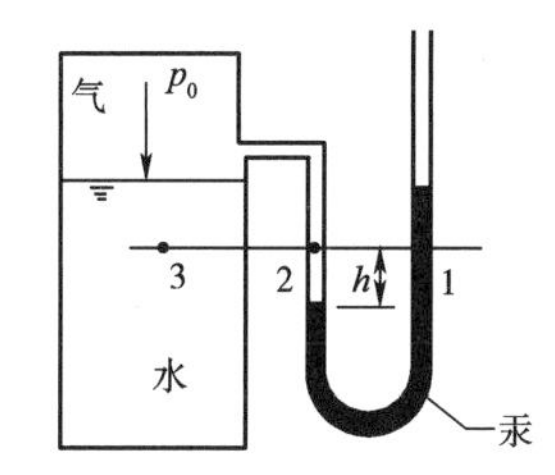

A. $p_1 < p_2 < p_3$

B. $p_1 > p_2 > p_3$

C. $p_2 < p_1 < p_3$

D. $p_2 = p_1 = p_3$

72. 如图所示，下列说法中错误的是：

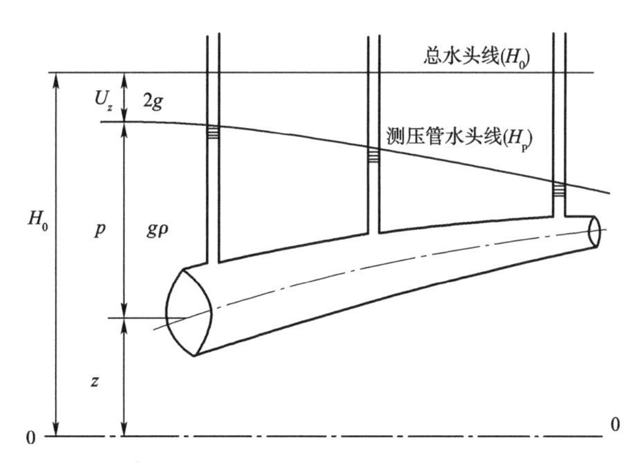

A. 对理想流体，该测压管水头线（H_p线）应该沿程无变化

B. 该图是理想流体流动的水头线

C. 对理想流体，该总水头线（H_0线）沿程无变化

D. 该图不适用于描述实际流体的水头线

73. 一管径$d = 50\text{mm}$的水管，在水温$t = 10℃$时，管内要保持层流的最大流速是：（10℃时水的运动黏滞系数$\nu = 1.31 \times 10^{-6}\text{m}^2/\text{s}$）

A. 0.21m/s　　B. 0.115m/s

C. 0.105m/s　　D. 0.0524m/s

74. 管道长度不变，管中流动为层流，允许的水头损失不变，当直径变为原来 2 倍时，若不计局部损失，流量将变为原来的：

A. 2 倍　　B. 4 倍

C. 8 倍　　D. 16 倍

75. 圆柱形管嘴的长度为l，直径为d，管嘴作用水头为H_0，则其正常工作条件为：

A. $l = (3\sim4)d$，$H_0 > 9\text{m}$　　B. $l = (3\sim4)d$，$H_0 < 9\text{m}$

C. $l > (7\sim8)d$，$H_0 > 9\text{m}$　　D. $l > (7\sim8)d$，$H_0 < 9\text{m}$

76. 如图所示，当阀门的开度变小时，流量将：

A. 增大

B. 减小

C. 不变

D. 条件不足，无法确定

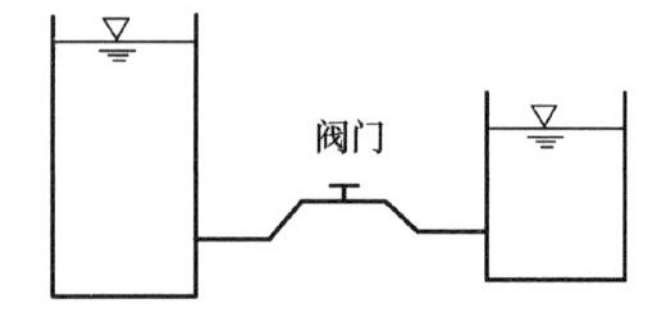

77. 在实验室中，根据达西定律测定某种土壤的渗透系数，将土样装在直径$d = 30\text{cm}$的圆筒中，在 90cm 水头差作用下，8h 的渗透水量为 100L，两测压管的距离为 40cm，该土壤的渗透系数为：

A. 0.9m/d　　B. 1.9m/d

C. 2.9m/d　　D. 3.9m/d

78. 流体的压强p、速度v、密度ρ，正确的无量纲数组合是：

A. $\frac{p}{\rho v^2}$　　B. $\frac{\rho p}{v^2}$　　C. $\frac{\rho}{p v^2}$　　D. $\frac{p}{\rho v}$

79. 在图中，线圈 a 的电阻为R_a，线圈 b 的电阻为R_b，两者彼此靠近如图所示，若外加激励$u = U_M \sin \omega t$，则：

A. $i_a = \frac{u}{R_a}$，$i_b = 0$

B. $i_a \neq \frac{u}{R_a}$，$i_b \neq 0$

C. $i_a = \frac{u}{R_a}$，$i_b \neq 0$

D. $i_a \neq \frac{u}{R_a}$，$i_b = 0$

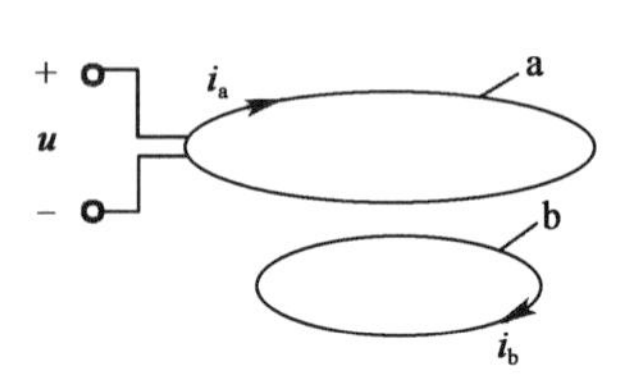

80. 图示电路中，电流源的端电压U等于：

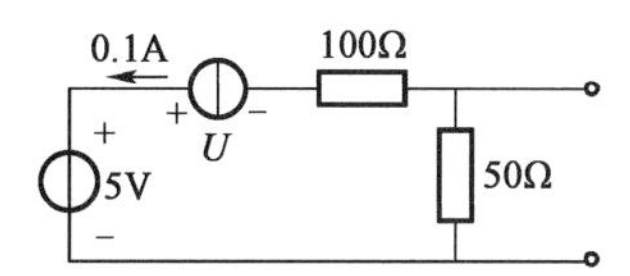

A. 20V

B. 10V

C. 5V

D. 0V

81. 已知电路如图所示，若使用叠加原理求解图中电流源的端电压U，正确的方法是：

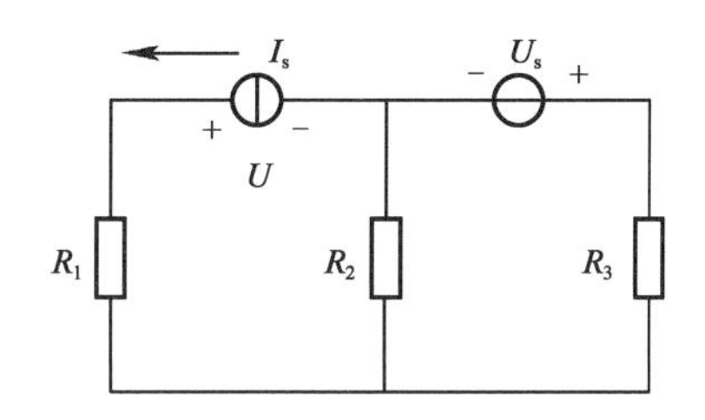

A. $U'=(R_2 /\!/ R_3+R_1)I_s$，$U''=0$，$U=U'$

B. $U'=(R_1+R_2)I_s$，$U''=0$，$U=U'$

C. $U'=(R_2 /\!/ R_3+R_1)I_s$，$U''=\frac{R_2}{R_2+R_3}U_s$，$U=U'-U''$

D. $U'=(R_2 /\!/ R_3+R_1)I_s$，$U''=\frac{R_2}{R_2+R_3}U_s$，$U=U'+U''$

82. 图示电路中，A_1、A_2、V_1、V_2均为交流表，用于测量电压或电流的有效值I_1、I_2、U_1、U_2，若$I_1=4A$，$I_2=2A$，$U_1=10V$，则电压表V_2的读数应为：

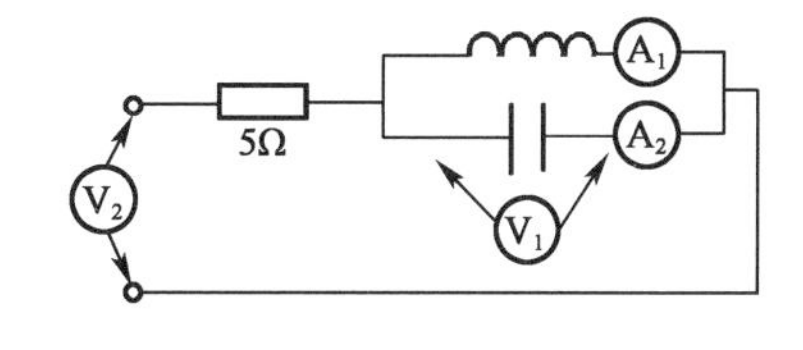

A. 40V

B. 14.14V

C. 31.62V

D. 20V

83. 三相五线供电机制下，单相负载 A 的外壳引出线应：

A. 保护接地

B. 保护接中

C. 悬空

D. 保护接 PE 线

84. 某滤波器的幅频特性波特图如图所示，该电路的传递函数为：

A. 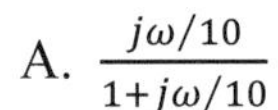 $\frac{j\omega/10}{1+j\omega/10}$

B. $\frac{j\omega/20\pi}{1+j\omega/20\pi}$

C. $\frac{j\omega/2\pi}{1+j\omega/2\pi}$

D. 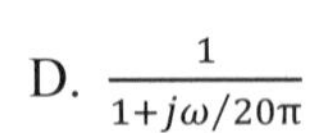 $\frac{1}{1+j\omega/20\pi}$

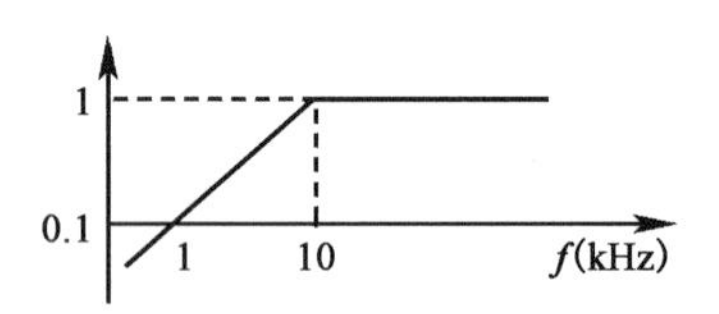

85. 若希望实现三相异步电动机的向上向下平滑调速，则应采用：

A. 串转子电阻调速方案　　B. 串定子电阻调速方案

C. 调频调速方案　　D. 变磁极对数调速方案

86. 在电动机的继电接触控制电路中，具有短路保护、过载保护、欠压保护和行程保护，其中，需要同时接在主电路和控制电路中的保护电器是：

A. 热继电器和行程开关　　B. 熔断器和行程开关

C. 接触器和行程开关　　D. 接触器和热继电器

87. 信息可以以编码的方式载入：

A. 数字信号之中　　B. 模拟信号之中

C. 离散信号之中　　D. 采样保持信号之中

88. 七段显示器的各段符号如图所示，那么，字母“E”的共阴极七段显示器的显示码 abcdefg 应该是：

A. 1001111　　B. 0110000

C. 10110111　　D. 10001001

89. 某电压信号随时间变化的波形图如图所示，该信号应归类于：

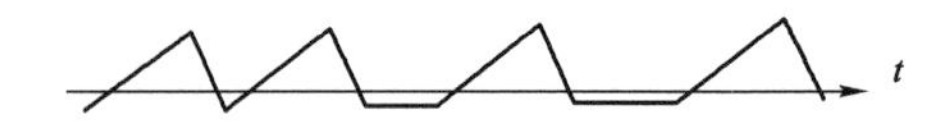

A. 周期信号　　B. 数字信号

C. 离散信号　　D. 连续时间信号

90. 非周期信号的幅度频谱是：

A. 连续的　　B. 离散的，谱线正负对称排列

C. 跳变的　　D. 离散的，谱线均匀排列

91. 图 a）所示电压信号波形经电路 A 变换成图 b）波形，再经电路 B 变换成图 c）波形，那么，电路 A 和电路 B 应依次选用：

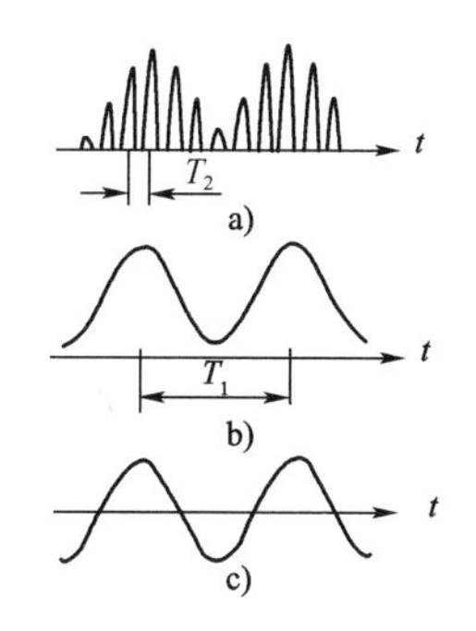

A. 低通滤波器和高通滤波器

B. 高通滤波器和低通滤波器

C. 低通滤波器和带通滤波器

D. 高通滤波器和带通滤波器

92. 由图示数字逻辑信号的波形可知，三者的函数关系是：

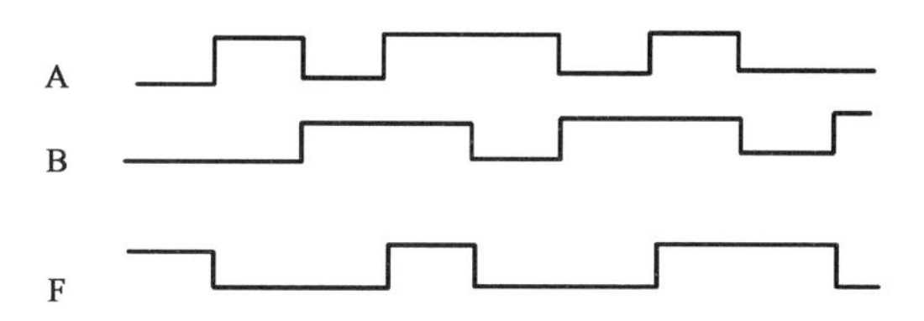

A. $F=\overline{AB}$　　B. $F=\overline{A+B}$

C. $F=AB+\overline{AB}$　　D. $F=\overline{A}B+A\overline{B}$

93. 某晶体管放大电路的空载放大倍数$A_k=-80$、输入电阻$r_i=1k\Omega$和输出电阻$r_o=3k\Omega$，将信号源（$u_s=10\sin\omega t$ mV，$R_s=1k\Omega$）和负载（$R_L=5k\Omega$）接于该放大电路之后（见图），负载电压u_o将为：

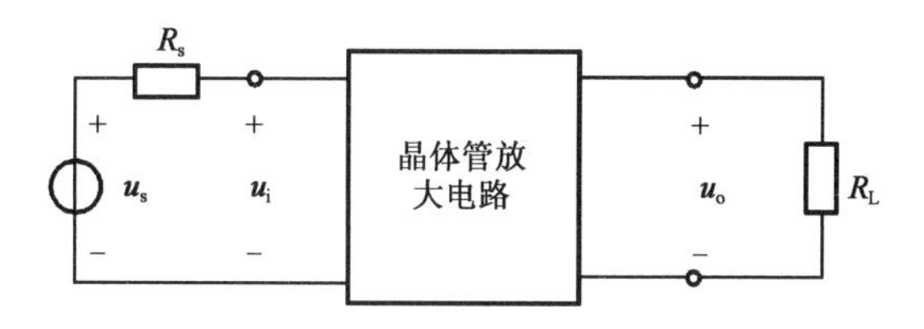

A. $-0.8\sin\omega t$ V　　B. $-0.5\sin\omega t$ V

C. $-0.4\sin\omega t$ V　　D. $-0.25\sin\omega t$ V

94. 将运算放大器直接用于两信号的比较，如图 a）所示，其中，$u_{i1}=-1V$，u_{i1}的波形由图 b）给出，则输出电压u_o等于：

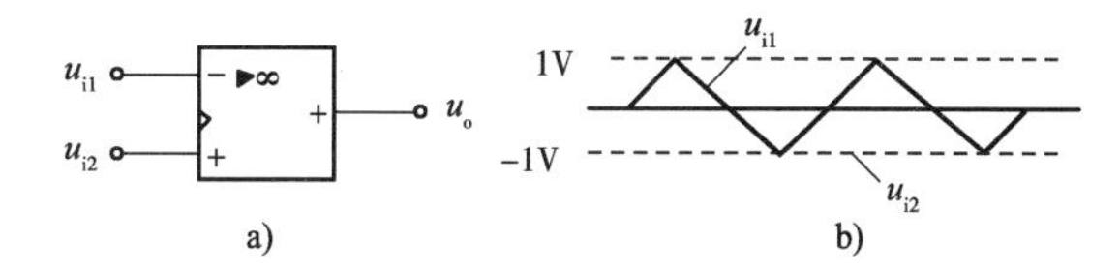

A. u_a　　B. $-u_a$

C. 正的饱和值　　D. 负的饱和值

95. D 触发器的应用电路如图所示，设输出 Q 的初值为 0，那么，在时钟脉冲 cp 的作用下，输出 Q 为：

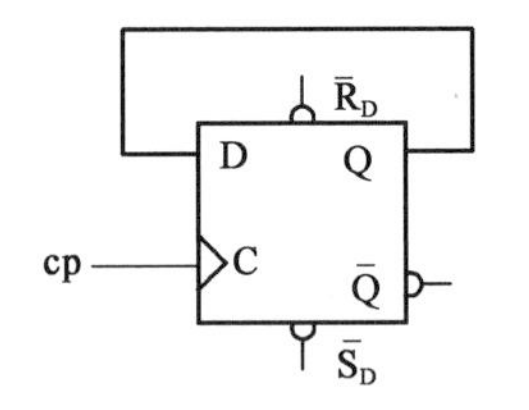

A. 1

B. cp

C. 脉冲信号，频率为时钟脉冲频率的1/2

D. 0

96. 由 JK 触发器组成的应用电器如图所示，设触发器的初值都为 0，经分析可知是一个：

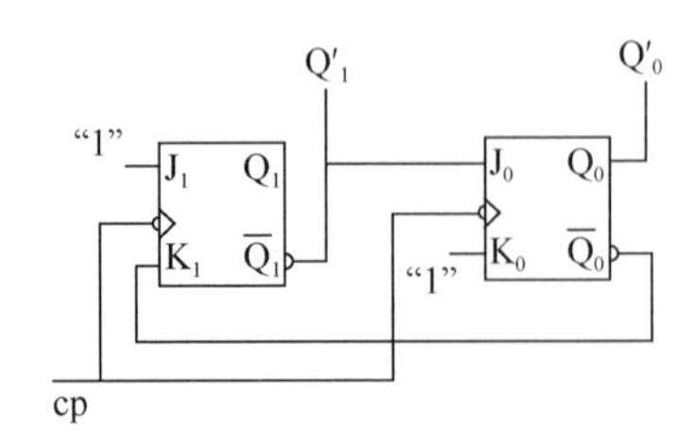

A. 同步二进制加法计数器　　　　B. 同步四进制加法计数器

C. 同步三进制减法计数器　　　　D. 同步三进制加法计数器

97. 总线能为多个部件服务，它可分时地发送与接收各部件的信息。所以，可以把总线看成是：

A. 一组公共信息传输线路

B. 微机系统的控制信息传输线路

C. 操作系统和计算机硬件之间的控制线

D. 输入/输出的控制线

98. 计算机内的数字信息、文字信息、图像信息、视频信息、音频信息等所有信息，都是用：

A. 不同位数的八进制数来表示的

B. 不同位数的十进制数来表示的

C. 不同位数的二进制数来表示的

D. 不同位数的十六进制数来表示的

99. 将二进制小数 0.1010101111 转换成相应的八进制数，其正确结果是：

A. 0.2536　　　　B. 0.5274

C. 0.5236　　　　D. 0.5281

100. 影响计算机图像质量的主要参数有：

A. 颜色深度、显示器质量、存储器大小

B. 分辨率、颜色深度、存储空间大小

C. 分辨率、存储器大小、图像加工处理工艺

D. 分辨率、颜色深度、图像文件的尺寸

101. 数字签名是最普遍、技术最成熟、可操作性最强的一种电子签名技术，当前已得到实际应用的是在：

A. 电子商务、电子政务中

B. 票务管理、股票交易中

C. 股票交易、电子政务中

D. 电子商务、票务管理中

102. 在 Windows 中，对存储器采用分段存储管理时，每一个存储器段可以小至 1 个字节，大至：

A. 4K 字节

B. 16K 字节

C. 4G 字节

D. 128M 字节

103. Windows 的设备管理功能部分支持即插即用功能，下面四条后续说明中有错误的一条是：

A. 这意味着当将某个设备连接到计算机上后即可立刻使用

B. Windows 自动安装有即插即用设备及其设备驱动程序

C. 无需在系统中重新配置该设备或安装相应软件

D. 无需在系统中重新配置该设备但需安装相应软件才可立刻使用

104. 信息化社会是信息革命的产物，它包含多种信息技术的综合应用。构成信息化社会的三个主要技术支柱是：

A. 计算机技术、信息技术、网络技术

B. 计算机技术、通信技术、网络技术

C. 存储器技术、航空航天技术、网络技术

D. 半导体工艺技术、网络技术、信息加工处理技术

105. 网络软件是实现网络功能不可缺少的软件环境。网络软件主要包括：

A. 网络协议和网络操作系统

B. 网络互联设备和网络协议

C. 网络协议和计算机系统

D. 网络操作系统和传输介质

106. 因特网是一个联结了无数个小网而形成的大网，也就是说：

A. 因特网是一个城域网 B. 因特网是一个网际网

C. 因特网是一个局域网 D. 因特网是一个广域网

107. 某公司拟向银行贷款 100 万元，贷款期为 3 年，甲银行的贷款利率为 6%（按季计息），乙银行的贷款利率为 7%，该公司向哪家银行贷款付出的利息较少：

A. 甲银行 B. 乙银行

C. 两家银行的利息相等 D. 不能确定

108. 关于总成本费用的计算公式，下列正确的是：

A. 总成本费用 = 生产成本 + 期间费用

B. 总成本费用 = 外购原材料、燃料和动力费 + 工资及福利费 + 折旧费

C. 总成本费用 = 外购原材料、燃料和动力费 + 工资及福利费 + 折旧费 + 摊销费

D. 总成本费用 = 外购原材料、燃料和动力费 + 工资及福利费 + 折旧费 + 摊销费 + 修理费

109. 关于准股本资金的下列说法中，正确的是：

A. 准股本资金具有资本金性质，不具有债务资金性质

B. 准股本资金主要包括优先股股票和可转换债券

C. 优先股股票在项目评价中应视为项目债务资金

D. 可转换债券在项目评价中应视为项目资本金

110. 某项目建设工期为两年，第一年投资 200 万元，第二年投资 300 万元，投产后每年净现金流量为 150 万元，项目计算期为 10 年，基准收益率 10%，则此项目的财务净现值为：

A. 331.97 万元 B. 188.63 万元

C. 171.18 万元 D. 231.60 万元

111. 可外贸货物的投入或产出的影子价格应根据口岸价格计算，下列公式正确的是：

A. 出口产出的影子价格(出厂价) = 离岸价(FOB) × 影子汇率 + 出口费用

B. 出口产出的影子价格(出厂价) = 到岸价(CIF) × 影子汇率 − 出口费用

C. 进口投入的影子价格(到厂价) = 到岸价(CIF) × 影子汇率 + 进口费用

D. 进口投入的影子价格(到厂价) = 离岸价(FOB) × 影子汇率 − 进口费用

112. 关于盈亏平衡点的下列说法中，错误的是：

A. 盈亏平衡点是项目的盈利与亏损的转折点

B. 盈亏平衡点上，销售（营业、服务）收入等于总成本费用

C. 盈亏平衡点越低，表明项目抗风险能力越弱

D. 盈亏平衡分析只用于财务分析

113. 属于改扩建项目经济评价中使用的五种数据之一的是：

A. 资产 B. 资源

C. 效益 D. 增量

114. ABC 分类法中，部件数量占 60%~80%、成本占 5%~10%的为：

A. A 类 B. B 类

C. C 类 D. 以上都不对

115. 根据《中华人民共和国安全生产法》的规定，生产经营单位使用的涉及生命安全、危险性较大的特种设备，以及危险物品的容器、运输工具，必须按照国家有关规定，由专业生产单位生产，并经取得专业资质的检测，检验机构检测、检验合格，取得：

A. 安全使用证和安全标志，方可投入使用

B. 安全使用证或安全标志，方可投入使用

C. 生产许可证和安全使用证，方可投入使用

D. 生产许可证或安全使用证，方可投入使用

116. 根据《中华人民共和国招标投标法》的规定，招标人和中标人按照招标文件和中标人的投标文件，订立书面合同的时间要求是：

A. 自中标通知书发出之日起 15 日内

B. 自中标通知书发出之日起 30 日内

C. 自中标单位收到中标通知书之日起 15 日内

D. 自中标单位收到中标通知书之日起 30 日内

117. 根据《中华人民共和国行政许可法》的规定，下列可以不设行政许可事项的是：

A. 有限自然资源开发利用等需要赋予特定权利的事项

B. 提供公众服务等需要确定资质的事项

C. 企业或者其他组织的设立等，需要确定主体资格的事项

D. 行政机关采用事后监督等其他行政管理方式能够解决的事项

118. 根据《中华人民共和国节约能源法》的规定，对固定资产投资项目国家实行：

A. 节能目标责任制和节能考核评价制度

B. 节能审查和监管制度

C. 节能评估和审查制度

D. 能源统计制度

119. 按照《建设工程质量管理条例》规定，施工人员对涉及结构安全的试块、试件以及有关材料进行现场取样时应当：

A. 在设计单位监督现场取样

B. 在监督单位或监理单位监督下现场取样

C. 在施工单位质量管理人员监督下现场取样

D. 在建设单位或监理单位监督下现场取样

120. 按照《建设工程安全生产管理条例》规定，工程监理单位在实施监理过程中，发现存在安全事故隐患的，应当要求施工单位整改；情况严重的，应当要求施工单位暂时停止施工，并及时报告：

A. 施工单位　　B. 监理单位

C. 有关主管部门　　D. 建设单位

2010年度全国勘察设计注册工程师执业资格考试基础考试（上）

试题解析及参考答案

1. 解 把直线的参数方程化成点向式方程，得到$\frac{x-1}{1}=\frac{y+2}{2}=\frac{z-3}{-3}$；

则直线L的方向向量取$\vec{s}=\{1,2,-3\}$或$\vec{s}=\{-1,-2,3\}$均可。另外，由直线的点向式方程，可知直线过M点，$M(1,-2,3)$。

答案：D

2. 解 已知$\vec{a}\times\vec{\beta}=\vec{a}\times\vec{\gamma}$，$\vec{a}\times\vec{\beta}-\vec{a}\times\vec{\gamma}=\vec{0}$，得$\vec{a}\times(\vec{\beta}-\vec{\gamma})=\vec{0}$。由向量积的运算性质可知，$\vec{a}$，$\vec{b}$为非零向量，若$\vec{a}/\!/\vec{b}$，则$\vec{a}\times\vec{b}=\vec{0}$若$\vec{a}\times\vec{b}=\vec{0}$，则$\vec{a}/\!/\vec{b}$，可知$\vec{a}/\!/(\vec{\beta}-\vec{\gamma})$。

答案：C

3. 解 用奇偶函数定义判定。有$f(-x)=-f(x)$成立，$f(-x)=\frac{e^{-3x}-1}{e^{-3x}+1}=\frac{1-e^{3x}}{1+e^{3x}}=-\frac{e^{3x}-1}{e^{3x}+1}=-f(x)$确定为奇函数。另外，由函数式可知定义域$(-\infty,+\infty)$，确定值域为$(-1,1)$。

答案：C

4. 解 通过题中给出的命题，较容易判断选项A、C、D是错误的。

对于选项B，给出条件“有界”，函数不含有无穷间断点，给出条件单调函数不会出现振荡间断点，从而可判定函数无第二类间断点。

答案：B

5. 解 根据给出的条件可知，函数在$x=1$可导，则在$x=1$必连续。就有$\lim\limits_{x\to1^+}f(x)=\lim\limits_{x\to1^-}f(x)=f(1)$成立，得到$a+b=1$。

再通过给出条件在$x=1$可导，即有$f'_+(1)=f'_-(1)$成立，利用定义计算$f(x)$在$x=1$处左右导数：

$$f'_-(1)=\lim_{x\to1^-}\frac{f(x)-f(1)}{x-1}=\lim_{x\to1^-}\frac{\frac{2}{x^2+1}-1}{x-1}=\lim_{x\to1^-}\frac{1-x^2}{(x^2+1)(x-1)}=-1$$

$$f'_+(1)=\lim_{x\to1^+}\frac{f(x)-f(1)}{x-1}=\lim_{x\to1^+}\frac{ax+b-1}{x-1}=\lim_{x\to1^+}\frac{ax-a}{x-1}=a$$

则$a=-1$，$b=2$。

答案：B

6. 解 分析题目给出的解法，选项A、B、D均不正确。

正确的解法为选项C，原式$=\lim\limits_{x\to0}\frac{x}{\sin x}x\sin\frac{1}{x}=1\times0=0$。

因$\lim\limits_{x\to0}\frac{x}{\sin x}=1$，第一重要极限；而$\lim\limits_{x\to0}x\sin\frac{1}{x}=0$为无穷小量乘有界函数极限。

答案：C

7. 解 利用多元函数极值存在的充分条件确定。

（1）由$\begin{cases}\dfrac{\partial z}{\partial x}=0\\ \dfrac{\partial z}{\partial y}=0\end{cases}$，即$\begin{cases}3x^2-6x-9=0\\ -3y^2+3=0\end{cases}$，求出驻点$(3,1)$，$(3,-1)$，$(-1,1)$，$(-1,-1)$。

（2）求出$\frac{\partial^2 z}{\partial x^2}$，$\frac{\partial^2 z}{\partial x\partial y}$，$\frac{\partial^2 z}{\partial y^2}$分别代入每一驻点，得到$A$，$B$，$C$的值。

当$AC-B^2>0$取得极点，再由$A>0$取得极小值，$A<0$取得极大值。

$$\frac{\partial^2 z}{\partial x^2}=6x-6，\ \frac{\partial^2 z}{\partial x\partial y}=0，\ \frac{\partial^2 z}{\partial y^2}=-6y$$

将$x=3$，$y=-1$代入得$A=12$，$B=0$，$C=6$

$AC-B^2=72>0$，$A>0$

所以在$(3,-1)$点取得极小值，其他点均不取得极值。

答案：A

8. 解 利用原函数的定义求出$f(x)=-2e^{-2x}$，$f'(x)=4e^{-2x}$，$f''(x)=-8e^{-2x}$，将$f''(x)$代入积分即可。计算如下：

$$\int f''(x)\mathrm{d}x=\int -8e^{-2x}\mathrm{d}x=4\int e^{-2x}\mathrm{d}(-2x)=4e^{-2x}+C$$

答案：D

9. 解 利用分部积分方法计算$\int u\mathrm{d}v=uv-\int v\mathrm{d}u$，即

$$\begin{aligned}\int xe^{-2x}\mathrm{d}x&=-\frac{1}{2}\int xe^{-2x}\mathrm{d}(-2x)=-\frac{1}{2}\int x\mathrm{d}e^{-2x}\\&=-\frac{1}{2}\left(xe^{-2x}-\int e^{-2x}\mathrm{d}x\right)\\&=-\frac{1}{2}\left[xe^{-2x}+\frac{1}{2}\int e^{-2x}\mathrm{d}(-2x)\right]\\&=-\frac{1}{2}(xe^{-2x}+\frac{1}{2}e^{-2x})+C\\&=-\frac{1}{4}(2x+1)e^{-2x}+C\end{aligned}$$

答案：A

10. 解 利用广义积分的方法计算。

对于选项B，因$\lim\limits_{x\to 2^-}\frac{1}{\sqrt{2-x}}=+\infty$，知$x=2$为无穷不连续点，则有：

$$\begin{aligned}\int_0^2\frac{1}{\sqrt{2-x}}\mathrm{d}x&=-\int_0^2(2-x)^{-\frac{1}{2}}\mathrm{d}(2-x)=-2(2-x)^{\frac{1}{2}}\Big|_0^2\\&=-2\left[\lim_{x\to 2^-}(2-x)^{\frac{1}{2}}-\sqrt{2}\right]=2\sqrt{2}\end{aligned}$$

答案：B

11. 解 由题目给出的条件知，围成的图形（见解图）化为极坐标计算，$S=\iint\limits_D 1\mathrm{d}x\mathrm{d}y$，面积元素$\mathrm{d}x\mathrm{d}y=r\mathrm{d}r\mathrm{d}\theta$。具体计算如下：

D：$\begin{cases}0\leqslant\theta\leqslant\frac{\pi}{4}\\ \cos\theta\leqslant r\leqslant 2\cos\theta\end{cases}$

$$S=\int_0^{\frac{\pi}{4}}\mathrm{d}\theta\int_{\cos\theta}^{2\cos\theta}r\mathrm{d}r=\int_0^{\frac{\pi}{4}}\left(\frac{1}{2}r^2\right)\Bigg|_{\cos\theta}^{2\cos\theta}\mathrm{d}\theta$$

$$=\frac{1}{2}\int_0^{\frac{\pi}{4}}(4\cos^2\theta-\cos^2\theta)\mathrm{d}\theta$$

$$=\frac{3}{2}\int_0^{\frac{\pi}{4}}\cos^2\theta\mathrm{d}\theta=\frac{3}{2}\int_0^{\frac{\pi}{4}}\frac{1+\cos2\theta}{2}\mathrm{d}\theta=\frac{3}{16}(\pi+2)$$

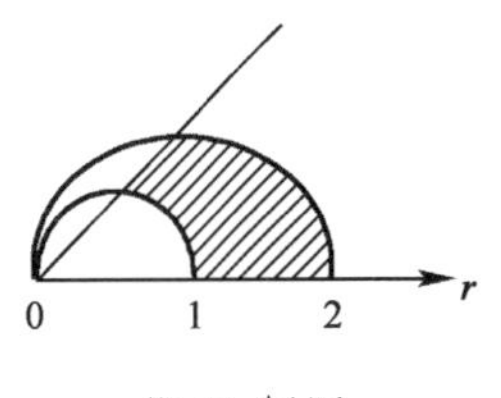

题 11 解图

答案： C

12. 解 通过题目给出的条件画出图形（见解图），利用柱面坐标计算，联立消z：$\begin{cases}z^2=x^2+y^2\\z=1\end{cases}$，得$x^2+y^2=1$。代入$x=r\cos\theta$，$y=r\sin\theta$，$z^2=x^2+y^2$，$z^2=r^2$，$z=r$，$-z=-r$，取$z=r$（上半锥）。

D_{xy}：$x^2+y^2\leqslant1$，Ω：$\begin{cases}r\leqslant z\leqslant1\\0\leqslant r\leqslant1\\0\leqslant\theta\leqslant2\pi\end{cases}$，$\mathrm{d}V=r\mathrm{d}r\mathrm{d}\theta\mathrm{d}z$

则$V=\iiint\limits_{\Omega}z\mathrm{d}V=\iiint\limits_{\Omega}zr\mathrm{d}r\mathrm{d}\theta\mathrm{d}z$，再化为柱面坐标系下的三次积分。先对$z$积，再对$r$积，最后对$\theta$积分，即$V=\int_0^{2\pi}\mathrm{d}\theta\int_0^1r\mathrm{d}r\int_r^1z\mathrm{d}z$。

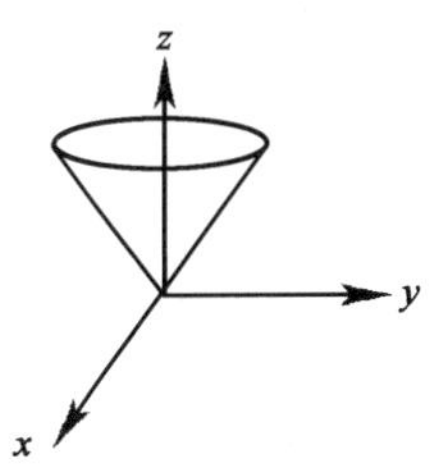

题 12 解图

答案： B

13. 解 利用交错级数收敛法可判定选项 B 的级数收敛，利用正项级数比值法可判定选项 C 的级数收敛，利用等比级数收敛性的结论知选项级数 D 的级数收敛，故发散的是选项 A 的级数。或直接通过正项级数比较法的极限形式判定，$\lim\limits_{n\to\infty}\frac{U_n}{V_n}=\lim\limits_{n\to\infty}\frac{\frac{1}{\sqrt{n+1}}}{\frac{1}{n}}=\lim\limits_{n\to\infty}\frac{n}{\sqrt{n+1}}=\infty$，因级数$\sum\limits_{n=\infty}^{\infty}\frac{1}{n}$发散，故级数$\sum\limits_{n=\infty}^{\infty}\frac{1}{\sqrt{n+1}}$发散。

答案： A

14. 解 设$x-1=t$，级数化为$\sum\limits_{n=1}^{\infty}\frac{t^n}{3^nn}$，求级数的收敛半径。

因$\lim\limits_{n\to\infty}\left|\frac{a_{n+1}}{a_n}\right|=\lim\limits_{n\to\infty}\frac{\frac{1}{3^{n+1}(n+1)}}{\frac{1}{3^n\cdot n}}=\lim\limits_{n\to\infty}\frac{n\cdot3^n}{(n+1)3^{n+1}}=\frac{1}{3}$

则$R=\frac{1}{\rho}=3$，即$|t|<3$收敛。

再判定$t=3$，$t=-3$时的敛散性，即当$t=3$时发散，$t=-3$时收敛。

计算如下：$t=3$代入级数，$\sum\limits_{n=1}^{\infty}\frac{1}{n}$为调和级数发散；

$t=-3$代入级数，$\sum\limits_{n=1}^{\infty}(-1)^n\frac{1}{n}$为交错级数，满足莱布尼兹条件收敛。因此$-3\leqslant x-1<3$，即$-2\leqslant x<4$。

答案： A

15. 解 写出微分方程对应的特征方程$r^2+2=0$，得$r=\pm\sqrt{2}i$，即$\alpha=0$，$\beta=\sqrt{2}$，写出通解$y=A\sin\sqrt{2}x+B\cos\sqrt{2}x$。

答案： D

16. 解 将微分方程化成$\frac{\mathrm{d}x}{\mathrm{d}y}+\frac{1}{y}x=1$，方程为一阶线性方程。

其中$P(y)=\frac{1}{y}$，$Q(y)=1$

代入求通解公式$x=e^{-\int P(y)\mathrm{d}y}\left[\int \theta(y)e^{\int P(y)\mathrm{d}y}\mathrm{d}y+C\right]$

计算如下：

$x=e^{-\int\frac{1}{y}\mathrm{d}y}\left(\int e^{\int\frac{1}{y}\mathrm{d}y}\mathrm{d}y+C\right)=e^{-\ln y}\left(\int e^{\ln y}\mathrm{d}y+C\right)=\frac{1}{y}\left(\int y\mathrm{d}y+C\right)=\frac{1}{y}\left(\frac{1}{2}y^2+C\right)$

变形得$xy=\frac{1}{2}y^2+C$，$\left(x-\frac{y}{2}\right)y=C$

或将方程化为齐次方程计算：

$$\frac{\mathrm{d}y}{\mathrm{d}x}=-\frac{\frac{y}{x}}{1-\frac{y}{x}}$$

答案：A

17. 解

①将分块矩阵变形为$\begin{vmatrix}\boldsymbol{A} & 0\\ 0 & \boldsymbol{B}\end{vmatrix}$的形式。

②利用分块矩阵计算公式$\begin{vmatrix}\boldsymbol{A} & 0\\ 0 & \boldsymbol{B}\end{vmatrix}=|\boldsymbol{A}|\cdot|\boldsymbol{B}|$。

将矩阵$\boldsymbol{B}$的第一行与矩阵$\boldsymbol{A}$的行互换，换的方法是从矩阵$\boldsymbol{A}$最下面一行开始换，逐行往上换，换到第一行一共换了m次，行列式更换符号$(-1)^m$。再将矩阵$\boldsymbol{B}$的第二行与矩阵$\boldsymbol{A}$的各行互换，换到第二行，又更换符号为$(-1)^m$，…，最后再将矩阵$\boldsymbol{B}$的最后一行与矩阵$\boldsymbol{A}$的各行互换到矩阵的第n行位置，这样原矩阵：

$$\begin{vmatrix}0 & \boldsymbol{A}\\ \boldsymbol{B} & 0\end{vmatrix}=\underbrace{(-1)^m\cdot(-1)^m\cdots(-1)^m}_{n个}\begin{vmatrix}\boldsymbol{B} & 0\\ 0 & \boldsymbol{A}\end{vmatrix}=(-1)^{m\cdot n}\begin{vmatrix}\boldsymbol{B} & 0\\ 0 & \boldsymbol{A}\end{vmatrix}$$
$$=(-1)^{mm}|\boldsymbol{B}||\boldsymbol{A}|=(-1)^{mm}|\boldsymbol{A}||\boldsymbol{B}|$$

答案：D

18. 解 由题目给出的运算写出相应矩阵，再验证还原到原矩阵时应用哪一种运算方法。

答案：A

19. 解 通过矩阵的特征值、特征向量的定义判定。只要满足式子$\boldsymbol{A}\boldsymbol{x}=\lambda\boldsymbol{x}$，非零向量$\boldsymbol{x}$即为矩阵$\boldsymbol{A}$对应特征值$\lambda$的特征向量。

再利用题目给出的条件：

$$\boldsymbol{\alpha}^{\mathrm{T}}\boldsymbol{\beta}=3 \quad ①$$

$$\boldsymbol{A}=\boldsymbol{\beta}\boldsymbol{\alpha}^{\mathrm{T}} \quad ②$$

将等式②两边右乘$\boldsymbol{\beta}$，得$\boldsymbol{A}\cdot\boldsymbol{\beta}=\boldsymbol{\beta}\boldsymbol{\alpha}^{\mathrm{T}}\cdot\boldsymbol{\beta}$，即$\boldsymbol{A}\boldsymbol{\beta}=\boldsymbol{\beta}(\boldsymbol{\alpha}^{\mathrm{T}}\boldsymbol{\beta})$，代入①式得$\boldsymbol{A}\boldsymbol{\beta}=\boldsymbol{\beta}\cdot 3$，故$\boldsymbol{A}\boldsymbol{\beta}=3\cdot\boldsymbol{\beta}$成立。

答案：C

20. 解 齐次线性方程组，当变量的个数与方程的个数相同时，方程组有非零解的充要条件是系数行列式为零，即$\begin{vmatrix}1 & -k & 0\\ k & -5 & 1\\ 1 & 1 & 1\end{vmatrix}=0$

则 $$\begin{vmatrix}1 & -k & 0\\ k & -5 & 1\\ 1 & 1 & 1\end{vmatrix}\overset{(-1)r_2+r_3}{=\!=\!=}\begin{vmatrix}1 & -k & 0\\ k & -5 & 1\\ 1-k & 6 & 0\end{vmatrix}=1\cdot(-1)^{2+3}\begin{vmatrix}1 & -k\\ 1-k & 6\end{vmatrix}$$

$$=-[6-(-k)(1-k)]=-(6+k-k^2)$$

即$k^2-k-6=0$，解得$k_1=3$，$k_2=-2$。

答案：A

21. 解 已知

$$P(B|A\cup\bar{B})=\frac{P\left(B(A\cup\bar{B})\right)}{P(A\cup\bar{B})}=\frac{P(AB\cup B\bar{B})}{P(A\cup\bar{B})}=\frac{P(AB)}{P(A)+P(\bar{B})-P(A\bar{B})}$$

因为A、B相互独立，所以A、$\bar{B}$也相互独立。

有$P(AB)=P(A)P(B)$，$P(A\bar{B})=P(A)P(\bar{B})$，故

$$P(B|A\cup\bar{B})=\frac{P(A)P(B)}{P(A)+P(\bar{B})-P(A)P(\bar{B})}=\frac{\frac{1}{2}\times\frac{1}{3}}{\frac{1}{2}+\left(1-\frac{1}{3}\right)-\frac{1}{2}\left(1-\frac{1}{3}\right)}=\frac{1}{5}$$

答案：D

22. 解 显然为古典概型，$P(A)=m/n$。

一个球一个球地放入杯中，每个球都有 4 种放法，所以所有可能结果数$n=4\times4\times4=64$，事件A“杯中球的最大个数为 2”即 4 个杯中有一个杯子里有 2 个球，有 1 个杯子有 1 个球，还有两个空杯。第一个球有 4 种放法，从第二个球起有两种情况：①第 2 个球放到已有一个球的杯中（一种放法），第 3 个球可放到 3 个空杯中任一个（3 种放法）；②第 2 个球放到 3 个空杯中任一个（3 种放法），第 3 个球可放到两个有球杯中（2 种放法）。则$m=4\times(1\times3+3\times2)=36$，因此$P(A)=36/64=9/16$。或设$A_i(i=1,2,3)$表示“杯中球的最大个数为$i$”，则

$$P(A_2)=1-P(A_1)-P(A_3)$$

$$=1-\frac{4\times3\times2}{4\times4\times4}-\frac{4\times1\times1}{4\times4\times4}=\frac{9}{16}$$

答案：C

23. 解 $P(0\leqslant X\leqslant3)=\int_0^3 f(x)\mathrm{d}x=\int_1^3\frac{1}{x^2}\mathrm{d}x=\frac{2}{3}$。

答案：B

24. 解 因$f(x,y)=\frac{1}{2\pi}e^{-\frac{x^2+y^2}{2}}=\frac{1}{\sqrt{2\pi}}e^{-\frac{x^2}{2}}\cdot\frac{1}{\sqrt{2\pi}}e^{-\frac{y^2}{2}}$

所以$X\sim N(0,1)$，$Y\sim N(0,1)$，X，Y相互独立。

$E(X^2+Y^2)=E(X^2)+E(Y^2)=D(X)+[E(X)]^2+D(Y)+[E(Y)]^2=1+1=2$

或$E(X^2+Y^2)=\int_{-\infty}^{+\infty}\int_{-\infty}^{+\infty}(x^2+y^2)\frac{1}{2\pi}e^{-\frac{x^2+y^2}{2}}\mathrm{d}x\mathrm{d}y=\int_0^{2\pi}\int_0^{+\infty}r^2\frac{1}{2\pi}e^{-\frac{r^2}{2}}r\mathrm{d}r\mathrm{d}\theta$

$$=\int_0^{2\pi}\mathrm{d}\theta\int_0^{+\infty}r^2\frac{1}{4\pi}e^{-\frac{r^2}{2}}\mathrm{d}r^2\quad(令t=r^2)$$

$$=2\pi\cdot\frac{1}{4\pi}\int_0^{+\infty}te^{-\frac{t}{2}}\mathrm{d}t$$

$$=\frac{1}{2}\left(-2te^{-\frac{t}{2}}\Big|_0^{+\infty}+\int_0^{+\infty}2\,e^{-\frac{t}{2}}\mathrm{d}t\right)=2$$

答案：A

25. 解 由$E_{内}=\frac{m}{M}\frac{i}{2}RT$，又$pV=\frac{m}{M}RT$，$E_{内}=\frac{i}{2}pV$，对双原子分子$i=5$。

答案：B

26. 解 $p=\frac{2}{3}n\overline{w}=\frac{2}{3}n\left(\frac{1}{2}m\overline{v}^2\right)=\frac{1}{3}nm\overline{v}^2$。

答案：C

27. 解 单一等温膨胀过程并非循环过程，可以做到从外界吸收的热量全部用来对外做功，既不违反热力学第一定律也不违反热力学第二定律。

答案：C

28. 解 对于给定的理想气体，内能的增量只与系统的起始和终了状态有关，与系统所经历的过程无关。

内能增量$\Delta E=\frac{M}{\mu}\frac{i}{2}R(T_2-T_1)=\frac{M}{\mu}\frac{i}{2}R\Delta T$，若$T_2=T_1$，则$\Delta E=0$，气体内能保持不变。

答案：D

29. 解 波腹的位置由公式$x_{腹}=k\frac{\lambda}{2}$（k为整数）决定。相邻两波腹之间距离，即

$$\Delta x=x_{k+1}-x_k=(k+1)\frac{\lambda}{2}-k\frac{\lambda}{2}=\frac{\lambda}{2}$$

答案：A

30. 解 质元在最大位移处，速度为零，“形变”为零，故质元的动能为零，势能也为零。

答案：B

31. 解 按多普勒效应公式$\nu=\frac{u+v_0}{u}\nu_0$，今$v_0=\frac{u}{2}$，故$\nu=\frac{u+\frac{u}{2}}{u}\nu_0=\frac{3}{2}\nu_0$。

答案：D

32. 解 注意，所谓双缝间距指缝宽d。由$\Delta x=\frac{D}{d}\lambda$（$\Delta x$为相邻两明纹之间距离），代入数据，得

$$\Delta x=\frac{3000}{2}\times600\times10^{-6}\mathrm{mm}=0.9\mathrm{mm}$$

注：$1\mathrm{nm}=10^{-9}\mathrm{m}=10^{-6}\mathrm{mm}$。

答案：B

33. 解 如解图所示光程差$\delta=n_2d+r_2-d-(n_1d+r_1-d)$，注意到$r_1=r_2$，$\delta=(n_2-n_1)d$。

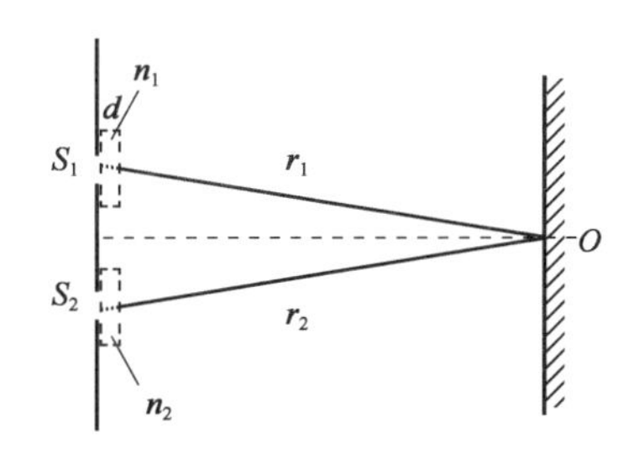

题 33 解图

答案：A

34. 解　牛顿环属超纲题（超出大纲范围），等原干涉，同一级条纹对应同一个厚度。

答案：D

35. 解　转动前$I_1 = I_0 \cos^2 \alpha_1$，转动后$I_2 = I_0 \cos^2 \alpha_2$，$\frac{I_1}{I_2} = \frac{\cos^2 \alpha_1}{\cos^2 \alpha_2}$。

答案：C

36. 解　光栅常数越小，分辨率越高。$d \cdot \sin\theta = k\lambda$，$R = \frac{D}{1.22\lambda}$。

答案：D

37. 解　$Mg(OH)_2$的溶解度为s，则$K_{sp} = s(0.01 + 2s)^2$，因s很小，$0.01 + 2s \approx 0.01$，则$5.6 \times 10^{-12} = s \times 0.01^2$，$s = 5.6 \times 10^{-8}$。

答案：C

38. 解　利用价电子对互斥理论确定杂化类型及分子空间构型的方法。

对于 AB_n 型分子、离子（A 为中心原子）：

（1）确定 A 的价电子对数（x）

$$x = \frac{1}{2}[\text{A 的价电子数} + \text{B 提供的价电子数} \pm \text{离子电荷数(负/正)}]$$

原则：A 的价电子数=主族序数；B 原子为 H 和卤素每个原子各提供一个价电子，为氧与硫不提供价电子；正离子应减去电荷数，负离子应加上电荷数。

（2）确定杂化类型（见解表）

题 38 解表

价电子对数	2	3	4
杂化类型	sp 杂化	sp^2 杂化	sp^3 杂化

（3）确定分子空间构型

原则：根据中心原子杂化类型及成键情况分子空间构型。如果中心原子的价电子对数等于σ键电子对数，杂化轨道构型为分子空间构型；如果中心原子的价电子对数大于σ键电子对数，分子空间构型发生变化。

$$价电子对数(x) = \sigma键电子对数 + 孤对电子数$$

根据价电子对互斥理论：$BeCl_2$ 的价电子对数$x = \frac{1}{2}$(Be 的价电子数+2个 Cl 提供的价电子数)=$\frac{1}{2} \times (2+2) = 2$，$BeCl_2$ 分子中，Be 原子形成了两 Be-Clσ 健，价电子对数等于σ健数，所以两个 Be-Cl 夹角为 180°，$BeCl_2$ 为直线型分子，Be 为 sp 杂化。

答案：A

39. 解 醋酸和醋酸钠组成缓冲溶液，醋酸和醋酸钠的浓度相等，与等体积水稀释后，醋酸和醋酸钠的浓度仍然相等。缓冲溶液的$\mathrm{pH} = \mathrm{p}K_\mathrm{a} - \lg\frac{C_{酸}}{C_{盐}}$，溶液稀释 pH 不变。

答案：C

40. 解 由阿仑尼乌斯公式$k = Ze^{\frac{-\varepsilon}{RT}}$，可知：温度一定时，活化能越小，速率常数就越大，反应速率也越大。活化能越小，反应越易正向进行。

答案：C

41. 解 根据原子核外电子排布规律，26 号元素的原子核外电子排布为：$1s^22s^22p^63s^23p^63d^64s^2$，为 d 区副族元素。其价电子构型为 $3d^64s^2$。

答案：B

42. 解 一组合理的量子数n, l, m取值对应一个合理的波函数$\psi = \psi_{n,l,m}$，即可以确定一个原子轨道。

（1）主量子数

①$n = 1,2,3,4,\cdots$对应于第一、第二、第三、第四，…电子层，用K, L, M, N表示。

②表示电子到核的平均距离。

③决定原子轨道能量。

（2）角量子数

①$l = 0,1,2,3$的原子轨道分别为$\mathrm{s, p, d, f}$轨道。

②确定原子轨道的形状。s 轨道为球形，p 轨道为双球形，d 轨道为四瓣梅花形。

③对于多电子原子，与n共同确定原子轨道的能量。

（3）磁量子数

①确定原子轨道的取向。

②确定亚层中轨道数目。

答案：B

43. 解 物质的标准熵值大小一般规律：

（1）对于同一种物质，$S_\mathrm{g} > S_l > S_\mathrm{s}$。

（2）同一物质在相同的聚集状态时，其熵值随温度的升高而增大，$S_{高温} > S_{低温}$。

（3）对于不同种物质，$S_{复杂分子} > S_{简单分子}$。

（4）对于混合物和纯净物，$S_{混合物} > S_{纯物质}$。

（5）对于一个化学反应的熵变，反应前后气体分子数增加的反应熵变大于零，反应前后气体分子数减小的反应熵变小于零。

4 个选项化学反应前后气体分子数的变化：

$A = 2 - 2 - 1 = -1$，$B = 2 - 1 - 3 = -2$，$C = 1 + 1 - 0 = 2$，$D = 0 - 1 = -1$

答案：C

44. 解 聚丙烯的结构式为 $\left[CH_2 - \underset{\displaystyle CH_3}{\underset{|}{CH}} \right]_n$ 。

答案：C

45. 解 烯烃双键两边 C 原子均通过δ键与不同基团时，才有顺反异构体。

答案：C

46. 解 苯环上六个氢被氯取代为六氯苯。

答案：C

47. 解 如解图所示，根据力的投影公式，$F_x = F\cos\alpha$，故$\alpha = 60°$。而分力$\boldsymbol{F}_x$的大小是力$\boldsymbol{F}$大小的 2 倍，故力$\boldsymbol{F}$与y轴垂直。

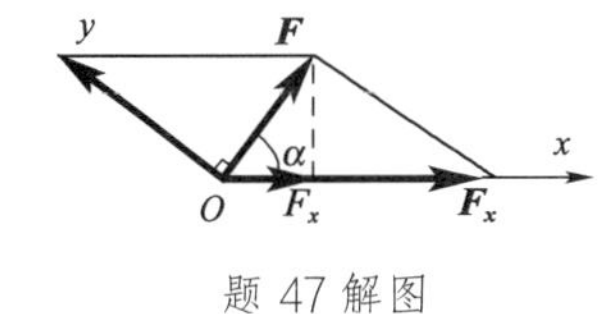

题 47 解图

答案：A

48. 解 将力系向A点简化，作用于C点的力F沿作用线移到A点，作用于B点的力F平移到A点附加的力偶即主矩：$M_A = M_A(F) = \frac{\sqrt{3}}{2}aF$；三个力的主矢：$F_{Ry} = 0$，$F_{Rx} = F - F\sin 30° - F\sin 30° = 0$。

答案：A

49. 解 根据受力分析，A、B、C处的约束力均为水平方向，考虑AC的平衡，利用力偶的平衡方程，即$\sum M = 0$，$F_{Ax} \cdot 2a - M = 0$，得到$F_{Ax} = \frac{M}{2a}$，$F_{Ay} = 0$。

答案：B

50. 解 均布力组成了力偶矩为qa^2的逆时针转向力偶。A、B处的约束力沿铅垂方向组成顺时针转向力偶。

答案：C

51. 解 点的速度、切向加速度和法向加速度分别为：$v = \frac{ds}{dt} = 20cm/s$，$a_\tau = \frac{dv}{dt} = 0$，$a_n = \frac{v^2}{R} = \frac{400}{40} = 10cm/s^2$。

答案：B

52. 解　将运动方程中的参数t消去，即$t=\frac{x}{2}$，$y=\left(\frac{x}{2}\right)^2-\frac{x}{2}$，整理易得$x^2-2x-4y=0$。

答案：C

53. 解　根据定轴转动刚体上一点速度、加速度与转动角速度、角加速度的关系，$v_{\mathrm{B}}=OB\cdot\omega=50\times2=100\mathrm{cm/s}$，$a_{\mathrm{B}}^{\tau}=OB\cdot\varepsilon=50\times5=250\mathrm{cm/s}$，$a_{\mathrm{B}}^{n}=OB\cdot\omega^2=50\times2^2=200\mathrm{cm/s}$。

答案：A

54. 解　根据质点运 动微分方程$m\boldsymbol{a}=\sum\boldsymbol{F}$，当货物加速下降、匀速下降和减速下降时，加速度分别向下、为零、向上，代入公式有$ma=W-R_1$，$0=W-R_2$，$-ma=W-R_3$。

答案：C

55. 解　根据动量矩定义和公式：

$$L_{\mathrm{O}}=M_{\mathrm{O}}(m_1v)+M_{\mathrm{O}}(m_2v)+J_{\mathrm{O}轮}\omega=m_1rv+m_2rv+\frac{1}{2}mr^2\omega,\ \omega=\frac{v}{r},\ L_{\mathrm{O}}=(m_1+m_2+\frac{1}{2}m)rv$$

答案：C

56. 解　根据动能定理，当杆从水平转动到铅垂位置时

$$T_1=0;\ T_2=\frac{1}{2}J_{\mathrm{B}}\omega^2=\frac{1}{2}\cdot\frac{1}{3}m(2l)^2\omega^2=\frac{2}{3}ml^2\omega^2$$

将$W_{12}=mgl$代入$T_2-T_1=W_{12}$，得$\omega^2=\frac{3g}{2l}$

再根据定轴转动微分方程：$J_{\mathrm{B}}\alpha=M_{\mathrm{B}}(F)=0$，$\alpha=0$

质心运动定理：$a_{\mathrm{C}\tau}=l\alpha=0$，$a_{\mathrm{C}n}=l\omega^2=\frac{3g}{2}$

受力见解图：$ml\omega^2=F_{\mathrm{By}}-mg$，$F_{\mathrm{By}}=\frac{5}{2}mg$，$F_{\mathrm{B}x}=0$

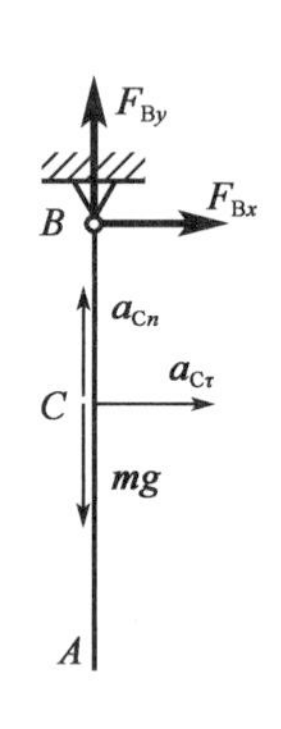

题 56 解图

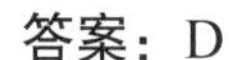
答案：D

57. 解　根据定轴转动刚体惯性力系的简化结果，惯性力主矢和主矩的大小分别为 $F_{\mathrm{I}}=ma_{\mathrm{C}}=0$，$M_{\mathrm{IO}}=J_{\mathrm{O}}\varepsilon=\frac{1}{2}mr^2\varepsilon$。

答案：C

58. 解　根据串、并联弹簧等效弹簧刚度的计算公式。

答案：C

59. 解　轴向受力杆左段轴力是−3kN，右段轴力是 5kN。

答案：B

60. 解　把F力平移到铆钉群中心O，并附加一个力偶$m=F\cdot\frac{5}{4}L$，在铆钉上将产生剪力Q_1和Q_2，其中$Q_1=\frac{F}{2}$，而Q_2计算方法如下。

$$\sum M_{\mathrm{O}}=0,\ Q_2\cdot\frac{L}{2}=F\cdot\frac{5}{4}$$

得$Q_2=\frac{5}{2}F$，所以$Q=Q_1+Q_2=3F$，$\tau_{\max}=\frac{Q}{\frac{\pi}{4}d^2}=\frac{12F}{\pi d^2}$

答案：C

61. 解 由$\theta=\frac{T}{GI_{\mathrm{p}}}$，得$\frac{T}{I_{\mathrm{p}}}=\theta G$，故$\tau_{\max}=\frac{T}{I_{\mathrm{p}}}\cdot\frac{d}{2}=\frac{\theta Gd}{2}$。

答案：D

62. 解 为使$\tau_1=\frac{1}{2}\tau$，应使$\frac{T}{\frac{\pi}{16}d_1^3}=\frac{1}{2}\frac{T}{\frac{\pi}{16}d^3}$，即$d_1^3=2d^3$，故$d_1=\sqrt[3]{2}d$。

答案：D

63. 解 $I_{z1}=I_z+a^2A=\frac{bh^3}{12}+h^2\cdot bh=\frac{13}{12}bh^3$

答案：D

64. 解 考虑梁的整体平衡：$\sum M_{\mathrm{B}}=0$，$F_{\mathrm{A}}=0$

应用直接法求剪力和弯矩，得$F_{\mathrm{SA}}=0$，$M_{\mathrm{C}}=0$

答案：A

65. 解 开裂前，$f=\frac{Fl^3}{3EI}$，其中$I=\frac{b(2a)^3}{12}=8\frac{ba^3}{12}=8I_1$；

开裂后，$f_1=\frac{\frac{F}{2}l^3}{3EI_1}=\frac{\frac{1}{2}Fl^3}{3E\frac{I}{8}}=4\cdot\frac{Fl^3}{3EI}=4f$。

答案：C

66. 解 原来，$f=\frac{Ml^2}{2EI}$；梁长减半后，$f_1=\frac{M\left(\frac{l}{2}\right)^2}{2EI}=\frac{1}{4}f$。

答案：B

67. 解 图 c）中σ_1和σ_3的差值最大。

$$\tau_{\max}=\frac{\sigma_1-\sigma_3}{2}=\frac{2\sigma-(-2\sigma)}{2}=2\sigma$$

答案：C

68. 解 图示杆是偏心拉伸，等价于轴向拉伸和两个方向弯曲的组合变形。

$$\sigma_{\max}^{+}=\frac{F_{\mathrm{N}}}{bh}+\frac{M_{\mathrm{g}}}{W_{\mathrm{g}}}+\frac{M_y}{W_y}=\frac{F}{bh}+\frac{F\frac{h}{2}}{\frac{bh^2}{6}}+\frac{F\frac{b}{2}}{\frac{hb^2}{6}}=7\frac{F}{bh}$$

答案：C

69. 解 力F产生的弯矩引起A点的拉应力，力偶T产生的扭矩引起A点的切应力τ，故A点应为既有拉应力σ又有τ的复杂应力状态。

答案：C

70. 解 图 a）$\mu l=1\times5=5\mathrm{m}$，图 b）$\mu l=2\times3=6\mathrm{m}$，图 c）$\mu l=0.7\times6=4.2\mathrm{m}$。由公式$F_{\mathrm{cr}}=\frac{\pi^2EI}{(\mu l)^2}$，可知图 b）$F_{\mathrm{cr}}$最小，图 c）$F_{\mathrm{cr}}$最大。

答案：C

71. 解 静止流体等压面应是一水平面，且应绘出于连通、连续同一种流体中，据此可绘出两个等压面以判断压强p_1、p_2、p_3的大小。

答案：A

72. 解 测压管水头线的变化是由于过流断面面积的变化引起流速水头的变化，进而引起压强水头的变化，而与是否理想流体无关，故选项A说法是错误的。

答案：A

73. 解 由判别流态的下临界雷诺数$\mathrm{Re_k}=\frac{v_\mathrm{k}d}{\nu}$解出下临界流速$v_\mathrm{k}$即可，$v_\mathrm{k}=\frac{\mathrm{Re_k}\nu}{d}$，而$\mathrm{Re_k}=2000$。代入题设数据后有：$v_\mathrm{k}=\frac{2000\times1.31\times10^{-6}}{0.05}=0.0524\mathrm{m/s}$。

答案：D

74. 解 根据沿程损失计算公式$h_\mathrm{f}=\lambda\frac{L}{d}\frac{v^2}{2g}$及层流阻力系数计算公式$\lambda=\frac{64}{\mathrm{Re}}$、$\mathrm{Re}=\frac{vd}{\nu}$联立求解可得。代入题设条件后有：$\frac{v_1}{d_1^2}=\frac{v_2}{d_2^2}$，而$v_2=v_1\left(\frac{d_2}{d_1}\right)^2=v_1 2^2=4v_1$

$$\frac{Q_2}{Q_1}=\frac{v_2}{v_1}\left(\frac{d_2}{d_1}\right)^2=4\times2^2=16$$

答案：D

75. 解 圆柱形外管嘴正常工作的条件：$L=(3-4)d$，$H_0<9\mathrm{m}$。

答案：B

76. 解 根据有压管基本公式$H=SQ^2$，可解出流量$Q=\sqrt{\frac{H}{S}}$，H为上、下游液面差，不变。阀门关小，阻抗S增加，流量应减小。

答案：B

77. 解 按达西公式$Q=kAJ$，可解出渗透系数

$$k=\frac{Q}{AJ}=\frac{0.1}{\frac{\pi}{4}\times0.3^2\times\frac{90}{40}\times8\times3600}=2.183\times10^{-5}\mathrm{m/s}=1.886\mathrm{m/d}$$

答案：B

78. 解 无量纲量即量纲为1的量，$\dim\frac{p}{\rho v^2}=\frac{\mathrm{ML^{-1}T^{-2}}}{\mathrm{ML^{-3}(LT^{-1})^2}}=1$。

答案：A

79. 解 根据电磁感应定律，线圈a中是变化的电源，将产生变化的电流，线圈a中要考虑电磁感应的作用$i_\mathrm{a}\neq\frac{u}{R_\mathrm{a}}$；变化磁通将与线圈b交链，在线圈b中产生感应电动势，由此产生感应电流$i_\mathrm{b}\neq0$。

答案：B

80. 解 电流源的端电压由外电路决定：$U=5+0.1\times(100+50)=20\mathrm{V}$。

答案： A

81. 解 用叠加原理分析，将电路分解为各个电源单独作用的电路。不作用的电压源短路，不作用的电流源断路。$U = U' + U''$，U'为电流源单独作用，$U' = I_S(R_1 + R_2 /\!/ R_3)$；$U''$为电压源作用，$U' = \frac{R_2}{R_2+R_3}U_S$。

答案： D

82. 解 本题的考点为交流电路中电压、电流的复数运算关系。将原电路表示为复电路图（见解图），$|\dot{I}_R| = |\dot{I}_1 + \dot{I}_2| = 4 - 2 = 2A$（注：$\dot{I}_1$和$\dot{I}_2$相位相反）

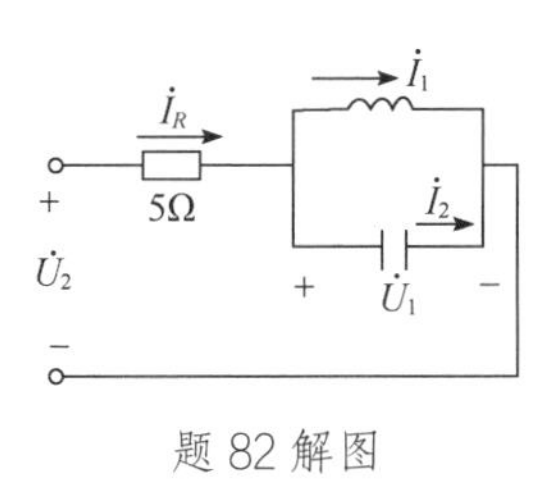

题 82 解图

$|\dot{U}_R| = |5\dot{I}_R| = 5 \times 2 = 10V$

$|\dot{U}_2| = |\dot{U}_R + \dot{U}_1| = \sqrt{10^2 + 10^2} = 10\sqrt{2}V$（注：$\dot{U}_R$与$\dot{U}_1$相位差为 90°）

分析可见选项 B 正确。

答案： B

83. 解 三相五线制供电系统中单相负载的外壳引出线应该与“PE 线”（保护接地线）连接。

答案： D

84. 解 从图形判断这是一个高通滤波器的频率特性图。它反映了电路的输出电压和输入电压对于不同频率信号的响应关系，利用高通滤波器的传递函数分析。

高通滤波器的传递函数为：

$$H(jw) = \frac{jw/W_C}{1 + jw/W_C}$$

其中：W_c为截止角频率（由电路参数 R、L、C 等决定），

$W_C = 2\pi f_c$，由题图可知$f_C = 10kHz$，$W_C = 20\pi(krad)$。

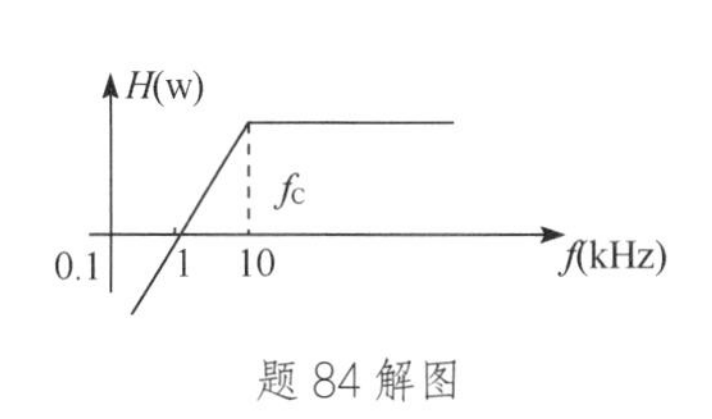

题 84 解图

代入传递函数公式可得：

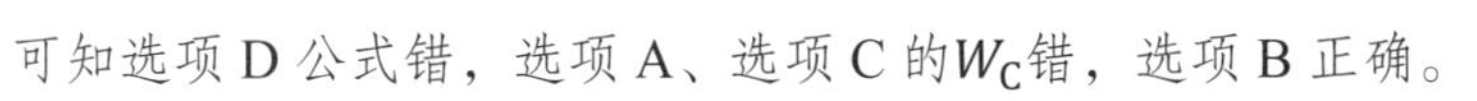

$$H(jw) = \frac{jw/(20\pi)}{1 + jw/(20\pi)}$$

可知选项 D 公式错，选项 A、选项 C 的W_C错，选项 B 正确。

答案： B

85. 解 三相交流异步电动机的转速关系公式为$n \approx n_0 = \frac{60f}{p}$，可以看到电动机的转速$n$取决于电源的频率$f$和电机的极对数$p$，改变磁极对数是有极调速，转子串电阻和降压调速只能向下降速，而不能升

速。要想实现向上、向下平滑调速，应该使用改变频率f的方法。

答案：C

86. 解 在电动机的继电接触控制电路中，熔断器对电路实现短路保护，热继电器对电路实现过载保护，交流接触器起欠压保护的作用，需同时接在主电路和控制电路中；行程开关一般只连接在电机的控制回路中。

答案：D

87. 解 信息通常是以编码的方式载入数字信号中的。

答案：A

88. 解 七段显示器的各段符号是用发光二极管制作的，各段符号如图所示。在共阴极七段显示器电路中，高电平“1”字段发光，“0”熄灭。显示字母“E”的共阴极七段显示器显示时 b、c 段熄灭，显示码 abcdefg 应该是 1001111。

答案：A

89. 解 图示电压信号是连续的时间信号，在每个时间点的数值确定；对其他的周期信号、数字信号、离散信号的定义均不符合。

答案：D

90. 解 根据对模拟信号的频谱分析可知：周期信号的频谱是离散的，非周期信号的频谱是连续的。

答案：A

91. 解 该电路是利用滤波技术进行信号处理，从图 a）到图 b）经过了低通滤波，从图 b） 到图 c）利用了高通滤波技术（消去了直流分量）。

答案：A

92. 解 此题的分析方法是先根据给定的波形图写输出和输入之间的真值表，然后观察输出与输入的逻辑关系，写出逻辑表达式即可。观察$\mathrm{F}=\mathrm{A}\cdot\mathrm{B}+\overline{\mathrm{A}}\cdot\overline{\mathrm{B}}$，属同或门关系。

答案：C

93. 解 首先应清楚放大电路中输入电阻和输出电阻的概念，然后将放大电路的输入端等效成一个输入电阻，输出端等效成一个等效电压源（如解图所示），最后用电路理论计算可得结果。

其中：

$$u_{\mathrm{i}}=\frac{r_{\mathrm{i}}}{R_{\mathrm{s}}+r_{\mathrm{i}}}u_{\mathrm{s}}=5\sin\omega t\,(\mathrm{mV})$$

$$u_{\mathrm{os}}=A_{\mathrm{k}}u_{\mathrm{i}}=-400\sin\omega t\,(\mathrm{mV})$$

$$u_{\mathrm{o}}=\frac{R_{\mathrm{L}}}{r_{\mathrm{o}}+R_{\mathrm{L}}}u_{\mathrm{os}}=-250\sin\omega t\,(\mathrm{mV})=-0.25\sin\omega t\,(\mathrm{V})$$

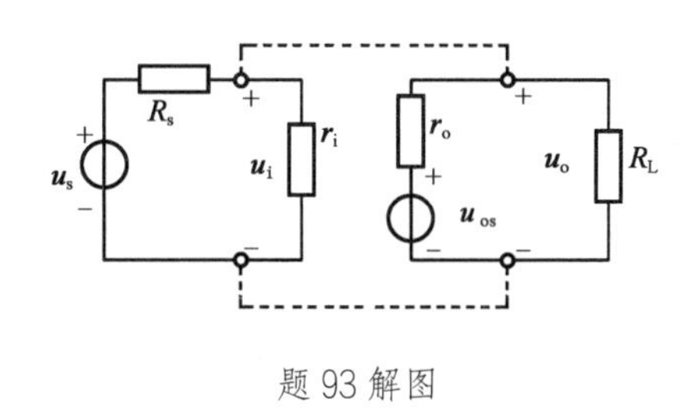

题 93 解图

答案：D

94. 解 该电路是电压比较电路，u_{i1}为输入信号，u_{i2}为基准信号。当u_{i1}大于u_{i2}时，输出为负的饱和值；当u_{i1}小于u_{i2}时，输出为正的饱和值。本题始终保持u_{i1}大于u_{i2}，因此输出u_o为负的饱和值。

答案：D

95. 解 该电路是 D 触发器，这种连接方法构成保持状态：$Q_{n+1} = D = Q_n$。

答案：D

96. 解 本题为两个 JK 触发器构成的时序逻辑电路。时钟 cp 信号同时接在两个触发器上，故为同步触发方式。初始状态$Q_1 = Q_0 = 0$，时序分析见解表。

题 96 解表

cp	Q_1	Q_0	$J_1 = 1$	$K_1 = \overline{Q}_0$	$J_0 = \overline{Q}_1$	$K_0 = 1$	$Q_1' = \overline{Q}_1$	$Q_0' = Q_0$
0	0	0	1	1	1	1	1	0
1	1	1	1	0	0	1	0	1
2	1	0	1	1	0	1	0	0
3	0	0	1	1	1	1	1	0

可见在三个时钟脉冲后完成一次循环。输出端变化顺序为$Q_1'Q_0'$：(10)→(01)→(00)（→(10)），即三进制减法计数器。

答案：C

97. 解 微型计算机是以总线结构来连接各个功能部件的。

答案：C

98. 解 信息可采用某种度量单位进行度量，并进行信息编码。现代计算机使用的是二进制。

答案：C

99. 解 三位二进制对应一位八进制，将小数点后每三位二进制分成一组，101 对应 5，010 对应 2，111 对应 7，100 对应 4。

答案：B

100. 解 图像的主要参数有分辨率（包括屏幕分辨率、图像分辨率、像素分辨率）、颜色深度、图像文件的大小。

答案：B

101. 解 在网上正式传输的书信或文件常常要根据亲笔签名或印章来证明真实性，数字签名就是用来解决这类问题的，目前在电子商务、电子政务中应用最为普遍。

答案：A

102. 解 一个存储器段可以小至一个字节，可大至4G字节。而一个页的大小则规定为4K字节。

答案：C

103. 解 Windows 的设备管理功能部分支持即插即用功能，Windows 自动安装有即插即用设备及其设备驱动程序。即插即用就是在加上新的硬件以后不用为此硬件再安装驱动程序了。而选项 D 说需安装相应软件才可立刻使用是错误的。

答案：D

104. 解 构成信息化社会的三个主要技术支柱是计算机技术、通信技术和网络技术。

答案：B

105. 解 网络软件是实现网络功能不可缺少的软件环境，主要包括网络传输协议和网络操作系统。

答案：A

106. 解 因特网是一个国际网，也就是说因特网是一个连接了无数个小网而形成大网。

答案：B

107. 解 比较两家银行的年实际利率，其中较低者利息较少。

甲银行的年实际利率：$i_{甲}=\left(1+\frac{r}{m}\right)^{m}-1=\left(1+\frac{6\%}{4}\right)^{4}-1=6.14\%$；乙银行的年实际利率为7%，故向甲银行贷款付出的利息较少。

答案：A

108. 解 总成本费用有生产成本加期间费用和按生产要素两种估算方法。生产成本加期间费用计算公式为：总成本费用=生产成本+期间费用。

答案：A

109. 解 准股本资金是一种既具有资本金性质又具有债务资金性质的资金，主要包括优先股股票和可转换债券。

答案：B

110. 解 按计算财务净现值的公式计算。

$$\mathrm{FNPV} = -200 - 300(P/F, 10\%, 1) + 150(P/A, 10\%, 8)(P/F, 10\%, 2)$$

$$= -200 - 300 \times 0.90909 + 150 \times 5.33493 \times 0.82645 = 188.63 \text{ 万元}$$

答案： B

111. 解 可外贸货物影子价格：

直接进口投入物的影子价格(到厂价) = 到岸价(CIF) × 影子汇率 + 进口费用

答案： C

112. 解 盈亏平衡点越低，说明项目盈利的可能性越大，项目抵抗风险的能力越强。

答案： C

113. 解 改扩建项目盈利能力分析可能涉及的五种数据：①“现状”数据；②“无项目”数据；③“有项目”数据；④新增数据；⑤增量数据。

答案： D

114. 解 在ABC分类法中，A类部件占部件总数的比重较少，但占总成本的比重较大；C类部件占部件总数的比重较大，占总数的60%~80%，但占总成本的比重较小，占5%~10%。

答案： C

115. 解 《中华人民共和国安全生产法》第三十四条规定，生产经营单位使用的危险物品的容器、运输工具，以及涉及人身安全、危险性较大的海洋石油开采特种设备及矿山井下特种设备，必须按照国家有关规定，由专业生产单位生产，并经具有专业资质的检测、检验机构检测、检验合格，取得安全使用证或者安全标志，方可投入使用。检测、检验机构对检测、检验结果负责。

答案： B

116. 解 《中华人民共和国招标投标法》第四十六条规定，招标人和中标人应当自中标通知书发出之日起三十日内，按照招标文件和中标人的投标文件订立书面合同。招标人和中标人不得再行订立背离合同实质性内容的其他协议。

答案： B

117. 解 《中华人民共和国行政许可法》第十三条规定，本法第十二条所列事项，通过下列方式能够予以规范的，可以不设行政许可：

（一）公民、法人或者其他组织能够自主决定的；

（二）市场竞争机制能够有效调节的；

（三）行业组织或者中介机构能够自律管理的；

（四）行政机关采用事后监督等其他行政管理方式能够解决的。

答案： D

118. 解 《中华人民共和国节约能源法》第十五条规定，国家实行固定资产投资项目节能评估和审查制度。不符合强制性节能标准的项目，依法负责项目审批或者核准的机关不得批准或者核准建设；建设单位不得开工建设；已经建成的，不得投入生产、使用。具体办法由国务院管理节能工作的部门会同国务院有关部门制定。

答案：C

119. 解 《建设工程质量管理条例》第三十一条规定，施工人员对涉及结构安全的试块、试件以及有关材料，应当在建设单位或者工程监理单位监督下现场取样，并送具有相应资质等级的质量检测单位进行检测。

答案：D

120. 解 《建设工程安全生产管理条例》第十四条规定，工程监理单位在实施监理过程中，发现存在安全事故隐患的，应当要求施工单位整改；情况严重的，应当要求施工单位暂时停止施工，并及时报告建设单位。施工单位拒不整改或者不停止施工的，工程监理单位应当及时向有关主管部门报告。

答案：D

2011年度全国勘察设计注册工程师

执业资格考试试卷

基础考试

（上）

二〇一一年九月

应考人员注意事项

1. 本试卷科目代码为“1”，考生务必将此代码填涂在答题卡“科目代码”相应的栏目内，否则，无法评分。

2. 书写用笔：**黑色或蓝色钢笔、签字笔或圆珠笔**；

   填涂答题卡用笔：**黑色 2B 铅笔**。

3. 必须用书写用笔将工作单位、姓名、准考证号填写在答题卡和试卷相应的栏目内。

4. 本试卷由 120 题组成，每题 1 分，满分 120 分，本试卷全部为单项选择题，每小题的四个备选项中只有一个正确答案，错选、多选、不选均不得分。

5. 考生作答时，必须按**题号在答题卡上**将相应试题所选选项对应的**字母用 2B 铅笔涂黑**。

6. 在答题卡上书写与题意无关的语言，或在答题卡上作标记的，均按违纪试卷处理。

7. 考试结束时，由监考人员当面将试卷、答题卡一并收回。

8. 草稿纸由各地统一配发，考后收回。

单项选择题（共 120 题，每题 1 分。每题的备选项中只有一个最符合题意。）

1. 设直线方程为$x=y-1=z$，平面方程为$x-2y+z=0$，则直线与平面：

A. 重合　　B. 平行不重合

C. 垂直相交　　D. 相交不垂直

2. 在三维空间中，方程$y^2-z^2=1$所代表的图形是：

A. 母线平行x轴的双曲柱面　　B. 母线平行y轴的双曲柱面

C. 母线平行z轴的双曲柱面　　D. 双曲线

3. 当$x\to 0$时，3^x-1是x的：

A. 高阶无穷小　　B. 低阶无穷小

C. 等价无穷小　　D. 同阶但非等价无穷小

4. 函数$f(x)=\frac{x-x^2}{\sin\pi x}$的可去间断点的个数为：

A. 1 个　　B. 2 个

C. 3 个　　D. 无穷多个

5. 如果$f(x)$在x_0点可导，$g(x)$在x_0点不可导，则$f(x)g(x)$在x_0点：

A. 可能可导也可能不可导　　B. 不可导

C. 可导　　D. 连续

6. 当$x>0$时，下列不等式中正确的是：

A. $e^x<1+x$　　B. $\ln(1+x)>x$

C. $e^x<ex$　　D. $x>\sin x$

7. 若函数$f(x,y)$在闭区域D上连续，下列关于极值点的陈述中正确的是：

A. $f(x,y)$的极值点一定是$f(x,y)$的驻点

B. 如果P_0是$f(x,y)$的极值点，则P_0点处$B^2-AC<0$$\left(其中，A=\frac{\partial^2 f}{\partial x^2}，B=\frac{\partial^2 f}{\partial x\partial y}，C=\frac{\partial^2 f}{\partial y^2}\right)$

C. 如果P_0是可微函数$f(x,y)$的极值点，则在P_0点处$\mathrm{d}f=0$

D. $f(x,y)$的最大值点一定是$f(x,y)$的极大值点

8. $\int\frac{\mathrm{d}x}{\sqrt{x}(1+x)}=$

A. $\arctan\sqrt{x}+C$

B. $2\arctan\sqrt{x}+C$

C. $\tan(1+x)$

D. $\frac{1}{2}\arctan x+C$

9. 设$f(x)$是连续函数，且$f(x)=x^2+2\int_0^2 f(t)\mathrm{d}t$，则$f(x)=$

A. x^2

B. $x^2 2$

C. $2x$

D. $x^2-\frac{16}{9}$

10. $\int_{-2}^{2}\sqrt{4-x^2}\mathrm{d}x=$

A. π

B. 2π

C. 3π

D. $\frac{\pi}{2}$

11. 设L为连接(0,2)和(1,0)的直线段，则对弧长的曲线积分$\int_L(x^2+y^2)\mathrm{d}S=$

A. $\frac{\sqrt{5}}{2}$

B. 2

C. $\frac{3\sqrt{5}}{2}$

D. $\frac{5\sqrt{5}}{3}$

12. 曲线$y=e^{-x}(x\geqslant 0)$与直线$x=0$，$y=0$所围图形，绕ox轴旋转所得旋转体的体积为：

A. $\frac{\pi}{2}$

B. π

C. $\frac{\pi}{3}$

D. $\frac{\pi}{4}$

13. 若级数$\sum\limits_{n=1}^{\infty} u_n$收敛，则下列级数中不收敛的是：

A. $\sum\limits_{n=1}^{\infty} ku_n (k \neq 0)$

B. $\sum\limits_{n=1}^{\infty} u_{n+100}$

C. $\sum\limits_{n=1}^{\infty} \left(u_{2n} + \frac{1}{2^n}\right)$

D. $\sum\limits_{n=1}^{\infty} \frac{50}{u_n}$

14. 设$\sum\limits_{n=0}^{\infty} a_n x^n$的收敛半径为 2，则幂级数$\sum\limits_{n=1}^{\infty} na_n(x-2)^{n+1}$的收敛区间是：

A. $(-2,2)$

B. $(-2,4)$

C. $(0,4)$

D. $(-4,0)$

15. 微分方程$xy\mathrm{d}x = \sqrt{2-x^2}\mathrm{d}y$的通解是：

A. $y = e^{-C\sqrt{2-x^2}}$

B. $y = e^{-\sqrt{2-x^2}} + C$

C. $y = Ce^{-\sqrt{2-x^2}}$

D. $y = C - \sqrt{2-x^2}$

16. 微分方程$\frac{\mathrm{d}y}{\mathrm{d}x} - \frac{y}{x} = \tan\frac{y}{x}$的通解是：

A. $\sin\frac{y}{x} = Cx$

B. $\cos\frac{y}{x} = Cx$

C. $\sin\frac{y}{x} = x + C$

D. $Cx\sin\frac{y}{x} = 1$

17. 设$\boldsymbol{A} = \begin{bmatrix} 1 & 0 & 1 \\ 0 & 1 & 2 \\ -2 & 0 & -3 \end{bmatrix}$，则$\boldsymbol{A}^{-1} =$

A. $\begin{bmatrix} 3 & 0 & 1 \\ 4 & 1 & 2 \\ 2 & 0 & 1 \end{bmatrix}$

B. $\begin{bmatrix} 3 & 0 & 1 \\ 4 & 1 & 2 \\ -2 & 0 & -1 \end{bmatrix}$

C. $\begin{bmatrix} -3 & 0 & -1 \\ 4 & 1 & 2 \\ -2 & 0 & -1 \end{bmatrix}$

D. $\begin{bmatrix} 3 & 0 & 1 \\ -4 & -1 & -2 \\ 2 & 0 & 1 \end{bmatrix}$

18. 设 3 阶矩阵$\boldsymbol{A} = \begin{bmatrix} 1 & 1 & a \\ 1 & a & 1 \\ a & 1 & 1 \end{bmatrix}$，已知$\boldsymbol{A}$的伴随矩阵的秩为 1，则$a =$

A. -2

B. -1

C. 1

D. 2

19. 设$\boldsymbol{A}$是 3 阶矩阵，$\boldsymbol{P}=(\alpha_1,\alpha_2,\alpha_3)$是 3 阶可逆矩阵，且$\boldsymbol{P}^{-1}\boldsymbol{A}\boldsymbol{P}=\begin{bmatrix}1&0&0\\0&2&0\\0&0&0\end{bmatrix}$。若矩阵$\boldsymbol{Q}=(\alpha_2,\alpha_1,\alpha_3)$，则$\boldsymbol{Q}^{-1}\boldsymbol{A}\boldsymbol{Q}=$

A. $\begin{bmatrix}1&0&0\\0&2&0\\0&0&0\end{bmatrix}$　　B. $\begin{bmatrix}2&0&0\\0&1&0\\0&0&0\end{bmatrix}$

C. $\begin{bmatrix}0&1&0\\2&0&0\\0&0&0\end{bmatrix}$　　D. $\begin{bmatrix}0&2&0\\1&0&0\\0&0&0\end{bmatrix}$

20. 齐次线性方程组$\begin{cases}x_1-x_2+x_4=0\\x_1-x_3+x_4=0\end{cases}$的基础解系为：

A. $\alpha_1=(1,1,1,0)^{\mathrm{T}}$，$\alpha_2=(-1,-1,1,0)^{\mathrm{T}}$

B. $\alpha_1=(2,1,0,1)^{\mathrm{T}}$，$\alpha_2=(-1,-1,1,0)^{\mathrm{T}}$

C. $\alpha_1=(1,1,1,0)^{\mathrm{T}}$，$\alpha_2=(-1,0,0,1)^{\mathrm{T}}$

D. $\alpha_1=(2,1,0,1)^{\mathrm{T}}$，$\alpha_2=(-2,-1,0,1)^{\mathrm{T}}$

21. 设A，B是两个事件，$P(A)=0.3$，$P(B)=0.8$，则当$P(A\cup B)$为最小值时，$P(AB)=$

A. 0.1　　B. 0.2

C. 0.3　　D. 0.4

22. 三个人独立地破译一份密码，每人能独立译出这份密码的概率分别为$\frac{1}{5}$、$\frac{1}{3}$、$\frac{1}{4}$，则这份密码被译出的概率为：

A. $\frac{1}{3}$　　B. $\frac{1}{2}$

C. $\frac{2}{5}$　　D. $\frac{3}{5}$

23. 设随机变量X的概率密度为$f(x)=\begin{cases}2x，&0<x<1\\0\ ，&其他\end{cases}$，$Y$表示对$X$的 3 次独立重复观察中事件$\left\{X\leqslant\frac{1}{2}\right\}$出现的次数，则$P\{Y=2\}$等于：

A. $\frac{3}{64}$　　B. $\frac{9}{64}$

C. $\frac{3}{16}$　　D. $\frac{9}{16}$

24. 设随机变量X和Y都服从$N(0,1)$分布，则下列叙述中正确的是：

A. $X+Y\sim$正态分布　　　　B. $X^2+Y^2\sim\chi^2$分布

C. X^2和Y^2都$\sim\chi^2$分布　　　　D. $\frac{X^2}{Y^2}\sim F$分布

25. 一瓶氦气和一瓶氮气，它们每个分子的平均平动动能相同，而且都处于平衡态，则它们：

A. 温度相同，氦分子和氮分子的平均动能相同

B. 温度相同，氦分子和氮分子的平均动能不同

C. 温度不同，氦分子和氮分子的平均动能相同

D. 温度不同，氦分子和氮分子的平均动能不同

26. 最概然速率v_p的物理意义是：

A. v_p是速率分布中的最大速率

B. v_p是大多数分子的速率

C. 在一定的温度下，速率与v_p相近的气体分子所占的百分率最大

D. v_p是所有分子速率的平均值

27. 1mol 理想气体从平衡态 $2p_1$、V_1沿直线变化到另一平衡态p_1、$2V_1$，则此过程中系统的功和内能的变化是：

A. $W>0$，$\Delta E>0$　　　　B. $W<0$，$\Delta E<0$

C. $W>0$，$\Delta E=0$　　　　D. $W<0$，$\Delta E>0$

28. 在保持高温热源温度T_1和低温热源温度T_2不变的情况下，使卡诺热机的循环曲线所包围的面积增大，则会：

A. 净功增大，效率提高　　　　B. 净功增大，效率降低

C. 净功和功率都不变　　　　D. 净功增大，效率不变

29. 一平面简谐波的波动方程为$y = 0.01\cos 10\pi(25t - x)$ (SI)，则在$t = 0.1$s时刻，$x = 2$m处质元的振动位移是：

A. 0.01cm　　　　B. 0.01m

C. -0.01m　　　　D. 0.01mm

30. 对于机械横波而言，下面说法正确的是：

A. 质元处于平衡位置时，其动能最大，势能为零

B. 质元处于平衡位置时，其动能为零，势能最大

C. 质元处于波谷处时，动能为零，势能最大

D. 质元处于波峰处时，动能与势能均为零

31. 在波的传播方向上，有相距为 3m 的两质元，两者的相位差为$\frac{\pi}{6}$，若波的周期为 4s，则此波的波长和波速分别为：

A. 36m 和6m/s　　　　B. 36m 和9m/s

C. 12m 和6m/s　　　　D. 12m 和9m/s

32. 在双缝干涉实验中，入射光的波长为λ，用透明玻璃纸遮住双缝中的一条缝（靠近屏一侧），若玻璃纸中光程比相同厚度的空气的光程大 2.5λ，则屏上原来的明纹处：

A. 仍为明条纹　　　　B. 变为暗条纹

C. 既非明纹也非暗纹　　　　D. 无法确定是明纹还是暗纹

33. 在真空中，可见光的波长范围为：

A. 400~760nm　　　　B. 400~760mm

C. 400~760cm　　　　D. 400~760m

34. 有一玻璃劈尖，置于空气中，劈尖角为θ，用波长为λ的单色光垂直照射时，测得相邻明纹间距为l，若玻璃的折射率为n，则θ、λ、l与n之间的关系为：

A. $\theta = \frac{\lambda n}{2l}$　　　　B. $\theta = \frac{l}{2n\lambda}$

C. $\theta = \frac{l\lambda}{2n}$　　　　D. $\theta = \frac{\lambda}{2nl}$

35. 一束自然光垂直穿过两个偏振片，两个偏振片的偏振化方向成 45°角。已知通过此两偏振片后的光强为I，则入射至第二个偏振片的线偏振光强度为：

A. I　　　　B. $2I$　　　　C. $3I$　　　　D. $\frac{I}{2}$

36. 一单缝宽度$a = 1 \times 10^{-4}$m，透镜焦距$f = 0.5$m，若用$\lambda = 400$nm的单色平行光垂直入射，中央明纹的宽度为：

A. 2×10^{-3}m　　B. 2×10^{-4}m

C. 4×10^{-4}m　　D. 4×10^{-3}m

37. 29 号元素的核外电子分布式为：

A. $1s^2 2s^2 2p^6 3s^2 3p^6 3d^9 4s^2$　　B. $1s^2 2s^2 2p^6 3s^2 3p^6 3d^{10} 4s^1$

C. $1s^2 2s^2 2p^6 3s^2 3p^6 4s^1 3d^{10}$　　D. $1s^2 2s^2 2p^6 3s^2 3p^6 4s^2 3d^9$

38. 下列各组元素的原子半径从小到大排序错误的是：

A. Li < Na < K　　B. Al < Mg < Na　　C. C < Si < Al　　D. P < As < Se

39. 下列溶液混合，属于缓冲溶液的是：

A. 50mL $0.2\mathrm{mol \cdot L^{-1}}$ CH_3COOH 与 50mL $0.1\mathrm{mol \cdot L^{-1}}$ NaOH

B. 50mL $0.1\mathrm{mol \cdot L^{-1}}$ CH_3COOH 与 50mL $0.1\mathrm{mol \cdot L^{-1}}$ NaOH

C. 50mL $0.1\mathrm{mol \cdot L^{-1}}$ CH_3COOH 与 50mL $0.2\mathrm{mol \cdot L^{-1}}$ NaOH

D. 50mL $0.2\mathrm{mol \cdot L^{-1}}$ HCl 与 50mL $0.1\mathrm{mol \cdot L^{-1}}$ NH_3H_2O

40. 在一容器中，反应$2NO_2(g) \rightleftharpoons 2NO(g) + O_2(g)$，恒温条件下达到平衡后，加一定量 Ar 气体保持总压力不变，平衡将会：

A. 向正方向移动　　B. 向逆方向移动

C. 没有变化　　D. 不能判断

41. 某第 4 周期的元素，当该元素原子失去一个电子成为正 1 价离子时，该离子的价层电子排布式为$3d^{10}$，则该元素的原子序数是：

A. 19　　B. 24　　C. 29　　D. 36

42. 对于一个化学反应，下列各组中关系正确的是：

A. $\Delta_r G_m^\Theta > 0$，$K^\Theta < 1$　　B. $\Delta_r G_m^\Theta > 0$，$K^\Theta > 1$

C. $\Delta_r G_m^\Theta < 0$，$K^\Theta = 1$　　D. $\Delta_r G_m^\Theta < 0$，$K^\Theta < 1$

43. 价层电子构型为 $4d^{10}5s^1$ 的元素在周期表中属于：

A. 第四周期 VIIB 族　　B. 第五周期 IB 族

C. 第六周期 VIIB 族　　D. 镧系元素

44. 下列物质中，属于酚类的是：

A. C_3H_7OH　　B. $C_6H_5CH_2OH$

C. C_6H_5OH　　D. $\underset{\displaystyle OH}{\underset{|}{CH_2}}-\underset{\displaystyle OH}{\underset{|}{CH}}-\underset{\displaystyle OH}{\underset{|}{CH_2}}$

45. 有机化合物 $H_3C-\underset{\displaystyle CH_3}{\underset{|}{CH}}-\underset{\displaystyle CH_3}{\underset{|}{CH}}-CH_2-CH_3$ 的名称是：

A. 2-甲基-3-乙基丁烷　　B. 3,4-二甲基戊烷

C. 2-乙基-3-甲基丁烷　　D. 2,3-二甲基戊烷

46. 下列物质中，两个氢原子的化学性质不同的是：

A. 乙炔　　B. 甲酸　　C. 甲醛　　D. 乙二酸

47. 两直角刚杆AC、CB支承如图所示，在铰C处受力F作用，则A、B两处约束力的作用线与x轴正向所成的夹角分别为：

A. 0°；90°

B. 90°；0°

C. 45°；60°

D. 45°；135°

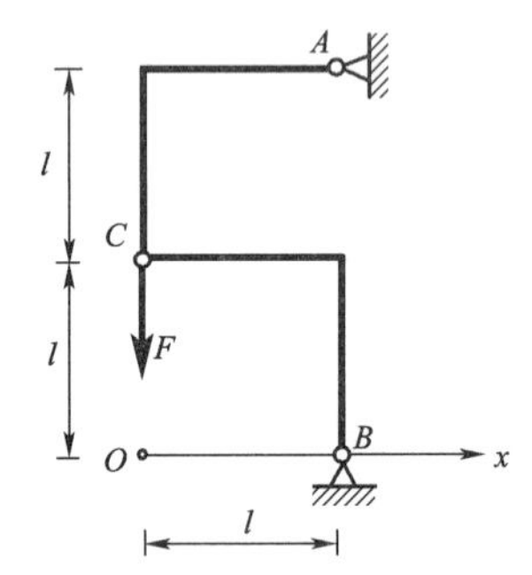

48. 在图示四个力三角形中，表示$\boldsymbol{F}_R = \boldsymbol{F}_1 + \boldsymbol{F}_2$的图是：

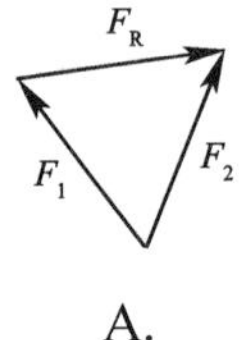

A.

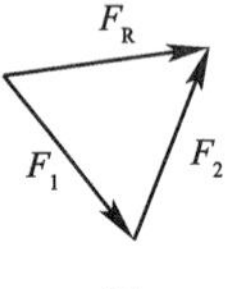

B.

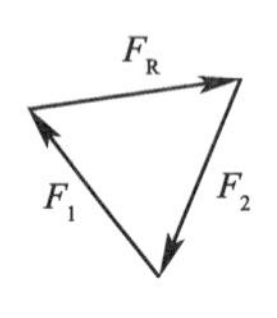

C.

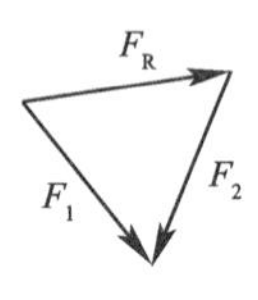

D.

49. 均质杆AB长为l，重为$\boldsymbol{W}$，受到如图所示的约束，绳索ED处于铅垂位置，A、B两处为光滑接触，杆的倾角为α，又$CD = l/4$，则A、B两处对杆作用的约束力大小关系为：

A. $F_{NA} = F_{NB} = 0$

B. $F_{NA} = F_{NB} \neq 0$

C. $F_{NA} \leqslant F_{NB}$

D. $F_{NA} \geqslant F_{NB}$

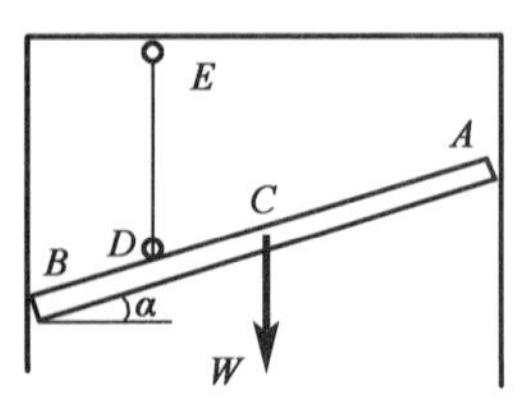

50. 一重力大小为$W = 60\text{kN}$的物块，自由放置在倾角为$\alpha = 30°$的斜面上，如图所示，若物块与斜面间的静摩擦系数为$f = 0.4$，则该物块的状态为：

A. 静止状态

B. 临界平衡状态

C. 滑动状态

D. 条件不足，不能确定

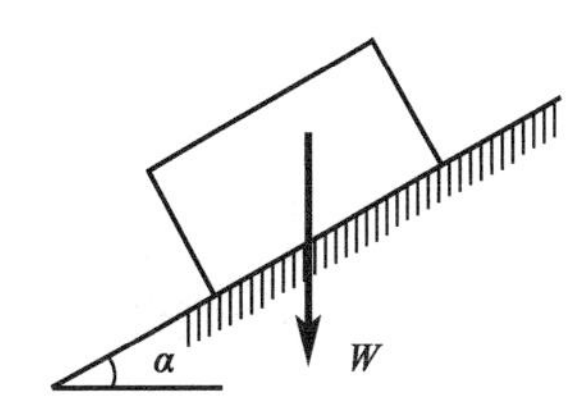

51. 当点运动时，若位置矢大小保持不变，方向可变，则其运动轨迹为：

A. 直线　　B. 圆周

C. 任意曲线　　D. 不能确定

52. 刚体做平动时，某瞬时体内各点的速度和加速度为：

A. 体内各点速度不相同，加速度相同

B. 体内各点速度相同，加速度不相同

C. 体内各点速度相同，加速度也相同

D. 体内各点速度不相同，加速度也不相同

53. 在图示机构中，杆$O_1A = O_2B$，$O_1A /\!/ O_2B$，杆$O_2C =$杆O_3D，$O_2C /\!/ O_3D$，且$O_1A = 20\text{cm}$，$O_2C = 40\text{cm}$，若杆O_1A以角速度$\omega = 3\text{rad/s}$匀速转动，则杆CD上任意点M速度及加速度的大小分别为：

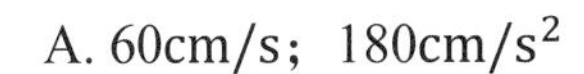

A. 60cm/s；180cm/s^2

B. 120cm/s；360cm/s^2

C. 90cm/s；270cm/s^2

D. 120cm/s；150cm/s^2

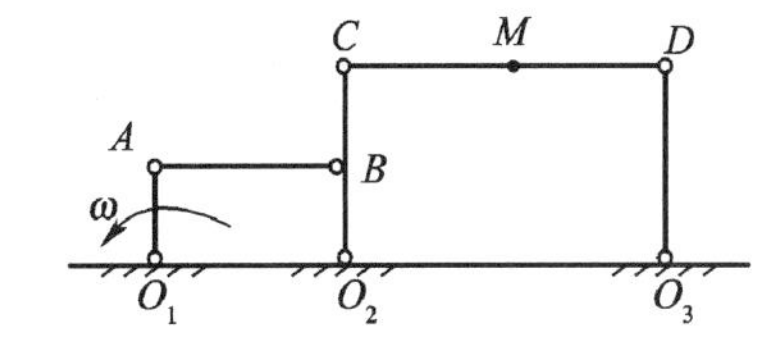

54. 图示均质圆轮，质量为m，半径为r，在铅垂图面内绕通过圆轮中心O的水平轴以匀角速度ω转动。则系统动量、对中心O的动量矩、动能的大小分别为：

A. 0；$\frac{1}{2}mr^2\omega$；$\frac{1}{4}mr^2\omega^2$

B. $mr\omega$；$\frac{1}{2}mr^2\omega$；$\frac{1}{4}mr^2\omega^2$

C. 0；$\frac{1}{2}mr^2\omega$；$\frac{1}{2}mr^2\omega^2$

D. 0；$\frac{1}{4}mr^2\omega$；$\frac{1}{4}mr^2\omega^2$

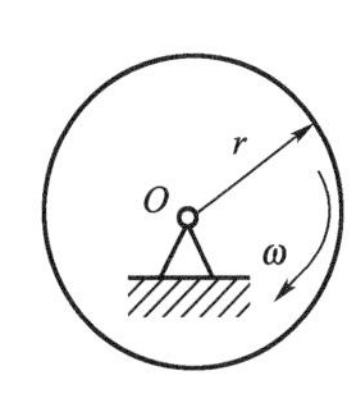

55. 如图所示，两重物M_1和M_2的质量分别为m_1和m_2，两重物系在不计质量的软绳上，绳绕过均质定滑轮，滑轮半径r，质量为m，则此滑轮系统的动量为：

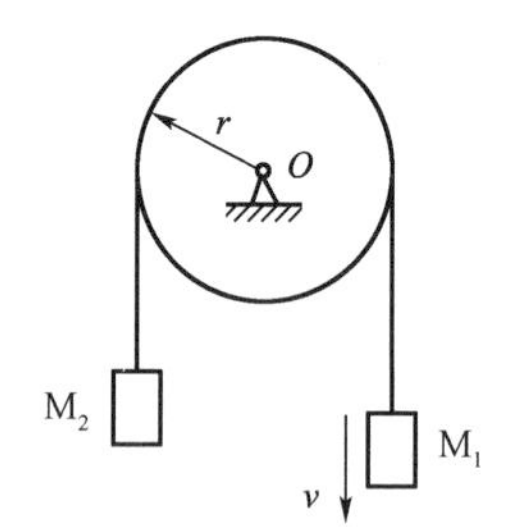

A. $\left(m_1 - m_2 + \frac{1}{2}m\right)v\downarrow$

B. $(m_1 - m_2)v\downarrow$

C. $\left(m_1 + m_2 + \frac{1}{2}m\right)v\uparrow$

D. $(m_1 - m_2)v\uparrow$

56. 均质细杆AB重力为$\boldsymbol{P}$、长$2L$，A端铰支，B端用绳系住，处于水平位置，如图所示，当B端绳突然剪断瞬时，AB杆的角加速度大小为：

A. 0

B. $\frac{3g}{4L}$

C. $\frac{3g}{2L}$

D. $\frac{6g}{L}$

57. 质量为m，半径为R的均质圆盘，绕垂直于图面的水平轴O转动，其角速度为ω。在图示瞬间，角加速度为0，盘心C在其最低位置，此时将圆盘的惯性力系向O点简化，其惯性力主矢和惯性力主矩的大小分别为：

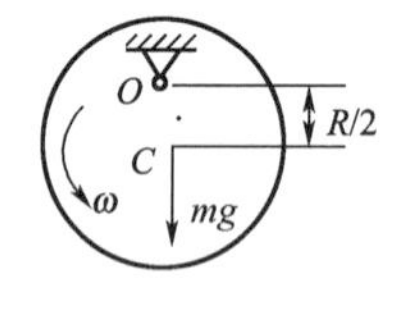

A. $m\frac{R}{2}\omega^2$；0

B. $mR\omega^2$；0

C. 0；0

D. 0；$\frac{1}{2}m\frac{R}{2}\omega^2$

58. 图示装置中，已知质量$m = 200\text{kg}$，弹簧刚度$k = 100\text{N/cm}$，则图中各装置的振动周期为：

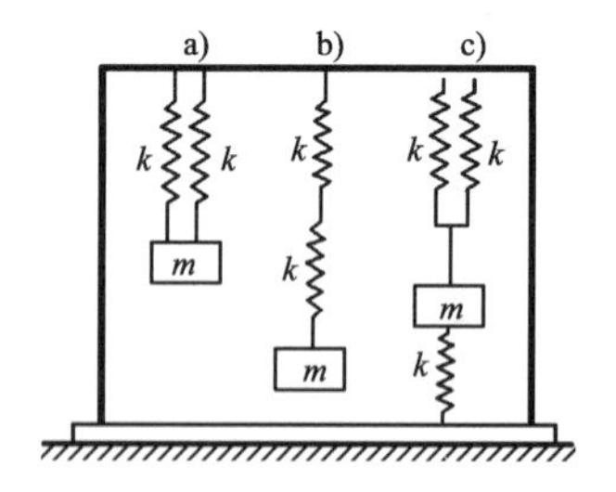

A. 图 a）装置振动周期最大

B. 图 b）装置振动周期最大

C. 图 c）装置振动周期最大

D. 三种装置振动周期相等

59. 圆截面杆ABC轴向受力如图，已知BC杆的直径$d=100\text{mm}$，AB杆的直径为 $2d$。杆的最大的拉应力为：

A. 40MPa

B. 30MPa

C. 80MPa

D. 120MPa

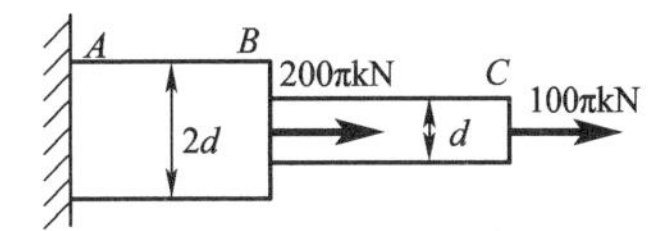

60. 已知铆钉的许可切应力为$[\tau]$，许可挤压应力为$[\sigma_{\text{bs}}]$，钢板的厚度为t，则图示铆钉直径d与钢板厚度t的关系是：

A. $d=\frac{8t[\sigma_{\text{bs}}]}{\pi[\tau]}$

B. $d=\frac{4t[\sigma_{\text{bs}}]}{\pi[\tau]}$

C. $d=\frac{\pi[\tau]}{8t[\sigma_{\text{bs}}]}$

D. $d=\frac{\pi[\tau]}{4t[\sigma_{\text{bs}}]}$

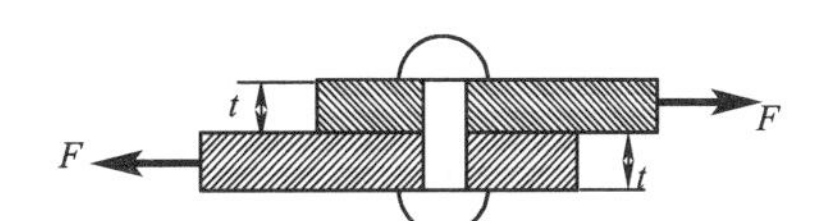

61. 图示受扭空心圆轴横截面上的切应力分布图中，正确的是：

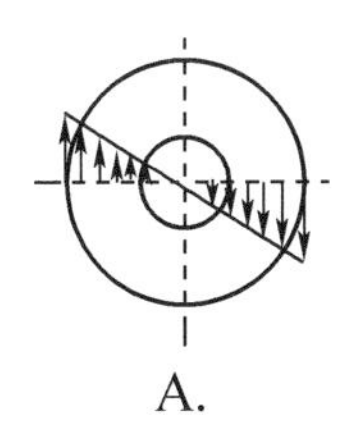

A.

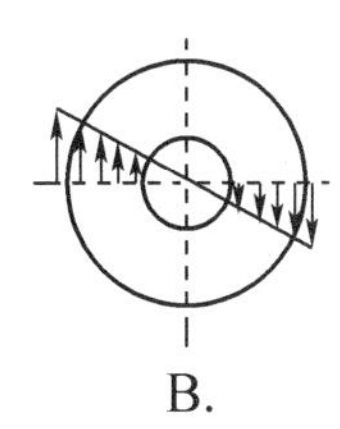

B.

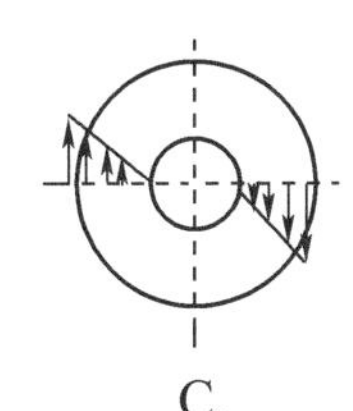

C.

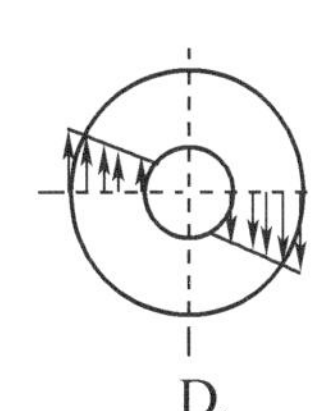

D.

62. 图示截面的抗弯截面模量W_z为：

A. $W_z=\frac{\pi d^3}{32}-\frac{a^3}{6}$

B. $W_z=\frac{\pi d^3}{32}-\frac{a^4}{6d}$

C. $W_z=\frac{\pi d^3}{32}-\frac{a^3}{6d}$

D. $W_z=\frac{\pi d^4}{64}-\frac{a^4}{12}$

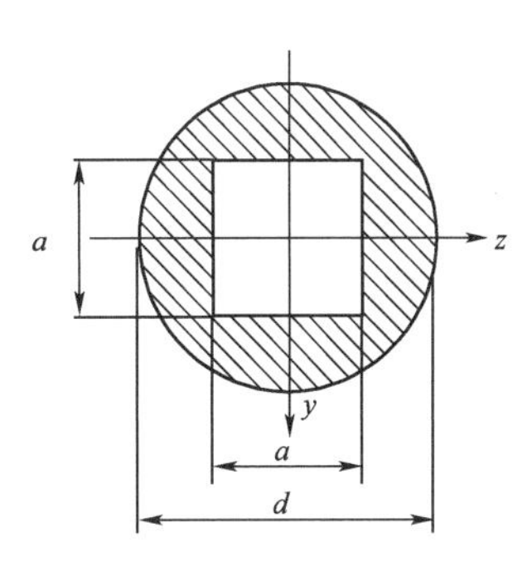

63. 梁的弯矩图如图所示，最大值在B截面。在梁的A、B、C、D四个截面中，剪力为 0 的截面是：

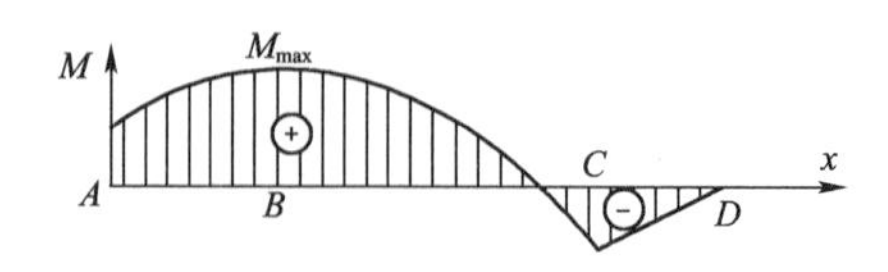

A. A截面　　　　B. B截面

C. C截面　　　　D. D截面

64. 图示悬臂梁AB，由三根相同的矩形截面直杆胶合而成，材料的许可应力为$[\sigma]$。若胶合面开裂，假设开裂后三根杆的挠曲线相同，接触面之间无摩擦力，则开裂后的梁承载能力是原来的：

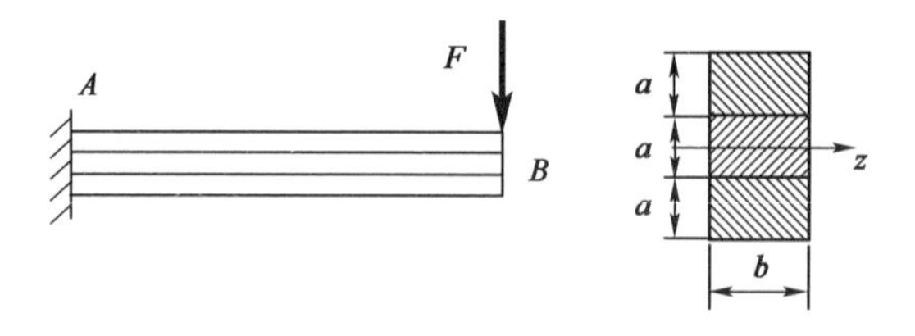

A. $1/9$　　　　B. $1/3$

C. 两者相同　　　　D. 3 倍

65. 梁的横截面是由狭长矩形构成的工字形截面，如图所示，z轴为中性轴，截面上的剪力竖直向下，该截面上的最大切应力在：

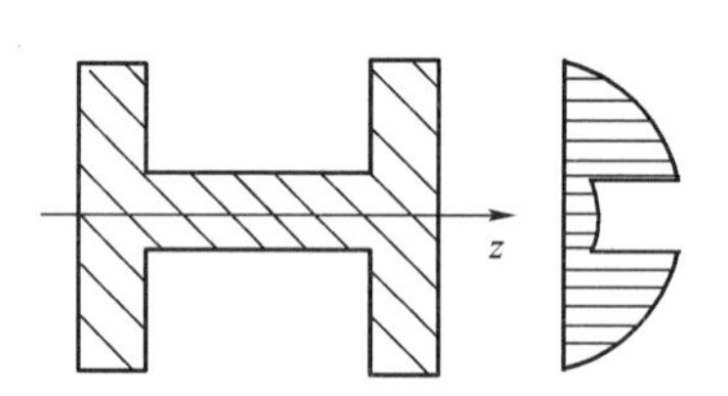

A. 腹板中性轴处

B. 腹板上下缘延长线与两侧翼缘相交处

C. 截面上下缘

D. 腹板上下缘

66. 矩形截面简支梁中点承受集中力F。若$h = 2b$，分别采用图 a）、图 b）两种方式放置，图 a）梁的最大挠度是图 b）梁的：

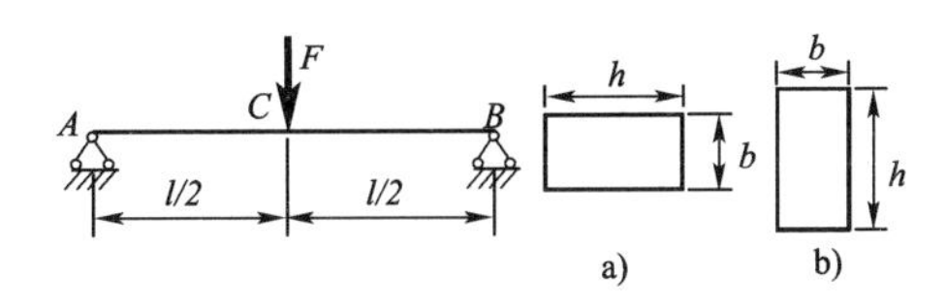

A. 1/2　　　　B. 2 倍

C. 4 倍　　　　D. 8 倍

67. 在图示xy坐标系下，单元体的最大主应力σ_1大致指向：

A. 第一象限，靠近x轴

B. 第一象限，靠近y轴

C. 第二象限，靠近x轴

D. 第二象限，靠近y轴

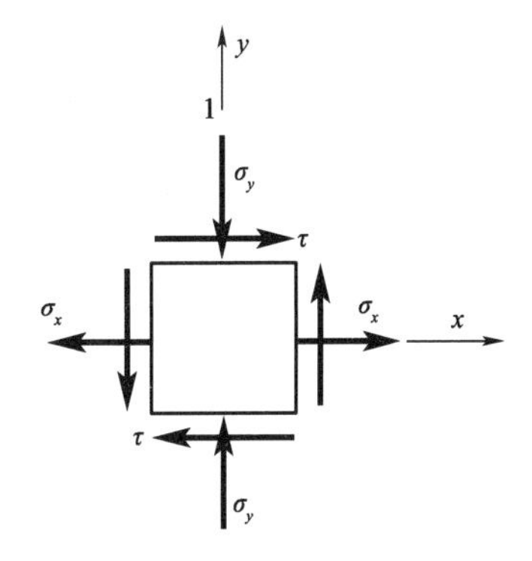

68. 图示变截面短杆，AB段压应力σ_{AB}与BC段压应力σ_{BC}的关系是：

A. σ_{AB}比σ_{BC}大1/4

B. σ_{AB}比σ_{BC}小1/4

C. σ_{AB}是σ_{BC}的2倍

D. σ_{AB}是σ_{BC}的1/2

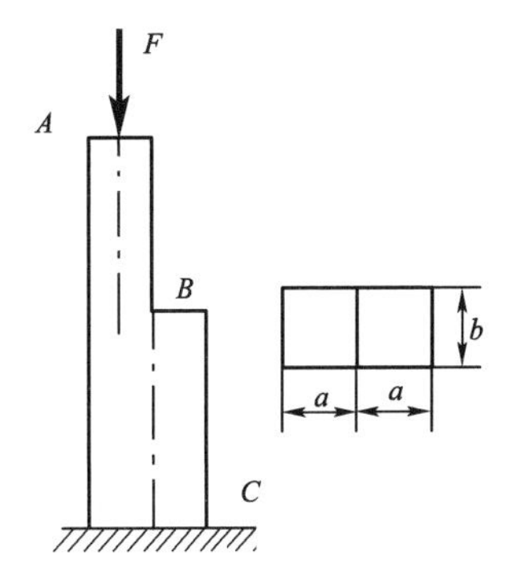

69. 图示圆轴，固定端外圆上$y = 0$点（图中A点）的单元体的应力状态是：

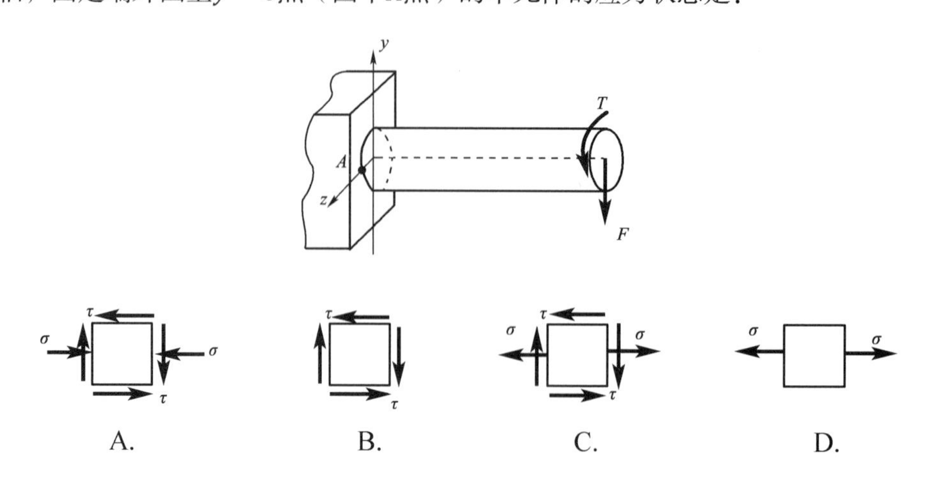

70. 一端固定一端自由的细长（大柔度）压杆，长为L（图 a），当杆的长度减小一半时（图 b），其临界荷载F_{cr}比原来增加：

A. 4 倍

B. 3 倍

C. 2 倍

D. 1 倍

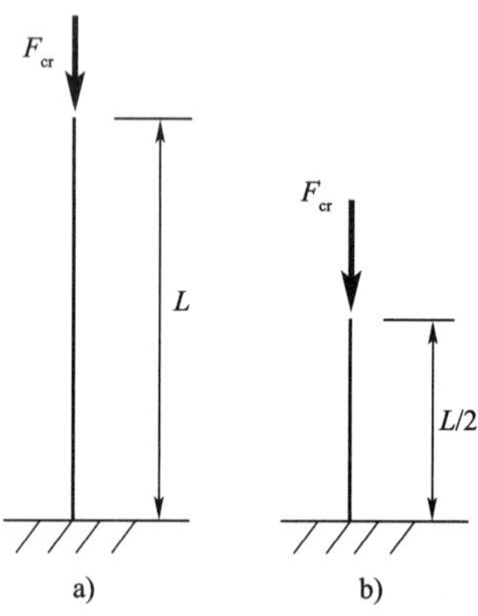

71. 空气的黏滞系数与水的黏滞系数μ分别随温度的降低而：

A. 降低，升高　　B. 降低，降低

C. 升高，降低　　D. 升高，升高

72. 重力和黏滞力分别属于：

A. 表面力、质量力　　B. 表面力、表面力

C. 质量力、表面力　　D. 质量力、质量力

73. 对某一非恒定流，以下对于流线和迹线的正确说法是：

A. 流线和迹线重合

B. 流线越密集，流速越小

C. 流线曲线上任意一点的速度矢量都与曲线相切

D. 流线可能存在折弯

74. 对某一流段，设其上、下游两断面 1-1、2-2 的断面面积分别为A_1、A_2，断面流速分别为v_1、v_2，两断面上任一点相对于选定基准面的高程分别为Z_1、Z_2，相应断面同一选定点的压强分别为p_1、p_2，两断面处的流体密度分别为ρ_1、ρ_2，流体为不可压缩流体，两断面间的水头损失为$h_{l1\text{-}2}$。下列方程表述一定错误的是：

A. 连续性方程：$v_1A_1 = v_2A_2$

B. 连续性方程：$\rho_1v_1A_1 = \rho_2v_2A_2$

C. 恒定总流能量方程：$\frac{p_1}{\rho_1 g} + Z_1 + \frac{v_1^2}{2g} = \frac{p_2}{\rho_2 g} + Z_2 + \frac{v_2^2}{2g}$

D. 恒定总流能量方程：$\frac{p_1}{\rho_1 g} + Z_1 + \frac{v_1^2}{2g} = \frac{p_2}{\rho_2 g} + Z_2 + \frac{v_2^2}{2g} + h_{l1\text{-}2}$

75. 水流经过变直径圆管，管中流量不变，已知前段直径d_1 =30mm，雷诺数为 5000，后段直径变为d_2 =60mm，则后段圆管中的雷诺数为：

A. 5000　　B. 4000　　C. 2500　　D. 1250

76. 两孔口形状、尺寸相同，一个是自由出流，出流流量为Q_1；另一个是淹没出流，出流流量为Q_2。若自由出流和淹没出流的作用水头相等，则Q_1与Q_2的关系是：

A. $Q_1 > Q_2$　　B. $Q_1 = Q_2$

C. $Q_1 < Q_2$　　D. 不确定

77. 水力最优断面是指当渠道的过流断面面积A、粗糙系数n和渠道底坡i一定时，其：

A. 水力半径最小的断面形状　　B. 过流能力最大的断面形状

C. 湿周最大的断面形状　　D. 造价最低的断面形状

78. 图示溢水堰模型试验，实际流量为$Q_n = 537\text{m}^3/\text{s}$，若在模型上测得流量$Q_\text{n} = 300\text{L/s}$，则该模型长度比尺为：

A. 4.5　　B. 6

C. 10　　D. 20

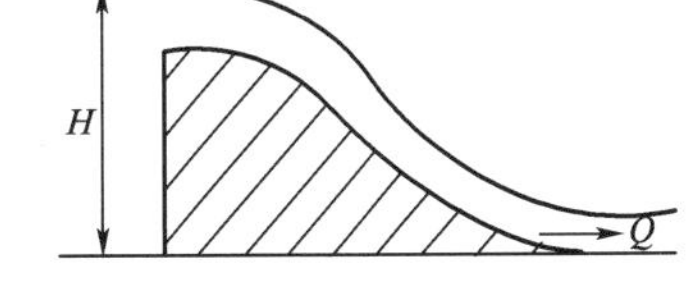

79. 点电荷$+q$和点电荷$-q$相距 30cm，那么，在由它们构成的静电场中：

A. 电场强度处处相等

B. 在两个点电荷连线的中点位置，电场力为 0

C. 电场方向总是从$+q$指向$-q$

D. 位于两个点电荷连线的中点位置上，带负电的可移动体将向$-q$处移动

80. 设流经图示电感元件的电流$i = 2\sin 1000t$ A，若$L = 1$mH，则电感电压：

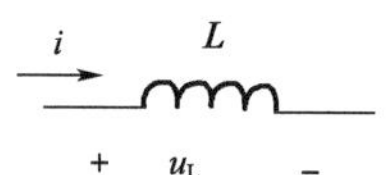

A. $u_L = 2\sin 1000t$ V

B. $u_L = -2\cos 1000t$ V

C. u_L的有效值$U_L = 2$V

D. u_L的有效值$U_L = 1.414$V

81. 图示两电路相互等效，由图 b）可知，流经 10Ω 电阻的电流$I_R = 1$A，由此可求得流经图 a）电路中 10Ω 电阻的电流I等于：

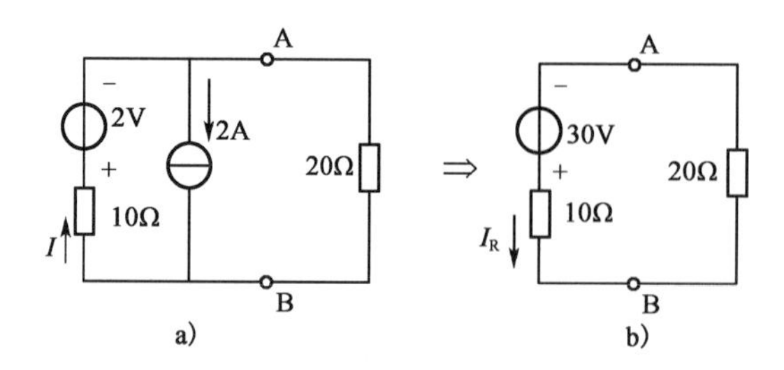

A. 1A　　B. −1A　　C. −3A　　D. 3A

82. RLC串联电路如图所示，在工频电压$u(t)$的激励下，电路的阻抗等于：

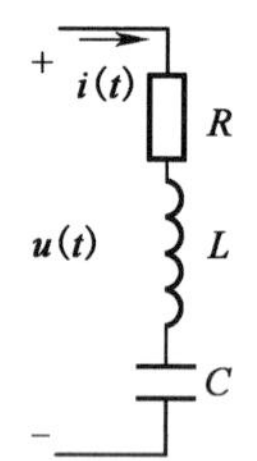

A. $R + 314L + 314C$

B. $R + 314L + 1/314C$

C. $\sqrt{R^2 + (314L - 1/314C)^2}$

D. $\sqrt{R^2 + (314L + 1/314C)^2}$

83. 图示电路中，$u = 10\sin(1000t + 30°)$ V，如果使用相量法求解图示电路中的电流i，那么，如下步骤中存在错误的是：

步骤 1：$\dot{I}_1 = \frac{10}{R + j1000L}$；步骤 2：$\dot{I}_2 = 10 \cdot j1000C$；

步骤 3：$\dot{I} = \dot{I}_1 + \dot{I}_2 = I\angle\Psi_i$；步骤 4：$\dot{I} = I\sqrt{2}\sin\Psi_i$

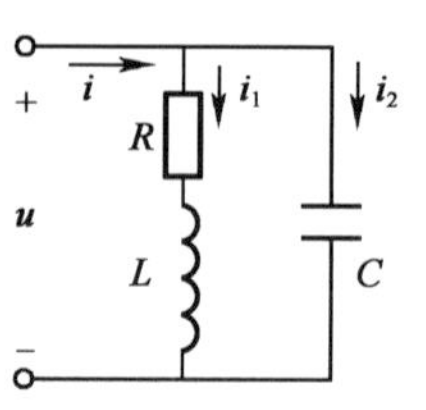

A. 仅步骤 1 和步骤 2 错

B. 仅步骤 2 错

C. 步骤 1、步骤 2 和步骤 4 错

D. 仅步骤 4 错

84. 图示电路中，开关k在$t=0$时刻打开，此后，电流i的初始值和稳态值分别为：

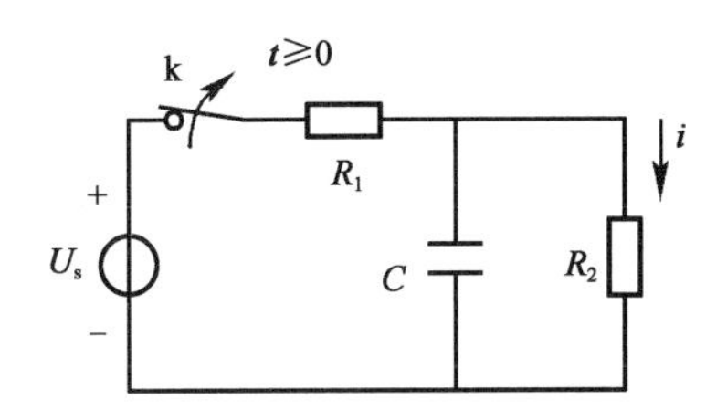

A. $\frac{U_s}{R_2}$和 0

B. $\frac{U_s}{R_1+R_2}$和 0

C. $\frac{U_s}{R_1}$和$\frac{U_s}{R_1+R_2}$

D. $\frac{U_s}{R_1+R_2}$和$\frac{U_s}{R_1+R_2}$

85. 在信号源(u_s, R_s)和电阻R_L之间接入一个理想变压器，如图所示。若$u_s=80\sin\omega t\,\text{V}$，$R_L=10\Omega$，且此时信号源输出功率最大，那么，变压器的输出电压u_2等于：

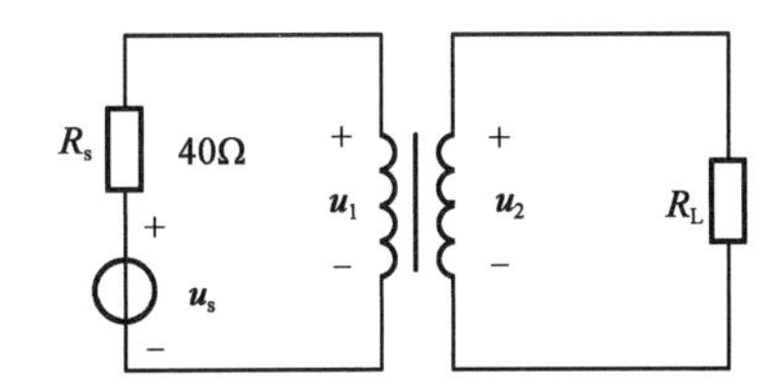

A. $40\sin\omega t\,\text{V}$

B. $20\sin\omega t\,\text{V}$

C. $80\sin\omega t\,\text{V}$

D. 20V

86. 接触器的控制线圈如图 a）所示，动合触点如图 b）所示，动断触点如图 c）所示，当有额定电压接入线圈后：

KM　KM1　KM2

a)　b)　c)

A. 触点 KM1 和 KM2 因未接入电路均处于断开状态

B. KM1 闭合，KM2 不变

C. KM1 闭合，KM2 断开

D. KM1 不变，KM2 断开

87. 某空调器的温度设置为 25℃，当室温超过 25℃后，它便开始制冷，此时红色指示灯亮，并在显示屏上显示“正在制冷”字样，那么：

A. “红色指示灯亮”和“正在制冷”均是信息

B. “红色指示灯亮”和“正在制冷”均是信号

C. “红色指示灯亮”是信号，“正在制冷”是信息

D. “红色指示灯亮”是信息，“正在制冷”是信号

88. 如果一个 16 进制数和一个 8 进制数的数字信号相同，那么：

A. 这个 16 进制数和 8 进制数实际反映的数量相等

B. 这个 16 进制数 2 倍于 8 进制数

C. 这个 16 进制数比 8 进制数少 8

D. 这个 16 进制数与 8 进制数的大小关系不定

89. 在以下关于信号的说法中，正确的是：

A. 代码信号是一串电压信号，故代码信号是一种模拟信号

B. 采样信号是时间上离散、数值上连续的信号

C. 采样保持信号是时间上连续、数值上离散的信号

D. 数字信号是直接反映数值大小的信号

90. 设周期信号$u(t)=\sqrt{2}U_1\sin(\omega t+\psi_1)+\sqrt{2}U_3\sin(3\omega t+\psi_3)+\cdots$

$$u_1(t)=\sqrt{2}U_1\sin(\omega t+\psi_1)+\sqrt{2}U_3\sin(3\omega t+\psi_3)$$

$$u_2(t)=\sqrt{2}U_1\sin(\omega t+\psi_1)+\sqrt{2}U_5\sin(5\omega t+\psi_5)$$

则：

A. $u_1(t)$较$u_2(t)$更接近$u(t)$

B. $u_2(t)$较$u_1(t)$更接近$u(t)$

C. $u_1(t)$与$u_2(t)$接近$u(t)$的程度相同

D. 无法做出三个电压之间的比较

91. 某模拟信号放大器输入与输出之间的关系如图所示，那么，能够经该放大器得到 5 倍放大的输入信号$u_i(t)$最大值一定：

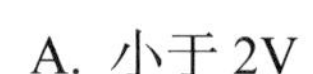

A. 小于 2V

B. 小于 10V 或大于−10V

C. 等于 2V 或等于−2V

D. 小于等于 2V 且大于等于−2V

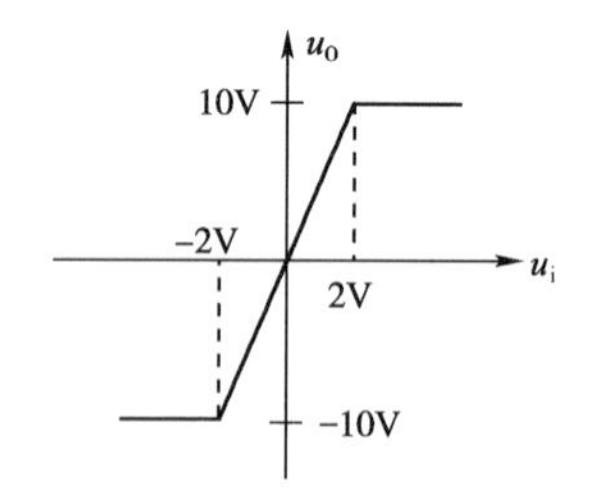

92. 逻辑函数$F=\overline{\overline{AB}+\overline{BC}}$的化简结果是：

A. $F=AB+BC$

B. $F=\overline{A}+\overline{B}+\overline{C}$

C. $F=A+B+C$

D. $F=ABC$

93. 图示电路中，$u_{\mathrm{i}}=10\sin\omega t$，二极管 D_2 因损坏而断开，这时输出电压的波形和输出电压的平均值为：

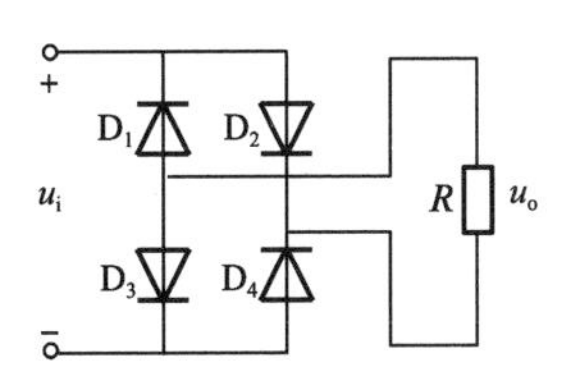

A.
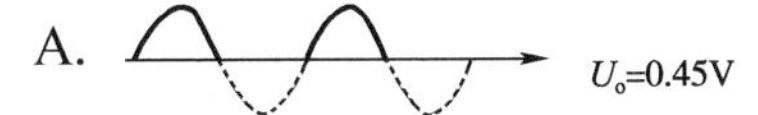

B.

C. $U_{\mathrm{o}}=-3.18\mathrm{V}$

D. $U_{\mathrm{o}}=3.18\mathrm{V}$

94. 图 a）所示运算放大器的输出与输入之间的关系如图 b）所示，若$u_{\mathrm{i}}=2\sin\omega t\,\mathrm{mV}$，则$u_{\mathrm{o}}$为：

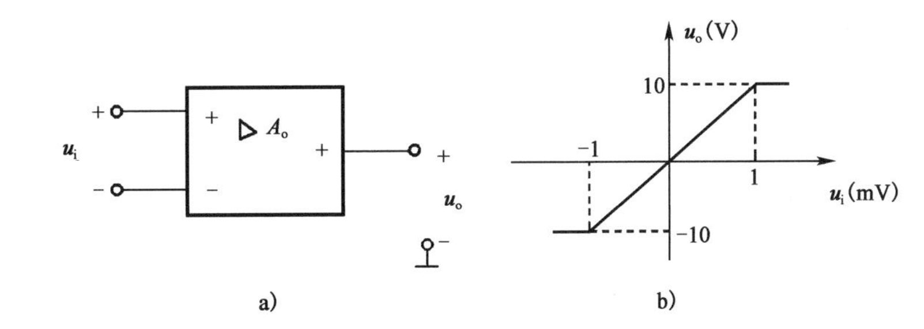

A.
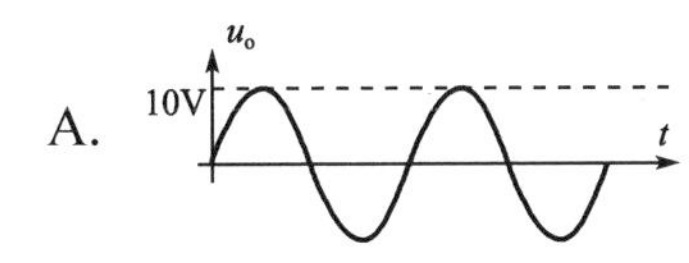

B.
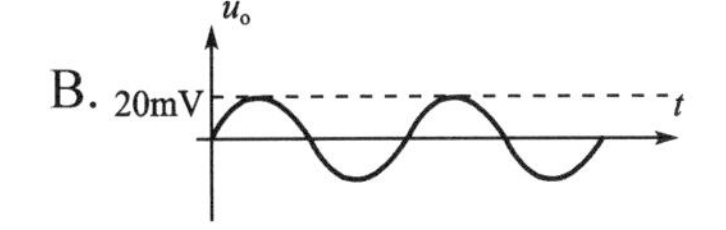

C.
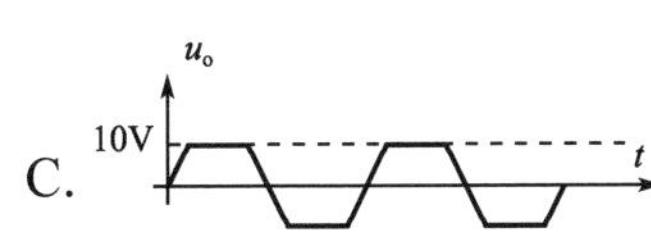

D. 10V

95. 基本门如图 a）所示，其中，数字信号 A 由图 b）给出，那么，输出 F 为：

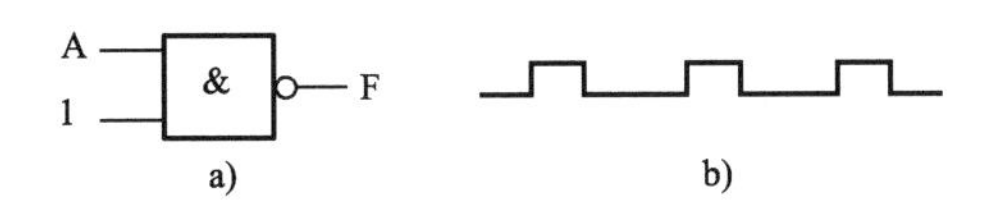

A. 1

B. 0

C.

D.

96. JK 触发器及其输入信号波形如图所示，那么，在$t=t_0$和$t=t_1$时刻，输出 Q 分别为：

A. $Q(t_0)=1$，$Q(t_1)=0$

B. $Q(t_0)=0$，$Q(t_1)=1$

C. $Q(t_0)=0$，$Q(t_1)=0$

D. $Q(t_0)=1$，$Q(t_1)=1$

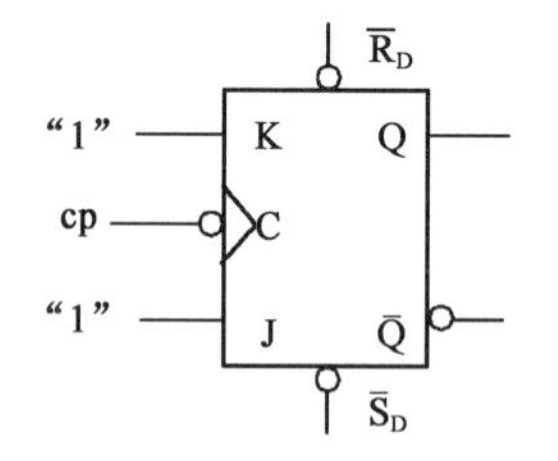

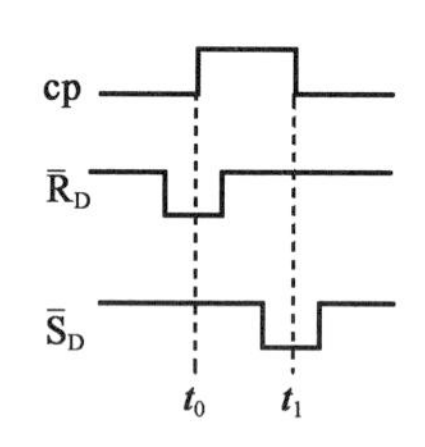

97. 计算机存储器中的每一个存储单元都配置一个唯一的编号，这个编号就是：

A. 一种寄存标志　　B. 寄存器地址

C. 存储器的地址　　D. 输入/输出地址

98. 操作系统作为一种系统软件，存在着与其他软件明显不同的三个特征是：

A. 可操作性、可视性、公用性

B. 并发性、共享性、随机性

C. 随机性、公用性、不可预测性

D. 并发性、可操作性、脆弱性

99. 将二进制数 11001 转换成相应的十进制数，其正确结果是：

A. 25　　B. 32

C. 24　　D. 22

100. 图像中的像素实际上就是图像中的一个个光点，这光点：

A. 只能是彩色的，不能是黑白的

B. 只能是黑白的，不能是彩色的

C. 既不能是彩色的，也不能是黑白的

D. 可以是黑白的，也可以是彩色的

101. 计算机病毒以多种手段入侵和攻击计算机信息系统，下面有一种不被使用的手段是：

A. 分布式攻击、恶意代码攻击

B. 恶意代码攻击、消息收集攻击

C. 删除操作系统文件、关闭计算机系统

D. 代码漏洞攻击、欺骗和会话劫持攻击

102. 计算机系统中，存储器系统包括：

A. 寄存器组、外存储器和主存储器

B. 寄存器组、高速缓冲存储器（Cache）和外存储器

C. 主存储器、高速缓冲存储器（Cache）和外存储器

D. 主存储器、寄存器组和光盘存储器

103. 在计算机系统中，设备管理是指对：

A. 除 CPU 和内存储器以外的所有输入/输出设备的管理

B. 包括 CPU 和内存储器及所有输入/输出设备的管理

C. 除 CPU 外，包括内存储器及所有输入/输出设备的管理

D. 除内存储器外，包括 CPU 及所有输入/输出设备的管理

104. Windows 提供了两种十分有效的文件管理工具，它们是：

A. 集合和记录　　B. 批处理文件和目标文件

C. 我的电脑和资源管理器　　D. 我的文档、文件夹

105. 一个典型的计算机网络主要由两大部分组成，即：

A. 网络硬件系统和网络软件系统

B. 资源子网和网络硬件系统

C. 网络协议和网络软件系统

D. 网络硬件系统和通信子网

106. 局域网是指将各种计算机网络设备互联在一起的通信网络，但其覆盖的地理范围有限，通常在：

A. 几十米之内　　B. 几百公里之内

C. 几公里之内　　D. 几十公里之内

107. 某企业年初投资 5000 万元，拟 10 年内等额回收本利，若基准收益率为 8%，则每年年末应回收的资金是：

A. 540.00 万元　　B. 1079.46 万元

C. 745.15 万元　　D. 345.15 万元

108. 建设项目评价中的总投资包括：

A. 建设投资和流动资金

B. 建设投资和建设期利息

C. 建设投资、建设期利息和流动资金

D. 固定资产投资和流动资产投资

109. 新设法人融资方式，建设项目所需资金来源于：

A. 资本金和权益资金

B. 资本金和注册资本

C. 资本金和债务资金

D. 建设资金和债务资金

110. 财务生存能力分析中，财务生存的必要条件是：

A. 拥有足够的经营净现金流量

B. 各年累计盈余资金不出现负值

C. 适度的资产负债率

D. 项目资本金净利润率高于同行业的净利润率参考值

111. 交通运输部门拟修建一条公路，预计建设期为一年，建设期初投资为 100 万元，建成后即投入使用，预计使用寿命为 10 年，每年将产生的效益为 20 万元，每年需投入保养费 8000 元。若社会折现率为 10%，则该项目的效益费用比为：

A. 1.07

B. 1.17

C. 1.85

D. 1.92

112. 建设项目经济评价有一整套指标体系，敏感性分析可选定其中一个或几个主要指标进行分析，最基本的分析指标是：

A. 财务净现值

B. 内部收益率

C. 投资回收期

D. 偿债备付率

113. 在项目无资金约束、寿命不同、产出不同的条件下，方案经济比选只能采用：

A. 净现值比较法

B. 差额投资内部收益率法

C. 净年值法

D. 费用年值法

114. 在对象选择中，通过对每个部件与其他各部件的功能重要程度进行逐一对比打分，相对重要的得 1 分，不重要的得 0 分，此方法称为：

A. 经验分析法　　　　B. 百分比法

C. ABC 分析法　　　　D. 强制确定法

115. 按照《中华人民共和国建筑法》的规定，下列叙述中正确的是：

A. 设计文件选用的建筑材料、建筑构配件和设备，不得注明其规格、型号

B. 设计文件选用的建筑材料、建筑构配件和设备，不得指定生产厂、供应商

C. 设计单位应按照建设单位提出的质量要求进行设计

D. 设计单位对施工过程中发现的质量问题应当按照监理单位的要求进行改正

116. 根据《中华人民共和国招标投标法》的规定，招标人对已发出的招标文件进行必要的澄清或修改的，应该以书面形式通知所有招标文件收受人，通知的时间应当在招标文件要求提交投标文件截止时间至少：

A. 20 日前　　　　B. 15 日前

C. 7 日前　　　　D. 5 日前

117. 按照《中华人民共和国合同法》的规定，下列情形中，要约不失效的是：

A. 拒绝要约的通知到达要约人

B. 要约人依法撤销要约

C. 承诺期限届满，受要约人未作出承诺

D. 受要约人对要约的内容作出非实质性变更

118. 根据《中华人民共和国节约能源法》的规定，国家实施的能源发展战略是：

A. 限制发展高耗能、高污染行业，发展节能环保型产业

B. 节约与开发并举，把节约放在首位

C. 合理调整产业结构、企业结构、产品结构和能源消费结构

D. 开发和利用新能源、可再生能源

119. 根据《中华人民共和国环境保护法》的规定，下列关于企业事业单位排放污染物的规定中，正确的是：

（注：《中华人民共和国环境保护法》2014年进行了修订，此题已过时）

A. 排放污染物的企业事业单位，必须申报登记

B. 排放污染物超过标准的企业事业单位，或者缴纳超标准排污费，或者负责治理

C. 征收的超标准排污费必须用于该单位污染的治理，不得挪作他用

D. 对造成环境严重污染的企业事业单位，限期关闭

120. 根据《建设工程勘察设计管理条例》的规定，建设工程勘察、设计方案的评标一般不考虑：

A. 投标人资质

B. 勘察、设计方案的优劣

C. 设计人员的能力

D. 投标人的业绩

2011 年度全国勘察设计注册工程师执业资格考试基础考试（上）

试题解析及参考答案

1. 解　直线方向向量$\vec{s}=\{1,1,1\}$，平面法线向量$\vec{n}=\{1,-2,1\}$，计算$\vec{s}\cdot\vec{n}=0$，即$1\times1+1\times(-2)+1\times1=0$，$\vec{s}\perp\vec{n}$，从而知直线//平面，或直线与平面重合；再在直线上取一点$(0,1,0)$，代入平面方程得$0-2\times1+0=-2\neq0$，不满足方程，所以该点不在平面上。

答案：B

2. 解　方程$F(x,y,z)=0$中缺少一个字母，空间解析几何中这样的曲面方程表示为柱面。本题方程中缺少字母x，方程$y^2-z^2=1$表示以平面yoz曲线$y^2-z^2=1$为准线，母线平行于x轴的双曲柱面。

答案：A

3. 解　可通过求$\lim\limits_{x\to0}\frac{3^x-1}{x}$的极限判断。$\lim\limits_{x\to0}\frac{3^x-1}{x}\overset{\frac{0}{0}}{=}\lim\limits_{x\to0}\frac{3^x\ln3}{1}=\ln3\neq0$。

答案：D

4. 解　使分母为 0 的点为间断点，令$\sin\pi x=0$，得$x=0,\pm1,\pm2,\cdots$为间断点，再利用可去间断点定义，找出可去间断点。

当$x=0$时，$\lim\limits_{x\to0}\frac{x-x^2}{\sin\pi x}\overset{\frac{0}{0}}{=}\lim\limits_{x\to0}\frac{1-2x}{\pi\cos\pi x}=\frac{1}{\pi}$，极限存在，可知$x=0$为函数的一个可去间断点。

同样，可计算当$x=1$时，$\lim\limits_{x\to1}\frac{x-x^2}{\sin\pi x}=\lim\limits_{x\to1}\frac{1-2x}{\pi\cos\pi x}=\frac{1}{\pi}$，极限存在，因而$x=1$也是一个可去间断点。其余点求极限都不存在，均不满足可去间断点定义。

答案：B

5. 解　举例说明。

如$f(x)=x$在$x=0$可导，$g(x)=|x|=\begin{cases}x\ , & x\geqslant0\\-x, & x<0\end{cases}$在$x=0$处不可导，$f(x)g(x)=x|x|=\begin{cases}x^2\ , & x\geqslant0\\-x^2, & x<0\end{cases}$，通过计算$f'_+(0)=f'_-(0)=0$，知$f(x)g(x)$在$x=0$处可导。

如$f(x)=2$在$x=0$处可导，$g(x)=|x|$在$x=0$处不可导，$f(x)g(x)=2|x|=\begin{cases}2x\ , & x\geqslant0\\-2x, & x<0\end{cases}$，通过计算函数$f(x)g(x)$在$x=0$处的右导为 2，左导为$-2$，可知$f(x)g(x)$在$x=0$处不可导。

答案：A

6. 解　利用逐项排除判定。当$x>0$，幂函数比对数函数趋向无穷大的速度快，指数函数又比幂函数趋向无穷大的速度快，故选项 A、B、C 均不成立，从而可知选项 D 成立。

还可利用函数的单调性证明。设$f(x)=x-\sin x$，$x\subset(0,+\infty)$，得$f'(x)=1-\cos x\geqslant0$，所以$f(x)$单增，当$x=0$时，$f(0)=0$，从而当$x>0$时，$f(x)>0$，即$x-\sin x>0$。

答案：D

7. 解　在题目中只给出$f(x,y)$在闭区域D上连续这一条件，并未讲函数$f(x,y)$在P_0点是否具有一阶、二阶连续偏导，而选项A、B判定中均利用了这个未给的条件，因而选项A、B不成立。选项D中，$f(x,y)$的最大值点可以在D的边界曲线上取得，因而不一定是$f(x,y)$的极大值点，故选项D不成立。

在选项C中，给出P_0是可微函数的极值点这个条件，因而$f(x,y)$在P_0偏导存在，且$\left.\frac{\partial f}{\partial x}\right|_{P_0}=0$，$\left.\frac{\partial f}{\partial y}\right|_{P_0}=0$。

故$\mathrm{d}f=\left.\frac{\partial f}{\partial x}\right|_{P_0}\mathrm{d}x+\left.\frac{\partial f}{\partial y}\right|_{P_0}\mathrm{d}y=0$

答案：C

8. 解

方法1：凑微分再利用积分公式计算。

原式$=2\int\frac{1}{1+x}\mathrm{d}\sqrt{x}=2\int\frac{1}{1+(\sqrt{x})^2}\mathrm{d}\sqrt{x}=2\arctan\sqrt{x}+C$。

换元，设$\sqrt{x}=t$，$x=t^2$，$\mathrm{d}x=2t\mathrm{d}t$。

方法2：原式$=\int\frac{2t}{t(1+t^2)}\mathrm{d}t=2\int\frac{1}{1+t^2}\mathrm{d}t=2\arctan t+C$，回代$t=\sqrt{x}$。

答案：B

9. 解　$f(x)$是连续函数，$\int_0^2 f(t)\mathrm{d}t$的结果为一常数，设为A，那么已知表达式化为$f(x)=x^2+2A$，两边作定积分，$\int_0^2 f(x)\mathrm{d}x=\int_0^2(x^2+2A)\mathrm{d}x$，化为$A=\int_0^2 x^2\mathrm{d}x+2A\int_0^2\mathrm{d}x$，通过计算得到$A=-\frac{8}{9}$。

计算如下：$A=\left.\frac{1}{3}x^3\right|_0^2+2Ax|_0^2=\frac{8}{3}+4A$，得$A=-\frac{8}{9}$，所以$f(x)=x^2+2\times\left(-\frac{8}{9}\right)=x^2-\frac{16}{9}$。

答案：D

10. 解　利用偶函数在对称区间的积分公式得原式$=2\int_0^2\sqrt{4-x^2}\mathrm{d}x$，而积分$\int_0^2\sqrt{4-x^2}\mathrm{d}x$为圆$x^2+y^2=4$面积的$\frac{1}{4}$，即为$\frac{1}{4}\cdot\pi\cdot 2^2=\pi$，从而原式$=2\pi$。

另一方法：可设$x=2\sin t$，$\mathrm{d}x=2\cos t\,\mathrm{d}t$，则$\int_0^2\sqrt{4-x^2}\mathrm{d}x=\int_0^{\frac{\pi}{2}}4\cos^2 t\,\mathrm{d}t=4\cdot\frac{1}{2}\int_0^{\frac{\pi}{2}}(1+\cos 2t)\mathrm{d}t=2\left.\left(t+\frac{1}{2}\sin 2t\right)\right|_0^{\frac{\pi}{2}}=2\cdot\frac{\pi}{2}=\pi$，从而原式$=2\int_0^2\sqrt{4-x^2}\mathrm{d}x=2\pi$。

答案：B

11. 解　利用已知两点求出直线方程L：$y=-2x+2$（见图解）

L的参数方程$\begin{cases}y=-2x+2\\x=x\end{cases}$ $(0\leqslant x\leqslant 1)$

$\mathrm{d}S=\sqrt{1^2+(-2)^2}\mathrm{d}x=\sqrt{5}\mathrm{d}x$

$$\begin{aligned}S&=\int_0^1[x^2+(-2x+2)^2]\sqrt{5}\mathrm{d}x\\&=\sqrt{5}\int_0^1(5x^2-8x+4)\mathrm{d}x\\&=\sqrt{5}\left.\left(\frac{5}{3}x^3-4x^2+4x\right)\right|_0^1=\frac{5}{3}\sqrt{5}\end{aligned}$$

题11解图

答案：D

12. 解 $y=e^{-x}$，即$y=\left(\frac{1}{e}\right)^{x}$，画出平面图形（见解图）。根据$V=\int_0^{+\infty}\pi(e^{-x})^2\mathrm{d}x$，可计算结果。

$V=\int_0^{+\infty}\pi e^{-2x}\mathrm{d}x=-\frac{\pi}{2}\int_0^{+\infty}e^{-2x}\mathrm{d}(-2x)=-\frac{\pi}{2}e^{-2x}\Big|_0^{\infty}=\frac{\pi}{2}$

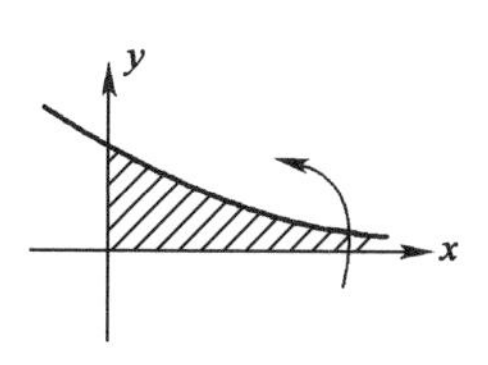

题12解图

答案：A

13. 解 利用级数性质易判定选项A、B、C均收敛。对于选项D，因$\sum\limits_{n=1}^{\infty}u_n$收敛，则有$\lim\limits_{x\to\infty}u_n=0$，而级数$\sum\limits_{n=1}^{\infty}\frac{50}{u_n}$的一般项为$\frac{50}{u_n}$，计算$\lim\limits_{x\to\infty}\frac{50}{u_n}\to\infty$，故级数D发散。

答案：D

14. 解 由已知条件可知$\lim\limits_{n\to\infty}\left|\frac{a_{n+1}}{a_n}\right|=\frac{1}{2}$，设$x-2=t$，幂级数$\sum\limits_{n=1}^{\infty}na_n(x-2)^{n+1}$化为$\sum\limits_{n=1}^{\infty}na_nt^{n+1}$，求系数比的极限确定收敛半径，$\lim\limits_{n\to\infty}\left|\frac{(n+1)a_{n+1}}{na_n}\right|=\lim\limits_{n\to\infty}\left|\frac{n+1}{n}\cdot\frac{a_{n+1}}{a_n}\right|=\frac{1}{2}$，$R=2$，即$|t|<2$收敛，$-2<x-2<2$，即$0<x<4$收敛。

答案：C

15. 解 分离变量，化为可分离变量方程$\frac{x}{\sqrt{2-x^2}}\mathrm{d}x=\frac{1}{y}\mathrm{d}y$，两边进行不定积分，得到最后结果。

注意左边式子的积分$\int\frac{x}{\sqrt{2-x^2}}\mathrm{d}x=-\frac{1}{2}\int\frac{\mathrm{d}(2-x^2)}{\sqrt{2-x^2}}=-\sqrt{2-x^2}$，右边式子积分$\int\frac{1}{y}\mathrm{d}y=\ln y+C_1$，所以$-\sqrt{2-x^2}=\ln y+C_1$，$\ln y=-\sqrt{2-x^2}-C_1$，$y=e^{-C_1-\sqrt{2-x^2}}=Ce^{-\sqrt{2-x^2}}$，其中$C=e^{-C_1}$。

答案：C

16. 解 微分方程为一阶齐次方程，设$u=\frac{y}{x}$，$y=xu$，$\frac{\mathrm{d}y}{\mathrm{d}x}=u+x\frac{\mathrm{d}u}{\mathrm{d}x}$，代入化简得$\cot u\,\mathrm{d}u=\frac{1}{x}\mathrm{d}x$

两边积分$\int\cot u\,\mathrm{d}u=\int\frac{1}{x}\mathrm{d}x$，$\ln\sin u=\ln x+C_1$，$\sin u=e^{C_1+\ln x}=e^{C_1}\cdot e^{\ln x}$，$\sin u=Cx$（其中$C=e^{C_1}$）

代入$u=\frac{y}{x}$，得$\sin\frac{y}{x}=Cx$。

答案：A

17. 解 **方法1**：用公式$\boldsymbol{A}^{-1}=\frac{1}{|\boldsymbol{A}|}\boldsymbol{A}^*$计算，但较麻烦。

方法2：简便方法，试探一下给出的哪一个矩阵满足$\boldsymbol{AB}=\boldsymbol{E}$

如：$\begin{bmatrix}1&0&1\\0&1&2\\-2&0&-3\end{bmatrix}\begin{bmatrix}3&0&1\\4&1&2\\-2&0&-1\end{bmatrix}=\begin{bmatrix}1&0&0\\0&1&0\\0&0&1\end{bmatrix}$

方法3：用矩阵初等变换，求逆阵。

$$(\boldsymbol{A}|\boldsymbol{E})=\begin{bmatrix}1&0&1&1&0&0\\0&1&2&0&1&0\\-2&0&-3&0&0&1\end{bmatrix}\xrightarrow{2r_1+r_3}\begin{bmatrix}1&0&1&1&0&0\\0&1&2&0&1&0\\0&0&-1&2&0&1\end{bmatrix}\xrightarrow[2r_3+r_2+(-1)r_1]{r_3+r_1}$$

$$\begin{bmatrix}1&0&0&3&0&1\\0&1&0&4&1&2\\0&0&1&-2&0&-1\end{bmatrix}$$

选项B正确。

答案：B

18. 解　利用结论：设$\boldsymbol{A}$为n阶方阵，$\boldsymbol{A}^*$为$\boldsymbol{A}$的伴随矩阵，则：

（1）$R(\boldsymbol{A})=n$的充要条件是$R(\boldsymbol{A}^*)=n$

（2）$R(\boldsymbol{A})=n-1$的充要条件是$R(\boldsymbol{A}^*)=1$

（3）$R(\boldsymbol{A})\leqslant n-2$的充要条件是$R(\boldsymbol{A}^*)=0$，即$\boldsymbol{A}^*=0$

$n=3$，$R(\boldsymbol{A}^*)=1$，$R(\boldsymbol{A})=2$

$$\boldsymbol{A}=\begin{bmatrix}1&1&a\\1&a&1\\a&1&1\end{bmatrix}\xrightarrow[-ar_1+r_3]{-r_1+r_2}\begin{bmatrix}1&1&a\\0&a-1&1-a\\0&1-a&1-a^2\end{bmatrix}\xrightarrow{r_2+r_3}\begin{bmatrix}1&1&a\\0&a-1&1-a\\0&0&2-a-a^2\end{bmatrix}$$

代入$a=-2$，得

$$\boldsymbol{A}=\begin{bmatrix}1&1&-2\\0&-3&3\\0&0&0\end{bmatrix},\ R(\boldsymbol{A})=2$$

选项A对。

答案：A

19. 解　当$\boldsymbol{P}^{-1}\boldsymbol{AP}=\boldsymbol{\Lambda}$时，$\boldsymbol{P}=(\alpha_1,\alpha_2,\alpha_3)$中$\alpha_1$、$\alpha_2$、$\alpha_3$的排列满足对应关系，$\alpha_1$对应$\lambda_1$，$\alpha_2$对应$\lambda_2$，$\alpha_3$对应$\lambda_3$，可知$\alpha_1$对应特征值$\lambda_1=1$，$\alpha_2$对应特征值$\lambda_2=2$，$\alpha_3$对应特征值$\lambda_3=0$，由此可知当$\boldsymbol{Q}=(\alpha_2,\alpha_1,\alpha_3)$时，对应$\boldsymbol{\Lambda}=\begin{bmatrix}2&0&0\\0&1&0\\0&0&0\end{bmatrix}$。

答案：B

20. 解　**方法1**：对方程组的系数矩阵进行初等行变换：

$$\begin{bmatrix}1&-1&0&1\\1&0&-1&1\end{bmatrix}\to\begin{bmatrix}1&-1&0&1\\0&1&-1&0\end{bmatrix}$$

即$\begin{cases}x_1-x_2+x_4=0\\x_2-x_3=0\end{cases}$，得到方程组的同解方程组$\begin{cases}x_1=x_2-x_4\\x_3=x_2+0x_4\end{cases}$

当$x_2=1$，$x_4=0$时，得$x_1=1$，$x_3=1$；当$x_2=0$，$x_4=1$时，得$x_1=-1$，$x_3=0$，写出基础解系ξ_1，ξ_2，即$\xi_1=\begin{bmatrix}1\\1\\1\\0\end{bmatrix}$，$\xi_2=\begin{bmatrix}-1\\0\\0\\1\end{bmatrix}$。

方法2：把选项中列向量代入核对，即：

$\begin{bmatrix}1&-1&0&1\\1&0&-1&1\end{bmatrix}\begin{bmatrix}1\\1\\1\\0\end{bmatrix}=\begin{bmatrix}0\\0\end{bmatrix}$，选项A错。

$\begin{bmatrix}1&-1&0&1\\1&0&-1&1\end{bmatrix}\begin{bmatrix}-1\\-1\\1\\0\end{bmatrix}=\begin{bmatrix}0\\-2\end{bmatrix}$，选项B错。

$\begin{bmatrix}1 & -1 & 0 & 1\\1 & 0 & -1 & 1\end{bmatrix}\begin{bmatrix}-1\\0\\0\\1\end{bmatrix}=\begin{bmatrix}0\\0\end{bmatrix}$，选项C正确。

答案：C

21. 解 $P(A\cup B)=P(A)+P(B)-P(AB)$，$P(A\cup B)+P(AB)=P(A)+P(B)=1.1$，$P(A\cup B)$取最小值时，$P(AB)$取最大值，因$P(A)<P(B)$，所以$P(AB)$的最大值等于$P(A)=0.3$。或用图示法（面积表示概率），见解图。

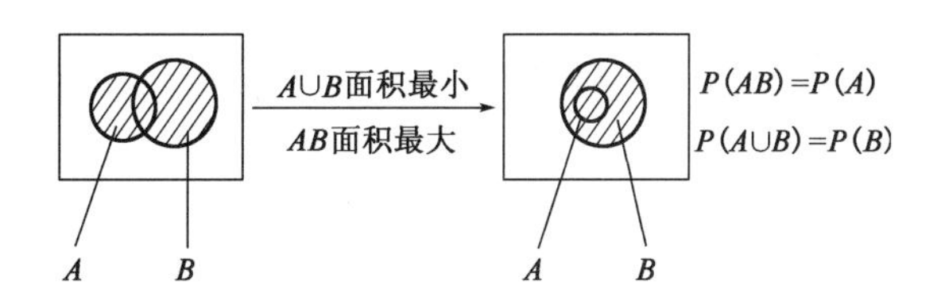

题21解图

答案：C

22. 解 设甲、乙、丙单人译出密码分别记为A、B、C，则这份密码被破译出可记为$A\cup B\cup C$，因为A、B、C相互独立，所以

$$\begin{aligned}P(A\cup B\cup C)&=P(A)+P(B)+P(C)-P(AB)-P(AC)-P(BC)+P(ABC)\\&=P(A)+P(B)+P(C)-P(A)P(B)-P(A)P(C)-P(B)P(C)+\\&\quad P(A)P(B)P(C)=\frac{3}{5}\end{aligned}$$

或由$\overline{A}$、$\overline{B}$、$\overline{C}$也相互独立，

$$\begin{aligned}P(A\cup B\cup C)&=1-P(\overline{A\cup B\cup C})=1-P(\overline{A}\,\overline{B}\,\overline{C})=1-P(\overline{A})P(\overline{B})P(\overline{C})\\&=1-[1-P(A)][1-P(B)][1-P(C)]=\frac{3}{5}\end{aligned}$$

答案：D

23. 解 由题意可知$Y\sim B(3,p)$，其中$p=P\left\{X\leqslant\frac{1}{2}\right\}=\int_0^{\frac{1}{2}}2x\mathrm{d}x=\frac{1}{4}$

$$P(Y=2)=C_3^2\left(\frac{1}{4}\right)^2\frac{3}{4}=\frac{9}{64}$$

答案：B

24. 解 由χ^2分布定义，$X^2\sim\chi^2(1)$，$Y^2\sim\chi^2(1)$，因不能确定X与Y是否相互独立，所以选项A、B、D都不对。当$X\sim N(0,1)$，$Y=-X$时，$Y\sim N(0,1)$，但$X+Y=0$不是随机变量。

答案：C

25. 解 ①分子的平均平动动能$\overline{w}=\frac{3}{2}kT$，分子的平均动能$\bar{\varepsilon}=\frac{i}{2}k$。

分子的平均平动动能相同，即温度相等。

②分子的平均动能$=$平均(平动动能$+$转动动能)$=\frac{i}{2}kT$。i为分子自由度，$i(\mathrm{He})=3$，$i(\mathrm{N_2})=5$，

故氦分子和氮分子的平均动能不同。

答案：B

26. 解 v_p为$f(v)$最大值所对应的速率，由最概然速率定义得正确选项C。

答案：C

27. 解 理想气体从平衡态$A(2p_1,V_1)$变化到平衡态$B(p_1,2V_1)$，体积膨胀，做功$W>0$。

判断内能变化情况：

方法1，画p-V图，注意到平衡态$A(2p_1,V_1)$和平衡态$B(p_1,2V_1)$都在同一等温线上，$\Delta T=0$，故$\Delta E=0$。

方法2，气体处于平衡态A时，其温度为$T_A=\frac{2p_1\times V_1}{R}$；处于平衡态B时，温度$T_B=\frac{2p_1\times V_1}{R}$，显然$T_A=T_B$，温度不变，内能不变，$\Delta E=0$。

答案：C

28. 解 循环过程的净功数值上等于闭合循环曲线所围的面积。若循环曲线所包围的面积增大，则净功增大。而卡诺循环的循环效率由下式决定：$\eta_{卡诺}=1-\frac{T_2}{T_1}$。若$T_1$、$T_2$不变，则循环效率不变。

答案：D

29. 解 按题意，$y=0.01\cos10\pi(25\times0.1-2)=0.01\cos5\pi=-0.01\text{m}$。

答案：C

30. 解 质元在机械波动中，动能和势能是同相位的，同时达到最大值，又同时达到最小值，质元在最大位移处（波峰或波谷），速度为零，“形变”为零，此时质元的动能为零，势能为零。

答案：D

31. 解 由$\Delta\phi=\frac{2\pi\nu\Delta x}{u}$，今$\nu=\frac{1}{T}=\frac{1}{4}=0.25$，$\Delta x=3\text{m}$，$\Delta\phi=\frac{\pi}{6}$，故$u=9\text{m/s}$，$\lambda=\frac{u}{\nu}=36\text{m}$。

答案：B

32. 解 如解图所示，考虑O处的明纹怎样变化。

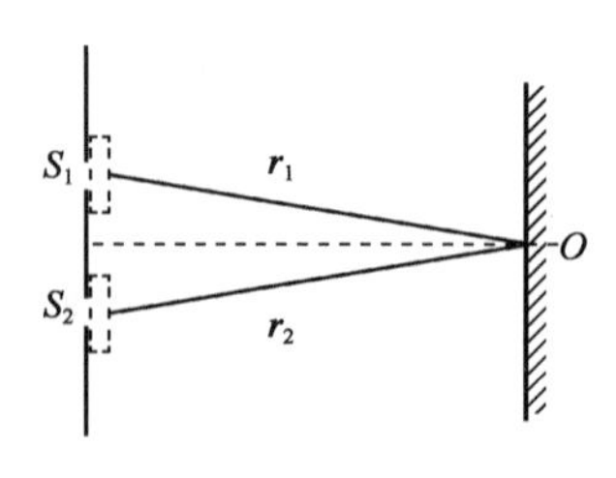

题32解图

①玻璃纸未遮住时：光程差$\delta=r_1-r_2=0$，O处为零级明纹。

②玻璃纸遮住后：光程差$\delta'=\frac{5}{2}\lambda$，根据干涉条件知$\delta'=\frac{5}{2}\lambda=(2\times2+1)\frac{\lambda}{2}$，满足暗纹条件。

答案：B

33. 解 光学常识，可见光的波长范围 400~760nm，注意$1\text{nm} = 10^{-9}\text{m}$。

答案：A

34. 解 玻璃劈尖的干涉条件为$\delta = 2nd + \frac{\lambda}{2} = k\lambda(k = 1,2,\cdots)$（明纹），相邻两明（暗）纹对应的空气层厚度差为$d_{k+1} - d_k = \frac{\lambda}{2n}$（见解图）。若劈尖的夹角为$\theta$，则相邻两明（暗）纹的间距$l$应满足关系式：

$l\sin\theta = d_{k+1} - d_k = \frac{\lambda}{2n}$或$l\sin\theta = \frac{\lambda}{2n}$

$l = \frac{\lambda}{2n\sin\theta} \approx \frac{\lambda}{2n\theta}$，故$\theta = \frac{\lambda}{2nl}$

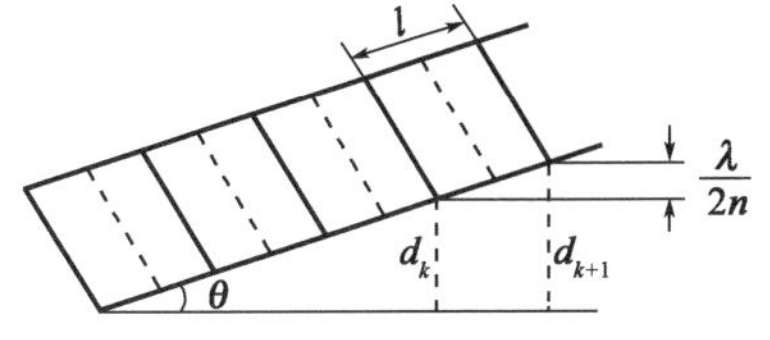

题 34 解图

答案：D

35. 解 自然光垂直通过第一偏振后，变为线偏振光，光强设为I'，此即入射至第二个偏振片的线偏振光强度。今$\alpha = 45°$，已知自然光通过两个偏振片后光强为I'，根据马吕斯定律，$I = I'\cos^2 45° = \frac{I'}{2}$，所以$I' = 2I$。

答案：B

36. 解 单缝衍射中央明纹宽度为

$$\Delta x = \frac{2\lambda f}{a} = \frac{2 \times 400 \times 10^{-9} \times 0.5}{10^{-4}} = 4 \times 10^{-3}\text{m}$$

答案：D

37. 解 原子核外电子排布服从三个原则：泡利不相容原理、能量最低原理、洪特规则。

（1）泡利不相容原理：在同一个原子中，不允许两个电子的四个量子数完全相同，即，同一个原子轨道最多只能容纳自旋相反的两个电子。

（2）能量最低原理：电子总是尽量占据能量最低的轨道。多电子原子轨道的能级取决于主量子数n和角量子数l，主量子数n相同时，l越大，能量越高；当主量子数n和角量子数l都不相同时，可以发生能级交错现象。轨道能级顺序：1s；2s，2p；3s，3p；4s，3d，4p；5s，4d，5p；6s，4f，5d，6p；7s，5f，6d，…。

（3）洪特规则：电子在n，l相同的数个等价轨道上分布时，每个电子尽可能占据磁量子数不同的轨道且自旋方向相同。

原子核外电子分布式书写规则：根据三大原则和近似能级顺序将电子一次填入相应轨道，再按电子层顺序整理，相同电子层的轨道排在一起。

答案：B

38. 解 元素周期表中，同一主族元素从上往下随着原子序数增加，原子半径增大；同一周期主族元素随着原子序数增加，原子半径减小。选项 D，As 和 Se 是同一周期主族元素，Se 的原子半径小于 As。

答案：D

39. 解 缓冲溶液的组成：弱酸、共轭碱或弱碱及其共轭酸所组成的溶液。选项 A 的 CH_3COOH 过量，与 NaOH 反应生成 CH_3COONa，形成 CH_3COOH/CH_3COONa 缓冲溶液。

答案：A

40. 解 压力对固相或液相的平衡没有影响；对反应前后气体计量系数不变的反应的平衡也没有影响。反应前后气体计量系数不同的反应：增大压力，平衡向气体分子数减少的方向；减少压力，平衡向气体分子数增加的方向移动。

总压力不变，加入惰性气体 Ar，相当于减少压力，反应方程式中各气体的分压减小，平衡向气体分子数增加的方向移动。

答案：A

41. 解 原子得失电子原则：当原子失去电子变成正离子时，一般是能量较高的最外层电子先失去，而且往往引起电子层数的减少；当原子得到电子变成负离子时，所得的电子总是分布在它的最外电子层。

本题中原子失去的为 4s 上的一个电子，该原子的价电子构型为 $3d^{10}4s^1$，为 29 号 Cu 原子的电子构型。

答案：C

42. 解 根据吉布斯等温方程$\Delta_r G_m^\Theta = -RT\ln K^\Theta$推断，$K^\Theta < 1$，$\Delta_r G_m^\Theta > 0$。

答案：A

43. 解 元素的周期数为价电子构型中的最大主量子数，最大主量子数为 5，元素为第五周期；元素价电子构型特点为$(n-1)d^{10}ns^1$，为 IB 族元素特征价电子构型。

答案：B

44. 解 酚类化合物为苯环直接和羟基相连。A 为丙醇，B 为苯甲醇，C 为苯酚，D 为丙三醇。

答案：C

45. 解 系统命名法：

（1）链烃及其衍生物的命名

①选择主链：选择最长碳链或含有官能团的最长碳链为主链；

②主链编号：从距取代基或官能团最近的一端开始对碳原子进行编号；

③写出全称：将取代基的位置编号、数目和名称写在前面，将母体化合物的名称写在后面。

（2）芳香烃及其衍生物的命名

①选择母体：选择苯环上所连官能团或带官能团最长的碳链为母体，把苯环视为取代基；

②编号：将母体中碳原子依次编号，使官能团或取代基位次具有最小值。

答案：D

46. 解 甲酸结构式为 $\mathrm{H-\overset{\overset{\displaystyle O}{\|}}{C}-O-H}$，两个氢处于不同化学环境。

答案：B

47. 解 AC与BC均为二力杆件，分析铰链C的受力即可。

答案：D

48. 解 根据力多边形法则，分力首尾相连，合力为力三角形的封闭边。

答案：B

49. 解 A、B处为光滑约束，其约束力均为水平并组成一力偶，与力$\boldsymbol{W}$和DE杆约束力组成的力偶平衡。

答案：B

50. 解 根据摩擦定律$F_{\max}=W\cos 30°\times f=20.8\mathrm{kN}$，沿斜面向下的主动力为$W\sin 30°=30\mathrm{kN}>F_{\max}$。

答案：C

51. 解 点的运动轨迹为位置矢端曲线。

答案：B

52. 解 可根据平行移动刚体的定义判断。

答案：C

53. 解 杆AB和CD均为平行移动刚体，所以$v_{\mathrm{M}}=v_{\mathrm{C}}=2v_{\mathrm{B}}=2v_{\mathrm{A}}=2\omega\cdot O_1A=120\mathrm{cm/s}$，$a_{\mathrm{M}}=a_{\mathrm{C}}=2a_{\mathrm{B}}=2a_{\mathrm{A}}=2\omega^2\cdot O_1A=360\mathrm{cm/s}$。

答案：B

54. 解 根据动量、动量矩、动能的定义，刚体做定轴转动时：

$$\boldsymbol{p}=mv_{\mathrm{C}}，L_{\mathrm{O}}=J_{\mathrm{O}}\omega，T=\frac{1}{2}J_{\mathrm{O}}\omega^2$$

此题中，$v_{\mathrm{C}}=0$，$J_{\mathrm{O}}=\frac{1}{2}mr^2$。

答案：A

55. 解 根据动量的定义$\boldsymbol{p}=\sum m_i v_i$，所以，$p=(m_1-m_2)v$（向下）。

答案：B

56. 解 用定轴转动微分方程$J_{\mathrm{A}}\alpha = M_{\mathrm{A}}(F)$，见解图，$\frac{1}{3}\frac{P}{g}(2L)^2\alpha = PL$，所以角加速度$\alpha = \frac{3g}{4L}$。

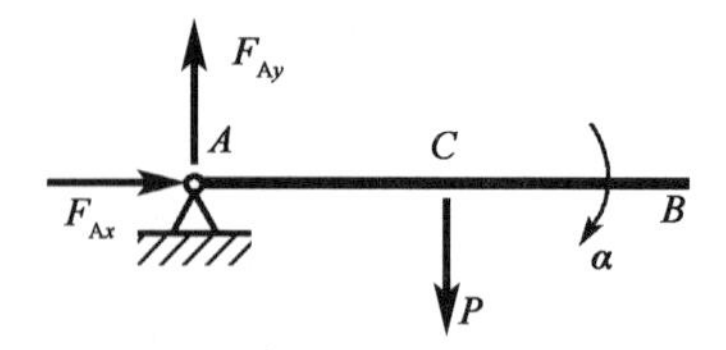

题 56 解图

答案： B

57. 解 根据定轴转动刚体惯性力系向O点简化的结果，其主矩大小为$M_{\mathrm{IO}} = J_{\mathrm{O}}\alpha = 0$，主矢大小为$F_{\mathrm{I}} = ma_{\mathrm{C}} = m\cdot\frac{R}{2}\omega^2$。

答案： A

58. 解 装置 a）、b）、c）的自由振动频率分别为$\omega_{0\mathrm{a}} = \sqrt{\frac{2k}{m}}$；$\omega_{0\mathrm{b}} = \sqrt{\frac{k}{2m}}$；$\omega_{0\mathrm{c}} = \sqrt{\frac{3k}{m}}$，且周期为$T = \frac{2\pi}{\omega_0}$。

答案： B

59. 解

$$\sigma_{\mathrm{AB}} = \frac{F_{\mathrm{NAB}}}{A_{\mathrm{AB}}} = \frac{300\pi\times10^3\mathrm{N}}{\frac{\pi}{4}\times200^2\mathrm{mm}^2} = 30\mathrm{MPa}$$

$$\sigma_{\mathrm{BC}} = \frac{F_{\mathrm{NBC}}}{A_{\mathrm{BC}}} = \frac{100\pi\times10^3\mathrm{N}}{\frac{\pi}{4}\times100^2\mathrm{mm}^2} = 40\mathrm{MPa} = \sigma_{\max}$$

答案： A

60. 解

$$\tau = \frac{Q}{A_{\mathrm{Q}}} = \frac{F}{\frac{\pi}{4}d^2} = \frac{4F}{\pi d^2} = [\tau] \quad ①$$

$$\sigma_{\mathrm{bs}} = \frac{P_{\mathrm{bs}}}{A_{\mathrm{bs}}} = \frac{F}{dt} = [\sigma_{\mathrm{bs}}] \quad ②$$

再用②式除①式，可得$\frac{\pi d}{4t} = \frac{[\sigma_{\mathrm{bs}}]}{[\tau]}$。

答案： B

61. 解 受扭空心圆轴横截面上的切应力分布与半径成正比，而且在空心圆内径中无应力，只有选项 B 图是正确的。

答案： B

62. 解

$$W_z = \frac{I_z}{y_{\max}} = \frac{\frac{\pi}{64}d^4 - \frac{a^4}{12}}{\frac{d}{2}} = \frac{\pi d^3}{32} - \frac{a^4}{6d}$$

答案： B

63. 解　根据$\frac{\mathrm{d}M}{\mathrm{d}x} = Q$可知，剪力为零的截面弯矩的导数为零，也即是弯矩有极值。

答案： B

64. 解　开裂前

$$\sigma_{\max} = \frac{M}{W_z} = \frac{M}{\frac{b}{6}(3a)^2} = \frac{2M}{3ba^2}$$

开裂后

$$\sigma_{1\max} = \frac{\frac{M}{3}}{W_{z1}} = \frac{\frac{M}{3}}{\frac{ba^2}{6}} = \frac{2M}{ba^2}$$

开裂后最大正应力是原来的 3 倍，故梁承载能力是原来的1/3。

答案： B

65. 解　由矩形和工字形截面的切应力计算公式可知$\tau = \frac{QS_z}{bI_z}$，切应力沿截面高度呈抛物线分布。由于腹板上截面宽度b突然加大，故z轴附近切应力突然减小。

答案： B

66. 解　承受集中力的简支梁的最大挠度$f_{\mathrm{c}} = \frac{Fl^3}{48EI}$，与惯性矩$I$成反比。$I_{\mathrm{a}} = \frac{hb^3}{12} = \frac{b^4}{6}$，而$I_{\mathrm{b}} = \frac{bh^3}{12} = \frac{4}{6}b^4$，因图 a）梁$I_{\mathrm{a}}$是图 b）梁$I_{\mathrm{b}}$的$\frac{1}{4}$，故图 a）梁的最大挠度是图 b）梁的 4 倍。

答案： C

67. 解　图示单元体的最大主应力σ_1的方向，可以看作是σ_x的方向（沿x轴）和纯剪切单元体的最大拉应力的主方向（在第一象限沿 45°向上），叠加后的合应力的指向。

答案： A

68. 解　AB段是轴向受压，$\sigma_{\mathrm{AB}} = \frac{F}{ab}$

BC段是偏心受压，$\sigma_{\mathrm{BC}} = \frac{F}{2ab} + \frac{F \cdot \frac{a}{2}}{\frac{b}{6}(2a)^2} = \frac{5F}{4ab}$

答案： B

69. 解　图示圆轴是弯扭组合变形，在固定端处既有弯曲正应力，又有扭转切应力。但是图中A点位于中性轴上，故没有弯曲正应力，只有切应力，属于纯剪切应力状态。

答案： B

70. 解　由压杆临界荷载公式$F_{\mathrm{cr}} = \frac{\pi^2 EI}{(\mu l)^2}$可知，$F_{\mathrm{cr}}$与杆长$l^2$成反比，故杆长度为$\frac{l}{2}$时，$F_{\mathrm{cr}}$是原来的 4 倍。

答案：B

71. 解　空气的黏滞系数，随温度降低而降低；而水的黏滞系数相反，随温度降低而升高。

答案：A

72. 解　质量力是作用在每个流体质点上，大小与质量成正比的力；表面力是作用在所设流体的外表，大小与面积成正比的力。重力是质量力，黏滞力是表面力。

答案：C

73. 解　根据流线定义及性质以及非恒定流定义可得。

答案：C

74. 解　题中已给出两断面间有水头损失$h_{l1\text{-}2}$，而选项C中未计及$h_{l1\text{-}2}$，所以是错误的。

答案：C

75. 解　根据雷诺数公式$\mathrm{Re}=\frac{vd}{\nu}$及连续方程$v_1A_1=v_2A_2$联立求解可得。

$$v_2=v_1\left(\frac{d_1}{d_2}\right)^2=\left(\frac{30}{60}\right)^2v_1=\frac{v_1}{4}$$

$$\mathrm{Re}_2=\frac{v_2d_2}{\nu}=\frac{\frac{v_1}{4}\times 2d_1}{\nu}=\frac{1}{2}\mathrm{Re}_1=\frac{1}{2}\times 5000=2500$$

答案：C

76. 解　当自由出流孔口与淹没出流孔口的形状、尺寸相同，且作用水头相等时，则出流量应相等。

答案：B

77. 解　水力最优断面是过流能力最大的断面形状。

答案：B

78. 解　依据弗劳德准则，流量比尺$\lambda_{\mathrm{Q}}=\lambda_{\mathrm{L}}^{2.5}$，所以长度比尺$\lambda_{\mathrm{L}}=\lambda_{\mathrm{Q}}^{1/2.5}$，代入题设数据后有：

$$\lambda_{\mathrm{L}}=\left(\frac{537}{0.3}\right)^{1/2.5}=(1790)^{0.4}=20$$

答案：D

79. 解　此题选项A、C、D明显不符合静电荷物理特征。关于选项B可以用电场强度的叠加定理分析，两个异性电荷连线的中心位置电场强度也不为零，因此，本题的四个选项均不正确。

答案：无

80. 解　电感电压与电流之间的关系是微分关系，即

$$u=L\frac{\mathrm{d}i}{\mathrm{d}t}=2\omega L\sin(1000t+90°)=2\sin(1000t+90°)$$

或用相量法分析：$\dot{U}_{\mathrm{L}}=j\omega L\dot{I}=\sqrt{2}\angle 90°\mathrm{V}$；$I=\sqrt{2}\mathrm{A}$，$j\omega L=j1\Omega(\omega=1000\mathrm{rad})$，$u_{\mathrm{L}}$的有效值为

$\sqrt{2}$V。

答案：D

81. 解 根据线性电路的戴维南定理，图 a）和图 b）电路等效指的是对外电路电压和电流相同，即电路中 20Ω 电阻中的电流均为 1A，方向自下向上；然后利用节电电流关系可知，流过图 a）电路 10Ω 电阻中的电流为$2-1=1\text{A}$。

答案：A

82. 解 RLC 串联的交流电路中，阻抗的计算公式是$Z=R+jX_{\text{L}}-jX_{\text{C}}=R+j\omega L-j\frac{1}{\omega C}$，阻抗的模$|Z|=\sqrt{R^2+\left(\omega L-\frac{1}{\omega C}\right)^2}$；$\omega=314\text{rad/s}$。

答案：C

83. 解 该电路是 RLC 混联的正弦交流电路，根据给定电压，将其写成复数为$\dot{U}=U\angle 30^\circ=\frac{10}{\sqrt{2}}\angle 30^\circ$ V；$\dot{I}_1=\frac{\dot{U}}{R+j\omega L}$；电流$\dot{I}=\dot{I}_1+\dot{I}_2=\frac{U\angle 30^\circ}{R+j\omega L}+\frac{U\angle 30^\circ}{-j\left(\frac{1}{\omega C}\right)}$；$i=I\sqrt{2}\sin(1000t+\Psi_{\text{i}})\,\text{A}$。

答案：C

84. 解 在暂态电路中电容电压符合换路定则$U_{\text{C}}(t_{0+})=U_{\text{C}}(t_{0-})$，开关打开以前$U_{\text{C}}(t_{0-})=\frac{R_2}{R_1+R_2}U_{\text{s}}$，$I(0_+)=U_{\text{C}}(0_+)/R_2$；电路达到稳定以后电容能量放光，电路中稳态电流$I(\infty)=0$。

答案：B

85. 解 信号源输出最大功率的条件是电源内阻与负载电阻相等，电路中的实际负载电阻折合到变压器的原边数值为$R_{\text{L}}'=\left(\frac{U_1}{U_2}\right)^2R_{\text{L}}=R_{\text{S}}=40\Omega$；$K=\frac{u_1}{u_2}=2$，$u_1=u_{\text{s}}\frac{R_{\text{L}}'}{R_{\text{S}}+R_{\text{L}}'}=40\sin\omega t$；$u_2=\frac{u_1}{K}=20\sin\omega t$。

答案：B

86. 解 在继电接触控制电路中，电器符号均表示电器没有动作的状态，当接触器线圈 KM 通电以后常开触点 KM1 闭合，常闭触点 KM2 断开。

答案：C

87. 解 信息是通过感官接收的关于客观事物的存在形式或变化情况。信号是消息的表现形式，是可以直接观测到的物理现象（如电、光、声、电磁波等）。通常认为“信号是信息的表现形式”。红灯亮的信号传达了开始制冷的信息。

答案：C

88. 解 八进制和十六进制都是数字电路中采用的数制，本质上都是二进制，在应用中是根据数字信号的不同要求所选取的不同的书写格式。

答案：A

89. 解 模拟信号是幅值和时间均连续的信号，采样信号是时间离散、数值连续的信号，离散信号是指在某些不连续时间定义函数值的信号，数字信号是将幅值量化后并以二进制代码表示的离散信号。

答案： B

90. 解 题中给出非正弦周期信号的傅里叶级数展开式。周期信号中各次谐波的幅值随着频率的增加而减少。$u_1(t)$中包含基波和三次谐波，而$u_2(t)$包含的谐波次数是基波和五次谐波，$u_1(t)$包含的信息较$u_2(t)$更加完整。

答案： A

91. 解 由图可以分析，当信号$|u_\mathrm{i}(t)| \leqslant 2\mathrm{V}$时，放大电路工作在线性工作区，$u_\mathrm{o}(t)=5u_\mathrm{i}(t)$；当信号$|u_\mathrm{i}(t)| \geqslant 2\mathrm{V}$时，放大电路工作在非线性工作区，$u_\mathrm{o}(t)=\pm 10\mathrm{V}$。

答案： D

92. 解 由逻辑电路的基本关系可得结果，变换中用到了逻辑电路的摩根定理。

$$\mathrm{F}=\overline{\overline{\mathrm{AB}}+\overline{\mathrm{BC}}}=\mathrm{AB}\cdot\mathrm{BC}=\mathrm{ABC}$$

答案： D

93. 解 该电路为二极管的桥式整流电路，当D_2二极管断开时，电路变为半波整流电路，输入电压的交流有效值和输出直流电压的关系为$U_\mathrm{o}=0.45U_\mathrm{i}$，同时根据二极管的导通电流方向可得$U_\mathrm{o}=-3.18\mathrm{V}$。

答案： C

94. 解 由图可以分析，当信号$|u_\mathrm{i}(t)| \leqslant 1\mathrm{V}$时，放大电路工作在线性工作区，$u_\mathrm{o}(t)=10^4 u_\mathrm{i}(t)$；当信号$|u_\mathrm{i}(t)| \geqslant 1\mathrm{mV}$时，放大电路工作在非线性工作区，$u_\mathrm{o}(t)=\pm 10\mathrm{V}$；输入信号$u_\mathrm{i}(t)$最大值为2mV，则有一部分工作区进入非线性区。对应的输出波形与选项C一致。

答案： C

95. 解 图a）示电路是与非门逻辑电路，$\mathrm{F}=\overline{1\cdot\mathrm{A}}=\overline{\mathrm{A}}$。

答案： D

96. 解 图示电路是下降沿触发的JK触发器，$\overline{\mathrm{R}}_\mathrm{D}$是触发器的清零端，$\overline{\mathrm{S}}_\mathrm{D}$是置“1”端，画解图并由触发器的逻辑功能分析，即可得答案。

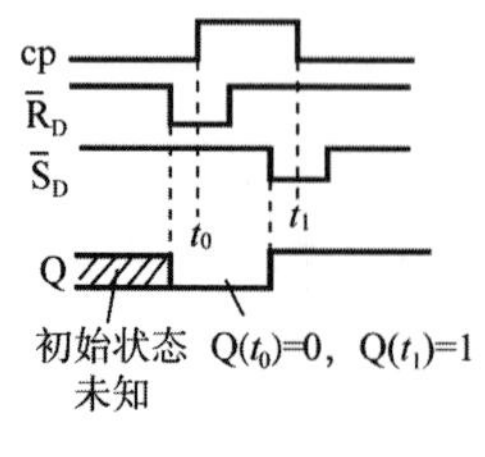

题96解图

答案：B

97. 解 计算机存储单元是按一定顺序编号，这个编号被称为存储地址。

答案：C

98. 解 操作系统的特征有并发性、共享性和随机性。

答案：B

99. 解 二进制最后一位是1，转换后则一定是十进制数的奇数。

答案：A

100. 解 像素实际上就是图像中的一个个光点，光点可以是黑白的，也可以是彩色的。

答案：D

101. 解 删除操作系统文件，计算机将无法正常运行。

答案：C

102. 解 存储器系统包括主存储器、高速缓冲存储器和外存储器。

答案：C

103. 解 设备管理是对除CPU和内存储器之外的所有输入/输出设备的管理。

答案：A

104. 解 两种十分有效的文件管理工具是“我的电脑”和“资源管理器”。

答案：C

105. 解 计算机网络主要由网络硬件系统和网络软件系统两大部分组成。

答案：A

106. 解 局域网覆盖的地理范围通常在几公里之内。

答案：C

107. 解 按等额支付资金回收公式计算（已知P求A）。

$A = P(A/P, i, n) = 5000 \times (A/P, 8\%, 10) = 5000 \times 0.14903 = 745.15$万元

答案：C

108. 解 建设项目经济评价中的总投资，由建设投资、建设期利息和流动资金组成。

答案：C

109. 解 新设法人项目融资的资金来源于项目资本金和债务资金，权益融资形成项目的资本金，债务融资形成项目的债务资金。

答案：C

110. 解 在财务生存能力分析中，各年累计盈余资金不出现负值是财务生存的必要条件。

答案：B

111. 解 分别计算效益流量的现值和费用流量的现值，二者的比值即为该项目的效益费用比。建设期1年，使用寿命10年，计算期共11年。注意：第1年为建设期，投资发生在第0年（即第1年的年初），第2年开始使用，效益和费用从第2年末开始发生。该项目的现金流量图如解图所示。

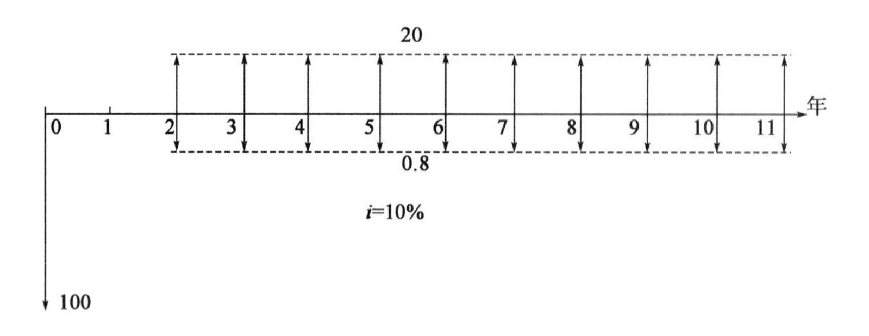

题111解图

效益流量的现值：$B = 20 \times (P/A, 10\%, 10) \times (P/F, 10\%, 1)$

$= 20 \times 6.144 \times 0.9091 = 111.72$ 万元

费用流量的现值：$C = 0.8 \times (P/A, 10\%, 10) \times (P/F, 10\%, 1)$

$= 0.8 \times 6.1446 \times 0.9091 + 100 = 104.47$ 万元

该项目的效益费用比为：$R_{\mathrm{BC}} = B/C = 111.72/104.47 = 1.07$

答案：A

112. 解 投资项目敏感性分析最基本的分析指标是内部收益率。

答案：B

113. 解 净年值法既可用于寿命期相同，也可用于寿命期不同的方案比选。

答案：C

114. 解 强制确定法是以功能重要程度作为选择价值工程对象的一种分析方法，包括01评分法、04评分法等。其中，01评分法通过对每个部件与其他各部件的功能重要程度进行逐一对比打分，相对重要的得1分，不重要的得0分，最后计算各部件的功能重要性系数。

答案：D

115. 解 《中华人民共和国建筑法》第五十七条规定，建筑设计单位对设计文件选用的建筑材料、建筑构配件和设备，不得指定生产厂家和供应商。

答案：B

116. 解 《中华人民共和国招标投标法》第二十三条规定，招标人对已发出的招标文件进行必要的澄清或者修改的，应当在招标文件要求提交投标文件截止时间至少十五日前，以书面形式通知所有招标文件收受人。该澄清或者修改的内容为招标文件的组成部分。

答案：B

117. 解　《中华人民共和国民法典》第四百七十八条规定，有下列情形之一的，要约失效：

（一）拒绝要约的通知到达要约人；

（二）要约人依法撤销要约；

（三）承诺期限届满，受要约人未作出承诺；

（四）受要约人对要约的内容作出实质性变更。

答案：D

118. 解　《中华人民共和国节约能源法》第四条规定，节约资源是我国的基本国策。国家实施节约与开发并举，把节约放在首位的能源发展战略。

答案：B

119. 解　《中华人民共和国环境保护法》2014 年进行了修订，新法第四十五条规定，国家依照法律规定实行排污许可管理制度。此题已过时，未作解答。

120. 解　《建设工程勘察设计管理条例》第十四条规定，建设工程勘察、设计方案评标，应当以投标人的业绩、信誉和勘察、设计人员的能力以及勘察、设计方案的优劣为依据，进行综合评定。资质问题在资格预审时已解决，不是评标的条件。

答案：A

2012年度全国勘察设计注册工程师

执业资格考试试卷

基础考试

（上）

二〇一二年九月

应考人员注意事项

1. 本试卷科目代码为“1”，考生务必将此代码填涂在答题卡“科目代码”相应的栏目内，否则，无法评分。

2. 书写用笔：**黑色或蓝色钢笔、签字笔或圆珠笔**；

   填涂答题卡用笔：**黑色 2B 铅笔**。

3. 必须用书写用笔将工作单位、姓名、准考证号填写在答题卡和试卷相应的栏目内。

4. 本试卷由 120 题组成，每题 1 分，满分 120 分，本试卷全部为单项选择题，每小题的四个备选项中只有一个正确答案，错选、多选、不选均不得分。

5. 考生作答时，必须按**题号在答题卡上**将相应试题所选选项对应的**字母用 2B 铅笔涂黑**。

6. 在答题卡上书写与题意无关的语言，或在答题卡上作标记的，均按违纪试卷处理。

7. 考试结束时，由监考人员当面将试卷、答题卡一并收回。

8. 草稿纸由各地统一配发，考后收回。

单项选择题（共 120 题，每题 1 分。每题的备选项中只有一个最符合题意。）

1. 设$f(x)=\begin{cases}\cos x+x\sin\frac{1}{x}, & x<0\\ x^2+1, & x\geqslant 0\end{cases}$，则$x=0$是$f(x)$的下面哪一种情况：

A. 跳跃间断点

B. 可去间断点

C. 第二类间断点

D. 连续点

2. 设$\alpha(x)=1-\cos x$，$\beta(x)=2x^2$，则当$x\to 0$时，下列结论中正确的是：

A. $\alpha(x)$与$\beta(x)$是等价无穷小

B. $\alpha(x)$是$\beta(x)$的高阶无穷小

C. $\alpha(x)$是$\beta(x)$的低阶无穷小

D. $\alpha(x)$与$\beta(x)$是同阶无穷小但不是等价无穷小

3. 设$y=\ln(\cos x)$，则微分$\mathrm{d}y$等于：

A. $\frac{1}{\cos x}\mathrm{d}x$

B. $\cot x\mathrm{d}x$

C. $-\tan x\mathrm{d}x$

D. $-\frac{1}{\cos x\sin x}\mathrm{d}x$

4. $f(x)$的一个原函数为e^{-x^2}，则$f'(x)=$

A. $2(-1+2x^2)e^{-x^2}$

B. $-2xe^{-x^2}$

C. $2(1+2x^2)e^{-x^2}$

D. $(1-2x)e^{-x^2}$

5. $f'(x)$连续，则$\int f'(2x+1)\mathrm{d}x$等于：

A. $f(2x+1)+C$

B. $\frac{1}{2}f(2x+1)+C$

C. $2f(2x+1)+C$

D. $f(x)+C$

（C为任意常数）

6. 定积分$\int_0^{\frac{1}{2}}\frac{1+x}{\sqrt{1-x^2}}\mathrm{d}x=$

A. $\frac{\pi}{3}+\frac{\sqrt{3}}{2}$

B. $\frac{\pi}{6}-\frac{\sqrt{3}}{2}$

C. $\frac{\pi}{6}-\frac{\sqrt{3}}{2}+1$

D. $\frac{\pi}{6}+\frac{\sqrt{3}}{2}+1$

7. 若D是由$y=x$，$x=1$，$y=0$所围成的三角形区域，则二重积分$\iint\limits_D f(x,y)\mathrm{d}x\mathrm{d}y$在极坐标系下的二次积分是：

A. $\int_0^{\frac{\pi}{4}}\mathrm{d}\theta\int_0^{\cos\theta}f(r\cos\theta,r\sin\theta)r\mathrm{d}r$

B. $\int_0^{\frac{\pi}{4}}\mathrm{d}\theta\int_0^{\frac{1}{\cos\theta}}f(r\cos\theta,r\sin\theta)r\mathrm{d}r$

C. $\int_0^{\frac{\pi}{4}}\mathrm{d}\theta\int_0^{\frac{1}{\cos\theta}}r\mathrm{d}r$

D. $\int_0^{\frac{\pi}{4}}\mathrm{d}\theta\int_0^{\frac{1}{\cos\theta}}f(x,y)\mathrm{d}r$

8. 当$a<x<b$时，有$f'(x)>0$，$f''(x)<0$，则在区间(a,b)内，函数$y=f(x)$图形沿x轴正向是：

A. 单调减且凸的

B. 单调减且凹的

C. 单调增且凸的

D. 单调增且凹的

9. 函数在给定区间上不满足拉格朗日定理条件的是：

A. $f(x)=\frac{x}{1+x^2}$，$[-1,2]$

B. $f(x)=x^{\frac{2}{3}}$，$[-1,1]$

C. $f(x)=e^{\frac{1}{x}}$，$[1,2]$

D. $f(x)=\frac{x+1}{x}$，$[1,2]$

10. 下列级数中，条件收敛的是：

A. $\sum_{n=1}^{\infty}\frac{(-1)^n}{n}$

B. $\sum_{n=1}^{\infty}\frac{(-1)^n}{n^3}$

C. $\sum_{n=1}^{\infty}\frac{(-1)^n}{n(n+1)}$

D. $\sum_{n=1}^{\infty}(-1)^n\frac{n+1}{n+2}$

11. 当$|x|<\frac{1}{2}$时，函数$f(x)=\frac{1}{1+2x}$的麦克劳林展开式正确的是：

A. $\sum_{n=0}^{\infty}(-1)^{n+1}(2x)^n$

B. $\sum_{n=0}^{\infty}(-2)^n x^n$

C. $\sum_{n=1}^{\infty}(-1)^n 2^n x^n$

D. $\sum_{n=1}^{\infty}2^n x^n$

12. 已知微分方程$y'+p(x)y=q(x)[q(x)\neq 0]$有两个不同的特解$y_1(x)$，$y_2(x)$，$C$为任意常数，则该微分方程的通解是：

A. $y=C(y_1-y_2)$

B. $y=C(y_1+y_2)$

C. $y=y_1+C(y_1+y_2)$

D. $y=y_1+C(y_1-y_2)$

13. 以$y_1=e^x$，$y_2=e^{-3x}$为特解的二阶线性常系数齐次微分方程是：

A. $y''-2y'-3y=0$

B. $y''+2y'-3y=0$

C. $y''-3y'+2y=0$

D. $y''+3y'+2y=0$

14. 微分方程$\frac{\mathrm{d}y}{\mathrm{d}x}+\frac{x}{y}=0$的通解是：

A. $x^2+y^2=C(C\in R)$

B. $x^2-y^2=C(C\in R)$

C. $x^2+y^2=C^2(C\in R)$

D. $x^2-y^2=C^2(C\in R)$

15. 曲线$y=(\sin x)^{\frac{3}{2}}(0\leqslant x\leqslant\pi)$与$x$轴围成的平面图形绕$x$轴旋转一周而成的旋转体体积等于：

A. $\frac{4}{3}$

B. $\frac{4}{3}\pi$

C. $\frac{2}{3}\pi$

D. $\frac{2}{3}\pi^2$

16. 曲线$x^2+4y^2+z^2=4$与平面$x+z=a$的交线在yOz平面上的投影方程是：

A. $\begin{cases}(a-z)^2+4y^2+z^2=4\\x=0\end{cases}$

B. $\begin{cases}x^2+4y^2+(a-x)^2=4\\z=0\end{cases}$

C. $\begin{cases}x^2+4y^2+(a-x)^2=4\\x=0\end{cases}$

D. $(a-z)^2+4y^2+z^2=4$

17. 方程$x^2-\frac{y^2}{4}+z^2=1$，表示：

A. 旋转双曲面

B. 双叶双曲面

C. 双曲柱面

D. 锥面

18. 设直线L为$\begin{cases}x+3y+2z+1=0\\2x-y-10z+3=0\end{cases}$，平面$\pi$为$4x-2y+z-2=0$，则直线和平面的关系是：

A. L平行于π

B. L在π上

C. L垂直于π

D. L与π斜交

19. 已知n阶可逆矩阵$\boldsymbol{A}$的特征值为λ_0，则矩阵$(2\boldsymbol{A})^{-1}$的特征值是：

A. $\frac{2}{\lambda_0}$

B. $\frac{\lambda_0}{2}$

C. $\frac{1}{2\lambda_0}$

D. $2\lambda_0$

20. 设$\vec{\alpha_1}$，$\vec{\alpha_2}$，$\vec{\alpha_3}$，$\vec{\beta}$为n维向量组，已知$\vec{\alpha_1}$，$\vec{\alpha_2}$，$\vec{\beta}$线性相关，$\vec{\alpha_2}$，$\vec{\alpha_3}$，$\vec{\beta}$线性无关，则下列结论中正确的是：

A. $\vec{\beta}$必可用$\vec{\alpha_1}$，$\vec{\alpha_2}$线性表示

B. $\vec{\alpha_1}$必可用$\vec{\alpha_2}$，$\vec{\alpha_3}$，$\vec{\beta}$线性表示

C. $\vec{\alpha_1}$，$\vec{\alpha_2}$，$\vec{\alpha_3}$必线性无关

D. $\vec{\alpha_1}$，$\vec{\alpha_2}$，$\vec{\alpha_3}$必线性相关

21. 要使得二次型$f(x_1,x_2,x_3)=x_1^2+2tx_1x_2+x_2^2-2x_1x_3+2x_2x_3+2x_3^2$为正定的，则$t$的取值条件是：

A. $-1<t<1$

B. $-1<t<0$

C. $t>0$

D. $t<-1$

22. 若事件A、B互不相容，且$P(A)=p$，$P(B)=q$，则$P(\overline{A}\,\overline{B})$等于：

A. $1-p$

B. $1-q$

C. $1-(p+q)$

D. $1+p+q$

23. 若随机变量X与Y相互独立，且X在区间[0,2]上服从均匀分布，Y服从参数为 3 的指数分布，则数学期望$E(XY)=$

A. $\frac{4}{3}$

B. 1

C. $\frac{2}{3}$

D. $\frac{1}{3}$

24. 设$X_1,X_2,\cdots,X_n$是来自总体$N(\mu,\sigma^2)$的样本，μ、σ^2未知，$\overline{X}=\frac{1}{n}\sum_{i=1}^{n}X_i$，$Q^2=\sum_{i=1}^{n}\left(X_i-\overline{X}\right)^2$，$Q>0$。则检验假设$H_0$：$\mu=0$时应选取的统计量是：

A. $\sqrt{n(n-1)}\frac{\overline{X}}{Q}$

B. $\sqrt{n}\frac{\overline{X}}{Q}$

C. $\sqrt{n-1}\frac{\overline{X}}{Q}$

D. $\sqrt{n}\frac{\overline{X}}{Q^2}$

25. 两种摩尔质量不同的理想气体，它们压强相同、温度相同、体积不同。则它们的：

A. 单位体积内的分子数不同

B. 单位体积内气体的质量相同

C. 单位体积内气体分子的总平均平动动能相同

D. 单位体积内气体的内能相同

26. 某种理想气体的总分子数为N，分子速率分布函数为$f(v)$，则速率在$v_1\rightarrow v_2$区间内的分子数是：

A. $\int_{v_1}^{v_2}f(v)\mathrm{d}v$

B. $N\int_{v_1}^{v_2}f(v)\mathrm{d}v$

C. $\int_{0}^{\infty}f(v)\mathrm{d}v$

D. $N\int_{0}^{\infty}f(v)\mathrm{d}v$

27. 一定量的理想气体由a状态经过一过程到达b状态，吸热为 335J，系统对外做功 126J；若系统经过另一过程由a状态到达b状态，系统对外做功 42J，则过程中传入系统的热量为：

A. 530J　　　　B. 167J

C. 251J　　　　D. 335J

28. 一定量的理想气体，经过等体过程，温度增量ΔT，内能变化ΔE_1，吸收热量Q_1；若经过等压过程，温度增量也为ΔT，内能变化ΔE_2，吸收热量Q_2，则一定是：

A. $\Delta E_2 = \Delta E_1$，$Q_2 > Q_1$

B. $\Delta E_2 = \Delta E_1$，$Q_2 < Q_1$

C. $\Delta E_2 > \Delta E_1$，$Q_2 > Q_1$

D. $\Delta E_2 < \Delta E_1$，$Q_2 < Q_1$

29. 一平面简谐波的波动方程为$y = 2 \times 10^{-2} \cos 2\pi \left(10t - \frac{x}{5}\right)$ (SI)。$t = 0.25$s时，处于平衡位置，且与坐标原点$x = 0$最近的质元的位置是：

A. ±5m　　　　B. 5m

C. ±1.25m　　　　D. 1.25m

30. 一平面简谐波沿x轴正方向传播，振幅$A = 0.02$m，周期$T = 0.5$s，波长$\lambda = 100$m，原点处质元的初相位$\phi = 0$，则波动方程的表达式为：

A. $y = 0.02 \cos 2\pi \left(\frac{t}{2} - 0.01x\right)$ (SI)

B. $y = 0.02 \cos 2\pi (2t - 0.01x)$ (SI)

C. $y = 0.02 \cos 2\pi \left(\frac{t}{2} - 100x\right)$ (SI)

D. $y = 0.02 \cos 2\pi (2t - 100x)$ (SI)

31. 两人轻声谈话的声强级为 40dB，热闹市场上噪声的声强级为 80dB。市场上噪声的声强与轻声谈话的声强之比为：

A. 2　　　　B. 20

C. 10^2　　　　D. 10^4

32. P_1和P_2为偏振化方向相互垂直的两个平行放置的偏振片，光强为I_0的自然光垂直入射在第一个偏振片P_1上，则透过P_1和P_2的光强分别为：

A. $\frac{I_0}{2}$和 0

B. 0 和$\frac{I_0}{2}$

C. I_0和I_0

D. $\frac{I_0}{2}$和$\frac{I_0}{2}$

33. 一束自然光自空气射向一块平板玻璃，设入射角等于布儒斯特角，则反射光为：

A. 自然光

B. 部分偏振光

C. 完全偏振光

D. 圆偏振光

34. 波长$\lambda = 550\text{nm}(1\text{nm} = 10^{-9}\text{m})$的单色光垂直入射于光栅常数为$2 \times 10^{-4}\text{cm}$的平面衍射光栅上，可能观察到光谱线的最大级次为：

A. 2

B. 3

C. 4

D. 5

35. 在单缝夫琅禾费衍射实验中，波长为λ的单色光垂直入射到单缝上，对应于衍射角为 30°的方向上，若单缝处波阵面可分成 3 个半波带。则缝宽a为：

A. λ

B. 1.5λ

C. 2λ

D. 3λ

36. 以双缝干涉实验中，波长为λ的单色平行光垂直入射到缝间距为a的双缝上，屏到双缝的距离为D，则某一条明纹与其相邻的一条暗纹的间距为：

A. $\frac{D\lambda}{a}$

B. $\frac{D\lambda}{2a}$

C. $\frac{2D\lambda}{a}$

D. $\frac{D\lambda}{4a}$

37. 钴的价层电子构型是$3d^7 4s^2$，钴原子外层轨道中未成对电子数为：

A. 1　　B. 2

C. 3　　D. 4

38. 在HF、HCl、HBr、HI中，按熔、沸点由高到低顺序排列正确的是：

A. HF、HCl、HBr、HI

B. HI、HBr、HCl、HF

C. HCl、HBr、HI、HF

D. HF、HI、HBr、HCl

39. 对于HCl气体溶解于水的过程，下列说法正确的是：

A. 这仅是一个物理变化过程

B. 这仅是一个化学变化过程

C. 此过程既有物理变化又有化学变化

D. 此过程中溶质的性质发生了变化，而溶剂的性质未变

40. 体系与环境之间只有能量交换而没有物质交换，这种体系在热力学上称为：

A. 绝热体系　　B. 循环体系

C. 孤立体系　　D. 封闭体系

41. 反应$PCl_3(g) + Cl_2(g) \rightleftharpoons PCl_5(g)$，298K时$K^\Theta = 0.767$，此温度下平衡时，如$p(PCl_5) = p(PCl_3)$，则$p(Cl_2) =$

A. 130.38kPa

B. 0.767kPa

C. 7607kPa

D. 7.67×10^{-3}kPa

42. 在铜锌原电池中，将铜电极的$C(H^+)$由1mol/L增加到2mol/L，则铜电极的电极电势：

A. 变大　　B. 变小

C. 无变化　　D. 无法确定

43. 元素的标准电极电势图如下：

$Cu^{2+}\xrightarrow{0.159}Cu^{+}\xrightarrow{0.52}Cu$

$Au^{3+}\xrightarrow{1.36}Au^{+}\xrightarrow{1.83}Au$

$Fe^{3+}\xrightarrow{0.771}Fe^{2+}\xrightarrow{-0.44}Fe$

$MnO_4^{-}\xrightarrow{1.51}Mn^{2+}\xrightarrow{-1.18}Mn$

在空气存在的条件下，下列离子在水溶液中最稳定的是：

A. Cu^{2+}　　B. Au^{+}

C. Fe^{2+}　　D. Mn^{2+}

44. 按系统命名法，下列有机化合物命名正确的是：

A. 2-乙基丁烷　　B. 2，2-二甲基丁烷

C. 3，3-二甲基丁烷　　D. 2，3，3-三甲基丁烷

45. 下列物质使溴水褪色的是：

A. 乙醇　　B. 硬脂酸甘油酯

C. 溴乙烷　　D. 乙烯

46. 昆虫能分泌信息素。下列是一种信息素的结构简式：

$$CH_3(CH_2)_5CH = CH(CH_2)_9CHO$$

下列说法正确的是：

A. 这种信息素不可以与溴发生加成反应

B. 它可以发生银镜反应

C. 它只能与 1mol H_2 发生加成反应

D. 它是乙烯的同系物

47. 图示刚架中，若将作用于B处的水平力P沿其作用线移至C处，则A、D处的约束力：

A. 都不变

B. 都改变

C. 只有A处改变

D. 只有D处改变

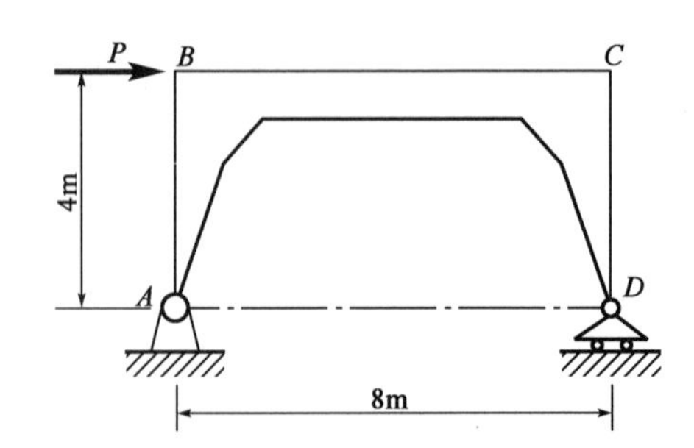

48. 图示绞盘有三个等长为l的柄，三个柄均在水平面内，其间夹角都是 120°。如在水平面内，每个柄端分别作用一垂直于柄的力F_1、F_2、F_3，且有$F_1 = F_2 = F_3 = F$，该力系向O点简化后的主矢及主矩应为：

A. $F_R = 0$，$M_O = 3Fl$(↻)

B. $F_R = 0$，$M_O = 3Fl$(↺)

C. $F_R = 2F$(水平向右)，$M_O = 3Fl$(↻)

D. $F_R = 2F$(水平向左)，$M_O = 3Fl$(↺)

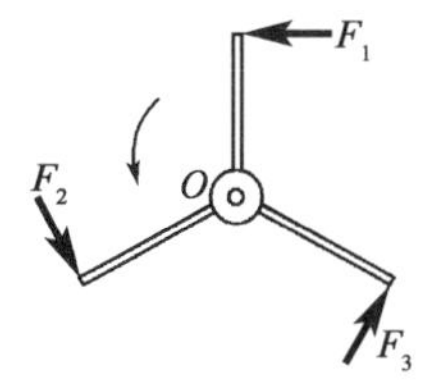

49. 图示起重机的平面构架，自重不计，且不计滑轮质量，已知：F =100kN，L =70cm，B、D、E为铰链连接。则支座A的约束力为：

A. $F_{Ax} = 100\text{kN}(\leftarrow)$，$F_{Ay} = 150\text{kN}(\downarrow)$

B. $F_{Ax} = 100\text{kN}(\rightarrow)$，$F_{Ay} = 50\text{kN}(\uparrow)$

C. $F_{Ax} = 100\text{kN}(\leftarrow)$，$F_{Ay} = 50\text{kN}(\downarrow)$

D. $F_{Ax} = 100\text{kN}(\leftarrow)$，$F_{Ay} = 100\text{kN}(\downarrow)$

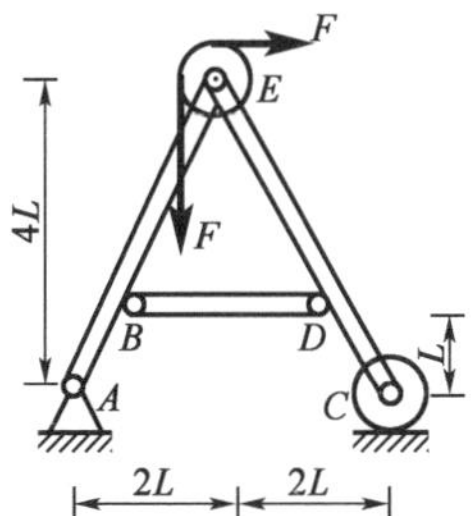

50. 平面结构如图所示，自重不计。已知：$F = 100\text{kN}$。判断图示BCH桁架结构中，内力为零的杆数是：

A. 3 根杆

B. 4 根杆

C. 5 根杆

D. 6 根杆

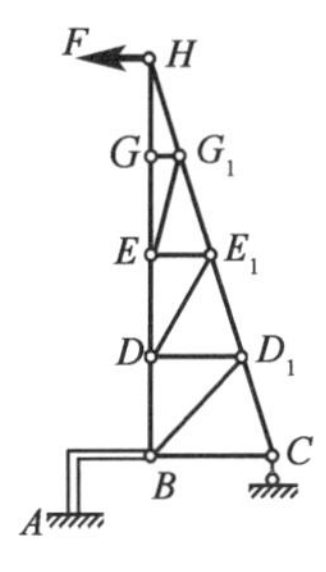

51. 动点以常加速度2m/s^2作直线运动。当速度由5m/s增加到8m/s时，则点运动的路程为：

A. 7.5m　　B. 12m

C. 2.25m　　D. 9.75m

52. 物体作定轴转动的运动方程为$\varphi = 4t - 3t^2$(φ以 rad 计，t以 s 计)。此物体内，转动半径$r = 0.5\text{m}$的一点，在$t_0 = 0$时的速度和法向加速度的大小分别为：

A. 2m/s，8m/s^2　　B. 3m/s，3m/s^2

C. 2m/s，8.54m/s^2　　D. 0，8m/s^2

53. 一木板放在两个半径$r = 0.25\text{m}$的传输鼓轮上面。在图示瞬时，木板具有不变的加速度$a = 0.5\text{m/s}^2$，方向向右；同时，鼓动边缘上的点具有一大小为3m/s^2的全加速度。如果木板在鼓轮上无滑动，则此木板的速度为：

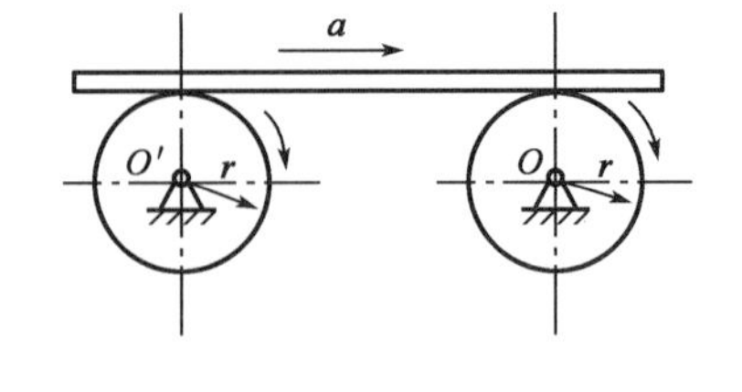

A. 0.86m/s

B. 3m/s

C. 0.5m/s

D. 1.67m/s

54. 重为W的人乘电梯铅垂上升，当电梯加速上升、匀速上升及减速上升时，人对地板的压力分别为p_1、p_2、p_3，它们之间的关系为：

A. $p_1 = p_2 = p_3$　　B. $p_1 > p_2 > p_3$

C. $p_1 < p_2 < p_3$　　D. $p_1 < p_2 > p_3$

55. 均质细杆AB重力为W，A端置于光滑水平面上，B端用绳悬挂，如图所示。当绳断后，杆在倒地的过程中，质心C的运动轨迹为：

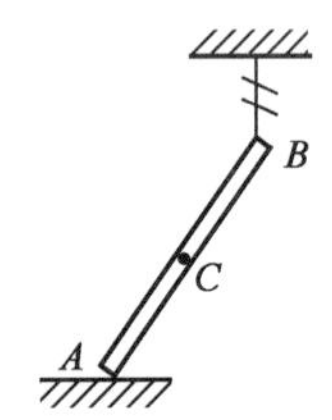

A. 圆弧线

B. 曲线

C. 铅垂直线

D. 抛物线

56. 杆OA与均质圆轮的质心用光滑铰链A连接，如图所示，初始时它们静止于铅垂面内，现将其释放，则圆轮A所作的运动为：

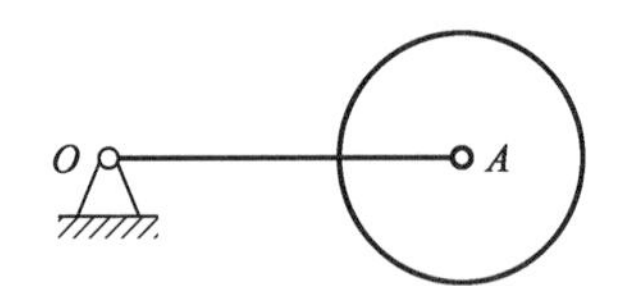

A. 平面运动

B. 绕轴O的定轴转动

C. 平行移动

D. 无法判断

57. 图示质量为m、长为l的均质杆OA绕O轴在铅垂平面内作定轴转动。已知某瞬时杆的角速度为ω，角加速度为α，则杆惯性力系合力的大小为：

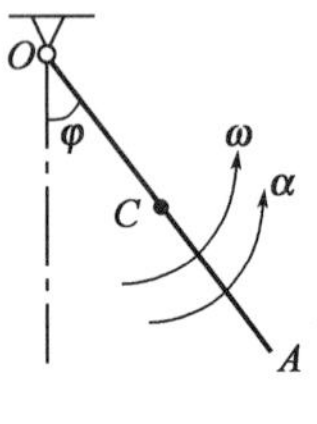

A. $\frac{l}{2}m\sqrt{\alpha^2 + \omega^2}$

B. $\frac{l}{2}m\sqrt{\alpha^2 + \omega^4}$

C. $\frac{l}{2}m\alpha$

D. $\frac{l}{2}m\omega^2$

58. 已知单自由度系统的振动固有频率$\omega_n = 2\text{rad/s}$,若在其上分别作用幅值相同而频率为$\omega_1 = 1\text{rad/s}$，$\omega_2 = 2\text{rad/s}$，$\omega_3 = 3\text{rad/s}$的简谐干扰力，则此系统强迫振动的振幅为：

A. $\omega_1 = 1\text{rad/s}$时振幅最大

B. $\omega_2 = 2\text{rad/s}$时振幅最大

C. $\omega_3 = 3\text{rad/s}$时振幅最大

D. 不能确定

59. 截面面积为A的等截面直杆，受轴向拉力作用。杆件的原始材料为低碳钢，若将材料改为木材，其他条件不变，下列结论中正确的是：

A. 正应力增大，轴向变形增大

B. 正应力减小，轴向变形减小

C. 正应力不变，轴向变形增大

D. 正应力减小，轴向变形不变

60. 图示等截面直杆，材料的拉压刚度为EA，杆中距离A端 1.5L处横截面的轴向位移是：

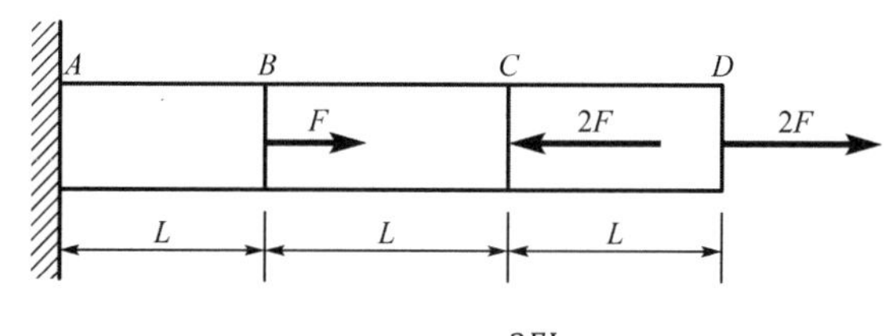

A. $\frac{4FL}{EA}$

B. $\frac{3FL}{EA}$

C. $\frac{2FL}{EA}$

D. $\frac{FL}{EA}$

61. 图示冲床的冲压力$F = 300\pi\text{kN}$，钢板的厚度$t = 10\text{mm}$，钢板的剪切强度极限$\tau_b = 300\text{MPa}$。冲床在钢板上可冲圆孔的最大直径d是：

A. $d = 200\text{mm}$

B. $d = 100\text{mm}$

C. $d = 4000\text{mm}$

D. $d = 1000\text{mm}$

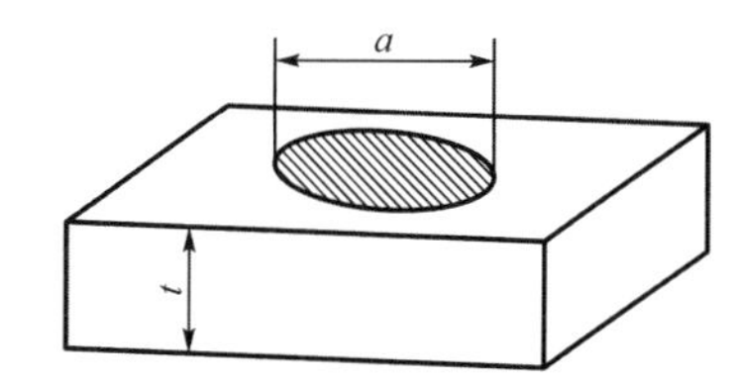

62. 图示两根木杆连接结构，已知木材的许用切应力为$[\tau]$，许用挤压应力为$[\sigma_{bs}]$，则a与h的合理比值是：

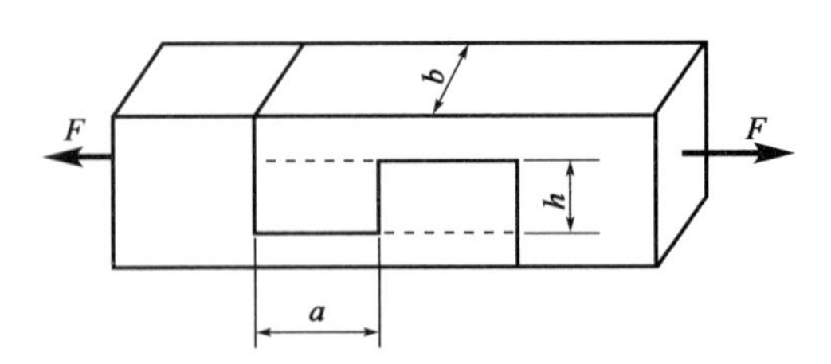

A. $\frac{h}{a}=\frac{[\tau]}{[\sigma_{bs}]}$

B. $\frac{h}{a}=\frac{[\sigma_{bs}]}{[\tau]}$

C. $\frac{h}{a}=\frac{[\tau]a}{[\sigma_{bs}]}$

D. $\frac{h}{a}=\frac{[\sigma_{bs}]a}{[\tau]}$

63. 圆轴受力如图所示，下面4个扭矩图中正确的是：

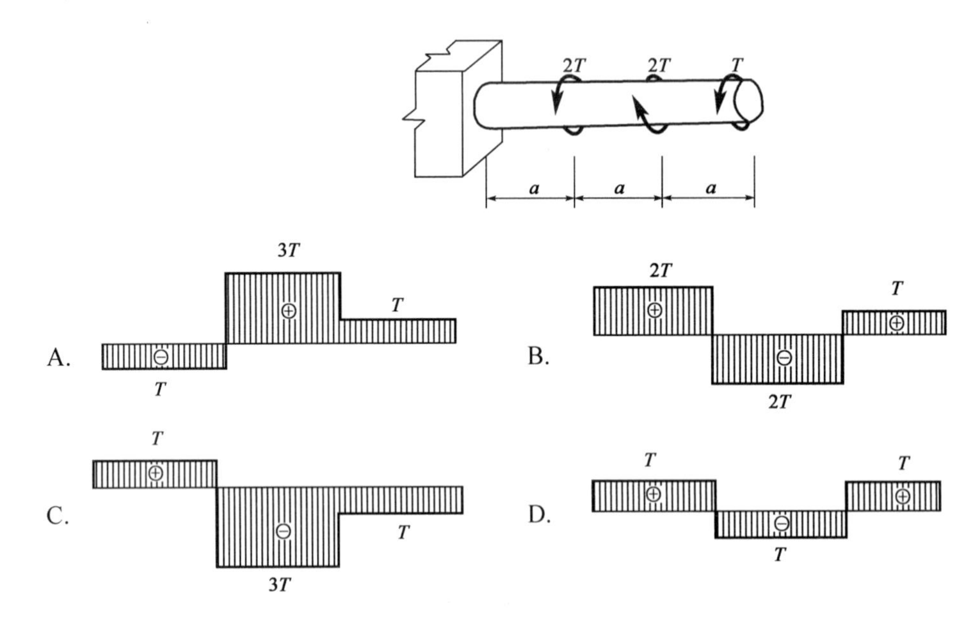

64. 直径为d的实心圆轴受扭，若使扭转角减小一半，圆轴的直径需变为：

A. $\sqrt[4]{2}d$

B. $\sqrt[3]{2}d$

C. $0.5d$

D. $\frac{8}{3}d$

65. 梁ABC的弯矩如图所示，根据梁的弯矩图，可以断定该梁B点处：

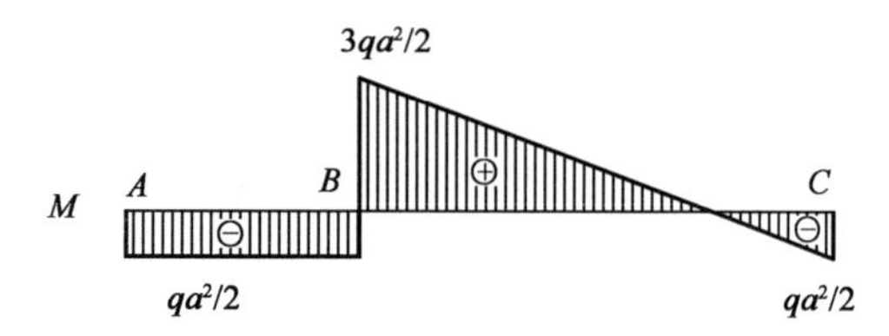

A. 无外荷载　　　　B. 只有集中力偶

C. 只有集中力　　　　D. 有集中力和集中力偶

66. 图示空心截面对z轴的惯性矩I_z为：

A. $I_z = \frac{\pi d^4}{32} - \frac{a^4}{12}$

B. $I_z = \frac{\pi d^4}{64} - \frac{a^4}{12}$

C. $I_z = \frac{\pi d^4}{32} + \frac{a^4}{12}$

D. $I_z = \frac{\pi d^4}{64} + \frac{a^4}{12}$

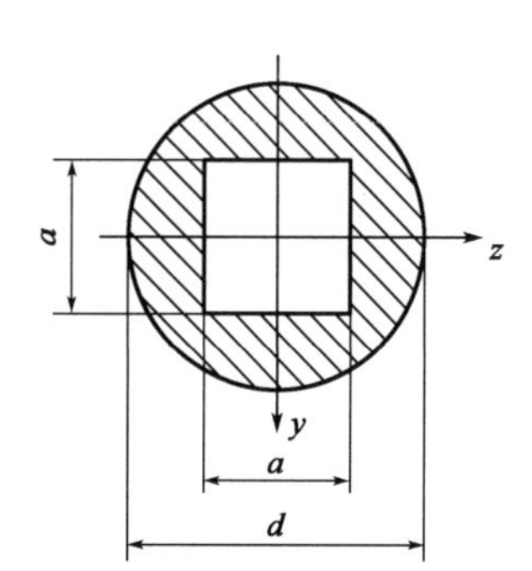

67. 两根矩形截面悬臂梁，弹性模量均为E，横截面尺寸如图所示，两梁的载荷均为作用在自由端的集中力偶。已知两梁的最大挠度相同，则集中力偶M_{e2}是M_{e1}的：$\left(\text{悬臂梁受自由端集中力偶}M\text{作用，自由端挠度为}\frac{ML^2}{2EI}\right)$

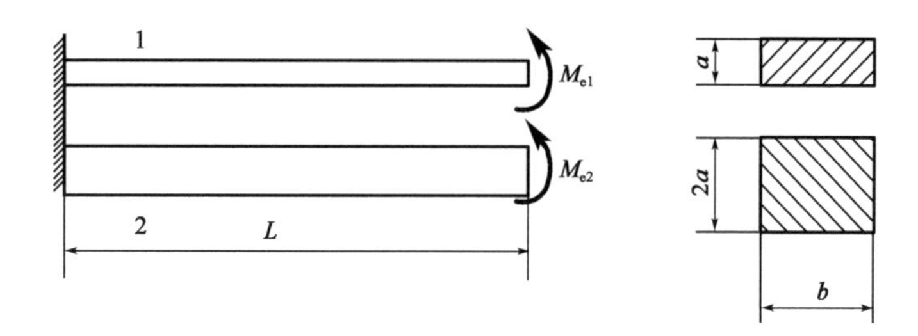

A. 8 倍

B. 4 倍

C. 2 倍

D. 1 倍

68. 图示等边角钢制成的悬臂梁AB，c点为截面形心，x'为该梁轴线，y'、z'为形心主轴。集中力F竖直向下，作用线过角钢两个狭长矩形边中线的交点，梁将发生以下变形：

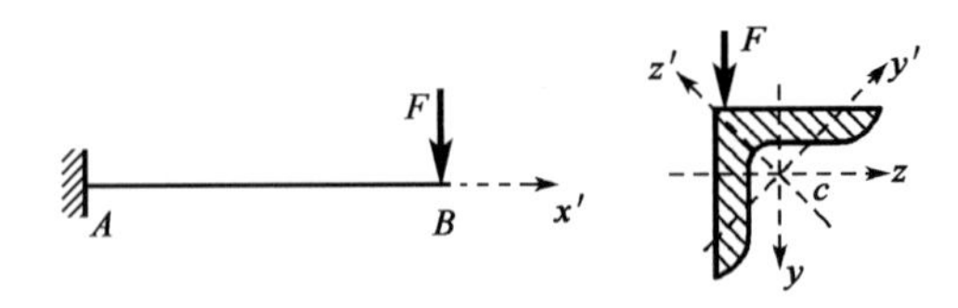

A. $x'z'$平面内的平面弯曲

B. 扭转和$x'z'$平面内的平面弯曲

C. $x'y'$平面和$x'z'$平面内的双向弯曲

D. 扭转和$x'y'$平面、$x'z'$平面内的双向弯曲

69. 图示单元体，法线与x轴夹角$\alpha=45°$的斜截面上切应力τ_α是：

A. $\tau_\alpha=10\sqrt{2}\text{MPa}$

B. $\tau_\alpha=50\text{MPa}$

C. $\tau_\alpha=60\text{MPa}$

D. $\tau_\alpha=0$

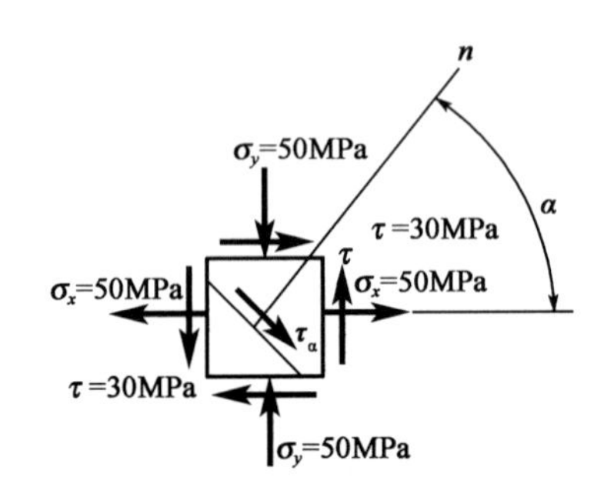

70. 图示矩形截面细长（大柔度）压杆，弹性模量为E。该压杆的临界荷载F_{cr}为：

A. $F_{\text{cr}}=\frac{\pi^2E}{L^2}\left(\frac{bh^3}{12}\right)$

B. $F_{\text{cr}}=\frac{\pi^2E}{L^2}\left(\frac{hb^3}{12}\right)$

C. $F_{\text{cr}}=\frac{\pi^2E}{(2L)^2}\left(\frac{bh^3}{12}\right)$

D. $F_{\text{cr}}=\frac{\pi^2E}{(2L)^2}\left(\frac{hb^3}{12}\right)$

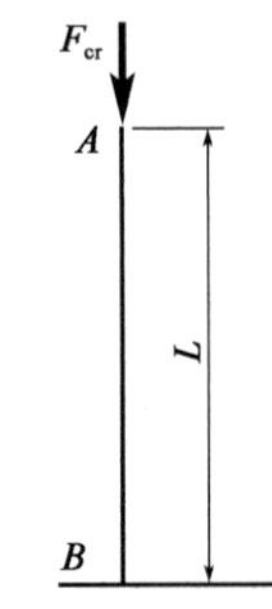

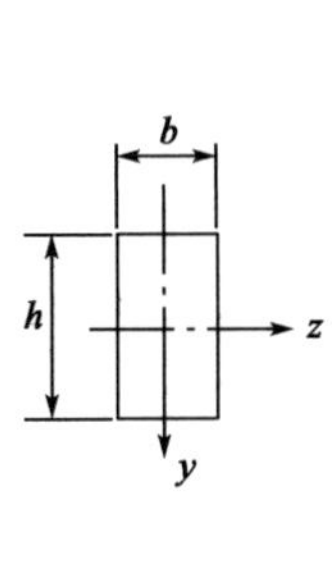

71. 按连续介质概念，流体质点是：

A. 几何的点

B. 流体的分子

C. 流体内的固体颗粒

D. 几何尺寸在宏观上同流动特征尺度相比是微小量，又含有大量分子的微元体

72. 设A、B两处液体的密度分别为ρ_A与ρ_B，由 U 形管连接，如图所示，已知水银密度为ρ_m，1、2 面的高度差为Δh，它们与A、B中心点的高度差分别是h_1与h_2，则AB两中心点的压强差$P_A - P_B$为：

A. $(-h_1\rho_A + h_2\rho_B + \Delta h\rho_m)g$

B. $(h_1\rho_A - h_2\rho_B - \Delta h\rho_m)g$

C. $[-h_1\rho_A + h_2\rho_B + \Delta h(\rho_m - \rho_A)]g$

D. $[h_1\rho_A - h_2\rho_B - \Delta h(\rho_m - \rho_A)]g$

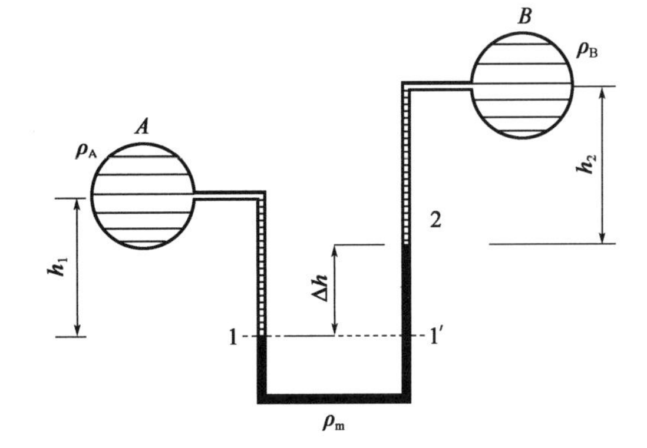

73. 汇流水管如图所示，已知三部分水管的横截面积分别为$A_1 = 0.01\text{m}^2$，$A_2 = 0.005\text{m}^2$，$A_3 = 0.01\text{m}^2$入流速度$v_1 = 4\text{m/s}$，$v_2 = 6\text{m/s}$，求出流的流速v_3为：

A. 8m/s

B. 6m/s

C. 7m/s

D. 5m/s

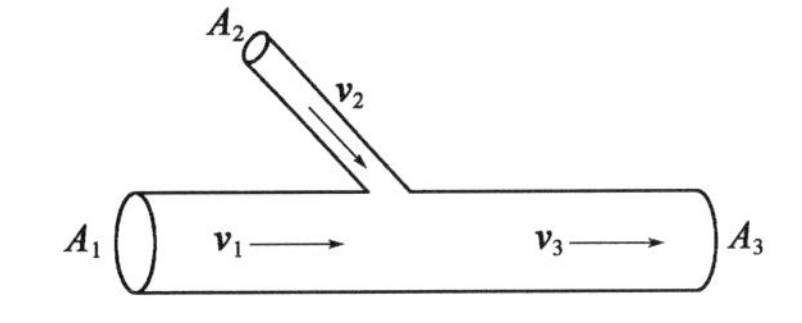

74. 尼古拉斯实验的曲线图中，在以下哪个区域里，不同相对粗糙度的试验点，分别落在一些与横轴平行的直线上，阻力系数λ与雷诺数无关：

A. 层流区

B. 临界过渡区

C. 紊流光滑区

D. 紊流粗糙区

75. 正常工作条件下，若薄壁小孔口直径为d，圆柱形管嘴的直径为d_2，作用水头H相等，要使得孔口与管嘴的流量相等，则直径d_1与d_2的关系是：

A. $d_1 > d_2$　　　　B. $d_1 < d_2$

C. $d_1 = d_2$　　　　D. 条件不足无法确定

76. 下面对明渠均匀流的描述哪项是正确的：

A. 明渠均匀流必须是非恒定流　　　　B. 明渠均匀流的粗糙系数可以沿程变化

C. 明渠均匀流可以有支流汇入或流出　　　　D. 明渠均匀流必须是顺坡

77. 有一完全井，半径$r_0 = 0.3\text{m}$，含水层厚度$H = 15\text{m}$，土壤渗透系数$k = 0.0005\text{m/s}$，抽水稳定后，井水深$h = 10\text{m}$，影响半径$R = 375\text{m}$，则由达西定律得出的井的抽水量Q为：（其中计算系数为1.366）

A. $0.0276\text{m}^3/\text{s}$　　　　B. $0.0138\text{m}^3/\text{s}$

C. $0.0414\text{m}^3/\text{s}$　　　　D. $0.0207\text{m}^3/\text{s}$

78. 量纲和谐原理是指：

A. 量纲相同的量才可以乘除　　　　B. 基本量纲不能与导出量纲相运算

C. 物理方程式中各项的量纲必须相同　　　　D. 量纲不同的量才可以加减

79. 关于电场和磁场，下述说法中正确的是：

A. 静止的电荷周围有电场，运动的电荷周围有磁场

B. 静止的电荷周围有磁场，运动的电荷周围有电场

C. 静止的电荷和运动的电荷周围都只有电场

D. 静止的电荷和运动的电荷周围都只有磁场

80. 如图所示，两长直导线的电流$I_1 = I_2$，L是包围I_1、I_2的闭合曲线，以下说法中正确的是：

A. L上各点的磁场强度H的量值相等，不等于0

B. L上各点的H等于0

C. L上任一点的H等于I_1、I_2在该点的磁场强度的叠加

D. L上各点的H无法确定

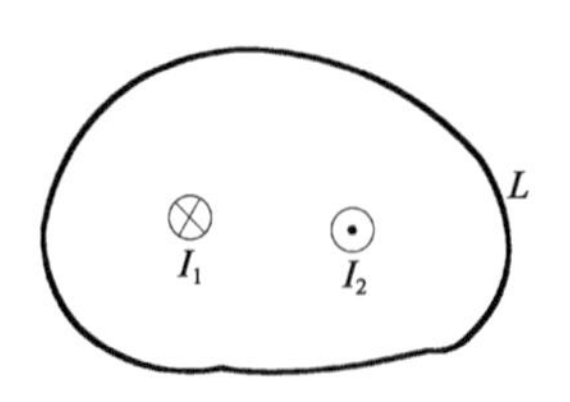

81. 电路如图所示，U_s为独立电压源，若外电路不变，仅电阻R变化时，将会引起下述哪种变化？

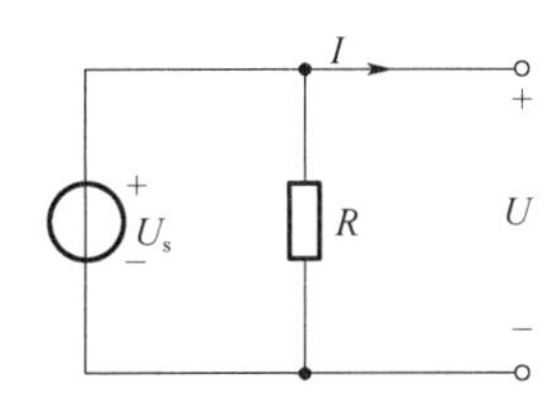

A. 端电压U的变化

B. 输出电流I的变化

C. 电阻R支路电流的变化

D. 上述三者同时变化

82. 在图 a）电路中有电流I时，可将图 a）等效为图 b），其中等效电压源电压U_s和等效电源内阻R_0分别为：

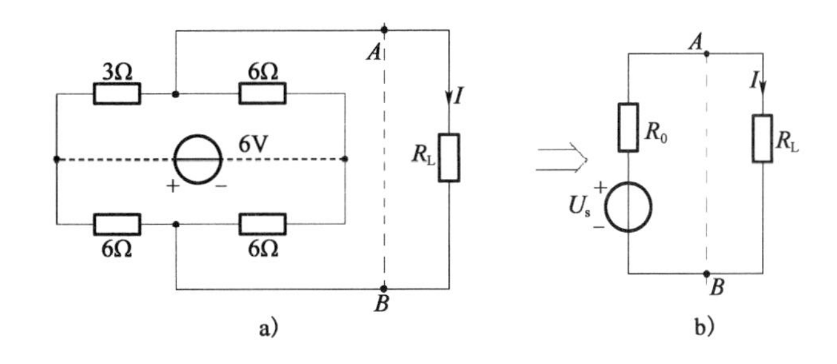

A. −1V，5.143Ω　　B. 1V，5Ω　　C. −1V，5Ω　　D. 1V，5.143Ω

83. 某三相电路中，三个线电流分别为：

$$i_A = 18\sin(314t + 23°)\,(A)$$

$$i_B = 18\sin(314t - 97°)\,(A)$$

$$i_C = 18\sin(314t + 143°)\,(A)$$

当$t = 10s$时，三个电流之和为：

A. 18A　　B. 0A　　C. $18\sqrt{2}$A　　D. $18\sqrt{3}$A

84. 电路如图所示，电容初始电压为零，开关在$t = 0$时闭合，则$t \geqslant 0$时，$u(t)$为：

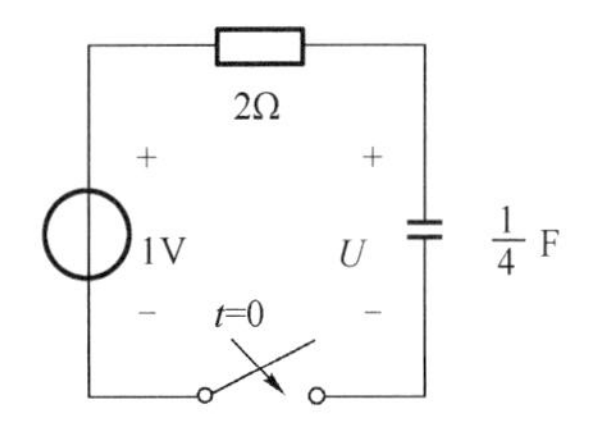

A. $(1 - e^{-0.5t})$V

B. $(1 + e^{-0.5t})$V

C. $(1 - e^{-2t})$V

D. $(1 + e^{-2t})$V

85. 有一容量为 10kV · A的单相变压器，电压为3300/220V，变压器在额定状态下运行。在理想的情况下副边可接 40W、220V、功率因数$\cos\phi = 0.44$的日光灯多少盏？

A. 110　　B. 200　　C. 250　　D. 125

86. 整流滤波电路如图所示，已知$U_1 = 30\text{V}$，$U_o = 12\text{V}$，$R = 2\text{k}\Omega$，$R_L = 4\text{k}\Omega$（稳压管的稳定电流$I_{Z\min} = 5\text{mA}$与$I_{Z\max} = 18\text{mA}$）。通过稳压管的电流和通过二极管的平均电流分别是：

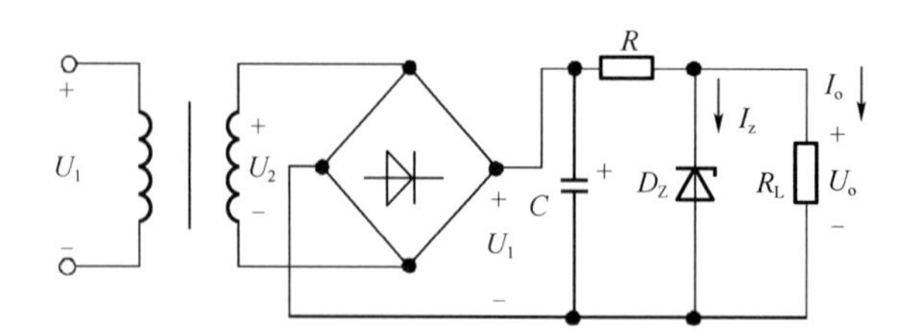

A. 5mA，2.5mA
B. 8mA，8mA
C. 6mA，2.5mA
D. 6mA，4.5mA

87. 晶体管非门电路如图所示，已知$U_{CC} = 15\text{V}$，$U_B = -9\text{V}$，$R_C = 3\text{k}\Omega$，$R_B = 20\text{k}\Omega$，$\beta = 40$，当输入电压$U_1 = 5\text{V}$时，要使晶体管饱和导通，R_X的值不得大于：（设$U_{BE} = 0.7\text{V}$，集电极和发射极之间的饱和电压$U_{CES} = 0.3\text{V}$）

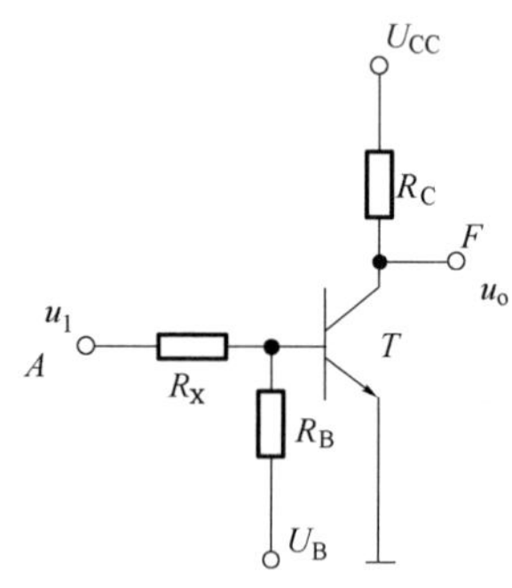

A. 7.1kΩ
B. 35kΩ
C. 3.55kΩ
D. 17.5kΩ

88. 图示为共发射极单管电压放大电路，估算静态点I_B、I_C、V_{CE}分别为：

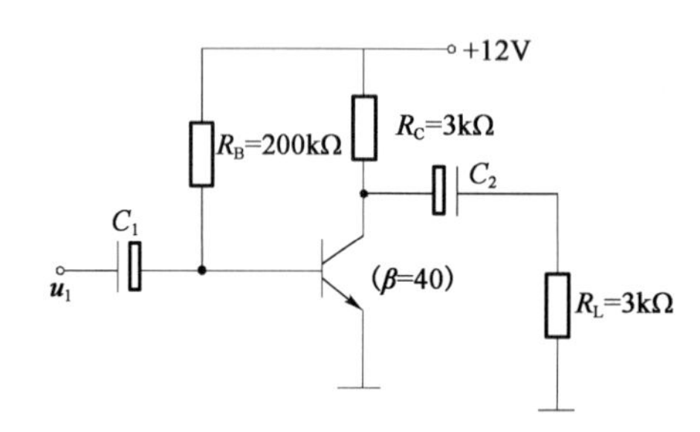

A. 57μA，2.28mA，5.16V
B. 57μA，2.28mA，8V
C. 57μA，4mA，0V
D. 30μA，2.8mA，3.5V

89. 图为三个二极管和电阻 R 组成的一个基本逻辑门电路，输入二极管的高电平和低电平分别是 3V 和 0V，电路的逻辑关系式是：

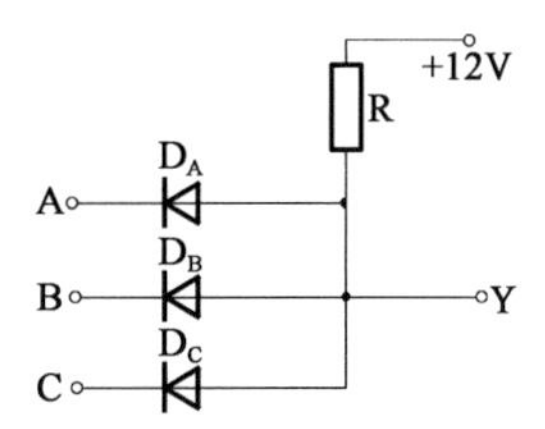

A. Y=ABC

B. Y=A+B+C

C. Y=AB+C

D. Y=(A+B)C

90. 由两个主从型 JK 触发器组成的逻辑电路如图 a）所示，设Q_1、Q_2的初始态是 0、0，已知输入信号 A 和脉冲信号 cp 的波形，如图 b）所示，当第二个 cp 脉冲作用后，Q_1、Q_2将变为：

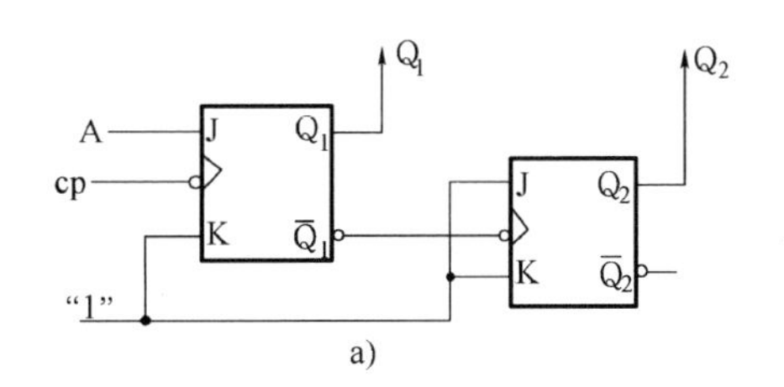

a)

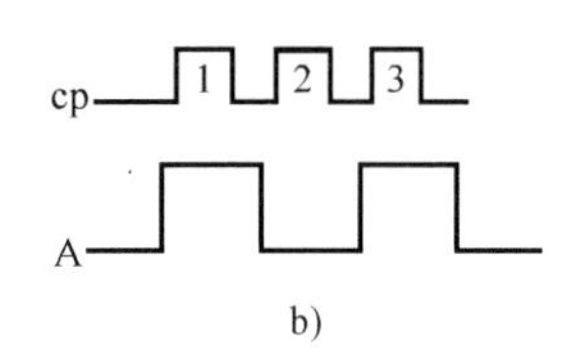

b)

A. 1、1

B. 1、0

C. 0、1

D. 保持 0、0 不变

91. 图示为电报信号、温度信号、触发脉冲信号和高频脉冲信号的波形，其中是连续信号的是：

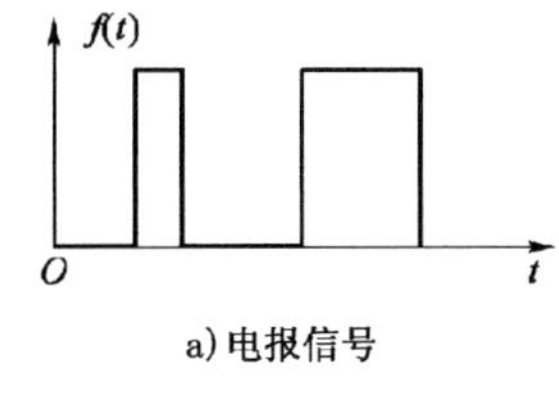

a) 电报信号

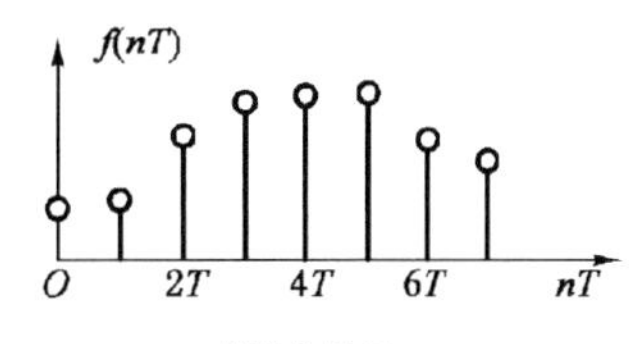

b) 温度信号

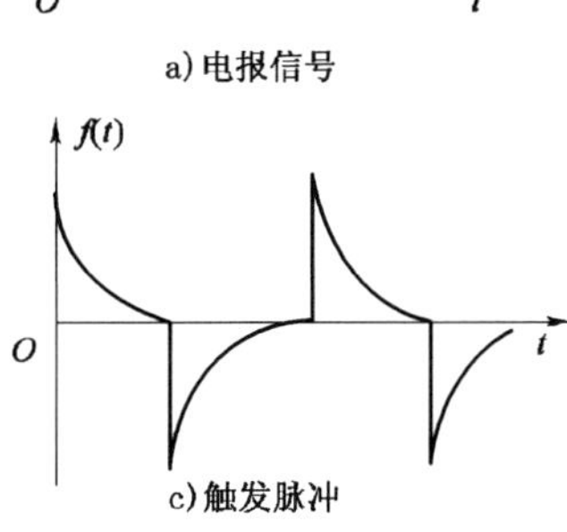

c) 触发脉冲

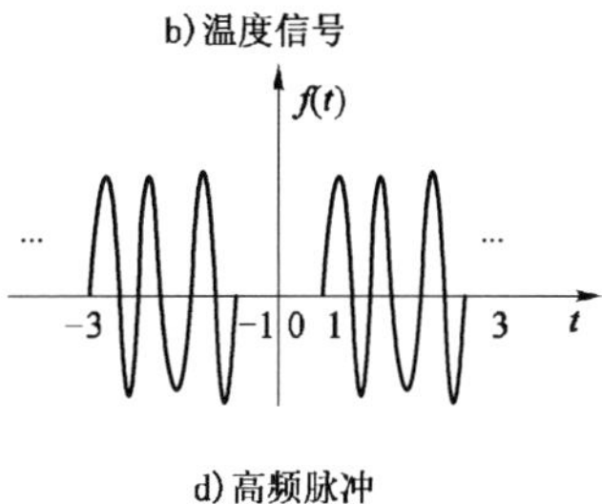

d) 高频脉冲

A. a）、c）、d）

B. b）、c）、d）

C. a）、b）、c）

D. a）、b）、d）

92. 连续时间信号与通常所说的模拟信号的关系是：

A. 完全不同　　B. 是同一个概念

C. 不完全相同　　D. 无法回答

93. 单位冲激信号$\delta(t)$是：

A. 奇函数　　B. 偶函数

C. 非奇非偶函数　　D. 奇异函数，无奇偶性

94. 单位阶跃信号$\varepsilon(t)$是物理量单位跃变现象，而单位冲激信号$\delta(t)$是物理量产生单位跃变什么的现象：

A. 速度　　B. 幅度

C. 加速度　　D. 高度

95. 如图所示的周期为T的三角波信号，在用傅氏级数分析周期信号时，系数a_0、a_n和b_n判断正确的是：

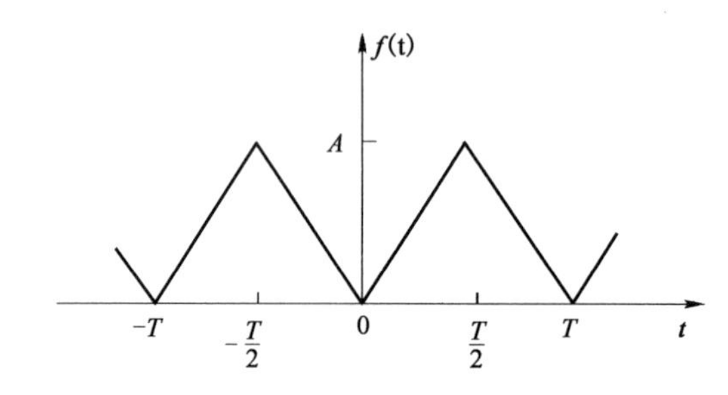

A. 该信号是奇函数且在一个周期的平均值为零，所以傅立叶系数a_0和b_n是零

B. 该信号是偶函数且在一个周期的平均值不为零，所以傅立叶系数a_0和a_n不是零

C. 该信号是奇函数且在一个周期的平均值不为零，所以傅立叶系数a_0和b_n不是零

D. 该信号是偶函数且在一个周期的平均值为零，所以傅立叶系数a_0和b_n是零

96. 将$(11010010.01010100)_B$表示成十六进制数是：

A. $(D2.54)_H$　　B. D2.54

C. $(D2.A8)_H$　　D. $(D2.54)_B$

97. 计算机系统内的系统总线是：

A. 计算机硬件系统的一个组成部分

B. 计算机软件系统的一个组成部分

C. 计算机应用软件系统的一个组成部分

D. 计算机系统软件的一个组成部分

98. 目前，人们常用的文字处理软件有：

A. Microsoft Word 和国产字处理软件 WPS

B. Microsoft Excel 和 Auto CAD

C. Microsoft Access 和 Visual Foxpro

D. Visual BASIC 和 Visual C++

99. 下面所列各种软件中，最靠近硬件一层的是：

A. 高级语言程序

B. 操作系统

C. 用户低级语言程序

D. 服务性程序

100. 操作系统中采用虚拟存储技术，实际上是为实现：

A. 在一个较小内存储空间上，运行一个较小的程序

B. 在一个较小内存储空间上，运行一个较大的程序

C. 在一个较大内存储空间上，运行一个较小的程序

D. 在一个较大内存储空间上，运行一个较大的程序

101. 用二进制数表示的计算机语言称为：

A. 高级语言　　B. 汇编语言

C. 机器语言　　D. 程序语言

102. 下面四个二进制数中，与十六进制数 AE 等值的一个是：

A. 10100111　　B. 10101110

C. 10010111　　D. 11101010

103. 常用的信息加密技术有多种，下面所述四条不正确的一条是：

A. 传统加密技术、数字签名技术

B. 对称加密技术

C. 密钥加密技术

D. 专用 ASCII 码加密技术

104. 广域网，又称为远程网，它所覆盖的地理范围一般：

A. 从几十米到几百米

B. 从几百米到几公里

C. 从几公里到几百公里

D. 从几十公里到几千公里

105. 我国专家把计算机网络定义为：

A. 通过计算机将一个用户的信息传送给另一个用户的系统

B. 由多台计算机、数据传输设备以及若干终端连接起来的多计算机系统

C. 将经过计算机储存、再生，加工处理的信息传输和发送的系统

D. 利用各种通信手段，把地理上分散的计算机连在一起，达到相互通信、共享软/硬件和数据等资源的系统

106. 在计算机网络中，常将实现通信功能的设备和软件称为：

A. 资源子网　　B. 通信子网

C. 广域网　　D. 局域网

107. 某项目拟发行 1 年期债券。在年名义利率相同的情况下，使年实际利率较高的复利计息期是：

A. 1 年　　B. 半年

C. 1 季度　　D. 1 个月

108. 某建设工程建设期为 2 年。其中第一年向银行贷款总额为 1000 万元，第二年无贷款，贷款年利率为 6%，则该项目建设期利息为：

A. 30 万元　　B. 60 万元

C. 61.8 万元　　D. 91.8 万元

109. 某公司向银行借款 5000 万元，期限为 5 年，年利率为 10%，每年年末付息一次，到期一次还本，企业所得税率为 25%。若不考虑筹资费用，该项借款的资金成本率是：

A. 7.5%　　B. 10%

C. 12.5%　　D. 37.5%

110. 对于某常规项目（IRR 唯一），当设定折现率为 12%时，求得的净现值为 130 万元；当设定折现率为 14%时，求得的净现值为−50 万元，则该项目的内部收益率应是：

A. 11.56%　　B. 12.77%

C. 13%　　D. 13.44%

111. 下列财务评价指标中，反映项目偿债能力的指标是：

A. 投资回收期　　B. 利息备付率

C. 财务净现值　　D. 总投资收益率

112. 某企业生产一种产品，年固定成本为 1000 万元，单位产品的可变成本为 300 元、售价为 500 元，则其盈亏平衡点的销售收入为：

A. 5 万元　　B. 600 万元

C. 1500 万元　　D. 2500 万元

113. 下列项目方案类型中，适于采用净现值法直接进行方案选优的是：

A. 寿命期相同的独立方案

B. 寿命期不同的独立方案

C. 寿命期相同的互斥方案

D. 寿命期不同的互斥方案

114. 某项目由 A、B、C、D 四个部分组成，当采用强制确定法进行价值工程对象选择时，它们的价值指数分别如下所示。其中不应作为价值工程分析对象的是：

A. 0.7559　　B. 1.0000

C. 1.2245　　D. 1.5071

115. 建筑工程开工前，建设单位应当按照国家有关规定申请领取施工许可证，颁发施工许可证的单位应该是：

A. 县级以上人民政府建设行政主管部门

B. 工程所在地县级以上人民政府建设工程监督部门

C. 工程所在地省级以上人民政府建设行政主管部门

D. 工程所在地县级以上人民政府建设行政主管部门

116. 根据《中华人民共和国安全生产法》的规定，生产经营单位主要负责人对本单位的安全生产负总责，某生产经营单位的主要负责人对本单位安全生产工作的职责是：

A. 建立、健全本单位安全生产责任制

B. 保证本单位安全生产投入的有效使用

C. 及时报告生产安全事故

D. 组织落实本单位安全生产规章制度和操作规程

117. 根据《中华人民共和国招标投标法》的规定，某建设工程依法必须进行招标，招标人委托了招标代理机构办理招标事宜，招标代理机构的行为合法的是：

A. 编制投标文件和组织评标

B. 在招标人委托的范围内办理招标事宜

C. 遵守《中华人民共和国招标投标法》关于投标人的规定

D. 可以作为评标委员会成员参与评标

118. 《中华人民共和国合同法》规定的合同形式中不包括：

A. 书面形式　　B. 口头形式

C. 特定形式　　D. 其他形式

119. 根据《中华人民共和国行政许可法》规定，下列可以设定行政许可的事项是：

A. 企业或者其他组织的设立等，需要确定主体资格的事项

B. 市场竞争机制能够有效调节的事项

C. 行业组织或者中介机构能够自律管理的事项

D. 公民、法人或者其他组织能够自主决定的事项

120. 根据《建设工程质量管理条例》的规定，施工图必须经过审查批准，否则不得使用，某建设单位投资的大型工程项目施工图设计已经完成，该施工图应该报审的管理部门是：

A. 县级以上人民政府建设行政主管部门

B. 县级以上人民政府工程设计主管部门

C. 县级以上政府规划部门

D. 工程监理单位

2012 年度全国勘察设计注册工程师执业资格考试基础考试（上）

试题解析及参考答案

1. 解 $\lim\limits_{x\to0^+}(x^2+1)=1$，$\lim\limits_{x\to0^-}\left(\cos x+x\sin\frac{1}{x}\right)=1+0=1$

$f(0)=(x^2+1)|_{x=0}=1$，所以$\lim\limits_{x\to0^+}f(x)=\lim\limits_{x\to0^-}f(x)=f(0)$

答案：D

2. 解 $\lim\limits_{x\to0}\frac{1-\cos x}{2x^2}=\lim\limits_{x\to0}\frac{\frac{1}{2}x^2}{2x^2}=\frac{1}{4}\neq1$，当$x\to0$，$1-\cos x\sim\frac{1}{2}x^2$。

答案：D

3. 解 $y=\ln\cos x$，$y'=\frac{-\sin x}{\cos x}=-\tan x$，$\mathrm{d}y=-\tan x\mathrm{d}x$

答案：C

4. 解 $f(x)=\left(e^{-x^2}\right)'=-2xe^{-x^2}$

$f'(x)=-2\left[e^{-x^2}+xe^{-x^2}(-2x)\right]=2e^{-x^2}(2x^2-1)$

答案：A

5. 解 $\int f'(2x+1)\mathrm{d}x=\frac{1}{2}\int f'(2x+1)\mathrm{d}(2x+1)=\frac{1}{2}f(2x+1)+C$

答案：B

6. 解

$$
\begin{aligned}
\int_0^{\frac{1}{2}}\frac{1+x}{\sqrt{1-x^2}}\mathrm{d}x&=\int_0^{\frac{1}{2}}\frac{1}{\sqrt{1-x^2}}\mathrm{d}x+\int_0^{\frac{1}{2}}\frac{x}{\sqrt{1-x^2}}\mathrm{d}x\\
&=\arcsin x\Big|_0^{\frac{1}{2}}+\int_0^{\frac{1}{2}}\frac{1}{\sqrt{1-x^2}}\mathrm{d}\left(\frac{1}{2}x^2\right)\\
&=\arcsin\frac{1}{2}+\left(-\frac{1}{2}\right)\times\int_0^{\frac{1}{2}}\frac{1}{\sqrt{1-x^2}}\mathrm{d}\,(1-x^2)\\
&=\frac{\pi}{6}+\left(-\frac{1}{2}\right)\times2(1-x^2)^{\frac{1}{2}}\Big|_0^{\frac{1}{2}}\\
&=\frac{\pi}{6}-\left(\frac{\sqrt{3}}{2}-1\right)=\frac{\pi}{6}+1-\frac{\sqrt{3}}{2}
\end{aligned}
$$

答案：C

7. 解 见解图，D：$\begin{cases}0\leqslant\theta<\frac{\pi}{4}\\0\leqslant r\leqslant\frac{1}{\cos\theta}\end{cases}$，因为$x=1$，$r\cos\theta=1\left(即r=\frac{1}{\cos\theta}\right)$

等式$=\int_0^{\frac{\pi}{4}}\mathrm{d}\theta\int_0^{\frac{1}{\cos\theta}}(r\cos\theta,r\sin\theta)r\mathrm{d}r$

题 7 解图

答案：B

8. 解 已知$a<x<b$，$f'(x)>0$，单增；$f''(x)<0$，凸。所以函数在区间(a,b)内图形沿x轴正向

是单增且凸的。

答案：C

9. 解　$f(x)=x^{\frac{2}{3}}$在$[-1,1]$连续。$F'(x)=\frac{2}{3}x^{-\frac{1}{3}}=\frac{2}{3}\cdot\frac{1}{\sqrt[3]{x}}$在$(-1,1)$不可导[因为$f'(x)$在$x=0$导数不存在]，所以不满足拉格朗日定理的条件。

答案：B

10. 解　$\sum\limits_{n=1}^{\infty}\left|\frac{(-1)^n}{n}\right|=\sum\limits_{n=1}^{\infty}\frac{1}{n}$，发散；

而$\sum\limits_{n=1}^{\infty}\frac{(-1)^n}{n}$满足：①$u_n\geqslant u_{n+1}$，②$\lim\limits_{n\to\infty}u_n=0$，该级数收敛。

所以级数条件收敛。

答案：A

11. 解　$|x|<\frac{1}{2}$，即$-\frac{1}{2}<x<\frac{1}{2}$，$f(x)=\frac{1}{1+2x}$

已知：$\frac{1}{1+x}=1-x+x^2-x^3+\cdots+(-1)^n x^n+\cdots=\sum\limits_{n=0}^{\infty}(-1)^n x^n(-1<x<1)$

则$f(x)=\frac{1}{1+2x}=1-(2x)+(2x)^2-(2x)^3+\cdots+(-1)^n(2x)^n+\cdots$

$$=\sum_{n=0}^{\infty}(-1)^n(2x)^n=\sum_{n=0}^{\infty}(-2)^n x^n\qquad\left(-1<2x<1\text{，即}-\frac{1}{2}<x<\frac{1}{2}\right)$$

答案：B

12. 解　已知$y_1(x)$，$y_2(x)$是微分方程$y'+p(x)y=q(x)$两个不同的特解，所以$y_1(x)-y_2(x)$为对应齐次方程$y'+p(x)y=0$的一个解。

微分方程$y'+p(x)y=q(x)$的通解为$y=y_1+C(y_1-y_2)$。

答案：D

13. 解　$y''+2y'-3y=0$，特征方程为$r^2+2r-3=0$，得$r_1=-3$，$r_2=1$。所以$y_1=e^x$，$y_2=e^{-3x}$为选项 B 的特解，满足条件。

答案：B

14. 解　$\frac{\mathrm{d}y}{\mathrm{d}x}=-\frac{x}{y}$，$y\mathrm{d}y=-x\mathrm{d}x$

两边积分：$\frac{1}{2}y^2=-\frac{1}{2}x^2+C$，$y^2=-x^2+2C$，$y^2+x^2=C_1$，这里常数$C_1=2C$，必须满足$C_1\geqslant 0$。

故方程的通解为$x^2+y^2=C^2(C\in R)$。

答案：C

15. 解　旋转体体积$V=\int_0^{\pi}\pi\left[(\sin x)^{\frac{3}{2}}\right]^2\mathrm{d}x=\pi\int_0^{\pi}\sin^3 x\mathrm{d}x=\pi\int_0^{\pi}\sin^2 x\mathrm{d}(-\cos x)$

$$=-\pi\int_0^{\pi}(1-\cos^2 x)\,\mathrm{d}\cos x=-\pi\left(\cos x-\frac{1}{3}\cos^3 x\right)\Big|_0^{\pi}=\frac{4}{3}\pi$$

答案：B

16. 解 方程组$\begin{cases} x^2+4y^2+z^2=4 & ① \\ x+z=a & ② \end{cases}$

消去字母x，由②式得：

$$x=a-z \quad ③$$

③式代入①式得：$(a-z)^2+4y^2+z^2=4$

则曲线在yOz平面上投影方程为$\begin{cases}(a-z)^2+4y^2+z^2=4\\ x=0\end{cases}$

答案：A

17. 解 方程$x^2-\frac{y^2}{4}+z^2=1$，即$x^2+z^2-\frac{y^2}{4}=1$，可由xOy平面上双曲线$\begin{cases}x^2-\frac{y^2}{4}=1\\ z=0\end{cases}$绕$y$轴旋转得到，也可由$yOz$平面上双曲线$\begin{cases}z^2-\frac{y^2}{4}=1\\ x=0\end{cases}$绕$y$轴旋转得到。

所以$x^2+z^2-\frac{y^2}{4}=1$为旋转双曲面。

答案：A

18. 解 直线L的方向向量$\vec{s}=\begin{vmatrix}\vec{i} & \vec{j} & \vec{k}\\ 1 & 3 & 2\\ 2 & -1 & -10\end{vmatrix}=-28\vec{i}+14\vec{j}-7\vec{k}$，即$\vec{s}=\{-28,14,-7\}$

平面π：$4x-2y+z-2=0$，法线向量：$\vec{n}=\{4,-2,1\}$

$\vec{s}$，$\vec{n}$坐标成比例，$\frac{-28}{4}=\frac{14}{-2}=\frac{-7}{1}$，则$\vec{s}\,/\!/\,\vec{n}$，直线$L$垂直于平面$\pi$。

答案：C

19. 解 $\boldsymbol{A}$的特征值为λ_0，$2\boldsymbol{A}$的特征值为$2\lambda_0$，$(2\boldsymbol{A})^{-1}$的特征值为$\frac{1}{2\lambda_0}$。

答案：C

20. 解 已知$\vec{\alpha_1}$，$\vec{\alpha_2}$，$\vec{\beta}$线性相关，$\vec{\alpha_2}$，$\vec{\alpha_3}$，$\vec{\beta}$线性无关。由性质可知：$\vec{\alpha_1}$，$\vec{\alpha_2}$，$\vec{\alpha_3}$，$\vec{\beta}$线性相关（部分相关，全体相关），$\vec{\alpha_2}$，$\vec{\alpha_3}$，$\vec{\beta}$线性无关。

故$\vec{\alpha_1}$可用$\vec{\alpha_2}$，$\vec{\alpha_3}$，$\vec{\beta}$线性表示。

答案：B

21. 解 已知$\boldsymbol{A}=\begin{bmatrix}1 & t & -1\\ t & 1 & 1\\ -1 & 1 & 2\end{bmatrix}$

由矩阵$\boldsymbol{A}$正定的充分必要条件可知：$1>0$，$\begin{vmatrix}1 & t\\ t & 1\end{vmatrix}=1-t^2>0$

$$\begin{vmatrix}1 & t & -1\\ t & 1 & 1\\ -1 & 1 & 2\end{vmatrix}\xlongequal[2c_1+c_3]{c_1+c_2}\begin{vmatrix}1 & t+1 & 1\\ t & t+1 & 1+2t\\ -1 & 0 & 0\end{vmatrix}=(-1)[(t+1)(1+2t)-(t+1)]$$
$$=-2t(t+1)>0$$

求解$t^2<1$，得$-1<t<1$；再求解$-2t(t+1)>0$，得$t(t+1)<0$，即$-1<t<0$，则公共解$-1<t<0$。

答案：B

22. 解 A、B互不相容时，$P(AB)=0$。$\overline{A}\,\overline{B}=\overline{A\cup B}$

$P(\overline{A}\,\overline{B})=P(\overline{A\cup B})=1-P(A\cup B)$

$=1-[P(A)+P(B)-P(AB)]=1-(p+q)$

或使用图示法（面积表示概率），见解图。

题 22 解图

答案：C

23. 解 X与Y独立时，$E(XY)=E(X)E(Y)$，X在$[a,b]$上服从均匀分布时，$E(X)=\frac{a+b}{2}=1$，Y服从参数为λ的指数分布时，$E(Y)=\frac{1}{\lambda}=\frac{1}{3}$，$E(XY)=\frac{1}{3}$。

答案：D

24. 解 当σ^2未知时检验假设H_0：$\mu=\mu_0$，应选取统计量$T=\frac{\overline{X}-\mu_0}{S}\sqrt{n}$，$S^2=\frac{1}{n-1}\sum\limits_{i=1}^{n}\left(X_i-\overline{X}\right)^2=\frac{1}{n-1}Q^2$，$S=\frac{Q}{\sqrt{n-1}}$。

当$\mu_0=0$时，$T=\sqrt{n(n-1)}\frac{\overline{X}}{Q}$。

答案：A

25. 解 ①由$p=nkT$，知选项 A 不正确；

②由$pV=\frac{m}{M}RT$，知选项 B 不正确；

③由$\overline{\omega}=\frac{3}{2}kT$，温度、压强相等，单位体积分子数相同，知选项 C 正确；

④由$E_{内}=\frac{i}{2}\frac{m}{M}RT=\frac{i}{2}pV$，知选项 D 不正确。

答案：C

26. 解 $N\int_{v_1}^{v_2}f(v)\mathrm{d}v$表示速率在$v_1\to v_2$区间内的分子数。

答案：B

27. 解 注意内能的增量ΔE只与系统的起始和终了状态有关，与系统所经历的过程无关。

$Q_{\mathrm{ab}}=335=\Delta E_{\mathrm{ab}}+126$，$\Delta E_{\mathrm{ab}}=209\mathrm{J}$，$Q'_{\mathrm{ab}}=\Delta E_{\mathrm{ab}}+42=251\mathrm{J}$

答案：C

28. 解 等体过程：　$Q_1=Q_{\mathrm{v}}=\Delta E_1=\frac{m}{M}\frac{i}{2}R\Delta T$　①

等压过程：　$Q_2=Q_{\mathrm{p}}=\Delta E_2+A=\frac{m}{M}\frac{i}{2}R\Delta T+A$　②

对于给定的理想气体，内能的增量只与系统的起始和终了状态有关，与系统所经历的过程无关，$\Delta E_1=\Delta E_2$。

比较①式和②式，注意到$A>0$，显然$Q_2>Q_1$。

答案：A

29. 解 在$t=0.25\mathrm{s}$时刻，处于平衡位置，$y=0$

由简谐波的波动方程$y=2\times10^{-2}\cos2\pi\left(10\times0.25-\frac{x}{5}\right)=0$，可知

$$\cos2\pi\left(10\times0.25-\frac{x}{5}\right)=0$$

则$2\pi\left(10\times0.25-\frac{x}{5}\right)=(2k+1)\frac{\pi}{2}$，$k=0,\pm1,\pm2,\cdots$

由此可得$2\frac{x}{5}=\frac{9}{2}-k$

当$x=0$时，$k=4.5$

所以$k=4$，$x=1.25$或$k=5$，$x=-1.25$时，与坐标原点$x=0$最近

答案： C

30. 解 当初相位$\phi=0$时，波动方程的表达式为$y=A\cos\omega\left(t-\frac{x}{u}\right)$，利用$\omega=2\pi\nu$，$\nu=\frac{1}{T}$，$u=\lambda\nu$，表达式$y=A\cos\left[2\pi\nu\left(t-\frac{x}{\lambda\nu}\right)\right]=A\cos2\pi\left(\nu t-\frac{\nu x}{\lambda\nu}\right)=A\cos2\pi\left(\frac{t}{T}-\frac{x}{\lambda}\right)$，令$A=0.02\text{m}$，$T=0.5\text{s}$，$\lambda=100\text{m}$，则$y=0.02\cos\left(\frac{t}{\frac{1}{2}}-\frac{x}{100}\right)=0.02\cos2\pi(2t-0.01x)$。

答案： B

31. 解 声强级$L=10\lg\frac{I}{I_0}\text{dB}$，由题意得$40=10\lg\frac{I}{I_0}$，即$\frac{I}{I_0}=10^4$；同理$\frac{I'}{I_0}=10^8$，$\frac{I'}{I}=10^4$。

答案： D

32. 解 自然光I_0通过P_1偏振片后光强减半为$\frac{I_0}{2}$，通过P_2偏振后光强为$I=\frac{I_0}{2}\cos^2 90°=0$。

答案： A

33. 解 布儒斯特定律，以布儒斯特角入射，反射光为完全偏振光。

答案： C

34. 解 $(a+b)\sin\phi=\pm k\lambda\quad(k=0,1,2,\cdots)$

令$\phi=90°$，$k=\frac{2000}{550}=3.63$，k取小于此数的最大正整数，故k取 3。

答案： B

35. 解 $a\sin\phi=(2k+1)\frac{\lambda}{2}$，即$a\sin30°=3\times\frac{\lambda}{2}$，则$a=3\lambda$。

答案： D

36. 解 $x_{明}=\pm k\frac{D\lambda}{a}$，$x_{暗}=(2k+1)\frac{D\lambda}{2a}$，间距$=x_{暗}-x_{明}=\frac{D\lambda}{2a}$。

答案： B

37. 解 除 3d 轨道上的 7 个电子，其他轨道上的电子都已成对。3d 轨道上的 7 个电子填充到 5 个简并的 d 轨道中，按照洪特规则有 3 个未成对电子。

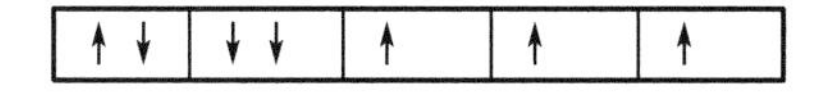

答案： C

38. 解 分子间力包括色散力、诱导力、取向力。分子间力以色散力为主。对同类型分子，色散力正比于分子量，所以分子间力正比于分子量。分子间力主要影响物质的熔点、沸点和硬度。对同类型分子，分子量越大，色散力越大，分子间力越大，物质的熔、沸点越高，硬度越大。

分子间氢键使物质熔、沸点升高，分子内氢键使物质熔、沸点减低。

HF 有分子间氢键，沸点最大。其他三个没有分子间氢键，HCl、HBr、HI 分子量逐渐增大，分子间力逐渐增大，沸点逐渐增大。

答案：D

39. 解 HCl 溶于水既有物理变化也有化学变化。HCl 的微粒向水中扩散的过程是物理变化，HCl 的微粒解离生成氢离子和氯离子的过程是化学变化。

答案：C

40. 解 系统与环境间只有能量交换，没有物质交换是封闭系统；既有物质交换，又有能量交换是敞开系统；没有物质交换，也没有能量交换是孤立系统。

答案：D

41. 解 $K^{\ominus}=\dfrac{\frac{p_{PCl_5}}{p^{\ominus}}}{\frac{p_{PCl_3}}{p^{\ominus}}\frac{p_{Cl_2}}{p^{\ominus}}}=\dfrac{p_{PCl_5}}{p_{PCl_3}\cdot p_{Cl_2}}p^{\ominus}=\dfrac{p^{\ominus}}{p_{Cl_2}}$，$p_{Cl_2}=\dfrac{p^{\ominus}}{K^{\ominus}}=\dfrac{100\text{kPa}}{0.767}=130.38\text{kPa}$

答案：A

42. 解 铜电极的电极反应为：$Cu^{2+}+2e^{-}=\!=Cu$，氢离子没有参与反应，所以铜电极的电极电势不受氢离子影响。

答案：C

43. 解 元素电势图的应用。

（1）判断歧化反应：对于元素电势图$A\overset{E^{\ominus}_{左}}{—}B\overset{E^{\ominus}_{右}}{—}C$，若$E^{\ominus}_{右}$大于$E^{\ominus}_{左}$，B 即是电极电势大的电对的氧化型，可作氧化剂，又是电极电势小的电对的还原型，也可作还原剂，B 的歧化反应能够发生；若$E^{\ominus}_{右}$小于$E^{\ominus}_{左}$，B 的歧化反应不能发生。

（2）计算标准电极电势：根据元素电势图，可以从已知某些电对的标准电极电势计算出另一电对的标准电极电势。

从元素电势图可知，Au^{+}可以发生歧化反应。由于Cu^{2+}达到最高氧化数，最不易失去电子，最稳定。

答案：A

44. 解 系统命名法。

（1）链烃的命名

①选择主链：选择最长碳链或含有官能团的最长碳链为主链；

②主链编号：从距取代基或官能团最近的一端开始对碳原子进行编号；

③写出全称：将取代基的位置编号、数目和名称写在前面，将母体化合物的名称写在后面。

（2）衍生物的命名

①选择母体：选择苯环上所连官能团或带官能团最长的碳链为母体，把苯环视为取代基；

②编号：将母体中碳原子依次编号，使官能团或取代基位次具有最小值。

答案：B

45. 解 含有不饱和键的有机物、含有醛基的有机物可使溴水褪色。

答案：D

46. 解 信息素分子为含有 C═C 不饱和键的醛，C═C 不饱和键和醛基可以与溴发生加成反应；醛基可以发生银镜反应；一个分子含有两个不饱和键（C═C 双键和醛基），1mol 分子可以和 2mol H_2 发生加成反应；它是醛，不是乙烯同系物。

答案：B

47. 解 根据力的可传性，作用于刚体上的力可沿其作用线滑移至刚体内任意点而不改变力对刚体的作用效应，同样也不会改变A、D处的约束力。

答案：A

48. 解 主矢$\boldsymbol{F}_{\mathrm{R}}=\boldsymbol{F}_1+\boldsymbol{F}_2+\boldsymbol{F}_3$为三力的矢量和，且此三力可构成首尾相连自行封闭的力三角形，故主矢为零；对O点的主矩为各力向O点平移后附加各力偶（$\boldsymbol{F}_1$、$\boldsymbol{F}_2$、$\boldsymbol{F}_3$对O点之矩）的代数和，即$M_{\mathrm{O}}=3Fa$（逆时针）。

答案：B

49. 解 画出体系整体的受力图，列平衡方程：

$\Sigma F_x=0$，$F_{\mathrm{A}x}+F=0$，得到$F_{\mathrm{A}x}=-F=-100\mathrm{kN}$

$\Sigma M_{\mathrm{C}}(F)=0$，$F(2L+r)-F(4L+r)-F_{\mathrm{A}y}4L=0$

得到$F_{\mathrm{A}y}=-\frac{F}{2}=-\frac{100}{2}=-50\mathrm{kN}$

答案：C

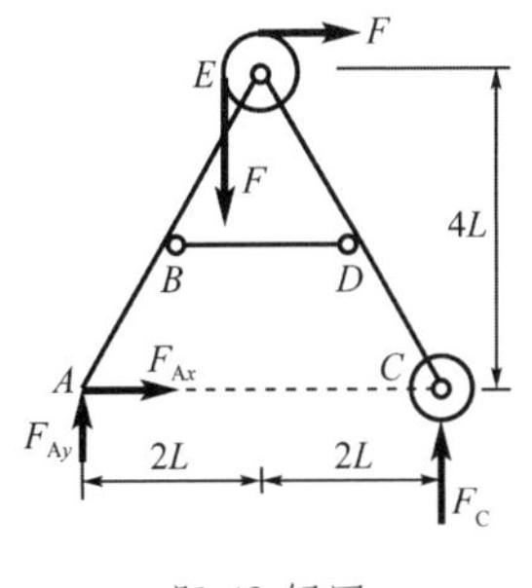

题 49 解图

50. 解 根据零杆判别的方法，分析节点G的平衡，可知杆GG_1为零杆；分析节点G_1的平衡，由于GG_1为零杆，故节点实际只连接了三根杆，由此可知杆G_1E为零杆。依次类推，逐一分析节点E、E_1、D、D_1，可分别得出EE_1、E_1D、DD_1、D_1B为零杆。

答案：D

51. 解 因为点做匀加速直线运动，所以可根据公式：$2as=v_{\mathrm{t}}^2-v_0^2$，得到点运动的路程应为：

$$s=\frac{v_{t}^{2}-v_{0}^{2}}{2a}=\frac{8^{2}-5^{2}}{2\times 2}=9.75\text{m}$$

答案：D

52. 解　根据转动刚体内一点的速度和法向加速度公式：$v=r\omega$；$a_{n}=r\omega^{2}$，且$\omega=\dot{\varphi}=4-6t$，因此，转动刚体内转动半径$r=0.5\text{m}$的点，在$t_{0}=0$时的速度和法向加速度的大小为：$v=r\omega=0.5\times 4=2\text{m/s}$，$a_{n}=r\omega^{2}=0.5\times 4^{2}=8\text{m/s}^{2}$。

答案：A

53. 解　木板的加速度与轮缘一点的切向加速度相等，即$a_{t}=a=0.5\text{m/s}^{2}$，若木板的速度为$v$，则轮缘一点的法向加速度$a_{n}=r\omega^{2}=\frac{v^{2}}{r}=\sqrt{a_{A}^{2}-a_{t}^{2}}$，所以有：

$$v=\sqrt{r\sqrt{a_{A}^{2}-a_{t}^{2}}}=\sqrt{0.25\sqrt{3^{2}-0.5^{2}}}=0.86\text{m/s}$$

答案：A

54. 解　根据质点运动微分方程$m\boldsymbol{a}=\sum\boldsymbol{F}$，当电梯加速上升、匀速上升及减速上升时，加速度分别向上、零、向下，代入质点运动微分方程，分别有：

$$ma=P_{1}-W,\ 0=W-P_{2},\ ma=W-P_{3}$$

所以：$P_{1}=W+ma$，$P_{2}=W$，$P_{3}=W-ma$

答案：B

55. 解　杆在绳断后的运动过程中，只受重力和地面的铅垂方向约束力，水平方向外力为零，根据质心运动定理，水平方向有：$ma_{Cx}=0$。由于初始静止，故$v_{Cx}=0$，说明质心在水平方向无运动，只沿铅垂方向运动。

答案：C

56. 解　分析圆轮A，外力对轮心的力矩为零，即$\sum M_{A}(F)=0$，应用相对质心的动量矩定理，有$J_{A}\alpha=\sum M_{A}(F)=0$，则$\alpha=0$，由于初始静止，故$\omega=0$，圆轮无转动，所以其运动形式为平行移动。

答案：C

57. 解　惯性力系合力的大小为$F_{I}=ma_{C}$，而杆质心的切向和法向加速度分别为$a_{t}=\frac{l}{2}\alpha$，$a_{n}=\frac{l}{2}\omega^{2}$，其全加速度为$a_{C}=\sqrt{a_{t}^{2}+a_{n}^{2}}=\frac{l}{2}\sqrt{\alpha^{2}+\omega^{4}}$，因此$F_{I}=\frac{l}{2}m\sqrt{\alpha^{2}+\omega^{4}}$。

答案：B

58. 解　因为干扰力的频率与系统固有频率相等时将发生共振，所以$\omega_{2}=2\text{rad/s}=\omega_{n}$时发生共振，故有最大振幅。

答案：B

59. 解 若将材料由低碳钢改为木材，则改变的只是弹性模量E，而正应力计算公式$\sigma=\frac{F_N}{A}$中没有E，故正应力不变。但是轴向变形计算公式$\Delta l=\frac{F_N l}{EA}$中，$\Delta l$与$E$成反比，当木材的弹性模量减小时，轴向变形$\Delta l$增大。

答案： C

60. 解 由杆的受力分析可知A截面受到一个约束反力为F，方向向左，杆的轴力图如图所示：由于BC段杆轴力为零，没有变形，故杆中距离A端1.5L处横截面的轴向位移就等于AB段杆的伸长，$\Delta l=\frac{FL}{EA}$。

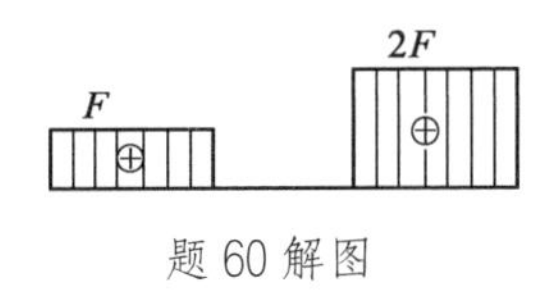

题 60 解图

答案： D

61. 解 圆孔钢板冲断时的剪切面是一个圆柱面，其面积为πdt，冲断条件是$\tau_{\max}=\frac{F}{\pi dt}=\tau_b$，故

$$d=\frac{F}{\pi t\tau_b}=\frac{300\pi\times10^3\text{N}}{\pi\times10\text{mm}\times300\text{MPa}}=100\text{mm}$$

答案： B

62. 解 图示结构剪切面面积是ab，挤压面面积是hb。

剪切强度条件：
$$\tau=\frac{F}{ab}=[\tau] \quad ①$$

挤压强度条件：
$$\sigma_{bs}=\frac{F}{hb}=[\sigma_{bs}] \quad ②$$

$$\frac{①}{②}=\frac{h}{a}=\frac{[\tau]}{[\sigma_{bs}]}$$

答案： A

63. 解 由外力平衡可知左端的反力偶为T，方向是由外向内转。再由各段扭矩计算可知：左段扭矩为$+T$，中段扭矩为$-T$，右段扭矩为$+T$。

答案： D

64. 解 由$\phi_1=\frac{\phi}{2}$，即$\frac{T}{GI_{p1}}=\frac{1}{2}\frac{T}{GI_p}$，得$I_{p1}=2I_p$，所以$\frac{\pi d_1^4}{32}=2\frac{\pi}{32}d^4$，故$d_1=\sqrt[4]{2}d$。

答案： A

65. 解 此题未说明梁的类型，有两种可能（见解图），简支梁时答案为B，悬臂梁时答案为D。

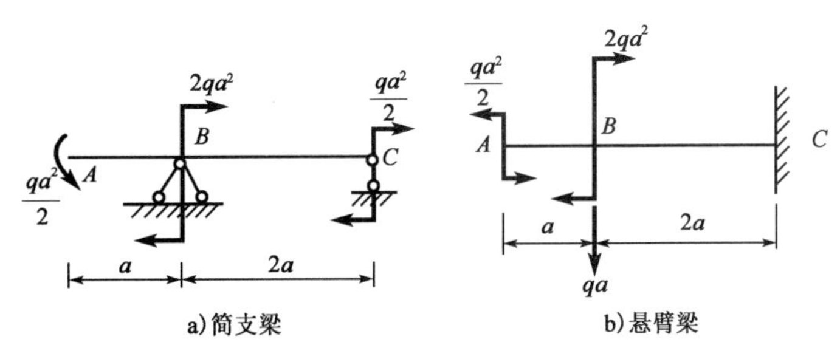

题 65 解图

答案：B 或 D

66. 解 $I_z = \frac{\pi}{64}d^4 - \frac{a^4}{12}$

答案：B

67. 解 因为$I_2 = \frac{b(2a)^3}{12} = 8\frac{ba^3}{12} = 8I_1$，又$f_1 = f_2$，即$\frac{M_1L^2}{2EI_1} = \frac{M_2L^2}{2EI_2}$，故$\frac{M_2}{M_1} = \frac{I_2}{I_1} = 8$。

答案：A

68. 解 图示截面的弯曲中心是两个狭长矩形边的中线交点，形心主轴是y'和z'，故无扭转，而有沿两个形心主轴y'、z'方向的双向弯曲。

答案：C

69. 解 图示单元体$\sigma_x = 50\text{MPa}$，$\sigma_y = -50\text{MPa}$，$\tau_x = -30\text{MPa}$，$\alpha = 45°$。故

$$\tau_\alpha = \frac{\sigma_x - \sigma_y}{2}\sin 2\alpha + \tau_x \cos 2\alpha = \frac{50-(-50)}{2}\sin 90° - 30 \times \cos 90° = 50\text{MPa}$$

答案：B

70. 解 图示细长压杆，$\mu = 2$，$I_{\min} = I_y = \frac{hb^3}{12}$，$F_{\text{cr}} = \frac{\pi^2 EI_{\min}}{(\mu L)^2} = \frac{\pi^2 E}{(2L)^2}\left(\frac{hb^3}{12}\right)$。

答案：D

71. 解 由连续介质假设可知。

答案：D

72. 解 仅受重力作用的静止流体的等压面是水平面。点 1 与 1′的压强相等。

$$P_{\text{A}} + \rho_{\text{A}}gh_1 = P_{\text{B}} + \rho_{\text{B}}gh_2 + \rho_{\text{m}}g\Delta h$$

$$P_{\text{A}} - P_{\text{B}} = (-\rho_{\text{A}}h_1 + \rho_{\text{B}}h_2 + \rho_{\text{m}}\Delta h)g$$

答案：A

73. 解 用连续方程求解。

$$v_3 = \frac{v_1A_1 + v_2A_2}{A_3} = \frac{4 \times 0.01 + 6 \times 0.005}{0.01} = 7\text{m/s}$$

答案：C

74. 解 由尼古拉兹阻力曲线图可知，在紊流粗糙区。

答案：D

75. 解 薄壁小孔口与圆柱形外管嘴流量公式均可用，流量$Q = \mu \cdot A\sqrt{2gH_0}$，根据面积$A = \frac{\pi d^2}{4}$和题设两者的$H_0$及$Q$均相等，则有$\mu_1 d_1^2 = \mu_2 d_2^2$，而$\mu_2 > \mu_1 (0.82 > 0.62)$，所以$d_1 > d_2$。

答案：A

76. 解 明渠均匀流必须发生在顺坡渠道上。

答案：D

77. 解 完全普通井流量公式：

$$Q = 1.366\frac{k(H^2 - h^2)}{\lg\frac{R}{r_0}} = 1.366 \times \frac{0.0005 \times (15^2 - 10^2)}{\lg\frac{375}{0.3}} = 0.0276\mathrm{m^3/s}$$

答案：A

78. 解 一个正确反映客观规律的物理方程中，各项的量纲是和谐的、相同的。

答案：C

79. 解 静止的电荷产生静电场，运动电荷周围不仅存在电场，也存在磁场。

答案：A

80. 解 用安培环路定律$\oint H\mathrm{d}L = \sum I$，这里电流是代数和，注意它们的方向。

答案：C

81. 解 注意理想电压源和实际电压源的区别，该题是理想电压源$U_\mathrm{s} = U$，即输出电压恒定，电阻R的变化只能引起该支路的电流变化。

答案：C

82. 解 利用等效电压源定理判断。在求等效电压源电动势时，将A、B两点开路后，电压源的两上方电阻和两下方电阻均为串联连接方式。求内阻时，将6V电压源短路。

$$U_\mathrm{s} = 6\left(\frac{6}{3+6} - \frac{6}{6+6}\right) = 1\mathrm{V}$$

$$R_0 = 6 /\!/ 6 + 3 /\!/ 6 = 5\Omega$$

答案：B

83. 解 对称三相交流电路中，任何时刻三相电流之和均为零。

答案：B

84. 解 该电路为线性一阶电路，暂态过程依据公式$f(t) = f(\infty) + [f(t_0+) - f(\infty)]e^{-t/\tau}$分析。$f(t)$表示电路中任意电压和电流，其中$f(\infty)$是电量的稳态值，$f(t_{0+})$表示初始值，$\tau$表示电路的时间常数。在阻容耦合电路中$\tau = RC$。

答案：C

85. 解 变压器的额定功率用视在功率表示，它等于变压器初级绕阻或次级绕阻中电压额定值与电流额定值的乘积，$S_\mathrm{N} = U_{1\mathrm{N}}I_{1\mathrm{N}} = U_{2\mathrm{N}}I_{2\mathrm{N}}$。接负载后，消耗的有功功率$P_\mathrm{N} = S_\mathrm{N}\cos\varphi_\mathrm{N}$。值得注意的是，次级绕阻电压是变压器空载时的电压，$U_{2\mathrm{N}} = U_{20}$。可以认为变压器初级端的功率因数与次级端的功率因数相同。

$$P_N = S_N \cos\varphi = 10^4 \times 0.44 = 4400\text{W}$$

故可以接入 40W 日光灯 110 盏。

答案：A

86. 解　该电路为直流稳压电源电路。对于输出的直流信号，电容在电路中可视为断路。桥式整流电路中的二极管通过的电流平均值是电阻R中通过电流的一半。

答案：D

87. 解　根据晶体三极管工作状态的判断条件，当晶体管处于饱和状态时，基极电流与集电极电流的关系是：

$$I_B > I_{BS} = \frac{1}{\beta} I_{CS} = \frac{1}{\beta}\left(\frac{U_{CC} - U_{CES}}{R_C}\right)$$

从输入回路分析：

$$I_B = I_{Rx} - I_{RB} = \frac{U_i - U_{BE}}{R_x} - \frac{U_{BE} - U_B}{R_B}$$

答案：A

88. 解　根据等效的直流通道计算，在直流等效电路中电容断路。

设$U_{BE} = 0.6\text{V}$

$$I_B = \frac{V_{CC} - U_{BE}}{R_B} = \frac{12 - 0.6}{200} = 0.057\text{mA}$$

$$I_C = \beta I_B = 40 \times 0.057 = 2.28\text{mA}$$

$$U_{CE} = V_{CC} - I_C R_C = 12 - 2.28 \times 3 = 5.16\text{V}$$

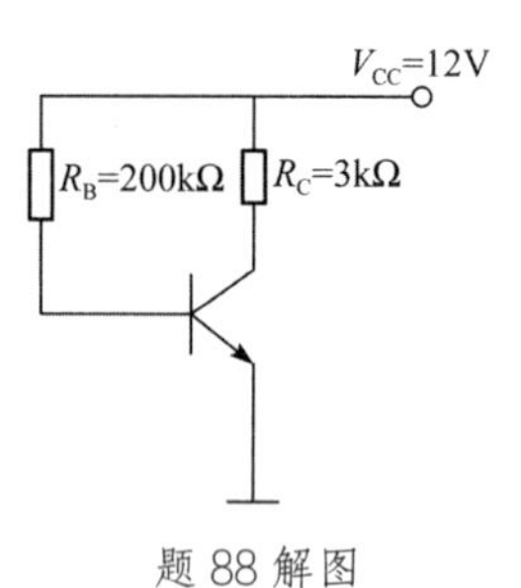

题 88 解图

答案：A

89. 解　首先确定在不同输入电压下三个二极管的工作状态，依此确定输出端的电位U_Y；然后判断各电位之间的逻辑关系，当点电位高于 2.4V 时视为逻辑状态“1”，电位低于 0.4V 时视为逻辑状态“0”。

答案：A

90. 解　该触发器为负边沿触发方式，即当时钟信号由高电平下降为低电平时刻输出端的状态可能发生改变。波形分析见解图。

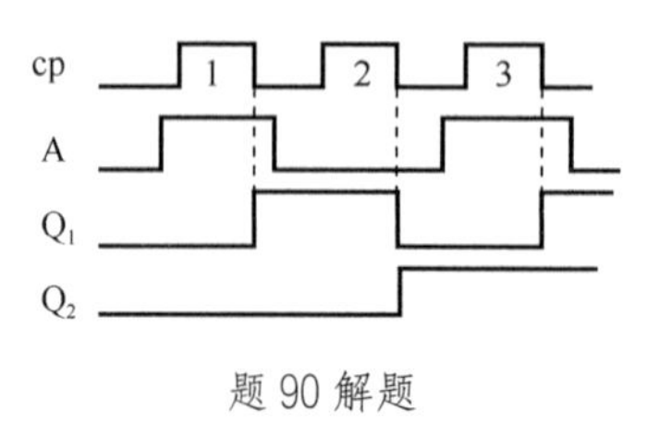

题 90 解题

答案：C

91. 解　连续信号指的是在时间范围都有定义（允许有有限个间断点）的信号。

答案：A

92. 解　连续信号指的是时间连续的信号，模拟信号是指在时间和数值上均连续的信号。

答案：C

93. 解　$\delta(t)$只在$t=0$时刻存在，$\delta(t)=\delta(-t)$，所以是偶函数。

答案：B

94. 解　常用模拟信号中，单位冲激信号$\delta(t)$与单位阶跃函数信号$\varepsilon(t)$有微分关系，反应信号变化速度。

答案：A

95. 解　周期信号的傅氏级数公式为：

$$f(t)=a_0+\sum_{k=1}^{\infty}(a_n\cos k\omega_1 t+b_n\sin k\omega_1 t)$$

式中，a_0表示直流分量，a_n表示余弦分量的幅值，b_n表示正弦分量的幅值。

答案：B

96. 解　根据二进制与十六进制的关系转换，即：$(1101\ 0010.0101\ 0100)_B=(D2.54)_H$

答案：A

97. 解　系统总线又称内总线。因为该总线是用来连接微机各功能部件而构成一个完整微机系统的，所以称之为系统总线。计算机系统内的系统总线是计算机硬件系统的一个组成部分。

答案：A

98. 解　Microsoft Word 和国产字处理软件 WPS 都是目前广泛使用的文字处理软件。

答案：A

99. 解　操作系统是用户与硬件交互的第一层系统软件，一切其他软件都要运行于操作系统之上（包括选项 A、C、D）。

答案：B

100. 解　由于程序在运行的过程中，都会出现时间的局部性和空间的局部性，这样就完全可以在一个较小的物理内存储器空间上来运行一个较大的用户程序。

答案：B

101. 解　二进制数是计算机所能识别的，由 0 和 1 两个数码组成，称为机器语言。

答案：C

102. 解　四位二进制对应一位十六进制，A 表示 10，对应的二进制为 1010，E 表示 14，对应的二进制为 1110。

答案：B

103. 解 传统加密技术、数字签名技术、对称加密技术和密钥加密技术都是常用的信息加密技术，而专用 ASCII 码加密技术是不常用的信息加密技术。

答案：D

104. 解 广域网又称为远程网，它一般是在不同城市之间的 LAN（局域网）或者 MAN（城域网）网络互联，它所覆盖的地理范围一般从几十公里到几千公里。

答案：D

105. 解 我国专家把计算机网络定义为：利用各种通信手段，把地理上分散的计算机连在一起，达到相互通信、共享软/硬件和数据等资源的系统。

答案：D

106. 解 人们把计算机网络中实现网络通信功能的设备及其软件的集合称为网络的通信子网，而把网络中实现资源共享功能的设备及其软件的集合称为资源。

答案：B

107. 解 年名义利率相同的情况下，一年内计息次数较多的，年实际利率较高。

答案：D

108. 解 按建设期利息公式$Q=\sum\left(P_{t-1}+\frac{A_t}{2}\cdot i\right)$计算。

第一年贷款总额 1000 万元，计算利息时按贷款在年内均衡发生考虑。

$$Q_1=(1000/2)\times 6\%=30\text{ 万元}$$

$$Q_2=(1000+30)\times 6\%=61.8\text{ 万元}$$

$$Q=Q_1+Q_2=30+61.8=91.8\text{ 万元}$$

答案：D

109. 解 按不考虑筹资费用的银行借款资金成本公式$K_{\mathrm{e}}=R_{\mathrm{e}}(1-T)$计算。

$$K_{\mathrm{e}}=R_{\mathrm{e}}(1-T)=10\%\times(1-25\%)=7.5\%$$

答案：A

110. 解 利用计算 IRR 的插值公式计算。

$\mathrm{IRR}=12\%+(14\%-12\%)\times(130)/(130+|-50|)=13.44\%$

答案：D

111. 解 利息备付率属于反映项目偿债能力的指标。

答案：B

112. 解 可先求出盈亏平衡产量，然后乘以单位产品售价，即为盈亏平衡点销售收入。

$$盈亏平衡点销售收入 = 500 \times \left(\frac{10 \times 10^4}{500 - 300}\right) = 2500 \text{ 万元}$$

答案：D

113. 解 寿命期相同的互斥方案可直接采用净现值法选优。

答案：C

114. 解 价值指数等于 1 说明该部分的功能与其成本相适应。

答案：B

115. 解 《中华人民共和国建筑法》第七条规定，建筑工程开工前，建设单位应当按照国家有关规定向工程所在地县级以上人民政府建设行政主管部门申请领取施工许可证；但是，国务院建设行政主管部门确定的限额以下的小型工程除外。

答案：D

116. 解 依据《中华人民共和国安全生产法》第二十一条第（一）款，选项 B、C、D 均与法律条文有出入。

答案：A

117. 解 依据《中华人民共和国招标投标法》第十五条，招标代理机构应当在招标人委托的范围内办理招标事宜。

答案：B

118. 解 依据《中华人民共和国民法典》第四百六十九条规定，当事人订立合同有书面形式、口头形式和其他形式。

答案：C

119. 解 见《中华人民共和国行政许可法》第十二条第五款规定。选项 A 属于可以设定行政许可的内容，选项 B、C、D 均属于第十三条规定的可以不设行政许可的内容。

答案：A

120. 解 原《建设工程质量管理条例》第十一条确实写的是“施工图设计文件报县级以上人民政府建设行政主管部门审查”，所以原来答案应选 A，但是 2017 年此条文改为“施工图设计文件审查的具体办法，由国务院建设行政主管部门、国务院其他有关部门制定”。

答案：无

2013年度全国勘察设计注册工程师
执业资格考试试卷

基础考试
（上）

二〇一三年九月

应考人员注意事项

1. 本试卷科目代码为“1”，考生务必将此代码填涂在答题卡“科目代码”相应的栏目内，否则，无法评分。
2. 书写用笔：**黑色或蓝色钢笔、签字笔或圆珠笔**；
   填涂答题卡用笔：**黑色 2B 铅笔**。
3. 必须用书写用笔将工作单位、姓名、准考证号填写在答题卡和试卷相应的栏目内。
4. 本试卷由 120 题组成，每题 1 分，满分 120 分，本试卷全部为单项选择题，每小题的四个备选项中只有一个正确答案，错选、多选、不选均不得分。
5. 考生作答时，必须按**题号在答题卡上**将相应试题所选选项对应的**字母用 2B 铅笔涂黑**。
6. 在答题卡上书写与题意无关的语言，或在答题卡上作标记的，均按违纪试卷处理。
7. 考试结束时，由监考人员当面将试卷、答题卡一并收回。
8. 草稿纸由各地统一配发，考后收回。

单项选择题（共 120 题，每题 1 分。每题的备选项中只有一个最符合题意。）

1. 已知向量$\boldsymbol{\alpha}=(-3,-2,1)$，$\boldsymbol{\beta}=(1,-4,-5)$，则$|\boldsymbol{\alpha}\times\boldsymbol{\beta}|$等于：

A. 0

B. 6

C. $14\sqrt{3}$

D. $14\boldsymbol{i}+16\boldsymbol{j}-10\boldsymbol{k}$

2. 若$\lim\limits_{x\to 1}\frac{2x^2+ax+b}{x^2+x-2}=1$，则必有：

A. $a=-1$，$b=2$

B. $a=-1$，$b=-2$

C. $a=-1$，$b=-1$

D. $a=1$，$b=1$

3. 若$\begin{cases}x=\sin t\\ y=\cos t\end{cases}$，则$\frac{\mathrm{d}y}{\mathrm{d}x}$等于：

A. $-\tan t$

B. $\tan t$

C. $-\sin t$

D. $\cot t$

4. 设$f(x)$有连续导数，则下列关系式中正确的是：

A. $\int f(x)\mathrm{d}x=f(x)$

B. $\left[\int f(x)\mathrm{d}x\right]'=f(x)$

C. $\int f'(x)\mathrm{d}x=f(x)\mathrm{d}x$

D. $\left[\int f(x)\mathrm{d}x\right]'=f(x)+C$

5. 已知$f(x)$为连续的偶函数，则$f(x)$的原函数中：

A. 有奇函数

B. 都是奇函数

C. 都是偶函数

D. 没有奇函数也没有偶函数

6. 设$f(x)=\begin{cases}3x^2, & x\leqslant 1\\ 4x-1, & x>1\end{cases}$，则$f(x)$在点$x=1$处：

A. 不连续

B. 连续但左、右导数不存在

C. 连续但不可导

D. 可导

7. 函数$y=(5-x)x^{\frac{2}{3}}$的极值可疑点的个数是：

A. 0

B. 1

C. 2

D. 3

8. 下列广义积分中发散的是：

A. $\int_0^{+\infty} e^{-x}\mathrm{d}x$

B. $\int_0^{+\infty} \frac{1}{1+x^2}\mathrm{d}x$

C. $\int_0^{+\infty} \frac{\ln x}{x}\mathrm{d}x$

D. $\int_0^{1} \frac{1}{\sqrt{1-x^2}}\mathrm{d}x$

9. 二次积分$\int_0^1 \mathrm{d}x \int_{x^2}^{x} f(x,y)\mathrm{d}y$交换积分次序后的二次积分是：

A. $\int_{x^2}^{x} \mathrm{d}y \int_0^1 f(x,y)\mathrm{d}x$

B. $\int_0^1 \mathrm{d}y \int_{y^2}^{y} f(x,y)\mathrm{d}x$

C. $\int_y^{\sqrt{y}} \mathrm{d}y \int_0^1 f(x,y)\mathrm{d}x$

D. $\int_0^1 \mathrm{d}y \int_y^{\sqrt{y}} f(x,y)\mathrm{d}x$

10. 微分方程$xy' - y\ln y = 0$满足$y(1) = e$的特解是：

A. $y = ex$

B. $y = e^x$

C. $y = e^{2x}$

D. $y = \ln x$

11. 设$z = z(x,y)$是由方程$xz - xy + \ln(xyz) = 0$所确定的可微函数，则$\frac{\partial z}{\partial y} =$

A. $\frac{-xz}{xz+1}$

B. $-x + \frac{1}{2}$

C. $\frac{z(-xz+y)}{x(xz+1)}$

D. $\frac{z(xy-1)}{y(xz+1)}$

12. 正项级数$\sum\limits_{n=1}^{\infty} a_n$的部分和数列$\{S_n\}\left(S_n = \sum\limits_{i=1}^{n} a_i\right)$有上界是该级数收敛的：

A. 充分必要条件

B. 充分条件而非必要条件

C. 必要条件而非充分条件

D. 既非充分又非必要条件

13. 若$f(-x) = -f(x)(-\infty < x < +\infty)$，且在$(-\infty, 0)$内$f'(x) > 0$，$f''(x) < 0$，则$f(x)$在$(0, +\infty)$内是：

A. $f'(x) > 0$，$f''(x) < 0$

B. $f'(x) < 0$，$f''(x) > 0$

C. $f'(x) > 0$，$f''(x) > 0$

D. $f'(x) < 0$，$f''(x) < 0$

14. 微分方程$y'' - 3y' + 2y = xe^x$的待定特解的形式是：

A. $y = (Ax^2 + Bx)e^x$

B. $y = (Ax + B)e^x$

C. $y = Ax^2e^x$

D. $y = Axe^x$

15. 已知直线L：$\frac{x}{3}=\frac{y+1}{-1}=\frac{z-3}{2}$，平面$\pi$：$-2x+2y+z-1=0$，则：

A. L与π垂直相交　　B. L平行于π，但L不在π上

C. L与π非垂直相交　　D. L在π上

16. 设L是连接点$A(1,0)$及点$B(0,-1)$的直线段，则对弧长的曲线积分$\int_L(y-x)\mathrm{d}s=$

A. -1　　B. 1

C. $\sqrt{2}$　　D. $-\sqrt{2}$

17. 下列幂级数中，收敛半径$R=3$的幂级数是：

A. $\sum\limits_{n=0}^{\infty}3x^n$　　B. $\sum\limits_{n=0}^{\infty}3^nx^n$

C. $\sum\limits_{n=0}^{\infty}\frac{1}{3^{\frac{n}{2}}}x^n$　　D. $\sum\limits_{n=0}^{\infty}\frac{1}{3^{n+1}}x^n$

18. 若$z=f(x,y)$和$y=\varphi(x)$均可微，则$\frac{\mathrm{d}z}{\mathrm{d}x}$等于：

A. $\frac{\partial f}{\partial x}+\frac{\partial f}{\partial y}$　　B. $\frac{\partial f}{\partial x}+\frac{\partial f}{\partial y}\frac{\mathrm{d}\varphi}{\mathrm{d}x}$

C. $\frac{\partial f}{\partial y}\frac{\mathrm{d}\varphi}{\mathrm{d}x}$　　D. $\frac{\partial f}{\partial x}-\frac{\partial f}{\partial y}\frac{\mathrm{d}\varphi}{\mathrm{d}x}$

19. 已知向量组$\boldsymbol{\alpha}_1=(3,2,-5)^{\mathrm{T}}$，$\boldsymbol{\alpha}_2=(3,-1,3)^{\mathrm{T}}$，$\boldsymbol{\alpha}_3=\left(1,-\frac{1}{3},1\right)^{\mathrm{T}}$，$\boldsymbol{\alpha}_4=(6,-2,6)^{\mathrm{T}}$，则该向量组的一个极大线性无关组是：

A. $\boldsymbol{\alpha}_2$，$\boldsymbol{\alpha}_4$　　B. $\boldsymbol{\alpha}_3$，$\boldsymbol{\alpha}_4$

C. $\boldsymbol{\alpha}_1$，$\boldsymbol{\alpha}_2$　　D. $\boldsymbol{\alpha}_2$，$\boldsymbol{\alpha}_3$

20. 若非齐次线性方程组$\boldsymbol{Ax}=\boldsymbol{b}$中，方程的个数少于未知量的个数，则下列结论中正确的是：

A. $\boldsymbol{Ax}=\boldsymbol{0}$仅有零解　　B. $\boldsymbol{Ax}=\boldsymbol{0}$必有非零解

C. $\boldsymbol{Ax}=\boldsymbol{0}$一定无解　　D. $\boldsymbol{Ax}=\boldsymbol{b}$必有无穷多解

21. 已知矩阵$\boldsymbol{A}=\begin{bmatrix}1&-1&1\\2&4&-2\\-3&-3&5\end{bmatrix}$与$\boldsymbol{B}=\begin{bmatrix}\lambda&0&0\\0&2&0\\0&0&2\end{bmatrix}$相似，则$\lambda$等于：

A. 6　　B. 5

C. 4　　D. 14

22. 设A和B为两个相互独立的事件，且$P(A)=0.4$，$P(B)=0.5$，则$P(A\cup B)$等于：

A. 0.9　　B. 0.8

C. 0.7　　D. 0.6

23. 下列函数中，可以作为连续型随机变量的分布函数的是：

A. $\Phi(x)=\begin{cases}0, & x<0\\ 1-e^{x}, & x\geqslant 0\end{cases}$　　B. $F(x)=\begin{cases}e^{x}, & x<0\\ 1, & x\geqslant 0\end{cases}$

C. $G(x)=\begin{cases}e^{-x}, & x<0\\ 1, & x\geqslant 0\end{cases}$　　D. $H(x)=\begin{cases}0, & x<0\\ 1+e^{-x}, & x\geqslant 0\end{cases}$

24. 设总体$X\sim N(0,\sigma^2)$，$X_1,X_2,\cdots,X_n$是来自总体的样本，则σ^2的矩估计是：

A. $\frac{1}{n}\sum_{i=1}^{n}X_i$　　B. $n\sum_{i=1}^{n}X_i$

C. $\frac{1}{n^2}\sum_{i=1}^{n}X_i^2$　　D. $\frac{1}{n}\sum_{i=1}^{n}X_i^2$

25. 一瓶氦气和一瓶氮气，它们每个分子的平均平动动能相同，而且都处于平衡态。则它们：

A. 温度相同，氦分子和氮分子的平均动能相同

B. 温度相同，氦分子和氮分子的平均动能不同

C. 温度不同，氦分子和氮分子的平均动能相同

D. 温度不同，氦分子和氮分子的平均动能不同

26. 最概然速率v_{p}的物理意义是：

A. v_{p}是速率分布中的最大速率

B. v_{p}是大多数分子的速率

C. 在一定的温度下，速率与v_{p}相近的气体分子所占的百分率最大

D. v_{p}是所有分子速率的平均值

27. 气体做等压膨胀，则：

A. 温度升高，气体对外做正功

B. 温度升高，气体对外做负功

C. 温度降低，气体对外做正功

D. 温度降低，气体对外做负功

28. 一定量理想气体由初态(p_1,V_1,T_1)经等温膨胀到达终态(p_2,V_2,T_1)，则气体吸收的热量Q为：

A. $Q=p_1V_1\ln\frac{V_2}{V_1}$

B. $Q=p_1V_2\ln\frac{V_2}{V_1}$

C. $Q=p_1V_1\ln\frac{V_1}{V_2}$

D. $Q=p_2V_1\ln\frac{p_2}{p_1}$

29. 一横波沿一根弦线传播，其方程为$y=-0.02\cos\pi(4x-50t)$ (SI)，该波的振幅与波长分别为：

A. 0.02cm，0.5cm

B. −0.02m，−0.5m

C. −0.02m，0.5m

D. 0.02m，0.5m

30. 一列机械横波在t时刻的波形曲线如图所示，则该时刻能量处于最大值的媒质质元的位置是：

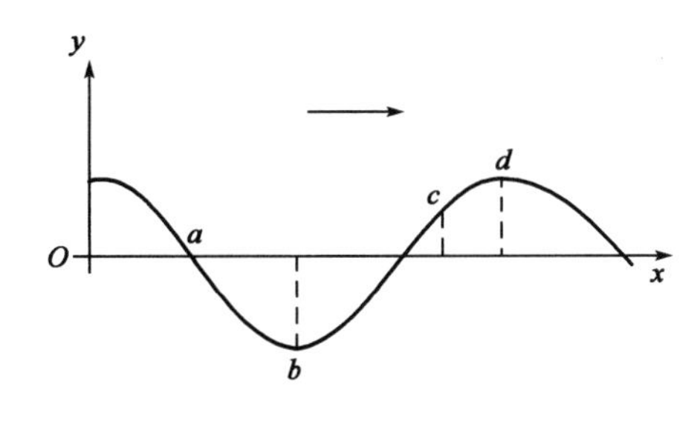

A. a

B. b

C. c

D. d

31. 在波长为λ的驻波中，两个相邻波腹之间的距离为：

A. $\lambda/2$

B. $\lambda/4$

C. $3\lambda/4$

D. λ

32. 两偏振片叠放在一起，欲使一束垂直入射的线偏振光经过两个偏振片后振动方向转过 90°，且使出射光强尽可能大，则入射光的振动方向与前后两偏振片的偏振化方向夹角分别为：

A. 45°和 90°

B. 0°和 90°

C. 30°和 90°

D. 60°和 90°

33. 光的干涉和衍射现象反映了光的：

A. 偏振性质

B. 波动性质

C. 横波性质

D. 纵波性质

34. 若在迈克耳逊干涉仪的可动反射镜M移动了 0.620mm 的过程中，观察到干涉条纹移动了 2300 条，则所用光波的波长为：

A. 269nm　　B. 539nm

C. 2690nm　　D. 5390nm

35. 在单缝夫琅禾费衍射实验中，屏上第三级暗纹对应的单缝处波面可分成的半波带的数目为：

A. 3　　B. 4

C. 5　　D. 6

36. 波长为λ的单色光垂直照射在折射率为n的劈尖薄膜上，在由反射光形成的干涉条纹中，第五级明条纹与第三级明条纹所对应的薄膜厚度差为：

A. $\frac{\lambda}{2n}$　　B. $\frac{\lambda}{n}$

C. $\frac{\lambda}{5n}$　　D. $\frac{\lambda}{3n}$

37. 量子数$n=4$，$l=2$，$m=0$的原子轨道数目是：

A. 1　　B. 2

C. 3　　D. 4

38. PCl_3分子空间几何构型及中心原子杂化类型分别为：

A. 正四面体，sp^3杂化　　B. 三角锥型，不等性sp^3杂化

C. 正方形，dsp^2杂化　　D. 正三角形，sp^2杂化

39. 已知$Fe^{3+}\underline{0.771}Fe^{2+}\underline{-0.44}Fe$，则$E^{\Theta}(Fe^{3+}/Fe)$等于：

A. 0.331V　　B. 1.211V

C. -0.036V　　D. 0.110V

40. 在$BaSO_4$饱和溶液中，加入$BaCl_2$，利用同离子效应使$BaSO_4$的溶解度降低，体系中$c(SO_4{}^{2-})$的变化是：

A. 增大　　B. 减小

C. 不变　　D. 不能确定

41. 催化剂可加快反应速率的原因。下列叙述正确的是：

A. 降低了反应的$\Delta_r H_m^{\Theta}$　　B. 降低了反应的$\Delta_r G_m^{\Theta}$

C. 降低了反应的活化能　　D. 使反应的平衡常数K^{Θ}减小

42. 已知反应$C_2H_2(g) + 2H_2(g) \rightleftharpoons C_2H_6(g)$的$\Delta_r H_m < 0$，当反应达平衡后，欲使反应向右进行，可采取的方法是：

A. 升温，升压　　　　B. 升温，减压

C. 降温，升压　　　　D. 降温，减压

43. 向原电池$(-)Ag, AgCl \mid Cl^- \parallel Ag^+ \mid Ag(+)$的负极中加入NaCl，则原电池电动势的变化是：

A. 变大　　　　B. 变小

C. 不变　　　　D. 不能确定

44. 下列各组物质在一定条件下反应，可以制得比较纯净的1,2-二氯乙烷的是：

A. 乙烯通入浓盐酸中

B. 乙烷与氯气混合

C. 乙烯与氯气混合

D. 乙烯与卤化氢气体混合

45. 下列物质中，不属于醇类的是：

A. C_4H_9OH　　　　B. 甘油

C. $C_6H_5CH_2OH$　　　　D. C_6H_5OH

46. 人造象牙的主要成分是 $\lbrace CH_2-O \rbrace_n$，它是经加聚反应制得的。合成此高聚物的单体是：

A. $(CH_3)_2O$　　　　B. CH_3CHO

C. HCHO　　　　D. HCOOH

47. 图示构架由AC、BD、CE三杆组成，A、B、C、D处为铰接，E处光滑接触。已知：$F_p = 2kN$，$\theta = 45°$，杆及轮重均不计，则E处约束力的方向与x轴正向所成的夹角为：

A. 0°

B. 45°

C. 90°

D. 225°

48. 图示结构直杆BC，受荷载F，q作用，$BC=L$，$F=qL$，其中q为荷载集度，单位为N/m，集中力以N计，长度以m计。则该主动力系数对O点的合力矩为：

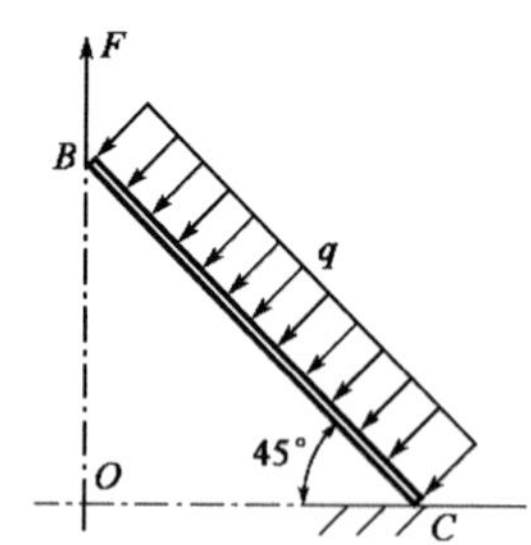

A. $M_O=0$

B. $M_O=\frac{qL^2}{2}\text{N}\cdot\text{m}(\curvearrowleft)$

C. $M_O=\frac{3qL^2}{2}\text{N}\cdot\text{m}(\curvearrowleft)$

D. $M_O=qL^2\text{kN}\cdot\text{m}(\curvearrowright)$

49. 图示平面构架，不计各杆自重。已知：物块 M 重F_p，悬挂如图示，不计小滑轮 D 的尺寸与质量，A、E、C 均为光滑铰链，$L_1=1.5\text{m}$，$L_2=2\text{m}$。则支座 B 的约束力为：

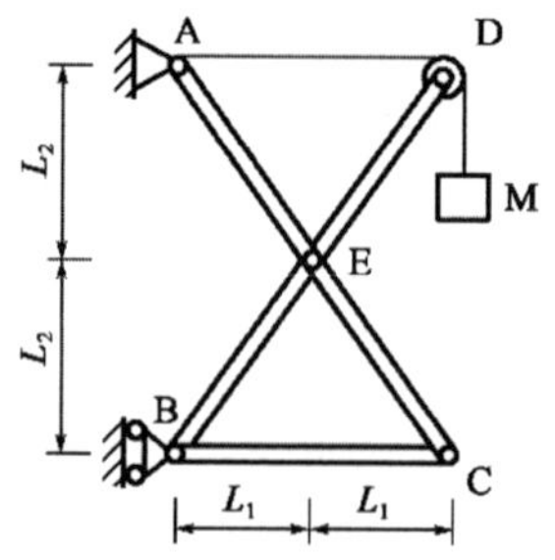

A. $F_B=3F_p/4(\rightarrow)$

B. $F_B=3F_p/4(\leftarrow)$

C. $F_B=F_p(\leftarrow)$

D. $F_B=0$

50. 物体重为W，置于倾角为α的斜面上，如图所示。已知摩擦角$\varphi_m>\alpha$，则物块处于的状态为：

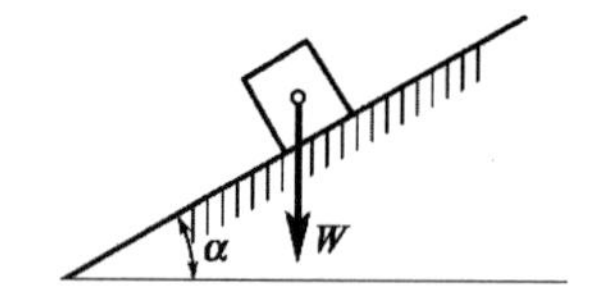

A. 静止状态

B. 临界平衡状态

C. 滑动状态

D. 条件不足，不能确定

51. 已知动点的运动方程为$x=t$，$y=2t^2$。则其轨迹方程为：

A. $x=t^2-t$

B. $y=2t$

C. $y-2x^2=0$

D. $y+2x^2=0$

52. 一炮弹以初速度和仰角α射出。对于图所示直角坐标的运动方程为$x = v_0 \cos\alpha t$，$y = v_0 \sin\alpha t - \frac{1}{2}gt^2$，则当$t = 0$时，炮弹的速度和加速度的大小分别为：

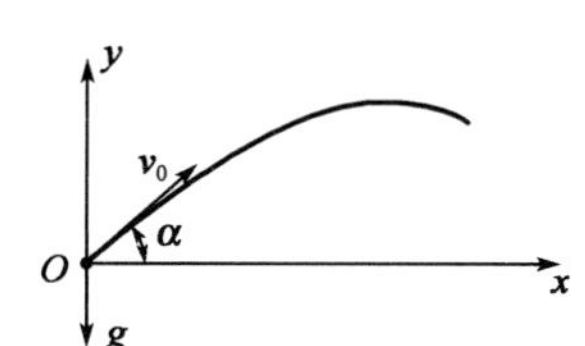

A. $v = v_0 \cos\alpha$，$a = g$

B. $v = v_0$，$a = g$

C. $v = v_0 \sin\alpha$，$a = -g$

D. $v = v_0$，$a = -g$

53. 两摩擦轮如图所示。则两轮的角速度与半径关系的表达式为：

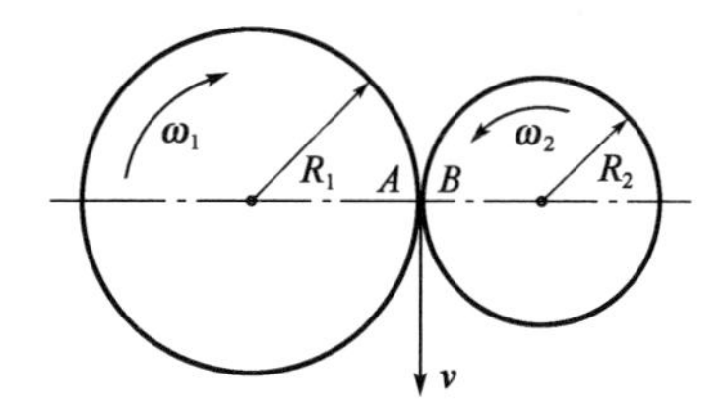

A. $\frac{\omega_1}{\omega_2} = \frac{R_1}{R_2}$

B. $\frac{\omega_1}{\omega_2} = \frac{R_2}{R_1^2}$

C. $\frac{\omega_1}{\omega_2} = \frac{R_1}{R_2^2}$

D. $\frac{\omega_1}{\omega_2} = \frac{R_2}{R_1}$

54. 质量为m的物块A，置于与水平面成θ角的斜面B上，如图所示。A与B间的摩擦系数为f，为保持A与B一起以加速度a水平向右运动，则所需的加速度a至少是：

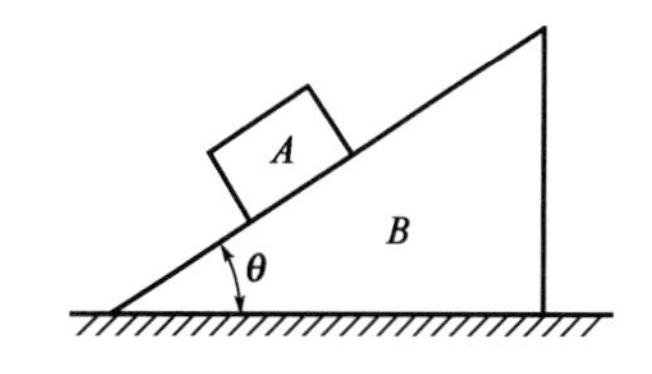

A. $a = \frac{g(f\cos\theta + \sin\theta)}{\cos\theta + f\sin\theta}$

B. $a = \frac{gf\cos\theta}{\cos\theta + f\sin\theta}$

C. $a = \frac{g(f\cos\theta - \sin\theta)}{\cos\theta + f\sin\theta}$

D. $a = \frac{gf\sin\theta}{\cos\theta + f\sin\theta}$

55. A块与B块叠放如图所示，各接触面处均考虑摩擦。当B块受力F作用沿水平面运动时，A块仍静止于B块上，于是：

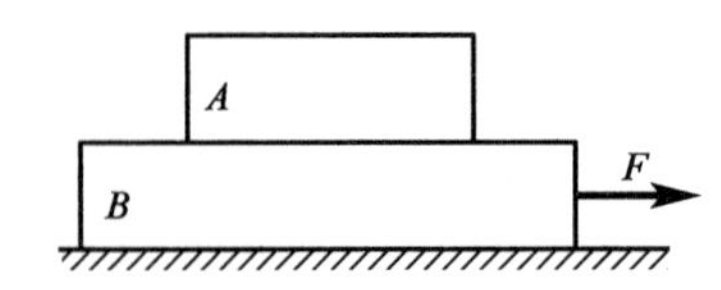

A. 各接触面处的摩擦力都做负功

B. 各接触面处的摩擦力都做正功

C. A块上的摩擦力做正功

D. B块上的摩擦力做正功

56. 质量为m，长为 $2l$的均质杆初始位于水平位置，如图所示。A端脱落后，杆绕轴B转动，当杆转到铅垂位置时，AB杆B处的约束力大小为：

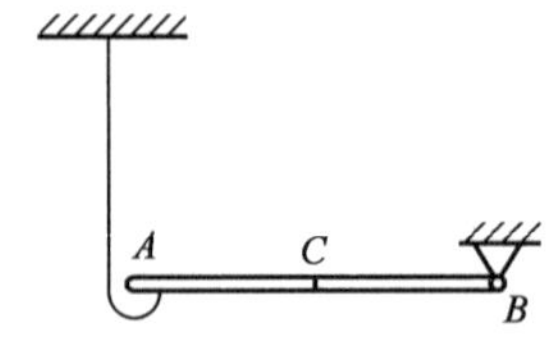

A. $F_{Bx}=0$，$F_{By}=0$

B. $F_{Bx}=0$，$F_{By}=\frac{mg}{4}$

C. $F_{Bx}=l$，$F_{By}=mg$

D. $F_{Bx}=0$，$F_{By}=\frac{5mg}{2}$

57. 质量为m，半径为R的均质圆轮，绕垂直于图面的水平轴O转动，其角速度为ω。在图示瞬时，角加速度为 0，轮心C在其最低位置，此时将圆轮的惯性力系向O点简化，其惯性力主矢和惯性力主矩的大小分别为：

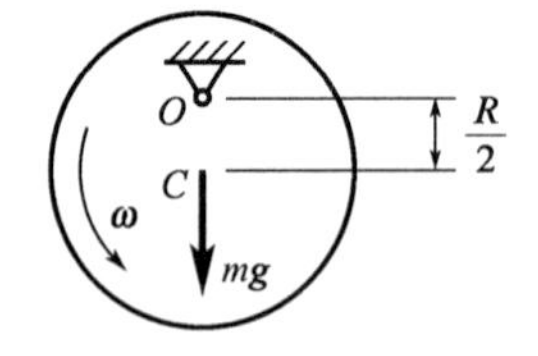

A. $m\frac{R}{2}\omega^2$，0

B. $mR\omega^2$，0

C. 0，0

D. 0，$\frac{1}{2}mR^2\omega^2$

58. 质量为 110kg 的机器固定在刚度为2×10^6N/m的弹性基础上，当系统发生共振时，机器的工作频率为：

A. 66.7rad/s

B. 95.3rad/s

C. 42.6rad/s

D. 134.8rad/s

59. 图示结构的两杆面积和材料相同，在铅直力F作用下，拉伸正应力最先达到许用应力的杆是：

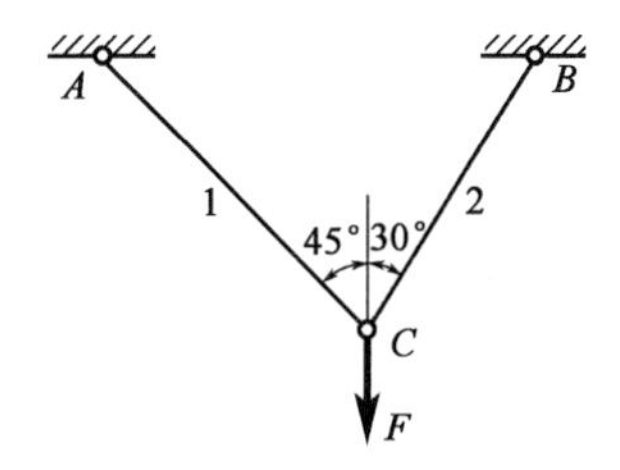

A. 杆 1

B. 杆 2

C. 同时达到

D. 不能确定

60. 图示结构的两杆许用应力均为$[\sigma]$，杆 1 的面积为A，杆 2 的面积为 $2A$，则该结构的许用荷载是：

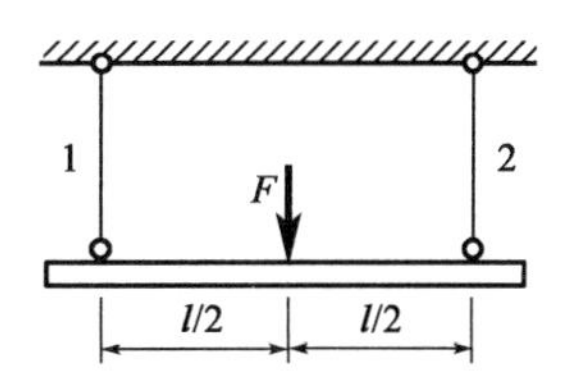

A. $[F]=A[\sigma]$

B. $[F]=2A[\sigma]$

C. $[F]=3A[\sigma]$

D. $[F]=4A[\sigma]$

61. 钢板用两个铆钉固定在支座上，铆钉直径为d，在图示荷载作用下，铆钉的最大切应力是：

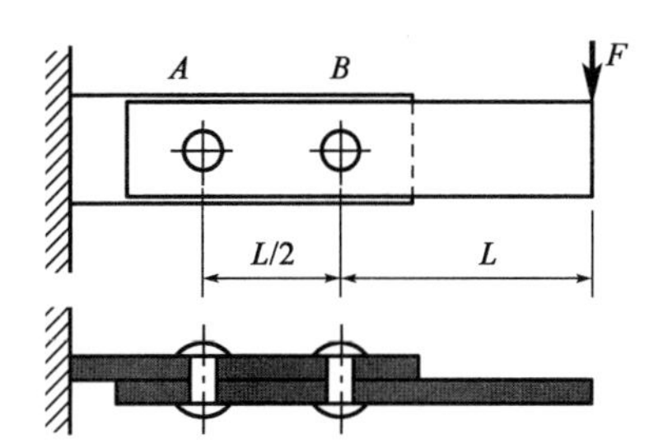

A. $\tau_{\max}=\frac{4F}{\pi d^2}$

B. $\tau_{\max}=\frac{8F}{\pi d^2}$

C. $\tau_{\max}=\frac{12F}{\pi d^2}$

D. $\tau_{\max}=\frac{2F}{\pi d^2}$

62. 螺钉承受轴向拉力F，螺钉头与钢板之间的挤压应力是：

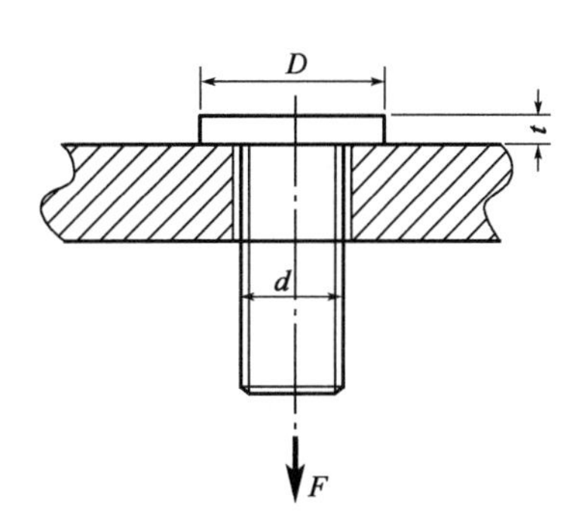

A. $\sigma_{bs}=\frac{4F}{\pi(D^2-d^2)}$

B. $\sigma_{bs}=\frac{F}{\pi dt}$

C. $\sigma_{bs}=\frac{4F}{\pi d^2}$

D. $\sigma_{bs}=\frac{4F}{\pi D^2}$

63. 圆轴直径为d，切变模量为G，在外力作用下发生扭转变形，现测得单位长度扭转角为θ，圆轴的最大切应力是：

A. $\tau_{\max}=\frac{16\theta G}{\pi d^3}$　　　　B. $\tau_{\max}=\theta G\frac{\pi d^3}{16}$

C. $\tau_{\max}=\theta Gd$　　　　D. $\tau_{\max}=\frac{\theta Gd}{2}$

64. 图示两根圆轴，横截面面积相同，但分别为实心圆和空心圆。在相同的扭矩T作用下，两轴最大切应力的关系是：

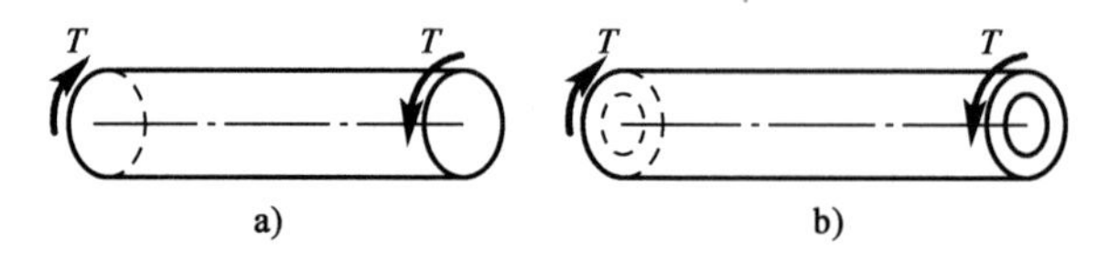

A. $\tau_a<\tau_b$　　　　B. $\tau_a=\tau_b$

C. $\tau_a>\tau_b$　　　　D. 不能确定

65. 简支梁AC的A、C截面为铰支端。已知的弯矩图如图所示，其中AB段为斜直线，BC段为抛物线。以下关于梁上荷载的正确判断是：

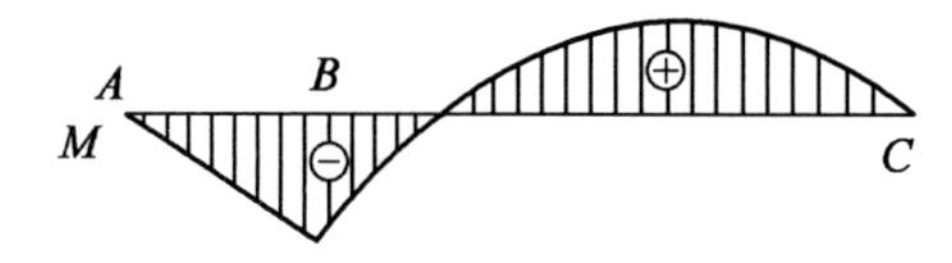

A. AB段$q=0$，BC段$q\neq0$，B截面处有集中力

B. AB段$q\neq0$，BC段$q=0$，B截面处有集中力

C. AB段$q=0$，BC段$q\neq0$，B截面处有集中力偶

D. AB段$q\neq0$，BC段$q=0$，B截面处有集中力偶

（q为分布荷载集度）

66. 悬臂梁的弯矩如图所示，根据梁的弯矩图，梁上的荷载F、m的值应是：

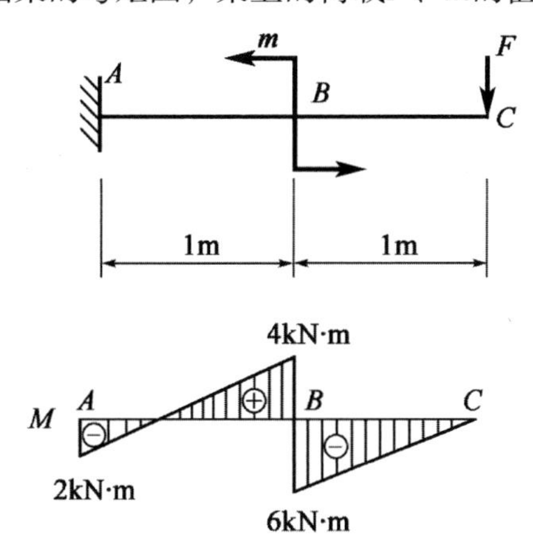

A. $F = 6\text{kN}$，$m = 10\text{kN}\cdot\text{m}$

B. $F = 6\text{kN}$，$m = 6\text{kN}\cdot\text{m}$

C. $F = 4\text{kN}$，$m = 4\text{kN}\cdot\text{m}$

D. $F = 4\text{kN}$，$m = 6\text{kN}\cdot\text{m}$

67. 承受均布荷载的简支梁如图 a）所示，现将两端的支座同时向梁中间移动$l/8$，如图 b）所示，两根梁的中点$\left(\frac{l}{2}\text{处}\right)$弯矩之比$\frac{M_a}{M_b}$为：

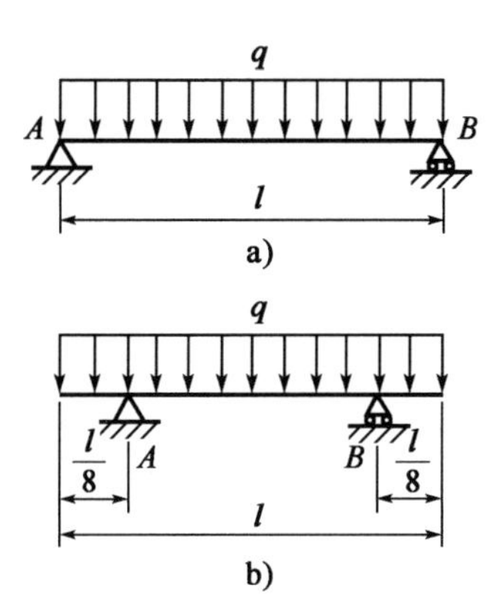

A. 16

B. 4

C. 2

D. 1

68. 按照第三强度理论，图示两种应力状态的危险程度是：

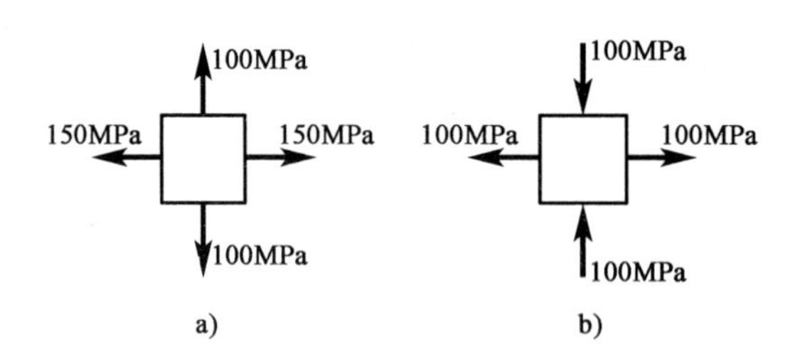

A. a）更危险　　B. b）更危险

C. 两者相同　　D. 无法判断

69. 两根杆粘合在一起，截面尺寸如图所示。杆 1 的弹性模量为E_1，杆 2 的弹性模量为E_2，且$E_1 = 2E_2$。若轴向力F作用在截面形心，则杆件发生的变形是：

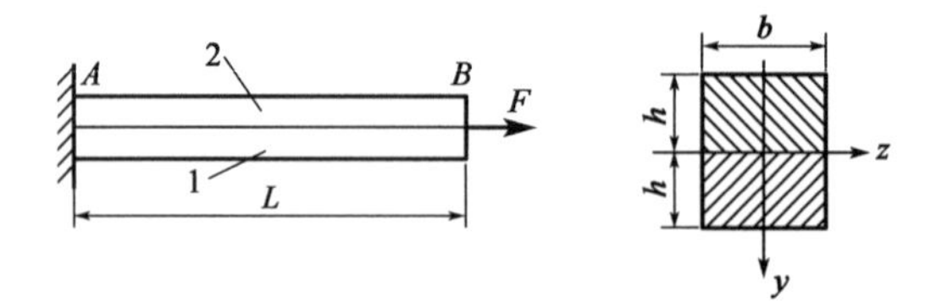

A. 拉伸和向上弯曲变形　　B. 拉伸和向下弯曲变形

C. 弯曲变形　　D. 拉伸变形

70. 图示细长压杆AB的A端自由，B端固定在简支梁上。该压杆的长度系数μ是：

A. $\mu > 2$

B. $2 > \mu > 1$

C. $1 > \mu > 0.7$

D. $0.7 > \mu > 0.5$

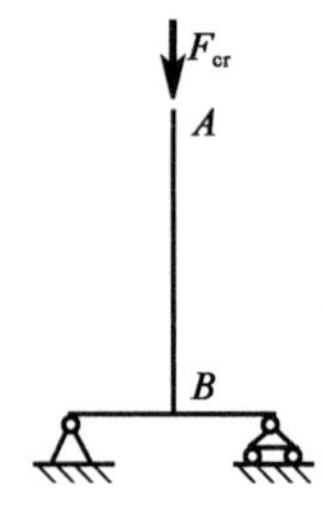

71. 半径为R的圆管中，横截面上流速分布为$u = 2\left(1 - \frac{r^2}{R^2}\right)$，其中$r$表示到圆管轴线的距离，则在$r_1 = 0.2R$处的黏性切应力与$r_2 = R$处的黏性切应力大小之比为：

A. 5　　B. 25

C. 1/5　　D. 1/25

72. 图示一水平放置的恒定变直径圆管流，不计水头损失，取两个截面标记为 1 和 2，当$d_1 > d_2$时，则两截面形心压强关系是：

A. $p_1 < p_2$

B. $p_1 > p_2$

C. $p_1 = p_2$

D. 不能确定

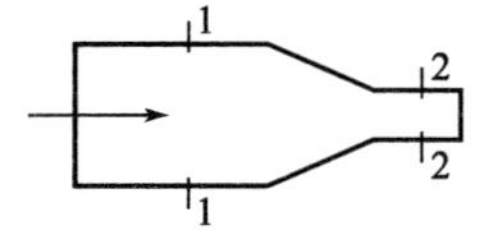

73. 水由喷嘴水平喷出，冲击在光滑平板上，如图所示，已知出口流速为50m/s，喷射流量为$0.2\mathrm{m}^3/\mathrm{s}$，不计阻力，则平板受到的冲击力为：

A. 5kN

B. 10kN

C. 20kN

D. 40kN

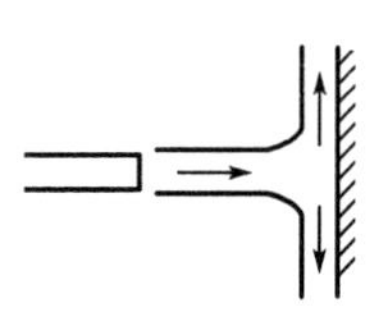

74. 沿程水头损失h_f：

A. 与流程长度成正比，与壁面切应力和水力半径成反比

B. 与流程长度和壁面切应力成正比，与水力半径成反比

C. 与水力半径成正比，与流程长度和壁面切应力成反比

D. 与壁面切应力成正比，与流程长度和水力半径成反比

75. 并联压力管的流动特征是：

A. 各分管流量相等

B. 总流量等于各分管的流量和，且各分管水头损失相等

C. 总流量等于各分管的流量和，且各分管水头损失不等

D. 各分管测压管水头差不等于各分管的总能头差

76. 矩形水力最优断面的底宽是水深的：

A. $\frac{1}{2}$

B. 1 倍

C. 1.5 倍

D. 2 倍

77. 渗流流速v与水力坡度J的关系是：

A. v正比于J

B. v反比于J

C. v正比于J的平方

D. v反比于J的平方

78. 烟气在加热炉回热装置中流动，拟用空气介质进行实验。已知空气黏度$\nu_{空气} = 15 \times 10^{-6} \text{m}^2/\text{s}$，烟气运动黏度$\nu_{烟气} = 60 \times 10^{-6} \text{m}^2/\text{s}$，烟气流速$v_{烟气} = 3\text{m/s}$，如若实际长度与模型长度的比尺$\lambda_L = 5$，则模型空气的流速应为：

A. 3.75m/s　　B. 0.15m/s

C. 2.4m/s　　D. 60m/s

79. 在一个孤立静止的点电荷周围：

A. 存在磁场，它围绕电荷呈球面状分布

B. 存在磁场，它分布在从电荷所在处到无穷远处的整个空间中

C. 存在电场，它围绕电荷呈球面状分布

D. 存在电场，它分布在从电荷所在处到无穷远处的整个空间中

80. 图示电路消耗电功率 2W，则下列表达式中正确的是：

A. $(8+R)I^2 = 2$，$(8+R)I = 10$

B. $(8+R)I^2 = 2$，$-(8+R)I = 10$

C. $-(8+R)I^2 = 2$，$-(8+R)I = 10$

D. $-(8+R)I = 10$，$(8+R)I = 10$

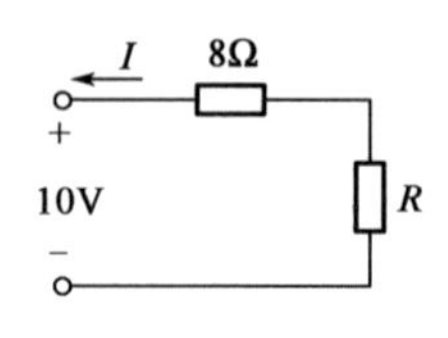

81. 图示电路中，a-b端的开路电压U_{abk}为：

A. 0

B. $\frac{R_1}{R_1+R_2}U_s$

C. $\frac{R_2}{R_1+R_2}U_s$

D. $\frac{R_2 /\!/ R_L}{R_1+R_2 /\!/ R_L}U_s$

（注：$R_2 /\!/ R_L = \frac{R_2 \cdot R_L}{R_2+R_L}$）

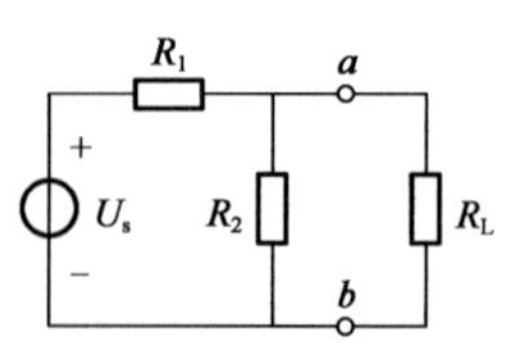

82. 在直流稳态电路中，电阻、电感、电容元件上的电压与电流大小的比值分别为：

A. R，0，0　　B. 0，0，∞

C. R，∞，0　　D. R，0，∞

83. 图示电路中，若$u(t)=\sqrt{2}\,U\sin(\omega t+\psi_{\mathrm{u}})$时，电阻元件上的电压为0，则：

A. 电感元件断开了

B. 一定有$I_{\mathrm{L}}=I_{\mathrm{C}}$

C. 一定有$i_{\mathrm{L}}=i_{\mathrm{C}}$

D. 电感元件被短路了

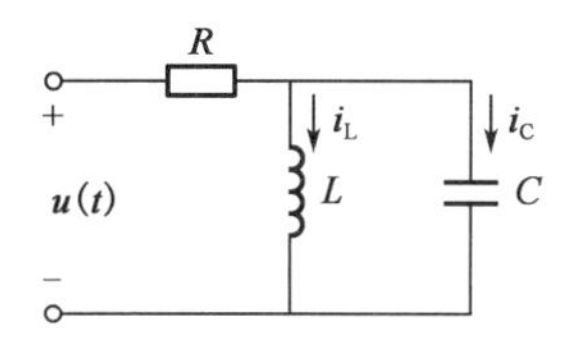

84. 已知图示三相电路中三相电源对称，$Z_1=z_1\angle\varphi_1$，$Z_2=z_2\angle\varphi_2$，$Z_3=z_3\angle\varphi_3$，若$U_{\mathrm{NN'}}=0$，则$z_1=z_2=z_3$，且：

A. $\varphi_1=\varphi_2=\varphi_3$

B. $\varphi_1-\varphi_2=\varphi_2-\varphi_3=\varphi_3-\varphi_1=120°$

C. $\varphi_1-\varphi_2=\varphi_2-\varphi_3=\varphi_3-\varphi_1=-120°$

D. N'必须被接地

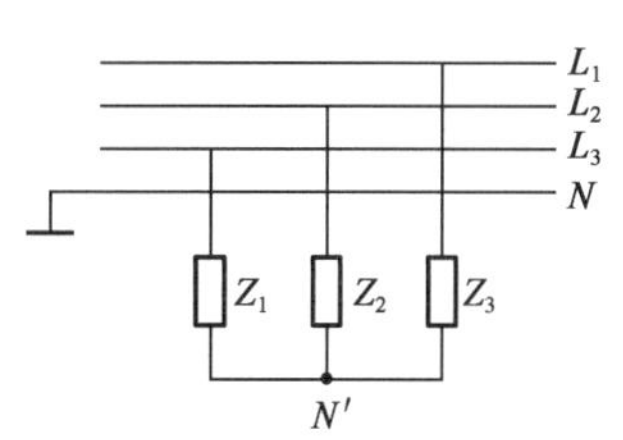

85. 图示电路中，设变压器为理想器件，若$u=10\sqrt{2}\sin\omega t\mathrm{V}$，则：

A. $U_1=\frac{1}{2}U$，$U_2=\frac{1}{4}U$

B. $I_1=0.01U$，$I_1=0$

C. $I_1=0.002U$，$I_2=0.004U$

D. $U_1=0$，$U_2=0$

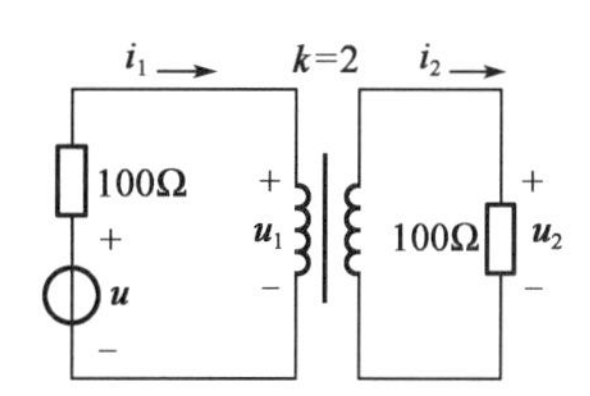

86. 对于三相异步电动机而言，在满载起动情况下的最佳启动方案是：

A. Y-△启动方案，起动后，电动机以Y接方式运行

B. Y-△启动方案，起动后，电动机以△接方式运行

C. 自耦调压器降压启动

D. 绕线式电动机串转子电阻启动

87. 关于信号与信息，以下几种说法中正确的是：

A. 电路处理并传输电信号

B. 信号和信息是同一概念的两种表述形式

C. 用“1”和“0”组成的信息代码“101”只能表示数量“5”

D. 信息是看得到的，信号是看不到的

88. 图示非周期信号$u(t)$的时域描述形式是：［注：$u(t)$是单位阶跃函数］

A. $u(t)=\begin{cases}1\text{V}, & t\leqslant 2\\ -1\text{V}, & t>2\end{cases}$

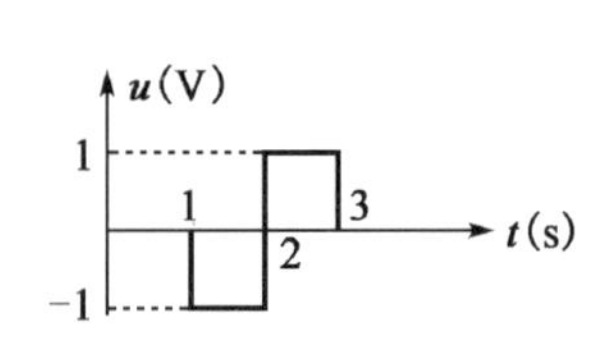

B. $u(t)=-1(t-1)+2\cdot 1(t-2)-1(t-3)\text{V}$

C. $u(t)=1(t-1)-1(t-2)\text{V}$

D. $u(t)=-1(t+1)+1(t+2)-1(t+3)\text{V}$

89. 某放大器的输入信号$u_1(t)$和输出信号$u_2(t)$如图所示，则：

A. 该放大器是线性放大器

B. 该放大器放大倍数为 2

C. 该放大器出现了非线性失真

D. 该放大器出现了频率失真

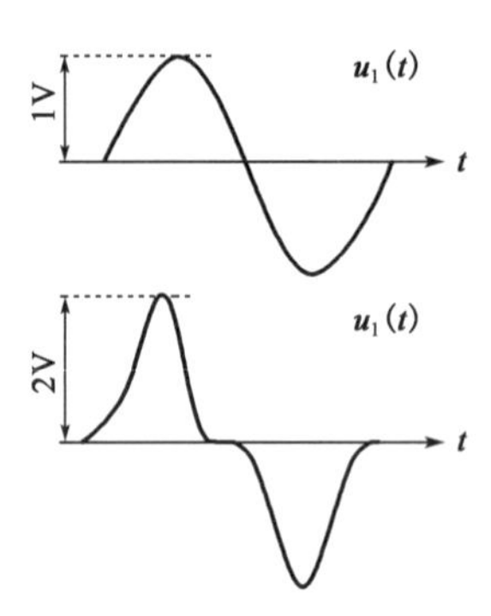

90. 对逻辑表达式$\text{ABC}+\text{A}\overline{\text{BC}}+\text{B}$的化简结果是：

A. AB　　　　B. A+B

C. ABC　　　　D. $\text{A}\overline{\text{BC}}$

91. 已知数字信号X和数字信号Y的波形如图所示，

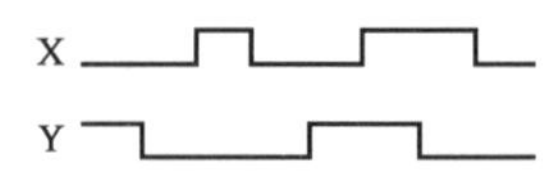

则数字信号$\text{F}=\overline{\text{XY}}$的波形为：

A. 

B.

C.

D.

92. 十进制数字 32 的 BCD 码为：

A. 00110010　　　　B. 00100000

C. 100000　　　　D. 00100011

93. 二级管应用电路如图所示，设二极管 D 为理想器件，$u_i = 10\sin\omega t$V，则输出电压u_o的波形为：

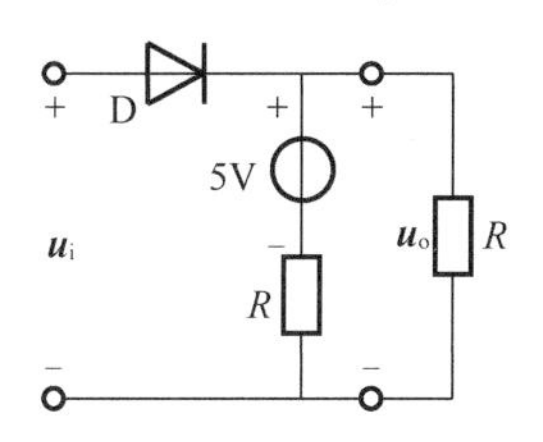

A.

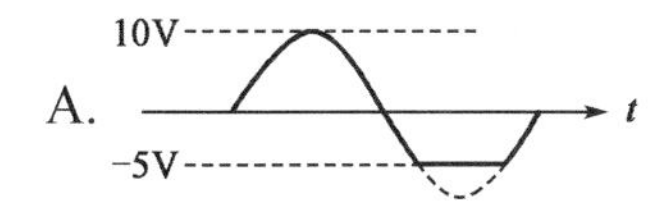

B.

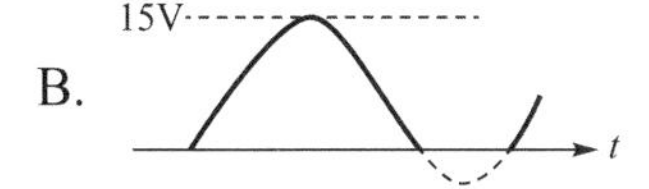

C.

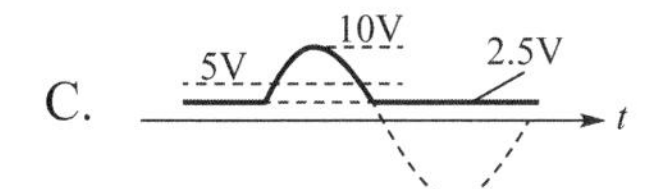

D.

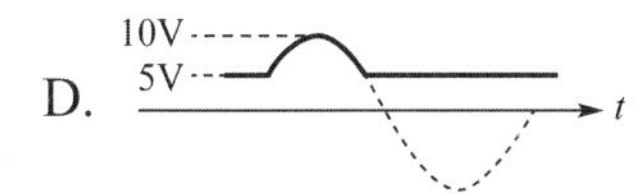

94. 晶体三极管放大电路如图所示，在进入电容C_E之后：

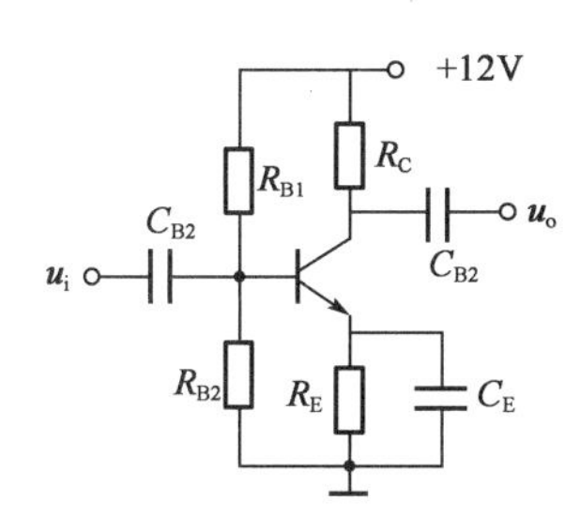

A. 放大倍数变小

B. 输入电阻变大

C. 输入电阻变小，放大倍数变大

D. 输入电阻变大，输出电阻变小，放大倍数变大

95. 图 a）所示电路中，复位信号$\overline{R}_D$，信号 A 及时钟脉冲信号 cp 如图 b）所示，经分析可知，在第一个和第二个时钟脉冲的下降沿时刻，输出 Q 分别等于：

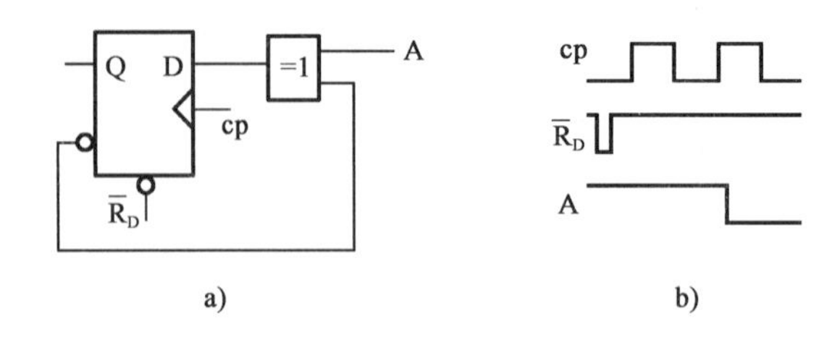

a)　　　　b)

A. 0　0

B. 0　1

C. 1　0

D. 1　1

附：触发器的逻辑状态表为

D	Q_{n+1}
0	0
1	1

96. 图 a）所示电路中，复位信号、数据输入及时钟脉冲信号如图 b）所示，经分析可知，在第一个和第二个时钟脉冲的下降沿过后，输出 Q 分别等于：

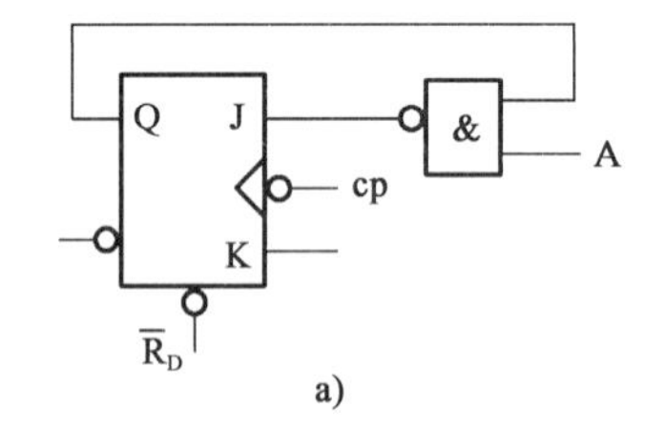

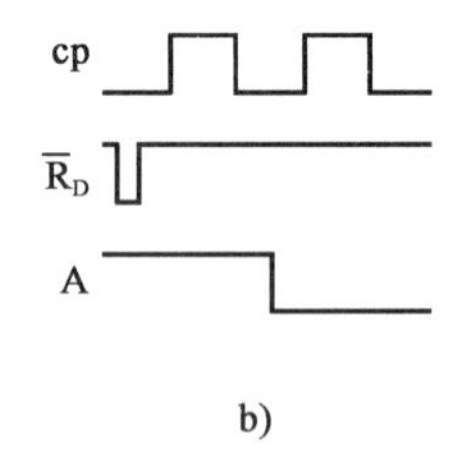

a)　　　　b)

A. 0　0

B. 0　1

C. 1　0

D. 1　1

附：触发器的逻辑状态表为

J	K	Q_{n+1}
0	0	Q_D
0	1	0
1	0	1
1	1	$\overline{Q}_D$

97. 现在全国都在开发三网合一的系统工程，即：

A. 将电信网、计算机网、通信网合为一体

B. 将电信网、计算机网、无线电视网合为一体

C. 将电信网、计算机网、有线电视网合为一体

D. 将电信网、计算机网、电话网合为一体

98. 在计算机的运算器上可以：

A. 直接解微分方程

B. 直接进行微分运算

C. 直接进行积分运算

D. 进行算数运算和逻辑运算

99. 总线中的控制总线传输的是：

A. 程序和数据

B. 主存储器的地址码

C. 控制信息

D. 用户输入的数据

100. 目前常用的计算机辅助设计软件是：

A. Microsoft Word

B. AutoCAD

C. Visual BASIC

D. Microsoft Access

101. 计算机中度量数据的最小单位是：

A. 数 0

B. 位

C. 字节

D. 字

102. 在下面列出的四种码中，不能用于表示机器数的一种是：

A. 原码

B. ASCII 码

C. 反码

D. 补码

103. 一幅图像的分辨率为 640×480 像素，这表示该图像中：

A. 至少由 480 个像素组成

B. 总共由 480 个像素组成

C. 每行由 640×480 个像素组成

D. 每列由 480 个像素组成

104. 在下面四条有关进程特征的叙述中，其中正确的一条是：

A. 静态性、并发性、共享性、同步性

B. 动态性、并发性、共享性、异步性

C. 静态性、并发性、独立性、同步性

D. 动态性、并发性、独立性、异步性

105. 操作系统的设备管理功能是对系统中的外围设备：

A. 提供相应的设备驱动程序，初始化程序和设备控制程序等

B. 直接进行操作

C. 通过人和计算机的操作系统对外围设备直接进行操作

D. 既可以由用户干预，也可以直接执行操作

106. 联网中的每台计算机：

A. 在联网之前有自己独立的操作系统，联网以后是网络中的某一个结点联网以后是网络中的某一个结点

B. 在联网之前有自己独立的操作系统，联网以后它自己的操作系统屏蔽

C. 在联网之前没有自己独立的操作系统，联网以后使用网络操作系统

D. 联网中的每台计算机有可以同时使用的多套操作系统

107. 某企业向银行借款，按季度计息，年名义利率为 8%，则年实际利率为：

A. 8%　　　　B. 8.16%

C. 8.24%　　　　D. 8.3%

108. 在下列选项中，应列入项目投资现金流量分析中的经营成本的是：

A. 外购原材料、燃料和动力费　　　　B. 设备折旧

C. 流动资金投资　　　　D. 利息支出

109. 某项目第 6 年累计净现金流量开始出现正值，第五年末累计净现金流量为−60 万元，第 6 年当年净现金流量为 240 万元，则该项目的静态投资回收期为：

A. 4.25 年　　　　B. 4.75 年

C. 5.25 年　　　　D. 6.25 年

110. 某项目初期（第 0 年年初）投资额为 5000 万元，此后从第二年年末开始每年有相同的净收益，收益期为 10 年。寿命期结束时的净残值为零，若基准收益率为 15%，则要使该投资方案的净现值为零，其年净收益应为：

[已知：$(P/A,15\%,10)=5.0188$，$(P/F,15\%,1)=0.8696$]

A. 574.98 万元　　　　B. 866.31 万元

C. 996.25 万元　　　　D. 1145.65 万元

111. 以下关于项目经济费用效益分析的说法中正确的是：

A. 经济费用效益分析应考虑沉没成本

B. 经济费用和效益的识别不适用“有无对比”原则

C. 识别经济费用效益时应剔出项目的转移支付

D. 为了反映投入物和产出物真实经济价值，经济费用效益分析不能使用市场价格

112. 已知甲、乙为两个寿命期相同的互斥项目，其中乙项目投资大于甲项目。通过测算得出甲、乙两项目的内部收益率分别为 17%和 14%，增量内部收益$\Delta IRR_{(乙-甲)}=13\%$，基准收益率为 14%，以下说法中正确的是：

A. 应选择甲项目　　B. 应选择乙项目

C. 应同时选择甲、乙两个项目　　D. 甲、乙两项目均不应选择

113. 以下关于改扩建项目财务分析的说法中正确的是：

A. 应以财务生存能力分析为主

B. 应以项目清偿能力分析为主

C. 应以企业层次为主进行财务分析

D. 应遵循“有无对比”原刚

114. 下面关于价值工程的论述中正确的是：

A. 价值工程中的价值是指成本与功能的比值

B. 价值工程中的价值是指产品消耗的必要劳动时间

C. 价值工程中的成本是指寿命周期成本，包括产品在寿命期内发生的全部费用

D. 价值工程中的成本就是产品的生产成本，它随着产品功能的增加而提高

115. 根据《中华人民共和国建筑法》规定，某建设单位领取了施工许可证，下列情节中，可能不导致施工许可证废止的是：

A. 领取施工许可证之日起三个月内因故不能按期开工，也未申请延期

B. 领取施工许可证之日起按期开工后又中止施工

C. 向发证机关申请延期开工一次，延期之日起三个月内，因故仍不能按期开工，也未申请延期

D. 向发证机关申请延期开工两次，超过 6 个月因故不能按期开工，继续申请延期

116. 某施工单位一个有职工185人的三级施工资质的企业，根据《中华人民共和国安全生产法》规定，该企业下列行为中合法的是：

A. 只配备兼职的安全生产管理人员

B. 委托具有国家规定相关专业技术资格的工程技术人员提供安全生产管理服务，由其负责承担保证安全生产的责任

C. 安全生产管理人员经企业考核后即任职

D. 设置安全生产管理机构

117. 下列属于《中华人民共和国招标投标法》规定的招标方式是：

A. 公开招标和直接招标

B. 公开招标和邀请招标

C. 公开招标和协议招标

D. 公开招标和非公开招标

118. 根据《中华人民共和国合同法》规定，下列行为不属于要约邀请的是：

A. 某建设单位发布招标公告

B. 某招标单位发出中标通知书

C. 某上市公司发出招标说明书

D. 某商场寄送的价目表

119. 根据《中华人民共和国行政许可法》的规定，除可以当场作出行政许可决定的外，行政机关应当自受理行政可之日起作出行政许可决定的时限是：

A. 5日之内

B. 7日之内

C. 15日之内

D. 20日之内

120. 某建设项目甲建设单位与乙施工单位签订施工总承包合同后，乙施工单位经甲建设单位认可，将打桩工程分包给丙专业承包单位，丙专业承包单位又将劳务作业分包给丁劳务单位，由于丙专业承包单位从业人员责任心不强，导致该打桩工程部分出现了质量缺陷，对于该质量缺陷的责任承担，以下说明正确的是：

A. 乙单位和丙单位承担连带责任

B. 丙单位和丁单位承担连带责任

C. 丙单位向甲单位承担全部责任

D. 乙、丙、丁三单位共同承担责任

2013年度全国勘察设计注册工程师执业资格考试基础考试（上）

试题解析及参考答案

1. 解 $\boldsymbol{\alpha}\times\boldsymbol{\beta}=\begin{vmatrix}\boldsymbol{i} & \boldsymbol{j} & \boldsymbol{k}\\ -3 & -2 & 1\\ 1 & -4 & -5\end{vmatrix}=14\boldsymbol{i}-14\boldsymbol{j}+14\boldsymbol{k}$

$|\boldsymbol{\alpha}\times\boldsymbol{\beta}|=\sqrt{14^2+14^2+14^2}=\sqrt{3\times14^2}=14\sqrt{3}$

答案：C

2. 解 因为$\lim\limits_{x\to1}(x^2+x-2)=0$

故$\lim\limits_{x\to1}(2x^2+ax+b)=0$，即$2+a+b=0$，得$b=-2-a$，代入原式：

$$\lim_{x\to1}\frac{2x^2+ax-2-a}{x^2+x-2}=\lim_{x\to1}\frac{2(x+1)(x-1)+a(x-1)}{(x+2)(x-1)}=\lim_{x\to1}\frac{2\times2+a}{3}=1$$

故$4+a=3$，得$a=-1$，$b=-1$

答案：C

3. 解 $\dfrac{\mathrm{d}y}{\mathrm{d}x}=\dfrac{\frac{\mathrm{d}y}{\mathrm{d}t}}{\frac{\mathrm{d}x}{\mathrm{d}t}}=\dfrac{-\sin t}{\cos t}=-\tan t$

答案：A

4. 解 $\left[\int f(x)\mathrm{d}x\right]'=f(x)$

答案：B

5. 解 举例$f(x)=x^2$，$\int x^2\mathrm{d}x=\frac{1}{3}x^3+C$

当$C=0$时，$\int x^2\mathrm{d}x=\frac{1}{3}x^3$为奇函数；

当$C=1$时，$\int x^2\mathrm{d}x=\frac{1}{3}x^3+1$为非奇非偶函数。

答案：A

6. 解 $\lim\limits_{x\to1^-}f(x)=\lim\limits_{x\to1^-}3x^2=3$，$\lim\limits_{x\to1^+}(4x-1)=3$，$f(1)=3$，函数$f(x)$在$x=1$处连续。

$f'_+(1)=\lim\limits_{x\to1^+}\frac{4x-1-3\times1}{x-1}=\lim\limits_{x\to1^+}\frac{4(x-1)}{x-1}=4$

$f'_-(1)=\lim\limits_{x\to1^-}\frac{3x^2-3}{x-1}=\lim\limits_{x\to1^-}\frac{3(x+1)(x-1)}{x-1}=6$

$f'_+(1)\neq f'_-(1)$，在$x=1$处不可导；

故$f(x)$在$x=1$处连续不可导。

答案：C

7. 解

$$y' = -1 \cdot x^{\frac{2}{3}} + (5-x)\frac{2}{3}x^{-\frac{1}{3}} = -x^{\frac{2}{3}} + \frac{2}{3}\cdot\frac{5-x}{x^{\frac{1}{3}}} = \frac{-3x+2(5-x)}{3x^{\frac{1}{3}}}$$

$$= \frac{-3x+10-2x}{3\cdot x^{\frac{1}{3}}} = \frac{5(2-x)}{3x^{\frac{1}{3}}}$$

可知$x=0$，$x=2$为极值可疑点，所以极值可疑点的个数为 2。

答案：C

8. 解 选项 A：$\int_0^{+\infty} e^{-x}\mathrm{d}x = -\int_0^{+\infty} e^{-x}\,\mathrm{d}(-x) = -e^{-x}\Big|_0^{+\infty} = -\left(\lim\limits_{x\to+\infty} e^{-x} - 1\right) = 1$

选项 B：$\int_0^{+\infty}\frac{1}{1+x^2}\mathrm{d}x = \arctan x\Big|_0^{+\infty} = \frac{\pi}{2}$

选项 C：因为$\lim\limits_{x\to0^+}\frac{\ln x}{x} = \lim\limits_{x\to0^+}\frac{1}{x}\ln x \to \infty$，所以函数在$x\to0^+$无界。

$$\int_0^{+\infty}\frac{\ln x}{x}\mathrm{d}x = \int_0^1\frac{\ln x}{x}\mathrm{d}x + \int_1^{+\infty}\frac{\ln x}{x}\mathrm{d}x = \int_0^1 \ln x\mathrm{d}\ln x + \int_1^{+\infty}\ln x\mathrm{d}\ln x$$

而$\int_0^1 \ln x\mathrm{d}\ln x = \frac{1}{2}(\ln x)^2\Big|_0^1 = -\infty$，故广义积分发散。

（注：$\lim\limits_{x\to0^+}\frac{\ln x}{x} = \infty$，$x=0$为无穷间断点）

选项 D：$\int_0^1\frac{1}{\sqrt{1-x^2}}\mathrm{d}x = \arcsin x\Big|_0^1 = \frac{\pi}{2}$

注：$\lim\limits_{x\to1^-}\frac{1}{\sqrt{1-x^2}} = +\infty$，$x=1$为无穷间断点。

答案：C

9. 解 见解图，D：$0\leqslant y\leqslant 1$，$y\leqslant x\leqslant\sqrt{y}$；

$y=x$，即$x=y$；$y=x^2$，得$x=\sqrt{y}$；

所以二次积分交换积分顺序后为$\int_0^1\mathrm{d}y\int_y^{\sqrt{y}} f(x,y)\mathrm{d}x$。

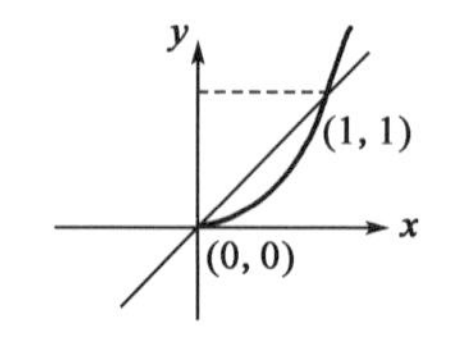

题 9 解图

答案：D

10. 解 $x\frac{\mathrm{d}y}{\mathrm{d}x} = y\ln y$，$\frac{1}{y\ln y}\mathrm{d}y = \frac{1}{x}\mathrm{d}x$，$\ln\ln y = \ln x + \ln C$

$\ln y = Cx$，$y = e^{Cx}$，代入$x=1$，$y=e$，有$e=e^{1C}$，得$C=1$

所以$y=e^x$

答案：B

11. 解 $F(x,y,z) = xz - xy + \ln(xyz)$

$$F_x = z - y + \frac{yz}{xyz} = z - y + \frac{1}{x},\ F_y = -x + \frac{xz}{xyz} = -x + \frac{1}{y},\ F_z = x + \frac{xy}{xyz} = x + \frac{1}{z}$$

$$\frac{\partial z}{\partial y} = -\frac{F_y}{F_z} = -\frac{\dfrac{-xy+1}{y}}{\dfrac{xz+1}{z}} = -\frac{(1-xy)z}{y(xz+1)} = \frac{z(xy-1)}{y(xz+1)}$$

答案：D

12. 解　正项级数$\sum\limits_{n=1}^{\infty} u_n$收敛的充分必要条件是，它的部分和数列$\{S_n\}$有界。

答案：A

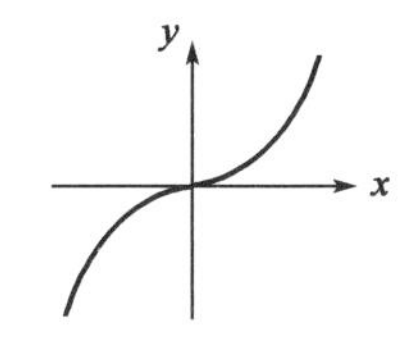

题 13 解图

13. 解　已知$f(-x)=-f(x)$，函数在$(-\infty,+\infty)$为奇函数。

可配合图形说明在$(-\infty,0)$，$f'(x)>0$，$f''(x)<0$，凸增。

故在$(0,+\infty)$为凹增，即在$(0,+\infty)$，$f'(x)>0$，$f''(x)>0$。

答案：C

14. 解　特征方程：$r^2-3r+2=0$，$r_1=1$，$r_2=2$，$f(x)=xe^x$，$r=1$为对应齐次方程的特征方程的单根，故特解形式$y^*=x(Ax+B)\cdot e^x$。

答案：A

15. 解　$\vec{s}=\{3,-1,2\}$，$\vec{n}=\{-2,2,1\}$，$\vec{s}\cdot\vec{n}\neq 0$，$\vec{s}$与$\vec{n}$不垂直。

故直线L不平行于平面π，从而选项 B、D 不成立；又因为$\vec{s}$不平行于$\vec{n}$，所以L不垂直于平面π，选项 A 不成立；即直线L与平面π非垂直相交。

答案：C

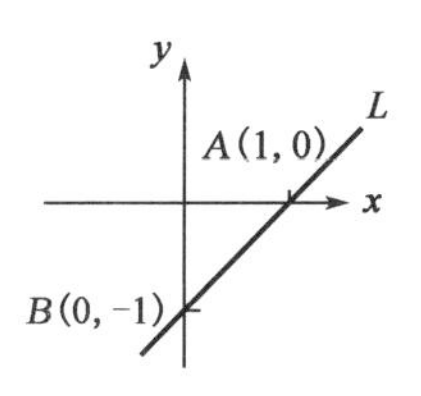

题 16 解图

16. 解　见解图，L：$y=x-1$，所以L的参数方程$\begin{cases}x=x\\y=x-1\end{cases}$，$0\leqslant x\leqslant 1$

$ds=\sqrt{1^2+1^2}dx=\sqrt{2}dx$

故$\int_L(y-x)ds=\int_0^1(x-1-x)\sqrt{2}dx=-\sqrt{2}\cdot 1=-\sqrt{2}$

答案：D

17. 解　$R=3$，则$\rho=\frac{1}{3}$

选项 A：$\sum\limits_{n=0}^{\infty}3x^n$，$\lim\limits_{n\to\infty}\left|\frac{a_{n+1}}{a_n}\right|=1$

选项 B：$\sum\limits_{n=1}^{\infty}3^n x^n$，$\lim\limits_{n\to x}\left|\frac{3^{n+1}}{3^n}\right|=3$

选项 C：$\sum\limits_{n=0}^{\infty}\frac{1}{3^{\frac{n}{2}}}x^n$，$\lim\limits_{n\to\infty}\left|\frac{\frac{1}{3^{\frac{n+1}{2}}}}{\frac{1}{3^{\frac{n}{2}}}}\right|=\lim\limits_{n\to\infty}\frac{1}{3^{\frac{n+1}{2}}}\cdot 3^{\frac{n}{2}}=\lim\limits_{n\to\infty}3^{\frac{n}{2}-\frac{n+1}{2}}=3^{-\frac{1}{2}}$

选项 D：$\sum\limits_{n=0}^{\infty}\frac{1}{3^{n+1}}x^n$，$\lim\limits_{n\to\infty}\left|\frac{\frac{1}{3^{n+2}}}{\frac{1}{3^{n+1}}}\right|=\lim\limits_{n\to\infty}\frac{3^{n+1}}{3^{n+2}}=\frac{1}{3}$，$\rho=\frac{1}{3}$，$R=\frac{1}{\rho}=3$

答案：D

18. 解　$z=f(x,y)$，$\begin{cases}x=x\\y=\varphi(x)\end{cases}$，则$\frac{dz}{dx}=\frac{\partial f}{\partial x}\cdot 1+\frac{\partial f}{\partial y}\cdot\frac{d\varphi}{dx}$

答案：B

19. 解　以$\boldsymbol{\alpha}_1$、$\boldsymbol{\alpha}_2$、$\boldsymbol{\alpha}_3$、$\boldsymbol{\alpha}_4$为列向量作矩阵$\boldsymbol{A}$

$$A=\begin{bmatrix}3&3&1&6\\2&-1&-\frac{1}{3}&-2\\-5&3&1&6\end{bmatrix}\xrightarrow{-r_1+r_3}\begin{bmatrix}3&3&1&6\\2&-1&-\frac{1}{3}&-2\\-8&0&0&0\end{bmatrix}\xrightarrow{-\frac{1}{8}r_3}\begin{bmatrix}3&3&1&6\\2&-1&-\frac{1}{3}&-2\\1&0&0&0\end{bmatrix}\xrightarrow[(-2)r_3+r_2]{(-3)r_3+r_1}$$

$$\begin{bmatrix}0&3&1&6\\0&-1&-\frac{1}{3}&-2\\1&0&0&0\end{bmatrix}\xrightarrow{3r_2+r_1}\begin{bmatrix}0&0&0&0\\0&-1&-\frac{1}{3}&-2\\1&0&0&0\end{bmatrix}\xrightarrow{r_1\leftrightarrow r_3}\begin{bmatrix}1&0&0&0\\0&-1&-\frac{1}{3}&-2\\0&0&0&0\end{bmatrix}$$

极大无关组为$\boldsymbol{\alpha}_1$、$\boldsymbol{\alpha}_2$。

（说明：因为行阶梯形矩阵的第二行中第3列、第4列的数也不为0，所以$\boldsymbol{\alpha}_1$、$\boldsymbol{\alpha}_3$或$\boldsymbol{\alpha}_1$、$\boldsymbol{\alpha}_4$也是向量组的最大线性无关组。）

答案：C

20. 解 设$\boldsymbol{A}$为$m\times n$矩阵，$m<n$，则$R(\boldsymbol{A})=r\leqslant \min\{m,n\}=m<n$，$\boldsymbol{Ax}=\boldsymbol{0}$必有非零解。

选项D错误，因为增广矩阵的秩不一定等于系数矩阵的秩。

答案：B

21. 解 矩阵相似有相同的特征多项式，有相同的特征值。

方法1：

$$|\lambda\boldsymbol{E}-\boldsymbol{A}|=\begin{vmatrix}\lambda-1&1&-1\\-2&\lambda-4&2\\3&3&\lambda-5\end{vmatrix}\overline{\overline{(-3)r_1+r_3}}\begin{vmatrix}\lambda-1&1&-1\\-2&\lambda-4&2\\-3\lambda+6&0&\lambda-2\end{vmatrix}\overline{\overline{-(\lambda-4)r_1+r_2}}$$

$$\begin{vmatrix}\lambda-1&1&-1\\-\lambda^2+5\lambda-6&0&\lambda-2\\-3\lambda+6&0&\lambda-2\end{vmatrix}=(-1)^{1+2}\begin{vmatrix}-(\lambda-2)(\lambda-3)&\lambda-2\\-3(\lambda-2)&\lambda-2\end{vmatrix}$$

$$=(\lambda-2)(\lambda-2)\begin{vmatrix}+(\lambda-3)&1\\3&1\end{vmatrix}=(\lambda-2)(\lambda-2)[+(\lambda-3)-3]$$

$$=(\lambda-2)(\lambda-2)(\lambda-6)$$

特征值为2，2，6；矩阵$\boldsymbol{B}$中$\lambda=6$。

方法2：因为$\boldsymbol{A}\sim\boldsymbol{B}$，所以$\boldsymbol{A}$与$\boldsymbol{B}$的主对角线元素和相等，$\sum_{i=1}^{3}a_{ii}=\sum_{i=1}^{3}b_{ii}$，即$1+4+5=\lambda+2+2$，得$\lambda=6$。

答案：A

22. 解 A、B相互独立，则$P(AB)=P(A)P(B)$，$P(A\cup B)=P(A)+P(B)-P(AB)=P(A)+P(B)-P(A)P(B)=0.7$或$P(A\cup B)=1-P(\overline{A\cup B})=1-P(\overline{A}\,\overline{B})=1-P(\overline{A})P(\overline{B})=0.7$。

答案：C

23. 解 分布函数［记为$Q(x)$］性质为：①$0\leqslant Q(x)\leqslant 1$，$Q(-\infty)=0$，$Q(+\infty)=1$；②$Q(x)$是非减函数；③$Q(x)$是右连续的。

$\Phi(+\infty)=-\infty$；$F(x)$满足分布函数的性质①、②、③；

$G(-\infty)=+\infty$；$x\geqslant 0$时，$H(x)>1$。

答案：B

24. 解 注意$E(X)=0$，$\sigma^2=D(X)=E(X^2)-[E(X)]^2=E(X^2)$，$\sigma^2$也是$X$的二阶原点矩，$\sigma^2$的矩估计量是样本的二阶原点矩$\frac{1}{n}\sum\limits_{i=1}^{n}X_i^2$。

说明：统计推断时要充分利用已知信息。当$E(X)=\mu$已知时，估计$D(X)=\sigma^2$，用$\frac{1}{n}\sum\limits_{i=1}^{n}(X_i-\mu)^2$比用$\frac{1}{n}\sum\limits_{i=1}^{n}\left(X_i-\overline{X}\right)^2$效果好。

答案：D

25. 解 ①分子的平均动能$=\frac{3}{2}kT$，若分子的平均平动动能相同，则温度相同。

②分子的平均动能=平均(平动动能+转动动能)$=\frac{i}{2}kT$。其中，i为分子自由度，而$i(\mathrm{He})=3$，$i(\mathrm{N_2})=5$，则氦分子和氮分子的平均动能不同。

答案：B

26. 解 此题需要正确理解最概然速率的物理意义，v_{p}为$f(v)$最大值所对应的速率。

答案：C

注：25、26题2011年均考过。

27. 解 画等压膨胀p-V图，由图知$V_2>V_1$，故气体对外做正功。

由等温线知$T_2>T_1$，温度升高。

答案：A

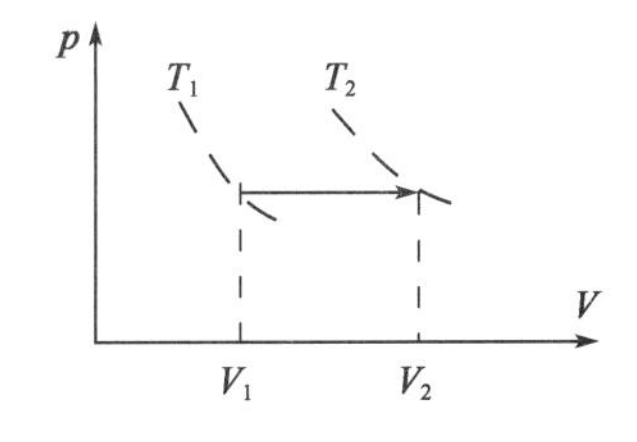

题27解图

28. 解 $Q_{\mathrm{T}}=\frac{m}{M}RT\ln\frac{V_2}{V_1}=p_1V_1\ln\frac{V_2}{V_1}$

答案：A

29. 解 ①波动方程标准式：$y=A\cos\left[\omega\left(t-\frac{x-x_0}{u}\right)+\varphi_0\right]$

②本题方程：$y=-0.02\cos\pi(4x-50t)=0.02\cos[\pi(4x-50t)+\pi]$

$$=0.02\cos[\pi(50t-4x)+\pi]=0.02\cos\left[50\pi\left(t-\frac{4x}{50}\right)+\pi\right]$$

$$=0.02\cos\left[50\pi\left(t-\frac{x}{\frac{50}{4}}\right)+\pi\right]$$

故$\omega=50\pi=2\pi\nu$，$\nu=25\mathrm{Hz}$，$u=\frac{50}{4}$

波长$\lambda=\frac{u}{\nu}=0.5\mathrm{m}$，振幅$A=0.02\mathrm{m}$

答案：D

30. 解 a、b、c、d处质元都垂直于x轴上下振动。由图知，t时刻a处质元位于振动的平衡位置，此时速率最大，动能最大，势能也最大。

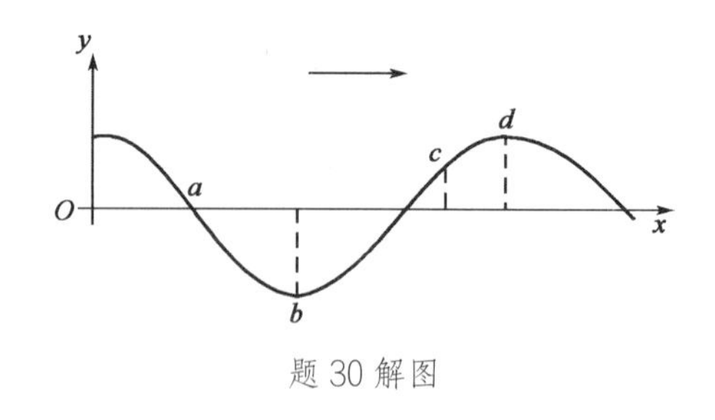

题 30 解图

答案：A

31. 解 $x_{腹} = \pm k\frac{\lambda}{2}$，$k = 0,1,2,\cdots$。相邻两波腹之间的距离为：$x_{k+1} - x_k = (k+1)\frac{\lambda}{2} - k\frac{\lambda}{2} = \frac{\lambda}{2}$。

答案：A

32. 解 设线偏振光的光强为I，线偏振光与第一个偏振片的夹角为φ。因为最终线偏振光的振动方向要转过90°，所以第一个偏振片与第二个偏振片的夹角为$\frac{\pi}{2} - \varphi$。

根据马吕斯定律：

线偏振光通过第一块偏振片后的光强$I_1 = I\cos^2\varphi$

线偏振光通过第二块偏振片后的光强$I_2 = I_1\cos^2\left(\frac{\pi}{2} - \varphi\right) = \frac{I}{4}\sin^2 2\varphi$

要使透射光强达到最强，令$\sin 2\varphi = 1$，得$\varphi = \frac{\pi}{4}$，透射光强的最大值为$\frac{I}{4}$。

入射光的振动方向与前后两偏振片的偏振化方向夹角分别为45°和90°。

答案：A

33. 解 光的干涉和衍射现象反映了光的波动性质，光的偏振现象反映了光的横波性质。

答案：B

34. 解 注意到$1\text{nm} = 10^{-9}\text{m} = 10^{-6}\text{mm}$。

由$\Delta x = \Delta n\frac{\lambda}{2}$，有$0.62 = 2300\frac{\lambda}{2}$，$\lambda = 5.39 \times 10^{-4}\text{mm} = 539\text{nm}$。

答案：B

35. 解 对暗纹$a\sin\varphi = k\lambda = 2k\frac{\lambda}{2}$，令$k = 3$，故半波带数目为6。

答案：D

36. 解 劈尖干涉明纹公式：$2nd + \frac{\lambda}{2} = k\lambda$，$k = 1,2,\cdots$

对应的薄膜厚度差$2nd_5 - 2nd_3 = 2\lambda$，故$d_5 - d_3 = \frac{\lambda}{n}$。

答案：B

37. 解 一组允许的量子数n、l、m取值对应一个合理的波函数，即可以确定一个原子轨道。量子数$n = 4$，$l = 2$，$m = 0$为一组合理的量子数，确定一个原子轨道。

答案：A

38. 解 根据价电子对互斥理论：

PCl_3的价电子对数$x=\frac{1}{2}$(P 的价电子数＋三个 Cl 提供的价电子数)$=\frac{1}{2}(5+3)=4$

PCl_3分子中，P 原子形成三个 P-Cl σ 键，价电子对数减去σ键数等于 1，所以 P 原子除形成三个 P-Cl 键外，还有一个孤电子对，PCl_3的空间构型为三角锥形，P 为不等性sp^3杂化。

答案：B

39. 解 由已知条件可知

$$Fe^{3+}\xrightarrow[z_1=1]{0.771}Fe^{2+}\xrightarrow[z_2=2]{-0.44}Fe \quad (z=3)$$

即 $Fe^{3+}+z_1e=Fe^{2+}$

+）$Fe^{2+}+z_2e=Fe$

$Fe^{3+}+ze=Fe$

$$E^{\ominus}(Fe^{3+}/Fe)=\frac{z_1E^{\ominus}(Fe^{3+}/Fe^{2+})+z_2E^{\ominus}(Fe^{2+}/Fe)}{z}=\frac{0.771+2\times(-0.44)}{3}\approx -0.036V$$

答案：C

40. 解 在$BaSO_4$饱和溶液中，存在$BaSO_4 \rightleftharpoons Ba^{2+}+{SO_4}^{2-}$平衡，加入$BaCl_2$，溶液中$Ba^{2+}$增加，平衡向左移动，${SO_4}^{2-}$的浓度减小。

答案：B

41. 解 催化剂之所以加快反应的速率，是因为它改变了反应的历程，降低了反应的活化能，增加了活化分子百分数。

答案：C

42. 解 此反应为气体分子数减小的反应，升压，反应向右进行；反应的$\Delta_rH_m<0$，为放热反应，降温，反应向右进行。

答案：C

43. 解 负极 氧化反应：$Ag+Cl^- = AgCl+e$

正极 还原反应：$Ag^++e = Ag$

电池反应：$Ag^++Cl^- = AgCl$

原电池负极能斯特方程式为：$\varphi_{AgCl/Ag}=\varphi^{\ominus}_{AgCl/Ag}+0.059\lg\frac{1}{c(Cl^-)}$。

由于负极中加入NaCl，Cl^-浓度增加，则负极电极电势减小，正极电极电势不变，因此电池的电动势增大。

答案：A

44. 解 乙烯与氯气混合，可以发生加成反应：$C_2H_4+Cl_2 = CH_2Cl-CH_2Cl$。

答案：C

45. 解 羟基与烷基直接相连为醇，通式为 R—OH（R 为烷基）；羟基与芳香基直接相连为酚，通式为 Ar—OH（Ar 为芳香基）。

答案：D

46. 解 由低分子化合物（单体）通过加成反应，相互结合成高聚物的反应称为加聚反应。加聚反应没有产生副产物，高聚物成分与单体相同，单体含有不饱和键。HCHO 为甲醛，加聚反应为：$n\mathrm{H_2C=O} \longrightarrow \mathrm{+\!\!\!\!\,[CH_2-O]\!\!\!+}_n$。

答案：C

47. 解 E处为光滑接触面约束，根据约束的性质，约束力应垂直于支撑面，指向被约束物体。

答案：B

48. 解 F力和均布力q的合力作用线均通过O点，故合力矩为零。

答案：A

49. 解 取构架整体为研究对象，列平衡方程：

$$\sum M_{\mathrm{A}}(F)=0,\ F_{\mathrm{B}}\cdot 2L_2-F_{\mathrm{p}}\cdot 2L_1=0$$

答案：A

50. 解 根据斜面的自锁条件，斜面倾角小于摩擦角时，物体静止。

答案：A

51. 解 将$t=x$代入y的表达式。

答案：C

52. 解 分别对运动方程x和y求时间t的一阶、二阶导数，再令$t=0$，且有$v=\sqrt{\dot{x}^2+\dot{y}^2}$，$a=\sqrt{\ddot{x}^2+\ddot{y}^2}$。

答案：B

53. 解 两轮啮合点A、B的速度相同，且$v_{\mathrm{A}}=R_1\omega_1$，$v_{\mathrm{B}}=R_2\omega_2$。

答案：D

54. 解 可在A上加一水平向左的惯性力，根据达朗贝尔原理，物块A上作用的重力mg、法向约束力F_{N}、摩擦力F以及大小为ma的惯性力组成平衡力系，沿斜面列平衡方程，当摩擦力$F=ma\cos\theta+mg\sin\theta\leqslant F_{\mathrm{N}}f(F_{\mathrm{N}}=mg\cos\theta-ma\sin\theta)$时可保证$A$与$B$一起以加速度$a$水平向右运动。

答案：C

55. 解 物块A上的摩擦力水平向右，使其向右运动，故做正功。

答案：C

56. 解　杆位于铅垂位置时有$J_{B}\alpha = M_{B} = 0$；故角加速度$\alpha = 0$；而角速度可由动能定理：$\frac{1}{2}J_{B}\omega^2 = mgl$，得$\omega^2 = \frac{3g}{2l}$。则质心的加速度为：$a_{Cx} = 0$，$a_{Cy} = l\omega^2$。根据质心运动定理，有$ma_{Cx} = F_{Bx}$，$ma_{Cy} = F_{By} - mg$，便可得最后结果。

答案：D

57. 解　根据定义，惯性力系主矢的大小为：$ma_{C} = m\frac{R}{2}\omega^2$；主矩的大小为：$J_{O}\alpha = 0$。

答案：A

58. 解　发生共振时，系统的工作频率与其固有频率相等。

$$\omega_0 = \sqrt{\frac{k}{m}} = \sqrt{\frac{2 \times 10^6}{110}} = 134.8\text{rad/s}$$

答案：D

59. 解　取节点C，画C点的受力图，如图所示。

$$\sum F_x = 0,\ F_1 \sin 45° = F_2 \sin 30°$$

$$\sum F_y = 0,\ F_1 \cos 45° + F_2 \cos 30° = F$$

可得$F_1 = \frac{\sqrt{2}}{1+\sqrt{3}}F$，$F_2 = \frac{2}{1+\sqrt{3}}F$

故$F_2 > F_1$，而$\sigma_2 = \frac{F_2}{A} > \sigma_1 = \frac{F_1}{A}$

所以杆 2 最先达到许用应力。

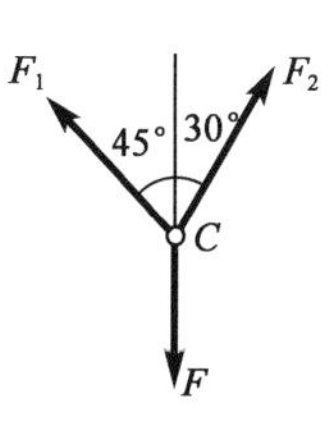

题 59 解图

答案：B

60. 解　此题受力是对称的，故$F_1 = F_2 = \frac{F}{2}$

由杆 1，得$\sigma_1 = \frac{F_1}{A_1} = \frac{\frac{F}{2}}{A} = \frac{F}{2A} \leqslant [\sigma]$，故$F \leqslant 2A[\sigma]$

由杆 2，得$\sigma_2 = \frac{F_2}{A_2} = \frac{\frac{F}{2}}{2A} = \frac{F}{4A} \leqslant [\sigma]$，故$F \leqslant 4A[\sigma]$

从两者取最小的，所以$[F] = 2A[\sigma]$。

答案：B

61. 解　把F力平移到铆钉群中心O，并附加一个力偶$m = F \cdot \frac{5}{4}L$，在铆钉上将产生剪力Q_1和Q_2，其中$Q_1 = \frac{F}{2}$，而Q_2计算方法如下。

$$\sum M_O = 0,\ Q_2 \cdot \frac{L}{2} = F \cdot \frac{5}{4}L,\ Q_2 = \frac{5}{2}F$$

则

$$Q = Q_1 + Q_2 = 3F,\ \tau_{\max} = \frac{Q}{\frac{\pi}{4}d^2} = \frac{12F}{\pi d^2}$$

答案：C

62. 解 螺钉头与钢板之间的接触面是一个圆环面，故挤压面$A_{\text{bs}}=\frac{\pi}{4}(D^2-d^2)$。

$$\sigma_{\text{bs}}=\frac{F_{\text{bs}}}{A_{\text{bs}}}=\frac{F}{\frac{\pi}{4}(D^2-d^2)}$$

答案：A

63. 解 圆轴的最大切应力$\tau_{\max}=\frac{T}{I_{\text{p}}}\cdot\frac{d}{2}$，圆轴的单位长度扭转角$\theta=\frac{T}{GI_{\text{p}}}$

故$\frac{T}{I_{\text{p}}}=\theta G$，代入得$\tau_{\max}=\theta G\frac{d}{2}$

答案：D

64. 解 设实心圆直径为d，空心圆外径为D，空心圆内外径之比为α，因两者横截面积相同，故有$\frac{\pi}{4}d^2=\frac{\pi}{4}D^2(1-\alpha^2)$，即$d=D(1-\alpha^2)^{\frac{1}{2}}$。

$$\frac{\tau_{\text{a}}}{\tau_{\text{b}}}=\frac{\dfrac{T}{\frac{\pi}{16}d^3}}{\dfrac{T}{\frac{\pi}{16}D^3(1-\alpha^4)}}=\frac{D^3(1-\alpha^4)}{d^3}=\frac{D^3(1-\alpha^2)(1+\alpha^2)}{D^3(1-\alpha^2)(1-\alpha^2)^{\frac{1}{2}}}=\frac{1+\alpha^2}{\sqrt{1-\alpha^2}}>1$$

答案：C

65. 解 根据“零、平、斜”“平、斜、抛”的规律，AB段的斜直线，对应AB段$q=0$；BC段的抛物线，对应BC段$q\neq0$，即应有q。而B截面处有一个转折点，应对应于一个集中力。

答案：A

66. 解 弯矩图中B截面的突变值为$10\text{kN}\cdot\text{m}$，故$m=10\text{kN}\cdot\text{m}$。

答案：A

67. 解 $M_{\text{a}}=\frac{1}{8}ql^2$，$M_{\text{b}}$的计算可用叠加法，如解图所示，则$\frac{M_{\text{a}}}{M_{\text{b}}}=\frac{\frac{ql^2}{8}}{\frac{ql^2}{16}}=2$。

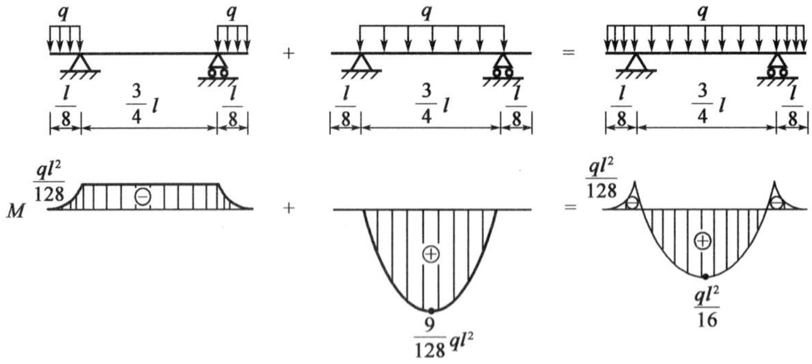

题 67 解图

答案：C

68. 解 图 a）中$\sigma_{\text{r3}}=\sigma_1-\sigma_3=150-0=150\text{MPa}$；

图 b）中$\sigma_{\text{r3}}=\sigma_1-\sigma_3=100-(-100)=200\text{MPa}$；

显然图b）σ_{r3}更大，更危险。

答案：B

69. 解 设杆1受力为F_1，杆2受力为F_2，可见：

$$F_1 + F_2 = F \quad ①$$

$\Delta l_1 = \Delta l_2$，即$\frac{F_1 l}{E_1 A} = \frac{F_2 l}{E_2 A}$

故
$$\frac{F_1}{F_2} = \frac{E_1}{E_2} = 2 \quad ②$$

联立①、②两式，得到$F_1 = \frac{2}{3}F$，$F_2 = \frac{1}{3}F$。

这结果相当于偏心受拉，如解图所示，$M = \frac{F}{3} \cdot \frac{h}{2} = \frac{Fh}{6}$。

题69解图

答案：B

70. 解 杆端约束越弱，μ越大，在两端固定($\mu = 0.5$)，一端固定、一端铰支($\mu = 0.7$)，两端铰支($\mu = 1$)和一端固定、一端自由($\mu = 2$)这四种杆端约束中，一端固定、一端自由的约束最弱，μ最大。而图示细长压杆AB一端自由、一端固定在简支梁上，其杆端约束比一端固定、一端自由($\mu = 2$)时更弱，故μ比2更大。

答案：A

71. 解 切应力$\tau = \mu \frac{\mathrm{d}u}{\mathrm{d}y}$，而$y = R - r$，$\mathrm{d}y = -\mathrm{d}r$，故$\frac{\mathrm{d}u}{\mathrm{d}y} = -\frac{\mathrm{d}u}{\mathrm{d}r}$

题设流速$u = 2\left(1 - \frac{r^2}{R^2}\right)$，故$\frac{\mathrm{d}u}{\mathrm{d}y} = -\frac{\mathrm{d}u}{\mathrm{d}r} = \frac{2 \times 2r}{R^2} = \frac{4r}{R^2}$

题设$r_1 = 0.2R$，故切应力$\tau_1 = \mu\left(\frac{4 \times 0.2R}{R^2}\right) = \mu\left(\frac{0.8}{R}\right)$

题设$r_2 = R$，则切应力$\tau_2 = \mu\left(\frac{4R}{R^2}\right) = \mu\left(\frac{4}{R}\right)$

切应力大小之比$\frac{\tau_1}{\tau_2} = \frac{\mu\left(\frac{0.8}{R}\right)}{\mu\left(\frac{4}{R}\right)} = \frac{0.8}{4} = \frac{1}{5}$

答案：C

72. 解 对断面1-1及2-2中点写能量方程：$Z_1 + \frac{p_1}{\rho g} + \frac{\alpha_1 v_1^2}{2g} = Z_2 + \frac{p_2}{\rho g} + \frac{\alpha_2 v_2^2}{2g}$

题设管道水平，故$Z_1 = Z_2$；又因$d_1 > d_2$，由连续方程知$v_1 < v_2$。

代入上式后知：$p_1 > p_2$。

答案：B

73. 解 由动量方程可得：$\sum F_x = \rho Q v = 1000\mathrm{kg/m^3} \times 0.2\mathrm{m^3/s} \times 50\mathrm{m/s} = 10\mathrm{kN}$。

答案：B

74. 解 由均匀流基本方程$\tau=\rho gRJ$，$J=\frac{h_\mathrm{f}}{L}$，知沿程损失$h_\mathrm{f}=\frac{\tau L}{\rho gR}$。

答案：B

75. 解 由并联长管水头损失相等知：$h_{\mathrm{f}1}=h_{\mathrm{f}2}=h_{\mathrm{f}3}=\cdots=h_\mathrm{f}$，总流量$Q=\sum\limits_{i=1}^{n}Q_i$。

答案：B

76. 解 矩形断面水力最佳宽深比$\beta=2$，即$b=2h$。

答案：D

77. 解 由渗流达西公式知$v=kJ$。

答案：A

78. 解 按雷诺模型，$\frac{\lambda_\mathrm{v}\lambda_\mathrm{L}}{\lambda_\mathrm{v}}=1$，流速比尺$\lambda_\mathrm{v}=\frac{\lambda_\mathrm{v}}{\lambda_\mathrm{L}}$

按题设$\lambda_\mathrm{v}=\frac{60\times10^{-6}}{15\times10^{-6}}=4$，长度比尺$\lambda_\mathrm{L}=5$，因此流速比尺$\lambda_\mathrm{v}=\frac{4}{5}=0.8$

$\lambda_\mathrm{v}=\frac{v_{烟气}}{v_{空气}}$，$v_{空气}=\frac{v_{烟气}}{\lambda_\mathrm{v}}=\frac{3\mathrm{m/s}}{0.8}=3.75\mathrm{m/s}$

答案：A

79. 解 静止的电荷产生电场，不会产生磁场，并且电场是有源场，其方向从正电荷指向负电荷。

答案：D

80. 解 电路的功率关系$P=UI=I^2R$以及欧姆定律$U=RI$，是在电路的电压电流的正方向一致时成立；当方向不一致时，前面增加“−”号。

答案：B

81. 解 考查电路的基本概念：开路与短路，电阻串联分压关系。当电路中a-b开路时，电阻$\mathrm{R_1}$、$\mathrm{R_2}$相当于串联。$U_\mathrm{abk}=\frac{R_2}{R_1+R_2}\cdot U_\mathrm{s}$。

答案：C

82. 解 在直流电源作用下电感等效于短路，$U_\mathrm{L}=0$；电容等效于开路，$I_\mathrm{C}=0$。

$$\frac{U_\mathrm{R}}{I_\mathrm{R}}=R;\ \frac{U_\mathrm{L}}{I_\mathrm{L}}=0;\ \frac{U_\mathrm{C}}{I_\mathrm{C}}=\infty$$

答案：D

83. 解 根据已知条件（电阻元件的电压为0），即电阻电流为0，电路处于谐振状态，电感支路与电容支路的电流大小相等，方向相反，可以写成$I_\mathrm{L}=I_\mathrm{C}$，或$i_\mathrm{L}=-i_\mathrm{C}$。

答案：B

84. 解 三相电路中，电源中性点与负载中点等电位，说明电路中负载也是对称负载，三相电路负载的阻抗相等条件为：$Z_1 = Z_2 = Z_3$，即$\begin{cases} Z_1 = Z_2 = Z_3 \\ \varphi_1 = \varphi_2 = \varphi_3 \end{cases}$。

答案：A

85. 解 本题考查理想变压器的三个变比关系，在变压器的初级回路中电源内阻与变压器的折合阻抗R_{L}'串联。

$$R_{\mathrm{L}}' = K^2 R_{\mathrm{L}} \quad (R_{\mathrm{L}} = 100\Omega)$$

答案：C

86. 解 绕线式的三相异步电动机转子串电阻的方法适应于不同接法的电动机，并且可以起到限制启动电流、增加启动转矩以及调速的作用。Y-△启动方法只用于正常△接运行，并轻载启动的电动机。

答案：D

87. 解 信号和信息不是同一概念。信号是表示信息的物理量，如电信号可以通过幅度、频率、相位的变化来表示不同的信息；信息是对接收者有意义、有实际价值的抽象的概念。由此可见，信号是可以看得到的，信息是看不到的。数码是常用的信息代码，并不是只能表示数量大小，通过定义可以表示不同事物的状态。由 0 和 1 组成的信息代码 101 并不能仅仅表示数量“5”，因此选项 B、C、D 错误。

处理并传输电信号是电路的重要功能，选项 A 正确。

答案：A

88. 解 信号可以用函数来描述，$u(t)$信号波形是由多个伴有延时阶跃信号的叠加构成的。

答案：B

89. 解 输出信号的失真属于非线性失真，其原因是由于三极管输入特性死区电压的影响。放大器的放大倍数只能对不失真信号定义，选项 A、B 错误。

答案：C

90. 解 根据逻辑函数的相关公式计算$\mathrm{ABC} + \mathrm{A}\overline{\mathrm{BC}} + \mathrm{B} = \mathrm{A}(\mathrm{BC} + \overline{\mathrm{BC}}) + \mathrm{B} = \mathrm{A} + \mathrm{B}$。

答案：B

91. 解 根据给定的 X、Y 波形，其与非门$\overline{\mathrm{XY}}$的图形可利用有“0”则“1”的原则确定为选项 D。

答案：D

92. 解 BCD 码是用二进制数表示的十进制数，属于无权码，此题的 BCD 码是用四位二进制数表示的：$(0011\ 0010)_{\mathrm{B}} = (3\ 2)_{\mathrm{BCD}}$

答案：A

93. 解 此题为二极管限幅电路，分析二极管电路首先要将电路模型线性化，即将二极管断开后分析极性（对于理想二极管，如果是正向偏置将二极管短路，否则将二极管断路），最后按照线性电路理论确定输入和输出信号关系。

即：该二极管截止后，求$u_{阳} = u_i$，$u_{阴} = 2.5V$，则$u_i > 2.5V$时，二极管导通，$u_o = u_i$；$u_i < 2.5V$时，二极管截止，$u_o = 2.5V$。

答案：C

94. 解 根据三极管的微变等效电路分析可见，增加电容C_E以后，在动态信号作用下，发射极电阻被电容短路。放大倍数提高，输入电阻减小。

答案：C

95. 解 此电路是组合逻辑电路（异或门）与时序逻辑电路（D 触发器）的组合应用，电路的初始状态由复位信号$\overline{R}_D$确定，输出状态在时钟脉冲信号 cp 的上升沿触发，$D = A \oplus \overline{Q}$。

答案：A

96. 解 此题与上题类似，是组合逻辑电路（与非门）与时序逻辑电路（JK 触发器）的组合应用，输出状态在时钟脉冲信号 cp 的下降沿触发。$J = \overline{Q \cdot A}$，K 端悬空时，可以认为$K = 1$。

答案：C

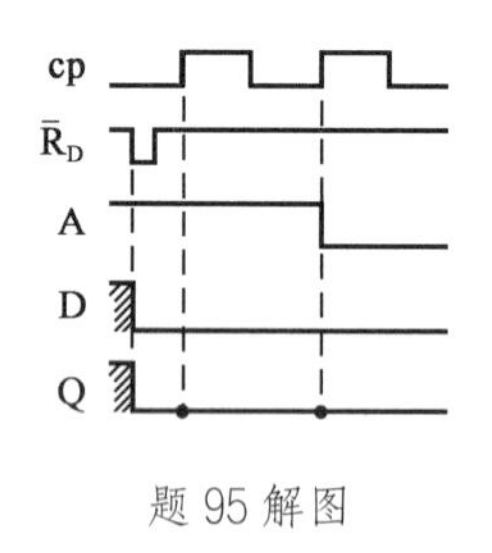

题 95 解图

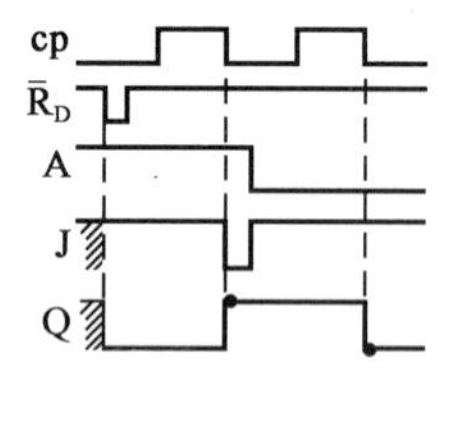

题 96 解图

97. 解 “三网合一”是指在未来的数字信息时代，当前的数据通信网（俗称数据网、计算机网）将与电视网（含有线电视网）以及电信网合三为一，并且合并的方向是传输、接收和处理全部实现数字化。

答案：C

98. 解 计算机运算器的功能是完成算术运算和逻辑运算，算数运算是完成加、减、乘、除的运算，逻辑运算主要包括与、或、非、异或等，从而完成低电平与高电平之间的切换，送出控制信号，协调计算机工作。

答案：D

99. 解 计算机的总线可以划分为数据总线、地址总线和控制总线，数据总线用来传输数据、地址总线用来传输数据地址、控制总线用来传输控制信息。

答案：C

100. 解 Microsoft Word 是文字处理软件。Visual BASIC 简称 VB，是 Microsoft 公司推出的一种

Windows 应用程序开发工具。Microsoft Access 是小型数据库管理软件。AutoCAD 是专业绘图软件，主要用于工业设计中，被广泛用于民用、军事等各个领域。CAD 是 Computer Aided Design 的缩写，意思为计算机辅助设计。加上 Auto，指它可以应用于几乎所有跟绘图有关的行业，比如建筑、机械、电子、天文、物理、化工等。

答案：B

101. 解 位也称为比特，记为 bit，是计算机最小的存储单位，是用 0 或 1 来表示的一个二进制位数。字节是数据存储中常用的基本单位，8 位二进制构成一个字节。字是由若干字节组成一个存储单元，一个存储单元中存放一条指令或一个数据。

答案：B

102. 解 原码是机器数的一种简单的表示法。其符号位用 0 表示正号，用 1 表示负号，数值一般用二进制形式表示。机器数的反码可由原码得到。如果机器数是正数，则该机器数的反码与原码一样；如果机器数是负数，则该机器数的反码是对它的原码（符号位除外）各位取反而得到的。机器数的补码可由原码得到。如果机器数是正数，则该机器数的补码与原码一样；如果机器数是负数，则该机器数的补码是对它的原码（除符号位外）各位取反，并在末位加 1 而得到的。ASCII 码是将人在键盘上敲入的字符（数字、字母、特殊符号等）转换成机器能够识别的二进制数，并且每个字符唯一确定一个 ASCII 码，形象地说，它就是人与计算机交流时使用的键盘语言通过“翻译”转换成的计算机能够识别的语言。

答案：B

103. 解 点阵中行数和列数的乘积称为图像的分辨率，若一个图像的点阵总共有 480 行，每行 640 个点，则该图像的分辨率为 640×480=307200 个像素。每一条水平线上包含 640 个像素点，共有 480 条线，即扫描列数为 640 列，行数为 480 行。

答案：D

104. 解 进程与程序的的概念是不同的，进程有以下 4 个特征。

动态性：进程是动态的，它由系统创建而产生，并由调度而执行。

并发性：用户程序和操作系统的管理程序等，在它们的运行过程中，产生的进程在时间上是重叠的，它们同存在于内存储器中，并共同在系统中运行。

独立性：进程是一个能独立运行的基本单位，同时也是系统中独立获得资源和独立调度的基本单位，进程根据其获得的资源情况可独立地执行或暂停。

异步性：由于进程之间的相互制约，使进程具有执行的间断性。各进程按各自独立的、不可预知的速度向前推进。

答案：D

105. 解　操作系统的设备管理功能是负责分配、回收外部设备，并控制设备的运行，是人与外部设备之间的接口。

答案： C

106. 解　联网中的计算机都具有“独立功能”，即网络中的每台主机在没联网之前就有自己独立的操作系统，并且能够独立运行。联网以后，它本身是网络中的一个结点，可以平等地访问其他网络中的主机。

答案： A

107. 解　利用由年名义利率求年实际利率的公式计算：

$$i=\left(1+\frac{r}{m}\right)^{m}-1=\left(1+\frac{8\%}{4}\right)^{4}-1=8.24\%$$

答案： C

108. 解　经营成本包括外购原材料、燃料和动力费、工资及福利费、修理费等，不包括折旧、摊销费和财务费用。流动资金投资不属于经营成本。

答案： A

109. 解　根据静态投资回收期的计算公式：$P_{\mathrm{t}}=6-1+\frac{|-60|}{240}=5.25$年。

答案： C

110. 解　该项目的现金流量图如解图所示。根据题意，有

$$\mathrm{NPV}=-5000+A(P/A,15\%,10)(P/F,15\%,1)=0$$

解得　$A=5000\div(5.0188\times0.8696)=1145.65$万元

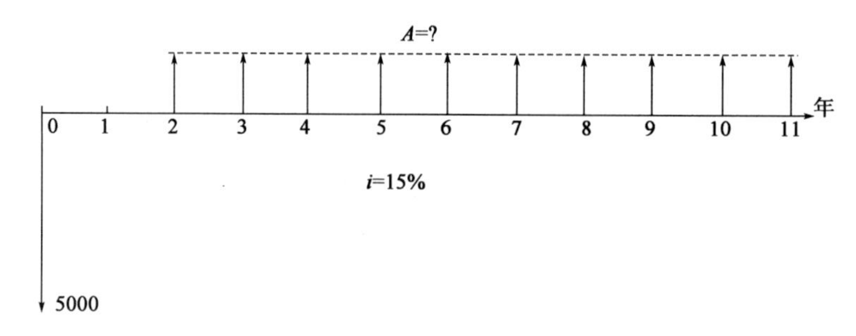

题 110 解图

答案： D

111. 解　项目经济效益和费用的识别应遵循剔除转移支付原则。

答案： C

112. 解　两个寿命期相同的互斥项目的选优应采用增量内部收益率指标，$\Delta\mathrm{IRR}_{(乙-甲)}$为 13%，小于基准收益率 14%，应选择投资较小的方案。

答案：A

113. 解 “有无对比”是财务分析应遵循的基本原则。

答案：D

114. 解 根据价值工程中价值公式中成本的概念。

答案：C

115. 解 《中华人民共和国建筑法》第九条规定，建设单位应当自领取施工许可证之日起三个月内开工。因故不能按期开工的，应当向发证机关申请延期；延期以两次为限，每次不超过三个月。既不开工又不申请延期或者超过延期时限的，施工许可证自行废止。

答案：B

116. 解 《中华人民共和国安全生产法》第二十四条规定，矿山、金属冶炼、建筑施工、运输单位和危险物品的生产、经营、储存、装卸单位，应当设置安全生产管理机构或者配备专职安全生产管理人员。

前款规定以外的其他生产经营单位，从业人员超过一百人的，应当设置安全生产管理机构或者配备专职安全生产管理人员；从业人员在一百人以下的，应当配备专职或者兼职的安全生产管理人员。

答案：D

117. 解 《中华人民共和国招标投标法》第十条规定，招标分为公开招标和邀请招标。

答案：B

118. 解 《中华人民共和国民法典》第四百七十三条规定，要约邀请是希望他人向自己发出要约的意思表示。寄送的价目表、拍卖公告、招标公告、招股说明书、商业广告等为要约邀请。商业广告的内容符合要约规定的，视为要约。

答案：B

119. 解 《中华人民共和国行政许可法》第四十二条规定，除可以当场作出行政许可决定的外，行政机关应当自受理行政许可申请之日起二十日内做出行政许可决定。二十日内不能做出决定的，经本行政机关负责人批准，可以延长十日，并应当将延长期限的理由告知申请人。但是，法律、法规另有规定的，依照其规定。

答案：D

120. 解 《中华人民共和国建筑法》第二十九条规定，建筑工程总承包单位按照总承包合同的约定对建设单位负责；分包单位按照分包合同的约定对总承包单位负责。总承包单位和分包单位就分包工程对建设单位承担连带责任。

答案：A

2014年度全国勘察设计注册工程师

执业资格考试试卷

基础考试
（上）

二〇一四年九月

应考人员注意事项

1. 本试卷科目代码为“1”，考生务必将此代码填涂在答题卡“科目代码”相应的栏目内，否则，无法评分。

2. 书写用笔：**黑色或蓝色钢笔、签字笔或圆珠笔**；

   填涂答题卡用笔：**黑色 2B 铅笔**。

3. 必须用书写用笔将工作单位、姓名、准考证号填写在答题卡和试卷相应的栏目内。

4. 本试卷由 120 题组成，每题 1 分，满分 120 分，本试卷全部为单项选择题，每小题的四个备选项中只有一个正确答案，错选、多选、不选均不得分。

5. 考生作答时，必须按**题号在答题卡上**将相应试题所选选项对应的**字母用 2B 铅笔涂黑**。

6. 在答题卡上书写与题意无关的语言，或在答题卡上作标记的，均按违纪试卷处理。

7. 考试结束时，由监考人员当面将试卷、答题卡一并收回。

8. 草稿纸由各地统一配发，考后收回。

单项选择题（共 120 题，每题 1 分。每题的备选项中只有一个最符合题意。）

1. 若$\lim\limits_{x\to 0}(1-x)^{\frac{k}{x}}=2$，则常数$k$等于：

A. $-\ln 2$　　B. $\ln 2$

C. 1　　D. 2

2. 在空间直角坐标系中，方程$x^2+y^2-z=0$所表示的图形是：

A. 圆锥面　　B. 圆柱面

C. 球面　　D. 旋转抛物面

3. 点$x=0$是$y=\arctan\frac{1}{x}$的：

A. 可去间断点　　B. 跳跃间断点

C. 连续点　　D. 第二类间断点

4. $\frac{\mathrm{d}}{\mathrm{d}x}\int_{2x}^{0}e^{-t^2}\mathrm{d}t$等于：

A. e^{-4x^2}　　B. $2e^{-4x^2}$

C. $-2e^{-4x^2}$　　D. e^{-x^2}

5. $\frac{\mathrm{d}(\ln x)}{\mathrm{d}\sqrt{x}}$等于：

A. $\frac{1}{2x^{3/2}}$　　B. $\frac{2}{\sqrt{x}}$

C. $\frac{1}{\sqrt{x}}$　　D. $\frac{2}{x}$

6. 不定积分$\int\frac{x^2}{\sqrt[3]{1+x^3}}\mathrm{d}x$等于：

A. $\frac{1}{4}(1+x^3)^{\frac{4}{3}}+C$　　B. $(1+x^3)^{\frac{1}{3}}+C$

C. $\frac{3}{2}(1+x^3)^{\frac{2}{3}}+C$　　D. $\frac{1}{2}(1+x^3)^{\frac{2}{3}}+C$

7. 设$a_n=\left(1+\frac{1}{n}\right)^n$，则数列$\{a_n\}$是：

A. 单调增而无上界　　B. 单调增而有上界

C. 单调减而无下界　　D. 单调减而有上界

8. 下列说法中正确的是：

A. 若$f'(x_0)=0$，则$f(x_0)$必是$f(x)$的极值

B. 若$f(x_0)$是$f(x)$的极值，则$f(x)$在x_0处可导，且$f'(x_0)=0$

C. 若$f(x)$在x_0处可导，则$f'(x_0)=0$是$f(x)$在x_0取得极值的必要条件

D. 若$f(x)$在x_0处可导，则$f'(x_0)=0$是$f(x)$在x_0取得极值的充分条件

9. 设有直线L_1：$\frac{x-1}{1}=\frac{y-3}{-2}=\frac{z+5}{1}$与$L_2$：$\begin{cases}x=3-t\\y=1-t\\z=1+2t\end{cases}$，则$L_1$与$L_2$的夹角$\theta$等于：

A. $\frac{\pi}{2}$　　B. $\frac{\pi}{3}$

C. $\frac{\pi}{4}$　　D. $\frac{\pi}{6}$

10. 微分方程$xy'-y=x^2e^{2x}$通解y等于：

A. $x\left(\frac{1}{2}e^{2x}+C\right)$　　B. $x(e^{2x}+C)$

C. $x\left(\frac{1}{2}x^2e^{2x}+C\right)$　　D. $x^2e^{2x}+C$

11. 抛物线$y^2=4x$与直线$x=3$所围成的平面图形绕x轴旋转一周形成的旋转体体积是：

A. $\int_0^3 4x\mathrm{d}x$　　B. $\pi\int_0^3(4x)^2\mathrm{d}x$

C. $\pi\int_0^3 4x\mathrm{d}x$　　D. $\pi\int_0^3\sqrt{4x}\mathrm{d}x$

12. 级数$\sum\limits_{n=1}^{\infty}(-1)^n\frac{1}{n^{p-1}}$：

A. 当$1<p\leqslant 2$时条件收敛　　B. 当$p>2$时条件收敛

C. 当$p<1$时条件收敛　　D. 当$p>1$时条件收敛

13. 函数$y=C_1e^{-x+C_2}$（C_1,C_2为任意常数）是微分方程$y''-y'-2y=0$的：

A. 通解

B. 特解

C. 不是解

D. 解，既不是通解又不是特解

14. 设L为从点$A(0,-2)$到点$B(2,0)$的有向直线段，则对坐标的曲线积分$\int_L \frac{1}{x-y}\mathrm{d}x + y\mathrm{d}y$等于：

A. 1　　　　B. −1

C. 3　　　　D. −3

15. 设方程$x^2+y^2+z^2=4z$确定可微函数$z=z(x,y)$，则全微分$\mathrm{d}z$等于：

A. $\frac{1}{2-z}(y\mathrm{d}x + x\mathrm{d}y)$

B. $\frac{1}{2-z}(x\mathrm{d}x + y\mathrm{d}y)$

C. $\frac{1}{2+z}(\mathrm{d}x + \mathrm{d}y)$

D. $\frac{1}{2-z}(\mathrm{d}x - \mathrm{d}y)$

16. 设D是由$y=x$，$y=0$及$y=\sqrt{(a^2-x^2)}(x\geqslant 0)$所围成的第一象限区域，则二重积分$\iint\limits_D \mathrm{d}x\mathrm{d}y$等于：

A. $\frac{1}{8}\pi a^2$　　　　B. $\frac{1}{4}\pi a^2$

C. $\frac{3}{8}\pi a^2$　　　　D. $\frac{1}{2}\pi a^2$

17. 级数$\sum\limits_{n=1}^{\infty}\frac{(2x+1)^n}{n}$的收敛域是：

A. $(-1,1)$　　　　B. $[-1,1]$

C. $[-1,0)$　　　　D. $(-1,0)$

18. 设$z=e^{xe^y}$，则$\frac{\partial^2 z}{\partial x^2}$等于：

A. e^{xe^y+2y}　　　　B. $e^{xe^y+y}(xe^y+1)$

C. e^{xe^y}　　　　D. e^{xe^y+y}

19. 设$\boldsymbol{A}$，$\boldsymbol{B}$为三阶方阵，且行列式$|\boldsymbol{A}|=-\frac{1}{2}$，$|\boldsymbol{B}|=2$，$\boldsymbol{A}^*$是$\boldsymbol{A}$的伴随矩阵，则行列式$|2\boldsymbol{A}^*\boldsymbol{B}^{-1}|$等于：

A. 1　　　　B. −1

C. 2　　　　D. −2

20. 下列结论中正确的是：

A. 如果矩阵$\boldsymbol{A}$中所有顺序主子式都小于零，则$\boldsymbol{A}$一定为负定矩阵

B. 设$\boldsymbol{A}=(a_{ij})_{n\times n}$，若$a_{ij}=a_{ji}$，且$a_{ij}>0(i,j=1,2,\cdots,n)$，则$\boldsymbol{A}$一定为正定矩阵

C. 如果二次型$f(x_1,x_2,\cdots,x_n)$中缺少平方项，则它一定不是正定二次型

D. 二次型$f(x_1,x_2,x_3)=x_1^2+x_2^2+x_3^2+x_1x_2+x_1x_3+x_2x_3$所对应的矩阵是$\begin{bmatrix}1&1&1\\1&1&1\\1&1&1\end{bmatrix}$

21. 已知n元非齐次线性方程组$\boldsymbol{Ax}=\boldsymbol{b}$，秩$r(\boldsymbol{A})=n-2$，$\vec{\alpha_1}$，$\vec{\alpha_2}$，$\vec{\alpha_3}$为其线性无关的解向量，$k_1$，$k_2$为任意常数，则$\boldsymbol{Ax}=\boldsymbol{b}$通解为：

A. $\vec{x}=k_1(\vec{\alpha_1}-\vec{\alpha_2})+k_2(\vec{\alpha_1}+\vec{\alpha_3})+\vec{\alpha_1}$

B. $\vec{x}=k_1(\vec{\alpha_1}-\vec{\alpha_3})+k_2(\vec{\alpha_2}+\vec{\alpha_3})+\vec{\alpha_1}$

C. $\vec{x}=k_1(\vec{\alpha_2}-\vec{\alpha_1})+k_2(\vec{\alpha_2}-\vec{\alpha_3})+\vec{\alpha_1}$

D. $\vec{x}=k_1(\vec{\alpha_2}-\vec{\alpha_3})+k_2(\vec{\alpha_1}+\vec{\alpha_2})+\vec{\alpha_1}$

22. 设A与B是互不相容的事件，$p(A)>0$，$p(B)>0$，则下列式子一定成立的是：

A. $P(A)=1-P(B)$

B. $P(A|B)=0$

C. $P(A|\overline{B})=1$

D. $P(\overline{AB})=0$

23. 设(X,Y)的联合概率密度为$f(x,y)=\begin{cases}k, 0<x<1, 0<y<x\\0, \quad 其他\end{cases}$，则数学期望$E(XY)$等于：

A. $\frac{1}{4}$

B. $\frac{1}{3}$

C. $\frac{1}{6}$

D. $\frac{1}{2}$

24. 设$X_1, X_2, \cdots, X_n$与$Y_1, Y_2, \cdots, Y_n$是来自正态总体$X \sim N(\mu, \sigma^2)$的样本，并且相互独立，$\overline{X}$与$\overline{Y}$分别是其样本均值，则$\frac{\sum_{i=1}^{n}(X_i-\overline{X})^2}{\sum_{i=1}^{n}(Y_i-\overline{Y})^2}$服从的分布是：

A. $t(n-1)$

B. $F(n-1, n-1)$

C. $\chi^2(n-1)$

D. $N(\mu, \sigma^2)$

25. 在标准状态下，当氢气和氦气的压强与体积都相等时，氢气和氦气的内能之比为：

A. $\frac{5}{3}$

B. $\frac{3}{5}$

C. $\frac{1}{2}$

D. $\frac{3}{2}$

26. 速率分布函数$f(v)$的物理意义是：

A. 具有速率v的分子数占总分子数的百分比

B. 速率分布在v附近的单位速率间隔中百分数占总分子数的百分比

C. 具有速率v的分子数

D. 速率分布在v附近的单位速率间隔中的分子数

27. 有 1mol 刚性双原子分子理想气体，在等压过程中对外做功W，则其温度变化ΔT为：

A. $\frac{R}{W}$

B. $\frac{W}{R}$

C. $\frac{2R}{W}$

D. $\frac{2W}{R}$

28. 理想气体在等温膨胀过程中：

A. 气体做负功，向外界放出热量

B. 气体做负功，从外界吸收热量

C. 气体做正功，向外界放出热量

D. 气体做正功，从外界吸收热量

29. 一横波的波动方程是$y = 2 \times 10^{-2} \cos 2\pi \left(10t - \frac{x}{5}\right)$(SI)，$t = 0.25$s时，距离原点$(x = 0)$处最近的波峰位置为：

A. ±2.5m

B. ±7.5m

C. ±4.5m

D. ±5m

30. 一平面简谐波在弹性媒质中传播，在某一瞬时，某质元正处于其平衡位置，此时它的：

A. 动能为零，势能最大　　B. 动能为零，势能为零

C. 动能最大，势能最大　　D. 动能最大，势能为零

31. 通常人耳可听到的声波的频率范围是：

A. 20~200Hz　　B. 20~2000Hz

C. 20~20000Hz　　D. 20~200000Hz

32. 在空气中用波长为λ的单色光进行双缝干涉验时，观测到相邻明条纹的间距为1.33mm，当把实验装置放入水中（水的折射率为$n = 1.33$）时，则相邻明条纹的间距变为：

A. 1.33mm　　B. 2.66mm　　C. 1mm　　D. 2mm

33. 在真空中可见的波长范围是：

A. 400~760nm　　B. 400~760mm

C. 400~760cm　　D. 400~760m

34. 一束自然光垂直穿过两个偏振片，两个偏振片的偏振化方向成45°。已知通过此两偏振片后光强为I，则入射至第二个偏振片的线偏振光强度为：

A. I　　B. $2I$　　C. $3I$　　D. $I/2$

35. 在单缝夫琅禾费衍射实验中，单缝宽度$a = 1 \times 10^{-4}$m，透镜焦距$f = 0.5$m。若用$\lambda = 400$nm的单色平行光垂直入射，中央明纹的宽度为：

A. 2×10^{-3}m　　B. 2×10^{-4}m

C. 4×10^{-4}m　　D. 4×10^{-3}m

36. 一单色平行光垂直入射到光栅上，衍射光谱中出现了五条明纹，若已知此光栅的缝宽a与不透光部分b相等，那么在中央明纹一侧的两条明纹级次分别是：

A. 1 和 3　　B. 1 和 2

C. 2 和 3　　D. 2 和 4

37. 下列元素，电负性最大的是：

A. F　　B. Cl　　C. Br　　D. I

38. 在NaCl，$MgCl_2$，$AlCl_3$，$SiCl_4$四种物质中，离子极化作用最强的是：

A. NaCl　　B. $MgCl_2$

C. $AlCl_3$　　D. $SiCl_4$

39. 现有 100mL 浓硫酸，测得其质量分数为 98%，密度为1.84g/mL，其物质的量浓度为：

A. $18.4mol \cdot L^{-1}$　　B. $18.8mol \cdot L^{-1}$

C. $18.0mol \cdot L^{-1}$　　D. $1.84mol \cdot L^{-1}$

40. 已知反应（1）$H_2(g) + S(s) \rightleftharpoons H_2S(g)$，其平衡常数为$K_1^\Theta$，

（2）$S(s) + O_2(g) \rightleftharpoons SO_2(g)$，其平衡常数为$K_2^\Theta$，则反应

（3）$H_2(g) + SO_2(s) \rightleftharpoons O_2(g) + H_2S(g)$的平衡常数为$K_3^\Theta$是：

A. $K_1^\Theta + K_2^\Theta$　　B. $K_1^\Theta \cdot K_2^\Theta$

C. $K_1^\Theta - K_2^\Theta$　　D. K_1^Θ / K_2^Θ

41. 有原电池$(-)Zn \mid ZnSO_4(C_1) \parallel CuSO_4(C_2) \mid Cu(+)$，如向铜半电池中通入硫化氢，则原电池电动势变化趋势是：

A. 变大　　B. 变小

C. 不变　　D. 无法判断

42. 电解NaCl水溶液时，阴极上放电的离子是：

A. H^+　　B. OH^-　　C. Na^+　　D. Cl^-

43. 已知反应$N_2(g) + 3H_2(g) \longrightarrow 2NH_3(g)$的$\Delta_r H_m < 0$，$\Delta_r S_m < 0$，则该反应为：

A. 低温易自发，高温不易自发　　B. 高温易自发，低温不易自发

C. 任何温度都易自发　　D. 任何温度都不易自发

44. 下列有机物中，对于可能处在同一平面上的最多原子数目的判断，正确的是：

A. 丙烷最多有 6 个原子处于同一平面上

B. 丙烯最多有 9 个原子处于同一平面上

C. 苯乙烯（$C_6H_5-CH=CH_2$）最多有 16 个原子处于同一平面上

D. $CH_3CH=CH-C\equiv C-CH_3$ 最多有 12 个原子处于同一平面上

45. 下列有机物中，既能发生加成反应和酯化反应，又能发生氧化反应的化合物是：

A. $CH_3CH=CHCOOH$　　　　B. $CH_3CH=CHCOOC_2H_5$

C. $CH_3CH_2CH_2CH_2OH$　　　　D. $HOCH_2CH_2CH_2CH_2OH$

46. 人造羊毛的结构简式为：$\left[CH_2-CH \right]_n$，它属于：

①共价化合物；②无机化合物；③有机化合物；④高分子化合物；⑤离子化合物。

A. ②④⑤　　　　B. ①④⑤

C. ①③④　　　　D. ③④⑤

47. 将大小为 100N 的力$\boldsymbol{F}$沿x、y方向分解，若$\boldsymbol{F}$在x轴上的投影为 50N，而沿x方向的分力的大小为 200N，则$\boldsymbol{F}$在y轴上的投影为：

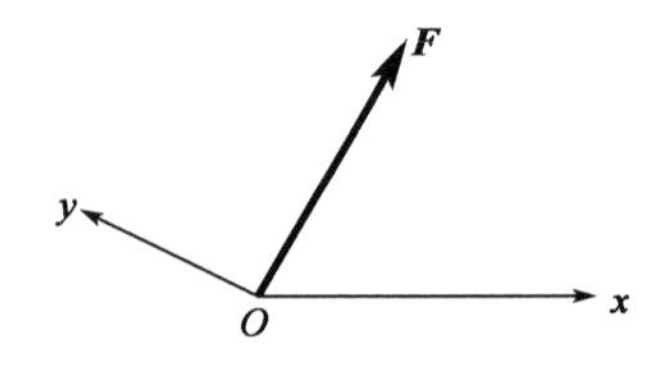

A. 0　　　　B. 50N

C. 200N　　　　D. 100N

48. 图示边长为a的正方形物块$OABC$，已知：力$F_1=F_2=F_3=F_4=F$，力偶矩$M_1=M_2=Fa$。该力系向O点简化后的主矢及主矩应为：

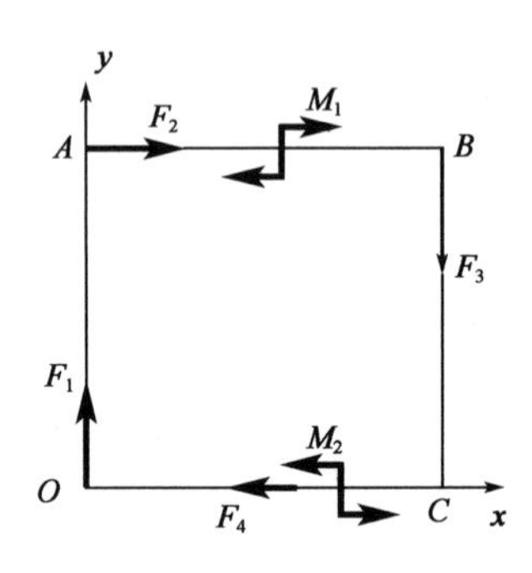

A. $F_R=0N$，$M_O=4Fa$(↻)

B. $F_R=0N$，$M_O=3Fa$(↺)

C. $F_R=0N$，$M_O=2Fa$(↺)

D. $F_R=0N$，$M_O=2Fa$(↻)

49. 在图示机构中，已知F_p，$L=2\text{m}$，$r=0.5\text{m}$，$\theta=30°$，$BE=EG$，$CE=EH$，则支座A的约束力为：

A. $F_{Ax}=F_p(\leftarrow)$，$F_{Ay}=1.75F_p(\downarrow)$

B. $F_{Ax}=0$，　　$F_{Ay}=0.75F_p(\downarrow)$

C. $F_{Ax}=0$，　　$F_{Ay}=0.75F_p(\uparrow)$

D. $F_{Ax}=F_p(\rightarrow)$，$F_{Ay}=1.75F_p(\uparrow)$

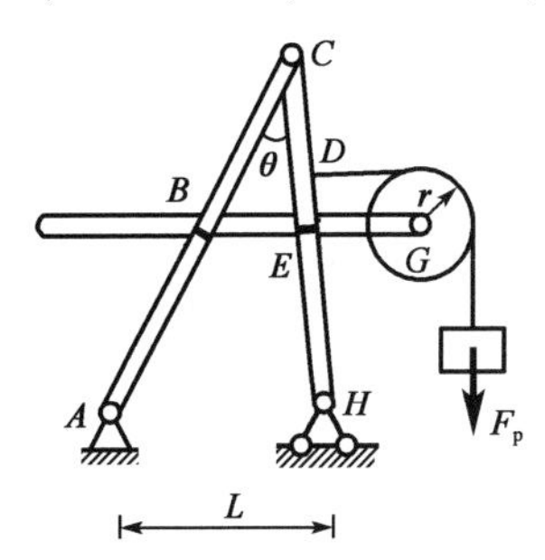

50. 图示不计自重的水平梁与桁架在B点铰接。已知：荷载F_1、F均与BH垂直，$F_1=8\text{kN}$，$F=4\text{kN}$，$M=6\text{kN}\cdot\text{m}$，$q=1\text{kN/m}$，$L=2\text{m}$。则杆件 1 的内力为：

A. $F_1=0$

B. $F_1=8\text{kN}$

C. $F_1=-8\text{kN}$

D. $F_1=-4\text{kN}$

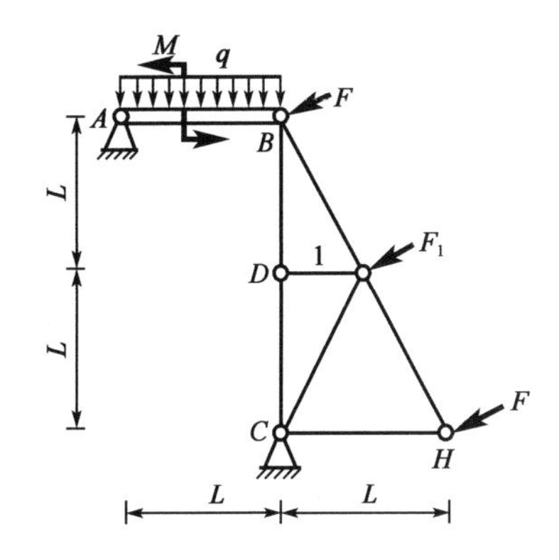

51. 动点A和B在同一坐标系中的运动方程分别为$\begin{cases}x_A=t\\y_A=2t^2\end{cases}$，$\begin{cases}x_B=t^2\\y_B=2t^4\end{cases}$，其中$x$、$y$以 cm 计，$t$以 s 计，则两点相遇的时刻为：

A. $t=1\text{s}$

B. $t=0.5\text{s}$

C. $t=2\text{s}$

D. $t=1.5\text{s}$

52. 刚体作平动时，某瞬时体内各点的速度与加速度为：

A. 体内各点速度不相同，加速度相同

B. 体内各点速度相同，加速度不相同

C. 体内各点速度相同，加速度也相同

D. 体内各点速度不相同，加速度也不相同

53. 杆OA绕固定轴O转动，长为l，某瞬时杆端A点的加速度a如图所示。则该瞬时OA的角速度及角加速度为：

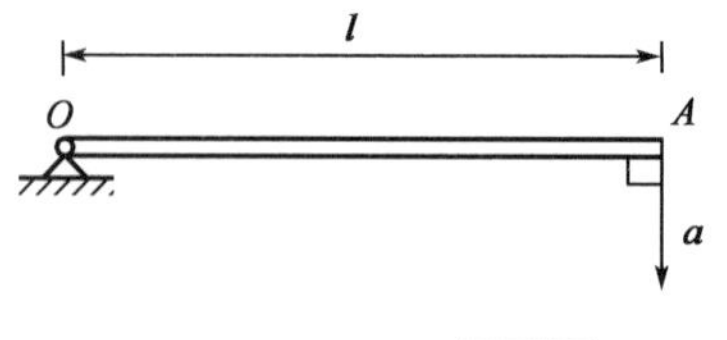

A. 0，$\frac{a}{l}$　　　　B. $\sqrt{\frac{a\cos\alpha}{l}}$，$\frac{a\sin\alpha}{l}$

C. $\sqrt{\frac{a}{l}}$，0　　　　D. 0，$\sqrt{\frac{a}{l}}$

54. 在图示圆锥摆中，球M的质量为m，绳长l，若α角保持不变，则小球的法向加速度为：

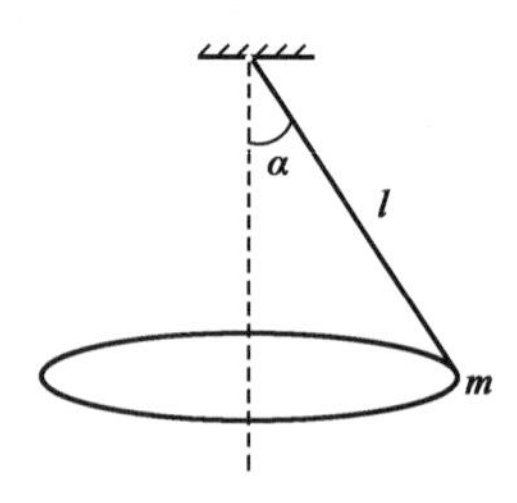

A. $g\sin\alpha$　　　　B. $g\cos\alpha$

C. $g\tan\alpha$　　　　D. $g\cot\alpha$

55. 图示均质链条传动机构的大齿轮以角速度ω转动，已知大齿轮半径为R，质量为m_1，小齿轮半径为r，质量为m_2，链条质量不计，则此系统的动量为：

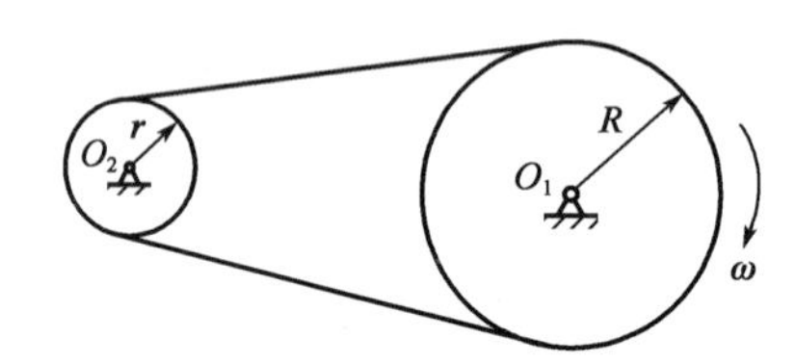

A. $(m_1+2m_2)v$ →　　　　B. $(m_1+m_2)v$ →

C. $(2m_1-m_2)v$ →　　　　D. 0

56. 均质圆柱体半径为R，质量为m，绕关于对纸面垂直的固定水平轴自由转动，初瞬时静止（G在O轴的沿垂线上），如图所示，则圆柱体在位置$\theta = 90°$时的角速度是：

A. 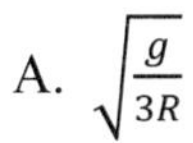 $\sqrt{\frac{g}{3R}}$

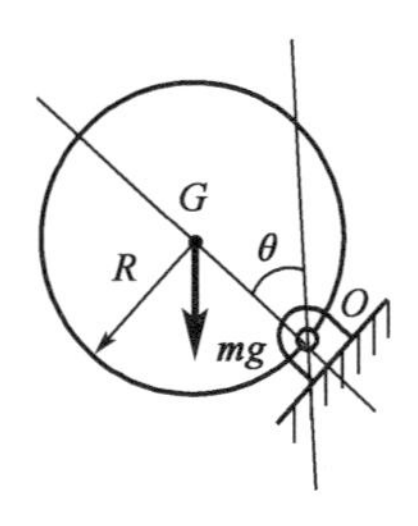

B. $\sqrt{\frac{2g}{3R}}$

C. $\sqrt{\frac{4g}{3R}}$

D. $\sqrt{\frac{g}{2R}}$

57. 质量不计的水平细杆AB长为L，在沿垂图面内绕A轴转动，其另一端固连质量为m的质点B，在图示水平位置静止释放。则此瞬时质点B的惯性力为：

A. $F_g = mg$

B. $F_g = \sqrt{2}mg$

C.  0

D. $F_g = \frac{\sqrt{2}}{2}mg$

58. 如图所示系统中，当物块振动的频率比为 1.27 时，k的值是：

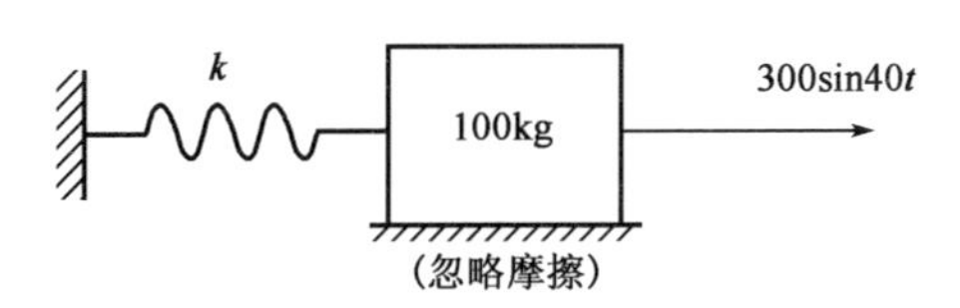

A. 1×10^5N/m　　B. 2×10^5N/m

C. 1×10^4N/m　　D. 1.5×10^5N/m

59. 图示结构的两杆面积和材料相同，在沿直向下的力F作用下，下面正确的结论是：

A. C点位平放向下偏左，1 杆轴力不为零

B. C点位平放向下偏左，1 杆轴力为零

C. C点位平放铅直向下，1 杆轴力为零

D. C点位平放向下偏右，1 杆轴力不为零

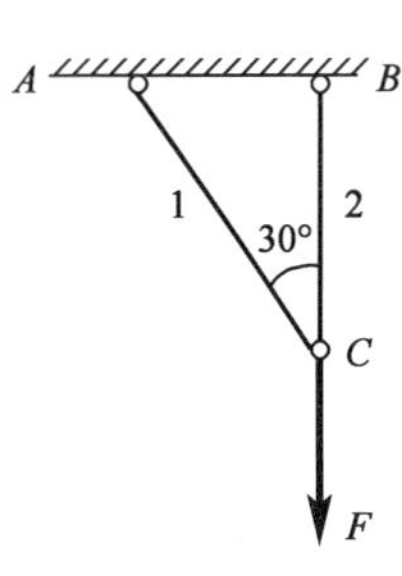

60. 图截面杆ABC轴向受力如图所示，已知BC杆的直径$d = 100\text{mm}$，AB杆的直径为 $2d$，杆的最大拉应力是：

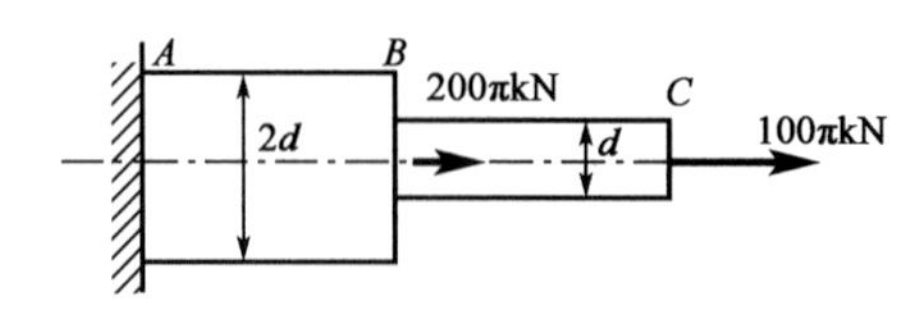

A. 40MPa　　　　B. 30MPa

C. 80MPa　　　　D. 120MPa

61. 桁架由 2 根细长直杆组成，杆的截面尺寸相同，材料分别是结构钢和普通铸铁，在下列桁架中，布局比较合理的是：

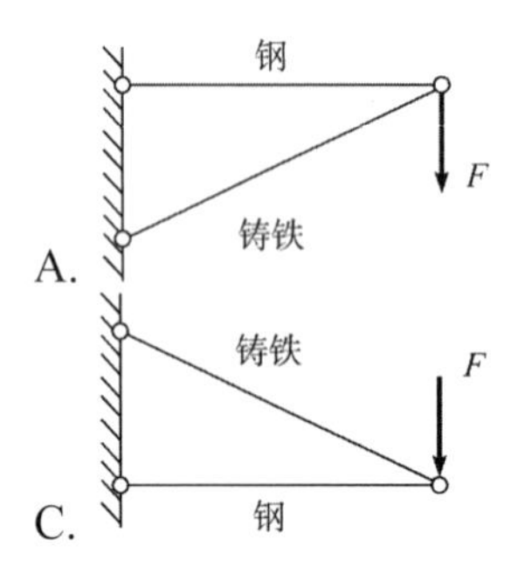

A.　　　　C.

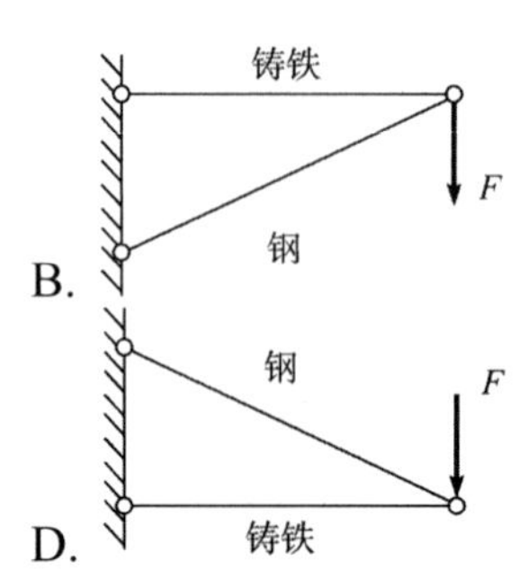

B.　　　　D.

62. 冲床在钢板上冲一圆孔，圆孔直径$d = 100\text{mm}$，钢板的厚度$t = 10\text{mm}$钢板的剪切强度极限$\tau_b = 300\text{MPa}$，需要的冲压力F是：

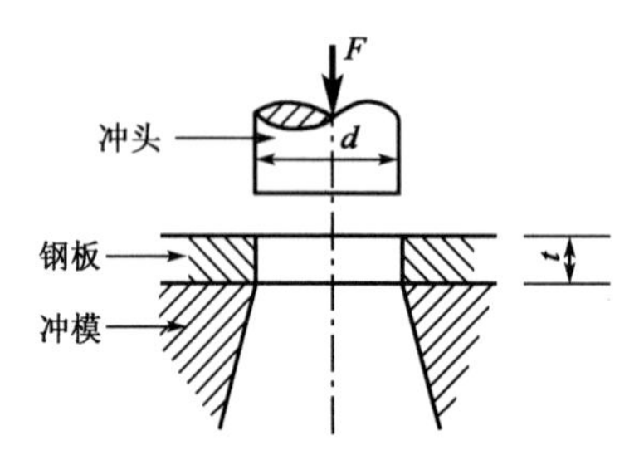

A. $F = 300\pi\text{kN}$

B. $F = 3000\pi\text{kN}$

C. $F = 2500\pi\text{kN}$

D. $F = 7500\pi\text{kN}$

63. 螺钉受力如图。已知螺钉和钢板的材料相同，拉伸许用应力$[\sigma]$是剪切许用应力$[\tau]$的 2 倍，即$[\sigma]=2[\tau]$，钢板厚度t是螺钉头高度h的 1.5 倍，则螺钉直径d的合理值是：

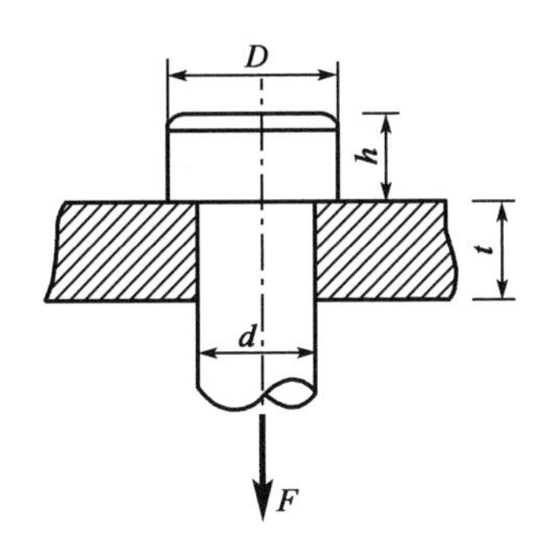

A. $d=2h$　　　　B. $d=0.5h$

C. $d^2=2Dt$　　　　D. $d^2=0.5Dt$

64. 图示受扭空心圆轴横截面上的切应力分布图，其中正确的是：

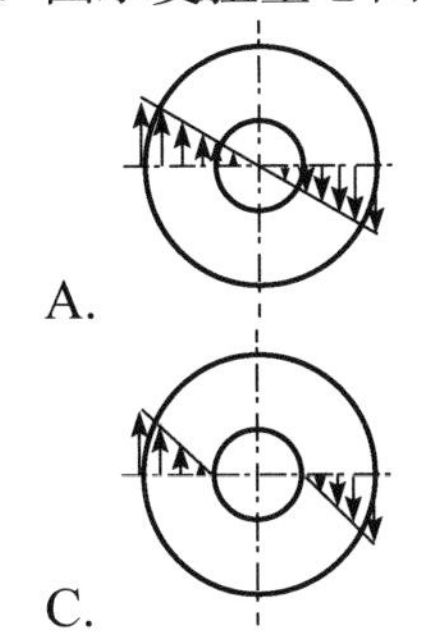

A.

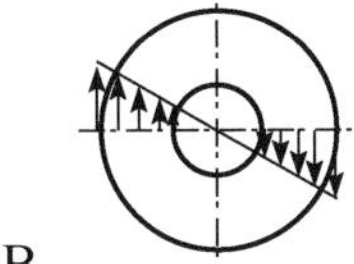

B.

C.

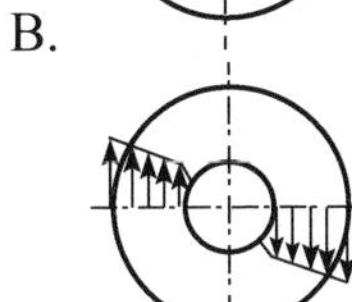

D.

65. 在一套传动系统中，有多根圆轴，假设所有圆轴传递的功率相同，但转速不同，各轴所承受的扭矩与其转速的关系是：

A. 转速快的轴扭矩大　　　　B. 转速慢的轴扭矩大

C. 各轴的扭矩相同　　　　D. 无法确定

66. 梁的弯矩图如图所示，最大值在B截面。在梁的A、B、C、D四个截面中，剪力为零的截面是：

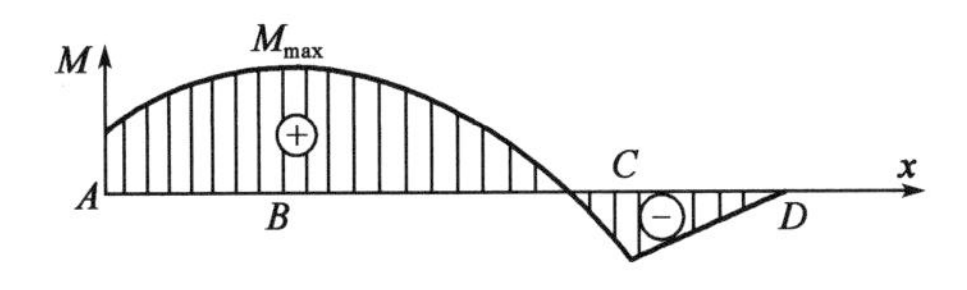

A. A截面　　　　B. B截面

C. C截面　　　　D. D截面

67. 图示矩形截面受压杆，杆的中间段右侧有一槽，如图 a）所示，若在杆的左侧，即槽的对称位置也挖出同样的槽（见图 b），则图 b）杆的最大压应力是图 a）最大压应力的：

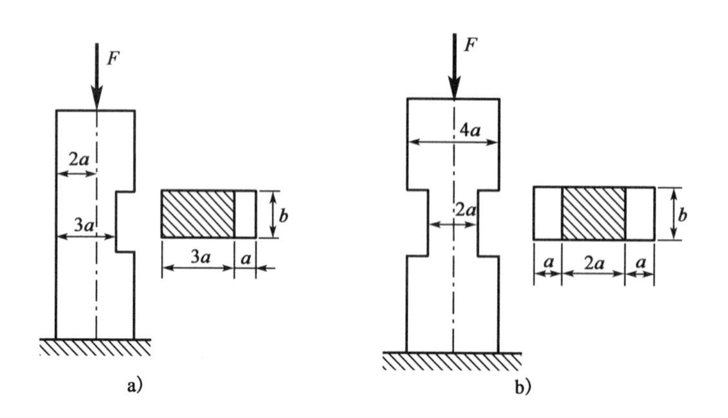

A. 3/4　　　　B. 4/3

C. 3/2　　　　D. 2/3

68. 梁的横截面可选用图示空心矩形、矩形、正方形和圆形四种之一，假设四种截面的面积均相等，荷载作用方向沿垂向下，承载能力最大的截面是：

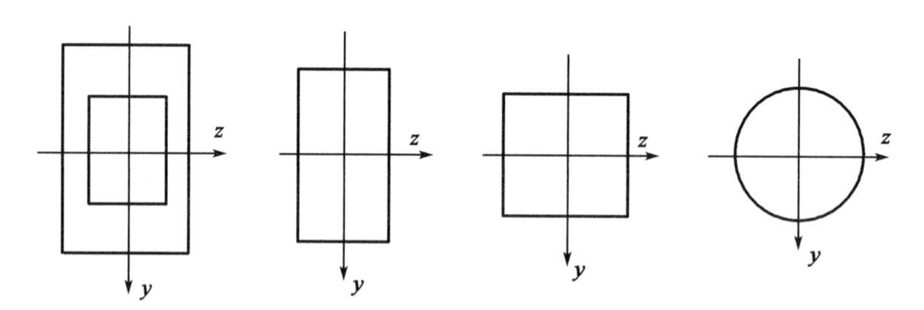

A. 空心矩形　　　　B. 实心矩形

C. 正方形　　　　D. 圆形

69. 按照第三强度理论，图示两种应力状态的危险程度是：

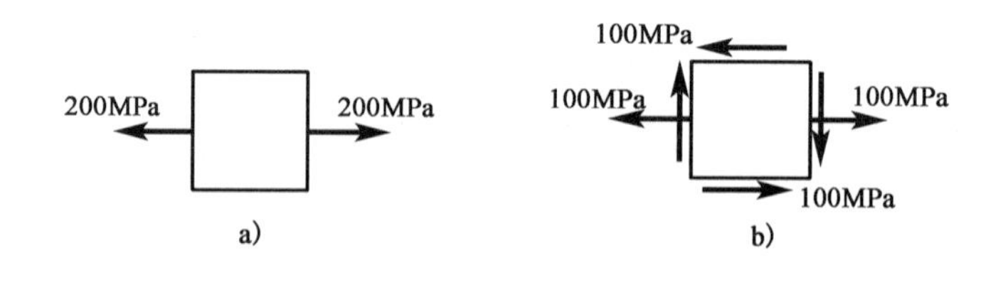

A. 无法判断　　　　B. 两者相同

C. a）更危险　　　　D. b）更危险

70. 正方形截面杆AB，力F作用在xoy平面内，与x轴夹角α，杆距离B端为a的横截面上最大正应力在$\alpha = 45°$时的值是$\alpha = 0$时值的：

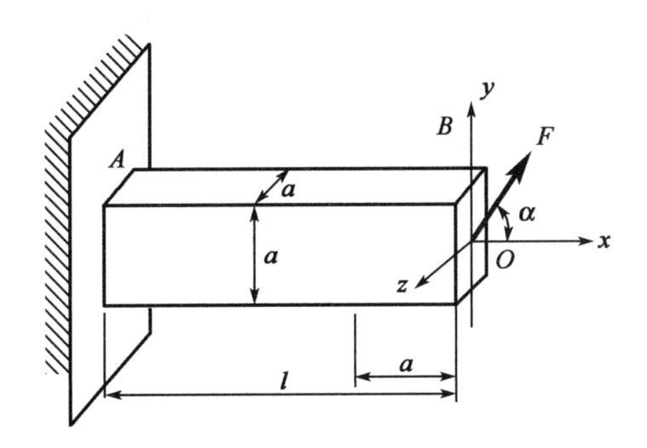

A. $\frac{7\sqrt{2}}{2}$倍

B. $3\sqrt{2}$倍

C. $\frac{5\sqrt{2}}{2}$倍

D. $\sqrt{2}$倍

71. 如图所示水下有一半径为$R = 0.1\text{m}$的半球形侧盖，球心至水面距离$H = 5\text{m}$，作用于半球盖上水平方向的静水压力是：

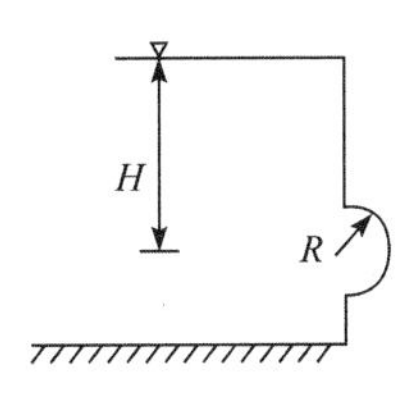

A. 0.98kN

B. 1.96kN

C. 0.77kN

D. 1.54kN

72. 密闭水箱如图所示，已知水深$h = 2\text{m}$，自由面上的压强$p_0 = 88\text{kN/m}^2$，当地大气压强$p_{\text{a}} = 101\text{kN/m}^2$，则水箱底部$A$点的绝对压强与相对压强分别为：

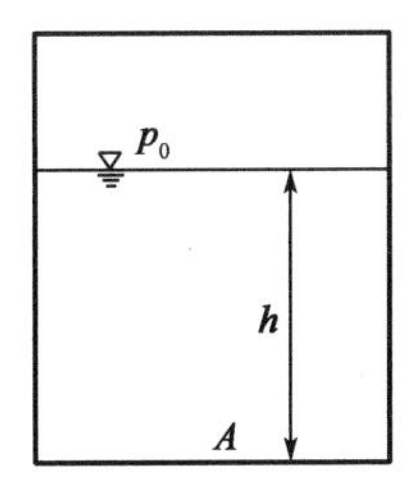

A. 107.6kN/m^2和-6.6kN/m^2

B. 107.6kN/m^2和6.6kN/m^2

C. 120.6kN/m^2和-6.6kN/m^2

D. 120.6kN/m^2和6.6kN/m^2

73. 下列不可压缩二维流动中，满足连续性方程的是：

A. $u_x = 2x$，$u_y = 2y$

B. $u_x = 0$，$u_y = 2xy$

C. $u_x = 5x$，$u_y = -5y$

D. $u_x = 2xy$，$u_y = -2xy$

74. 圆管层流中，下述错误的是：

A. 水头损失与雷诺数有关

B. 水头损失与管长度有关

C. 水头损失与流速有关

D. 水头损失与粗糙度有关

75. 主干管在A、B间是由两条支管组成的一个并联管路，两支管的长度和管径分别为$l_1 = 1800\text{m}$，$d_1 = 150\text{mm}$，$l_2 = 3000\text{m}$，$d_2 = 200\text{mm}$，两支管的沿程阻力系数λ均为0.01，若主干管流量$Q = 39\text{L/s}$，则两支管流量分别为：

A. $Q_1 = 12\text{L/s}$，$Q_2 = 27\text{L/s}$

B. $Q_1 = 15\text{L/s}$，$Q_2 = 24\text{L/s}$

C. $Q_1 = 24\text{L/s}$，$Q_2 = 15\text{L/s}$

D. $Q_1 = 27\text{L/s}$，$Q_2 = 12\text{L/s}$

76. 一梯形断面明渠，水力半径$R = 0.8\text{m}$，底坡$i = 0.0006$，粗糙系数$n = 0.05$，则输水流速为：

A. 0.42m/s

B. 0.48m/s

C. 0.6m/s

D. 0.75m/s

77. 地下水的浸润线是指：

A. 地下水的流线

B. 地下水运动的迹线

C. 无压地下水的自由水面线

D. 土壤中干土与湿土的界限

78. 用同种流体，同一温度进行管道模型实验，按黏性力相似准则，已知模型管径 0.1m，模型流速4m/s，若原型管径为 2m，则原型流速为：

A. 0.2m/s　　　　B. 2m/s

C. 80m/s　　　　D. 8m/s

79. 真空中有三个带电质点，其电荷分别为q_1、q_2和q_3，其中，电荷为q_1和q_3的质点位置固定，电荷为q_2的质点可以自由移动，当三个质点的空间分布如图所示时，电荷为q_2的质点静止不动，此时如下关系成立的是：

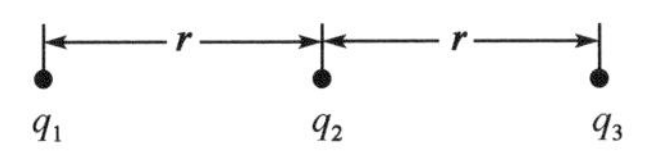

A. $q_1 = q_2 = 2q_3$　　　　B. $q_1 = q_3 = |q_2|$

C. $q_1 = q_2 = -q_3$　　　　D. $q_2 = q_3 = -q_1$

80. 在图示电路中，$I_1 = -4\text{A}$，$I_2 = -3\text{A}$，则$I_3 =$

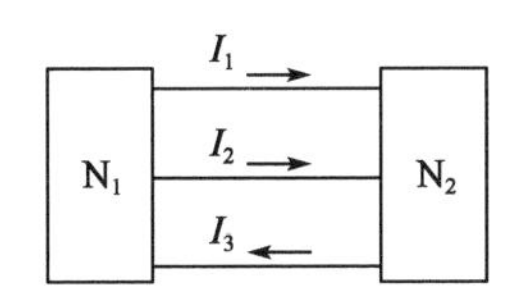

A. −1A　　　　B. 7A

C. −7A　　　　D. 1A

81. 已知电路如图所示，其中，响应电流I在电压源单独作用时的分量为：

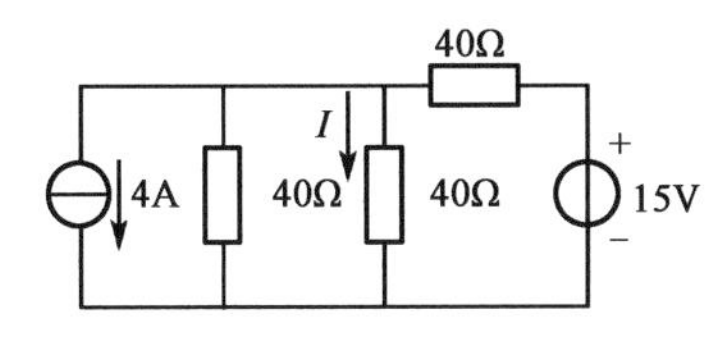

A. 0.375A　　　　B. 0.25A

C. 0.125A　　　　D. 0.1875A

82. 已知电流$\dot{I}(t) = 0.1\sin(\omega t + 10°)$ A，电压$u(t) = 10\sin(\omega t - 10°)$ V，则如下表述中正确的是：

A. 电流$i(t)$与电压$u(t)$呈反相关系

B. $\dot{I} = 0.1\angle 10°$A，$\dot{U} = 10\angle -10°$V

C. $\dot{I} = 70.7\angle 10°$mA，$\dot{U} = -7.07\angle 10°$V

D. $\dot{I} = 70.7\angle 10°$mA，$\dot{U} = 7.07\angle -10°$V

83. 一交流电路由 R、L、C 串联而成，其中，$R = 10\Omega$，$X_L = 8\Omega$，$X_C = 6\Omega$。通过该电路的电流为 10A，则该电路的有功功率、无功功率和视在功率分别为：

A. 1kW，1.6kvar，2.6kV · A

B. 1kW，200var，1.2kV · A

C. 100W，200var，223.6V · A

D. 1kW，200var，1.02kV · A

84. 已知电路如图所示，设开关在$t = 0$时刻断开，那么如下表述中正确的是：

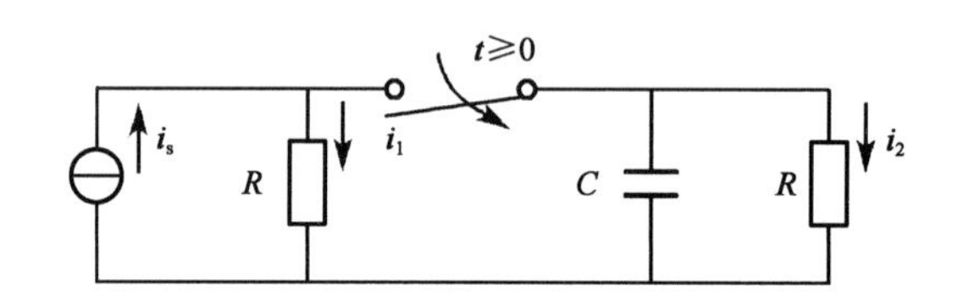

A. 电路的左右两侧均进入暂态过程

B. 电路i_1立即等于i_s，电流i_2立即等于 0

C. 电路i_2由$\frac{1}{2}i_s$逐步衰减到 0

D. 在$t = 0$时刻，电流i_2发生了突变

85. 图示变压器空载运行电路中，设变压器为理想器件，若$u = \sqrt{2}U\sin\omega t$，则此时：

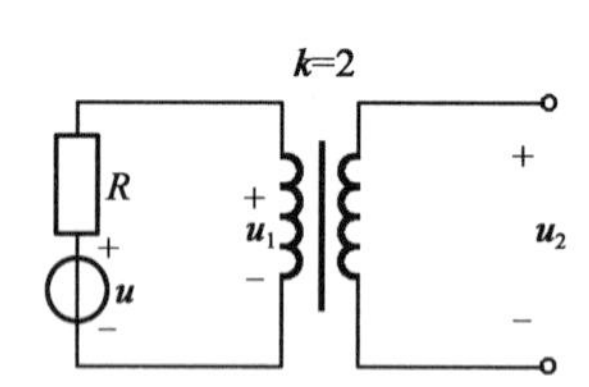

A. $U_l = \frac{\omega L \cdot U}{\sqrt{R^2 + (\omega L)^2}}$，$U_2 = 0$

B. $u_1 = u$，$U_2 = \frac{1}{2}U_1$

C. $u_1 \neq u$，$U_2 = \frac{1}{2}U_1$

D. $u_1 = u$，$U_2 = 2U_1$

86. 设某△接异步电动机全压启动时的启动电流$I_{st} = 30A$，启动转矩$T_u = 45N \cdot m$，若对此台电动机采用 Y-△降压启动方案，则启动电流和启动转矩分别为：

A. 17.32A，25.98N · m

B. 10A，15N · m

C. 10A，25.98N · m

D. 17.32A，15N · m

87. 图示电路的任意一个输出端，在任意时刻都只出现 0V 或 5V 这两个电压值（例如，在$t = t_0$时刻获得的输出电压从上到下依次为 5V、0V、5V、0V），那么该电路的输出电压：

A. 是取值离散的连续时间信号

B. 是取值连续的离散时间信号

C. 是取值连续的连续时间信号

D. 是取值离散的离散时间信号

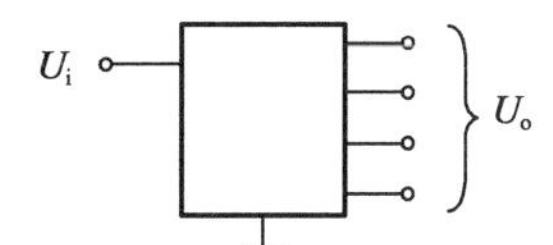

88. 图示非周期信号$u(t)$如图所示，若利用单位阶跃函数$\varepsilon(t)$将其写成时间函数表达式，则$u(t)$等于：

A. $5 - 1 = 4V$

B. $5\varepsilon(t) + \varepsilon(t - t_0)V$

C. $5\varepsilon(t) - 4\varepsilon(t - t_0)V$

D. $5\varepsilon(t) - 4\varepsilon(t + t_0)V$

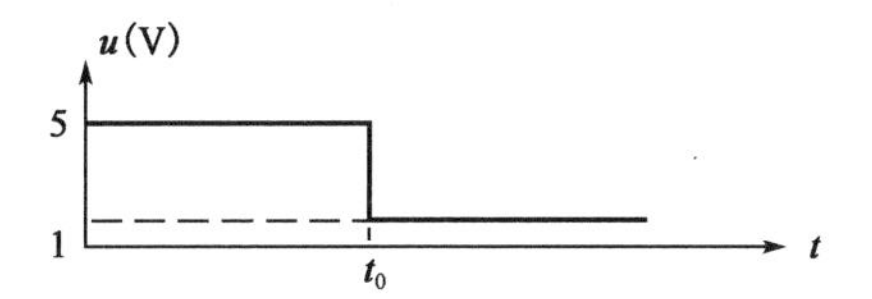

89. 模拟信号经线性放大器放大后，信号中被改变的量是：

A. 信号的频率

B. 信号的幅值频谱

C. 信号的相位频谱

D. 信号的幅值

90. 逻辑表达式(A + B)(A + C)的化简结果是：

A. A

B. $A^2 + AB + AC + BC$

C. A + BC

D. (A + B)(A + C)

91. 已知数字信号 A 和数字信号 B 的波形如图所示，则数字信号$F=\overline{AB}$的波形为：

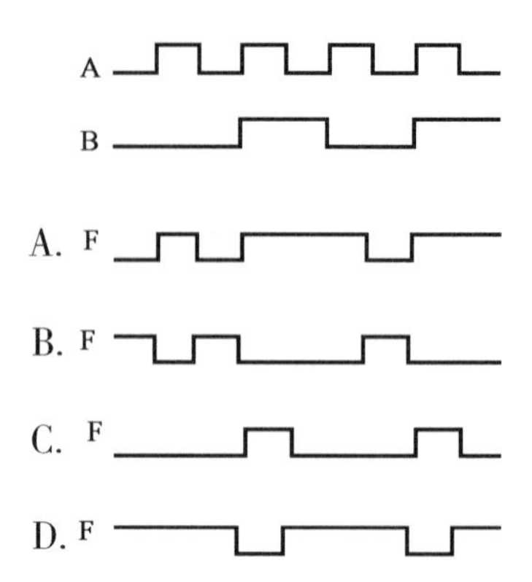

92. 逻辑函数$F=f$(A、B、C)的真值表如图所示，由此可知：

A	B	C	F
0	0	0	1
0	0	1	0
0	1	0	0
0	1	1	1
1	0	0	1
1	0	1	0
1	1	0	0
1	1	1	1

A. $F=\overline{A}(\overline{B}C+B\overline{C})+A(\overline{B}\overline{C}+BC)$　　B. $F=\overline{B}C+B\overline{C}$

C. $F=\overline{B}\overline{C}+BC$　　D. $F=\overline{A}+\overline{B}+\overline{BC}$

93. 二极管应用电路如图 a）所示，电路的激励u_i如图 b）所示，设二极管为理想器件，则电路的输出电压u_o的平均值$U_o=$

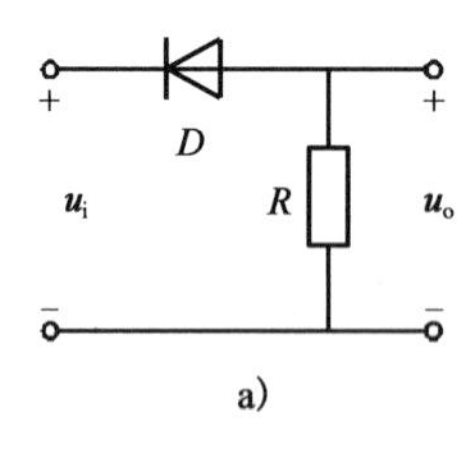

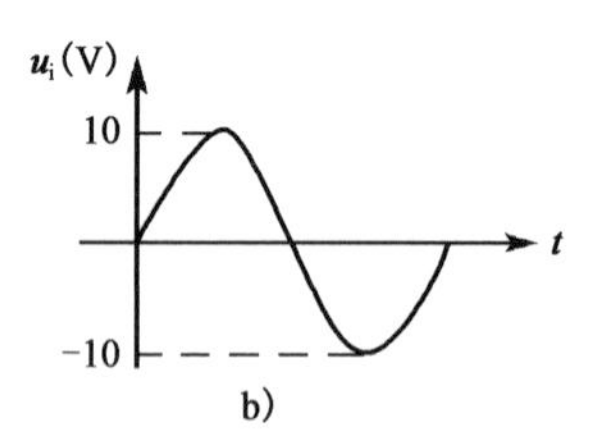

A. $\frac{10}{\sqrt{2}}\times 0.45=3.18V$　　B. $10\times 0.45=4.5V$

C. $-\frac{10}{\sqrt{2}}\times 0.45=-3.18V$　　D. $-10\times 0.45=-4.5V$

94. 运算放大器应用电路如图所示，设运算放大器输出电压的极限值为±11V，如果将 2V 电压接入电路的“A”端，电路的“B”端接地后，测得输出电压为−8V，那么，如果将 2V 电压接入电路的“B”端，而电路的“A”端接地，则该电路的输出电压u_o等于：

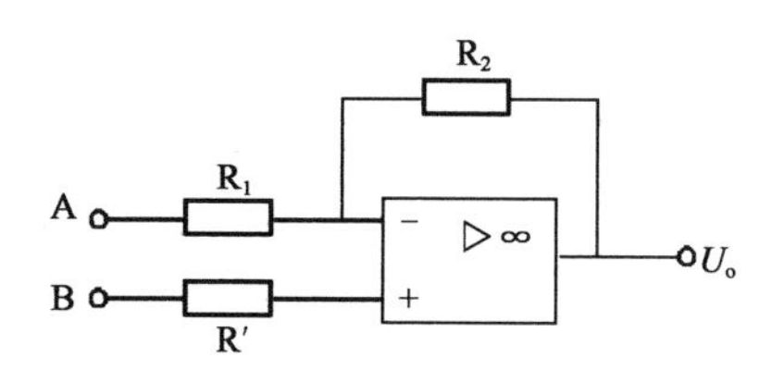

A. 8V　　B. −8V　　C. 10V　　D. −10V

95. 图 a）所示电路中，复位信号$\overline{R}_D$、信号 A 及时钟脉冲信号 cp 如图 b）所示，经分析可知，在第一个和第二个时钟脉冲的下降沿时刻，输出 Q 先后等于：

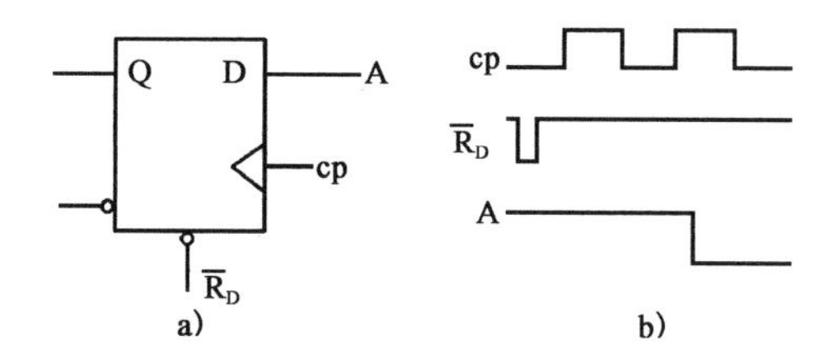

A. 0，0　　B. 0，1

C. 1，0　　D. 1，1

附：触发器的逻辑状态表为

D	Q_{n+1}
0	0
1	1

96. 图 a）所示电路中，复位信号、数据输入及时钟脉冲信号如图 b）所示，经分析可知，在第一个和第二个时钟脉冲的下降沿过后，输出 Q 先后等于：

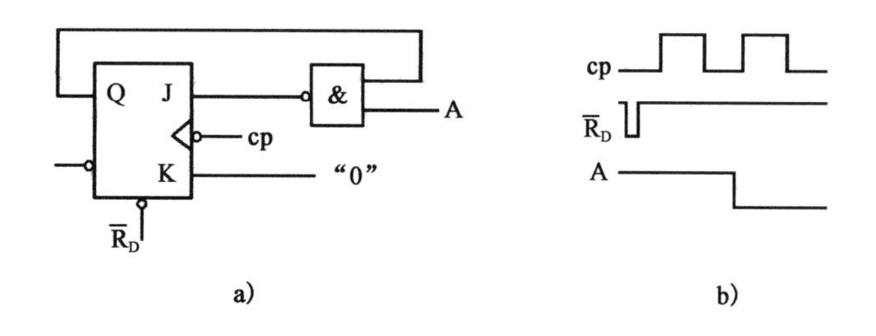

A. 0，0　　B. 0，1　　C. 1，0　　D. 1，1

附：触发器的逻辑状态表为

J	K	Q_{n+1}
0	0	Q_D
0	1	0
1	0	1
1	1	$\overline{Q}_D$

97. 总线中的地址总线传输的是：

A. 程序和数据
B. 主储存器的地址码或外围设备码
C. 控制信息
D. 计算机的系统命令

98. 软件系统中，能够管理和控制计算机系统全部资源的软件是：

A. 应用软件
B. 用户程序
C. 支撑软件
D. 操作系统

99. 用高级语言编写的源程序，将其转换成能在计算机上运行的程序过程是：

A. 翻译、连接、执行
B. 编辑、编译、连接
C. 连接、翻译、执行
D. 编程、编辑、执行

100. 十进制的数 256.625 用十六进制表示则是：

A. 110.B
B. 200.C
C. 100.A
D. 96.D

101. 在下面有关信息加密技术的论述中，不正确的是：

A. 信息加密技术是为提高信息系统及数据的安全性和保密性的技术
B. 信息加密技术是为防止数据信息被别人破译而采用的技术
C. 信息加密技术是网络安全的重要技术之一
D. 信息加密技术是为清楚计算机病毒而采用的技术

102. 可以这样来认识进程，进程是：

A. 一段执行中的程序
B. 一个名义上的软件系统
C. 与程序等效的一个概念
D. 一个存放在 ROM 中的程序

103. 操作系统中的文件管理是：

A. 对计算机的系统软件资源进行管理　　B. 对计算机的硬件资源进行管理

C. 对计算机用户进行管理　　D. 对计算机网络进行管理

104. 在计算机网络中，常将负责全网络信息处理的设备和软件称为：

A. 资源子网　　B. 通信子网

C. 局域网　　D. 广域网

105. 若按采用的传输介质的不同，可将网络分为：

A. 双绞线网、同轴电缆网、光纤网、无线网

B. 基带网和宽带网

C. 电路交换类、报文交换类、分组交换类

D. 广播式网络、点到点式网络

106. 一个典型的计算机网络系统主要是由：

A. 网络硬件系统和网络软件系统组成　　B. 主机和网络软件系统组成

C. 网络操作系统和若干计算机组成　　D. 网络协议和网络操作系统组成

107. 如现在投资 100 万元，预计年利率为 10%，分 5 年等额回收，每年可回收：

[已知：$(A/P,10\%,5)=0.2638$，$(A/F,10\%,5)=0.1638$]

A. 16.38 万元　　B. 26.38 万元

C. 62.09 万元　　D. 75.82 万元

108. 某项目投资中有部分资金源于银行贷款，该贷款在整个项目期间将等额偿还本息。项目预计年经营成本为 5000 万元，年折旧费和摊销为 2000 万元，则该项目的年总成本费用应：

A. 等于 5000 万元　　B. 等于 7000 万元

C. 大于 7000 万元　　D. 在 5000 万元与 7000 万元之间

109. 下列财务评价指标中，反映项目盈利能力的指标是：

A. 流动比率　　B. 利息备付率

C. 投资回收期　　D. 资产负债率

110. 某项目第一年年初投资5000万元，此后从第一年年末开始每年年末有相同的净收益，收益期为10年。寿命期结束时的净残值为100万元，若基准收益率为12%，则要使该投资方案的净现值为零，其年净收益应为：

[已知：$(P/A,12\%,10)=5.6500$；$(P/F,12\%,10)=0.3220$]

A. 879.26万元　　B. 884.96万元

C. 890.65万元　　D. 1610万元

111. 某企业设计生产能力为年产某产品40000t，在满负荷生产状态下，总成本为30000万元，其中固定成本为10000万元，若产品价格为1万元/t，则以生产能力利用率表示的盈亏平衡点为：

A. 25%　　B. 35%　　C. 40%　　D. 50%

112. 已知甲、乙为两个寿命期相同的互斥项目，通过测算得出：甲、乙两项目的内部收益率分别为18%和14%，甲、乙两项目的净现值分别为240万元和320万元。假如基准收益率为12%，则以下说法中正确的是：

A. 应选择甲项目　　B. 应选择乙项目

C. 应同时选择甲、乙两个项目　　D. 甲、乙项目均不应选择

113. 下列项目方案类型中，适于采用最小公倍数法进行方案比选的是：

A. 寿命期相同的互斥方案　　B. 寿命期不同的互斥方案

C. 寿命期相同的独立方案　　D. 寿命期不同的独立方案

114. 某项目整体功能的目标成本为10万元，在进行功能评价时，得出某一功能F^*的功能评价系数为0.3，若其成本改进期望值为−5000元（即降低5000元），则F^*的现实成本为：

A. 2.5万元　　B. 3万元

C. 3.5万元　　D. 4万元

115. 根据《中华人民共和国建筑法》规定，对从事建筑业的单位实行资质管理制度，将从事建活动的工程监理单位，划分为不同的资质等级。监理单位资质等级的划分条件可以不考虑：

A. 注册资本　　B. 法定代表人

C. 已完成的建筑工程业绩　　D. 专业技术人员

116. 某生产经营单位使用危险性较大的特种设备，根据《中华人民共和国安全生产法》规定，该设备投入使用的条件不包括：

A. 该设备应由专业生产单位生产

B. 该设备应进行安全条件论证和安全评价

C. 该设备须经取得专业资质的检测、检验机构检测、检验合格

D. 该设备须取得安全使用证或者安全标志

117. 根据《中华人民共和国招标投标法》规定，某工程项目委托监理服务的招投标活动，应当遵循的原则是：

A. 公开、公平、公正、诚实信用

B. 公开、平等、自愿、公平、诚实信用

C. 公正、科学、独立、诚实信用

D. 全面、有效、合理、诚实信用

118. 根据《中华人民共和国合同法》规定，要约可以撤回和撤销。下列要约，不得撤销的是：

A. 要约到达受要约人

B. 要约人确定了承诺期限

C. 受要约人未发出承诺通知

D. 受要约人即将发出承诺通知

119. 下列情形中，作出行政许可决定的行政机关或者其上级行政机关，应当依法办理有关行政许可的注销手续的是：

A. 取得市场准入许可的被许可人擅自停业、歇业

B. 行政机关工作人员对直接关系生命财产安全的设施监督检查时，发现存在安全隐患的

C. 行政许可证件依法被吊销的

D. 被许可人未依法履行开发利用自然资源义务的

120. 某建设工程项目完成施工后，施工单位提出工程竣工验收申请，根据《建设工程质量管理条例》规定，该建设工程竣工验收应当具备的条件不包括：

A. 有施工单位提交的工程质量保证保证金

B. 有工程使用的主要建筑材料、建筑构配件和设备的进场试验报告

C. 有勘察、设计、施工、工程监理等单位分别签署的质量合格文件

D. 有完整的技术档案和施工管理资料

2014年度全国勘察设计注册工程师执业资格考试基础考试（上）

试题解析及参考答案

1. 解 $\lim\limits_{x\to 0}(1-x)^{\frac{k}{x}}=2$

可利用公式$\lim\limits_{x\to 0}(1+x)^{\frac{1}{x}}=e$计算

因$\lim\limits_{x\to 0}(1-x)^{\frac{-k}{-x}}=\lim\limits_{x\to 0}\left[(1-x)^{\frac{1}{-x}}\right]^{-k}=e^{-k}$

所以$e^{-k}=2$，$k=-\ln 2$

答案：A

2. 解 $x^2+y^2-z=0$，$z=x^2+y^2$为旋转抛物面。

答案：D

3. 解 $y=\arctan\frac{1}{x}$，$x=0$，分母为零，该点为间断点。

因$\lim\limits_{x\to 0^+}\arctan\frac{1}{x}=\frac{\pi}{2}$，$\lim\limits_{x\to 0^-}\arctan\frac{1}{x}=-\frac{\pi}{2}$，所以$x=0$为跳跃间断点。

答案：B

4. 解 $\frac{\mathrm{d}}{\mathrm{d}x}\int_{2x}^{0}e^{-t^2}\mathrm{d}t=-\frac{\mathrm{d}}{\mathrm{d}x}\int_{0}^{2x}e^{-t^2}\mathrm{d}t=-e^{-4x^2}\cdot 2=-2e^{-4x^2}$

答案：C

5. 解

$$\frac{\mathrm{d}(\ln x)}{\mathrm{d}\sqrt{x}}=\frac{\frac{1}{x}\mathrm{d}x}{\frac{1}{2}\cdot\frac{1}{\sqrt{x}}\mathrm{d}x}=\frac{2}{\sqrt{x}}$$

答案：B

6. 解

$$\begin{aligned}\int\frac{x^2}{\sqrt[3]{1+x^3}}\mathrm{d}x&=\frac{1}{3}\int\frac{1}{\sqrt[3]{1+x^3}}\mathrm{d}x^3=\frac{1}{3}\int\frac{1}{\sqrt[3]{1+x^3}}\mathrm{d}(1+x^3)\\&=\frac{1}{3}\times\frac{3}{2}(1+x^3)^{\frac{2}{3}}+C=\frac{1}{2}(1+x^3)^{\frac{2}{3}}+C\end{aligned}$$

答案：D

7. 解 $a_n=\left(1+\frac{1}{n}\right)^n$，数列$\{a_n\}$是单调增而有上界。

答案：B

8. 解 函数$f(x)$在点x_0处可导，则$f'(x_0)=0$是$f(x)$在x_0取得极值的必要条件。

答案：C

9. 解

$$L_1:\frac{x-1}{1}=\frac{y-3}{-2}=\frac{z+5}{1},\ \vec{S}_1=\{1,-2,1\}$$
$$L_2:\frac{x-3}{-1}=\frac{y-1}{-1}=\frac{z-1}{2}=t,\ \vec{S}_2=\{-1,-1,2\}$$
$$\cos\left(\widehat{\vec{S}_1,\vec{S}_2}\right)=\frac{\vec{S}_1\cdot\vec{S}_2}{|\vec{S}_1||\vec{S}_2|}=\frac{3}{\sqrt{6}\times\sqrt{6}}=\frac{1}{2},\ \left(\widehat{\vec{S}_1,\vec{S}_2}\right)=\frac{\pi}{3}$$

答案：B

10. 解 $xy'-y=x^2e^{2x}\Rightarrow y'-\frac{1}{x}y=xe^{2x}$

$$P(x)=-\frac{1}{x},\ Q(x)=xe^{2x}$$
$$y=e^{-\int\left(-\frac{1}{x}\right)\mathrm{d}x}\left[\int xe^{2x}e^{\int\left(-\frac{1}{x}\right)\mathrm{d}x}\mathrm{d}x+C\right]=e^{\ln x}\left(\int xe^{2x}e^{-\ln x}\mathrm{d}x+C\right)$$
$$=x\left(\int e^{2x}\mathrm{d}x+C\right)=x\left(\frac{1}{2}e^{2x}+C\right)$$

答案：A

11. 解 见解图，$V=\int_0^3\pi y^2\,\mathrm{d}x=\int_0^3\pi 4x\mathrm{d}x=\pi\int_0^3 4x\mathrm{d}x$

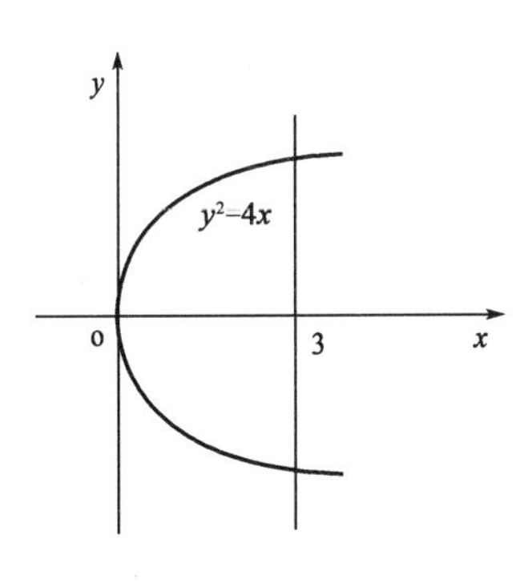

题 11 解图

答案：C

12. 解 $\sum\limits_{n=1}^{\infty}(-1)^n\frac{1}{n^{p-1}}$级数条件收敛应满足条件：①取绝对值后级数发散；②原级数收敛。

$\sum\limits_{n=1}^{\infty}\left|(-1)^n\frac{1}{n^{p-1}}\right|=\sum\limits_{n=1}^{\infty}\frac{1}{n^{p-1}}$，当$0<p-1\leqslant1$时，即$1<p\leqslant2$，取绝对值后级数发散，原级数$\sum\limits_{n=1}^{\infty}(-1)^n\frac{1}{n^{p-1}}$为交错级数。

当$p-1>0$时，即$p>1$

利用幂函数性质判定：$y=x^p(p>0)$

当$x\in(0,+\infty)$时，$y=x^p$单增，且过$(1,1)$点，本题中，$p>1$，因而$n^{p-1}<(n+1)^{p-1}$，所以$\frac{1}{n^{p-1}}>\frac{1}{(n+1)^{p-1}}$。

满足：①$\frac{1}{n^{p-1}}>\frac{1}{(n+1)^{p-1}}$；②$\lim\limits_{n\to\infty}\frac{1}{n^{p-1}}=0$。故$\sum\limits_{n=1}^{\infty}(-1)^n\frac{1}{n^{p-1}}$收敛。

综合以上结论，$1<p\leqslant2$和$p>1$，应为$1<p\leqslant2$。

答案：A

13. 解 $y=C_1e^{-x+C_2}=C_1e^{C_2}e^{-x}$

$y'=-C_1e^{C_2}e^{-x}$，$y''=C_1e^{C_2}e^{-x}$

代入方程得$C_1e^{C_2}e^{-x}-(-C_1e^{C_2}e^{-x})-2C_1e^{C_2}e^{-x}=0$

$y=C_1e^{-x+C_2}$是方程$y''-y'-2y=0$的解，又因$y=C_1e^{-x+C_2}=C_1e^{C_2}e^{-x}=C_3e^{-x}$（其中$C_3=C_1e^{C_2}$）只含有一个独立的任意常数，所以$y=C_1e^{-x+C_2}$，既不是方程的通解，也不是方程的特解。

答案：D

14. 解 L：$\begin{cases}y=x-2\\x=x\end{cases}$，$x:0\to2$，如解图所示。

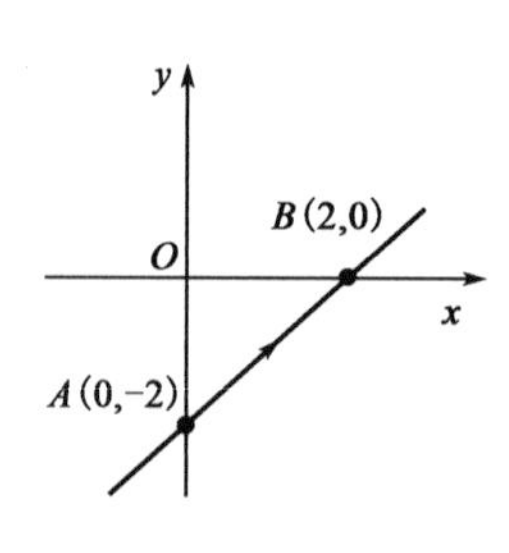

题 14 解图

注：从起点对应的参数积到终点对应的参数。

$$\int_L\frac{1}{x-y}\mathrm{d}x+y\mathrm{d}y=\int_0^2\frac{1}{x-(x-2)}\mathrm{d}x+(x-2)\mathrm{d}x$$
$$=\int_0^2\left(x-\frac{3}{2}\right)\mathrm{d}x=\left(\frac{1}{2}x^2-\frac{3}{2}x\right)\bigg|_0^2$$
$$=\frac{1}{2}\times4-\frac{3}{2}\times2=-1$$

答案：B

15. 解 $x^2+y^2+z^2=4z$，$x^2+y^2+z^2-4z=0$

$$F_x=2x，F_y=2y，F_z=2z-4$$

$$\frac{\partial z}{\partial x}=-\frac{F_x}{F_z}=-\frac{2x}{2z-4}=-\frac{x}{z-2}，\frac{\partial z}{\partial y}=-\frac{F_y}{F_z}=-\frac{2y}{2z-4}=-\frac{y}{z-2}$$

$$\mathrm{d}z=\frac{\partial z}{\partial x}\mathrm{d}x+\frac{\partial z}{\partial y}\mathrm{d}y=-\frac{x}{z-2}\mathrm{d}x-\frac{y}{z-2}\mathrm{d}y=\frac{1}{2-z}(x\mathrm{d}x+y\mathrm{d}y)$$

答案：B

16. 解 D：$\begin{cases}0\leqslant\theta\leqslant\frac{\pi}{4}\\0\leqslant r\leqslant a\end{cases}$，如解图所示。

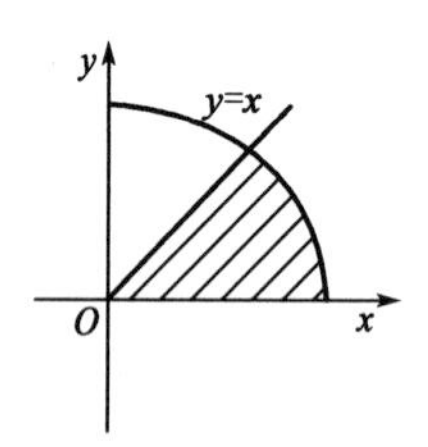

题 16 解图

$$\iint_D\mathrm{d}x\mathrm{d}y=\int_0^{\frac{\pi}{4}}\mathrm{d}\theta\int_0^a r\mathrm{d}r=\frac{\pi}{4}\times\frac{1}{2}r^2\bigg|_0^a=\frac{1}{8}\pi a^2$$

答案：A

17. 解 设$2x+1=z$，级数为$\sum\limits_{n=1}^{\infty}\frac{z^n}{n}$

$\lim\limits_{n\to\infty}\left|\frac{a_{n+1}}{a_n}\right|=\lim\limits_{n\to\infty}\frac{\frac{1}{n+1}}{\frac{1}{n}}=1$，$\rho=1$，$R=\frac{1}{\rho}=1$

当$z=1$时，$\sum\limits_{n=1}^{\infty}\frac{1}{n}$发散，当$z=-1$时，$\sum\limits_{n=1}^{\infty}\frac{(-1)^n}{n}$收敛

所以$-1\leqslant z<1$收敛，即$-1\leqslant2x+1<1$，$-1\leqslant x<0$

答案：C

18. 解 $z=e^{xe^y}$，$\frac{\partial z}{\partial x}=e^{xe^y}\cdot e^y=e^y\cdot e^{xe^y}$

$\frac{\partial^2 z}{\partial x^2}=e^y\cdot e^{xe^y}\cdot e^y=e^{xe^y}\cdot e^{2y}=e^{xe^y+2y}$

答案： A

19. 解 **方法1：** $|2\boldsymbol{A}^*\boldsymbol{B}^{-1}|=2^3|\boldsymbol{A}^*\boldsymbol{B}^{-1}|=2^3|\boldsymbol{A}^*|\cdot|\boldsymbol{B}^{-1}|$

$\boldsymbol{A}^{-1}=\frac{1}{|\boldsymbol{A}|}\boldsymbol{A}^*$，$\boldsymbol{A}^*=|\boldsymbol{A}|\cdot\boldsymbol{A}^{-1}$

$\boldsymbol{A}\cdot\boldsymbol{A}^{-1}=\boldsymbol{E}$，$|\boldsymbol{A}|\cdot|\boldsymbol{A}^{-1}|=1$，$|\boldsymbol{A}^{-1}|=\frac{1}{|\boldsymbol{A}|}=\frac{1}{-\frac{1}{2}}=-2$

$|\boldsymbol{A}^*|=\left||\boldsymbol{A}|\cdot\boldsymbol{A}^{-1}\right|=\left|-\frac{1}{2}\boldsymbol{A}^{-1}\right|=\left(-\frac{1}{2}\right)^3|\boldsymbol{A}^{-1}|=\left(-\frac{1}{2}\right)^3\times(-2)=\frac{1}{4}$

$\boldsymbol{B}\cdot\boldsymbol{B}^{-1}=\boldsymbol{E}$，$|\boldsymbol{B}|\cdot|\boldsymbol{B}^{-1}|=1$，$|\boldsymbol{B}^{-1}|=\frac{1}{|\boldsymbol{B}|}=\frac{1}{2}$

因此，$|2\boldsymbol{A}^*\boldsymbol{B}^{-1}|=2^3\times\frac{1}{4}\times\frac{1}{2}=1$

方法2： 直接用公式计算$|\boldsymbol{A}^*|=|\boldsymbol{A}|^{n-1}$，$|\boldsymbol{B}^{-1}|=\frac{1}{|\boldsymbol{B}|}$，$|2\boldsymbol{A}^*\boldsymbol{B}^{-1}|=2^3|\boldsymbol{A}^*\boldsymbol{B}^{-1}|=2^3|\boldsymbol{A}^*||\boldsymbol{B}^{-1}|=2^3|\boldsymbol{A}|^{3-1}\cdot\frac{1}{|\boldsymbol{B}|}=2^3\cdot\left(-\frac{1}{2}\right)^2\cdot\frac{1}{2}=1$

答案： A

20. 解 选项A，$\boldsymbol{A}$未必是实对称矩阵，即使$\boldsymbol{A}$为实对称矩阵，但所有顺序主子式都小于零，不符合对称矩阵为负定的条件。对称矩阵为负定的充分必要条件：奇数阶顺序主子式为负，而偶数阶顺序主子式为正，所以错误。

选项B，实对称矩阵为正定矩阵的充分必要条件是所有特征值都大于零，选项B给出的条件有时不能满足所有特征值都大于零的条件，例如$\boldsymbol{A}=\begin{bmatrix}1&1\\1&1\end{bmatrix}$，$|\boldsymbol{A}|=0$，$\boldsymbol{A}$有特征值$\lambda=0$，所以错误。

选项D，给出的二次型所对应的对称矩阵为$\begin{bmatrix}1&\frac{1}{2}&\frac{1}{2}\\\frac{1}{2}&1&\frac{1}{2}\\\frac{1}{2}&\frac{1}{2}&1\end{bmatrix}$，所以错误。

选项C，由惯性定理可知，实二次型$f(x_1,x_2,\cdots,x_n)=\boldsymbol{x}^{\mathrm{T}}\boldsymbol{A}\boldsymbol{x}$经可逆线性变换（或配方法）化为标准型时，在标准型（或规范型）中，正、负平方项的个数是唯一确定的。对于缺少平方项的n元二次型的标准型（或规范型），正惯性指数不会等于未知数的个数n。

例如：$f(x_1,x_2)=x_1\cdot x_2$，无平方项，设$\begin{cases}x_1=y_1+y_2\\x_2=y_1-y_2\end{cases}$，代入变形$f=y_1^2-y_2^2$（标准型），正惯性指数为$1<n=2$。所以二次型$f(x_1,x_2)$不是正定二次型。

答案： C

21. 解 **方法1：** 已知n元非齐次线性方程组$\boldsymbol{A}\boldsymbol{x}=\boldsymbol{b}$，$r(\boldsymbol{A})=n-2$，对应$n$元齐次线性方程组$\boldsymbol{A}\boldsymbol{x}=\boldsymbol{0}$的基础解系中的线性无关解向量的个数为$n-(n-2)=2$，可验证$\boldsymbol{\alpha}_2-\boldsymbol{\alpha}_1$，$\boldsymbol{\alpha}_2-\boldsymbol{\alpha}_3$为齐次线性方程

组的解：$\boldsymbol{A}(\boldsymbol{\alpha}_2-\boldsymbol{\alpha}_1)=\boldsymbol{A}\boldsymbol{\alpha}_2-\boldsymbol{A}\boldsymbol{\alpha}_1=\boldsymbol{b}-\boldsymbol{b}=0$，$\boldsymbol{A}(\boldsymbol{\alpha}_2-\boldsymbol{\alpha}_3)=\boldsymbol{A}\boldsymbol{\alpha}_2-\boldsymbol{A}\boldsymbol{\alpha}_3=\boldsymbol{b}-\boldsymbol{b}=0$；还可验$\boldsymbol{\alpha}_2-\boldsymbol{\alpha}_1$，$\boldsymbol{\alpha}_2-\boldsymbol{\alpha}_3$线性无关。

所以$k_1(\boldsymbol{\alpha}_2-\boldsymbol{\alpha}_1)+k_2(\boldsymbol{\alpha}_2-\boldsymbol{\alpha}_3)$为$n$元齐次线性方程组$\boldsymbol{Ax}=\boldsymbol{0}$的通解，而$\boldsymbol{\alpha}_1$为$n$元非齐次线性方程组$\boldsymbol{Ax}=\boldsymbol{b}$的一特解。

因此，$\boldsymbol{Ax}=\boldsymbol{b}$的通解为$\boldsymbol{x}=k_1(\boldsymbol{\alpha}_2-\boldsymbol{\alpha}_1)+k_2(\boldsymbol{\alpha}_2-\boldsymbol{\alpha}_3)+\boldsymbol{\alpha}_1$。

方法 2：观察四个选项异同点，结合$\boldsymbol{Ax}=\boldsymbol{b}$通解结构，想到一个结论：

设$y_1,y_2,\cdots,y_s$为$\boldsymbol{Ax}=\boldsymbol{b}$的解，$k_1,k_2,\cdots,k_s$为数，则：

当$\sum\limits_{i=1}^{s}k_i=0$时，$\sum\limits_{i=1}^{s}k_iy_i$为$\boldsymbol{Ax}=\boldsymbol{0}$的解；

当$\sum\limits_{i=1}^{s}k_i=1$时，$\sum\limits_{i=1}^{s}k_iy_i$为$\boldsymbol{Ax}=\boldsymbol{b}$的解。

可以判定选项 C 正确。

答案：C

22. 解 A与B互不相容，$P(AB)=0$，$P(A|B)=\frac{P(AB)}{P(B)}=0$。

答案：B

23. 解 见解图，$\int_{-\infty}^{+\infty}\int_{-\infty}^{+\infty}f(x,y)\,\mathrm{d}x\mathrm{d}y=\int_0^1\int_0^x k\mathrm{d}y\mathrm{d}x=\frac{k}{2}=1$，得$k=2$

$$E(XY)=\int_{-\infty}^{+\infty}\int_{-\infty}^{+\infty}xyf(x,y)\mathrm{d}x\mathrm{d}y=\int_0^1\int_0^x 2xy\mathrm{d}y\mathrm{d}x=\frac{1}{4}$$

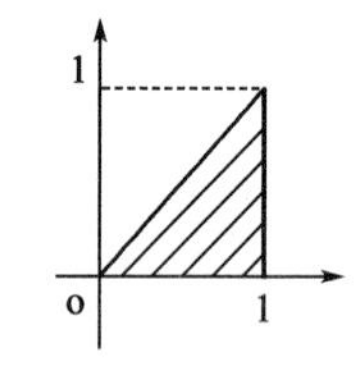

题 23 解图

答案：A

24. 解 设$S_1^2=\frac{1}{n-1}\sum\limits_{i=1}^{n}\left(X_i-\overline{X}\right)^2$

因为总体$X\sim N(\mu,\sigma^2)$

所以$\frac{\sum\limits_{i=1}^{n}\left(X_i-\overline{X}\right)^2}{\sigma^2}=\frac{(n-1)S_1^2}{\sigma^2}\sim\chi^2(n-1)$，同理$\frac{\sum\limits_{i=1}^{n}\left(Y_i-\overline{Y}\right)^2}{\sigma^2}\sim\chi^2(n-1)$

又因为两样本相互独立，所以$\frac{\sum\limits_{i=1}^{n}\left(X_i-\overline{X}\right)^2}{\sigma^2}$与$\frac{\sum\limits_{i=1}^{n}\left(Y_i-\overline{Y}\right)^2}{\sigma^2}$相互独立

$$\frac{\sum\limits_{i=1}^{n}\left(X_i-\overline{X}\right)^2}{\sum\limits_{i=1}^{n}\left(Y_i-\overline{Y}\right)^2}=\frac{\dfrac{\sum\limits_{i=1}^{n}\left(X_i-\overline{X}\right)^2}{(n-1)\sigma^2}}{\dfrac{\sum\limits_{i=1}^{n}\left(Y_i-\overline{Y}\right)^2}{(n-1)\sigma^2}}\sim F(n-1,n-1)$$

注意：解答选择题，有时抓住关键点就可判定。$\sum\limits_{i=1}^{n}\left(X_i-\overline{X}\right)^2$与$\chi^2$分布有关，$\frac{\sum\limits_{i=1}^{n}\left(X_i-\overline{X}\right)^2}{\sum\limits_{i=1}^{n}\left(Y_i-\overline{Y}\right)^2}$与$F$分布有关，只有选项 B 是$F$分布。

答案：B

25. 解 由气态方程$pV=\frac{m}{M}RT$知，标准状态下，p、V相同，T也相等。

由$E=\frac{m}{M}\frac{i}{2}RT=\frac{i}{2}pV$，注意到氢为双原子分子，氦为单原子分子，即$i(\mathrm{H_2})=5$，$i(\mathrm{He})=3$，又

$p(\mathrm{H_2}) = p(\mathrm{He})$，$V(\mathrm{H_2}) = V(\mathrm{He})$，故$\frac{E(\mathrm{H_2})}{E(\mathrm{He})} = \frac{i(\mathrm{H_2})}{i(\mathrm{He})} = \frac{5}{3}$。

答案： A

26. 解 由麦克斯韦速率分布函数定义$f(v) = \frac{\mathrm{d}N}{N\mathrm{d}v}$可得。

答案： B

27. 解 由$W_{等压} = p\Delta V = \frac{m}{M}R\Delta T$，今$\frac{m}{M} = 1$，故$\Delta T = \frac{W}{R}$。

答案： B

28. 解 等温膨胀过程的特点是：理想气体从外界吸收的热量Q，全部转化为气体对外做功$A(A > 0)$。

答案： D

29. 解 所谓波峰，其纵坐标$y = +2 \times 10^{-2}\mathrm{m}$，亦即要求$\cos 2\pi\left(10t - \frac{x}{5}\right) = 1$，即$2\pi\left(10t - \frac{x}{5}\right) = \pm 2k\pi$；

当$t = 0.25\mathrm{s}$时，$20\pi \times 0.25 - \frac{2\pi x}{5} = \pm 2k\pi$，$x = (12.5 \mp 5k)$；

因为要取距原点最近的点（注意$k = 0$并非最小），逐一取$k = 0,1,2,3,\cdots$，其中$k = 2$，$x = 2.5$；$k = 3$，$x = -2.5$。

答案： A

30. 解 质元处于平衡位置，此时速度最大，故质元动能最大，动能与势能是同相的，所以势能也最大。

答案： C

31. 解 声波的频率范围为 20~20000Hz。

答案： C

32. 解 间距$\Delta x = \frac{D\lambda}{nd}$[$D$为双缝到屏幕的垂直距离（见解图），$d$为缝宽，$n$为折射率]

今$1.33 = \frac{D\lambda}{d}(n_{空气} \approx 1)$，当把实验装置放入水中，则$\Delta x_{水} = \frac{D\lambda}{1.33d} = 1$

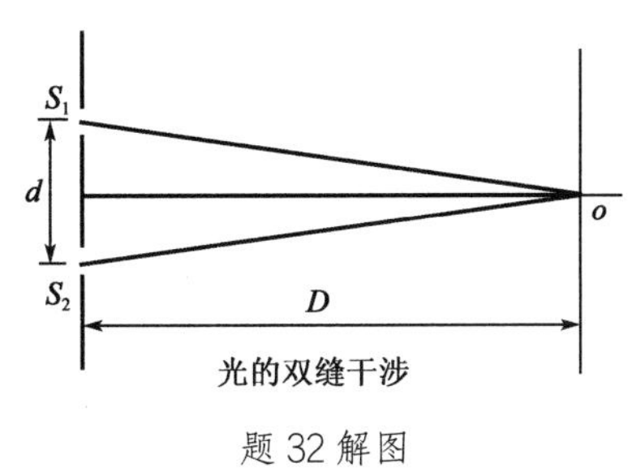

题 32 解图

答案： C

33. 解 可见光的波长范围 400~760nm。

答案：A

34. 解 自然光垂直通过第一个偏振片后，变为线偏振光，光强设为I'，即入射至第二个偏振片的线偏振光强度。根据马吕斯定律，自然光通过两个偏振片后，$I = I'\cos^2 45° = \frac{I'}{2}$，$I' = 2I$。

答案：B

35. 解 中央明纹的宽度由紧邻中央明纹两侧的暗纹($k = 1$)决定。

如解图所示，通常衍射角ϕ很小，且$D \approx f$(f为焦距)，则$x \approx \phi f$

由暗纹条件$a\sin\phi = 1 \times \lambda (k = 1)$($\alpha$缝宽)，得$\phi \approx \frac{\lambda}{a}$

第一级暗纹距中心P_0距离为$x_1 = \phi f = \frac{\lambda}{a} f$

所以中央明纹的宽度$\Delta x(中央) = 2x_1 = \frac{2\lambda f}{a}$

$$故\ \Delta x = \frac{2 \times 0.5 \times 400 \times 10^{-9}}{10^{-4}} = 400 \times 10^{-5}\text{m}$$
$$= 4 \times 10^{-3}\text{m}$$

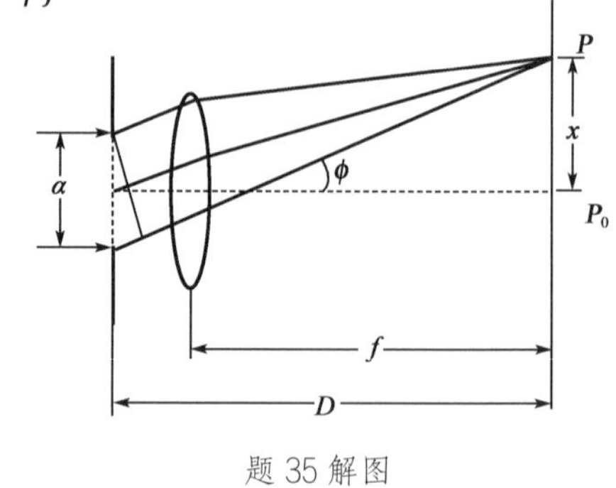

题 35 解图

答案：D

36. 解 根据光栅的缺级理论，当$\frac{a+b(光栅常数)}{a(缝宽)}$=整数时，会发生缺级现象，今$\frac{a+b}{a} = \frac{2a}{a} = 2$，在光栅明纹中，将缺$k = 2,4,6,\cdots$级。（此题超纲）

答案：A

37. 解 周期表中元素电负性的递变规律：同一周期从左到右，主族元素的电负性逐渐增大；同一主族从上到下元素的电负性逐渐减小。

答案：A

38. 解 离子在外电场或另一离子作用下，发生变形产生诱导偶极的现象叫离子极化。正负离子相互极化的强弱取决于离子的极化力和变形性。离子的极化力为某离子使其他离子变形的能力。极化力取决于：①离子的电荷。电荷数越多，极化力越强。②离子的半径。半径越小，极化力越强。③离子的电子构型。当电荷数相等、半径相近时，极化力的大小为：18 或 18+2 电子构型>9~17 电子构型>8 电子构型。每种离子都具有极化力和变形性，一般情况下，主要考虑正离子的极化力和负离子的变形性。离子半径的变化规律：同周期不同元素离子的半径随离子电荷代数值增大而减小。四个化合物中，$SiCl_4$ 为共价化合物，其余三个为离子化合物。三个离子化合物中阴离子相同，阳离子为同周期元素，离子半径逐渐减小，离子电荷的代数值逐渐增大，所以极化作用逐渐增大。离子极化的结果使离子键向共价键过渡。

答案：C

39. 解 100mL 浓硫酸中H_2SO_4的物质的量$n = \frac{100 \times 1.84 \times 0.98}{98} = 1.84\text{mol}$

物质的量浓度$c = \frac{1.84}{0.1} = 18.4\text{mol} \cdot \text{L}^{-1}$

答案：A

40. 解 多重平衡规则：当n个反应相加（或相减）得总反应时，总反应的K等于各个反应平衡常数的乘积（或商）。题中反应（3）=（1）-（2），所以$K_3^\Theta = \frac{K_1^\Theta}{K_2^\Theta}$。

答案：D

41. 解 铜电极通入H_2S，生成CuS沉淀，Cu^{2+}浓度减小。

铜半电池反应为：$Cu^{2+} + 2e^- \longrightarrow Cu$，根据电极电势的能斯特方程式：

$$\varphi = \varphi^\Theta + \frac{0.059}{2}\lg\frac{C_{氧化型}}{C_{还原型}} = \varphi^\Theta + \frac{0.059}{2}\lg C_{Cu^{2+}}$$

$C_{Cu^{2+}}$减小，电极电势减小

原电池的电动势$E = \varphi_{正} - \varphi_{负}$，$\varphi_{正}$减小，$\varphi_{负}$不变，则电动势$E$减小。

答案：B

42. 解 电解产物析出顺序由它们的析出电势决定。析出电势与标准电极电势、离子浓度、超电势有关。总的原则：析出电势代数值较大的氧化型物质首先在阴极还原；析出电势代数值较小的还原型物质首先在阳极氧化。

阴极：当$\varphi^\Theta > \varphi^\Theta_{Al^{3+}/Al}$时，$M^{n+} + ne^- \longrightarrow M$

当$\varphi^\Theta < \varphi^\Theta_{Al^{3+}/Al}$时，$2H^+ + 2e^- \longrightarrow H_2$

因$\varphi^\Theta_{Na^+/Na} < \varphi^\Theta_{Al^{3+}/Al}$时，所以$H^+$首先放电析出。

答案：A

43. 解 由公式$\Delta G = \Delta H - T\Delta S$可知，当$\Delta H$和$\Delta S$均小于零时，$\Delta G$在低温时小于零，所以低温自发，高温非自发。

答案：A

44. 解 丙烷最多 5 个原子处于一个平面，丙烯最多 7 个原子处于一个平面，苯乙烯最多 16 个原子处于一个平面，$CH_3CH=CH-C\equiv C-CH_3$ 最多 10 个原子处于一个平面。

答案：C

45. 解 A 为丙烯酸，烯烃能发生加成反应和氧化反应，酸可以发生酯化反应。

答案：A

46. 解 人造羊毛为聚丙烯腈，由单体丙烯腈通过加聚反应合成，为高分子化合物。分子中存在共价键，为共价化合物，同时为有机化合物。

答案：C

47. 解 根据力的投影公式，$F_x = F\cos\alpha$，故$\alpha = 60°$；而分力F_x的大小是力F大小的 2 倍，故力F

与y轴垂直。

答案：A （此题2010年考过）

48. 解 M_1与M_2等值反向，四个分力构成自行封闭的四边形，故合力为零，F_1与F_3、F_2与F_4构成顺时针转向的两个力偶，其力偶矩的大小均为Fa。

答案：D

49. 解 对系统进行整体分析，外力有主动力F_{p}，A、H处约束力，由于F_{p}与H处约束力均为铅垂方向，故A处也只有铅垂方向约束力，列平衡方程$\sum M_{\mathrm{H}}(F)=0$，便可得结果。

答案：B

50. 解 分析节点D的平衡，可知1杆为零杆。

答案：A

51. 解 只有当$t=1\mathrm{s}$时两个点才有相同的坐标。

答案：A

52. 解 根据平行移动刚体的定义和特点。

答案：C （此题2011年考过）

53. 解 根据定轴转动刚体上一点加速度与转动角速度、角加速度的关系：$a_n=\omega^2 l$，$a_\tau=\alpha l$，此题$a_n=0$，$\alpha=\frac{a_\tau}{l}=\frac{a}{l}$。

答案：A

54. 解 在铅垂平面内垂直于绳的方向列质点运动微分方程（牛顿第二定律），有：

$$ma_n\cos\alpha=mg\sin\alpha$$

答案：C

55. 解 两轮质心的速度均为零，动量为零，链条不计质量。

答案：D

56. 解 根据动能定理：$T_2-T_1=W_{12}$，其中$T_1=0$（初瞬时静止），$T_2=\frac{1}{2}\times\frac{3}{2}mR^2\omega^2$，$W_{12}=mgR$，代入动能定理可得结果。

答案：C

57. 解 杆水平瞬时，其角速度为零，加在物块上的惯性力铅垂向上，列平衡方程$\sum M_{\mathrm{O}}(F)=0$，则有$\left(F_{\mathrm{g}}-mg\right)l=0$，所以$F_{\mathrm{g}}=mg$。

答案：A

58. 解 已知频率比$\frac{\omega}{\omega_0}=1.27$，且$\omega=40\,\text{rad/s}$，$\omega_0=\sqrt{\frac{k}{m}}$ $(m=100\text{kg})$

所以，$k=\left(\frac{40}{1.27}\right)^2\times 100=9.9\times 10^4\approx 1\times 10^5\text{N/m}$

答案： A

59. 解 首先取节点C为研究对象，根据节点C的平衡可知，杆 1 受力为零，杆 2 的轴力为拉力F；再考虑两杆的变形，杆 1 无变形，杆 2 受拉伸长。由于变形后两根杆仍然要连在一起，因此C点变形后的位置，应该在以A点为圆心，以杆 1 原长为半径的圆弧，和以B点为圆心、以伸长后的杆 2 长度为半径的圆弧的交点C'上，如解图所示。显然这个点在C点向下偏左的位置。

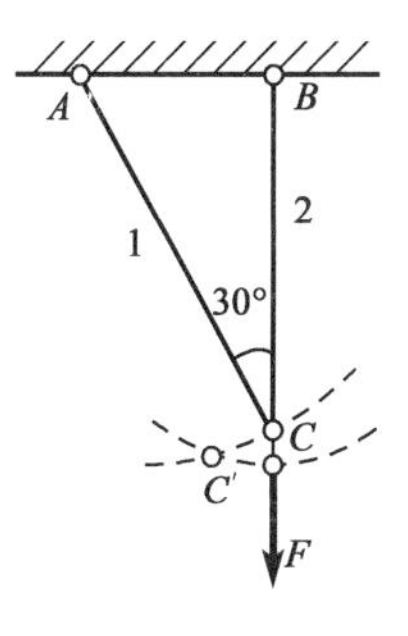

题 59 解图

答案： B

60. 解

$$\sigma_{\text{AB}}=\frac{F_{\text{NAB}}}{A_{\text{AB}}}=\frac{300\pi\times 10^3\text{N}}{\frac{\pi}{4}\times 200^2\text{mm}^2}=30\text{MPa},\ \sigma_{\text{BC}}=\frac{F_{\text{NBC}}}{A_{\text{BC}}}=\frac{100\pi\times 10^3\text{N}}{\frac{\pi}{4}\times 100^2\text{mm}^2}=40\text{MPa}$$

显然杆的最大拉应力是 40MPa

答案： A

61. 解 A 图、B 图中节点的受力是图 a），C 图、D 图中节点的受力是图 b）。

为了充分利用铸铁抗压性能好的特点，应该让铸铁承受更大的压力，显然 A 图布局比较合理。

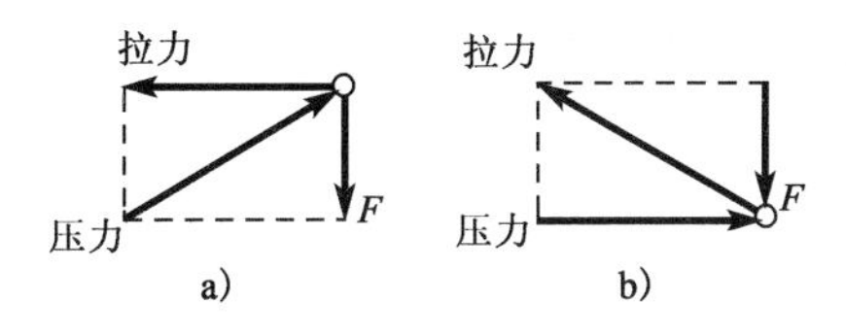

题 61 解图

答案： A

62. 解 被冲断的钢板的剪切面是一个圆柱面，其面积$A_{\text{Q}}=\pi dt$，根据钢板破坏的条件：

$$\tau_{\text{Q}}=\frac{Q}{A_{\text{Q}}}=\frac{F}{\pi dt}=\tau_{\text{b}}$$

可得$F=\pi dt\tau_{\text{b}}=\pi\times 100\text{mm}\times 10\text{mm}\times 300\text{MPa}=300\pi\times 10^3\text{N}=300\pi\text{kN}$

答案： A

63. 解 螺杆受拉伸，横截面面积是$\frac{\pi}{4}d^2$，由螺杆的拉伸强度条件，可得：

$$\sigma=\frac{F}{\frac{\pi}{4}d^2}=\frac{4F}{\pi d^2}=[\sigma] \quad ①$$

螺母的内圆周面受剪切，剪切面面积是πdh，由螺母的剪切强度条件，可得：

$$\tau_{\text{Q}}=\frac{F_{\text{Q}}}{A_{\text{Q}}}=\frac{F}{\pi dh}=[\tau] \quad ②$$

把①、②两式同时代入$[\sigma]=2[\tau]$，即有$\frac{4F}{\pi d^2}=2\cdot\frac{F}{\pi dh}$，化简后得$d=2h$。

答案：A

64. 解 受扭空心圆轴横截面上各点的切应力应与其到圆心的距离成正比，而在空心圆部分因没有材料，故也不应有切应力，故正确的只能是B。

答案：B

65. 解 根据外力矩（此题中即是扭矩）与功率、转速的计算公式：$M(\mathrm{kN\cdot m})=9.55\frac{p(\mathrm{kW})}{n(\mathrm{r/min})}$可知，转速小的轴，扭矩（外力矩）大。

答案：B

66. 解 根据剪力和弯矩的微分关系$\frac{\mathrm{d}m}{\mathrm{d}x}=Q$可知，弯矩的最大值发生在剪力为零的截面，也就是弯矩的导数为零的截面，故选B。

答案：B

67. 解 题图a）是偏心受压，在中间段危险截面上，外力作用点O与被削弱的截面形心C之间的偏心距$e=\frac{a}{2}$（见解图），产生的附加弯矩$M=F\cdot\frac{a}{2}$，故题图a）中的最大应力：

$$\sigma_{\mathrm{a}}=-\frac{F_{\mathrm{N}}}{A_{\mathrm{a}}}-\frac{M}{W}=-\frac{F}{3ab}-\frac{F\frac{a}{2}}{\frac{b}{6}(3a)^2}=-\frac{2F}{3ab}$$

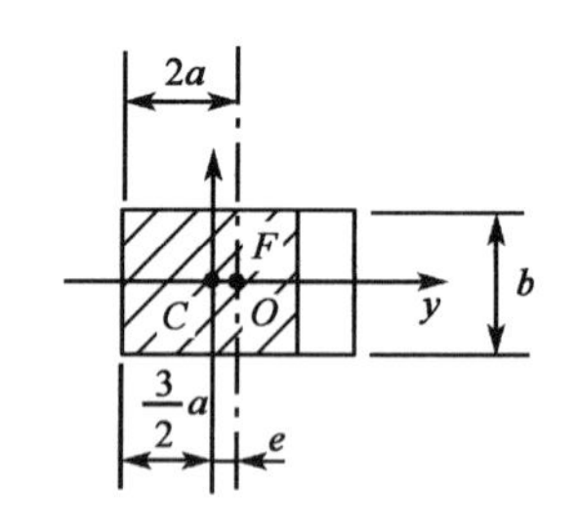

题67解图

题图b）虽然截面面积小，但却是轴向压缩，其最大压应力：

$$\sigma_{\mathrm{b}}=-\frac{F_{\mathrm{N}}}{A_{\mathrm{b}}}=-\frac{F}{2ab}$$

故$\frac{\sigma_{\mathrm{b}}}{\sigma_{\mathrm{a}}}=\frac{3}{4}$

答案：A

68. 解 由梁的正应力强度条件：

$$\sigma_{\max}=\frac{M_{\max}}{I}\cdot y_{\max}=\frac{M_{\max}}{W}\leqslant[\sigma]$$

可知，梁的承载能力与梁横截面惯性矩I（或W）的大小成正比，当外荷载产生的弯矩$M_{\max}$不变的情况下，截面惯性矩（或W）越大，其承载能力也越大，显然相同面积制成的梁，矩形比圆形好，空心矩形的惯性矩（或W）最大，其承载能力最大。

答案：A

69. 解 图a）中$\sigma_1=200\mathrm{MPa}$，$\sigma_2=0$，$\sigma_3=0$

$\sigma_{\mathrm{r3}}^{\mathrm{a}}=\sigma_1-\sigma_3=200\mathrm{MPa}$

图b）中$\sigma_1=\frac{100}{2}+\sqrt{\left(\frac{100}{2}\right)^2+100^2}=161.8\mathrm{MPa}$，$\sigma_2=0$

$\sigma_3=\frac{100}{2}-\sqrt{\left(\frac{100}{2}\right)^2+100^2}=-61.8\mathrm{MPa}$

$\sigma_{r3}^{b} = \sigma_1 - \sigma_3 = 223.6\text{MPa}$

故图 b）更危险

答案： D

70. 解 当$\alpha = 0°$时，杆是轴向受位：

$$\sigma_{max}^{0°} = \frac{F_N}{A} = \frac{F}{a^2}$$

当$\alpha = 45°$时，杆是轴向受拉与弯曲组合变形：

$$\sigma_{max}^{45°} = \frac{F_N}{A} + \frac{M_g}{W_g} = \frac{\frac{\sqrt{2}}{2}F}{a^2} + \frac{\frac{\sqrt{2}}{2}F \cdot a}{\frac{a^3}{6}} = \frac{7\sqrt{2}}{2}\frac{F}{a^2}$$

可得

$$\frac{\sigma_{max}^{45°}}{\sigma_{max}^{0°}} = \frac{\frac{7\sqrt{2}}{2}\frac{F}{a^2}}{\frac{F}{a^2}} = \frac{7\sqrt{2}}{2}$$

答案： A

71. 解 水平静压力$P_x = \rho g h_c \pi r^2 = 1 \times 9.8 \times 5 \times \pi \times 0.1^2 = 1.54\text{kN}$

答案： D

72. 解 A点绝对压强$p'_A = p_0 + \rho g h = 88 + 1 \times 9.8 \times 2 = 107.6\text{kPa}$

A点相对压强$p_A = p'_A - p_a = 107.6 - 101 = 6.6\text{kPa}$

答案： B

73. 解 对二维不可压缩流体运动连续性微分方程式为：$\frac{\partial u_x}{\partial x} + \frac{\partial u_y}{\partial y} = 0$，即$\frac{\partial u_x}{\partial x} = -\frac{\partial u_y}{\partial y}$。对题中 C 项求偏导数可得$\frac{\partial u_x}{\partial x} = 5$，$\frac{\partial u_y}{\partial y} = -5$，满足连续性方程。

答案： C

74. 解 圆管层流中水头损失与管壁粗糙度无关。

答案： D

75. 解 $Q_1 + Q_2 = 39\text{L/s}$

$$\frac{Q_1}{Q_2} = \sqrt{\frac{S_2}{S_1}} = \sqrt{\frac{8\lambda L_2}{\pi^2 g d_2^5} \Big/ \frac{8\lambda L_1}{\pi^2 g d_1^5}} = \sqrt{\frac{L_2 \cdot d_1^5}{L_1 \cdot d_2^5}} = \sqrt{\frac{3000}{1800} \times \left(\frac{0.15}{0.20}\right)^5} = 0.629$$

即$0.629Q_2 + Q_2 = 39\text{L/s}$，得$Q_2 = 24\text{L/s}$，$Q_1 = 15\text{L/s}$。

答案： B

76. 解 $v = C\sqrt{Ri}$，$C = \frac{1}{n}R^{\frac{1}{6}} = \frac{1}{0.05}(0.8)^{\frac{1}{6}} = 19.27\sqrt{\text{m}}/\text{s}$

流速$v = 19.27 \times \sqrt{0.8 \times 0.0006} = 0.42\text{m/s}$

答案：A

77. 解 地下水的浸润线是指无压地下水的自由水面线。

答案：C

78. 解 按雷诺准则设计应满足比尺关系式$\frac{\lambda_v \cdot \lambda_L}{\lambda_\nu}=1$，则流速比尺$\lambda_v=\frac{\lambda_\nu}{\lambda_L}$，题设用相同温度、同种流体做试验，所以$\lambda_\nu=1$，$\lambda_v=\frac{1}{\lambda_L}$，而长度比尺$\lambda_L=\frac{2\text{m}}{0.1\text{m}}=20$，所以流速比尺$\lambda_v=\frac{1}{20}$，即$\frac{v_{原型}}{v_{模型}}=\frac{1}{20}$，$v_{原型}=\frac{4}{20}\text{m/s}=0.2\text{m/s}$。

答案：A

79. 解 三个电荷处在同一直线上，且每个电荷均处于平衡状态，可建立电荷平衡方程：

$$\frac{kq_1q_2}{r^2}=\frac{kq_3q_2}{r^2}$$

则$q_1=q_3=|q_2|$

答案：B

80. 解 根据节点电流关系：$\sum I=0$，即$I_1+I_2-I_3=0$，得$I_3=I_1+I_2=-7\text{A}$。

答案：C

81. 解 根据叠加原理，电流源不作用时，将其断路，如解图所示。写出电压源单独作用时的电路模型并计算。

$$I'=\frac{15}{40+40/\!/40}\times\frac{40}{40+40}=\frac{15}{40+20}\times\frac{1}{2}=0.125\text{A}$$

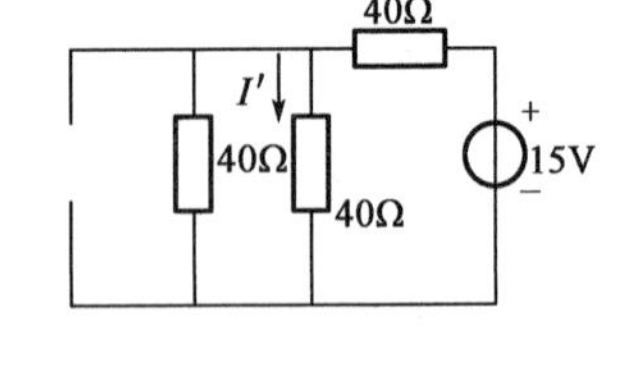

题 81 解图

答案：C

82. 解 ①$u_{(t)}$与$i_{(t)}$的相位差$\varphi=\psi_u-\psi_i=-20°$

②用有效值相量表示$u_{(t)}$，$i_{(t)}$：

$$\dot{U}=U\angle\psi_u=\frac{10}{\sqrt{2}}\angle-10°=7.07\angle-10°\text{V}$$

$$\dot{I}=I\angle\psi_i=\frac{0.1}{\sqrt{2}}\angle10°=0.0707\angle10°\ \text{A}=70.7\angle10°\text{mA}$$

答案：D

83. 解 交流电路的功率关系为：

$$S^2=P^2+Q^2$$

式中：S ——视在功率反映设备容量；

P ——耗能元件消耗的有功功率；

Q ——储能元件交换的无功功率。

本题中：$P=I^2R=1000\text{W}$，$Q=I^2(X_L-X_C)=200\text{var}$

$S=\sqrt{P^2+Q^2}=1019\approx 1020\text{V}\cdot\text{A}$

答案：D

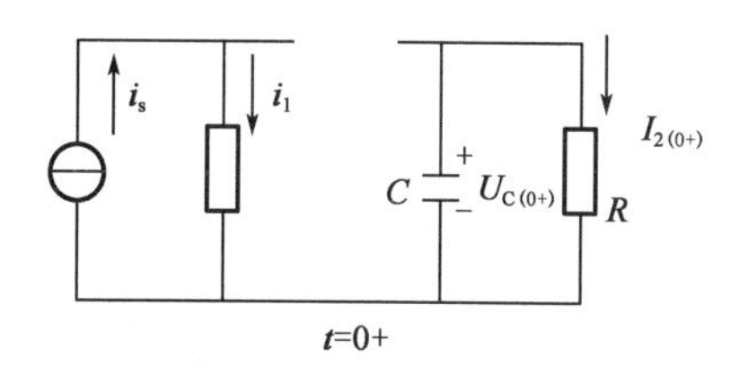

题84解图

84. 解 开关打开以后电路如解图所示。

左边电路中无储能元件，无暂态过程，右边电路中出现暂态过程，变化为：

$$I_{2(0+)}=\frac{U_{C(0+)}}{R}=\frac{U_{C(0-)}}{R}\neq\frac{1}{2}I_s\neq 0$$

$$I_{2(\infty)}=\frac{U_{C(\infty)}}{R}=0$$

答案：C

85. 解 理想变压器空载运行$R_L\to\infty$，则$R_L'=K^2R_L\to\infty$

$u_1=u$，又有$k=\frac{U_1}{U_2}=2$，则$U_1=2U_2$

答案：B

86. 解 当正常运行为三角形接法的三相交流异步电动机启动时采用星形接法，电机为降压运行，启动电流和启动力矩均为正常运行的1/3。即

$$I_{st}'=\frac{1}{3}I_{st}=10\text{A}，T_{st}'=\frac{1}{3}T_{st}=15\text{N}\cdot\text{m}$$

答案：B

87. 解 自变量在整个连续区间内都有定义的信号是连续信号或连续时间信号。图示电路的输出信号为时间连续数值离散的信号。

答案：A

88. 解 图示的非周期信号利用叠加性质等效为两个阶跃信号：

$$u(t)=u_1(t)+u_2(t)$$

$$u_1(t)=5\varepsilon(t)，u_2(t)=-4\varepsilon(t-t_0)$$

答案：C

89. 解 放大电路是在输入信号控制下，将信号的幅值放大，而频率不变。

答案：D

90. 解 根据逻辑代数公式分析如下：

$(\text{A}+\text{B})(\text{A}+\text{C})=\text{A}\cdot\text{A}+\text{A}\cdot\text{B}+\text{A}\cdot\text{C}+\text{B}\cdot\text{C}=\text{A}(1+\text{B}+\text{C})+\text{BC}=\text{A}+\text{BC}$

答案：C

91. 解 “与非门”电路遵循输入有“0”输出则“1”的原则，利用输入信号A、B的对应波形分析即可。

答案：D

92. 解 根据真值表，写出函数的最小项表达式后进行化简即可：

$$
\begin{aligned}
F(A \cdot B \cdot C) &= \overline{A}\overline{B}\overline{C} + \overline{A}BC + A\overline{B}\overline{C} + ABC \\
&= (\overline{A} + A)\overline{B}\overline{C} + (\overline{A} + A)BC \\
&= \overline{B}\overline{C} + BC
\end{aligned}
$$

答案：C

93. 解 由图示电路分析输出波形如解图所示。

$u_i > 0$时，二极管截止，$u_o = 0$；

$u_i < 0$时，二极管导通，$u_o = u_i$，为半波整流电路。

$U_o = -0.45U_i = 0.45 \times \frac{-10}{\sqrt{2}} = -3.18\text{V}$

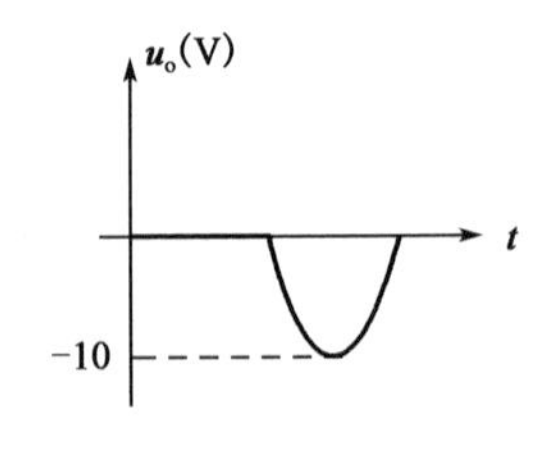

题 93 解图

答案：C

94. 解 ①当 A 端接输入信号，B 端接地时，电路为反相比例放大电路：

$$u_o = -\frac{R_2}{R_1}u_i = -8 = -\frac{R_2}{R_1} \times 2$$

得$\frac{R_2}{R_1} = 4$

②如 A 端接地，B 端接输入信号为同相放大电路：

$$u_o = \left(1 + \frac{R_2}{R_1}\right)u_i = (1 + 4) \times 2 = 10\text{V}$$

答案：C

95. 解 图示为 D 触发器，触发时刻为 cp 波形的上升沿，输入信号$D = A$，输出波形为$Q_{n+1} = D$，对应于第一和第二个脉冲的下降沿，Q 为高电平“1”。

答案：D

96. 解 图示为 J K 触发器和与非门的组合，触发时刻为 cp 脉冲的下降沿，触发器输入信号为：$J = \overline{Q \cdot A}$，$K = $“0”

输出波形为 Q 所示。两个脉冲的下降沿后 Q 为高电平。

答案：D

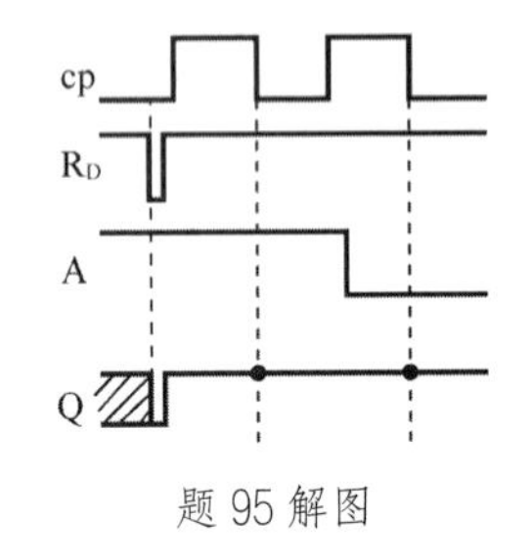

题 95 解图

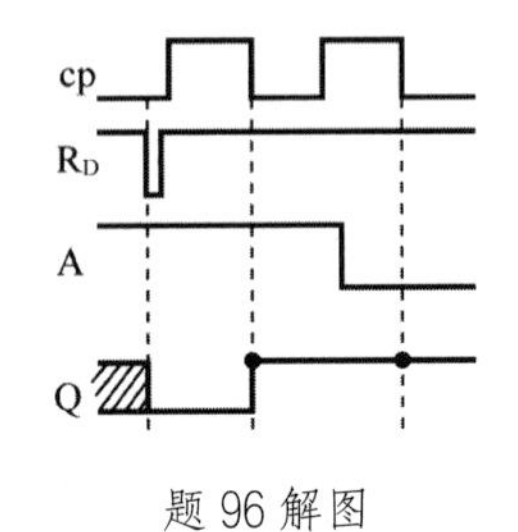

题 96 解图

97. 解 根据总线传送信息的类别，可以把总线划分为数据总线、地址总线和控制总线，数据总线用来传送程序或数据；地址总线用来传送主存储器地址码或外围设备码；控制总线用来传送控制信息。

答案：B

98. 解 为了使计算机系统所有软硬件资源有条不紊、高效、协调、一致地进行工作，需要由一个软件来实施统一管理和统一调度工作，这种软件就是操作系统，由它来负责管理、控制和维护计算机系统的全部软硬件资源以及数据资源。应用软件是指计算机用户为了利用计算机的软、硬件资源而开发研制出的那些专门用于某一目的的软件。用户程序是为解决用户实际应用问题而专门编写的程序。支撑软件是指支援其他软件的编写制作和维护的软件。

答案：D

99. 解 一个计算机程序执行的过程可分为编辑、编译、连接和运行四个过程。用高级语言编写的程序成为编辑程序，编译程序是一种语言的翻译程序，翻译完的目标程序不能立即被执行，要通过连接程序将目标程序和有关的系统函数库以及系统提供的其他信息连接起来，形成一个可执行程序。

答案：B

100. 解 先将十进制 256.625 转换成二进制数，整数部分 256 转换成二进制 100000000，小数部分 0.625 转换成二进制 0.101，而后根据四位二进制对应一位十六进制关系进行转换，转换后结果为 100.A。

答案：C

101. 解 信息加密技术是为提高信息系统及数据的安全性和保密性的技术，是防止数据信息被别人破译而采用的技术，是网络安全的重要技术之一。不是为清除计算机病毒而采用的技术。

答案：D

102. 解 进程是一段运行的程序，进程运行需要各种资源的支持。

答案：A

103. 解 文件管理是对计算机的系统软件资源进行管理，主要任务是向计算机用户提供提供一种简便、统一的管理和使用文件的界面。

答案：A

104. 解 计算机网络可以分为资源子网和通信子网两个组成部分。资源子网主要负责全网的信息处理，为网络用户提供网络服务和资源共享功能等。

答案：A

105. 解 采用的传输介质的不同，可将网络分为双绞线网、同轴电缆网、光纤网、无线网；按网络的传输技术可以分为广播式网络、点到点式网络；按线路上所传输信号的不同又可分为基带网和宽带网。

答案：A

106. 解 一个典型的计算机网络系统主要是由网络硬件系统和网络软件系统组成。网络硬件是计算机网络系统的物质基础，网络软件是实现网络功能不可缺少的软件环境。

答案：A

107. 解 根据等额支付资金回收公式，每年可回收：

$$A=P(A/P,10\%,5)=100\times0.2638=26.38\text{ 万元}$$

答案：B

108. 解 经营成本是指项目总成本费用扣除固定资产折旧费、摊销费和利息支出以后的全部费用。即，经营成本=总成本费用−折旧费−摊销费−利息支出。本题经营成本与折旧费、摊销费之和为 7000 万元，再加上利息支出，则该项目的年总成本费用大于 7000 万元。

答案：C

109. 解 投资回收期是反映项目盈利能力的财务评价指标之一。

答案：C

110. 解 该项目的现金流量图如解图所示。

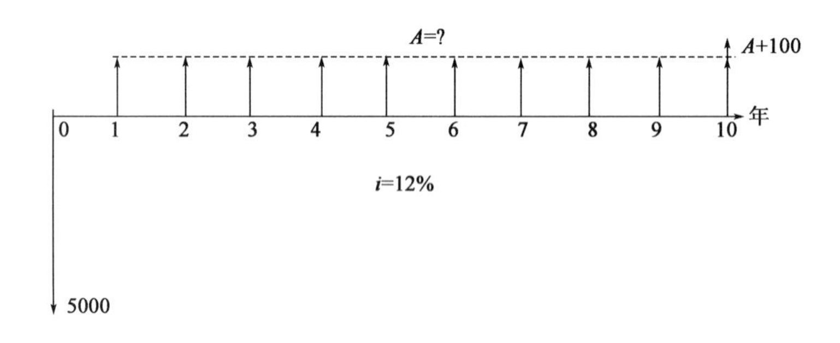

题 110 解图

根据题意有：$\mathrm{NPV}=A(P/A,12\%,10)+100\times(P/F,12\%,10)-P=0$

因此，$A=[P-100\times(P/F,12\%,10)]\div(P/A,12\%,10)$

$=(5000-100\times0.3220)\div5.6500=879.26$ 万元

答案：A

111. 解 根据题意，该企业单位产品变动成本为：

$$(30000-10000)\div40000=0.5\text{ 万元/t}$$

根据盈亏平衡点计算公式，盈亏平衡生产能力利用率为：

$$E^{*}=\frac{Q^{*}}{Q_{\mathrm{c}}}\times100\%=\frac{C_{\mathrm{f}}}{(P-C_{\mathrm{v}})Q_{\mathrm{c}}}\times100\%=\frac{10000}{(1-0.5)\times40000}\times100\%=50\%$$

答案：D

112. 解 两个寿命期相同的互斥方案只能选择其中一个方案，可采用净现值法、净年值法、差额内部收益率法等选优，不能直接根据方案的内部收益率选优。采用净现值法应选净现值大的方案。

答案： B

113. 解 最小公倍数法适用于寿命期不等的互斥方案比选。

答案： B

114. 解 功能F^*的目标成本为：$10 \times 0.3 = 3$万元

功能F^*的现实成本为：$3 + 0.5 = 3.5$万元

答案： C

115. 解 《中华人民共和国建筑法》第十三条规定，从事建筑活动的建筑施工企业、勘察单位、设计单位和工程监理单位，按照其拥有的注册资本、专业技术人员、技术装备和已完成的建筑工程业绩等资质条件，划分为不同的资质等级，经资质审查合格，取得相应等级的资质证书后，方可在其资质等级许可的范围内从事建筑活动。

答案： B

116. 解 《中华人民共和国安全生产法》第三十七条规定，生产经营单位使用的危险物品的容器、运输工具，以及涉及人身安全、危险性较大的海洋石油开采特种设备和矿山井下特种设备，必须按照国家有关规定，由专业生产单位生产，并经具有专业资质的检测、检验机构检测、检验合格，取得安全使用证或者安全标志，方可投入使用。检测、检验机构对检测、检验结果负责。

答案： B

117. 解 《中华人民共和国招标投标法》第五条规定，招标投标活动应当遵循公开、公平、公正和诚实信用的原则。

答案： A

118. 解 《中华人民共和国民法典》第四百七十六条规定，有下列情形之一的，要约不得撤销：

（一）要约人确定了承诺期限或者以其他形式明示要约不可撤销。

答案： B

119. 解 《中华人民共和国行政许可法》第七十条规定，有下列情形之一的，行政机关应当依法办理有关行政许可的注销手续：

（一）行政许可有效期届满未延续的；

（二）赋予公民特定资格的行政许可，该公民死亡或者丧失行为能力的；

（三）法人或者其他组织依法终止的；

（四）行政许可依法被撤销、撤回，或者行政许可证件依法被吊销的；

（五）因不可抗力导致行政许可事项无法实施的；

（六）法律、法规规定的应当注销行政许可的其他情形。

答案：C

120. 解 《建设工程质量管理条例》第十六条规定，建设单位收到建设工程竣工报告后，应当组织设计、施工、工程监理等有关单位进行竣工验收。建设工程竣工验收应当具备下列条件：

（一）完成建设工程设计和合同约定的各项内容；

（二）有完整的技术档案和施工管理资料；

（三）有工程使用的主要建筑材料、建筑构配件和设备的进场试验报告；

（四）有勘察、设计、施工、工程监理等单位分别签署的质量合格文件；

（五）有施工单位签署的工程保修书。

答案：A

2016年度全国勘察设计注册工程师

执业资格考试试卷

基础考试

（上）

二〇一六年九月

应考人员注意事项

1. 本试卷科目代码为“1”，考生务必将此代码填涂在答题卡“科目代码”相应的栏目内，否则，无法评分。
2. 书写用笔：**黑色或蓝色钢笔、签字笔或圆珠笔**；

   填涂答题卡用笔：**黑色 2B 铅笔**。
3. 必须用书写用笔将工作单位、姓名、准考证号填写在答题卡和试卷相应的栏目内。
4. 本试卷由 120 题组成，每题 1 分，满分 120 分，本试卷全部为单项选择题，每小题的四个备选项中只有一个正确答案，错选、多选、不选均不得分。
5. 考生作答时，必须按**题号在答题卡上**将相应试题所选选项对应的**字母用 2B 铅笔涂黑**。
6. 在答题卡上书写与题意无关的语言，或在答题卡上作标记的，均按违纪试卷处理。
7. 考试结束时，由监考人员当面将试卷、答题卡一并收回。
8. 草稿纸由各地统一配发，考后收回。

单项选择题（共 120 题，每题 1 分。每题的备选项中只有一个最符合题意。）

1. 下列极限式中，能够使用洛必达法则求极限的是：

A. $\lim\limits_{x\to 0}\frac{1+\cos x}{e^x-1}$

B. $\lim\limits_{x\to 0}\frac{x-\sin x}{\sin x}$

C. $\lim\limits_{x\to 0}\frac{x^2\sin\frac{1}{x}}{\sin x}$

D. $\lim\limits_{x\to\infty}\frac{x+\sin x}{x-\sin x}$

2. 设$\begin{cases}x=t-\arctan t\\ y=\ln(1+t^2)\end{cases}$，则$\left.\frac{\mathrm{d}y}{\mathrm{d}x}\right|_{t=1}$等于：

A. 1

B. -1

C. 2

D. $\frac{1}{2}$

3. 微分方程$\frac{\mathrm{d}y}{\mathrm{d}x}=\frac{1}{xy+y^3}$是：

A. 齐次微分方程

B. 可分离变量的微分方程

C. 一阶线性微分方程

D. 二阶微分方程

4. 若向量$\boldsymbol{\alpha},\boldsymbol{\beta}$满足$|\boldsymbol{\alpha}|=2,|\boldsymbol{\beta}|=\sqrt{2}$，且$\boldsymbol{\alpha}\cdot\boldsymbol{\beta}=2$，则$|\boldsymbol{\alpha}\times\boldsymbol{\beta}|$等于：

A. 2

B. $2\sqrt{2}$

C. $2+\sqrt{2}$

D. 不能确定

5. $f(x)$在点x_0处的左、右极限存在且相等是$f(x)$在点x_0处连续的：

A. 必要非充分的条件

B. 充分非必要的条件

C. 充分且必要的条件

D. 既非充分又非必要的条件

6. 设$\int_0^x f(t)\mathrm{d}t=\frac{\cos x}{x}$，则$f\left(\frac{\pi}{2}\right)$等于：

A. $\frac{\pi}{2}$

B. $-\frac{2}{\pi}$

C. $\frac{2}{\pi}$

D. 0

7. 若$\sec^2 x$是$f(x)$的一个原函数，则$\int xf(x)\,\mathrm{d}x$等于：

A. $\tan x+C$

B. $x\tan x-\ln|\cos x|+C$

C. $x\sec^2 x+\tan x+C$

D. $x\sec^2 x-\tan x+C$

8. yOz坐标面上的曲线$\begin{cases} y^2+z=1 \\ x=0 \end{cases}$绕$Oz$轴旋转一周所生成的旋转曲面方程是：

A. $x^2+y^2+z=1$　　B. $x+y^2+z=1$

C. $y^2+\sqrt{x^2+z^2}=1$　　D. $y^2-\sqrt{x^2+z^2}=1$

9. 若函数$z=f(x,y)$在点$P_0(x_0,y_0)$处可微，则下面结论中错误的是：

A. $z=f(x,y)$在P_0处连续　　B. $\lim\limits_{\substack{x\to x_0 \\ y\to y_0}} f(x,y)$存在

C. $f'_x(x_0,y_0)$，$f'_y(x_0,y_0)$均存在　　D. $f'_x(x,y)$，$f'_y(x,y)$在P_0处连续

10. 若$\int_{-\infty}^{+\infty}\frac{A}{1+x^2}\mathrm{d}x=1$，则常数$A$等于：

A. $\frac{1}{\pi}$　　B. $\frac{2}{\pi}$

C. $\frac{\pi}{2}$　　D. π

11. 设$f(x)=x(x-1)(x-2)$，则方程$f'(x)=0$的实根个数是：

A. 3　　B. 2

C. 1　　D. 0

12. 微分方程$y''-2y'+y=0$的两个线性无关的特解是：

A. $y_1=x$，$y_2=e^x$　　B. $y_1=e^{-x}$，$y_2=e^x$

C. $y_1=e^{-x}$，$y_2=xe^{-x}$　　D. $y_1=e^x$，$y_2=xe^x$

13. 设函数$f(x)$在(a,b)内可微，且$f'(x)\neq 0$，则$f(x)$在(a,b)内：

A. 必有极大值　　B. 必有极小值

C. 必无极值　　D. 不能确定有还是没有极值

14. 下列级数中，绝对收敛的级数是：

A. $\sum\limits_{n=1}^{\infty}(-1)^{n-1}\frac{1}{n}$　　B. $\sum\limits_{n=1}^{\infty}(-1)^{n-1}\frac{1}{\sqrt{n}}$

C. $\sum\limits_{n=1}^{\infty}\frac{n^2}{1+n^2}$　　D. $\sum\limits_{n=1}^{\infty}\frac{\sin\frac{3}{2}n}{n^2}$

15. 若D是由$x=0$，$y=0$，$x^2+y^2=1$所围成在第一象限的区域，则二重积分$\iint\limits_D x^2y\mathrm{d}y\mathrm{d}y$等于：

A. $-\frac{1}{15}$ B. $\frac{1}{15}$

C. $-\frac{1}{12}$ D. $\frac{1}{12}$

16. 设L是抛物线$y=x^2$上从点$A(1,1)$到点$O(0,0)$的有向弧线，则对坐标的曲线积分$\int_L x\mathrm{d}x+y\mathrm{d}y$等于：

A. 0 B. 1

C. −1 D. 2

17. 幂级数$\sum\limits_{n=0}^{\infty}\frac{(-1)^n}{2^n}x^n$在$|x|<2$的和函数是：

A. $\frac{2}{2+x}$ B. $\frac{2}{2-x}$

C. $\frac{1}{1-2x}$ D. $\frac{1}{1+2x}$

18. 设$z=\frac{3^{xy}}{x}+xF(u)$，其中$F(u)$可微，且$u=\frac{y}{x}$，则$\frac{\partial z}{\partial y}$等于：

A. $3^{xy}-\frac{y}{x}F'(u)$ B. $\frac{1}{x}3^{xy}\ln3+F'(u)$

C. $3^{xy}+F'(u)$ D. $3^{xy}\ln3+F'(u)$

19. 若使向量组$\boldsymbol{\alpha}_1=(6,t,7)^{\mathrm{T}}$，$\boldsymbol{\alpha}_2=(4,2,2)^{\mathrm{T}}$，$\boldsymbol{\alpha}_3=(4,1,0)^{\mathrm{T}}$线性相关，则$t$等于：

A. −5 B. 5

C. −2 D. 2

20. 下列结论中正确的是：

A. 矩阵$\boldsymbol{A}$的行秩与列秩可以不等

B. 秩为r的矩阵中，所有r阶子式均不为零

C. 若n阶方阵$\boldsymbol{A}$的秩小于n，则该矩阵$\boldsymbol{A}$的行列式必等于零

D. 秩为r的矩阵中，不存在等于零的$r-1$阶子式

21. 已知矩阵$A=\begin{bmatrix}5 & -3 & 2\\ 6 & -4 & 4\\ 4 & -4 & a\end{bmatrix}$的两个特征值为$\lambda_1=1$，$\lambda_2=3$，则常数$a$和另一特征值$\lambda_3$为：

A. $a=1$，$\lambda_3=-2$　　B. $a=5$，$\lambda_3=2$

C. $a=-1$，$\lambda_3=0$　　D. $a=-5$，$\lambda_3=-8$

22. 设有事件A和B，已知$P(A)=0.8$，$P(B)=0.7$，且$P(A|B)=0.8$，则下列结论中正确的是：

A. A与B独立　　B. A与B互斥

C. $B\supset A$　　D. $P(A\cup B)=P(A)+P(B)$

23. 某店有 7 台电视机，其中 2 台次品。现从中随机地取 3 台，设X为其中的次品数，则数学期望$E(X)$等于：

A. $\frac{3}{7}$　　B. $\frac{4}{7}$

C. $\frac{5}{7}$　　D. $\frac{6}{7}$

24. 设总体$X\sim N(0,\sigma^2)$，$X_1,X_2,\cdots,X_n$是来自总体的样本，$\hat{\sigma}^2=\frac{1}{n}\sum\limits_{i=1}^{n}X_i^2$，则下面结论中正确的是：

A. $\hat{\sigma}^2$不是σ^2的无偏估计量　　B. $\hat{\sigma}^2$是σ^2的无偏估计量

C. $\hat{\sigma}^2$不一定是σ^2的无偏估计量　　D. $\hat{\sigma}^2$不是σ^2的估计量

25. 假定氧气的热力学温度提高一倍，氧分子全部离解为氧原子，则氧原子的平均速率是氧分子平均速率的：

A. 4 倍　　B. 2 倍

C. $\sqrt{2}$倍　　D. $\frac{1}{\sqrt{2}}$

26. 容积恒定的容器内盛有一定量的某种理想气体，分子的平均自由程为$\overline{\lambda}_0$，平均碰撞频率为$\overline{Z}_0$，若气体的温度降低为原来的$\frac{1}{4}$，则此时分子的平均自由程$\overline{\lambda}$和平均碰撞频率$\overline{Z}$为：

A. $\overline{\lambda}=\overline{\lambda}_0$，$\overline{Z}=\overline{Z}_0$　　B. $\overline{\lambda}=\overline{\lambda}_0$，$\overline{Z}=\frac{1}{2}\overline{Z}_0$

C. $\overline{\lambda}=2\overline{\lambda}_0$，$\overline{Z}=2\overline{Z}_0$　　D. $\overline{\lambda}=\sqrt{2}\,\overline{\lambda}_0$，$\overline{Z}=4\overline{Z}_0$

27. 一定量的某种理想气体由初始态经等温膨胀变化到末态时，压强为p_1；若由相同的初始态经绝热膨胀到另一末态时，压强为p_2，若两过程末态体积相同，则：

A. $p_1 = p_2$　　B. $p_1 > p_2$

C. $p_1 < p_2$　　D. $p_1 = 2p_2$

28. 在卡诺循环过程中，理想气体在一个绝热过程中所做的功为W_1，内能变化为ΔE_1，则在另一绝热过程中所做的功为W_2，内能变化为ΔE_2，则W_1、W_2及ΔE_1、ΔE_2之间的关系为：

A. $W_2 = W_1$，$\Delta E_2 = \Delta E_1$　　B. $W_2 = -W_1$，$\Delta E_2 = \Delta E_1$

C. $W_2 = -W_1$，$\Delta E_2 = -\Delta E_1$　　D. $W_2 = W_1$，$\Delta E_2 = -\Delta E_1$

29. 波的能量密度的单位是：

A. $\mathrm{J \cdot m^{-1}}$　　B. $\mathrm{J \cdot m^{-2}}$

C. $\mathrm{J \cdot m^{-3}}$　　D. J

30. 两相干波源，频率为 100Hz，相位差为π，两者相距 20m，若两波源发出的简谐波的振幅均为A，则在两波源连线的中垂线上各点合振动的振幅为：

A. $-A$　　B. 0　　C. A　　D. $2A$

31. 一平面简谐波的波动方程为$y = 2 \times 10^{-2}\cos 2\pi\left(10t - \frac{x}{5}\right)$(SI)，对$x = 2.5\mathrm{m}$处的质元，在$t = 0.25\mathrm{s}$时，它的：

A. 动能最大，势能最大　　B. 动能最大，势能最小

C. 动能最小，势能最大　　D. 动能最小，势能最小

32. 一束自然光自空气射向一块玻璃，设入射角等于布儒斯特角i_0，则光的折射角为：

A. $\pi + i_0$　　B. $\pi - i_0$

C. $\frac{\pi}{2} + i_0$　　D. $\frac{\pi}{2} - i_0$

33. 两块偏振片平行放置，光强为I_0的自然光垂直入射在第一块偏振片上，若两偏振片的偏振化方向夹角为45°，则从第二块偏振片透出的光强为：

A. $\frac{I_0}{2}$　　B. $\frac{I_0}{4}$

C. $\frac{I_0}{8}$　　D. $\frac{\sqrt{2}}{4}I_0$

34. 在单缝夫琅禾费衍射实验中，单缝宽度为a，所用单色光波长为λ，透镜焦距为f，则中央明条纹的半宽度为：

A. $\frac{f\lambda}{a}$　　B. $\frac{2f\lambda}{a}$

C. $\frac{a}{f\lambda}$　　D. $\frac{2a}{f\lambda}$

35. 通常亮度下，人眼睛瞳孔的直径约为 3mm，视觉感受到最灵敏的光波波长为$550\text{nm}(1\text{nm} = 1 \times 10^{-9}\text{m})$，则人眼睛的最小分辨角约为：

A. 2.24×10^{-3}rad　　B. 1.12×10^{-4}rad

C. 2.24×10^{-4}rad　　D. 1.12×10^{-3}rad

36. 在光栅光谱中，假如所有偶数级次的主极大都恰好在透射光栅衍射的暗纹方向上，因而出现缺级现象，那么此光栅每个透光缝宽度a和相邻两缝间不透光部分宽度b的关系为：

A. $a = 2b$　　B. $b = 3a$

C. $a = b$　　D. $b = 2a$

37. 多电子原子中同一电子层原子轨道能级（量）最高的亚层是：

A. s 亚层　　B. p 亚层

C. d 亚层　　D. f 亚层

38. 在CO和N_2分子之间存在的分子间力有：

A. 取向力、诱导力、色散力　　B. 氢键

C. 色散力　　D. 色散力、诱导力

39. 已知$K_b^\Theta(NH_3 \cdot H_2O) = 1.8 \times 10^{-5}$，$0.1\text{mol} \cdot L^{-1}$的$NH_3 \cdot H_2O$溶液的pH为：

A. 2.87　　B. 11.13　　C. 2.37　　D. 11.63

40. 通常情况下，K_a^Θ、K_b^Θ、K^Θ、K_{sp}^Θ，它们的共同特性是：

A. 与有关气体分压有关　　B. 与温度有关

C. 与催化剂的种类有关　　D. 与反应物浓度有关

41. 下列各电对的电极电势与 H+浓度有关的是：

A. Zn^{2+}/Zn　　B. Br_2/Br

C. AgI/Ag　　D. MnO_4^-/Mn^{2+}

42. 电解Na_2SO_4水溶液时，阳极上放电的离子是：

A. H^+　　B. OH^-　　C. Na^+　　D. SO_4^{2-}

43. 某化学反应在任何温度下都可以自发进行，此反应需满足的条件是：

A. $\Delta_r H_m < 0$，$\Delta_r S_m > 0$　　B. $\Delta_r H_m > 0$，$\Delta_r S_m < 0$

C. $\Delta_r H_m < 0$，$\Delta_r S_m < 0$　　D. $\Delta_r H_m > 0$，$\Delta_r S_m > 0$

44. 按系统命名法，下列有机化合物命名正确的是：

A. 3-甲基丁烷　　B. 2-乙基丁烷

C. 2,2-二甲基戊烷　　D. 1,1,3-三甲基戊烷

45. 苯氨酸和山梨酸（$CH_3CH=CHCH=CHCOOH$）都是常见的食品防腐剂。下列物质中只能与其中一种酸发生化学反应的是：

A. 甲醇　　B. 溴水

C. 氢氧化钠　　D. 金属钾

46. 受热到一定程度就能软化的高聚物是：

A. 分子结构复杂的高聚物　　B. 相对摩尔质量较大的高聚物

C. 线性结构的高聚物　　D. 体型结构的高聚物

47. 图示结构由直杆AC，DE和直角弯杆BCD所组成，自重不计，受荷载F与$M = F \cdot a$作用。则A处约束力的作用线与x轴正向所成的夹角为：

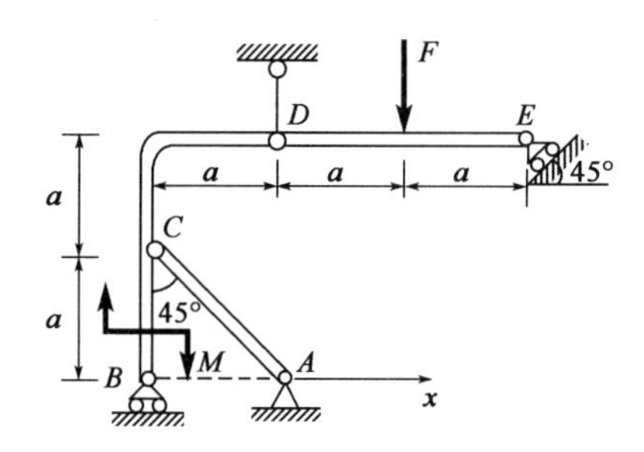

A. 135°　　B. 90°

C. 0°　　D. 45°

48. 图示平面力系中，已知$q = 10\text{kN/m}$，$M = 20\text{kN} \cdot \text{m}$，$a = 2\text{m}$。则该主动力系对$B$点的合力矩为：

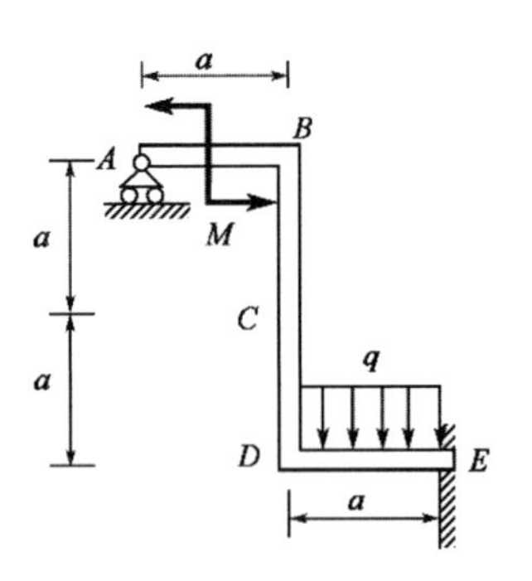

A. $M_\text{B} = 0$

B. $M_\text{B} = 20\text{kN} \cdot \text{m}$(↶)

C. $M_\text{B} = 40\text{kN} \cdot \text{m}$(↶)

D. $M_\text{B} = 40\text{kN} \cdot \text{m}$(↷)

49. 简支梁受分布荷载作用如图所示。支座A、B的约束力为：

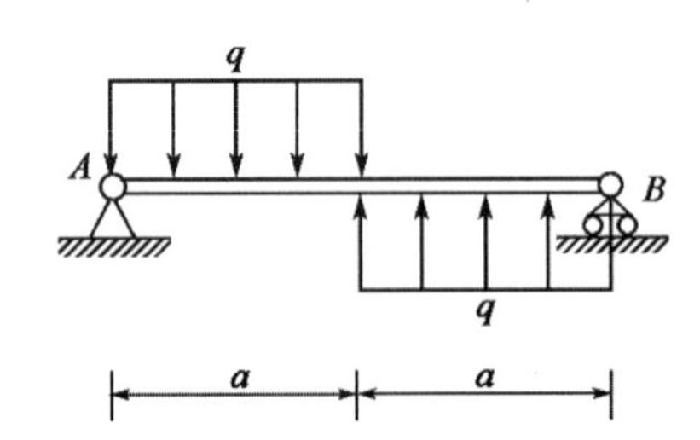

A. $F_\text{A} = 0$，$F_\text{B} = 0$

B. $F_\text{A} = \frac{1}{2}qa\uparrow$，$F_\text{B} = \frac{1}{2}qa\uparrow$

C. $F_\text{A} = \frac{1}{2}qa\uparrow$，$F_\text{B} = \frac{1}{2}qa\downarrow$

D. $F_\text{A} = \frac{1}{2}qa\downarrow$，$F_\text{B} = \frac{1}{2}qa\uparrow$

50. 重W的物块自由地放在倾角为α的斜面上如图示。且$\sin\alpha = \frac{3}{5}$，$\cos\alpha = \frac{4}{5}$。物块上作用一水平力F，且$F = W$。若物块与斜面间的静摩擦系数$f = 0.2$，则该物块的状态为：

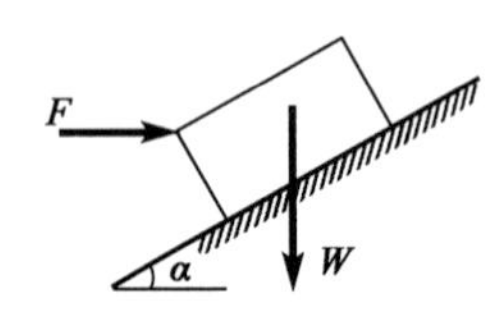

A. 静止状态　　　　B. 临界平衡状态

C. 滑动状态　　　　D. 条件不足，不能确定

51. 一动点沿直线轨道按照$x=3t^3+t+2$的规律运动（x以 m 计，t以 s 计），则当$t=4$s时，动点的位移、速度和加速度分别为：

A. $x=54\text{m}$，$v=145\text{m/s}$，$a=18\text{m/s}^2$

B. $x=198\text{m}$，$v=145\text{m/s}$，$a=72\text{m/s}^2$

C. $x=198\text{m}$，$v=49\text{m/s}$，$a=72\text{m/s}^2$

D. $x=192\text{m}$，$v=145\text{m/s}$，$a=12\text{m/s}^2$

52. 点在直径为 6m 的圆形轨迹上运动，走过的距离是$s=3t^2$，则点在2s末的切向加速度为：

A. 48m/s^2　　B. 4m/s^2　　C. 96m/s^2　　D. 6m/s^2

53. 杆$OA=l$，绕固定轴O转动，某瞬时杆端A点的加速度a如图所示，则该瞬时杆OA的角速度及角加速度为：

A. 0, $\frac{a}{l}$

B. $\sqrt{\frac{a\cos\alpha}{l}}$, $\frac{a\sin\alpha}{l}$

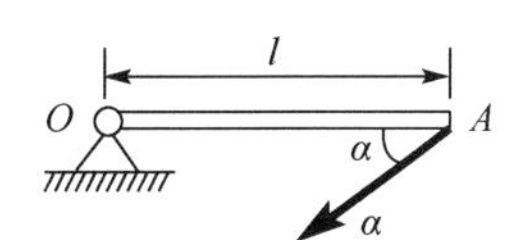

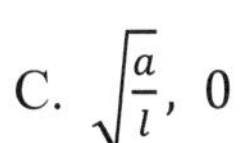

C. $\sqrt{\frac{a}{l}}$, 0

D. 0, $\sqrt{\frac{a}{l}}$

54. 质量为m的物体M在地面附近自由降落，它所受的空气阻力的大小为$F_{\text{R}}=Kv^2$，其中K为阻力系数，v为物体速度，该物体所能达到的最大速度为：

A. $v=\sqrt{\frac{mg}{K}}$　　B. $v=\sqrt{mgK}$

C. $v=\sqrt{\frac{g}{K}}$　　D. $v=\sqrt{gK}$

55. 质点受弹簧力作用而运动，l_0为弹簧自然长度，k为弹簧刚度系数，质点由位置 1 到位置 2 和由位置 3 到位置 2 弹簧力所做的功为：

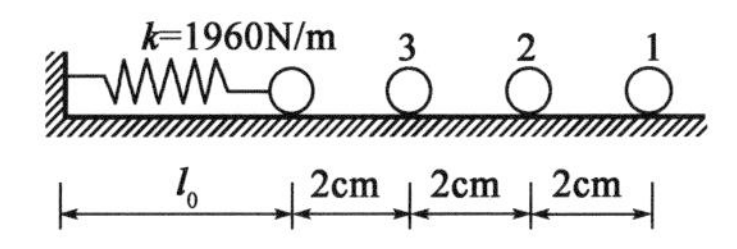

A. $W_{12}=-1.96\text{J}$，$W_{32}=1.176\text{J}$　　B. $W_{12}=1.96\text{J}$，$W_{32}=1.176\text{J}$

C. $W_{12}=1.96\text{J}$，$W_{32}=-1.176\text{J}$　　D. $W_{12}=-1.96\text{J}$，$W_{32}=-1.176\text{J}$

56. 如图所示圆环以角速度ω绕铅直轴AC自由转动，圆环的半径为R，对转轴z的转动惯量为I。在圆环中的A点放一质量为m的小球，设由于微小的干扰，小球离开A点。忽略一切摩擦，则当小球达到B点时，圆环的角速度为：

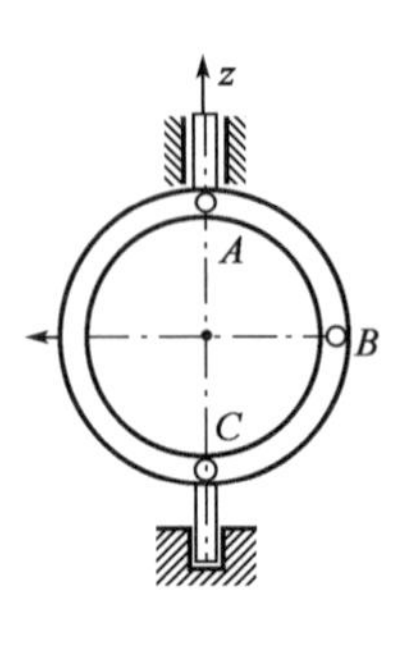

A. $\frac{mR^2\omega}{I+mR^2}$　　B. $\frac{I\omega}{I+mR^2}$

C. ω　　D. $\frac{2I\omega}{I+mR^2}$

57. 图示均质圆轮，质量为m，半径为r，在铅垂图面内绕通过圆盘中心O的水平轴转动，角速度为ω，角加速度为ε，此时将圆轮的惯性力系向O点简化，其惯性力主矢和惯性力主矩的大小分别为：

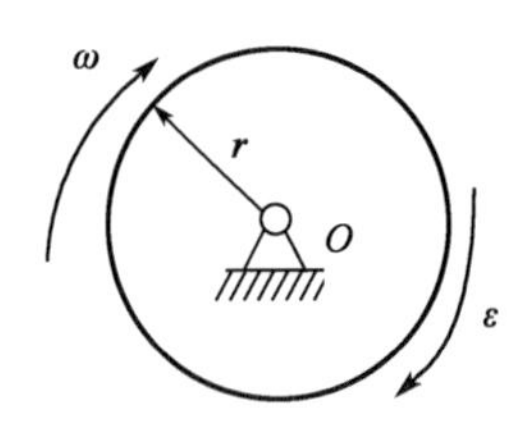

A. 0，0　　B. $mr\varepsilon$，$\frac{1}{2}mr^2\varepsilon$

C. 0，$\frac{1}{2}mr^2\varepsilon$　　D. 0，$\frac{1}{4}mr^2\omega^2$

58. 5kg 质量块振动，其自由振动规律是$x = X\sin\omega_{\mathrm{n}}t$，如果振动的圆频率为30rad/s，则此系统的刚度系数为：

A. 2500N/m　　B. 4500N/m

C. 180N/m　　D. 150N/m

59. 横截面直杆，轴向受力如图，杆的最大拉伸轴力是：

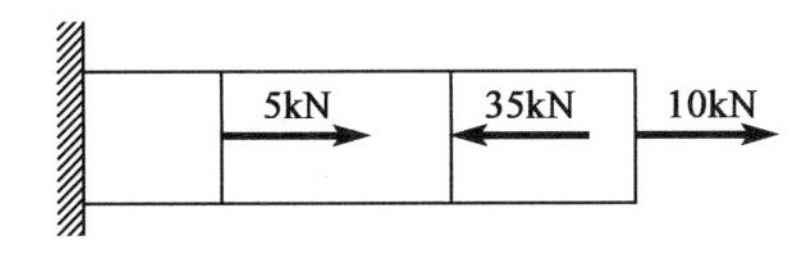

A. 10kN　　　　B. 25kN

C. 35kN　　　　D. 20kN

60. 已知铆钉的许用切应力为$[\tau]$，许用挤压应力为$[\sigma_{\mathrm{bs}}]$，钢板的厚度为t，则图示铆钉直径d与钢板厚度t的合理关系是：

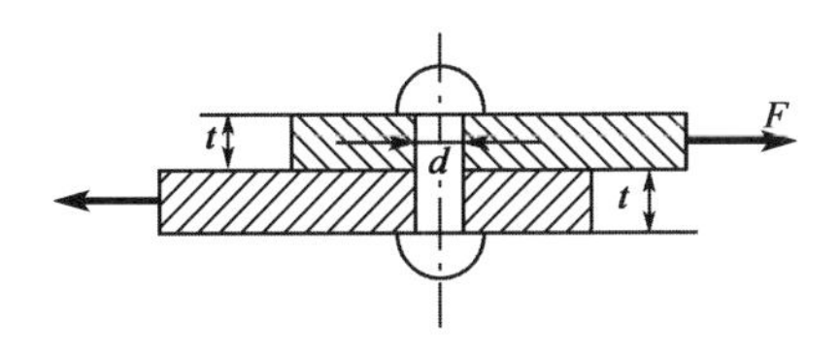

A. $d=\frac{8t[\sigma_{\mathrm{bs}}]}{\pi[\tau]}$　　　　B. $d=\frac{4t[\sigma_{\mathrm{bs}}]}{\pi[\tau]}$

C. $d=\frac{\pi[\tau]}{8t[\sigma_{\mathrm{bs}}]}$　　　　D. $d=\frac{\pi[\tau]}{4t[\sigma_{\mathrm{bs}}]}$

61. 直径为d的实心圆轴受扭，在扭矩不变的情况下，为使扭转最大切应力减小一半，圆轴的直径应改为：

A. $2d$　　　　B. $0.5d$

C. $\sqrt{2}d$　　　　D. $\sqrt[3]{2}d$

62. 在一套传动系统中，假设所有圆轴传递的功率相同，转速不同。该系统的圆轴转速与其扭矩的关系是：

A. 转速快的轴扭矩大

B. 转速慢的轴扭矩大

C. 全部轴的扭矩相同

D. 无法确定

63. 面积相同的三个图形如图示，对各自水平形心轴z的惯性矩之间的关系为：

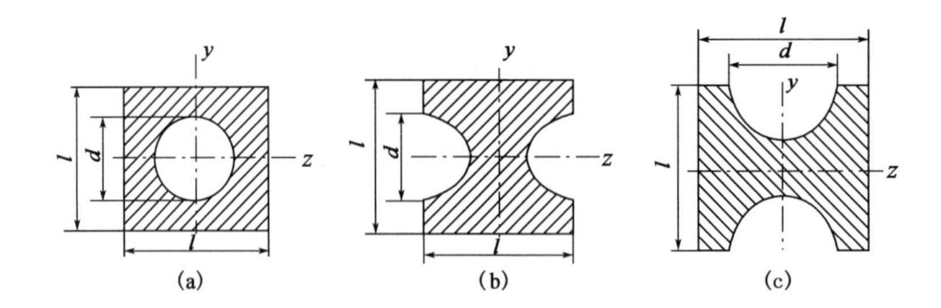

A. $I_{(a)} > I_{(b)} > I_{(c)}$　　B. $I_{(a)} < I_{(b)} < I_{(c)}$

C. $I_{(a)} < I_{(c)} = I_{(b)}$　　D. $I_{(a)} = I_{(b)} > I_{(c)}$

64. 悬臂梁的弯矩如图示，根据弯矩图推得梁上的荷载应为：

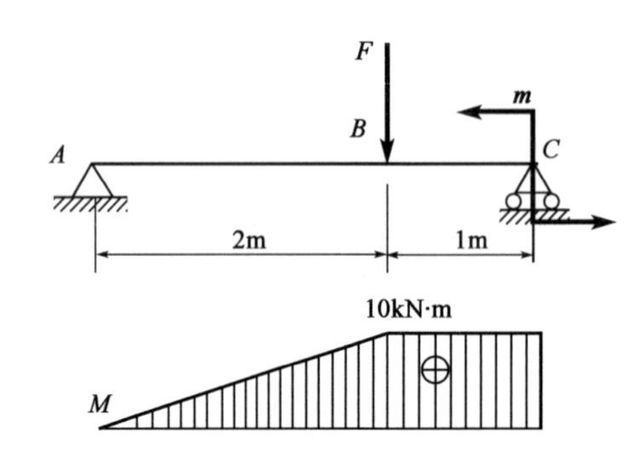

A. $F = 10\text{kN}$，$m = 10\text{kN} \cdot \text{m}$　　B. $F = 5\text{kN}$，$m = 10\text{kN} \cdot \text{m}$

C. $F = 10\text{kN}$，$m = 5\text{kN} \cdot \text{m}$　　D. $F = 5\text{kN}$，$m = 5\text{kN} \cdot \text{m}$

65. 在图示xy坐标系下，单元体的最大主应力σ_1大致指向：

A. 第一象限，靠近x轴

B. 第一象限，靠近y轴

C. 第二象限，靠近x轴

D. 第二象限，靠近y轴

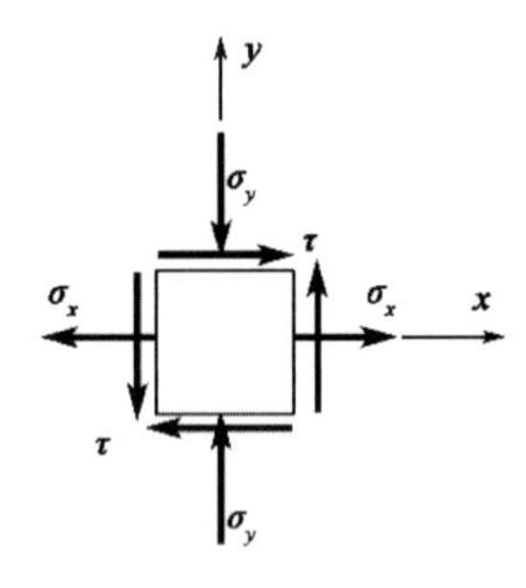

66. 图示变截面短杆，AB段压应力σ_{AB}与BC段压应力σ_{BC}的关系是：

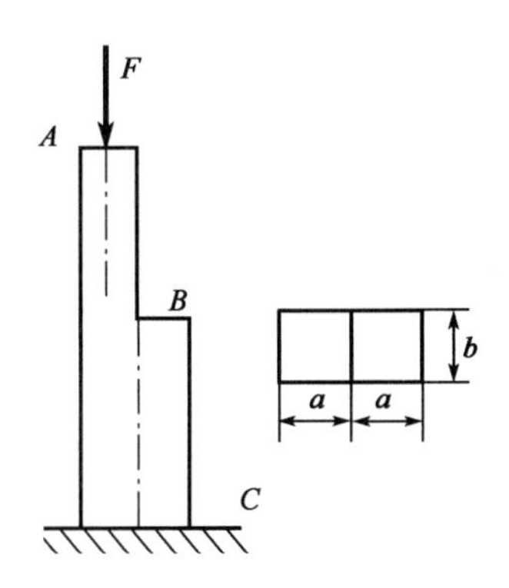

A. $\sigma_{AB}=1.25\sigma_{BC}$　　B. $\sigma_{AB}=0.8\sigma_{BC}$

C. $\sigma_{AB}=2\sigma_{BC}$　　D. $\sigma_{AB}=0.5\sigma_{BC}$

67. 简支梁AB的剪力图和弯矩图如图示。该梁正确的受力图是：

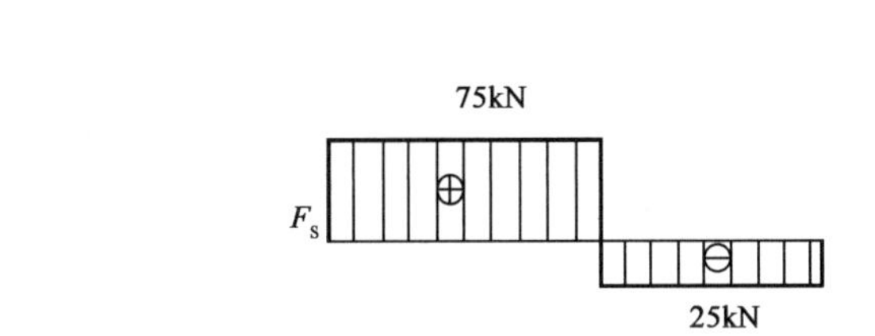

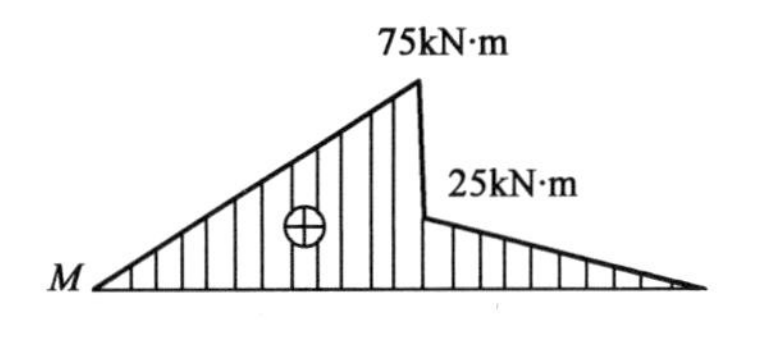

A.
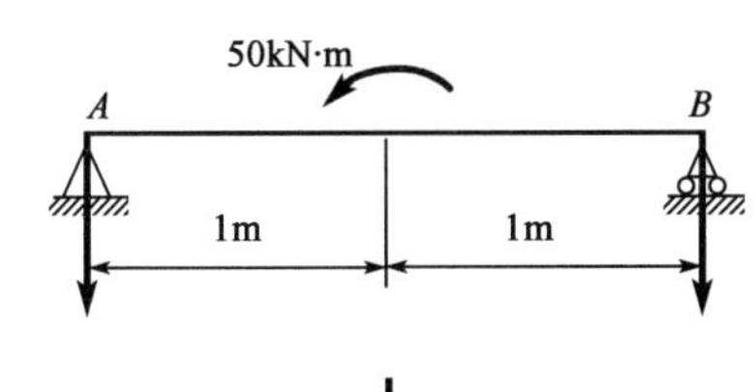

B.
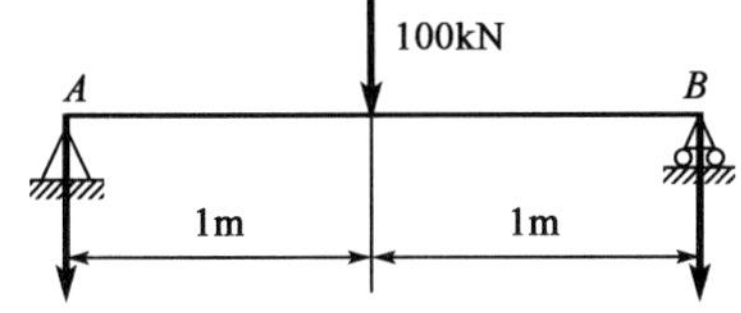

C.
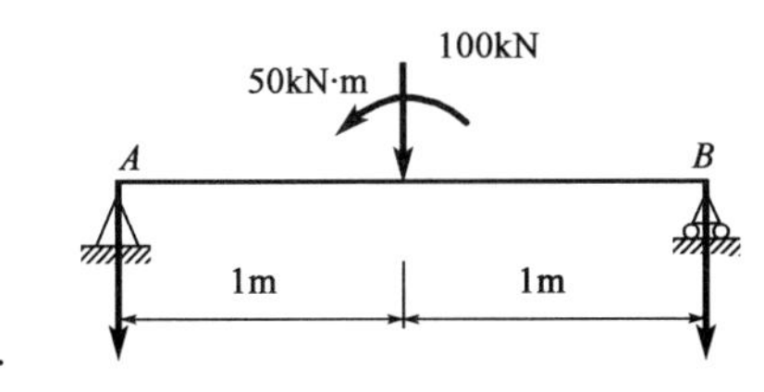

D.
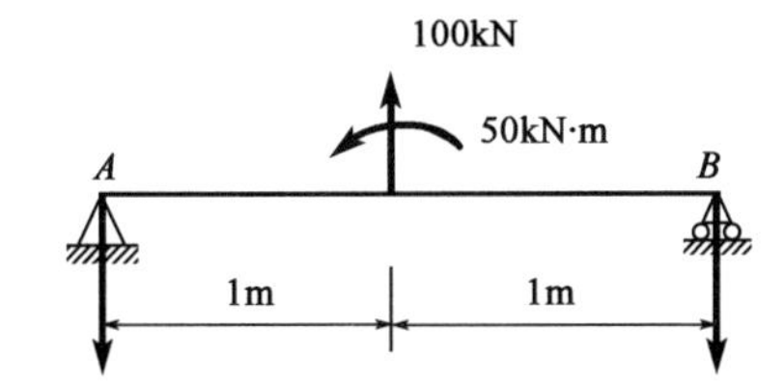

68. 矩形截面简支梁中点承受集中力F=100kN。若h=200mm，b=100mm，梁的最大弯曲正应力是：

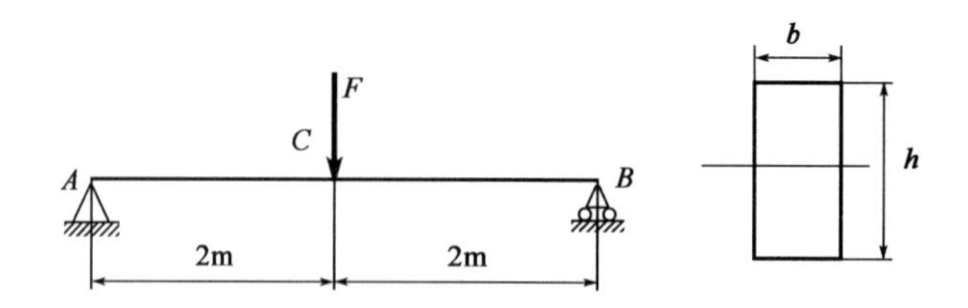

A. 75MPa　　B. 150MPa

C. 300MPa　　D. 50MPa

69. 图示槽形截面杆，一端固定，另一端自由，作用在自由端角点的外力F与杆轴线平行。该杆将发生的变形是：

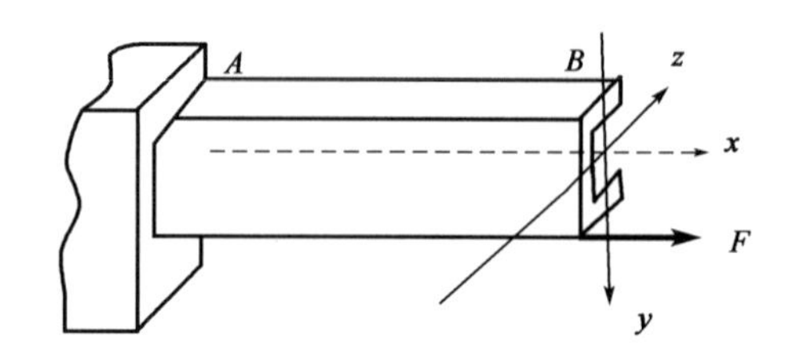

A. xy平面xz平面内的双向弯曲

B. 轴向拉伸及xy平面和xz平面内的双向弯曲

C. 轴向拉伸和xy平面内的平面弯曲

D. 轴向拉伸和xz平面内的平面弯曲

70. 两端铰支细长（大柔度）压杆，在下端铰链处增加一个扭簧弹性约束，如图所示。该压杆的长度系数μ的取值范围是：

A. $0.7 < \mu < 1$

B. $2 > \mu > 1$

C. $0.5 < \mu < 0.7$

D. $\mu < 0.5$

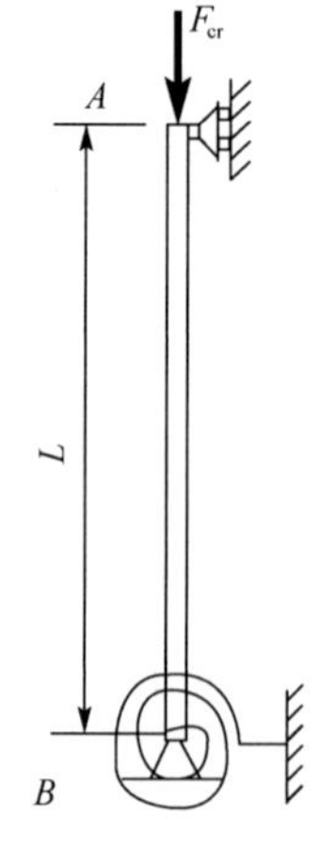

71. 标准大气压时的自由液面下 1m 处的绝对压强为：

A. 0.11MPa　　B. 0.12MPa

C. 0.15MPa　　D. 2.0MPa

72. 一直径$d_1 = 0.2$m的圆管，突然扩大到直径为$d_2 = 0.3$m，若$v_1 = 9.55$m/s，则v_2与Q分别为：

A. 4.24m/s，0.3m^3/s　　B. 2.39m/s，0.3m^3/s

C. 4.24m/s，0.5m^3/s　　D. 2.39m/s，0.5m^3/s

73. 直径为 20mm 的管流，平均流速为9m/s，已知水的运动黏性系数$\nu = 0.0114$cm^2/s，则管中水流的流态和水流流态转变的层流流速分别是：

A. 层流，19cm/s　　B. 层流，11.4cm/s

C. 紊流，19cm/s　　D. 紊流，11.4cm/s

74. 边界层分离现象的后果是：

A. 减小了液流与边壁的摩擦力　　B. 增大了液流与边壁的摩擦力

C. 增加了潜体运动的压差阻力　　D. 减小了潜体运动的压差阻力

75. 如图由大体积水箱供水，且水位恒定，水箱顶部压力表读数 19600Pa，水深$H = 2$m，水平管道长$l = 100$m，直径$d = 200$mm，沿程损失系数 0.02，忽略局部损失，则管道通过流量是：

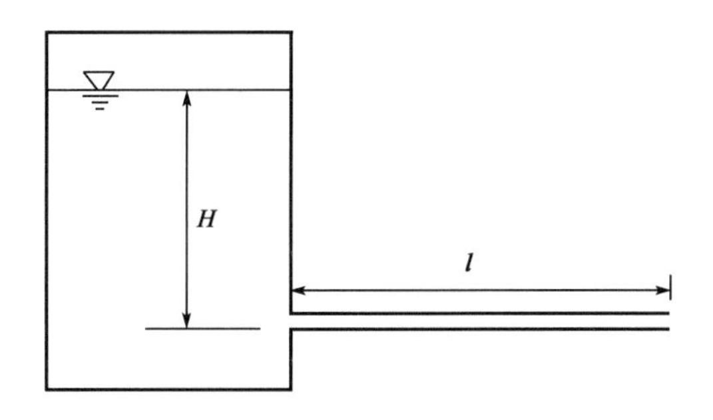

A. 83.8L/s　　B. 196.5L/s

C. 59.3L/s　　D. 47.4L/s

76. 两条明渠过水断面面积相等，断面形状分别为（1）方形，边长为a；（2）矩形，底边宽为$2a$，水深为$0.5a$，它们的底坡与粗糙系数相同，则两者的均匀流流量关系式为：

A. $Q_1 > Q_2$　　B. $Q_1 = Q_2$

C. $Q_1 < Q_2$　　D. 不能确定

77. 如图，均匀砂质土壤装在容器中，设渗透系数为0.012cm/s，渗流流量为$0.3\text{m}^3/\text{s}$，则渗流流速为：

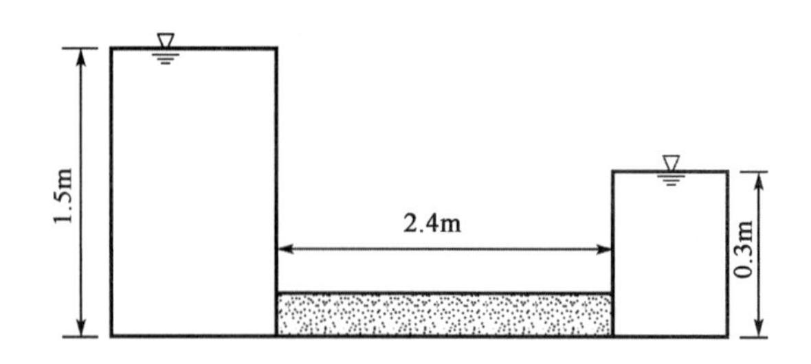

A. 0.003cm/s　　B. 0.006cm/s

C. 0.009cm/s　　D. 0.012cm/s

78. 雷诺数的物理意义是：

A. 压力与黏性力之比

B. 惯性力与黏性力之比

C. 重力与惯性力之比

D. 重力与黏性力之比

79. 真空中，点电荷q_1和q_2的空间位置如图所示，q_1为正电荷，且$q_2 = -q_1$，则A点的电场强度的方向是：

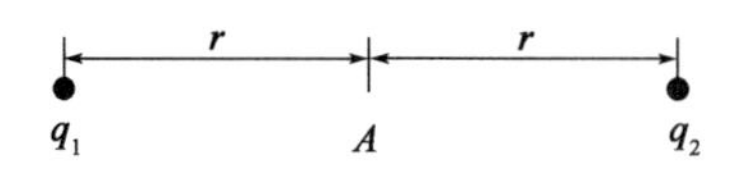

A. 从A点指向q_1

B. 从A点指向q_2

C. 垂直于q_1q_2连线，方向向上

D. 垂直于q_1q_2连线，方向向下

80. 设电阻元件 R、电感元件 L、电容元件 C 上的电压电流取关联方向，则如下关系成立的是：

A. $i_{\text{R}} = R \cdot u_{\text{R}}$　　B. $u_{\text{C}} = C\frac{\text{d}i_{\text{C}}}{\text{d}t}$

C. $i_{\text{C}} = C\frac{\text{d}u_{\text{C}}}{\text{d}t}$　　D. $u_{\text{L}} = \frac{1}{L}\int i_{\text{c}}\,\text{d}t$

81. 用于求解图示电路的 4 个方程中，有一个错误方程，这个错误方程是：

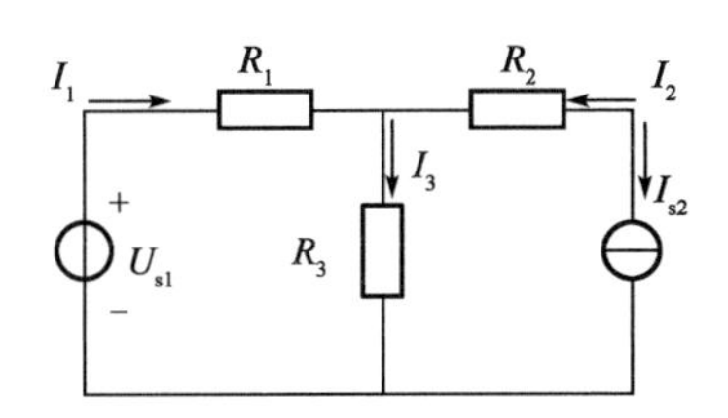

A. $I_1R_1 + I_3R_3 - U_{s1} = 0$

B. $I_2R_2 + I_3R_3 = 0$

C. $I_1 + I_2 - I_3 = 0$

D. $I_2 = -I_{s2}$

82. 已知有效值为 10V 的正弦交流电压的相量图如图所示，则它的时间函数形式是：

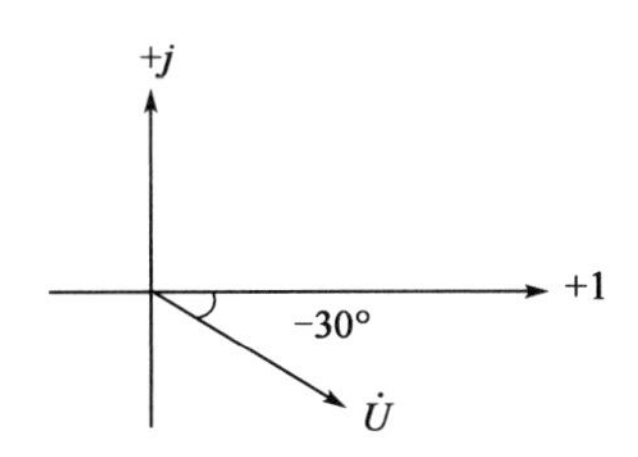

A. $u(t) = 10\sqrt{2}\sin(\omega t - 30°)\,\text{V}$

B. $u(t) = 10\sin(\omega t - 30°)\,\text{V}$

C. $u(t) = 10\sqrt{2}\sin(-30°)\,\text{V}$

D. $u(t) = 10\cos(-30°) + 10\sin(-30°)\,\text{V}$

83. 图示电路中，当端电压$\dot{U} = 100\angle 0°$V时，$\dot{I}$等于：

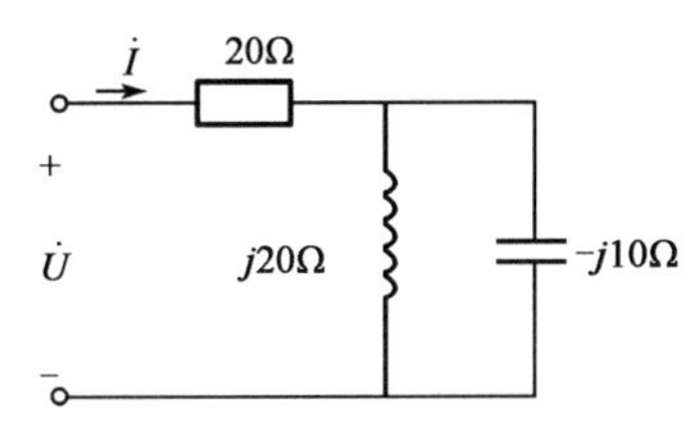

A. $3.5\angle -45°$ A

B. $3.5\angle 45°$ A

C. $4.5\angle 26.6°$A

D. $4.5\angle -26.6°$A

84. 在图示电路中，开关 S 闭合后：

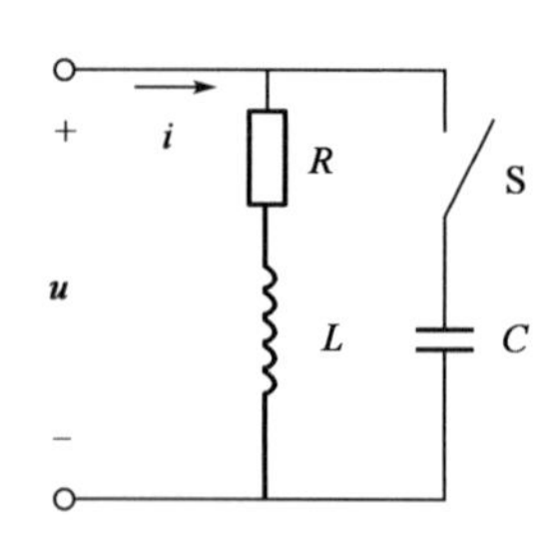

A. 电路的功率因数一定变大

B. 总电流减小时，电路的功率因数变大

C. 总电流减小时，感性负载的功率因数变大

D. 总电流减小时，一定出现过补偿现象

85. 图示变压器空载运行电路中，设变压器为理想器件，若$u=\sqrt{2}U\sin\omega t$，则此时：

A. $\frac{U_2}{U_1}=2$

B. $\frac{U}{U_2}=2$

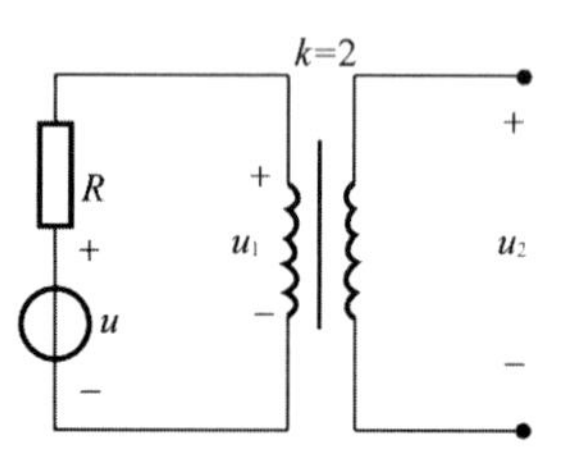

C. $u_2=0, u_1=0$

D. $\frac{U}{U_1}=2$

86. 设某△接三相异步电动机的全压启动转矩为66N · m，当对其使用Y-△降压启动方案时，当分别带10N · m、20N · m、30N · m、40N · m的负载启动时：

A. 均能正常启动

B. 均无法正常启动

C. 前两者能正常启动，后两者无法正常启动

D. 前三者能正常启动，后者无法正常启动

87. 图示电压信号u_o是：

A. 二进制代码信号

B. 二值逻辑信号

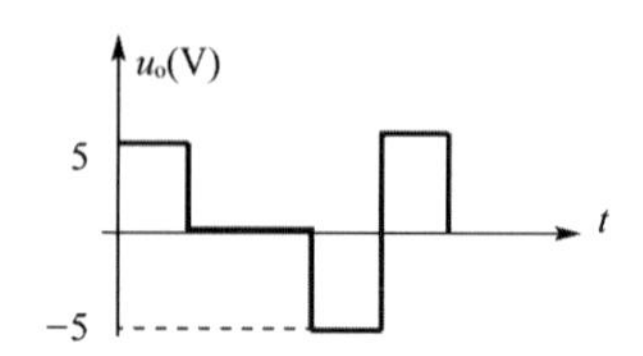

C. 离散时间信号

D. 连续时间信号

88. 信号$u(t)=10\cdot1(t)-10\cdot1(t-1)$V，其中，$1(t)$表示单位阶跃函数，则$u(t)$应为：

A. 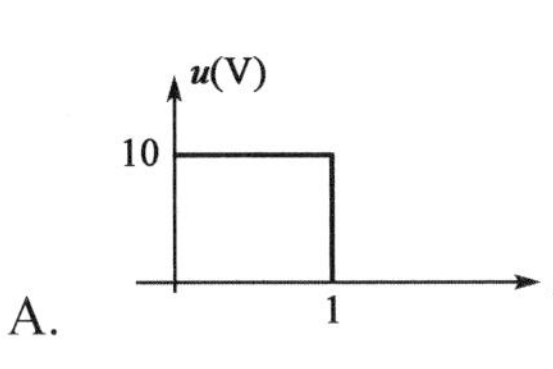

B. 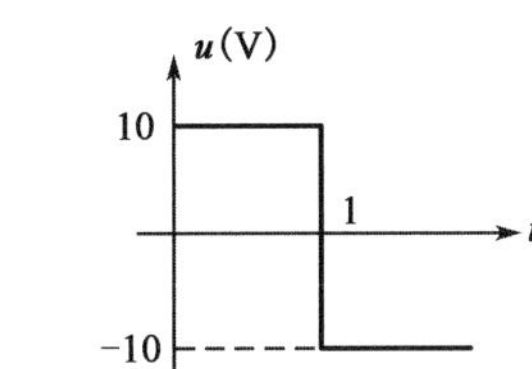

C. 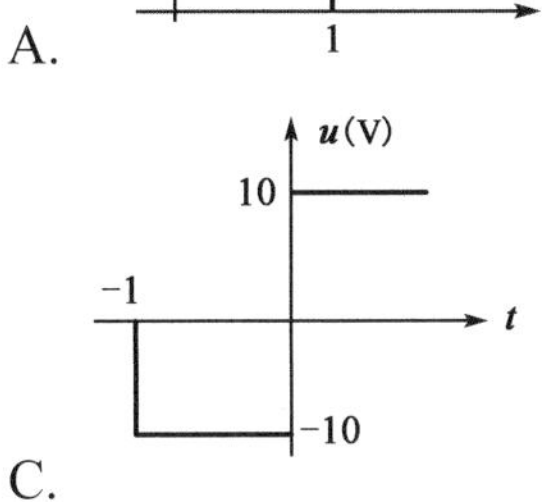

D. 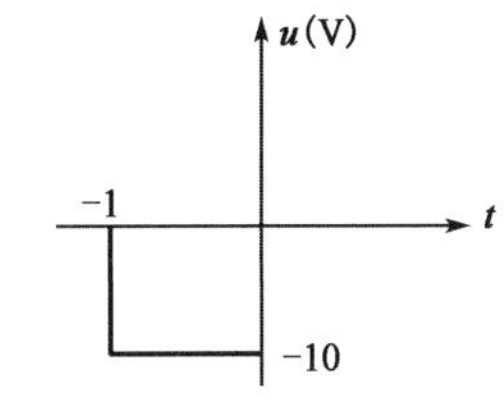

89. 一个低频模拟信号$u_1(t)$被一个高频的噪声信号污染后，能将这个噪声滤除的装置是：

A. 高通滤波器　　B. 低通滤波器

C. 带通滤波器　　D. 带阻滤波器

90. 对逻辑表达式$\overline{\mathrm{AB}}+\overline{\mathrm{BC}}$的化简结果是：

A. $\overline{\mathrm{A}}+\overline{\mathrm{B}}+\overline{\mathrm{C}}$　　B. $\overline{\mathrm{A}}+2\overline{\mathrm{B}}+\overline{\mathrm{C}}$

C. $\overline{\mathrm{A}+\mathrm{C}}+\mathrm{B}$　　D. $\overline{\mathrm{A}}+\overline{\mathrm{C}}$

91. 已知数字信号 A 和数字信号 B 的波形如图所示，则数字信号$\mathrm{F}=\mathrm{A}\overline{\mathrm{B}}+\overline{\mathrm{A}}\mathrm{B}$的波形为：

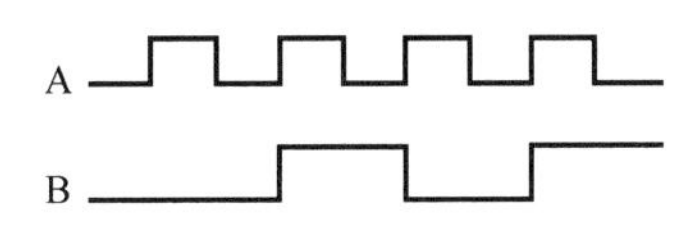

A. F 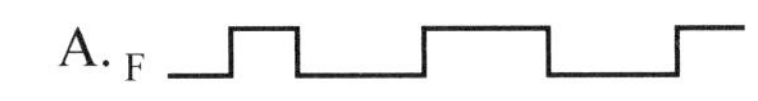

B. F 

C. F

D. F

92. 十进制数字 10 的 BCD 码为：

A. 00010000　　B. 00001010

C. 1010　　D. 0010

93. 二极管应用电路如图所示，设二极管为理想器件，当$u_1 = 10\sin\omega t$V时，输出电压u_o的平均值U_o等于：

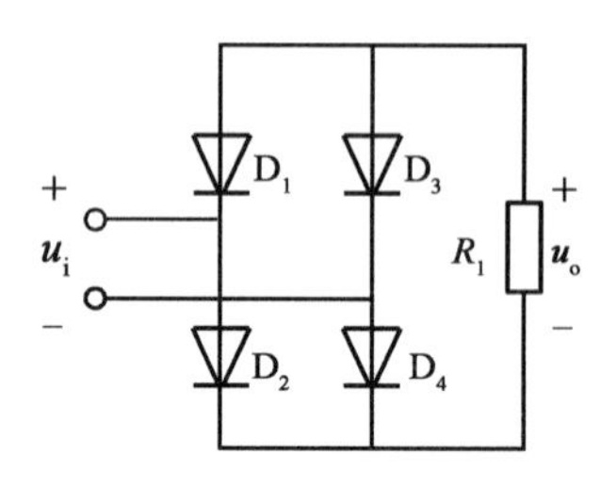

A. 10V　　B. $0.9 \times 10 = 9$V

C. $0.9 \times \frac{10}{\sqrt{2}} = 6.36$V　　D. $-0.9 \times \frac{10}{\sqrt{2}} = -6.36$V

94. 运算放大器应用电路如图所示，设运算放大器输出电压的极限值为±11V。如果将−2.5V电压接入“A”端，而“B”端接地后，测得输出电压为 10V，如果将−2.5V电压接入“B”端，而“A”端接地，则该电路的输出电压u_o等于：

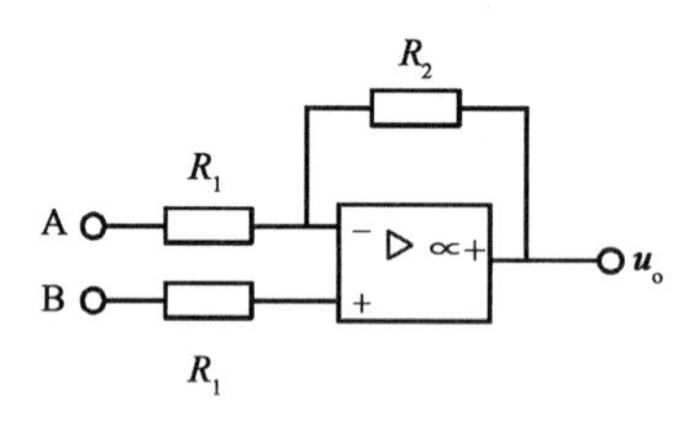

A. 10V　　B. −10V

C. −11V　　D. −12.5V

95. 图示逻辑门的输出F_1和F_2分别为：

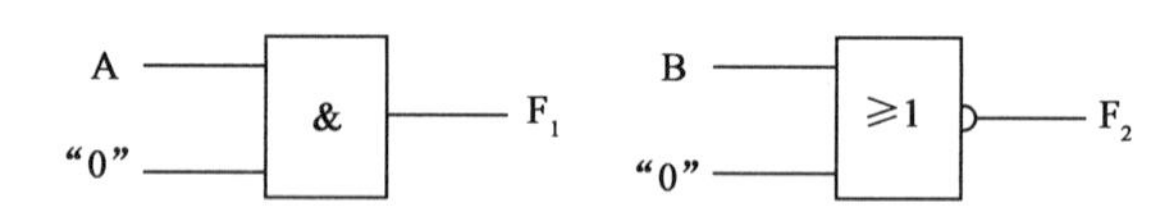

A. 0 和$\overline{B}$　　B. 0 和 1

C. A 和$\overline{B}$　　D. A 和 1

96. 图 a）所示电路中，时钟脉冲、复位信号及数模输入信号如图 b）所示。经分析可知，在第一个和第二个时钟脉冲的下降沿过后，输出 Q 先后等于：

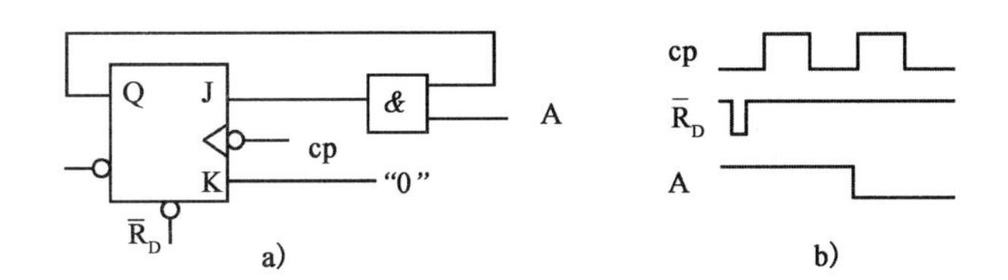

A. 0　0　　　　B. 0　1

C. 1　0　　　　D. 1　1

附：触发器的逻辑状态表为

J	K	Q_{n+1}
0	0	Q_n
0	1	0
1	0	1
1	1	$\overline{Q}_n$

97. 计算机发展的人性化的一个重要方面是：

A. 计算机的价格便宜

B. 计算机使用上的“傻瓜化”

C. 计算机使用不需要电能

D. 计算机不需要软件和硬件，自己会思维

98. 计算机存储器是按字节进行编址的，一个存储单元是：

A. 8 个字节　　　　B. 1 个字节

C. 16 个二进制数位　　　　D. 32 个二进制数位

99. 下面有关操作系统的描述中，其中错误的是：

A. 操作系统就是充当软、硬件资源的管理者和仲裁者的角色

B. 操作系统具体负责在各个程序之间，进行调度和实施对资源的分配

C. 操作系统保证系统中的各种软、硬件资源得以有效地、充分地利用

D. 操作系统仅能实现管理和使用好各种软件资源

100. 计算机的支撑软件是：

A. 计算机软件系统内的一个组成部分
B. 计算机硬件系统内的一个组成部分
C. 计算机应用软件内的一个组成部分
D. 计算机专用软件内的一个组成部分

101. 操作系统中的进程与处理器管理的主要功能是：

A. 实现程序的安装、卸载

B. 提高主存储器的利用率

C. 使计算机系统中的软硬件资源得以充分利用

D. 优化外部设备的运行环境

102. 影响计算机图像质量的主要参数有：

A. 存储器的容量、图像文件的尺寸、文件保存格式

B. 处理器的速度、图像文件的尺寸、文件保存格式

C. 显卡的品质、图像文件的尺寸、文件保存格式

D. 分辨率、颜色深度、图像文件的尺寸、文件保存格式

103. 计算机操作系统中的设备管理主要是：

A. 微处理器 CPU 的管理
B. 内存储器的管理
C. 计算机系统中的所有外部设备的管理
D. 计算机系统中的所有硬件设备的管理

104. 下面四个选项中，不属于数字签名技术的是：

A. 权限管理
B. 接收者能够核实发送者对报文的签名
C. 发送者事后不能对报文的签名进行抵赖
D. 接收者不能伪造对报文的签名

105. 实现计算机网络化后的最大好处是：

A. 存储容量被增大
B. 计算机运行速度加快
C. 节省大量人力资源
D. 实现了资源共享

106. 校园网是提高学校教学、科研水平不可缺少的设施，它是属于：

A. 局域网
B. 城域网
C. 广域网
D. 网际网

107. 某企业拟购买3年期一次到期债券，打算三年后到期本利和为300万元，按季复利计息，年名义利率为8%，则现在应购买债券：

A. 119.13万元　　B. 236.55万元

C. 238.15万元　　D. 282.70万元

108. 在下列费用中，应列入项目建设投资的是：

A. 项目经营成本　　B. 流动资金

C. 预备费　　D. 建设期利息

109. 某公司向银行借款2400万元，期限为6年，年利率为8%，每年年末付息一次，每年等额还本，到第6年末还完本息。请问该公司第4年年末应还的本息和是：

A. 432万元　　B. 464万元

C. 496万元　　D. 592万元

110. 某项目动态投资回收期刚好等于项目计算期，则以下说法中正确的是：

A. 该项目动态回收期小于基准回收期　　B. 该项目净现值大于零

C. 该项目净现值小于零　　D. 该项目内部收益率等于基准收益率

111. 某项目要从国外进口一种原材料，原始材料的CIF（到岸价格）为150美元/吨，美元的影子汇率为6.5，进口费用为240元/吨，请问这种原材料的影子价格是：

A. 735元人民币　　B. 975元人民币

C. 1215元人民币　　D. 1710元人民币

112. 已知甲、乙为两个寿命期相同的互斥项目，其中乙项目投资大于甲项目。通过测算得出甲、乙两项目的内部收益率分别为18%和14%，增量内部收益率$\Delta IRR_{(乙-甲)}=13\%$，基准收益率为11%，以下说法中正确的是：

A. 应选择甲项目　　B. 应选择乙项目

C. 应同时选择甲、乙两个项目　　D. 甲、乙两个项目均不应选择

113. 以下关于改扩建项目财务分析的说法中正确的是：

A. 应以财务生存能力分析为主　　B. 应以项目清偿能力分析为主

C. 应以企业层次为主进行财务分析　　D. 应遵循“有无对比”原则

114. 某工程设计有四个方案，在进行方案选择时计算得出：甲方案功能评价系数 0.85，成本系数 0.92；乙方案功能评价系数 0.6，成本系数 0.7；丙方案功能评价系数 0.94，成本系数 0.88；丁方案功能评价系数 0.67，成本系数 0.82。则最优方案的价值系数为：

A. 0.924　　B. 0.857

C. 1.068　　D. 0.817

115. 根据《中华人民共和国建筑法》的规定，有关工程发包的规定，下列理解错误的是：

A. 关于对建筑工程进行肢解发包的规定，属于禁止性规定

B. 可以将建筑工程的勘察、设计、施工、设备采购一并发包给一个工程总承包单位

C. 建筑工程实行直接发包的，发包单位可以将建筑工程发包给具有资质证书的承包单位

D. 提倡对建筑工程实行总承包

116. 根据《建设工程安全生产管理条例》的规定，施工单位实施爆破、起重吊装等施工时，应当安排现场的监督人员是：

A. 项目管理技术人员　　B 应急救援人员

C. 专职安全生产管理人员　　D. 专职质量管理人员

117. 某工程项目实行公开招标，招标人根据招标项目的特点和需要编制招标文件，其招标文件的内容不包括：

A. 招标项目的技术要求　　B. 对投标人资格审查的标准

C. 拟签订合同的时间　　D. 投标报价要求和评标标准

118. 某水泥厂以电子邮件的方式于 2008 年 3 月 5 日发出销售水泥的要约，要求 2008 年 3 月 6 日 18:00 前回复承诺。甲施工单位于 2008 年 3 月 6 日 16:00 对该要约发出承诺，由于网络原因，导致该电子邮件于 2008 年 3 月 6 日 20:00 到达水泥厂，此时水泥厂的水泥已经售完。下列关于该承诺如何处理的说法，正确的是：

A. 张厂长说邮件未能按时到达，可以不予理会

B. 李厂长说邮件是在期限内发出的，应该作为有效承诺，我们必须想办法给对方供应水泥

C. 王厂长说虽然邮件是在期限内发出的，但是到达晚了，可以认为是无效承诺

D. 赵厂长说我们及时通知对方，因承诺到达已晚，不接受就是了

119. 根据《中华人民共和国环境保护法》的规定，下列关于建设项目中防治污染的设施的说法中，不正确的是：

A. 防治污染的设施，必须与主体工程同时设计、同时施工、同时投入使用

B. 防治污染的设施不得擅自拆除

C. 防治污染的设施不得擅自闲置

D. 防治污染的设施经建设行政主管部门验收合格后方可投入生产或者使用

120. 根据《建设工程质量管理条例》的规定，监理单位代表建设单位对施工质量实施监理，并对施工质量承担监理责任，其监理的依据不包括：

A. 有关技术标准　　　　B. 设计文件

C. 工程承包合同　　　　D. 建设单位指令

2016 年度全国勘察设计注册工程师执业资格考试基础考试（上）

试题解析及参考答案

1. 解 $\lim\limits_{x\to 0}\frac{x-\sin x}{\sin x}\overset{\frac{0}{0}}{=}\lim\limits_{x\to 0}\frac{1-\cos x}{\cos x}=0$

答案：B

2. 解 由$\begin{cases}x=t-\arctan t\\ y=\ln(1+t^2)\end{cases}$，知$\frac{dx}{dt}=\frac{t^2}{1+t^2}$，$\frac{dy}{dt}=\frac{2t}{1+t^2}$，则$\frac{dy}{dx}=\frac{dy/dt}{dx/dt}=\frac{2t}{t^2}$，$\left.\frac{dy}{dx}\right|_{t=1}=\left.\frac{2}{t}\right|_{t=1}=2$

答案：C

3. 解 $\frac{dy}{dx}=\frac{1}{xy+y^3}$，$\frac{dx}{dy}=xy+y^3$，$\frac{dx}{dy}-yx=y^3$，方程为关于$F(y,x,x')=0$的一阶线性微分方程。

答案：C

4. 解 $|\boldsymbol{\alpha}|=2$，$|\boldsymbol{\beta}|=\sqrt{2}$，$\boldsymbol{\alpha}\cdot\boldsymbol{\beta}=2$

由$\boldsymbol{\alpha}\cdot\boldsymbol{\beta}=|\boldsymbol{\alpha}||\boldsymbol{\beta}|\cos(\widehat{\boldsymbol{\alpha},\boldsymbol{\beta}})=2\sqrt{2}\cos(\widehat{\boldsymbol{\alpha},\boldsymbol{\beta}})=2$，可知$\cos(\widehat{\boldsymbol{\alpha},\boldsymbol{\beta}})=\frac{\sqrt{2}}{2}$，$(\widehat{\boldsymbol{\alpha},\boldsymbol{\beta}})=\frac{\pi}{4}$

故$|\boldsymbol{\alpha}\times\boldsymbol{\beta}|=|\boldsymbol{\alpha}||\boldsymbol{\beta}|\sin(\widehat{\boldsymbol{\alpha},\boldsymbol{\beta}})=2\times\sqrt{2}\times\frac{\sqrt{2}}{2}=2$

答案：A

5. 解 $f(x)$在点x_0处的左、右极限存在且相等，是$f(x)$在点x_0连续的必要非充分条件。

答案：A

6. 解 对$\int_0^x f(t)dt=\frac{\cos x}{x}$两边求导，得$f(x)=\frac{-x\sin x-\cos x}{x^2}$，则$f\left(\frac{\pi}{2}\right)=\frac{-\frac{\pi}{2}\cdot 1-0}{\frac{\pi^2}{4}}=-\frac{2}{\pi}$

答案：B

7. 解 $\int xf(x)dx=\int x d\sec^2 x=x\sec^2 x-\int\sec^2 x dx=x\sec^2 x-\tan x+C$

答案：D

8. 解 $\begin{cases}y^2+z=1\\ x=0\end{cases}$表示在$yOz$平面上曲线绕$z$轴旋转，得曲面方程$x^2+y^2+z=1$。

答案：A

9. 解 $f'_x(x_0,y_0)$，$f'_y(x_0,y_0)$在点$P_0(x_0,y_0)$处连续仅是函数$z=f(x,y)$在点$P_0(x_0,y_0)$可微的充分条件，反之不一定成立，即$z=f(x,y)$在点$P_0(x_0,y_0)$处可微，不能保证偏导$f'_x(x_0,y_0)$，$f'_y(x_0,y_0)$在点$P_0(x_0,y_0)$处连续。没有定理保证。

答案：D

10. 解

$$\int_{-\infty}^{+\infty}\frac{A}{1+x^2}dx=A\int_{-\infty}^{+\infty}\frac{1}{1+x^2}dx=A\left[\int_{-\infty}^{0}\frac{1}{1+x^2}dx+\int_{0}^{+\infty}\frac{1}{1+x^2}dx\right]$$

$$=A\left(\arctan x\Big|_{-\infty}^{0}+\arctan x\Big|_{0}^{+\infty}\right)=A\left(\frac{\pi}{2}+\frac{\pi}{2}\right)=A\pi$$

由$A\pi = 1$，得$A = \frac{1}{\pi}$

答案：A

11. 解 $f(x) = x(x-1)(x-2)$

$f(x)$在$[0,1]$连续，在$(0,1)$可导，且$f(0) = f(1)$

由罗尔定理可知，存在$f'(\zeta_1) = 0$，ζ_1在$(0,1)$之间

$f(x)$在$[1,2]$连续，在$(1,2)$可导，且$f(1) = f(2)$

由罗尔定理可知，存在$f'(\zeta_2) = 0$，ζ_2在$(1,2)$之间

因为$f'(x) = 0$是二次方程，所以$f'(x) = 0$的实根个数为2。

答案：B

12. 解 $y'' - 2y' + y = 0$，$r^2 - 2r + 1 = 0$，$r = 1$，二重根。

通解$y = (C_1 + C_2x)e^x$（其中C_1，C_2为任意常数）

线性无关的特解为$y_1 = e^x$，$y_2 = xe^x$

答案：D

13. 解 $f(x)$在(a,b)内可微，且$f'(x) \neq 0$。

由函数极值存在的必要条件，$f(x)$在(a,b)内可微，即$f(x)$在(a,b)内可导，且在x_0处取得极值，那么$f'(x_0) = 0$。

该题不符合此条件，所以必无极值。

答案：C

14. 解 对$\sum\limits_{n=1}^{\infty}\frac{\sin\frac{3}{2}n}{n^2}$取绝对值，即$\sum\limits_{n=1}^{\infty}\left|\frac{\sin\frac{3}{2}n}{n^2}\right|$，而$\left|\frac{\sin\frac{3}{2}n}{n^2}\right| \leqslant \frac{1}{n^2}$

因为$\sum\limits_{n=1}^{\infty}\frac{1}{n^2}$，$p = 2 > 1$，收敛，由比较法知$\sum\limits_{n=1}^{\infty}\left|\frac{\sin\frac{3}{2}n}{n^2}\right|$收敛，所以级数$\sum\limits_{n=1}^{\infty}\frac{\sin\frac{3}{2}n}{n^2}$绝对收敛。

答案：D

15. 解 如解图所示，D：$\begin{cases}0 \leqslant r \leqslant 1\\ 0 \leqslant \theta \leqslant \frac{\pi}{2}\end{cases}$

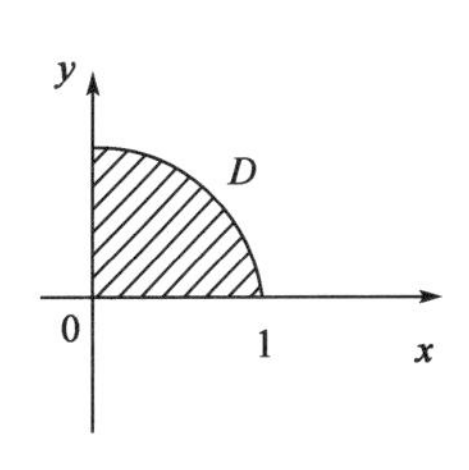

题15解图

$$\begin{aligned}\iint_D x^2y\mathrm{d}x\mathrm{d}y &= \int_0^{\frac{\pi}{2}}\cos^2\theta\sin\theta\mathrm{d}\theta\int_0^1 r^4\mathrm{d}r\\ &= \frac{1}{5}\int_0^{\frac{\pi}{2}}\cos^2\theta\sin\theta\mathrm{d}\theta = -\frac{1}{5}\int_0^{\frac{\pi}{2}}\cos^2\theta\,\mathrm{d}\cos\theta\\ &= -\frac{1}{5}\cdot\frac{1}{3}\cos^3\theta\Big|_0^{\frac{\pi}{2}} = \frac{1}{15}\end{aligned}$$

答案：B

16. 解 如解图所示，L：$\begin{cases} y = x^2 \\ x = x \end{cases}$ $(x：1 \to 0)$

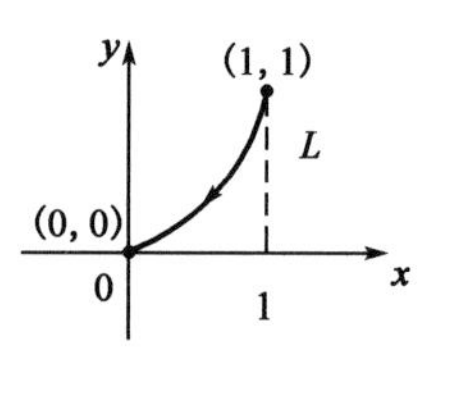

题 16 解图

$$\int_L x\mathrm{d}x + y\mathrm{d}y = \int_1^0 x\mathrm{d}x + x^2 \cdot 2x\mathrm{d}x = -\int_0^1 (x + 2x^3)\mathrm{d}x$$

$$= -\left(\frac{1}{2}x^2 + \frac{2}{4}x^4\right)\Big|_0^1$$

$$= -\left(\frac{1}{2} + \frac{1}{2}\right) = -1$$

答案： C

17. 解 $\sum\limits_{n=0}^{\infty} \frac{(-1)^n}{2^n} x^n = 1 - \frac{x}{2} + \left(\frac{x}{2}\right)^2 - \left(\frac{x}{2}\right)^3 + \cdots$

因为$|x| < 2$，所以$\left|\frac{x}{2}\right| < 1$，$q = -\frac{x}{2}$，$|q| = \left|\frac{x}{2}\right| < 1$

级数的和函数$S = \frac{a_1}{1-q} = \frac{1}{1-\left(-\frac{x}{2}\right)} = \frac{2}{2+x}$

答案： A

18. 解 $z = \frac{3^{xy}}{x} + xF(u)$，$u = \frac{y}{x}$

$$\frac{\partial z}{\partial y} = \frac{1}{x}3^{xy} \cdot \ln 3 \cdot x + xF'(u)\frac{1}{x} = 3^{xy}\ln 3 + F'(u)$$

答案： D

19. 解 将$\boldsymbol{\alpha}_1, \boldsymbol{\alpha}_2, \boldsymbol{\alpha}_3$组成矩阵$\begin{bmatrix} 6 & 4 & 4 \\ t & 2 & 1 \\ 7 & 2 & 0 \end{bmatrix}$，$\boldsymbol{\alpha}_1, \boldsymbol{\alpha}_2, \boldsymbol{\alpha}_3$线性相关的充要条件是$\begin{vmatrix} 6 & 4 & 4 \\ t & 2 & 1 \\ 7 & 2 & 0 \end{vmatrix} = 0$

$$\begin{vmatrix} 6 & 4 & 4 \\ \mathrm{t} & 2 & 1 \\ 7 & 2 & 0 \end{vmatrix} \xlongequal{r_2(-4)+r_1} \begin{vmatrix} 6-4t & -4 & 0 \\ t & 2 & 1 \\ 7 & 2 & 0 \end{vmatrix} = 1 \cdot (-1)^{2+3} \begin{vmatrix} 6-4t & -4 \\ 7 & 2 \end{vmatrix}$$

$$= (-1)(12 - 8t + 28) = -(-8t + 40) = 8t - 40 = 0，得 t = 5$$

答案： B

20. 解 根据n阶方阵A的秩小于n的充要条件是$|\boldsymbol{A}| = 0$，可知选项 C 正确。

答案： C

21. 解 由方阵$\boldsymbol{A}$的特征值和特征向量的重要性质计算

设方阵$\boldsymbol{A}$的特征值为$\lambda_1, \lambda_2, \lambda_3$

则
$$\begin{cases} \lambda_1 + \lambda_2 + \lambda_3 = a_{11} + a_{22} + a_{33} & ① \\ \lambda_1 \cdot \lambda_2 \cdot \lambda_3 = |\boldsymbol{A}| & ② \end{cases}$$

由①式可知 $1 + 3 + \lambda_3 = 5 + (-4) + a$

得$\lambda_3 - a = -3$

由②式可知 $1 \cdot 3 \cdot \lambda_3 = \begin{vmatrix} 5 & -3 & 2 \\ 6 & -4 & 4 \\ 4 & -4 & a \end{vmatrix}$

得

$$3\lambda_3 = 2\begin{vmatrix}5 & -3 & 2\\3 & -2 & 2\\4 & -4 & a\end{vmatrix} \xlongequal{r_2(-4)+r_1} 2\begin{vmatrix}5 & -3 & 2\\-2 & 1 & 0\\4 & -4 & a\end{vmatrix} \xlongequal{2c_2+c_1} 2\begin{vmatrix}-1 & -3 & 2\\0 & 1 & 0\\-4 & -4 & a\end{vmatrix}$$

$$= 2\cdot 1(-1)^{2+2}\begin{vmatrix}-1 & 2\\-4 & a\end{vmatrix} = 2(-a+8) = -2a+16$$

解方程组$\begin{cases}\lambda_3 - a = -3\\3\lambda_3 + 2a = 16\end{cases}$，得$\lambda_3 = 2$，$a = 5$

答案： B

22. 解 因$P(AB) = P(B)P(A|B) = 0.7\times 0.8 = 0.56$，而$P(A)P(B) = 0.8\times 0.7 = 0.56$，故$P(AB) = P(A)P(B)$，即$A$与$B$独立。因$P(AB) = P(A) + P(B) - P(A\cup B) = 1.5 - P(A\cup B) > 0$，选项 B 错。因$P(A) > P(B)$，选项 C 错。因$P(A) + P(B) = 1.5 > 1$，选项 D 错。

注意：独立是用概率定义的，即可用概率来判定是否独立。而互斥、包含、对立（互逆）是不能由概率来判定的，所以选项 B、C 错。

答案： A

23. 解

$$P(X=0) = \frac{C_5^3}{C_7^3} = \frac{\frac{5\times 4\times 3}{1\times 2\times 3}}{\frac{7\times 6\times 5}{1\times 2\times 3}} = \frac{2}{7},\ P(X=1) = \frac{C_5^2C_2^1}{C_7^3} = \frac{\frac{5\times 4}{1\times 2}\times 2}{\frac{7\times 6\times 5}{1\times 2\times 3}} = \frac{4}{7}$$

$$P(X=2) = \frac{C_5^1C_2^2}{C_7^3} = \frac{5}{\frac{7\times 6\times 5}{1\times 2\times 3}} = \frac{1}{7}\text{或}P(X=2) = 1 - \frac{2}{7} - \frac{4}{7} = \frac{1}{7}$$

$$E(X) = 0\times P(X=0) + 1\times P(X=1) + 2\times P(X=2) = \frac{6}{7}$$

$$\left[\text{求}E(X)\text{时，可以不求}P(X=0)\right]$$

答案： D

24. 解 $X_1, X_2, \cdots, X_n$与总体X同分布

$$E(\hat{\sigma}^2) = E\left(\frac{1}{n}\sum_{i=1}^{n}X_i^2\right) = \frac{1}{n}\sum_{i=1}^{n}E\left(X_i^2\right) = \frac{1}{n}\sum_{i=1}^{n}E(X^2) = E(X^2)$$

$$= D(X) + [E(X)]^2 = \sigma^2 + 0^2 = \sigma^2$$

答案： B

25. 解 $\bar{v} = \sqrt{\frac{8RT}{\pi M}}$，$\bar{v}_{O_2} = \sqrt{\frac{8RT}{\pi M}} = \sqrt{\frac{8RT}{\pi\cdot 32}}$

氧气的热力学温度提高一倍，氧分子全部离解为氧原子，$T_O = 2T_{O_2}$

$\bar{v}_O = \sqrt{\frac{8RT_O}{\pi M_0}} = \sqrt{\frac{8R\cdot 2T}{\pi\cdot 16}}$，则$\frac{\bar{v}_O}{\bar{v}_{O_2}} = \frac{\sqrt{\frac{8R\cdot 2T}{\pi\cdot 16}}}{\sqrt{\frac{8RT}{\pi\cdot 32}}} = 2$

答案： B

26. 解 气体分子的平均碰撞频率$Z_0=\sqrt{2}n\pi d^2\bar{v}=\sqrt{2}n\pi d^2\sqrt{\frac{8RT}{\pi M}}$

平均自由程为$\bar{\lambda}_0=\frac{\bar{v}}{\bar{Z}_0}=\frac{1}{\sqrt{2}n\pi d^2}$

$$T'=\frac{1}{4}T,\ \bar{\lambda}=\bar{\lambda}_0,\ \bar{Z}=\frac{1}{2}\bar{Z}_0$$

答案：B

27. 解 气体从同一状态出发做相同体积的等温膨胀或绝热膨胀，如解图所示。

绝热线比等温线陡，故$p_1>p_2$。

答案：B

28. 解 卡诺正循环由两个准静态等温过程和两个准静态绝热过程组成，如解图所示。

由热力学第一定律：$Q=\Delta E+W$，绝热过程$Q=0$，两个绝热过程高低温热源温度相同，温差相等，内能差相同。一个绝热过程为绝热膨胀，另一个绝热过程为绝热压缩，$W_2=-W_1$，一个内能增大，一个内能减小，$\Delta E_2=-\Delta E_1$。

答案：C

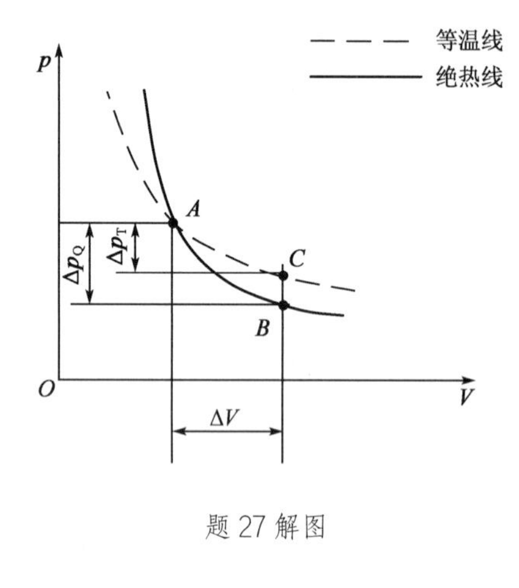

题 27 解图

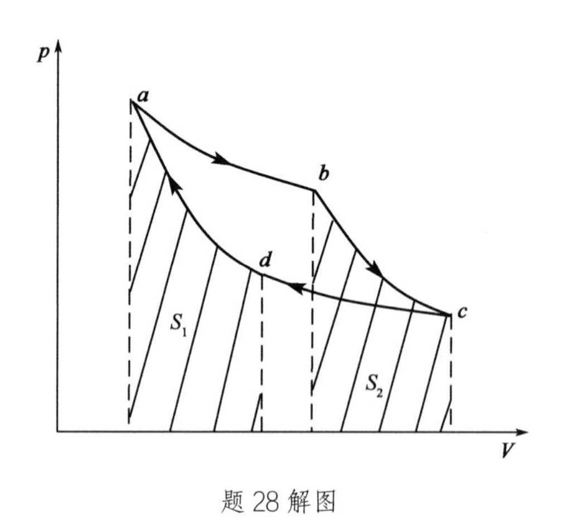

题 28 解图

29. 解 单位体积的介质中波所具有的能量称为能量密度。

$$w=\frac{\Delta W}{\Delta V}=\rho\omega^2A^2\sin^2\left[\omega\left(t-\frac{x}{u}\right)\right]$$

答案：C

30. 解 在中垂线上各点：波程差为零，初相差为π

$$\Delta\varphi=\alpha_2-\alpha_1-\frac{2\pi(r_2-r_1)}{\lambda}=\pi$$

符合干涉减弱条件，故振幅为$A=A_2-A_1=0$

答案：B

31. 解 简谐波在弹性媒质中传播时媒质质元的能量不守恒，任一质元$W_p=W_k$，平衡位置时动能及势能均为最大，最大位移处动能及势能均为零。

将$x = 2.5\text{m}$，$t = 0.25\text{s}$代入波动方程：

$$y = 2 \times 10^{-2}\cos 2\pi\left(10 \times 0.25 - \frac{2.5}{5}\right) = 0.02\text{m}$$

为波峰位置，动能及势能均为零。

答案：D

32. 解 当自然光以布儒斯特角i_0入射时，$i_0 + \gamma = \frac{\pi}{2}$，故光的折射角为$\frac{\pi}{2} - i_0$。

答案：D

33. 解 此题考查的知识点为马吕斯定律。光强为I_0的自然光通过第一个偏振片光强为入射光强的一半，通过第二个偏振片光强为$I = \frac{I_0}{2}\cos^2\frac{\pi}{4} = \frac{I_0}{4}$。

答案：B

34. 解 单缝夫琅禾费衍射中央明条纹的宽度$l_0 = 2x_1 = \frac{2\lambda}{a}f$，半宽度$\frac{f\lambda}{a}$。

答案：A

35. 解 人眼睛的最小分辨角：

$$\theta = 1.22\frac{\lambda}{D} = \frac{1.22 \times 550 \times 10^{-6}}{3} = 2.24 \times 10^{-4}\text{rad}$$

答案：C

36. 解 光栅衍射是单缝衍射和多缝干涉的和效果，当多缝干涉明纹与单缝衍射暗纹方向相同时，将出现缺级现象。

单缝衍射暗纹条件：$a\sin\varphi = k\lambda$

光栅衍射明纹条件：$(a + b)\sin\varphi = k'\lambda$

$$\frac{a\sin\varphi}{(a + b)\sin\varphi} = \frac{k\lambda}{k'\lambda} = \frac{1}{2}, \frac{2}{4}, \frac{3}{6}, \cdots$$

$$2a = a + b, a = b$$

答案：C

37. 解 多电子原子中原子轨道的能级取决于主量子数n和角量子数l：主量子数n相同时，l越大，能量越高；角量子数l相同时，n越大，能量越高。n决定原子轨道所处的电子层数，l决定原子轨道所处亚层（$l = 0$为 s 亚层，$l = 1$为 p 亚层，$l = 2$为 d 亚层，$l = 3$为 f 亚层）。同一电子层中的原子轨道n相同，l越大，能量越高。

答案：D

38. 解 分子间力包括色散力、诱导力、取向力。极性分子与极性分子之间的分子间力有色散力、诱导力、取向力；极性分子与非极性分子之间的分子间力有色散力、诱导力；非极性分子与非极性分子之间的分子间力只有色散力。CO 为极性分子，N_2为非极性分子，所以，CO 与N_2间的分子间力有色散力、诱导力。

答案：D

39. 解 $NH_3 \cdot H_2O$为一元弱碱

$$C_{OH^-} = \sqrt{K_b \cdot C} = \sqrt{1.8 \times 10^{-5} \times 0.1} \approx 1.34 \times 10^{-3} mol/L$$

$$C_{H^+} = 10^{-14}/C_{OH^-} \approx 7.46 \times 10^{-12}，pH = -lgC_{H^+} \approx 11.13$$

答案：B

40. 解 它们都属于平衡常数，平衡常数是温度的函数，与温度有关，与分压、浓度、催化剂都没有关系。

答案：B

41. 解 四个电对的电极反应分别为：

$$Zn^{2+} + 2e = Zn；Br_2 + 2e^- = 2Br^-$$

$$AgI + e = Ag + I^-$$

$$MnO_4{}^- + 8H^+ + 5e = Mn^{2+} + 4H_2O$$

只有$MnO_4{}^-/Mn^{2+}$电对的电极反应与H^+的浓度有关。

根据电极电势的能斯特方程式，$MnO_4{}^-/Mn^{2+}$电对的电极电势与H^+的浓度有关。

答案：D

42. 解 如果阳极为惰性电极，阳极放电顺序：

①溶液中简单负离子如I^-、Br^-、Cl^-将优先OH^-离子在阳极上失去电子析出单质；

②若溶液中只有含氧根离子（如$SO_4{}^{2-}$、$NO_3{}^-$），则溶液中OH^-在阳极放电析出O_2。

答案：B

43. 解 由公式$\Delta G = \Delta H - T\Delta S$可知，当$\Delta H < 0$和$\Delta S > 0$时，$\Delta G$在任何温度下都小于零，都能自发进行。

答案：A

44. 解 系统命名法：

（1）链烃及其衍生物的命名

①选择主链：选择最长碳链或含有官能团的最长碳链为主链；

②主链编号：从距取代基或官能团最近的一端开始对碳原子进行编号；

③写出全称：将取代基的位置编号、数目和名称写在前面，将母体化合物的名称写在后面。

（2）其衍生物的命名

①选择母体：选择苯环上所连官能团或带官能团最长的碳链为母体，把苯环视为取代基；

②编号：将母体中碳原子依次编号，使官能团或取代基位次具有最小值。

答案：C

45. 解 甲醇可以和两个酸发生酯化反应；氢氧化钠可以和两个酸发生酸碱反应；金属钾可以和两个酸反应生成苯氨酸钾和山梨酸钾；溴水只能和山梨酸发生加成反应。

答案：B

46. 解 塑料一般分为热塑性塑料和热固性塑料。前者为线性结构的高分子化合物，这类化合物能溶于适当的有机溶剂，受热时会软化、熔融，加工成各种形状，冷后固化，可以反复加热成型；后者为体型结构的高分子化合物，具有热固性，一旦成型后不溶于溶剂，加热也不再软化、熔融，只能一次加热成型。

答案：C

47. 解 首先分析杆DE，E处为活动铰链支座，约束力垂直于支撑面，如解图a）所示，杆DE的铰链D处的约束力可按三力汇交原理确定；其次分析铰链D，D处铰接了杆DE、直角弯杆BCD和连杆，连杆的约束力F_{D}沿杆为铅垂方向，杆DE作用在铰链D上的力为$F'_{\mathrm{D右}}$，按照铰链D的平衡，其受力图如解图b）所示；最后分析直杆AC和直角弯杆BCD，直杆AC为二力杆，A处约束力沿杆方向，根据力偶的平衡，由F_{A}与$F'_{\mathrm{D左}}$组成的逆时针转向力偶与顺时针转向的主动力偶M组成平衡力系，故 A 处约束力的指向如解图c）所示。

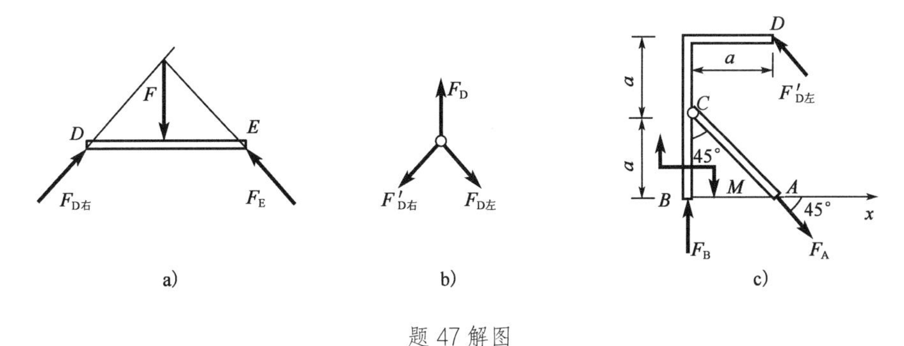

题 47 解图

答案：D

48. 解 将主动力系对B点取矩求代数和：

$$M_{\mathrm{B}} = M - qa^2/2 = 20 - 10 \times 2^2/2 = 0$$

答案：A

49. 解 均布力组成了力偶矩为qa^2的逆时针转向力偶。A、B 处的约束力应沿铅垂方向组成顺时针转向的力偶。

答案：C （此题 2010 年考过）

50. 解　如解图所示，若物块平衡，则沿斜面方向有：

$$F_{\mathrm{f}} = F\cos\alpha - W\sin\alpha = 0.2F$$

而最大静摩擦力$F_{\mathrm{fmax}} = f \cdot F_{\mathrm{N}} = f(F\sin\alpha + W\cos\alpha) = 0.28F$

因$F_{\mathrm{fmax}} > F_{\mathrm{f}}$，所以物块静止。

题 50 解图

答案：A

51. 解　将x对时间t求一阶导数为速度，即：$v = 9t^2 + 1$；再对时间t求一阶导数为加速度，即$a = 18t$，将$t = 4\mathrm{s}$代入，可得：$x = 198\mathrm{m}$，$v = 145\mathrm{m/s}$，$a = 72\mathrm{m/s^2}$。

答案：B

52. 解　根据定义，切向加速度为弧坐标s对时间的二阶导数，即$a_\tau = 6\mathrm{m/s^2}$。

答案：D

53. 解　根据定轴转动刚体上一点加速度与转动角速度、角加速度的关系：$a_n = \omega^2 l$，$a_\tau = \alpha l$，而题中$a_n = a\cos\alpha = \omega^2 l$，所以$\omega = \sqrt{\frac{a\cos\alpha}{l}}$，$a_\tau = a\sin\alpha = \alpha l$，所以$\alpha = \frac{a\sin\alpha}{l}$。

答案：B　（此题 2009 年考过）

54. 解　按照牛顿第二定律，在铅垂方向有$ma = F_{\mathrm{R}} - mg = Kv^2 - mg$，当$a = 0$（速度$v$的导数为零）时有速度最大，为$v = \sqrt{\frac{mg}{K}}$。

答案：A

55. 解　根据弹簧力的功公式：

$$W_{12} = \frac{k}{2}(0.06^2 - 0.04^2) = 1.96\mathrm{J}$$

$$W_{32} = \frac{k}{2}(0.02^2 - 0.04^2) = -1.176\mathrm{J}$$

答案：C

56. 解　系统在转动中对转动轴z的动量矩守恒，即：$I\omega = (I + mR^2)\omega_{\mathrm{t}}$（设$\omega_{\mathrm{t}}$为小球达到 B 点时圆环的角速度），则$\omega_{\mathrm{t}} = \frac{I\omega}{I+mR^2}$。

答案：B

57. 解　根据定轴转动刚体惯性力系的简化结果：惯性力主矢和主矩的大小分别为$F_{\mathrm{I}} = ma_{\mathrm{C}} = 0$，$M_{\mathrm{IO}} = J_{\mathrm{O}}\alpha = \frac{1}{2}mr^2\varepsilon$。

答案：C　（此题 2010 年考过）

58. 解　由公式$\omega_{\mathrm{n}}^2 = k/m$，$k = m\omega_{\mathrm{n}}^2 = 5 \times 30^2 = 4500\mathrm{N/m}$。

答案：B

59. 解　首先考虑整体平衡，可求出左端支座反力是水平向右的力，大小等于 20kN，分三段求出各段的轴力，画出轴力图如解图所示。

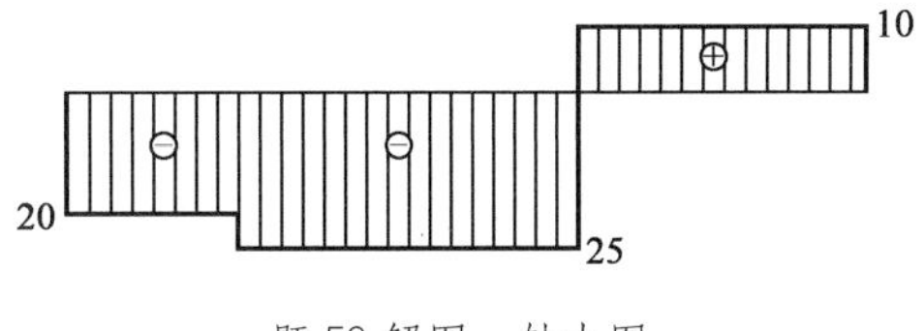

题59解图　轴力图

可以看到最大拉伸轴力是10kN。

答案： A

60. 解　由铆钉的剪切强度条件：$\tau=\frac{F_{\rm s}}{A_{\rm s}}=\frac{F}{\frac{\pi}{4}d^2}=[\tau]$

可得：

$$\frac{4F}{\pi d^2}=[\tau] \quad ①$$

由铆钉的挤压强度条件：$\sigma_{\rm bs}=\frac{F_{\rm bs}}{A_{\rm bs}}=\frac{F}{dt}=[\sigma_{\rm bs}]$

可得：

$$\frac{F}{dt}=[\sigma_{\rm bs}] \quad ②$$

d与t的合理关系应使两式同时成立，②式除以①式，得到$\frac{\pi d}{4t}=\frac{[\sigma_{\rm bs}]}{[\tau]}$，即$d=\frac{4t[\sigma_{\rm bs}]}{\pi[\tau]}$。

答案： B

61. 解　设原直径为d时，最大切应力为τ，最大切应力减小后为τ_1，直径为d_1。

则有

$$\tau=\frac{T}{\frac{\pi}{16}d^3},\ \tau_1=\frac{T}{\frac{\pi}{16}d_1^3}$$

因$\tau_1=\frac{\tau}{2}$，则$\frac{T}{\frac{\pi}{16}d_1^3}=\frac{1}{2}\cdot\frac{T}{\frac{\pi}{16}d^3}$，即$d_1^3=2d^3$，所以$d_1=\sqrt[3]{2}d$。

答案： D

62. 解　根据外力偶矩（扭矩T）与功率（P）和转速（n）的关系：

$$T=M_{\rm e}=9550\frac{P}{n}$$

可见，在功率相同的情况下，转速慢（n小）的轴扭矩T大。

答案： B

63. 解　图（a）与图（b）面积相同，面积分布的位置到z轴的距离也相同，故惯性矩$I_{z(\rm a)}=I_{z(\rm b)}$，而图（c）虽然面积与（a）、（b）相同，但是其面积分布的位置到z轴的距离小，所以惯性矩$I_{z(\rm c)}$也小。

答案： D

64. 解　由于C端的弯矩就等于外力偶矩，所以$m=10{\rm kN\cdot m}$，又因为BC段弯矩图是水平线，属于纯弯曲，剪力为零，所以C点支反力为零。

由梁的整体受力图可知$F_{\rm A}=F$，所以B点的弯矩$M_{\rm B}=F_{\rm A}\times 2=10{\rm kN\cdot m}$，即$F_{\rm A}=5{\rm kN}$。

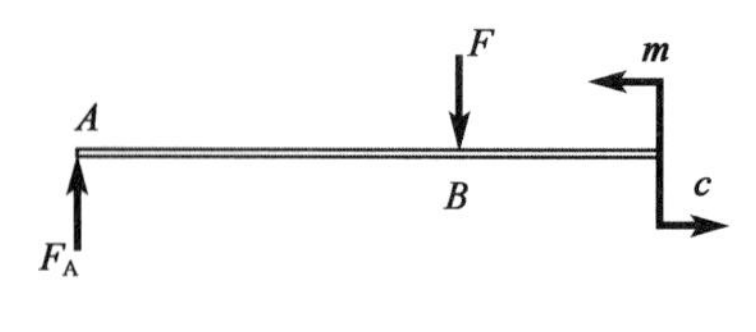

题 64 解图

答案： B

65. 解 图示单元体的最大主应力σ_1的方向，可以看作是σ_x的方向（沿x轴）和纯剪切单元体的最大拉应力的主方向（在第一象限沿 45°向上），叠加后的合应力的指向。

答案： A （此题 2011 年考过）

66. 解 AB段是轴向受压，$\sigma_{AB}=\frac{F}{ab}$；BC段是偏心受压，$\sigma_{BC}=\frac{F}{2ab}+\frac{F\cdot\frac{a}{2}}{\frac{b}{6}(2a)^2}=\frac{5F}{4ab}$。

答案： B （此题 2011 年考过）

67. 解 从剪力图看梁跨中有一个向下的突变，对应于一个向下的集中力，其值等于突变值 100kN；从弯矩图看梁的跨中有一个突变值$50\text{kN}\cdot\text{m}$，对应于一个外力偶矩$50\text{kN}\cdot\text{m}$，所以只能选 C 图。

答案： C

68. 解 梁两端的支座反力为$\frac{F}{2}=50\text{kN}$，梁中点最大弯矩$M_{\max}=50\times2=100\text{kN}\cdot\text{m}$

最大弯曲正应力：

$$\sigma_{\max}=\frac{M_{\max}}{W_z}=\frac{M_{\max}}{\frac{bh^2}{6}}=\frac{100\times10^6\text{N}\cdot\text{mm}}{\frac{1}{6}\times100\times200^2\text{mm}^3}=150\text{MPa}$$

答案： B

69. 解 本题是一个偏心拉伸问题，由于水平力F对两个形心主轴y、z都有偏心距，所以可以把F力平移到形心轴x以后，将产生两个平面内的双向弯曲和x轴方向的轴向拉伸的组合变形。

答案： B

70. 解 从常用的四种杆端约束的长度系数μ的值可看出，杆端约束越强，μ值越小，而杆端约束越弱，则μ值越大。本题图中所示压杆的杆端约束比两端铰支压杆（$\mu=1$）强，又比一端铰支、一端固定压杆（$\mu=0.7$）弱，故$0.7<\mu<1$。

答案： A

71. 解 静水压力基本方程为$p=p_0+\rho gh$，将题设条件代入可得：

绝对压强$p=101.325\text{kPa}+9.8\text{kPa/m}\times1\text{m}=111.125\text{kPa}\approx0.111\text{MPa}$

答案： A

72. 解 流速$v_2=v_1\times\left(\frac{d_1}{d_2}\right)^2=9.55\times\left(\frac{0.2}{0.3}\right)^2=4.24\text{m/s}$

流量$Q=v_1\times\frac{\pi}{4}{d_1}^2=9.55\times\frac{\pi}{4}0.2^2=0.3\text{m}^3/\text{s}$

答案：A

73. 解 管中雷诺数$\mathrm{Re}=\frac{v\cdot d}{\nu}=\frac{2\times900}{0.0114}=157894.74\gg\mathrm{Re_k}$，为紊流

欲使流态转变为层流时的流速$v_\mathrm{k}=\frac{\mathrm{Re_k}\cdot\nu}{d}=\frac{2000\times0.0114}{2}=11.4\mathrm{cm}/s$

答案：D

74. 解 边界层分离增加了潜体运动的压差阻力。

答案：C

75. 解 对水箱自由液面与管道出口写能量方程：

$$H+\frac{p}{\rho g}=\frac{v^2}{2g}+h_\mathrm{f}=\frac{v^2}{2g}\left(1+\lambda\frac{L}{d}\right)$$

代入题设数据并化简：

$$2+\frac{19600}{9800}=\frac{v^2}{2g}\left(1+0.02\times\frac{100}{0.2}\right)$$

计算得流速$v=2.67\mathrm{m/s}$

流量$Q=v\times\frac{\pi}{4}d^2=2.67\times\frac{\pi}{4}0.2^2=0.08384\mathrm{m^3/s}=83.84\mathrm{L/s}$

答案：A

76. 解 由明渠均匀流谢才-曼宁公式$Q=\frac{1}{n}R^{\frac{2}{3}}i^{\frac{1}{2}}A$可知：在题设条件下面积$A$，粗糙系数$n$，底坡$i$均相同，则流量$Q$的大小取决于水力半径$R$的大小。对于方形断面，其水力半径$R_1=\frac{a^2}{3a}=\frac{a}{3}$，对于矩形断面，其水力半径为$R_2=\frac{2a\times0.5a}{2a+2\times0.5a}=\frac{a^2}{3a}=\frac{a}{3}$，即$R_1=R_2$。故$Q_1=Q_2$。

答案：B

77. 解 将题设条件代入达西定律$v=kJ$

则有渗流速度$v=0.012\mathrm{cm/s}\times\frac{1.5-0.3}{2.4}=0.006\mathrm{cm/s}$

答案：B

78. 解 雷诺数的物理意义为：惯性力与黏性力之比。

答案：B

79. 解 点电荷q_1、q_2电场作用的方向分布为：始于正电荷(q_1)，终止于负电荷(q_2)。

答案：B

80. 解 电路中，如果元件中电压电流取关联方向，即电压电流的正方向一致，则它们的电压电流关系如下：

电压，$u_\mathrm{L}=L\frac{\mathrm{d}i_\mathrm{L}}{\mathrm{d}t}$；电容，$i_\mathrm{C}=C\frac{\mathrm{d}u_\mathrm{C}}{\mathrm{d}t}$；电阻，$u_\mathrm{R}=Ri_\mathrm{R}$。

答案：C

81. 解 本题考查对电流源的理解和对基本KCL、KVL方程的应用。

需注意，电流源的端电压由外电路决定。

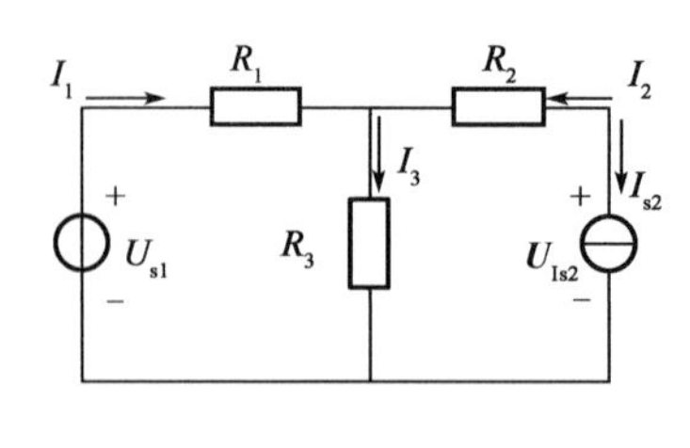

题 81 解图

如解图所示，当电流源的端电压U_{Is2}与I_{s2}取一致方向时：

$$U_{Is2} = I_2R_2 + I_3R_3 \neq 0$$

其他方程正确。

答案：B

82. 解 本题注意正弦交流电的三个特征（大小、相位、速度）和描述方法，图中电压$\dot{U}$为有效值相量。

由相量图可分析，电压最大值为$10\sqrt{2}$V，初相位为$-30°$，角频率用ω表示，时间函数的正确描述为：

$$u(t) = 10\sqrt{2}\sin(\omega t - 30°)\,\text{V}$$

答案：A

83. 解 用相量法。

$$\dot{I} = \frac{\dot{U}}{20 + (j20 /\!/ -j10)} = \frac{100\angle 0°}{20 - j20} = \frac{5}{\sqrt{2}}\angle 45° = 3.5\angle 45°\text{A}$$

答案：B

84. 解 电路中 R-L 串联支路为电感性质，右支路电容为功率因数补偿所设。

如解图所示，当电容量适当增加时电路功率因数提高。当$\varphi = 0$，$\cos\varphi = 1$时，总电流I达到最小值。如果I_C继续增加出现过补偿（即电流$\dot{I}$超前于电压$\dot{U}$时），会使电路的功率因数降低。

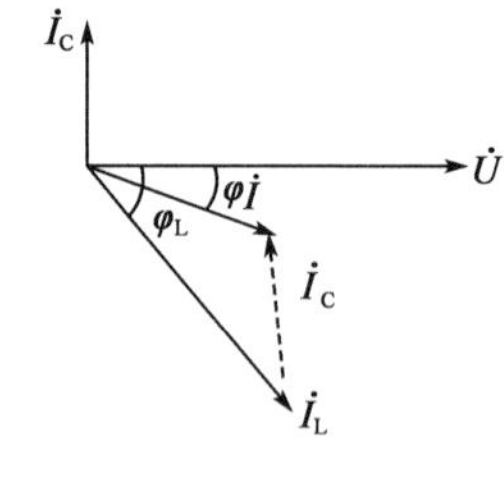

题 84 解图

当电容参数C改变时，感性电路的功率因数$\cos\varphi_L$不变。通常，进行功率因数补偿时不出现$\varphi < 0$情况。仅有总电流I减小时电路的功率因素（$\cos\varphi$）变大。

答案：B

85. 解 理想变压器副边空载时，可以认为原边电流为零，则$U = U_1$。根据电压变比关系可知：$\frac{U}{U_2} = 2$。

答案：B

86. 解 三相交流异步电动机正常运行采用三角形接法时，为了降低启动电流可以采用星形启动，即Y-△启动。但随之带来的是启动转矩也是△接法的1/3。

答案：C

87. 解 本题信号波形在时间轴上连续，数值取值为+5、0、−5，是离散的。“二进制代码信号”“二值逻辑信号”均不符合题义。只能认为是连续的时间信号。

答案：D

88. 解 将图形用数学函数描述为：

$$u(t)=10\cdot 1(t)-10\cdot 1(t-1)=u_1(t)+u_2(t)$$

这是两个阶跃信号的叠加，如解图所示。

题88解图

答案：A

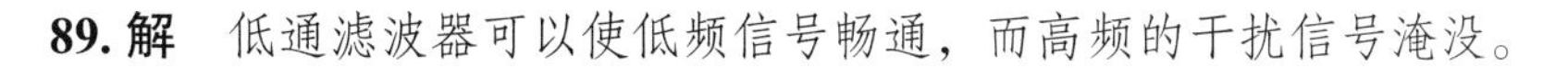

89. 解 低通滤波器可以使低频信号畅通，而高频的干扰信号淹没。

答案：B

90. 解 此题可以利用反演定理处理如下：

$$\overline{\mathrm{AB}}+\overline{\mathrm{BC}}=\overline{\mathrm{A}}+\overline{\mathrm{B}}+\overline{\mathrm{B}}+\overline{\mathrm{C}}=\overline{\mathrm{A}}+\overline{\mathrm{B}}+\overline{\mathrm{C}}$$

答案：A

91. 解 $\mathrm{F}=\mathrm{A}\overline{\mathrm{B}}+\overline{\mathrm{A}}\mathrm{B}$为异或关系。

由输入量A、B和输出的波形分析可见：$\begin{cases}\text{当输入 A 与 B 相异时，输出 F 为 1。}\\\text{当输入 A 与 B 相同时，输出 F 为 0。}\end{cases}$

答案：A

92. 解 BCD 码是用二进制表示的十进制数，当用四位二进制数表示十进制的 10 时，可以写为“0001 0000”。

答案：A

93. 解 本题采用全波整流电路，结合二极管连接方式分析。在输出信号u_o中保留u_i信号小于 0 的部分。

则输出直流电压U_o与输入交流有效值U_i的关系为：

$$U_\mathrm{o}=-0.9U_\mathrm{i}$$

本题$U_\mathrm{i}=\frac{10}{\sqrt{2}}\mathrm{V}$，代入上式得$U_\mathrm{o}=-0.9\times\frac{10}{\sqrt{2}}=-6.36\mathrm{V}$。

答案：D

94. 解 将电路“A”端接入−2.5V的信号电压，“B”端接地，则构成如解图 a）所示的反相比例运算电路。输出电压与输入的信号电压关系为：

$$u_o = -\frac{R_2}{R_1}u_i$$

可知：

$$\frac{R_2}{R_1} = -\frac{u_o}{u_i} = 4$$

当“A”端接地，“B”端接信号电压，就构成解图b）的同相比例电路，则输出u_o与输入电压u_i的关系为：

$$u_o = \left(1+\frac{R_2}{R_1}\right)u_i = -12.5V$$

考虑到运算放大器输出电压在$-11\sim11V$之间，可以确定放大器已经工作在负饱和状态，输出电压为负的极限值$-11V$。

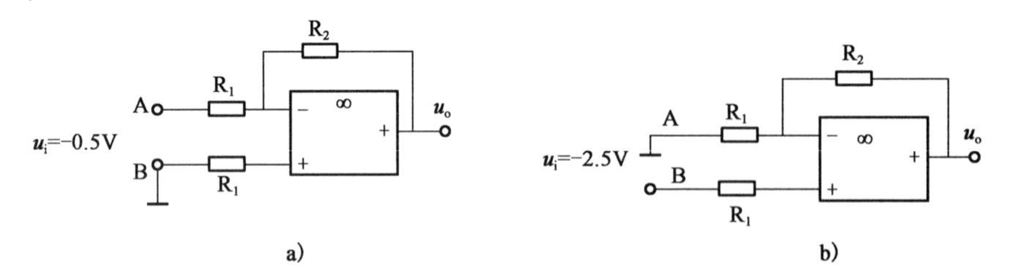

题 94 解图

答案：C

95. 解 左侧电路为与门：$F_1 = A \cdot 0 = 0$，右侧电路为或非门：$F_2 = \overline{B+0} = \overline{B}$。

答案：A

96. 解 本题为J-K触发器（脉冲下降沿触发）和与门构成的时序逻辑电路。其中J触发信号为$J = Q \cdot A$。（注：为波形分析方便，作者补充了J端的辅助波形，图中阴影表示该信号未知。）

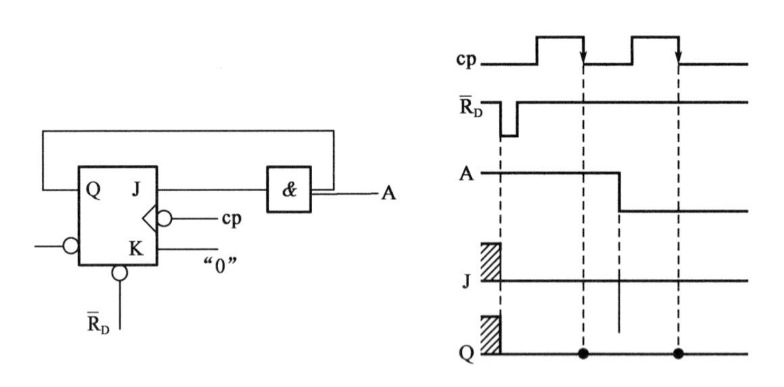

题 96 解图

答案：A

97. 解 计算机发展的人性化的一个重要方面是“使用傻瓜化”。计算机要成为大众的工具，首先必须做到“使用傻瓜化”。要让计算机能听懂、能说话、能识字、能写文、能看图像、能现实场景等。

答案：B

98. 解 计算机内的存储器是由一个个存储单元组成的,每一个存储单元的容量为 8 位二进制信息,称一个字节。

答案：B

99. 解 操作系统是一个庞大的管理控制程序。通常，它是由进程与处理器调度、作业管理、存储管理、设备管理、文件管理五大功能组成。它包括了选项 A、B、C 所述的功能，不是仅能实现管理和使用好各种软件资源。

答案：D

100. 解 支撑软件是指支援其他软件的编写制作和维护的软件，主要包括环境数据库、各种接口软件和工具软件，是计算机系统内的一个组成部分。

答案：A

101. 解 进程与处理器调度负责把 CPU 的运行时间合理地分配给各个程序，以使处理器的软硬件资源得以充分的利用。

答案：C

102. 解 影响计算机图像质量的主要参数有分辨率、颜色深度、图像文件的尺寸和文件保存格式等。

答案：D

103. 解 计算机操作系统中的设备管理的主要功能是负责分配、回收外部设备，并控制设备的运行，是人与外部设备之间的接口。

答案：C

104. 解 数字签名机制提供了一种鉴别方法，以解决伪造、抵赖、冒充和篡改等安全问题。接收方能够鉴别发送方所宣称的身份，发送方事后不能否认他曾经发送过数据这一事实。数字签名技术是没有权限管理的。

答案：A

105. 解 计算机网络是用通信线路和通信设备将分布在不同地点的具有独立功能的多个计算机系统互相连接起来，在功能完善的网络软件的支持下实现彼此之间的数据通信和资源共享的系统。

答案：D

106. 解 局域网是指在一个较小地理范围内的各种计算机网络设备互连在一起的通信网络，可以包含一个或多个子网，通常其作用范围是一座楼房、一个学校或一个单位，地理范围一般不超过几公里。城域网的地理范围一般是一座城市。广域网实际上是一种可以跨越长距离，且可以将两个或多个局域网或主机连接在一起的网络。网际网实际上是多个不同的网络通过网络互联设备互联而成的大型网络。

答案：A

107. 解 首先计算年实际利率：$i=\left(1+\frac{8\%}{4}\right)^4-1=8.243\%$

根据一次支付现值公式：

$$P=\frac{F}{(1+i)^n}=\frac{300}{(1+8.24\%)^3}=236.55\ \text{万元}$$

或季利率$i=8\%/4=2\%$，三年共 12 个季度，按一次支付现值公式计算：

$$P=\frac{F}{(1+i)^n}=\frac{300}{(1+2\%)^{12}}=236.55\ \text{万元}$$

答案：B

108. 解 建设项目评价中的总投资包括建设投资、建设期利息和流动资金之和。建设投资由工程费用（建筑工程费、设备购置费、安装工程费）、工程建设其他费用和预备费（基本预备费和涨价预备费）组成。

答案：C

109. 解 该公司借款偿还方式为等额本金法。

每年应偿还的本金：$2400/6=400$万元

前 3 年已经偿还本金：$400\times3=1200$万元

尚未还款本金：$2400-1200=1200$万元

第 4 年应还利息$I_4=1200\times8\%=96$万元，本息和$A_4=400+96=496$万元

或按等额本金法公式计算：

$$A_t=\frac{I_c}{n}+I_c\left(1-\frac{t-1}{n}\right)i=\frac{2400}{6}+2400\times\left(1-\frac{4-1}{6}\right)\times8\%=496\ \text{万元}$$

答案：C

110. 解 动态投资回收期T^*是指在给定的基准收益率（基准折现率）i_c的条件下，用项目的净收益回收总投资所需要的时间。动态投资回收期的表达式为：

$$\sum_{t=0}^{T^*}(\mathrm{CI}-\mathrm{CO})_t(1+i_c)^{-t}=0$$

式中，i_c为基准收益率。

内部收益率 IRR 是使一个项目在整个计算期内各年净现金流量的现值累计为零时的利率，表达式为：

$$\sum_{t=0}^{n}(\mathrm{CI}-\mathrm{CO})_t(1+\mathrm{IRR})^{-t}=0$$

式中，n为项目计算期。如果项目的动态投资回收期T正好等于计算期n，则该项目的内部收益率 IRR 等于基准收益率i_c。

答案：D

111. 解 直接进口原材料的影子价格（到厂价）=到岸价（CIF）×影子汇率+进口费用

$$= 150 \times 6.5 + 240 = 1215\text{元人民币/t}$$

答案： C

112. 解 对于寿命期相等的互斥项目，应依据增量内部收益率指标选优。如果增量内部收益率 ΔIRR 大于基准收益率i_c，应选择投资额大的方案；如果增量内部收益率 ΔIRR 小于基准收益率i_c，则应选择投资额小的方案。

答案： B

113. 解 改扩建项目财务分析要进行项目层次和企业层次两个层次的分析。项目层次应进行盈利能力分析、清偿能力分析和财务生存能力分析，应遵循"有无对比"的原则。

答案： D

114. 解 价值系数=功能评价系数/成本系数，本题各方案价值系数：

甲方案：$0.85/0.92 = 0.924$

乙方案：$0.6/0.7 = 0.857$

丙方案：$0.94/0.88 = 1.068$

丁方案：$0.67/0.82 = 0.817$

其中，丙方案价值系数 1.068，与 1 相差 6.8%，说明功能与成本基本一致，为四个方案中的最优方案。

答案： C

115. 解 见《中华人民共和国建筑法》第二十四条，可知选项 A、B、D 正确，又第二十二条规定：发包单位应当将建筑工程发包给具有资质证书的承包单位。

答案： C

116. 解 《中华人民共和国安全生产法》第四十三条规定，生产经营单位进行爆破、吊装、动火、临时用电以及国务院应急管理部门会同国务院有关部门规定的其他危险作业，应当安排专门人员进行现场安全管理，确保操作规程的遵守和安全措施的落实。

答案： C

117. 解 其招标文件要包括拟签订的合同条款，而不是签订时间。

《中华人民共和国招标投标法》第十九条规定，招标人应当根据招标项目的特点和需要编制招标文件。招标文件应当包括招标项目的技术要求、对投标人资格审查的标准、投标报价要求和评标标准等所有实质性要求和条件以及拟签订合同的主要条款。

答案： C

118. 解 《中华人民共和国民法典》第四百八十七条规定，受要约人在承诺期限内发出承诺，按照通常情形能够及时到达要约人，但是因其他原因致使承诺到达要约人时超过承诺期限的，除要约人及时通知受要约人因承诺超过期限不接受该承诺外，该承诺有效。

按此条规定，选项D是可以的。

答案：D

119. 解 应由环保部门验收，不是建设行政主管部门验收，见《中华人民共和国环境保护法》。

《中华人民共和国环境保护法》第十条规定，国务院环境保护主管部门，对全国环境保护工作实施统一监督管理；县级以上地方人民政府环境保护主管部门，对本行政区域环境保护工作实施统一监督管理。

县级以上人民政府有关部门和军队环境保护部门，依照有关法律的规定对资源保护和污染防治等环境保护工作实施监督管理。

第四十一条规定，建设项目中防治污染的设施，应当与主体工程同时设计、同时施工、同时投产使用。防治污染的设施应当符合经批准的环境影响评价文件的要求，不得擅自拆除或者闲置。

（旧版《中华人民共和国环境保护法》第二十六条规定，建设项目中防治污染的措施，必须与主体工程同时设计、同时施工、同时投产使用。防治污染的设施必须经原审批环境影响报告书的环境保护行政主管部门验收合格后，该建设项目方可投入生产或者使用。）

答案：D

120. 解 《中华人民共和国建筑法》第三十二条规定，建筑工程监理应当依照法律、行政法规及有关的技术标准、设计文件和建筑工程承包合同，对承包单位在施工质量、建设工期和建设资金使用等方面，代表建设单位实施监督。

答案：D

2017年度全国勘察设计注册工程师

执业资格考试试卷

基础考试

（上）

二〇一七年九月

应考人员注意事项

1. 本试卷科目代码为“1”，考生务必将此代码填涂在答题卡“科目代码”相应的栏目内，否则，无法评分。

2. 书写用笔：**黑色或蓝色钢笔、签字笔或圆珠笔**；

   填涂答题卡用笔：**黑色 2B 铅笔**。

3. 必须用书写用笔将工作单位、姓名、准考证号填写在答题卡和试卷相应的栏目内。

4. 本试卷由 120 题组成，每题 1 分，满分 120 分，本试卷全部为单项选择题，每小题的四个备选项中只有一个正确答案，错选、多选、不选均不得分。

5. 考生作答时，必须按**题号在答题卡上**将相应试题所选选项对应的**字母用 2B 铅笔涂黑**。

6. 在答题卡上书写与题意无关的语言，或在答题卡上作标记的，均按违纪试卷处理。

7. 考试结束时，由监考人员当面将试卷、答题卡一并收回。

8. 草稿纸由各地统一配发，考后收回。

单项选择题（共 120 题，每题 1 分。每题的备选项中只有一个最符合题意。）

1. 要使得函数$f(x)=\begin{cases}\frac{x\ln x}{1-x}, & x>0\\ a, & x=1\end{cases}$在$(0,+\infty)$上连续，则常数$a$等于：

A. 0 B. 1

C. -1 D. 2

2. 函数$y=\sin\frac{1}{x}$是定义域内的：

A. 有界函数 B. 无界函数

C. 单调函数 D. 周期函数

3. 设$\boldsymbol{\alpha}$、$\boldsymbol{\beta}$均为非零向量，则下面结论正确的是：

A. $\boldsymbol{\alpha}\times\boldsymbol{\beta}=\mathbf{0}$是$\boldsymbol{\alpha}$与$\boldsymbol{\beta}$垂直的充要条件 B. $\boldsymbol{\alpha}\cdot\boldsymbol{\beta}=\mathbf{0}$是$\boldsymbol{\alpha}$与$\boldsymbol{\beta}$平行的充要条件

C. $\boldsymbol{\alpha}\times\boldsymbol{\beta}=\mathbf{0}$是$\boldsymbol{\alpha}$与$\boldsymbol{\beta}$平行的充要条件 D. 若$\boldsymbol{\alpha}=\lambda\boldsymbol{\beta}$（$\lambda$是常数），则$\boldsymbol{\alpha}\cdot\boldsymbol{\beta}=\mathbf{0}$

4. 微分方程$y'-y=0$满足$y(0)=2$的特解是：

A. $y=2e^{-x}$ B. $y=2e^{x}$

C. $y=e^{x}+1$ D. $y=e^{-x}+1$

5. 设函数$f(x)=\int_{x}^{2}\sqrt{5+t^2}\mathrm{d}t$，$f'(1)$等于：

A. $2-\sqrt{6}$ B. $2+\sqrt{6}$

C. $\sqrt{6}$ D. $-\sqrt{6}$

6. 若$y=g(x)$由方程$e^y+xy=e$确定，则$y'(0)$等于：

A. $-\frac{y}{e^y}$ B. $-\frac{y}{x+e^y}$

C. 0 D. $-\frac{1}{e}$

7. $\int f(x)\mathrm{d}x=\ln x+C$，则$\int\cos xf(\cos x)\mathrm{d}x$等于：

A. $\cos x+C$ B. $x+C$

C. $\sin x+C$ D. $\ln\cos x+C$

8. 函数$f(x,y)$在点$P_0(x_0,y_0)$处有一阶偏导数是函数在该点连续的：

A. 必要条件 B. 充分条件

C. 充分必要条件 D. 既非充分又非必要

9. 过点$(-1,-2,3)$且平行于z轴的直线的对称方程是：

A. $\begin{cases} x=1 \\ y=-2 \\ z=-3t \end{cases}$

B. $\frac{x-1}{0}=\frac{y+2}{0}=\frac{z-3}{1}$

C. $z=3$

D. $\frac{x+1}{0}=\frac{y+2}{0}=\frac{z-3}{1}$

10. 定积分$\int_1^2 \frac{1-\frac{1}{x}}{x^2}\mathrm{d}x$等于：

A. 0 B. $-\frac{1}{8}$

C. $\frac{1}{8}$ D. 2

11. 函数$f(x)=\sin\left(x+\frac{\pi}{2}+\pi\right)$在区间$[-\pi,\pi]$上的最小值点$x_0$等于：

A. $-\pi$ B. 0

C. $\frac{\pi}{2}$ D. π

12. 设L是椭圆$\begin{cases} x=a\cos\theta \\ y=b\sin\theta \end{cases}$ $(a>0，b>0)$的上半椭圆周，沿顺时针方向，则曲线积分$\int_L y^2\mathrm{d}x$等于：

A. $\frac{5}{3}ab^2$ B. $\frac{4}{3}ab^2$

C. $\frac{2}{3}ab^2$ D. $\frac{1}{3}ab^2$

13. 级数$\sum\limits_{n=1}^{\infty}\frac{(-1)^n}{a_n}(a_n>0)$满足下列什么条件时收敛：

A. $\lim\limits_{n\to\infty}a_n=\infty$ B. $\lim\limits_{n\to\infty}\frac{1}{a_n}=0$

C. $\sum\limits_{n=1}^{\infty}a_n$发散 D. a_n单调递增且$\lim\limits_{n\to\infty}a_n=+\infty$

14. 曲线$f(x)=xe^{-x}$的拐点是：

A. $(2,2e^{-2})$

B. $(-2,-2e^{2})$

C. $(-1,e)$

D. $(1,e^{-1})$

15. 微分方程$y''+y'+y=e^{x}$的特解是：

A. $y=e^{x}$

B. $y=\frac{1}{2}e^{x}$

C. $y=\frac{1}{3}e^{x}$

D. $y=\frac{1}{4}e^{x}$

16. 若圆域D：$x^2+y^2\leqslant 1$，则二重积分$\iint\limits_{D}\frac{\mathrm{d}x\mathrm{d}y}{1+x^2+y^2}$等于：

A. $\frac{\pi}{2}$

B. π

C. $2\pi\ln 2$

D. $\pi\ln 2$

17. 幂级数$\sum\limits_{n=1}^{\infty}\frac{x^n}{n!}$的和函数$S(x)$等于：

A. e^{x}

B. $e^{x}+1$

C. $e^{x}-1$

D. $\cos x$

18. 设$z=y\varphi\left(\frac{x}{y}\right)$，其中$\varphi(u)$具有二阶连续导数，则$\frac{\partial^2 z}{\partial x\partial y}$等于：

A. $\frac{1}{y}\varphi''\left(\frac{x}{y}\right)$

B. $-\frac{x}{y^2}\varphi''\left(\frac{x}{y}\right)$

C. 1

D. $\varphi''\left(\frac{x}{y}\right)-\frac{x}{y}\varphi'\left(\frac{x}{y}\right)$

19. 矩阵$\boldsymbol{A}=\begin{bmatrix}0&0&-2\\0&3&0\\1&0&0\end{bmatrix}$的逆矩阵是$\boldsymbol{A}^{-1}$是：

A. $\begin{bmatrix}-\frac{1}{2}&0&0\\0&\frac{1}{3}&0\\0&0&1\end{bmatrix}$

B. $\begin{bmatrix}0&0&-\frac{1}{2}\\0&\frac{1}{3}&0\\1&0&0\end{bmatrix}$

C. $\begin{bmatrix}0&0&1\\0&\frac{1}{3}&0\\-\frac{1}{2}&0&0\end{bmatrix}$

D. $\begin{bmatrix}0&0&6\\0&2&0\\3&0&0\end{bmatrix}$

20. 设$\boldsymbol{A}$为$m \times n$矩阵，则齐次线性方程组$\boldsymbol{Ax} = \boldsymbol{0}$有非零解的充分必要条件是：

A. 矩阵$\boldsymbol{A}$的任意两个列向量线性相关

B. 矩阵$\boldsymbol{A}$的任意两个列向量线性无关

C. 矩阵$\boldsymbol{A}$的任一列向量是其余列向量的线性组合

D. 矩阵$\boldsymbol{A}$必有一个列向量是其余列向量的线性组合

21. 设$\lambda_1 = 6$，$\lambda_2 = \lambda_3 = 3$为三阶实对称矩阵$\boldsymbol{A}$的特征值，属于$\lambda_2 = \lambda_3 = 3$的特征向量为$\xi_2 = (-1,0,1)^{\mathrm{T}}$，$\xi_3 = (1,2,1)^{\mathrm{T}}$，则属于$\lambda_1 = 6$的特征向量是：

A. $(1,-1,1)^{\mathrm{T}}$　　B. $(1,1,1)^{\mathrm{T}}$

C. $(0,2,2)^{\mathrm{T}}$　　D. $(2,2,0)^{\mathrm{T}}$

22. 有A、B、C三个事件，下列选项中与事件A互斥的事件是：

A. $\overline{B \cup C}$　　B. $\overline{A \cup B \cup C}$

C. $\overline{A}B + A\overline{C}$　　D. $A(B + C)$

23. 设二维随机变量(X, Y)的概率密度为$f(x, y) = \begin{cases} e^{-2ax+by}, & x > 0, \ y > 0 \\ 0, & \text{其他} \end{cases}$，则常数$a$，$b$应满足的条件是：

A. $ab = -\frac{1}{2}$，且$a > 0$，$b < 0$　　B. $ab = \frac{1}{2}$，且$a > 0$，$b > 0$

C. $ab = -\frac{1}{2}$，$a < 0$，$b > 0$　　D. $ab = \frac{1}{2}$，且$a < 0$，$b < 0$

24. 设$\hat{\theta}$是参数θ的一个无偏估计量，又方差$D(\hat{\theta}) > 0$，下列结论中正确的是：

A. $\hat{\theta}^2$是θ^2的无偏估计量

B. $\hat{\theta}^2$不是θ^2的无偏估计量

C. 不能确定$\hat{\theta}^2$是不是θ^2的无偏估计量

D. $\hat{\theta}^2$不是θ^2的估计量

25. 有两种理想气体，第一种的压强为p_1，体积为V_1，温度为T_1，总质量为M_1，摩尔质量为μ_1；第二种的压强为p_2，体积为V_2，温度为T_2，总质量为M_2，摩尔质量为μ_2。当$V_1=V_2$，$T_1=T_2$，$M_1=M_2$时，则$\frac{\mu_1}{\mu_2}$：

A. $\frac{\mu_1}{\mu_2}=\sqrt{\frac{p_1}{p_2}}$

B. $\frac{\mu_1}{\mu_2}=\frac{p_1}{p_2}$

C. $\frac{\mu_1}{\mu_2}=\sqrt{\frac{p_2}{p_1}}$

D. $\frac{\mu_1}{\mu_2}=\frac{p_2}{p_1}$

26. 在恒定不变的压强下，气体分子的平均碰撞频率$\overline{Z}$与温度T的关系是：

A. $\overline{Z}$与T无关

B. $\overline{Z}$与$\sqrt{T}$无关

C. $\overline{Z}$与$\sqrt{T}$成反比

D. $\overline{Z}$与$\sqrt{T}$成正比

27. 一定量的理想气体对外做了 500J 的功，如果过程是绝热的，则气体内能的增量为：

A. 0J

B. 500J

C. −500J

D. 250J

28. 热力学第二定律的开尔文表述和克劳修斯表述中，下述正确的是：

A. 开尔文表述指出了功热转换的过程是不可逆的

B. 开尔文表述指出了热量由高温物体传到低温物体的过程是不可逆的

C. 克劳修斯表述指出通过摩擦而做功变成热的过程是不可逆的

D. 克劳修斯表述指出气体的自由膨胀过程是不可逆的

29. 已知平面简谐波的方程为$y=A\cos(Bt-Cx)$，式中A、B、C为正常数，此波的波长和波速分别为：

A. $\frac{B}{C}$，$\frac{2\pi}{C}$

B. $\frac{2\pi}{C}$，$\frac{B}{C}$

C. $\frac{\pi}{C}$，$\frac{2B}{C}$

D. $\frac{2\pi}{C}$，$\frac{C}{B}$

30. 对平面简谐波而言，波长λ反映：

A. 波在时间上的周期性　　B. 波在空间上的周期性

C. 波中质元振动位移的周期性　　D. 波中质元振动速度的周期性

31. 在波的传播方向上，有相距为 3m 的两质元，两者的相位差为$\frac{\pi}{6}$，若波的周期为 4s，则此波的波长和波速分别为：

A. 36m 和6m/s　　B. 36m 和9m/s

C. 12m 和6m/s　　D. 12m 和9m/s

32. 在双缝干涉实验中，入射光的波长为λ，用透明玻璃纸遮住双缝中的一条缝（靠近屏的一侧），若玻璃纸中光程比相同厚度的空气的光程大2.5λ，则屏上原来的明纹处：

A. 仍为明条纹　　B. 变为暗条纹

C. 既非明条纹也非暗条纹　　D. 无法确定是明纹还是暗纹

33. 一束自然光通过两块叠放在一起的偏振片，若两偏振片的偏振化方向间夹角由α_1转到α_2，则前后透射光强度之比为：

A. $\frac{\cos^2\alpha_2}{\cos^2\alpha_1}$　　B. $\frac{\cos\alpha_2}{\cos\alpha_1}$

C. $\frac{\cos^2\alpha_1}{\cos^2\alpha_2}$　　D. $\frac{\cos\alpha_1}{\cos\alpha_2}$

34. 若用衍射光栅准确测定一单色可见光的波长，在下列各种光栅常数的光栅中，选用哪一种最好：

A. 1.0×10^{-1}mm　　B. 5.0×10^{-1}mm

C. 1.0×10^{-2}mm　　D. 1.0×10^{-3}mm

35. 在双缝干涉实验中，光的波长 600nm，双缝间距 2mm，双缝与屏的间距为 300cm，则屏上形成的干涉图样的相邻明条纹间距为：

A. 0.45mm　　B. 0.9mm

C. 9mm　　D. 4.5mm

36. 一束自然光从空气投射到玻璃板表面上，当折射角为30°时，反射光为完全偏振光，则此玻璃的折射率为：

A. 2　　B. 3　　C. $\sqrt{2}$　　D. $\sqrt{3}$

37. 某原子序数为 15 的元素，其基态原子的核外电子分布中，未成对电子数是：

A. 0　　B. 1　　C. 2　　D. 3

38. 下列晶体中熔点最高的是：

A. NaCl　　B. 冰

C. SiC　　D. Cu

39. 将$0.1mol \cdot L^{-1}$的HOAc溶液冲稀一倍，下列叙述正确的是：

A. HOAc的电离度增大　　B. 溶液中有关离子浓度增大

C. HOAc的电离常数增大　　D. 溶液的 pH 值降低

40. 已知$K_b(NH_3 \cdot H_2O) = 1.8 \times 10^{-5}$，将$0.2mol \cdot L^{-1}$的$NH_3 \cdot H_2O$溶液和$0.2mol \cdot L^{-1}$的 HCl 溶液等体积混合，其混合溶液的pH值为：

A. 5.12　　B. 8.87　　C. 1.63　　D. 9.73

41. 反应$A(S) + B(g) \rightleftharpoons C(g)$的 $\Delta H < 0$，欲增大其平衡常数，可采取的措施是：

A. 增大 B 的分压　　B. 降低反应温度

C. 使用催化剂　　D. 减小 C 的分压

42. 两个电极组成原电池，下列叙述正确的是：

A. 作正极的电极的$E_{(+)}$值必须大于零

B. 作负极的电极的$E_{(-)}$值必须小于零

C. 必须是$E^{\Theta}_{(+)} > E^{\Theta}_{(-)}$

D. 电极电势E值大的是正极，E值小的是负极

43. 金属钠在氯气中燃烧生成氯化钠晶体，其反应的熵变是：

A. 增大　　B. 减少

C. 不变　　D. 无法判断

44. 某液体烃与溴水发生加成反应生成 2，3-二溴-2-甲基丁烷，该液体烃是：

A. 2-丁烯　　B. 2-甲基-1-丁烷

C. 3-甲基-1-丁烷　　D. 2-甲基-2-丁烯

45. 下列物质中与乙醇互为同系物的是：

A. $CH_2{=}CHCH_2OH$

B. 甘油

C. 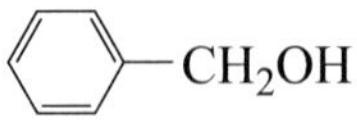 $-CH_2OH$

D. $CH_3CH_2CH_2CH_2OH$

46. 下列有机物不属于烃的衍生物的是：

A. $CH_2{=}CHCl$　　B. $CH_2{=}CH_2$

C. $CH_3CH_2NO_2$　　D. CCl_4

47. 结构如图所示，杆DE的点H由水平闸拉住，其上的销钉C置于杆AB的光滑直槽中，各杆自重均不计，已知$F_P = 10\text{kN}$。销钉C处约束力的作用线与x轴正向所成的夹角为：

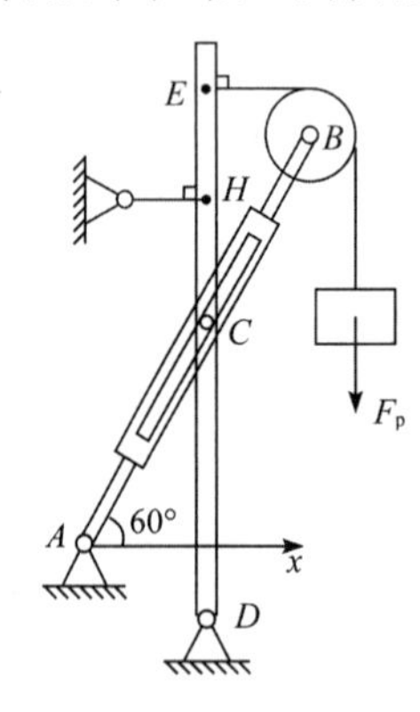

A. 0°　　B. 90°

C. 60°　　D. 150°

48. 力F_1、F_2、F_3、F_4分别作用在刚体上同一平面内的A、B、C、D四点，各力矢首尾相连形成一矩形如图所示。该力系的简化结果为：

A. 平衡

B. 一合力

C. 一合力偶

D. 一力和一力偶

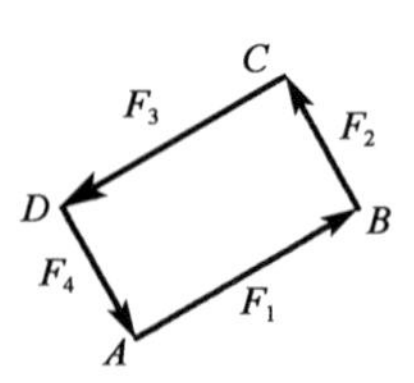

49. 均质圆柱体重力为P，直径为D，置于两光滑的斜面上。设有图示方向力F作用，当圆柱不移动时，接触面 2 处的约束力F_{N2}的大小为：

A. $F_{N2}=\frac{\sqrt{2}}{2}(P-F)$

B. $F_{N2}=\frac{\sqrt{2}}{2}F$

C. $F_{N2}=\frac{\sqrt{2}}{2}P$

D. $F_{N2}=\frac{\sqrt{2}}{2}(P+F)$

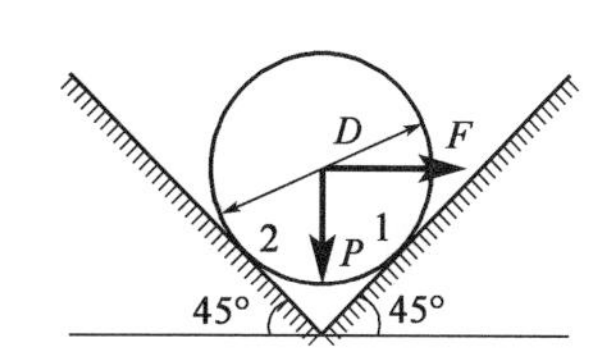

50. 如图所示，杆AB的A端置于光滑水平面上，AB与水平面夹角为30°，杆重力大小为P,B处有摩擦，则杆AB平衡时，B处的摩擦力与x方向的夹角为：

A. 90°

B. 30°

C. 60°

D. 45°

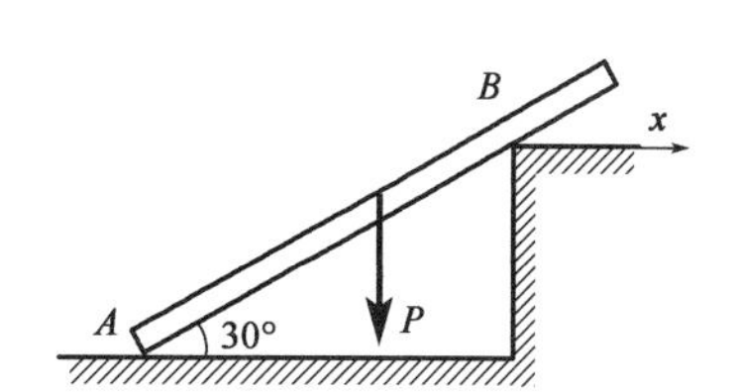

51. 点沿直线运动，其速度$v=20t+5$，已知：当$t=0$时，$x=5\text{m}$，则点的运动方程为：

A. $x=10t^2+5t+5$　　B. $x=20t+5$

C. $x=10t^2+5t$　　D. $x=20t^2+5t+5$

52. 杆$OA=l$，绕固定轴O转动，某瞬时杆端A点的加速度a如图所示，则该瞬时杆OA的角速度及角加速度为：

A. 0，$\frac{a}{l}$

B. $\sqrt{\frac{a}{l}}$，$\frac{a}{l}$

C. $\sqrt{\frac{a}{l}}$，0

D. 0，$\sqrt{\frac{a}{l}}$

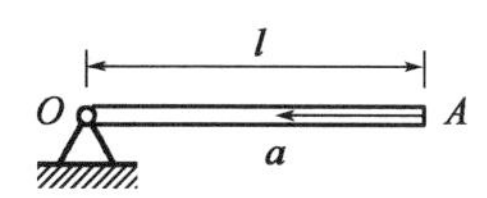

53. 如图所示，一绳缠绕在半径为r的鼓轮上，绳端系一重物M，重物M以速度v和加速度a向下运动，则绳上两点A、D和轮缘上两点B、C的加速度是：

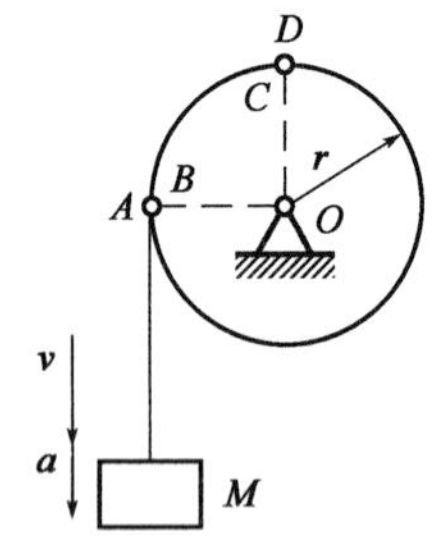

A. A、B两点的加速度相同，C、D两点的加速度相同

B. A、B两点的加速度不相同，C、D两点的加速度不相同

C. A、B两点的加速度相同，C、D两点的加速度不相同

D. A、B两点的加速度不相同，C、D两点的加速度相同

54. 汽车重力大小为$W = 2800\text{N}$，并以匀速$v = 10\text{m/s}$的行驶速度驶入刚性洼地底部，洼地底部的曲率半径$\rho = 5\text{m}$，取重力加速度$g = 10\text{m/s}^2$，则在此处地面给汽车约束力的大小为：

A. 5600N　　B. 2800N

C. 3360N　　D. 8400N

55. 图示均质圆轮，质量m，半径R，由挂在绳上的重力大小为W的物块使其绕O运动。设物块速度为v，不计绳重，则系统动量、动能的大小为：

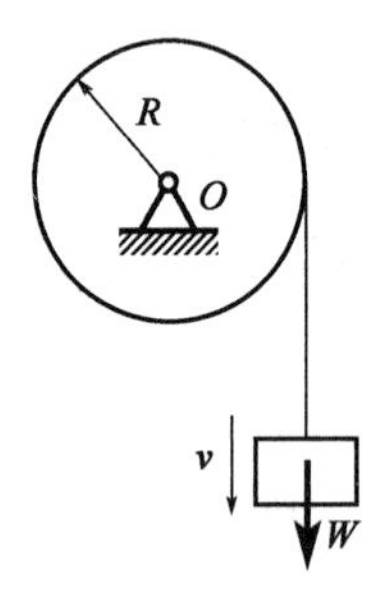

A. $\frac{W}{g} \cdot v$；$\frac{1}{2} \cdot \frac{v^2}{g}\left(\frac{1}{2}mg + W\right)$

B. mv；$\frac{1}{2} \cdot \frac{v^2}{g}\left(\frac{1}{2}mg + W\right)$

C. $\frac{W}{g} \cdot v + mv$；$\frac{1}{2} \cdot \frac{v^2}{g}\left(\frac{1}{2}mg - W\right)$

D. $\frac{W}{g} \cdot v - mv$；$\frac{W}{g} \cdot v + mv$

56. 边长为L的均质正方形平板，位于铅垂平面内并置于光滑水平面上，在微小扰动下，平板从图示位置开始倾倒，在倾倒过程中，其质心C的运动轨迹为：

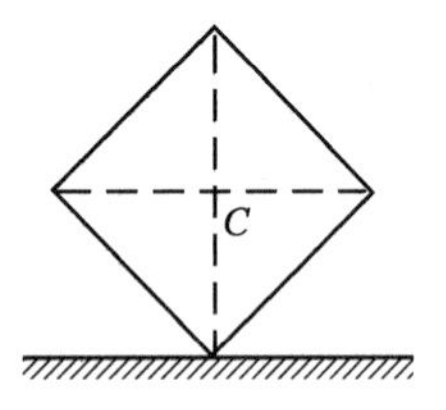

A. 半径为$L/\sqrt{2}$的圆弧

B. 抛物线

C. 铅垂直线

D. 椭圆曲线

57. 如图所示，均质直杆OA的质量为m，长为l，以匀角速度ω绕O轴转动。此时将OA杆的惯性力系向O点简化，其惯性力主矢和惯性力主矩的大小分别为：

A. 0；0

B. $\frac{1}{2}ml\omega^2$；$\frac{1}{3}ml^2\omega^2$

C. $ml\omega^2$；$\frac{1}{2}ml^2\omega^2$

D. $\frac{1}{2}ml\omega^2$；0

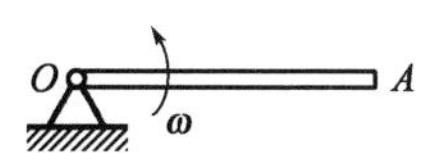

58. 如图所示，重力大小为W的质点，由长为l的绳子连接，则单摆运动的固有频率为：

A. $\sqrt{\frac{g}{2l}}$

B. $\sqrt{\frac{W}{l}}$

C. $\sqrt{\frac{g}{l}}$

D. $\sqrt{\frac{2g}{l}}$

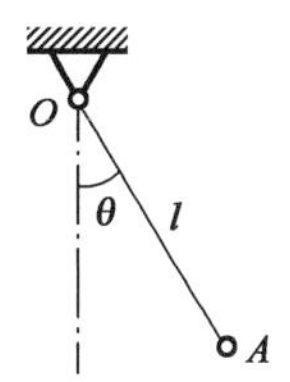

59. 已知拉杆横截面积$A = 100\text{mm}^2$，弹性模量$E = 200\text{GPa}$，横向变形系数$\mu = 0.3$，轴向拉力$F = 20\text{kN}$，则拉杆的横向应变ε'是：

A. $\varepsilon' = 0.3 \times 10^{-3}$

B. $\varepsilon' = -0.3 \times 10^{-3}$

C. $\varepsilon' = 10^{-3}$

D. $\varepsilon' = -10^{-3}$

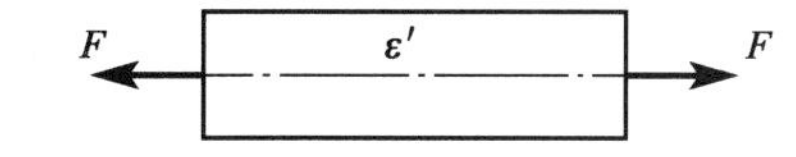

60. 图示两根相同的脆性材料等截面直杆，其中一根有沿横截面的微小裂纹。在承受图示拉伸荷载时，有微小裂纹的杆件的承载能力比没有裂纹杆件的承载能力明显降低，其主要原因是：

A. 横截面积小

B. 偏心拉伸

C. 应力集中

D. 稳定性差

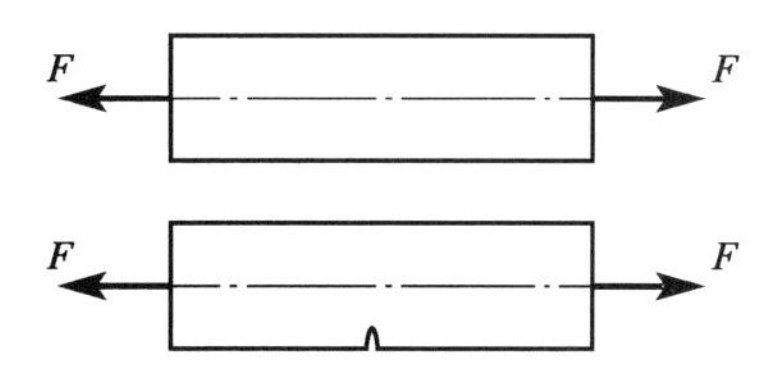

61. 已知图示杆件的许用拉应力$[\sigma]=120\text{MPa}$，许用剪应力$[\tau]=90\text{MPa}$，许用挤压应力$[\sigma_{bs}]=240\text{MPa}$，则杆件的许用拉力$[P]$等于：

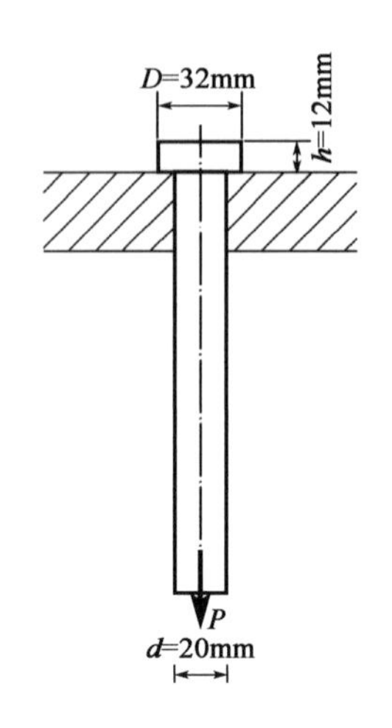

A. 18.8kN　　B. 67.86kN

C. 117.6kN　　D. 37.7kN

62. 如图所示，等截面传动轴，轴上安装 a、b、c 三个齿轮，其上的外力偶矩的大小和转向一定，但齿轮的位置可以调换。从受力的观点来看，齿轮 a 的位置应放置在下列选项中的何处?

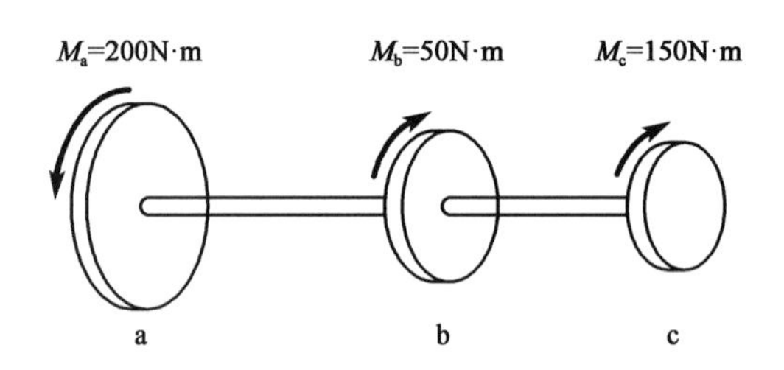

A. 任意处　　B. 轴的最左端

C. 轴的最右端　　D. 齿轮 b 与 c 之间

63. 梁AB的弯矩图如图所示，则梁上荷载F、m的值为：

A. $F=8\text{kN}$，$m=14\text{kN}\cdot\text{m}$

B. $F=8\text{kN}$，$m=6\text{kN}\cdot\text{m}$

C. $F=6\text{kN}$，$m=8\text{kN}\cdot\text{m}$

D. $F=6\text{kN}$，$m=14\text{kN}\cdot\text{m}$

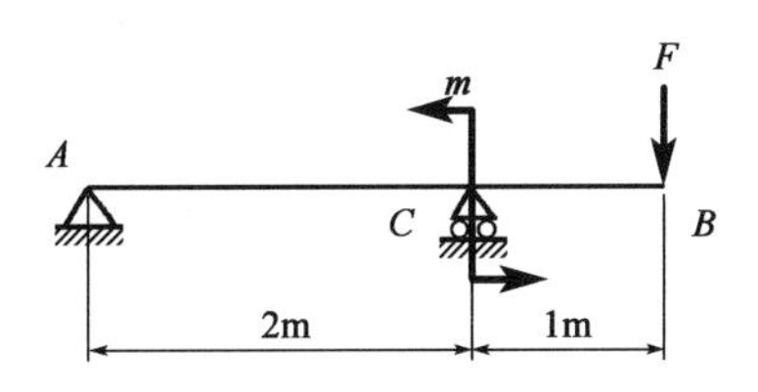

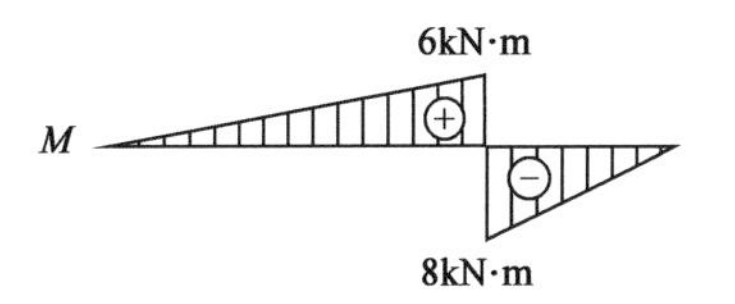

64. 悬臂梁AB由三根相同的矩形截面直杆胶合而成，材料的许用应力为$[\sigma]$，在力F的作用下，若胶合面完全开裂，接触面之间无摩擦力，假设开裂后三根杆的挠曲线相同，则开裂后的梁强度条件的承载能力是原来的：

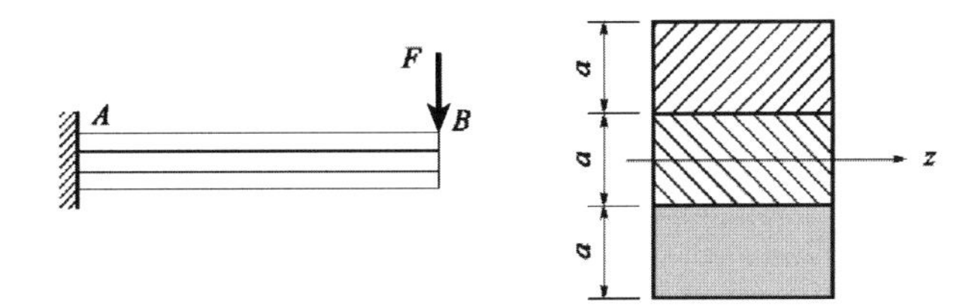

A. 1/9　　　　B. 1/3

C. 两者相同　　　　D. 3 倍

65. 梁的横截面为图示薄壁工字型，z轴为截面中性轴，设截面上的剪力竖直向下，则该截面上的最大弯曲切应力在：

A. 翼缘的中性轴处 4 点

B. 腹板上缘延长线与翼缘相交处的 2 点

C. 左侧翼缘的上端 1 点

D. 腹板上边缘的 3 点

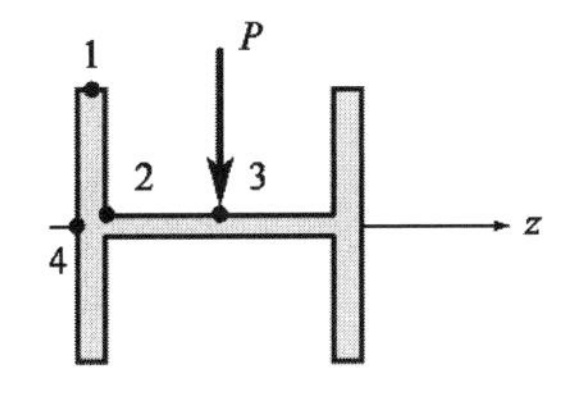

66. 图示悬臂梁自由端承受集中力偶m_g。若梁的长度减少一半，梁的最大挠度是原来的：

A. 1/2

B. 1/4

C. 1/8

D. 1/16

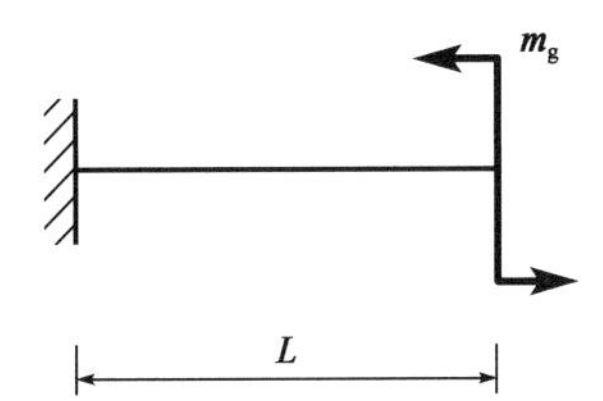

67. 矩形截面简支梁梁中点承受集中力F，若$h=2b$，若分别采用图 a）、b）两种方式放置，图 a）梁的最大挠度是图 b）的：

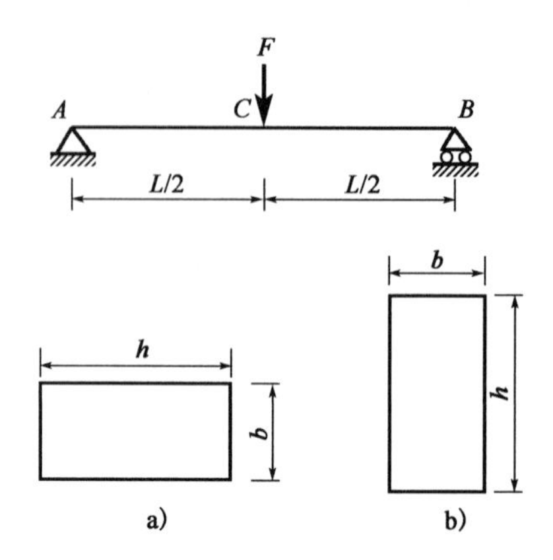

A. 1/2　　B. 2 倍

C. 4 倍　　D. 6 倍

68. 已知图示单元体上的$\sigma>\tau$，则按第三强度理论，其强度条件为：

A. $\sigma-\tau\leqslant[\sigma]$

B. $\sigma+\tau\leqslant[\sigma]$

C. $\sqrt{\sigma^2+4\tau^2}\leqslant[\sigma]$

D. $\sqrt{\left(\frac{\sigma}{2}\right)^2+\tau^2}\leqslant[\sigma]$

69. 图示矩形截面拉杆中间开一深为$\frac{h}{2}$的缺口，与不开缺口时的拉杆相比（不计应力集中影响），杆内最大正应力是不开口时正应力的多少倍？

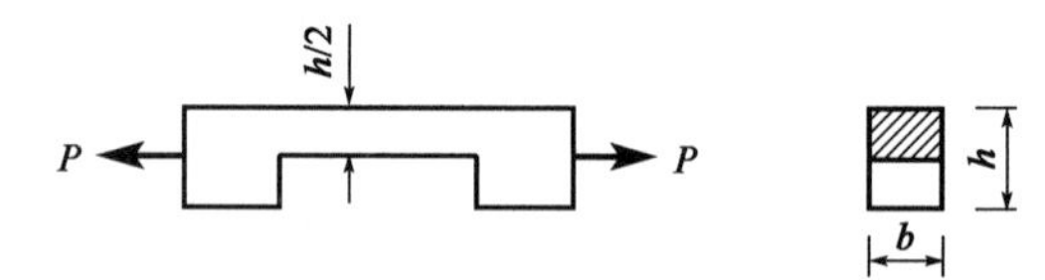

A. 2　　B. 4

C. 8　　D. 16

70. 一端固定另一端自由的细长（大柔度）压杆，长度为L（图a），当杆的长度减少一半时（图b），其临界载荷是原来的：

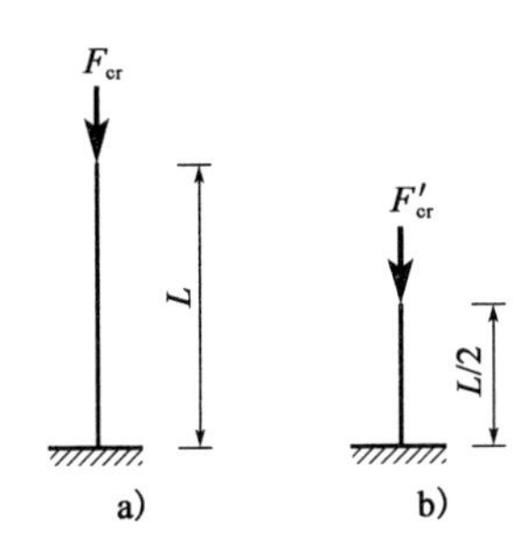

A. 4倍

B. 3倍

C. 2倍

D. 1倍

71. 水的运动黏性系数随温度的升高而：

A. 增大

B. 减小

C. 不变

D. 先减小然后增大

72. 密闭水箱如图所示，已知水深$h = 1\text{m}$，自由面上的压强$p_0 = 90\text{kN/m}^2$，当地大气压$p_a = 101\text{kN/m}^2$，则水箱底部A点的真空度为：

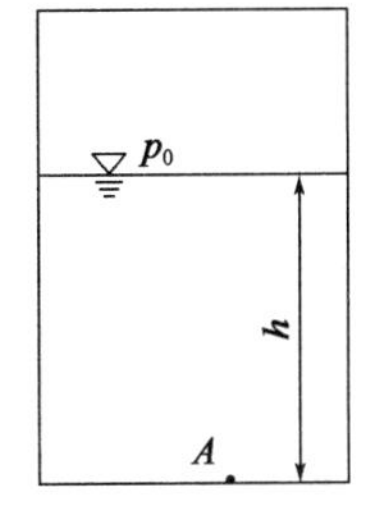

A. -1.2kN/m^2

B. 9.8kN/m^2

C. 1.2kN/m^2

D. -9.8kN/m^2

73. 关于流线，错误的说法是：

A. 流线不能相交

B. 流线可以是一条直线，也可以是光滑的曲线，但不可能是折线

C. 在恒定流中，流线与迹线重合

D. 流线表示不同时刻的流动趋势

74. 如图所示，两个水箱用两段不同直径的管道连接，1~3 管段长$l_1 = 10\text{m}$，直径$d_1 = 200\text{mm}$，$\lambda_1 = 0.019$；3~6 管段长$l_2 = 10\text{m}$，直径$d_2 = 100\text{mm}$，$\lambda_2 = 0.018$，管道中的局部管件：1 为入口($\xi_1 = 0.5$)；2 和 5 为$90°$弯头($\xi_2 = \xi_5 = 0.5$)；3 为渐缩管($\xi_3 = 0.024$)；4 为闸阀($\xi_4 = 0.5$)；6 为管道出口($\xi_6 = 1$)。若输送流量为40L/s，则两水箱水面高度差为：

A. 3.501m

B. 4.312m

C. 5.204m

D. 6.123m

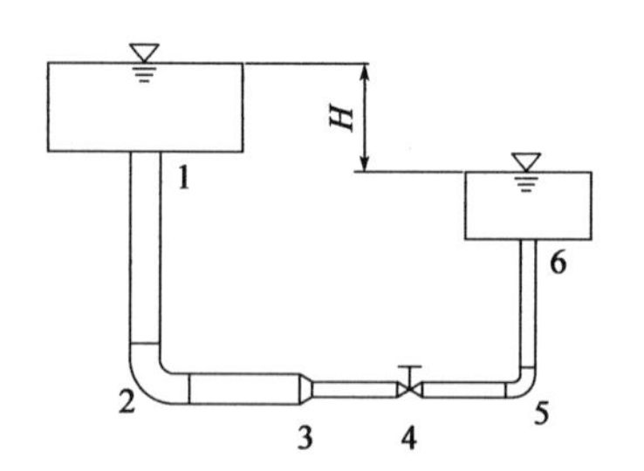

75. 在长管水力计算中：

A. 只有速度水头可忽略不计

B. 只有局部水头损失可忽略不计

C. 速度水头和局部水头损失均可忽略不计

D. 两断面的测压管水头差并不等于两断面间的沿程水头损失

76. 矩形排水沟，底宽 5m，水深 3m，则水力半径为：

A. 5m　　B. 3m

C. 1.36m　　D. 0.94m

77. 潜水完全井抽水量大小与相关物理量的关系是：

A. 与井半径成正比　　B. 与井的影响半径成正比

C. 与含水层厚度成正比　　D. 与土体渗透系数成正比

78. 合力F、密度ρ、长度l、速度v组合的无量纲数是：

A. $\frac{F}{\rho v l}$　　B. $\frac{F}{\rho v^2 l}$

C. $\frac{F}{\rho v^2 l^2}$　　D. $\frac{F}{\rho v l^2}$

79. 由图示长直导线上的电流产生的磁场：

A. 方向与电流方向相同

B. 方向与电流方向相反

C. 顺时针方向环绕长直导线（自上向下俯视）

D. 逆时针方向环绕长直导线（自上向下俯视）

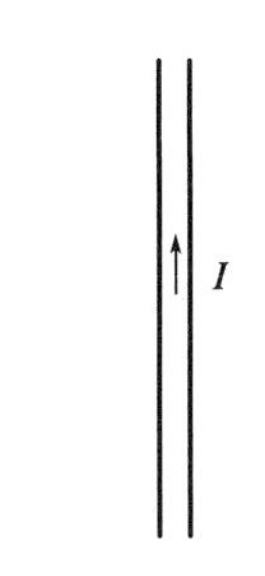

80. 已知电路如图所示，其中电流I等于：

A. 0.1A

B. 0.2A

C. −0.1A

D. −0.2A

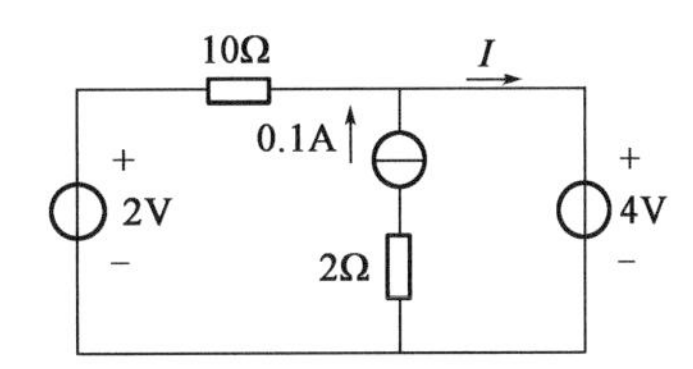

81. 已知电路如图所示，其中响应电流I在电流源单独作用时的分量为：

A. 因电阻R未知，故无法求出

B. 3A

C. 2A

D. −2A

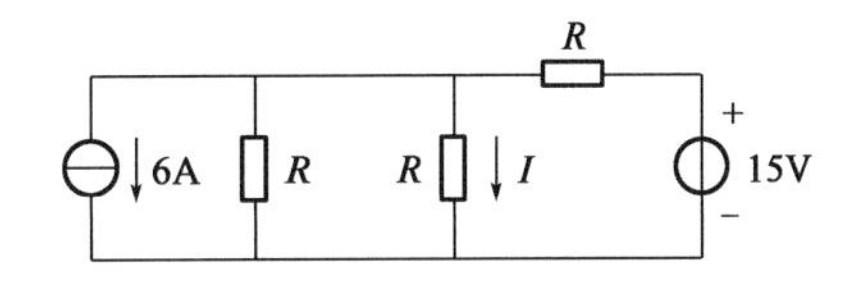

82. 用电压表测量图示电路$u(t)$和$i(t)$的结果是 10V 和 0.2A，设电流$i(t)$的初相位为$10°$，电压与电流呈反相关系，则如下关系成立的是：

A. $\dot{U} = 10\angle -10°$V

B. $\dot{U} = -10\angle -10°$V

C. $\dot{U} = 10\sqrt{2}\angle -170°$V

D. $\dot{U} = 10\angle -170°$V

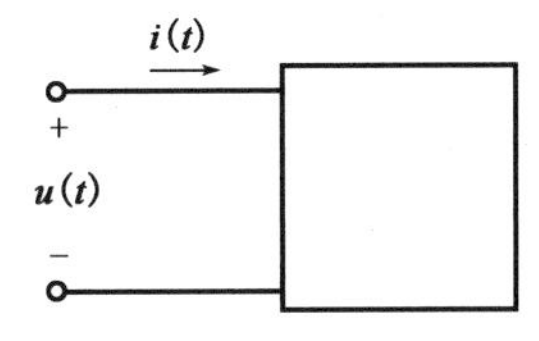

83. 测得某交流电路的端电压u和电流i分别为 110V 和 1A，两者的相位差为$30°$，则该电路的有功功率、无功功率和视在功率分别为：

A. 95.3W，55var，110V·A

B. 55W，95.3var，110V·A

C. 110W，110var，110V·A

D. 95.3W，55var，150.3V·A

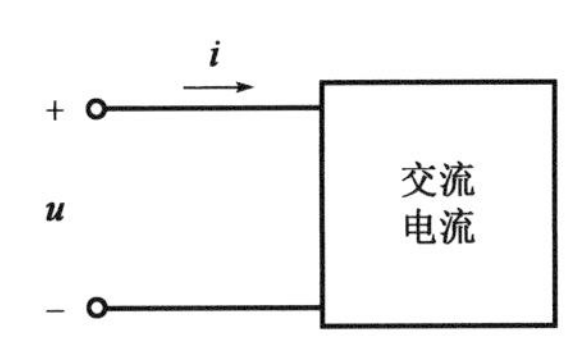

84. 已知电路如图所示，设开关在$t=0$时刻断开，那么：

A. 电流i_C从 0 逐渐增长，再逐渐衰减为 0

B. 电压从 3V 逐渐衰减到 2V

C. 电压从 2V 逐渐增长到 3V

D. 时间常数$\tau = 4C$

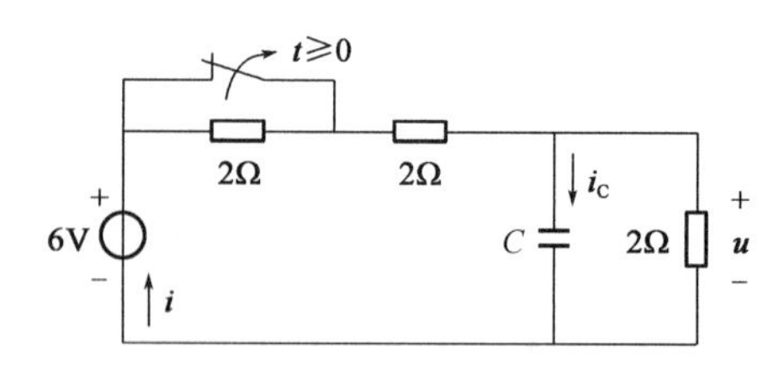

85. 图示变压器为理想变压器，且$N_1 = 100$匝，若希望$I_1 = 1$A时，$P_{R2} = 40$W，则N_2应为：

A. 50 匝

B. 200 匝

C. 25 匝

D. 400 匝

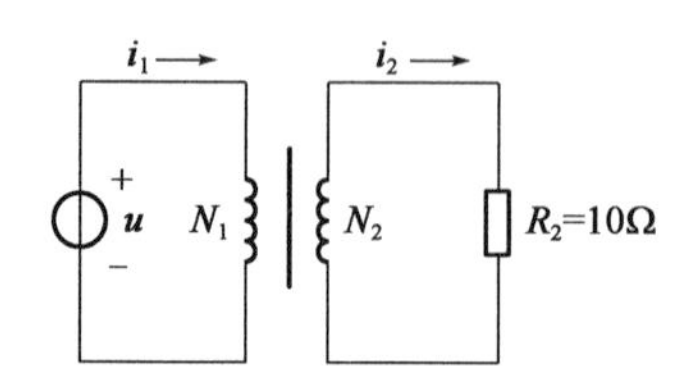

86. 为实现对电动机的过载保护，除了将热继电器的热元件串接在电动机的供电电路中外，还应将其：

A. 常开触点串接在控制电路中

B. 常闭触点串接在控制电路中

C. 常开触点串接在主电路中

D. 常闭触点串接在主电路中

87. 通过两种测量手段测得某管道中液体的压力和流量信号如图中曲线 1 和曲线 2 所示，由此可以说明：

A. 曲线 1 是压力的模拟信号

B. 曲线 2 是流量的模拟信号

C. 曲线 1 和曲线 2 均为模拟信号

D. 曲线 1 和曲线 2 均为连续信号

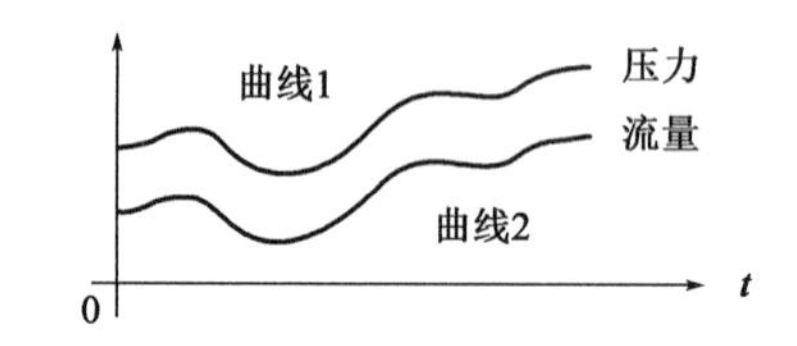

88. 设周期信号$u(t)$的幅值频谱如图所示，则该信号：

A. 是一个离散时间信号

B. 是一个连续时间信号

C. 在任意瞬间均取正值

D. 最大瞬时值为 1.5V

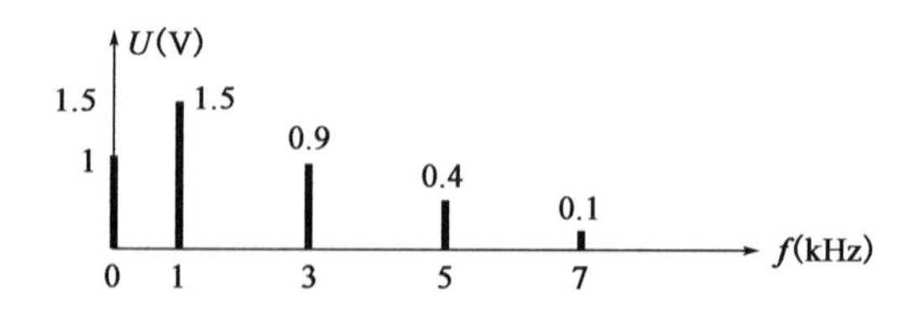

89. 设放大器的输入信号为$u_1(t)$，放大器的幅频特性如图所示，令$u_1(t)=\sqrt{2}u_1\sin 2\pi ft$，且$f>f_H$，则：

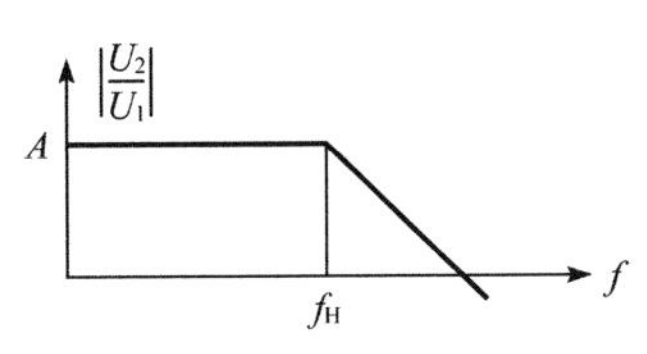

A. $u_2(t)$的出现频率失真

B. $u_2(t)$的有效值$U_2=AU_1$

C. $u_2(t)$的有效值$U_2<AU_1$

D. $u_2(t)$的有效值$U_2>AU_1$

90. 对逻辑表达式$\mathrm{AC}+\mathrm{DC}+\overline{\mathrm{AD}}\cdot\mathrm{C}$的化简结果是：

A. C

B. A + D + C

C. AC + DC

D. $\overline{\mathrm{A}}+\overline{\mathrm{C}}$

91. 已知数字信号 A 和数字信号 B 的波形如图所示，则数字信号 $\mathrm{F}=\overline{\mathrm{A}+\mathrm{B}}$的波形为：

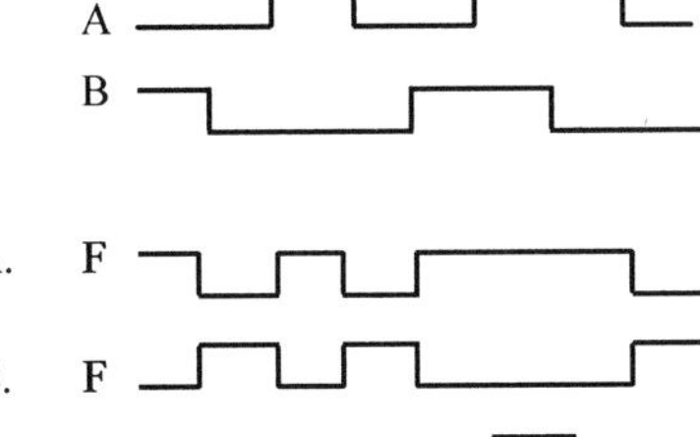

92. 十进制数字 88 的 BCD 码为：

A. 00010001

B. 10001000

C. 01100110

D. 01000100

93. 二极管应用电路如图 a）所示，电路的激励u_f如图 b）所示，设二极管为理想器件，则电路输出电压u_o的波形为：

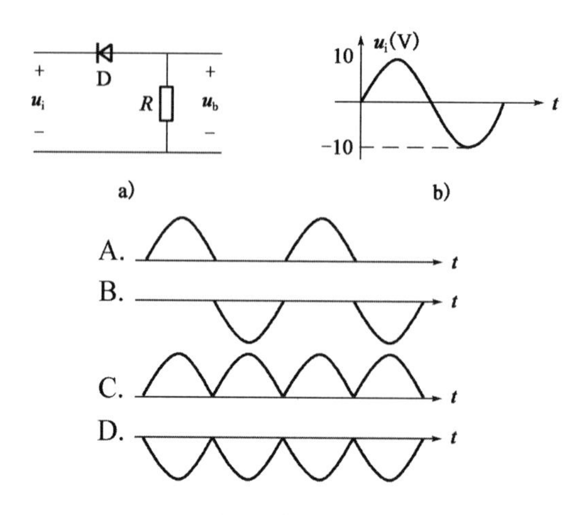

94. 图 a）所示的电路中，运算放大器输出电压的极限值为$\pm U_{oM}$，当输入电压$u_{i1}=1V$，$u_{i2}=2\sin at$时，输出电压波形如图 b）所示。如果将u_{i1}从 1V 调至 1.5V，将会使输出电压的：

A. 频率发生改变　　　　B. 幅度发生改变

C. 平均值升高　　　　D. 平均值降低

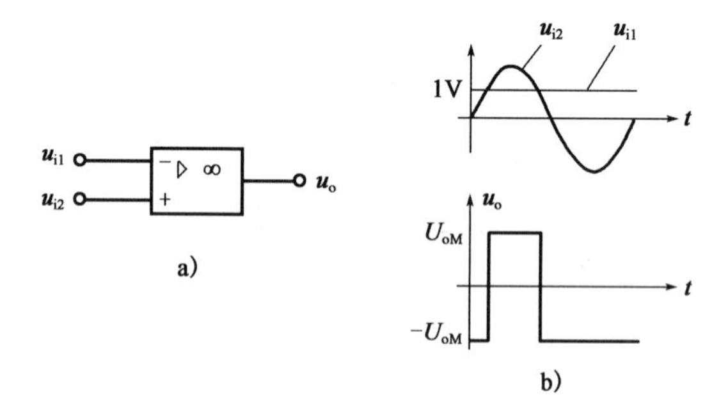

95. 图 a）所示的电路中，复位信号$\overline{R}_D$、信号 A 及时钟脉冲信号 cp 如图 b）所示，经分析可知，在第一个和第二个时钟脉冲的下降沿时刻，输出 Q 先后等于：

A. 0　0　　　　B. 0　1

C. 1　0　　　　D. 1　1

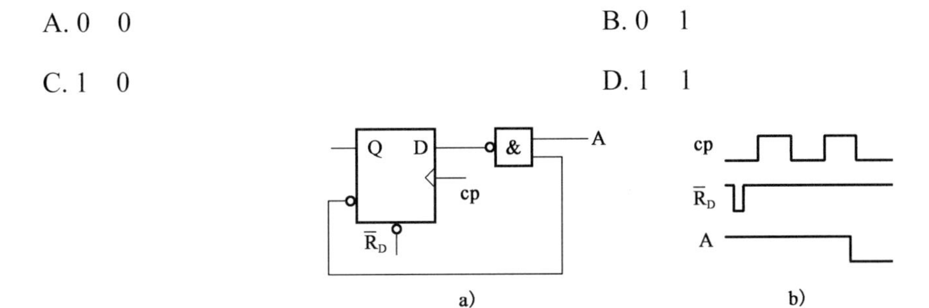

附：触发器的逻辑状态表为

D	Q_{n+1}
0	0
1	1

96. 图示时序逻辑电路是一个：

A. 左移寄存器

B. 右移寄存器

C. 异步三位二进制加法计数器

D. 同步六进制计数器

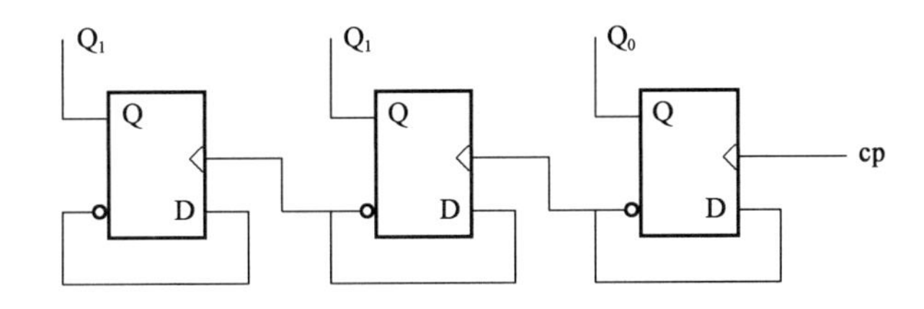

附：触发器的逻辑状态表为

D	Q_{n+1}
0	0
1	1

97. 计算机系统的内存存储器是：

A. 计算机软件系统的一个组成部分　　B. 计算机硬件系统的一个组成部分

C. 隶属于外围设备的一个组成部分　　D. 隶属于控制部件的一个组成部分

98. 根据冯·诺依曼结构原理，计算机的硬件由：

A. 运算器、存储器、打印机组成

B. 寄存器、存储器、硬盘存储器组成

C. 运算器、控制器、存储器、I/O设备组成

D. CPU、显示器、键盘组成

99. 微处理器与存储器以及外围设备之间的数据传送操作通过：

A. 显示器和键盘进行　　B. 总线进行

C. 输入/输出设备进行　　D. 控制命令进行

100. 操作系统的随机性指的是：

A. 操作系统的运行操作是多层次的

B. 操作系统与单个用户程序共享系统资源

C. 操作系统的运行是在一个随机的环境中进行的

D. 在计算机系统中同时存在多个操作系统，且同时进行操作

101. Windows 2000 以及以后更新的操作系统版本是：

A. 一种单用户单任务的操作系统

B. 一种多任务的操作系统

C. 一种不支持虚拟存储器管理的操作系统

D. 一种不适用于商业用户的营组系统

102. 十进制的数 256.625，用八进制表示则是：

A. 412.5　　B. 326.5

C. 418.8　　D. 400.5

103. 计算机的信息数量的单位常用 KB、MB、GB、TB 表示，它们中表示信息数量最大的一个是：

A. KB　　B. MB　　C. GB　　D. TB

104. 下列选项中，不是计算机病毒特点的是：

A. 非授权执行性、复制传播性

B. 感染性、寄生性

C. 潜伏性、破坏性、依附性

D. 人机共患性、细菌传播性

105. 按计算机网络作用范围的大小，可将网络划分为：

A. X.25 网、ATM 网

B. 广域网、有线网、无线网

C. 局域网、城域网、广域网

D. 环形网、星形网、树形网、混合网

106. 下列选项中不属于局域网拓扑结构的是：

A. 星形　　B. 互联形

C. 环形　　D. 总线型

107. 某项目借款 2000 万元，借款期限 3 年，年利率为 6%，若每半年计复利一次，则实际年利率会高出名义利率多少：

A. 0.16%　　B. 0.25%

C. 0.09%　　D. 0.06%

108. 某建设项目的建设期为 2 年，第一年贷款额为 400 万元，第二年贷款额为 800 万元，贷款在年内均衡发生，贷款年利率为 6%，建设期内不支付利息，则建设期贷款利息为：

A. 12 万元　　B. 48.72 万

C. 60 万元　　D. 60.72 万元

109. 某公司发行普通股筹资 8000 万元，筹资费率为 3%，第一年股利率为 10%，以后每年增长 5%，所得税率为 25%，则普通股资金成本为：

A. 7.73%　　B. 10.31%

C. 11.48%　　D. 15.31%

110. 某投资项目原始投资额为 200 万元，使用寿命为 10 年，预计净残值为零，已知该项目第 10 年的经营净现金流量为 25 万元，回收营运资金 20 万元，则该项目第 10 年的净现金流量为：

A. 20 万元　　B. 25 万元

C. 45 万元　　D. 65 万元

111. 以下关于社会折现率的说法中，不正确的是：

A. 社会折现率可用作经济内部收益率的判别基准

B. 社会折现率可用作衡量资金时间经济价值

C. 社会折现率可用作不同年份之间资金价值转化的折现率

D. 社会折现率不能反映资金占用的机会成本

112. 某项目在进行敏感性分析时，得到以下结论：产品价格下降 10%，可使$NPV = 0$；经营成本上升 15%，$NPV = 0$；寿命期缩短 20%，$NPV = 0$；投资增加 25%，$NPV = 0$。则下列因素中，最敏感的是：

A. 产品价格　　B. 经营成本

C. 寿命期　　D. 投资

113. 现有两个寿命期相同的互斥投资方案 A 和 B，B 方案的投资额和净现值都大于 A 方案，A 方案的内部收益率为 14%，B 方案的内部收益率为 15%，差额的内部收益率为 13%，则使 A、B 两方案优劣相等时的基准收益率应为：

A. 13%　　B. 14%

C. 15%　　D. 13%至 15%之间

114. 某产品共有五项功能F_1、F_2、F_3、F_4、F_5，用强制确定法确定零件功能评价体系时，其功能得分分别为 3、5、4、1、2，则F_3的功能评价系数为：

A. 0.20　　B. 0.13　　C. 0.27　　D. 0.33

115. 根据《中华人民共和国建筑法》规定，施工企业可以将部分工程分包给其他具有相应资质的分包单位施工，下列情形中不违反有关承包的禁止性规定的是：

A. 建筑施工企业超越本企业资质等级许可的业务范围或者以任何形式用其他建筑施工企业的名义承揽工程

B. 承包单位将其承包的全部建筑工程转包给他人

C. 承包单位将其承包的全部建筑工程肢解以后以分包的名义分别转包给他人

D. 两个不同资质等级的承包单位联合共同承包

116. 根据《中华人民共和国安全生产法》规定，从业人员享有权利并承担义务，下列情形中属于从业人员履行义务的是：

A. 张某发现直接危及人身安全的紧急情况时禁止作业撤离现场

B. 李某发现事故隐患或者其他不安全因素，立即向现场安全生产管理人员或者本单位负责人报告

C. 王某对本单位安全生产工作中存在的问题提出批评、检举、控告

D. 赵某对本单位的安全生产工作提出建议

117. 某工程实行公开招标，招标文件规定，投标人提交投标文件截止时间为 3 月 22 日下午 5 点整。投标人 D 由于交通拥堵于 3 月 22 日下午 5 点 10 分送达投标文件，其后果是：

A. 投标保证金被没收　　B. 招标人拒收该投标文件

C. 投标人提交的投标文件有效　　D. 由评标委员会确定为废标

118. 在订立合同是显失公平的合同时，当事人可以请求人民法院撤销该合同，其行使撤销权的有效期限是：

A. 自知道或者应当知道撤销事由之日起五年内

B. 自撤销事由发生之日一年内

C. 自知道或者应当知道撤销事由之日起一年内

D. 自撤销事由发生之日五年内

119. 根据《建设工程质量管理条例》规定，下列有关建设工程质量保修的说法中，正确的是：

A. 建设工程的保修期，自工程移交之日起计算

B. 供冷系统在正常使用条件下，最低保修期限为 2 年

C. 供热系统在正常使用条件下，最低保修期限为 2 年采暖期

D. 建设工程承包单位向建设单位提交竣工结算资料时，应当出具质量保修书

120. 根据《建设工程安全生产管理条例》规定，建设单位确定建设工程安全作业环境及安全施工措施所需费用的时间是：

A. 编制工程概算时　　B. 编制设计预算时

C. 编制施工预算时　　D. 编制投资估算时

2017年度全国勘察设计注册工程师执业资格考试基础考试（上）

试题解析及参考答案

1. 解　本题考查分段函数的连续性问题，重点考查在分界点处的连续性。

要求在分界点处函数的左右极限存在且相等并且等于该点的函数值：

$$\operatorname*{Lim}_{x\to1}\frac{x\ln x}{1-x}\overset{\frac{0}{0}}{=}\lim_{x\to1}\frac{(x\ln x)'}{(1-x)'}=\lim_{x\to1}\frac{1\cdot\ln x+x\cdot\frac{1}{x}}{-1}=-1$$

而$\lim\limits_{x\to1}\frac{x\ln x}{1-x}=f(1)=a\Rightarrow a=-1$

答案：C

2. 解　本题考查复合函数在定义域内的性质。

函数$\sin\frac{1}{x}$的定义域为$(-\infty,0)$，$(0,+\infty)$，它是由函数$y=\sin t$，$t=\frac{1}{t}$复合而成的，当t在$(-\infty,0)$，$(0,+\infty)$变化时，t在$(-\infty,+\infty)$内变化，函数$y=\sin t$的值域为$[-1,1]$，所以函数$y=\sin\frac{1}{x}$是有界函数。

答案：A

3. 解　本题考查空间向量的相关性质，注意“点乘”和“叉乘”对向量运算的几何意义。

选项 A、C 中，$|\boldsymbol{\alpha}\times\boldsymbol{\beta}|=|\boldsymbol{\alpha}|\cdot|\boldsymbol{\beta}|\cdot\sin(\boldsymbol{\alpha},\boldsymbol{\beta})$，若$\boldsymbol{\alpha}\times\boldsymbol{\beta}=\boldsymbol{0}$，且$\boldsymbol{\alpha},\boldsymbol{\beta}$非零，则有$\sin(\boldsymbol{\alpha},\boldsymbol{\beta})=0$，故$\boldsymbol{\alpha}/\!/\boldsymbol{\beta}$，选项 A 错误，C 正确。

选项 B 中，$\boldsymbol{\alpha}\cdot\boldsymbol{\beta}=|\boldsymbol{\alpha}|\cdot|\boldsymbol{\beta}|\cdot\cos(\boldsymbol{\alpha},\boldsymbol{\beta})$，若$\boldsymbol{\alpha}\cdot\boldsymbol{\beta}=0$，且$\boldsymbol{\alpha},\boldsymbol{\beta}$非零，则有$\cos(\boldsymbol{\alpha},\boldsymbol{\beta})=0$，故$\boldsymbol{\alpha}\perp\boldsymbol{\beta}$，选项 B 错误。

选项 D 中，若$\boldsymbol{\alpha}=\lambda\boldsymbol{\beta}$，则$\boldsymbol{\alpha}/\!/\boldsymbol{\beta}$，此时$\boldsymbol{\alpha}\cdot\boldsymbol{\beta}=\lambda\boldsymbol{\beta}\cdot\boldsymbol{\beta}=\lambda|\boldsymbol{\beta}||\boldsymbol{\beta}|\cos0^\circ\neq0$，选项 D 错误。

答案：C

4. 解　本题考查一阶线性微分方程的特解形式，本题采用公式法和代入法均能得到结果。

方法 1：公式法，一阶线性微分方程的一般形式为：$y'+P(x)y=Q(x)$

其通解为$y=e^{-\int P(x)\mathrm{d}x}\left[\int Q(x)e^{\int P(x)\mathrm{d}x}\mathrm{d}x+C\right]$

本题中，$P(x)=-1$，$Q(x)=0$，有$y=e^{-\int-1\mathrm{d}x}(0+C)=Ce^x$

由$y(0)=2\Rightarrow Ce^0=2$，即$C=2$，故$y=2e^x$

方法 2：利用可分离变量方程计算。

方法 3：代入法，将选项 A 中$y=2e^{-x}$代入$y'-y=0$中，不满足方程。同理，选项 C、D 也不满足。

答案：B

5. 解　本题考查变限定积分求导的问题。

对于下限有变量的定积分求导，可先转化为上限有变量的定积分求导问题，注意交换上下限的位置之后，增加一个负号，再利用公式即可：

$$f(x)=\int_x^2\sqrt{5+t^2}\mathrm{d}t=-\int_2^x\sqrt{5+t^2}\mathrm{d}t$$
$$f'(x)=-\sqrt{5+x^2}$$
$$f'(1)=-\sqrt{6}$$

答案：D

6. 解　本题考查隐函数求导的问题。

方法 1：方程两边对x求导，注意y是x的函数：

$$e^y+x'y=e$$
$$(e^y)'+(xy)'=e'$$
$$e^y\cdot y'+(y+xy')=0$$
$$(e^y+x)y'=-y$$

解出$y'=\frac{-y}{x+e^y}$

当$x=0$时，有$e^y=e\Rightarrow y=1$，$y'(0)=-\frac{1}{e}$

方法 2：利用二元方程确定的隐函数导数的计算方法计算。

$$e^y+xy=e，e^y+xy-e=0$$

设$F(x,y)=e^y+xy-e$，$F'_y(x,y)=e^y+x$，$F'_x(x,y)=y$

所以
$$\frac{\mathrm{d}y}{\mathrm{d}x}=-\frac{F'_x(x,y)}{F'_y(x,y)}=-\frac{y}{e^y+x}$$

当$x=0$时，$y=1$，代入得$\left.\frac{\mathrm{d}y}{\mathrm{d}x}\right|_{x=0}=-\frac{1}{e}$

注：本题易错选 B 项，选 B 则是没有看清题意，题中所求是$y'(0)$而并非$y'(x)$。

答案：D

7. 解　本题考查不定积分的相关内容。

已知$\int f(x)\mathrm{d}x=\ln x+C$，可知$f(x)=\frac{1}{x}$

则$f(\cos x)=\frac{1}{\cos x}$，即$\int\cos xf(\cos x)\mathrm{d}x=\int\cos x\cdot\frac{1}{\cos x}\mathrm{d}x=x+C$

注：本题不适合采用凑微分的形式。

答案：B

8. 解　本题考查多元函数微分学的概念性问题，涉及多元函数偏导数与多元函数连续等概念，需记忆下图的关系式方可快速解答：

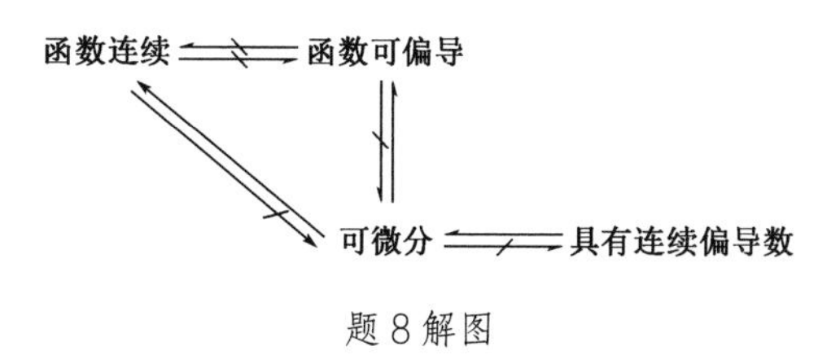

题 8 解图

$f(x,y)$在点$P_0(x_0,y_0)$有一阶偏导数，不能推出$f(x,y)$在$P_0(x_0,y_0)$连续。

同样，$f(x,y)$在$P_0(x_0,y_0)$连续，不能推出$f(x,y)$在$P_0(x_0,y_0)$有一阶偏导数。

可知，函数可偏导与函数连续之间的关系是不能相互导出的。

答案：D

9. 解　本题考查空间解析几何中对称直线方程的概念。

对称式直线方程的特点是连等号的存在，故而选项A和C可直接排除，且选项A和C并不是直线的表达式。由于所求直线平行于z轴，取z轴的方向向量为所求直线的方向向量。

$\vec{s}_z=\{0,0,1\}$，$M_0(-1,-2,3)$，利用点向式写出对称式方程：

$$\frac{x+1}{0}=\frac{y+2}{0}=\frac{z-3}{1}$$

答案：D

10. 解　本题考查定积分的计算。对于定积分的计算，首选凑微分和分部积分。

对本题，观察分子中有$\frac{1}{x}$，而$\left(\frac{1}{x}\right)'=-\frac{1}{x^2}$，故适合采用凑微分解答：

原式$=\int_1^2-\left(1-\frac{1}{x}\right)\mathrm{d}\left(\frac{1}{x}\right)=\int_1^2\left(\frac{1}{x}-1\right)\mathrm{d}\left(\frac{1}{x}\right)=\int_1^2\frac{1}{x}\mathrm{d}\left(\frac{1}{x}\right)-\int_1^2 1\mathrm{d}\left(\frac{1}{x}\right)$

$=\frac{1}{2}\left(\frac{1}{x}\right)^2\Big|_1^2-\frac{1}{x}\Big|_1^2=\frac{1}{8}$

答案：C

11. 解　本题考查了三角函数的基本性质，可以采用求导的方法直接求出。

方法1：$f(x)=\sin(x+\frac{\pi}{2}+\pi)=-\cos x$

$x\in[-\pi,\pi]$

$f'(x)=\sin x$，$f'(x)=0$，即$\sin x=0$，可知$x=0$，$-\pi$，π为驻点

则$f(0)=-\cos 0=-1$，$f(-\pi)=-\cos(-\pi)=1$，$f(\pi)=-\cos\pi=1$

所以$x=0$，函数取得最小值，最小值点$x_0=0$

方法2：通过作图，可以看出在$[-\pi,\pi]$上的最小值点$x_0=0$。

答案：B

12. 解　本题考查参数方程形式的对坐标的曲线积分（也称第二类曲线积分），注意绕行方向为顺时针。

如解图所示，上半椭圆ABC是由参数方程$\begin{cases}x=a\cos\theta\\y=b\sin\theta\end{cases}(a>0,\ b>0)$画出的。本题积分路径$L$为沿上半椭圆顺时针方向，从$C$到$B$，再到$A$，$\theta$变化范围由$\pi$变化到0，具体计算可由方程$x=a\cos\theta$得到。起点为$C(-a,0)$，把$-a$代入方程中的$x$，得$\theta=\pi$。终点为$A(a,0)$，把$a$代入方程中的$x$，得$\theta=0$，因此参数$\theta$的变化为从$\theta=\pi$变化到$\theta=0$，即$\theta$：$\pi\to0$。

由$x=a\cos\theta$可知，$dx=-a\sin\theta d\theta$，因此原式有：

$$\int_L y^2\,dx=\int_\pi^0(b\sin\theta)^2(-a\sin\theta)d\theta=\int_0^\pi ab^2\sin^3\theta d\theta=ab^2\int_0^\pi\sin^2\theta d(-\cos\theta)$$

$$=-ab^2\int_0^\pi(1-\cos^2\theta)d(\cos\theta)=\frac{4}{3}ab^2$$

注：对坐标的曲线积分应注意积分路径的方向，然后写出积分变量的上下限，本题若取逆时针为绕行方向，则θ的范围应从0到π。简单作图即可观察和验证。

答案：B

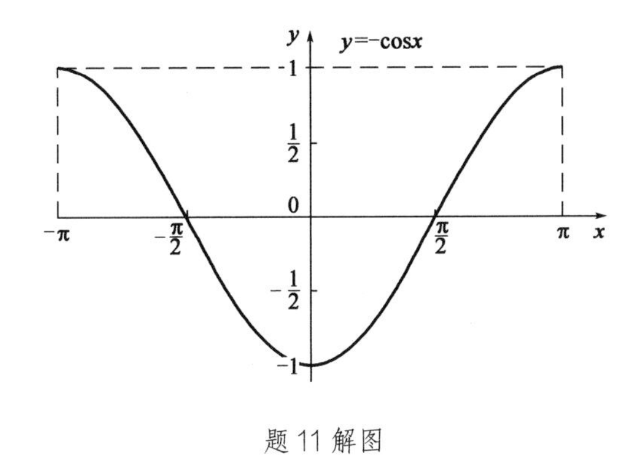

题11解图

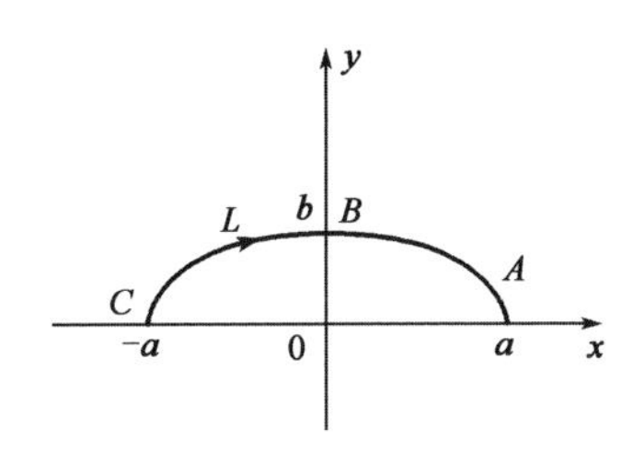

题12解图

13. 解　本题考查级数收敛的充分条件。

注意本题有$(-1)^n$，显然$\sum\limits_{n=1}^{\infty}\frac{(-1)^n}{a_n}(a_n>0)$是一个交错级数。

交错级数收敛，即$\sum\limits_{n=1}^{\infty}(-1)^n a_n$只要满足：①$a_n>a_{n+1}$，②$a_n\to0(n\to\infty)$即可。

在选项D中，已知a_n单调递增，即$a_n<a_{n+1}$，所以$\frac{1}{a_n}>\frac{1}{a_{n+1}}$

又知$\lim\limits_{n\to\infty}a_n=+\infty$，所以$\lim\limits_{n\to\infty}\frac{1}{a_n}=0$，故级数$\sum\limits_{n=1}^{\infty}\frac{(-1)^n}{a_n}(a_n>0)$收敛

其他选项均不符合交错级数收敛的判别方法。

答案：D

14. 解　本题考查函数拐点的求法。

求解函数拐点即求函数的二阶导数为0的点，因此有：

$$F'(x)=e^{-x}-xe^{-x}$$

$$F''(x)=xe^{-x}-2e^{-x}=(x-2)e^{-x}$$

令$f''(x)=0$，解出$x=2$

当$x\in(-\infty,2)$时，$f''(x)<0$；当$x\in(2,+\infty)$时，$f''(x)>0$

所以拐点为$(2,2e^{-2})$

答案：A

15. 解　本题考查二阶常系数线性非齐次方程的特解问题。

严格说来本题有点超纲，大纲要求是求解二阶常系数线性齐次微分方程，对于非齐次方程并不做要求。因此本题可采用代入法求解，考虑到$e^x=(e^x)'=(e^x)''$，观察各选项，易知选项C符合要求。

具体解析过程如下：

$y''+y'+y=e^x$对应的齐次方程为$y''+y'+y=0$

$r^2+r+1=0\Rightarrow r_{1,2}=\frac{-1\pm\sqrt{3}i}{2}$

所以$\lambda=1$不是特征方程的根

设二阶非齐次线性方程的特解$y^*=Ax^0e^x=Ae^x$

$(y^*)'=Ae^x$，$(y^*)''=Ae^x$

代入，得$Ae^x+Ae^x+Ae^x=e^x$

$3Ae^x=e^x$，$3A=1$，$A=\frac{1}{3}$，所以特解为$y^*=\frac{1}{3}e^x$

答案：C

16. 解 本题考查二重积分在极坐标下的运算规则。

注意到在二重积分的极坐标中有$x=r\cos\theta$，$y=r\sin\theta$，故$x^2+y^2=r^2$，因此对于圆域有$0\leqslant r^2\leqslant 1$，也即$r$：$0\to 1$，整个圆域范围内有$\theta$：$0\to 2\pi$，如解图所示，同时注意二重积分中面积元素$\mathrm{d}x\mathrm{d}y=r\mathrm{d}r\mathrm{d}\theta$，故：

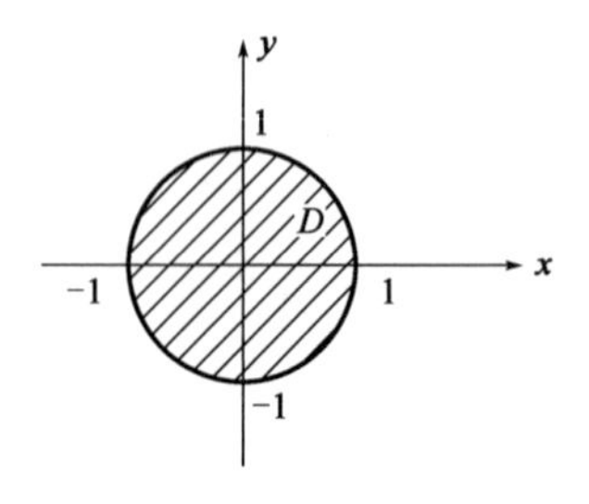

题16解图

$$\iint\limits_D\frac{\mathrm{d}x\mathrm{d}y}{1+x^2+y^2}=\int_0^{2\pi}\mathrm{d}\theta\int_0^1\frac{1}{1+r^2}r\mathrm{d}r\xrightarrow[\text{对}r\text{凑微分}]{\theta\text{和}r\text{无关直接积分,}}2\pi\int_0^1\frac{1}{2}\frac{1}{1+r^2}\mathrm{d}(1+r^2)$$

$$=\pi\ln(1+r^2)\Big|_0^1=\pi\ln 2$$

答案：D

17. 解 本题考查幂级数的和函数的基本运算。

级数$\sum\limits_{n=1}^{\infty}\frac{x^n}{n!}=\frac{x}{1!}+\frac{x^2}{2!}+\frac{x^3}{3!}+\cdots+\frac{x^n}{n!}+\cdots$

已知$e^x=1+\frac{x}{1!}+\frac{x^2}{2!}+\cdots+\frac{x^n}{n!}+\cdots(-\infty,+\infty)$

所以级数$\sum\limits_{n=1}^{\infty}\frac{x^n}{n!}$的和函数$S(x)=e^x-1$

注：考试中常见的幂级数展开式有：

$\frac{1}{1-x}=1+x+x^2+\cdots+x^k+\cdots=\sum\limits_{k=0}^{\infty}x^k$，$|x|<1$

$\frac{1}{1+x}=1-x+x^2-\cdots+(-1)^kx^k+\cdots=\sum\limits_{k=0}^{\infty}(-1)^k x^k$，$|x|<1$

$e^x=1+x+\frac{x^2}{2!}+\cdots+\frac{x^k}{k!}+\cdots=\sum\limits_{k=0}^{\infty}\frac{x^k}{k!}$，$(-\infty,+\infty)$

答案：C

18. 解 本题考查多元抽象函数偏导数的运算，及多元复合函数偏导数的计算方法。

$$z=y\varphi\left(\frac{x}{y}\right)$$

$$\frac{\partial z}{\partial x}=y\cdot\varphi'\left(\frac{x}{y}\right)\cdot\frac{1}{y}=\varphi'\left(\frac{x}{y}\right)$$

$$\frac{\partial^2 z}{\partial x\partial y}=\varphi''\left(\frac{x}{y}\right)\cdot\left(\frac{x}{y}\right)'=\varphi''\left(\frac{x}{y}\right)\cdot\left(\frac{x}{-y^2}\right)$$

注：复合函数的链式法则为$f'(g(x))=f'\cdot g'$，读者应注意题目中同时含有抽象函数与具体函数的求导规则，抽象函数求导就直接加一撇，具体函数求导则利用求导公式。

答案：B

19. 解 本题考查可逆矩阵的相关知识。

方法 1：利用初等行变换求解如下：

由$[\boldsymbol{A}|\boldsymbol{E}]\xrightarrow{\text{初等行变换}}[\boldsymbol{E}|\boldsymbol{A}^{-1}]$

得：$\left[\begin{array}{ccc|ccc}0&0&-2&1&0&0\\0&3&0&0&1&0\\1&0&0&0&0&1\end{array}\right]\xrightarrow{r_1\leftrightarrow r_2}\left[\begin{array}{ccc|ccc}1&0&0&0&0&1\\0&3&0&0&1&0\\0&0&-2&1&0&0\end{array}\right]\xrightarrow{\frac{1}{3}r_2-\frac{1}{2}r_3}\left[\begin{array}{ccc|ccc}1&0&0&0&0&1\\0&1&0&0&\frac{1}{3}&0\\0&0&1&-\frac{1}{2}&0&0\end{array}\right]$

故$\boldsymbol{A}^{-1}=\begin{bmatrix}0&0&1\\0&\frac{1}{3}&0\\-\frac{1}{2}&0&0\end{bmatrix}$

方法 2：逐项代入法，与矩阵$\boldsymbol{A}$乘积等于$\boldsymbol{E}$，即为正确答案。验证选项 C，计算过程如下：

$$\begin{bmatrix}0&0&-2\\0&3&0\\1&0&0\end{bmatrix}\begin{bmatrix}0&0&1\\0&\dfrac{1}{3}&0\\-\dfrac{1}{2}&0&0\end{bmatrix}=\begin{bmatrix}1&0&0\\0&1&0\\0&0&1\end{bmatrix}$$

方法 3：利用求逆矩阵公式：

$$\boldsymbol{A}^{-1}=\frac{\boldsymbol{A}^*}{|\boldsymbol{A}|}=\frac{1}{|\boldsymbol{A}|}\begin{bmatrix}A_{11}&A_{21}&A_{31}\\A_{12}&A_{22}&A_{32}\\A_{13}&A_{23}&A_{33}\end{bmatrix}$$

答案：C

20. 解 本题考查线性齐次方程组解的基本知识，矩阵的秩和矩阵列向量组的线性相关性。

方法 1：$\boldsymbol{A}x=0$有非零解$\Leftrightarrow R(\boldsymbol{A})<n\Leftrightarrow\boldsymbol{A}$的列向量组线性相关$\Leftrightarrow$至少有一个列向量是其余列向量的线性组合。

方法 2：举反例，$\boldsymbol{A}=\begin{bmatrix}1&0&0\\0&1&1\\0&0&0\end{bmatrix}$，齐次方程组$\boldsymbol{A}x=0$就有无穷多解，因为$R(\boldsymbol{A})=2<3$，然而矩阵中第一列和第二列线性无关，选项 A 错。第二列和第三列线性相关，选项 B 错。第一列不是第二列、第三列的线性组合，选项 C 错。

答案：D

21. 解 本题考查实对称阵的特征值与特征向量的相关知识。

已知重要结论：实对称矩阵属于不同特征值的特征向量必然正交。

方法 1：设对应$\lambda_1=6$的特征向量$\xi_1=(x_1\quad x_2\quad x_3)^{\mathrm{T}}$，由于$\boldsymbol{A}$是实对称矩阵，故$\xi_1^{\mathrm{T}}\cdot\xi_2=0$，$\xi_1^{\mathrm{T}}\cdot\xi_3=0$，即

$$\begin{cases}(x_1\quad x_2\quad x_3)\begin{bmatrix}-1\\0\\1\end{bmatrix}=0\\(x_1\quad x_2\quad x_3)\begin{bmatrix}1\\2\\1\end{bmatrix}=0\end{cases}\Rightarrow\begin{cases}-x_1+x_3=0\\x_1+2x_2+x_3=0\end{cases}$$

$$\begin{bmatrix}-1&0&1\\1&2&1\end{bmatrix}\rightarrow\begin{bmatrix}1&0&-1\\1&2&1\end{bmatrix}\rightarrow\begin{bmatrix}1&0&-1\\0&2&2\end{bmatrix}\rightarrow\begin{bmatrix}1&0&-1\\0&1&1\end{bmatrix}$$

该同解方程组为$\begin{cases}x_1-x_3=0\\x_2+x_3=0\end{cases}\Rightarrow\begin{cases}x_1=x_3\\x_2=-x_3\end{cases}$

当$x_3=1$时，$x_1=1$，$x_2=-1$

方程组的基础解系$\xi=(1\quad -1\quad 1)^{\mathrm{T}}$，取$\xi_1=(1\quad -1\quad 1)^{\mathrm{T}}$

方法 2：采用代入法，对四个选项进行验证。

对于选项 A：$(1\quad -1\quad 1)\begin{bmatrix}-1\\0\\1\end{bmatrix}=0$，$(1\quad -1\quad 1)\begin{bmatrix}1\\2\\1\end{bmatrix}=0$，可知正确。

答案：A

22. 解 $A(\overline{B\cup C})=A\overline{B}\overline{C}$可能发生，选项 A 错。

$A(\overline{A\cup B\cup C})=A\overline{A}\,\overline{B}\,\overline{C}=\varnothing$，选项 B 对。

或见解图，图 a）$\overline{B\cup C}$（斜线区域）与A有交集，图 b）$\overline{A\cup B\cup C}$（斜线区域）与A无交集。

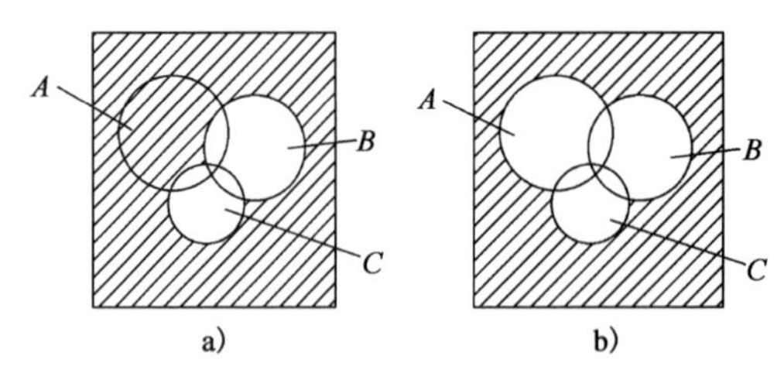

题 22 解图

答案：B

23. 解 本题考查概率密度的性质：$\int_{-\infty}^{+\infty}\int_{-\infty}^{+\infty}f(x,y)\mathrm{d}x\mathrm{d}y=1$

方法 1：

$\int_0^{+\infty}\int_0^{+\infty}e^{-2ax+by}\,\mathrm{d}y\mathrm{d}x=\int_0^{+\infty}e^{-2ax}\,\mathrm{d}x\cdot\int_0^{+\infty}e^{by}\,\mathrm{d}y=1$

当$a>0$时，$\int_0^{+\infty}e^{-2ax}\,\mathrm{d}x=\frac{-1}{2a}e^{-2ax}\Big|_0^{+\infty}=\frac{1}{2a}$

当$b<0$时，$\int_0^{+\infty} e^{by}\,\mathrm{d}y = \frac{1}{b}e^{by}\Big|_0^{+\infty} = \frac{-1}{b}$

$\frac{1}{2a}\cdot\frac{-1}{b} = 1$，$ab = -\frac{1}{2}$

方法 2：

当$x>0$，$y>0$ 时，$f(x,y) = e^{-2ax+by} = 2ae^{-2ax}\cdot(-b)e^{by}\cdot\frac{-1}{2ab}$

当$\frac{-1}{2ab}=1$，即$ab=-\frac{1}{2}$时，X与Y相互独立，且X服从参数$\lambda=2a(a>0)$的指数分布，Y服从参数$\lambda=-b(b<0)$的指数分布。

答案：A

24. 解　因为$\hat{\theta}$是θ的无偏估计量，即$E(\hat{\theta})=\theta$

所以$E\left[(\hat{\theta})^2\right] = D(\hat{\theta}) + \left[E(\hat{\theta})\right]^2 = D(\hat{\theta}) + \theta^2$

又因为$D(\hat{\theta})>0$，所以$E\left[(\hat{\theta})^2\right]>\theta^2$，$(\hat{\theta})^2$不是$\theta^2$的无偏估计量

答案：B

25. 解　理想气体状态方程$pV=\frac{M}{\mu}RT$，因为$V_1=V_2$，$T_1=T_2$，$M_1=M_2$，所以$\frac{\mu_1}{\mu_2}=\frac{p_2}{p_1}$。

答案：D

26. 解　气体分子的平均碰撞频率：$\overline{Z}=\sqrt{2}n\pi d^2\overline{v}$，已知$\overline{v}=1.6\sqrt{\frac{RT}{M}}$，$p=nkT$，则：

$$\overline{Z}=\sqrt{2}n\pi d^2\overline{v}=\sqrt{2}\frac{p}{kT}\pi d^2\cdot 1.6\sqrt{\frac{RT}{M}}\propto\frac{1}{\sqrt{T}}$$

答案：C

27. 解　热力学第一定律 $Q=W+\Delta E$，绝热过程做功等于内能增量的负值，即$\Delta E=-W=-500\mathrm{J}$。

答案：C

28. 解　此题考查对热力学第二定律与可逆过程概念的理解。开尔文表述的是关于热功转换过程中的不可逆性，克劳修斯表述则指出热传导过程中的不可逆性。

答案：A

29. 解　此题考查波动方程基本关系。

$$y=A\cos(Bt-Cx)=A\cos B\left(t-\frac{x}{B/C}\right)$$

$$u=\frac{B}{C},\ \omega=B,\ T=\frac{2\pi}{\omega}=\frac{2\pi}{B}$$

$$\lambda=u\cdot T=\frac{B}{C}\cdot\frac{2\pi}{B}=\frac{2\pi}{C}$$

答案：B

30. 解　波长λ反映的是波在空间上的周期性。

答案： B

31. 解 由描述波动的基本物理量之间的关系得：

$$\frac{\lambda}{3}=\frac{2\pi}{\pi/6}，\lambda=36，U=\frac{\lambda}{T}=\frac{36}{4}=9$$

答案： B

32. 解 光的干涉，光程差变化为半波长的奇数倍时，原明纹处变为暗条纹。

答案： B

33. 解 此题考查马吕斯定律。

$I=I_0\cos^2\alpha$，光强为I_0的自然光通过第一个偏振片，光强为入射光强的一半，通过第二个偏振片，光强为$I=\frac{I_0}{2}\cos^2\alpha$，则：

$$\frac{I_1}{I_2}=\frac{\frac{1}{2}I_0\cos^2\alpha_1}{\frac{1}{2}I_0\cos^2\alpha_2}=\frac{\cos^2\alpha_1}{\cos^2\alpha_2}$$

答案： C

34. 解 光栅公式$d\sin\theta=k\lambda$，对同级条纹，光栅常数小，衍射角大，选光栅常数小的。

答案： D

35. 解 由双缝干涉条纹间距公式计算：

$$\Delta x=\frac{D}{d}\lambda=\frac{3000}{2}\times600\times10^{-6}=0.9\text{mm}$$

答案： B

36. 解 由布儒斯特定律，折射角为30°时，入射角为60°，$\tan60°=\frac{n_2}{n_1}=\sqrt{3}$。

答案： D

37. 解 原子序数为 15 的元素，原子核外有 15 个电子，基态原子的核外电子排布式为$1s^22s^22p^63s^23p^3$，根据洪特规则，$3p^3$中 3 个电子分占三个不同的轨道，并且自旋方向相同。所以原子序数为 15 的元素，其基态原子核外电子分布中，有 3 个未成对电子。

答案： D

38. 解 NaCl是离子晶体，冰是分子晶体，SiC是原子晶体，Cu是金属晶体。所以SiC的熔点最高。

答案： C

39. 解 根据稀释定律$\alpha=\sqrt{K_a/C}$，一元弱酸HOAc的浓度越小，解离度越大。所以HOAc浓度稀释一倍，解离度增大。

注：HOAc 一般写为 HAc，普通化学书中常用 HAc。

答案： A

40. 解 将$0.2\text{mol}\cdot\text{L}^{-1}$的$NH_3\cdot H_2O$与$0.2\text{mol}\cdot\text{L}^{-1}$的 HCl 溶液等体积混合生成$0.1\text{mol}\cdot\text{L}^{-1}$的$NH_4Cl$溶液，$NH_4Cl$为强酸弱碱盐，可以水解，溶液$C_{H^+}=\sqrt{C\cdot K_W/K_b}=\sqrt{0.1\times\frac{10^{-14}}{1.8\times10^{-5}}}\approx7.5\times10^{-6}$，$\text{pH}=-\lg C_{H^+}=5.12$。

答案：A

41. 解 此反应为放热反应。平衡常数只是温度的函数，对于放热反应，平衡常数随着温度升高而减小。相反，对于吸热反应，平衡常数随着温度的升高而增大。

答案：B

42. 解 电对的电极电势越大，其氧化态的氧化能力越强，越易得电子发生还原反应，做正极；电对的电极电势越小，其还原态的还原能力越强，越易失电子发生氧化反应，做负极。

答案：D

43. 解 反应方程式为$2Na(s)+Cl_2(g)==2NaCl(s)$。气体分子数增加的反应，其熵值增大；气体分子数减小的反应，熵值减小。

答案：B

44. 解 加成反应生成 2，3 二溴-2-甲基丁烷，所以在 2，3 位碳碳间有双键，所以该烃为 2-甲基-2-丁烯。

答案：D

45. 解 同系物是指结构相似、分子组成相差若干个$-CH_2-$原子团的有机化合物。

答案：D

46. 解 烃类化合物是碳氢化合物的统称，是由碳与氢原子所构成的化合物，主要包含烷烃、环烷烃、烯烃、炔烃、芳香烃。烃分子中的氢原子被其他原子或者原子团所取代而生成的一系列化合物称为烃的衍生物。

答案：B

47. 解 销钉C处为光滑接触约束，约束力应垂直于AB光滑直槽，由于$\boldsymbol{F}_p$的作用，直槽的左上侧与销钉接触，故其约束力的作用线与x轴正向所成的夹角为$150°$。

答案：D

48. 解 根据力系简化结果分析，分力首尾相连组成自行封闭的力多边形，则简化后的主矢为零，而$\boldsymbol{F}_1$与$\boldsymbol{F}_3$、$\boldsymbol{F}_2$与$\boldsymbol{F}_4$分别组成逆时针转向的力偶，合成后为一合力偶。

答案：C

49. 解 以圆柱体为研究对象，沿 1、2 接触点的法线方向有约束力$\boldsymbol{F}_{N1}$和$\boldsymbol{F}_{N2}$，受力如解图所示。

对圆柱体列$\boldsymbol{F}_{N2}$方向的平衡方程：

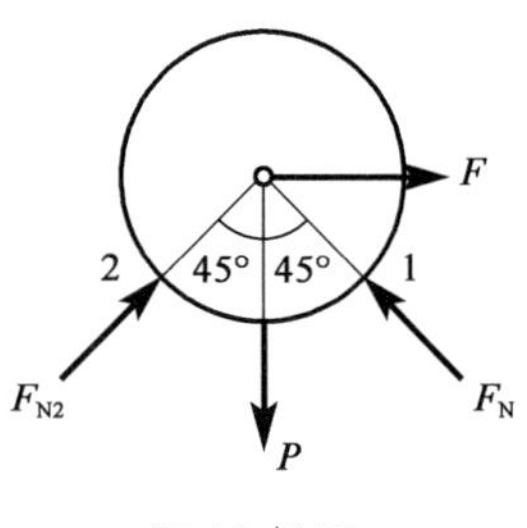

题 49 解图

$\sum F_2 = 0$，$F_{N2} - P\cos 45° + F\sin 45° = 0$，$F_{N2} = \frac{\sqrt{2}}{2}(P - F)$

答案： A

50. 解 在重力作用下，杆A端有向左侧滑动的趋势，故B处摩擦力应沿杆指向右上方向。

答案： B

51. 解 因为速度$v = \frac{dx}{dt}$，积一次分，即：$\int_5^x dx = \int_0^t (20t + 5)dt$，$x - 5 = 10t^2 + 5t$。

答案： A

52. 解 根据定轴转动刚体上一点加速度与转动角速度、角加速度的关系：$a_n = \omega^2 l$，$a_\tau = \alpha l$，而题中$a_n = a = \omega^2 l$，所以$\omega = \sqrt{\frac{a}{l}}$，$a_\tau = 0 = \alpha l$，所以$\alpha = 0$。

答案： C

53. 解 绳上各点的加速度大小均为a，而轮缘上各点的加速度大小为$\sqrt{a^2 + \left(\frac{v^2}{r}\right)^2}$。

答案： B

54. 解 汽车运动到洼地底部时加速度的大小为$a = a_n = \frac{v^2}{\rho}$，其运动及受力如解图所示，按照牛顿第二定律，在铅垂方向有$ma = F_N - W$，F_N为地面给汽车的合约束，力$F_N = \frac{W}{g} \cdot \frac{v^2}{\rho} + W = \frac{2800}{10} \times \frac{10^2}{5} + 2800 = 8400\text{N}$。

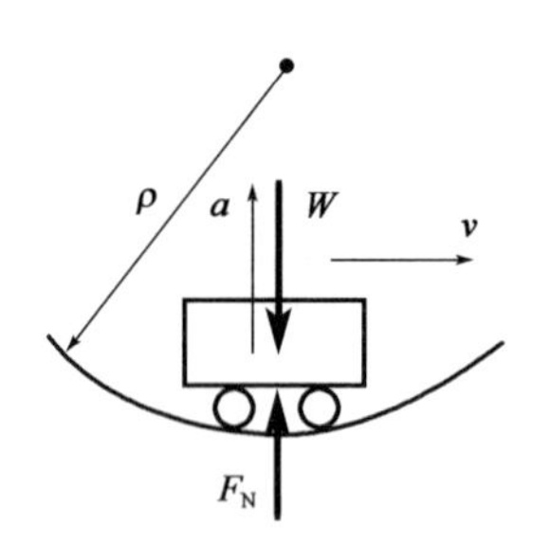

题 54 解图

答案： D

55. 解 根据动量的公式：$p = mv_C$，则圆轮质心速度为零，动量为零，故系统的动量只有物块的$\frac{W}{g} \cdot v$；又根据动能的公式：圆轮的动能为$\frac{1}{2} \cdot \frac{1}{2} mR^2\omega^2 = \frac{1}{4} mR^2 \left(\frac{v}{R}\right)^2 = \frac{1}{4} mv^2$，物块的动能为$\frac{1}{2} \cdot \frac{W}{g} v^2$，两者相加为$\frac{1}{2} \cdot \frac{v^2}{g} \left(\frac{1}{2} mg + W\right)$。

答案： A

56. 解 由于系统在水平方向受力为零，故在水平方向有质心守恒，即质心只沿铅垂方向运动。

答案： C

57. 解 根据定轴转动刚体惯性力系的简化结果分析，匀角速度转动（$\alpha = 0$）刚体的惯性力主矢和主矩的大小分别为：$F_I = ma_C = \frac{1}{2} ml\omega^2$，$M_{IO} = J_O \alpha = 0$。

答案： D

58. 解 单摆运动的固有频率公式：$\omega_n = \sqrt{\frac{g}{l}}$。

答案： C

59. 解

$$\varepsilon' = -\mu\varepsilon = -\mu\frac{\sigma}{E} = -\mu\frac{F_N}{AE} = -0.3 \times \frac{20 \times 10^3\text{N}}{100\text{mm}^2 \times 200 \times 10^3\text{MPa}} = -0.3 \times 10^{-3}$$

答案：B

60. 解 由于沿横截面有微小裂纹，使得横截面的形心有变化，杆件由原来的轴向拉伸变成了偏心拉伸，其应力$\sigma = \frac{F_N}{A} + \frac{M_z}{W_z}$明显变大，故有裂纹的杆件比没有裂纹杆件的承载能力明显降低。

答案：B

61. 解 由$\sigma = \frac{P}{\frac{1}{4}\pi d^2} \leqslant [\sigma]$，$\tau = \frac{P}{\pi dh} \leqslant [\tau]$，$\sigma_{bs} = \frac{P}{\frac{\pi}{4}(D^2-d^2)} \leqslant [\sigma_{bs}]$分别求出$[P]$，然后取最小值即为杆件的许用拉力。

答案：D

62. 解 由于a轮上的外力偶矩M_a最大，当a轮放在两端时轴内将产生较大扭矩；只有当a轮放在中间时，轴内扭矩才较小。

答案：D

63. 解 由最大负弯矩为$8\text{kN}\cdot\text{m}$，可以反推：$M_{max} = F \times 1\text{m}$，故$F = 8\text{kN}$

再由支座C处（即外力偶矩M作用处）两侧的弯矩的突变值是$14\text{kN}\cdot\text{m}$，可知外力偶矩为$14\text{kN}\cdot\text{m}$。

答案：A

64. 解 开裂前，由整体梁的强度条件$\sigma_{max} = \frac{M}{W_z} \leqslant [\sigma]$，可知：

$$M \leqslant [\sigma]W_z = [\sigma]\frac{b(3a)^2}{6} = \frac{3}{2}ba^2[\sigma]$$

胶合面开裂后，每根梁承担总弯矩M_1的$\frac{1}{3}$，由单根梁的强度条件$\sigma_{1max} = \frac{M_1}{W_{z1}} = \frac{\frac{M_1}{3}}{W_{z1}} = \frac{M_1}{3W_{z1}} \leqslant [\sigma]$，可知：

$$M_1 \leqslant 3[\sigma]W_{z1} = 3[\sigma]\frac{ba^2}{6} = \frac{1}{2}ba^2[\sigma]$$

故开裂后每根梁的承载能力是原来的$\frac{1}{3}$。

答案：B

65. 解 矩形截面切应力的分布是一个抛物线形状，最大切应力在中性轴z上，图示梁的横截面可以看作是一个中性轴附近梁的宽度b突然变大的矩形截面。根据弯曲切应力的计算公式：

$$\tau = \frac{QS_z^*}{bI_z}$$

在b突然变大的情况下，中性轴附近的τ突然变小，切应力分布图沿y方向的分布如解图所示，所以最大切应力在2点。

τ_{max}

题65解图

答案：B

66. 解 由悬臂梁的最大挠度计算公式$f_{\max}=\frac{m_g L^2}{2EI}$，可知$f_{\max}$与$L^2$成正比，故有

$$f'_{\max}=\frac{m_g\left(\frac{L}{2}\right)^2}{2EI}=\frac{1}{4}f_{\max}$$

答案：B

67. 解 由跨中受集中力F作用的简支梁最大挠度的公式$f_c=\frac{Fl^3}{48EI}$，可知最大挠度与截面对中性轴的惯性矩成反比。

因为$I_a=\frac{b^3h}{12}=\frac{b^4}{6}$，$I_b=\frac{bh^3}{12}=\frac{2b^4}{3}$，所以$\frac{f_a}{f_b}=\frac{I_b}{I_a}=\frac{\frac{2}{3}b^4}{\frac{b^4}{6}}=4$

答案：C

68. 解 首先求出三个主应力：$\sigma_1=\sigma,\sigma_2=\tau,\sigma_3=-\tau$，再由第三强度理论得$\sigma_{r3}=\sigma_1-\sigma_3=\sigma+\tau\leqslant[\sigma]$。

答案：B

69. 解 开缺口的截面是偏心受拉，偏心距为$\frac{h}{4}$，由公式$\sigma_{\max}=\frac{P}{A}+\frac{P\cdot\frac{h}{4}}{W_z}$可求得结果。

答案：C

70. 解 由一端固定、另一端自由的细长压杆的临界力计算公式$F_{cr}=\frac{\pi^2EI}{(2L)^2}$，可知$F_{cr}$与$L^2$成反比，故有

$$F'_{cr}=\frac{\pi^2EI}{\left(2\cdot\frac{L}{2}\right)^2}=4\frac{\pi^2EI}{(2L)^2}=4F_{cr}$$

答案：A

71. 解 水的运动黏性系数随温度的升高而减小。

答案：B

72. 解 真空度$p_v=p_a-p'=101-(90+9.8)=1.2\text{kN/m}^2$

答案：C

73. 解 流线表示同一时刻的流动趋势。

答案：D

74. 解 对两水箱水面写能量方程可得：$H=h_w=h_{w_1}+h_{w_2}$

1~3 管段中的流速$v_1=\frac{Q}{\frac{\pi}{4}d_1^2}=\frac{0.04}{\frac{\pi}{4}\times0.2^2}=1.27\text{m/s}$

$h_{w_1}=\left(\lambda_1\frac{l_1}{d_1}+\sum\zeta_1\right)\frac{v_1^2}{2g}=\left(0.019\times\frac{10}{0.2}+0.5+0.5+0.024\right)\times\frac{1.27^2}{2\times9.8}=0.162\text{m}$

3~6 管段中的流速$v_2=\frac{Q}{\frac{\pi}{4}d_2^2}=\frac{0.04}{\frac{\pi}{4}\times0.1^2}=5.1\text{m/s}$

$$h_{w_2}=\left(\lambda_2\frac{l_2}{d_2}+\sum\zeta_2\right)\frac{v_2^2}{2g}=\left(0.018\times\frac{10}{0.1}+0.5+0.05+1\right)\times\frac{5.1^2}{2\times9.8}=5.042\text{m}$$

$$H=h_{w_1}+h_{w_2}=0.162+5.042=5.204\text{m}$$

答案：C

75. 解 在长管水力计算中，速度水头和局部损失均可忽略不计。

答案：C

76. 解 矩形排水管水力半径$R=\frac{A}{\chi}=\frac{5\times3}{5+2\times3}=1.36\text{m}$。

答案：C

77. 解 潜水完全井流量$Q=1.36k\frac{H^2-h^2}{\lg\frac{R}{r}}$，因此$Q$与土体渗透数$k$成正比。

答案：D

78. 解 无量纲量即量纲为 1 的量，$\dim\frac{F}{\rho v^2 l^2}=\frac{\rho v^2 l^2}{\rho v^2 l^2}=1$

答案：C

79. 解 电流与磁场的方向可以根据右手螺旋定则确定，即让右手大拇指指向电流的方向，则四指的指向就是磁感线的环绕方向。

答案：D

80. 解 见解图，设 2V 电压源电流为I'，则：

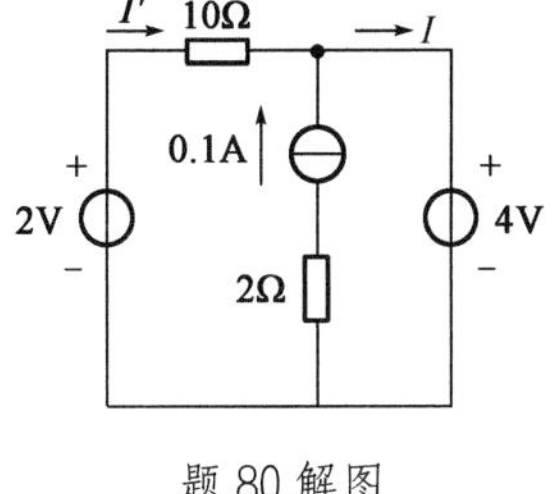

题 80 解图

$I=I'+0.1$

$10I'=2-4=-2\text{V}$

$I'=-0.2\text{A}$

$I=-0.2+0.1=-0.1\text{A}$

答案：C

81. 解 电流源单独作用时，15V 的电压源做短路处理，则

$$I=\frac{1}{3}\times(-6)=-2\text{A}$$

答案：D

82. 解 画相量图分析（见解图），电压表和电流表读数为有效值。

答案：D

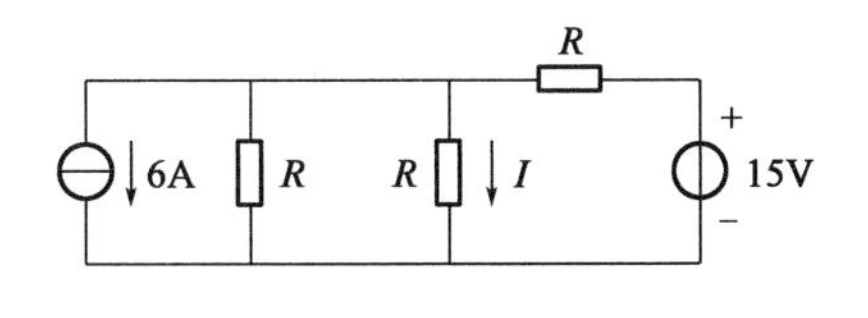

题 81 解图

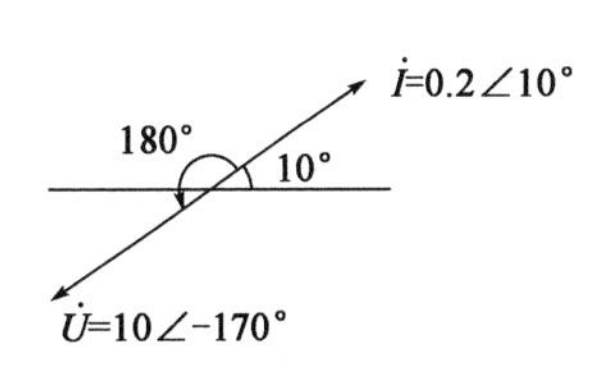

题 82 解图

83. 解

$P = UI\cos\varphi = 110 \times 1 \times \cos30° = 95.3\text{W}$

$Q = UI\sin\varphi = 110 \times 1 \times \sin30° = 55\text{W}$

$S = UI = 110 \times 1 = 110\text{V} \cdot \text{A}$

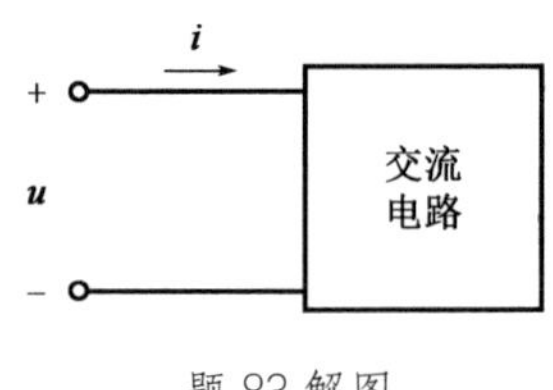

题 83 解图

答案：A

84. 解 在直流稳态电路中电容作开路处理。开关未动作前，$u = U_{C(0-)}$

电容为开路状态时，$U_{C(0-)} = \frac{1}{2} \times 6 = 3\text{V}$

电源充电进入新的稳态时，$U_{C(\infty)} = \frac{1}{3} \times 6 = 2\text{V}$

因此换路电容电压逐步衰减到 2V。电路的时间常数$\tau = RC$，本题中C值没给出，是不能确定τ的数值的。

答案：B

85. 解 如解图所示，根据理想变压器关系有

$$I_2 = \sqrt{\frac{P_2}{R_2}} = \sqrt{\frac{40}{10}} = 2\text{A}，K = \frac{I_2}{I_1} = 2，N_2 = \frac{N_1}{K} = \frac{100}{2} = 50 \text{ 匝}$$

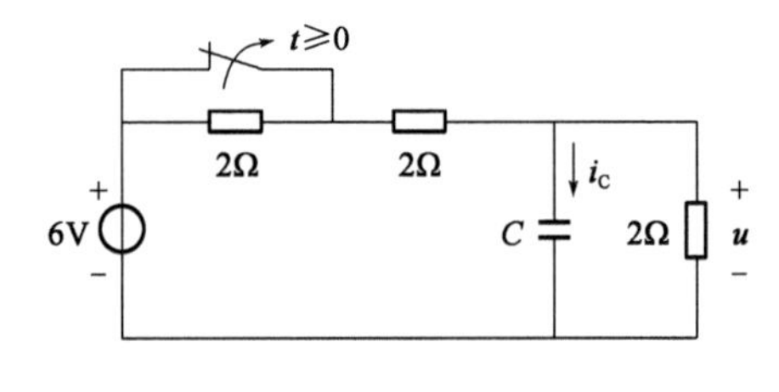

题 84 解图

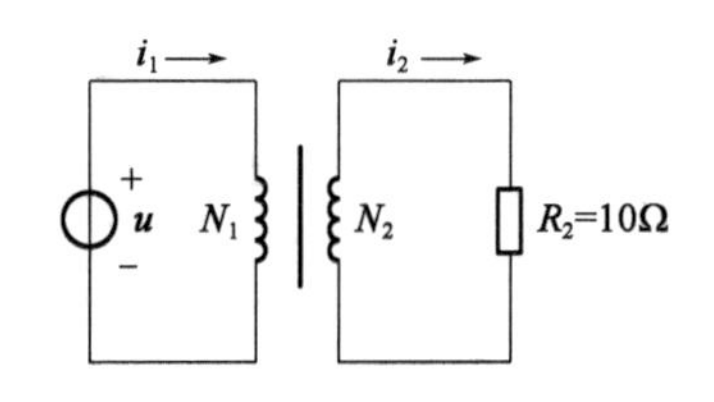

题 85 解图

答案：A

86. 解 实现对电动机的过载保护，除了将热继电器的热元件串联在电动机的主电路外，还应将热继电器的常闭触点串接在控制电路中。

当电机过载时，这个常闭触点断开，控制电路供电通路断开。

答案：B

87. 解 模拟信号与连续时间信号不同，模拟信号是幅值连续变化的连续时间信号。题中两条曲线均符合该性质。

答案：C

88. 解 周期信号的幅值频谱是离散且收敛的。这个周期信号一定是时间上的连续信号。

本题给出的图形是周期信号的频谱图。频谱图是非正弦信号中不同正弦信号分量的幅值按频率变化排列的图形，其大小是表示各次谐波分量的幅值，用正值表示。例如本题频谱图中出现的 1.5V 对应于 1kHz 的正弦信号分量的幅值，而不是这个周期信号的幅值。因此本题选项 C 或 D 都是错误的。

答案：B

89. 解 放大器的输入为正弦交流信号。但$u_1(t)$的频率过高，超出了上限频率f_{H}，放大倍数小于A，因此输出信号u_2的有效值$U_2 < AU_1$。

答案：C

90. 解 $\mathrm{AC}+\mathrm{DC}+\overline{\mathrm{AD}}\cdot\mathrm{C}=\left(\mathrm{A}+\mathrm{D}+\overline{\mathrm{AD}}\right)\cdot\mathrm{C}=\left(\mathrm{A}+\mathrm{D}+\overline{\mathrm{A}}+\overline{\mathrm{D}}\right)\cdot\mathrm{C}=1\cdot\mathrm{C}=\mathrm{C}$

答案：A

91. 解 $\overline{\mathrm{A}+\mathrm{B}}=\mathrm{F}$

F 是个或非关系，可以用“有 1 则 0”的口诀处理。

答案：B

92. 解 本题各选项均是用八位二进制 BCD 码表示的十进制数，即是以四位二进制表示一位十进制。十进制数字 88 的 BCD 码是 10001000。

答案：B

93. 解 图示为二极管的单相半波整流电路。

当$u_{\mathrm{i}}>0$时，二极管截止，输出电压$u_{\mathrm{o}}=0$；当$u_{\mathrm{i}}<0$时，二极管导通，输出电压u_{o}与输入电压u_{i}相等。

答案：B

94. 解 本题为用运算放大器构成的电压比较电路，波形分析如解图所示。阴影面积可以反映输出电压平均值的大小。

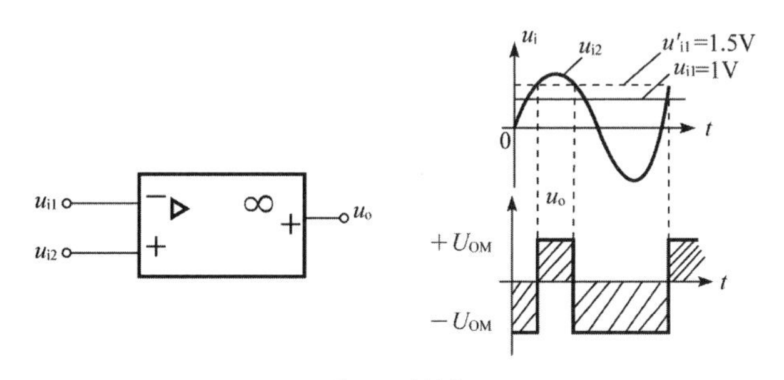

题 94 解图

当$u_{\mathrm{i1}}<u_{\mathrm{i2}}$时，$u_{\mathrm{o}}=+U_{\mathrm{oM}}$；当$u_{\mathrm{i1}}>u_{\mathrm{i2}}$时，$u_{\mathrm{o}}=-U_{\mathrm{oM}}$

当u_{i1}升高到 1.5V 时，u_{o}波形的正向面积减小，反向面积增加，电压平均值降低（如解图中虚线波形所示）。

答案：D

95. 解 题图为一个时序逻辑电路，由解图可以看出，第一个和第二个时钟的下降沿时刻，输出 Q

均等于 0。

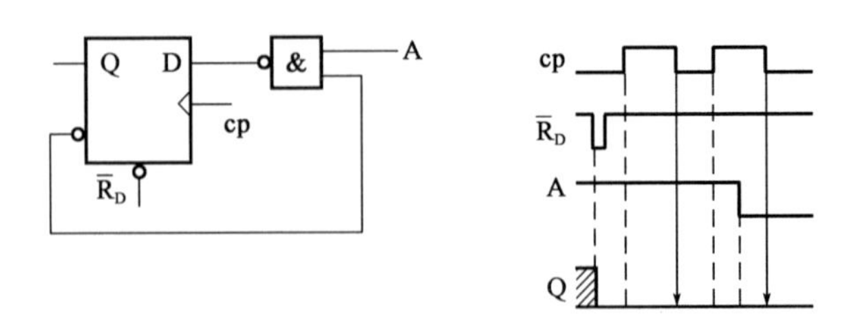

题 95 解图

答案： A

96. 解 图示为三位的异步二进制加法计数器，波形图分析如下。

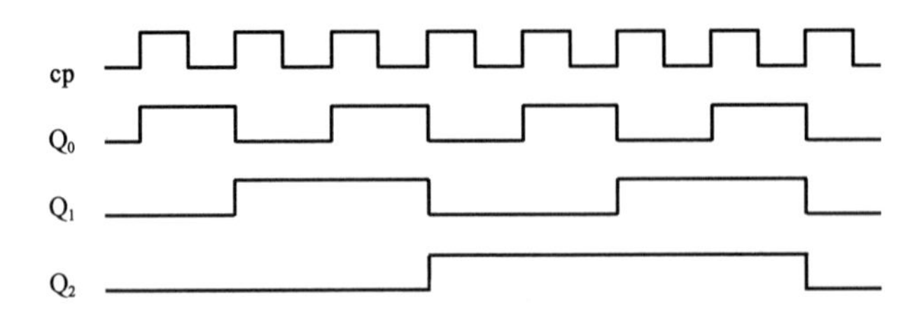

答案： C

97. 解 计算机硬件的组成包括输入/输出设备、存储器、运算器、控制器。内存储器是主机的一部分，属于计算机的硬件系统。

答案： B

98. 解 根据冯·诺依曼结构原理，计算机硬件是由运算器、控制器、存储器、I/O 设备组成。

答案： C

99. 解 当要对存储器中的内容进行读写操作时，来自地址总线的存储器地址经地址译码器译码之后，选中指定的存储单元，而读写控制电路根据读写命令实施对存储器的存取操作，数据总线则用来传送写入内存储器或从内存储器读出的信息。

答案： B

100. 解 操作系统的运行是在一个随机的环境中进行的，也就是说，人们不能对于所运行的程序的行为以及硬件设备的情况做任何的假定，一个设备可能在任何时候向微处理器发出中断请求。人们也无法知道运行着的程序会在什么时候做了些什么事情，也无法确切的知道操作系统正处于什么样的状态之中，这就是随机性的含义。

答案： C

101. 解 多任务操作系统是指可以同时运行多个应用程序。比如：在操作系统下，在打开网页的同时还可以打开 QQ 进行聊天，可以打开播放器看视频等。目前的操作系统都是多任务的操作系统。

答案：B

102. 解 先将十进制数转换为二进制数（100000000+0.101=100000000.101），而后三位二进制数对应于一位八进制数。

答案：D

103. 解 $1\text{KB} = 2^{10}\text{B} = 1024\text{B}$

$1\text{MB} = 2^{20}\text{B} = 1024\text{KB}$

$1\text{GB} = 2^{30}\text{B} = 1024\text{MB} = 1024 \times 1024\text{KB}$

$1\text{TB} = 2^{40}\text{B} = 1024\text{GB} = 1024 \times 1024\text{MB}$

答案：D

104. 解 计算机病毒特点包括非授权执行性、复制传染性、依附性、寄生性、潜伏性、破坏性、隐蔽性、可触发性。

答案：D

105. 解 通常人们按照作用范围的大小，将计算机网络分为三类：局域网、城域网和广域网。

答案：C

106. 解 常见的局域网拓扑结构分为星形网、环形网、总线网，以及它们的混合型。

答案：B

107. 解 年实际利率为：

$$i = \left(1 + \frac{r}{m}\right)^m - 1 = \left(1 + \frac{6\%}{2}\right)^2 - 1 = 6.09\%$$

年实际利率高出名义利率：$6.09\% - 6\% = 0.09\%$

答案：C

108. 解 第一年贷款利息：$400/2 \times 6\% = 12$万元

第二年贷款利息：$(400 + 800/2 + 12) \times 6\% = 48.72$ 万元

建设期贷款利息：$12 + 48.72 = 60.72$万元

答案：D

109. 解 由于股利必须在企业税后利润中支付，因而不能抵减所得税的缴纳。普通股资金成本为：

$$K_{\text{s}} = \frac{8000 \times 10\%}{8000 \times (1 - 3\%)} + 5\% = 15.31\%$$

答案：D

110. 解 回收营运资金为现金流入，故项目第 10 年的净现金流量为$25 + 20 = 45$万元。

答案：C

111. 解 社会折现率是用以衡量资金时间经济价值的重要参数，代表资金占用的机会成本，并且用作不同年份之间资金价值换算的折现率。

答案： D

112. 解 题目给出的影响因素中，产品价格变化较小就使得项目净现值为零，故该因素最敏感。

答案： A

113. 解 差额投资内部收益率是两个方案各年净现金流量差额的现值之和等于零时的折现率。差额内部收益率等于基准收益率时，两方案的净现值相等，即两方案的优劣相等。

答案： A

114. 解 F_3的功能系数为：$F_3=\frac{4}{3+5+4+1+2}=0.27$

答案： C

115. 解 《中华人民共和国建筑法》第二十七条规定，大型建筑工程或者结构复杂的建筑工程，可以由两个以上的承包单位联合共同承包。共同承包的各方对承包合同的履行承担连带责任。

两个以上不同资质等级的单位实行联合共同承包的，应当按照资质等级低的单位的业务许可范围承揽工程。

答案： D

116. 解 选项 B 属于义务，其他几条属于权利。

答案： B

117. 解 《中华人民共和国招标投标法》第二十八条规定，投标人应当在招标文件要求提交投标文件的截止时间前，将投标文件送达投标地点。招标人收到投标文件后，应当签收保存，不得开启。投标人少于三个的，招标人应当依照本法重新招标。 在招标文件要求提交投标文件的截止时间后送达的投标文件，招标人应当拒收。

答案： B

118. 解 《中华人民共和国民法典》第一百五十二条规定，有下列情形之一的，撤销权消灭：

（一）具有撤销权的当事人自知道或者应当知道撤销事由之日起一年内没有行使撤销权。

……

答案： C

119. 解 《建筑工程质量管理条例》第三十九条规定，建设工程实行质量保修制度。建设工程承包单位在向建设单位提交工程竣工验收报告时，应当向建设单位出具质量保修书。质量保修书中应当明确建设工程的保修范围、保修期限和保修责任等。

建设工程的保修期，自竣工验收合格之日起计算，不是移交之日起计算，所以选项 A 错。供冷系统保修期是两个运行季，不是 2 年，所以选项 B 错。质量保修书是竣工验收时提交，不是结算时提交，所以选项 D 错。

答案： C

120. 解 《建设工程安全生产管理条例》第八条规定，建设单位在编制工程概算时，应当确定建设工程安全作业环境及安全施工措施所需费用。

答案： A

2018年度全国勘察设计注册工程师

执业资格考试试卷

基础考试

（上）

二〇一八年十月

应考人员注意事项

1. 本试卷科目代码为“1”，考生务必将此代码填涂在答题卡“科目代码”相应的栏目内，否则，无法评分。

2. 书写用笔：**黑色或蓝色钢笔、签字笔或圆珠笔**；

   填涂答题卡用笔：**黑色 2B 铅笔**。

3. 必须用书写用笔将工作单位、姓名、准考证号填写在答题卡和试卷相应的栏目内。

4. 本试卷由 120 题组成，每题 1 分，满分 120 分，本试卷全部为单项选择题，每小题的四个备选项中只有一个正确答案，错选、多选、不选均不得分。

5. 考生作答时，必须按**题号在答题卡上**将相应试题所选选项对应的**字母用 2B 铅笔涂黑**。

6. 在答题卡上书写与题意无关的语言，或在答题卡上作标记的，均按违纪试卷处理。

7. 考试结束时，由监考人员当面将试卷、答题卡一并收回。

8. 草稿纸由各地统一配发，考后收回。

单项选择题（共 120 题，每题 1 分。每题的备选项中只有一个最符合题意。）

1. 下列等式中不成立的是：

A. $\lim\limits_{x\to 0}\frac{\sin x^2}{x^2}=1$

B. $\lim\limits_{x\to \infty}\frac{\sin x}{x}=1$

C. $\lim\limits_{x\to 0}\frac{\sin x}{x}=1$

D. $\lim\limits_{x\to \infty}x\sin\frac{1}{x}=1$

2. 设$f(x)$为偶函数，$g(x)$为奇函数，则下列函数中为奇函数的是：

A. $f[g(x)]$

B. $f[f(x)]$

C. $g[f(x)]$

D. $g[g(x)]$

3. 若$f'(x_0)$存在，则$\lim\limits_{x\to x_0}\frac{xf(x_0)-x_0f(x)}{x-x_0}=$：

A. $f'(x_0)$

B. $-x_0f'(x_0)$

C. $f(x_0)-x_0f'(x_0)$

D. $x_0f'(x_0)$

4. 已知$\varphi(x)$可导，则$\frac{\mathrm{d}}{\mathrm{d}x}\int_{\varphi(x^2)}^{\varphi(x)}e^{t^2}\,\mathrm{d}t$等于：

A. $\varphi'(x)e^{[\varphi(x)]^2}-2x\varphi'(x^2)e^{[\varphi(x^2)]^2}$

B. $e^{[\varphi(x)]^2}-e^{[\varphi(x^2)]^2}$

C. $\varphi'(x)e^{[\varphi(x)]^2}-\varphi'(x^2)e^{[\varphi(x^2)]^2}$

D. $\varphi'(x)e^{\varphi(x)}-2x\varphi'(x^2)e^{\varphi(x^2)}$

5. 若$\int f(x)\mathrm{d}x=F(x)+C$，则$\int xf(1-x^2)\mathrm{d}x$等于：

A. $F(1-x^2)+C$

B. $-\frac{1}{2}F(1-x^2)+C$

C. $\frac{1}{2}F(1-x^2)+C$

D. $-\frac{1}{2}F(x)+C$

6. 若$x=1$是函数$y=2x^2+ax+1$的驻点，则常数a等于：

A. 2

B. −2

C. 4

D. −4

7. 设向量$\boldsymbol{\alpha}$与向量$\boldsymbol{\beta}$的夹角$\theta=\frac{\pi}{3}$，$|\boldsymbol{\alpha}|=1$，$|\boldsymbol{\beta}|=2$，则$|\boldsymbol{\alpha}+\boldsymbol{\beta}|$等于：

A. $\sqrt{8}$

B. $\sqrt{7}$

C. $\sqrt{6}$

D. $\sqrt{5}$

8. 微分方程$y''=\sin x$的通解y等于：

A. $-\sin x+C_1+C_2$

B. $-\sin x+C_1x+C_2$

C. $-\cos x+C_1x+C_2$

D. $\sin x+C_1x+C_2$

9. 设函数$f(x)$，$g(x)$在$[a,b]$上均可导($a<b$)，且恒正，若$f'(x)g(x)+f(x)g'(x)>0$，则当$x\in(a,b)$时，下列不等式中成立的是：

A. $\frac{f(x)}{g(x)}>\frac{f(a)}{g(b)}$

B. $\frac{f(x)}{g(x)}>\frac{f(b)}{g(b)}$

C. $f(x)g(x)>f(a)g(a)$

D. $f(x)g(x)>f(b)g(b)$

10. 由曲线$y=\ln x$，y轴与直线$y=\ln a$，$y=\ln b(b>a>0)$所围成的平面图形的面积等于：

A. $\ln b-\ln a$

B. $b-a$

C. e^b-e^a

D. e^b+e^a

11. 下列平面中，平行于且非重合于yOz坐标面的平面方程是：

A. $y+z+1=0$

B. $z+1=0$

C. $y+1=0$

D. $x+1=0$

12. 函数$f(x,y)$在点$P_0(x_0,y_0)$处的一阶偏导数存在是该函数在此点可微分的：

A. 必要条件

B. 充分条件

C. 充分必要条件

D. 既非充分条件也非必要条件

13. 下列级数中，发散的是：

A. $\sum\limits_{n=1}^{\infty}\frac{1}{n(n+1)}$

B. $\sum\limits_{n=1}^{\infty}\frac{1}{n^{3/2}}$

C. $\sum\limits_{n=1}^{\infty}\left(\frac{n}{2n+1}\right)^2$

D. $\sum\limits_{n=1}^{\infty}(-1)^n\frac{1}{\sqrt{n}}$

14. 在下列微分方程中，以函数$y=C_1e^{-x}+C_2e^{4x}$（C_1，C_2为任意常数）为通解的微分方程是：

A. $y''+3y'-4y=0$

B. $y''-3y'-4y=0$

C. $y''+3y'+4y=0$

D. $y''+y'-4y=0$

15. 设L是从点$A(0,1)$到点$B(1,0)$的直线段，则对弧长的曲线积分$\int_L \cos(x+y)\mathrm{d}s$等于：

A. $\cos 1$　　B. $2\cos 1$

C. $\sqrt{2}\cos 1$　　D. $\sqrt{2}\sin 1$

16. 若正方形区域D：$|x|\leqslant 1$，$|y|\leqslant 1$，则二重积分$\iint\limits_D (x^2+y^2)\mathrm{d}x\mathrm{d}y$等于：

A. 4　　B. $\frac{8}{3}$

C. 2　　D. $\frac{2}{3}$

17. 函数$f(x)=a^x(a>0，a\neq 1)$的麦克劳林展开式中的前三项是：

A. $1+x\ln a+\frac{x^2}{2}$　　B. $1+x\ln a+\frac{\ln a}{2}x^2$

C. $1+x\ln a+\frac{(\ln a)^2}{2}x^2$　　D. $1+\frac{x}{\ln a}+\frac{x^2}{2\ln a}$

18. 设函数$z=f(x^2y)$，其中$f(u)$具有二阶导数，则$\frac{\partial^2 z}{\partial x\partial y}$等于：

A. $f''(x^2y)$　　B. $f'(x^2y)+x^2f''(x^2y)$

C. $2x[f'(x^2y)+xf''(x^2y)]$　　D. $2x[f'(x^2y)+x^2yf''(x^2y)]$

19. 设$\boldsymbol{A}$、$\boldsymbol{B}$均为三阶矩阵，且行列式$|\boldsymbol{A}|=1$，$|\boldsymbol{B}|=-2$，$\boldsymbol{A}^{\mathrm{T}}$为$\boldsymbol{A}$的转置矩阵，则行列式$|-2\boldsymbol{A}^{\mathrm{T}}\boldsymbol{B}^{-1}|$等于：

A. -1　　B. 1

C. -4　　D. 4

20. 要使齐次线性方程组$\begin{cases}ax_1+x_2+x_3=0\\x_1+ax_2+x_3=0\\x_1+x_2+ax_3=0\end{cases}$，有非零解，则$a$应满足：

A. $-2<a<1$　　B. $a=1$或$a=-2$

C. $a\neq -1$且$a\neq -2$　　D. $a>1$

21. 矩阵$\boldsymbol{A}=\begin{bmatrix}1 & -1 & 0\\ -1 & 3 & 0\\ 0 & 0 & 0\end{bmatrix}$所对应的二次型的标准型是：

A. $f=y_1^2-3y_2^2$　　　　B. $f=y_1^2-2y_2^2$

C. $f=y_1^2+2y_2^2$　　　　D. $f=y_1^2-y_2^2$

22. 已知事件$\boldsymbol{A}$与$\boldsymbol{B}$相互独立，且$P(\overline{A})=0.4$，$P(\overline{B})=0.5$，则$P(A\cup B)$等于：

A. 0.6　　　　B. 0.7

C. 0.8　　　　D. 0.9

23. 设随机变量X的分布函数为$F(x)=\begin{cases}0 & x\leqslant 0\\ x^3 & 0<x\leqslant 1\\ 1 & x>1\end{cases}$，则数学期望$E(X)$等于：

A. $\int_0^1 3x^2\mathrm{d}x$　　　　B. $\int_0^1 3x^3\mathrm{d}x$

C. $\int_0^1 \frac{x^4}{4}\mathrm{d}x+\int_1^{+\infty}x\mathrm{d}x$　　　　D. $\int_0^{+\infty}3x^3\mathrm{d}x$

24. 若二维随机变量(X,Y)的分布规律为：

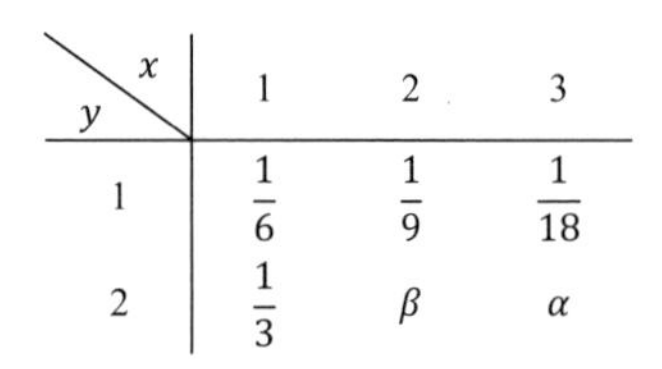

y \ x	1	2	3
1	$\frac{1}{6}$	$\frac{1}{9}$	$\frac{1}{18}$
2	$\frac{1}{3}$	β	α

且X与Y相互独立，则α、β取值为：

A. $\alpha=\frac{1}{6}$，$\beta=\frac{1}{6}$　　　　B. $\alpha=0$，$\beta=\frac{1}{3}$

C. $\alpha=\frac{2}{9}$，$\beta=\frac{1}{9}$　　　　D. $\alpha=\frac{1}{9}$，$\beta=\frac{2}{9}$

25. 1mol 理想气体（刚性双原子分子），当温度为T时，每个分子的平均平动动能为：

A. $\frac{3}{2}RT$　　　　B. $\frac{5}{2}RT$

C. $\frac{3}{2}kT$　　　　D. $\frac{5}{2}kT$

26. 一密闭容器中盛有 1mol 氦气（视为理想气体），容器中分子无规则运动的平均自由程仅取决于：

A. 压强p　　　　B. 体积V

C. 温度T　　　　D. 平均碰撞频率$\overline{Z}$

27. “理想气体和单一恒温热源接触做等温膨胀时，吸收的热量全部用来对外界做功。”对此说法，有以下几种讨论，其中正确的是：

A. 不违反热力学第一定律，但违反热力学第二定律

B. 不违反热力学第二定律，但违反热力学第一定律

C. 不违反热力学第一定律，也不违反热力学第二定律

D. 违反热力学第一定律，也违反热力学第二定律

28. 一定量的理想气体，由一平衡态(p_1,V_1,T_1)变化到另一平衡态(p_2,V_2,T_2)，若$V_2>V_1$，但$T_2=T_1$，无论气体经历怎样的过程：

A. 气体对外做的功一定为正值

B. 气体对外做的功一定为负值

C. 气体的内能一定增加

D. 气体的内能保持不变

29. 一平面简谐波的波动方程为$y=0.01\cos 10\pi(25t-x)$(SI)，则在$t=0.1$s时刻，$x=2$m处质元的振动位移是：

A. 0.01cm

B. 0.01m

C. −0.01m

D. 0.01mm

30. 一平面简谐波的波动方程为$y=0.02\cos\pi(50t+4x)$(SI)，此波的振幅和周期分别为：

A. 0.02m，0.04s

B. 0.02m，0.02s

C. −0.02m，0.02s

D. 0.02m，25s

31. 当机械波在媒质中传播，一媒质质元的最大形变量发生在：

A. 媒质质元离开其平衡位置的最大位移处

B. 媒质质元离开其平衡位置的$\frac{\sqrt{2}}{2}A$处（A为振幅）

C. 媒质质元离开其平衡位置的$\frac{A}{2}$处

D. 媒质质元在其平衡位置处

32. 双缝干涉实验中，若在两缝后（靠近屏一侧）各覆盖一块厚度均为d，但折射率分别为n_1和n_2（$n_2>n_1$）的透明薄片，则从两缝发出的光在原来中央明纹初相遇时，光程差为：

A. $d(n_2-n_1)$

B. $2d(n_2-n_1)$

C. $d(n_2-1)$

D. $d(n_1-1)$

33. 在空气中做牛顿环实验，当平凸透镜垂直向上缓慢平移而远离平面镜时，可以观察到这些环状干涉条纹：

A. 向右平移　　B. 静止不动

C. 向外扩张　　D. 向中心收缩

34. 真空中波长为λ的单色光，在折射率为n的均匀透明媒质中，从A点沿某一路径传播到B点，路径的长度为l，A、B两点光振动的相位差为$\Delta\varphi$，则：

A. $l=\frac{3\lambda}{2}$，$\Delta\varphi=3\pi$　　B. $l=\frac{3\lambda}{2n}$，$\Delta\varphi=3n\pi$

C. $l=\frac{3\lambda}{2n}$，$\Delta\varphi=3\pi$　　D. $l=\frac{3n\lambda}{2}$，$\Delta\varphi=3n\pi$

35. 空气中用白光垂直照射一块折射率为1.50、厚度为0.4×10^{-6}m的薄玻璃片，在可见光范围内，光在反射中被加强的光波波长是（$1\text{m}=1\times10^{9}\text{nm}$）：

A. 480nm　　B. 600nm　　C. 2400nm　　D. 800nm

36. 有一玻璃劈尖，置于空气中，劈尖角$\theta=8\times10^{-5}$rad（弧度），用波长$\lambda=589$nm的单色光垂直照射此劈尖，测得相邻干涉条纹间距$l=2.4$mm，则此玻璃的折射率为：

A. 2.86　　B. 1.53　　C. 15.3　　D. 28.6

37. 某元素正二价离子（M^{2+}）的外层电子构型是$3s^23p^6$，该元素在元素周期表中的位置是：

A. 第三周期，第 VIII 族　　B. 第三周期，第 VIA 族

C. 第四周期，第 IIA 族　　D. 第四周期，第 VIII 族

38. 在Li^+、Na^+、K^+、Rb^+中，极化力最大的是：

A. Li^+　　B. Na^+　　C. K^+　　D. Rb^+

39. 浓度均为$0.1\text{mol}\cdot\text{L}^{-1}$的$NH_4Cl$、NaCl、NaOAc、$Na_3PO_4$溶液，其pH值从小到大顺序正确的是：

A. NH_4Cl，NaCl，NaOAc，Na_3PO_4　　B. Na_3PO_4，NaOAc，NaCl，NH_4Cl

C. NH_4Cl，NaCl，Na_3PO_4，NaOAc　　D. NaOAc，Na_3PO_4，NaCl，NH_4Cl

40. 某温度下，在密闭容器中进行如下反应$2A(g)+B(g)\rightleftharpoons 2C(g)$，开始时，$p(A)=p(B)=300$kPa，$p(C)=0$kPa，平衡时，$p(C)=100$kPa，在此温度下反应的标准平衡常数$K^{\Theta}$是：

A. 0.1　　B. 0.4　　C. 0.001　　D. 0.002

41. 在酸性介质中，反应$MnO_4^- + SO_3^{2-} + H^+ \longrightarrow Mn^{2+} + SO_4^{2-}$，配平后，$H^+$的系数为：

A. 8　　B. 6　　C. 0　　D. 5

42. 已知：酸性介质中，$E^\Theta(ClO_4^-/Cl^-) = 1.39V$，$E^\Theta(ClO_3^-/Cl^-) = 1.45V$，$E^\Theta(HClO/Cl^-) = 1.49V$，$E^\Theta(Cl_2/Cl^-) = 1.36V$，以上各电对中氧化型物质氧化能力最强的是：

A. ClO_4^-　　B. ClO_3^-　　C. HClO　　D. Cl_2

43. 下列反应的热效应等于$CO_2(g)$的$\Delta_f H_m^\Theta$的是：

A. $C(金刚石) + O_2(g) \longrightarrow CO_2(g)$　　B. $CO(g) + \frac{1}{2}O_2(g) \longrightarrow CO_2(g)$

C. $C(石墨) + O_2(g) \longrightarrow CO_2(g)$　　D. $2C(石墨) + 2O_2(g) \longrightarrow 2CO_2(g)$

44. 下列物质在一定条件下不能发生银镜反应的是：

A. 甲醛　　B. 丁醛

C. 甲酸甲酯　　D. 乙酸乙酯

45. 下列物质一定不是天然高分子的是：

A. 蔗糖　　B. 蛋白质

C. 橡胶　　D. 纤维素

46. 某不饱和烃催化加氢反应后，得到$(CH_3)_2CHCH_2CH_3$，该不饱和烃是：

A. 1-戊炔　　B. 3-甲基-1-丁炔

C. 2-戊炔　　D. 1,2-戊二烯

47. 设力$\boldsymbol{F}$在x轴上的投影为F，则该力在与x轴共面的任一轴上的投影：

A. 一定不等于零　　B. 不一定不等于零

C. 一定等于零　　D. 等于F

48. 在图示边长为a的正方形物块$OABC$上作用一平面力系，已知：$F_1 = F_2 = F_3 = 10N$，$a = 1m$，力偶的转向如图所示，力偶矩的大小为$M_1 = M_2 = 10N \cdot m$，则力系向O点简化的主矢、主矩为：

A. $F_R = 30N$（方向铅垂向上），$M_O = 10N \cdot m$(↺)

B. $F_R = 30N$（方向铅垂向上），$M_O = 10N \cdot m$(↻)

C. $F_R = 50N$（方向铅垂向上），$M_O = 30N \cdot m$(↺)

D. $F_R = 10N$（方向铅垂向上），$M_O = 10N \cdot m$(↻)

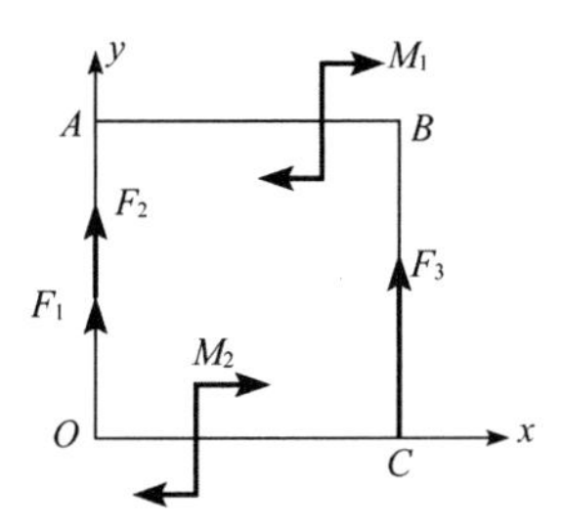

49. 在图示结构中，已知$AB = AC = 2r$，物重F_p，其余质量不计，则支座A的约束力为：

A. $F_A = 0$

B. $F_A = \frac{1}{2}F_p(\leftarrow)$

C. $F_A = \frac{1}{2}\cdot 3F_p(\rightarrow)$

D. $F_A = \frac{1}{2}\cdot 3F_p(\leftarrow)$

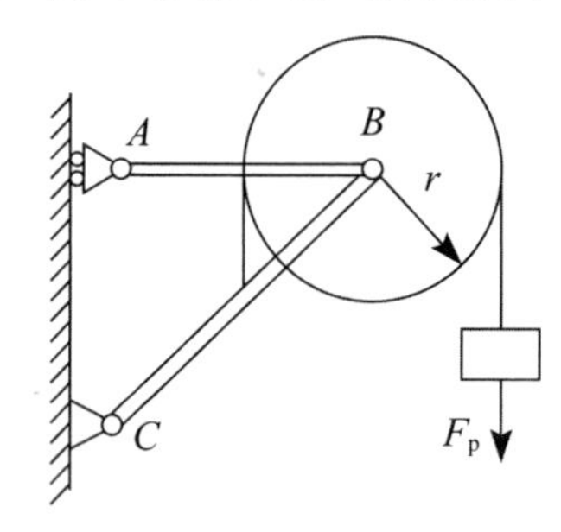

50. 图示平面结构，各杆自重不计，已知$q = 10\text{kN/m}$，$F_p = 20\text{kN}$，$F = 30\text{kN}$，$L_1 = 2\text{m}$，$L_2 = 5\text{m}$，B、C处为铰链连接，则BC杆的内力为：

A. $F_{BC} = -30\text{kN}$

B. $F_{BC} = 30\text{kN}$

C. $F_{BC} = 10\text{kN}$

D. $F_{BC} = 0$

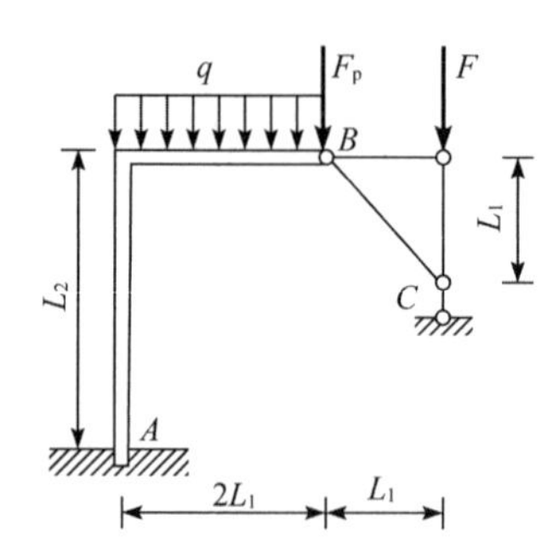

51. 点的运动由关系式$S = t^4 - 3t^3 + 2t^2 - 8$决定（$S$以 m 计，$t$以 s 计），则$t = 2\text{s}$时的速度和加速度为：

A. -4m/s，16m/s^2

B. 4m/s，12m/s^2

C. 4m/s，16m/s^2

D. 4m/s，-16m/s^2

52. 质点以匀速度 15m/s绕直径为 10m 的圆周运动，则其法向加速度为：

A. 22.5m/s^2

B. 45m/s^2

C. 0

D. 75m/s^2

53. 四连杆机构如图所示，已知曲柄O_1A长为r，且$O_1A = O_2B$，$O_1O_2 = AB = 2b$，角速度为ω，角加速度为α，则杆AB的中点M的速度、法向和切向加速度的大小分别为：

A. $v_M = b\omega$，$a_M^n = b\omega^2$，$a_M^t = b\alpha$

B. $v_M = b\omega$，$a_M^n = r\omega^2$，$a_M^t = r\alpha$

C. $v_M = r\omega$，$a_M^n = r\omega^2$，$a_M^t = r\alpha$

D. $v_M = r\omega$，$\alpha_M^n = b\omega^2$，$\alpha_M^t = b\alpha$

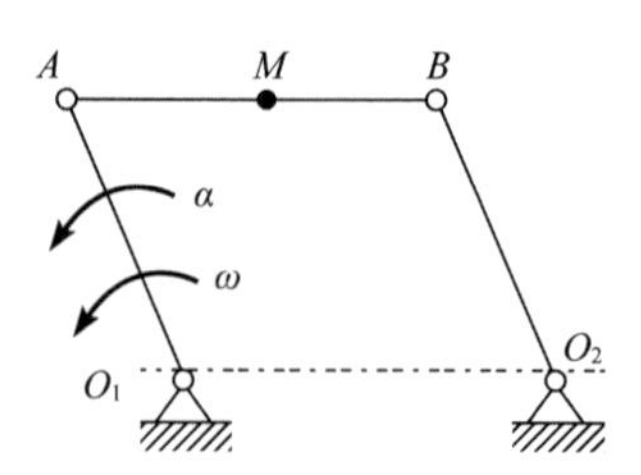

54. 质量为m的小物块在匀速转动的圆桌上，与转轴的距离为r，如图所示。设物块与圆桌之间的摩擦系数为μ，为使物块与桌面之间不产生相对滑动，则物块的最大速度为：

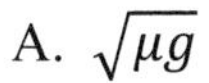

A. $\sqrt{\mu g}$

B. $2\sqrt{\mu gr}$

C. $\sqrt{\mu gr}$

D. $\sqrt{\mu r}$

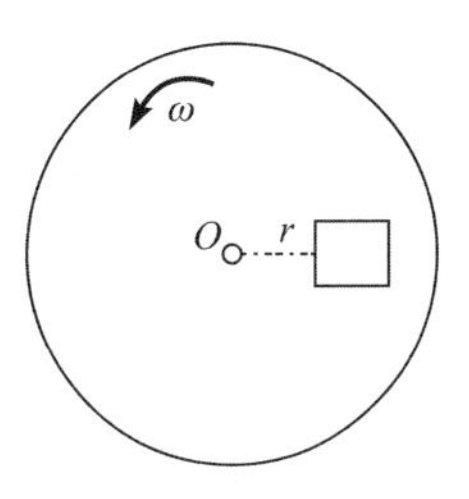

55. 重 10N 的物块沿水平面滑行 4m，如果摩擦系数是 0.3，则重力及摩擦力各做的功是：

A. 40N · m，40N · m　　B. 0，40N · m

C. 0，12N · m　　D. 40N · m，12N · m

56. 质量m_1与半径r均相同的三个均质滑轮，在绳端作用有力或挂有重物，如图所示。已知均质滑轮的质量为$m_1 = 2\text{kN} \cdot \text{s}^2/\text{m}$，重物的质量分别为$m_2 = 0.2\text{kN} \cdot \text{s}^2/\text{m}$，$m_3 = 0.1\text{kN} \cdot \text{s}^2/\text{m}$，重力加速度按$g = 10\text{m}/\text{s}^2$计算，则各轮转动的角加速度$\alpha$间的关系是：

A. $\alpha_1 = \alpha_3 > \alpha_2$　　B. $\alpha_1 < \alpha_2 < \alpha_3$

C. $\alpha_1 > \alpha_3 > \alpha_2$　　D. $\alpha_1 \neq \alpha_2 = \alpha_3$

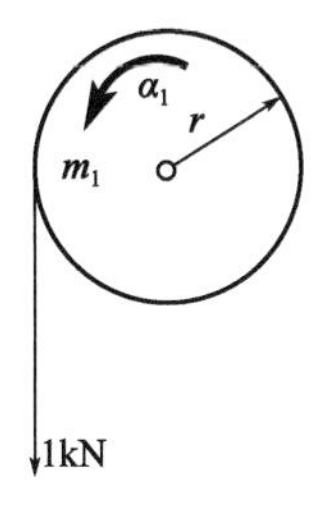

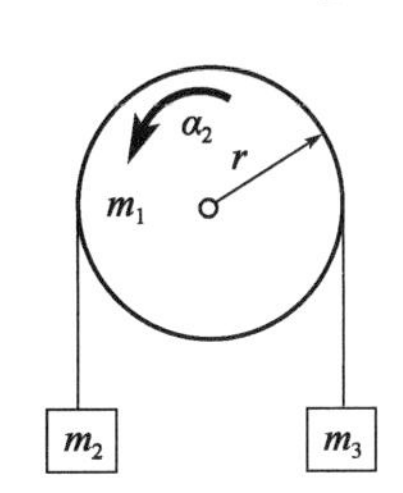

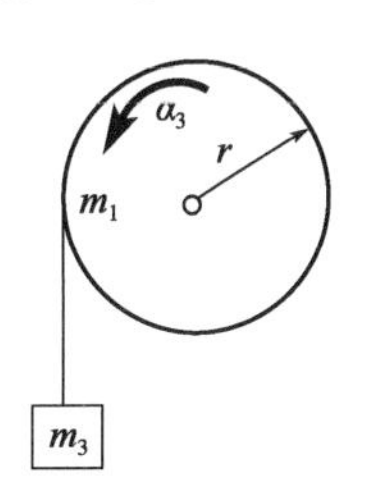

57. 均质细杆OA，质量为m，长l。在如图所示水平位置静止释放，释放瞬时轴承O施加于杆OA的附加动反力为：

A. $3mg\uparrow$

B. $3mg\downarrow$

C. $\frac{3}{4}mg\uparrow$

D. $\frac{3}{4}mg\downarrow$

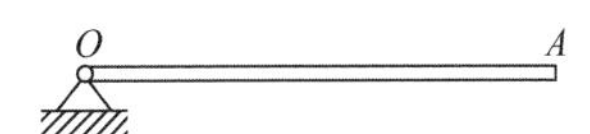

58. 图示两系统均做自由振动，其固有圆频率分别为：

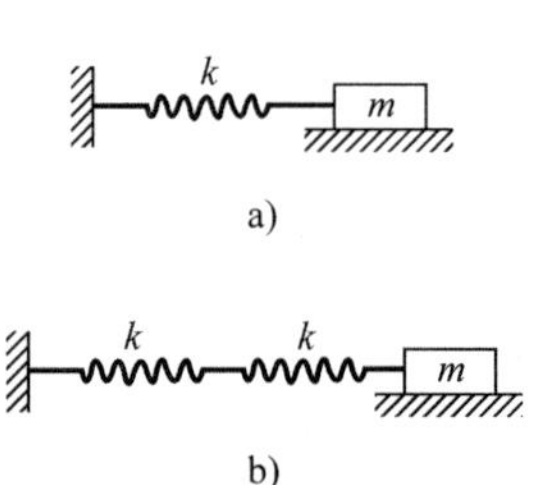

A. $\sqrt{\frac{2k}{m}}$，$\sqrt{\frac{k}{2m}}$

B. $\sqrt{\frac{k}{m}}$，$\sqrt{\frac{m}{2k}}$

C. $\sqrt{\frac{k}{2m}}$，$\sqrt{\frac{k}{m}}$

D. $\sqrt{\frac{k}{m}}$，$\sqrt{\frac{k}{2m}}$

59. 等截面杆，轴向受力如图所示，则杆的最大轴力是：

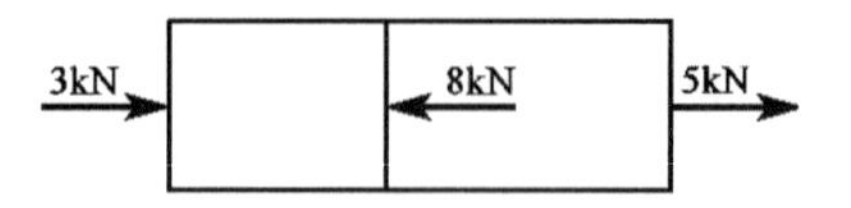

A. 8kN

B. 5kN

C. 3kN

D. 13kN

60. 变截面杆AC受力如图所示。已知材料弹性模量为E，杆BC段的截面积为A，杆AB段的截面积为$2A$，则杆C截面的轴向位移是：

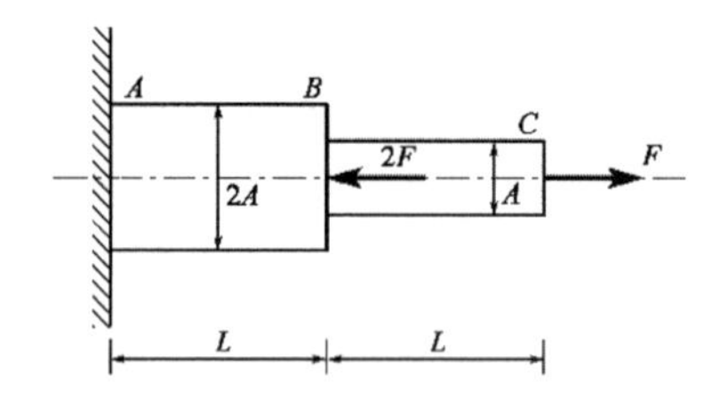

A. $\frac{FL}{2EA}$

B. $\frac{FL}{EA}$

C. $\frac{2FL}{EA}$

D. $\frac{3FL}{EA}$

61. 直径d =0.5m 的圆截面立柱，固定在直径$D = 1$m的圆形混凝土基座上，圆柱的轴向压力$F = 1000$kN，混凝土的许用应力$[\tau] = 1.5$MPa。假设地基对混凝土板的支反力均匀分布，为使混凝土基座不被立柱压穿，混凝土基座所需的最小厚度t应是：

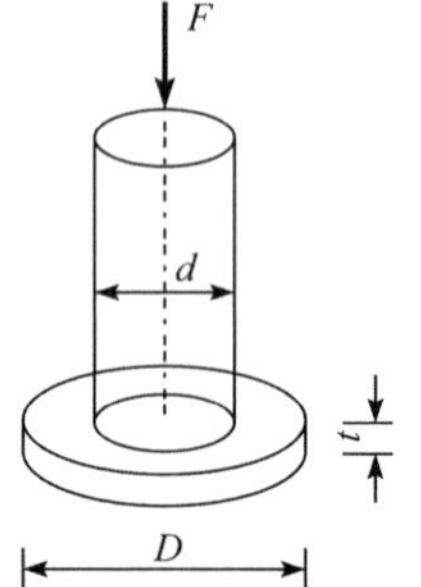

A. 159mm

B. 212mm

C. 318mm

D. 424mm

62. 实心圆轴受扭，若将轴的直径减小一半，则扭转角是原来的：

A. 2 倍　　　　B. 4 倍

C. 8 倍　　　　D. 16 倍

63. 图示截面对z轴的惯性矩I_z为：

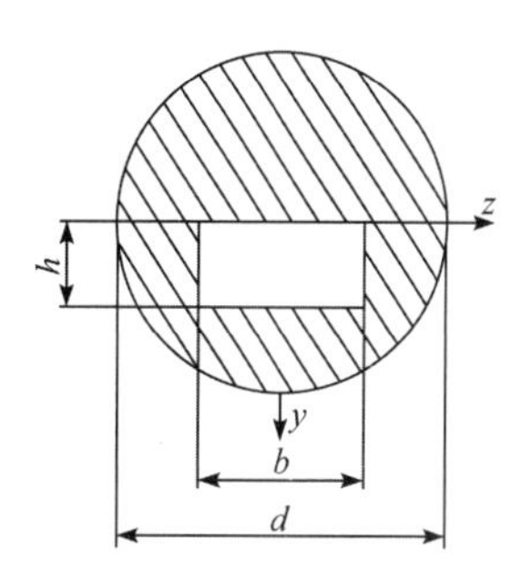

A. $I_z=\frac{\pi d^4}{64}-\frac{bh^3}{3}$

B. $I_z=\frac{\pi d^4}{64}-\frac{bh^3}{12}$

C. $I_z=\frac{\pi d^4}{32}-\frac{bh^3}{6}$

D. $I_z=\frac{\pi d^4}{64}-\frac{13bh^3}{12}$

64. 图示圆轴的抗扭截面系数为W_T，切变模量为G。扭转变形后，圆轴表面A点处截取的单元体互相垂直的相邻边线改变了γ角，如图所示。圆轴承受的扭矩T是：

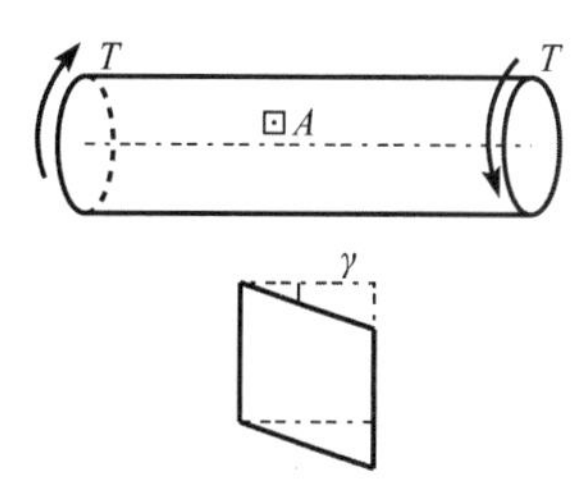

A. $T=G\gamma W_\mathrm{T}$

B. $T=\frac{G\gamma}{W_\mathrm{T}}$

C. $T=\frac{\gamma}{G}W_\mathrm{T}$

D. $T=\frac{W_\mathrm{T}}{G\gamma}$

65. 材料相同的两根矩形截面梁叠合在一起，接触面之间可以相对滑动且无摩擦力。设两根梁的自由端共同承担集中力偶m，弯曲后两根梁的挠曲线相同，则上面梁承担的力偶矩是：

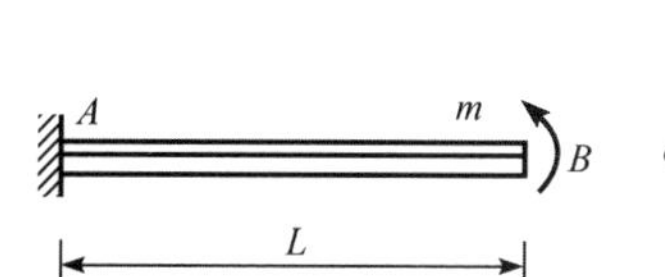

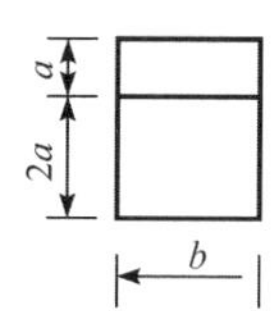

A. $m/9$

B. $m/5$

C. $m/3$

D. $m/2$

66. 图示等边角钢制成的悬臂梁AB，C点为截面形心，x为该梁轴线，y'、z'为形心主轴。集中力$\boldsymbol{F}$竖直向下，作用线过形心，则梁将发生以下哪种变化：

A. xy平面内的平面弯曲

B. 扭转和xy平面内的平面弯曲

C. xy'和xz'平面内的双向弯曲

D. 扭转及xy'和xz'平面内的双向弯曲

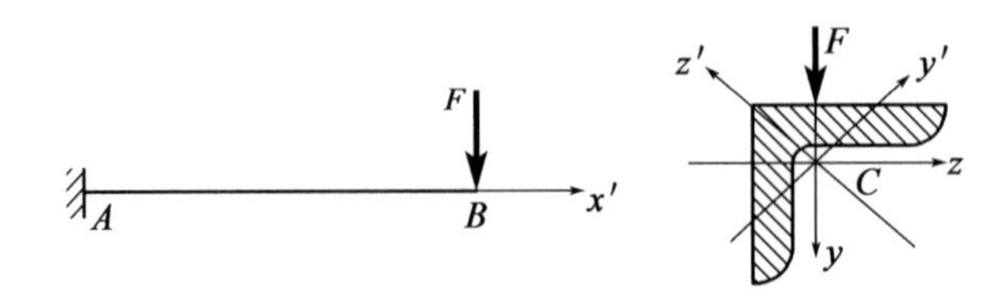

67. 图示直径为d的圆轴，承受轴向拉力$\boldsymbol{F}$和扭矩$\boldsymbol{T}$。按第三强度理论，截面危险的相当应力σ_{eq3}为：

A. $\sigma_{eq3}=\frac{32}{\pi d^3}\sqrt{F^2+T^2}$

B. $\sigma_{eq3}=\frac{16}{\pi d^3}\sqrt{F^2+T^2}$

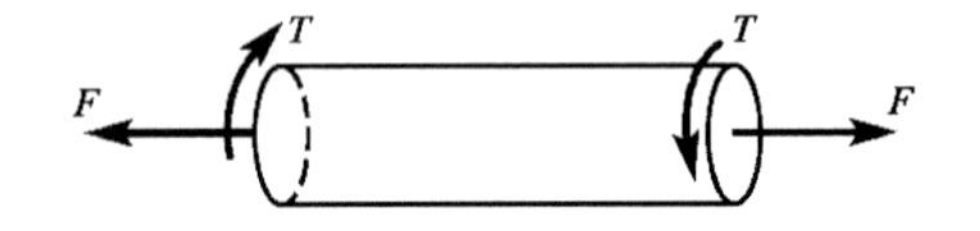

C. $\sigma_{eq3}=\sqrt{\left(\frac{4F}{\pi d^2}\right)^2+4\left(\frac{16T}{\pi d^3}\right)^2}$

D. $\sigma_{eq3}=\sqrt{\left(\frac{4F}{\pi d^2}\right)^2+4\left(\frac{32T}{\pi d^3}\right)^2}$

68. 在图示 4 种应力状态中，最大切应力τ_{max}大的应力状态是：

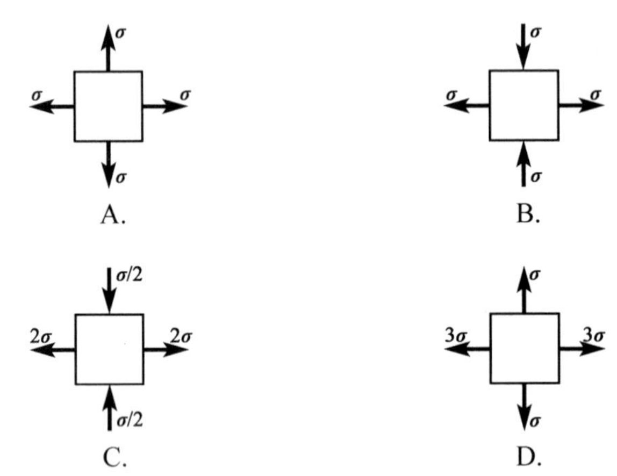

69. 图示圆轴固定端最上缘A点单元体的应力状态是：

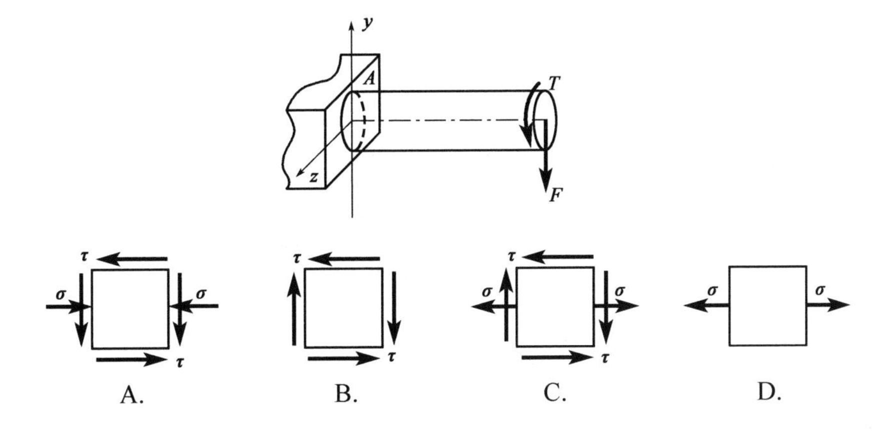

70. 图示三根压杆均为细长（大柔度）压杆，且弯曲刚度为EI。三根压杆的临界荷载F_{cr}的关系为：

A. $F_{cra} > F_{crb} > F_{crc}$

B. $F_{crb} > F_{cra} > F_{crc}$

C. $F_{crc} > F_{cra} > F_{crb}$

D. $F_{crb} > F_{crc} > F_{cra}$

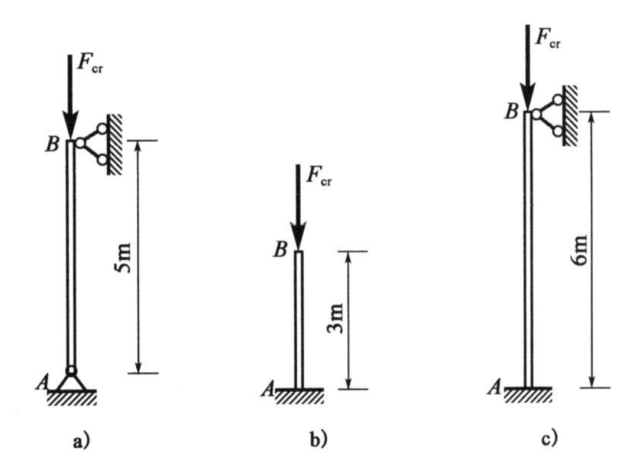

71. 压力表测出的压强是：

A. 绝对压强

B. 真空压强

C. 相对压强

D. 实际压强

72. 有一变截面压力管道，测得流量为15L/s，其中一截面的直径为100mm，另一截面处的流速为20m/s，则此截面的直径为：

A. 29mm

B. 31mm

C. 35mm

D. 26mm

73. 一直径为 50mm 的圆管，运动黏滞系数$\nu = 0.18\text{cm}^2/\text{s}$、密度$\rho = 0.85\text{g/cm}^3$的油在管内以$v = 10\text{cm/s}$的速度做层流运动，则沿程损失系数是：

A. 0.18　　B. 0.23　　C. 0.20　　D. 0.26

74. 圆柱形管嘴，直径为 0.04m，作用水头为 7.5m，则出水流量为：

A. $0.008\text{m}^3/\text{s}$　　B. $0.023\text{m}^3/\text{s}$

C. $0.020\text{m}^3/\text{s}$　　D. $0.013\text{m}^3/\text{s}$

75. 同一系统的孔口出流，有效作用水头H相同，则自由出流与淹没出流的关系为：

A. 流量系数不等，流量不等　　B. 流量系数不等，流量相等

C. 流量系数相等，流量不等　　D. 流量系数相等，流量相等

76. 一梯形断面明渠，水力半径$R = 1\text{m}$，底坡$i = 0.0008$，粗糙系数$n = 0.02$，则输水流速度为：

A. 1m/s　　B. 1.4m/s

C. 2.2m/s　　D. 0.84m/s

77. 渗流达西定律适用于：

A. 地下水渗流　　B. 砂质土壤渗流

C. 均匀土壤层流渗流　　D. 地下水层流渗流

78. 几何相似、运动相似和动力相似的关系是：

A. 运动相似和动力相似是几何相似的前提

B. 运动相似是几何相似和动力相似的表象

C. 只有运动相似，才能几何相似

D. 只有动力相似，才能几何相似

79. 图示为环线半径为r的铁芯环路，绕有匝数为N的线圈，线圈中通有直流电流I，磁路上的磁场强度H处处均匀，则H值为：

A. $\frac{NI}{r}$，顺时针方向

B. $\frac{NI}{2\pi r}$，顺时针方向

C. $\frac{NI}{r}$，逆时针方向

D. $\frac{NI}{2\pi r}$，逆时针方向

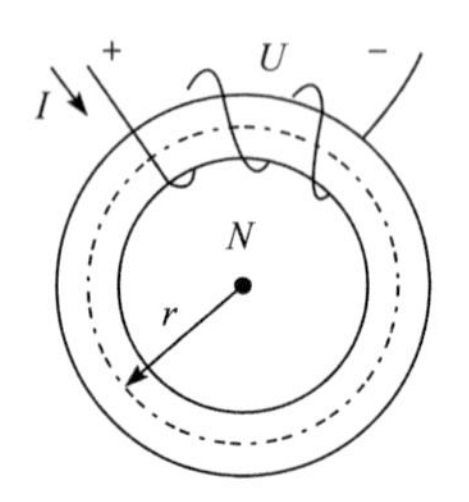

80. 图示电路中，电压$U=$

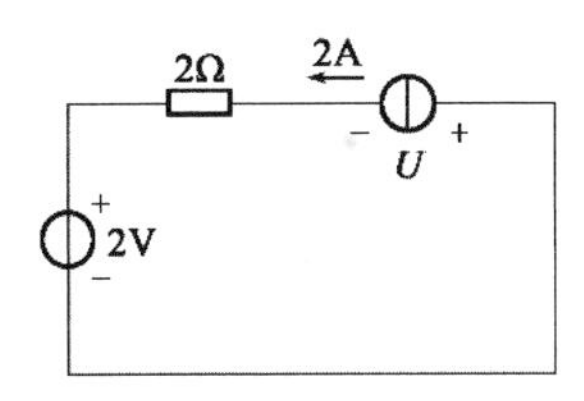

A. 0V

B. 4V

C. 6V

D. −6V

81. 对于图示电路，可以列写a、b、c、d 4个结点的KCL方程和①、②、③、④、⑤ 5个回路的KVL方程。为求出6个未知电流$I_1 \sim I_6$，正确的求解模型应该是：

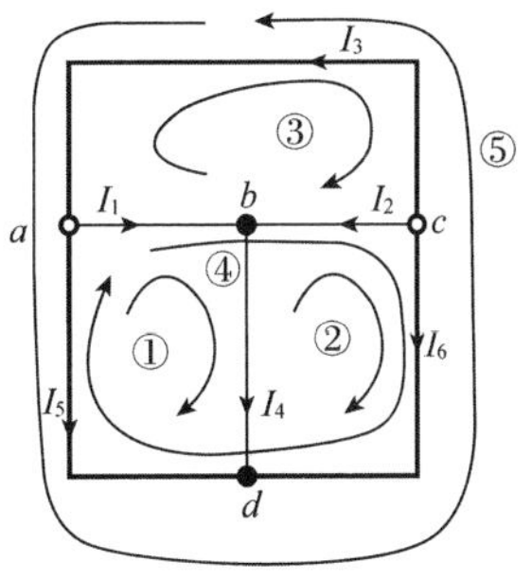

A. 任选3个KCL方程和3个KVL方程

B. 任选3个KCL方程和①、②、③ 3个回路的KVL方程

C. 任选3个KCL方程和①、②、④ 3个回路的KVL方程

D. 写出4个KCL方程和任意2个KVL方程

82. 已知交流电流$i(t)$的周期$T=1\text{ms}$，有效值$I=0.5\text{A}$，当$t=0$时，$i=0.5\sqrt{2}\text{A}$，则它的时间函数描述形式是：

A. $i(t)=0.5\sqrt{2}\sin 1000t\ \text{A}$

B. $i(t)=0.5\sin 2000\pi t\ \text{A}$

C. $i(t)=0.5\sqrt{2}\sin(2000\pi t+90°)\ \text{A}$

D. $i(t)=0.5\sqrt{2}\sin(1000\pi t+90°)\ \text{A}$

83. 图a）滤波器的幅频特性如图b）所示，当$u_{\text{i}}=u_{\text{i1}}=10\sqrt{2}\sin 100t\ \text{V}$时，输出$u_{\text{o}}=u_{\text{o1}}$，当$u_{\text{i}}=u_{\text{i2}}=10\sqrt{2}\sin 10^4t\ \text{V}$时，输出$u_{\text{o}}=u_{\text{o2}}$，则可以算出：

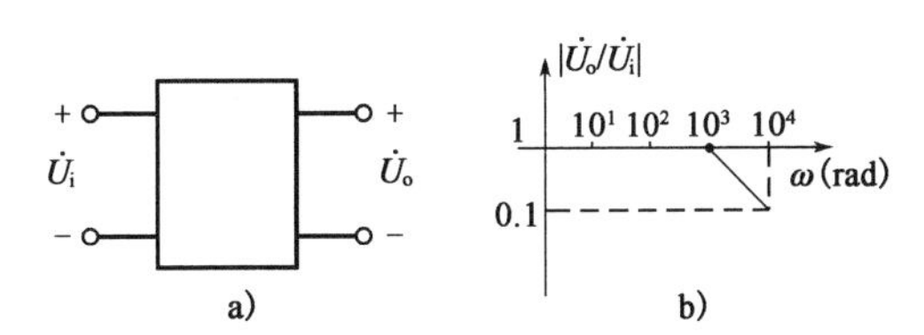

A. $U_{\text{o1}}=U_{\text{o2}}=10\text{V}$

B. $U_{\text{o1}}=10\text{V}$，U_{o2}不能确定，但小于10V

C. $U_{\text{o1}}<10\text{V}$，$U_{\text{o2}}=0$

D. $U_{\text{o1}}=10\text{V}$，$U_{\text{o2}}=1\text{V}$

84. 如图 a）所示功率因数补偿电路中，当$C = C_1$时得到相量图如图 b）所示，当$C = C_2$时得到相量图如图 c）所示，则：

A. C_1一定大于C_2

B. 当$C = C_1$时，功率因数$\lambda|_{C_1} = -0.866$；当$C = C_2$时，功率因数$\lambda|_{C_2} = 0.866$

C. 因为功率因数$\lambda|_{C_1} = \lambda|_{C_2}$，所以采用两种方案均可

D. 当$C = C_2$时，电路出现过补偿，不可取

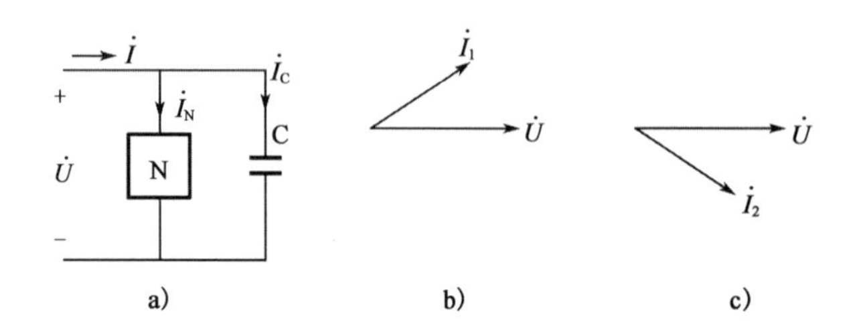

85. 某单相理想变压器，其一次线圈为 550 匝，有两个二次线圈。若希望一次电压为 100V 时，获得的二次电压分别为 10V 和 20V，则$N_{2|10V}$和$N_{2|20V}$应分别为：

A. 50 匝和 100 匝　　B. 100 匝和 50 匝

C. 55 匝和 110 匝　　D. 110 匝和 55 匝

86. 为实现对电动机的过载保护，除了将热继电器的常闭触点串接在电动机的控制电路中外，还应将其热元件：

A. 也串接在控制电路中　　B. 再并接在控制电路中

C. 串接在主电路中　　D. 并接在主电路中

87. 某温度信号如图 a）所示，经温度传感器测量后得到图 b）波形，经采样后得到图 c）波形，再经保持器得到图 d）波形，则：

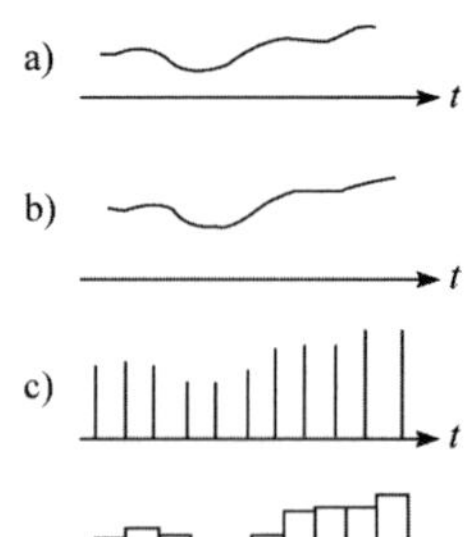

A. 图 b）是图 a）的模拟信号

B. 图 a）是图 b）的模拟信号

C. 图 c）是图 b）的数字信号

D. 图 d）是图 a）的模拟信号

88. 若某周期信号的一次谐波分量为$5\sin 10^3 t$ V，则它的三次谐波分量可表示为：

A. $U\sin 3\times 10^3 t$，$U > 5\text{V}$　　　　B. $U\sin 3\times 10^3 t$，$U < 5\text{V}$

C. $U\sin 10^6 t$，$U > 5\text{V}$　　　　D. $U\sin 10^6 t$，$U < 5\text{V}$

89. 设放大器的输入信号为$u_1(t)$，放大器的幅频特性如图所示，令$u_1(t) = \sqrt{2}U_1\sin 2\pi f t$，$u_2(t) = \sqrt{2}U_2\sin 2\pi f t$，且$f > f_\text{H}$，则：

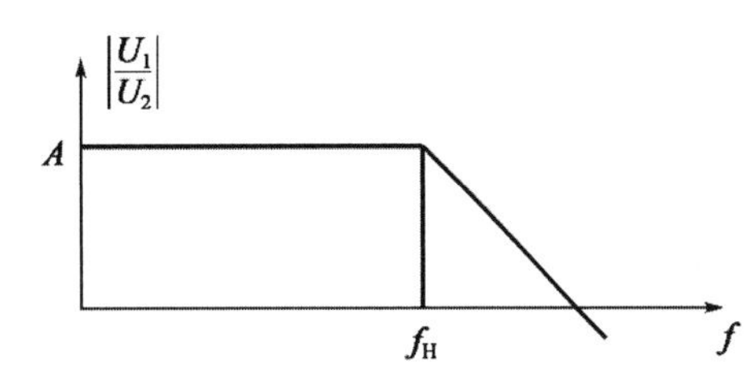

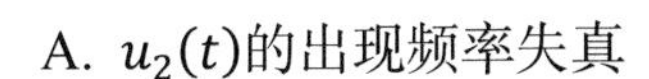

A. $u_2(t)$的出现频率失真

B. $u_2(t)$的有效值$U_2 = AU_1$

C. $u_2(t)$的有效值$U_2 < AU_1$

D. $u_2(t)$的有效值$U_2 > AU_1$

90. 对逻辑表达式$\overline{\text{AD} + \overline{\text{A}}\text{D}}$的化简结果是：

A. 0　　　　B. 1

C. $\overline{\text{A}}\text{D} + \text{A}\overline{\text{D}}$　　　　D. $\overline{\text{AD}} + \text{AD}$

91. 已知数字信号A和数字信号B的波形如图所示，则数字信号$\text{F} = \overline{\text{A} + \text{B}}$的波形为：

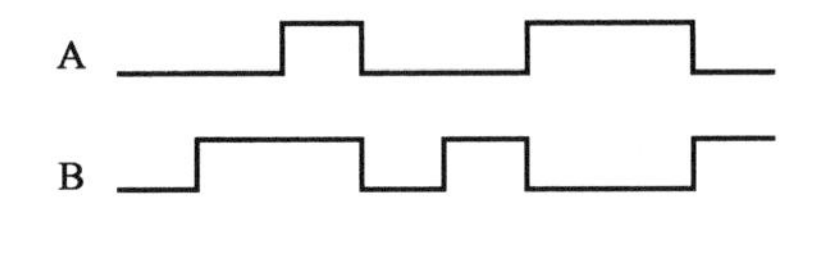

A. F

B. F

C. F

D. F

92. 十进制数字 16 的 BCD 码为：

A. 00010000　　　　B. 00010110

C. 00010100　　　　D. 00011110

93. 二极管应用电路如图所示，$U_A = 1V$，$U_B = 5V$，设二极管为理想器件，则输出电压U_F：

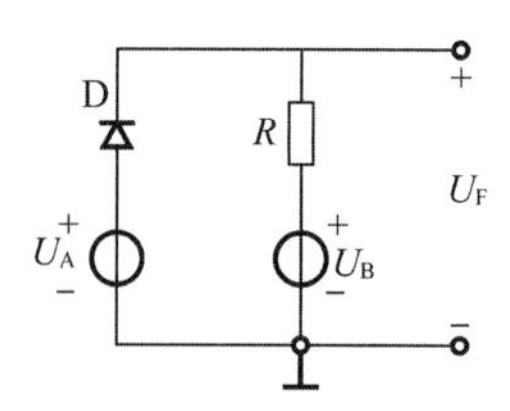

A. 等于 1V

B. 等于 5V

C. 等于 0V

D. 因R未知，无法确定

94. 运算放大器应用电路如图所示，其中$C = 1\mu F$，$R = 1M\Omega$，$U_{oM} = \pm 10V$，若$u_1 = 1V$，则u_o：

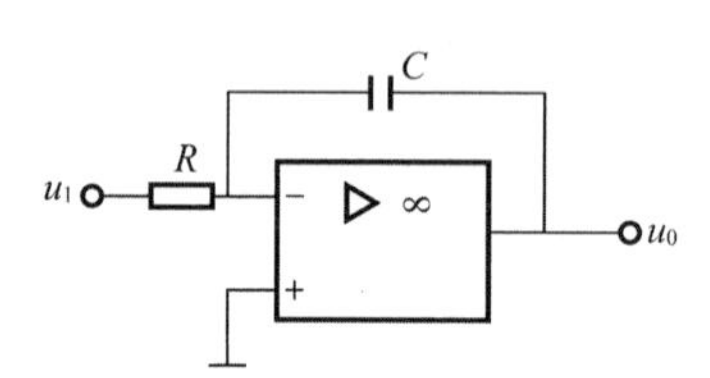

A. 等于 0V

B. 等于 1V

C. 等于 10V

D. $t < 10s$时，为$-t$；$t \geqslant 10s$后，为$-10V$

95. 图 a）所示电路中，复位信号$\overline{R}_D$、信号A及时钟脉冲信号cp如图 b）所示，经分析可知，在第一个和第二个时钟脉冲的下降沿时刻，输出Q先后等于：

A. 0　0　　　B. 0　1

C. 1　0　　　D. 1　1

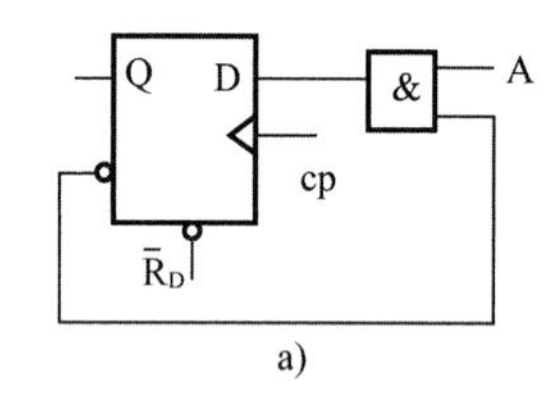

a)

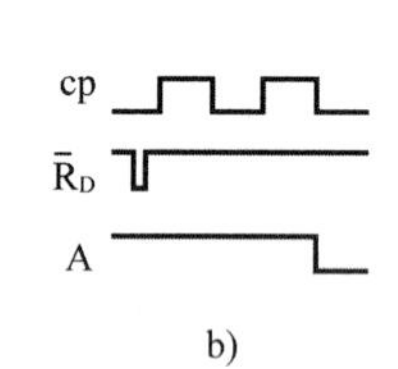

b)

附：触发器的逻辑状态表

D	Q_{n+1}
0	0
1	1

96. 图示电路的功能和寄存数据是：

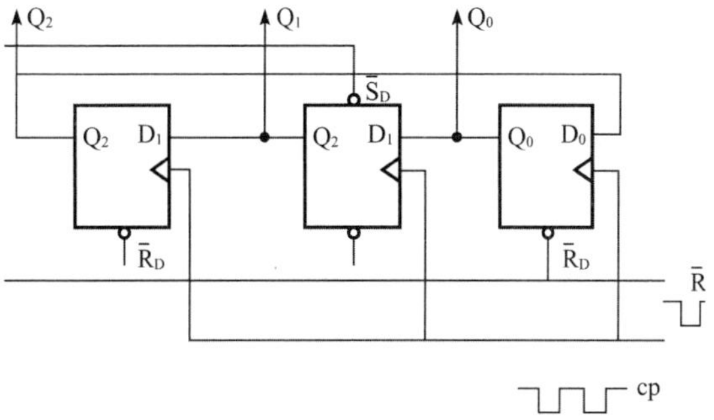

A. 左移的三位移位寄存器，寄存数据是 010

B. 右移的三位移位寄存器，寄存数据是 010

C. 左移的三位移位寄存器，寄存数据是 000

D. 右移的三位移位寄存器，寄存数据是 000

97. 计算机按用途可分为：

A. 专业计算机和通用计算机

B. 专业计算机和数字计算机

C. 通用计算机和模拟计算机

D. 数字计算机和现代计算机

98. 当前微机所配备的内存储器大多是：

A. 半导体存储器

B. 磁介质存储器

C. 光线（纤）存储器

D. 光电子存储器

99. 批处理操作系统的功能是将用户的一批作业有序地排列起来：

A. 在用户指令的指挥下、顺序地执行作业流

B. 计算机系统会自动地、顺序地执行作业流

C. 由专门的计算机程序员控制作业流的执行

D. 由微软提供的应用软件来控制作业流的执行

100. 杀毒软件应具有的功能是：

A. 消除病毒

B. 预防病毒

C. 检查病毒

D. 检查并消除病毒

101. 目前，微机系统中普遍使用的字符信息编码是：

A. BCD 编码

B. ASCII 编码

C. EBCDIC 编码

D. 汉字字型码

102. 下列选项中，不属于 Windows 特点的是：

A. 友好的图形用户界面　　B. 使用方便

C. 多用户单任务　　D. 系统稳定可靠

103. 操作系统中采用虚拟存储技术，是为了对：

A. 外为存储空间的分配　　B. 外存储器进行变换

C. 内存储器的保护　　D. 内存储器容量的扩充

104. 通过网络传送邮件、发布新闻消息和进行数据交换是计算机网络的：

A. 共享软件资源功能　　B. 共享硬件资源功能

C. 增强系统处理功能　　D. 数据通信功能

105. 下列有关因特网提供服务的叙述中，错误的一条是：

A. 文件传输服务、远程登录服务　　B. 信息搜索服务、WWW 服务

C. 信息搜索服务、电子邮件服务　　D. 网络自动连接、网络自动管理

106. 若按网络传输技术的不同，可将网络分为：

A. 广播式网络、点到点式网络

B. 双绞线网、同轴电缆网、光纤网、无线网

C. 基带网和宽带网

D. 电路交换类、报文交换类、分组交换类

107. 某企业准备 5 年后进行设备更新，到时所需资金估计为 600 万元，若存款利率为 5%，从现在开始每年年末均等额存款，则每年应存款：

[已知：$(A/F, 5\%, 5) = 0.18097$]

A. 78.65 万元　　B. 108.58 万元

C. 120 万元　　D. 165.77 万元

108. 某项目投资于邮电通信业，运营后的营业收入全部来源于对客户提供的电信服务，则在估计该项目现金流时不包括：

A. 企业所得税　　B. 增值税

C. 城市维护建设税　　D. 教育税附加

109. 某公司向银行借款150万元，期限为5年，年利率为8%，每年年末等额还本付息一次（即等额本息法），到第五年末还完本息。则该公司第2年年末偿还的利息为：

[已知：$(A/P,8\%,5)=0.2505$]

A. 9.954万元　　B. 12万元

C. 25.575万元　　D. 37.575万元

110. 以下关于项目内部收益率指标的说法正确的是：

A. 内部收益率属于静态评价指标

B. 项目内部收益率就是项目的基准收益率

C. 常规项目可能存在多个内部收益率

D. 计算内部收益率不必事先知道准确的基准收益率i_c

111. 影子价格是商品或生产要素的任何边际变化对国家的基本社会经济目标所做贡献的价值，因而影子价格是：

A. 目标价格　　B. 反映市场供求状况和资源稀缺程度的价格

C. 计划价格　　D. 理论价格

112. 在对项目进行盈亏平衡分析时，各方案的盈亏平衡点生产能力利用率有如下四种数据，则抗风险能力较强的是：

A. 30%　　B. 60%

C. 80%　　D. 90%

113. 甲、乙为两个互斥的投资方案。甲方案现时点的投资为25万元，此后从第一年年末开始，年运行成本为4万元，寿命期为20年，净残值为8万元；乙方案现时点的投资额为12万元，此后从第一年年末开始，年运行成本为6万元，寿命期也为20年，净残值6万元。若基准收益率为20%，则甲、乙方案费用现值分别为：

[已知：$(P/A,20\%,20)=4.8696$，$(P/F,20\%,20)=0.02608$]

A. 50.80万元，−41.06万元　　B. 54.32万元，41.06万元

C. 44.27万元，41.06万元　　D. 50.80万元，44.27万元

114. 某产品的实际成本为10000元，它由多个零部件组成，其中一个零部件的实际成本为880元，功能评价系数为0.140，则该零部件的价值指数为：

A. 0.628　　B. 0.880

C. 1.400　　D. 1.591

115. 某工程项目甲建设单位委托乙监理单位对丙施工总承包单位进行监理，有关监理单位的行为符合规定的是：

A. 在监理合同规定的范围内承揽监理业务

B. 按建设单位委托，客观公正地执行监理任务

C. 与施工单位建立隶属关系或者其他利害关系

D. 将工程监理业务转让给具有相应资质的其他监理单位

116. 某施工企业取得了安全生产许可证后，在从事建筑施工活动中，被发现已经不具备安全生产条件，则正确的处理方法是：

A. 由颁发安全生产许可证的机关暂扣或吊销安全生产许可证

B. 由国务院建设行政主管部门责令整改

C. 由国务院安全管理部门责令停业整顿

D. 吊销安全生产许可证，5年内不得从事施工活动

117. 某工程项目进行公开招标，甲乙两个施工单位组成联合体投标该项目，下列做法中，不合法的是：

A. 双方商定以一个投标人的身份共同投标

B. 要求双方至少一方应当具备承担招标项目的相应能力

C. 按照资质等级较低的单位确定资质等级

D. 联合体各方协商签订共同投标协议

118. 某建设工程总承包合同约定，材料价格按照市场价履约，但具体价款没有明确约定，结算时应当依据的价格是：

A. 订立合同时履行地的市场价格　　B. 结算时买方所在地的市场价格

C. 订立合同时签约地的市场价格　　D. 结算工程所在地的市场价格

119. 某城市计划对本地城市建设进行全面规划，根据《中华人民共和国环境保护法》的规定，下列城乡建设行为不符合《中华人民共和国环境保护法》规定的是：

A. 加强在自然景观中修建人文景观

B. 有效保护植被、水域

C. 加强城市园林、绿地园林

D. 加强风景名胜区的建设

120. 根据《建设工程安全生产管理条例》规定，施工单位主要负责人应当承担的责任是：

A. 落实安全生产责任制度、安全生产规章制度和操作规程

B. 保证本单位安全生产条件所需资金的投入

C. 确保安全生产费用的有效使用

D. 根据工程的特点组织特定安全施工措施

2018年度全国勘察设计注册工程师执业资格考试基础考试（上）
试题解析及参考答案

1. 解　本题考查基本极限公式以及无穷小量的性质。

选项A和C是基本极限公式，成立。

选项B，$\lim\limits_{x\to\infty}\frac{\sin x}{x}=\lim\limits_{x\to\infty}\frac{1}{x}\sin x$，其中$\frac{1}{x}$是无穷小，$\sin x$是有界函数，无穷小乘以有界函数的值为无穷小量，也就是0，故选项B不成立。

选项D，只要令$t=\frac{1}{x}$，则可化为选项C的结果。

答案：B

2. 解　本题考查奇偶函数的性质。当$f(-x)=-f(x)$时，$f(x)$为奇函数；当$f(-x)=f(x)$时，$f(x)$为偶函数。

方法1：选项D，设$H(x)=g[g(x)]$，则

$$H(-x)=g[g(-x)]\overset{g(x)\text{为}}{\underset{\text{奇函数}}{=\!=\!=}}g[-g(x)]=-g[g(x)]=-H(x)$$

故$g[g(x)]$为奇函数。

方法2：采用特殊值法，题中$f(x)$是偶函数，$g(x)$是奇函数，可设$f(x)=x^2$，$g(x)=x$，验证选项A、B、C均是偶函数，错误。

答案：D

3. 解　本题考查导数的定义，需要熟练拼凑相应的形式。

根据导数定义：$f'(x_0)=\lim\limits_{x\to x_0}\frac{f(x)-f(x_0)}{x-x_0}$，与题中所给形式类似，进行拼凑：

$$\begin{aligned}&\lim_{x\to x_0}\frac{xf(x_0)-x_0f(x)}{(x-x_0)}\\&=\lim_{x\to x_0}\frac{xf(x_0)-x_0f(x)+x_0f(x_0)-x_0f(x_0)}{x-x_0}\\&=\lim_{x\to x_0}\left[\frac{-x_0f(x)+x_0f(x_0)}{x-x_0}+\frac{xf(x_0)-x_0f(x_0)}{x-x_0}\right]\\&=-x_0f'(x_0)+f(x_0)\end{aligned}$$

答案：C

4. 解　本题考查变限定积分求导的计算方法。

变限定积分求导的方法如下：

$$\begin{aligned}\frac{\mathrm{d}\left(\int_{\psi(x)}^{\varphi(x)}f(t)\mathrm{d}t\right)}{\mathrm{d}x}&=\frac{\mathrm{d}}{\mathrm{d}x}\left(\int_{\psi(x)}^{a}f(t)\mathrm{d}t+\int_{a}^{\varphi(x)}f(t)\mathrm{d}t\right)\quad(a\text{为常数})\\&=\frac{\mathrm{d}}{\mathrm{d}x}\left(-\int_{a}^{\psi(x)}f(t)\mathrm{d}t+\int_{a}^{\varphi(x)}f(t)\mathrm{d}t\right)\\&=-f\big(\psi(x)\big)\psi'(x)+f\big(\varphi(x)\big)\varphi'(x)\end{aligned}$$

求导时，先把积分下限函数化为积分上限函数，再求导。

计算如下：

$$\frac{\mathrm{d}}{\mathrm{d}x}\int_{\varphi(x^2)}^{\varphi(x)} e^{t^2}\,\mathrm{d}t$$

$$=\frac{\mathrm{d}}{\mathrm{d}x}\left[\int_{\varphi(x^2)}^{a} e^{t^2}\,\mathrm{d}t+\int_{a}^{\varphi(x)} e^{t^2}\,\mathrm{d}t\right]\quad(a\text{为常数})$$

$$=\frac{\mathrm{d}}{\mathrm{d}x}\left[-\int_{a}^{\varphi(x^2)} e^{t^2}\,\mathrm{d}t+\int_{a}^{\varphi(x)} e^{t^2}\,\mathrm{d}t\right]$$

$$=-e^{[\varphi(x^2)]^2}\varphi'(x^2)\cdot 2x+e^{[\varphi(x)]^2}\cdot\varphi'(x)$$

$$=\varphi'(x)e^{[\varphi(x)]^2}-2x\varphi'(x^2)e^{[\varphi(x^2)]^2}$$

答案：A

5. 解　本题考查不定积分的基本计算技巧：凑微分。

$$\int xf(1-x^2)\mathrm{d}x=-\frac{1}{2}\int f(1-x^2)\mathrm{d}(1-x^2)\xlongequal[\int f(x)\mathrm{d}x=F(x)+C]{\text{已知}}-\frac{1}{2}F(1-x^2)+C$$

答案：B

6. 解　本题考查一阶导数的应用。

驻点是函数的一阶导数为 0 的点，本题中函数明显是光滑连续的，所以对函数求导，有$y'=4x+a$，将$x=1$代入得到$y'(1)=4+a=0$，解出$a=-4$。

答案：D

7. 解　本题考查向量代数的基本运算。

方法 1：$(\boldsymbol{\alpha}+\boldsymbol{\beta})\cdot(\boldsymbol{\alpha}+\boldsymbol{\beta})=|\boldsymbol{\alpha}+\boldsymbol{\beta}|\cdot|\boldsymbol{\alpha}+\boldsymbol{\beta}|\cdot\cos 0=|\boldsymbol{\alpha}+\boldsymbol{\beta}|^2$

所以，$|\boldsymbol{\alpha}+\boldsymbol{\beta}|^2=(\boldsymbol{\alpha}+\boldsymbol{\beta})\cdot(\boldsymbol{\alpha}+\boldsymbol{\beta})=\boldsymbol{\alpha}\cdot\boldsymbol{\alpha}+\boldsymbol{\beta}\cdot\boldsymbol{\alpha}+\boldsymbol{\alpha}\cdot\boldsymbol{\beta}+\boldsymbol{\beta}\cdot\boldsymbol{\beta}=\boldsymbol{\alpha}\cdot\boldsymbol{\alpha}+2\boldsymbol{\alpha}\cdot\boldsymbol{\beta}+\boldsymbol{\beta}\cdot\boldsymbol{\beta}$

$$\xlongequal[\theta]{|\boldsymbol{\alpha}|=1,|\boldsymbol{\beta}|=2}=\frac{\pi}{3}1\times1\times\cos 0+2\times1\times2\times\frac{\cos\pi}{3}+2\times2\times\cos 0=7$$

所以，$|\boldsymbol{\alpha}+\boldsymbol{\beta}|^2=7$，则$|\boldsymbol{\alpha}+\boldsymbol{\beta}|=\sqrt{7}$

方法 2：可通过作图来辅助求解。

如解图所示，若设$\boldsymbol{\beta}=(2,0)$，由于$\boldsymbol{\alpha}$和$\boldsymbol{\beta}$的夹角为$\frac{\pi}{3}$，则

$\boldsymbol{\alpha}=\left(1\cdot\cos\frac{\pi}{3},1\cdot\sin\frac{\pi}{3}\right)=\left(\cos\frac{\pi}{3},\sin\frac{\pi}{3}\right)$，$\boldsymbol{\beta}=(2,0)$

$\boldsymbol{\alpha}+\boldsymbol{\beta}=\left(2+\cos\frac{\pi}{3},\sin\frac{\pi}{3}\right)$

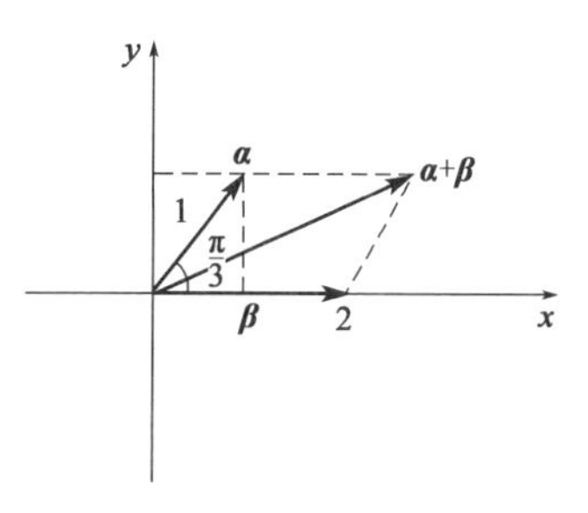

题 7 解图

$$|\boldsymbol{\alpha}+\boldsymbol{\beta}|=\sqrt{\left(2+\cos\frac{\pi}{3}\right)^2+\sin^2\frac{\pi}{3}}=\sqrt{4+2\times2\times\cos\frac{\pi}{3}+\cos^2\frac{\pi}{3}+\sin^2\frac{\pi}{3}}=\sqrt{7}$$

答案：B

8. 解　本题考查简单的二阶常微分方程求解，直接进行两次积分即可。

$y'' = \sin x$，则$y' = \int \sin x \, dx = -\cos x + C_1$

再次对x进行积分，有：$y = \int (-\cos x + C_1) dx = -\sin x + C_1 x + C_2$

答案：B

9. 解　本题考查导数的基本应用与计算。

已知$f(x)$，$g(x)$在$[a，b]$上均可导，且恒正，

设$H(x) = f(x)g(x)$，则$H'(x) = f'(x)g(x) + f(x)g'(x)$，

已知$f'(x)g(x) + f(x)g'(x) > 0$，所以函数$H(x) = f(x)g(x)$在$x \in (a，b)$时单调增加，因此有$H(a) < H(x) < H(b)$，即$f(a)g(a) < f(x)g(x) < f(b)g(b)$。

答案：C

10. 解　本题考查定积分的基本几何应用。注意积分变量的选择，是选择x方便，还是选择y方便？

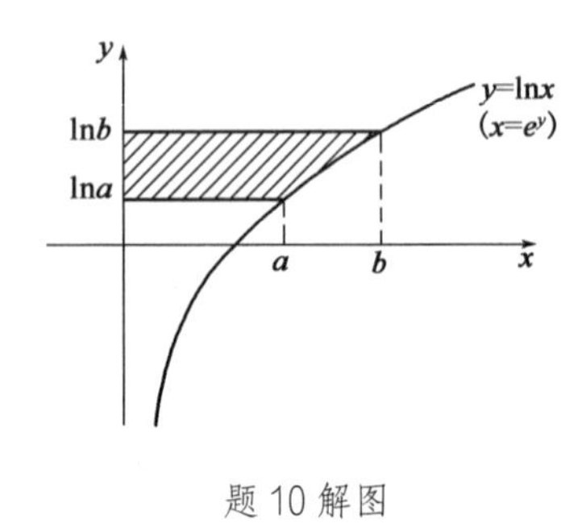

题 10 解图

如解图所示，本题所求图形面积即为阴影图形面积，此时选择积分变量y较方便。

$$A = \int_{\ln a}^{\ln b} \varphi(y) dy$$

因为$y = \ln x$，则$x = e^y$，故：

$$A = \int_{\ln a}^{\ln b} e^y \, dy = e^y \Big|_{\ln a}^{\ln b} = e^{\ln b} - e^{\ln a} = b - a$$

答案：B

11. 解　本题考查空间解析几何中平面的基本性质和运算。

方法 1：若某平面π平行于yOz坐标面，则平面π的法向量平行于x轴，可取$\boldsymbol{n} = (1,0,0)$，利用平面$Ax + By + Cz + D = 0$所对应的法向量$\boldsymbol{n} = (A,B,C)$判定选项 D 中，平面方程$x + 1 = 0$的法线向量为$\vec{n} = (1,0,0)$，正确。

方法 2：可通过画出选项 A、B、C 的图形来确定。

答案：D

12. 解　本题考查多元函数微分学的概念性问题，涉及多元函数偏导数与多元函数连续等概念，需记忆解图的关系式方可快速解答：

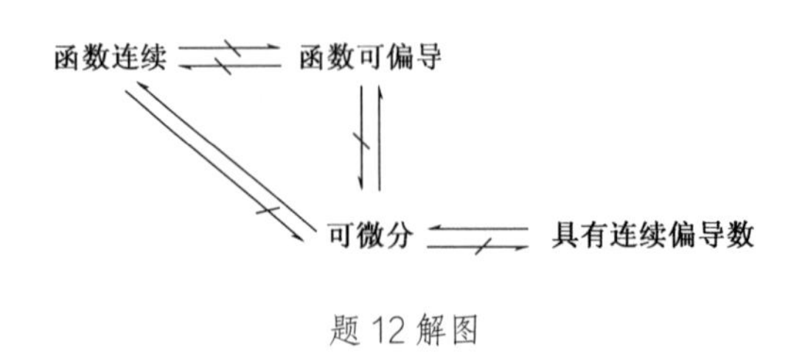

题 12 解图

可知，函数可微可推出一阶偏导数存在，而函数一阶偏导数存在推不出函数可微，故在此点一阶偏导数存在是函数在该点可微的必要条件。

答案：A

13. 解　本题考查级数中常数项级数的敛散性。

利用级数敛散性判定方法以及p级数的相关性判定。

选项A，利用比较法的极限形式，选择级数$\sum\limits_{n=1}^{\infty}\frac{1}{n^2}$，$p>1$收敛。

而$\lim\limits_{n\to\infty}\frac{\frac{1}{n(n+1)}}{\frac{1}{n^2}}=\lim\limits_{n\to\infty}\frac{n^2}{n^2+n}=1$

所以级数收敛。

选项B，可利用p级数的敛散性判断。

p级数$\sum\limits_{n=1}^{\infty}\frac{1}{n^p}$（$p>0$，实数），当$p>1$时，$p$级数收敛；当$p\leqslant 1$时，$p$级数发散。

选项B，$p=\frac{3}{2}>1$，故级数收敛。

选项D，可利用交错级数的莱布尼茨定理判断。

设交错级数$\sum\limits_{n=1}^{\infty}(-1)^{n-1}a_n$，其中$a_n>0$，只要：①$a_n\geqslant a_{n+1}(n=1,2,\ldots)$，②$\lim\limits_{n\to\infty}a_n=0$，则$\sum\limits_{n=1}^{\infty}(-1)^{n-1}a_n$就收敛。

选项D中①$\frac{1}{\sqrt{n}}>\frac{1}{\sqrt{n+1}}(n=1,2,\ldots)$，②$\lim\limits_{n\to\infty}\frac{1}{\sqrt{n}}=0$，故级数收敛。

选项C，对于级数$\sum\limits_{n=1}^{\infty}\left(\frac{n}{2n+1}\right)^2$，$\lim\limits_{n\to\infty}u_n=\lim\limits_{n\to\infty}\left(\frac{n}{2n+1}\right)^2=\left(\frac{1}{2}\right)^2=\frac{1}{4}\neq 0$

级数收敛的必要条件是$\lim\limits_{n\to\infty}u_n=0$，而本选项$\lim\limits_{n\to\infty}u_n\neq 0$，故级数发散。

答案：C

14. 解　本题考查二阶常系数微分方程解的基本结构。

已知函数$y=C_1e^{-x}+C_2e^{4x}$是某微分方程的通解，则该微分方程拥有的特征方程的解分别为$r_1=-1$，$r_2=+4$，则有$(r+1)(r-4)=0$，展开有$r^2-3r-4=0$，故对应的微分方程为$y''-3y'-4y=0$。

答案：B

15. 解　本题考查对弧长曲线积分（也称第一类曲线积分）的相关计算。

依据题意，作解图，知L方程为$y=-x+1$

L的参数方程为$\begin{cases}x=x\\y=-x+1\end{cases}(0\leqslant x\leqslant 1)$

$$\mathrm{d}S=\sqrt{1^2+(-1)^2}\mathrm{d}x=\sqrt{2}\mathrm{d}x$$

$$\int_L\cos(x+y)\,\mathrm{d}S=\int_0^1\cos[x+(-x+1)]\sqrt{2}\,\mathrm{d}x$$

$$=\int_0^1\sqrt{2}\cos 1\,\mathrm{d}x=\sqrt{2}\cos 1\cdot x\Big|_0^1=\sqrt{2}\cos 1$$

题15解图

注：写出直线L的方程后，需判断x的取值范围（对弧长的曲线积分，积分变量应由小变大），从方

程中看可知x：$0\to 1$，若考查对坐标的曲线积分（也称第二类曲线积分），则应特别注意路径行走方向，以便判断x的上下限。

答案：C

16. 解　本题考查直角坐标系下的二重积分计算问题。

根据题中所给正方形区域可作图，其中，D：$|x|\leqslant 1$，$|y|\leqslant 1$，即$-1\leqslant x\leqslant 1$，$-1\leqslant y\leqslant 1$。有

$$\iint_D (x^2+y^2)\mathrm{d}x\mathrm{d}y=\int_{-1}^{1}\mathrm{d}x\int_{-1}^{1}(x^2+y^2)\,\mathrm{d}y=\int_{-1}^{1}\left(x^2y+\frac{y^3}{3}\right)\Bigg|_{-1}^{1}\mathrm{d}x$$

$$=\int_{-1}^{1}\left(2x^2+\frac{2}{3}\right)\mathrm{d}x=\left(\frac{2}{3}x^3+\frac{2}{3}x\right)\Bigg|_{-1}^{1}=\frac{8}{3}$$

或利用对称性，$D=4D_1$，则

$$\iint_D (x^2+y^2)\mathrm{d}x\mathrm{d}y\xlongequal{\text{利用对称性}}4\iint_{D_1}(x^2+y^2)\mathrm{d}x\mathrm{d}y$$

$$=4\int_0^1\mathrm{d}x\int_0^1(x^2+y^2)\,\mathrm{d}y=4\int_0^1\left(x^2y+\frac{1}{3}y^3\right)\Bigg|_0^1\mathrm{d}x$$

$$=4\int_0^1\left(x^2+\frac{1}{3}\right)\mathrm{d}x=4\times\left[\frac{1}{3}x^3+\frac{1}{3}x\right]_0^1$$

$$=4\times\left(\frac{1}{3}+\frac{1}{3}\right)=\frac{8}{3}$$

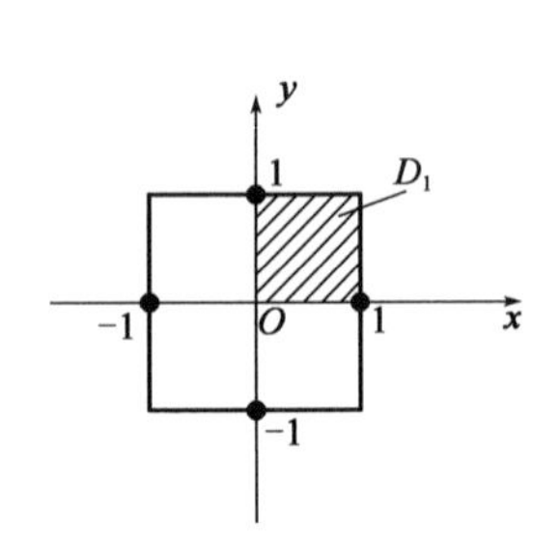

题 16 解图

答案：B

17. 解　本题考查麦克劳林展开式的基本概念。

麦克劳林展开式的一般形式为

$$f(x)=f(0)+f'(0)x+\frac{f''(0)}{2!}x^2+\cdots+\frac{f^n(0)}{n!}x^n+R_n(x)$$

其中$R_n(x)=\frac{f^{n+1}(\xi)}{(n+1)!}x^{n+1}$，这里$\xi$是介于0与$x$之间的某个值。

$f'(x)=a^x\ln a$，$f''(x)=ax(\ln a)^2$，故$f'(0)=\ln a$，$f''(0)=(\ln a)^2$，$f(0)=1$

$$f(x)=1+x\ln a+\frac{(\ln a)^2}{2}x^2$$

答案：C

18. 解　本题考查多元函数的混合偏导数求解。

函数$z=f(x^2y)$

$$\frac{\partial z}{\partial x}=2xyf'(x^2y)$$

$$\frac{\partial^2 z}{\partial x\partial y}=2x[f'(x^2y)+yf''(x^2y)x^2]=2x[f'(x^2y)+x^2yf''(x^2y)]$$

答案：D

19. 解　本题考查矩阵和行列式的基本计算。

因为$\boldsymbol{A}$、$\boldsymbol{B}$均为三阶矩阵，则

$$\left|-2\boldsymbol{A}^{\mathrm{T}}\boldsymbol{B}^{-1}\right| = (-2)^3\left|\boldsymbol{A}^{\mathrm{T}}\boldsymbol{B}^{-1}\right|$$

$= -8\left|\boldsymbol{A}^{\mathrm{T}}\right| \cdot |\boldsymbol{B}^{-1}| = -8|\boldsymbol{A}| \cdot \frac{1}{|\boldsymbol{B}|}$（矩阵乘积的行列式性质）

$\left(\text{矩阵转置行列式性质，}|\boldsymbol{B}\boldsymbol{B}^{-1}| = |\boldsymbol{E}|\text{，}|\boldsymbol{B}| \cdot |\boldsymbol{B}^{-1}| = 1\text{，}|\boldsymbol{B}^{-1}| = \frac{1}{|\boldsymbol{B}|}\right)$

$= -8 \times 1 \times \dfrac{1}{-2} = 4$

答案：D

20. 解　本题考查线性方程组$\boldsymbol{Ax} = \boldsymbol{0}$，有非零解的充要条件。

方程组$\begin{cases} ax_1 + x_2 + x_3 = 0 \\ x_1 + ax_2 + x_3 = 0 \\ x_1 + x_2 + ax_3 = 0 \end{cases}$有非零解的充要条件是$\begin{vmatrix} a & 1 & 1 \\ 1 & a & 1 \\ 1 & 1 & a \end{vmatrix} = 0$

$$\begin{vmatrix} a & 1 & 1 \\ 1 & a & 1 \\ 1 & 1 & a \end{vmatrix} \xlongequal{(-1)c_3+c_2} \begin{vmatrix} a & 0 & 1 \\ 1 & a-1 & 1 \\ 1 & 1-a & a \end{vmatrix} \xlongequal{(-a)c_3+c_1} \begin{vmatrix} 0 & 0 & 1 \\ 1-a & a-1 & 1 \\ 1-a^2 & 1-a & a \end{vmatrix}$$

$= \begin{vmatrix} 1-a & a-1 \\ 1-a^2 & 1-a \end{vmatrix} = (1-a)^2 \begin{vmatrix} 1 & -1 \\ 1+a & 1 \end{vmatrix} = (1-a)^2(2+a) = 0$

所以$a = 1$或-2。

答案：B

21. 解　本题考查利用配方法求二次型的标准型，考查的知识点较偏。

方法 1：由矩阵$\boldsymbol{A}$可写出二次型为$f(x_1,x_2,x_3) = x_1^2 - 2x_1x_2 + 3x_2^2$，利用配方法得到

$$f(x_1,x_2,x_3) = x_1^2 - 2x_1x_2 + x_2^2 + 2x_2^2 = (x_1 - x_2)^2 + 2x_2^2$$

令$x_1 - x_2 = y_1$，$x_2 = y_2$，可得$f = y_1^2 + 2y_2^2$

方法 2：利用惯性定理，选项 A、B、D（正惯性指数为 1，负惯性指数为 1）可以互化，因此对单选题，一定是错的。不用计算可知，只能选 C。

答案：C

22. 解　因为A与B独立，所以$\overline{A}$与$\overline{B}$独立。

$$P(A \cup B) = 1 - P\left(\overline{A \cup B}\right) = 1 - P\left(\overline{AB}\right) = 1 - P\left(\overline{A}\right)P\left(\overline{B}\right) = 1 - 0.4 \times 0.5 = 0.8$$

或者$P(A \cup B) = P(A) + P(B) - P(AB)$

由于A与B相互独立，则$P(AB) = P(A)P(B)$

而$P(A) = 1 - P\left(\overline{A}\right) = 0.6$，$P(B) = 1 - P\left(\overline{B}\right) = 0.5$

故$P(A \cup B) = 0.6 + 0.5 - 0.6 \times 0.5 = 0.8$

答案：C

23. 解 数学期望$E(X)=\int_{-\infty}^{+\infty}xf(x)\,\mathrm{d}x$，由已知条件，知

$$f(x)=F'(x)=\begin{cases}3x^2, & 0<x<1\\0, & \text{其他}\end{cases}$$

则$E(X)=\int_0^1 x\cdot 3x^2\mathrm{d}x=\int_0^1 3x^3\mathrm{d}x$

答案：B

24. 解 二维离散型随机变量X、Y相互独立的充要条件是$P_{ij}=P_{i\cdot}P_{\cdot j}$

还有分布律性质$\sum_i\sum_j P(X=i，Y=j)$=1

利用上述等式建立两个独立方程，解出α、β。

下面根据独立性推出一个公式：

因为$\frac{P(X=i，Y=1)}{P(X=i，Y=2)}=\frac{P(X=i)P(Y=1)}{P(X=i)P(Y=2)}=\frac{P(Y=1)}{P(Y=2)}\quad i=1,2,3,\cdots$

所以$\frac{P(X=1，Y=1)}{P(X=1，Y=2)}=\frac{P(X=2，Y=1)}{P(X=2，Y=2)}=\frac{P(X=3，Y=1)}{P(X=3，Y=2)}$

即$\frac{\frac{1}{6}}{\frac{1}{3}}=\frac{\frac{1}{9}}{\beta}=\frac{\frac{1}{18}}{\alpha}$

选项D对。

答案：D

25. 解 分子的平均平动动能公式$\overline{\omega}=\frac{3}{2}kT$，分子的平均动能公式$\overline{\varepsilon}=\frac{i}{2}kT$，刚性双原子分子自由度$i=5$，但此题问的是每个分子的平均平动动能而不是平均动能，故正确答案为C。

答案：C

26. 解 分子无规则运动的平均自由程公式$\lambda=\frac{\overline{v}}{\overline{Z}}=\frac{1}{\sqrt{2}\pi d^2 n}$，气体定了，$d$就定了，所以容器中分子无规则运动的平均自由程仅取决于n，即单位体积的分子数。此题给定1mol氦气，分子总数定了，故容器中分子无规则运动的平均自由程仅取决于体积V。

答案：B

27. 解 理想气体和单一恒温热源做等温膨胀时，吸收的热量全部用来对外界做功，既不违反热力学第一定律，也不违反热力学第二定律。因为等温膨胀是一个单一的热力学过程而非循环过程。

答案：C

28. 解 理想气体的功和热量是过程量。内能是状态量，是温度的单值函数。此题给出$T_2=T_1$，无论气体经历怎样的过程，气体的内能保持不变。而因为不知气体变化过程，故无法判断功的正负。

答案：D

29. 解 将$t=0.1\mathrm{s}$，$x=2\mathrm{m}$代入方程，即

$$y=0.01\cos 10\pi(25t-x)=0.01\cos 10\pi(2.5-2)=-0.01$$

答案：C

30. 解 $A = 0.02\text{m}$，$T = \frac{2\pi}{\omega} = \frac{2\pi}{50\pi} = \frac{1}{25} = 0.04\text{s}$

答案：A

31. 解 机械波在媒质中传播，一媒质质元的最大形变量发生在平衡位置，此位置动能最大，势能也最大，总机械能亦最大。

答案：D

32. 解 上下缝各覆盖一块厚度为d的透明薄片，则从两缝发出的光在原来中央明纹初相遇时，光程差为

$$\delta = r - d + n_2 d - (r - d + n_1 d) = d(n_2 - n_1)$$

答案：A

33. 解 牛顿环的环状干涉条纹为等厚干涉条纹，当平凸透镜垂直向上缓慢平移而远离平面镜时，原k级条纹向环中心移动，故这些环状干涉条纹向中心收缩。

答案：D

34. 解 $\Delta\varphi = \frac{2\pi}{\lambda}\delta = \frac{2\pi}{\lambda}nl = 3\pi$，$l = \frac{3\lambda}{2n}$

答案：C

35. 解 反射光的光程差加强条件$\delta = 2nd + \frac{\lambda}{2} = k\lambda$

可见光范围λ(400~760nm)，取$\lambda = 400\text{nm}$，$k = 3.5$；取$\lambda = 760\text{nm}$，$k = 2.1$

k取整数，$k = 3$，$\lambda = 480\text{nm}$

答案：A

36. 解 玻璃劈尖相邻干涉条纹间距公式为：$l = \frac{\lambda}{2n\theta}$

此玻璃的折射率为：$n = \frac{\lambda}{2l\theta} = 1.53$

答案：B

37. 解 当原子失去电子成为正离子时，一般是能量较高的最外层电子先失去，而且往往引起电子层数的减少。某元素正二价离子（M^{2+}）的外层电子构型是 $3s^2 3p^6$，所以该元素原子基态核外电子构型为 $1s^2 2s^2 2p^6 3s^2 3p^6 4s^2$。该元素基态核外电子最高主量子数为 4，为第四周期元素；价电子构型为 $4s^2$，为 s 区元素，IIA 族元素。

答案：C

38. 解 离子的极化力是指某离子使其他离子变形的能力。极化率（离子的变形性）是指某离子在电场作用下电子云变形的程度。每种离子都具有极化力与变形性，一般情况下，主要考虑正离子的极化

力和负离子的变形性。极化力与离子半径有关，离子半径越小，极化力越强。

答案：A

39. 解　NH_4Cl 为强酸弱碱盐，水解显酸性；NaCl 不水解；NaOAc 和 Na_3PO_4 均为强碱弱酸盐，水解显碱性，因为$K_a(HAc) > K_a(H_3PO_4)$，所以 Na_3PO_4 的水解程度更大，碱性更强。

答案：A

40. 解　根据理想气体状态方程$pV = nRT$，得$n = \frac{pV}{RT}$。所以当温度和体积不变时，反应器中气体（反应物或生成物）的物质的量与气体分压成正比。根据$2A(g) + B(g) \rightleftharpoons 2C(g)$可知，生成物气体C的平衡分压为100kPa，则A要消耗100kPa，B要消耗50kPa，平衡时$p(A) = 200kPa$，$p(B) = 250kPa$。

$$K^{\Theta} = \frac{\left(\frac{p(C)}{p^{\Theta}}\right)^2}{\left(\frac{p(A)}{p^{\Theta}}\right)^2\left(\frac{p(B)}{p^{\Theta}}\right)} = \frac{\left(\frac{100}{100}\right)^2}{\left(\frac{200}{100}\right)^2\left(\frac{250}{100}\right)} = 0.1$$

答案：A

41. 解　根据氧化还原反应配平原则，还原剂失电子总数等于氧化剂得电子总数，配平后的方程式为：$2MnO_4^- + 5SO_3^{2-} + 6H^+ = 2Mn^{2+} + 5SO_4^{2-} + 3H_2O$。

答案：B

42. 解　电极电势的大小，可以判断氧化剂与还原剂的相对强弱。电极电势越大，表示电对中氧化态的氧化能力越强。所以题中氧化剂氧化能力最强的是 HClO。

答案：C

43. 解　标准状态时，由指定单质生成单位物质的量的纯物质 B 时反应的焓变（反应的热效应），称为标准摩尔焓变，记作$\Delta_f H_m^{\Theta}$。指定单质通常指标准压力和该温度下最稳定的单质，如 C 的指定单质为石墨(s)。选项 A 中 C(金刚石)不是指定单质，选项 D 中不是生成单位物质的量的 $CO_2(g)$。

答案：C

44. 解　发生银镜反应的物质要含有醛基（−CHO），所以甲醛、乙醛、乙二醛等各种醛类、甲酸及其盐（如 HCOOH、HCOONa）、甲酸酯（如甲酸甲酯 $HCOOCH_3$、甲酸丙酯 $HCOOC_3H_7$ 等）和葡萄糖、麦芽糖等分子中含醛基的糖与银氨溶液在适当条件下可以发生银镜反应。

答案：D

45. 解　蛋白质、橡胶、纤维素都是天然高分子，蔗糖（$C_{12}H_{22}O_{11}$）不是。

答案：A

46. 解　1-戊炔、2-戊炔、1,2-戊二烯催化加氢后产物均为戊烷，3-甲基-1-丁炔催化加氢后产物为 2-甲基丁烷，结构式为$(CH_3)_2CHCH_2CH_3$。

答案：B

47. 解 根据力的投影公式，$\boldsymbol{F}_x = \boldsymbol{F}\cos\alpha$，故只有当$\alpha = 0°$时$\boldsymbol{F}_x = \boldsymbol{F}$，即力$\boldsymbol{F}$与$x$轴平行；而除力$\boldsymbol{F}$在与$x$轴垂直的$y$轴（$\alpha = 90°$）上投影为 0 外，在其余与$x$轴共面轴上的投影均不为 0。

答案：B

48. 解 主矢$\boldsymbol{F}_{\mathrm{R}} = \boldsymbol{F}_1 + \boldsymbol{F}_2 + \boldsymbol{F}_3 = 30\boldsymbol{j}\mathrm{N}$为三力的矢量和；对$O$点的主矩为各力向$O$点取矩及外力偶矩的代数和，即$M_{\mathrm{O}} = F_3 a - M_1 - M_2 = -10\mathrm{N \cdot m}$（顺时针）。

答案：A

49. 解 取整体为研究对象，受力如解图所示。

列平衡方程：

$\sum m_{\mathrm{C}}(F) = 0$，$F_{\mathrm{A}} \cdot 2r - F_{\mathrm{p}} \cdot 3r = 0$，$F_{\mathrm{A}} = \frac{3}{2}F_{\mathrm{p}}$

答案：D

题 49 解图

50. 解 分析节点C的平衡，可知BC杆为零杆。

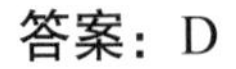

答案：D

51. 解 当$t = 2\mathrm{s}$时，点的速度$v = \frac{\mathrm{d}S}{\mathrm{d}t} = 4t^3 - 9t^2 + 4t = 4\mathrm{m/s}$

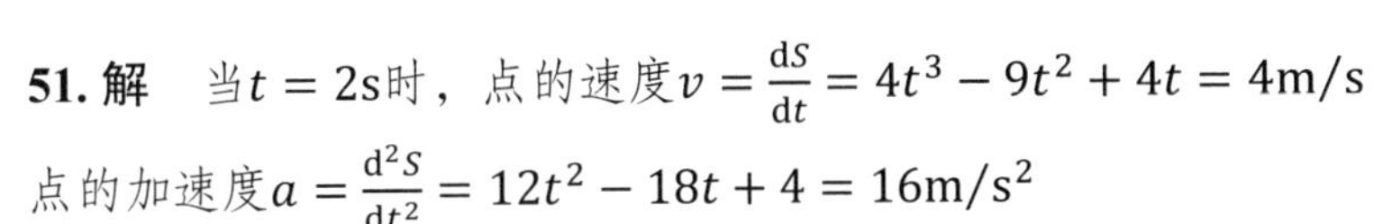

点的加速度$a = \frac{\mathrm{d}^2 S}{\mathrm{d}t^2} = 12t^2 - 18t + 4 = 16\mathrm{m/s^2}$

答案：C

52. 解 根据点做曲线运动时法向加速度的公式：$a_n = \frac{v^2}{\rho} = \frac{15^2}{5} = 45\mathrm{m/s^2}$。

答案：B

53. 解 因为点A、B两点的速度、加速度方向相同，大小相等，根据刚体做平行移动时的特性，可判断杆AB的运动形式为平行移动，因此，平行移动刚体上M点和A点有相同的速度和加速度，即：$v_{\mathrm{M}} = v_{\mathrm{A}} = r\omega$，$a_{\mathrm{M}}^n = a_{\mathrm{A}}^n = r\omega^2$，$a_{\mathrm{M}}^t = a_{\mathrm{M}}^t = r\alpha$。

答案：C

54. 解 物块与桌面之间最大的摩擦力$F = \mu mg$

根据牛顿第二定律$ma = F$，即$m\frac{v^2}{r} = F = \mu mg$，则得$v = \sqrt{\mu gr}$

答案：C

55. 解 重力与水平位移相垂直，故做功为零，摩擦力$F = 10 \times 0.3 = 3\mathrm{N}$，所做之功$\mathrm{W} = 3 \times 4 = 12\mathrm{N \cdot m}$。

答案：C

56. 解 根据动量矩定理：

$J\alpha_1 = 1 \times r$（J为滑轮的转动惯量）

$J\alpha_2 + m_2 r^2 \alpha_2 + m_3 r^2 \alpha_2 = (m_2 g - m_3 g) r = 1 \times r$

$J\alpha_3 + m_3 r^2 \alpha_3 = m_3 g r = 1 \times r$

则$\alpha_1 = \frac{1 \times r}{J}$；$\alpha_2 = \frac{1 \times r}{J + m_2 r^2 + m_3 r^2}$；$\alpha_3 = \frac{1 \times r}{J + m_3 r^2}$

答案：C

57. 解 如解图所示，杆释放瞬时，其角速度为零，根据动量矩定理：$J_O \alpha = mg\frac{l}{2}$，$\frac{1}{3} m l^2 \alpha = mg\frac{l}{2}$，$\alpha = \frac{3g}{2l}$；施加于杆$OA$上的附加动反力为$ma_C = m\frac{3g}{2l} \cdot \frac{l}{2} = \frac{3}{4} mg$，方向与质心加速度$a_C$方向相反。

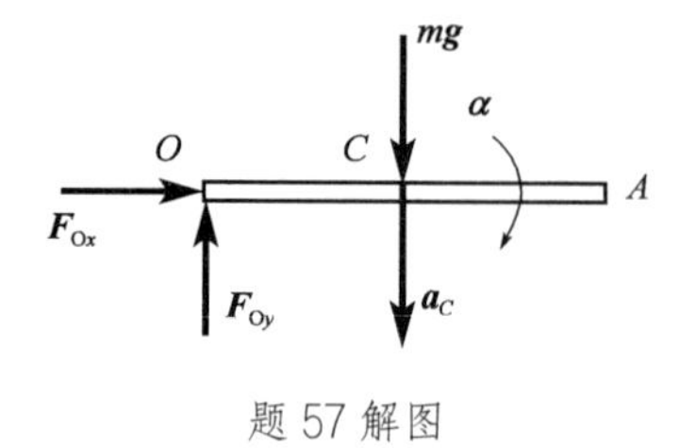

题 57 解图

答案：C

58. 解 根据单自由度质点直线振动固有频率公式，

a）系统：$\omega_a = \sqrt{\frac{k}{m}}$；

b）系统：等效的弹簧刚度为$\frac{k}{2}$，$\omega_b = \sqrt{\frac{k}{2m}}$。

答案：D

59. 解 用直接法求轴力，可得：左段杆的轴力是−3kN，右段杆的轴力是 5kN。所以杆的最大轴力是 5kN。

答案：B

60. 解 用直接法求轴力，可得：$N_{AB} = -F$，$N_{BC} = F$

杆C截面的位移是：

$$\delta_C = \Delta l_{AB} + \Delta l_{BC} = \frac{-F \cdot l}{E \cdot 2A} + \frac{Fl}{EA} = \frac{Fl}{2EA}$$

答案：A

61. 解 混凝土基座与圆截面立柱的交接面，即圆环形基座板的内圆柱面即为剪切面（如解图所示）：

$$A_Q = \pi d t$$

圆形混凝土基座上的均布压力（面荷载）为：

$$q = \frac{1000 \times 10^3 \text{N}}{\frac{\pi}{4} \times 1000^2 \text{mm}^2} = \frac{4}{\pi} \text{MPa}$$

作用在剪切面上的剪力为：

$$Q = q \cdot \frac{\pi}{4}(1000^2 - 500^2) = 750\text{kN}$$

由剪切强度条件：$\tau = \frac{Q}{A_Q} = \frac{Q}{\pi dt} \leqslant [\tau]$，可得：

$$t \geqslant \frac{Q}{\pi d[\tau]} = \frac{750 \times 10^3\text{N}}{\pi \times 500\text{mm} \times 1.5\text{MPa}} = 318.3\text{mm}$$

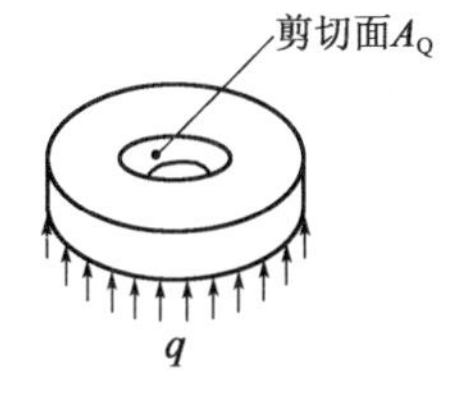

题 61 解图

答案：C

62. 解　设实心圆轴直径为d，则：

$$\phi = \frac{Tl}{GI_p} = \frac{Tl}{G\frac{\pi}{32}d^4} = 32\frac{Tl}{\pi d^4 G}$$

若实心圆轴直径减小为$d_1 = \frac{d}{2}$，则：

$$\phi_1 = \frac{Tl}{GI_{p1}} = \frac{Tl}{G\frac{\pi}{32}\left(\frac{d}{2}\right)^4} = 16\frac{32Tl}{\pi d^4 G} = 16\phi$$

答案：D

63. 解　图示截面对z轴的惯性矩等于圆形截面对z轴的惯性矩减去矩形对z轴的惯性矩。

$$I_z^{矩} = \frac{bh^3}{12} + \left(\frac{h}{2}\right)^2 \cdot bh = \frac{bh^3}{3}$$

$$I_z = I_z^{圆} - I_z^{矩} = \frac{\pi d^4}{64} - \frac{bh^3}{3}$$

答案：A

64. 解　圆轴表面A点的剪应力$\tau = \frac{T}{W_T}$

根据胡克定律$\tau = G\gamma$，因此$T = \tau W_T = G\gamma W_T$

答案：A

65. 解　上下梁的挠曲线曲率相同，故有

$$\rho = \frac{M_1}{EI_1} = \frac{M_2}{EI_2}$$

所以$\frac{M_1}{M_2} = \frac{I_1}{I_2} = \frac{\frac{ba^3}{12}}{\frac{b(2a)^3}{12}} = \frac{1}{8}$，即$M_2 = 8M_1$

又有$M_1 + M_2 = m$，因此$M_1 = \frac{m}{9}$

答案：A

66. 解　图示截面的弯曲中心是两个狭长矩形边的中线交点，形心主轴是y'和z'，因为外力$\boldsymbol{F}$作用线没有通过弯曲中心，故有扭转，还有沿两个形心主轴y'、z'方向的双向弯曲。

答案：D

67. 解　本题是拉扭组合变形，轴向拉伸产生的正应力$\sigma = \frac{F}{A} = \frac{4F}{\pi d^2}$

扭转产生的剪应力$\tau = \frac{T}{W_T} = \frac{16T}{\pi d^3}$

$$\sigma_{eq3} = \sqrt{\sigma^2 + 4\tau^2} = \sqrt{\left(\frac{4F}{\pi d^2}\right)^2 + 4\left(\frac{16T}{\pi d^3}\right)^2}$$

答案： C

68. 解　A 图：$\sigma_1 = \sigma$，$\sigma_2 = \sigma$，$\sigma_3 = 0$；$\tau_{max} = \frac{\sigma - 0}{2} = \frac{\sigma}{2}$

B 图：$\sigma_1 = \sigma$，$\sigma_2 = 0$，$\sigma_3 = -\sigma$；$\tau_{max} = \frac{\sigma - (-\sigma)}{2} = \sigma$

C 图：$\sigma_1 = 2\sigma$，$\sigma_2 = 0$，$\sigma_3 = -\frac{\sigma}{2}$；$\tau_{max} = \frac{2\sigma - \left(-\frac{\sigma}{2}\right)}{2} = \frac{5}{4}\sigma$

D 图：$\sigma_1 = 3\sigma$，$\sigma_2 = \sigma$，$\sigma_3 = 0$；$\tau_{max} = \frac{3\sigma - 0}{2} = \frac{3}{2}\sigma$

答案： D

69. 解　图示圆轴是弯扭组合变形，力F作用下产生的弯矩在固定端最上缘A点引起拉伸正应力σ，外力偶T在A点引起扭转切应力τ，故A点单元体的应力状态是选项 C。

答案： C

70. 解　A 图：$\mu l = 1 \times 5 = 5$

B 图：$\mu l = 2 \times 3 = 6$

C 图：$\mu l = 0.7 \times 6 = 4.2$

根据压杆的临界荷载公式$F_{cr} = \frac{\pi^2 EI}{(\mu l)^2}$

可知：μl越大，临界荷载越小；μl越小，临界荷载越大。

所以F_{crc}最大，而F_{crb}最小。

答案： C

71. 解　压力表测出的是相对压强。

答案： C

72. 解　设第一截面的流速为$v_1 = \frac{Q}{\frac{\pi}{4}d_1^2} = \frac{0.015\text{m}^3/\text{s}}{\frac{\pi}{4}0.1^2\text{m}^2} = 1.91\text{m/s}$

另一截面流速$v_2 = 20\text{m/s}$，待求直径为d_2，由连续方程可得：

$$d_2 = \sqrt{\frac{v_1}{v_2}d_1^2} = \sqrt{\frac{1.91}{20} \times 0.1^2} = 0.031\text{m} = 31\text{mm}$$

答案： B

73. 解　层流沿程损失系数$\lambda = \frac{64}{\text{Re}}$，而雷诺数 $\text{Re} = \frac{vd}{\nu}$

代入题设数据，得：$\text{Re} = \frac{10 \times 5}{0.18} = 278$

沿程损失系数$\lambda = \frac{64}{278} = 0.23$

答案： B

74. 解 圆柱形管嘴出水流量$Q=\mu A\sqrt{2gH_0}$

代入题设数据，得：$Q=0.82\times\frac{\pi}{4}(0.04)^2\sqrt{2\times9.8\times7.5}=0.0125\text{m}^3/\text{s}\approx0.013\text{m}^3/\text{s}$

答案： D

75. 解 在题设条件下，则自由出流孔口与淹没出流孔口的关系应为流量系数相等、流量相等。

答案： D

76. 解 由明渠均匀流谢才公式，知流速$v=C\sqrt{Ri}$，$C=\frac{1}{n}R^{\frac{1}{6}}$

代入题设数据，得：$C=\frac{1}{0.02}\times1^{\frac{1}{6}}=50\sqrt{\text{m}}/\text{s}$

流速$v=50\sqrt{1\times0.0008}=1.41\text{m/s}$

答案： B

77. 解 达西渗流定律适用于均匀土壤层流渗流。

答案： C

78. 解 运动相似是几何相似和动力相似的表象。

答案： B

79. 解 根据恒定磁路的安培环路定律：$\sum HL=\sum NI$

得：$H=\frac{NI}{L}=\frac{NI}{2\pi\gamma}$

磁场方向按右手螺旋关系判断为顺时针方向。

答案： B

80. 解 $U=-2\times2-2=-6\text{V}$

答案： D

81. 解 该电路具有6条支路，为求出6个独立的支路电流，所列方程数应该与支路数相等，即要列出6阶方程。

正确的列写方法是：

KCL独立节点方程=节点数$-1=4-1=3$

KVL独立回路方程（网孔数）$=$支路数$-$独立节点数$=6-3=3$

“网孔”为内部不含支路的回路。

答案： B

82. 解 $i(t)=I_{\text{m}}\sin(\omega t+\psi_{\text{i}})\text{ A}$

$t=0$时，$i(t)=I_{\text{m}}\sin\psi_i=0.5\sqrt{2}\text{A}$

$$\begin{cases}\sin\psi_{\mathrm{i}} = 1, \ \psi_{\mathrm{i}} = 90^\circ \\ I_{\mathrm{m}} = 0.5\sqrt{2}\mathrm{A} \\ \omega = 2\pi f = 2\pi\dfrac{1}{T} = 2000\pi\end{cases}$$

$$i(t) = 0.5\sqrt{2}\sin(2000\pi t + 90^\circ)\,\mathrm{A}$$

答案：C

83. 解 图 b）给出了滤波器的幅频特性曲线。U_{i1}与U_{i2}的频率不同，它们的放大倍数是不一样的。从特性曲线查出：

$$U_{\mathrm{o1}}/U_{\mathrm{i1}} = 1 \Rightarrow U_{\mathrm{o1}} = U_{\mathrm{i1}} = 10\mathrm{V} \Rightarrow U_{\mathrm{o2}}/U_{\mathrm{i2}} = 0.1 \Rightarrow U_{\mathrm{o2}} = 0.1 \times U_{\mathrm{i2}} = 1\mathrm{V}$$

答案：D

84. 解 画相量图分析，如解图所示。

$\dot{I}_2 = \dot{I}_{\mathrm{N}} + \dot{I}_{\mathrm{C2}}$，$\dot{I}_1 = \dot{I}_{\mathrm{N}} + \dot{I}_{\mathrm{C1}}$

$|\dot{I}_{\mathrm{C1}}| > |\dot{I}_{\mathrm{C2}}|$

$$I_{\mathrm{C}} = \frac{U}{X_{\mathrm{C}}} = \frac{U}{\dfrac{1}{\omega C}} = U\omega C \propto C$$

题 84 解图

有$I_{\mathrm{C1}} > I_{\mathrm{C2}}$，所以$C_1 > C_2$

并且功率因数$\lambda|_{C_1} = -0.866$时电路出现过补偿，呈容性性质，一般不采用。

当$C = C_2$时，电路中总电流$\dot{I}_2$落后于电压$\dot{U}$，为感性性质，不为过补偿。

答案：A

85. 解 如解图所示，由题意可知：

$N_1 = 550$匝

当$U_1 = 100\mathrm{V}$时，$U_{21} = 10\mathrm{V}$，$U_{22} = 20\mathrm{V}$

$\frac{N_1}{N_{2|10\mathrm{V}}} = \frac{U_1}{U_{21}}$，$N_{2|10\mathrm{V}} = N_1 \cdot \frac{U_{21}}{U_1} = 550 \times \frac{10}{100} = 55$匝

$\frac{N_1}{N_{2|20\mathrm{V}}} = \frac{U_1}{U_{22}}$，$N_{2|20\mathrm{V}} = N_1 \cdot \frac{U_{22}}{U_1} = 550 \times \frac{20}{100} = 110$匝

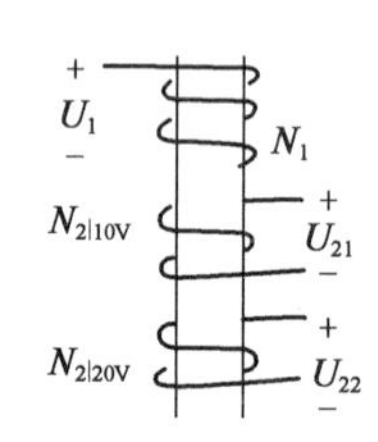

题 85 解图

答案：C

86. 解 为实现对电动机的过载保护，热继电器的热元件串联在电动机的主电路中，测量电动机的主电流，同时将热继电器的常闭触点接在控制电路中，一旦电动机过载，则常闭触点断开，切断电机的供电电路。

答案：C

87. 解 “模拟”是指把某一个量用与它相对应的连续的物理量（电压）来表示；图 d）不是模拟信号，图 c）是采样信号，而非数字信号。对本题的分析可见，图 b）是图 a）的模拟信号。

答案：A

88. 解 周期信号频谱是离散的频谱，信号的幅度随谐波次数的增高而减小。针对本题情况，可知该周期信号的一次谐波分量为：

$u_1 = U_{1m}\sin\omega_1 t = 5\sin 10^3 t$

$U_{1m} = 5V$，$\omega_1 = 10^3$

$u_3 = U_{3m}\sin 3\omega t$

$\omega_3 = 3\omega_1 = 3\times 10^3$

$U_{3m} < U_{1m}$

答案：B

89. 解 放大器的输入为正弦交流信号，但$u_1(t)$的频率过高，超出了上限频率f_H，放大倍数小于A，因此输出信号u_2的有效值$U_2 < AU_1$。

答案：C

90. 解 根据逻辑电路的反演关系，对公式变化可知结果

$$\overline{(AD+\overline{A}\overline{D})} = \overline{AD}\cdot\overline{(\overline{A}\overline{D})} = (\overline{A}+\overline{D})\cdot(A+D) = \overline{A}D + A\overline{D}$$

答案：C

91. 解 本题输入信号A、B与输出信号F为或非逻辑关系，$F=\overline{A+B}$（输入有1输出则0），对齐相位画输出波形如解图所示。

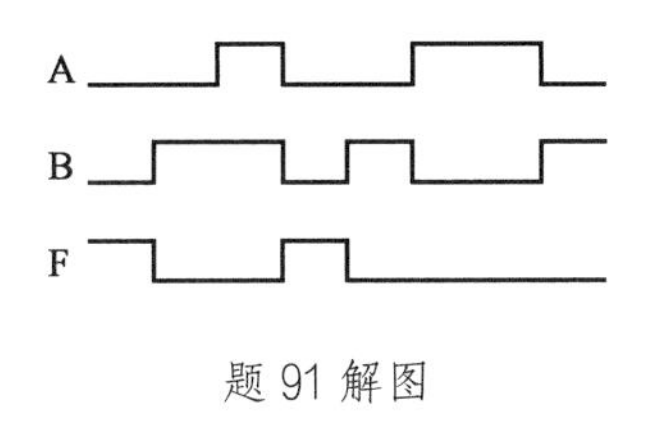

题 91 解图

结果与选项 A 的图形一致。

答案：A

92. 解 BCD 码是用二进制数表示十进制数。有两种常用形式，压缩 BCD 码，用 4 位二进制数表示 1 位十进制数；非压缩 BCD 码，用 8 位二进制数表示 1 位十进制数，本题的 BCD 码形式属于第一种。

选项 B，0001 表示十进制的 1，0110 表示十进制的 6，即$(16)_{BCD}=(0001\ 0110)_B$，正确。

答案：B

93. 解 设二极管 D 截止，可以判断：

$U_{D阳} = 1V$，$U_{D阴} = 5V$

D 为反向偏置状态，可见假设成立，$U_F = U_B = 5V$

答案：B

94. 解 该电路为运算放大器的积分运算电路。

$u_o = -\frac{1}{RC}\int u_i \mathrm{d}t$

当$u_i = 1\mathrm{V}$时，$u_o = -\frac{1}{RC}t$

如解图所示，当$t < 10\mathrm{s}$时，

运算放大器工作在线性状态，$u_o = -t$

当$t \geqslant 10\mathrm{s}$后，电路出现反向饱和，$u_o = -10\mathrm{V}$

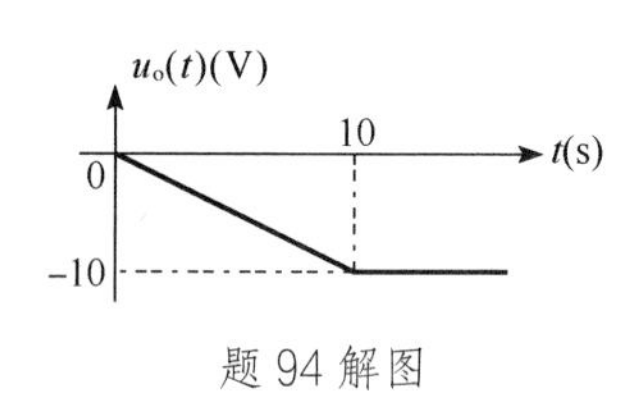

题 94 解图

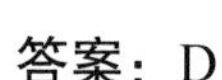

答案：D

95. 解 输出 Q 与输入信号 A 的关系：$Q_{n+1} = D = A \cdot \overline{Q}_n$

输入信号 Q 在时钟脉冲的上升沿触发。

如解图所示，可知 cp 脉冲的两个下降沿时刻 Q 的状态分别是 1　0。

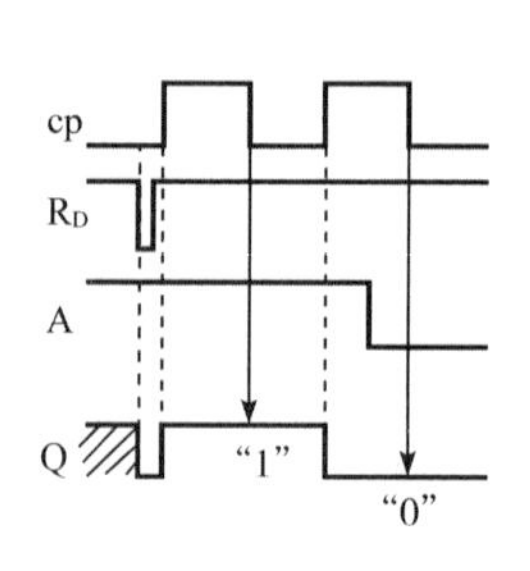

题 95 解图

答案：C

96. 解 由题图可见该电路由 3 个 D 触发器组成，$Q_{n+1} = D$。在时钟脉冲的作用下，存储数据依次向左循环移位。

当$\overline{R}_D = 0$时，系统初始化：$Q_2 = 0$，$Q_1 = 1$，$Q_0 = 0$。

即存储数据是“010”。

答案：A

97. 解 计算机按用途可分为专业计算机和通用计算机。专业计算机是为解决某种特殊问题而设计的计算机，针对具体问题能显示出有效、快速和经济的特性，但它的适应性较差，不适用于其他方面的应用。在导弹和火箭上使用的计算机很大部分就是专业计算机。通用计算机适应性很强，应用范围很广，如应用于科学计算、数据处理和实时控制等领域。

答案：A

98. 解 当前计算机的内存储器多数是半导体存储器。半导体存储器从使用功能上分，有随机存储器（Random Access Memory，简称 RAM，又称读写存储器），只读存储器（Read Only Memory，简称 ROM）。

答案：A

99. 解 批处理操作系统是指将用户的一批作业有序地排列在一起，形成一个庞大的作业流。计算机指令系统会自动地顺序执行作业流，以节省人工操作时间和提高计算机的使用效率。

答案：B

100. 解 杀毒软件能防止计算机病毒的入侵，及时有效地提醒用户当前计算机的安全状况，可以对计算机内的所有文件进行检查，发现病毒时可清除病毒，有效地保护计算机内的数据安全。

答案：D

101. 解 ASCII 码是“美国信息交换标准代码”的简称，是目前国际上最为流行的字符信息编码方案。在这种编码中每个字符用 7 个二进制位表示。这样，从 0000000 到 1111111 可以给出 128 种编码，可以用来表示 128 个不同的字符，其中包括 10 个数字、大小写字母各 26 个、算术运算符、标点符号及专用符号等。

答案：B

102. 解 Windows 特点的是使用方便、系统稳定可靠、有友好的用户界面、更高的可移动性，笔记本用户可以随时访问信息等。

答案：C

103. 解 虚拟存储技术实际上是在一个较小的物理内存储器空间上，来运行一个较大的用户程序。它利用大容量的外存储器来扩充内存储器的容量，产生一个比内存空间大得多、逻辑上的虚拟存储空间。

答案：D

104. 解 通信和数据传输是计算机网络主要功能之一，用来在计算机系统之间传送各种信息。利用该功能，地理位置分散的生产单位和业务部门可通过计算机网络连接在一起进行集中控制和管理。也可以通过计算机网络传送电子邮件，发布新闻消息和进行电子数据交换，极大地方便了用户，提高了工作效率。

答案：D

105. 解 因特网提供的服务有电子邮件服务、远程登录服务、文件传输服务、WWW 服务、信息搜索服务。

答案：D

106. 解 按采用的传输介质不同，可将网络分为双绞线网、同轴电缆网、光纤网、无线网；按网络传输技术不同，可将网络分为广播式网络和点到点式网络；按线路上所传输信号的不同，又可将网络分为基带网和宽带网两种。

答案：A

107. 解 根据等额支付偿债基金公式（已知F，求A）：

$$A=F\left[\frac{i}{(1+i)^n-1}\right]=F(A/F,i,n)=600\times(A/F,5\%,5)=600\times0.18097=108.58\text{ 万元}$$

答案：B

108. 解 从企业角度进行投资项目现金流量分析时，可不考虑增值税，因为增值税是价外税，不进入企业成本也不进入销售收入。执行新的《中华人民共和国增值税暂行条例》以后，为了体现固定资产进项税抵扣导致企业应纳增值税的降低进而致使净现金流量增加的作用，应在现金流入中增加销项税额，同时在现金流出中增加进项税额以及应纳增值税。

答案：B

109. 解 注意题目问的是第 2 年年末偿还的利息（不包括本金）。

等额本息法每年还款的本利和相等，根据等额支付资金回收公式（已知P求A），每年年末还本付息金额为：

$$A = P\left[\frac{i(1+i)^n}{(1+i)^n - 1}\right] = P(A/P, 8\%, 5) = 150 \times 0.2505 = 37.575\text{ 万元}$$

则第 1 年末偿还利息为$150 \times 8\% = 12$万元，偿还本金为$37.575 - 12 = 25.575$万元

第 1 年已经偿还本金25.575万元，尚未偿还本金为$150 - 25.575 = 124.425$万元

第 2 年年末应偿还利息为$(150 - 25.575) \times 8\% = 9.954$万元

答案：A

110. 解 内部收益率是指项目在计算期内各年净现金流量现值累计等于零时的收益率，属于动态评价指标。计算内部收益率不需要事先给定基准收益率i_c，计算出内部收益率后，再与项目的基准收益率i_c比较，以判定项目财务上的可行性。

常规项目投资方案是指除了建设期初或投产期初的净现金流量为负值外，以后年份的净现金流量均为正值，计算期内净现金流量由负到正只变化一次，这类项目只要累计净现金流量大于零，内部收益率就有唯一解，即项目的内部收益率。

答案：D

111. 解 影子价格是能够反映资源真实价值和市场供求关系的价格。

答案：B

112. 解 生产能力利用率的盈亏平衡点指标数值越低，说明较低的生产能力利用率即可达到盈亏平衡，也即说明企业经营抗风险能力较强。

答案：A

113. 解 由于残值可以回收，并没有真正形成费用消耗，故应从费用中将残值减掉。

由甲方案的现金流量图可知：

甲方案的费用现值：

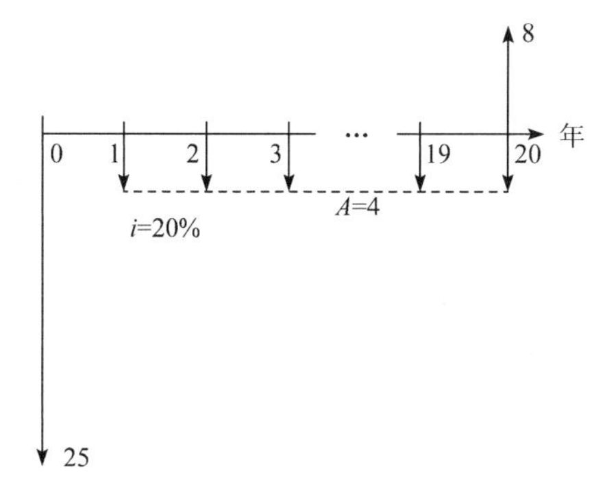

题113解　甲方案现金流量图

$P=4(P/A,20\%,20)+25-8(P/F,20\%,20)$

$=4\times4.8696+25-8\times0.02608=44.27$ 万元

同理可计算乙方案的费用现值：

$P=6(P/A,20\%,20)+12-6(P/F,20\%,20)$

$=6\times4.8696+12-6\times0.02608=41.06$ 万元

答案：C

114. 解　该零件的成本系数$C=880\div10000=0.088$

该零部件的价值指数为$0.140\div0.088=1.591$

答案：D

115. 解　《中华人民共和国建筑法》第三十四条规定，工程监理单位应当根据建设单位的委托，客观、公正地执行监理任务。

选项C和D明显错误。选项A也是错误的，因为监理单位承揽监理业务的范围是根据其单位资质决定的，而不是和甲方签订的合同所决定的。

答案：B

116. 解　《中华人民共和国安全法》第六十三条规定，负有安全生产监督管理职责的部门依照有关法律、法规的规定，对涉及安全生产的事项需要审查批准（包括批准、核准、许可、注册、认证、颁发证照等，下同）或者验收的，必须严格依照有关法律、法规和国家标准或者行业标准规定的安全生产条件和程序进行审查；不符合有关法律、法规和国家标准或者行业标准规定的安全生产条件的，不得批准或者验收通过。对未依法取得批准或者验收合格的单位擅自从事有关活动的，负责行政审批的部门发现或者接到举报后应当立即予以取缔，并依法予以处理。对已经依法取得批准的单位，负责行政审批的部门发现其不再具备安全生产条件的，应当撤销原批准。

答案：A

117. 解　《中华人民共和国建筑法》第二十七条规定，大型建筑工程或者结构复杂的建筑工程，可以由两个以上的承包单位联合共同承包。共同承包的各方对承包合同的履行承担连带责任。

两个以上不同资质等级的单位实行联合共同承包的，应当按照资质等级低的单位的业务许可范围承揽工程。

答案：B

118. 解 《中华人民共和国合同法》第六十二条第二款规定，价款或者报酬不明确的，按照订立合同时履行地的市场价格履行。

答案：A

119. 解 《中华人民共和国环境保护法》第三十五条规定，城乡建设应当结合当地自然环境的特点，保护植被、水域和自然景观，加强城市园林、绿地和风景名胜区的建设与管理。

答案：A

120. 解 根据《建筑工程安全生产管理条例》第二十一条规定，施工单位主要负责人依法对本单位的安全生产工作全面负责。施工单位应当建立健全安全生产责任制度和安全生产教育培训制度，制定安全生产规章制度和操作规程，保证本单位安全生产条件所需资金的投入，对所承担的建设工程进行定期和专项安全检查，并做好安全检查记录。故选项B对。

主要负责人的职责是“建立”安全生产责任制，不是“落实”，所以选项A错。

答案：B

2019年度全国勘察设计注册工程师

执业资格考试试卷

基础考试

（上）

二〇一九年十月

应考人员注意事项

1. 本试卷科目代码为“1”，考生务必将此代码填涂在答题卡“科目代码”相应的栏目内，否则，无法评分。

2. 书写用笔：**黑色或蓝色钢笔、签字笔或圆珠笔**；

   填涂答题卡用笔：**黑色 2B 铅笔**。

3. 必须用书写用笔将工作单位、姓名、准考证号填写在答题卡和试卷相应的栏目内。

4. 本试卷由 120 题组成，每题 1 分，满分 120 分，本试卷全部为单项选择题，每小题的四个备选项中只有一个正确答案，错选、多选、不选均不得分。

5. 考生作答时，必须按**题号在答题卡上**将相应试题所选选项对应的**字母用 2B 铅笔涂黑**。

6. 在答题卡上书写与题意无关的语言，或在答题卡上作标记的，均按违纪试卷处理。

7. 考试结束时，由监考人员当面将试卷、答题卡一并收回。

8. 草稿纸由各地统一配发，考后收回。

单项选择题（共 120 题，每题 1 分。每题的备选项中只有一个最符合题意。）

1. 极限$\lim\limits_{x\to 0}\frac{3+e^{\frac{1}{x}}}{1-e^{\frac{2}{x}}}$等于：

A. 3　　　　B. -1

C. 0　　　　D. 不存在

2. 函数$f(x)$在点$x=x_0$处连续是$f(x)$在点$x=x_0$处可微的：

A. 充分条件　　　　B. 充要条件

C. 必要条件　　　　D. 无关条件

3. x趋于 0 时，$\sqrt{1-x^2}-\sqrt{1+x^2}$与$x^k$是同阶无穷小，则常数$k$等于：

A. 3　　　　B. 2

C. 1　　　　D. $1/2$

4. 设$y=\ln(\sin x)$，则二阶导数y''等于：

A. $\frac{\cos x}{\sin^2 x}$　　B. $\frac{1}{\cos^2 x}$　　C. $\frac{1}{\sin^2 x}$　　D. $-\frac{1}{\sin^2 x}$

5. 若函数$f(x)$在$[a,b]$上连续，在(a,b)内可导，且$f(a)=f(b)$，则在(a,b)内满足$f'(x_0)=0$的点x_0：

A. 必存在且只有一个　　　　B. 至少存在一个

C. 不一定存在　　　　D. 不存在

6. 设$f(x)$在$(-\infty,+\infty)$内连续，其导数$f'(x)$的图形如图所示，则$f(x)$有：

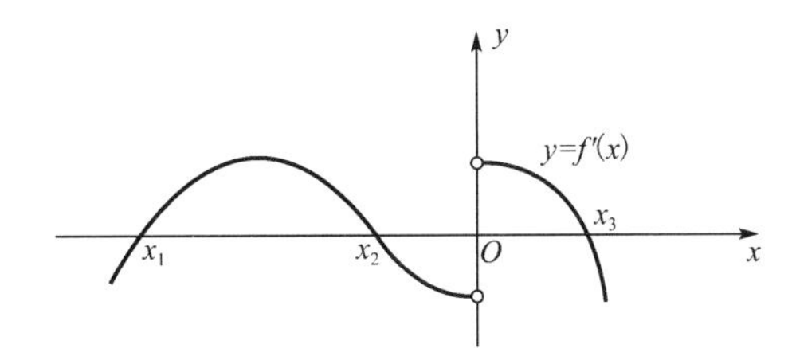

A. 一个极小值点和两个极大值点

B. 两个极小值点和两个极大值点

C. 两个极小值点和一个极大值点

D. 一个极小值点和三个极大值点

7. 不定积分$\int \frac{x}{\sin^2(x^2+1)}\mathrm{d}x$等于：

A. $-\frac{1}{2}\cot(x^2+1)+C$

B. $\frac{1}{\sin(x^2+1)}+C$

C. $-\frac{1}{2}\tan(x^2+1)+C$

D. $-\frac{1}{2}\cot x+C$

8. 广义积分$\int_{-2}^{2}\frac{1}{(1+x)^2}\mathrm{d}x$的值为：

A. $\frac{4}{3}$

B. $-\frac{4}{3}$

C. $\frac{2}{3}$

D. 发散

9. 已知向量$\boldsymbol{\alpha}=(2,1,-1)$，若向量$\boldsymbol{\beta}$与$\boldsymbol{\alpha}$平行，且$\boldsymbol{\alpha}\cdot\boldsymbol{\beta}=3$，则$\boldsymbol{\beta}$为：

A. $(2,1,-1)$

B. $\left(\frac{3}{2},\frac{3}{4},-\frac{3}{4}\right)$

C. $\left(1,\frac{1}{2},-\frac{1}{2}\right)$

D. $\left(1,-\frac{1}{2},\frac{1}{2}\right)$

10. 过点$(2,0,-1)$且垂直于xOy坐标面的直线方程是：

A. $\frac{x-2}{1}=\frac{y}{0}=\frac{z+1}{0}$

B. $\frac{x-2}{0}=\frac{y}{1}=\frac{z+1}{0}$

C. $\frac{x-2}{0}=\frac{y}{0}=\frac{z+1}{1}$

D. $\begin{cases}x=2\\z=-1\end{cases}$

11. 微分方程$y\ln x\,\mathrm{d}x-x\ln y\,\mathrm{d}y=0$满足条件$y(1)=1$的特解是：

A. $\ln^2x+\ln^2y=1$

B. $\ln^2x-\ln^2y=1$

C. $\ln^2x+\ln^2y=0$

D. $\ln^2x-\ln^2y=0$

12. 若D是由x轴、y轴及直线$2x+y-2=0$所围成的闭区域，则二重积分$\iint\limits_D \mathrm{d}x\mathrm{d}y$的值等于：

A. 1

B. 2

C. $\frac{1}{2}$

D. -1

13. 函数$y=C_1C_2e^{-x}$（C_1、C_2是任意常数）是微分方程$y''-2y'-3y=0$的：

A. 通解

B. 特解

C. 不是解

D. 既不是通解又不是特解，而是解

14. 设圆周曲线L：$x^2+y^2=1$取逆时针方向，则对坐标的曲线积分$\int_L \frac{y\mathrm{d}x-x\mathrm{d}y}{x^2+y^2}$等于：

A. 2π

B. -2π

C. π

D. 0

15. 对于函数$f(x,y)=xy$，原点$(0,0)$：

A. 不是驻点

B. 是驻点但非极值点

C. 是驻点且为极小值点

D. 是驻点且为极大值点

16. 关于级数$\sum_{n=1}^{\infty}(-1)^{n-1}\frac{1}{n^p}$收敛性的正确结论是：

A. $0<p\leqslant1$时发散

B. $p>1$时条件收敛

C. $0<p\leqslant1$时绝对收敛

D. $0<p\leqslant1$时条件收敛

17. 设函数$z=\left(\frac{y}{x}\right)^x$，则全微分$\mathrm{d}z\bigg|_{\substack{x=1\\y=2}}=$

A. $\ln 2\,\mathrm{d}x+\frac{1}{2}\mathrm{d}y$

B. $(\ln 2+1)\mathrm{d}x+\frac{1}{2}\mathrm{d}y$

C. $2\left[(\ln 2-1)\mathrm{d}x+\frac{1}{2}\mathrm{d}y\right]$

D. $\frac{1}{2}\ln 2\,\mathrm{d}x+2\mathrm{d}y$

18. 幂级数$\sum_{n=1}^{\infty}(-1)^{n-1}\frac{x^{2n-1}}{2n-1}$的收敛域是：

A. $[-1,1]$

B. $(-1,1]$

C. $[-1,1)$

D. $(-1,1)$

19. 若n阶方阵$\boldsymbol{A}$满足$|\boldsymbol{A}|=b(b\neq0，n\geqslant2)$，而$\boldsymbol{A}^*$是$\boldsymbol{A}$的伴随矩阵，则行列式$|\boldsymbol{A}^*|$等于：

A. b^n

B. b^{n-1}

C. b^{n-2}

D. b^{n-3}

20. 已知二阶实对称矩阵$\boldsymbol{A}$的一个特征值为1，而$\boldsymbol{A}$的对应特征值1的特征向量为$\begin{bmatrix}1\\-1\end{bmatrix}$，若$|\boldsymbol{A}|=-1$，则$\boldsymbol{A}$的另一个特征值及其对应的特征向量是：

A. $\begin{cases}\lambda=1\\x=(1,1)^{\mathrm{T}}\end{cases}$

B. $\begin{cases}\lambda=-1\\x=(1,1)^{\mathrm{T}}\end{cases}$

C. $\begin{cases}\lambda=-1\\x=(-1,1)^{\mathrm{T}}\end{cases}$

D. $\begin{cases}\lambda=-1\\x=(1,-1)^{\mathrm{T}}\end{cases}$

21. 设二次型$f(x_1,x_2,x_3)=x_1^2+tx_2^2+3x_3^2+2x_1x_2$，要使其秩为2，则参数$t$的值等于：

A. 3

B. 2

C. 1

D. 0

22. 设A、B为两个事件，且$P(A)=\frac{1}{3}$，$P(B)=\frac{1}{4}$，$P(B|A)=\frac{1}{6}$，则$P(A|B)$等于：

A. $\frac{1}{9}$

B. $\frac{2}{9}$

C. $\frac{1}{3}$

D. $\frac{4}{9}$

23. 设随机向量(X,Y)的联合分布律为

X \ Y	-1	0
1	1/4	1/4
2	1/6	a

则a的值等于：

A. $\frac{1}{3}$

B. $\frac{2}{3}$

C. $\frac{1}{4}$

D. $\frac{3}{4}$

24. 设总体X服从均匀分布$U(1,\theta)$，$\overline{X}=\frac{1}{n}\sum_{i=1}^{n}\mathrm{X}_i$，则$\theta$的矩估计为：

A. $\overline{X}$

B. $2\overline{X}$

C. $2\overline{X}-1$

D. $2\overline{X}+1$

25. 关于温度的意义，有下列几种说法：

（1）气体的温度是分子平均平动动能的量度；

（2）气体的温度是大量气体分子热运动的集体表现，具有统计意义；

（3）温度的高低反映物质内部分子运动剧烈程度的不同；

（4）从微观上看，气体的温度表示每个气体分子的冷热程度。

这些说法中正确的是：

A.（1）、（2）、（4）

B.（1）、（2）、（3）

C.（2）、（3）、（4）

D.（1）、（3）、（4）

26. 设$\overline{v}$代表气体分子运动的平均速率，v_{p}代表气体分子运动的最概然速率，$(\bar{v}^2)^{\frac{1}{2}}$代表气体分子运动的方均根速率，处于平衡状态下的理想气体，三种速率关系正确的是：

A. $(\bar{v}^2)^{\frac{1}{2}} = \bar{v} = v_{\mathrm{p}}$

B. $\bar{v} = v_p < (\bar{v}^2)^{\frac{1}{2}}$

C. $v_{\mathrm{p}} < \bar{v} < (\bar{v}^2)^{\frac{1}{2}}$

D. $v_{\mathrm{p}} > \bar{v} < (\bar{v}^2)^{\frac{1}{2}}$

27. 理想气体向真空做绝热膨胀：

A. 膨胀后，温度不变，压强减小

B. 膨胀后，温度降低，压强减小

C. 膨胀后，温度升高，加强减小

D. 膨胀后，温度不变，压强不变

28. 两个卡诺热机的循环曲线如图所示，一个工作在温度为T_1与T_3的两个热源之间，另一个工作在温度为T_1与T_3的两个热源之间，已知这两个循环曲线所包围的面积相等，由此可知：

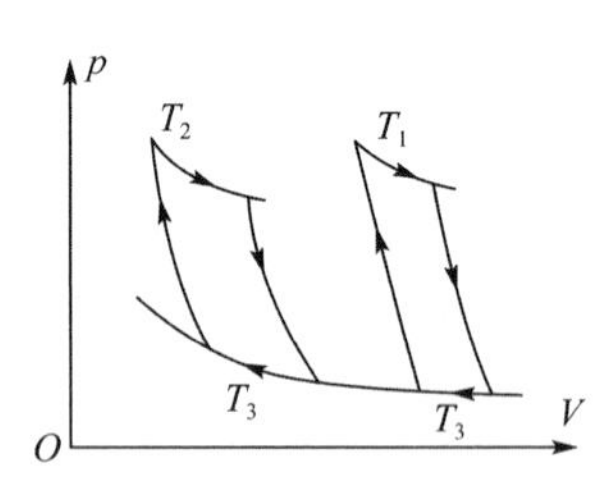

A. 两个热机的效率一定相等

B. 两个热机从高温热源所吸收的热量一定相等

C. 两个热机向低温热源所放出的热量一定相等

D. 两个热机吸收的热量与放出的热量（绝对值）的差值一定相等

29. 刚性双原子分子理想气体的定压摩尔热容量C_p与其定体摩尔热容量C_V之比，C_p/C_V等于：

A. $\frac{5}{3}$　　　　B. $\frac{3}{5}$

C. $\frac{7}{5}$　　　　D. $\frac{5}{7}$

30. 一横波沿绳子传播时，波的表达式为$y = 0.05\cos(4\pi x - 10\pi t)$ (SI)，则：

A. 波长为0.5m

B. 波速为5m/s

C. 波速为25m/s

D. 频率为2Hz

31. 火车疾驰而来时，人们听到的汽笛音调，与火车远离而去时人们听到的汽笛音调相比较，音调：

A. 由高变低

B. 由低变高

C. 不变

D. 是变高还是变低不能确定

32. 在波的传播过程中，若保持其他条件不变，仅使振幅增加一倍，则波的强度增加到：

A. 1 倍　　B. 2 倍

C. 3 倍　　D. 4 倍

33. 两列相干波，其表达式为$y_1 = A\cos 2\pi\left(\upsilon t - \frac{x}{\lambda}\right)$和$y_2 = A\cos 2\pi\left(\upsilon t + \frac{x}{\lambda}\right)$，在叠加后形成的驻波中，波腹处质元振幅为：

A. A　　B. $-A$

C. $2A$　　D. $-2A$

34. 在玻璃（折射率$n_1 = 1.60$）表面镀一层 MgF_2（折射率$n_2 = 1.38$）薄膜作为增透膜，为了使波长为 500nm（$1\text{nm} = 10^{-9}\text{m}$）的光从空气（$n_1 = 1.00$）正入射时尽可能少反射，$MgF_2$ 薄膜的最小厚度应为：

A. 78.1nm　　B. 90.6nm

C. 125nm　　D. 181nm

35. 在单缝衍射实验中，若单缝处波面恰好被分成奇数个半波带，在相邻半波带上，任何两个对应点所发出的光在明条纹处的光程差为：

A. λ　　B. 2λ

C. $\lambda/2$　　D. $\lambda/4$

36. 在双缝干涉实验中，用单色自然光，在屏上形成干涉条纹。若在两缝后放一个偏振片，则：

A. 干涉条纹的间距不变，但明纹的亮度加强

B. 干涉条纹的间距不变，但明纹的亮度减弱

C. 干涉条纹的间距变窄，但明纹的亮度减弱

D. 无干涉条纹

37. 下列元素中第一电离能最小的是：

A. H

B. Li

C. Na

D. K

38. $H_2C=HC-CH=CH_2$ 分子中所含化学键共有：

A. 4 个σ键，2 个π键

B. 9 个σ键，2 个π键

C. 7 个σ键，4 个π键

D. 5 个σ键，4 个π键

39. 在 NaCl，$MgCl_2$，$AlCl_3$，$SiCl_4$ 四种物质的晶体中，离子极化作用最强的是：

A. NaCl

B. $MgCl_2$

C. $AlCl_3$

D. $SiCl_4$

40. $pH=2$溶液中的$c(OH^-)$是$pH=4$溶液中$c(OH^-)$的：

A. 2倍

B. 1/2

C. 1/100

D. 100倍

41. 某反应在 298K 及标准状态下不能自发进行，当温度升高到一定值时，反应能自发进行，下列符合此条件的是：

A. $\Delta_r H_m^\Theta > 0$，$\Delta_r S_m^\Theta > 0$

B. $\Delta_r H_m^\Theta < 0$，$\Delta_r S_m^\Theta < 0$

C. $\Delta_r H_m^\Theta < 0$，$\Delta_r S_m^\Theta > 0$

D. $\Delta_r H_m^\Theta > 0$，$\Delta_r S_m^\Theta < 0$

42. 下列物质水溶液$pH > 7$的是：

A. NaCl

B. Na_2CO_3

C. $Al_2(SO_4)_3$

D. $(NH_4)_2SO_4$

43. 已知$E^\Theta(Fe^{3+}/Fe^{2+}) = 0.77V$，$E^\Theta(MnO_4{}^-/Mn^{2+}) = 1.51V$，当同时提高两电对酸度时，两电对电极电势数值的变化下列正确的是：

A. $E^\Theta(Fe^{3+}/Fe^{2+})$变小，$E^\Theta(MnO_4{}^-/Mn^{2+})$变大

B. $E^\Theta(Fe^{3+}/Fe^{2+})$变大，$E^\Theta(MnO_4{}^-/Mn^{2+})$变大

C. $E^\Theta(Fe^{3+}/Fe^{2+})$不变，$E^\Theta(MnO_4{}^-/Mn^{2+})$变大

D. $E^\Theta(Fe^{3+}/Fe^{2+})$不变，$E^\Theta(MnO_4{}^-/Mn^{2+})$不变

44. 分子式为 C_5H_{12} 的各种异构体中，所含甲基数和它的一氯代物的数目与下列情况相符的是：

A. 2 个甲基，能生成 4 种一氯代物　　B. 3 个甲基，能生成 5 种一氯代物

C. 3 个甲基，能生成 4 种一氯代物　　D. 4 个甲基，能生成 4 种一氯代物

45. 在下列有机物中，经催化加氢反应后不能生成 2-甲基戊烷的是：

A. $CH_2=\underset{\underset{CH_3}{|}}{C}CH_2CH_2CH_3$　　B. $(CH_3)_2CHCH_2CH=CH_2$

C. $CH_3\underset{\underset{CH_3}{|}}{C}=CHCH_2CH_3$　　D. $CH_3CH_2\underset{\underset{CH_3}{|}}{C}HCH=CH_2$

46. 以下是分子式为 $C_5H_{12}O$ 的有机物，其中能被氧化为含相同碳原子数的醛的化合物是：

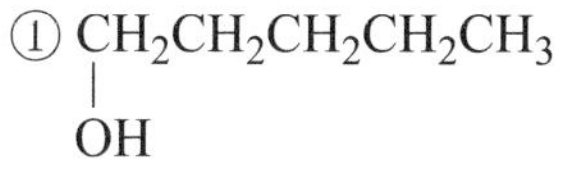

① $\underset{\underset{OH}{|}}{C}H_2CH_2CH_2CH_2CH_3$　　② $CH_3\underset{\underset{OH}{|}}{C}HCH_2CH_2CH_3$

③ $CH_3CH_2\underset{\underset{OH}{|}}{C}HCH_2CH_3$　　④ $CH_3\underset{\underset{OH}{|}}{C}HCH_2CH_3$

A. ①②　　B. ③④

C. ①④　　D. 只有①

47. 图示三角刚架中，若将作用于构件 BC 上的力 F 沿其作用线移至构件 AC 上，则 A、B、C 处约束力的大小：

A. 都不变

B. 都改变

C. 只有 C 处改变

D. 只有 C 处不改变

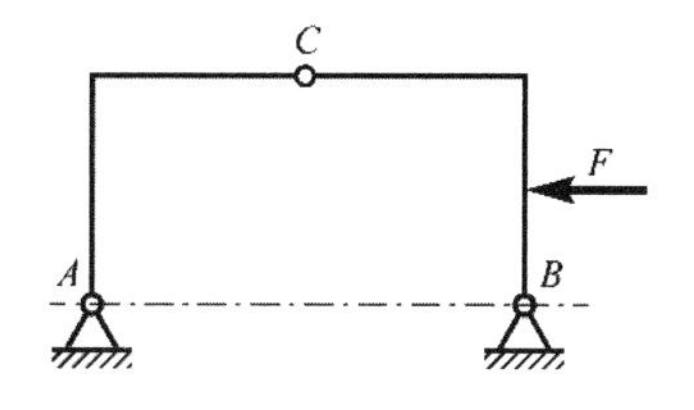

48. 平面力系如图所示，已知：$F_1 = 160\text{N}$，$M = 4\text{N}\cdot\text{m}$，则力系向 A 点简化后的主矩大小应为：

A. $M_A = 4\text{N}\cdot\text{m}$

B. $M_A = 1.2\text{N}\cdot\text{m}$

C. $M_A = 1.6\text{N}\cdot\text{m}$

D. $M_A = 0.8\text{N}\cdot\text{m}$

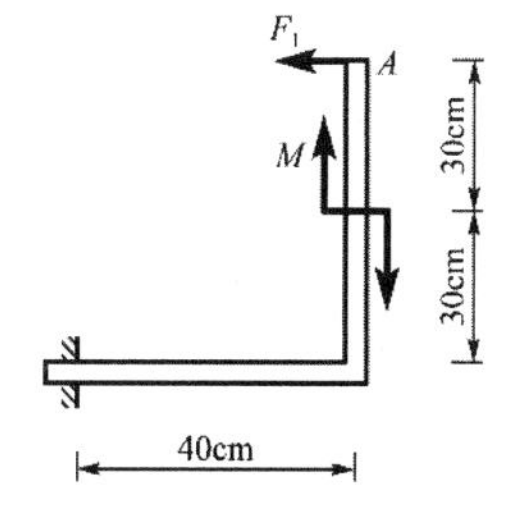

49. 图示承重装置，B、C、D、E处均为光滑铰链连接，各杆和滑轮的重量略去不计，已知：a，r，F_{p}。则固定端A的约束力偶为：

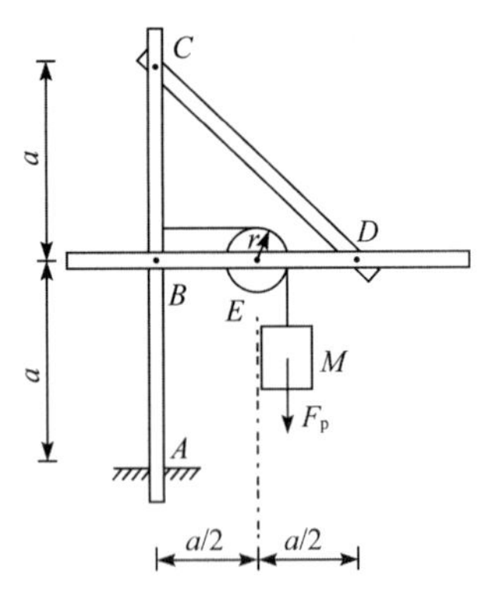

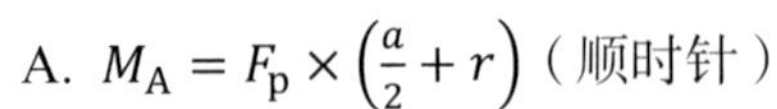

A. $M_{\mathrm{A}}=F_{\mathrm{p}}\times\left(\frac{a}{2}+r\right)$（顺时针）

B. $M_{\mathrm{A}}=F_{\mathrm{p}}\times\left(\frac{a}{2}+r\right)$（逆时针）

C. $M_{\mathrm{A}}=F_{\mathrm{p}}r$（逆时针）

D. $M_{\mathrm{A}}=\frac{a}{2}F_{\mathrm{p}}$（顺时针）

50. 判断图示桁架结构中，内力为零的杆数是：

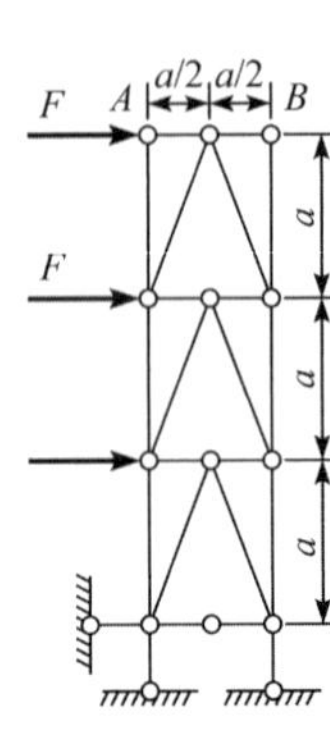

A. 3

B. 4

C. 5

D. 6

51. 汽车匀加速运动，在 10s 内，速度由 0 增加到$5\mathrm{m/s}$。则汽车在此时间内行驶的距离为：

A. 25m　　B. 50m

C. 75m　　D. 100m

52. 物体作定轴转动的运动方程为$\varphi=4t-3t^2$（φ以rad计，t以s计），则此物体内转动半径$r=0.5\mathrm{m}$的一点在$t=1\mathrm{s}$时的速度和切向加速度的大小分别为：

A. $-2\mathrm{m/s}$，$-20\mathrm{m/s^2}$

B. $-1\mathrm{m/s}$，$-1\mathrm{m/s^2}$

C. $-2\mathrm{m/s}$，$-8.54\mathrm{m/s^2}$

D. 0，$-20.2\mathrm{m/s^2}$

53. 如图所示机构中，曲柄$OA = r$，以常角速度ω转动。则滑动构件BC的速度、加速度的表达式分别为：

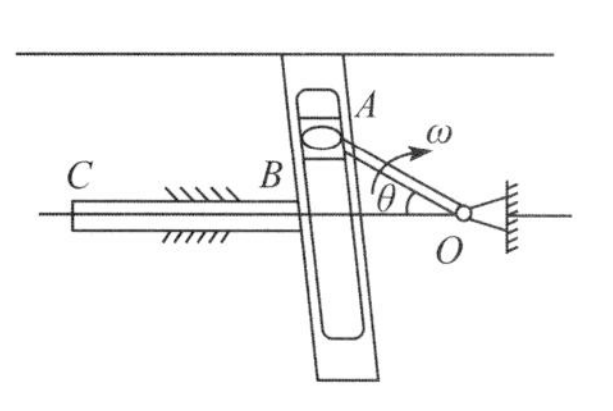

A. $r\omega\sin\omega t$，$r\omega\cos\omega t$

B. $r\omega\cos\omega t$，$r\omega^2\sin\omega t$

C. $r\sin\omega t$，$r\omega\cos\omega t$

D. $r\omega\sin\omega t$，$r\omega^2\cos\omega t$

54. 重力为$\boldsymbol{W}$的货物由电梯载运下降，当电梯加速下降、匀速下降及减速下降时，货物对地板的压力分别为$\boldsymbol{F}_1$、$\boldsymbol{F}_2$、$\boldsymbol{F}_3$，则它们之间的关系正确的是：

A. $F_1 = F_2 = F_3$　　　　B. $F_1 > F_2 > F_3$

C. $F_1 < F_2 < F_3$　　　　D. $F_1 < F_2 > F_3$

55. 均质圆盘的质量为m，半径为R，在铅垂平面内绕O轴转动，图示瞬时角速度为ω，则其对O轴的动量矩大小为：

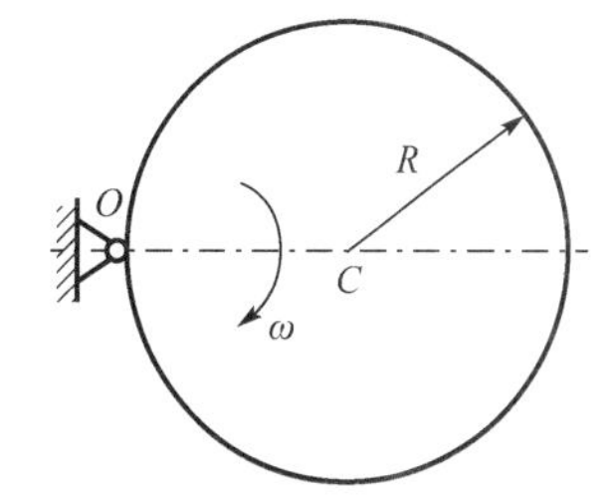

A. $mR\omega$

B. $\frac{1}{2}mR\omega$

C. $\frac{1}{2}mR^2\omega$

D. $\frac{3}{2}mR^2\omega$

56. 均质圆柱体半径为R，质量为m，绕关于对纸面垂直的固定水平轴自由转动，初瞬时静止$\theta = 0°$，如图所示，则圆柱体在任意位置θ时的角速度为：

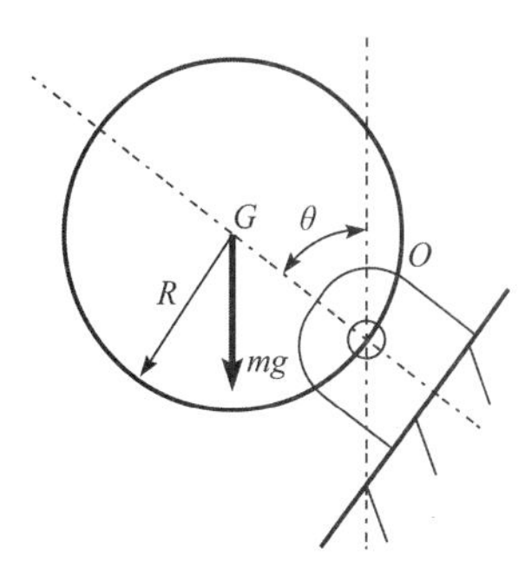

A. $\sqrt{\frac{4g(1-\sin\theta)}{3R}}$

B. $\sqrt{\frac{4g(1-\cos\theta)}{3R}}$

C. $\sqrt{\frac{2g(1-\cos\theta)}{3R}}$

D. $\sqrt{\frac{g(1-\cos\theta)}{2R}}$

57. 质量为m的物体 A，置于水平成θ角的倾面 B 上，如图所示，A 与 B 间的摩擦系数为f，当保持 A 与 B 一起以加速度a水平向右运动时，则物块 A 的惯性力是：

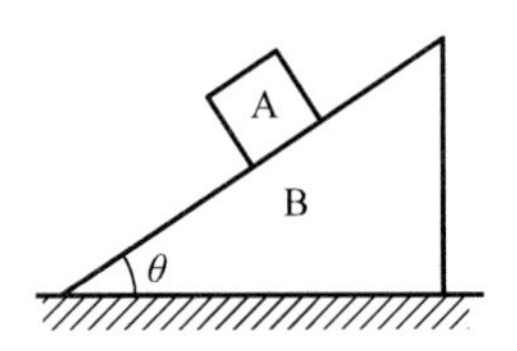

A. $ma(\leftarrow)$

B. $ma(\rightarrow)$

C. $ma(\nearrow)$

D. $ma(\swarrow)$

58. 一无阻尼弹簧—质量系统受简谐激振力作用，当激振频率$\omega_1 = 6\text{rad/s}$时，系统发生共振，给质量块增加 1kg 的质量后重新试验，测得共振频率$\omega_2 = 5.86\text{rad/s}$。则原系统的质量及弹簧刚度系数是：

A. 19.69kg，623.55N/m

B. 20.69kg，623.55N/m

C. 21.69kg，744.84N/m

D. 20.69kg，744.84N/m

59. 图示四种材料的应力-应变曲线中，强度最大的材料是：

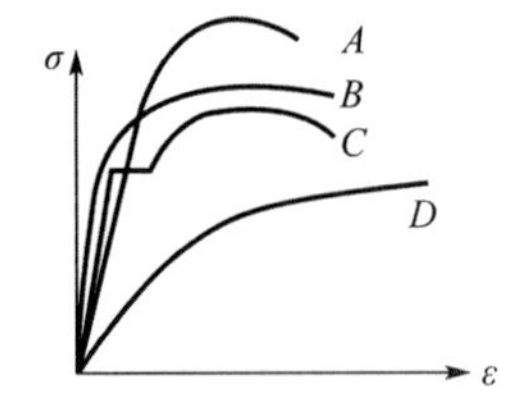

A. A

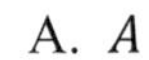

B. B

C. C

D. D

60. 图示等截面直杆，杆的横截面面积为A，材料的弹性模量为E，在图示轴向荷载作用下杆的总伸长度为：

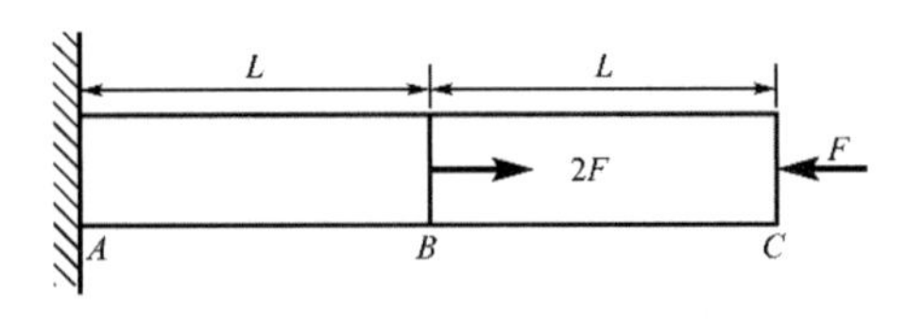

A. $\Delta L = 0$

B. $\Delta L = \frac{FL}{4EA}$

C. $\Delta L = \frac{FL}{2EA}$

D. $\Delta L = \frac{FL}{EA}$

61. 两根木杆用图示结构连接，尺寸如图所示，在轴向外力F作用下，可能引起连接结构发生剪切破坏的名义切应力是：

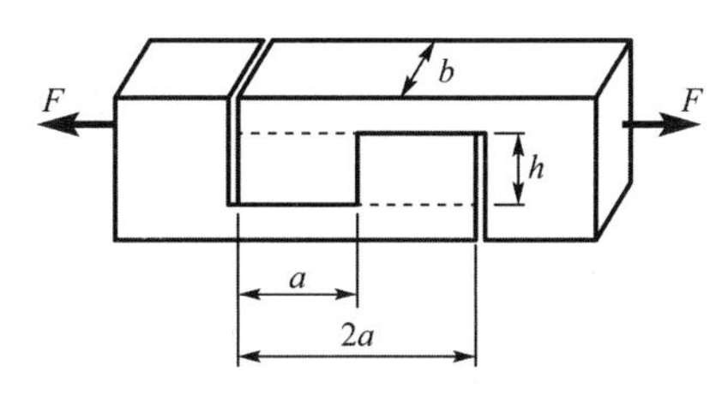

A. $\tau=\frac{F}{ab}$　　B. $\tau=\frac{F}{ah}$

C. $\tau=\frac{F}{bh}$　　D. $\tau=\frac{F}{2ab}$

62. 扭转切应力公式$\tau_{\rho}=\rho\frac{T}{I_{\mathrm{p}}}$适用的杆件是：

A. 矩形截面杆　　B. 任意实心截面杆

C. 弹塑性变形的圆截面杆　　D. 线弹性变形的圆截面杆

63. 已知实心圆轴按强度条件可承担的最大扭矩为T，若改变该轴的直径，使其横截面积增加 1 倍，则可承担的最大扭矩为：

A. $\sqrt{2}T$　　B. $2T$

C. $2\sqrt{2}T$　　D. $4T$

64. 在下列关于平面图形几何性质的说法中，错误的是：

A. 对称轴必定通过图形形心

B. 两个对称轴的交点必为图形形心

C. 图形关于对称轴的静矩为零

D. 使静矩为零的轴必为对称轴

65. 悬臂梁的载荷情况如图所示，若有集中力偶m在梁上移动，则梁的内力变化情况是：

A. 剪力图、弯矩图均不变

B. 剪力图、弯矩图均改变

C. 剪力图不变，弯矩图改变

D. 剪力图改变，弯矩图不变

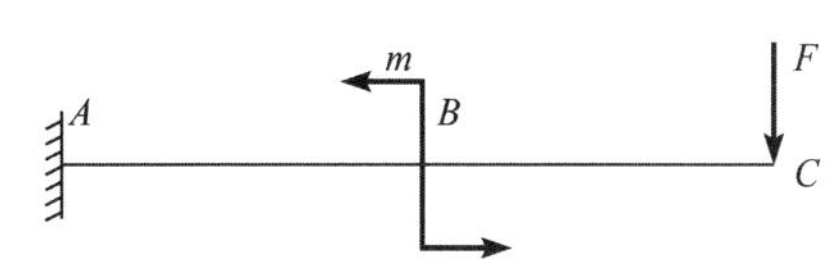

66. 图示悬臂梁，若梁的长度增加 1 倍，则梁的最大正应力和最大切应力与原来相比：

A. 均不变

B. 均为原来的 2 倍

C. 正应力为原来的 2 倍，剪应力不变

D. 正应力不变，剪应力为原来的 2 倍

67. 简支梁受力如图所示，梁的正确挠曲线是图示四条曲线中的：

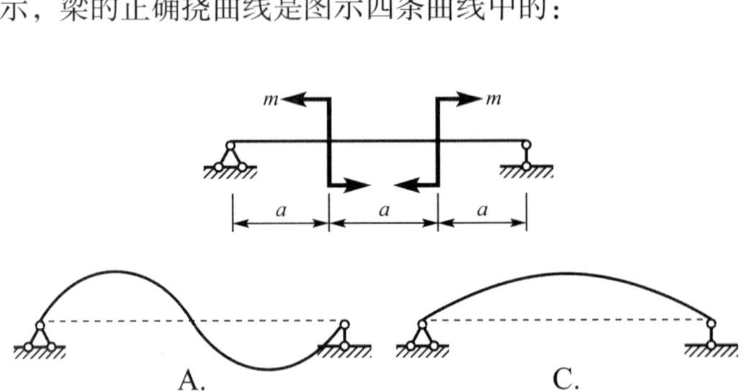

A.　　C.

B.　　D.

68. 两单元体分别如图 a）、b）所示。关于其主应力和主方向，下列论述正确的是：

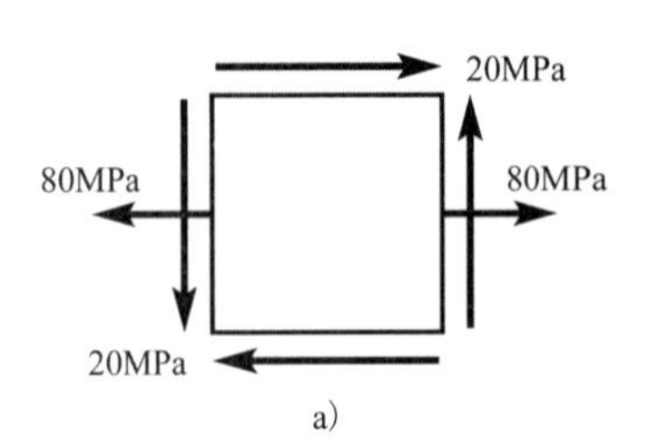

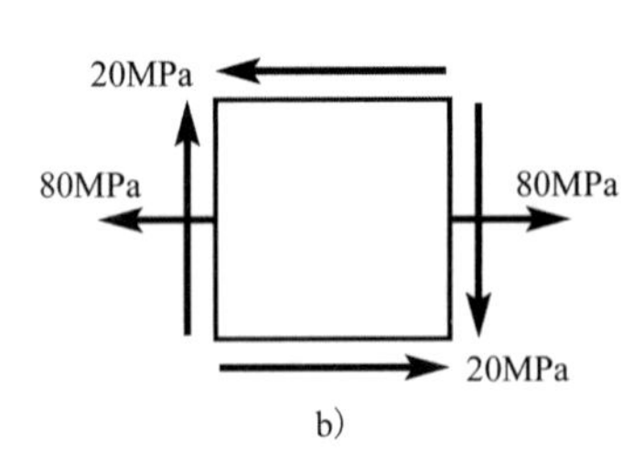

A. 主应力大小和方向均相同

B. 主应力大小相同，但方向不同

C. 主应力大小和方向均不同

D. 主应力大小不同，但方向均相同

69. 图示圆轴截面面积为A，抗弯截面系数为W，若同时受到扭矩T、弯矩M和轴向内力F_N的作用，按第三强度理论，下面的强度条件表达式中正确的是：

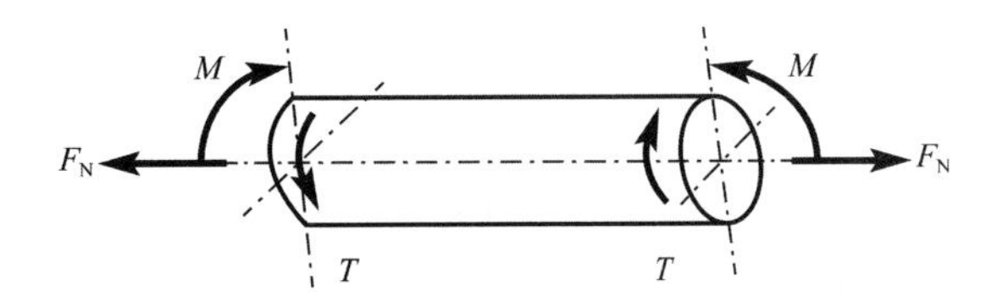

A. $\frac{F_N}{A}+\frac{1}{W}\sqrt{M^2+T^2}\leqslant[\sigma]$

B. $\sqrt{\left(\frac{F_N}{A}\right)^2+\left(\frac{M}{W}\right)^2+\left(\frac{T}{2W}\right)^2}\leqslant[\sigma]$

C. $\sqrt{\left(\frac{F_N}{A}+\frac{M}{W}\right)^2+\left(\frac{T}{W}\right)^2}\leqslant[\sigma]$

D. $\sqrt{\left(\frac{F_N}{A}+\frac{M}{W}\right)^2+4\left(\frac{T}{W}\right)^2}\leqslant[\sigma]$

70. 图示四根细长（大柔度）压杆，弯曲刚度为EI。其中具有最大临界荷载F_{cr}的压杆是：

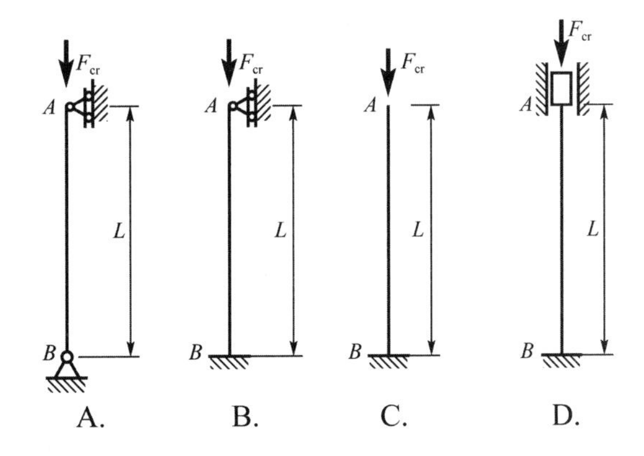

71. 连续介质假设意味着是：

A. 流体分子相互紧连

B. 流体的物理量是连续函数

C. 流体分子间有间隙

D. 流体不可压缩

72. 盛水容器形状如图所示，已知$h_1 = 0.9\text{m}$，$h_2 = 0.4\text{m}$，$h_3 = 1.1\text{m}$，$h_4 = 0.75\text{m}$，$h_5 = 1.33\text{m}$，则下列各点的相对压强正确的是：

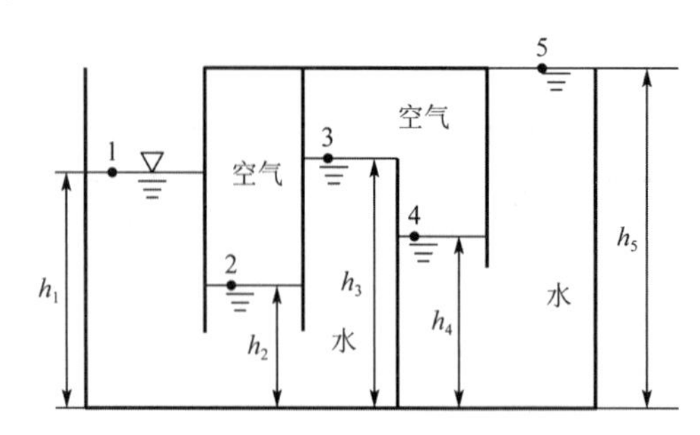

A. $p_1 = 0$，$p_2 = 4.90\text{kPa}$，$p_3 = -1.96\text{kPa}$，$p_4 = -1.96\text{kPa}$，$p_5 = -7.64\text{kPa}$

B. $p_1 = -4.90\text{kPa}$，$p_2 = 0$，$p_3 = -6.86\text{kPa}$，$p_4 = -6.86\text{kPa}$，$p_5 = -19.4\text{kPa}$

C. $p_1 = 1.96\text{kPa}$，$p_2 = 6.86\text{kPa}$，$p_3 = 0$，$p_4 = 0$，$p_5 = -5.68\text{kPa}$

D. $p_1 = 7.64\text{kPa}$，$p_2 = 12.54\text{kPa}$，$p_3 = 5.68\text{kPa}$，$p_4 = 5.68\text{kPa}$，$p_5 = 0$

73. 流体的连续性方程$v_1A_1 = v_2A_2$适用于：

A. 可压缩流体　　B. 不可压缩流体

C. 理想流体　　D. 任何流体

74. 尼古拉兹实验曲线中，当某管路流动在紊流光滑区时，随着雷诺数 Re 的增大，其沿程损失系数λ将：

A. 增大　　B. 减小

C. 不变　　D. 增大或减小

75. 正常工作条件下的薄壁小孔口d_1与圆柱形外管嘴d_2相等，作用水头H相等，则孔口与管嘴的流量关系正确的是：

A. $Q_1 > Q_2$　　B. $Q_1 < Q_2$

C. $Q_1 = Q_2$　　D. 条件不足无法确定

76. 半圆形明渠，半径$r_0 = 4\text{m}$，水力半径为：

A. 4m　　B. 3m

C. 2m　　D. 1m

77. 有一完全井，半径$r_0 = 0.3\text{m}$，含水层厚度$H = 15\text{m}$，抽水稳定后，井水深度$h = 10\text{m}$，影响半径$R = 375\text{m}$，已知井的抽水量是$0.0276\text{m}^3/s$，则土壤的渗透系数k为：

A. 0.0005m/s　　B. 0.0015m/s

C. 0.0010m/s　　D. 0.00025m/s

78. L为长度量纲，T为时间量纲，则沿程损失系数λ的量纲为：

A. L　　B. L/T

C. L^2/T　　D. 无量纲

79. 图示铁芯线圈通以直流电流I，并在铁芯中产生磁通Φ，线圈的电阻为R，那么线圈两端的电压为：

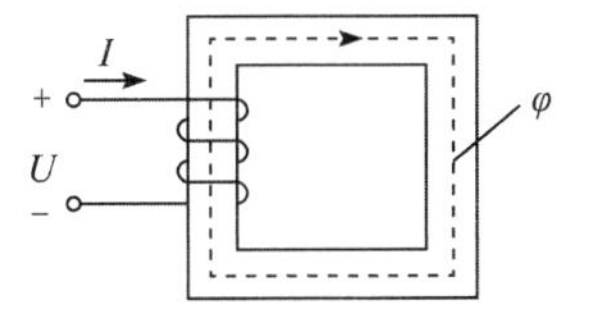

A. $U = IR$

B. $U = N\frac{d\Phi}{dt}$

C. $U = -N\frac{d\Phi}{dt}$

D. $U = 0$

80. 图示电路，如下关系成立的是：

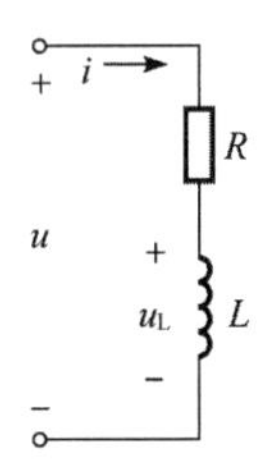

A. $R = \frac{u}{i}$

B. $u = i(R + L)$

C. $i = L\frac{du}{dt}$

D. $u_L = L\frac{di}{dt}$

81. 图示电路，电流I_s为：

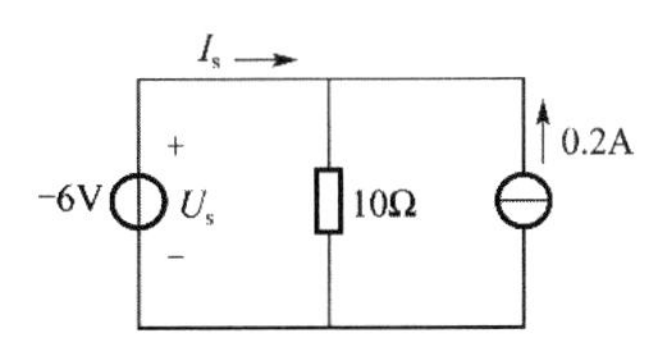

A. −0.8A

B. 0.8A

C. 0.6A

D. −0.6A

82. 图示电流$i(t)$和电压$u(t)$的相量分别为：

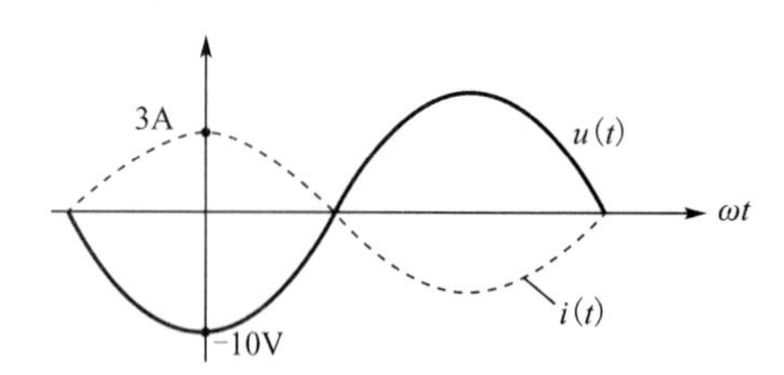

A. $\dot{I}=j2.12\text{A}$，$\dot{U}=-j7.07\text{V}$

B. $\dot{I}=2.12\angle 90^\circ\ \text{A}$，$\dot{U}=-7.07\angle -90^\circ\ \text{V}$

C. $\dot{I}=j3\text{A}$，$\dot{U}=-j10\text{V}$

D. $\dot{I}=3\text{A}$，$\dot{U}_\text{m}=-10\text{V}$

83. 额定容量为20kV·A、额定电压为 220V 的某交流电源，有功功率为 8kW、功率因数为 0.6 的感性负载供电后，负载电流的有效值为：

A. $\frac{20\times10^3}{220}=90.9\text{A}$

B. $\frac{8\times10^3}{0.6\times220}=60.6\text{A}$

C. $\frac{8\times10^3}{220}=36.36\text{A}$

D. $\frac{20\times10^3}{0.6\times220}=151.5\text{A}$

84. 图示电路中，电感及电容元件上没有初始储能，开关 S 在$t=0$时刻闭合，那么，在开关闭合瞬间$(t=0)$，电路中取值为 10V 的电压是：

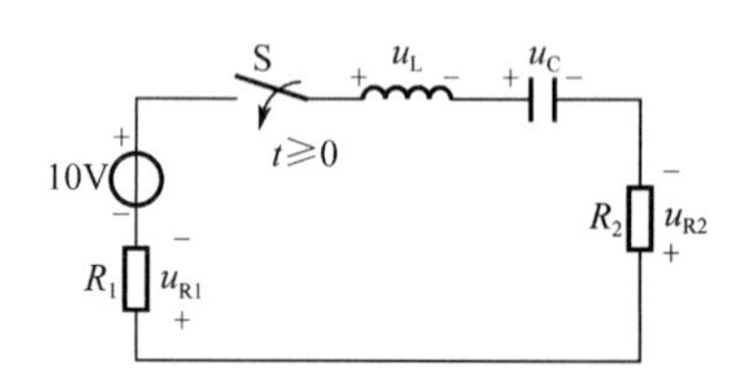

A. u_L

B. u_C

C. $u_\text{R1}+U_\text{R2}$

D. u_R2

85. 设图示变压器为理想器件，且$u_s = 90\sqrt{2}\sin\omega t$ V，开关 S 闭合时，信号源的内阻R_1与信号源右侧电路的等效电阻相等，那么，开关 S 断开后，电压u_1：

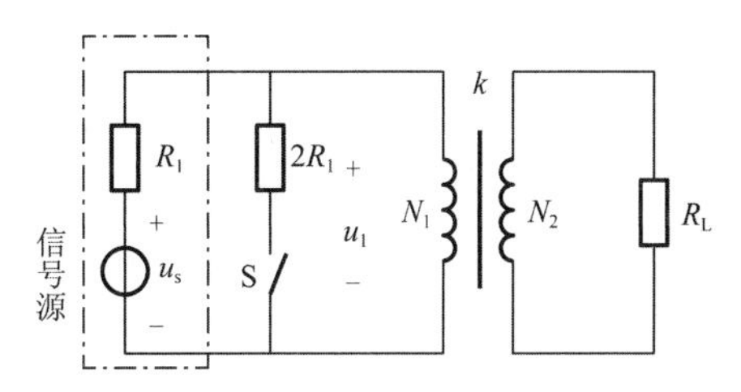

A. 因变压器的匝数比k、电阻R_L和R_1未知而无法确定

B. $u_1 = 45\sqrt{2}\sin\omega t$ V

C. $u_1 = 60\sqrt{2}\sin\omega t$ V

D. $u_1 = 30\sqrt{2}\sin\omega t$ V

86. 三相异步电动机在满载启动时，为了不引起电网电压的过大波动，则应该采用的异步电动机类型和启动方案是：

A. 鼠笼式电动机和 Y-△降压启动

B. 鼠笼式电动机和自耦调压器降压启动

C. 绕线式电动机和转子绕组串电阻启动

D. 绕线式电动机和 Y-△降压启动

87. 在模拟信号、采样信号和采样保持信号这几种信号中，属于连续时间信号的是：

A. 模拟信号与采样保持信号　　B. 模拟信号和采样信号

C. 采样信号与采样保持信号　　D. 采样信号

88. 模拟信号$u_1(t)$和$u_2(t)$的幅值频谱分别如图 a）和图 b）所示，则在时域中：

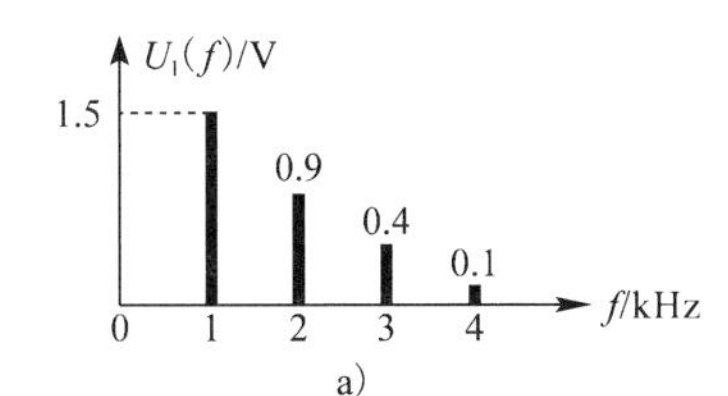

a)

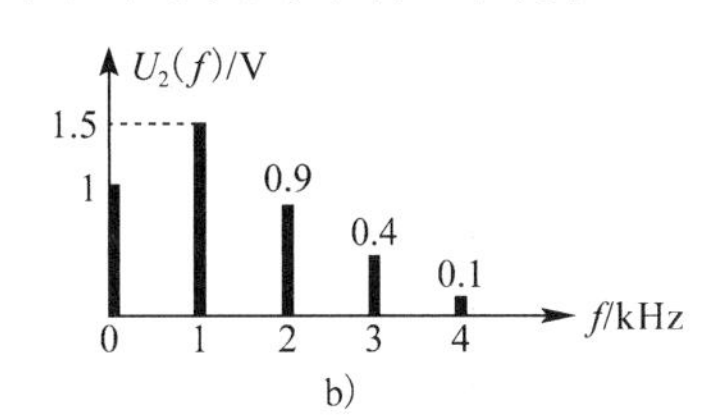

b)

A. $u_1(t)$和$u_2(t)$是同一个函数

B. $u_1(t)$和$u_2(t)$都是离散时间函数

C. $u_1(t)$和$u_2(t)$都是周期性连续时间函数

D. $u_1(t)$是非周期性时间函数，$u_2(t)$是周期性时间函数

89. 放大器在信号处理系统中的作用是：

A. 从信号中提取有用信息　　B. 消除信号中的干扰信号

C. 分解信号中的谐波成分　　D. 增强信号的幅值以便后续处理

90. 对逻辑表达式$ABC + A\overline{B} + AB\overline{C}$的化简结果是：

A. A　　B. $A\overline{B}$

C. AB　　D. $AB\overline{C}$

91. 已知数字信号A和数字信号B的波形如图所示，则数字信号$F = \overline{A + B}$的波形为：

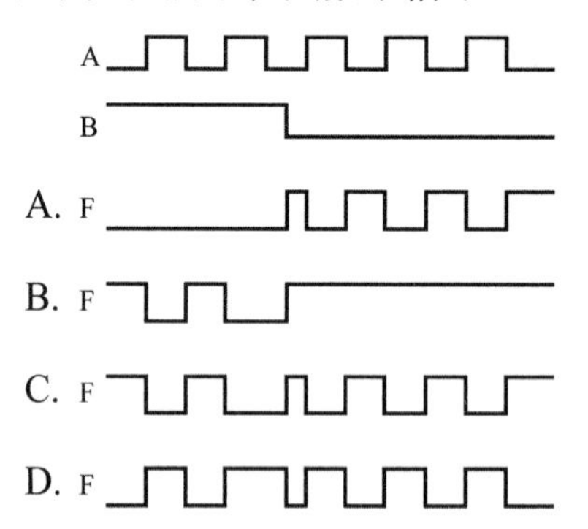

92. 逻辑函数$F = f(A, B, C)$的真值表如下所示，由此可知：

A	B	C	F
0	0	0	0
0	0	1	1
0	1	0	1
0	1	1	0
1	0	0	0
1	0	1	0
1	1	0	0
1	1	1	0

A. $F = \overline{AB}C + B\overline{C}$

B. $F = \overline{AB}C + \overline{A}B\overline{C}$

C. $F = \overline{ABC} + \overline{A}BC$

D. $F = A\overline{BC} + ABC$

93. 二极管应用电路如图所示，图中，$u_{\mathrm{A}} = 1\mathrm{V}$，$u_{\mathrm{B}} = 5\mathrm{V}$，$R = 1\mathrm{k}\Omega$，设二极管均为理想器件，则电流 $i_{\mathrm{R}} =$

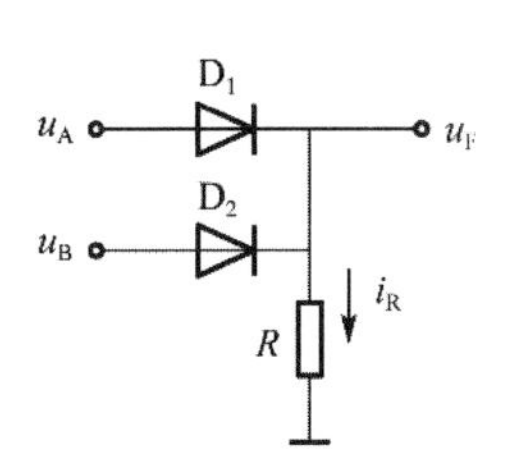

A. 5mA

B. 1mA

C. 6mA

D. 0mA

94. 图示电路中，能够完成加法运算的电路：

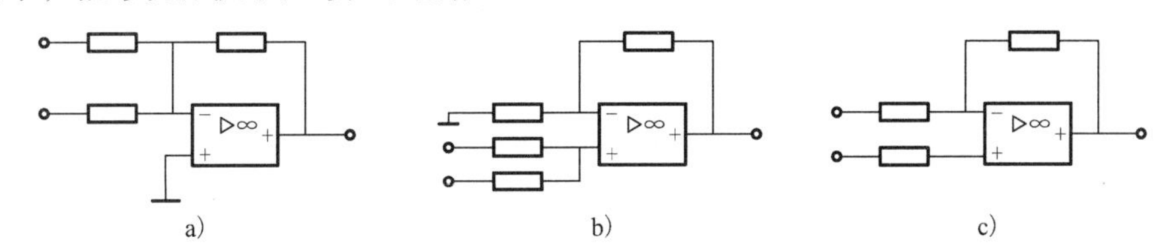

A. 是图 a）和图 b）　　B. 仅是图 a）

C. 仅是图 b）　　D. 是图 c）

95. 图 a）示电路中，复位信号及时钟脉冲信号如图 b）所示，经分析可知，在t_1时刻，输出$\mathrm{Q_{JK}}$和$\mathrm{Q_D}$分别等于：

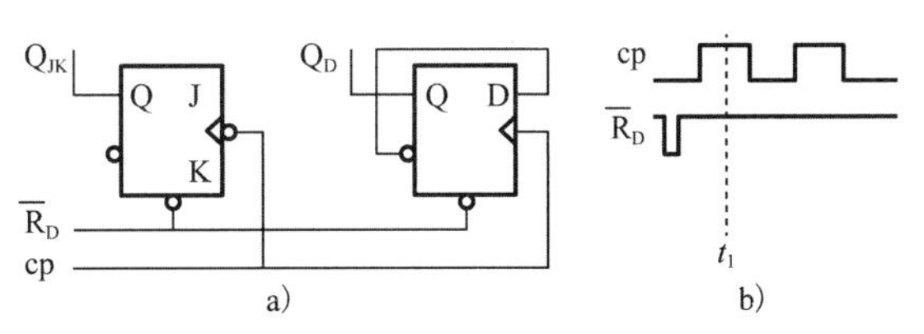

A. 0　0　　B. 0　1

C. 1　0　　D. 1　1

附：D 触发器的逻辑状态表为

D	Q_{n+1}
0	0
1	1

JK 触发器的逻辑状态表为

J	K	Q_{n+1}
0	0	Q_n
0	1	0
1	0	1
1	1	$\overline{Q}_n$

96. 图 a）示时序逻辑电路的工作波形如图 b）所示，由此可知，图 a）电路是一个：

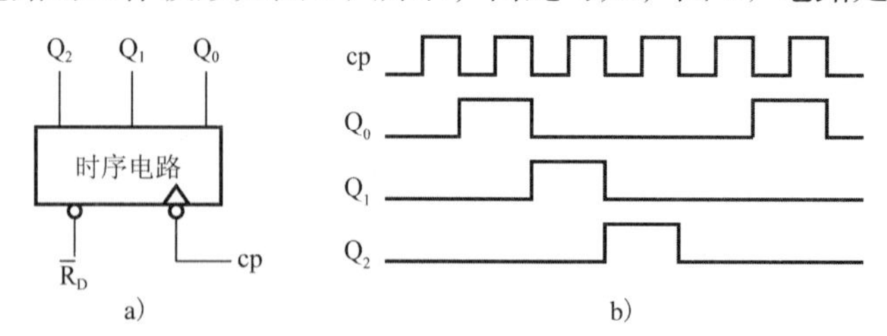

A. 右移寄存器　　B. 三进制计数器

C. 四进制计数器　　D. 五进制计数器

97. 根据冯·诺依曼结构原理，计算机的 CPU 是由：

A. 运算器、控制器组成　　B. 运算器、寄存器组成

C. 控制器、寄存器组成　　D. 运算器、存储器组成

98. 在计算机内，为有条不紊地进行信息传输操作，要用总线将硬件系统中的各个部件：

A. 连接起来　　B. 串接起来

C. 集合起来　　D. 耦合起来

99. 若干台计算机相互协作完成同一任务的操作系统属于：

A. 分时操作系统　　B. 嵌入式操作系统

C. 分布式操作系统　　D. 批处理操作系统

100. 计算机可以直接执行的程序是用：

A. 自然语言编制的程序　　B. 汇编语言编制的程序

C. 机器语言编制的程序　　D. 高级语言编制的程序

101. 汉字的国标码是用两个字节码表示的，为与 ASCII 码区别，是将两个字节的最高位：

A. 都置成 0　　B. 都置成 1

C. 分别置成 1 和 0　　D. 分别置成 0 和 1

102. 下列所列的四条存储容量单位之间换算表达式中，正确的一条是：

A. 1GB = 1024B　　B. 1GB = 1024KB

C. 1GB = 1024MB　　D. 1GB = 1024TB

103. 下列四条关于防范计算机病毒的方法中，并非有效的一条是：

A. 不使用来历不明的软件　　B. 安装防病毒软件

C. 定期对系统进行病毒检测　　D. 计算机使用完后锁起来

104. 下面四条描述操作系统与其他软件明显不同的特征中，正确的一条是：

A. 并发性、共享性、随机性　　B. 共享性、随机性、动态性

C. 静态性、共享性、同步性　　D. 动态性、并发性、异步性

105. 构成信息化社会的主要技术支柱有三个，它们是：

A. 计算机技术、通信技术和网络技术

B. 数据库技术、计算机技术和数字技术

C. 可视技术、大规模集成技术、网络技术

D. 动画技术、网络技术、通信技术

106. 为有效防范网络中的冒充、非法访问等威胁，应采用的网络安全技术是：

A. 数据加密技术　　B. 防火墙技术

C. 身份验证与鉴别技术　　D. 访问控制与目录管理技术

107. 某项目向银行借款，按半年复利计息，年实际利率为8.6%，则年名义利率为：

A. 8%　　B. 8.16%

C. 8.24%　　D. 8.42%

108. 对于国家鼓励发展的缴纳增值税的经营性项目，可以获得增值税的优惠。在财务评价中，先征后返的增值税应记作项目的：

A. 补贴收入　　B. 营业收入

C. 经营成本　　D. 营业外收入

109. 下列筹资方式中，属于项目资本金的筹集方式的是：

A. 银行贷款　　B. 政府投资

C. 融资租赁　　D. 发行债券

110. 某建设项目预计第三年息税前利润为 200 万元，折旧与摊销为 30 万元，所得税为 20 万元，项目生产期第三年应还本付息金额为 100 万元。则该年偿债备付率为：

A. 1.5 万元　　B. 1.9 万元

C. 2.1 万元　　D. 2.5 万元

111. 在进行融资前项目投资现金流量分析时，现金流量应包括：

A. 资产处置收益分配　　B. 流动资金

C. 借款本金偿还　　D. 借款利息偿还

112. 某拟建生产企业设计年产 6 万t化工原料，年固定成本为 1000 万元，单位可变成本、销售税金和单位产品增值税之和为800 万元/t，单位产品售价为1000 元/t。销售收入和成本费用均采用含税价格表示。以生产能力利用率表示的盈亏平衡点为：

A. 9.25%　　B. 21%　　C. 66.7%　　D. 83.3%

113. 某项目有甲、乙两个建设方案，投资分别为 500 万元和 1000 万元，项目期均为 10 年，甲项目年收益为 140 万元，乙项目年收益为 250 万元。假设基准收益率为10%，则两项目的差额净现值为：[已知：$(P/A,10\%,10)=6.1446$]

A. 175.9 万元　　B. 360.24 万元

C. 536.14 万元　　D. 896.38 万元

114. 某项目打算采用甲工艺进行施工，但经广泛的市场调研和技术论证后，决定用乙工艺代替甲工艺，并达到了同样的施工质量，且成本下降15%。根据价值工程原理，该项目提高价值的途径是：

A. 功能不变，成本降低

B. 功能提高，成本降低

C. 功能和成本均下降，但成本降低幅度更大

D. 功能提高，成本不变

115. 某投资亿元的建设工程，建设工期 3 年，建设单位申请领取施工许可证，经审查该申请不符合法定条件的是：

A. 已取得该建设工程规划许可证

B. 已依法确定施工单位

C. 到位资金达到投资额的30%

D. 该建设工程设计已经发包由某设计单位完成

116. 根据《中华人民共和国安全生产法》，组织制定并实施本单位的生产安全事故应急救援预案的责任人是：

A. 项目负责人　　B. 安全生产管理人员

C. 单位主要负责人　　D. 主管安全的负责人

117. 根据《中华人民共和国招标投标法》，下列工程建设项目，项目的勘察、设计、施工、监理以及与工程建设有关的重要设备、材料等的采购，按照国家有关规定可不进行招标的是：

A. 大型基础设施、公用事业等关系社会公共利益、公众安全的项目

B. 全部或者部分使用国有资金投资或者国家融资的项目

C. 使用国际组织或者外国政府贷款、援助基金的项目

D. 利用扶贫资金实行以工代赈、需要使用农民工的项目

118. 订立合同需要经过要约和承诺两个阶段，下列关于要约的说法，错误的是：

A. 要约是希望和他人订立合同的意思表示

B. 要约内容应当具体明确

C. 要约是吸引他人向自己提出订立合同的意思表示

D. 经受要约人承诺，要约人即受该意思表示约束

119. 根据《中华人民共和国行政许可法》，行政机关对申请人提出的行政许可申请，应当根据不同情况分别作出处理。下列行政机关的处理，符合规定的是：

A. 申请事项依法不需要取得行政许可的，应当即时告知申请人向有关行政机关申请

B. 申请事项依法不属于本行政机关职权范围内的，应当即时告知申请人不需申请

C. 申请材料存在可以当场更正的错误的，应当告知申请人 3 日内补正

D. 申请材料不齐全，应当当场或者在 5 日内一次告知申请人需要补正的全部内容

120. 根据《建设工程质量管理条例》，下列有关建设单位的质量责任和义务的说法，正确的是：

A. 建设工程发包单位不得暗示承包方以低价竞标

B. 建设单位在办理工程质量监督手续前，应当领取施工许可证

C. 建设单位可以明示或者暗示设计单位违反工程建设强制性标准

D. 建设单位提供的与建设工程有关的原始资料必须真实、准确、齐全

2019年度全国勘察设计注册工程师执业资格考试基础考试（上）

试题解析及参考答案

1. 解 本题考查函数极限的求法以及洛必达法则的应用。

当自变量$x \to 0$时，只有当$x \to 0^+$及$x \to 0^-$时，函数左右极限各自存在并且相等时，函数极限才存在。即当$\lim\limits_{x\to 0^+} f(x) = \lim\limits_{x\to 0^-} f(x) = A$时，$\lim\limits_{x\to 0} f(x) = A$，否则函数极限不存在。

应用洛必达法则：

$$\lim_{x\to 0^+}\frac{3+e^{\frac{1}{x}}}{1-e^{\frac{2}{x}}}\xlongequal[\text{当}x\to 0^+\text{时，}y\to +\infty]{\text{设}y=\frac{1}{x}}\lim_{y\to +\infty}\frac{3+e^y}{1-e^{2y}}\xlongequal{\frac{\infty}{\infty}}\lim_{y\to +\infty}\frac{e^y}{1-e^{2y}}=\lim_{y\to +\infty}\frac{1}{-2e^y}=0$$

$$\lim_{x\to 0^-}\frac{3+e^{\frac{1}{x}}}{1-e^{\frac{2}{x}}}\xlongequal[\text{当}x\to 0^-\text{时，}y\to -\infty]{\text{设}y=\frac{1}{x}}\lim_{y\to -\infty}\frac{3+e^y}{1-e^{2y}}\xlongequal[e^y\to 0]{y\to -\infty}\frac{3}{1}=3$$

因$\lim\limits_{x\to 0^+} f(x) \neq \lim\limits_{x\to 0^-} f(x)$，所以$\lim\limits_{x\to 0} f(x)$不存在。

答案：D

2. 解 本题考查函数可微、可导与函数连续之间的关系。

对于一元函数而言，函数可导和函数可微等价。函数可导必连续，函数连续不一定可导（例如$y = |x|$在$x = 0$处连续，但不可导）。因而，$f(x)$在点$x = x_0$处连续为函数在该点处可微的必要条件。

答案：C

3. 解 利用同阶无穷小定义计算。

求极限$\lim\limits_{x\to 0}\frac{\sqrt{1-x^2}-\sqrt{1+x^2}}{x^k}$，只要当极限值为常数$C$，且$C \neq 0$时，即为同阶无穷小。

$$\lim_{x\to 0}\frac{\sqrt{1-x^2}-\sqrt{1+x^2}}{x^k}\xlongequal{\text{分子有理化}}\lim_{x\to 0}\frac{\left(\sqrt{1-x^2}-\sqrt{1+x^2}\right)\left(\sqrt{1-x^2}+\sqrt{1+x^2}\right)}{x^k\left(\sqrt{1-x^2}+\sqrt{1+x^2}\right)}$$

$$=\lim_{x\to 0}\frac{-2x^2}{x^k\left(\sqrt{1-x^2}+\sqrt{1+x^2}\right)}\xlongequal{\text{只有}k=2\text{时，极限值才满足为常数}C\text{，且}C\neq 0}$$

$$\lim_{x\to 0}\frac{-2x^2}{x^2\left(\sqrt{1-x^2}+\sqrt{1+x^2}\right)}=-1$$

答案：B

4. 解 本题为求复合函数的二阶导数，可利用复合函数求导公式计算。

设$y = \ln u$，$u = \sin x$，先对中间变量求导，再乘以中间变量u对自变量x的导数（注意正确使用导数公式）。

$$y' = \frac{1}{\sin x}\cdot\cos x = \cot x,\ y'' = (\cot x)' = -\frac{1}{\sin^2 x}$$

答案：D

5. 解　本期考查罗尔中值定理。

由罗尔中值定理可知，函数满足：①在闭区间连续；②在开区间可导；③两端函数值相等，则在开区间内至少存在一点ξ，使得$f'(\xi)=0$。本题满足罗尔中值定理的条件，因而结论B成立。

答案：B

6. 解　$x=0$处导数不存在。x_1和O点两侧导函数符号由负变为正，函数在该点取得极小值，故x_1和O点是函数的极小值点；x_2和x_3点两侧导函数符号由正变为负，函数在该点取得极大值，故x_2和x_3点是函数的极大值点。

答案：B

7. 解　本题可用第一类换元积分方法计算，也可用凑微分方法计算。

方法1：设$x^2+1=t$，则有$2x\mathrm{d}x=\mathrm{d}t$，即$x\mathrm{d}x=\frac{1}{2}\mathrm{d}t$

$$\int\frac{x}{\sin^2(x^2+1)}\mathrm{d}x=\int\frac{1}{\sin^2 t}\frac{1}{2}\mathrm{d}t=\frac{1}{2}\int\csc^2 t\mathrm{d}t=-\frac{1}{2}\cot t+C=-\frac{1}{2}\cot(x^2+1)+C$$

方法2：

$$\int\frac{x}{\sin^2(x^2+1)}\mathrm{d}x=\frac{1}{2}\int\frac{1}{\sin^2(x^2+1)}\mathrm{d}(x^2+1)=-\frac{1}{2}\cot(x^2+1)+C$$

答案：A

8. 解　当$x=-1$时，$\lim\limits_{x\to-1}\frac{1}{(1+x)^2}=+\infty$，所以$x=-1$为函数的无穷不连续点。

本题为被积函数有无穷不连续点的广义积分。按照这类广义积分的计算方法，把广义积分在无穷不连续点$x=-1$处分成两部分，只有当每一部分都收敛时，广义积分才收敛，否则广义积分发散。

即：

$$\int_{-2}^{2}\frac{1}{(1+x)^2}\mathrm{d}x=\int_{-2}^{-1}\frac{1}{(1+x)^2}\mathrm{d}x+\int_{-1}^{2}\frac{1}{(1+x)^2}\mathrm{d}x$$

计算第一部分：

$$\int_{-2}^{-1}\frac{1}{(1+x)^2}\mathrm{d}x=\int_{-2}^{-1}\frac{1}{(1+x)^2}\mathrm{d}(x+1)=-\frac{1}{1+x}\bigg|_{-2}^{-1}=\lim_{x\to1^-}\left(-\frac{1}{1+x}\right)-\left(-\frac{1}{-1}\right)=\infty,$$

发散

所以，广义积分发散。

答案：D

9. 解　利用两向量平行的知识以及两向量数量积的运算法则计算。

已知$\boldsymbol{\beta}//\boldsymbol{\alpha}$，则有$\beta=\lambda\boldsymbol{\alpha}$（$\lambda$为任意非零常数）

所以$\boldsymbol{\alpha}\cdot\boldsymbol{\beta}=\boldsymbol{\alpha}\cdot\lambda\boldsymbol{\alpha}=\lambda(\boldsymbol{\alpha}\cdot\boldsymbol{\alpha})=\lambda[2\times2+1\times1+(-1)\times(-1)]=6\lambda$

已知$\boldsymbol{\alpha}\cdot\boldsymbol{\beta}=3$，即$6\lambda=3$，$\lambda=\frac{1}{2}$

所以$\boldsymbol{\beta}=\frac{1}{2}\boldsymbol{\alpha}=\left(1,\frac{1}{2},-\frac{1}{2}\right)$

答案：C

10. 解 因直线垂直于xOy平面，因而直线的方向向量只要选与z轴平行的向量即可，取所求直线的方向向量$\vec{s}=(0,0,1)$，如解图所示，再按照直线的点向式方程的写法写出直线方程：

$$\frac{x-2}{0}=\frac{y-0}{0}=\frac{z+1}{1}$$

题 10 解图

答案：C

11. 解 通过分析可知，本题为一阶可分离变量方程，分离变量后两边积分求出方程的通解，再代入初始条件求出方程的特解。

$y\ln x\mathrm{d}x-x\ln y\mathrm{d}y=0\Rightarrow y\ln x\mathrm{d}x=x\ln y\mathrm{d}y\Rightarrow\frac{\ln x}{x}\mathrm{d}x=\frac{\ln y}{y}\mathrm{d}y$

$\Rightarrow\int\frac{\ln x}{x}\mathrm{d}x=\int\frac{\ln y}{y}\mathrm{d}y\Rightarrow\int\ln x\mathrm{d}(\ln x)=\int\ln y\mathrm{d}(\ln y)$

$\Rightarrow\frac{1}{2}\ln^2 x=\frac{1}{2}\ln^2 y+C_1\Rightarrow\ln^2 x-\ln^2 y=C_2$　（其中，$C_2=2C_1$）

代入初始条件$y(x=1)=1$，得$C_2=0$

所以方程的特解：$\ln^2 x-\ln^2 y=0$

答案：D

12. 解 画出积分区域D的图形，如解图所示。

方法 1：因被积函数$f(x,y)=1$，所以积分$\iint\limits_D\mathrm{d}x\mathrm{d}y$的值即为这三条直线所围成的区域面积，所以$\iint\limits_D\mathrm{d}x\mathrm{d}y=\frac{1}{2}\times1\times2=1$。

题 12 解图

方法 2：把二重积分转化为二次积分，可先对y积分再对x积分，也可先对x积分再对y积分。本题先对y积分后再对x积分：

$$D:\begin{cases}0\leqslant x\leqslant1\\0\leqslant y\leqslant-2x+2\end{cases}$$

$$\iint\limits_D\mathrm{d}x\mathrm{d}y=\int_0^1\mathrm{d}x\int_0^{-2x+2}\mathrm{d}y=\int_0^1 y\Big|_0^{-2x+2}\mathrm{d}x$$

$$=\int_0^1(-2x+2)\mathrm{d}x=(-x^2+2x)\Big|_0^1=-1+2=1$$

答案：A

13. 解 $y=C_1C_2e^{-x}$，因C_1、C_2是任意常数，可设$C=C_1\cdot C_2$（C仍为任意常数），即$y=Ce^{-x}$，则有$y'=-Ce^{-x}$，$y''=Ce^{-x}$。

代入得$Ce^{-x}-2(-Ce^{-x})-3Ce^{-x}=0$，可知$y=Ce^{-x}$为方程的解。

因$y=Ce^{-x}$仅含一个独立的任意常数，可知$y=Ce^{-x}$既不是方程的通解，也不是方程的特解，只是方程的解。

答案：D

14. 解 本题考查对坐标的曲线积分的计算方法。

应注意，对坐标的曲线积分与曲线的积分路径、方向有关，积分变量的变化区间应从起点所对应的参数积到终点所对应的参数。

L：$x^2+y^2=1$

参数方程可表示为$\begin{cases}x=\cos\theta\\y=\sin\theta\end{cases}$ $(\theta$：$0\to 2\pi)$，则

$$\int_L \frac{y\mathrm{d}x-x\mathrm{d}y}{x^2+y^2}=\int_0^{2\pi}\frac{\sin\theta(-\sin\theta)-\cos\theta\cos\theta}{\cos^2\theta+\sin^2\theta}\mathrm{d}\theta=\int_0^{2\pi}(-1)\mathrm{d}\theta=-\theta\Big|_0^{2\pi}=-2\pi$$

答案：B

15. 解 本题函数为二元函数，先求出二元函数的驻点，再利用二元函数取得极值的充分条件判定。

$f(x,y)=xy$

求得偏导数$\begin{cases}f_x(x,y)=y\\f_y(x,y)=x\end{cases}$，则$\begin{cases}f_x(0,0)=0\\f_y(0,0)=0\end{cases}$，故点$(0,0)$为二元函数的驻点。

求得二阶导数$f''_{xx}(x,y)=0$，$f''_{xy}(x,y)=1$，$f''_{yy}(x,y)=0$

则有$A=f''_{xx}(0,0)=0$，$B=f''_{xy}(0,0)=1$，$C=f''_{yy}(0,0)=0$

$AC-B^2=-1<0$，所以在驻点$(0,0)$处取不到极值。

点$(0,0)$是驻点，但非极值点。

答案：B

16. 解 本题考查级数条件收敛、绝对收敛的有关概念，以及级数收敛与发散的基本判定方法。

将级数$\sum\limits_{n=1}^{\infty}(-1)^{n-1}\frac{1}{n^p}$各项取绝对值，得$p$级数$\sum\limits_{n=1}^{\infty}\frac{1}{n^p}$。

当$p>1$时，原级数$\sum\limits_{n=1}^{\infty}(-1)^{n-1}\frac{1}{n^p}$绝对收敛；当$0<p\leqslant 1$时，级数$\sum\limits_{n=1}^{\infty}\frac{1}{n^p}$发散。所以，选项B、C均不成立。

再判定原级数$\sum\limits_{n=1}^{\infty}(-1)^{n-1}\frac{1}{n^p}$在$0<p\leqslant 1$时的敛散性。

级数$\sum\limits_{n=1}^{\infty}(-1)^{n-1}\frac{1}{n^p}$为交错级数，记$u_n=\frac{1}{n^p}$。

当$p>0$时，$n^p<(n+1)p$，则$\frac{1}{n^p}>\frac{1}{(n+1)^p}$，$u_n>u_{n+1}$，又$\lim\limits_{n\to\infty}u_n=0$，所以级数$\sum\limits_{n=1}^{\infty}(-1)^{n-1}\frac{1}{n^p}$在$0<p\leqslant 1$时条件收敛。

答案：D

17. 解 利用二元函数求全微分公式$\mathrm{d}z=\frac{\partial z}{\partial x}\mathrm{d}x+\frac{\partial z}{\partial y}\mathrm{d}y$计算，然后代入$x=1$，$y=2$求出$\mathrm{d}z\Big|_{\substack{x=1\\y=2}}$的值。

（1）计算$\frac{\partial z}{\partial x}$:

$z=\left(\frac{y}{x}\right)^x$，两边取对数，得$\ln z=x\ln\left(\frac{y}{x}\right)$，两边对$x$求导，得：

$$\frac{1}{z}z_x=\ln\frac{y}{x}+x\frac{x}{y}\left(-\frac{y}{x^2}\right)=\ln\frac{y}{x}-1$$

进而得：$z_x=z\left(\ln\frac{y}{x}-1\right)=\left(\frac{y}{x}\right)^x\left(\ln\frac{y}{x}-1\right)$

（2）计算$\frac{\partial z}{\partial y}$：

$$\frac{\partial z}{\partial y}=x\left(\frac{y}{x}\right)^{x-1}\frac{1}{x}=\left(\frac{y}{x}\right)^{x-1}$$

$$\mathrm{d}z=\frac{\partial z}{\partial x}\mathrm{d}x+\frac{\partial z}{\partial y}\mathrm{d}y=\left(\frac{y}{x}\right)^x\left(\ln\frac{y}{x}-1\right)\mathrm{d}x+\left(\frac{y}{x}\right)^{x-1}\mathrm{d}y$$

$$\mathrm{d}z\Big|_{\substack{x=1\\y=2}}=2(\ln 2-1)\mathrm{d}x+\mathrm{d}y=2\left[(\ln 2-1)\mathrm{d}x+\frac{1}{2}\mathrm{d}y\right]$$

答案：C

18. 解　幂级数只含奇数次幂项，求出级数的收敛半径，再判断端点的敛散性。

方法1：

$$\lim_{n\to\infty}\left|\frac{u_{n+1}(x)}{u_n(x)}\right|=\lim_{n\to\infty}\left|\frac{\frac{x^{2n+1}}{2n+1}}{\frac{x^{2n-1}}{2n-1}}\right|=\lim_{n\to\infty}\left|\frac{2n-1}{2n+1}x^2\right|=x^2$$

当$x^2<1$，即$-1<x<1$时，级数收敛；当$x^2>1$，即$x>1$或$x<-1$时，级数发散：

判断端点的敛散性。

当$x=1$时，$\sum_{n=1}^{\infty}(-1)^{n-1}\frac{x^{2n-1}}{2n-1}\Rightarrow\sum_{n=1}^{\infty}(-1)^{n-1}\frac{1}{2n-1}$，为交错级数，同时满足$u_n>u_{n+1}$和$\lim_{n\to\infty}u_n=0$，级数收敛。

当$x=-1$时，$\sum_{n=1}^{\infty}(-1)^{n-1}\frac{x^{2n-1}}{2n-1}\Rightarrow\sum_{n=1}^{\infty}(-1)^{n-1}\frac{1}{2n-1}$，为交错级数，同时满足$u_n>u_{n+1}$和$\lim_{n\to\infty}u_n=0$，级数收敛。

综上，级数$\sum_{n=1}^{\infty}(-1)^{n-1}\frac{x^{2n-1}}{2n-1}$的收敛域为$[-1,1]$。

方法2：四个选项已给出，仅在端点处不同，直接判断端点$x=1$、$x=-1$的敛散性即可。

答案：A

19. 解　利用公式$|\boldsymbol{A}^*|=\boldsymbol{A}^{n-1}$判断。代入$|\boldsymbol{A}|=b$，得$|\boldsymbol{A}^*|=b^{n-1}$。

答案：D

20. 解　利用公式$|\boldsymbol{A}|=\lambda_1\lambda_2\cdots\lambda_n$，当$\boldsymbol{A}$为二阶方阵时，$|\boldsymbol{A}|=\lambda_1\lambda_2$

则有$\lambda_2=\frac{|\boldsymbol{A}|}{\lambda_1}=\frac{-1}{1}=-1$

由“实对称矩阵对应不同特征值的特征向量正交”判断：

$$\begin{pmatrix}1\\1\end{pmatrix}^{\mathrm{T}}\begin{pmatrix}1\\-1\end{pmatrix}=(1,\ 1)\begin{pmatrix}1\\-1\end{pmatrix}=0$$

所以$\begin{pmatrix}1\\1\end{pmatrix}$与$\begin{pmatrix}1\\-1\end{pmatrix}$正交

答案：B

21. 解 二次型f的秩就是对应矩阵$\boldsymbol{A}$的秩。

二次型对应矩阵为$\boldsymbol{A}=\begin{bmatrix}1&1&0\\1&t&0\\0&0&3\end{bmatrix}$，$R(\boldsymbol{A})=2$，则有$|\boldsymbol{A}|=0$，即$3(t-1)=0$，可以得出$t=1$。

答案：C

22. 解

$$P(A|B)=\frac{P(AB)}{P(B)}=\frac{P(A)P(B|A)}{P(B)}=\frac{\frac{1}{3}\times\frac{1}{6}}{\frac{1}{4}}=\frac{2}{9}$$

答案：B

23. 解 由联合分布律的性质：$\sum\limits_{i}\sum\limits_{j}p_{ij}=1$，得$\frac{1}{4}+\frac{1}{4}+\frac{1}{6}+a=1$，则$a=\frac{1}{3}$。

答案：A

24. 解 因为$X\sim U(1,\theta)$，所以$E(X)=\frac{1+\theta}{2}$，则$\theta=2E(X)-1$，用$\overline{X}$代替$E(X)$，得θ的矩估计$\hat{\theta}=2\overline{X}-1$。

答案：C

25. 解 温度的统计意义告诉我们：气体的温度是分子平均平动动能的量度，气体的温度是大量气体分子热运动的集体体现，具有统计意义，温度的高低反映物质内部分子运动剧烈程度的不同，正是因为它的统计意义，单独说某个分子的温度是没有意义的。

答案：B

26. 解 气体分子运动的三种速率：

$v_{\mathrm{p}}=\sqrt{\dfrac{2kT}{m}}\approx1.41\sqrt{\dfrac{RT}{M}}$

$\bar{v}=\sqrt{\frac{8kT}{\pi m}}\approx1.60\sqrt{\frac{RT}{M}}$，$\sqrt{\bar{v}^2}=\sqrt{\frac{3kT}{m}}\approx1.73\sqrt{\frac{RT}{M}}$

答案：C

27. 解 理想气体向真空作绝热膨胀，注意“真空”和“绝热”。由热力学第一定律$Q=\Delta E+W$，理想气体向真空作绝热膨胀不做功，不吸热，故内能变化为零，温度不变，但膨胀致体积增大，单位体积分子数n减少，根据$p=nkT$，故压强减小。

答案：A

28. 解 此题考查卡诺循环。

卡诺循环的热机效率为：$\eta=1-\frac{T_2}{T_1}$

T_1与T_2不同，所以效率不同。

两个循环曲线所包围的面积相等，净功相等，$W = Q_1 - Q_2$，即两个热机吸收的热量与放出的热量（绝对值）的差值一定相等。

答案：D

29. 解 此题考查理想气体分子的摩尔热容。

$$C_V = \frac{i}{2}R，C_p = C_V + R = \frac{i+2}{2}R$$

刚性双原子分子理想气体$i = 5$，故$\frac{C_p}{C_V} = \frac{7}{5}$

答案：C

30. 解 将波动方程化为标准式：$y = 0.05\cos(4\pi x - 10\pi t) = 0.05\cos 10\pi\left(t - \frac{x}{2.5}\right)$

$$u = 2.5\text{m/s}，\omega = 2\pi\nu = 10\pi，\nu = 5\text{Hz}，\lambda = \frac{u}{\nu} = \frac{2.5}{5} = 0.5\text{m}$$

答案：A

31. 解 此题考查声波的多普勒效应。

题目讨论的是火车疾驰而来时的过程与火车远离而去时人们听到的汽笛音调比较。

火车疾驰而来时音调（即频率）：$\nu'_{来} = \frac{u}{u - v_s}\nu$

火车远离而去时的音调：$\nu'_{去} = \frac{u}{u + v_s}\nu$

式中，u为声速，v_s为火车相对地的速度，ν为火车发出汽笛声的原频率。

相比，人们听到的汽笛音调应是由高变低的。

答案：A

32. 解 此题考查波的强度公式：$I = \frac{1}{2}\rho u A^2 \omega^2$

保持其他条件不变，仅使振幅A增加 1 倍，则波的强度增加到原来的 4 倍。

答案：D

33. 解 两列振幅相同的相干波，在同一直线上沿相反方向传播，叠加的结果即为驻波。

叠加后形成的驻波的波动方程为：$y = y_1 + y_2 = \left(2A\cos 2\pi\frac{x}{\lambda}\right)\cos 2\pi\nu t$

驻波的振幅是随位置变化的，$A' = 2A\cos 2\pi\frac{x}{\lambda}$，波腹处有最大振幅$2A$。

答案：C

34. 解 此题考查光的干涉。

薄膜上下两束反射光的光程差：$\delta = 2n_2 e$

增透膜要求反射光相消：$\delta = 2n_2 e = (2k+1)\frac{\lambda}{2}$

$k = 0$时，膜有最小厚度，$e = \frac{\lambda}{4n_2} = \frac{500}{4 \times 1.38} = 90.6\text{nm}$

答案：B

35. 解　此题考查光的衍射。

单缝衍射明纹条件光程差为半波长的奇数倍，相邻两个半波带对应点的光程差为半个波长。

答案：C

36. 解　此题考查光的干涉与偏振。

双缝干涉条纹间距$\Delta x=\frac{D}{d}\lambda$，加偏振片不改变波长，故干涉条纹的间距不变，而自然光通过偏振片光强衰减为原来的一半，故明纹的亮度减弱。

答案：B

37. 解　第一电离能是基态的气态原子失去一个电子形成+1 价气态离子所需要的最低能量。变化规律：同一周期从左到右，主族元素的有效核电荷数依次增加，原子半径依次减小，电离能依次增大；同一主族元素从上到下原子半径依次增大，电离能依次减小。

答案：D

38. 解　共价键的类型分σ键和π键。共价单键均为σ键；共价双键中含 1 个σ键，1 个π键；共价三键中含 1 个σ键，2 个π键。

丁二烯分子中，碳氢间均为共价单键，碳碳间含 1 个碳碳单键，2 个碳碳双键。结构式为：

```
H                    H
 \                  /
  C = C  -  C = C
 /    |     |      \
H     H     H       H
```

答案：B

39. 解　正负离子相互极化的强弱取决于离子的极化力和变形性，正负离子均具有极化力和变形性。正负离子相互极化的强弱一般主要考虑正离子的极化力和负离子的变形性。正离子的电荷数越多，极化力越大，半径越小，极化力越大。四种化合物中 $SiCl_4$ 是分子晶体。NaCl、$MgCl_2$、$AlCl_3$ 中的阴离子相同，都为 Cl^-，阳离子分别为 Na^+、Mg^{2+}、Al^{3+}，离子半径逐渐减小，离子电荷逐渐增大，极化力逐渐增强，对 Cl^-的极化作用逐渐增强，所以离子极化作用最强的是 $AlCl_3$。

答案：C

40. 解　根据 $pH=-\lg C_{H^+}$，$K_W=C_{H^+}\times C_{OH^-}$

$pH=2$时，$C_{H^+}=10^{-2}mol\cdot L^{-1}$，$C_{OH^-}=10^{-12}mol\cdot L^{-1}$

$pH=4$时，$C_{H^+}=10^{-4}mol\cdot L^{-1}$，$C_{OH^-}=10^{-10}mol\cdot L^{-1}$

答案：C

41. 解　吉布斯函数变$\Delta G<0$时化学反应能自发进行。根据吉布斯等温方程，当$\Delta_r H_m^\ominus>0$，$\Delta_r S_m^\ominus>0$时，反应低温不能自发进行，高温能自发进行。

答案：A

42. 解 根据盐类的水解理论，NaCl为强酸强碱盐，不水解，溶液显中性；Na_2CO_3为强碱弱酸盐，水解，溶液显碱性；硫酸铝和硫酸铵均为强酸弱碱盐，水解，溶液显酸性。

答案：B

43. 解 电对对应的半反应中无H^+参与时，酸度大小对电对的电极电势无影响；电对对应的半反应中有H^+参与时，酸度大小对电对的电极电势有影响，影响结果由能斯特方程决定。

电对Fe^{3+}/Fe^{2+}对应的半反应为$Fe^{3+} + e^- = Fe^{2+}$，没有H^+参与，酸度大小对电对的电极电势无影响；电对MnO_4^-/Mn^{2+}对应的半反应为$MnO_4^- + 8H^+ + 7e^- = Mn^{2+} + 4H_2O$，有$H^+$参与，根据能斯特方程，$H^+$浓度增大，电对的电极电势增大。

答案：C

44. 解 C_5H_{12}有三个异构体，每种异构体中，有几种类型氢原子，就有几种一氯代物。

异构体 $H_3C-CH_2-CH_2-CH_2-CH_3$ 中，有2个甲基，3种一氯代物；

异构体 $H_3C-\underset{\underset{CH_3}{|}}{CH}-CH_2-CH_3$ 中，有3个甲基，4种一氯代物；

异构体 $H_3C-\overset{\overset{CH_3}{|}}{\underset{\underset{CH_3}{|}}{C}}-CH_3$ 中，有4个甲基，1种一氯代物。

答案：C

45. 解 选项A、B、C催化加氢均生成2-甲基戊烷，选项D催化加氢生成3-甲基戊烷。

答案：D

46. 解 与端基碳原子相连的羟基氧化为醛，不与端基碳原子相连的羟基氧化为酮。

答案：C

47. 解 若力F作用于构件BC上，则AC为二力构件，满足二力平衡条件，BC满足三力平衡条件，受力图如解图a）所示。

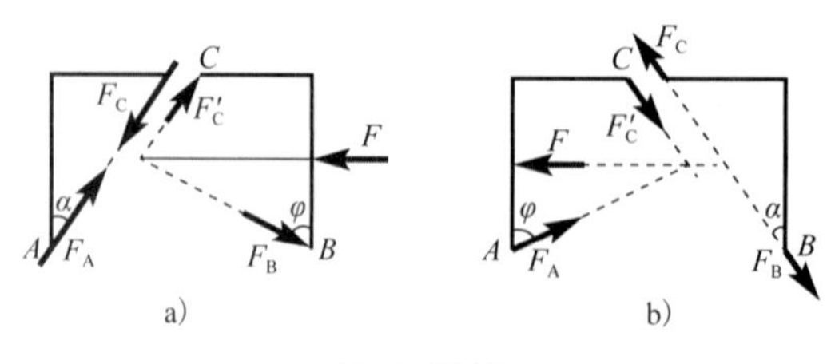

题47解图

对BC列平衡方程：

$$\sum F_x = 0,\ F - F_B \sin\varphi - F'_C \sin\alpha = 0$$

$$\sum F_y = 0,\ F'_C \cos\alpha - F_B \cos\varphi = 0$$

解得：$F'_C = \frac{F}{\sin\alpha + \cos\alpha\tan\varphi} = F_A$，$F_B = \frac{F}{\tan\alpha\cos\varphi + \sin\varphi}$

若力$\boldsymbol{F}$移至构件AC上，则BC为二力构件，而AC满足三力平衡条件，受力图如解图 b）所示。

对AC列平衡方程：

$$\sum F_x = 0，F - F_A\sin\varphi - F'_C\sin\alpha = 0$$

$$\sum F_y = 0，F_A\cos\varphi - F'_C\cos\alpha = 0$$

解得：$F'_C = \frac{F}{\sin\alpha + \cos\alpha\tan\varphi} = F_B$，$F_A = \frac{F}{\tan\alpha\cos\varphi + \sin\varphi}$

由此可见，两种情况下，只有C处约束力的大小没有改变，而A、B处约束力的大小都发生了改变。

答案：D

48. 解 由图可知力$\boldsymbol{F}_1$过A点，故向A点简化的附加力偶为 0，因此主动力系向A点简化的主矩即为$M_A = M = 4\text{N}\cdot\text{m}$。

答案：A

49. 解 对系统整体列平衡方程：

$$\sum M_A(F) = 0，M_A - F_p\left(\frac{a}{2} + r\right) = 0$$

得：$M_A = F_p\left(\frac{a}{2} + r\right)$（逆时针）

答案：B

50. 解 分析节点A的平衡，可知铅垂杆为零杆，再分析节点B的平衡，节点连接的两根杆均为零杆，故内力为零的杆数是 3。

答案：A

51. 解 当$t = 10\text{s}$时，$v_t = v_0 + at = 10a = 5\text{m/s}$，故汽车的加速度$a = 0.5\text{m/s}^2$。则有：

$$S = \frac{1}{2}at^2 = \frac{1}{2}\times 0.5\times 10^2 = 25\text{m}$$

答案：A

52. 解 物体的角速度及角加速度分别为：$\omega = \dot{\varphi} = 4 - 6t\text{rad/s}$，$\alpha = \ddot{\varphi} = -6\text{rad/s}^2$，则$t = 1\text{s}$时物体内转动半径$r = 0.5\text{m}$点的速度为：$v = \omega r = -1\text{m/s}$，切向加速度为：$a_\tau = \alpha r = -3\text{m/s}^2$。

答案：B

53. 解 构件BC是平行移动刚体，根据其运动特性，构件上各点有相同的速度和加速度，用其上一点B的运动即可描述整个构件的运动，点B的运动方程为：

$$x_B = -r\cos\theta = -r\cos\omega t$$

则其速度的表达式为$v_{BC} = \dot{x}_B = r\omega\sin\omega t$，加速度的表达式为$\alpha_{BC} = \ddot{x}_B = r\omega^2\cos\omega t$

答案：D

54. 解 质点运动微分方程：$\boldsymbol{ma} = \boldsymbol{F}$

当电梯加速下降、匀速下降及减速下降时，加速度分别向下、零、向上，代入质点运动微分方程，分别有：

$$ma = W - F_1，0 = W - F_2，ma = F_3 - W$$

所以：$F_1 = W - ma$，$F_2 = W$，$F_3 = W + ma$

故$F_1 < F_2 < F_3$

答案： C

55. 解 定轴转动刚体动量矩的公式：$L_O = J_O \omega$

其中，$J_O = \frac{1}{2}mR^2 + mR^2$

因此，动量矩$L_O = \frac{3}{2}mR^2\omega$

答案： D

56. 解 动能定理：$T_2 - T_1 = W_{12}$

其中：$T_1 = 0$，$T_2 = \frac{1}{2}J_O\omega^2$

将$W_{12} = mg(R - R\cos\theta)$代入动能定理：$\frac{1}{2}\left(\frac{1}{2}mR^2 + mR^2\right)\omega^2 - 0 = mg(R - R\cos\theta)$

解得：$\omega = \sqrt{\frac{4g(1-\cos\theta)}{3R}}$

答案： B

57. 解 惯性力的定义为：$\boldsymbol{F}_{\mathrm{I}} = -m\boldsymbol{a}$

惯性力主矢的方向总是与其加速度方向相反。

答案： A

58. 解 当激振频率与系统的固有频率相等时，系统发生共振，即：

$\omega_0 = \sqrt{\frac{k}{m}} = \omega_1 = 6\mathrm{rad/s}$；$\sqrt{\frac{k}{1+m}} = \omega_2 = 5.86\mathrm{rad/s}$

联立求解可得：$m = 20.68\mathrm{kg}$，$k = 744.53\mathrm{N/m}$

答案： D

59. 解 由图可知，曲线A的强度失效应力最大，故 A 材料强度最高。

答案： A

60. 解 根据截面法可知，AB段轴力$F_{\mathrm{AB}} = F$，BC段轴力$F_{\mathrm{BC}} = -F$

则$\Delta L = \Delta L_{\mathrm{AB}} + \Delta L_{\mathrm{BC}} = \frac{Fl}{EA} + \frac{-Fl}{EA} = 0$

答案： A

61. 解 取一根木杆进行受力分析，可知剪力是F，剪切面是ab，故名义切应力$\tau = \frac{F}{ab}$。

答案： A

62. 解 此公式只适用于线弹性变形的圆截面（含空心圆截面）杆，选项 A、B、C 都不适用。

答案：D

63. 解 由强度条件$\tau_{\max}=\frac{T}{W_{\mathrm{p}}}\leqslant[\tau]$，可知直径为$d$的圆轴可承担的最大扭矩为$T\leqslant[\tau]W_{\mathrm{p}}=[\tau]\frac{\pi d^3}{16}$

若改变该轴直径为d_1，使$A_1=\frac{\pi d_1^2}{4}=2A=2\frac{\pi d^2}{4}$

则有$d_1^2=2d^2$，即$d_1=\sqrt{2}d$

故其可承担的最大扭矩为：$T_1=[\tau]\frac{\pi d_1^3}{16}=2\sqrt{2}[\tau]\frac{\pi d^3}{16}=2\sqrt{2}T$

答案：C

64. 解 在有关静矩的性质中可知，若平面图形对某轴的静矩为零，则此轴必过形心；反之，若某轴过形心，则平面图形对此轴的静矩为零。对称轴必须过形心，但过形心的轴不一定是对称轴。例如，平面图形的反对称轴也是过形心的。所以选项 D 错误。

答案：D

65. 解 集中力偶m在梁上移动，对剪力图没有影响，但是受集中力偶作用的位置弯矩图会发生突变，故力偶m位置的变化会引起弯矩图的改变。

答案：C

66. 解 若梁的长度增加一倍，最大剪力F没有变化，而最大弯矩则增大一倍，由Fl变为$2Fl$，而最大正应力$\sigma_{\max}=\frac{M_{\max}}{I_z}y_{\max}$变为原来的 2 倍，最大剪应力$\tau_{\max}=\frac{3F}{2A}$没有变化。

答案：C

67. 解 简支梁受一对自相平衡的力偶作用，不产生支座反力，左边第一段和右边第一段弯矩为零（无弯曲，是直线），中间一段为负弯矩（挠曲线向上弯曲）。

答案：D

68. 解 图 a）、图 b）两单元体中$\sigma_y=0$，用解析法公式：

$$\begin{matrix}\sigma_1\\ \sigma_3\end{matrix}=\frac{\sigma}{2}\pm\sqrt{\left(\frac{\sigma}{2}\right)^2+\tau^2}=\frac{80}{2}\pm\sqrt{\left(\frac{80}{2}\right)^2+20^2}=\begin{matrix}84.72\\ -4.72\end{matrix}\mathrm{MPa}$$

则σ_1=84.72MPa，σ_2=0，σ_3= −4.72MPa，两单元体主应力大小相同。

两单元体主应力的方向可以用观察法判断。

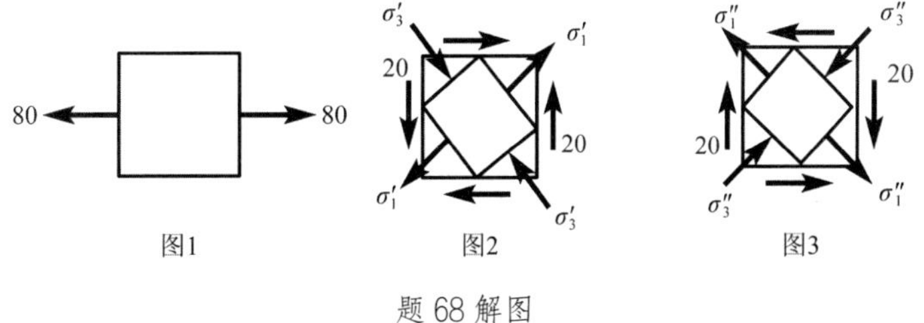

题 68 解图

题图 a）主应力的方向可以看成是图 1 和图 2 两个单元体主应力方向的叠加，显然主应力σ_1的方向在第一象限。

题图 b）主应力的方向可以看成是图 1 和图 3 两个单元体主应力方向的叠加，显然主应力σ_1的方向在第四象限。

所以两单元体主应力的方向不同。

答案：B

69. 解　轴力F_N产生的拉应力$\sigma' = \frac{F_N}{A}$，弯矩产生的最大拉应力$\sigma'' = \frac{M}{W}$，故$\sigma = \sigma' + \sigma'' = \frac{F_N}{A} + \frac{M}{W}$

扭矩T作用下产生的最大切应力$\tau = \frac{T}{W_p} = \frac{T}{2W}$，所以危险截面的应力状态如解图所示。

而$\begin{matrix}\sigma_1 \\ \sigma_3\end{matrix} = \frac{\sigma}{2} \pm \sqrt{\left(\frac{\sigma}{2}\right)^2 + \tau^2}$

所以，$\sigma_{r3} = \sigma_1 - \sigma_3 = 2\sqrt{\left(\frac{\sigma}{2}\right)^2 + \tau^2} = \sqrt{\sigma^2 + 4\tau^2}$

$$= \sqrt{\left(\frac{F_N}{A} + \frac{M}{W}\right)^2 + 4\left(\frac{T}{2W}\right)^2} = \sqrt{\left(\frac{F_N}{A} + \frac{M}{W}\right)^2 + \left(\frac{T}{W}\right)^2}$$

题 69 解图

答案：C

70. 解　图（A）为两端铰支压杆，其长度系数$\mu = 1$。

图（B）为一端固定、一端铰支压杆，其长度系数$\mu = 0.7$。

图（C）为一端固定、一端自由压杆，其长度系数$\mu = 2$。

图（D）为两端固定压杆，其长度系数$\mu = 0.5$。

根据临界荷载公式：$F_{cr} = \frac{\pi^2 EI}{(\mu l)^2}$，可知$F_{cr}$与$\mu$成反比，故图（D）的临界荷载最大。

答案：D

71. 解　根据连续介质假设可知，流体的物理量是连续函数。

答案：B

72. 解　盛水容器的左侧上方为敞口的自由液面，故液面上点 1 的相对压强$p_1 = 0$，而选项 B、C、D 点 1 的相对压强p_1均不等于零，故此三个选项均错误，因此可知正确答案为 A。

现根据等压面原理和静压强计算公式，求出其余各点的相对压强如下：

$p_2 = 1000 \times 9.8 \times (h_1 - h_2) = 9800 \times (0.9 - 0.4) = 4900\text{Pa} = 4.90\text{kPa}$

$p_3 = p_2 - 1000 \times 9.8 \times (h_3 - h_2) = 4900 - 9800 \times (1.1 - 0.4) = -1960\text{Pa} = -1.96\text{kPa}$

$p_4 = p_3 = -1.96\text{kPa}$ (微小高度空气压强可忽略不计)

$p_5 = p_4 - 1000 \times 9.8 \times (h_5 - h_4) = -1960 - 9800 \times (1.33 - 0.75) = -7644\text{Pa} = -7.64\text{kPa}$

答案：A

73. 解　流体连续方程是根据质量守恒原理和连续介质假设推导而得的，在此条件下，同一流路上任意两断面的质量流量需相等，即$\rho_1 v_1 A_1 = \rho_2 v_2 A_2$。对不可压缩流体，密度$\rho$为不变的常数，即$\rho_1 = \rho_2$，故连续方程简化为：$v_1 A_1 = v_2 A_2$。

答案：B

74. 解 由尼古拉兹实验曲线图可知，在紊流光滑区，随着雷诺数 Re 的增大，沿程损失系数将减小。

答案：B

75. 解 薄壁小孔口流量公式：$Q_1 = \mu_1 A_1 \sqrt{2gH_{01}}$

圆柱形外管嘴流量公式：$Q_2 = \mu_2 A_2 \sqrt{2gH_{02}}$

按题设条件：$d_1 = d_2$，即可得$A_1 = A_2$

另有题设条件：$H_{01} = H_{02}$

由于小孔口流量系数$\mu_1 = 0.60 \sim 0.62$，圆柱形外管嘴流量系数$\mu_2 = 0.82$，即$\mu_1 < \mu_2$

综上，则有$Q_1 < Q_2$

答案：B

76. 解 水力半径R等于过流面积除以湿周，即$R = \frac{\pi r_0^2}{2\pi r_0}$

代入题设数据，可得水力半径$R = \frac{\pi \times 4^2}{2 \times \pi \times 4} = 2\text{m}$

答案：C

77. 解 普通完全井流量公式：$Q = 1.366 \frac{k(H^2 - h^2)}{\lg\frac{R}{r_0}}$

代入题设数据：$0.0276 = 1.366 \frac{k(15^2 - 10^2)}{\lg\frac{3.75}{0.3}}$

解得：$k = 0.0005\text{m/s}$

答案：A

78. 解 由沿程水头损失公式：$h_\text{f} = \lambda \frac{L}{d} \cdot \frac{v^2}{2g}$，可解出沿程损失系数$\lambda = \frac{2gdh_\text{f}}{Lv^2}$，写成量纲表达式$\dim\left(\frac{2gdh_\text{f}}{Lv^2}\right) = \frac{\text{LT}^{-2}\text{LL}}{\text{LL}^2\text{T}^{-2}} = 1$，即$\dim(\lambda) = 1$。故沿程损失系数$\lambda$为无量纲数。

答案：D

79. 解 线圈中通入直流电流I，磁路中磁通Φ为常量，根据电磁感应定律：

$$e = -N\frac{\text{d}\Phi}{\text{d}t} = 0$$

本题中电压—电流关系仅受线圈的电阻R影响，所以$U = IR$。

答案：A

80. 解 本题为交流电源，电流受电阻和电感的影响。

电压-电流关系为：

$$u = u_\text{R} + u_\text{L} = iR + L\frac{\text{d}i}{\text{d}t}$$

即$u_L = L\frac{di}{dt}$

答案：D

81. 解 图示电路分析如下：

$$I_s = I_R - 0.2 = \frac{U_s}{R} - 0.2 = \frac{-6}{10} - 0.2 = -0.8A$$

根据直流电路的欧姆定律和节点电流关系分析即可。

题 81 解图

答案：A

82. 解 从电压电流的波形可以分析：

最大值：	$I_m = 3A$	$U_m = 10V$
有效值：	$I = \frac{I_m}{\sqrt{2}} = 2.12A$	$U = \frac{U_m}{\sqrt{2}} = 7.07V$
初相位：	$\varphi_i = +90°$	$\varphi_u = -90°$

$\dot{U}$、$\dot{I}$的复数形式为：

$\dot{U} = 7.07\angle -90° = -j7.07V$ $\quad\quad \dot{U}_m = -j10V$

$\dot{I} = 2.12\angle 90° = j2.12A$ $\quad\quad \dot{I}_m = j3A$

答案：A

83. 解 交流电路中电压、电流与有功功率的基本关系为：

$$P = UI\cos\varphi \quad (\cos\varphi\text{是功率因数})$$

可知，$I = \frac{P}{U\cos\varphi} = \frac{8000}{220 \times 0.6} = 60.6A$

答案：B

84. 解 在开关 S 闭合时刻：

$$U_{C(0+)} = 0V, \ I_{L(0+)} = 0A$$

则
$$U_{R_1(0+)} = U_{R_2(0+)} = 0V$$

根据电路的回路电压关系：$\sum U_{(0+)} = -10 + U_{L(0+)} + U_{C(0+)} + U_{R_1(0+)} + U_{R_2(0+)} = 0$

代入数值，得$U_{L(0+)} = 10V$

答案：A

85. 解 图示电路可以等效为解图，其中，$R_L' = K_2 R_L$。

在 S 闭合时，$2R_1 // R_L' = R_1$，可知$R_L' = 2R_1$

如果开关 S 打开，则$u_1 = \frac{R_L'}{R_1 + R_L'} u_s = \frac{2}{3} u_s = 60\sqrt{2}\sin\omega t$ V

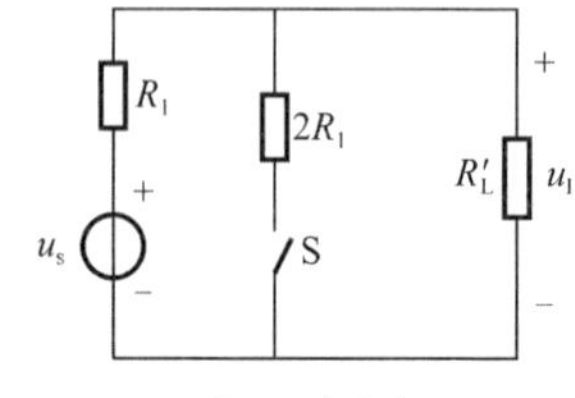

题 85 解图

答案：C

86. 解 三相异步电动机满载启动时必须保证电动机的启动力矩大于电动机的额定力矩。四个选项中，A、B、D 均属于降压启动，电压降低的同时必会导致启动力矩降低。所以应该采用转子绕组串电阻的方案，只有绕线式电动机的转子才能串电阻。

答案：C

87. 解 采样信号是离散时间信号（有些时间点没有定义），而模拟信号和采样保持信号才是时间上的连续信号。

答案：A

88. 解 周期信号的频谱是离散的，各谐波信号的幅值随频率的升高而减小。

信号$u_1(t)$和$u_2(t)$的幅值频谱均符合以上特征。所不同的是图 b）所示信号含有直流分量，而图 a）所示信号不包括直流分量。

答案：C

89. 解 放大器是对信号的幅值（电压或电流）进行放大，以不失真为条件，目的是便于后续处理。

答案：D

90. 解 逻辑函数化简：

$$F = ABC + A\overline{B} + AB\overline{C} = AB(C + \overline{C}) + A\overline{B} = AB + A\overline{B} = A(B + \overline{B}) = A$$

答案：A

91. 解 $F = \overline{A + B}$

（F函数与A、B信号为或非关系，可以用口诀“A、B”有 1，“F”则 0 处理）

即如解图所示。

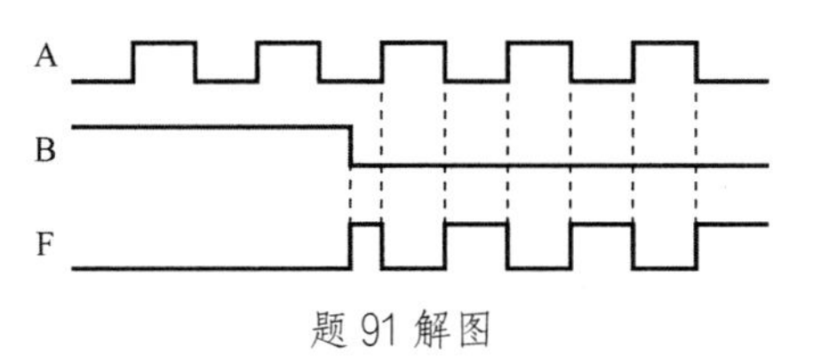

题 91 解图

答案：A

92. 解 从真值表到逻辑表达式的方法：首先在真值表中$F = 1$的项用“或”组合；然后每个$F = 1$的项对应一个输入组合的“与”逻辑，其中输入变量值为 1 的写原变量，取值为 0 的写反变量；最后将输出函数 F“合成”或的逻辑表达式。

根据真值表可以写出逻辑表达式为：$F = \overline{A}BC + \overline{A}B\overline{C}$

答案：B

93. 解 因为二极管 D_2 的阳极电位为 5V，而二极管 D_1 的阳极电位为 1V，可见二极管 D_2 是优先导通的。之后u_F电位箝位为 5V，二极管 D_1 可靠截止。i_R 电流通道如解图虚线所示。

$$i_R = \frac{u_B}{R} = \frac{5}{1000} = 5\text{mA}$$

题 93 解图

答案： A

94. 解 图 a）是反向加法运算电路，图 b）是同向加法运算电路，图 c）是减法运算电路。

答案： A

95. 解 当清零信号$\overline{R}_D$ =0 时，两个触发器同时为零。D触发器在时钟脉冲 cp 的前沿触发，JK 触发器在时钟脉冲 cp 的后沿触发。如解图所示，在t_1时刻，$Q_D = 1$，$Q_{JK} = 0$。

答案： B

96. 解 从解图分析可知为四进制计数器（4 个时钟周期完成一次循环）。

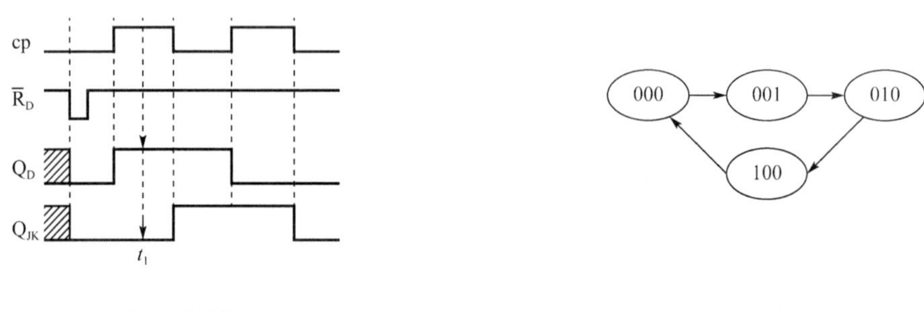

题 95 解图　　　　题 96 解图

答案： C

97. 解 CPU 是分析指令和执行指令的部件，是计算机的核心。它主要是由运算器和控制器组成。

答案： A

98. 解 总线就是一组公共信息传输线路，它能为多个部件服务，可分时地发送与接收各部件的信息。总线的工作方式通常是由发送信息的部件分时地将信息发往总线，再由总线将这些信息同时发往各个接收信息的部件。从总线的结构可以看出，所有设备和部件均可通过总线交换信息，因此要用总线将计算机硬件系统中的各个部件连接起来。

答案： A

99. 解 分时操作系统是在一台计算机系统中可以同时连接多个近程或多个远程终端，允许多个用户同时使用一台计算机运行，系统能及时对用户的请求作出响应。每个用户可随时与计算机系统进行对话，通过终端向系统提交各种服务请求，最终实现自己的预定目标。

答案： A

100. 解 计算机可直接执行的是机器语言编制的程序，它采用二进制编码形式，是由 CPU 可以识别的一组由 0、1 序列构成的指令码。其他三种语言都需要编码、编译器。

答案： C

101. 解 ASCII 码最高位都置成 0，它是“美国信息交换标准代码”的简称，是目前国际上最为流行的字符信息编码方案。在这种编码方案中每个字符用 7 个二进制位表示。对于两个字节的国标码将两个字节的最高位都置成 1，而后由软件或硬件来对字节最高位做出判断，以区分 ASCII 码与国标码。

答案： B

102. 解 GB 是 giga byte 的缩写，其中 G 表示 1024M，B 表示字节，相当于 10 的 9 次方，用二进制表示，则相当于 2 的 30 次方，即$2^{30} \approx 1024 \times 1024\text{K}$。

答案： C

103. 解 国家计算机病毒应急处理中心与计算机病毒防治产品检测中心制定了防治病毒策略：①建立病毒防治的规章制度，严格管理；②建立病毒防治和应急体系；③进行计算机安全教育，提高安全防范意识；④对系统进行风险评估；⑤选择经过公安部认证的病毒防治产品；⑥正确配置使用病毒防治产品；⑦正确配置系统，减少病毒侵害事件；⑧定期检查敏感文件；⑨适时进行安全评估，调整各种病毒防治策略；⑩建立病毒事故分析制度；⑪确保恢复，减少损失。

答案： D

104. 解 操作系统作为一种系统软件，存在着与其他软件明显不同的特征分别是并发性、共享性和随机性。并发性是指在计算机中同时存在有多个程序，从宏观上看，这些程序是同时向前进行操作的。共享性是指操作系统程序与多个用户程序共用系统中的各种资源。随机性是指操作系统的运行是在一个随机的环境中进行的。

答案： A

105. 解 21 世纪是一个以网络为核心技术的信息化时代，其典型特征就是数字化、网络化和信息化。构成信息化社会的主要技术支柱有三个，那就是计算机技术、通信技术和网络技术。

答案： A

106. 解 防火墙技术是建立在现代通信网络技术和信息安全技术基础上的应用型安全技术，可控制和监测网络之间的数据，管理进出网络的访问行为，封堵某些禁止行为，记录通过防火墙的信息内容和活动以及对网络攻击进行监测和报警。

答案： B

107. 解 根据题意，按半年复利计息，则一年计息周期数$m = 2$，年实际利率i =8.6%，由名义利率r求年实际利率i的公式为：

$$i=\left(1+\frac{r}{m}\right)^{m}-1$$

则$8.6\%=\left(1+\frac{r}{2}\right)^{2}-1$，解得名义利率$r=8.42\%$。

答案：D

108. 解 根据建设项目经济评价方法的有关规定，在建设项目财务评价中，对于先征后返的增值税、按销量或工作量等依据国家规定的补助定额计算并按期给予的定额补贴，以及属于财政扶持而给予的其他形式的补贴等，应按相关规定合理估算，记作补贴收入。

答案：A

109. 解 建设项目按融资的性质分为权益融资和债务融资，权益融资形成项目的资本金，债务融资形成项目的债务资金。资本金的筹集方式包括股东投资、发行股票、政府投资等，债务资金的筹集方式包括各种贷款和债券、出口信贷、融资租赁等。

答案：B

110. 解 偿债备付率$=\frac{\text{用于计算还本付息的资金}}{\text{应还本付息金额}}$

式中，用于计算还本付息的资金=息税前利润+折旧和摊销−所得税

本题的偿债备付率为：偿债备付率$=\frac{200+30-20}{100}$=2.1 万元

答案：C

111. 解 融资前项目投资的现金流量包括现金流入和现金流出，其中现金流入包括营业收入、补贴收入、回收固定资产余值、回收流动资金等，现金流出包括建设投资、流动资金、经营成本和税金等。

答案：B

112. 解 以产量表示的盈亏平衡产量为：

$$\text{BEP}_{\text{产量}}=\frac{\text{年固定总成本}}{\text{单位产品销售价格}-\text{单位产品可变成本}-\text{单位产品税金及附加}}$$

$$=\frac{1000}{1000-800}=5\text{ 万 t}$$

以生产能力利用率表示的盈亏平衡点为：

$$\text{BEP}_{\text{生产能力利用率}}=\frac{\text{盈亏平衡产量}}{\text{设计生产能力}}=\frac{5}{6}\times100\%=83.3\%$$

答案：D

113. 解 两项目的差额现金流量：

差额投资$_{\text{乙}-\text{甲}}=1000-500=500$万元，差额年收益$_{\text{乙}-\text{甲}}=250-140=110$万元

所以两项目的差额净现值为：

差额净现值$_{乙-甲}=-500+110(P/A,10\%,10)=-500+110\times6.1446=175.9$万元

答案：A

114. 解 根据价值工程原理，价值= 功/成本，该项目提高价值的途径是功能不变，成本降低。

答案：A

115. 解 2011 年修订的《中华人民共和国建筑法》第八条规定：

申请领取施工许可证，应当具备下列条件：

（一）已经办理该建筑工程用地批准手续；

（二）在城市规划区的建筑工程，已经取得规划许可证；

（三）需要拆迁的，其拆迁进度符合施工要求；

（四）已经确定建筑施工企业；

（五）有满足施工需要的施工图纸及技术资料；

（六）有保证工程质量和安全的具体措施；

（七）建设资金已经落实；

（八）法律、行政法规规定的其他条件。

所以选项 A、B 都是对的。

另外，按照 2014 年执行的《建筑工程施工许可管理办法》第（八）条的规定：建设资金已经落实。建设工期不足一年的，到位资金原则上不得少于工程合同价的 50%，建设工期超过一年的，到位资金原则上不得少于工程合同价的 30%。按照上条规定，选项 C 也是对的。

只有选项 D 与《建筑工程施工许可管理办法》第（五）条文字表述不太一致，原条文（五）有满足施工需要的技术资料，施工图设计文件已按规定审查合格。选项 D 中没有说明施工图审查合格的论述，所以只能选 D。

但是，提醒考生注意：

2019 年 4 月 23 日十三届人大常务委员会第十次会议上对原《中华人民共和国建筑法》第八条做了较大修改，修改后的条文是：

第八条 申请领取施工许可证，应当具备下列条件：

（一）已经办理该建筑工程用地批准手续；

（二）依法应当办理建设工程规划许可证的，已经取得规划许可证；

（三）需要拆迁的，其拆迁进度符合施工要求；

（四）已经确定建筑施工企业；

（五）有满足施工需要的资金安排、施工图纸及技术资料；

（六）有保证工程质量和安全的具体措施。

据此《建筑工程施工许可管理办法》也已做了相应修改。

答案：D

116. 解　《中华人民共和国安全生产法》第二十一条规定，生产经营单位的主要负责人对本单位安全生产工作负有下列职责：

（一）建立健全并落实本单位全员安全生产责任制，加强安全生产标准化建设；

（二）组织制定并实施本单位安全生产规章制度和操作规程；

（三）组织制定并实施本单位安全生产教育和培训计划；

（四）保证本单位安全生产投入的有效实施；

（五）组织建立并落实安全风险分级管控和隐患排查治理双重预防工作机制，督促、检查本单位的安全生产工作，及时消除生产安全事故隐患；

（六）组织制定并实施本单位的生产安全事故应急救援预案；

（七）及时、如实报告生产安全事故。

答案：C

117. 解　《中华人民共和国招标投标法》第三条规定：

在中华人民共和国境内进行下列工程建设项目包括项目的勘察、设计、施工、监理以及与工程建设有关的重要设备、材料等的采购，必须进行招标：

（一）大型基础设施、公用事业等关系社会公共利益、公众安全的项目；

（二）全部或者部分使用国有资金投资或者国家融资的项目；

（三）使用国际组织或者外国政府贷款、援助资金的项目。

选项D不在上述法律条文必须进行招标的规定中。

答案：D

118. 解　《中华人民共和国民法典》第四百七十二条规定：

要约是希望和他人订立合同的意思表示，该意思表示应当符合下列规定：

（一）内容具体确定；

（二）表明经受要约人承诺，要约人即受该意思表示约束。

选项C不符合上述条文规定。

答案：C

119. 解　《中华人民共和国行政许可法》（2019年修订）第三十二条规定，行政机关对申请人提出的行政许可申请，应当根据下列情况分别作出处理：

（一）申请事项依法不需要取得行政许可的，应当即时告知申请人不受理；

（二）申请事项依法不属于本行政机关职权范围的，应当即时作出不予受理的决定，并告知申请人向有关行政机关申请；

（三）申请材料存在可以当场更正的错误的，应当允许申请人当场更正；

（四）申请材料不齐全或者不符合法定形式的，应当当场或者在五日内一次告知申请人需要补正的全部内容，逾期不告知的，自收到申请材料之日起即为受理；

选项 A 和 B 都与法规条文不符，两条内容是互相抄错了。

选项 C 明显不符合规定，正确的做法是当场改正。

选项 D 正确。

答案：D

120. 解　《工程质量管理条例》第九条规定，建设单位必须向有关的勘察、设计、施工、工程监理等单位提供与建设工程有关的原始资料。原始资料必须真实、准确、齐全。

所以选项 D 正确。

选项 C 明显错误。

选项 B 也不对，工程质量监督手续应当在领取施工许可证之前办理。

选项 A 的说法不符合原文第十条：建设工程发包单位不得迫使承包方以低于成本的价格竞标。“低价”和“低于成本价”有本质上的不同。

答案：D

2020年度全国勘察设计注册工程师

执业资格考试试卷

基础考试

（上）

二〇二〇年十月

应考人员注意事项

1. 本试卷科目代码为“1”，考生务必将此代码填涂在答题卡“科目代码”相应的栏目内，否则，无法评分。
2. 书写用笔：**黑色或蓝色钢笔、签字笔或圆珠笔**；

   填涂答题卡用笔：**黑色 2B 铅笔**。
3. 必须用书写用笔将工作单位、姓名、准考证号填写在答题卡和试卷相应的栏目内。
4. 本试卷由 120 题组成，每题 1 分，满分 120 分，本试卷全部为单项选择题，每小题的四个备选项中只有一个正确答案，错选、多选、不选均不得分。
5. 考生作答时，必须按**题号在答题卡上**将相应试题所选选项对应的**字母用 2B 铅笔涂黑**。
6. 在答题卡上书写与题意无关的语言，或在答题卡上作标记的，均按违纪试卷处理。
7. 考试结束时，由监考人员当面将试卷、答题卡一并收回。
8. 草稿纸由各地统一配发，考后收回。

单项选择题（共 120 题，每题 1 分。每题的备选项中只有一个最符合题意。）

1. 当$x \to +\infty$时，下列函数为无穷大量的是：

A. $\frac{1}{2+x}$　　B. $x\cos x$

C. $e^{3x}-1$　　D. $1-\arctan x$

2. 设函数$y=f(x)$满足$\lim\limits_{x\to x_0} f'(x)=\infty$，且曲线$y=f(x)$在$x=x_0$处有切线，则此切线：

A. 与ox轴平行　　B. 与oy轴平行

C. 与直线$y=-x$平行　　D. 与直线$y=x$平行

3. 设可微函数$y=y(x)$由方程$\sin y+e^x-xy^2=0$所确定，则微分$\mathrm{d}y$等于：

A. $\frac{-y^2+e^x}{\cos y-2xy}\mathrm{d}x$　　B. $\frac{y^2+e^x}{\cos y-2xy}\mathrm{d}x$

C. $\frac{y^2+e^x}{\cos y+2xy}\mathrm{d}x$　　D. $\frac{y^2-e^x}{\cos y-2xy}\mathrm{d}x$

4. 设$f(x)$的二阶导数存在，$y=f(e^x)$，则$\frac{\mathrm{d}^2y}{\mathrm{d}x^2}$等于：

A. $f''(e^x)e^x$　　B. $[f''(e^x)+f'(e^x)]e^x$

C. $f''(e^x)e^{2x}+f'(e^x)e^x$　　D. $f''(e^x)e^x+f'(e^x)e^{2x}$

5. 下列函数在区间$[-1,1]$上满足罗尔定理条件的是：

A. $f(x)=\sqrt[3]{x^2}$　　B. $f(x)=\sin x^2$

C. $f(x)=|x|$　　D. $f(x)=\frac{1}{x}$

6. 曲线$f(x)=x^4+4x^3+x+1$在区间$(-\infty,+\infty)$上的拐点个数是：

A. 0　　B. 1

C. 2　　D. 3

7. 已知函数$f(x)$的一个原函数是$1+\sin x$，则不定积分$\int xf'(x)\mathrm{d}x$等于：

A. $(1+\sin x)(x-1)+C$　　B. $x\cos x-(1+\sin x)+C$

C. $-x\cos x+(1+\sin x)+C$　　D. $1+\sin x+C$

8. 由曲线$y=x^3$，直线$x=1$和ox轴所围成的平面图形绕ox轴旋转一周所形成的旋转的体积是：

A. $\frac{\pi}{7}$　　B. 7π

C. $\frac{\pi}{6}$　　D. 6π

9. 设向量$\boldsymbol{\alpha}=(5,1,8)$，$\boldsymbol{\beta}=(3,2,7)$，若$\lambda\boldsymbol{\alpha}+\boldsymbol{\beta}$与$oz$轴垂直，则常数$\lambda$等于：

A. $\frac{7}{8}$　　B. $-\frac{7}{8}$

C. $\frac{8}{7}$　　D. $-\frac{8}{7}$

10. 过点$M_1(0,-1,2)$和$M_2(1,0,1)$且平行于z轴的平面方程是：

A. $x-y=0$　　B. $\frac{x}{1}=\frac{y+1}{-1}=\frac{z-2}{0}$

C. $x+y-1=0$　　D. $x-y-1=0$

11. 过点(1,2)且切线斜率为$2x$的曲线$y=f(x)$应满足的关系式是：

A. $y'=2x$　　B. $y''=2x$

C. $y'=2x$，$y(1)=2$　　D. $y''=2x$，$y(1)=2$

12. 设D是由直线$y=x$和圆$x^2+(y-1)^2=1$所围成且在直线$y=x$下方的平面区域，则二重积分$\iint\limits_D x\mathrm{d}x\mathrm{d}y$等于：

A. $\int_0^{\frac{\pi}{2}}\cos\theta\mathrm{d}\theta\int_0^{2\cos\theta}\rho^2\mathrm{d}\rho$　　B. $\int_0^{\frac{\pi}{2}}\sin\theta\mathrm{d}\theta\int_0^{2\sin\theta}\rho^2\mathrm{d}\rho$

C. $\int_0^{\frac{\pi}{4}}\sin\theta\mathrm{d}\theta\int_0^{2\sin\theta}\rho^2\mathrm{d}\rho$　　D. $\int_0^{\frac{\pi}{4}}\cos\theta\mathrm{d}\theta\int_0^{2\sin\theta}\rho^2\mathrm{d}\rho$

13. 已知y_0是微分方程$y''+py'+qy=0$的解，y_1是微分方程$y''+py'+qy=f(x)[f(x)\neq 0]$的解，则下列函数中的微分方程$y''+py'+qy=f(x)$的解是：

A. $y=y_0+C_1y_1$（C_1是任意常数）

B. $y=C_1y_1+C_2y_0$（C_1、C_2是任意常数）

C. $y=y_0+y_1$

D. $y=2y_1+3y_0$

14. 设$z=\frac{1}{x}e^{xy}$，则全微分$\mathrm{d}z\big|_{(1,-1)}$等于：

A. $e^{-1}(\mathrm{d}x+\mathrm{d}y)$

B. $e^{-1}(-2\mathrm{d}x+\mathrm{d}y)$

C. $e^{-1}(\mathrm{d}x-\mathrm{d}y)$

D. $e^{-1}(\mathrm{d}x+2\mathrm{d}y)$

15. 设L为从原点$O(0,0)$到点$A(1,2)$的有向直线段，则对坐标的曲线积分$\int_L -y\mathrm{d}x+x\mathrm{d}y$等于：

A. 0

B. 1

C. 2

D. 3

16. 下列级数发散的是：

A. $\sum\limits_{n=1}^{\infty}\frac{n^2}{3n^4+1}$

B. $\sum\limits_{n=1}^{\infty}\frac{1}{\sqrt[3]{n(n-1)}}$

C. $\sum\limits_{n=1}^{\infty}\frac{(-1)^n}{\sqrt{n}}$

D. $\sum\limits_{n=1}^{\infty}\frac{5}{3^n}$

17. 设函数$z=f^2(xy)$，其中$f(u)$具有二阶导数，则$\frac{\partial^2 z}{\partial x^2}$等于：

A. $2y^3f'(xy)f''(xy)$

B. $2y^2[f'(xy)+f''(xy)]$

C. $2y\{[f'(xy)]^2+f''(xy)\}$

D. $2y^2\{[f'(xy)]^2+f(xy)f''(xy)\}$

18. 若幂级数$\sum\limits_{n=1}^{\infty}a_n(x+2)^n$在$x=0$处收敛，在$x=-4$处发散，则幂级数$\sum\limits_{n=1}^{\infty}a_n(x-1)^n$的收敛域是：

A. $(-1,3)$

B. $[-1,3)$

C. $(-1,3]$

D. $[-1,3]$

19. 设$\boldsymbol{A}$为n阶方阵，$\boldsymbol{B}$是只对调$\boldsymbol{A}$的一、二列所得的矩阵，若$|\boldsymbol{A}|\neq|\boldsymbol{B}|$，则下面结论中一定成立的是：

A. $|\boldsymbol{A}|$可能为 0

B. $|\boldsymbol{A}|\neq 0$

C. $|\boldsymbol{A}+\boldsymbol{B}|\neq \boldsymbol{0}$

D. $|\boldsymbol{A}-\boldsymbol{B}|\neq \boldsymbol{0}$

20. 设$\boldsymbol{A}=\begin{bmatrix}1 & x & 1\\ x & 1 & y\\ 1 & y & 1\end{bmatrix}$，$\boldsymbol{B}=\begin{bmatrix}0 & 0 & 0\\ 0 & 1 & 0\\ 0 & 0 & 2\end{bmatrix}$，且$\boldsymbol{A}$与$\boldsymbol{B}$相似，则下列结论中成立的是：

A. $x=y=0$　　B. $x=0$，$y=1$

C. $x=1$，$y=0$　　D. $x=y=1$

21. 若向量组$\boldsymbol{\alpha}_1=(a,1,1)^{\mathrm{T}}$，$\boldsymbol{\alpha}_2=(1,a,-1)^{\mathrm{T}}$，$\boldsymbol{\alpha}_3=(1,-1,a)^{\mathrm{T}}$线性相关，则$a$的取值为：

A. $a=1$或$a=-2$　　B. $a=-1$或$a=2$

C. $a>2$　　D. $a>-1$

22. 设A、B是两事件，$P(A)=\frac{1}{4}$，$P(B|A)=\frac{1}{3}$，$P(A|B)=\frac{1}{2}$，则$P(A\cup B)$等于：

A. $\frac{3}{4}$　　B. $\frac{3}{5}$

C. $\frac{1}{2}$　　D. $\frac{1}{3}$

23. 设随机变量x与y相互独立，方差$D(x)=1$，$D(y)=3$，则方差$D(2x-y)$等于：

A. 7　　B. -1

C. 1　　D. 4

24. 设随机变量X与Y相互独立，且$X\sim N(\mu_1,\sigma_1^2)$，$Y\sim N(\mu_2,\sigma_2^2)$，则$Z=X+Y$服从的分布是：

A. $N(\mu_1,\sigma_1^2+\sigma_2^2)$　　B. $N(\mu_1+\mu_2,\sigma_1\sigma_2)$

C. $N(\mu_1+\mu_2,\sigma_1^2\sigma_2^2)$　　D. $N(\mu_1+\mu_2,\sigma_1^2+\sigma_2^2)$

25. 某理想气体分子在温度T_1时的方均根速率等于温度T_2时的最概然速率，则两温度之比$\frac{T_2}{T_1}$等于：

A. $\frac{3}{2}$　　B. $\frac{2}{3}$

C. $\sqrt{\frac{3}{2}}$　　D. $\sqrt{\frac{2}{3}}$

26. 一定量的理想气体经等压膨胀后，气体的：

A. 温度下降，做正功　　B. 温度下降，做负功

C. 温度升高，做正功　　D. 温度升高，做负功

27. 一定量的理想气体从初态经一热力学过程达到末态，如初、末态均处于同一温度线上，则此过程中的内能变化 ΔE和气体做功W为：

A. $\Delta E=0$，W可正可负　　B. $\Delta E=0$，W一定为正

C. $\Delta E=0$，W一定为负　　D. $\Delta E>0$，W一定为正

28. 具有相同温度的氧气和氢气的分子平均速率之比$\frac{\bar{v}_{O_2}}{\bar{v}_{H_2}}$为：

A. 1　　B. $\frac{1}{2}$

C. $\frac{1}{3}$　　D. $\frac{1}{4}$

29. 一卡诺热机，低温热源的温度为 27℃，热机效率为 40%，其高温热源温度为：

A. 500K　　B. 45℃

C. 400K　　D. 500℃

30. 一平面简谐波，波动方程为$y=0.02\sin(\pi t+x)$ (SI)，波动方程的余弦形式为：

A. $y=0.02\cos\left(\pi t+x+\frac{\pi}{2}\right)$ (SI)

B. $y=0.02\cos\left(\pi t+x-\frac{\pi}{2}\right)$ (SI)

C. $y=0.02\cos(\pi t+x+\pi)$ (SI)

D. $y=0.02\cos\left(\pi t+x+\frac{\pi}{4}\right)$ (SI)

31. 一简谐波的频率$\nu=2000\mathrm{Hz}$，波长$\lambda=0.20\mathrm{m}$，则该波的周期和波速为：

A. $\frac{1}{2000}$s，400m/s　　B. $\frac{1}{2000}$s，40m/s

C. 2000s，400m/s　　D. $\frac{1}{2000}$s，20m/s

32. 两列相干波，其表达式分别为$y_1=2A\cos2\pi\left(\nu t-\frac{x}{2}\right)$和$y_2=A\cos2\pi\left(\nu t+\frac{x}{2}\right)$，在叠加后形成的合成波中，波中质元的振幅范围是：

A. $A\sim0$　　B. $3A\sim0$

C. $3A\sim-A$　　D. $3A\sim A$

33. 图示为一平面简谐机械波在t时刻的波形曲线，若此时A点处媒质质元的弹性势能在减小，则：

A. A点处质元的振动动能在减小

B. A点处质元的振动动能在增加

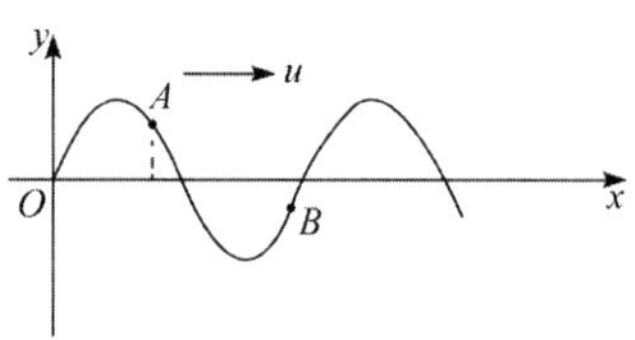

C. B点处质元的振动动能在增加

D. B点处质元在正向平衡位置处运动

34. 在双缝干涉实验中，设缝是水平的，若双缝所在的平板稍微向上平移，其他条件不变，则屏上的干涉条纹：

A. 向下平移，且间距不变　　B. 向上平移，且间距不变

C. 不移动，但间距改变　　D. 向上平移，且间距改变

35. 在空气中有一肥皂膜，厚度为0.32μm（$1\mu m = 10^{-6}m$），折射率$n = 1.33$，若用白光垂直照射，通过反射，此膜呈现的颜色大体是：

A. 紫光（430nm）　　B. 蓝光（470nm）

C. 绿光（566nm）　　D. 红光（730nm）

36. 三个偏振片 P_1、P_2 与 P_3 堆叠在一起，P_1 和 P_3 的偏振化方向相互垂直，P_2 和 P_1 的偏振化方向间的夹角为 30°，强度为I_0的自然光垂直入射于偏振片 P_1，并依次通过偏振片 P_1、P_2 与 P_3，则通过三个偏振片后的光强为：

A. $I = I_0/4$　　B. $I = I_0/8$

C. $I = 3I_0/32$　　D. $I = 3I_0/8$

37. 主量子数$n = 3$的原子轨道最多可容纳的电子总数是：

A. 10　　B. 8　　C. 18　　D. 32

38. 下列物质中，同种分子间不存在氢键的是：

A. HI　　B. HF

C. NH_3　　D. C_2H_5OH

39. 已知铁的相对原子质量是 56，测得 100mL 某溶液中含有 112mg 铁，则溶液中铁的浓度为：

A. $2mol \cdot L^{-1}$　　B. $0.2mol \cdot L^{-1}$

C. $0.02mol \cdot L^{-1}$　　D. $0.002mol \cdot L^{-1}$

40. 已知$K^{\ominus}$(HOAc)= 1.8×10^{-5}，0.1mol · L^{-1}NaOAc 溶液的 pH 值为：

A. 2.87　　B. 11.13

C. 5.13　　D. 8.88

41. 在298K，100kPa下，反应$2H_2(g)+O_2(g) = 2H_2O(l)$的$\Delta_r H_m^{\ominus}=-572kJ\cdot mol^{-1}$，则$H_2O(l)$的$\Delta_f H_m^{\ominus}$是：

A. $572kJ\cdot mol^{-1}$　　B. $-572kJ\cdot mol^{-1}$

C. $286kJ\cdot mol^{-1}$　　D. $-286kJ\cdot mol^{-1}$

42. 已知 298K 时，反应$N_2O_4(g) \rightleftharpoons 2NO_2(g)$的$K^{\ominus}=0.1132$，在 298K 时，如$p(N_2O_4)=p(NO_2)=100kPa$，则上述反应进行的方向是：

A. 反应向正向进行　　B. 反应向逆向进行

C. 反应达平衡状态　　D. 无法判断

43. 有原电池$(-)Zn\mid ZnSO_4(C_1)\parallel CuSO_4(C_2)\mid Cu(+)$，如提高 $ZnSO_4$浓度C_1的数值，则原电池电动势：

A. 变大　　B. 变小

C. 不变　　D. 无法判断

44. 结构简式为$(CH_3)_2CHCH(CH_3)CH_2CH_3$的有机物的正确命名是：

A. 2-甲基-3-乙基戊烷　　B. 2，3-二甲基戊烷

C. 3，4-二甲基戊烷　　D. 1，2-二甲基戊烷

45. 化合物对羟基苯甲酸乙酯，其结构式为 HO—⟨苯环⟩—$COOC_2H_5$，它是一种常用的化妆品防霉剂。

下列叙述正确的是：

A. 它属于醇类化合物

B. 它既属于醇类化合物，又属于酯类化合物

C. 它属于醚类化合物

D. 它属于酚类化合物，同时还属于酯类化合物

46. 某高聚物分子的一部分为：$-CH_2-\underset{\underset{COOCH_3}{|}}{CH}-CH_2-\underset{\underset{COOCH_3}{|}}{CH}-CH_2-\underset{\underset{COOCH_3}{|}}{CH}-$ 在下列叙述中，正确的是：

A. 它是缩聚反应的产物

B. 它的链节为 $-\overset{\overset{CH_3}{|}}{\underset{\underset{H}{|}}{C}}-\overset{\overset{H}{|}}{\underset{\underset{COOCH_3}{|}}{C}}$

C. 它的单体为 $CH_2=CHCOOCH_3$ 和 $CH_2=CH_2$

D. 它的单体为 $CH_2=CHCOOCH_3$

47. 结构如图所示，杆DE的点H由水平绳拉住，其上的销钉C置于杆AB的光滑直槽中，各杆自重均不计。则销钉C处约束力的作用线与x轴正向所成的夹角为：

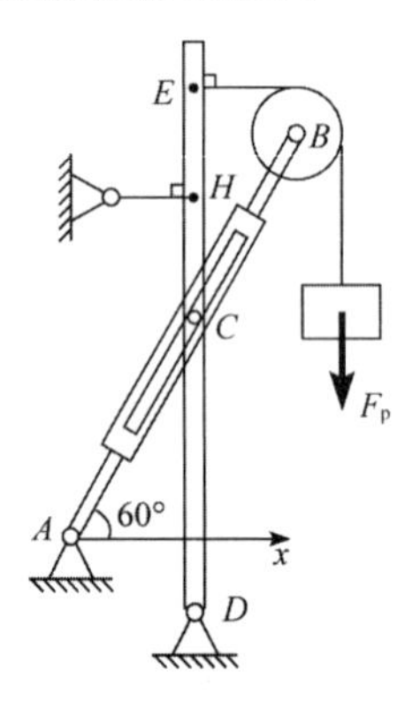

A. 0°　　B. 90°　　C. 60°　　D. 150°

48. 直角构件受力$F=150\text{N}$，力偶$M=\frac{1}{2}Fa$作用，如图所示，$a=50\text{cm}$，$\theta=30°$，则该力系对B点的合力矩为：

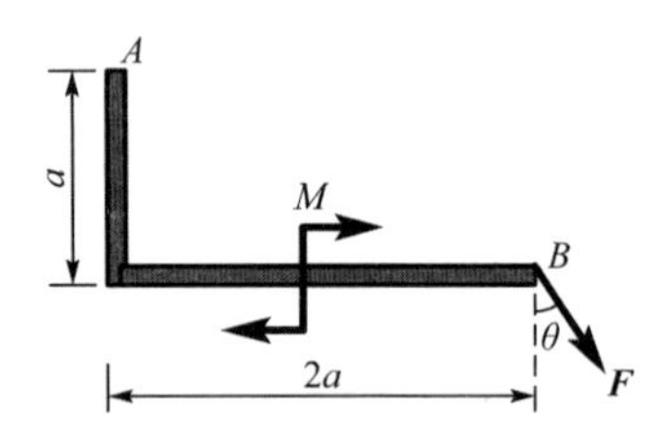

A. $M_B=3750\text{N}\cdot\text{cm}$（顺时针）

B. $M_B=3750\text{N}\cdot\text{cm}$（逆时针）

C. $M_B=12990\text{N}\cdot\text{cm}$（逆时针）

D. $M_B=12990\text{N}\cdot\text{cm}$（顺时针）

49. 图示多跨梁由AC和CD铰接而成，自重不计。已知$q = 10\text{kN/m}$，$M = 40\text{kN} \cdot \text{m}$，$F = 2\text{kN}$作用在$AB$中点，且$\theta = 45°$，$L = 2\text{m}$。则支座$D$的约束力为：

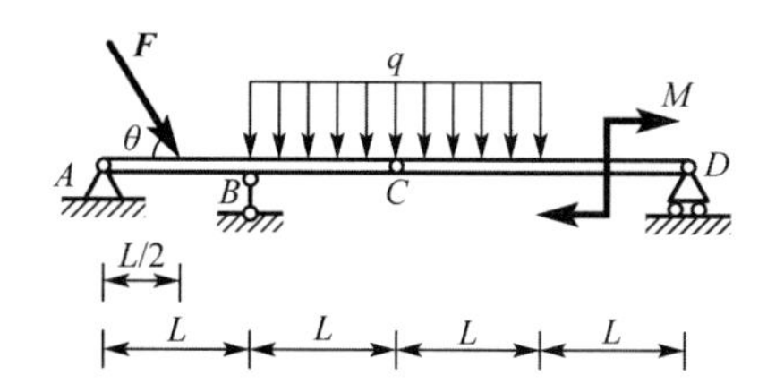

A. $F_{\text{D}} = 10\text{kN}$（铅垂向上） B. $F_{\text{D}} = 15\text{kN}$（铅垂向上）

C. $F_{\text{D}} = 40.7\text{kN}$（铅垂向上） D. $F_{\text{D}} = 14.3\ \text{kN}$（铅垂向下）

50. 图示物块重力$F_{\text{p}} = 100\text{N}$处于静止状态，接触面处的摩擦角$\varphi_{\text{m}} = 45°$，在水平力$F = 100\text{N}$的作用下，物块将：

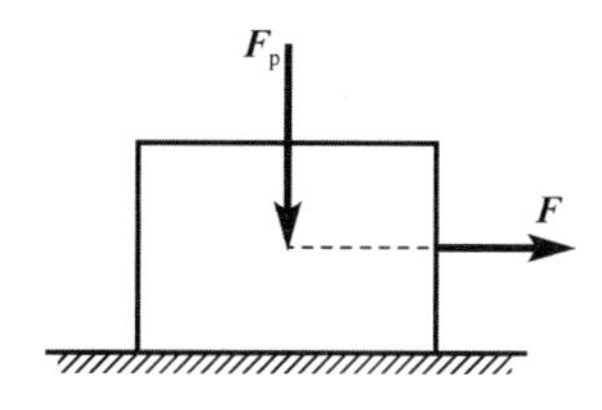

A. 向右加速滑动 B. 向右减速滑动

C. 向左加速滑动 D. 处于临界平衡状态

51. 已知动点的运动方程为$x = t^2$，$y = 2t^4$，则其轨迹方程为：

A. $x = t^2 - t$ B. $y = 2t$

C. $y - 2x^2 = 0$ D. $y + 2x^2 = 0$

52. 一炮弹以初速度和仰角α射出。对于图示直角坐标的运动方程为$x = v_0 \cos \alpha t$，$y = v_0 \sin \alpha t - \frac{1}{2}gt^2$，则当$t = 0$时，炮弹的速度大小为：

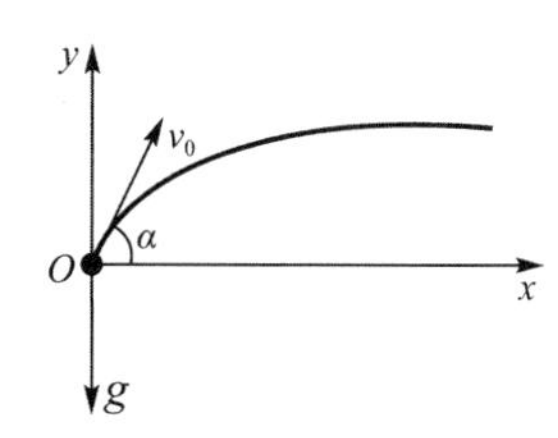

A. $v_0 \cos \alpha$ B. $v_0 \sin \alpha$

C. v_0 D. 0

53. 滑轮半径$r = 50mm$，安装在发动机上旋转，其皮带的运动速度为$20m/s$，加速度为$6m/s^2$。扇叶半径$R = 75mm$，如图所示。则扇叶最高点B的速度和切向加速度分别为：

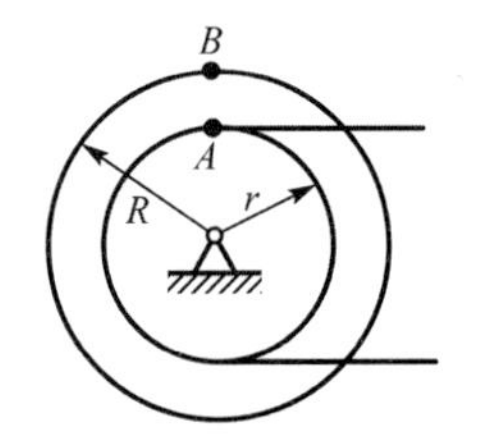

A. $30m/s$，$9m/s^2$

B. $60m/s$，$9m/s^2$

C. $30m/s$，$6m/s^2$

D. $60m/s$，$18m/s^2$

54. 质量为m的小球，放在倾角为α的光滑面上，并用平行于斜面的软绳将小球固定在图示位置，如斜面与小球均以加速度$\boldsymbol{a}$向左运动，则小球受到斜面的约束力N应为：

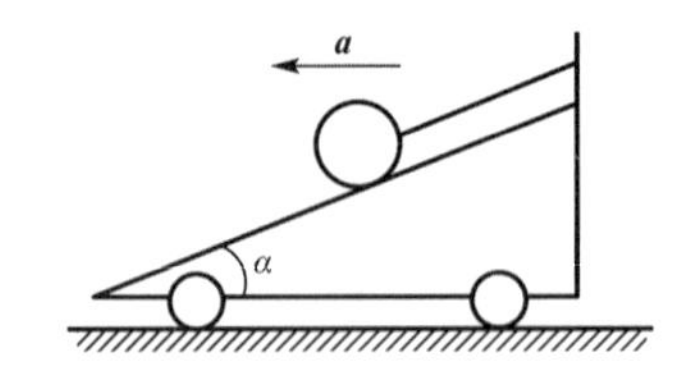

A. $N = mg\cos\alpha - ma\sin\alpha$

B. $N = mg\cos\alpha + ma\sin\alpha$

C. $N = mg\cos\alpha$

D. $N = ma\sin\alpha$

55. 图示质量$m = 5kg$的物体受力拉动，沿与水平面$30°$夹角的光滑斜平面上移动6m，其拉动物体的力为70N，且与斜面平行，则所有力做功之和是：

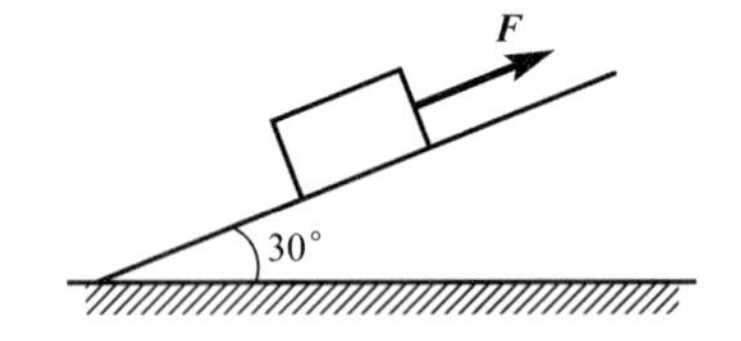

A. $420N \cdot m$

B. $-147N \cdot m$

C. $273N \cdot m$

D. $567N \cdot m$

56. 在两个半径及质量均相同的均质滑轮A及B上，各绕以不计质量的绳，如图所示。轮B绳末端挂一重力为$\boldsymbol{P}$的重物，轮A绳末端作用一铅垂向下的力为$\boldsymbol{P}$，则此两轮绕以不计质量的绳中拉力大小的关系为：

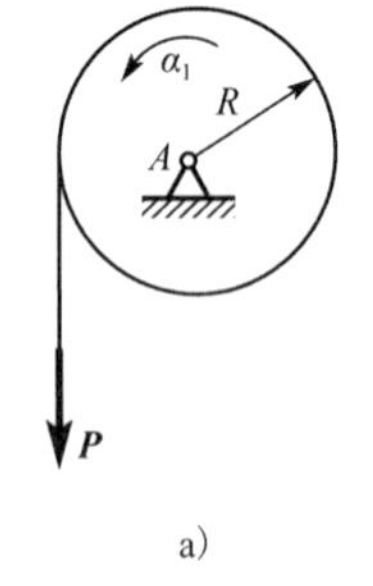

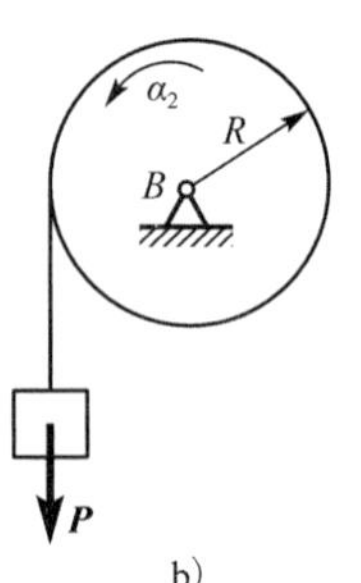

A. $F_A < F_B$

B. $F_A > F_B$

C. $F_A = F_B$

D. 无法判断

57. 物块A的质量为 8kg，静止放在无摩擦的水平面上。另一质量为 4kg 的物块B被绳系住，如图所示，滑轮无摩擦。若物块A的加速度$a = 3.3\mathrm{m/s^2}$，则物块B的惯性力是：

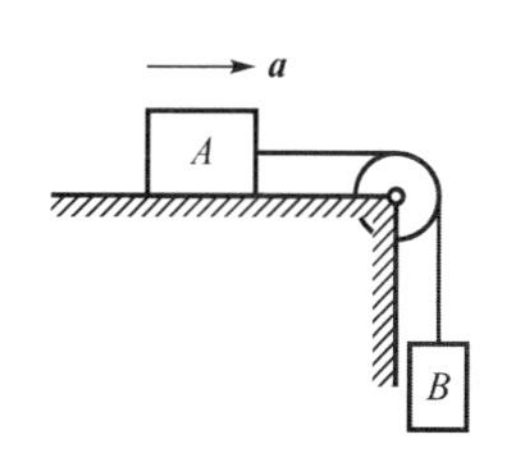

A. 13.2N（铅垂向上）

B. 13.2N（铅垂向下）

C. 26.4N（铅垂向上）

D. 26.4N（铅垂向下）

58. 如图所示系统中，$k_1 = 2 \times 10^5\mathrm{N/m}$，$k_2 = 1 \times 10^5\mathrm{N/m}$。激振力$F = 200\sin 50t$，当系统发生共振时，质量$m$是：

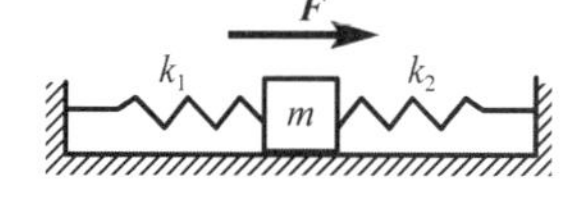

A. 80kg

B. 40kg

C. 120kg

D. 100kg

59. 在低碳钢拉伸试验中，冷作硬化现象发生在：

A. 弹性阶段

B. 屈服阶段

C. 强化阶段

D. 局部变形阶段

60. 图示等截面直杆，拉压刚度为EA，杆的总伸长量为：

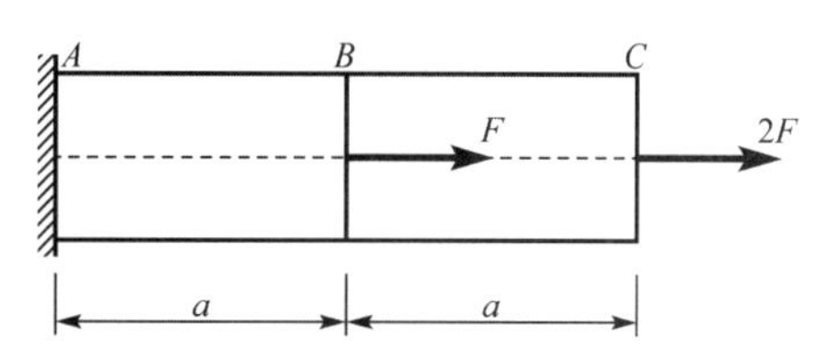

A. $\frac{2Fa}{EA}$

B. $\frac{3Fa}{EA}$

C. $\frac{4Fa}{EA}$

D. $\frac{5Fa}{EA}$

61. 如图所示，钢板用钢轴连接在铰支座上，下端受轴向拉力F，已知钢板和钢轴的许用挤压应力均为$[\sigma_{bs}]$，则钢轴的合理直径d是：

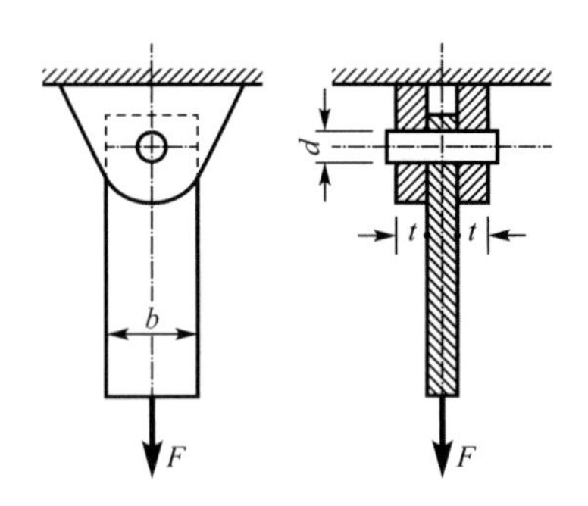

A. $d \geqslant \frac{F}{t[\sigma_{bs}]}$

B. $d \geqslant \frac{F}{b[\sigma_{bs}]}$

C. $d \geqslant \frac{F}{2t[\sigma_{bs}]}$

D. $d \geqslant \frac{F}{2b[\sigma_{bs}]}$

62. 如图所示，空心圆轴的外径为D，内径为d，其极惯性矩I_p是：

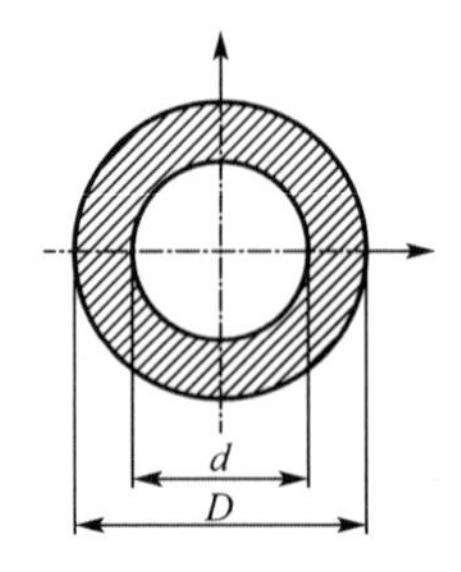

A. $I_p = \frac{\pi}{16}(D^3 - d^3)$

B. $I_p = \frac{\pi}{32}(D^3 - d^3)$

C. $I_p = \frac{\pi}{16}(D^4 - d^4)$

D. $I_p = \frac{\pi}{32}(D^4 - d^4)$

63. 在平面图形的几何性质中，数值可正、可负、也可为零的是：

A. 静矩和惯性矩

B. 静矩和惯性积

C. 极惯性矩和惯性矩

D. 惯性矩和惯性积

64. 若梁ABC的弯矩图如图所示，则该梁上的荷载为：

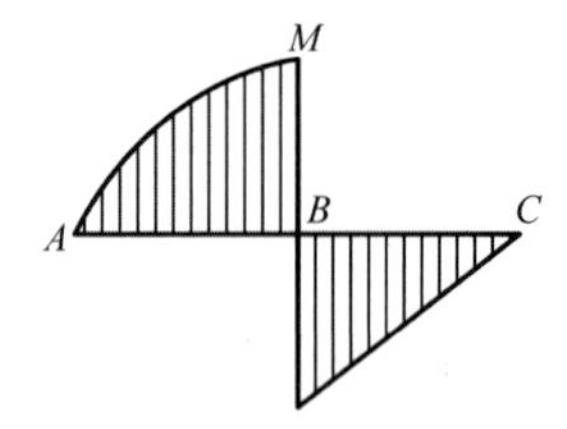

A. AB段有分布荷载，B截面无集中力偶

B. AB段有分布荷载，B截面有集中力偶

C. AB段无分布荷载，B截面无集中力偶

D. AB段无分布荷载，B截面有集中力偶

65. 承受竖直向下荷载的等截面悬臂梁，结构分别采用整块材料、两块材料并列、三块材料并列和两块材料叠合（未黏结）四种方案，对应横截面如图所示。在这四种横截面中，发生最大弯曲正应力的截面是：

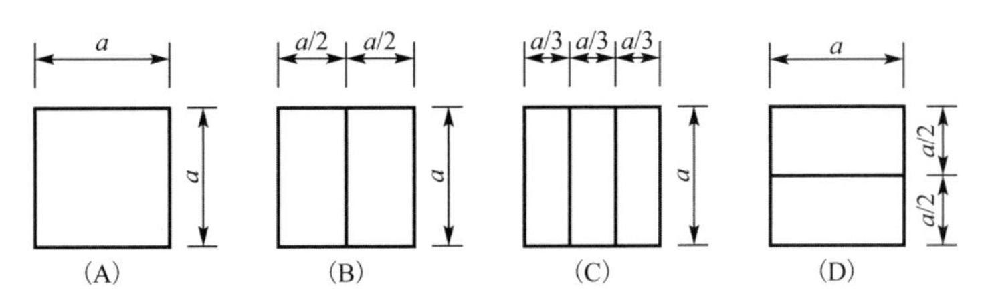

A. 图 A　　B. 图 B　　C. 图 C　　D. 图 D

66. 图示ACB用积分法求变形时，确定积分常数的条件是：（式中V为梁的挠度，θ为梁横截面的转角，ΔL为杆DB的伸长变形）

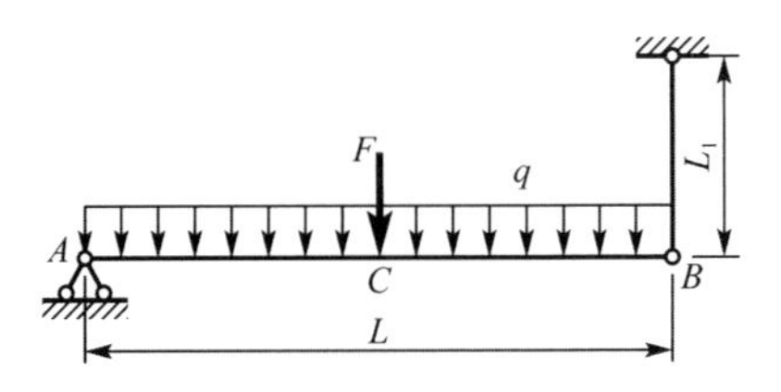

A. $V_{\mathrm{A}}=0$，$V_{\mathrm{B}}=0$，$V_{\mathrm{C左}}=V_{\mathrm{C右}}$，$\theta_{\mathrm{C}}=0$

B. $V_{\mathrm{A}}=0$，$V_{\mathrm{B}}=\Delta L$，$V_{\mathrm{C左}}=V_{\mathrm{C右}}$，$\theta_{\mathrm{C}}=0$

C. $V_{\mathrm{A}}=0$，$V_{\mathrm{B}}=\Delta L$，$V_{\mathrm{C左}}=V_{\mathrm{C右}}$，$\theta_{\mathrm{C左}}=\theta_{\mathrm{C右}}$

D. $V_{\mathrm{A}}=0$，$V_{\mathrm{B}}=\Delta L$，$V_{\mathrm{C}}=0$，$\theta_{\mathrm{C左}}=\theta_{\mathrm{C右}}$

67. 分析受力物体内一点处的应力状态，如可以找到一个平面，在该平面上有最大切应力，则该平面上的正应力：

A. 是主应力　　B. 一定为零

C. 一定不为零　　D. 不属于前三种情况

68. 在下面四个表达式中，第一强度理论的强度表达式是：

A. $\sigma_1\leqslant[\sigma]$

B. $\sigma_1-\nu(\sigma_2+\sigma_3)\leqslant[\sigma]$

C. $\sigma_1-\sigma_3\leqslant[\sigma]$

D. $\sqrt{\frac{1}{2}[(\sigma_1-\sigma_2)^2+(\sigma_2-\sigma_3)^2+(\sigma_3-\sigma_1)^2]}\leqslant[\sigma]$

69. 如图所示，正方形截面悬臂梁AB，在自由端B截面形心作用有轴向力F，若将轴向力F平移到B截面下缘中点，则梁的最大正应力是原来的：

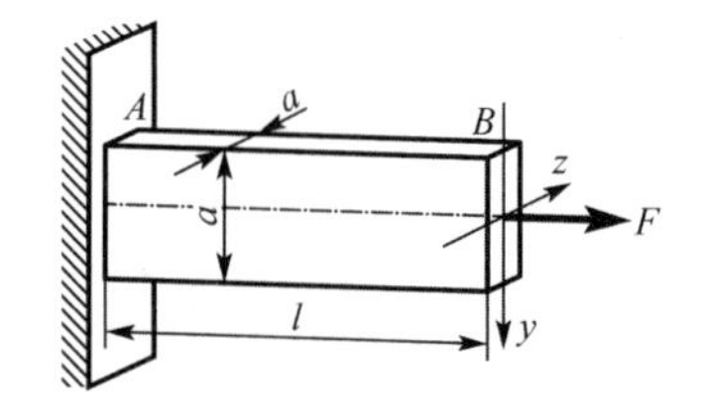

A. 1 倍

B. 2 倍

C. 3 倍

D. 4 倍

70. 图示矩形截面细长压杆，$h = 2b$（图 a），如果将宽度b改为h后（图 b，仍为细长压杆），临界力F_{cr}是原来的：

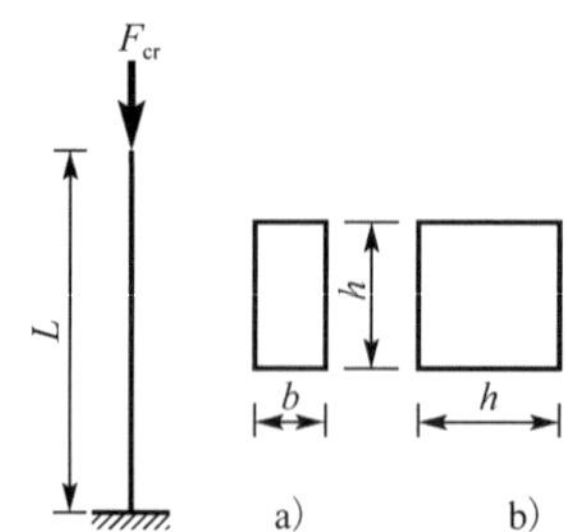

A. 16 倍

B. 8 倍

C. 4 倍

D. 2 倍

71. 静止流体能否承受切应力？

A. 不能承受　　　　B. 可以承受

C. 能承受很小的　　　　D. 具有黏性可以承受

72. 水从铅直圆管向下流出，如图所示，已知$d_1 = 10\text{cm}$，管口处水流速度$v_1 = 1.8\text{m/s}$，试求管口下方$h = 2\text{m}$处的水流速度v_2和直径d_2：

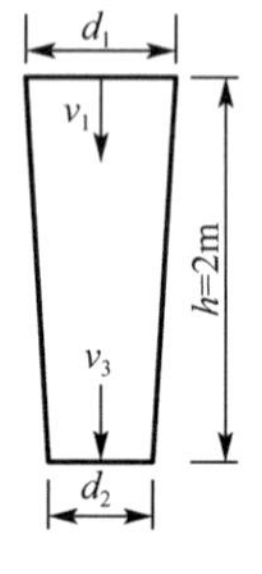

A. $v_2 = 6.5\text{m/s}$，$d_2 = 5.2\text{cm}$

B. $v_2 = 3.25\text{m/s}$，$d_2 = 5.2\text{cm}$

C. $v_2 = 6.5\text{m/s}$，$d_2 = 5.2\text{cm}$

D. $v_2 = 3.25\text{m/s}$，$d_2 = 5.2\text{cm}$

73. 利用动量定理计算流体对固体壁面的作用力时，进、出口截面上的压强应为：

A. 绝对压强　　　　B. 相对压强

C. 大气压　　　　D. 真空度

74. 一直径为 50mm 的圆管，运动黏性系数$\nu = 0.18\text{cm}^2/\text{s}$、密度$\rho = 0.85\text{g/cm}^3$的油在管内以$v = 5\text{cm/s}$的速度作层流运动，则沿程损失系数是：

A. 0.09　　　　B. 0.461

C. 0.1　　　　D. 0.13

75. 并联长管 1、2，两管的直径相同，沿程阻力系数相同，长度$L_2 = 3L_1$，通过的流量为：

A. $Q_1 = Q_2$　　　　B. $Q_1 = 1.5Q_2$

C. $Q_1 = 1.73Q_2$　　　　D. $Q_1 = 3Q_2$

76. 明渠均匀流只能发生在：

A. 平坡棱柱形渠道　　　　B. 顺坡棱柱形渠道

C. 逆坡棱柱形渠道　　　　D. 不能确定

77. 均匀砂质土填装在容器中，已知水力坡度$J = 0.5$，渗透系数$k = 0.005\text{cm/s}$，则渗流速度为：

A. 0.0025cm/s　　　　B. 0.0001cm/s

C. 0.001cm/s　　　　D. 0.015cm/s

78. 进行水力模型试验，要实现有压管流的相似，应选用的相似准则是：

A. 雷诺准则　　　　B. 弗劳德准则

C. 欧拉准则　　　　D. 马赫数

79. 在图示变压器中，左侧线圈中通以直流电流I，铁芯中产生磁通Φ。此时，右侧线圈端口上的电压u_2是：

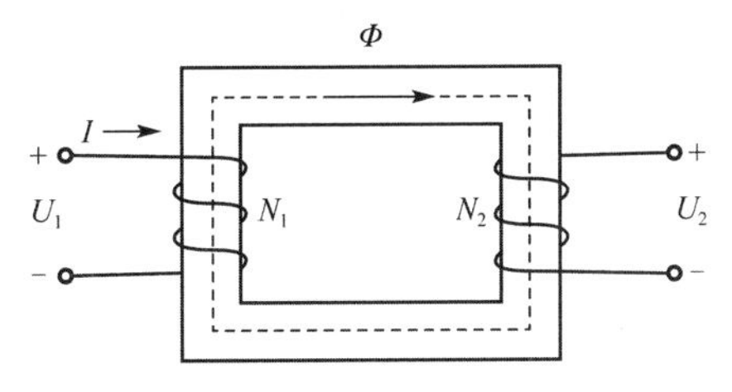

A. 0

B. $\frac{N_2}{N_1}\frac{\text{d}\Phi}{\text{d}t}$

C. $N_1\frac{\text{d}\Phi}{\text{d}t}$

D. $\frac{N_1}{N_2}\frac{\text{d}\Phi}{\text{d}t}$

80. 将一个直流电源通过电阻R接在电感线圈两端，如图所示。如果$U=10\text{V}$，$I=1\text{A}$，那么，将直流电源换成交流电源后，该电路的等效模型为：

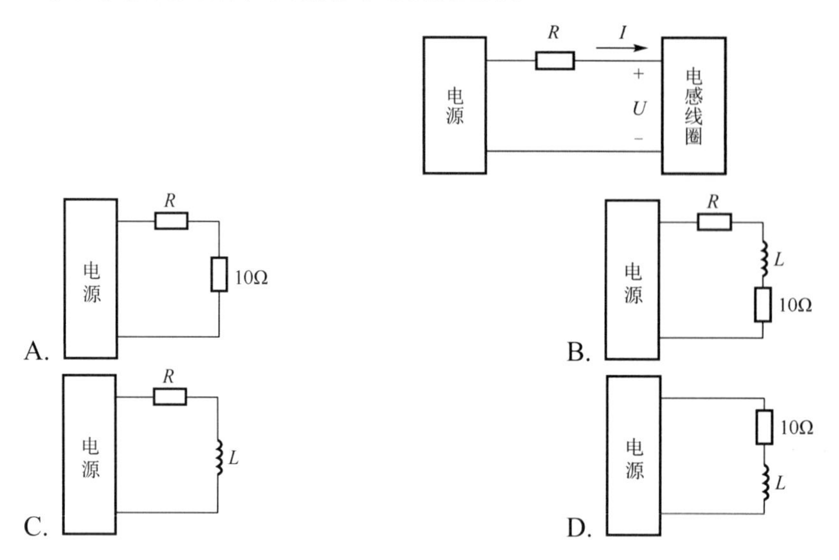

81. 图示电路中，a-b端左侧网络的等效电阻为：

A. R_1+R_2

B. $R_1 /\!/ R_2$

C. $R_1+R_2 /\!/ R_L$

D. R_2

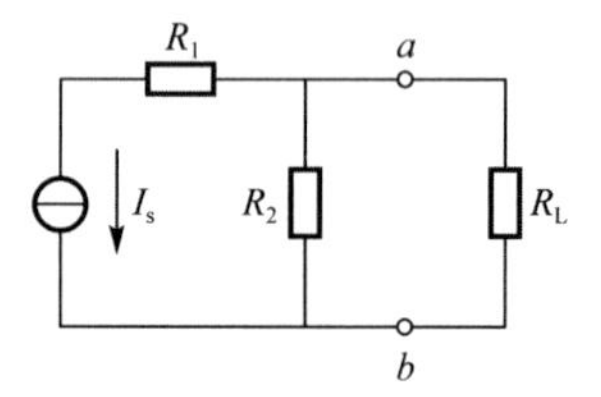

82. 在阻抗$Z=10\angle 45°\ \Omega$两端加入交流电压$u(t)=220\sqrt{2}\sin(314t+30°)\text{V}$后，电流$i(t)$为：

A. $22\sin(314t+75°)\text{A}$

B. $22\sqrt{2}\sin(314t+15°)\text{A}$

C. $22\sin(314t+15°)\text{A}$

D. $22\sqrt{2}\sin(314t-15°)\text{A}$

83. 图示电路中，$Z_1=(6+j8)\Omega$，$Z_2=-jX_C\Omega$，为使I取得最大值，X_C的数值为：

A. 6

B. 8

C. −8

D. 0

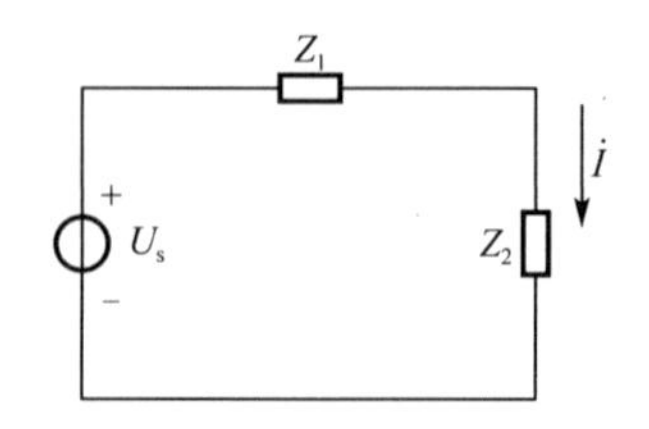

84. 三相电路如图所示，设电灯 D 的额定电压为三相电源的相电压，用电设备 M 的外壳线a及电灯 D 另一端线b应分别接到：

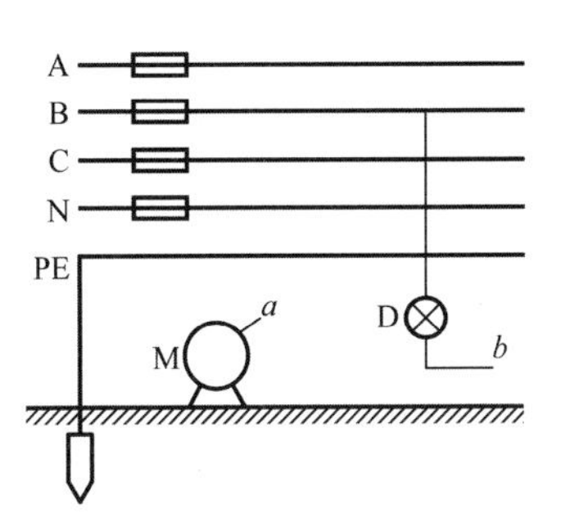

A. PE 线和 PE 线

B. N 线和 N 线

C. PE 线和 N 线

D. N 线和 PE 线

85. 设三相交流异步电动机的空载功率因数为λ_1，20%额定负载时的功率因数为λ_2，满载时功率因数为λ_3，那么以下关系成立的是：

A. $\lambda_1 > \lambda_2 > \lambda_3$

B. $\lambda_3 > \lambda_2 > \lambda_1$

C. $\lambda_2 > \lambda_1 > \lambda_3$

D. $\lambda_3 > \lambda_1 > \lambda_2$

86. 能够实现用电设备连续工作的控制电路为：

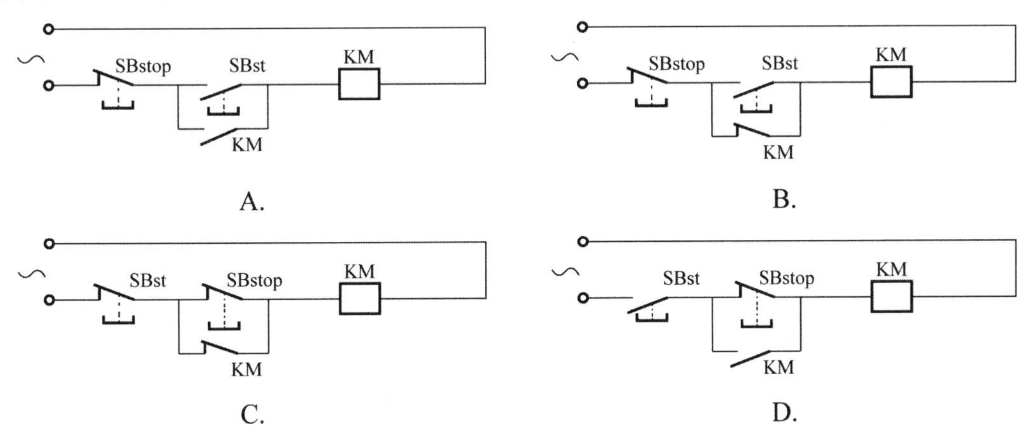

87. 下述四个信号中，不能用来表示信息代码“10101”的图是：

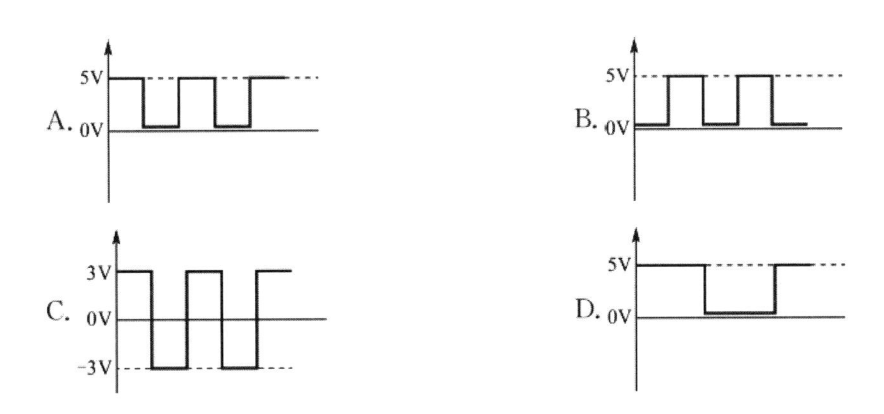

88. 模拟信号$u_1(t)$和$u_2(t)$的幅值频谱分别如图 a）和图 b）所示，则：

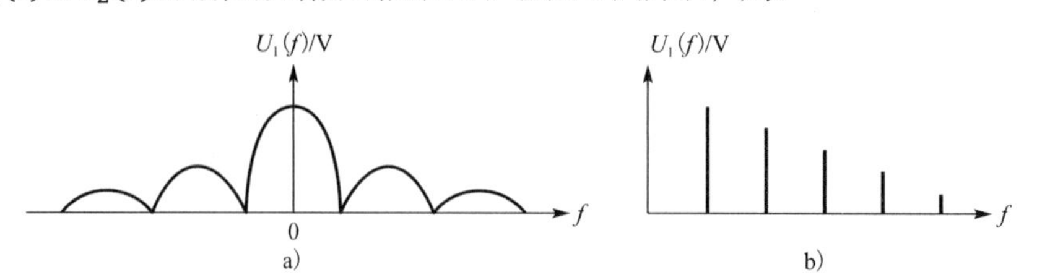

A. $u_1(t)$是连续时间信号，$u_2(t)$是离散时间信号

B. $u_1(t)$是非周期性时间信号，$u_2(t)$是周期性时间信号

C. $u_1(t)$和$u_2(t)$都是非周期时间信号

D. $u_1(t)$和$u_2(t)$都是周期时间信号

89. 以下几种说法中正确的是：

A. 滤波器会改变正弦波信号的频率

B. 滤波器会改变正弦波信号的波形形状

C. 滤波器会改变非正弦周期信号的频率

D. 滤波器会改变非正弦周期信号的波形形状

90. 对逻辑表达式$\mathrm{ABCD}+\overline{\mathrm{A}}+\overline{\mathrm{B}}+\overline{\mathrm{C}}+\overline{\mathrm{D}}$的简化结果是：

A. 0　　　　B. 1

C. ABCD　　　　D. $\overline{\mathrm{A}}\overline{\mathrm{B}}\overline{\mathrm{C}}\overline{\mathrm{D}}$

91. 已知数字电路输入信号 A 和信号 B 的波形如图所示，则数字输出信号$\mathrm{F}=\overline{\mathrm{AB}}$的波形为：

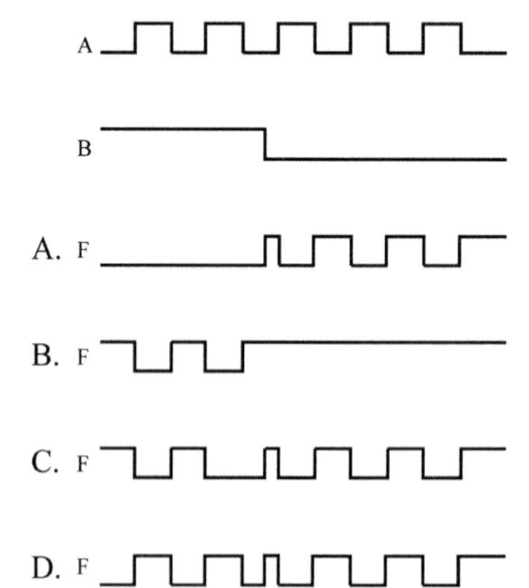

92. 逻辑函数$F=f(A,B,C)$的真值表如下，由此可知：

A	B	C	F
0	0	0	0
0	0	1	0
0	1	0	0
0	1	1	1
1	0	0	0
1	0	1	0
1	1	0	1
1	1	1	1

A. $F=BC+AB+\overline{A}\overline{B}C+B\overline{C}$　　　B. $F=\overline{A}\overline{B}\overline{C}+AB\overline{C}+AC+ABC$

C. $F=AB+BC+AC$　　　D. $F=\overline{A}BC+AB\overline{C}+ABC$

93. 晶体三极管放大电路如图所示，在并入电容C_E后，下列不变的量是：

A. 输入电阻和输出电阻

B. 静态工作点和电压放大倍数

C. 静态工作点和输出电阻

D. 输入电阻和电压放大倍数

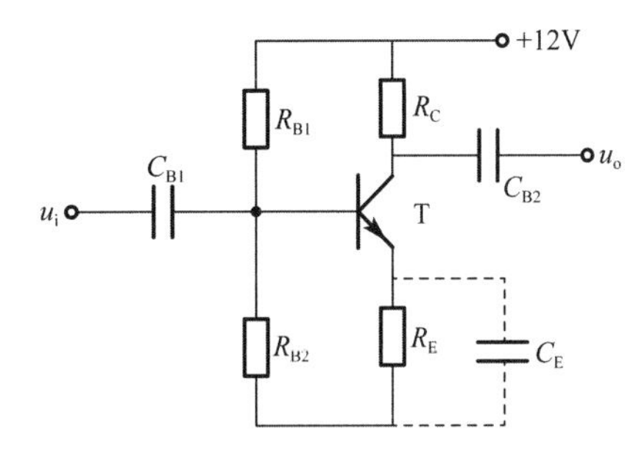

94. 图示电路中，运算放大器输出电压的极限值$\pm U_{oM}$，输入电压$u_i=U_m\sin\omega t$，现将信号电压u_i从电路的“A”端送入，电路的“B”端接地，得到输出电压u_{o1}。而将信号电压u_i从电路的“B”端输入，电路的“A”接地，得到输出电压u_{o2}。则以下正确的是：

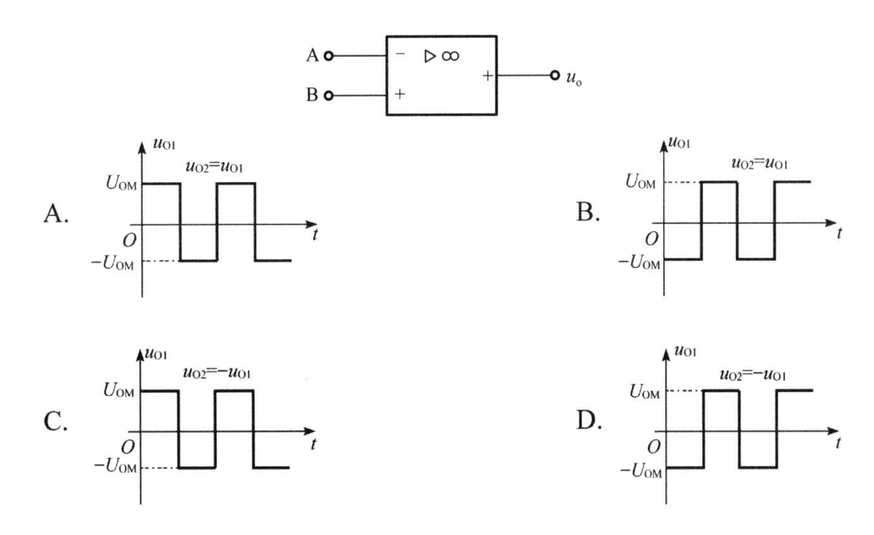

95. 图示逻辑门电路的输出F_1和F_2分别为：

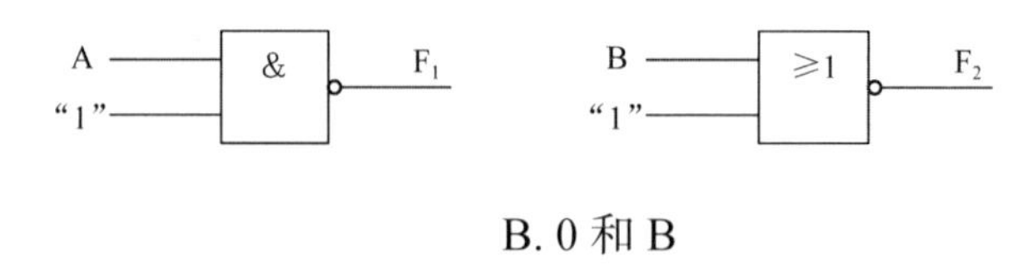

A. A 和 1 B. 0 和 B

C. A 和 B D. $\bar{A}$和 1

96. 图 a）示电路，加入复位信号及时钟脉冲信号如图 b）所示，经分析可知，在t_1时刻，输出 Q_{JK} 和 Q_D 分别等于：

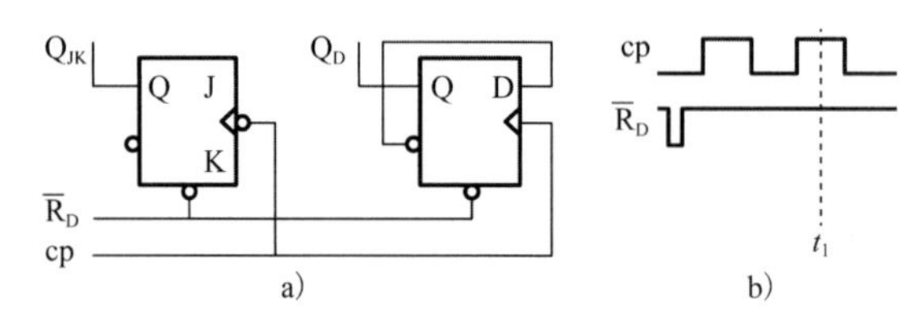

附：D 触发器的逻辑状态表为

D	Q_{n+1}
0	0
1	1

JK 触发器的逻辑状态表为

J	K	Q_{n+1}
0	0	Q_n
0	1	0
1	0	1
1	1	$\overline{Q}_n$

A. 0　0 B. 0　1

C. 1　0 D. 1　1

97. 下面四条有关数字计算机处理信息的描述中，其中不正确的一条是：

A. 计算机处理的是数字信息

B. 计算机处理的是模拟信息

C. 计算机处理的是不连续的离散（0 或 1）信息

D. 计算机处理的是断续的数字信息

98. 程序计数器（PC）的功能是：

A. 对指令进行译码

B. 统计每秒钟执行指令的数目

C. 存放下一条指令的地址

D. 存放正在执行的指令地址

99. 计算机的软件系统是由：

A. 高级语言程序、低级语言程序构成

B. 系统软件、支撑软件、应用软件构成

C. 操作系统、专用软件构成

D. 应用软件和数据库管理系统构成

100. 允许多个用户以交互方式使用计算机的操作系统是：

A. 批处理单道系统

B. 分时操作系统

C. 实时操作系统

D. 批处理多道系统

101. 在计算机内，ASSCII 码是为：

A. 数字而设置的一种编码方案

B. 汉字而设置的一种编码方案

C. 英文字母而设置的一种编码方案

D. 常用字符而设置的一种编码方案

102. 在微机系统内，为存储器中的每一个：

A. 字节分配一个地址

B. 字分配每一个地址

C. 双字分配一个地址

D. 四字分配一个地址

103. 保护信息机密性的手段有两种，一是信息隐藏，二是数据加密。下面四条表述中，有错误的一条是：

A. 数据加密的基本方法是编码，通过编码将明文变换为密文

B. 信息隐藏是使非法者难以找到秘密信息而采用“隐藏”的手段

C. 信息隐藏与数据加密所采用的技术手段不同

D. 信息隐藏与数字加密所采用的技术手段是一样的

104. 下面四条有关线程的表述中，其中错误的一条是：

A. 线程有时也称为轻量级进程

B. 有些进程只包含一个线程

C. 线程是所有操作系统分配 CPU 时间的基本单位

D. 把进程再仔细分成线程的目的是为更好地实现并发处理和共享资源

105. 计算机与信息化社会的关系是：

A. 没有信息化社会就不会有计算机

B. 没有计算机在数值上的快速计算，就没有信息化社会

C. 没有计算机及其与通信、网络等的综合利用，就没有信息化社会

D. 没有网络电话就没有信息化社会

106. 域名服务器的作用是：

A. 为连入 Internet 网的主机分配域名

B. 为连入 Internet 网的主机分配 IP 地址

C. 为连入 Internet 网的一个主机域名寻找所对应的 IP 地址

D. 将主机的 IP 地址转换为域名

107. 某人预计 5 年后需要一笔 50 万元的资金，现市场上正发售期限为 5 年的电力债券，年利率为 5.06%，按年复利计息，5 年末一次还本付息，若想 5 年后拿到 50 万元的本利和，他现在应该购买电力债券：

A. 30.52 万元　　　　B. 38.18 万元

C. 39.06 万元　　　　D. 44.19 万元

108. 以下关于项目总投资中流动资金的说法正确的是：

A. 是指工程建设其他费用和预备费之和

B. 是指投产后形成的流动资产和流动负债之和

C. 是指投产后形成的流动资产和流动负债的差额

D. 是指投产后形成的流动资产占用的资金

109. 下列筹资方式中，属于项目债务资金的筹集方式是：

A. 优先股　　B. 政府投资

C. 融资租赁　　D. 可转换债券

110. 某建设项目预计生产期第三年息税前利润为 200 万元，折旧与摊销为 50 万元，所得税为 25 万元，计入总成本费用的应付利息为 100 万元，则该年的利息备付率为：

A. 1.25　　B. 2

C. 2.25　　D. 2.5

111. 某项目方案各年的净现金流量见表（单位：万元），其静态投资回收期为：

年份	0	1	2	3	4	5
净现金流量	−100	−50	40	60	60	60

A. 2.17 年　　B. 3.17 年

C. 3.83 年　　D. 4 年

112. 某项目的产出物为可外贸货物，其离岸价格为 100 美元，影子汇率为 6 元人民币/美元，出口费用为每件 100 元人民币，则该货物的影子价格为：

A. 500 元人民币　　B. 600 元人民币

C. 700 元人民币　　D. 800 元人民币

113. 某项目有甲、乙两个建设方案，投资分别为 500 万元和 1000 万元，项目期均为 10 年，甲项目年收益为 140 万元，乙项目年收益为 250 万元。假设基准收益率为 8%。已知$(P/A,8\%,10)=6.7101$，则下列关于该项目方案选择的说法中正确的是：

A. 甲方案的净现值大于乙方案，故应选择甲方案

B. 乙方案的净现值大于甲方案，故应选择乙方案

C. 甲方案的内部收益率大于乙方案，故应选择甲方案

D. 乙方案的内部收益率大于甲方案，故应选择乙方案

114. 用强制确定法（FD 法）选择价值工程的对象时，得出某部件的价值系数为 1.02，则下列说法正确的是：

A. 该部件的功能重要性与成本比重相当，因此应将该部件作为价值工程对象

B. 该部件的功能重要性与成本比重相当，因此不应将该部件作为价值工程对象

C. 该部件功能重要性较小，而所占成本较高，因此应将该部件作为价值工程对象

D. 该部件功能过高或成本过低，因此应将该部件作为价值工程对象

115. 某在建的建筑工程因故中止施工，建设单位的下列做法符合《中华人民共和国建筑法》的是：

A. 自中止施工之日起一个月内向发证机关报告

B. 自中止施工之日起半年内报发证机关核验施工许可证

C. 自中止施工之日起三个月内向发证机关申请延长施工许可证的有效期

D. 自中止施工之日起满一年，向发证机关重新申请施工许可证

116. 依据《中华人民共和国安全生产法》，企业应当对职工进行安全生产教育和培训，某施工总承包单位对职工进行安全生产培训，其培训的内容不包括：

A. 安全生产知识　　B. 安全生产规章制度

C. 安全生产管理能力　　D. 本岗位安全操作技能

117. 下列说法符合《中华人民共和国招标投标法》规定的是：

A. 招标人自行招标，应当具有编制招标文件和组织评标的能力

B. 招标人必须自行办理招标事宜

C. 招标人委托招标代理机构办理招标事宜，应当向有关行政监督部门备案

D. 有关行政监督部门有权强制招标人委托招标代理机构办理招标事宜

118. 甲乙双方于 4 月 1 日约定采用数据电文的方式订立合同，但双方没有指定特定系统，乙方于 4 月 8 日下午收到甲方以电子邮件方式发出的要约，于 4 月 9 日上午又收到甲方发出同样内容的传真，甲方于 4 月 9 日下午给乙方打电话通知对方，邀约已经发出，请对方尽快做出承诺，则该要约生效的时间是：

A. 4 月 8 日下午　　B. 4 月 9 日上午

C. 4 月 9 日下午　　D. 4 月 1 日

119. 根据《中华人民共和国行政许可法》规定，行政许可采取统一办理或者联合办理的，办理的时间不得超过：

A. 10 日　　　　B. 15 日

C. 30 日　　　　D. 45 日

120. 依据《建设工程质量管理条例》，建设单位收到施工单位提交的建设工程竣工验收报告申请后，应当组织有关单位进行竣工验收，参加验收的单位可以不包括：

A. 施工单位　　　　B. 工程监理单位

C. 材料供应单位　　　　D. 设计单位

2020年度全国勘察设计注册工程师执业资格考试基础考试（上）

试题解析及参考答案

1. 解　本题考查当$x \to +\infty$时，无穷大量的概念。

选项A，$\lim\limits_{x\to+\infty}\frac{1}{2+x}=0$；

选项B，$\lim\limits_{x\to+\infty}x\cos x$计算结果在$-\infty$到$+\infty$间连续变化，不符合当$x \to +\infty$函数值趋向于无穷大，且函数值越来越大的定义；

选项D，当$x \to +\infty$时，$\lim\limits_{x\to+\infty}(1-\arctan x)=1-\frac{\pi}{2}$。

故选项A、B、D均不成立。

选项C，$\lim\limits_{x\to+\infty}(e^{3x}-1)=+\infty$。

答案：C

2. 解　本题考查函数$y=f(x)$在x_0点导数的几何意义。

已知曲线$y=f(x)$在$x=x_0$处有切线，函数$y=f(x)$在$x=x_0$点导数的几何意义表示曲线$y=f(x)$在$x=x_0$点切线向上，方向和x轴正向夹角的正切即斜率$k=\tan\alpha$，只有当$\alpha \to \frac{\pi}{2}$时，才有$\lim\limits_{x\to x_0}f'(x)=\lim\limits_{\alpha\to\frac{\pi}{2}}\tan\alpha=\infty$，因而在该点的切线与$oy$轴平行。

选项A、C、D均不成立。

答案：B

3. 解　本题考查隐函数求导方法。可利用一元隐函数求导方法或二元隐函数求导方法计算，但一般利用二元隐函数求导方法计算更简单。

方法1：用二元隐函数方法计算。

设$F(x,y)=\sin y+e^x-xy^2$，$F'_x=e^x-y^2$，$F'_y=\cos y-2xy$，故

$$\frac{\mathrm{d}y}{\mathrm{d}x}=-\frac{F_x}{F_y}=-\frac{e^x-y^2}{\cos y-2xy}=\frac{y^2-e^x}{\cos y-2xy}$$

$$\mathrm{d}y=\frac{y^2-e^x}{\cos y-2xy}\mathrm{d}x$$

方法2：用一元隐函数方法计算。

已知$\sin y+e^x-xy^2=0$，方程两边对x求导，得$\cos y\frac{\mathrm{d}y}{\mathrm{d}x}+e^x-\left(y^2+2xy\frac{\mathrm{d}y}{\mathrm{d}x}\right)=0$，

整理$(\cos y-2xy)\frac{\mathrm{d}y}{\mathrm{d}x}=y^2-e^x$，$\frac{\mathrm{d}y}{\mathrm{d}x}=\frac{y^2-e^x}{\cos y-2xy}$，故$\mathrm{d}y=\frac{y^2-e^x}{\cos y-2xy}\mathrm{d}x$

选项A、B、C均不成立。

答案：D

4. 解　本题考查一元抽象复合函数高阶导数的计算，计算中注意函数的复合层次，特别是求二阶导

时更应注意。

$Y=f(e^x)$，$\dfrac{dy}{dx}=f'(e^x)\cdot e^x=e^x\cdot f'(e^x)$

$\dfrac{d^2y}{dx^2}=e^x\cdot f'(e^x)+e^x\cdot f''(e^x)\cdot e^x=e^x\cdot f'(e^x)+e^{2x}\cdot f''(e^x)$

选项 A、B、D 均不成立。

答案： C

5. 解 本题考查利用罗尔定理判定 4 个选项中，哪一个函数满足罗尔定理条件。首先要掌握定理的条件：①函数在闭区间连续；②函数在开区间可导；③函数在区间两端的函数值相等。三条均成立才行。

选项 A，$\left(x^{\frac{2}{3}}\right)'=\frac{2}{3}x^{-\frac{1}{3}}=\frac{2}{3}\frac{1}{\sqrt[3]{x}}$，在$x=0$处不可导，因而在$(-1,1)$可导不满足。

选项 C，$f(x)=|x|=\begin{cases}x & x\geqslant 0\\ -x & x<0\end{cases}$，函数在$x=0$左导数为$-1$，在$x=0$右导数为 1，因而在$x=0$处不可导，在$(-1,1)$可导不满足。

选项 D，$f(x)=\frac{1}{x}$，函数在$x=0$处间断，因而在$[-1,1]$连续不成立。

选项 A、C、D 均不成立。

选项 B，$f(x)=\sin x^2$在$[-1,1]$上连续，$f'(x)=2x\cdot\cos x^2$在$(-1,1)$可导，且$f(-1)=f(1)=\sin 1$，三条均满足。

答案： B

6. 解 本题考查曲线$f(x)$求拐点的计算方法。

$f(x)=x^4+4x^3+x+1$的定义域为$(-\infty,+\infty)$，

$f'(x)=4x^3+12x^2+1$，$f''(x)=12x^2+24x=12x(x+2)$

令$f''(x)=0$，即$12x(x+2)=0$，得到$x=0$，$x=-2$

$x=-2$，$x=0$，分定义域为$(-\infty,-2)$，$(-2,0)$，$(0,+\infty)$，

检验$x=-2$点，在区间$(-\infty,-2)$，$(-2,0)$上二阶导的符号：

当在$(-\infty,-2)$时，$f''(x)>0$，凹；当在$(-2,0)$时，$f''(x)<0$，凸。

所以$x=-2$为拐点的横坐标。

检验$x=0$点，在区间$(-2,0)$，$(0,+\infty)$上二阶导的符号：

当在$(-2,0)$时，$f''(x)<0$，凸；当在$(0,+\infty)$时，$f''(x)>0$，凹。

所以$x=0$为拐点的横坐标。

综上，函数有两个拐点。

答案： C

7. 解 本题考查函数原函数的概念及不定积分的计算方法。

已知函数$f(x)$的一个原函数是$1+\sin x$，即$f(x)=(1+\sin x)'=\cos x$，$f'(x)=-\sin x$。

方法 1：

$$\int xf'(x)\mathrm{d}x=\int x(-\sin x)\mathrm{d}x=\int x\mathrm{d}\cos x=x\cos x-\int \cos x\mathrm{d}x=x\cos x-\sin x+c$$

$$=x\cos x-\sin x-1+C=x\cos x-(1+\sin x)+C\quad (其中C=1+c)$$

方法 2：

$\int xf'(x)\mathrm{d}x=\int x\mathrm{d}f(x)=xf(x)-\int f(x)\mathrm{d}x$，因为$f(x)=(1+\sin x)'=\cos x$，则

原式$=x\cos x-\int \cos x\mathrm{d}x=x\cos x-\sin x+c=x\cos x-(1+\sin x)+C$

答案：B

8. 解　本题考查平面图形绕x轴旋转一周所得到的旋转体体积算法，如解图所示。

X：[0,1]

$[x,x+\mathrm{d}x]$：$\mathrm{d}V=\pi f^2(x)\mathrm{d}x=\pi x^6\mathrm{d}x$

$$V=\int_0^1\pi\cdot x^6\mathrm{d}x=\pi\cdot\frac{1}{7}x^7\Big|_0^1=\frac{\pi}{7}$$

答案：A

题 8 解图

9. 解　本题考查两向量的加法，向量与数量的乘法和运算，以及两向量垂直与坐标运算的关系。

已知$\boldsymbol{\alpha}=(5,1,8)$，$\boldsymbol{\beta}=(3,2,7)$

$\lambda\boldsymbol{\alpha}+\boldsymbol{\beta}=\lambda(5,1,8)+(3,2,7)=(5\lambda+3,\lambda+2,8\lambda+7)$

设oz轴的单位正向量为$\boldsymbol{\tau}=(0,0,1)$

已知$\lambda\boldsymbol{\alpha}+\boldsymbol{\beta}$与$oz$轴垂直，由两向量数量积的运算：

$\boldsymbol{a}\cdot\boldsymbol{b}=a_xb_x+a_yb_y+a_zb_z$，$\boldsymbol{a}\perp b$，则$\boldsymbol{a}\cdot\boldsymbol{b}=0$，即$a_xb_x+a_yb_y+a_zb_z=0$

所以$(\lambda\boldsymbol{\alpha}+\boldsymbol{\beta})\cdot\boldsymbol{\tau}=0$，$0+0+8\lambda+7=0$，$\lambda=-\frac{7}{8}$

答案：B

10. 解　本题考查直线与平面平行时，直线的方向向量和平面法向量间的关系，求出平面的法向量及所求平面方程。

（1）求平面的法向量

设oz轴的方向向量$\vec{r}=(0,0,1)$，$\overrightarrow{M_1M_2}=(1,1,-1)$，则

$$\overrightarrow{M_1M_2}\times\vec{r}=\begin{vmatrix}\vec{i} & \vec{j} & \vec{k}\\ 1 & 1 & -1\\ 0 & 0 & 1\end{vmatrix}=\vec{i}-\vec{j}$$

所求平面的法向量$\vec{n}_{平面}=\vec{i}-\vec{j}=(1,-1,0)$

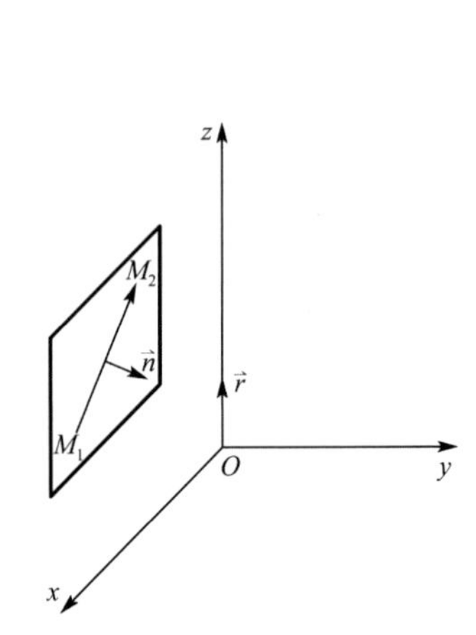

题 10 解图

（2）写出所求平面的方程

已知$M_1(0,-1,2)$，$\vec{n}_{平面}=(1,-1,0)$，则

$1\cdot(x-0)-1\cdot(y+1)+0\cdot(z-2)=0$，即$x-y-1=0$

答案：D

11. 解 本题考查利用题目给出的已知条件，写出曲线微分方程。

设曲线方程为$y=f(x)$，已知曲线的切线斜率为$2x$，列式$f'(x)=2x$，

又知曲线$y=f(x)$过$(1,2)$点，满足微分方程的初始条件$y|_{x=1}=2$，

即$f'(x)=2x$，$y|_{x=1}=2$为所求。

答案：C

12. 解 平面区域D是直线$y=x$和圆$x^2+(y-1)^2=1$所围成的在直线$y=x$下方的图形。如解图所示。

利用直角坐标系和极坐标的关系：$\begin{cases}x=\rho\cos\theta\\ y=\rho\sin\theta\end{cases}$

得到圆的极坐标系下的方程为：$x^2+(y-1)^2=1$，即$x^2+y^2=2y$

则$\rho^2=2\rho\sin\theta$，即$\rho=2\sin\theta$

直线$y=x$的极坐标系下的方程为：$\theta=\frac{\pi}{4}$

所以积分区域D在极坐标系下为：$\begin{cases}0\leqslant\theta\leqslant\frac{\pi}{4}\\ 0\leqslant\rho\leqslant2\sin\theta\end{cases}$

题 12 解图

被积函数x代换成$\rho\cos\theta$，极坐标系下面积元素为$\rho\mathrm{d}\rho\mathrm{d}\theta$，则

$$\iint\limits_D x\mathrm{d}x\mathrm{d}y=\int_0^{\frac{\pi}{4}}\mathrm{d}\theta\int_0^{2\sin\theta}\rho\cdot\cos\theta\cdot\rho\mathrm{d}\rho=\int_0^{\frac{\pi}{4}}\cos\theta\mathrm{d}\theta\int_0^{2\sin\theta}\rho^2\mathrm{d}\rho$$

答案：D

13. 解 本题考查微分方程解的基本知识。可将选项代入微分方程，满足微分方程的才是解。

已知y_1是微分方程$y''+py'+qy=f(x)(f(x)\neq0)$的解，即将$y_1$代入后，满足微分方程$y_1''+py_1'+qy_1=f(x)$，但对任意常数$C_1(C_1\neq0)$，$C_1y_1$得到的解均不满足微分方程，验证如下：

设$y=C_1y_1(C_1\neq0)$，求导$y'=C_1y_1'$，$y''=C_1y_1''$，$y=C_1y_1$代入方程得：

$$C_1y_1''+pC_1y_1'+qC_1y_1=C_1(y_1''+py_1'+qy_1)=C_1f(x)\neq f(x)$$

所以C_1y_1不是微分方程的解。

因而在选项 A、B、D 中，含有常数$C_1(C_1\neq0)$乘y_1的形式，即C_1y_1这样的解均不满足方程解的条件，所以选项 A、B、D 均不成立。

可验证选项 C 成立。已知：

$y=y_0+y_1$，$y'=y_0'+y_1'$，$y''=y_0''+y_1''$，代入方程，得：

$$(y_0''+y_1'')+p(y_0'+y_1')+q(y_0+y_1)=y_0''+py_0'+qy_0+y_1''+py_1'+qy_1$$
$$=0+f(x)=f(x)$$

注意：本题只是验证选项中哪一个解是微分方程的解，不是求微分方程的通解。

答案：C

14. 解 本题考查二元函数在一点的全微分的计算方法。

先求出二元函数的全微分，然后代入点$(1,-1)$坐标，求出在该点的全微分。

$z=\dfrac{1}{x}e^{xy}$，$\dfrac{\partial z}{\partial x}=\left(-\dfrac{1}{x^2}\right)e^{xy}+\dfrac{1}{x}e^{xy}\cdot y=-\dfrac{1}{x^2}e^{xy}+\dfrac{y}{x}e^{xy}=e^{xy}\left(-\dfrac{1}{x^2}+\dfrac{y}{x}\right)$

$\dfrac{\partial z}{\partial y}=\dfrac{1}{x}e^{xy}\cdot x=e^{xy}$，$\mathrm{d}z=\left(-\dfrac{1}{x^2}+\dfrac{y}{x}\right)e^{xy}\mathrm{d}x+e^{xy}\mathrm{d}y$

$\mathrm{d}z|_{(1,-1)}=-2e^{-1}\mathrm{d}x+e^{-1}\mathrm{d}y=e^{-1}(-2\mathrm{d}x+\mathrm{d}y)$

答案：B

15. 解 本题考查坐标曲线积分的计算方法。

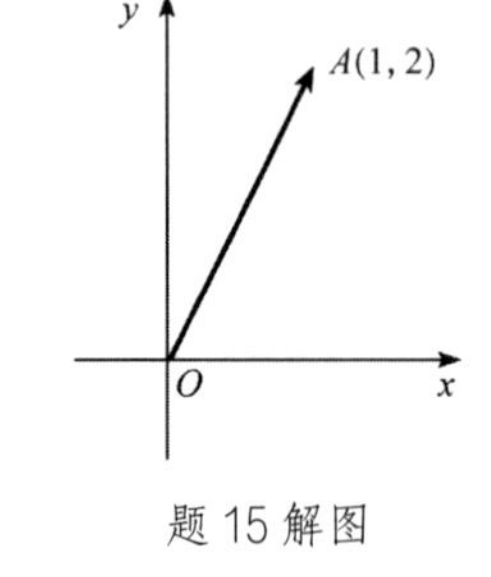

题 15 解图

已知$O(0,0)$，$A(1,2)$，过两点的直线L的方程为$y=2x$，见解图。

直线L的参数方程$\begin{cases}y=2x\\x=x\end{cases}$，

L的起点$x=0$，终点$x=1$，x：$0\to 1$，

$\displaystyle\int_L -y\mathrm{d}x+x\mathrm{d}y=\int_0^1 -2x\mathrm{d}x+x\cdot 2\mathrm{d}x=\int_0^1 0\mathrm{d}x=0$

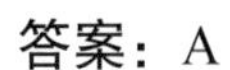

答案：A

16. 解 本题考查正项级数、交错级数敛散性的判定。

选项 A，$\sum\limits_{n=1}^{\infty}\frac{n^2}{3n^4+1}$，因为$\frac{n^2}{3n^4+1}<\frac{n^2}{3n^4}=\frac{1}{3n^2}$，

级数$\sum\limits_{n=1}^{\infty}\frac{1}{n^2}$，$P=2>1$，级数收敛，$\sum\limits_{n=1}^{\infty}\frac{1}{3n^2}$收敛，

利用正项级数的比较判别法，$\sum\limits_{n=1}^{\infty}\frac{n^2}{3n^4+1}$收敛。

选项 B，$\sum\limits_{n=2}^{\infty}\frac{1}{\sqrt[3]{n(n-1)}}$，因为$n(n-1)<n^2$，$\sqrt[3]{n(n-1)}<\sqrt[3]{n^2}$，$\frac{1}{\sqrt[3]{n(n-1)}}>\frac{1}{\sqrt[3]{n^2}}=\frac{1}{n^{\frac{2}{3}}}$，级数$\sum\limits_{n=2}^{\infty}\frac{1}{n^{\frac{2}{3}}}$，$P<1$，级数发散，

利用正项级数的比较判别法，$\sum\limits_{n=2}^{\infty}\frac{1}{\sqrt[3]{n(n-1)}}$发散。

选项 C，$\sum\limits_{n=1}^{\infty}\frac{(-1)^n}{\sqrt{n}}$，级数为交错级数，利用莱布尼兹定理判定：

（1）因为$n<(n+1)$，$\sqrt{n}<\sqrt{n+1}$，$\frac{1}{\sqrt{n}}>\frac{1}{\sqrt{n+1}}$，$u_n>u_{n+1}$，

（2）一般项$\lim\limits_{n\to\infty}\frac{1}{\sqrt{n}}=0$，所以交错级数收敛。

选项 D，$\sum\limits_{n=1}^{\infty}\frac{5}{3^n}=5\sum\limits_{n=1}^{\infty}\frac{1}{3^n}$，级数为等比级数，公比$q=\frac{1}{3}$，$|q|<1$，级数收敛。

答案：B

17. 解 本题为抽象函数的二元复合函数，利用复合函数的导数算法计算，注意函数复合的层次。

$z=f^2(xy)$，$\frac{\partial z}{\partial x}=2f(xy)\cdot f'(xy)\cdot y=2y\cdot f(xy)\cdot f'(xy)$，

$$\begin{aligned}\frac{\partial^2 z}{\partial x^2}&=2y[f'(xy)\cdot y\cdot f'(xy)+f(xy)\cdot f''(xy)\cdot y]\\&=2y^2\{[f'(xy)]^2+f(xy)\cdot f''(xy)\}\end{aligned}$$

答案：D

18. 解 本题考查幂级数$\sum\limits_{n=1}^{\infty}a_nx^n$与幂级数$\sum\limits_{n=1}^{\infty}a_n(x+x_0)^n$，$\sum\limits_{n=1}^{\infty}a_n(x-x_0)^n$收敛域之间的关系。

方法 1：已知幂级数$\sum\limits_{n=1}^{\infty}a_n\,(x+2)^n$在$x=0$处收敛，把$x=0$代入级数，得到$\sum\limits_{n=1}^{\infty}a_n\,2^n$，收敛。又知$\sum\limits_{n=1}^{\infty}a_n\,(x+2)^n$在$x=-4$处发散，把$x=-4$代入级数，得到$\sum\limits_{n=1}^{\infty}a_n\,(-2)^n$，发散。得到对应的幂级数$\sum\limits_{n=1}^{\infty}a_nx^n$，在$x=2$点收敛，在$x=-2$点发散，由阿贝尔定理可知$\sum\limits_{n=1}^{\infty}a_nx^n$的收敛域为$(-2,2]$。

以选项 C 为例，验证选项 C 是幂级数$\sum\limits_{n=1}^{\infty}a_n\,(x-1)^n$的收敛域：

选项 C，$(-1,3]$，把发散点$x=-1$，收敛点$x=3$分别代入级数$\sum\limits_{n=1}^{\infty}a_n\,(x-1)^n$，得到数项级数$\sum\limits_{n=1}^{\infty}a_n\,(-2)^n$，$\sum\limits_{n=1}^{\infty}a_n\,2^n$，由题中给出的条件可知$\sum\limits_{n=1}^{\infty}a_n\,(-2)^n$发散，$\sum\limits_{n=1}^{\infty}a_n\,2^n$收敛，且当级数$\sum\limits_{n=1}^{\infty}a_n\,(x-1)^n$在收敛域$(-1,3]$变化时和$\sum\limits_{n=1}^{\infty}a_n\,x^n$的收敛域$(-2,2]$相对应。

所以级数$\sum\limits_{n=1}^{\infty}a_n\,(x-1)^n$的收敛域为$(-1,3]$。

可验证选项 A、B、D 均不成立。

方法 2：在方法 1 解析过程中得到$\sum\limits_{n=1}^{\infty}a_n\,x^n$的收敛域为$-2<x\leqslant 2$，当把级数中的$x$换成$x-1$时，得到$\sum\limits_{n=1}^{\infty}a_n\,(x-1)^n$的收敛域为$-2<x-1\leqslant 2$，$-1<x\leqslant 3$，即$\sum\limits_{n=1}^{\infty}a_n\,(x-1)^n$的收敛域为$(-1,3]$。

答案：C

19. 解 由行列式性质可得$|\boldsymbol{A}|=-|\boldsymbol{B}|$，又因$|\boldsymbol{A}|\neq|\boldsymbol{B}|$，所以$|\boldsymbol{A}|\neq-|\boldsymbol{A}|$，$2|\boldsymbol{A}|\neq 0$，$|\boldsymbol{A}|\neq 0$。

答案：B

20. 解 因为$\boldsymbol{A}$与$\boldsymbol{B}$相似，所以$|\boldsymbol{A}|=|\boldsymbol{B}|=0$，且$R(\boldsymbol{A})=R(\boldsymbol{B})=2$。

方法 1：

当$x=y=0$时，$|\boldsymbol{A}|=\begin{vmatrix}1&0&1\\0&1&0\\1&0&1\end{vmatrix}=0$，$\boldsymbol{A}=\begin{bmatrix}1&0&1\\0&1&0\\1&0&1\end{bmatrix}\xrightarrow{-r_1+r_3}\begin{bmatrix}1&0&1\\0&1&0\\0&0&0\end{bmatrix}$

$R(\boldsymbol{A})=R(\boldsymbol{B})=2$

方法 2：

$$|\boldsymbol{A}|=\begin{vmatrix}1&x&1\\x&1&y\\1&y&1\end{vmatrix}\xrightarrow[-r_1+r_3]{-xr_1+r_2}\begin{vmatrix}1&x&1\\0&1-x^2&y-x\\0&y-x&0\end{vmatrix}=-(y-x)^2$$

令$|\boldsymbol{A}|=0$，得$x=y$

当$x=y=0$时，$|\boldsymbol{A}|=|\boldsymbol{B}|=0$，$R(\boldsymbol{A})=R(\boldsymbol{B})=2$；

当$x=y=1$时，$|\boldsymbol{A}|=|\boldsymbol{B}|=0$，但$R(\boldsymbol{A})=1\neq R(\boldsymbol{B})$。

答案：A

21. 解 因为$\boldsymbol{\alpha}_1,\boldsymbol{\alpha}_2,\boldsymbol{\alpha}_3$线性相关的充要条件是行列式$|\boldsymbol{\alpha}_1,\boldsymbol{\alpha}_2,\boldsymbol{\alpha}_3|=0$，即

$$|\boldsymbol{\alpha}_1,\boldsymbol{\alpha}_2,\boldsymbol{\alpha}_3|=\begin{vmatrix}a & 1 & 1\\ 1 & a & -1\\ 1 & -1 & a\end{vmatrix}\xrightarrow[-r_3+r_2]{-ar_3+r_1}\begin{vmatrix}0 & 1+a & 1-a^2\\ 0 & a+1 & -1-a\\ 1 & -1 & a\end{vmatrix}=\begin{vmatrix}1+a & 1-a^2\\ 1+a & -1-a\end{vmatrix}$$

$$=(1+a)^2\begin{vmatrix}1 & 1-a\\ 1 & -1\end{vmatrix}=(1+a)^2(a-2)=0$$

解得$a=-1$或$a=2$。

答案：B

22. 解 $P(A\cup B)=P(A)+P(B)-P(AB)$

$P(AB)=P(A)P(B|A)=\frac{1}{4}\times\frac{1}{3}=\frac{1}{12}$

$P(\mathrm{B})P(\mathrm{A}|B)=P(AB)$，$\frac{1}{2}P(B)=\frac{1}{12}$，$P(B)=\frac{1}{6}$

$P(A\cup B)=\frac{1}{4}+\frac{1}{6}-\frac{1}{12}=\frac{1}{3}$

答案：D

23. 解 利用方差性质得$D(2X-Y)=D(2X)+D(Y)=4D(X)+D(Y)=7$。

答案：A

24. 解 $E(Z)=E(X)+E(Y)=\mu_1+\mu_2$；

$D(Z)=D(X)+D(Y)={\sigma_1}^2+\sigma_2^2$。

答案：D

25. 解 气体分子运动的最概然速率：$v_{\mathrm{p}}=\sqrt{\frac{2RT}{M}}$

方均根速率：$\sqrt{\bar{v}^2}=\sqrt{\frac{3RT}{M}}$

由$\sqrt{\frac{3RT_1}{M}}=\sqrt{\frac{2RT_2}{M}}$，可得到$\frac{T_2}{T_1}=\frac{3}{2}$

答案：A

26. 解 一定量的理想气体经等压膨胀（注意等压和膨胀），由热力学第一定律$Q=\Delta E+W$，体积单向膨胀做正功，内能增加，温度升高。

答案：C

27. 解 理想气体的内能是温度的单值函数，内能差仅取决于温差，此题所示热力学过程初、末态均处于同一温度线上，温度不变，故内能变化$\Delta E=0$，但功是过程量，题目并未描述过程如何进行，故无法判定功的正负。

答案：A

28. 解 气体分子运动的平均速率：$\bar{v}=\sqrt{\frac{8RT}{\pi M}}$，氧气的摩尔质量$M_{\mathrm{O}_2}=32\mathrm{g}$，氢气的摩尔质量$M_{\mathrm{H}_2}=$

2g，故相同温度的氧气和氢气的分子平均速率之比$\frac{\bar{v}_{O_2}}{\bar{v}_{H_2}}=\sqrt{\frac{M_{H_2}}{M_{O_2}}}=\sqrt{\frac{2}{32}}=\frac{1}{4}$。

答案：D

29. 解 卡诺循环的热机效率$\eta=1-\frac{T_2}{T_1}=1-\frac{273+27}{T_1}=40\%$，$T_1=500\text{K}$。

此题注意开尔文温度与摄氏温度的变换。

答案：A

30. 解 由三角函数公式，将波动方程化为余弦形式：

$$y=0.02\sin(\pi t+x)=0.02\cos\left(\pi t+x-\frac{\pi}{2}\right)$$

答案：B

31. 解 此题考查波的物理量之间的基本关系。

$$T=\frac{1}{\nu}=\frac{1}{2000}\text{s},\ u=\frac{\lambda}{T}=\lambda\cdot\nu=400\text{m/s}$$

答案：A

32. 解 两列振幅不相同的相干波，在同一直线上沿相反方向传播，叠加的合成波振幅为：

$$A^2=A_1^2+A_2^2+2A_1A_2\cos\Delta\varphi$$

当$\cos\Delta\varphi=1$时，合振幅最大，$A'=A_1+A_2=3A$；

当$\cos\Delta\varphi=-1$时，合振幅最小，$A'=|A_1-A_2|=A$。

此题注意振幅没有负值，要取绝对值。

答案：D

33. 解 此题考查波的能量特征。波动的动能与势能是同相的，同时达到最大最小。若此时A点处媒质质元的弹性势能在减小，则其振动动能也在减小。此时B点正向负最大位移处运动，振动动能在减小。

答案：A

34. 解 由双缝干涉相邻明纹（暗纹）的间距公式：$\Delta x=\frac{D}{a}\lambda$，若双缝所在的平板稍微向上平移，中央明纹与其他条纹整体向上稍作平移，其他条件不变，则屏上的干涉条纹间距不变。

答案：B

35. 解 此题考查光的干涉。薄膜上下两束反射光的光程差：$\delta=2ne+\frac{\lambda}{2}$

反射光加强：$\delta=2ne+\frac{\lambda}{2}=k\lambda$，$\lambda=\frac{2ne}{k-\frac{1}{2}}=\frac{4ne}{2k-1}$

$$k=2\text{时，}\lambda=\frac{4ne}{2k-1}=\frac{4\times1.33\times0.32\times10^3}{3}=567\text{nm}$$

答案：C

36. 解 自然光I_0穿过第一个偏振片后成为偏振光，光强减半，为$I_1=\frac{1}{2}I_0$。

第一个偏振片与第二个偏振片夹角为30°，第二个偏振片与第三个偏振片夹角为60°，穿过第二个偏

振片后的光强用马吕斯定律计算：$I_2 = \frac{1}{2}I_0\cos^2 30°$

穿过第三个偏振片后的光强为：$I_3 = \frac{1}{2}I_0\cos^2 30°\cos^2 60° = \frac{3}{32}I_0$

答案： C

37. 解 主量子数为n的电子层中原子轨道数为n^2，最多可容纳的电子总数为$2n^2$。主量子数$n = 3$，原子轨道最多可容纳的电子总数为$2 \times 3^2 = 18$。

答案： C

38. 解 当分子中的氢原子与电负性大、半径小、有孤对电子的原子（如N、O、F）形成共价键后，还能吸引另一个电负性较大原子（如N、O、F）中的孤对电子而形成氢键。所以分子中存在N—H、O—H、F—H 共价键时会形成氢键。

答案： A

39. 解 112mg 铁的物质的量$n = \frac{\frac{112}{1000}}{56} = 0.002\text{mol}$

溶液中铁的浓度$C = \frac{n}{V} = \frac{0.002}{\frac{100}{1000}} = 0.02\text{mol} \cdot \text{L}^{-1}$

答案： C

40. 解 NaOAc 为强碱弱酸盐，可以水解，水解常数$K_h = \frac{K_w}{K_a}$

$0.1\text{mol} \cdot \text{L}^{-1}$NaOAc 溶液：

$$C_{\text{OH}^-} = \sqrt{C \cdot K_h} = \sqrt{C \cdot \frac{K_w}{K_a}} = \sqrt{0.1 \times \frac{1 \times 10^{-14}}{1.8 \times 10^{-5}}} \approx 7.5 \times 10^{-6}\text{mol} \cdot \text{L}^{-1}$$

$$C_{\text{H}^+} = \frac{K_w}{C_{\text{OH}^-}} = \frac{1 \times 10^{-14}}{7.5 \times 10^{-6}} \approx 1.3 \times 10^{-9}\text{mol} \cdot \text{L}^{-1}, \text{pH} = -\lg C_{\text{H}^+} \approx 8.88$$

答案： D

41. 解 由物质的标准摩尔生成焓$\Delta_f H_m^\ominus$和反应的标准摩尔反应焓变$\Delta_r H_m^\ominus$的定义可知，$H_2O(l)$的标准摩尔生成焓$\Delta_f H_m^\ominus$为反应$H_2(g) + \frac{1}{2}O_2(g) == H_2O(l)$的标准摩尔反应焓变$\Delta_r H_m^\ominus$。反应$2H_2(g) + O_2(g) == 2H_2O(l)$的标准摩尔反应焓变是反应$H_2(g) + \frac{1}{2}O_2(g) == H_2O(l)$的标准摩尔反应焓变的 2 倍，即$H_2(g) + \frac{1}{2}O_2(g) == H_2O(l)$的$\Delta_f H_m^\ominus = \frac{1}{2} \times (-572) = -286\text{kJ} \cdot \text{mol}^{-1}$。

答案： D

42. 解 $p(N_2O_4) = p(NO_2) = 100\text{kPa}$时，$N_2O_4(g) \rightleftharpoons 2NO_2(g)$的反应熵$Q = \frac{\left[\frac{p(NO_2)}{p^\ominus}\right]^2}{\frac{p(N_2O_4)}{p^\ominus}} = 1 > K^\ominus = 0.1132$，根据反应熵判据，反应逆向进行。

答案： B

43. 解 原电池电动势$E = \varphi_正 - \varphi_负$，负极对应电对$Zn^{2+}/Zn$的能斯特方程式为$\varphi_{Zn^{2+}/Zn} = \varphi^\ominus_{Zn^{2+}/Zn} + \frac{0.059}{2}\lg C_{Zn^{2+}}$，$ZnSO_4$浓度增加，$C_{Zn^{2+}}$增加，$\varphi_{Zn^{2+}/Zn}$增加，原电池电动势变小。

答案：B

44. 解 $(CH_3)_2CHCH(CH_3)CH_2CH_3$的结构式为$H_3C-\underset{|}{\overset{CH_3}{CH}}-\underset{|}{\overset{CH_3}{CH}}-CH_2-CH_3$，根据有机化合物命名规则，该有机物命名为2，3-二甲基戊烷。

答案：B

45. 解 对羟基苯甲酸乙酯含有HO—⟨苯环⟩部分，为酚类化合物；含有$—COOC_2H_5$部分，为酯类化合物。

答案：D

46. 解 该高聚物的重复单元为$—CH_2—\underset{COOCH_3}{\underset{|}{CH}}—$，是由单体$CH_2{=}CHCOOCH_3$通过加聚反应形成的。

答案：D

47. 解 销钉C处为光滑接触约束，约束力应垂直于AB光滑直槽，由于F_p的作用，直槽的左上侧与锁钉接触，故其约束力的作用线与x轴正向所成的夹角为150°。

答案：D（此题2017年考过）

48. 解 由图可知力$\boldsymbol{F}$过B点，故对B点的力矩为0，因此该力系对B点的合力矩为：

$$M_B = M = \frac{1}{2}Fa = \frac{1}{2} \times 150 \times 50 = 3750\text{N} \cdot \text{cm}(\text{顺时针})$$

答案：A

49. 解 以CD为研究对象，其受力如解图所示。

列平衡方程：$\sum M_C(F) = 0$，$2L \cdot F_D - M - q \cdot L \cdot \frac{L}{2} = 0$

代入数值得：$F_D = 15\text{kN}$（铅垂向上）

答案：B

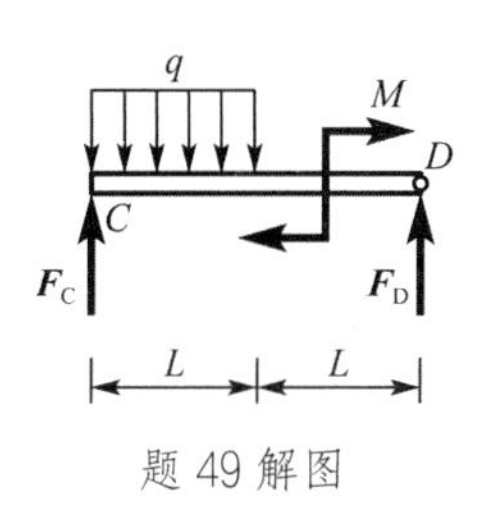

题49解图

50. 解 由于主动力$\boldsymbol{F}_p$、$\boldsymbol{F}$大小均为100N，故其二力合力作用线与接触面法线方向的夹角为45°，与摩擦角相等，根据自锁条件的判断，物块处于临界平衡状态。

答案：D

51. 解 消去运动方程中的参数t，将$t^2 = x$代入y中，有$y = 2x^2$，故$y - 2x^2 = 0$为动点的轨迹方程。

答案：C

52. 解 速度的大小为运动方程对时间的一阶导数，即：

$$v_x = \frac{dx}{dt} = v_0 \cos\alpha, v_y = \frac{dy}{dt} = v_0 \sin\alpha - gt$$

则当$t=0$时，炮弹的速度大小为：$v=\sqrt{v_x^2+v_y^2}=v_0$

答案：C

53. 解　滑轮上A点的速度和切向加速度与皮带相应的速度和加速度相同，根据定轴转动刚体上速度、切向加速度的线性分布规律，可得B点的速度$v_\mathrm{B}=20R/r=30\mathrm{m/s}$，切向加速度$a_\mathrm{Bt}=6R/r=9\mathrm{m/s^2}$。

答案：A

54. 解　小球的运动及受力分析如解图所示。根据质点运动微分方程$\boldsymbol{F}=m\boldsymbol{a}$，将方程沿着$\boldsymbol{N}$方向投影有：

$$\boldsymbol{ma}\sin\boldsymbol{\alpha}=\boldsymbol{N}-\boldsymbol{mg}\cos\boldsymbol{\alpha}$$

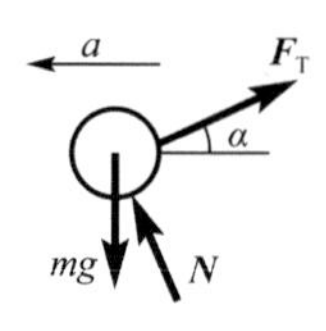

题 54 解图

解得：

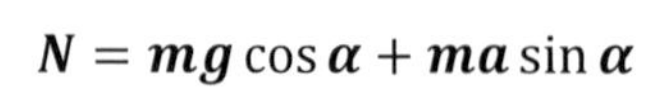

$$\boldsymbol{N}=\boldsymbol{mg}\cos\boldsymbol{\alpha}+\boldsymbol{ma}\sin\boldsymbol{\alpha}$$

答案：B

55. 解　物体受主动力$\boldsymbol{F}$、重力$\boldsymbol{mg}$及斜面的约束力$\boldsymbol{F}_\mathrm{N}$作用，做功分别为：

$\boldsymbol{W}(\boldsymbol{F})=70\times6=420\mathrm{N\cdot m}$，$\boldsymbol{W}(\boldsymbol{mg})=-5\times9.8\times6\sin30°=-147\mathrm{N\cdot m}$，$\boldsymbol{W}(\boldsymbol{F}_\mathrm{N})=0$

故所有力做功之和为：$\boldsymbol{W}=420-147=273\mathrm{N\cdot m}$

答案：C

56. 解　根据动量矩定理，两轮分别有：$J\alpha_1=F_\mathrm{A}R$，$J\alpha_2=F_\mathrm{B}R$，对于轮A有$J\alpha_1=PR$，对于图 b）系统有$\left(J+\frac{P}{g}R^2\right)\alpha_2=PR$，所以$\alpha_1>\alpha_2$，故有$F_\mathrm{A}>F_\mathrm{B}$。

答案：B

57. 解　根据惯性力的定义：$\boldsymbol{F}_\mathrm{I}=-m\boldsymbol{a}$，物块$B$的加速度与物块$A$的加速度大小相同，且向下，故物块$B$的惯性力$F_\mathrm{BI}=4\times3.3=13.2\mathrm{N}$，方向与其加速度方向相反，即铅垂向上。

答案：A

58. 解　当激振力频率与系统的固有频率相等时，系统发生共振，即

$$\omega_0=\sqrt{\frac{k}{m}}=\omega=50\ \mathrm{rad/s}$$

系统的等效弹簧刚度$k=k_1+k_2=3\times10^5\mathrm{N/m}$

代入上式可得：$m=120\mathrm{kg}$

答案：C

59. 解　由低碳钢拉伸时σ-ε曲线（如解图所示）可知：在加载到强化阶段后卸载，再加载时，屈服点C'明显提高，断裂前变形明显减少，所以"冷作硬化"现象发生在强化阶段。

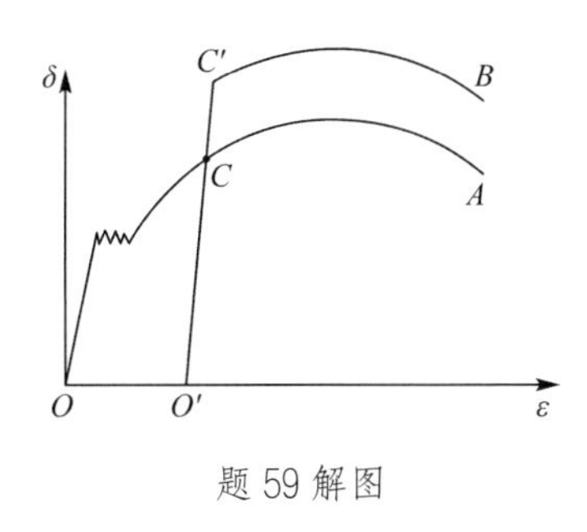

题 59 解图

答案：C

60. 解 AB段轴力是 $3F$，$\Delta l_{\mathrm{AB}}=\frac{3Fa}{EA}$；$BC$段轴力是 $2F$，$\Delta l_{\mathrm{BC}}=\frac{2Fa}{EA}$

杆的总伸长$\Delta l=\Delta l_{\mathrm{AB}}+\Delta l_{\mathrm{BC}}=\frac{3Fa}{EA}+\frac{2Fa}{EA}=\frac{5Fa}{EA}$

答案：D

61. 解 钢板和钢轴的计算挤压面积是dt，由钢轴的挤压强度条件$\sigma_{\mathrm{bs}}=\frac{F}{dt}\leqslant[\sigma_{\mathrm{bs}}]$，得$d\geqslant\frac{F}{t[\sigma_{\mathrm{bs}}]}$。

答案：A

62. 解 根据极惯性矩I_{p}的定义：$I_{\mathrm{p}}=\int_A\rho^2\,\mathrm{d}A$，可知极惯性矩是一个定积分，具有可加性，所以$I_{\mathrm{p}}=\frac{\pi}{32}D^4-\frac{\pi}{32}d^4=\frac{\pi}{32}(D^4-d^4)$。

答案：D

63. 解 根据定义，惯性矩$I_y=\int_A z^2\,\mathrm{d}A$、$I_z=\int_A y^2\,\mathrm{d}A$和极惯性矩$I_{\mathrm{p}}=\int_A\rho^2\,\mathrm{d}A$的值恒为正，而静矩$S_y=\int_A z\,\mathrm{d}A$、$S_z=\int_A y\,\mathrm{d}A$和惯性积$I_{yz}=\int_A yz\mathrm{d}A$的数值可正、可负，也可为零。

答案：B

64. 解 由“零、平、斜，平、斜、抛”的微分规律，可知AB段有分布荷载；B截面有弯矩的突变，故B处有集中力偶。

答案：B

65. 解 A 图看整体：$\sigma_{\max}=\frac{M}{W_z}=\frac{M}{\frac{a^3}{6}}=\frac{6M}{a^3}$

B 图看一根梁：$\sigma_{\max}=\frac{M}{W_z}=\frac{0.5M}{0.5a^3/6}=\frac{M}{\frac{a^3}{6}}=\frac{6M}{a^3}$

C 图看一根梁：$\sigma_{\max}=\frac{M}{W_z}=\frac{\frac{1}{3}M}{\frac{1}{3}a^3/6}=\frac{M}{\frac{a^3}{6}}=\frac{6M}{a^3}$

D 图看一根梁：$\sigma_{\max}=\frac{M}{W_z}=\frac{0.5M}{a\times(0.5a)^2/6}=\frac{2M}{\frac{a^3}{6}}=\frac{12M}{a^3}$

答案：D

66. 解 A处为固定铰链支座，挠度总是等于 0，即$V_{\mathrm{A}}=0$

B处挠度等于BD杆的变形量，即$V_{\mathrm{B}}=\Delta L$

C处有集中力F作用，挠度方程和转角方程将发生转折，但是满足连续光滑的要求，即

$V_{\text{C左}}=V_{\text{C右}}$，$\theta_{\text{C左}}=\theta_{\text{C右}}$。

答案：C

67. 解　最大切应力所在截面，一定不是主平面，该平面上的正应力也一定不是主应力，也不一定为零，故只能选 D。

答案：D

68. 解　根据第一强度理论（最大拉应力理论）可知：$\sigma_{\mathrm{eq1}}=\sigma_1$，所以只能选 A。

答案：A

69. 解　移动前杆是轴向受拉：$\sigma_{\max}=\frac{F}{A}=\frac{F}{a^2}$

移动后杆是偏心受拉，属于拉伸与弯曲的组合受力与变形：

$$\sigma_{\max}=\frac{F}{A}+\frac{0.5aF}{a^3/6}=\frac{F}{a^2}+\frac{3F}{a^2}=\frac{4F}{a^2}$$

答案：D

70. 解　压杆总是在惯性矩最小的方向失稳，

对图 a）：$I_{\mathrm{a}}=\frac{hb^3}{12}$；对图 b）：$I_{\mathrm{b}}=\frac{h^4}{12}$。则：

$$F_{\mathrm{cr}}^{\mathrm{a}}=\frac{\pi^2EI_{\mathrm{a}}}{(\mu L)^2}=\frac{\pi^2E\dfrac{hb^3}{12}}{(2L)^2}=\frac{\pi^2E\dfrac{2b\times b^3}{12}}{(2L)^2}=\frac{\pi^2Eb^4}{24L^2}$$

$$F_{\mathrm{cr}}^{\mathrm{b}}=\frac{\pi^2EI_{\mathrm{b}}}{(\mu L)^2}=\frac{\pi^2E\dfrac{2b\times(2b)^3}{12}}{(2L)^2}=\frac{\pi^2Eb^4}{3L^2}=8F_{\mathrm{cr}}^{\mathrm{a}}$$

故临界力是原来的 8 倍。

答案：B

71. 解　由流体的物理性质知，流体在静止时不能承受切应力，在微小切力作用下，就会发生显著的变形而流动。

答案：A

72. 解　由于题设条件中未给出计算水头损失的数据，现按不计水头损失的能量方程解析此题。

设基准面 0-0 与断面 2 重合，对断面 1-1 及断面 2-2 写能量方程：

$$Z_1+\frac{v_1^2}{2g}=Z_2+\frac{v_2^2}{2g}$$

代入数据 $2+\frac{1.8^2}{2g}=\frac{v_2^2}{2g}$，解得$v_2=6.50\mathrm{m/s}$

又由连续方程$v_1A_1=v_2A_2$，可得$1.8\mathrm{m/s}\times\frac{\pi}{4}0.1^2=6.50\mathrm{m/s}\times\frac{\pi}{4}d_2^2$

解得$d_2=5.2\mathrm{cm}$

答案：A

73. 解 利用动量定理计算流体对固体壁的作用力时，进出口断面上的压强应为相对压强。

答案： B

74. 解 有压圆管层流运动的沿程损失系数$\lambda=\frac{64}{\mathrm{Re}}$

而雷诺数 Re= $\frac{vd}{\nu}=\frac{5\times5}{0.18}$ =138.89，$\lambda=\frac{64}{138.89}$ =0.461

答案： B

75. 解 并联长管路的水头损失相等，即$S_1Q_1^2=S_2Q_2^2$

式中管路阻抗$S_1=\frac{8\lambda\frac{L_1}{d_1}}{g\pi^2d_1^4}$，$S_2=\frac{8\lambda\frac{3L_1}{d_2}}{g\pi^2d_2^4}$

又因$d_1=d_2$，所以得：$\frac{Q_1}{Q_2}=\sqrt{\frac{S_2}{S_1}}=\sqrt{\frac{3L_1}{L_1}}=1.732$，$Q_1=1.732Q_2$

答案： C

76. 解 明渠均匀流只能发生在顺坡棱柱形渠道。

答案： B

77. 解 均匀砂质土壤适用达西渗透定律：$v=kJ$

代入题设数据，则渗流速度$v=0.005\times0.5=0.0025\mathrm{cm/s}$

答案： A

78. 解 压力管流的模型试验应选择雷诺准则。

答案： A

79. 解 直流电源作用下，电压U_1、电流I均为恒定值，产生恒定磁通Φ。根据电磁感应定律，线圈N_2中不会产生感应电动势，所以$U_2=0$。

答案： A

80. 解 通常电感线圈的等效电路是 R-L 串联电路。当线圈通入直流电时，电感线圈的感应电压为 0，可以计算线圈电阻为$R'=\frac{U}{I}=\frac{10}{1}=10\Omega$。在交流电源作用下线圈的感应电压不为 0，要考虑线圈中感应电压的影响必须将电感线圈等效为 R-L 串联电路。因此，该电路的等效模型为：10Ω 电阻与电感 L 串联后再与传输线电阻 R 串联。

答案： B

81. 解 求等效电阻时应去除电源作用（电压源短路，电流源断路），将电流源断开后a-b端左侧网络的等效电阻为R_2。

答案： D

82. 解 首先根据给定电压函数$u(t)$写出电压的相量$\dot{U}$，利用交流电路的欧姆定律计算电流相量：

$$\dot{I}=\frac{\dot{U}}{Z}=\frac{220\angle 30^\circ}{10\angle 45^\circ}=22\angle -15^\circ$$

最后写出电流$i(t)$的函数表达式为$22\sqrt{2}\sin(314t-15^\circ)$A。

答案：D

83. 解　根据电路可以分析，总阻抗$Z=Z_1+Z_2=6+j8-jX_C$，当$X_C=8$时，Z有最小值，电流I有最大值（电路出现谐振，呈现电阻性质）。

答案：B

84. 解　用电设备 M 的外壳线a应接到保护地线 PE 上，电灯 D 的接线b应接到电源中性点 N 上，说明如下：

（1）三相四线制：包括相线 A、B、C 和保护零线 PEN（图示的 N 线）。PEN 线上有工作电流通过，PEN 线在进入用电建筑物处要做重复接地；我国民用建筑的配电方式采用该系统。

（2）三相五线制：包括相线 A、B、C，零线 N 和保护接地线 PE。N 线有工作电流通过，PE 线平时无电流（仅在出现对地漏电或短路时有故障电流）。

零线和地线的根本差别在于一个构成工作回路，一个起保护作用（叫做保护接地），一个回电网，一个回大地，在电子电路中这两个概念要区别开，工程中也要求这两根线分开接。

答案：C

85. 解　三相交流异步电动机的空载功率因数较小，为 0.2～0.3，随着负载的增加功率因数增加，当电机达到满载时功率因数最大，可以达到 0.9 以上。

答案：B

86. 解　控制电路图中所有控制元件均是未工作的状态，同一电器用同一符号注明。要保持电气设备连续工作必须有自锁环节（常开触点）。

图 B 的自锁环节使用了 KM 接触器的常闭触点，图 C 和图 D 中的停止按钮 SBstop 两端不能并入 KM 接触器的常闭触点或常开触点，因此图 B、C、D 都是错误的。

图 A 的电路符合设备连续工作的要求：按启动按钮 SBst（动合）后，接触器 KM 线圈通电，KM 常开触点闭合（实现自锁）；按停止按钮 SBstop（动断）后，接触器 KM 线圈断电，用电设备停止工作。可见四个选项中图 A 符合电气设备连续工作的要求。

答案：A

87. 解　表示信息的数字代码是二进制。通常用电压的高电位表示“1”，低电位表示“0”，或者反之。四个选项中的前三项都可以用来表示二进制代码“10101”，选项 D 的电位不符合“高-低-高-低-高”的规律，则不能用来表示数码“10101”。

答案：D

88. 解 根据信号的幅值频谱关系，周期信号的频谱是离散的，而非周期信号的频谱是连续的。图a）是非周期性时间信号的频谱，图b）是周期性时间信号的频谱。

答案： B

89. 解 滤波器是频率筛选器，通常根据信号的频率不同进行处理。它不会改变正弦波信号的形状，而是通过正弦波信号的频率来识别，保留有用信号，滤除干扰信号。而非正弦周期信号可以分解为多个不同频率正弦波信号的合成，它的频率特性是收敛的。对非正弦周期信号滤波时要保留基波和低频部分的信号，滤除高频部分的信号。这样做虽然不会改变原信号的频率，但是滤除高频分量以后会影响非正弦周期信号波形的形状。

答案： D

90. 解 根据逻辑函数的摩根定理对原式进行分析：

$$\mathrm{ABCD}+\overline{\mathrm{A}}+\overline{\mathrm{B}}+\overline{\mathrm{C}}+\overline{\mathrm{D}}=\mathrm{ABCD}+\overline{\overline{\overline{\mathrm{A}}+\overline{\mathrm{B}}+\overline{\mathrm{C}}+\overline{\mathrm{D}}}}=\mathrm{ABCD}+\overline{\mathrm{ABCD}}=1$$

答案： B

91. 解 $\mathrm{F}=\overline{\mathrm{AB}}$为与非门，分析波形可以用口诀："A、B"有 0，"F"为 1；"A、B"全 1，"F"为 0，波形见解图。

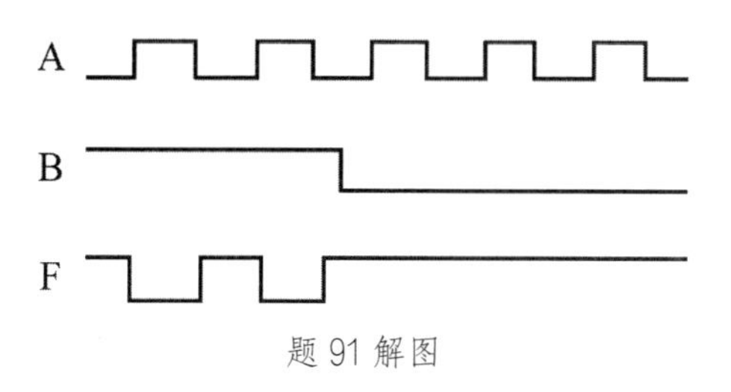

题 91 解图

答案： B

92. 解 根据真值表写出逻辑表达式的方法是：找出真值表输出信号 F=1 对应的输入变量取值组合，每组输入变量取值为一个乘积项（与），输入变量值为 1 的写原变量，输入变量值为 0 的写反变量。最后将这些变量相加（或），即可得到输出函数 F 的逻辑表达式。

根据该给定的真值表可以写出：$\mathrm{F}=\overline{\mathrm{A}}\mathrm{BC}+\mathrm{AB}\overline{\mathrm{C}}+\mathrm{ABC}$。

答案： D

93. 解 电压放大器的耦合电容有隔直通交的作用，因此电容C_{E}接入以后不会改变放大器的静态工作点。对于交变信号，接入电容C_{E}以后电阻R_{E}被短路，根据放大器的交流通道来分析放大器的动态参数，输入电阻R_{i}、输出电阻R_{o}、电压放大倍数A_{u}分别为：

$$R_i=R_{\mathrm{B1}}/\!/\ R_{\mathrm{B2}}/\!/\ [r_{\mathrm{be}}+(1+\beta)R_{\mathrm{E}}]$$

$$R_{\mathrm{o}}=R_{\mathrm{C}}$$

$$A_u = \frac{-\beta R_L'}{\gamma_{be} + (1+\beta)R_E}(R_L' = R_C // R_L)$$

可见，输出电阻R_o与R_E无关。

所以，并入电容C_E后不变的量是静态工作点和输出电阻R_o。

答案： C

94. 解　本电路属于运算放大器非线性应用，是一个电压比较电路。A 点是反相输入端，B 点是同相输入端。当 B 点电位高于 A 点电位时，输出电压有正的最大值U_{oM}。当 B 点电位低于 A 点电位时，输出电压有负的最大值$-U_{oM}$。

解图 a）、b）表示输出端u_{o1}和u_{o2}的波形正确关系。

选项 D 的u_{o1}波形分析正确，并且$u_{o1} = -u_{o2}$，符合题意。

答案： D

95. 解　利用逻辑函数分析如下：$F_1 = \overline{A \cdot 1} = \overline{A}$；$F_2 = B + 1 = 1$。

答案： D

96. 解　两个电路分别为 JK 触发器和 D 触发器，逻辑状态表给定，它们有同一触发脉冲和清零信号作用。但要注意到两个触发器的触发时间不同，JK 触发器为下降沿触发，D 触发器为上升沿触发。

结合逻辑表分析输出脉冲波形如解图所示。

JK 触发器：J=K=1，$Q_{JK}^{n+1} = \overline{Q}_{JK}^{n}$，cp 下降沿触发。

D 触发器：$Q_D^{n+1} = D = \overline{Q}_D^{n}$，cp 上升沿触发。

对应的t_1时刻两个触发器的输出分别是 $Q_{JK}=1$，$Q_D=0$，选项 C 正确。

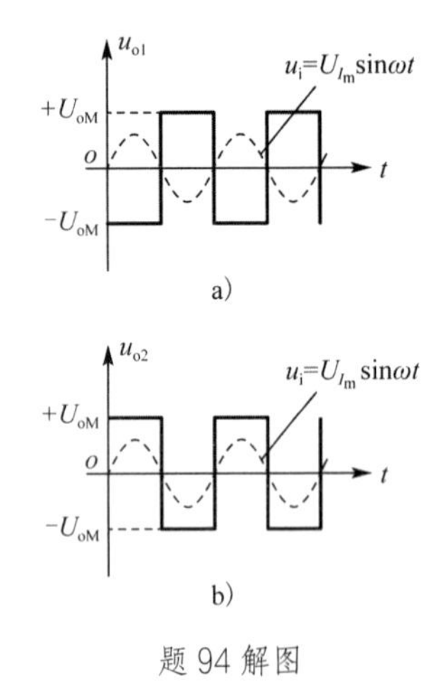

题 94 解图

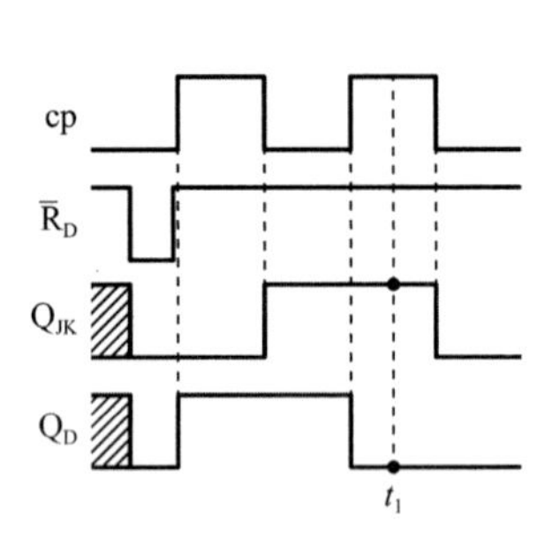

题 96 解图

答案： C

97. 解　计算机分为模拟计算机、数字计算机以及数字模拟混合计算机。模拟计算机主要用于处理模拟信息，如工业控制中的温度、压力等，目前已基本被数字计算机代替。数字计算机采用二进制运算，其特点是解题精度高，便于存储信息，是通用性很强的计算工具。数字模拟混合计算机是取数字、模拟计算机之长，既能高速运算，又便于存储信息，但这类计算机造价昂贵。现在人们所使用的大都属于数字计算机。计算机处理时输入和输出的数值都是数字信息。

答案：B

98. 解 程序计数器（PC）又称指令地址计数器，计算机通常是按顺序逐条执行指令的，就是靠程序计数器来实现。每当执行完一条指令，PC 就自动加 1，即形成下一条指令地址。

答案：C

99. 解 计算机的软件系统是由系统软件、支撑软件和应用软件构成。系统软件是负责管理、控制和维护计算机软、硬件资源的一种软件，它为应用软件提供了一个运行平台。支撑软件是支持其他软件的编写制作和维护的软件。应用软件是特定应用领域专用的软件。

答案：B

100. 解 允许多个用户以交互方式使用计算机的操作系统是分时操作系统。分时操作系统是使一台计算机同时为几个、几十个甚至几百个用户服务的一种操作系统。它将系统处理机时间与内存空间按一定的时间间隔，轮流地切换给各终端用户的。

答案：B

101. 解 ASSCII 码是“美国信息交换标准代码”的简称，是目前国际上最为流行的字符信息编码方案。在这种编码中每个字符用 7 个二进制位表示，从 0000000 到 1111111 可以给出 128 种编码，用来表示 128 个不同的常用字符。

答案：D

102. 解 计算机系统内的存储器是由一个个存储单元组成的，而每一个存储单元的容量为 8 位二进制信息，称为一个字节。为了对存储器进行有效的管理，给每个单元都编上一个号，也就是给存储器中的每一个字节都分配一个地址码，俗称给存储器地址“编址”。

答案：A

103. 解 给数据加密，是隐蔽信息的可读性，将可读的信息数据转换为不可读的信息数据，称为密文。把信息隐藏起来，即隐藏信息的存在性，将信息隐藏在一个容量更大的信息载体之中，形成隐秘载体。信息隐藏和数据加密的方法是不一样的。

答案：D

104. 解 线程有时也称为轻量级进程，是被系统独立调度和 CPU 的基本运行单位。有些进程只包含一个线程，也可包含多个线程。线程的优点之一就是资源共享。

答案：C

105. 解 信息化社会是以计算机信息处理技术和传输手段的广泛应用为基础和标志的新技术革命，影响和改造社会生活方式与管理方式。信息化社会指在经济生活全面信息化的进程中，人类社会生活的其他领域也逐步利用先进的信息技术建立起各种信息网络，信息技术在生产、科研教育、医疗保健、企业和政府管理以及家庭中的广泛应用对经济和社会发展产生了巨大而深刻的影响，从根本上改变了人们的生活方式、行为方式和价值观念。计算机则是实现信息社会的必备工具之一，两者相互影响、相互制约、相互推动、相互促进，是密不可分的关系。

答案：C

106. 解 如果要寻找一个主机名所对应的 IP 地址，则需要借助域名服务器来完成。当 Internet 应用程序收到一个主机域名时，它向本地域名服务器查询该主机域名对应的 IP 地址。如果在本地域名服务器中找不到该主机域名对应的 IP 地址，则本地域名服务器向其他域名服务器发出请求，要求其他域名服务器协助查找，并将找到的 IP 地址返回给发出请求的应用程序。

答案：C

107. 解 根据一次支付现值公式（已知F求P）：

$$P=\frac{F}{(1+i)^n}=\frac{50}{(1+5.06\%)^5}=39.06\text{ 万元}$$

答案：C

108. 解 项目总投资中的流动资金是指运营期内长期占用并周转使用的营运资金。估算流动资金的方法有扩大指标法或分项详细估算法。采用分项详细估算法估算时，流动资金是流动资产与流动负债的差额。

答案：C

109. 解 资本金（权益资金）的筹措方式有股东直接投资、发行股票、政府投资等，债务资金的筹措方式有商业银行贷款、政策性银行贷款、外国政府贷款、国际金融组织贷款、出口信贷、银团贷款、企业债券、国际债券和融资租赁等。

优先股股票和可转换债券属于准股本资金，是一种既具有资本金性质又具有债务资金性质的资金。

答案：C

110. 解 利息备付率=息税前利润/应付利息

式中，息税前利润=利润总额+利息支出

本题已经给出息税前利润，因此该年的利息备付率为：

利息备付率=息税前利润/应付利息=200/100=2

答案：B

111. 解 计算各年的累计净现金流量见解表。

题 111 解表

年份	0	1	2	3	4	5
净现金流量	−100	−50	40	60	60	60
累计净现金流量	−100	−150	−110	−50	10	70

静态投资回收期=累计净现金流量开始出现正值的年份数$-1+\dfrac{\text{上年累计净现金流量的绝对值}}{\text{当年净现金流量}}$

$$=4-1+|-50|\div 60=3.83\text{ 年}$$

答案： C

112. 解 该货物的影子价格为：

直接出口产出物的影子价格（出厂价）= 离岸价（FOB）× 影子汇率 − 出口费用

$$=100\times 6-100=500\text{元人民币}$$

答案： A

113. 解 甲方案的净现值为：$NPV_{甲}=-500+140\times 6.7101=439.414$万元

乙方案的净现值为：$NPV_{乙}=-1000+250\times 6.7101=677.525$万元

$NPV_{乙}>NPV_{甲}$，故应选择乙方案

互斥方案比较不应直接用方案的内部收益率比较，可采用净现值差额投资内部收益率进行比较。

答案： B

114. 解 用强制确定法选择价值工程的对象时，计算结果存在以下三种情况：

①价值系数小于 1 较多，表明该零件相对不重要且费用偏高，应作为价值分析的对象；

②价值系数大于 1 较多，即功能系数大于成本系数，表明该零件较重要而成本偏低，是否需要提高费用视具体情况而定；

③价值系数接近或等于 1，表明该零件重要性与成本适应，较为合理。

本题该部件的价值系数为 1.02，接近 1，说明该部件功能重要性与成本比重相当，不应将该部件作为价值工程对象。

答案： B

115. 解 《中华人民共和国建筑法》第十条规定，在建的建筑工程因故中止施工的，建设单位应当自中止施工之日起一个月内，向发证机关报告，并按照规定做好建筑工程的维护管理工作。

答案： A

116. 解 《中华人民共和国安全生产法》第二十八条规定，生产经营单位应当对从业人员进行安全生产教育和培训，保证从业人员具备必要的安全生产知识，熟悉有关的安全生产规章制度和安全操作规程，掌握本岗位的安全操作技能，了解事故应急处理措施，知悉自身在安全生产方面的权利和义务。

答案：C

117. 解 《中华人民共和国招标投标法》第十二条规定，招标人有权自行选择招标代理机构，委托其办理招标事宜。任何单位和个人不得以任何方式为招标人指定招标代理机构。招标人具有编制招标文件和组织评标能力的，可以自行办理招标事宜。任何单位和个人不得强制其委托招标代理机构办理招标事宜。依法必须进行招标的项目，招标人自行办理招标事宜的，应当向有关行政监督部门备案。

从上述条文可以看出选项 A 正确，选项 B 错误，因为招标人可以委托代理机构办理招标事宜。选项 C 错误，招标人自行招标时才需要备案，不是委托代理人才需要备案。选项 D 明显不符合第十二条的规定。

答案：A

118. 解 《中华人民共和国民法典》第一百三十七条规定，以对话方式作出的意思表示，相对人知道其内容时生效。以非对话方式作出的意思表示，到达相对人时生效。以非对话方式作出的采用数据电文形式的意思表示，相对人指定特定系统接收数据电文的，该数据电文进入该特定系统时生效；未指定特定系统的，相对人知道或者应当知道该数据电文进入其系统时生效。当事人对采用数据电文形式的意思表示的生效时间另有约定的，按照其约定。

答案：A

119. 解 依照《中华人民共和国行政许可法》第二十六条的规定，行政许可采取统一办理或者联合办理、集中办理的，办理的时间不得超过四十五日；四十五日内不能办结的，经本级人民政府负责人批准，可以延长十五日，并应当将延长期限的理由告知申请人。

答案：D

120. 解 《建设工程质量管理条例》第十六条规定，建设单位收到建设工程竣工报告后，应当组织设计、施工、工程监理等有关单位进行竣工验收。

答案：C

2021年度全国勘察设计注册工程师

执业资格考试试卷

基础考试

（上）

二〇二一年十月

应考人员注意事项

1. 本试卷科目代码为“1”，考生务必将此代码填涂在答题卡“科目代码”相应的栏目内，否则，无法评分。

2. 书写用笔：**黑色或蓝色钢笔、签字笔或圆珠笔**；

   填涂答题卡用笔：**黑色 2B 铅笔**。

3. 必须用书写用笔将工作单位、姓名、准考证号填写在答题卡和试卷相应的栏目内。

4. 本试卷由 120 题组成，每题 1 分，满分 120 分，本试卷全部为单项选择题，每小题的四个备选项中只有一个正确答案，错选、多选、不选均不得分。

5. 考生作答时，必须按**题号在答题卡上**将相应试题所选选项对应的**字母用 2B 铅笔涂黑**。

6. 在答题卡上书写与题意无关的语言，或在答题卡上作标记的，均按违纪试卷处理。

7. 考试结束时，由监考人员当面将试卷、答题卡一并收回。

8. 草稿纸由各地统一配发，考后收回。

单项选择题（共120题，每题1分。每题的备选项中只有一个最符合题意。）

1. 下列结论正确的是：

A. $\lim\limits_{x\to0}e^{\frac{1}{x}}$存在

B. $\lim\limits_{x\to0^-}e^{\frac{1}{x}}$存在

C. $\lim\limits_{x\to0^+}e^{\frac{1}{x}}$存在

D. $\lim\limits_{x\to0^+}e^{\frac{1}{x}}$存在，$\lim\limits_{x\to0^-}e^{\frac{1}{x}}$不存在，从而$\lim\limits_{x\to0}e^{\frac{1}{x}}$不存在

2. 当$x\to0$时，与x^2为同阶无穷小的是：

A. $1-\cos2x$　　B. $x^2\sin x$

C. $\sqrt{1+x}-1$　　D. $1-\cos x^2$

3. 设$f(x)$在$x=0$的某个邻域有定义，$f(0)=0$，且$\lim\limits_{x\to0}\frac{f(x)}{x}=1$，则在$x=0$处：

A. 不连续　　B. 连续但不可导

C. 可导且导数为1　　D. 可导且导数为0

4. 若$f\left(\frac{1}{x}\right)=\frac{x}{1+x}$，则$f'(x)$等于：

A. $\frac{1}{x+1}$　　B. $-\frac{1}{x+1}$

C. $-\frac{1}{(x+1)^2}$　　D. $\frac{1}{(x+1)^2}$

5. 方程$x^3+x-1=0$：

A. 无实根　　B. 只有一个实根

C. 有两个实根　　D. 有三个实根

6. 若函数$f(x)$在$x=x_0$处取得极值，则下列结论成立的是：

A. $f'(x_0)=0$　　B. $f'(x_0)$不存在

C. $f'(x_0)=0$或$f'(x_0)$不存在　　D. $f''(x_0)=0$

7. 若$\int f(x)\,\mathrm{d}x=\int \mathrm{d}g(x)$，则下列各式中正确的是：

A. $f(x)=g(x)$　　B. $f(x)=g'(x)$

C. $f'(x)=g(x)$　　D. $f'(x)=g'(x)$

8. 定积分$\int_{-1}^{1}(x^3+|x|)\,e^{x^2}\mathrm{d}x$的值等于：

A. 0　　B. e

C. $e-1$　　D. 不存在

9. 曲面$x^2+y^2+z^2=a^2$与$x^2+y^2=2az\ (a>0)$的交线是：

A. 双曲线　　B. 抛物线

C. 圆　　D. 不存在

10. 设有直线L:$\begin{cases} x+3y+2z+1=0 \\ 2x-y-10z+3=0 \end{cases}$及平面$\pi$: $4x-2y+z-2=0$，则直线L：

A. 平行π　　B. 垂直于π

C. 在π上　　D. 与π斜交

11. 已知函数$f(x)$在$(-\infty,+\infty)$内连续，并满足$f(x)=\int_0^x f(t)\mathrm{d}t$，则$f(x)$为：

A. e^x　　B. $-e^x$

C. 0　　D. e^{-x}

12. 在下列函数中，为微分方程$y''-y'-2y=6e^x$的特解的是：

A. $y=3e^{-x}$　　B. $y=-3e^{-x}$

C. $y=3e^x$　　D. $y=-3e^x$

13. 设函数$f(x,y)=\begin{cases} \frac{1}{xy}\sin(x^2y) & xy\neq 0 \\ 0 & xy=0 \end{cases}$，则$f_x'(0,1)$等于：

A. 0　　B. 1

C. 2　　D. −1

14. 设函数$f(u)$连续，而区域D: $x^2+y^2\leqslant 1$，且$x\geqslant 0$,则二重积分$\iint\limits_D f\left(\sqrt{x^2+y^2}\right)\mathrm{d}x\mathrm{d}y$等于：

A. $\pi\int_0^1 f(r)\,\mathrm{d}r$　　B. $\pi\int_0^1 rf(r)\,\mathrm{d}r$

C. $\frac{\pi}{2}\int_0^1 f(r)\,\mathrm{d}r$　　D. $\frac{\pi}{2}\int_0^1 rf(r)\,\mathrm{d}r$

15. 设L是圆$x^2+y^2=-2x$，取逆时针方向，则对坐标的曲线积分$\int_L(x-y)\mathrm{d}x+(x+y)\mathrm{d}y$等于：

A. -4π

B. -2π

C. 0

D. 2π

16. 设函数$z=x^y$，则$\frac{\partial^2 z}{\partial x\partial y}$等于：

A. $x^y(1+\ln x)$

B. $x^y(1+y\ln x)$

C. $x^{y-1}(1+y\ln x)$

D. $x^y(1-x\ln x)$

17. 下列级数中，收敛的级数是：

A. $\sum\limits_{n=1}^{\infty}\frac{8^n}{7^n}$

B. $\sum\limits_{n=1}^{\infty}n\sin\frac{1}{n}$

C. $\sum\limits_{n=1}^{\infty}\frac{1}{\sqrt{n}}$

D. $\sum\limits_{n=1}^{\infty}(-1)^{n-1}\frac{1}{\sqrt{n}}$

18. 级数$\sum\limits_{n=1}^{\infty}n\left(\frac{1}{2}\right)^{n-1}$的和是：

A. 1

B. 2

C. 3

D. 4

19. 若矩阵$\boldsymbol{A}=\begin{bmatrix}1&0&0\\0&-1&-1\\0&0&1\end{bmatrix}$，$\boldsymbol{I}=\begin{bmatrix}1&0&0\\0&1&0\\0&0&1\end{bmatrix}$，则矩阵$(\boldsymbol{A}-2\boldsymbol{I})^{-1}(\boldsymbol{A}^2-4\boldsymbol{I})$为：

A. $\begin{bmatrix}3&0&0\\0&1&-1\\0&0&3\end{bmatrix}$

B. $\begin{bmatrix}3&0&0\\0&1&0\\0&0&3\end{bmatrix}$

C. $\begin{bmatrix}3&0&0\\0&1&1\\0&0&3\end{bmatrix}$

D. $\begin{bmatrix}2&0&0\\0&-2&-2\\0&0&2\end{bmatrix}$

20. 已知矩阵$\boldsymbol{A}=\begin{bmatrix}0&0&1\\x&1&y\\1&0&0\end{bmatrix}$有三个线性无关的特征向量，则下列关系式正确的是：

A. $x+y=0$

B. $x+y\neq 0$

C. $x+y=1$

D. $x=y=1$

21. 设n维向量组α_1，α_2，α_3是线性方程组$\boldsymbol{A}x=\boldsymbol{0}$的一个基础解系，则下列向量组也是$\boldsymbol{A}x=\boldsymbol{0}$的基础解系的是：

A. α_1，$\alpha_2-\alpha_3$

B. $\alpha_1+\alpha_2$，$\alpha_2+\alpha_3$，$\alpha_3+\alpha_1$

C. $\alpha_1+\alpha_2$，$\alpha_2+\alpha_3$，$\alpha_1-\alpha_3$

D. α_1，$\alpha_1+\alpha_2$，$\alpha_2+\alpha_3$，$\alpha_1+\alpha_2+\alpha_3$

22. 袋子里有 5 个白球，3 个黄球，4 个黑球，从中随机抽取 1 只，已知它不是黑球，则它是黄球的概率是：

A. $\frac{1}{8}$　　B. $\frac{3}{8}$

C. $\frac{5}{8}$　　D. $\frac{7}{8}$

23. 设X服从泊松分布$P(3)$，则X的方差与数学期望之比$\frac{D(X)}{E(X)}$等于：

A. 3　　B. $\frac{1}{3}$

C. 1　　D. 9

24. 设$X_1,X_2,\cdots,X_n$是来自总体$X\sim N(\mu,\sigma^2)$的样本，$\overline{X}$是$X_1,X_2,\cdots,X_n$的样本均值，则$\sum_{i=1}^{n}\frac{(X_i-\overline{X})^2}{\sigma^2}$服从的分布是：

A. $F(n)$　　B. $t(n)$

C. $\chi^2(n)$　　D. $\chi^2(n-1)$

25. 在标准状态下，即压强$p_0=1\text{atm}$，温度$T=273.15\text{K}$，一摩尔任何理想气体的体积均为：

A. 22.4L　　B. 2.24L

C. 224L　　D. 0.224L

26. 理想气体经过等温膨胀过程，其平均自由程$\overline{\lambda}$和平均碰撞次数$\overline{Z}$的变化是：

A. $\overline{\lambda}$变大，$\overline{Z}$变大　　B. $\overline{\lambda}$变大，$\overline{Z}$变小

C. $\overline{\lambda}$变小，$\overline{Z}$变大　　D. $\overline{\lambda}$变小，$\overline{Z}$变小

27. 在一热力学过程中，系统内能的减少量全部成为传给外界的热量，此过程一定是：

A. 等体升温过程　　B. 等体降温过程

C. 等压膨胀过程　　D. 等压压缩过程

28. 理想气体卡诺循环过程的两条绝热线下的面积大小（图中阴影部分）分别为S_1和S_2，则二者的大小关系是：

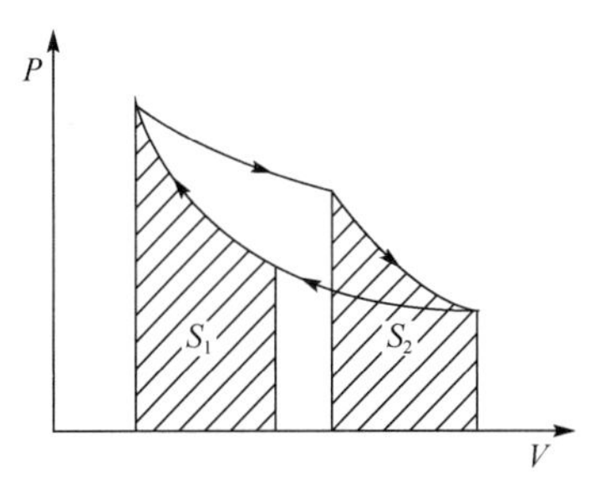

A. $S_1 > S_2$

B. $S_1 = S_2$

C. $S_1 < S_2$

D. 无法确定

29. 一热机在一次循环中吸热1.68×10^2J，向冷源放热1.26×10^2J，该热机效率为：

A. 25% B. 40%

C. 60% D. 75%

30. 若一平面简谐波的波动方程为$y = A\cos(Bt - Cx)$，式中A、B、C为正值恒量，则：

A. 波速为C B. 周期为$\frac{1}{B}$

C. 波长为$\frac{2\pi}{C}$ D. 角频率为$\frac{2\pi}{B}$

31. 图示为一平面简谐机械波在t时刻的波形曲线，若此时A点处媒质质元的振动动能在增大，则：

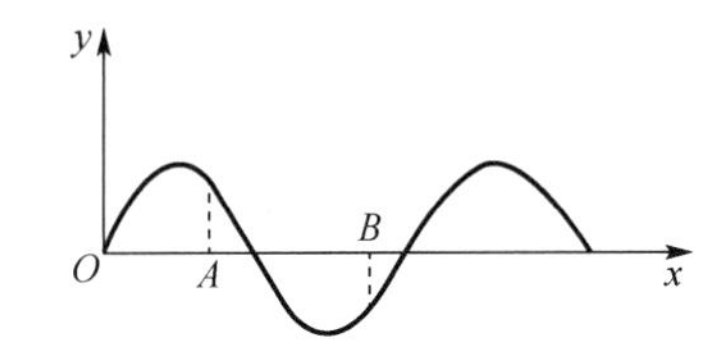

A. A点处质元的弹性势能在减小

B. 波沿x轴负方向传播

C. B点处质元振动动能在减小

D. 各点的波的能量密度都不随时间变化

32. 两个相同的喇叭接在同一播音器上，它们是相干波源，二者到P点的距离之差为$\lambda/2$（λ是声波波长），则P点处为：

A. 波的相干加强点 B. 波的相干减弱点

C. 合振幅随时间变化的点 D. 合振幅无法确定的点

33. 一声波波源相对媒质不动，发出的声波频率是v_0。设以观察者的运动速度为波速的 1/2，当观察者远离波源运动时，他接收到的声波频率是：

A. v_0　　　　B. $2v_0$

C. $v_0/2$　　　　D. $3v_0/2$

34. 当一束单色光通过折射率不同的两种媒质时，光的：

A. 频率不变，波长不变　　　　B. 频率不变，波长改变

C. 频率改变，波长不变　　　　D. 频率改变，波长改变

35. 在单缝衍射中，若单缝处的波面恰好被分成偶数个半波带，在相邻半波带上任何两个对应点所发出的光，在暗条纹处的相位差为：

A. π　　　　B. 2π

C. $\frac{\pi}{2}$　　　　D. $\frac{3\pi}{2}$

36. 一束平行单色光垂直入射在光栅上，当光栅常数$(a+b)$为下列哪种情况时（a代表每条缝的宽度），$k=3$、6、9等级次的主极大均不出现？

A. $a+b=2a$　　　　B. $a+b=3a$

C. $a+b=4a$　　　　D. $a+b=6a$

37. 既能衡量元素金属性又能衡量元素非金属性强弱的物理量是：

A. 电负性　　　　B. 电离能

C. 电子亲和能　　　　D. 极化力

38. 下列各组物质中，两种分子之间存在的分子间力只含有色散力的是：

A. 氢气和氦气　　　　B. 二氧化碳和二氧化硫气体

C. 氢气和溴化氢气体　　　　D. 一氧化碳和氧气

39. 在$BaSO_4$饱和溶液中，加入Na_2SO_4，溶液中$c(Ba^{2+})$的变化是：

A. 增大　　　　B. 减小

C. 不变　　　　D. 不能确定

40. 已知$K^{\Theta}(NH_3 \cdot H_2O) = 1.8 \times 10^{-5}$，浓度均为$0.1mol \cdot L^{-1}$的$NH_3 \cdot H_2O$和$NH_4Cl$混合溶液的 pH 值为：

A. 4.74　　　　B. 9.26

C. 5.74　　　　D. 8.26

41. 已知HCl(g)的$\Delta_f H_m^{\Theta} = -92kJ \cdot mol^{-1}$，则反应$H_2(g) + Cl_2(g) == 2HCl(g)$的$\Delta_r H_m^{\Theta}$是：

A. $92kJ \cdot mol^{-1}$　　　　B. $-92kJ \cdot mol^{-1}$

C. $-184kJ \cdot mol^{-1}$　　　　D. $46kJ \cdot mol^{-}$

42. 反应$A(s) + B(g) \rightleftharpoons 2C(g)$在体系中达到平衡，如果保持温度不变，升高体系的总压（减小体积），平衡向左移动，则K^{Θ}的变化是：

A. 增大　　　　B. 减小

C. 不变　　　　D. 无法判断

43. 已知$E^{\Theta}(Fe^{3+}/Fe^{2+}) = 0.771V$，$E^{\Theta}(Fe^{2+}/Fe) = -0.44V$，$K_{sp}^{\Theta}(Fe(OH)_3) = 2.79 \times 10^{-39}$，$K_{sp}^{\Theta}(Fe(OH)_2) = 4.87 \times 10^{-17}$，有如下原电池$(-)Fe \mid Fe^{2+}(1.0mol \cdot L^{-1}) \parallel Fe^{3+}(1.0mol \cdot L^{-1})$，$Fe^{2+}(1.0mol \cdot L^{-1}) \mid Pt(+)$，如向两个半电池中均加入 NaOH，最终均使$c(OH^-) = 1.0mol \cdot L^{-1}$，则原电池电动势变化是：

A. 变大　　　　B. 变小

C. 不变　　　　D. 无法判断

44. 下列各组化合物中能用溴水区别的是：

A. 1-己烯和己烷　　　　B. 1-己烯和 1-己炔

C. 2-己烯和 1-己烯　　　　D. 己烷和苯

45. 尼泊金丁酯是国家允许使用的食品防腐剂，它是对羟基苯甲酸与醇形成的酯类化合物。尼泊金丁酯的结构简式为：

A. $o\text{-}HO\text{-}C_6H_4\text{-}\overset{O}{\overset{\|}{C}}CH_2CH_2CH_2CH_3$

B. $CH_3CH_2CH_2CH_2O-C_6H_4-\overset{O}{\overset{\|}{C}}-OH$

C. $HO-C_6H_4-\overset{O}{\overset{\|}{C}}-OCH_2CH_2CH_2CH_3$

D. $H_3CH_2CH_2C\overset{O}{\overset{\|}{C}}-O-C_6H_4-OH$

46. 某高分子化合物的结构为：

$$\cdots-CH_2-\underset{Cl}{\underset{|}{CH}}-CH_2-\underset{Cl}{\underset{|}{CH}}-CH_2-\underset{Cl}{\underset{|}{CH}}-\cdots$$

在下列叙述中，不正确的是：

A. 它为线型高分子化合物

B. 合成该高分子化合物的反应为缩聚反应

C. 链节为 $-\underset{H}{\underset{|}{\overset{H}{\overset{|}{C}}}}-\underset{Cl}{\underset{|}{\overset{H}{\overset{|}{C}}}}-$

D. 它的单体为 $CH_2{=}CHCl$

47. 三角形板ABC受平面力系作用如图所示。欲求未知力$\boldsymbol{F}_{NA}$、$\boldsymbol{F}_{NB}$和$\boldsymbol{F}_{NC}$，独立的平衡方程组是：

A. $\sum M_C(\boldsymbol{F})=0$，$\sum M_D(\boldsymbol{F})=0$，$\sum M_B(\boldsymbol{F})=0$

B. $\sum F_y=0$，$\sum M_A(\boldsymbol{F})=0$，$\sum M_B(\boldsymbol{F})=0$

C. $\sum F_x=0$，$\sum M_A(\boldsymbol{F})=0$，$\sum M_B(\boldsymbol{F})=0$

D. $\sum F_x=0$，$\sum M_A(\boldsymbol{F})=0$，$\sum M_C(\boldsymbol{F})=0$

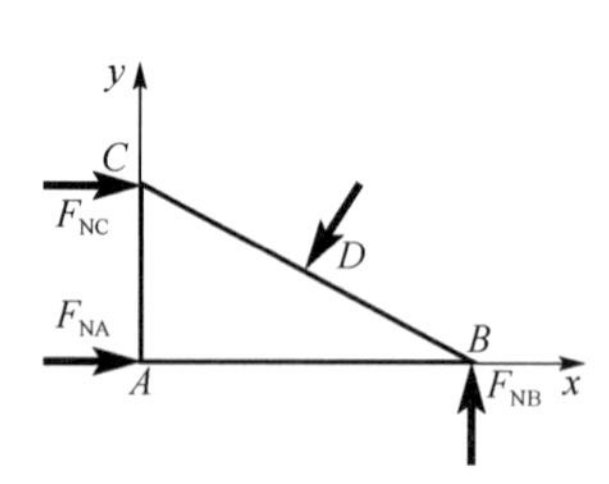

48. 图示等边三角板ABC，边长为a，沿其边缘作用大小均为F的力$\boldsymbol{F}_1$、$\boldsymbol{F}_2$、$\boldsymbol{F}_3$，方向如图所示，则此力系可简化为：

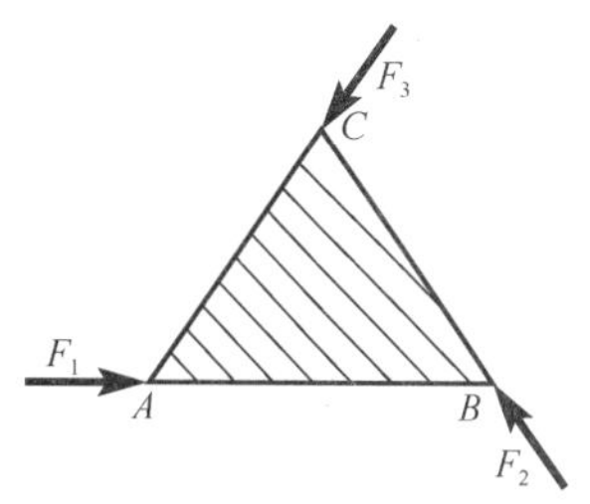

A. 平衡

B. 一力和一力偶

C. 一合力偶

D. 一合力

49. 三杆AB、AC及DEH用铰链连接如图所示。已知：$AD = BD = 0.5\text{m}$，E端受一力偶作用，其矩$M = 1\text{kN}\cdot\text{m}$。则支座$C$的约束力为：

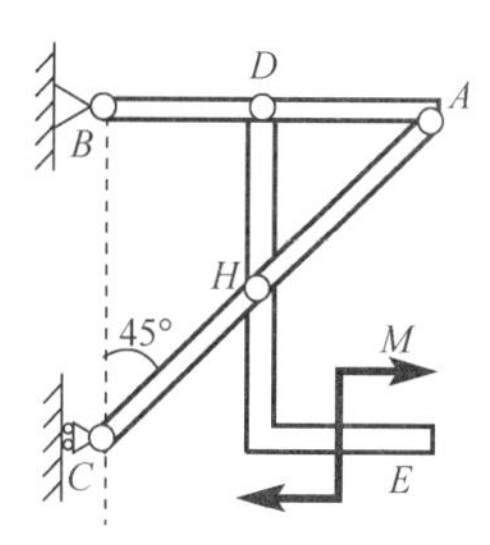

A. $F_C = 0$

B. $F_C = 2\text{kN}$（水平向右）

C. $F_C = 2\text{kN}$（水平向左）

D. $F_C = 1\text{kN}$（水平向右）

50. 图示桁架结构中，DH杆的内力大小为：

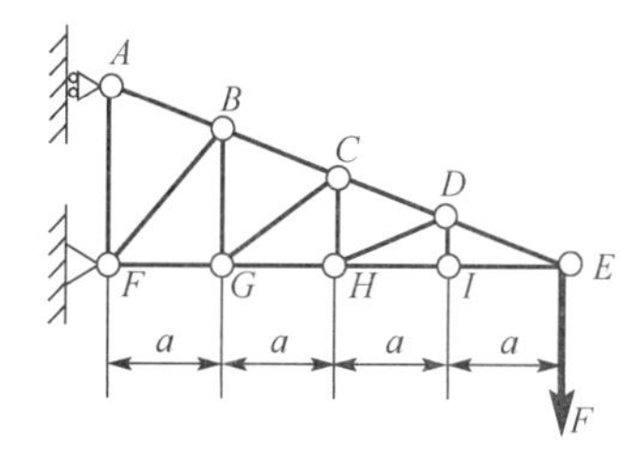

A. F

B. $-F$

C. $0.5F$

D. 0

51. 某点按$x = t^3 - 12t + 2$的规律沿直线轨迹运动（其中t以 s 计，x以 m 计），则$t = 3\text{s}$时点经过的路程为：

A. 23m

B. 21m

C. −7m

D. −14m

52. 四连杆机构如图所示。已知曲柄O_1A长为r，AM长为l，角速度为ω、角加速度为ε。则固连在AB杆上的物块M的速度和法向加速度的大小为：

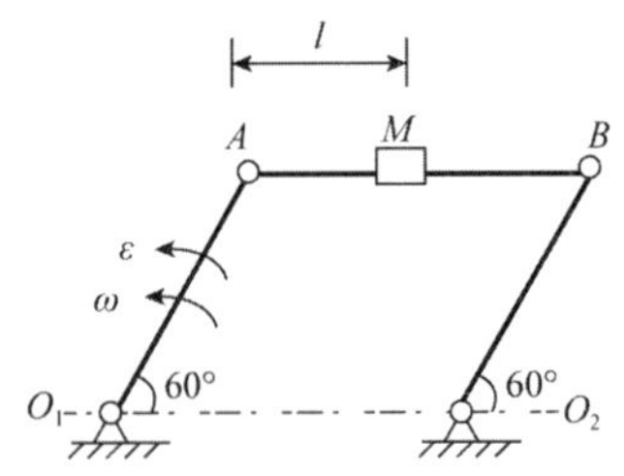

A. $v_M = l\omega$，$a_M^n = l\omega^2$

B. $v_M = l\omega$，$a_M^n = r\omega^2$

C. $v_M = r\omega$，$a_M^n = r\omega^2$

D. $v_M = r\omega$，$a_M^n = l\omega^2$

53. 直角刚杆OAB在图示瞬时角速度$\omega = 2\text{rad/s}$，角加速度$\varepsilon = 5\text{rad/s}^2$，若$OA$ =40cm，AB =30cm，则B点的速度大小和切向加速度的大小为：

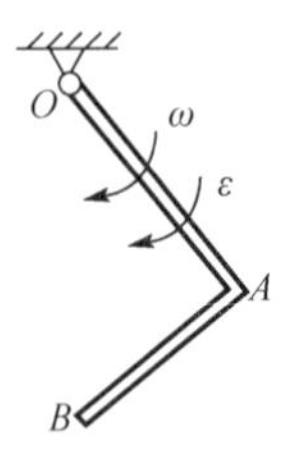

A. 100cm/s；250cm/s^2

B. 80cm/s；200cm/s^2

C. 60cm/s；150cm/s^2

D. 100cm/s；200cm/s^2

54. 设物块A为质点，其重力大小$W = 10\text{N}$，静止在一个可绕y轴转动的平面上，如图所示。绳长$l = 2\text{m}$，取重力加速度$g = 10\text{m/s}^2$。当平面与物块以常角速度 2rad/s转动时，则绳中的张力是：

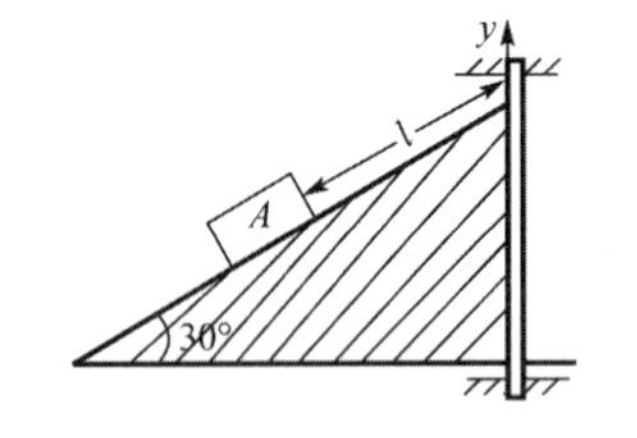

A. 11N

B. 8.66N

C. 5.00N

D. 9.51N

55. 图示均质细杆OA的质量为m，长为l，绕定轴Oz以匀角速度ω转动。设杆与Oz轴的夹角为α，则当杆运动到Oyz平面内的瞬时，细杆OA的动量大小为：

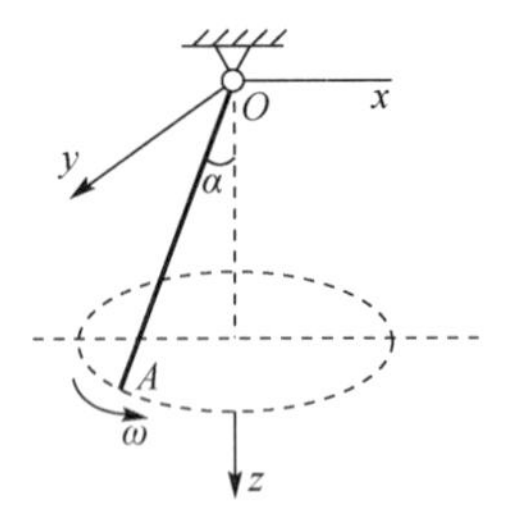

A. $\frac{1}{2}ml\omega$

B. $\frac{1}{2}ml\omega\sin\alpha$

C. $ml\omega\sin\alpha$

D. $\frac{1}{2}ml\omega\cos\alpha$

56. 均质细杆OA，质量为m，长为l。在如图所示水平位置静止释放，当运动到铅直位置时，OA杆的角速度大小为：

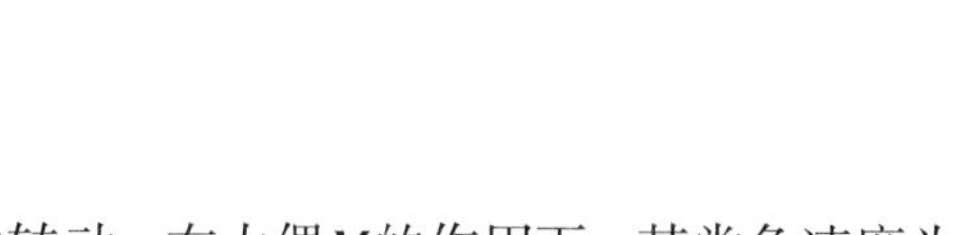

A. 0

B. $\sqrt{\frac{3g}{l}}$

C. $\sqrt{\frac{3g}{2l}}$

D. $\sqrt{\frac{g}{3l}}$

57. 质量为m，半径为R的均质圆轮，绕垂直于图面的水平轴O转动，在力偶M的作用下，其常角速度为ω，在图示瞬时，轮心C在最低位置，此时轴承O施加于轮的附加动反力为：

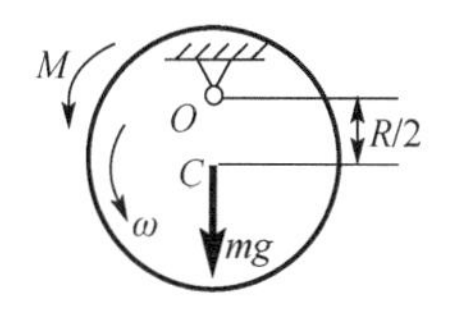

A. $mR\omega/2$(铅垂向上)

B. $mR\omega/2$(铅垂向下)

C. $mR\omega^2/2$(铅垂向上)

D. $mR\omega^2$(铅垂向上)

58. 如图所示系统中，四个弹簧均未受力，已知$m = 50\text{kg}$，$k_1 = 9800\text{N/m}$，$k_2 = k_3 = 4900\text{N/m}$，$k_4 = 19600\text{N/m}$。则此系统的固有圆频率为：

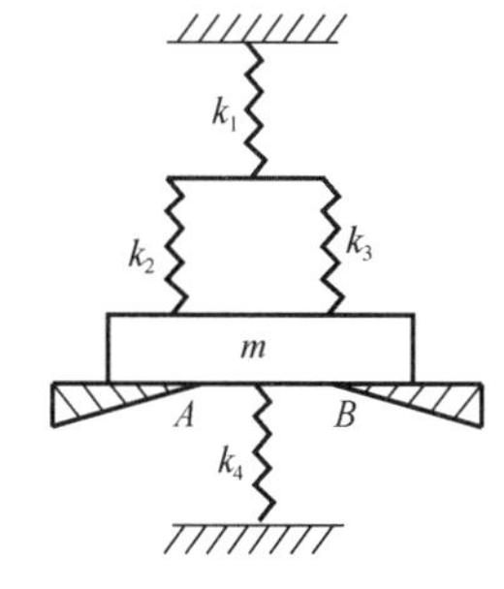

A. 19.8rad/s

B. 22.1rad/s

C. 14.1rad/s

D. 9.9rad/s

59. 关于铸铁力学性能有以下两个结论：①抗剪能力比抗拉能力差；②压缩强度比拉伸强度高。关于以上结论下列说法正确的是：

A. ①正确，②不正确

B. ②正确，①不正确

C. ①、②都正确

D. ①、②都不正确

60. 等截面直杆DCB，拉压刚度为EA，在B端轴向集中力F作用下，杆中间C截面的轴向位移为：

A. $\frac{2Fl}{EA}$

B. $\frac{Fl}{EA}$

C. $\frac{Fl}{2EA}$

D. $\frac{Fl}{4EA}$

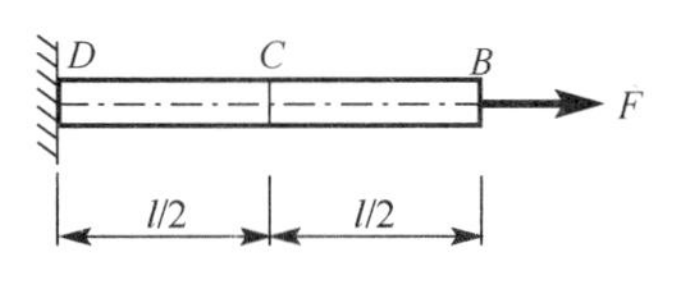

61. 图示矩形截面连杆，端部与基础通过铰链轴连接，连杆受拉力F作用，已知铰链轴的许用挤压应力为$[\sigma_{bs}]$，则轴的合理直径d是：

A. $d \geqslant \frac{F}{b[\sigma_{bs}]}$

B. $d \geqslant \frac{F}{h[\sigma_{bs}]}$

C. $d \geqslant \frac{F}{2b[\sigma_{bs}]}$

D. $d \geqslant \frac{F}{2h[\sigma_{bs}]}$

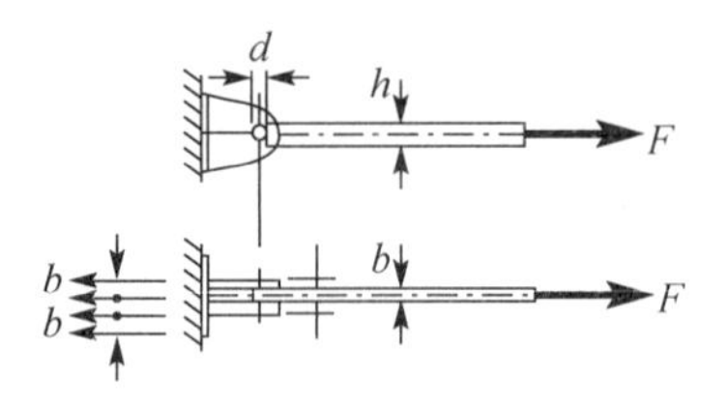

62. 图示圆轴在扭转力矩作用下发生扭转变形，该轴A、B、C三个截面相对于D截面的扭转角间满足：

A. $\varphi_{DA} = \varphi_{DB} = \varphi_{DC}$

B. $\varphi_{DA} = 0$，$\varphi_{DB} = \varphi_{DC}$

C. $\varphi_{DA} = \varphi_{DB} = 2\varphi_{DC}$

D. $\varphi_{DA} = 2\varphi_{DC}$，$\varphi_{DB} = 0$

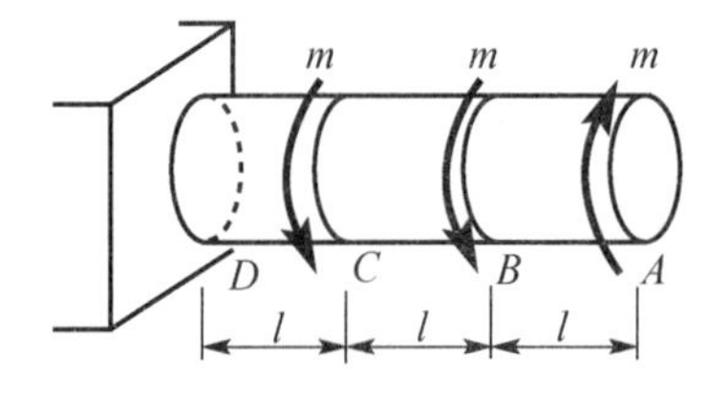

63. 边长为a的正方形，中心挖去一个直径为d的圆后，截面对z轴的抗弯截面系数是：

A. $W_z = \frac{a^4}{12} - \frac{\pi d^4}{64}$

B. $W_z = \frac{a^3}{6} - \frac{\pi d^3}{32}$

C. $W_z = \frac{a^3}{6} - \frac{\pi d^4}{32a}$

D. $W_z = \frac{a^3}{6} - \frac{\pi d^4}{16a}$

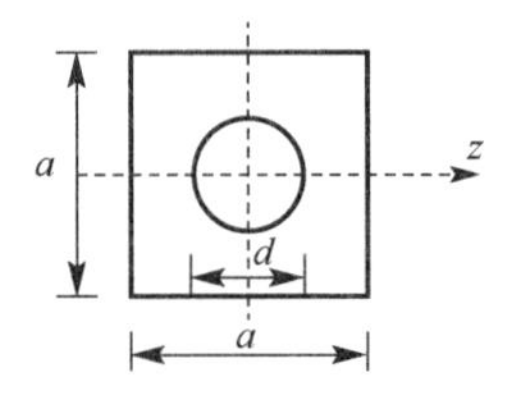

64. 如图所示，对称结构梁在反对称荷载作用下，梁中间C截面的弯曲内力是：

A. 剪力、弯矩均不为零

B. 剪力为零，弯矩不为零

C. 剪力不为零，弯矩为零

D. 剪力、弯矩均为零

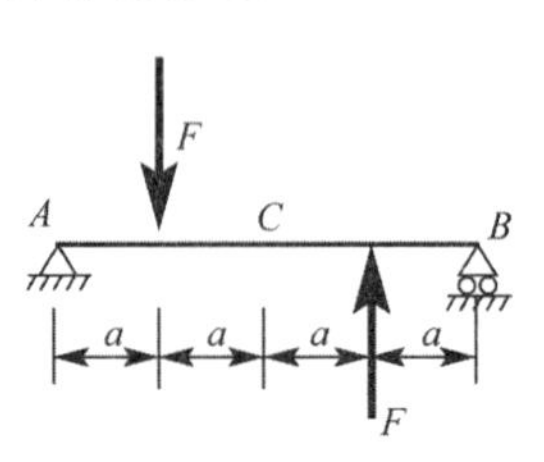

65. 悬臂梁ABC的荷载如图所示，若集中力偶m在梁上移动，则梁的内力变化情况是：

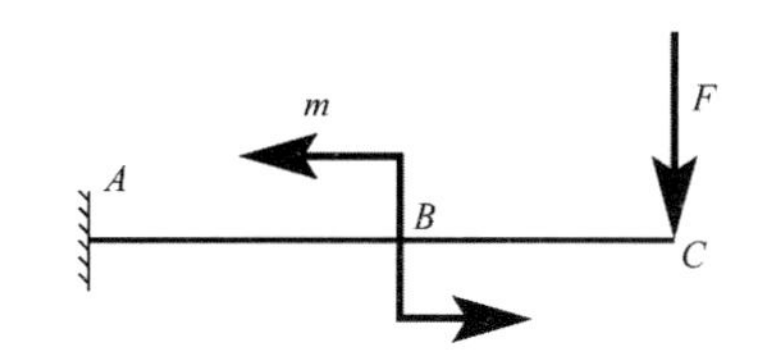

A. 剪力图、弯矩图均不变

B. 剪力图、弯矩图均改变

C. 剪力图不变，弯矩图改变

D. 剪力图改变，弯矩图不变

66. 图示梁的正确挠曲线大致形状是：

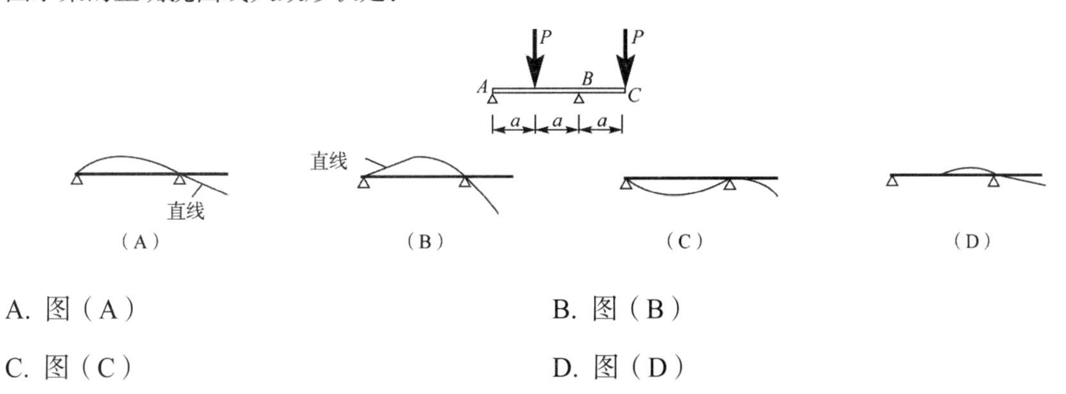

A. 图（A） B. 图（B）

C. 图（C） D. 图（D）

67. 等截面轴向拉伸杆件上 1、2、3 三点的单元体如图所示，以上三点应力状态的关系是：

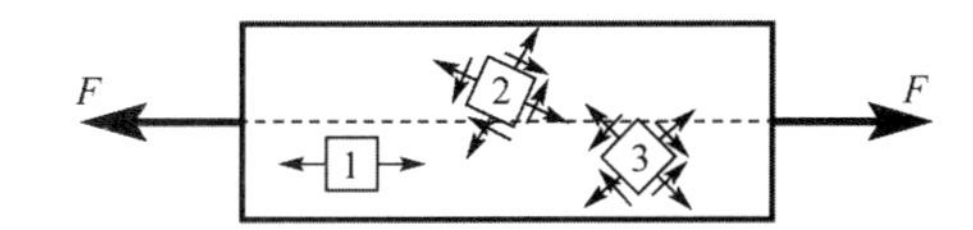

A. 仅 1、2 点相同

B. 仅 2、3 点相同

C. 各点均相同

D. 各点均不相同

68. 下面四个强度条件表达式中，对应最大拉应力强度理论的表达式是：

A. $\sigma_1 \leqslant [\sigma]$

B. $\sigma_1 - v(\sigma_2 + \sigma_3) \leqslant [\sigma]$

C. $\sigma_1 - \sigma_3 \leqslant [\sigma]$

D. $\sqrt{\frac{1}{2}[(\sigma_1 - \sigma_2)^2 + (\sigma_2 - \sigma_3)^2 + (\sigma_3 - \sigma_1)^2]} \leqslant [\sigma]$

69. 图示正方形截面杆，上端一个角点作用偏心轴向压力F，该杆的最大压应力是：

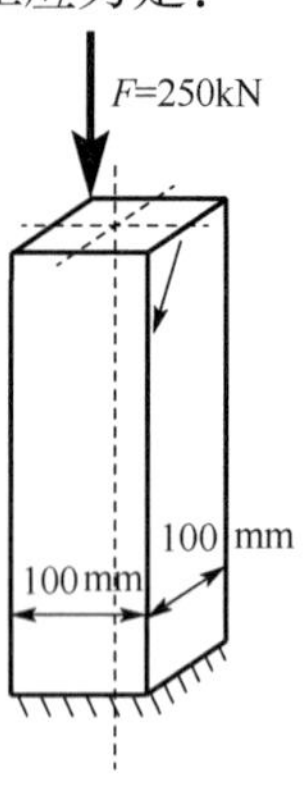

A. 100MPa

B. 150MPa

C. 175MPa

D. 25MPa

70. 图示四根细长压杆的抗弯刚度EI相同，临界荷载最大的是：

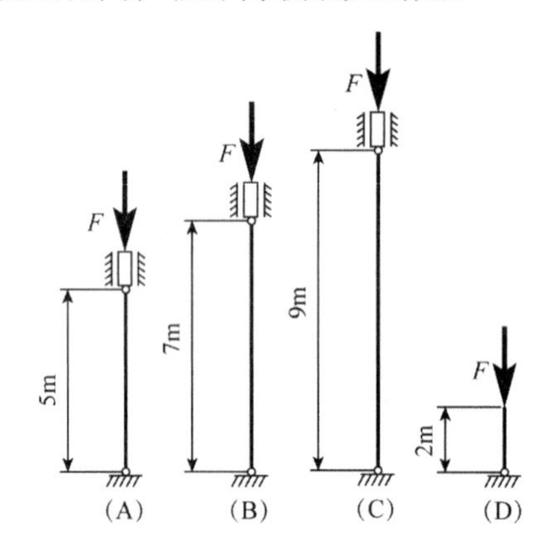

A. 图（A） B. 图（B）

C. 图（C） D. 图（D）

71. 用一块平板挡水，其挡水面积为A，形心斜向淹深为h，平板的水平倾角为θ，该平板受到的静水压力为：

A. $\rho ghA\sin\theta$ B. $\rho ghA\cos\theta$

C. $\rho ghA\tan\theta$ D. ρghA

72. 流体的黏性与下列哪个因素无关？

A. 分子之间的内聚力 B. 分子之间的动量交换

C. 温度 D. 速度梯度

73. 二维不可压缩流场的速度(单位m/s)为：$v_x = 5x^3$，$v_y = -15x^2y$，试求点$x = 1\text{m}$，$y = 2\text{m}$上的速度：

A. $v = 30.41\text{m/s}$，夹角$\tan\theta = 6$

B. $v = 25\text{m/s}$，夹角$\tan\theta = 2$

C. $v = 30.41\text{m/s}$，夹角$\tan\theta = -6$

D. $v = -25\text{m/s}$，夹角$\tan\theta = -2$

74. 圆管有压流动中，判断层流与湍流状态的临界雷诺数为：

A. 2000~2320　　B. 300~400

C. 1200~1300　　D. 50000~51000

75. A、B 为并联管路 1、2、3 的两连接节点，则 A、B 两点之间的水头损失为：

A. $h_{fAB} = h_{f1} + h_{f2} + h_{f3}$

B. $h_{fAB} = h_{f1} + h_{f2}$

C. $h_{fAB} = h_{f2} + h_{f3}$

D. $h_{fAB} = h_{f1} = h_{f2} = h_{f3}$

76. 可能产生明渠均匀流的渠道是：

A. 平坡棱柱形渠道

B. 正坡棱柱形渠道

C. 正坡非棱柱形渠道

D. 逆坡棱柱形渠道

77. 工程上常见的地下水运动属于：

A. 有压渐变渗流　　B. 无压渐变渗流

C. 有压急变渗流　　D. 无压急变渗流

78. 新设计汽车的迎风面积为 1.5m^2，最大行驶速度为 108km/h，拟在风洞中进行模型试验。已知风洞试验段的最大风速为 45m/s，则模型的迎风面积为：

A. 0.67m^2　　B. 2.25m^2

C. 3.6m^2　　D. 1m^2

79. 运动的电荷在穿越磁场时会受到力的作用，这种力称为：

A. 库仑力　　B. 洛伦兹力

C. 电场力　　D. 安培力

80. 图示电路中，电压U_{ab}为：

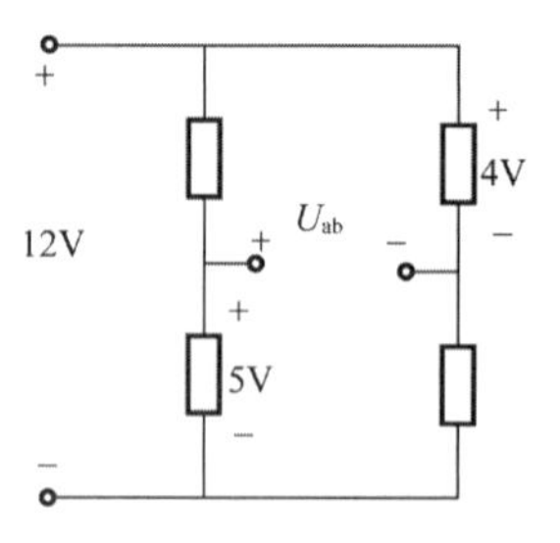

A. 5V

B. −4V

C. 3V

D. −3V

81. 图示电路中，电压源单独作用时，电压$U = U' = 20V$；则电流源单独作用时，电压$U = U''$为：

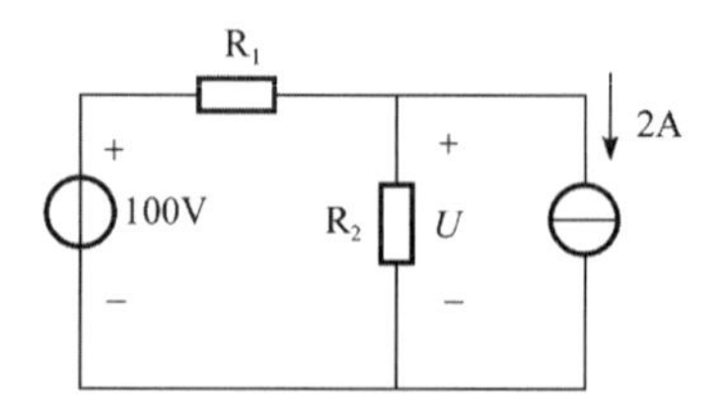

A. $2R_1$

B. $-2R_1$

C. $0.4R_1$

D. $-0.4R_1$

82. 图示电路中，若$\omega L = \frac{1}{\omega C} = R$，则：

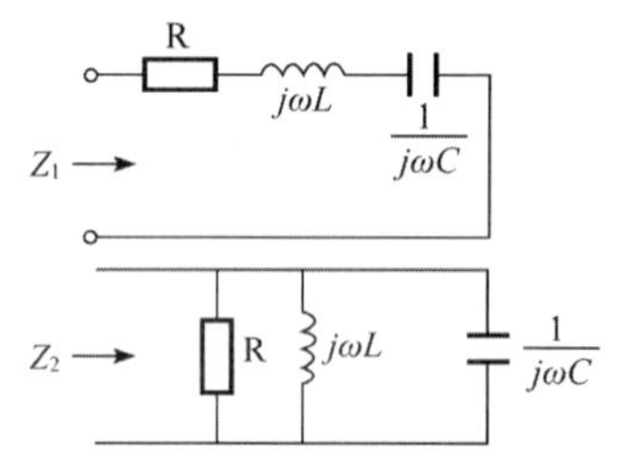

A. $Z_1 = 3R$，$Z_2 = \frac{1}{3}R$

B. $Z_1 = R$，$Z_2 = 3R$

C. $Z_1 = 3R$，$Z_2 = R$

D. $Z_1 = Z_2 = R$

83. 某RL串联电路在$u = U_m \sin \omega t$的激励下，等效复阻抗$Z = 100 + j100\,\Omega$，那么，如果$u = U_m \sin 2\omega t$，电路的功率因数λ为：

A. 0.707　　B. −0.707

C. 0.894　　D. 0.447

84. 图示电路中，电感及电容元件上没有初始储能，开关 S 在$t=0$时刻闭合，那么，在开关闭合后瞬间，电路中的电流i_{R}、i_{L}、i_{C}分别为：

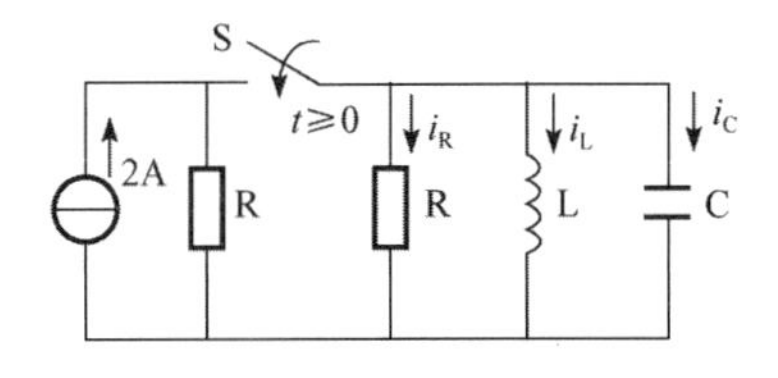

A. 1A, 1A, 0A

B. 0A, 2A, 0A

C. 0A, 0A, 2A

D. 2A, 0A, 0A

85. 设图示变压器为理想器件，且u为正弦电压，$R_{\mathrm{L1}}=R_{\mathrm{L2}}$，$u_1$和$u_2$的有效值为$U_1$和$U_2$，开关 S 闭合后，电路中的：

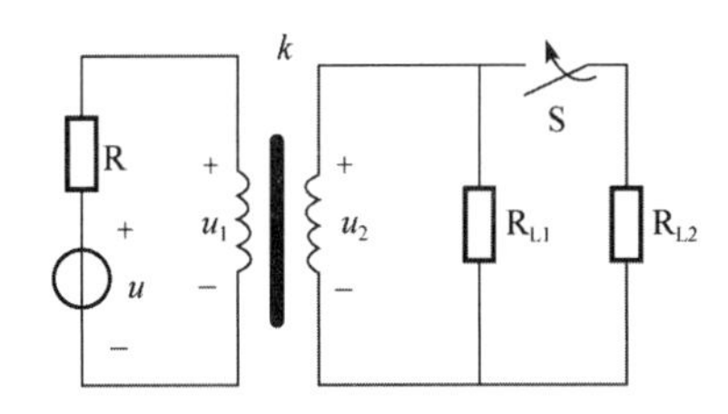

A. U_1不变，U_2也不变

B. U_1变小，U_2也变小

C. U_1变小，U_2不变

D. U_1不变，U_2变小

86. 改变三相异步电动机旋转方向的方法是：

A. 改变三相电源的大小

B. 改变三相异步电动机的定子绕组上电流的相序

C. 对三相异步电动机的定子绕组接法进行 Y-△转换

D. 改变三相异步电动机转子绕组上电流的方向

87. 就数字信号而言，下列说法正确的是：

A. 数字信号是一种离散时间信号

B. 数字信号只能以用来表示数字

C. 数字信号是一种代码信号

D. 数字信号直接表示对象的原始信息

88. 模拟信号$u_1(t)$和$u_2(t)$的幅值频谱分别如图(a)和图(b)所示，则：

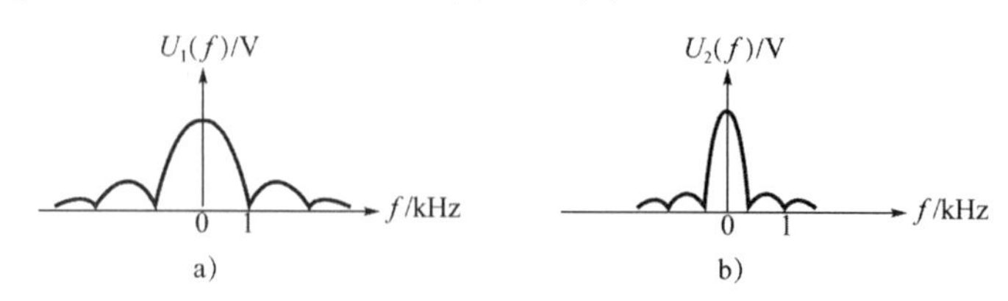

A. $u_1(t)$和$u_2(t)$都是非周期性时间信号

B. $u_1(t)$和$u_2(t)$都是周期性时间信号

C. $u_1(t)$是周期性时间信号，$u_2(t)$是非周期性时间信号

D. $u_1(t)$是非周期性时间信号，$u_2(t)$是周期性时间信号

89. 某周期信号$u(t)$的幅频特性如图(a)所示，某低通滤波器的幅频特性如图(b)所示，当将信号$u(t)$通过该低通滤波器处理以后，则：

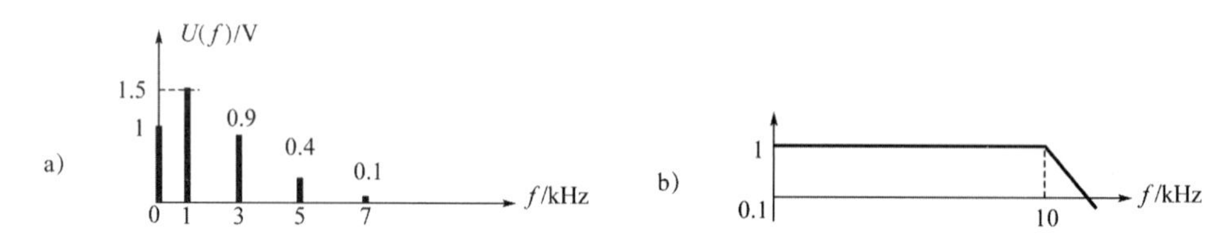

A. 信号的谐波结构改变，波形改变

B. 信号的谐波结构改变，波形不变

C. 信号的谐波结构不变，波形不变

D. 信号的谐波结构不变，波形改变

90. 对逻辑表达式$\mathrm{ABC}+\bar{\mathrm{A}}\mathrm{D}+\bar{\mathrm{B}}\mathrm{D}+\bar{\mathrm{C}}\mathrm{D}$的化简结果是：

A. D　　　　B. $\bar{\mathrm{D}}$

C. ABCD　　　　D. ABC + D

91. 已知数字信号 A 和数字信号 B 的波形如图所示，则数字信号$\mathrm{F}=\bar{\mathrm{A}}\mathrm{B}+\mathrm{A}\bar{\mathrm{B}}$的波形为：

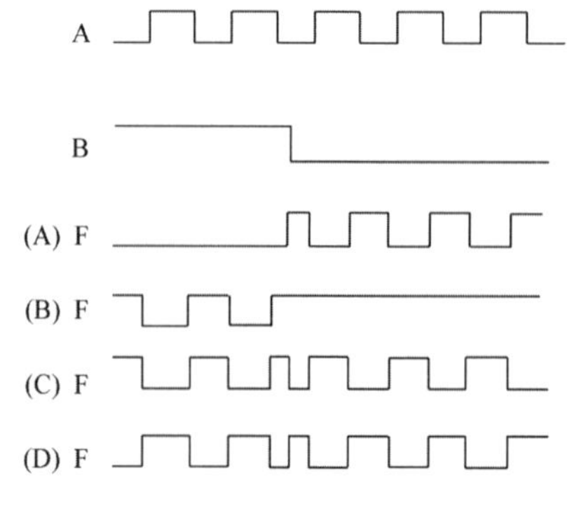

A. 图(A)　　　　B. 图(B)

C. 图(C)　　　　D. 图(D)

92. 逻辑函数$F = f(A, B, C)$的真值表如下所示，由此可知：

A	B	C	F
0	0	0	0
0	0	1	0
0	1	0	0
0	1	1	0
1	0	0	1
1	0	1	0
1	1	0	0
1	1	1	1

A. $F = A\overline{B}C + AB\overline{C}$　　B. $F = \overline{A}\overline{B}C + \overline{A}B\overline{C}$

C. $F = \overline{A}\overline{B}\overline{C} + \overline{A}BC$　　D. $F = A\overline{B}\overline{C} + ABC$

93. 二极管应用电路如图 a）所示，电路的激励u_i如图 b）所示，设二极管为理想器件，则电路的输出电压u_o的平均值U_o为：

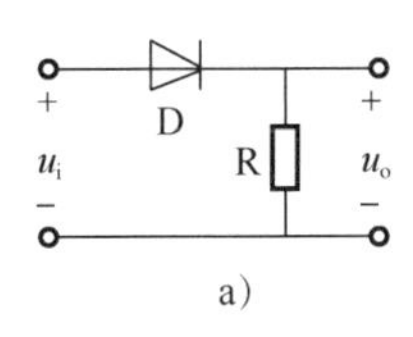

a)

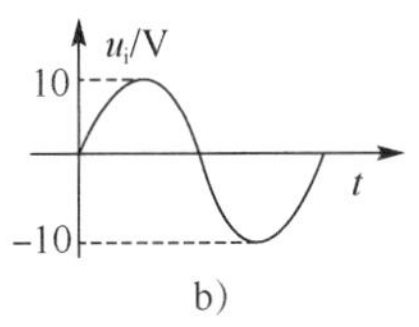

b)

A. 0V　　B. 7.07V

C. 3.18V　　D. 4.5V

94. 图示电路中，运算放大器输出电压的极限值为$\pm U_{oM}$，当输入电压$u_{i1} = 1V$，$u_{i2} = U_m \sin \omega t$时，输出电压$u_o$的波形为：

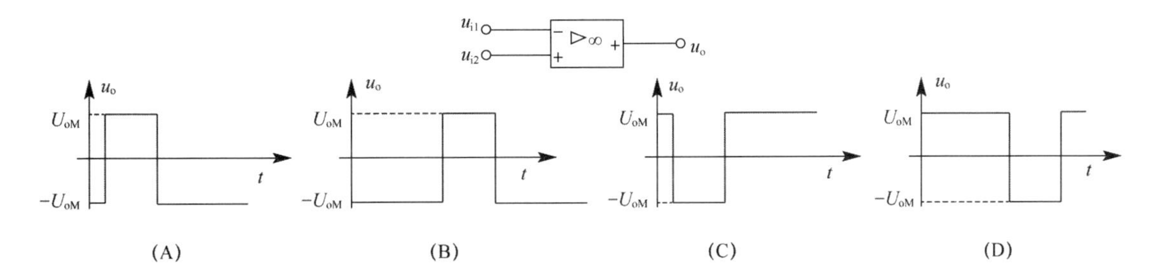

A. 图(A)　　B. 图(B)

C. 图(C)　　D. 图(D)

95. 图示逻辑门的输出F_1和F_2分别为：

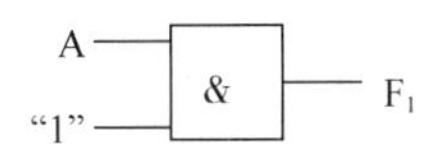

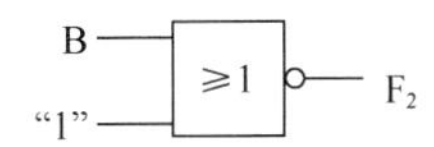

A. A和 1　　B. 1 和$\overline{B}$

C. A和 0　　D. 1 和B

96. 图示时序逻辑电路是一个：

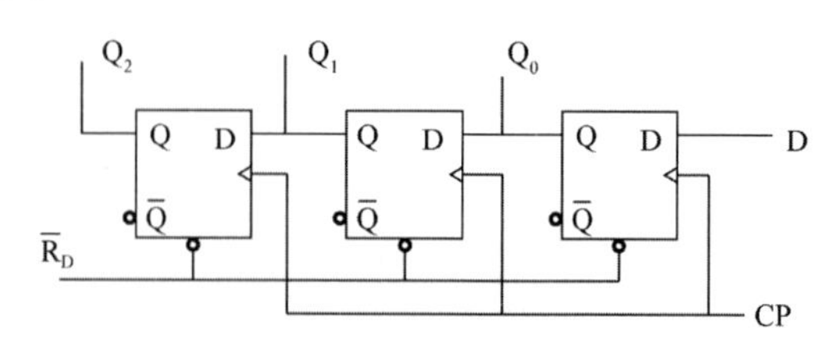

A. 三位二进制同步计数器　　B. 三位循环移位寄存器

C. 三位左移寄存器　　D. 三位右移寄存器

97. 按照目前的计算机的分类方法，现在使用的 PC 机是属于：

A. 专用、中小型计算机　　B. 大型计算机

C. 微型、通用计算机　　D. 单片机计算机

98. 目前，微机系统内主要的、常用的外存储器是：

A. 硬盘存储器　　B. 软盘存储器

C. 输入用的键盘　　D. 输出用的显示器

99. 根据软件的功能和特点，计算机软件一般可分为两大类，它们应该是：

A. 系统软件和非系统软件

B. 应用软件和非应用软件

C. 系统软件和应用软件

D. 系统软件和管理软件

100. 支撑软件是指支撑其他软件的软件，它包括：

A. 服务程序和诊断程序

B. 接口软件、工具软件、数据库

C. 服务程序和编辑程序

D. 诊断程序和编辑程序

101. 下面所列的四条中，不属于信息主要特征的一条是：

A. 信息的战略地位性、信息的不可表示性

B. 信息的可识别性、信息的可变性

C. 信息的可流动性、信息的可处理性

D. 信息的可再生性、信息的有效性和无效性

102. 从多媒体的角度上来看，图像分辨率：

A. 是指显示器屏幕上的最大显示区域

B. 是计算机多媒体系统的参数

C. 是指显示卡支持的最大分辨率

D. 是图像水平和垂直方向像素点的乘积

103. 以下关于计算机病毒的四条描述中，不正确的一条是：

A. 计算机病毒是人为编制的程序

B. 计算机病毒只有通过磁盘传播

C. 计算机病毒通过修改程序嵌入自身代码进行传播

D. 计算机病毒只要满足某种条件就能起破坏作用

104. 操作系统的存储管理功能不包括：

A. 分段存储管理　　B. 分页存储管理

C. 虚拟存储管理　　D. 分时存储管理

105. 网络协议主要组成的三要素是：

A. 资源共享、数据通信和增强系统处理功能

B. 硬件共享、软件共享和提高可靠性

C. 语法、语义和同步（定时）

D. 电路交换、报文交换和分组交换

106. 若按照数据交换方法的不同，可将网络分为：

A. 广播式网络、点到点式网络

B. 双绞线网、同轴电缆网、光纤网、无线网

C. 基带网和宽带网

D. 电路交换、报文交换、分组交换

107. 某企业向银行贷款1000万元，年复利率为8%，期限为5年，每年末等额偿还贷款本金和利息。则每年应偿还：

[已知（P/A,8%,5）=3.9927]

A. 220.63万元　　B. 250.46万元

C. 289.64万元　　D. 296.87万元

108. 在项目评价中，建设期利息应列入总投资，并形成：

A. 固定资产原值　　B. 流动资产

C. 无形资产　　D. 长期待摊费用

109. 作为一种融资方式，优先股具有某些优先权利，包括：

A. 先于普通股行使表决权

B. 企业清算时，享有先于债权人的剩余财产的优先分配权

C. 享受先于债权人的分红权利

D. 先于普通股分配股利

110. 某建设项目各年的利息备付率均小于1，其含义为：

A. 该项目利息偿付的保障程度高

B. 当年资金来源不足以偿付当期债务，需要通过短期借款偿付已到期债务

C. 可用于还本付息的资金保障程度较高

D. 表示付息能力保障程度不足

111. 某建设项目第一年年初投资1000万元，此后从第一年年末开始，每年年末将有200万元的净收益，方案的运营期为10年。寿命期结束时的净残值为零，基准收益率为12%，则该项目的净年值约为：

[已知（P/A,12%,10）=5.6502]

A. 12.34万元　　B. 23.02万元

C. 36.04万元　　D. 64.60万元

112. 进行线性盈亏平衡分析有若干假设条件，其中包括：

A. 只生产单一产品

B. 单位可变成本随生产量的增加而成比例降低

C. 单价随销售量的增加而成比例降低

D. 销售收入是销售量的线性函数

113. 有甲、乙两个独立的投资项目，有关数据见表（项目结束时均无残值）。基准折现率为10%。以下关于项目可行性的说法中正确的是：

[已知（P/A,10%,10）=6.1446]

项目	投资（万元）	每年净收益（万元）	寿命期（年）
甲	300	52	10
乙	200	30	10

A. 应只选择甲项目　　B. 应只选择乙项目

C. 甲项目与乙项目均可行　　D. 甲、乙项目均不可行

114. 在价值工程的一般工作程序中，分析阶段要做的工作包括：

A. 制订工作计划　　B. 功能评价

C. 方案创新　　D. 方案评价

115. 依据《中华人民共和国建筑法》，依法取得相应执业资格证书的专业技术人员，其从事建筑活动的合法范围是：

A. 执业资格证书许可的范围内

B. 企业营业执照许可的范围内

C. 建筑工程合同的范围内

D. 企业资质证书许可的范围内

116. 根据《中华人民共和国安全生产法》的规定，下列有关重大危险源管理的说法正确的是：

A. 生产经营单位对重大危险源应当登记建档，并制定应急预案

B. 生产经营单位对重大危险源应当经常性检测评估处置

C. 安全生产监督管理部门应当针对该企业的具体情况制定应急预案

D. 生产经营单位应当提醒从业人员和相关人员注意安全

117. 根据《中华人民共和国招标投标法》的规定，依法必须进行招标的项目，招标公告应当载明的事项不包括：

A. 招标人的名称和地址　　B. 招标项目的性质

C. 招标项目的实施地点和时间　　D. 投标报价要求

118. 某水泥有限责任公司，向若干建筑施工单位发出邀约，以每吨 400 元的价格销售水泥，一周内承诺有效，其后收到若干建筑施工单位的回复，下列回复中属于承诺有效的是：

A.甲施工单位同意 400 元/吨购买 200 吨

B.乙施工单位回复不购买该公司的水泥

C.丙施工单位要求按照 380 元/吨购买 200 吨

D.丁施工单位一周后同意 400 元/吨购买 100 吨

119. 根据《中华人民共和国节约能源法》的规定，节约能源所采取的措施正确的是：

A.可以采取技术上可行、经济上合理以及环境和社会可以承受的措施

B.采取技术上先进、经济上保证以及环境和安全可以承受的措施

C.采取技术上可行、经济上合理以及人身和健康可以承受的措施

D.采取技术上先进、经济上合理以及功能和环境可以保证的措施

120. 工程施工单位完成了楼板钢筋绑扎工作，在浇筑混凝土前，需要进行隐蔽质量验收。根据《建筑工程质量管理条例》规定，施工单位在进行工程隐蔽前应当通知的单位是：

A.建设单位和监理单位

B.建设单位和建设工程质量监督机构

C.监理单位和设计单位

D.设计单位和建设工程质量监督机构

2021年度全国勘察设计注册工程师执业资格考试基础考试（上）试题解析及参考答案

1. 解　本题考查指数函数的极限$\lim\limits_{x\to+\infty}e^x=+\infty$，$\lim\limits_{x\to-\infty}e^x=0$，需熟悉函数$y=e^x$的图像（见解图）。

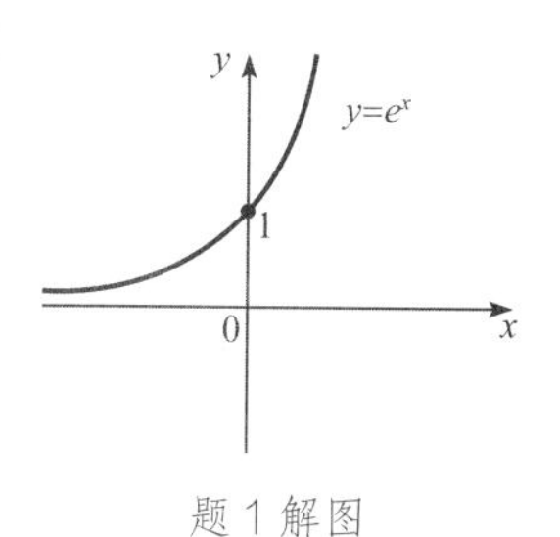

题1解图

因为$\lim\limits_{x\to0^-}\frac{1}{x}=-\infty$，故$\lim\limits_{x\to0^-}e^{\frac{1}{x}}=0$，所以选项B正确。

而$\lim\limits_{x\to0^+}\frac{1}{x}=+\infty$，则$\lim\limits_{x\to0^+}e^{\frac{1}{x}}=+\infty$，可知选项A、C、D错误。

答案：B

2. 解　本题考查等价无穷小和同阶无穷小的概念及常用的等阶无穷小的计算。

当$x\to0$时，$1-\cos2x\sim\frac{1}{2}(2x)^2=2x^2$，所以$\lim\limits_{x\to0}\frac{1-\cos2x}{x^2}=2$，选项A正确。

当$x\to0$时，$\sin x\sim x$，$\lim\limits_{x\to0}\frac{x^2\sin x}{x^3}=1$，所以当$x\to0$时，$x^2\sin x$与$x^3$为同阶无穷小，选项B错误。

当$x\to0$时，$\sqrt{1+x}-1\sim\frac{1}{2}x$，$\lim\limits_{x\to0}\frac{\sqrt{1+x}-1}{x}=\frac{1}{2}$，所以当$x\to0$时，$\sqrt{1+x}-1$与$x$为同阶无穷小，选项C错误。

当$x\to0$时，$1-\cos x^2\sim\frac{1}{2}x^4$，所以当$x\to0$时，$1-\cos x^2$与$x^4$为同阶无穷小，选项D错误。

答案：A

3. 解　本题考查导数的定义及一元函数可导与连续的关系。

由题意$f(0)=0$，且$\lim\limits_{x\to0}\frac{f(x)}{x}=1$，得$\lim\limits_{x\to0}\frac{f(x)}{x}=\lim\limits_{x\to0}\frac{f(x)-f(0)}{x-0}=f'(0)=1$，知选项C正确，选项B、D错误。而由可导必连续，知选项A错误。

答案：C

4. 解　本题考查通过变量代换求函数表达式以及求导公式。

先进行倒代换，设$t=\frac{1}{x}$，则$x=\frac{1}{t}$，代入得$f(t)=\frac{\frac{1}{t}}{1+\frac{1}{t}}=\frac{1}{t+1}$

即$f(x)=\frac{1}{1+x}$，则$f'(x)=-\frac{1}{(1+x)^2}$

答案：C

5. 解　本题考查连续函数零点定理及导数的应用。

设$f(x)=x^3+x-1$，则$f'(x)=3x^2+1>0$，$x\in(-\infty,+\infty)$，知$f(x)$单调递增。

又采用特殊值法，有$f(0)=-1<0$，$f(1)=1>0$，$f(x)$连续，根据零点定理，知$f(x)$在$(0,1)$上存在零点，且由单调性，知$f(x)$在$x\in(-\infty,+\infty)$内仅有唯一零点，即方程$x^3+x-1=0$只有一个实根。

答案：B

6. 解　本题考查极值的概念和极值存在的必要条件。

函数$f(x)$在点$x=x_0$处可导，则$f'(x_0)=0$是$f(x)$在$x=x_0$取得极值的必要条件。同时，导数不存

在的点也可能是极值点，例如$y=|x|$在$x=0$点取得极小值，但$f'(0)$不存在，见解图。即可导函数的极值点一定是驻点，反之不然。极值点只能是驻点或不可导点。

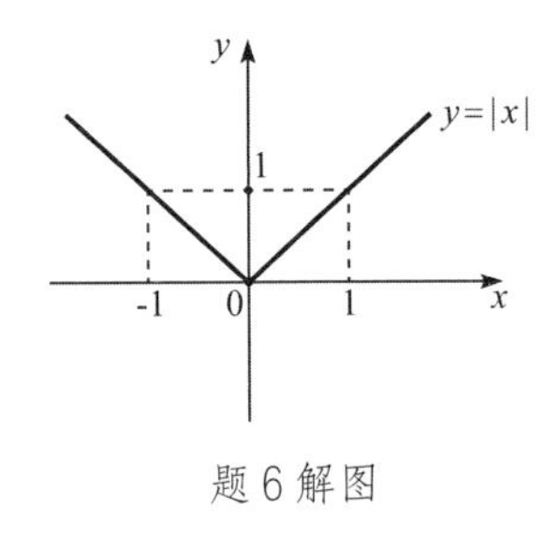

题6解图

答案：C

7. 解　本题考查不定积分和微分的基本性质。

由微分的基本运算$\mathrm{d}g(x)=g'(x)\mathrm{d}x$，得：$\int f(x)\mathrm{d}x=\int \mathrm{d}g(x)=\int g'(x)\mathrm{d}x$

等式两端对x求导，得：$f(x)=g'(x)$

答案：B

8. 解　本题考查定积分的基本运算及奇偶函数在对称区间积分的性质。

$\int_{-1}^{1}(x^3+|x|)e^{x^2}\mathrm{d}x=\int_{-1}^{1}x^3e^{x^2}\mathrm{d}x+\int_{-1}^{1}|x|e^{x^2}\mathrm{d}x$，由于$x^3$是奇函数，$e^{x^2}$是偶函数，故$x^3e^{x^2}$是奇函数，奇函数在对称区间的定积分为0，有$\int_{-1}^{1}x^3e^{x^2}\mathrm{d}x=0$，故有$\int_{-1}^{1}(x^3+|x|)e^{x^2}\mathrm{d}x=\int_{-1}^{1}|x|e^{x^2}\mathrm{d}x$。

由于$|x|$是偶函数，e^{x^2}是偶函数，故$|x|e^{x^2}$是偶函数，偶函数在对称区间的定积分为2倍半区间积分，有$\int_{-1}^{1}|x|e^{x^2}\mathrm{d}x=2\int_{0}^{1}|x|e^{x^2}\mathrm{d}x$。

$x\geqslant0$，去掉绝对值符号，有

$$2\int_0^1 xe^{x^2}\mathrm{d}x=\int_0^1 e^{x^2}\mathrm{d}x^2=e^{x^2}\Big|_0^1=e-1$$

答案：C

9. 解　本题考查曲面交线的求法，空间曲线可看作两个空间曲面的交线。

两曲面交线为$\begin{cases}x^2+y^2+z^2=a^2\\x^2+y^2=2az\end{cases}$，两式相减，整理可得$z^2+2az-a^2=0$，解得$z=\left(\sqrt{2}-1\right)a$，$z=-\left(\sqrt{2}+1\right)a$（舍去），由此可知，两曲面的交线位于$z=\left(\sqrt{2}-1\right)a$这个平行于$xoy$面的平面上，再将$z=\left(\sqrt{2}-1\right)a$代入两个曲面方程中的任意一个，可得两曲面交线$\begin{cases}x^2+y^2=2(\sqrt{2}-1)a^2\\z=(\sqrt{2}-1)a\end{cases}$，由此可知选项C正确。

答案：C

10. 解　本题考查空间直线与平面之间的关系。

平面$F(x,y,z)=x+3y+2z+1=0$的法向量为$\vec{n}_1=\left(F'_x,F'_y,F'_z\right)=(1,3,2)$；

同理，平面$G(x,y,z)=2x-y-10z+3=0$的法向量为$\vec{n}_2=\left(G'_x,G'_y,G'_z\right)=(2,-1,-10)$。

故由直线L的方向向量$\vec{s}=\vec{n}_1\times\vec{n}_2=\begin{vmatrix}\vec{i}&\vec{j}&\vec{k}\\1&3&2\\2&-1&-10\end{vmatrix}=-28\vec{i}+14\vec{j}-7\vec{k}$，平面$\pi$的法向量$\vec{n}_3=(4,-2,1)$，可知$\vec{s}=-7\vec{n}_3$，即直线$L$的方向向量与平面$\pi$的法向量平行，亦即垂直于$\pi$。

答案：B

11. 解 本题考查积分上限函数的导数及一阶微分方程的求解。

对方程$f(x)=\int_0^x f(t)\mathrm{d}t$两边求导，得$f'(x)=f(x)$，这是一个变量可分离的一阶微分方程，可写成$\frac{\mathrm{d}f(x)}{f(x)}=\mathrm{d}x$，两边积分$\int\frac{\mathrm{d}f(x)}{f(x)}=\int\mathrm{d}x$，可得$\ln|f(x)|=x+C_1\Rightarrow f(x)=Ce^x$，这里$C=\pm e^{C_1}$。代入初始条件$f(0)=0$，得$C=0$。所以$f(x)=0$。

注：本题可以直接观察$f(0)=\int_0^0 f(t)\mathrm{d}t=0$，只有选项 C 满足。

答案：C

12. 解 本题考查二阶常系数线性非齐次微分方程的特解。

方法 1：将四个函数代入微分方程直接验证，可得选项 D 正确。

方法 2：二阶常系数非齐次微分方程所对应的齐次方程的特征方程为$r^2-r-2=0$，特征根$r_1=-1$，$r_2=2$，由右端项$f(x)=6e^x$，可知$\lambda=1$不是对应齐次方程的特征根，所以非齐次方程的特解形式为$y=Ae^x$，A为待定常数。

代入微分方程，得$y''-y'-2y=(Ae^x)''-(Ae^x)'-2Ae^x=-2Ae^x=6e^x$，有$A=-3$，所以$y=-3e^x$是微分方程的特解。

答案：D

13. 解 本题考查多元函数在分段点的偏导数计算。

由偏导数的定义知：

$$f_x'(0,1)=\lim_{\Delta x\to 0}\frac{f(0+\Delta x,1)-f(0,1)}{\Delta x}=\lim_{\Delta x\to 0}\frac{\frac{1}{\Delta x}\sin(\Delta x)^2-0}{\Delta x}=\lim_{\Delta x\to 0}\frac{\sin(\Delta x)^2}{(\Delta x)^2}=1$$

答案：B

14. 解 本题考查直角坐标系下的二重积分化为极坐标系下的二次积分的方法。

直角坐标与极坐标的关系：$\begin{cases}x=r\cos\theta\\ y=r\sin\theta\end{cases}$，由$x^2+y^2\leqslant 1$，得$0\leqslant r\leqslant 1$，且由$x\geqslant 0$，可得$-\frac{\pi}{2}\leqslant\theta\leqslant\frac{\pi}{2}$，故极坐标系下的积分区域$D$:$\begin{cases}-\frac{\pi}{2}\leqslant\theta\leqslant\frac{\pi}{2}\\ 0\leqslant r\leqslant 1\end{cases}$，如解图所示。

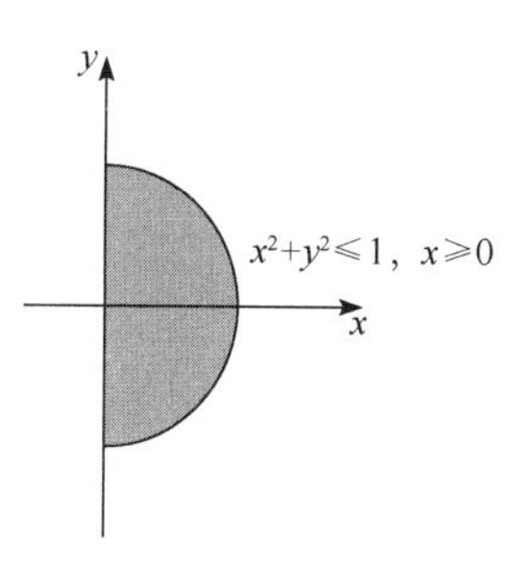

题 14 解图

极坐标系的面积元素$\mathrm{d}x\mathrm{d}y=r\mathrm{d}r\mathrm{d}\theta$，则：

$$\iint_D f\left(\sqrt{x^2+y^2}\right)\mathrm{d}x\mathrm{d}y=\int_{-\frac{\pi}{2}}^{\frac{\pi}{2}}\mathrm{d}\theta\int_0^1 f(r)r\mathrm{d}r=\pi\int_0^1 rf(r)\,\mathrm{d}r$$

答案：B

15. 解 本题考查第二类曲线积分的计算。应注意，同时采用不同参数方程计算，化为定积分的形式不同，尤其应注意积分的上下限。

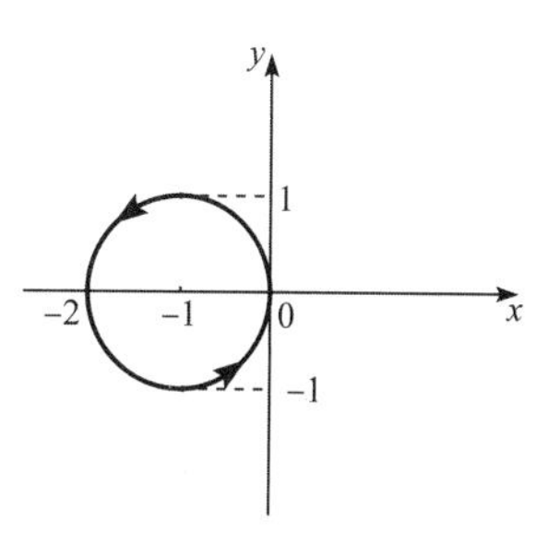

题 15 解图

方法 1：按照对坐标的曲线积分计算，把圆L: $x^2+y^2=-2x$化为参数方程。

由$x^2+y^2=-2x$，得$(x+1)^2+y^2=1$，如解图所示。

令$x+1=\cos\theta$，$y=\sin\theta$，有：

$$\mathrm{d}x=\mathrm{d}\cos\theta=-\sin\theta\mathrm{d}\theta$$
$$\mathrm{d}y=\mathrm{d}\sin\theta=\cos\theta\mathrm{d}\theta$$

θ从 0 取到2π，则：

$$\int_L(x-y)\mathrm{d}x+(x+y)\,\mathrm{d}y=\int_0^{2\pi}(-1+\cos\theta-\sin\theta)(-\sin\theta)+(-1+\cos\theta+\sin\theta)\cos\theta\,\mathrm{d}\theta$$
$$=\int_0^{2\pi}(\sin\theta-\cos\theta+1)\mathrm{d}\theta=2\pi$$

方法 2：圆L：$x^2+y^2=-2x$,化为极坐标系下的方程为$r=-2\cos\theta$，由直角坐标和极坐标的关系，可得圆的参数方程为$\begin{cases}x=-2\cos^2\theta\\y=-2\cos\theta\sin\theta\end{cases}$ $\left(\theta从\frac{\pi}{2}取到\frac{3\pi}{2}\right)$，所以：

$$\int_L(x-y)\mathrm{d}x+(x+y)\mathrm{d}y$$
$$=\int_{\frac{\pi}{2}}^{\frac{3\pi}{2}}[(-2\cos^2\theta+2\cos\theta\sin\theta)(4\cos\theta\sin\theta)+(-2\cos^2\theta-2\cos\theta\sin\theta)(-2\cos^2\theta+2\sin^2\theta)]\mathrm{d}\theta$$
$$=\int_{\frac{\pi}{2}}^{\frac{3\pi}{2}}(-4\cos^3\theta\sin\theta+4\cos^2\theta\sin^2\theta+4\cos^4\theta-4\cos\theta\sin^3\theta)\mathrm{d}\theta$$
$$=\int_{\frac{\pi}{2}}^{\frac{3\pi}{2}}(4\cos^2\theta-4\cos\theta\sin\theta)\mathrm{d}\theta=\int_{\frac{\pi}{2}}^{\frac{3\pi}{2}}2\,(1+\cos 2\,\theta-\sin 2\theta)\mathrm{d}\theta$$
$$=2\pi+\sin 2\theta\Big|_{\frac{\pi}{2}}^{\frac{3\pi}{2}}+\cos 2\theta\Big|_{\frac{\pi}{2}}^{\frac{3\pi}{2}}=2\pi$$

方法 3：（不在大纲考试范围内）利用格林公式：

$$\int_L(x-y)\mathrm{d}x+(x+y)\mathrm{d}y=\iint_D 2\,\mathrm{d}x\mathrm{d}y=2\pi$$

这里D是L所围成的圆的内部区域：$x^2+y^2\leqslant-2x$。

答案：D

16. 解　本题考查多元函数偏导数计算。

$$\frac{\partial z}{\partial x}=yx^{y-1}，\frac{\partial^2 z}{\partial x\partial y}=x^{y-1}+yx^{y-1}\ln x=x^{y-1}(1+y\ln x)$$

答案：C

17. 解　本题考查级数收敛的必要条件，等比级数和p级数的敛散性以及交错级数敛散性的判断。

选项 A，级数是公比$q=\frac{8}{7}>1$的等比级数，故该级数发散。

选项 B，$\lim\limits_{n\to\infty}n\sin\frac{1}{n}=\lim\limits_{n\to\infty}\frac{\sin\frac{1}{n}}{\frac{1}{n}}=1\neq0$，由级数收敛的必要条件知，该级数发散。

选项 C，级数是p级数，$p=\frac{1}{2}<1$，p级数的性质为：$p>1$时级数收敛，$p\leqslant1$时级数发散，本选项的$p=\frac{1}{2}<1$，故该级数发散。

选项 D，交错级数 $\sum_{n=1}^{\infty}(-1)^{n-1}\frac{1}{\sqrt{n}}$，满足条件：① $\lim\limits_{n\to\infty}u_n=\lim\limits_{n\to\infty}\frac{1}{\sqrt{n}}=0$，② $u_n=\frac{1}{\sqrt{n}}>u_{n+1}=\frac{1}{\sqrt{n+1}}$，由莱布尼兹定理知，该级数收敛。

注：交错级数的莱布尼兹判别法为历年考查的重点，应熟练掌握它的判断依据。

答案：D

18. 解 本题考查无穷级数求和。

方法 1：考虑级数 $\sum_{n=1}^{\infty}nx^{n-1}$，收敛区间$(-1,1)$，则

$$S(x)=\sum_{n=1}^{\infty}nx^{n-1}=\sum_{n=1}^{\infty}(x^n)'=\left(\sum_{n=1}^{\infty}x^n\right)'=\left(\frac{x}{1-x}\right)'=\frac{1}{(1-x)^2}$$

故 $\sum_{n=1}^{\infty}n\left(\frac{1}{2}\right)^{n-1}=S\left(\frac{1}{2}\right)=4$

方法 2：设级数的前n项部分为

$$S_n=1+2\times\frac{1}{2}+3\times\frac{1}{2^2}+4\times\frac{1}{2^3}+\cdots+(n-1)\times\frac{1}{2^{n-2}}+n\times\frac{1}{2^{n-1}} \quad ①$$

则

$$\frac{1}{2}S_n=\frac{1}{2}+2\times\frac{1}{2^2}+3\times\frac{1}{2^3}+\cdots+(n-1)\times\frac{1}{2^{n-1}}+n\times\frac{1}{2^n} \quad ②$$

式①−式②，得：

$$\frac{1}{2}S_n=1+\frac{1}{2}+\frac{1}{2^2}+\frac{1}{2^3}+\cdots\frac{1}{2^{n-1}}-n\frac{1}{2^n}=\frac{1\times\left[1-\left(\frac{1}{2}\right)^n\right]}{1-\frac{1}{2}}-n\frac{1}{2^n}\xrightarrow{n\to\infty\text{时，有}\left(\frac{1}{2}\right)^n\to 0,\ n\frac{1}{2^n}\to 0}2$$

解得：$S=\lim\limits_{n\to\infty}S_n=4$

注：方法 2 主要利用了等比数列求和公式：$S_n=a_1+a_1q+a_1q^2+\cdots+a_1q^{n-1}=\frac{a_1(1-q^n)}{1-q}$以及基本的极限结果：$\lim\limits_{n\to\infty}n\frac{1}{2^n}=0$。本题还可以列举有限项的求和来估算，例如$S_4=1+2\times\frac{1}{2}+3\times\frac{1}{2^2}+4\times\frac{1}{2^3}=3.25>3$，$\{S_n\}$单调递增，所以$S>3$，故选项 A、B、C 均错误，只有选项 D 正确。

答案：D

19. 解 本题考查矩阵的基本变换与计算。

方法 1：$\boldsymbol{A}-2\boldsymbol{I}=\begin{bmatrix}-1&0&0\\0&-3&-1\\0&0&-1\end{bmatrix}$

$$(\boldsymbol{A}-2\boldsymbol{I}|\boldsymbol{I})=\left[\begin{array}{ccc|ccc}-1&0&0&1&0&0\\0&-3&-1&0&1&0\\0&0&-1&0&0&1\end{array}\right]\xrightarrow{-r_1}\left[\begin{array}{ccc|ccc}1&0&0&-1&0&0\\0&-3&-1&0&1&0\\0&0&-1&0&0&1\end{array}\right]$$

$$\xrightarrow{(-1)r_3+r_2}\left[\begin{array}{ccc|ccc}1&0&0&-1&0&0\\0&-3&0&0&1&-1\\0&0&-1&0&0&1\end{array}\right]\xrightarrow{-\frac{1}{3}r_2}\left[\begin{array}{ccc|ccc}1&0&0&-1&0&0\\0&1&0&0&-\frac{1}{3}&\frac{1}{3}\\0&0&-1&0&0&1\end{array}\right]$$

$$\xrightarrow{-r_3}\left[\begin{array}{ccc|ccc}1&0&0&-1&0&0\\0&1&0&0&-\frac{1}{3}&\frac{1}{3}\\0&0&1&0&0&-1\end{array}\right]\text{，可得}(\boldsymbol{A}-2\boldsymbol{I})^{-1}=\begin{bmatrix}-1&0&0\\0&-\frac{1}{3}&\frac{1}{3}\\0&0&-1\end{bmatrix}$$

$$\boldsymbol{A}^2-4\boldsymbol{I}=\begin{bmatrix}1&0&0\\0&-1&-1\\0&0&1\end{bmatrix}\cdot\begin{bmatrix}1&0&0\\0&-1&-1\\0&0&1\end{bmatrix}-\begin{bmatrix}4&0&0\\0&4&0\\0&0&4\end{bmatrix}=\begin{bmatrix}-3&0&0\\0&-3&0\\0&0&-3\end{bmatrix}$$

$$(\boldsymbol{A}-2\boldsymbol{I})^{-1}(\boldsymbol{A}^2-4\boldsymbol{I})=\begin{bmatrix}-1 & 0 & 0\\ 0 & -\frac{1}{3} & \frac{1}{3}\\ 0 & 0 & -1\end{bmatrix}\begin{bmatrix}-3 & 0 & 0\\ 0 & -3 & 0\\ 0 & 0 & -3\end{bmatrix}=\begin{bmatrix}3 & 0 & 0\\ 0 & 1 & -1\\ 0 & 0 & 3\end{bmatrix}$$

方法 2：本题按方法 1 直接计算逆矩阵会很麻烦，可考虑进行变换化简，有：

$$(\boldsymbol{A}-2\boldsymbol{I})^{-1}(\boldsymbol{A}^2-4\boldsymbol{I})=(\boldsymbol{A}-2\boldsymbol{I})^{-1}(\boldsymbol{A}-2\boldsymbol{I})(\boldsymbol{A}+2\boldsymbol{I})=\boldsymbol{A}+2\boldsymbol{I}=\begin{bmatrix}3 & 0 & 0\\ 0 & 1 & -1\\ 0 & 0 & 3\end{bmatrix}$$

答案：A

20. 解　本题考查特征值和特征向量的基本概念与性质。

求矩阵$\boldsymbol{A}$的特征值

$$|\boldsymbol{A}-\lambda\boldsymbol{I}|=\begin{vmatrix}-\lambda & 0 & 1\\ x & 1-\lambda & y\\ 1 & 0 & -\lambda\end{vmatrix}=-\lambda\begin{vmatrix}1-\lambda & y\\ 0 & -\lambda\end{vmatrix}-0+1\begin{vmatrix}x & 1-\lambda\\ 1 & 0\end{vmatrix}$$

$$=\lambda^2(1-\lambda)-(1-\lambda)=-(1+\lambda)(1-\lambda)^2=0$$

解得：$\lambda_1=\lambda_2=1$，$\lambda_3=-1$。

因为属于不同特征值的特征向量必定线性无关，故只需讨论$\lambda_1=\lambda_2=1$时的特征向量，有：

$$\boldsymbol{A}-\boldsymbol{I}=\begin{bmatrix}-1 & 0 & 1\\ x & 0 & y\\ 1 & 0 & -1\end{bmatrix}\xrightarrow{r_1+r_3}\begin{bmatrix}1 & 0 & -1\\ x & 0 & y\\ 0 & 0 & 0\end{bmatrix}\xrightarrow{-xr_1+r_2}\begin{bmatrix}1 & 0 & -1\\ 0 & 0 & x+y\\ 0 & 0 & 0\end{bmatrix}$$的秩为 1，可得$x+y=0$。

答案：A

21. 解　本题考查基础解系的基本性质。

$\boldsymbol{A}x=\boldsymbol{0}$的基础解系是所有解向量的最大线性无关组。根据已知条件，α_1，α_2，α_3是线性方程组$\boldsymbol{A}x=\boldsymbol{0}$的一个基础解系，故$\alpha_1$，$\alpha_2$，$\alpha_3$线性无关，$\boldsymbol{A}x=\boldsymbol{0}$有三个线性无关的解向量，而选项 A、D 分别有两个和四个解向量，故错误。

由已知n维向量组α_1，α_2，α_3线性无关，易知向量组$\alpha_1+\alpha_2$，$\alpha_2+\alpha_3$，$\alpha_3+\alpha_1$线性无关，且每个向量$\alpha_1+\alpha_2$，$\alpha_2+\alpha_3$，$\alpha_3+\alpha_1$均为线性方程组$\boldsymbol{A}x=\boldsymbol{0}$的解，选项 B 正确。

选项 C 中，因$\alpha_1-\alpha_3=(\alpha_1+\alpha_2)-(\alpha_2+\alpha_3)$，所以向量组线性相关，不满足基础解系的定义，故错误。

答案：B

22. 解　本题考查古典概型的概率计算。

已知不是黑球，缩减样本空间，只须考虑 5 个白球、3 个黄球，则随机抽取黄球的概率是：

$$P=\frac{3}{5+3}=\frac{3}{8}$$

答案：B

23. 解　本题考查常见分布的期望和方差的概念。

已知X服从泊松分布：$X\sim P(\lambda)$，有$\lambda=3$，$E(X)=\lambda$，$D(X)=\lambda$，故$\frac{D(X)}{E(X)}=\frac{3}{3}=1$。

注：应掌握常见随机变量的期望和方差的基本公式。

答案：C

24. 解 本题考查样本方差和常用统计抽样分布的基本概念。

样本方差$S^2=\frac{1}{n-1}\sum_{i=1}^{n}\left(X_i-\overline{X}\right)^2$，因为总体$X\sim N(\mu,\sigma^2)$，有以下结论：

$\overline{X}$与S^2相互独立，且有$\frac{(n-1)S^2}{\sigma^2}\sim\chi^2(n-1)$，则$\sum_{i=1}^{n}\frac{\left(X_i-\overline{X}\right)^2}{\sigma^2}=\frac{(n-1)S^2}{\sigma^2}\sim\chi^2(n-1)$。

注：若将样本均值$\overline{X}$改为正态分布的均值μ，则有$\sum_{i=1}^{n}\frac{(X_i-\mu)^2}{\sigma^2}\sim\chi^2(n)$。

答案：D

25. 解 由理想气体状态方程$pV=\frac{m}{M}RT$，可以得到理想气体的标准体积（摩尔体积），即在标准状态下（压强$p_0=1\text{atm}$，温度$T=273.15\text{K}$），一摩尔任何理想气体的体积均为22.4L。

答案：A

26. 解 $\overline{\lambda}=\frac{\overline{v}}{\overline{Z}}=\frac{kT}{\sqrt{2}\pi d^2p}$，$\overline{v}=1.6\sqrt{\frac{RT}{M}}$

等温膨胀过程温度不变，压强降低，$\overline{\lambda}$变大，而温度不变，$\overline{v}$不变，故$\overline{Z}$变小。

答案：B

27. 解 由热力学第一定律$Q=\Delta E+W$，知做功为零（$W=0$）的过程为等体过程；内能减少，温度降低为等体降温过程。

答案：B

28. 解 卡诺正循环由两个准静态等温过程和两个准静态绝热过程组成。

由热力学第一定律$Q=\Delta E+W$，绝热过程$Q=0$，两个绝热过程高低温热源温度相同，温差相等，内能差相同。一个过程为绝热膨胀，另一个过程为绝热压缩，$W_2=-W_1$，一个内能增大，一个内能减小，$\Delta E_2=-\Delta E_1$。热力学的功等于曲线下的面积，故$S_1=S_2$。

答案：B

29. 解 热机效率：$\eta=1-\frac{Q_2}{Q_1}=1-\frac{1.26\times10^2}{1.68\times10^2}=25\%$

答案：A

30. 解 此题考查波动方程的基本关系。

$$y=A\cos(Bt-Cx)=A\cos B\left(t-\frac{x}{B/C}\right)$$

$$u=\frac{B}{C}\text{，}\omega=B\text{，}T=\frac{2\pi}{\omega}=\frac{2\pi}{B}$$

$$\lambda=u\cdot T=\frac{B}{C}\cdot\frac{2\pi}{B}=\frac{2\pi}{C}$$

答案：C

31. 解 由波动的能量特征得知：质点波动的动能与势能是同相的，动能与势能同时达到最大、最小。题目给出A点处媒质质元的振动动能在增大，则A点处媒质质元的振动势能也在增大，故选项 A 不正确；同样，由于A点处媒质质元的振动动能在增大，由此判定A点向平衡位置运动，波沿x负向传播，故选项 B 正确；此时B点向上运动，振动动能在增加，故选项 C 不正确；波的能量密度是随时间做周期性变化的，$w=\frac{\Delta W}{\Delta V}=\rho\omega^2A^2\sin^2\left[\omega\left(t-\frac{x}{u}\right)\right]$，故选项 D 不正确。

答案： B

32. 解 由波动的干涉特征得知：同一播音器初相位差为零。

$$\Delta\varphi=\alpha_2-\alpha_1-\frac{2\pi(r_2-\mathrm{r}_1)}{\lambda}=-\frac{2\pi\frac{\lambda}{2}}{\lambda}=\pi$$

相位差为π的奇数倍，为干涉相消点。

答案： B

33. 解 本题考查声波的多普勒效应公式。注意波源不动，$v_{\mathrm{S}}=0$，观察者远离波源运动，v_0前取负号。设波速为u，则：

$$v'=\frac{u-v_0}{u}v_0=\frac{u-\frac{1}{2}u}{u}v_0=\frac{1}{2}v_0$$

答案： C

34. 解 一束单色光通过折射率不同的两种媒质时，光的频率不变，波速改变，波长$\lambda=uT=\frac{u}{v}$。

答案： B

35. 解 在单缝衍射中，若单缝处的波面恰好被分成偶数个半波带，屏上出现暗条纹。相邻半波带上任何两个对应点所发出的光，在暗条纹处的光程差为$\frac{\lambda}{2}$，相位差为π。

答案： A

36. 解 光栅衍射是单缝衍射和多缝干涉的和效果。当多缝干涉明纹与单缝衍射暗纹方向相同时，将出现缺级现象。

单缝衍射暗纹条件：$a\sin\phi=k\lambda$

光栅衍射明纹条件：$(a+b)\sin\phi=k'\lambda$

$$\frac{a\sin\phi}{(a+b)\sin\phi}=\frac{k\lambda}{k'\lambda}=\frac{1}{3},\frac{2}{6},\frac{3}{9},\cdots$$

故$a+b=3a$

答案： B

37. 解 电离能可以衡量元素金属性的强弱，电子亲和能可以衡量元素非金属性的强弱，元素电负性可较全面地反映元素的金属性和非金属性强弱，离子极化力是指某离子使其他离子变形的能力。

答案： A

38. 解 分子间力包括色散力、诱导力、取向力。非极性分子和非极性分子之间只存在色散力，非极性分子和极性分子之间存在色散力和诱导力，极性分子和极性分子之间存在色散力、诱导力和取向力。题中，氢气、氦气、氧气、二氧化碳是非极性分子，二氧化硫、溴化氢和一氧化碳是极性分子。

答案：A

39. 解 在 $BaSO_4$ 饱和溶液中，存在 $BaSO_4 \rightleftharpoons Ba^{2+}+SO_4^{2-}$ 平衡，加入 Na_2SO_4，溶液中 SO_4^{2-} 浓度增加，平衡向左移动，Ba^{2+} 的浓度减小。

答案：B

40. 解 根据缓冲溶液pH值的计算公式：

$$\mathrm{pH} = 14 - \mathrm{p}K_\mathrm{b} + \lg\frac{c_{\text{碱}}}{c_{\text{盐}}} = 14 + \lg 1.8 \times 10^{-5} + \lg\frac{0.1}{0.1} = 14 - 4.74 - 0 = 9.26$$

答案：B

41. 解 由物质的标准摩尔生成焓 $\Delta_\mathrm{f}H_\mathrm{m}^\Theta$ 和反应的标准摩尔反应焓变 $\Delta_\mathrm{r}H_\mathrm{m}^\Theta$ 定义可知，$\mathrm{HCl(g)}$ 的 $\Delta_\mathrm{f}H_\mathrm{m}^\Theta$ 为反应 $\frac{1}{2}\mathrm{H_2(g)} + \frac{1}{2}\mathrm{Cl_2(g)} = \mathrm{HCl(g)}$ 的 $\Delta_\mathrm{r}H_\mathrm{m}^\Theta$。反应 $\mathrm{H_2(g)} + \mathrm{Cl_2(g)} = 2\mathrm{HCl(g)}$ 的 $\Delta_\mathrm{r}H_\mathrm{m}^\Theta$ 是反应 $\frac{1}{2}\mathrm{H_2(g)} + \frac{1}{2}\mathrm{Cl_2(g)} = \mathrm{HCl(g)}$ 的 $\Delta_\mathrm{r}H_\mathrm{m}^\Theta$ 的2倍，即 $\mathrm{H_2(g)} + \mathrm{Cl_2(g)} = 2\mathrm{HCl(g)}$ 的 $\Delta_\mathrm{r}H_\mathrm{m}^\Theta = 2 \times (-92) = -184\mathrm{kJ \cdot mol^{-1}}$。

答案：C

42. 解 对于指定反应，平衡常数 K^Θ 的值只是温度的函数，与参与平衡的物质的量、浓度、压强等无关。

答案：C

43. 解 原电池 $(-)\mathrm{Fe} \mid \mathrm{Fe^2 + (1.0mol \cdot L^{-1})} \parallel \mathrm{Fe^3 + (1.0mol \cdot L^{-1})}, \mathrm{Fe^2 + (1.0mol \cdot L^{-1})} \mid \mathrm{Pt}(+)$ 的电动势

$$E^\Theta = E^\Theta(\mathrm{Fe^{3+}/Fe^{2+}}) - E^\Theta(\mathrm{Fe^{2+}/Fe}) = 0.771 - (-0.44) = 1.211\mathrm{V}$$

两个半电池中均加入 NaOH 后，Fe^{3+}、Fe^{2+} 的浓度：

$$c_{\mathrm{Fe^{3+}}} = \frac{K_\mathrm{sp}^\Theta(\mathrm{Fe(OH)_3})}{(c_{\mathrm{OH^-}})^3} = \frac{2.79 \times 10^{-39}}{1.0^3} = 2.79 \times 10^{-39}\ \mathrm{mol \cdot L^{-1}}$$

$$c_{\mathrm{Fe^{2+}}} = \frac{K_\mathrm{sp}^\Theta(\mathrm{Fe(OH)_2})}{(c_{\mathrm{OH^-}})^2} = \frac{4.87 \times 10^{-17}}{1.0^2} = 4.87 \times 10^{-17}\mathrm{mol \cdot L^{-1}}$$

根据能斯特方程式，正极电极电势：

$$E(\mathrm{Fe^{3+}/Fe^{2+}}) = E^\Theta(\mathrm{Fe^{3+}/Fe^{2+}}) + \frac{0.0592}{1}\lg\frac{c_{\mathrm{Fe^{3+}}}}{c_{\mathrm{Fe^{2+}}}} = 0.771 + 0.0592 \times \lg\frac{2.79 \times 10^{-39}}{4.87 \times 10^{-17}} = -0.546\mathrm{V}$$

负极电极电势：

$$E(\mathrm{Fe^{2+}/Fe}) = E^\Theta(\mathrm{Fe^{2+}/Fe}) + \frac{0.0592}{2}\lg c_{\mathrm{Fe^{2+}}} = 0.44 + \frac{0.0592}{2}\lg 4.87 \times 10^{-17} = -0.0428\mathrm{V}$$

则电动势 $E = E(\mathrm{Fe^{3+}/Fe^{2+}}) - E(\mathrm{Fe^{2+}/Fe}) = -0.503\mathrm{V}$

答案：B

44. 解 烯烃和炔烃都可以与溴水反应使溴水褪色，烷烃和苯不与溴水反应。选项 A 中 1-己烯可以使溴水褪色，而己烷不能使溴水褪色。

答案：A

45. 解 尼泊金丁酯是由对羟基苯甲酸的羧基与丁醇的羟基发生酯化反应生成的。

答案：C

46. 解 该高分子化合物由单体 CH_2═CHCl 通过加聚反应形成的。

答案：B

47. 解 根据平面任意力系独立平衡方程组的条件，三个平衡方程中，选项 A 不满足三个矩心不共线的三矩式要求，选项 B、D 不满足两矩心连线不垂直于投影轴的二矩式要求。

答案：C

48. 解 三个力合成后可形成自行封闭的三角形，说明此力系主矢为零；将三力对A点取矩，F_1、F_3对A点的力矩为零，F_2对A点的力矩不为零，说明力系的主矩不为零。根据力系简化结果的分析，主矢为零，主矩不为零，力系可简化为一合力偶。

答案：C

49. 解 以整体为研究对象，其受力如解图所示。

列平衡方程：$\sum M_{\mathrm{B}}=0$，$F_{\mathrm{C}}\cdot 1-M=0$

代入数值得：$F_{\mathrm{C}}=1\mathrm{kN}$（水平向右）

题 49 解图

答案：D

50. 解 根据零杆的判断方法，凡是三杆铰接的节点上，有两根杆在同一直线上，那么第三根不在这条直线上的杆必为零杆。先分析节点I，知DI杆为零杆，再分析节点D，此时D节点实际铰接的是CD、DE和DH三杆，由此可判断DH杆内力为零。

答案：D

51. 解 $t=0$时，$x=2\mathrm{m}$，点在运动过程中其速度$v=\frac{\mathrm{d}x}{\mathrm{d}t}=3t^2-12$。即当$0<t<2\mathrm{s}$时，点的运动方向是$x$轴的负方向；当$t=2\mathrm{s}$时，点的速度为零，此时$x=-14\mathrm{m}$；当$t>2\mathrm{s}$时，点的运动方向是$x$轴的正方向；当$t=3\mathrm{s}$时，$x=-7\mathrm{m}$。所以点经过的路程是：$2+14+7=23\mathrm{m}$。

答案：A

52. 解 四连杆机构在运动过程中，O_1A、O_2B杆为定轴转动刚体，AB杆为平行移动刚体。根据平行移动刚体的运动特性，其上各点有相同的速度和加速度，所以有：

$$v_{\mathrm{A}} = r\omega = v_{\mathrm{M}}，a_{\mathrm{A}}^{n} = r\omega^2 = a_{\mathrm{M}}^{n}$$

答案： C

53. 解　定轴转动刚体上一点的速度、加速度与转动角速度、角加速度的关系为：

$$v_{\mathrm{B}} = OB \cdot \omega = 50 \times 2 = 100\mathrm{cm/s}，a_{\mathrm{B}}^{t} = OB \cdot \alpha = 50 \times 5 = 250\mathrm{cm/s^2}$$

答案： A

54. 解　物块围绕y轴做匀速圆周运动，其加速度为指向y轴的法向加速度a_n，其运动及受力分析如解图所示。

根据质点运动微分方程$m\boldsymbol{a} = \boldsymbol{F}$，将方程沿着斜面方向投影有：

$$\frac{W}{g} a_n \cos 30^{\circ} = F_{\mathrm{T}} - W \sin 30^{\circ}$$

将$a_n = \omega^2 l \cos 30^{\circ}$代入，解得：$F_{\mathrm{T}} = 6 + 5 = 11\mathrm{N}$

题 54 解图

答案： A

55. 解　根据刚体动量的定义：$p = mv_{\mathrm{c}} = \frac{1}{2} ml\omega \sin\alpha$（其中$v_{\mathrm{C}} = \frac{1}{2} l\omega \sin\alpha$）

答案： B

56. 解　根据动能定理，$T_2 - T_1 = W_{12}$。杆初始水平位置和运动到铅直位置时的动能分别为：$T_1 = 0$，$T_2 = \frac{1}{2} \cdot \frac{1}{3} ml^2\omega^2$，运动过程中重力所做之功为：$W_{12} = mg\frac{1}{2}l$，代入动能定理，可得：$\frac{1}{6}ml^2\omega^2 - 0 = \frac{l}{2}mg$，则$\omega = \sqrt{\frac{3g}{l}}$。

答案： B

57. 解　施加于轮的附加动反力$m\boldsymbol{a}_{\mathrm{c}}$是由惯性力引起的约束力，大小与惯性力大小相同，其中$a_{\mathrm{c}} = \frac{1}{2}R\omega^2$，方向与惯性力方向相反。

答案： C

58. 解　根据系统固有圆频率公式：$\omega_0 = \sqrt{\frac{k}{m}}$。系统中$k_2$和$k_3$并联，等效弹簧刚度$k_{23} = k_2 + k_3$；$k_1$和$k_{23}$串联，所以$\frac{1}{k_{123}} = \frac{1}{k_1} + \frac{1}{k_2 + k_3}$；$k_4$和$k_{123}$并联，故系统总的等效弹簧刚度为$k = k_4 + (\frac{1}{k_1} + \frac{1}{k_2 + k_3})^{-1} = 19600 + 4900 = 24500\mathrm{N/m}$，代入固有圆频率的公式，可得：$\omega_0 = 22.1\mathrm{rad/s}$。

答案： B

59. 解　铸铁的力学性能中抗拉能力最差，在扭转试验中沿45°最大拉应力的截面破坏就是明证，故①不正确；而铸铁的压缩强度比拉伸强度高得多，所以②正确。

答案： B

60. 解　由于左端D固定没有位移，所以C截面的轴向位移就等于CD段的伸长量$\Delta l_{\mathrm{CD}} = \frac{F \cdot \frac{l}{2}}{EA}$。

答案： C

61. 解 此题挤压力是F，计算挤压面积是db，根据挤压强度条件：$\frac{P_{bs}}{A_{bs}}=\frac{F}{db}\leqslant[\sigma_{bs}]$，可得：$d\geqslant\frac{F}{b[\sigma_{bs}]}$。

答案：A

62. 解 根据该轴的外力和反力可得其扭矩图如解图所示：

故$\varphi_{DA}=\varphi_{DC}+\varphi_{CB}+\varphi_{BA}=\frac{ml}{GI_p}+0-\frac{ml}{GI_p}=0$

$\varphi_{DB}=\varphi_{DC}+\varphi_{CB}=\varphi_{DC}+0$

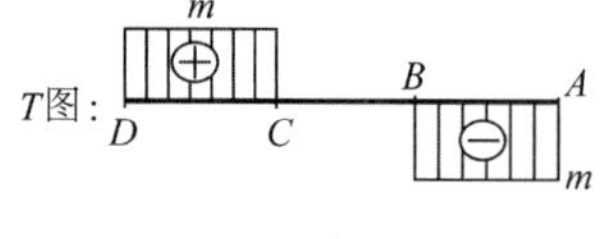

题 62 解图

答案：B

63. 解 $I_z=\frac{a^4}{12}-\frac{\pi d^4}{64}$，$W_z=\frac{I_z}{a/2}=\frac{a^3}{6}-\frac{\pi d^4}{32a}$

答案：C

64. 解 对称结构梁在反对称荷载作用下，其弯矩图是反对称的，其剪力图是对称的。在对称轴C截面上，弯矩为零，剪力不为零，是$-\frac{F}{2}$。

答案：C

65. 解 根据“突变规律”可知，在集中力偶作用的截面上，左右两侧的弯矩将产生突变，所以若集中力偶m在梁上移动，则梁的弯矩图将改变，而剪力图不变。

答案：C

66. 解 梁的挠曲线形状由荷载和支座的位置来决定。由图中荷载向下的方向可以判定：只有图（C）是正确的。

答案：C

67. 解 等截面轴向拉伸杆件中只能产生单向拉伸的应力状态，在各个方向的截面上应力可以不同，但是主应力状态都归结为单向应力状态。

答案：C

68. 解 最大拉应力理论就是第一强度理论，其相当应力就是σ_1，故选 A。

答案：A

69. 解 把作用在角点的偏心压力F，经过两次平移，平移到杆的轴线方向，形成一轴向压缩和两个平面弯曲的组合变形，其最大压应力的绝对值为：

$$\begin{aligned}|\sigma_{max}^-|&=\frac{F}{a^2}+\frac{M_z}{W_z}+\frac{M_y}{W_y}\\&=\frac{250\times10^3\text{N}}{100^2\text{mm}^2}+\frac{250\times10^3\times50\text{N}\cdot\text{mm}}{\frac{1}{6}\times100^3\text{mm}^3}+\frac{250\times10^3\text{N}\times50\text{mm}}{\frac{1}{6}\times100^3\text{mm}^3}\\&=25+75+75=175\text{MPa}\end{aligned}$$

答案：C

70. 解 由临界荷载的公式$F_{cr}=\frac{\pi^2EI}{(\mu l)^2}$可知，当抗弯刚度相同时，$\mu l$越小，临界荷载越大。

图（A）是两端铰支：$\mu l = 1 \times 5 = 5$

图（B）是一端铰支、一端固定：$\mu l = 0.7 \times 7 = 4.9$

图（C）是两端固定：$\mu l = 0.5 \times 9 = 4.5$

图（D）是一端固定、一端自由：$\mu l = 2 \times 2 = 4$

所以图（D）的μl最小，临界荷载最大。

答案：D

71. 解　平板形心处的压强为$p_{\mathrm{c}} = \rho g h_{\mathrm{c}}$，而平板形心处垂直水深$h_{\mathrm{c}} = h \sin\theta$，因此，平板受到的静水压力$P = p_{\mathrm{c}} A = \rho g h_{\mathrm{c}} A = \rho g h A \sin\theta$。

答案：A

72. 解　流体的黏性是指流体在运动状态下具有抵抗剪切变形并在内部产生切应力的性质。流体的黏性来源于流体分子之间的内聚力和相邻流动层之间的动量交换，黏性的大小与温度有关。根据牛顿内摩擦定律，切应力与速度梯度的n次方成正比，而牛顿流体的切应力与速度梯度成正比，流体的动力黏性系数是单位速度梯度所需的切应力。

答案：B

73. 解　根据已知条件，$v_x = 5 \times 1^3 = 5\mathrm{m/s}$，$v_y = -15 \times 1^2 \times 2 = 30\mathrm{m/s}$，从而，$v = \sqrt{v_x^2 + v_y^2} = \sqrt{5^2 + (-30)^2} = 30.41\mathrm{m/s}$，如解图所示。

$$\tan\theta = \frac{v_y}{v_x} = \frac{-15x^2 y}{5x^3} = \frac{-3y}{x} = \frac{-3 \times 2}{1} = -6$$

答案：C

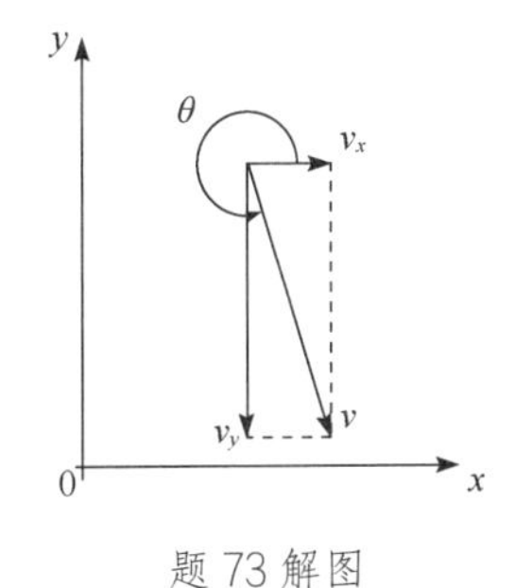

题 73 解图

74. 解　圆管有压流动中，若用水力直径表征层流与紊流的临界雷诺数Re，则Re =2000~2320；若用水力半径表征临界雷诺数Re，则Re =500~580。

答案：A

75. 解　对于并联管路，A、B两节点之间的水头损失等于各支路的水头损失，流量等于各支路的流量之和：$h_{\mathrm{fAB}} = h_{\mathrm{f1}} = h_{\mathrm{f2}} = h_{\mathrm{f3}}$，$Q_{\mathrm{AB}} = Q_1 + Q_2 + Q_3$

对于串联管路，$h_{\mathrm{fAB}} = h_{\mathrm{f1}} + h_{\mathrm{f2}} + h_{\mathrm{f3}}$，$Q_{\mathrm{AB}} = Q_1 = Q_2 = Q_3$

无论是并联管路，还是串联管路，总的功率损失均为：

$$N_{\mathrm{AB}} = N_1 + N_2 + N_3 = \rho g Q_1 h_{\mathrm{f1}} + \rho g Q_2 h_{\mathrm{f2}} + \rho g Q_3 h_{\mathrm{f3}}$$

答案：D

76. 解　明渠均匀流动的形成条件是：流动恒定，流量沿程不变；渠道是长直棱柱形顺坡（正坡）渠道；渠道表面粗糙系数沿程不变；渠道沿程流动无局部干扰。

答案：B

77. 解 工程上常见的地下水运动，大多是在底宽很大的不透水层基底上的重力流动，流线簇近乎于平行的直线，属于无压恒定渐变渗流。

答案：B

78. 解 模型在风洞中用空气进行试验，则黏滞阻力为其主要作用力，应按雷诺准则进行模型设计，即

$$(\mathrm{Re})_\mathrm{p} = (\mathrm{Re})_\mathrm{m} \quad 或 \quad \frac{\lambda_v \lambda_l}{\lambda_\nu} = 1$$

因为模型与原型都是使用空气，假定空气温度也相同，则可以认为运动黏度$\nu_\mathrm{p} = \nu_\mathrm{m}$

所以，$\lambda_\nu = 1$，$\lambda_v \lambda_l = 1$

已知汽车原型最大速度$v_\mathrm{p} = 108\mathrm{km/h} = 30\mathrm{m/s}$，模型最大风速$v_\mathrm{m} = 45\mathrm{m/s}$

于是，线性比尺为$\lambda_l = \frac{1}{\lambda_v} = \frac{1}{v_\mathrm{p}/v_\mathrm{m}} = \frac{v_\mathrm{m}}{v_\mathrm{p}} = \frac{45}{30} = 1.5$

面积比尺为$\lambda_\mathrm{A} = \lambda_l^2 = 1.5^2 = 2.25$

已知汽车迎风面积$A_\mathrm{p} = 1.5\mathrm{m}^2$，$\lambda_\mathrm{A} = A_\mathrm{p}/A_\mathrm{m}$，可求得模型的迎风面积为：

$$A_\mathrm{m} = \frac{A_\mathrm{p}}{\lambda_\mathrm{A}} = \frac{1.5}{2.25} = 0.667\mathrm{m}^2$$

由上述计算可知，线性比尺大于1，模型的迎风面积应小于原型汽车的迎风面积，所以选项B和C可以被排除。若选择选项D，模型面积过小，原型与模型的面积比尺及线性比尺均增大，则速度比尺减小，所需的风洞风速会过大，超过风洞所能提供的最大风速，因此，可使得模型的迎风面积略大于计算值0.667m^2，选择选项A较为合理。

答案：A

79. 解 洛伦兹力是运动电荷在磁场中所受的力。这个力既适用于宏观电荷，也适用于微观电荷粒子。电流元在磁场中所受安培力就是其中运动电荷所受洛伦兹力的宏观表现。

库仑力指在真空中两个静止的点电荷之间的作用力。

电场力是指电荷之间的相互作用，只要有电荷存在就会有电场力。

安培力是通电导线在磁场中受到的作用力。

答案：B

80. 解 首先假设12V电压源的负极为参考点位点，计算a、b点位：

$U_\mathrm{a} = 5\mathrm{V}$，$U_\mathrm{b} = 12 - 4 = 8\mathrm{V}$，故$U_\mathrm{ab} = U_\mathrm{a} - U_\mathrm{b} = -3\mathrm{V}$

答案：D

81. 解 当电压源单独作用时，电流源断路，电阻R_2与R_1串联分压，R_2与R_1的数值关系为：

$$\frac{U'}{100} = \frac{R_2}{R_1 + R_2} = \frac{20}{100} = \frac{1}{4+1};\ R_2 = R_1/4$$

电流源单独作用时，电压源短路，电阻R_2压电压U''为：

$$U''=-2\frac{R_1\cdot R_2}{R_1+R_2}=-0.4R_1$$

答案：D

82. 解 $Z_1=R+j\omega L+\frac{1}{j\omega C}=R+j\left(\omega L-\frac{1}{\omega C}\right)=R$

$$\frac{1}{Z_2}=\frac{1}{R}+\frac{1}{j\omega L}+\frac{1}{\frac{1}{j\omega C}}=\frac{1}{R}$$

$Z_1=Z_2=R$

答案：D

83. 解 已知$Z=R+j\omega L=100+j100\Omega$

当$u=U_{\mathrm{m}}\sin 2\omega t$，频率增加时$\omega'=2\omega$

感抗随之增加：$Z'=R+j\omega'$，$L=100+j200\Omega$

功率因数：$\lambda=\frac{R}{|Z'|}=\frac{100}{\sqrt{100^2+200^2}}=0.447$

答案：D

84. 解 由于电感及电容元件上没有初始储能，可以确定$t=0_-$时：

$$I_{\mathrm{L}(0-)}=0\mathrm{A}，U_{\mathrm{C}(0-)}=0\mathrm{V}$$

$t=0_+$时，利用储能元件的换路定则，可知

$$I_{\mathrm{L}(0+)}=I_{\mathrm{L}(0-)}=0\mathrm{A}，U_{\mathrm{C}(0+)}=U_{\mathrm{C}(0-)}=0\mathrm{V}$$

两条电阻通道电压为零、电流为零。

$$I_{\mathrm{R}(0+)}=0\mathrm{A}，I_{\mathrm{C}(0+)}=2-I_{\mathrm{R}(0+)}-I_{\mathrm{R}(0+)}-I_{\mathrm{L}(0+)}=2\mathrm{A}$$

答案：C

85. 解 当 S 分开时，变压器负载电阻$R_{\mathrm{L(S\,分)}}=R_{\mathrm{L1}}$

原边等效负载电阻$R'_{\mathrm{L(S\,分)}}=k^2R_{\mathrm{L(S\,分)}}=k^2R_{\mathrm{L1}}$

当 S 闭合以后，变压器负载电阻$R_{\mathrm{L(S\,合)}}=R_{\mathrm{L1}}/\!/R_{\mathrm{L2}}<R_{\mathrm{L1}}$

原边等效负载电阻$R'_{\mathrm{L(S\,合)}}<R'_{\mathrm{L(S\,分)}}$减小，变压器原边电压$U_1{}'$减小，$U_2=U_1/k$，所以$U_2$随之变小。

答案：B

86. 解 三相异步电动机的转动方向与定子绕组电流产生的旋转磁场的方向一致，那么改变三相电源的相序就可以改变电动机旋转磁场的方向。改变电源的大小、对定子绕组接法进行Y-△转换以及改变转子绕组上电流的方向都不会变化三相异步电动机的转动方向。

答案：B

87. 解 数字信号是一种代码信号，不是时间信号，也不仅用来表示数字的大小。数字信号幅度的取值是离散的，被限制在有限个数值之内，不能直接表示对象的原始信息。

答案：C

88. 解 周期信号频谱是离散频谱，其幅度频谱的幅值随着谐波次数的增高而减小；而非周期信号的频谱是连续频谱。图a）和图b）所示$u_1(t)$和$u_2(t)$的幅值频谱均是连续频谱，所以$u_1(t)$和$u_2(t)$都是非周期性时间信号。

答案：A

89. 解 从周期信号$u(t)$的幅频特性图a）可见，其频率范围均在低通滤波器图b）的通频段以内，这个区间放大倍数相同，各个频率分量得到同样的放大，则该信号通过这个低通滤波以后，其结构和波形的形状不会变化。

答案：C

90. 解 $\mathrm{ABC}+\overline{\mathrm{A}}\mathrm{D}+\overline{\mathrm{B}}\mathrm{D}+\overline{\mathrm{C}}\mathrm{D}=\mathrm{ABC}+(\overline{\mathrm{A}}+\overline{\mathrm{B}}+\overline{\mathrm{C}})\mathrm{D}=\mathrm{ABC}+\overline{\mathrm{ABC}}\mathrm{D}=\mathrm{ABC}+\mathrm{D}$

这里利用了逻辑代数的反演定理和部分吸收关系，即：$\mathrm{A}+\overline{\mathrm{A}}\mathrm{B}=\mathrm{A}+\mathrm{B}$

答案：D

91. 解 数字信号$\mathrm{F}=\overline{\mathrm{A}}\mathrm{B}+\mathrm{A}\overline{\mathrm{B}}$为异或门关系，信号A、B相同为0，相异为1，分析波形如解图所示，结果与选项C一致。

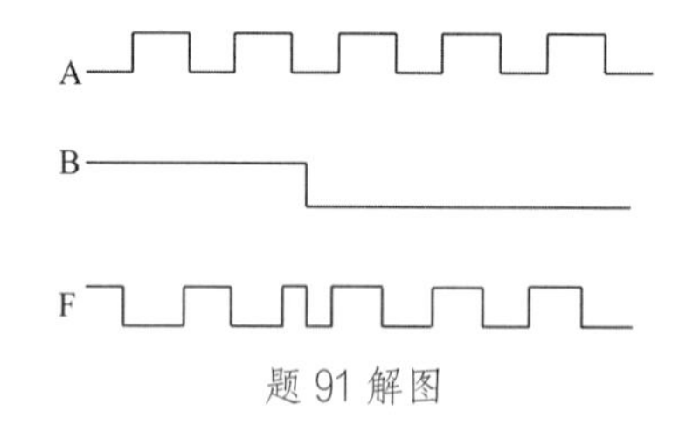

题91解图

答案：C

92. 解 本题是利用函数的最小项关系表达。从真值表写出逻辑表达式主要有三个步骤：首先，写出真值表中对应$\mathrm{F}=1$的输入变量A、B、C组合；然后，将输入量写成与逻辑关系（输入变量取值为1的写原变量，取值为0的写反变量）；最后将函数F用或逻辑表达：$\mathrm{F}=\mathrm{A}\overline{\mathrm{B}}\overline{\mathrm{C}}+\mathrm{ABC}$。

答案：D

93. 解 该电路是二极管半波整流电路。

当$u_\mathrm{i}>0$时，二极管导通，$u_\mathrm{o}=u_\mathrm{i}$；

当$u_\mathrm{i}<0$时，二极管D截止，$u_\mathrm{o}=0\mathrm{V}$。

输出电压U_o的平均值可用下面公式计算：

$$U_\mathrm{o}=0.45U_\mathrm{i}=0.45\frac{10}{\sqrt{2}}=3.18\mathrm{V}$$

答案：C

94. 解 该电路为运算放大器构成的电压比较电路，分析过程如解图所示。

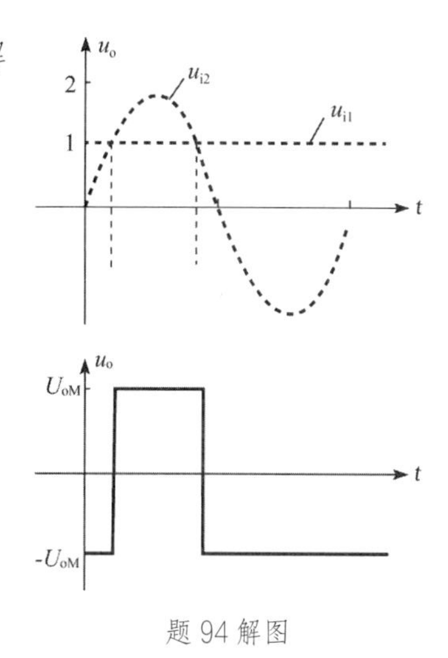

题 94 解图

当$u_{i1} > u_{i2}$时，$u_o = -U_{oM}$；

当$u_{i1} < u_{i2}$时，$u_o = +U_{oM}$。

结果与选项 A 一致。

答案： A

95. 解 写出输出端的逻辑关系式为：

与门　$F_1 = A \cdot 1 = A$

或非门 $F_2 = \overline{B + 1} = \overline{1} = 0$

答案： C

96. 解 数据由 D 端输入，各触发器的Q端输出数据。在时钟脉冲cp的作用下，根据触发器的关系$Q_{n+1} = D_n$分析。

假设：清零后Q_2、Q_1、Q_0均为零状态，右侧 D 端待输入数据为D_2、D_1、D_0，在时钟脉冲cp作用下，各输出端Q的关系列解表说明，可见数据输出顺序向左移动，因此该电路是三位左移寄存器。

题 96 解表

cp	Q_2	Q_1	Q_0
0	0	0	0
1	0	0	D_2
2	0	D_2	D_1
3	D_2	D_1	D_0

答案： C

97. 解 个人计算机（Personal Computer），简称PC，指在大小、性能以及价位等多个方面适合于个人使用，并由最终用户直接操控的计算机的统称。它由硬件系统和软件系统组成，是一种能独立运行，完成特定功能的设备。台式机、笔记本电脑、平板电脑等均属于个人计算机的范畴。

答案： C

98. 解 微机常用的外存储器通常是磁性介质或光盘，像硬盘、软盘、光盘和 U 盘等，能长期保存信息，并且不依赖于电来保存信息，但是由机械部件带动，速度与 CPU 相比就显得慢的多。在老式微机中使用软盘。

答案： A

99. 解 通常是将软件分为系统软件和应用软件两大类。系统软件是生成、准备和执行其他程序所需要的一组程序。应用软件是专业人员为各种应用目的而编制的程序。

答案：C

100. 解 支撑软件是指支撑其他软件的编写制作和维护的软件。主要包括环境数据库、各种接口软件和工具软件。三者形成支撑软件的整体，协同支撑其他软件的编制。

答案：B

101. 解 信息的主要特征表现为：①信息的可识别性；②信息的可变性；③信息的流动性和可存储性；④信息的可处理性和再生性；⑤信息的有效性和无效性；⑥信息的属性和使用性。

答案：A

102. 解 点阵中行数和列数的乘积称为图像的分辨率。例如，若一个图像的点阵总共有480行，每行640个点，则该图像的分辨率为640×480=307200个像素。

答案：D

103. 解 计算机病毒是指编制或者在计算机程序中插入的破坏计算机功能和破坏计算机中的数据，影响计算机使用并且能够自我复制的一组计算机指令或者程序代码，只要满足某种条件即可起到破坏作用，严重威胁着计算机信息系统的安全。

答案：B

104. 解 计算机操作系统的存储管理功能主要有：①分段存储管理；②分页存储管理；③分段分页存储管理；④虚拟存储管理。

答案：D

105. 解 网络协议主要由语法、语义和同步（定时）三个要素组成。语法是数据与控制信息的结构或格式。语义是定义数据格式中每一个字段的含义。同步是收发双方或多方在收发时间和速度上的严格匹配，即事件实现顺序的详细说明。

答案：C

106. 解 按照数据交换的功能将网络分类，常用的交换方法有电路交换、报文交换和分组交换。电路交换方式是在用户开始通信前，先申请建立一条从发送端到接收端的物理信道，并且在双方通信期间始终占用该信道。报文交换是一种数字化交换方式。分组交换也采用报文传输，但它不是以不定长的报文做传输的基本单位，而是将一个长的报文划分为许多定长的报文分组，以分组作为传输的基本单位。

答案：D

107. 解 根据等额支付资金回收公式（已知P求A）：

$$A = P\left[\frac{i(1+i)^n}{(1+i)^n-1}\right] = 1000 \times \left[\frac{8\%(1+8\%)^5}{(1+8\%)^5-1}\right] = 1000 \times 0.25046 = 250.46\text{万元}$$

或根据题目给出的已知条件$(P/A, 8\%, 5) = 3.9927$计算：

$1000 = A(P/A, 8\%, 5) = 3.9927A$

$A = 1000/3.9927 = 250.46$万元

答案：B

108. 解 建设投资中各分项分别形成固定资产原值、无形资产原值和其他资产原值。按现行规定，建设期利息应计入固定资产原值。

答案：A

109. 解 优先股的股份持有人优先于普通股股东分配公司利润和剩余财产，但参与公司决策管理等权利受到限制。公司清算时，剩余财产先分给债权人，再分给优先股股东，最后分给普通股股东。

答案：D

110. 解 利息备付率从付息资金来源的充裕性角度反映企业偿付债务利息的能力,表示企业使用息税前利润偿付利息的保证倍率。利息备付率高,说明利息支付的保证度大,偿债风险小。正常情况下，利息备付率应当大于1，利息备付率小于1表示企业的付息能力保障程度不足。

答案：D

111. 解 注意题干问的是该项目的净年值。等额资金回收系数与等额资金现值系数互为倒数：

等额资金回收系数：$(A/P, i, n) = \frac{i(1+i)^n}{(1+i)^n - 1}$

等额资金现值系数：$(P/A, i, n) = \frac{(1+i)^n - 1}{i(1+i)^n}$

所以$(A/P, i, n) = \frac{1}{(P/A, i, n)}$

方法1：该项目的净年值$\text{NAV} = -1000(A/P, 12\%, 10) + 200$

$= -1000/(P/A, 12\%, 10) + 200$

$= -1000/5.6502 + 200 = 23.02$ 万元

方法2：该项目的净现值$\text{NPV} = -1000 + 200 \times (P/A, 12\%, 10)$

$= -1000 + 200 \times 5.6502 = 130.04$ 万元

该项目的净年值为：$\text{NAV} = \text{NPV}(A/P, 12\%, 10) = \text{NPV}/(P/A, 12\%, 10)$

$= 130.04/5.6502 = 23.02$ 万元

答案：B

112. 解 线性盈亏平衡分析的基本假设有：①产量等于销量；②在一定范围内产量变化，单位可变成本不变，总生产成本是产量的线性函数；③在一定范围内产量变化，销售单价不变，销售收入是销售量的线性函数；④仅生产单一产品或生产的多种产品可换算成单一产品计算。

答案：D

113. 解 根据净现值判定项目的可行性。

甲项目的净现值：

$NPV_{甲} = -300 + 52(P/A, 10\%, 10) = -300 + 52 \times 6.1446 = 19.52$ 万元

$NPV_{甲} > 0$，故甲方案可行。

乙项目的净现值：

$NPV_{乙} = -200 + 30(P/A, 10\%, 10) = -200 + 30 \times 6.1446 = -15.66$ 万元

$NPV_{乙} < 0$，故乙方案不可行。

答案：A

114. 解 价值工程的一般工作程序包括准备阶段、功能分析阶段、创新阶段和实施阶段。功能分析阶段包括的工作有收集整理信息资料、功能系统分析、功能评价。

答案：B

115. 解 《中华人民共和国注册建筑师条例》第二十一条规定，注册建筑师执行业务，应当加入建筑设计单位。建筑设计单位的资质等级及其业务范围，由国务院建设行政主管部门规定。

《注册结构工程师执业资格制度暂行规定》第十九条规定，注册结构工程师执行业务，应当加入一个勘察设计单位。第二十条规定，注册结构工程师执行业务，由勘察设计单位统一接受委托并统一收费。所以注册建筑师、注册工程师均不能以个人名义承接建筑设计业务，必须加入一个设计单位，以单位名义承接任务，因此必须按照该设计单位的资质证书许可的业务范围承接任务。

答案：D

116. 解 《中华人民共和国安全生产法》第四十条规定，生产经营单位对重大危险源应当登记建档，进行定期检测、评估、监控，并制定应急预案，告知从业人员和相关人员在紧急情况下应当采取的应急措施。

答案：A

117. 解 《中华人民共和国招标投标法》第十六条规定，招标人采用公开招标方式的，应当发布招标公告。依法必须进行招标的项目的招标公告，应当通过国家指定的报刊、信息网络或者其他媒介发布。招标公告应当载明招标人的名称和地址，招标项目的性质、数量、实施地点和时间以及获取招标文件的办法等事项。

答案：D

118. 解 选项 B 乙施工单位不买，选项 C 丙施工单位不同意价格，选项 D 丁施工单位回复过期，承诺均为无效，只有选项 A 甲施工单位的回复属承诺有效。

答案：A

119. 解 《中华人民共和国节约能源法》第三条规定，本法所称节约能源（以下简称节能），是指

加强用能管理，采取技术上可行、经济上合理以及环境和社会可以承受的措施，从能源生产到消费的各个环节，降低消耗、减少损失和污染物排放、制止浪费，有效、合理地利用能源。

答案：A

120. 解　《建筑工程质量管理条例》第三十条规定，施工单位必须建立、健全施工质量的检验制度，严格工序管理，做好隐蔽工程的质量检查和记录。隐蔽工程在隐蔽前，施工单位应当通知建设单位和建设工程质量监督机构。

答案：B

附录一

全国勘察设计注册工程师执业资格考试
公共基础考试大纲

Ⅰ.工程科学基础

一、数学

1.1 空间解析几何

向量的线性运算；向量的数量积、向量积及混合积；两向量垂直、平行的条件；直线方程；平面方程；平面与平面、直线与直线、平面与直线之间的位置关系；点到平面、直线的距离；球面、母线平行于坐标轴的柱面、旋转轴为坐标轴的旋转曲面的方程；常用的二次曲面方程；空间曲线在坐标面上的投影曲线方程。

1.2 微分学

函数的有界性、单调性、周期性和奇偶性；数列极限与函数极限的定义及其性质；无穷小和无穷大的概念及其关系；无穷小的性质及无穷小的比较极限的四则运算；函数连续的概念；函数间断点及其类型；导数与微分的概念；导数的几何意义和物理意义；平面曲线的切线和法线；导数和微分的四则运算；高阶导数；微分中值定理；洛必达法则；函数的切线及法平面和切平面及法线；函数单调性的判别；函数的极值；函数曲线的凹凸性、拐点；偏导数与全微分的概念；二阶偏导数；多元函数的极值和条件极值；多元函数的最大、最小值及其简单应用。

1.3 积分学

原函数与不定积分的概念；不定积分的基本性质；基本积分公式；定积分的基本概念和性质（包括定积分中值定理）；积分上限的函数及其导数；牛顿-莱布尼兹公式；不定积分和定积分的换元积分法与分部积分法；有理函数、三角函数的有理式和简单无理函数的积分；广义积分；二重积分与三重积分的概念、性质、计算和应用；两类曲线积分的概念、性质和计算；求平面图形的面积、平面曲线的弧长和旋转体的体积。

1.4 无穷级数

数项级数的敛散性概念；收敛级数的和；级数的基本性质与级数收敛的必要条件；几何级数与p级数及其收敛性；正项级数敛散性的判别法；任意项级数的绝对收敛与条件收敛；幂级数及其收敛半径、收敛区间和收敛域；幂级数的和函数；函数的泰勒级数展开；函数的傅里叶系数与傅里叶级数。

1.5　常微分方程

常微分方程的基本概念；变量可分离的微分方程；齐次微分方程；一阶线性微分方程；全微分方程；可降阶的高阶微分方程；线性微分方程解的性质及解的结构定理；二阶常系数齐次线性微分方程。

1.6　线性代数

行列式的性质及计算；行列式按行展开定理的应用；矩阵的运算；逆矩阵的概念、性质及求法；矩阵的初等变换和初等矩阵；矩阵的秩；等价矩阵的概念和性质；向量的线性表示；向量组的线性相关和线性无关；线性方程组有解的判定；线性方程组求解；矩阵的特征值和特征向量的概念与性质；相似矩阵的概念和性质；矩阵的相似对角化；二次型及其矩阵表示；合同矩阵的概念和性质；二次型的秩；惯性定理；二次型及其矩阵的正定性。

1.7　概率与数理统计

随机事件与样本空间；事件的关系与运算；概率的基本性质；古典型概率；条件概率；概率的基本公式；事件的独立性；独立重复试验；随机变量；随机变量的分布函数；离散型随机变量的概率分布；连续型随机变量的概率密度；常见随机变量的分布；随机变量的数学期望、方差、标准差及其性质；随机变量函数的数学期望；矩、协方差、相关系数及其性质；总体；个体；简单随机样本；统计量；样本均值；样本方差和样本矩；χ^2分布；t分布；F分布；点估计的概念；估计量与估计值；矩估计法；最大似然估计法；估计量的评选标准；区间估计的概念；单个正态总体的均值和方差的区间估计；两个正态总体的均值差和方差比的区间估计；显著性检验；单个正态总体的均值和方差的假设检验。

二、物理学

2.1　热学

气体状态参量；平衡态；理想气体状态方程；理想气体的压强和温度的统计解释；自由度；能量按自由度均分原理；理想气体内能；平均碰撞频率和平均自由程；麦克斯韦速率分布律；方均根速率；平均速率；最概然速率；功；热量；内能；热力学第一定律及其对理想气体等值过程的应用；绝热过程；气体的摩尔热容量；循环过程；卡诺循环；热机效率；净功；制冷系数；热力学第二定律及其统计意义；可逆过程和不可逆过程。

2.2　波动学

机械波的产生和传播；一维简谐波表达式；描述波的特征量；波面，波前，波线；波的能量、能流、能流密度；波的衍射；波的干涉；驻波；自由端反射与固定端反射；声波；声强级；多普勒效应。

2.3　光学

相干光的获得；杨氏双缝干涉；光程和光程差；薄膜干涉；光疏介质；光密介质；迈克尔逊干涉仪；惠更斯-菲涅尔原理；单缝衍射；光学仪器分辨本领；衍射光栅与光谱分析；X 射线衍射；布拉格公式；自然光和偏振光；布儒斯特定律；马吕斯定律；双折射现象。

三、化学

3.1 物质的结构和物质状态

原子结构的近代概念；原子轨道和电子云；原子核外电子分布；原子和离子的电子结构；原子结构和元素周期律；元素周期表；周期族；元素性质及氧化物及其酸碱性。离子键的特征；共价键的特征和类型；杂化轨道与分子空间构型；分子结构式；键的极性和分子的极性；分子间力与氢键；晶体与非晶体；晶体类型与物质性质。

3.2 溶液

溶液的浓度；非电解质稀溶液通性；渗透压；弱电解质溶液的解离平衡；分压定律；解离常数；同离子效应；缓冲溶液；水的离子积及溶液的 pH 值；盐类的水解及溶液的酸碱性；溶度积常数；溶度积规则。

3.3 化学反应速率及化学平衡

反应热与热化学方程式；化学反应速率；温度和反应物浓度对反应速率的影响；活化能的物理意义；催化剂；化学反应方向的判断；化学平衡的特征；化学平衡移动原理。

3.4 氧化还原反应与电化学

氧化还原的概念；氧化剂与还原剂；氧化还原电对；氧化还原反应方程式的配平；原电池的组成和符号；电极反应与电池反应；标准电极电势；电极电势的影响因素及应用；金属腐蚀与防护。

3.5 有机化学

有机物特点、分类及命名；官能团及分子构造式；同分异构；有机物的重要反应：加成、取代、消除、氧化、催化加氢、聚合反应、加聚与缩聚；基本有机物的结构、基本性质及用途：烷烃、烯烃、炔烃、芳烃、卤代烃、醇、苯酚、醛和酮、羧酸、酯；合成材料：高分子化合物、塑料、合成橡胶、合成纤维、工程塑料。

四、理论力学

4.1 静力学

平衡；刚体；力；约束及约束力；受力图；力矩；力偶及力偶矩；力系的等效和简化；力的平移定理；平面力系的简化；主矢；主矩；平面力系的平衡条件和平衡方程式；物体系统（含平面静定桁架）的平衡；摩擦力；摩擦定律；摩擦角；摩擦自锁。

4.2 运动学

点的运动方程；轨迹；速度；加速度；切向加速度和法向加速度；平动和绕定轴转动；角速度；角加速度；刚体内任一点的速度和加速度。

4.3 动力学

牛顿定律；质点的直线振动；自由振动微分方程；固有频率；周期；振幅；衰减振动；阻尼对自由振动振幅的影响——振幅衰减曲线；受迫振动；受迫振动频率；幅频特性；共振；动力学普遍定理；动量；质心；动量定理及质心运动定理；动量及质心运动守恒；动量矩；动量矩定理；动量矩守恒；刚体定轴转动微分方程；转动惯量；回转半径；平行轴定理；功；动能；势能；动能定理及机械能守恒；达朗贝尔原理；惯性力；刚体作平动和绕定轴转动（转轴垂直于刚体的对称面）时惯性力系的简化；动静法。

五、材料力学

5.1　材料在拉伸、压缩时的力学性能

低碳钢、铸铁拉伸、压缩试验的应力-应变曲线；力学性能指标。

5.2　拉伸和压缩

轴力和轴力图；杆件横截面和斜截面上的应力；强度条件；虎克定律；变形计算。

5.3　剪切和挤压

剪切和挤压的实用计算；剪切面；挤压面；剪切强度；挤压强度。

5.4　扭转

扭矩和扭矩图；圆轴扭转切应力；切应力互等定理；剪切虎克定律；圆轴扭转的强度条件；扭转角计算及刚度条件。

5.5　截面几何性质

静矩和形心；惯性矩和惯性积；平行轴公式；形心主轴及形心主惯性矩概念。

5.6　弯曲

梁的内力方程；剪力图和弯矩图；分布荷载、剪力、弯矩之间的微分关系；正应力强度条件；切应力强度条件；梁的合理截面；弯曲中心概念；求梁变形的积分法、叠加法。

5.7　应力状态

平面应力状态分析的解析法和应力圆法；主应力和最大切应力；广义虎克定律；四个常用的强度理论。

5.8　组合变形

拉/压-弯组合、弯-扭组合情况下杆件的强度校核；斜弯曲。

5.9　压杆稳定

压杆的临界荷载；欧拉公式；柔度；临界应力总图；压杆的稳定校核。

六、流体力学

6.1　流体的主要物性与流体静力学

流体的压缩性与膨胀性；流体的黏性与牛顿内摩擦定律；流体静压强及其特性；重力作用下静水压强的分布规律；作用于平面的液体总压力的计算。

6.2 流体动力学基础

以流场为对象描述流动的概念；流体运动的总流分析；恒定总流连续性方程、能量方程和动量方程的运用。

6.3 流动阻力和能量损失

沿程阻力损失和局部阻力损失；实际流体的两种流态——层流和紊流；圆管中层流运动；紊流运动的特征；减小阻力的措施。

6.4 孔口管嘴管道流动

孔口自由出流、孔口淹没出流；管嘴出流；有压管道恒定流；管道的串联和并联。

6.5 明渠恒定流

明渠均匀水流特性；产生均匀流的条件；明渠恒定非均匀流的流动状态；明渠恒定均匀流的水力计算。

6.6 渗流、井和集水廊道

土壤的渗流特性；达西定律；井和集水廊道。

6.7 相似原理和量纲分析

力学相似原理；相似准数；量纲分析法。

II.现代技术基础

七、电气与信息

7.1 电磁学概念

电荷与电场；库仑定律；高斯定理；电流与磁场；安培环路定律；电磁感应定律；洛仑兹力。

7.2 电路知识

电路组成；电路的基本物理过程；理想电路元件及其约束关系；电路模型；欧姆定律；基尔霍夫定律；支路电流法；等效电源定理；叠加原理；正弦交流电的时间函数描述；阻抗；正弦交流电的相量描述；复数阻抗；交流电路稳态分析的相量法；交流电路功率；功率因数；三相配电电路及用电安全；电路暂态；R-C、R-L 电路暂态特性；电路频率特性；R-C、R-L 电路频率特性。

7.3 电动机与变压器

理想变压器；变压器的电压变换、电流变换和阻抗变换原理；三相异步电动机接线、启动、反转及调速方法；三相异步电动机运行特性；简单继电-接触控制电路。

7.4　信号与信息

信号；信息；信号的分类；模拟信号与信息；模拟信号描述方法；模拟信号的频谱；模拟信号增强；模拟信号滤波；模拟信号变换；数字信号与信息；数字信号的逻辑编码与逻辑演算；数字信号的数值编码与数值运算。

7.5　模拟电子技术

晶体二极管；极型晶体三极管；共射极放大电路；输入阻抗与输出阻抗；射极跟随器与阻抗变换；运算放大器；反相运算放大电路；同相运算放大电路；基于运算放大器的比较器电路；二极管单相半波整流电路；二极管单相桥式整流电路。

7.6　数字电子技术

与、或、非门的逻辑功能；简单组合逻辑电路；D 触发器；JK 触发器数字寄存器；脉冲计数器。

7.7　计算机系统

计算机系统组成；计算机的发展；计算机的分类；计算机系统特点；计算机硬件系统组成；CPU；存储器；输入/输出设备及控制系统；总线；数模/模数转换；计算机软件系统组成；系统软件；操作系统；操作系统定义；操作系统特征；操作系统功能；操作系统分类；支撑软件；应用软件；计算机程序设计语言。

7.8　信息表示

信息在计算机内的表示；二进制编码；数据单位；计算机内数值数据的表示；计算机内非数值数据的表示；信息及其主要特征。

7.9　常用操作系统

Windows 发展；进程和处理器管理；存储管理；文件管理；输入/输出管理；设备管理；网络服务。

7.10　计算机网络

计算机与计算机网络；网络概念；网络功能；网络组成；网络分类；局域网；广域网；因特网；网络管理；网络安全；Windows 系统中的网络应用；信息安全；信息保密。

III.工程管理基础

八、法律法规

8.1　中华人民共和国建筑法

总则；建筑许可；建筑工程发包与承包；建筑工程监理；建筑安全生产管理；建筑工程质量管理；法律责任。

8.2 中华人民共和国安全生产法

总则；生产经营单位的安全生产保障；从业人员的权利和义务；安全生产的监督管理；生产安全事故的应急救援与调查处理。

8.3 中华人民共和国招标投标法

总则；招标；投标；开标；评标和中标；法律责任。

8.4 中华人民共和国合同法

一般规定；合同的订立；合同的效力；合同的履行；合同的变更和转让；合同的权利义务终止；违约责任；其他规定。

8.5 中华人民共和国行政许可法

总则；行政许可的设定；行政许可的实施机关；行政许可的实施程序；行政许可的费用。

8.6 中华人民共和国节约能源法

总则；节能管理；合理使用与节约能源；节能技术进步；激励措施；法律责任。

8.7 中华人民共和国环境保护法

总则；环境监督管理；保护和改善环境；防治环境污染和其他公害；法律责任。

8.8 建设工程勘察设计管理条例

总则；资质资格管理；建设工程勘察设计发包与承包；建设工程勘察设计文件的编制与实施；监督管理。

8.9 建设工程质量管理条例

总则；建设单位的质量责任和义务；勘察设计单位的质量责任和义务；施工单位的质量责任和义务；工程监理单位的质量责任和义务；建设工程质量保修。

8.10 建设工程安全生产管理条例

总则；建设单位的安全责任；勘察设计工程监理及其他有关单位的安全责任；施工单位的安全责任；监督管理；生产安全事故的应急救援和调查处理。

九、工程经济

9.1 资金的时间价值

资金时间价值的概念；利息及计算；实际利率和名义利率；现金流量及现金流量图；资金等值计算的常用公式及应用；复利系数表的应用。

9.2 财务效益与费用估算

项目的分类；项目计算期；财务效益与费用；营业收入；补贴收入；建设投资；建设期利息；流动资金；总成本费用；经营成本；项目评价涉及的税费；总投资形成的资产。

9.3 资金来源与融资方案

资金筹措的主要方式；资金成本；债务偿还的主要方式。

9.4 财务分析

财务评价的内容；盈利能力分析（财务净现值、财务内部收益率、项目投资回收期、总投资收益率、项目资本金净利润率）；偿债能力分析（利息备付率、偿债备付率、资产负债率）；财务生存能力分析；财务分析报表（项目投资现金流量表、项目资本金现金流量表、利润与利润分配表、财务计划现金流量表）；基准收益率。

9.5 经济费用效益分析

经济费用和效益；社会折现率；影子价格；影子汇率；影子工资；经济净现值；经济内部收益率；经济效益费用比。

9.6 不确定性分析

盈亏平衡分析（盈亏平衡点、盈亏平衡分析图）；敏感性分析（敏感度系数、临界点、敏感性分析图）。

9.7 方案经济比选

方案比选的类型；方案经济比选的方法（效益比选法、费用比选法、最低价格法）；计算期不同的互斥方案的比选。

9.8 改扩建项目经济评价特点

改扩建项目经济评价特点。

9.9 价值工程

价值工程原理；实施步骤。

附录二

全国勘察设计注册工程师执业资格考试 公共基础试题配置说明

I.工程科学基础（共78题）

数学基础	24题	理论力学基础	12题
物理基础	12题	材料力学基础	12题
化学基础	10题	流体力学基础	8题

II.现代技术基础（共28题）

电气技术基础	12题	计算机基础	10题
信号与信息基础	6题		

III.工程管理基础（共14题）

工程经济基础	8题	法律法规	6题

注：试卷题目数量合计120题，每题1分，满分为120分。考试时间为4小时。

2022 全国勘察设计注册工程师
执 业 资 格 考 试 用 书

Yiji Zhuce Yiegou Gongchengshi Zhiye Zige Kaoshi
Jichu Kaoshi Shijuan

一级注册结构工程师执业资格考试
基础考试试卷

注册工程师考试复习用书编委会/编
曹纬浚/主编

人民交通出版社股份有限公司
北 京

内 容 提 要

本书收录有2009~2021年（2015年停考，下同）公共基础考试试卷（即基础考试上午卷），2008~2011年、2013年、2016~2021年专业基础考试试卷（即基础考试下午卷），每套试卷均参考实际考试试卷排版，并提供参考答案及详细解析。

本书配电子题库（有效期一年），考生可微信扫描封面“二维码”，登录“注考大师”在线学习，部分试题有视频解析。

本书适合参加2022年一级注册结构工程师执业资格考试基础考试的考生模拟练习，还可作为相关专业培训班的辅导资料。

图书在版编目（CIP）数据

2022一级注册结构工程师执业资格考试基础考试试卷/曹纬浚主编. -- 北京：人民交通出版社股份有限公司，2022.3

2022全国勘察设计注册工程师执业资格考试用书

ISBN 978-7-114-17784-2

I. ①2… II. ①曹… III. ①建筑结构－资格考试－习题集 IV. ①TU3-44

中国版本图书馆CIP数据核字（2021）第279553号

书　　名：2022一级注册结构工程师执业资格考试基础考试试卷
著 作 者：曹纬浚
责任编辑：刘彩云
责任印制：刘高彤
出版发行：人民交通出版社股份有限公司
地　　址：（100011）北京市朝阳区安定门外外馆斜街3号
网　　址：http：//www.ccpcl.com.cn
销售电话：（010）59757973
总 经 销：人民交通出版社股份有限公司发行部
经　　销：各地新华书店
印　　刷：北京市密东印刷有限公司
开　　本：889×1194　1/16
印　　张：51
字　　数：970千
版　　次：2022年3月　第1版
印　　次：2022年3月　第1次印刷
书　　号：ISBN 978-7-114-17784-2
定　　价：148.00元（含两册）

注册工程师考试复习用书

编　委　会

目　录

（专业基础）

2008年度全国勘察设计一级注册结构工程师

执业资格考试试卷

基础考试

（下）

二〇〇八年九月

应考人员注意事项

1. 本试卷科目代码为“2”，考生务必将此代码填涂在答题卡“科目代码”相应的栏目内，否则，无法评分。

2. 书写用笔：**黑色或蓝色钢笔、签字笔或圆珠笔**；

   填涂答题卡用笔：**黑色 2B 铅笔**。

3. 必须用书写用笔将工作单位、姓名、准考证号填写在答题卡和试卷相应的栏目内。

4. 本试卷由 60 题组成，每题 2 分，满分 120 分，本试卷全部为单项选择题，每小题的四个备选项中只有一个正确答案，错选、多选、不选均不得分。

5. 考生作答时，必须按**题号在答题卡上**将相应试题所选选项对应的**字母用 2B 铅笔涂黑**。

6. 在答题卡上书写与题意无关的语言，或在答题卡上作标记的，均按违纪试卷处理。

7. 考试结束时，由监考人员当面将试卷、答题卡一并收回。

8. 草稿纸由各地统一配发，考后收回。

单项选择题（共 60 题，每题 2 分。每题的备选项中只有一个最符合题意。）

1. 吸声材料的孔隙特征应该是：

A. 均匀而密闭　　B. 小而密闭

C. 小而连通、开口　　D. 大而连通、开口

2. 材料的软化系数是指：

A. 吸水率与含水率之比

B. 材料饱水抗压强度与干燥抗压强度之比

C. 材料受冻后抗压强度与受冻前抗压强度之比

D. 材料饱水弹性模量与干燥弹性模量之比

3. 水泥熟料矿物水化放热最大的是：

A. 硅酸三钙　　B. 硅酸二钙

C. 铁铝酸四钙　　D. 铝酸三钙

4. 抗冻等级是指混凝土 28d 龄期试件在吸水饱和后所能承受的最大冻融循环次数，其前提条件是：

A. 抗压强度下降不超过 5%，质量损失不超过 25%

B. 抗压强度下降不超过 10%，质量损失不超过 20%

C. 抗压强度下降不超过 20%，质量损失不超过 10%

D. 抗压强度下降不超过 25%，质量损失不超过 5%

5. 划分混凝土强度等级的依据是：

A. 混凝土的立方体试件抗压强度值

B. 混凝土的立方体试件抗压强度标准值

C. 混凝土的棱柱体试件抗压强度值

D. 混凝土的抗弯强度

6. 表明钢材超过屈服点工作时的可靠性的指标是：

A. 比强度　　B. 屈强比

C. 屈服强度　　D. 条件屈服强度

7. 花岗岩属于：

A. 火成岩　　B. 变质岩

C. 沉积岩　　D. 深成岩

8. 测站点 0 与观测目标A、B位置不变，如仪器高度发生变化，则观测结果将：

A. 水平角不变，竖直角改变

B. 水平角改变，竖直角不变

C. 水平角和竖直角都改变

D. 水平角和竖直角都不改变

9. 建筑场地较小时，采用建筑基线作为平面控制，其基线点数不应少于：

A. 2

B. 3

C. 4

D. 5

10. 在闭合导线和附合导线计算中，坐标增量闭合差的分配原则是：

A. 反符号平均分配

B. 按与边长成正比反符号分配

C. 按与边长成正比同符号分配

D. 按与坐标增量成正比反符号分配

11. 已知某地形图比例尺为 1：500，则该图的比例尺精度为：

A. 0.05mm

B. 0.1mm

C. 0.05m

D. 0.1m

12. 既反映地物的平面位置，又反映地面高低起伏状态的正射投影图称为：

A. 平面图

B. 断面图

C. 影像图

D. 地形图

13. 隐蔽工程在隐蔽以前，承包人应当通知发包人检查，发包人没有及时检查的，承包人可以：

A. 顺延工程日期，并有权要求赔偿停工、窝工等损失

B. 顺延工程日期，但应放弃其他要求

C. 发包人默认隐蔽工程质量可继续施工

D. 工期不变，建设单位承担停工、窝工等损失

14. 设计单位未按照工程建设强制性标准进行设计的，责令改正，并处罚款：

A. 5 万元以下

B. 5 万~10 万元

C. 10 万~30 万元

D. 30 万元以上

15. 建设工程勘察设计单位将所承揽的建设工程勘察设计转包的，责令改正，没收违法所得并处罚款为：

A. 合同约定的勘察、设计费 25%以上 50%以下

B. 合同约定的勘察、设计费 50%以上 75%以下

C. 合同约定的勘察、设计费 75%以上 100%以下

D. 合同约定的勘察、设计费 50%以上 100%以下

16. 《中华人民共和国合同法》规定了无效合同的一些条件，下列符合无效合同条件的是：

① 违反法律和行政法规合同；

② 采取欺诈胁迫等手段所签订的合同；

③ 代理人签订的合同；

④ 违反国家利益和社会公共利益的经济合同。

A. ①②③　　B. ②③④

C. ①③④　　D. ①②④

17. 具有“后退向下，强制切土”特点的单斗挖土机是什么挖土机？

A. 正铲　　B. 反铲

C. 抓铲　　D. 拉铲

18. 如图所示直径$d = 22$mm钢筋的下料长度为：

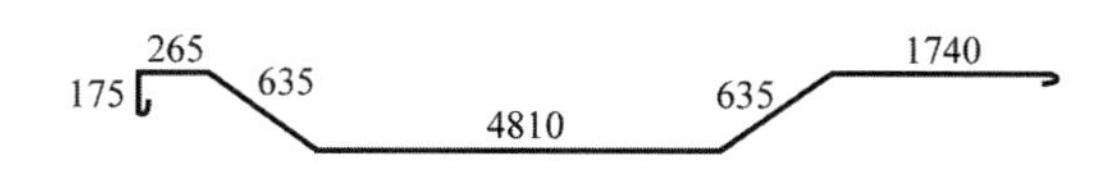

A. 8304　　B. 8348

C. 8392　　D. 8447

19. 某工程在评定混凝土强度质量时，其中两组试块的强度分别为 28.0、32.2、33.1 和 28.1、33.5、34.7，则这两组试块的强度代表值为：

A. 32.2；33.5　　B. 31.1；34.1

C. 31.1；32.1　　D. 31.1；33.5

20. 砖砌体工程中，设计要求的洞口尺寸超过多少时，应设置过梁或砌筑平拱？

A. 300mm　　B. 400mm

C. 500mm　　D. 600mm

21. 施工平面图设计时，首先要考虑的是：

A. 确定垂直运输机械的位置

B. 布置运输道路

C. 布置生产、生活用的临时设施

D. 布置搅拌站、材料堆场的位置

22. 在受拉构件中由于纵向拉力的存在，构件的抗剪能力为：

A. 难以确定

B. 降低

C. 提高

D. 不变

23. 进行钢筋混凝土构件变性和裂缝宽度验算时，应采用：

A. 荷载设计值，材料强度设计值

B. 荷载设计值，材料强度标准值

C. 荷载标准值，材料强度设计值

D. 荷载标准值，材料强度标准值

24. 对受扭构件中的箍筋，下列叙述正确的是：

A. 箍筋必须采用螺旋箍筋

B. 箍筋可以是开口的，也可以是封闭的

C. 箍筋必须封闭且焊缝连接，不得搭接

D. 箍筋必须封闭，且箍筋的端部应做成 135°的弯钩，弯钩末端的直线长度不应小于$10d$（d为箍筋直径）

25. 剪力墙结构房屋上所承受的水平荷载可以按各片剪力墙的什么刚度分配给各片剪力墙，然后分别进行内力和位移计算？

A. 等效抗弯刚度

B. 实际抗弯刚度

C. 等效抗剪刚度

D. 实际抗剪刚度

26. 一宽度为b，厚度为t的钢板上有一直径为d的孔，则钢板的净截面面积为：

A. $A_{\mathrm{n}} = b \times t - dt/2$

B. $A_{\mathrm{n}} = b \times t - \pi d^2 t/4$

C. $A_{\mathrm{n}} = b \times t - d \times t$

D. $A_{\mathrm{n}} = b \times t - \pi d$

27. 梯形屋架的端斜杆和受较大节间荷载作用的屋架上弦杆的合理截面形式是两个：

A. 等肢角钢十字相连

B. 不等肢角钢相连

C. 等肢角钢相连

D. 不等肢角钢长肢相连

28. 某杆件与节点板采用 22 个 M24 的螺栓连接，沿受力方向分两排按最小间距$3d_0$（d_0为孔径）排列，螺栓的承载力折减系数是：

A. 0.75　　　　B. 0.80

C. 0.85　　　　D. 0.90

29. 钢屋架跨中竖杆由双等肢角钢组成十字形截面杆件，计算该竖杆最大长细比λ_{max}时，其计算长度l_0等于：

A. $0.8l$（l为几何长度）

B. $0.9l$

C. l

D. $(0.75 + 0.25N_2/N_1)l$，且$\leqslant 0.5l$

30. 砖墙上有 1.5m 宽的门洞，门洞上设钢筋砖过梁，若过梁上墙高为 1.8m，则计算过梁上墙重时，应取墙体高：

A. 0.6m　　　　B. 0.5m

C. 1.8m　　　　D. 1.5m

31. 关于配筋砖砌体的概念，下列说法正确的是：

A. 轴向力的偏心若超过规定限值时，宜采用网状配筋的砌体

B. 网状配筋砌体的配筋率越大，砌体强度越高，应尽量增大配筋率

C. 网状配筋砌体的抗压强度较无筋砌体提高的主要原因是砌体配有钢筋，钢筋的强度较高，可与砌体共同承担压力

D. 由于砖砌体在轴向压力下，钢筋对砌体有横向约束作用，因而间接地提高了砖砌体的强度

32. 砌体房屋伸缩缝的间距与下列哪项无关？

A. 砌体的强度等级　　　　B. 砌体的类别

C. 屋盖或楼盖的类别　　　　D. 环境温差

33. 影响砌体结构房屋空间工作性能的主要因素是：

A. 圈梁和构造柱的设置是否符合要求

B. 屋盖、楼盖的类别及横墙的间距

C. 砌体所用块体和砂浆的强度等级

D. 外纵墙的高厚比和门窗开洞数量

34. 图示体系是几何：

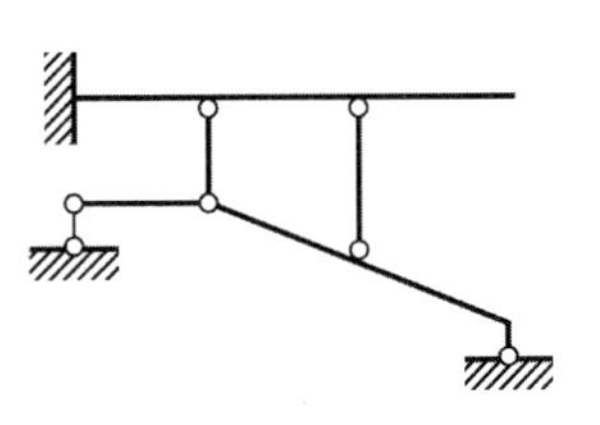

A. 可变的体系

B. 不变且无多余约束的体系

C. 瞬变的体系

D. 不变，有一个多余约束的体系

35. 若荷载作用在静定多跨梁的基本部分上，附属部分上无荷载作用，则：

A. 基本部分和附属部分均有内力

B. 基本部分有内力，附属部分无内力

C. 基本部分无内力，附属部分有内力

D. 不经计算无法判定

36. 图示结构A、B两点相对水平位移（以离开为正）为：

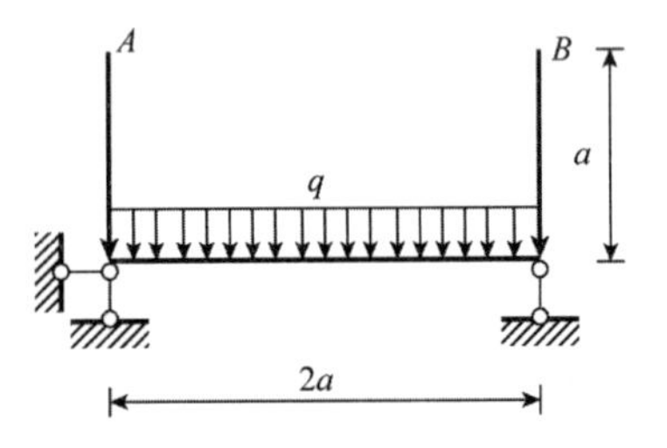

A. $-\frac{2qa^4}{3EI}$

B. $\frac{2qa^4}{3EI}$

C. $-\frac{2qa^4}{12EI}$

D. $\frac{2qa^4}{12EI}$

37. 图示梁C点的竖向位移为：

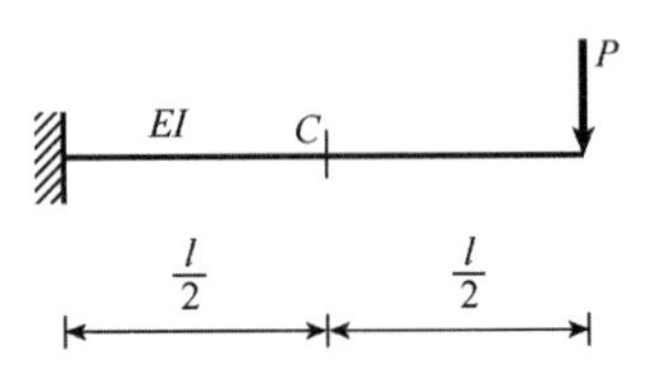

A. $\frac{5Pl^3}{48EI}$

B. $\frac{Pl^3}{6EI}$

C. $\frac{7Pl^3}{24EI}$

D. $\frac{3Pl^3}{8EI}$

38. 设a、b与φ分别为图示结构支座A发生的位移及转角，由此引起的B点水平位移（向左为正）Δ_{BH}为：

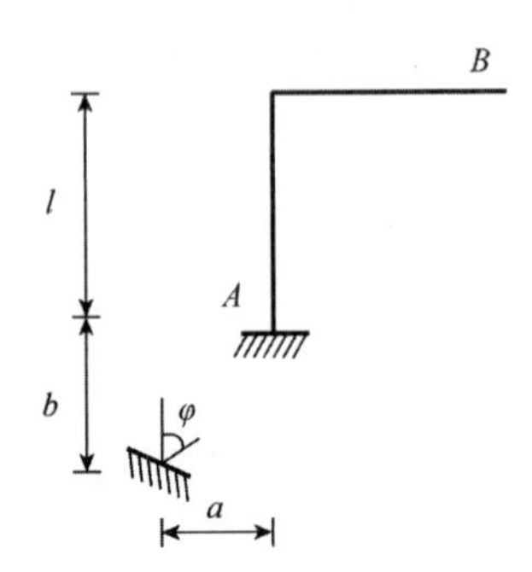

A. $l\varphi - a$

B. $l\varphi + a$

C. $a - l\varphi$

D. 0

39. 已知超静定梁支座反力$X_1 = 3qL/8$，则跨中央截面的弯矩值为：

A. $qL^2/8$（上侧受拉）

B. $qL^2/16$（下侧受拉）

C. $qL^2/32$（下侧受拉）

D. $qL^2/32$（上侧受拉）

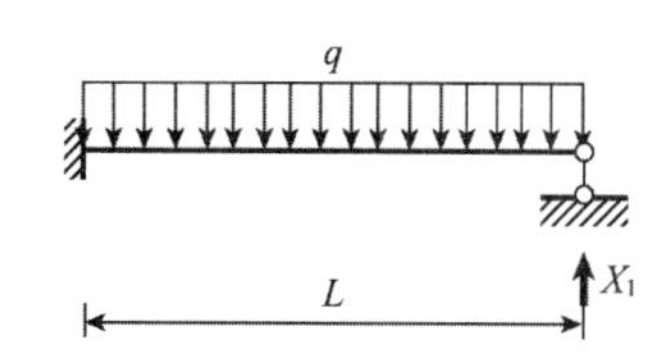

40. 图示为超静定桁架的基本结构及多余未知力$\overline{x}_1 = 1$作用下的各杆内力，EA为常数。则δ_{11}为：

A. $d(0.5 + 1.414)/(EA)$

B. $d(1.5 + 1.414)/(EA)$

C. $d(2.5 + 1.414)/(EA)$

D. $d(0.5 + 2.828)/(EA)$

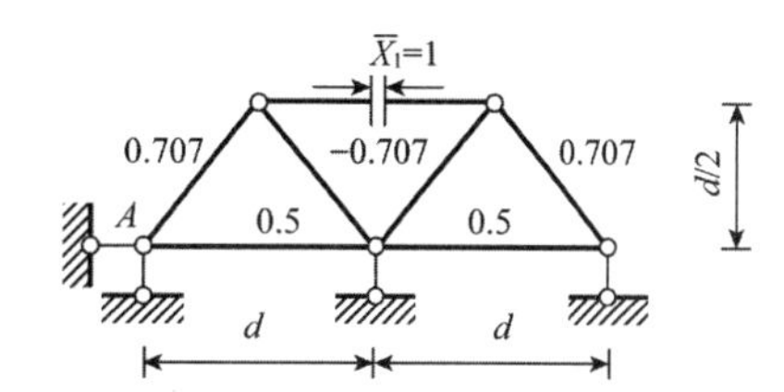

41. 当杆件AB的A端的转动刚度为$3i$时，则杆件的B端为：

A. 自由端

B. 固定端

C. 铰支端

D. 定向支座

42. 图示结构，各杆$EI = 13440\text{kN}\cdot\text{m}$，当支座$B$发生图示的支座移动时，节点$E$的水平位移为：

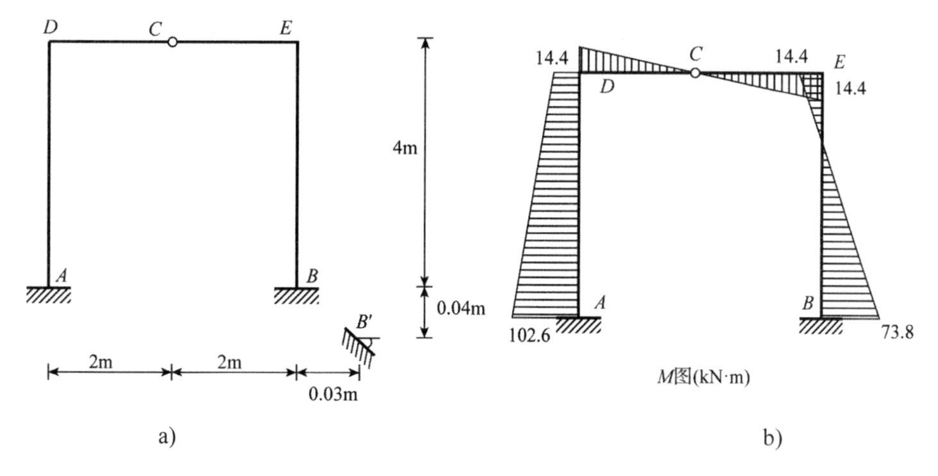

A. 4.357cm(→)

B. 4.357cm(←)

C. 2.643cm(→)

D. 2.643cm(←)

43. 图示结构按对称性在反对称荷载作用下的计算简图为：

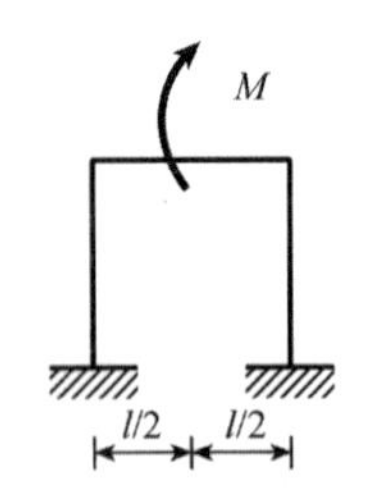

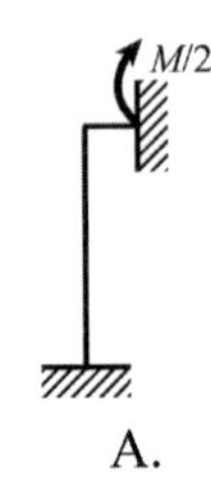

A.

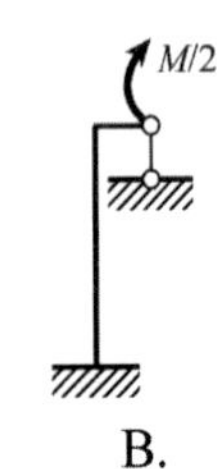

B.

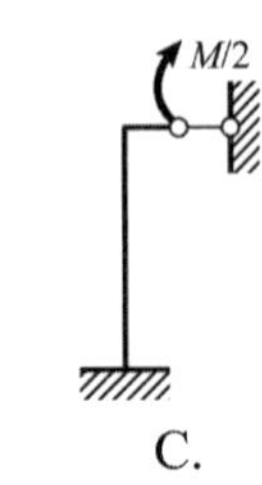

C.

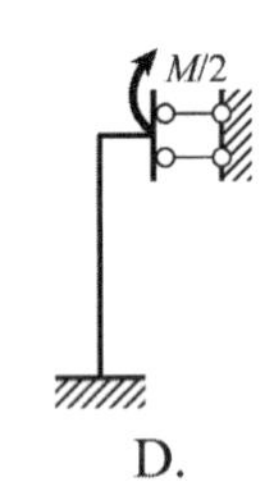

D.

44. 图示刚架各杆线刚度相同，则结点A的转角大小为：

A. $m_0/(9i)$

B. $m_0/(8i)$

C. $m_0/(11i)$

D. $m_0/(4i)$

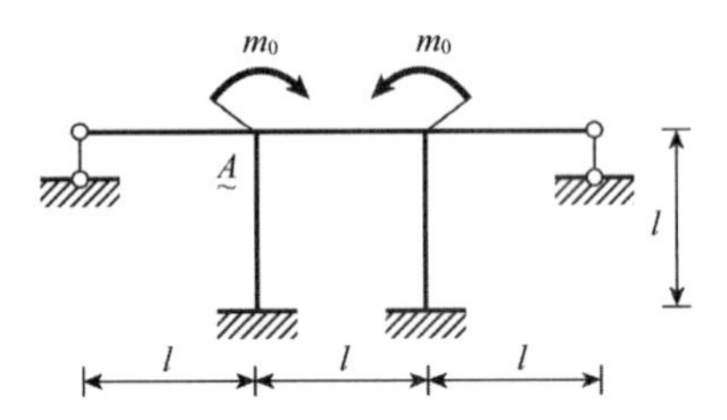

45. 图示连续梁，EI为常数，用力矩分配法求得结点B的不平衡力矩为：

A. $-20\text{kN}\cdot\text{m}$

B. $15\text{kN}\cdot\text{m}$

C. $-5\text{kN}\cdot\text{m}$

D. $5\text{kN}\cdot\text{m}$

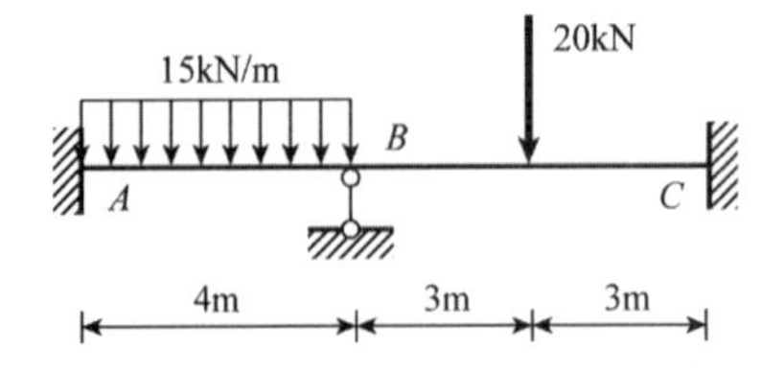

46. 图示梁在移动荷载作用下，使截面C的弯矩达到最大值的临界荷载为：

A. 50kN

B. 40kN

C. 60kN

D. 80kN

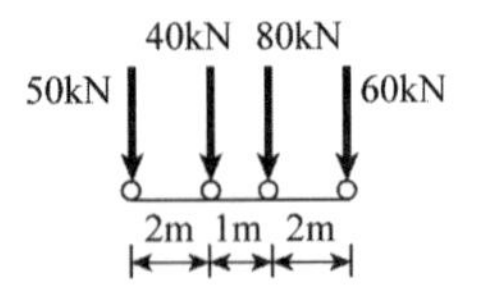

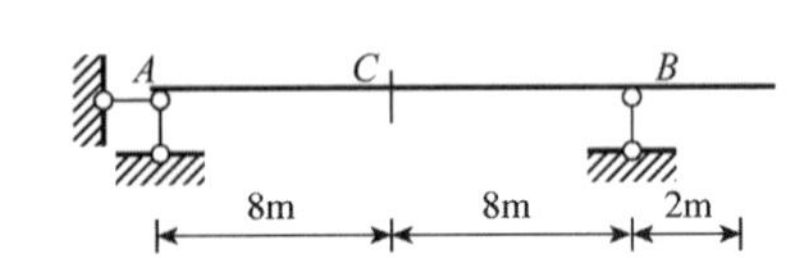

47. 结构自振周期T的物理意义是：

A. 每秒振动的次数cos

B. 干扰力变化一周所需秒数

C. 2π秒内振动的次数

D. 振动一周所需秒数

48. 无阻尼单自由度体系的自由振动方程的通解为$y(t)=C_1\sin(\omega t)+C_2\cos(\omega t)$，则质点的振幅为：

A. $y_{\max}=C_1$

B. $y_{\max}=C_2$

C. $y_{\max}=C_1+C_2$

D. $y_{\max}=\sqrt{C_1^2+C_2^2}$

49. 下列关于校核性测点的布置不正确的是：

A. 布置在零应力的位置

B. 布置在应力较大的位置

C. 布置在理论计算有把握的位置

D. 若为对称结构，一边布置测点，则另一边布置一些校核性测点

50. 下述选项不属于结构试验的加载制度所包含的内容的是：

A. 加载速度的快慢

B. 分级荷载的大小

C. 加卸载循环次数

D. 加载的方式

51. 下列选项不是试验模型和原型结构边界条件相似的要求的是：

A. 初始条件相似

B. 约束情况相似

C. 支承条件相似

D. 受力情况相似

52. 目前在结构的现场检测中较多采用非破损和半破损试验，下列属于半破损检测方法的是：

A. 回弹法

B. 表面硬度法

C. 钻芯法

D. 超声法

53. 下列关于加载速度对试件材料性能影响的叙述正确的是：

A. 钢筋的强度随加载速度的提高而提高

B. 混凝土的强度随加载速度的提高而降低

C. 加载速度对钢筋的强度和弹性模量没有影响

D. 混凝土的弹性模量随加载速度的提高而降低

54. 黏性土可根据什么进行工程分类?

A. 塑性　　B. 液性指数

C. 塑性指数　　D. 液性

55. 宽度为 3m 的条形基础，偏心距$e = 0.7\text{m}$，作用在基础底面的偏心竖向荷载$N = 1000\text{kN/m}$，则基底最大的压力为：

A. 700kPa　　B. 733kPa

C. 210kPa　　D. 833kPa

56. 某建筑物基础尺寸为 2m×2m，基础埋深为 2m，基底附加应力$p_0 = 100\text{kPa}$，则基础中心垂线上，离地面 4m 的附加应力为：

A. 10kPa　　B. 25kPa

C. 50kPa　　D. 33.6kPa

57. 下列图表中，不属于岩土工程勘察成果报告中应附的必要图件的是：

A. 工程地质柱状图　　B. 工程地质剖面图

C. 室内岩土试验成果图表　　D. 地下水等水位线图

58. 钻孔灌注桩是排土桩（不挤土），打入式预制桩是不排土桩（挤土），同一粉土地基中的这两根桩，一般情况下其桩的侧摩阻力：

A. 钻孔桩大于预制桩　　B. 钻孔桩小于预制桩

C. 钻孔桩等于预制桩　　D. 以上三种情况均有可能

59. 某四层砖混结构，承重墙下为条形基础，宽 1.2m，基础埋深 1m，上部建筑物作用于基础的荷载标准值为120kN/m^3，地基为淤泥质黏土，重度17.8kN/m，地基承载力特征值为 50kPa，淤泥质黏土的承载力深度修正系数$\eta_\text{d} = 1.0$，采用换土垫层法处理地基，砂垫层的压力扩散角为 30°，经验算砂垫层的厚度为 2m，已满足承载力要求，砂垫层宽度至少是：

A. 5m　　B. 3.5m

C. 2.5m　　D. 3.2m

60. 已知某工程基坑开挖深度$H = 5\text{m}$，$\gamma = 19\text{kN/m}^3$，$\varphi = 15°$，$c = 12\text{kPa}$，基坑稳定开挖坡角为：

A. 30°　　B. 60°

C. 64°　　D. 45°

2008 年度全国勘察设计一级注册结构工程师执业资格考试基础考试（下）试题解析及参考答案

1. 解　吸声材料要求具有较大而且连通、开口的孔隙。

答案：D

2. 解　材料软化系数是指材料吸水饱和的抗压强度与干燥抗压强度之比，是评价材料耐水性的指标，一般软化系数越大，耐水性越好。

答案：B

3. 解　水泥熟料矿物中水化放热量最大的是铝酸三钙，放热量最少的是硅酸二钙。

答案：D

4. 解　标准规定，混凝土的抗冻等级是指标准养护28d的立方体试件在水饱和后，进行冻融循环试验，抗压强度下降不超过25%，质量损失不超过5%时的最大冻融循环次数。

答案：D

5. 解　混凝土的强度等级是根据混凝土立方体试件抗压强度标准值划分的。

答案：B

6. 解　屈强比是指钢材屈服点与抗拉强度的比值，可以反映钢材使用时的可靠性和安全性。屈强比越大，钢材使用时的安全性越低，但是利用率越高。

答案：B

7. 解　岩石按照形成条件分为岩浆岩、沉积岩和变质岩。

岩浆岩又称火成岩，是地壳内熔融岩浆在地下或喷出地面后冷却结晶而成的岩石。在地壳深处生成的称为深成岩，如花岗岩；喷出地面后凝结而成的称为喷出岩，如玄武岩等。

沉积岩又称水成岩，是露出地表的各种岩石，在外力、地质作用下，经风化、搬运、沉积、压实、胶结等再造作用在地表及地表以下不太深的地方形成的岩石，如石灰岩、砂岩等。

变质岩是岩浆岩或沉积岩经过岩浆活动和构造运动，因高温高压而变质后形成的一类新岩石，如大理岩、片麻岩、石英岩等。

所以，花岗岩属于火成岩中的深成岩。

答案：D

8. 解　水平角是测站点 0 与观测目标A、B之间的连线在水平面上的投影所形成的角度，与仪器高度变化无关，故水平角不变。

竖直角是仪器中心和目标的连线与过仪器中心的水平线之间在竖直面上的投影所形成的角度，所以仪器高度变化，竖直角将发生改变。

答案：A

9. 解 采用建筑基线作为平面控制，基线布置应根据建筑物分布、场地地形和原有控制点的状况而定，基线点数不得少于3个。

答案：B

10. 解 闭合导线和附合导线计算中，坐标增量闭合差的分配原则是按与边长成正比例反符号分配。

答案：B

11. 解 地形图比例尺精度为图上0.1mm所代表的实地水平距离，故1∶500地形图的比例尺精度为$m = 500 \times 0.1 = 50\text{mm} = 0.05\text{m}$。

答案：C

12. 解 既反映地物的平面位置，又反映地面高低起伏状态的正射投影图称为地形图。

答案：D

13. 解 《中华人民共和国民法典》第七百九十八条，隐蔽工程在隐蔽以前，承包人应当通知发包人检查。发包人没有及时检查的，承包人可以顺延工程日期，并有权要求赔偿停工、窝工等损失。

答案：A（注：原《中华人民共和国合同法》已作废，现为《中华人民共和国民法典》第三编“合同”）

14. 解 《建设工程质量管理条例》第六十三条，违反本条例规定，有下列行为之一的，责令改正，处10万元以上30万元以下的罚款：

（一）勘察单位未按照工程建设强制性标准进行勘察的；

（二）设计单位未根据勘察成果文件进行工程设计的；

（三）设计单位指定建筑材料、建筑构配件的生产厂、供应商的；

（四）设计单位未按照工程建设强制性标准进行设计的。

答案：C

15. 解 《建设工程勘察设计管理条例》（2017修正版）第三十九条，违反本条例规定，建设工程勘察、设计单位将所承揽的建设工程勘察、设计转包的，责令改正，没收违法所得，处合同约定的勘察费、设计费25%以上50%以下的罚款，可以责令停业整顿，降低资质等级；情节严重的，吊销资质证书。

答案：A

16. 解 《中华人民共和国民法典》第一百六十一条，民事主体可以通过代理人实施民事法律行为。由此可见，“③代理人签订的合同”不一定是无效合同。

答案：D

17. 解 正铲挖土机的挖土特点是“前进向上，强制切土”；反铲挖土机的挖土特点是“后退向下，强制切土”；拉铲挖土机的挖土特点是“后退向下，自重切土”；抓铲挖土机（索具式）的挖土特点是“直上直下，自重切土”。

答案： B

18. 解 钢筋下料计算长度：

$$L = 外包尺寸 - 中间弯折量度差值 + 端部弯钩增加值$$

其中，中间弯折量度差值：一个 45°弯折取$0.5d$，一个 90° 弯折取$2d$。

端部弯钩增加值：一个 180°弯钩取$6.25d$。故：

$$\begin{aligned} L &= (175 + 265 + 635 + 4810 + 635 + 1740) - (4 \times 0.5d + 1 \times 2d) + 2 \times 6.25d \\ &= 8260 - 88 + 275 = 8447\text{mm} \end{aligned}$$

答案： D

19. 解 混凝土试块试压时，一组三个试件的强度取平均值为该组试件的混凝土强度代表值。当两个试件强度中的最大值或最小值之一与中间值之差超过 15%时，取中间值；若均超过 15％，则该组试件作废。

本题中，第一组：$(32.2 - 28.0)/32.2 = 13\%$，未超过 15%，取平均值为 31.1。

第二组：$(33.5 - 28.1)/33.5 = 16\%$，已超过 15%；$(34.7 - 33.5)/33.5 = 3.58\%$，未超过 15%，则取中间值为 33.5。

答案： D

20. 解 《砌体结构工程施工质量验收规范》（GB 50203—2011）第 3.0.11 条规定，设计要求的洞口应正确留出或预埋，不得打凿；宽度超过 300mm 的洞口上部，应设置钢筋混凝土过梁。

答案： A

21. 解 在单位工程施工平面图设计步骤中，首先应考虑垂直运输机械的位置，只有垂直运输机械的位置、起重半径控制范围确定了，才能布置运输道路及搅拌站、材料堆场，之后布置生产、生活用的临时设施及水电管网等。

答案： A

22. 解 拉应力的存在对截面的抗剪强度不利。

答案： B

23. 解 正常使用极限状态验算，荷载和材料强度均采用标准值。

答案： D

24. 解 《混凝土结构设计规范》（GB 50010—2010）第 9.2.10 条规定，受扭所需的箍筋应做成封闭式，且应沿截面周边布置；箍筋的末端应做成135°的弯钩，弯钩端头平直段长度不应小于$10d$（d为箍筋的直径）。

答案：D

25. 解 剪力墙结构所承受的水平荷载是按各片剪力墙的等效抗弯刚度进行分配的。

答案：A

26. 解 钢板的净截面面积为：$A_{\mathrm{n}} = b \times t - d \times t$。

答案：C

27. 解 梯形屋架的端斜杆，一般采用长肢相连的不等肢角钢或等肢角钢组成的T形截面；受较大节间荷载作用的屋架上弦杆，宜采用等肢角钢组成的T形截面。

答案：C

28. 解 《钢结构设计标准》（GB 50017—2017）第11.4.5条规定，在构件连接节点的一端，当螺栓沿轴向受力方向的连接长度l_1大于$15d_0$时（d_0为孔径），应将螺栓的承载力设计值乘以折减系数$1.1-\frac{l_1}{150d_0}$。每排11个螺栓，共两排，连接长度$l_1 = 10 \times 3d_0 = 30d_0$，则折减系数为：

$$1.1-\frac{l_1}{150d_0}=1.1-\frac{30d_0}{150d_0}=0.9$$

答案：D

29. 解 双等肢角钢组成的十字形截面杆件，因截面两主轴均不在桁架平面内，有可能在斜平面失稳，因此其计算长度略作折减。见《钢结构设计标准》（GB 50017—2017）第7.4.1条表7.4.1-1注2。

答案：B

30. 解 《砌体结构设计规范》（GB 50003—2011）第7.2.2条第2款规定，对砖砌体，当过梁上的墙体高度$h_{\mathrm{w}} < l_{\mathrm{n}}/3$（$l_{\mathrm{n}}$为过梁净跨）时，墙体荷载应按墙体的均布自重采用，否则应按高度为$l_{\mathrm{n}}/3$墙体的均布自重采用。

答案：B

31. 解 网状配筋砌体中，砌体纵向受压，网状钢筋横向受拉，相当于对砌体横向加压，使砌体处于三向受力状态，间接提高了砌体的承载能力；但网状钢筋横向受拉，并不与砌体共同承担压力。偏心受压构件中，随着荷载偏心距的增大，钢筋网的作用逐渐减弱；钢筋网配置过少，将不能起到增强砌体强度的作用，但也不宜配置过多，《砌体结构设计规范》（GB 50003—2011）第8.1.3条第1款规定，网状配筋砖砌体中的体积配筋率不应小于0.1%，并不应大于1%。

答案：D

32. 解 根据《砌体结构设计规范》（GB 50003—2011）第6.5.1条表6.5.1，砌体房屋伸缩缝的间距与砌体的强度等级无关。

答案：A

33. 解 根据《砌体结构设计规范》(GB 50003—2011)第4.2.4条表4.2.4，影响砌体结构房屋空间工作性能的主要因素是屋盖或楼盖的类别及横墙的间距。

答案：B

34. 解 去掉左下边的二元体。水平杆与基础刚接组成一刚片(包括下边基础)，与斜折杆刚片用一铰二杆(不过铰)连接，组成有一个多余约束的几何不变体系。

答案：D

35. 解 基本部分上的荷载只使基本部分受力，这是静定结构的基本性质。

答案：B

36. 解 按求位移的单位荷载法，作解图，应用图乘法可得：

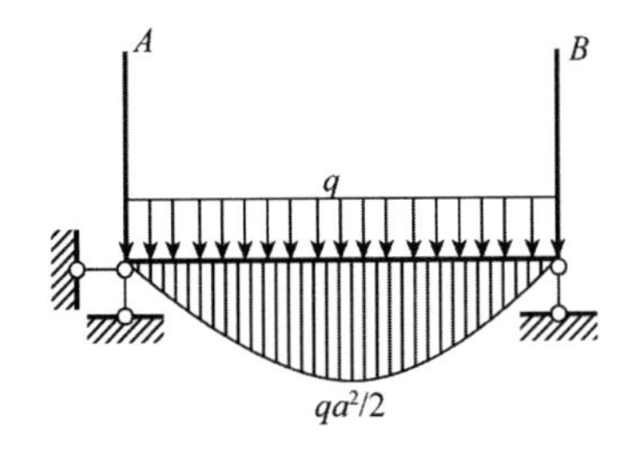

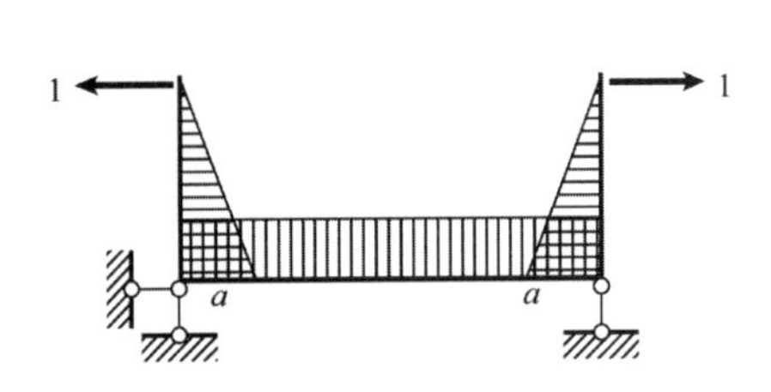

题36解图

$$\Delta_{AB}=-\frac{1}{EI}\left(\frac{2}{3}\frac{qa^2}{2}2a\right)a=-\frac{2qa^4}{3EI}$$

答案：A

37. 解 按求位移的单位荷载法，作解图，应用图乘法可得：

$$\Delta_C=\frac{1}{EI}\left(\frac{1}{2}\frac{l}{2}\frac{l}{2}\right)\left(\frac{5}{6}Pl\right)=\frac{5Pl^3}{48EI}\quad(\downarrow)$$

答案：A

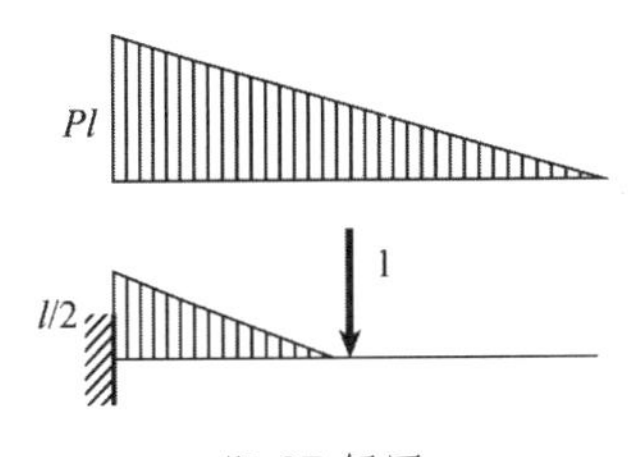

题37解图

38. 解 由几何关系可以判断为$a-l\varphi$。或根据求位移的公式计算，作解图，得：

$$\Delta_{BH}=-\Sigma\bar{R}c=-(-1\times a+l\varphi)=a-l\varphi$$

答案：C

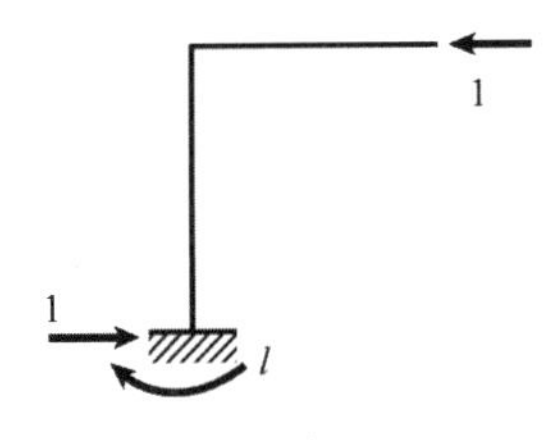

题38解图

39. 解 由右半跨隔离体对跨中央截面取矩，可得：

$$M_{中}=\frac{3qL}{8}\frac{L}{2}-q\frac{L}{2}\frac{L}{4}=\frac{qL^2}{16}(下侧受拉)$$

答案：B

40. 解 按求柔度系数的公式计算：

$$\delta_{11}=\sum\frac{\overline{N}_1^2 l}{EA}=\frac{1}{EA}\left[4\times\left(0.707^2\times\sqrt{2}\frac{d}{2}\right)+2\times(0.5^2 d)+1^2 d\right]$$
$$=\frac{1}{EA}\left(\sqrt{2}+0.5+1\right)d$$

答案：B

41. 解 由位移法中的形常数可知，远端铰支时近端转动刚度为$3i$。

答案：C

42. 解 应用求位移的单位荷载法，见解图。

$$\Delta_{\mathrm{EH}}=\frac{1}{13440}\left(\frac{1}{2}\times 4\times 4\right)\left(\frac{1}{3}\times 14.4-\frac{2}{3}\times 73.8\right)-(-1\times 0.03-4\times 0.01)$$
$$=0.04357\mathrm{m}=4.357\mathrm{cm}$$

答案：A

题 42 解图

43. 解 按对称结构承受反对称荷载取半结构的简化规则，选 B。

答案：B

44. 解 利用对称性，应用位移法，截取结点A平衡（见解图），得：

$$(3+4+2)i\theta_{\mathrm{A}}=m_0$$

故

$$\theta_{\mathrm{A}}=\frac{m_0}{9i}$$

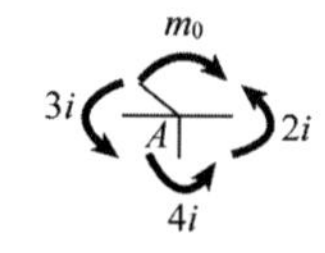

题 44 解图

答案：A

45. 解 结点的不平衡力矩为交于该结点各杆端固定端弯矩之代数和。

$$M_{\mathrm{B}}=\frac{15\times 4^2}{12}-\frac{20\times 6}{8}=5\mathrm{kN\cdot m}$$

答案：D

46. 解 截面C的弯矩影响线为三角形，见解图。其临界荷载应满足放在顶点哪边，则那边的平均荷载大，据此可选定为 80kN。

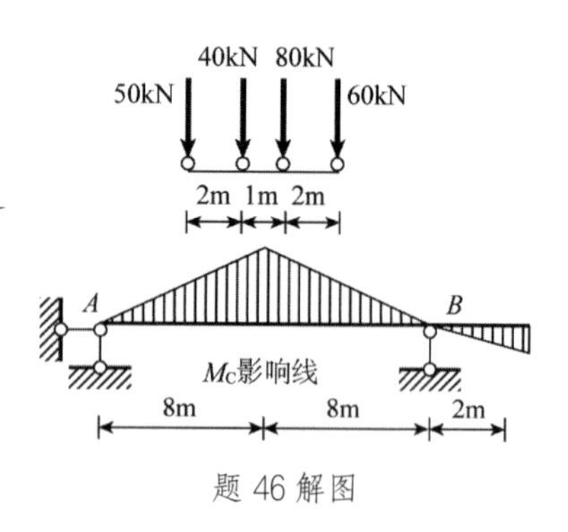

题 46 解图

答案：D

47. 解 周期的定义为振动一个循环所需的时间。

答案：D

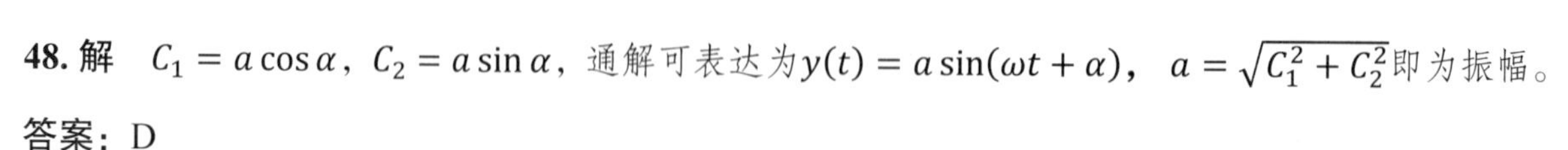

48. 解 $C_1=a\cos\alpha$，$C_2=a\sin\alpha$，通解可表达为$y(t)=a\sin(\omega t+\alpha)$，$a=\sqrt{C_1^2+C_2^2}$即为振幅。

答案：D

49. 解 由于偶然因素，可能会使部分仪器、仪表工作不正常或发生故障，影响数据的可靠性。校核性测点，一方面可验证观测结果的可靠性，也可作为正式试验数据。校核性测点应布置在应力（或变形）较大的位置，也可以是零应力点；对于对称结构，通常在一侧布置基本测点，在另一侧布置一定数量的校核性测点。

答案：C

50. 解 采用何种方式进行加载不属于结构试验的加载制度范畴。

答案：D

51. 解 边界条件相似要求模型和原型在外界接触区域内，支承条件相似、约束情况相似以及边界上的受力情况相似。

答案：A

52. 解 回弹法也就是表面硬度法，混凝土的强度越高，表面硬度越大，测得的回弹值也越大。超声法通过测量超声波在混凝土中的传播速度来评定混凝土的强度。混凝土强度与其弹性模量、密实度等密切相关，而超声波在其中的传播速度与这些参数有关。回弹法和超声法均属于非破损检测方法。

钻芯法是在混凝土结构有代表性部位钻取芯样，经加工后进行物理、力学性能的试验测定和分析，属于半破损检测方法。

答案：C

53. 解 随着加载速度的提高，钢筋和混凝土的强度、弹性模量均会提高。

答案：A

54. 解 黏性土按照塑性指数分类，塑性指数是反映黏性土可塑性大小的指标。

液性指数是反映黏性土的物理状态指标。

答案：C

55. 解 条形基础的偏心距$e=0.7\mathrm{m}>\frac{b}{6}=\frac{3}{6}=0.5\mathrm{m}$，为大偏心受力，基地反力按三角形重分布计算。根据《建筑地基基础设计规范》（GB 50007—2011），假设条形基础底边的长度取1m，则

$$P_{\max}=\frac{2N}{3(0.5b-e)}=\frac{2\times1000}{3\times(0.5\times3-0.7)}=833\mathrm{kPa}$$

答案：D

56. 解 **方法**1：计算方形面积（基础尺寸为2m×2m）均布荷载作用，中点下2m处（计算附加应力，z从基底面向下起算）的附加应力。根据$l/b=2/2=1$，$z/b=2/2=1$查表，有矩形面积均布荷载作用中心点以下 2m 处的附加应力系数为$\alpha=0.336$，则方形基础中点下 2m 的附加应力为$p_z=0.336\times100=33.6\mathrm{kPa}$。

方法2：大方形基础面积均布荷载作用中心点以下2m处附加应力可视为4个小方形面积（1m×1m）均布荷载作用角点下2m处附加应力的和，据已知：$l/b=1/1=1$，$z/b=2/1=2$查表，则小方形面积角点下附加应力系数为：$\alpha=0.084$，大方形面积中点下 2m 的附加应力为$p_z=4\times0.084\times100=$

33.6kPa。

答案：D

57. 解 工程地质柱状图、工程地质剖面图、室内岩土试验成果图表是岩土工程勘察报告中的三项主要内容。

答案：D

58. 解 一般不排土（挤土）桩，土对桩的摩阻力大于排土（不挤土）桩土对桩的摩阻力。因此在同一种土中，土对钻孔桩的侧摩阻力小于土对预制桩的侧摩阻力。

答案：B

59. 解 由题意知，当砂垫层的厚度为2m时，已满足承载力要求。按应力扩散角$\theta = 30°$计算砂垫层宽度$B' = B + 2d\tan\theta = 1.2 + 2 \times 2 \times \tan 30° = 3.5\text{m}$。

答案：B

60. 解 根据泰勒图解法计算：

$$N_s = \frac{\gamma H}{c} = \frac{19 \times 5}{12} = 7.92$$

查图可知，$\beta \approx 64^{\circ}$。

答案：C

2009年度全国勘察设计一级注册结构工程师

执业资格考试试卷

基础考试

（下）

二〇〇九年九月

应考人员注意事项

1. 本试卷科目代码为“2”，考生务必将此代码填涂在答题卡“科目代码”相应的栏目内，否则，无法评分。

2. 书写用笔：**黑色或蓝色钢笔、签字笔或圆珠笔**；

   填涂答题卡用笔：**黑色 2B 铅笔**。

3. 必须用书写用笔将工作单位、姓名、准考证号填写在答题卡和试卷相应的栏目内。

4. 本试卷由 60 题组成，每题 2 分，满分 120 分，本试卷全部为单项选择题，每小题的四个备选项中只有一个正确答案，错选、多选、不选均不得分。

5. 考生作答时，必须按**题号在答题卡上**将相应试题所选选项对应的**字母用 2B 铅笔涂黑**。

6. 在答题卡上书写与题意无关的语言，或在答题卡上作标记的，均按违纪试卷处理。

7. 考试结束时，由监考人员当面将试卷、答题卡一并收回。

8. 草稿纸由各地统一配发，考后收回。

单项选择题（共 60 题，每题 2 分。每题的备选项中只有一个最符合题意。）

1. 耐水材料的软化系数应大于：

A. 0.8　　B. 0.85

C. 0.9　　D. 1.0

2. 对于同一种材料，各种密度参数的大小排列为：

A. 密度>堆积密度>表观密度

B. 密度>表观密度>堆积密度

C. 堆积密度>密度>表观密度

D. 表观密度>堆积密度>密度

3. 石膏制品具有良好的抗火性，是因为：

A. 石膏制品可塑性好　　B. 石膏制品含大量结晶水

C. 石膏制品孔隙率大　　D. 石膏制品高温下不变形

4. 测定混凝土强度用的标准试件是：

A. 70.7mm×70.7mm×70.7mm

B. 100mm×100mm×100mm

C. 150mm×150mm×150mm

D. 200mm×200mm×200mm

5. 对混凝土抗渗性能影响最大的因素是：

A. 水灰比　　B. 骨料最大粒径

C. 砂率　　D. 水泥品种

6. 钢材经过冷加工、时效处理后，性能发生的变化是：

A. 屈服点和抗拉强度提高，塑性和韧性降低

B. 屈服点降低，抗拉强度、塑性和韧性提高

C. 屈服点提高，抗拉强度、塑性和韧性降低

D. 屈服点降低，抗拉强度提高，塑性和韧性降低

7. 下列石材中，属于人造石材的是：

A. 毛石　　B. 料石

C. 石制品　　D. 铸石

8. 工程测量中所使用的光学经纬仪的度盘刻画注记形式为：

A. 水平度盘均为逆时针注记

B. 竖直度盘均为逆时针注记

C. 水平度盘均为顺时针注记

D. 竖直度盘均为顺时针注记

9. M点高程$H_{\mathrm{m}} = 43.251\mathrm{m}$，测得后视读数$a = 1.000\mathrm{m}$，前视读数$b = 2.283$。则视线高$H_i$和待求点$N$的高程分别为：

A. 45.534m，43.251m

B. 44.251m，41.968m

C. 40.968m，38.685m

D. 42.251m，39.968m

10. 山脊的等高线为一组：

A. 凸向高处的曲线

B. 凸向低处的曲线

C. 垂直于山脊的平行线

D. 间距相等的平行线

11. 在 1∶500 的地形图上，量得某直线AB的水平距离$d = 50.5\mathrm{mm}$，$m_{\mathrm{d}} = \pm 0.2\mathrm{mm}$，$AB$的实地距离可按公式$s = 500d$进行计算，则$s$的误差$m_{\mathrm{s}}$等于：

A. $\pm$0.1mm　　B. $\pm$0.2mm

C. $\pm$0.05mm　　D. $\pm$0.1m

12. 水准管分划值的大小与水准管纵向圆弧半径的关系是：

A. 成正比　　B. 成反比

C. 无关　　D. 成平方比

13. 下列有关“要约”的说法，错误的是：

A. 要约邀请是希望他人向自己发出要约的表示

B. 拍卖公告、招标公告、招股说明书等为要约邀请

C. 商业广告和宣传的内容符合要约条件的，构成要约

D. 要约一经发出，不可以撤回或撤销

14. 国家编制土地利用总体规划，规定土地的用途，将土地分为：

①基本农田用地；②农用地；③建设用地；④预留用地；⑤未利用地。

A. ①②③④⑤　　B. ②③④

C. ③④⑤　　D. ②③⑤

15. 根据建设项目环境保护设计规定，环保设施与主体工程的关系为：

A. 先后设计、施工、投产

B. 同时设计，先后施工、投产

C. 同时设计，施工、先后投产

D. 同时设计、施工、投产

16. 一级注册结构工程师因从事勘察设计或者相关业务受到刑事处罚，自刑事处罚执行完毕之日起至申请注册之日止不满多少年的不予注册：

A. 2　　B. 3　　C. 4　　D. 5

17. 按照施工方法的不同，桩基础可以分为：

①灌注桩；②摩擦桩；③钢管桩；④预制桩；⑤端承桩。

A. ①④　　B. ②⑤

C. ①③⑤　　D. ③④

18. 在模板和支架设计计算中，对梁模板的底板进行强度（承载力）计算时，其计算荷载应为：

A. 模板及支架自重、新浇筑混凝土的重量、钢筋重量、施工人员和浇筑设备、混凝土堆积料的重量

B. 模板及支架自重、新浇筑混凝土的重量、钢筋重量、倾倒混凝土时产生的荷载

C. 模板及支架自重、新浇筑混凝土的重量、钢筋重量、施工人员及施工设备产生的荷载

D. 新浇筑混凝土的侧压力、振捣混凝土时产生的荷载

19. 混凝土搅拌时间的确定与下列哪几项有关？

①混凝土的和易性；②搅拌机的型号；③用水量的多少；④骨料的品种。

A. ①②④　　B. ②④

C. ①②③　　D. ①③④

20. 砖砌体的砌筑时应做到“横平竖直，砂浆饱满，组砌得当，接搓可靠”，那么砖墙水平灰缝砂浆饱满度应不小于：

A. 80%　　B. 85%　　C. 90%　　D. 95%

21. 某工程双代号网络图如图所示，则工作①→③的局部时差为：

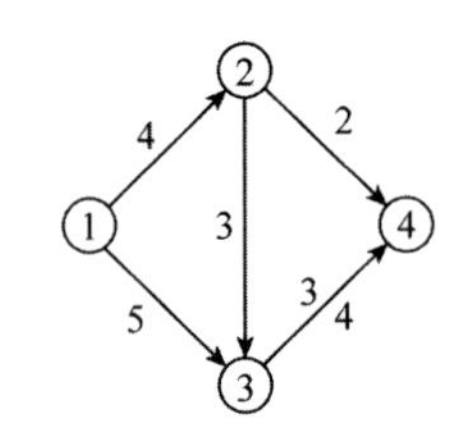

A. 1d

B. 2d

C. 3d

D. 4d

22. 钢筋混凝土梁的受拉区边缘达到下列哪项时，受拉区开始出现裂缝？

A. 混凝土的实际抗拉强度

B. 混凝土的抗拉强度标准值

C. 混凝土的抗拉强度设计值

D. 混凝土弯曲时的极限拉应变

23. 对于一般的工业与民用建筑钢筋混凝土构件，延性破坏时的可靠指标β为：

A. 2.7　　B. 3.7　　C. 3.2　　D. 4.2

24. 下列选项属于承载能力极限状态的是：

A. 连续梁中间支座产生塑性铰

B. 裂缝宽度超过规定限值

C. 结构或构件作为刚体失去平衡

D. 预应力构件中混凝土的拉应力超过规范限值

25. 关于受扭构件的抗扭纵筋的说法，下列选项不正确的是：

A. 在截面的四角必须设抗扭纵筋

B. 应尽可能均匀地沿截面周边对称布置

C. 抗扭纵筋间距不应大于 200mm，也不应大于截面短边尺寸

D. 在截面的四角可以设抗扭纵筋也可以不设抗扭纵筋

26. 当屋架杆件在风吸力作用下由拉杆变为压杆时，其允许长细比为：

A. 100　　B. 150

C. 250　　D. 350

27. 采用摩擦型高强度螺栓或承压型高强度螺栓的抗拉连接中，二者承载力设计值：

A. 相等　　B. 前者大于后者

C. 后者大于前者　　D. 无法确定大小

28. 承压型高强度螺栓比摩擦型高强度螺栓：

A. 承载力低，变形小　　B. 承载力高，变形大

C. 承载力高，变形小　　D. 承载力低，变形大

29. 计算图示压弯构件在弯矩作用平面内的稳定性时，等效弯矩系数β_{mx}应取何值进行计算：

A. 1.0

B. 0.85

C. $1-0.2N/N_{\mathrm{Ex}}'$

D. $0.65+0.4(0.35)M_2/M_1$

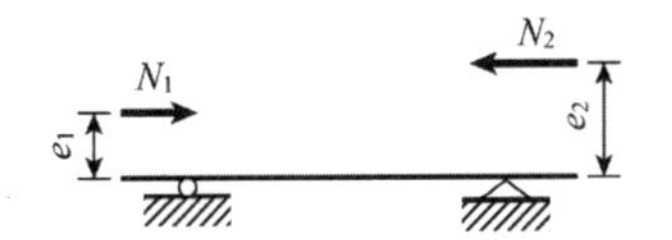

30. 处于局部受压的砌体，其抗压强度提高是因为：

A. 局部受压面积上的荷载小

B. 局部受压面积上的压应力不均匀

C. 周围砌体对局部受压砌体的约束作用

D. 荷载的扩散使局部受压面积上压应力减小

31. 刚性方案多层房屋的外墙，符合下列哪项要求时，静力计算可不考虑风荷载的影响：

①屋面自重不小于 $0.8\mathrm{kN/m^2}$；

②基本风压值为 $0.4\mathrm{kN/m^2}$，层高≤4m，房屋的总高≤28m；

③洞口水平截面积不超过全截面面积的$2/3$；

④基本风压值为 $0.6\mathrm{kN/m^2}$，层高≤4m，房屋的总高≤18m。

A. ①②　　B. ①②③

C. ①②③④　　D. ①③④

32. 为防止或减轻砌体房屋顶层的裂缝，可采用的措施有：

①屋面设置保温隔热层；

②屋面保温或屋面刚性面层设置分隔缝；

③女儿墙设置构造柱；

④顶层屋面板下设置现浇钢筋混凝土圈梁；

⑤顶层和屋面采用现浇钢筋混凝土楼盖。

A. ①②③④　　B. ②③④⑤

C. ①③④⑤　　D. ①②④⑤

33. 在砌体结构抗震设计中，决定砌体房屋总高度和层数限制的因素是：

A. 砌体强度与高厚比

B. 砌体结构的静力计算方案

C. 砌体类别、最小墙厚、地震设防烈度及横墙的多少

D. 砌体类别与高厚比及地震设防烈度

34. 图示体系的几何内部组成是：

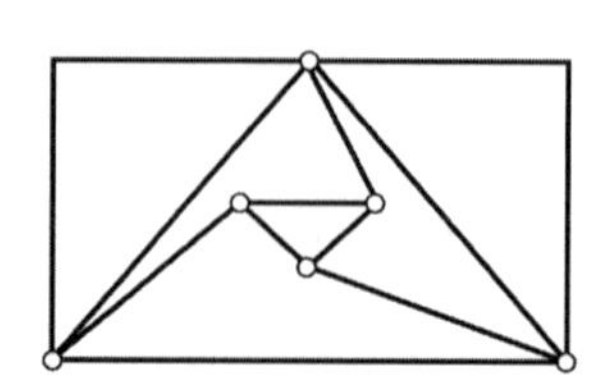

A. 不变，有两个多余约束的体系

B. 不变且无多余约束的体系

C. 瞬变体系

D. 有一个多余约束的体系

35. 图示结构中M_{CA}和Q_{CB}为：

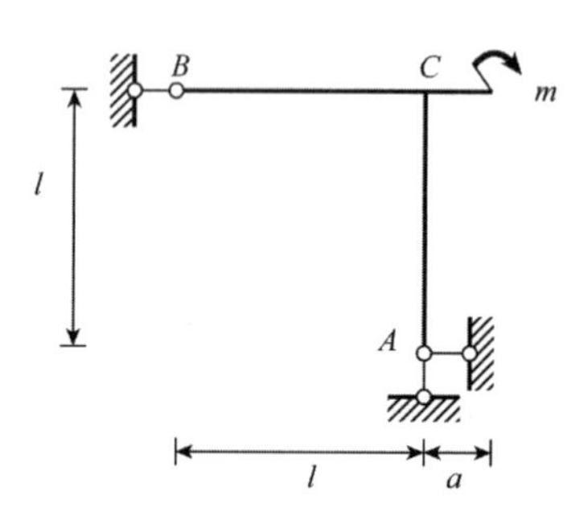

A. $M_{\mathrm{CA}}=0$，$Q_{\mathrm{CB}}=+m/l$

B. $M_{\mathrm{CA}}=m$(左边受拉)，$Q_{\mathrm{CB}}=0$

C. $M_{\mathrm{CA}}=0$，$Q_{\mathrm{CB}}=-m/l$

D. $M_{\mathrm{CA}}=m$(左边受拉)，$Q_{\mathrm{CB}}=-m/l$

36. 图示刚架支座A下移量为a，转角为α，则B端竖向位移：

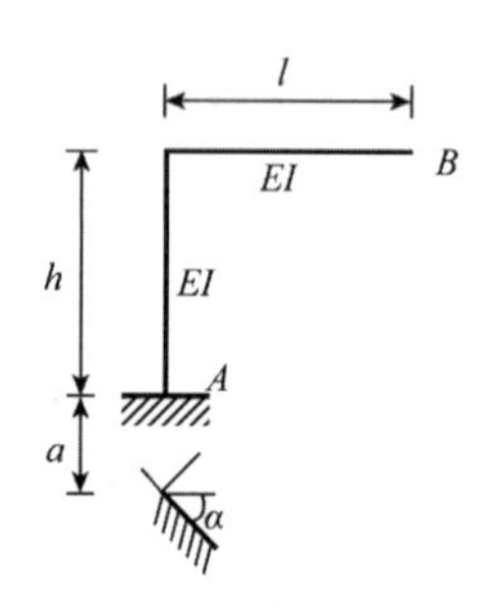

A. 与h、l、EI均有关

B. 与h、l有关，与EI无关

C. 与l有关，与h、EI均无关

D. 与EI有关，与h、l无关

37. 图示结构的超静定次数为：

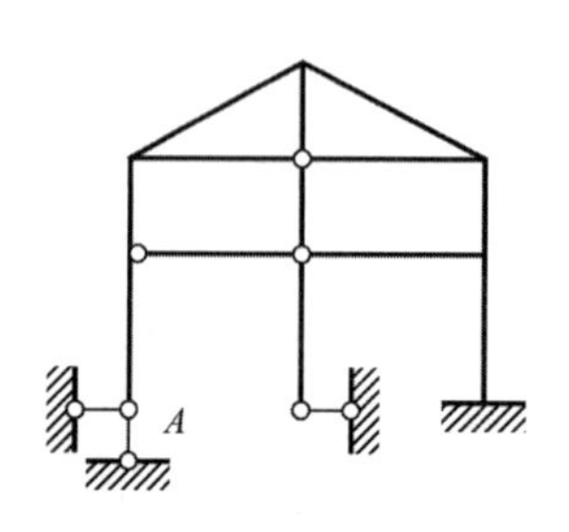

A. 10

B. 8

C. 6

D. 4

38. 力矩分配法中的传递弯矩为：

A. 固端弯矩

B. 分配弯矩乘以传递系数

C. 固端弯矩乘以传递系数

D. 不平衡力矩乘以传递系数

39. 位移法经典方程中主系数γ_{11}一定：

A. 等于零　　B. 大于零

C. 小于零　　D. 大于或等于零

40. 图示梁在给定移动荷载作用下，B支座反力的最大值为：

A. 110kN

B. 150kN

C. 80kN

D. 60kN

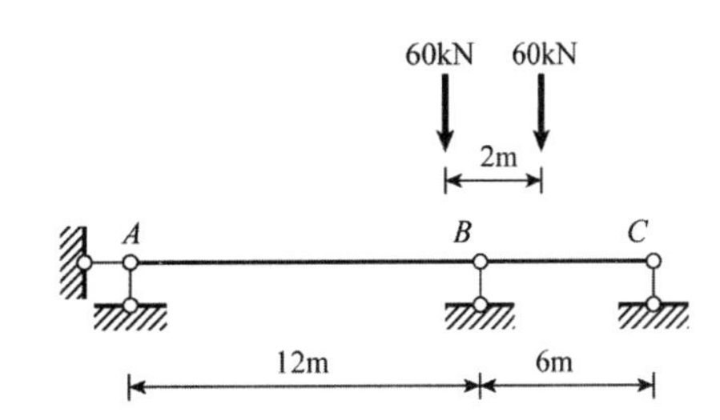

41. 图示结构EI为常数，用力矩分配法求得弯矩M_{BA}是：

A. $2\mathrm{kN}\cdot\mathrm{m}$

B. $-2\mathrm{kN}\cdot\mathrm{m}$

C. $8\mathrm{kN}\cdot\mathrm{m}$

D. $-8\mathrm{kN}\cdot\mathrm{m}$

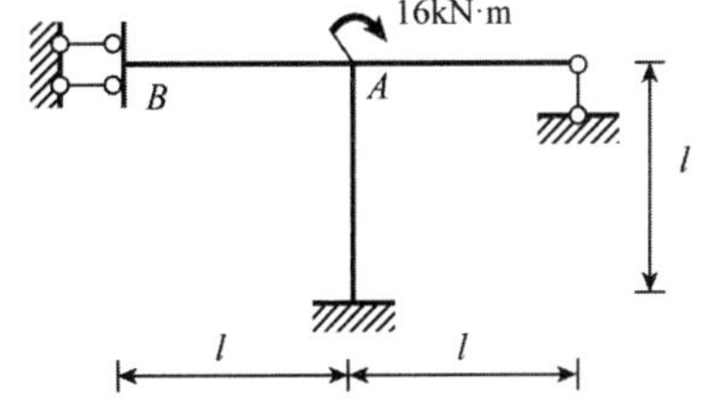

42. 图示结构中杆 1 的轴力为：

A. 0

B. $-ql/2$

C. $-ql$

D. $-2ql$

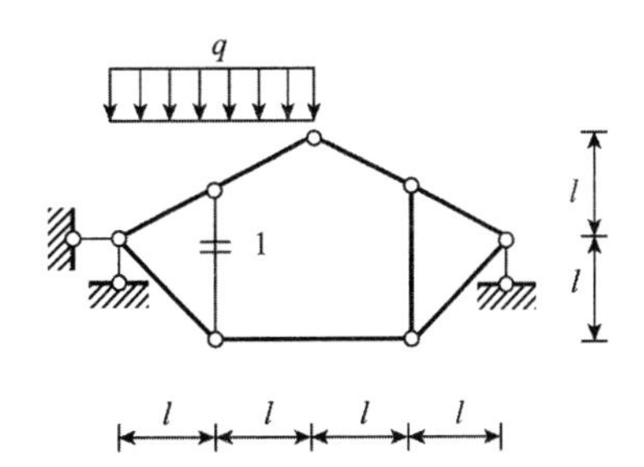

43. 位移法的应用需直接依赖于：

A. 力法

B. 结构类型为超静定

C. 确定的杆端位移与杆端内力之间的对应关系

D. 位移互等定理

44. 图示结构E为常数，在给定荷载作用下，若使支座A反力为零，则应使：

A. $I_2 = I_3$

B. $I_2 = 4I_3$

C. $I_2 = 2I_3$

D. $I_3 = 4I_2$

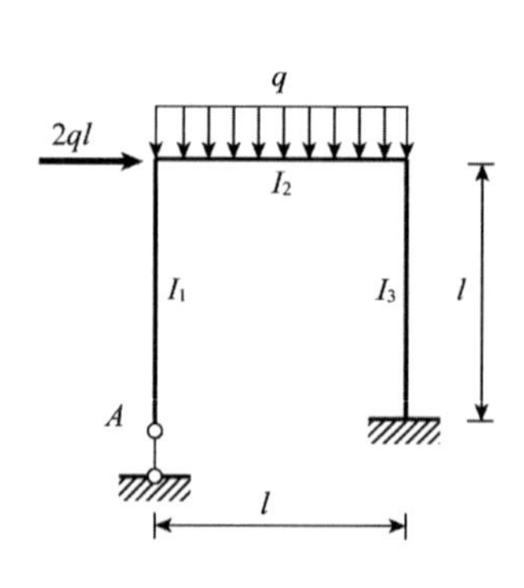

45. 图示结构用位移法计算时，最少的未知数为：

A. 1

B. 2

C. 3

D. 4

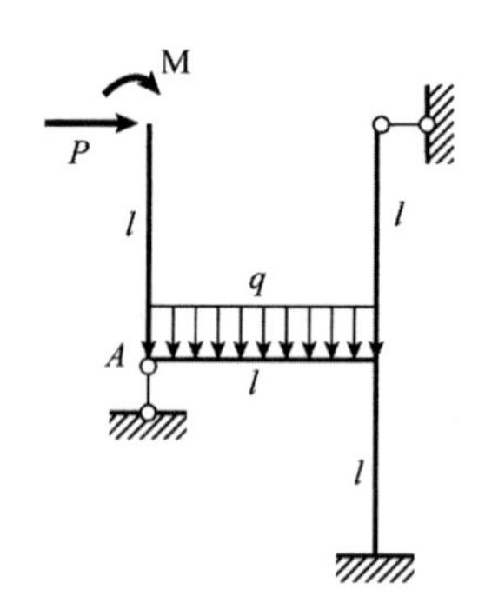

46. 图示结构弯矩正确的一组为：

A. $M_{\mathrm{BD}} = Ph/4$，$M_{\mathrm{AC}} = Ph/4$

B. $M_{\mathrm{BD}} = Ph/4$，$M_{\mathrm{AC}} = Ph/2$

C. $M_{\mathrm{BD}} = Ph/2$，$M_{\mathrm{AC}} = Ph/4$

D. $M_{\mathrm{BD}} = Ph/2$，$M_{\mathrm{AC}} = Ph/2$

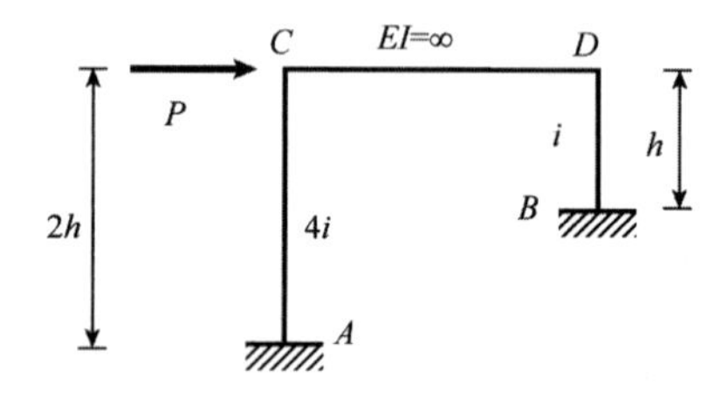

47. 用动平衡法进行动力分析时，其中惯性力是质点上：

A. 实际存在的真实力

B. 与质量无关的力

C. 与加速度无关的力

D. 与质量和加速度有关的假想力

48. 已知无阻尼单自由度体系的自振频率$\omega = 60\text{s}^{-1}$，质点的初位移$y_0 = 0.4\text{cm}$，初速度$v_0 = 15\,\text{cm/s}$，则质点的振幅为：

A. 0.65cm　　B. 4.02cm

C. 0.223cm　　D. 0.472cm

49. 钢筋混凝土预制板，计算跨度$L_0 = 3.3\text{m}$，板宽$b = 0.6\text{m}$，永久荷载标准值$g_\text{k} = 5.0\,\text{kN/m}^2$，可变荷载标准值$q_\text{k} = 2.0\,\text{kN/m}^2$，板自重$g = 2.0\,\text{kN/m}^2$，预制板检验时采用二集中力四分点加载，则承载力检验荷载设计值为：（其中$\gamma_\text{G} = 1.2$，$\gamma_\text{Q} = 1.4$）

A. 4.95kN　　B. 8.712kN

C. 6.732kN　　D. 5.049kN

50. 对于正截面出现裂缝的试验结构构件，不可采用下列哪项确定开裂荷载实测值？

A. 荷载-挠度曲线判断法。测定试验结构的最大挠度，取其荷载-挠度曲线上斜率首次发生突变时的荷载值，作为开裂荷载实测值

B. 连续布置应变计法。在截面受拉区最外层表面，沿受力主筋在拉应力最大区段的全长范围内连续搭接布置应变计监测应变值的发展，取应变计的应变增量有突变时的荷载作为开裂荷载实测值

C. 放大镜观察法。当加载过程中第一次出现裂缝时，应取前一级荷载值作为开裂荷载实测值

D. 放大镜观察法。当在规定的荷载持续时间即将结束前第一次出现裂缝时，应取本级荷载值作为开裂荷载实测值

51. 结构试验中，下列哪项装置可以用于施加均布荷载？

A. 反力架　　B. 卧梁

C. 分配梁　　D. 试验台

52. 选择量测仪器时，仪器的最大量程不低于最大被测量的：

A. 1.25 倍　　B. 2.0 倍

C. 1.5 倍　　D. 1.4 倍

53. 钢筋的锈蚀可以采用下列哪项检测？

A. 电磁感应法　　B. 回弹法

C. 超声脉冲法　　D. 电位差法

54. 某砂土土样的天然孔隙比为0.461，最大孔隙比为0.463，最小孔隙比为0.396，则该砂土的相对密实度为：

A. 0.300　　B. 0.881

C. 0.679　　D. 0.615

55. 单向偏心的矩形基础，当偏心距$e < L/6$（L为偏心一侧基底边长）时，基底压力分布图可简化为：

A. 三角形　　B. 梯形

C. 平行四边形　　D. 双曲线

56. 饱和黏土的抗剪强度指标：

A. 与排水条件有关　　B. 与排水条件无关

C. 与试验时的剪切速率无关　　D. 与土中孔隙水压力的变化无关

57. 在工程地质勘查中，采用什么方法可以直接观察地层的结构和变化？

A. 坑探　　B. 触探

C. 地球物理勘探　　D. 钻探

58. 土中某一点的应力状态为$\sigma_1 = 400\text{kPa}$，$\sigma_3 = 200\text{kPa}$，$c = 20\text{kPa}$，$\varphi = 20°$，则该点处于下列哪项情况？

A. 稳定状态　　B. 极限平衡状态

C. 无法判断　　D. 破坏状态

59. 下列关于桩的承载力的叙述，其中不恰当的一项是：

A. 桩的承载力与桩基截面的大小有关

B. 配置纵向钢筋的桩有一定的抗弯能力

C. 桩没有抗拔能力

D. 对于一级建筑物桩的竖向承载力应通过荷载试验来确定

60. 某碎石桩处理软黏土地基，已知土的承载力为 100kPa，碎石桩直径$d = 0.6\text{m}$，正方形布桩，间距$s = 1\text{m}$，桩土应力比$n = 5$，复合地基承载力为：

A. 212.8kPa　　B. 151.1kPa

C. 171.1kPa　　D. 120kPa

2009 年度全国勘察设计一级注册结构工程师执业资格考试基础考试（下）试题解析及参考答案

1. 解 软化系数大于 0.85 的材料为耐水材料。

答案：B

2. 解 密度是指材料在绝对密实状态单位体积（指材料固体体积，不包括材料内部孔隙体积）的质量，表观密度是指材料在自然状态下单位体积（包括材料内部孔隙体积）的质量，堆积密度是指散粒材料在堆积状态下单位体积（包括材料内部孔隙体积和颗粒间的空隙体积）的质量，所以对于同一种材料，各种密度参数的排列为：密度>表观密度>堆积密度。

答案：B

3. 解 石膏制品的主要成分是二水硫酸钙，在火灾时能释放出结晶水，在其表面形成水蒸气幕，进而阻止火势蔓延。

答案：B

4. 解 测定混凝土强度的标准试件尺寸为 150mm×150mm×150mm。

答案：C

5. 解 影响混凝土抗渗性能的主要因素是混凝土的密实度和孔隙特征。其中水灰比是影响混凝土密实度的主要因素。

答案：A

6. 解 钢材经过冷加工后，屈服点提高，抗拉强度不变，塑性、韧性和弹性模量降低；时效后屈服点和抗拉强度提高，塑性和韧性降低，弹性模量恢复。所以，钢材经过冷加工、时效处理后，屈服点和抗拉强度提高，塑性和韧性降低。

答案：A

7. 解 毛石、料石和石制品属于天然石材。铸石是采用天然岩石（玄武岩、辉绿岩等）或工业废渣（高炉矿渣、钢渣、铜渣、铬渣等）为主要原料，经配料、熔融、浇筑、热处理等工序制成的晶体排列规整、质地坚硬、细腻的非金属工业材料，属于人造石材。

答案：D

8. 解 光学经纬仪的度盘刻画注记形式为水平度盘均为顺时针注记，竖直度盘刻画形式有逆时针或顺时针注记两种形式。

答案：C

9. 解

视线高：$H_i = H_\mathrm{m} + a = 43.251 + 1.000 = 44.251\mathrm{m}$

N点高程：$H_\mathrm{N} = H_i - b = 44.251 - 2.283 = 41.968\mathrm{m}$

答案：B

10. 解 山脊的等高线为一组凸向低处的曲线。

答案：B

11. 解

$$s = 500d,\ \frac{\partial s}{\partial d} = 500$$

根据误差传播定律，得：

$$m_\mathrm{s} = \pm\sqrt{500^2 m_\mathrm{d}^2} = \pm 500 \times m_\mathrm{d} = \pm 100\mathrm{mm} = \pm 0.1\mathrm{m}$$

答案：D

12. 解 因为水准管分划值$\tau = \frac{2}{R}\rho''$，故水准管分划值的大小与水准管纵向圆弧半径成反比。

答案：B

13. 解 要约邀请是希望他人向自己发出要约的表示。拍卖公告、招标公告、招股说明书、债券募集办法、基金招募说明书、商业广告和宣传、寄送的价目表等为要约邀请。商业广告和宣传的内容符合要约条件的，构成要约。选项 A、B、C 均正确。

要约可以撤回或撤销，但要符合《中华人民共和国民法典》的规定，故选项 D 错误。

答案：D

14. 解 《中华人民共和国土地管理法》第四条，国家实行土地用途管制制度。国家编制土地利用总体规划，规定土地用途，将土地分为农用地、建设用地和未利用地。严格限制农用地转为建设用地，控制建设用地总量，对耕地实行特殊保护。

答案：D

15. 解 《中华人民共和国环境保护法》第四十一条，建设项目中防治污染的设施，应当与主体工程同时设计、同时施工、同时投产使用。防治污染的设施应当符合经批准的环境影响评价文件的要求，不得擅自拆除或者闲置。

答案：D

16. 解 依据《勘察设计注册工程师管理规定》第十六条，有下列情形之一的，不予注册：

（一）不具有完全民事行为能力的；

（二）因从事勘察设计或者相关业务受到刑事处罚，自刑事处罚执行完毕之日起至申请注册之日止不满 2 年的；

（三）法律、法规规定不予注册的其他情形。

答案：A

17. 解 基础桩按施工方法分为预制桩和灌注桩。

答案：A

18. 解 由《混凝土结构工程施工规范》（GB 50666—2011）第 4.3.7 条可知，在设计和验算梁模板的底面板强度时应考虑的荷载组合为：模板及支架自重、新浇筑混凝土的重量、钢筋重量、施工人员及施工设备产生的荷载。

答案：C

19. 解 根据《混凝土结构工程施工规范》（GB 50666—2011）表 7.4.4，混凝土搅拌时间的确定取决于搅拌机的机型（自落式、强制式）、搅拌机出料量（取决于搅拌机的型号）、混凝土的坍落度（体现了和易性，且与用水量紧密相关）。

答案：C

20. 解 《砌体结构工程施工规范》（GB 50924—2014）第 6.1.1 条规定，砖砌体水平灰缝和垂直灰缝的厚度控制在 8~12mm。第 6.2.13 条规定，砖墙的水平灰缝的砂浆饱满度不得小于 80%，砖柱的水平、竖向灰缝砂浆饱满度均不应小于 90%。

答案：A

21. 解 双代号网络计划中，某工作的局部时差（又称自由时差）等于其紧后工作最早开始时间的最小值减去本工作最早完成时间。经计算，工作①→③的紧后工作只有③→④，③→④的最早开始时间是 7d（取①→②加②→③=4d+3d=7d 与①→③=5d 两者中的大值），工作①→③的最早完成时间为 5d。故工作①→③的局部时差=紧后工作的最早开始时间−本工作的最早完成时间=7−5=2d。

答案：B

22. 解 根据钢筋混凝土受弯构件的受力特点，当受拉区混凝土达到其弯曲时的极限拉应变时开始出现裂缝。

答案：D

23. 解 根据《建筑结构可靠性设计统一标准》（GB 50068—2018）第 3.2.6 条表 3.2.6，安全等级为二级的延性破坏结构构件的可靠性指标为 3.2，脆性破坏结构构件为 3.7。

答案：C

24. 解 根据《建筑结构可靠性设计统一标准》（GB 50068—2018）第 4.1.1 条第 1 款 2），结构或构件作为刚体失去平衡属于承载能力极限状态。

答案：C

25. 解 《混凝土结构设计规范》(GB 50010—2010)第9.2.5条规定，沿截面周边布置受扭纵向钢筋的间距不应大于200mm及梁截面短边长度；除应在梁截面四角设置受扭纵向钢筋外，其余受扭纵向钢筋宜沿截面周边均匀对称布置。

答案：D

26. 解 《钢结构设计标准》(GB 50017—2017)第7.4.7条第4款规定，受拉构件在永久荷载与风荷载组合作用下受压时，其长细比不宜超过250。

答案：C

27. 解 在螺栓杆轴方向受拉的连接中，每个摩擦型高强度螺栓的承载力设计值为$N_t^b = 0.8P$(P为预拉力)，而承压型高强度螺栓承载力设计值的计算公式与普通螺栓相同，即$N_t^b = \frac{\pi d_e^2}{4} f_t^b$。两公式的计算结果相近，但并不完全相等。

答案：D

28. 解 摩擦型高强度螺栓抗剪连接中，当摩擦力被克服产生滑移即为达到承载能力极限状态。而当摩擦力被克服产生滑移，螺栓杆与被连接的孔壁接触后承压，即为承压型高强度螺栓，故其承载力高，变形大。

答案：B

29. 解 根据《钢结构设计标准》(GB 50017—2017)第8.2.1条第1款1)。图示为两端支承的构件，且无横向荷载作用，等效弯矩系数$\beta_{mx} = 0.65 + 0.4M_2/M_1$。

答案：D

30. 解 处于局部受压的砌体，周围砌体会对受压砌体产生约束作用，提高其抗压强度。

答案：C

31. 解 根据《砌体结构设计规范》(GB 50003—2011)第4.2.6条第2款，刚性方案多层房屋的外墙符合下列要求时，静力计算可不考虑风荷载的影响：①洞口水平截面面积不超过全截面面积的2/3。②屋面自重不小于0.8kN/m^2。③基本风压值为0.4kN/m^2，层高≤4m，房屋总高≤28m；或基本风压值为0.6kN/m^2，层高≤4m，房屋的总高≤18m。

答案：C

32. 解 根据《砌体结构设计规范》(GB 50003—2011)第6.5.2条，除⑤项外，其余均正确。

答案：A

33. 解 根据《砌体结构设计规范》(GB 50003—2011)第10.1.2条表10.1.2和第2款，决定多层砌体房屋层数和总高度限值的因素包括房屋类别、最小墙厚度、抗震设防烈度及横墙的多少。

答案：C

34. 解 体系内部，小铰接三角形与大铰接三角形用不交于一点的三链杆相连，组成内部几何不变体系且无多余约束。再加两边的折线杆件为多余约束。

答案：A

35. 解 由平衡条件可知BC杆各截面剪力、弯矩为零。由竖杆顶端截面之上隔离体平衡可知$M_{CA}=m$(左边受拉)。

答案：B

36. 解 此题为静定结构支座位移引起的刚体位移，与EI无关，据此可排除A、D选项。由几何关系可知，小位移时α角使水平杆有微小平移（αh）及转动（B端下沉αl），故B端竖向位移与l有关而与EI、h无关。可参照解图。

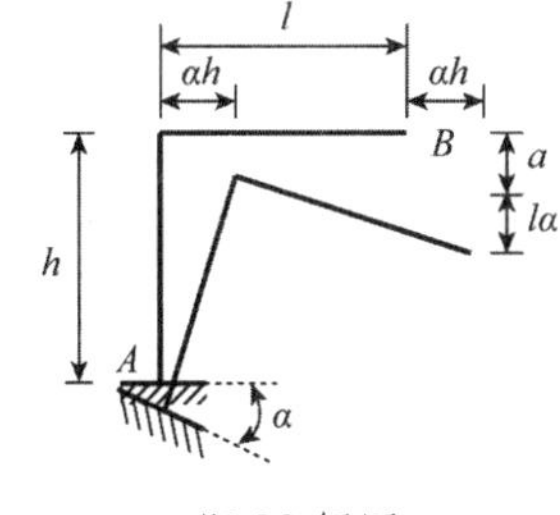

题36解图

也可用求位移的单位荷载法求解。

答案：C

37. 解 先去掉不影响几何构造性质中下部的二元体，再逐个撤除多余约束：中部靠左水平链杆、中部竖向链杆、中上部连接三杆的复铰（相当2个单铰）及支座A共8个多余约束，结构变为静定悬臂折线杆件。

答案：B

38. 解 传递弯矩的定义是分配弯矩乘以传递系数。

答案：B

39. 解 典型方程中的主系数恒大于零。

答案：B

40. 解 作支座B反力影响线，将移动荷载的一个力放在影响线顶点，另一力放在影响线的缓侧（见解图），可得

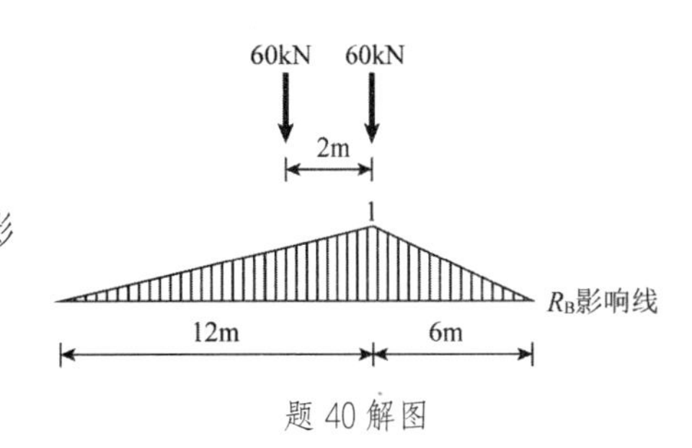

题40解图

$$R_B=60\times\left(1+\frac{10}{12}\right)=110\text{kN}$$

答案：A

41. 解 各杆线刚度i相同，按照远端不同的支承形式，近端转动刚度分别采用i、$4i$、$3i$计算AB杆A端的力矩分配系数，乘以作用于结点A的力偶荷载，得分配弯矩，再乘以传递系数传向远端，即得所求弯矩：

$$M_{\mathrm{AB}}=\frac{1}{1+4+3}\times16=2\mathrm{kN\cdot m}$$

$$M_{\mathrm{BA}}=-1\times M_{\mathrm{AB}}=-2\mathrm{kN\cdot m}$$

答案：B

42. 解　先整体平衡求得右支座反力为$ql/2$（向上），再取右半结构为隔离体求得下边链杆的拉力为$ql/2$，最后截取左下结点隔离体平衡求得杆 1 轴力为$ql/2$（压力）。

答案：B

43. 解　位移法的应用需已知杆端载常数及形常数亦即转角位移方程。

答案：C

44. 解　本题为 1 次超静定结构，按力法求解作解图。

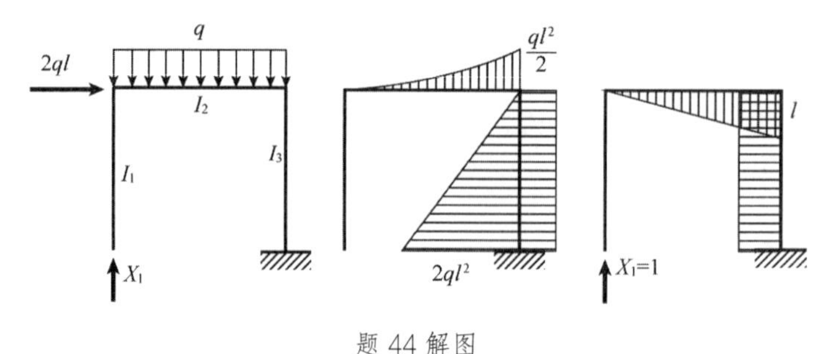

题 44 解图

为使反力$X_1=-\frac{\varDelta_{1\mathrm{P}}}{\delta_{11}}=0$，即使

$$\varDelta_{1\mathrm{P}}=\frac{1}{EI_3}\left[\left(\frac{1}{2}\times2ql^2\times l\right)l-\left(\frac{ql^2}{2}\times l\right)l\right]-\frac{1}{EI_2}\left(\frac{1}{3}\times\frac{ql^2}{2}\times l\right)\left(\frac{3}{4}l\right)=0$$

得$I_3=4I_2$

答案：D

45. 解　水平杆右端刚结点有一个线位移和一个角位移，左端刚结点角位移可不作为基本未知量，线位移与右端相同。

答案：B

46. 解　本题两柱顶点向右侧移，柱中点为反弯点。i和$4i$分别是右柱和左柱的线刚度，当刚性水平杆向右发生单位位移时，两柱的侧移刚度（剪力）分别为：

$$Q_{\mathrm{BD}}=12\frac{EI_{\mathrm{BD}}}{h^3}=12\frac{i}{h^2}=Q$$

$$Q_{\mathrm{AC}}=12\frac{EI_{\mathrm{AC}}}{(2h)^3}=12\frac{4i}{(2h)^2}=12\frac{i}{h^2}=Q$$

可见两柱抗剪能力相同。在荷载P的作用下两柱剪力均为$P/2$，见解图。取反弯点之下隔离体可计算杆端弯矩。

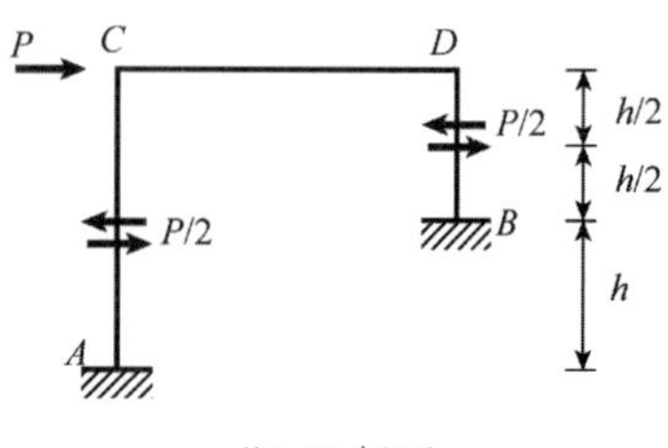

题 46 解图

$$M_{AC}=\frac{P}{2}h(\text{左侧受拉})$$

$$M_{BD}=\frac{P}{2}\frac{h}{2}=\frac{Ph}{4}(\text{左侧受拉})$$

答案：B

47. 解 动平衡法是达朗贝尔原理的应用，其作用是在质点上引入假想的惯性力，就可以用静力平衡的方法求解动力学问题。

答案：D

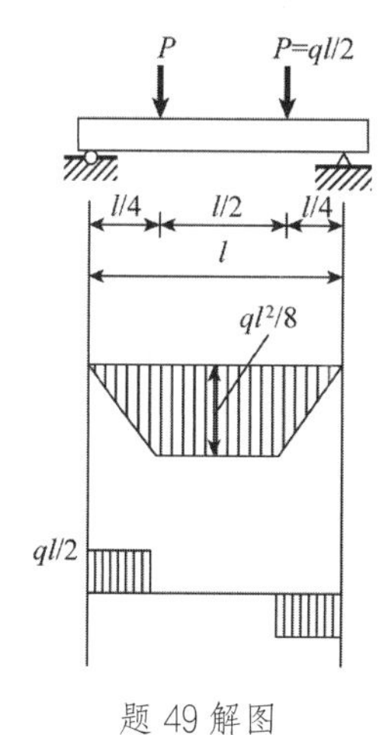

题 49 解图

48. 解 振幅 $a=\sqrt{y_0^2+\left(\frac{v_0}{\omega}\right)^2}=\sqrt{0.4^2+\left(\frac{15}{60}\right)^2}=0.472\text{cm}$

答案：D

49. 解 均布荷载（不考虑自重）设计值为：

$$q=1.2\times5\times0.6+1.4\times2\times0.6=5.28\text{kN/m}$$

采用二集中力四分点加载时（见解图），承载力检验荷载设计值为：

$$P=5.28\times3.3/2=8.712\text{kN/m}$$

答案：B

50. 解 根据《混凝土结构试验方法标准》（GB/T 50152—2012）第 6.5.1 条第 3.4 款，选项 A、B 正确。第 5.3.5 条第 2 款规定，在加载过程中出现试验标志（开裂）时，取前一级荷载值作为试验荷载（开裂荷载）实测值，选项 C 正确。第 5.3.5 条第 3 款规定，在持荷过程中出现试验标志（开裂）时，取该级荷载和前一级荷载的平均值作为试验荷载实测值，选项 D 应属于持荷过程中，不正确。

答案：D

51. 解 反力架和试验台座是荷载的支承设备。当采用一个加载器施加两个或两个以上集中荷载时，常通过分配梁实现。试件上长度方向的均布荷载宜采用卧梁（或横梁）将集中力分散。

答案：B

52. 解 仪器的量程应不低于 1.5 倍的最大被测量。

答案：C

53. 解 电磁感应法可检测钢筋混凝土结构中钢筋的位置、直径和保护层厚度，回弹法用于检测混凝土的强度，超声波法可以检测混凝土的强度、混凝土的裂缝及内部缺陷，钢筋的锈蚀可用电位差法检测。

答案：D

54. 解

$$D_r=\frac{e_{max}-e}{e_{max}-e_{min}}=\frac{0.463-0.461}{0.463-0.396}=0.030$$

答案：A

55. 解 中心荷载作用，基底压力分布图简化为矩形；单向偏心荷载作用矩形基础，当偏心距$e < L/6$时，基底压力分布图简化为梯形；单向偏心荷载作用矩形底面基础，当偏心距$e \geqslant L/6$时，基底压力分布图简化为三角形。

答案：B

56. 解 饱和黏土的抗剪强度指标的大小与土的抗剪试验时的排水条件有关，而排水情况也与试验时的剪切速率有关，与土中孔隙水压力的变化过程无关。

答案：A

57. 解 坑探可以直接观察地层的结构和变化。触探、地球物理勘探和钻探都是通过设备进行间接勘探的方法。

答案：A

58. 解 根据土中某点处于极限平衡时摩尔应力圆大、小主应力之间的关系进行比较：

$$\begin{aligned}\sigma_{11} &= \sigma_3 \times \tan^2\left(\frac{\pi}{4}+\frac{\varphi}{2}\right) + 2c \times \tan\left(\frac{\pi}{4}+\frac{\varphi}{2}\right) \\ &= 200 \times \tan^2\left(45° + \frac{20°}{2}\right) + 2 \times 20 \times \tan\left(45° + \frac{20°}{2}\right) = 465\text{kPa}\end{aligned}$$

因$\sigma_{11} > \sigma_1$（极限平衡状态时σ_1），说明某一点应力状态下的摩尔应力圆大于该点处于极限平衡状态时的摩尔应力圆，该点破坏面上的剪应力大于抗剪强度，因此该点已经破坏。

答案：D

59. 解 土对桩的摩阻力可以向上，也可以向下，与两者相互运动趋势有关，如果土对桩的摩阻力是向下的，则桩具有抗拔能力。

答案：C

60. 解 根据《建筑地基处理技术规范》（JGJ 79—2012）第7.1.5条的规定，由复合地基的承载力的公式$f_{\text{spk}} = [1 + m(n-1)]f_{\text{sk}}$确定$d_{\text{e}} = 1.13s = 1.13, m = d^2/d_{\text{e}}^2 = 0.6^2/1.13^2 = 0.282$。故复合地承载力为：

$$f_{\text{spk}} = [1 + 0.282 \times (5-1)] \times 100 = 212.8\text{kPa}$$

答案：A

2010年度全国勘察设计一级注册结构工程师

执业资格考试试卷

基础考试

（下）

二〇一〇年九月

应考人员注意事项

1. 本试卷科目代码为“2”，考生务必将此代码填涂在答题卡“科目代码”相应的栏目内，否则，无法评分。

2. 书写用笔：**黑色或蓝色钢笔、签字笔或圆珠笔**；

   填涂答题卡用笔：**黑色 2B 铅笔**。

3. 必须用书写用笔将工作单位、姓名、准考证号填写在答题卡和试卷相应的栏目内。

4. 本试卷由 60 题组成，每题 2 分，满分 120 分，本试卷全部为单项选择题，每小题的四个备选项中只有一个正确答案，错选、多选、不选均不得分。

5. 考生作答时，必须按**题号在答题卡上**将相应试题所选选项对应的**字母用 2B 铅笔涂黑**。

6. 在答题卡上书写与题意无关的语言，或在答题卡上作标记的，均按违纪试卷处理。

7. 考试结束时，由监考人员当面将试卷、答题卡一并收回。

8. 草稿纸由各地统一配发，考后收回。

单项选择题（共 60 题，每题 2 分。每题的备选项中只有一个最符合题意。）

1. 憎水材料的润湿角：

A. ＞90°　　B. ≤90°

C. ＞45°　　D. ≤180°

2. 含水率 5%的砂 220g，其中所含的水量为：

A. 10g　　B. 10.48g

C. 11g　　D. 11.5g

3. 煅烧石灰石可作为无机胶凝材料，其具有气硬性的原因是能够反应生成：

A. 氢氧化钙　　B. 水化硅酸钙

C. 二水石膏　　D. 水化硫铝酸钙

4. 骨料的所有孔隙充满水但表面没有水膜，该含水状态被称为骨料的：

A. 气干状态　　B. 绝干状态

C. 潮湿状态　　D. 饱和面干状态

5. 混凝土强度的形成受其养护条件的影响，主要是指：

A. 环境温湿度　　B. 搅拌时间

C. 试件大小　　D. 混凝土水灰比

6. 石油沥青的软化点反映了沥青的：

A. 黏滞性　　B. 温度敏感性

C. 强度　　D. 耐久性

7. 钢材中的含碳量提高，可提高钢材的：

A. 强度　　B. 塑性

C. 可焊性　　D. 韧性

8. 下列选项可作为测量外业工作基准面的是：

A. 水准面　　B. 参考椭球面

C. 大地水准面　　D. 平均海水面

9. 下列为利用仪器所提供的一条水平视线来获取两点之间高差的测量方法的是：

A. 三角高程测量　　B. 物理高程测量

C. 水准测量　　D. GPS 高程测量

10. 在 1：2000 地形图上，量到某水库图上汇水面积$P = 1.6 \times 10^4 \text{cm}^2$，其次降水过程雨量（每小时平均降雨量）$m = 50\text{mm}$，降水时间（$n$）持续为 2 小时 30 分钟，设蒸发系数$k = 0.5$，按汇水量$Q = P \cdot m \cdot n \cdot k$计算，本次降水汇水量为：

A. $1.0 \times 10^{11} \text{m}^3$　　B. $2.0 \times 10^4 \text{m}^3$

C. $1.0 \times 10^7 \text{m}^3$　　D. $4.0 \times 10^5 \text{m}^3$

11. 钢尺量距时，加入下列何项改正后，才能保证距离测量精度？

A. 尺长改正

B. 温度改正

C. 倾斜改正

D. 尺长改正、温度改正和倾斜改正

12. 建筑物的沉降观测是依据埋设在建筑物附近的水准点进行的，为了相互校核并防止由于某个水准点的高度变动造成误差，一般至少埋设水准点的数量为：

A. 2 个　　B. 3 个

C. 6 个　　D. 10 个以上

13. 下列行为违反了《建设工程勘察设计管理条例》的是：

A. 将建筑艺术造型有特定要求项目的勘察设计任务直接发包

B. 业主将一个工程建设项目的勘察设计分别发包给几个勘察设计单位

C. 勘察设计单位将所承揽的勘察设计任务进行转包

D. 经发包方同意，勘察设计单位将所承揽的勘察设计任务的非主体部分进行分包

14. 《工程建设标准强制性条文》是：

A. 设计或施工时的重要参考指标

B. 必须绝对遵守的技术法规

C. 必须绝对遵守的管理标准

D. 必须绝对遵守的工作标准

15. 我国节约能源法规定，对直接负责的主管人员和其他直接责任人员依法给予处分是因为批准或者核准的项目建设不符合：

A. 推荐性节能标准　　B. 设备能效标准

C. 设备经济运行标准　　D. 强制性节能标准

16. 房地产开发企业销售商品房不得采取的方式是：

A. 分期付款　　B. 收取预售款

C. 收取定金　　D. 返本销售

17. 在建筑物稠密且为淤泥质土的基坑支护结构中，其支撑结构宜选用：

A. 自立式（悬臂式）　　B. 锚拉式

C. 土层锚杆　　D. 钢结构水平支撑

18. 钢筋经冷拉后不得用作构件的：

A. 箍筋　　B. 预应力钢筋

C. 吊环　　D. 主筋

19. 砌体工程中，下列墙体或部位中可以留设脚手眼的是：

A. 120mm 厚砖墙、空斗墙和砖柱

B. 宽度小于 2m，但大于 1m 的窗间墙

C. 门洞窗口两侧 200mm 和距转角 450mm 的范围内

D. 梁和梁垫下及其左右 500mm 范围内

20. 以整个建设项目或建筑群为编制对象，用以指导其施工全过程各项施工活动的综合技术经济文件为：

A. 分部工程施工组织设计　　B. 分项工程施工组织设计

C. 单位工程施工组织设计　　D. 施工组织总设计

21. 进行资源有限-工期最短优化时，当将某工作移出超过限量的资源时段后，计算发现工期增量小于零，以下说法正确的是：

A. 总工期会延长　　B. 总工期会缩短

C. 总工期不变　　D. 这种情况不会出现

22. 钢筋混凝土构件承载力计算中受力钢筋的强度限值为：

A. 有明显流幅的取其极限抗拉强度，无明显流幅的按其条件屈服点取

B. 所有均取其极限抗拉强度

C. 有明显流幅的按其屈服点取，无明显流幅的按其条件屈服点取

D. 有明显流幅的按其屈服点取，无明显流幅的取其极限抗拉强度

23. 为了避免钢筋混凝土受弯构件斜截面发生斜压破坏，下列措施不正确的是：

A. 增加截面高度　　B. 增加截面宽度

C. 提高混凝土强度等级　　D. 提高配箍率

24. 为使 5 等跨连续梁的边跨跨中出现最大正弯矩，其活荷载应布置在：

A. 第 2 跨和第 4 跨　　B. 第 1、2、3、4 和 5 跨

C. 第 1、2 和 3 跨　　D. 第 1、3 和 5 跨

25. 钢筋混凝土单层厂房排架结构中吊车的横向水平荷载作用在：

A. 吊车梁顶面水平处　　B. 吊车梁底面，即牛腿顶面水平处

C. 吊车轨顶水平处　　D. 吊车梁端1/2高度处

26. 选用结构钢牌号时必须考虑的因素包括：

A. 制作安装单位的生产能力　　B. 构件的运输和堆放条件

C. 结构的荷载条件和应力状态　　D. 钢材的焊接工艺

27. 提高受集中荷载作用简支钢梁整体稳定性的有效方法是：

A. 增加受压翼缘宽度　　B. 增加截面高度

C. 布置腹板加劲肋　　D. 增加梁的跨度

28. 采用高强度螺栓的梁柱连接中，螺栓的中心间距应：（d_0为螺栓孔径）

A. 不小于$2d_0$　　B. 不小于$3d_0$

C. 不大于$4d_0$　　D. 不大于$5d_0$

29. 简支梯形钢屋架上弦杆的平面内计算长度系数应取：

A. 0.75　　B. 1.1

C. 0.9　　D. 1.0

30. 网状配筋砌体的抗压强度较无筋砌体高，这是因为：

A. 网状配筋约束砌体横向变形　　B. 钢筋可以承受一部分压力

C. 钢筋可以加强块体强度　　D. 钢筋可以使砂浆强度提高

31. 现行《砌体结构设计规范》（GB 50003）中砌体弹性模量的取值为：

A. 原点弹性模量　　B. $\sigma = 0.43f_{\mathrm{m}}$时的切线模量

C. $\sigma = 0.43f_{\mathrm{m}}$时的割线模量　　D. $\sigma = f_{\mathrm{m}}$时的切线模量

32. 配筋砌体结构中，下列描述正确的是：

A. 当砖砌体受压承载力不满足要求时，应优先采用网状配筋砌体

B. 当砖砌体受压构件承载力不满足要求时，应优先采用组合砌体

C. 网状配筋砌体灰缝厚度应保证钢筋上下至少有 10mm 的砂浆层

D. 网状配筋砌体中，连弯钢筋网的间距s_{n}取同一方向网的间距

33. 进行砌体结构设计时，必须满足的要求是：

①砌体结构必须满足承载力极限状态；

②砌体结构必须满足正常使用进行状态；

③一般工业与民用建筑中的砌体构件，目标可靠指标$\beta \geqslant 3.2$；

④一般工业与民用建筑中的砌体构件，目标可靠指标$\beta \geqslant 3.7$。

A. ①②③　　B. ①②④

C. ①④　　D. ①③

34. 图示平面体系多余约束的个数是：

A. 1

B. 2

C. 3

D. 4

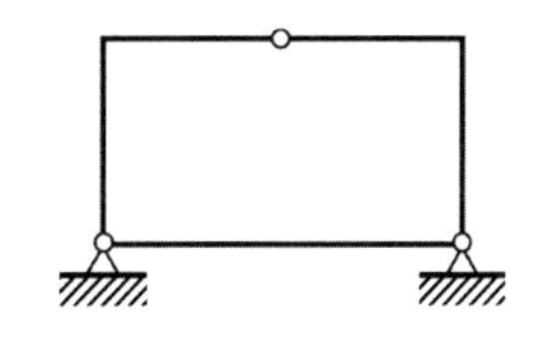

35. 图示结构A支座提供的约束力矩是：

A. 60kN · m，下表面受拉

B. 60kN · m，上表面受拉

C. 20kN · m，下表面受拉

D. 20kN · m，上表面受拉

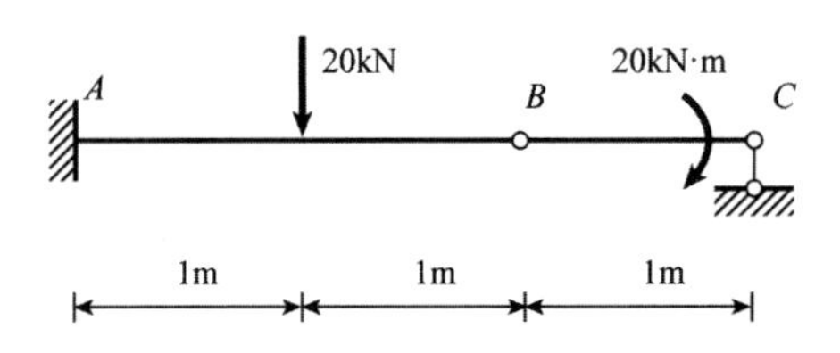

36. 桁架受力如图所示，下列杆件中非零杆是：

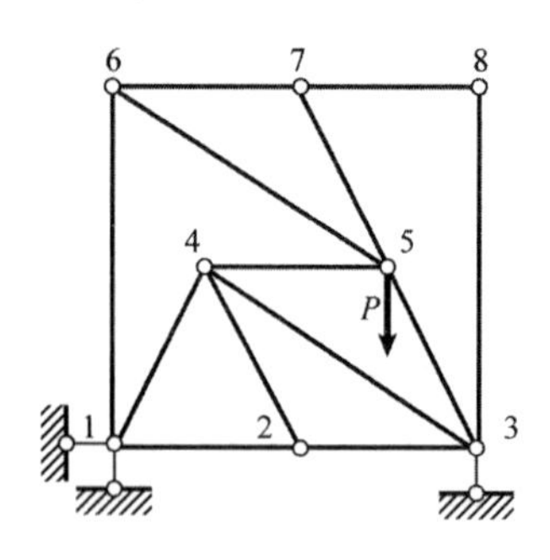

A. 杆 2-4

B. 杆 5-7

C. 杆 1-4

D. 杆 6-7

37. 图示刚架EI为常数，忽略轴向变形。当D支座发生支座沉陷δ时，B点转角为：

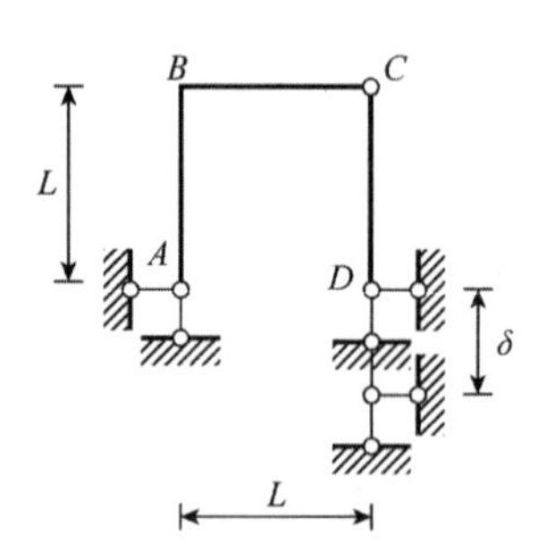

A. δ/L

B. $2\delta/L$

C. $\delta/(2L)$

D. $\delta/(3L)$

38. 图示结构EI为常数，节点B处弹性支撑刚度系数$k=3EI/L^3$，C点的竖向位移为：

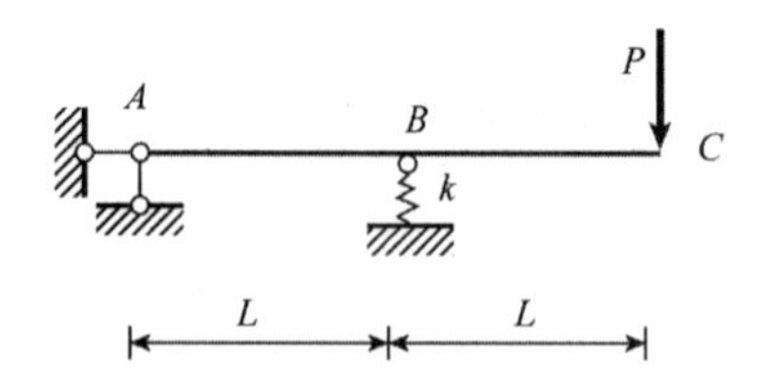

A. $\frac{PL^3}{EI}$

B. $\frac{4PL^3}{3EI}$

C. $\frac{11PL^3}{6EI}$

D. $\frac{2PL^3}{EI}$

39. 图示桁架的超静定次数是：

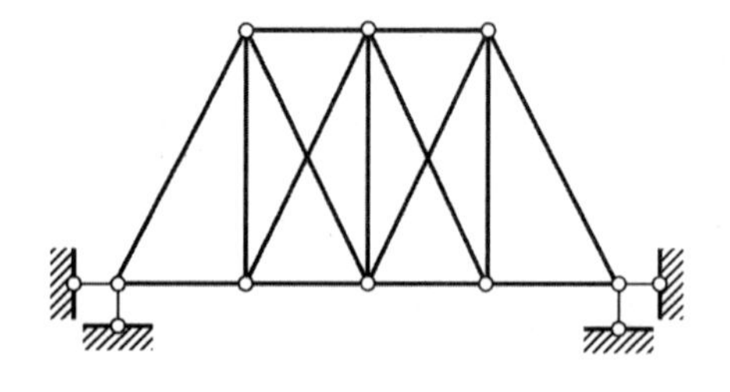

A. 1 次

B. 2 次

C. 3 次

D. 4 次

40. 用力法求解图示结构（EI为常数），基本结构及基本未知量如图所示，柔度系数δ_{11}为：

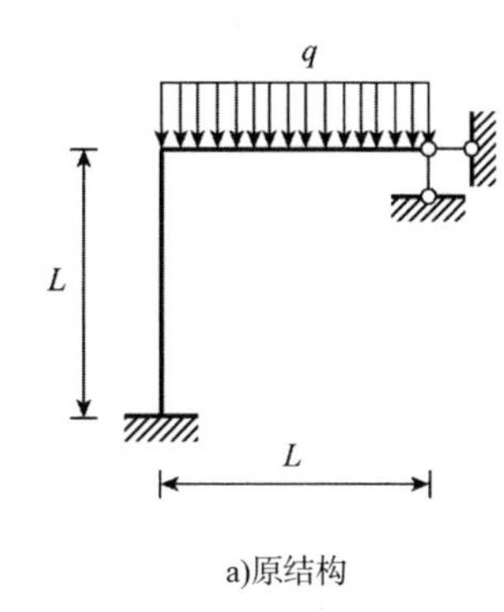

a)原结构

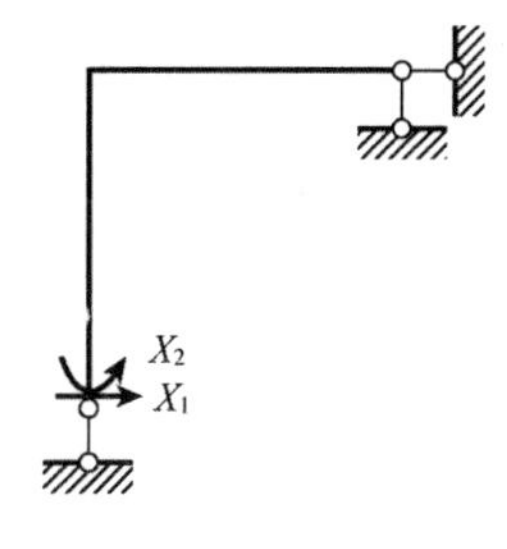

b)基本结构及基本未知量

A. $\frac{2L^3}{3EI}$　　B. $\frac{L^3}{3EI}$

C. $\frac{L^3}{2EI}$　　D. $\frac{3L^3}{2EI}$

41. 图示梁线刚度为i，长度为l，当A端发生微小转角α，B端发生微小位移$\Delta = l\alpha$时，梁两端的弯矩（对杆端顺时针为正）为：

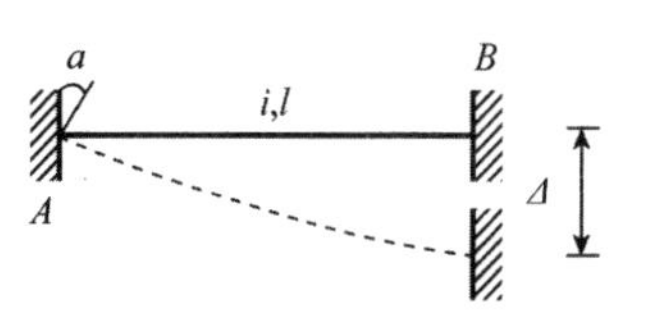

A. $M_{\rm AB} = 2i\alpha$，$M_{\rm BA} = 4i\alpha$

B. $M_{\rm AB} = -2i\alpha$，$M_{\rm BA} = -4i\alpha$

C. $M_{\rm AB} = 10i\alpha$，$M_{\rm BA} = 8i\alpha$

D. $M_{\rm AB} = -10i\alpha$，$M_{\rm BA} = -8i\alpha$

42. 图示梁AB，EI为常数，支座D的反力$R_{\rm D}$为：

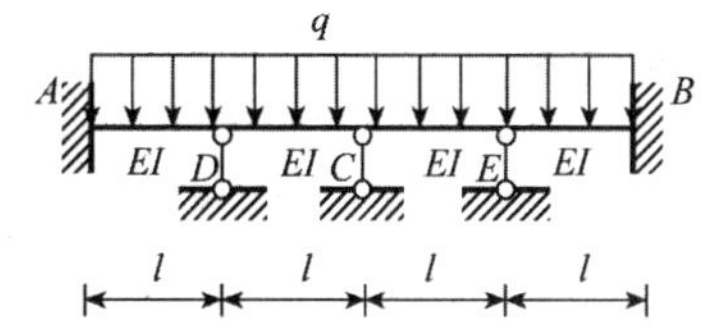

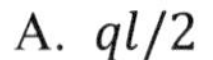

A. $ql/2$

B. ql

C. $3ql/2$

D. $2ql$

43. 图示组合结构，梁AB的抗弯刚度为EI，二力杆的抗拉刚度都为EA。DG杆的轴力为：

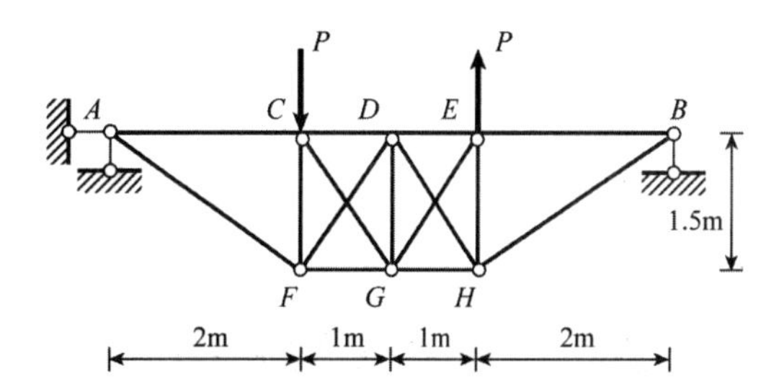

A. 0

B. P，受拉

C. P，受压

D. $2P$，受拉

44. 用力矩分配法求解图示结构，分配系数μ_{BD}、传递系数C_{BA}分别为：

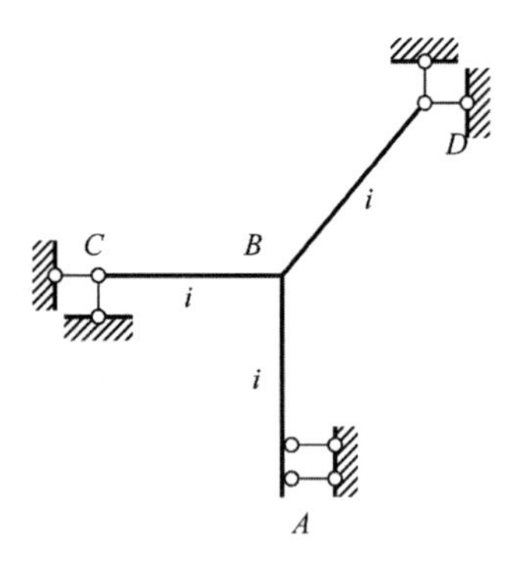

A. $\mu_{BD}=3/10$，$C_{BA}=-1$

B. $\mu_{BD}=3/7$，$C_{BA}=-1$

C. $\mu_{BD}=3/10$，$C_{BA}=1/2$

D. $\mu_{BD}=3/7$，$C_{BA}=1/2$

45. 图示移动荷载（间距为 0.4m 的两个集中力，大小分别为 6kN 和 10kN）在桁架结构的上弦移动，杆BE的最大压力为：

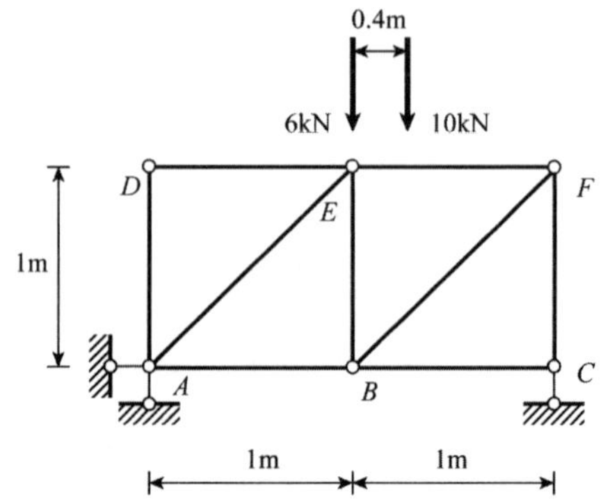

A. 0

B. 6.0kN

C. 6.8kN

D. 8.2kN

46. 图中所示梁的质量沿轴线均匀分布，该结构动力自由度的个数为：

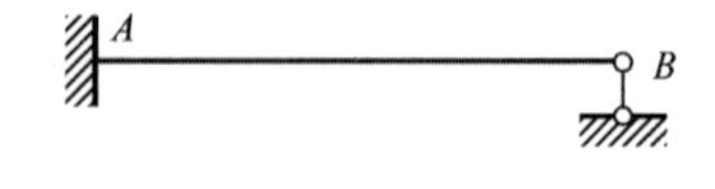

A. 1

B. 2

C. 3

D. 无穷多

47. 图示结构质量m在杆件中点，$EI=\infty$，弹簧刚度为k。该体系自振频率为：

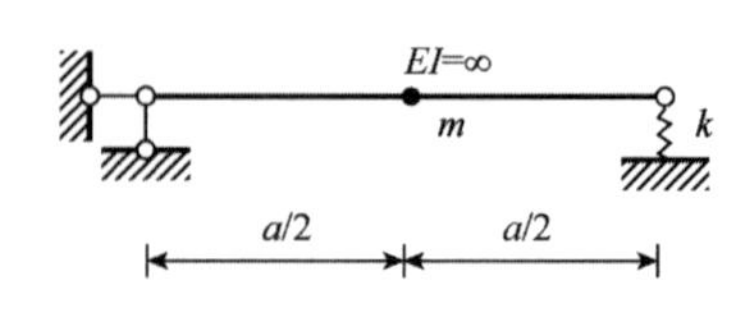

A. $\sqrt{\frac{9k}{4m}}$

B. $\sqrt{\frac{2k}{m}}$

C. $\sqrt{\frac{9k}{2m}}$

D. $\sqrt{\frac{4k}{m}}$

48. 已知结构刚度矩阵$\boldsymbol{K}$，$\boldsymbol{K}=\begin{bmatrix}20 & -5 & 0\\ -5 & 8 & -3\\ 0 & -3 & 3\end{bmatrix}$，第一主振型为$\begin{Bmatrix}0.163\\ 0.569\\ 1\end{Bmatrix}$，则第二主振型可能为：

A. $\begin{Bmatrix}-0.627\\ -1.227\\ 1\end{Bmatrix}$　　B. $\begin{Bmatrix}-0.924\\ -1.227\\ 1\end{Bmatrix}$

C. $\begin{Bmatrix}-0.627\\ -2.158\\ 1\end{Bmatrix}$　　D. $\begin{Bmatrix}-0.924\\ -1.823\\ 1\end{Bmatrix}$

49. 下述四种试验所选用的设备最不恰当的是：

A. 采用试件表面刷石蜡后，四周封闭抽真空产生负压方法做薄壳试验

B. 采用电液伺服加载装置对梁柱节点构件进行模拟地震反应试验

C. 采用激振器方法对吊车梁做疲劳试验

D. 采用液压千斤顶对桁架进行承载力试验

50. 结构试验前，应进行预载，以下结论不正确的是:

A. 混凝土结构预载值不可以超过开裂荷载

B. 预应力混凝土结构预载值可以超过开裂荷载

C. 钢结构的预载值可以加到使用荷载值

D. 预应力混凝土结构预载值可以加至使用荷载值

51. 在评定混凝土强度时，下列方法较为理想的是：

A. 回弹法　　B. 超声波法

C. 钻孔后装法　　D. 钻心法

52. 应变片灵敏系数是指：

A. 在单向应力作用下，应变片电阻的相对变化与沿其轴向的应变之比值

B. 在X、Y双向应力作用下，X方向应变片电阻的相对变化与Y方向应变片电阻的相对变化之比值

C. 在X、Y双向应力作用下，X方向应变值与Y方向应变值之比值

D. 对于同一单向应变值，应变片在此应变方向垂直安装时的指示应变与沿此应变片安装时指示应变的比值（以百分数表示）

53. 下列量测仪表属于零位测定法的是：

A. 百分表应变量测装置（量测标距 250mm）

B. 长标距电阻应变计

C. 机械式杠杆应变仪

D. 电阻应变式位移计（量测标距 250mm）

54. 土体的孔隙率为47.71%，那么用百分比表示的该土体的孔隙比是：

A. 0.9124　　B. 1.096

C. 0.4771　　D. 0.5229

55. 一个地基包含1.5m厚的上层干土层和下卧饱和土层。干土层重度为$15.6\mathrm{kN/m^3}$，而饱和土层重度为$19.8\mathrm{kN/m^3}$，那么埋深3.50m处的总竖向地应力为：

A. 63　　B. 23.4

C. 43　　D. 54.6

56. 直径为38mm的干砂土样品，进行常规三轴试验，围压恒定为48.7kPa，最大轴向加载杆的轴向力为75.2N，那么该样品的内摩擦角为：

A. 23.9°　　B. 22.0°

C. 30.5°　　D. 22.1°

57. 在饱和软黏土地基上进行快速临时基坑开挖，不考虑坑内降水，如果有一个测压管埋置在基坑边坡位置内，开挖结束时的测验管水头比初始状态：

A. 上升　　B. 不变

C. 下降　　D. 不确定

58. 桩基岩土勘察中对碎石土宜采用的原位测试手段为：

A. 静力触探　　B. 标准贯入试验

C. 重型和超重型圆锥重力触探　　D. 十字板剪切试验

59. 某均质地基承载力特征值为120kPa，基础深度的承载力修正系数为1.5，地下水位深2m，水位以上土的天然重度为$16\mathrm{kN/m^3}$，水位以下饱和重度为$20\mathrm{kN/m^3}$，条形基础宽3m，如基础埋置深度为3m时，按深、宽修正后的地基承载力为：

A. 159kPa　　B. 171kPa

C. 180kPa　　D. 186kPa

60. 泥浆护壁法钻孔灌注混凝土桩属于：

A. 非挤土桩　　B. 部分挤土桩

C. 挤土桩　　D. 预制桩

2010年度全国勘察设计一级注册结构工程师执业资格考试基础考试（下）试题解析及参考答案

1. 解 材料能被水润湿的性质称为亲水性；材料不能被水润湿的性质称为憎水性。表面能被水润湿的材料为亲水材料，如砖、混凝土、木材等；表面不会被水润湿的材料为憎水材料，如石蜡、沥青。材料被水湿润的情况可用润湿边角θ表示。当材料与水接触时，在材料、水、空气三相的交点处，作沿水滴表面的切线，此切线与材料和水接触面的夹角θ，称为润湿边角。θ角越小，表明材料越容易被水润湿。$\theta \leqslant 90°$ 时，材料能被水湿润，称为亲水性材料；$\theta > 90°$ 时材料表面不易吸附水，称为憎水性材料。

答案：A

2. 解 含水率是吸湿性指标，为材料所含水的质量占材料干燥质量的百分比。即含水率为：

$$w = \frac{m_1 - m}{m}$$

其中，m_1为材料吸水空气中水分的质量，m为材料的干燥质量。

代入数据，即$5\% = \frac{220-m}{m}$，解得$m = 209.5\text{g}$，$m_\text{w} = 220 - 209.5 = 10.48\text{g}$

答案：B

3. 解 石灰石的主要成分为碳酸钙，煅烧后生成氧化钙。氧化钙与水反应生成氢氧化钙。

答案：A

4. 解 骨料的含水状态分为四种：经过烘干，骨料所有孔隙都没有水，含水率等于或接近零的状态为绝干状态；骨料孔隙中部分含水，即含水率与大气湿度相平衡时的状态为气干状态；骨料所有孔隙均充满水，但表面没有水膜的状态为饱和面干状态；骨料不仅所有孔隙均充满水，而且表面还附有一层表面水的状态为潮湿状态（或润湿状态）。

答案：D

5. 解 养护的目的是控制适宜的温度和足够的湿度，以保证水泥水化。所以养护条件是指环境的温湿度。

答案：A

6. 解 石油沥青的软化点反映了沥青的温度敏感性。一般软化点越大，温度敏感性越小。

答案：B

7. 解 随着含碳量的提高，钢材的强度提高，塑性、韧性和可焊性降低。

答案：A

8. 解 测量外业工作的基准面是大地水准面。

答案：C

9. 解　水准测量是利用仪器所提供的一条水平视线来获取两点之间高差的一种测量方法。

答案：C

10. 解　实地汇水面积为：$P_S = P \times M^2 = 1.6 \times 10^4 \times 2000^2 = 6.4 \times 10^{10}\text{cm}^2 = 6.4 \times 10^6\text{m}^2$

降水量：$Q = P \cdot s \cdot m \cdot n \cdot k = 6.4 \times 10^6 \times 50 \times 10^{-3} \times 2.5 \times 0.5 = 4.0 \times 10^5\text{m}^3$

答案：D

11. 解　钢尺量距时，为保证距离测量精度，须进行尺长改正、温度改正和倾斜改正。

答案：D

12. 解　建筑物沉降观测工作中，为了相互校核并防止由于某个水准点的高度变动造成误差，一般至少埋设水准点的数量不得少于3个。

答案：B

13. 解　《建设工程勘察设计管理条例》第二十条规定，建设工程勘察、设计单位不得将所承揽的建设工程勘察、设计转包。

答案：C

14. 解　《工程建设标准强制性条文》是工程建设过程中的强制性技术规定，是参与建设活动各方必须执行工程建设强制性标准的依据。

答案：B

15. 解　《中华人民共和国节约能源法》第六十八条规定，负责审批或者核准固定资产投资项目的机关违反本法规定，对不符合强制性节能标准的项目予以批准或者核准建设的，对直接负责的主管人员和其他直接责任人员依法给予处分。

答案：D

16. 解　2001年6月1日施行的《商品房销售管理办法》第十一条规定，房地产开发企业不得采取返本销售或者变相返本销售的方式销售商品房。

答案：D

17. 解　自立式在淤泥质土中难以嵌固；锚拉式的锚桩或锚墙需设置在足够远的位置，不适于建筑稠密区；锚杆式在淤泥质土中难以达到足够的锚固力。故宜选用内撑式（包括钢结构水平支撑）。

答案：D

18. 解　钢筋经冷加工可提高其强度、扩大使用范围（在钢材缺乏年代，不但可作为主筋、箍筋，还扩大至做预应力钢筋使用），但也增大了脆性。而吊环应具有较高的安全性，且在使用时可能受到较大的冲击荷载，故其材料应具备很好的塑性和韧性，因此不宜使用冷加工或其他硬、脆钢材。《混凝土结构设计规范》(GB 50010—2010)(2015年版)第9.7.6条规定，吊环应采用HPB300级钢筋制作。

答案：C

19. 解　《砌体结构工程施工规范》(GB 50924—2014)第3.3.13条规定，不得在下列墙体或部位设置脚手眼：①120mm厚墙、料石墙、清水墙和独立柱；②过梁上与过梁成60°角的三角形范围及过梁净跨度1/2的高度范围内；③宽度小于1m的窗间墙；④砌体门窗洞口两侧200mm(石砌体为300mm)和转角处450mm(石砌体为600mm)范围内；⑤梁或梁垫下及其左右500mm范围内。故选B。

答案：B

20. 解　施工组织设计是用以指导施工全过程各项活动的技术、经济综合性文件。施工组织总设计是以一个特大型项目或若干个单位工程组成的群体工程为对象编制的施工组织设计。单位工程施工组织设计是针对单位工程(如一栋楼)编制的施工组织设计，分部、分项工程施工组织设计同理。

答案：D

21. 解　资源有限-工期最短优化，是将超过资源限量时段内的一项或几项工作后移至使用相同资源工作完成之后进行。调整时需选择工期延长值最小的移动方案。当所计算的工期延长值为正值时，工期将延长该值；当所计算的工期延长值为负值或零时，则该调整方案对工期无影响(工期将受其他工作控制)，即总工期不变。

答案：C

22. 解　对于钢筋混凝土构件承载力计算中受力钢筋的强度限值，有明显流幅的钢筋取其屈服强度，无明显流幅的钢筋取其条件屈服强度。

答案：C

23. 解　斜压破坏属于超配筋破坏，很显然不正确的选项应为D。

答案：D

24. 解　根据等跨连续梁活荷载最不利布置原则，计算某跨内最大正弯矩时，活荷载应在本跨布置，然后向其左(或右)每隔一跨布置；计算各中间支座最大负弯矩，或支座处最大剪力时，活荷载应在支座左右两跨布置，再隔跨布置。

答案：D

25. 解　吊车梁通过吊车梁顶面(或上翼缘)的连接板与柱相连，将吊车横向水平荷载传给柱。

答案：A

26. 解　选项A、B和D均不是结构设计中选用钢材牌号所需考虑的因素。

答案：C

27. 解 增加截面高度、增加梁的跨度对梁的整体稳定性均不利，布置腹板加劲肋是提高梁的局部稳定性的措施，增加受压翼缘的宽度是提高梁整体稳定性的有效方法。

答案：A

28. 解 《钢结构设计标准》(GB 50017—2017)第11.5.2条表11.5.2规定，螺栓中心间距最小容许值为$3d_0$。

答案：B

29. 解 《钢结构设计标准》(GB 50017—2017)第7.4.1条表7.4.1-1规定，上弦杆在桁架平面内的计算长度取其几何长度，即计算长度系数取1.0。

答案：D

30. 解 网状配筋砌体是沿砌体高度方向按一定间隔配置钢筋网（间距不应大于5皮砖，并不应大于400mm），钢筋网可以约束砌体的横向变形，间接提高砌体的抗压强度。

答案：A

31. 解 砖砌体为弹塑性材料，受压一开始，应力与应变即不成直线变化。随着荷载的增加，变形增长逐渐加快，在接近破坏时，荷载增加很小，变形急剧增长，应力-应变呈曲线关系。《砌体结构设计规范》(GB 50003—2011)将应力-应变曲线上应力为$0.43f_m$（f_m为砌体的抗压强度平均值）处的割线模量取为砌体的弹性模量E。

答案：C

32. 解 网状配筋对提高轴心受压和小偏心受压构件的承载力是有效的，但由于没有纵向钢筋，其抗纵向弯曲能力并不比无筋砌体强。《砌体结构设计规范》(GB 50003—2011)第8.1.1条第1款规定，偏心距超过截面核心范围（对于矩形截面，即$e/h > 0.17$）或构件的高厚比$\beta > 16$时，不宜采用网状配筋砖砌体构件。第8.2.1条规定，当轴向力偏心距$e > 0.6y$时，宜采用砖砌体和钢筋混凝土面层或钢筋砂浆面层组成的组合砖砌体构件。第8.1.3条第5款规定，钢筋网应设置在砌体的水平灰缝中，灰缝厚度应保证钢筋上下至少各有2mm厚的砂浆层。

而旧版《砌体结构设计规范》(GB 50003—2001)第8.1.2条规定，当采用连弯钢筋网时，网的钢筋方向应互相垂直，沿砌体高度交错设置。s_n取同一方向网的间距。现行规范取消了连弯钢筋网的内容。

综上所述，采用网状配筋是有条件的，而组合砖砌体构件适用于普遍的情况，故按新版规范选项B正确。

答案：B

33. 解 《建筑结构可靠性设计统一标准》(GB 50068—2018)第4.3.1条规定，建筑结构均应进行承载能力极限状态设计，尚应进行正常使用极限状态设计。一般工业与民用建筑中的砌体构件，其安全等级为二级，且呈脆性破坏特征，第 3.2.6 条表 3.2.6 规定，安全等级为二级的延性破坏结构构件的可靠性指标为 3.2，脆性破坏结构构件的可靠性指标为 3.7。

答案：B

34. 解 去掉上面二元体，剩下的水平杆与基础用两个铰（相当于 4 个链杆约束）连接，多一个水平约束。

答案：A

35. 解 先由附属部分BC隔离体平衡求得B处剪力为−20kN，再由基本部分AB隔离体平衡求得A端弯矩为 20kN · m（下侧受拉）。

答案：C

36. 解 按题图，依次选取结点 8、7、6、2 平衡判断零杆后，可知杆 1-4 为非零杆。

答案：C

37. 解 木题为静定结构支座沉降产生的刚体位移，属于小位移问题。作解图，由几何关系可知B点转角为δ/L。

也可按求位移的单位荷载法计算。

答案：A

题 37 解图

38. 解 按求位移的单位荷载法，作荷载弯矩图及单位弯矩图（见解图）图乘，并叠加弹簧的影响。可得：

$$\Delta_{\mathrm{C}}=\frac{2}{EI}\left(\frac{PL}{2}L\right)\left(\frac{2}{3}L\right)+2\left(\frac{2P}{k}\right)=\frac{2PL^3}{EI}(\downarrow)$$

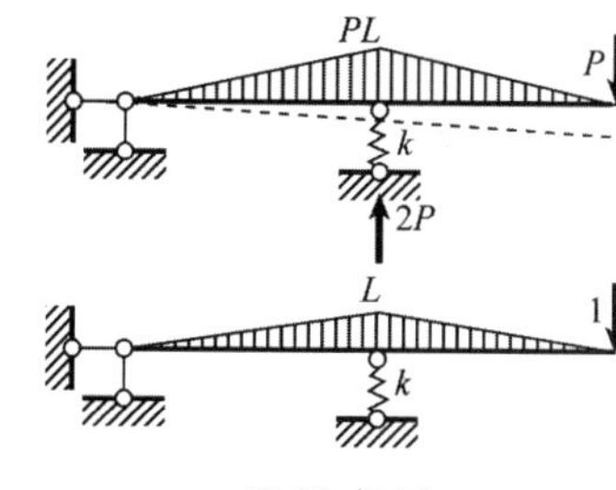

题 38 解图

答案：D

39. 解 去掉 3 个多余约束（例如中部两节间各去掉 1 个斜杆、外部支座去掉 1 个水平链杆）即为静定结构，故知超静定次数为 3 次。

答案：C

40. 解 作单位弯矩图（见解图）自乘。

$$\delta_{11}=\frac{2}{EI}\left(\frac{1}{2}LL\right)\left(\frac{2}{3}L\right)=\frac{2L^3}{3EI}$$

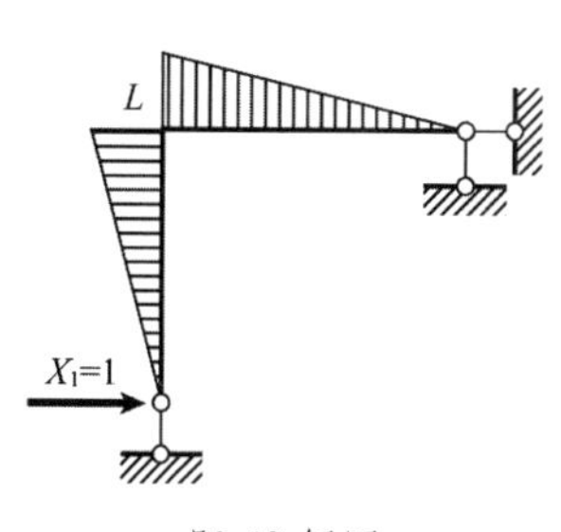

题 40 解图

答案：A

41. 解 将已知数据代入转角位移方程，可得：

$$M_{\mathrm{AB}}=4i\alpha+2i\times0-6i\frac{l\alpha}{l}=-2i\alpha$$

$$M_{\mathrm{BA}}=4i\times0+2i\alpha-6i\frac{l\alpha}{l}=-4i\alpha$$

答案：B

42. 解　两次利用对称性截取半结构（见解图），可知每跨都可视为两端固定梁。

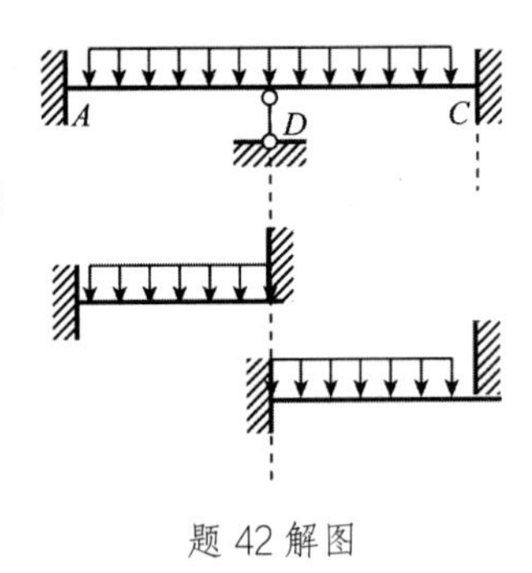

题 42 解图

由此可得支座D的竖向反力为ql。（跨中三个链杆支座反力均为ql）

答案：B

43. 解　本题水平反力为零，可视为反对称受力状态。对称体系承受反对称荷载只引起反对称的内力，对称的内力一定为零。据此可知处于对称轴线上的DG杆轴力为零。

答案：A

44. 解　用力矩分配系数公式计算，注意支座A相当于固定端。

$$\mu_{\mathrm{BD}}=\frac{3i}{3i+3i+4i}=\frac{3}{10},\ C_{\mathrm{BA}}=\frac{1}{2}$$

答案：C

45. 解　按截面法（切断AB、BE、EF三个杆），由解图所示隔离体平衡可知，所求最大压力决定于支座C净反力的最大值。分别考虑每个集中力作用在E点，作两次试算，即可算出杆BE最大压力值为 6.8kN。

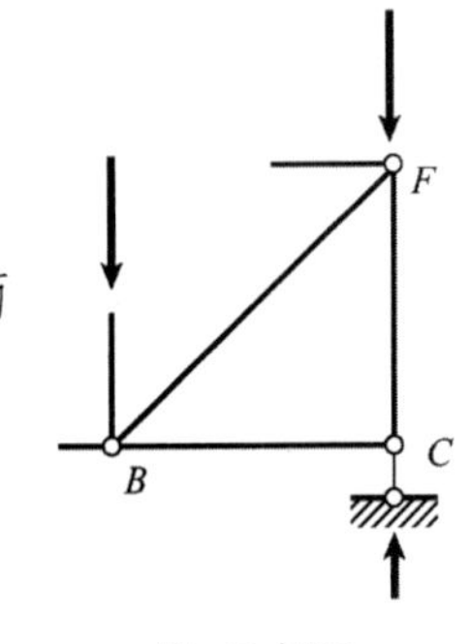

题 45 解图

答案：C

46. 解　所给为连续分布质量体系，其动力自由度数为无穷多。

答案：D

47. 解　作解图求柔度系数δ，代入自振频率公式计算。

$$\delta=\frac{1}{2}\frac{1}{2k}=\frac{1}{4k\omega},\ \omega=\sqrt{\frac{1}{\delta m}}=\sqrt{\frac{4k}{m}}$$

题 47 解图

答案：D

48. 解　正确的主阵型解答，必须同时满足关于质量矩阵正交性和关于刚度矩阵正交性两个正交性条件。据此，按本题所给已知条件可知，只有满足下面刚度正交性条件的选项，才有可能是正确的答案。

$$[\times\times\times\quad \times\times\times\quad 1]\begin{bmatrix}20 & -5 & 0\\ -5 & 8 & -3\\ 0 & -3 & 3\end{bmatrix}\begin{Bmatrix}0.163\\ 0.569\\ 1\end{Bmatrix}=0$$

将四个选项逐一按照上式进行验算可知，只有选项 B 计算结果趋于零，而其余三个选项的计算结果都不为零。

答案：B

49. 解　建筑结构的动力特性测试，或评估结构的抗震性能时，可采用激振法。工程结构的疲劳试验一般在疲劳试验机上进行，也可采用电液伺服加载系统开展实验。选项A、B、D试验所选用的设备是合适的。

答案：C

50. 解 《混凝土结构试验方法标准》(GB/T 50152—2012)第5.3.1条规定，混凝土结构预加载应控制试件在弹性范围内受力，不可以超过开裂荷载，不应产生裂缝及其他形式的加载残余值。超过开裂荷载后结构将发生非弹性变形，无法恢复。对于选项D，如果预应力混凝土结构的使用荷载小于开裂荷载，则是可行的。

答案：B

51. 解 回弹法和超声波法均属于无损检测方法。钻孔后装法是在硬化的混凝土表面钻孔，然后装上拔出装置，进行拔出试验，属于半破损检测方法，以上三种方法均需建立相应的测强曲线，误差较大。钻芯法是在混凝土结构有代表性部位钻取芯样，经加工后进行物理、力学性能的试验测定和分析，该法被认为是一种直接而又可靠，能较好反映材料实际情况的微破损检测方法。

答案：D

52. 解 应变片的灵敏系数是指电阻丝单位应变所引起的电阻变化率，即应变片灵敏系数$K=\frac{\Delta R}{R}/\varepsilon$。

答案：A

53. 解 零位测量法是指用已知的标准量去抵消被测物理量对仪器引起的偏转，使被测量和标准量对仪器指示装置的效应经常保持相等(平衡)，指示装置指零时的标准量即为被测物理量。选项A、C属于机械式仪表，通过指针的偏转读取被测量；选项B长标距电阻应变计和选项D电阻应变式位移计，属于一次仪表，必须通过二次仪表"静态电阻应变仪"进行测试。传统的静态电阻应变仪采用双桥路设计，是一种零位读数法的仪器；而现代静态电阻应变仪直接通过电子线路将模拟电压量转换为被测物理量。综上所述，此题无解。

答案：无

54. 解

$$e=\frac{n}{1-n}=\frac{0.4771}{1-0.4771}=0.9124$$

答案：A

55. 解 计算土中总竖向自重应力，水下用土饱和重度。

$$\sigma_z=\Sigma\gamma h=15.6\times1.5+19.8\times2=63\text{kPa}$$

答案：A

56. 解 在三轴试验中，根据极限平衡条件下，摩尔应力圆、库仑强度线与大、小主应力之间的关系：

$\sigma_3 = 48.7\text{kPa}$

$$F = \left(\frac{0.038}{2}\right)^2 \pi = 0.000361 \times \pi = 0.00113\text{m}^2$$

$$\sigma_1 = \frac{N}{F} + \sigma_3 = \frac{75.2}{0.00113 \times 1000} + 48.7 = 115.24\text{kPa}$$

方法 1：

$$应力圆圆心 = \frac{115.2 + 48.7}{2} = 81.97，应力圆半径 = \frac{115.2 - 48.7}{2} = 33.27$$

$$\varphi = \arcsin\frac{33.27}{81.97} = 23.9°$$

方法 2：

$$\varphi = \arcsin\frac{\frac{\sigma_1 - \sigma_3}{2}}{\frac{\sigma_1 + \sigma_3}{2}} = \arcsin\frac{115.2 - 48.7}{115.2 + 48.7} = 23.9°$$

答案： A

57. 解 不考虑坑内降水土的渗透系数小，且快速开挖，水来不及排出。所以，开挖结束时的测验管水头较初始状态没有变化。

答案： B

58. 解 重型和超重型圆锥重力触探适用于碎石土。静力触探、标准贯入试验和十字板剪切试验适用于细颗粒土。

答案： C

59. 解 《建筑地基基础设计规范》（GB 50007—2011）第 5.2.4 条规定，当基础宽度大于 3m 或埋置深度大于 0.5m 时，根据载荷试验或其他原位测试、经验值等方法确定的地基承载力特征值，尚应按下式修正：

$$f_a = f_{ak} + \eta_b \gamma (b - 3) + \eta_d \gamma_m (d - 0.5)$$

$$= 120 + 1.5 \times \frac{16 \times 2 + 10 \times 1}{3} \times (3 - 0.5) = 172.5\text{kPa}$$

答案： B

60. 解 泥浆护壁法钻孔灌注混凝土桩属于非挤土桩、排土桩。预制桩属于挤土桩、不排土桩。

答案： A

2011年度全国勘察设计一级注册结构工程师

执业资格考试试卷

基础考试

（下）

二〇一一年九月

应考人员注意事项

1. 本试卷科目代码为“2”，考生务必将此代码填涂在答题卡“科目代码”相应的栏目内，否则，无法评分。

2. 书写用笔：**黑色或蓝色钢笔、签字笔或圆珠笔**；

   填涂答题卡用笔：**黑色 2B 铅笔**。

3. 必须用书写用笔将工作单位、姓名、准考证号填写在答题卡和试卷相应的栏目内。

4. 本试卷由 60 题组成，每题 2 分，满分 120 分，本试卷全部为单项选择题，每小题的四个备选项中只有一个正确答案，错选、多选、不选均不得分。

5. 考生作答时，必须按**题号在答题卡上**将相应试题所选选项对应的**字母用 2B 铅笔涂黑**。

6. 在答题卡上书写与题意无关的语言，或在答题卡上作标记的，均按违纪试卷处理。

7. 考试结束时，由监考人员当面将试卷、答题卡一并收回。

8. 草稿纸由各地统一配发，考后收回。

单项选择题（共 60 题，每题 2 分。每题的备选项中只有一个最符合题意。）

1. 下列与材料的孔隙率没有关系的是：

A. 强度　　B. 绝热性

C. 密度　　D. 耐久性

2. 石灰的陈伏期应为：

A. 两个月以上　　B. 两星期以上

C. 一星期以上　　D. 两天以上

3. 在不影响混凝土强度的前提下，当混凝土的流动性太大或太小时，调整的方法通常是：

A. 增减用水量

B. 保持水灰比不变，增减水泥用量

C. 增大或减少水灰比

D. 增减砂率

4. 在混凝土配合比设计中，选用合理砂率的主要目的是：

A. 提高混凝土的强度　　B. 改善拌合物的和易性

C. 节省水泥　　D. 节省粗骨料

5. 在下列混凝土的技术性能中，正确的是：

A. 抗剪强度大于抗压强度

B. 轴心抗压强度小于立方体抗压强度

C. 混凝土不受力时内部无裂缝

D. 徐变对混凝土有害无利

6. 钢材对冷弯性的要求越高，试验时采用的：

A. 弯心直径越大，弯心直径对试件直径的比值越大

B. 弯心直径越小，弯心直径对试件直径的比值越小

C. 弯心直径越小，弯心直径对试件直径的比值越大

D. 弯心直径越大，弯心直径对试件直径的比值越小

7. 导致木材物理力学性能发生改变的临界含水率是：

A. 最大含水率　　B. 平衡含水率

C. 纤维饱和点　　D. 最小含水率

8. 进行往返路线水准测量时，从理论上说$h_{往}$与$h_{返}$之间应具备的关系是：

A. 符号相反，绝对值不等

B. 符号相反，绝对值相等

C. 符号相同，绝对值相等

D. 符号相同，绝对值不等

9. 某电磁波测距仪的标称精度为$\pm(3+3\text{ppm})\text{mm}$用该仪器测得 500m 距离，如不顾及其他因素影响，则产生的测距中误差为：

A. ±18mm　　B. ±3mm

C. ±4.5mm　　D. ±6mm

10. 确定地面点位相对位置的三个基本观测量是水平距离及：

A. 水平角和方位角　　B. 水平角和高差

C. 方位角和竖直角　　D. 竖直角和高差

11. 磁偏角和子午线收敛角分别是指磁子午线、中央子午线与下列哪项的夹角？

A. 坐标纵轴　　B. 指北线

C. 坐标横轴　　D. 真子午线

12. 测站点与测量目标点位置不变，但仪器高度改变，则此时所测得的：

A. 水平角改变，竖直角不变

B. 水平角改变，竖直角也改变

C. 水平角不变，竖直角改变

D. 水平角不变，竖直角也不变

13. 建筑工程开工前，建筑单位应当按照国家有关规定向工程所在地哪个部门申请领地施工许可证？

A. 市级以上政府建设行政主管

B. 县级以上城市规划

C. 县级以上政府建设行政主管

D. 乡镇及以上政府主管

14. 《中华人民共和国城市房地产管理法》所称房地产交易不包括：

A. 房产中介　　B. 房地产抵押

C. 房屋租赁　　D. 房地产转让

15. 城市详细规划应当在城市总体规划或分区规划的基础上，对城市近期区域内各项建设作出具体规划，详细规划应当包括：

①区域规划和土地利用总体规划；

②规划地段的各项建设的具体用地范围；

③建设密度和高度等控制指标；

④总平面布置和竖向规划；

⑤工程管线综合规划。

A. ①②③④　　　B. ②③④⑤

C. ①③④⑤　　　D. ①②④⑤

16. 注册结构工程师的执业范围包括：

①结构工程设计和技术咨询；

②建筑物、构筑物、工程设施等调查和鉴定；

③结构工程的鉴定和加固；

④对本人主持设计的项目进行施工指导和监督；

⑤对本人主持设计的项目进行监理。

A. ①②③④　　　B. ①②③⑤

C. ①②④⑤　　　D. ①③④⑤

17. 泥浆护壁成孔过程中，泥浆的作用除了保护孔壁、防止塌孔外，还有：

A. 提高钻进速度　　　B. 排出土渣

C. 遇硬土层易钻进　　　D. 保护钻机设备

18. 关于梁模板拆除的一般顺序，下列描述正确的是：

I.先支的先拆，后支的后拆；

II.先支的后拆，后支的先拆；

III.先拆除承重部分，后拆除非承重部分；

IV.先拆除非承重部分，后拆除承重部分。

A. I、III　　　B. II、IV

C. I、IV　　　D. II、III

19. 在进行钢筋混凝土框架结构的施工过程中，对混凝土骨料的最大粒径的要求，下面正确的是：

A. 不超过结构最小截面的1/4，钢筋间最小净距的1/2

B. 不超过结构最小截面的1/4，钢筋间最小净距的3/4

C. 不超过结构最小截面的1/2，钢筋间最小净距的1/2

D. 不超过结构最小截面的1/2，钢筋间最小净距的3/4

20. 在进行“资源有限、工期最短”优化时，当将某工作移出超过限量的资源时段后，计算发现总工期增量$\Delta > 0$，以下说法正确的是：

A. 总工期会延长　　　　B. 总工期会缩短

C. 总工期不变　　　　D. 无法判断

21. 有关流水施工的概念，下列说法正确的是：

A. 对于非节奏专业流水施工，工作队在相邻施工段上的施工可以间断

B. 节奏专业流水的垂直进度图表中，各个相邻施工过程的施工进度线是相互平行的

C. 在组织搭接施工时，应先计算相邻施工过程的流水步距

D. 对于非节奏专业流水施工，各施工段上允许出现暂时没有工作队投入施工的现象

22. 对适筋梁，受拉钢筋刚屈服时，则：

A. 承载力达到极限

B. 受压边缘混凝土达到极限压应变ε_{cu}

C. 受压边缘混凝土被压碎

D. $\varepsilon_s = \varepsilon_y$，$\varepsilon_c \leqslant \varepsilon_{cu}$

23. 提高受弯构件抗弯刚度（减小挠度）最有效的措施是：

A. 加大截面宽度　　　　B. 增加受拉钢筋截面面积

C. 提高混凝土强度等级　　　　D. 加大截面的有效高度

24. 在结构抗震设计中，框架结构在地震作用下：

A. 允许在框架梁端处形成塑性铰

B. 允许在框架节点处形成塑性铰

C. 允许在框架柱端处形成塑性铰

D. 不允许框架任何位置形成塑性铰

25. 单层工业厂房设计中，若需要将伸缩缝、沉降缝、抗震缝合成一体时，其正确的设计构造做法为：

A. 在缝处从基础底至屋顶把结构分成两部分，其缝宽应满足三种缝中的最小缝宽的要求

B. 在缝处只需从基础顶以上至屋顶把结构分成两部分，其缝宽取三者的最大值

C. 在缝处只需从基础底至屋顶把结构分成两部分，其缝宽取三者的平均值

D. 在缝处只需从基础底至屋顶把结构分成两部分，其缝宽按抗震缝要求设置

26. 对钢材进行冷加工，使其产生塑性变形引起钢材硬化的现象，使钢材的：

A. 强度、塑性和韧性提高

B. 强度和韧性提高，塑性降低

C. 强度和弹性模量提高，塑性降低

D. 强度提高，塑性和韧性降低

27. 钢结构轴心受压构件应进行的计算是：

A. 强度、刚度、局部稳定

B. 强度、局部稳定、整体稳定

C. 强度、整体稳定

D. 强度、刚度、局部稳定、整体稳定

28. 计算钢结构构件的疲劳和正常使用极限状态的变形时，荷载的取值为：

A. 采用标准值

B. 采用设计值

C. 疲劳计算采用设计值，变形验算采用标准值

D. 疲劳计算采用设计值，变形验算采用标准值并考虑长期荷载的影响

29. 在荷载作用下，侧焊缝的计算长度大于某一数值时，焊缝的承载力设计值应折减，其值为：

A. $40h_{\mathrm{f}}$　　B. $60h_{\mathrm{f}}$

C. $80h_{\mathrm{f}}$　　D. $100h_{\mathrm{f}}$

30. 在确定砌体强度时，下列叙述正确的是：

A. 块体的长宽对砌体抗压强度影响很小

B. 水平灰缝厚度越厚，砌体抗压强度越高

C. 砖砌筑时含水量越大，砌体抗压强度越高，但抗剪强度越低

D. 对于提高砌体抗压强度而言，提高块体强度比提高砂浆强度更有效

31. 砌体结构设计时，必须满足的要求是：

①满足承载能力极限状态；

②满足正常使用极限状态；

③一般工业与民用建筑中的砌体构件，可靠指标$\beta \geqslant 3.2$；

④一般工业与民用建筑中的砌体构件，可靠指标$\beta \geqslant 3.7$。

A. ①②③　　　　B. ①②④

C. ①③　　　　D. ①④

32. 砌体结构为刚性方案、刚弹性方案或弹性方案的判别因素是：

A. 砌体的高厚比

B. 砌体的材料与强度

C. 屋盖、楼盖的类别与横墙的刚度及间距

D. 屋盖、楼盖的类别与横墙的间距，而与横墙本身条件无关

33. 无洞口墙梁和开洞口墙梁在顶部荷载作用下，可采用什么模型进行分析？

A. 两种墙梁均采用梁-拱组合模型

B. 无洞墙梁采用梁-拱组合模型，开洞口墙梁采用偏心拉杆拱模型

C. 无洞墙梁采用偏心拉杆拱模型，开洞口墙梁采用梁-拱组合模型

D. 无洞墙梁采用梁-柱组合模型，开洞口墙梁采用偏心压杆拱模型

34. 图示体系是几何：

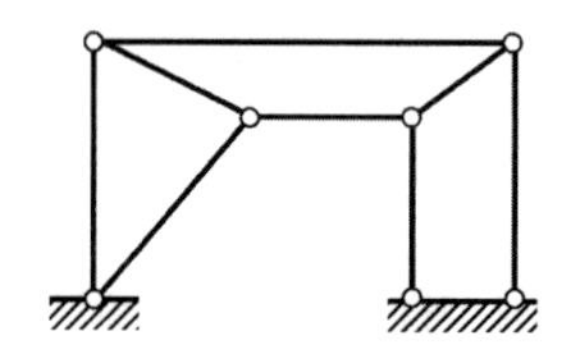

A. 可变体系

B. 不变且无多余约束的体系

C. 瞬变体系

D. 不变，有一个多余约束的体系

35. 图示结构M_{AC}和M_{BD}正确的一组为：

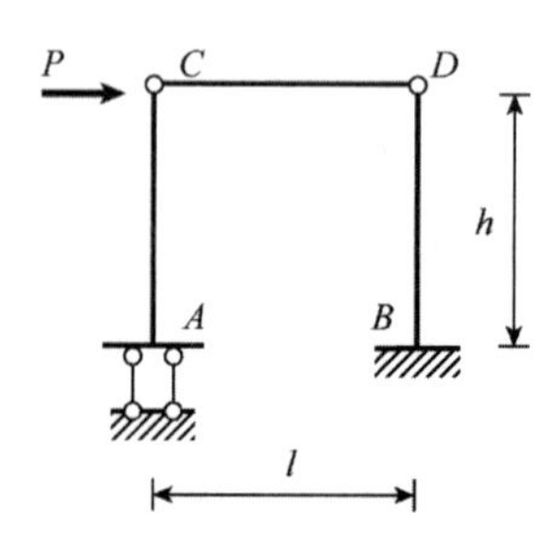

A. $M_{AC}=M_{BD}=Ph$(左边受拉)

B. $M_{AC}=Ph$(左边受拉)，$M_{BD}=0$

C. $M_{AC}=0$，$M_{BD}=Ph$(左边受拉)

D. $M_{AC}=Ph$(左边受拉)，$M_{BD}=2Ph/3$(左边受拉)

36. 图示刚架中M_{AC}等于：

A. 2kN · m（右拉）

B. 2kN · m（左拉）

C. 4kN · m（右拉）

D. 6kN · m（左拉）

37. 图示桁架杆 1 的轴力为：

A. $2P$

B. $2\sqrt{2}P$

C. $-2\sqrt{2}P$

D. $\sqrt{2}P/2$

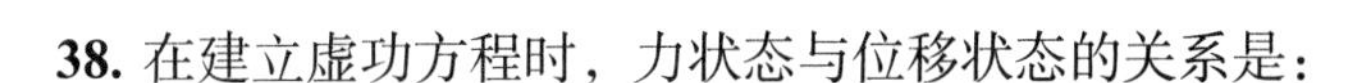

38. 在建立虚功方程时，力状态与位移状态的关系是：

A. 彼此独立无关

B. 位移状态必须是由力状态产生的

C. 互为因果关系

D. 力状态必须是由位移状态引起的

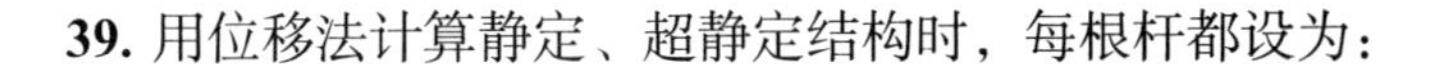

39. 用位移法计算静定、超静定结构时，每根杆都设为：

A. 单跨静定梁　　B. 单跨超静定梁

C. 两端固定梁　　D. 一端固定而另一端铰支的梁

40. 图示结构用位移法计算时，独立的节点线位移和节点角位移数分别为：

A. 2，3

B. 1，3

C. 3，3

D. 2，4

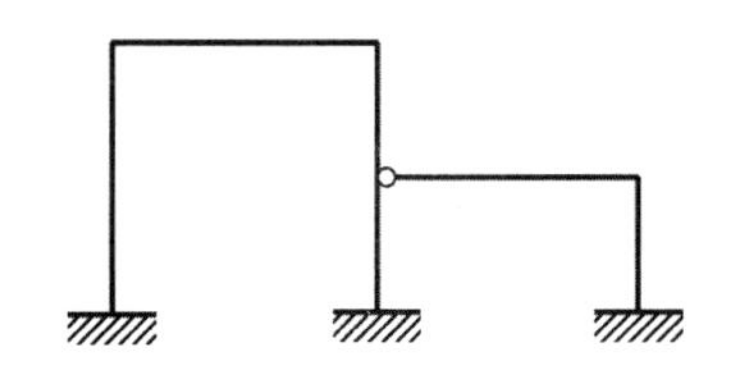

41. 图示结构的超静定次数为：

A. 2

B. 3

C. 4

D. 5

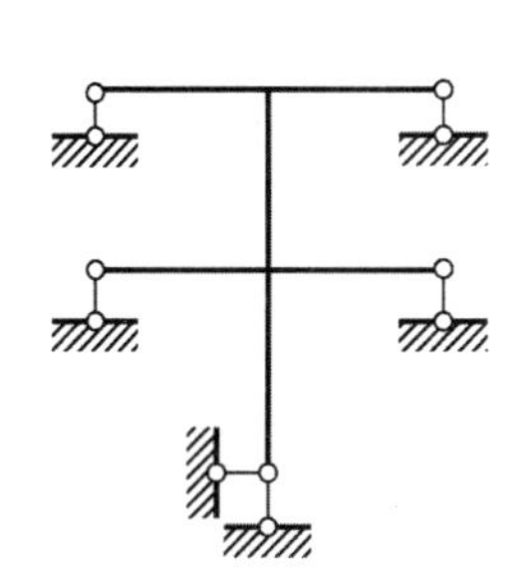

42. 图示结构当水平支杆产生单位位移时（未标注杆件的抗弯刚度为EI），B-B截面的弯矩值为：

A. EI/l^2

B. $2EI/l^2$

C. $3EI/l^2$

D. $6EI/l^2$

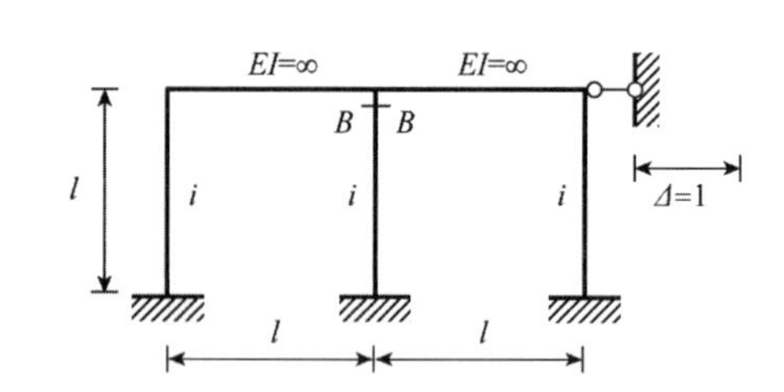

43. 图示桁架K点的竖向位移最小的图为：

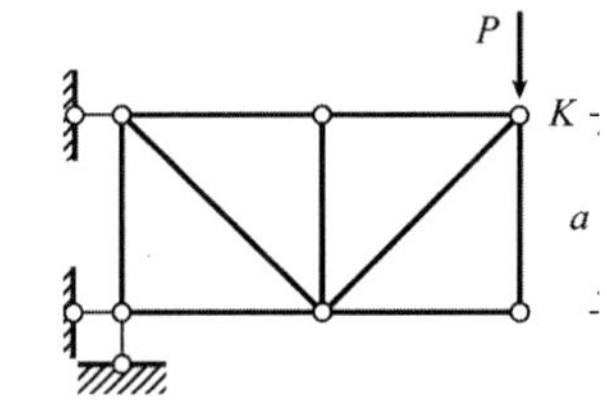

A.

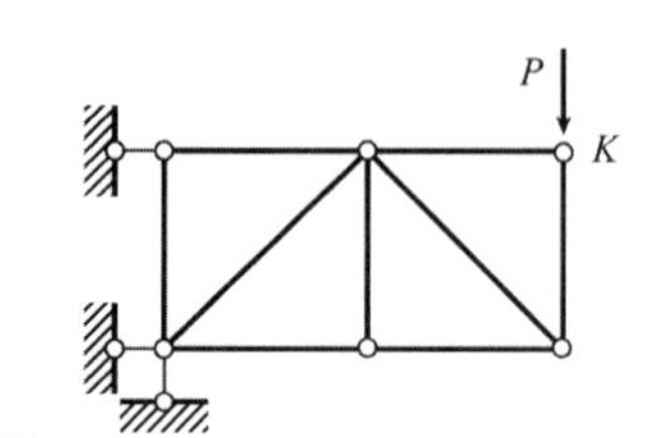

B.

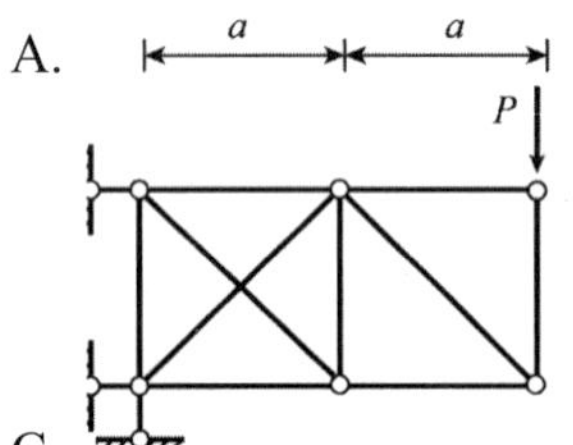

C.

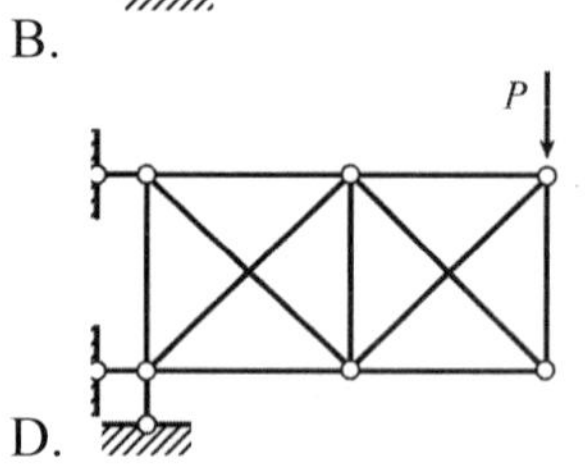

D.

44. 图示结构取图 b）为力法基本体系，EI为常数，下列选项错误的是：

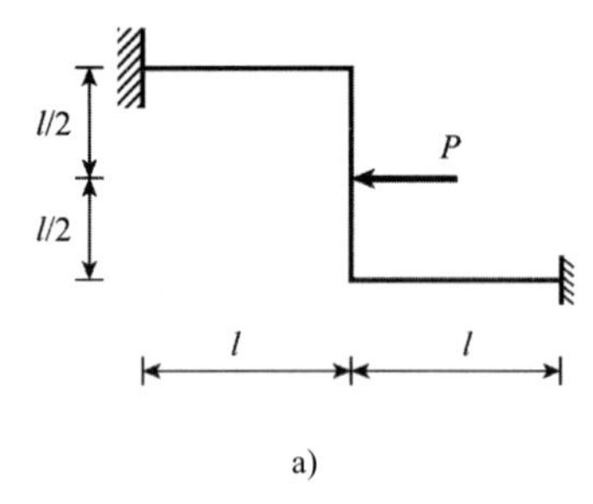

a)

b)

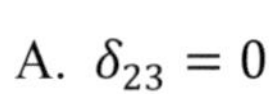

A. $\delta_{23}=0$

B. $\delta_{31}=0$

C. $\delta_{2P}=0$

D. $\delta_{12}=0$

45. 图示结构（E为常数）杆端弯矩（顺时针为正）正确的一组为：

A. $M_{AB}=M_{AD}=M/4$，$M_{AC}=M/2$

B. $M_{AB}=M_{AC}=M_{AD}=M/3$

C. $M_{AB}=M_{AD}=0.4M$，$M_{AC}=0.2M$

D. $M_{AB}=M_{AD}=M/3$，$M_{AC}=2M/3$

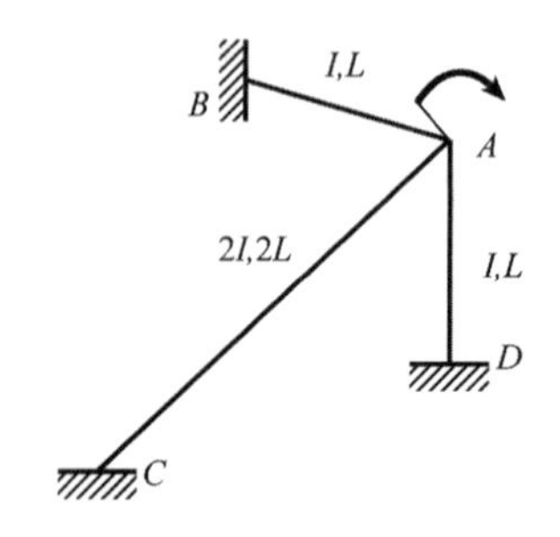

46. 图示结构利用对称性简化后的计算简图为：

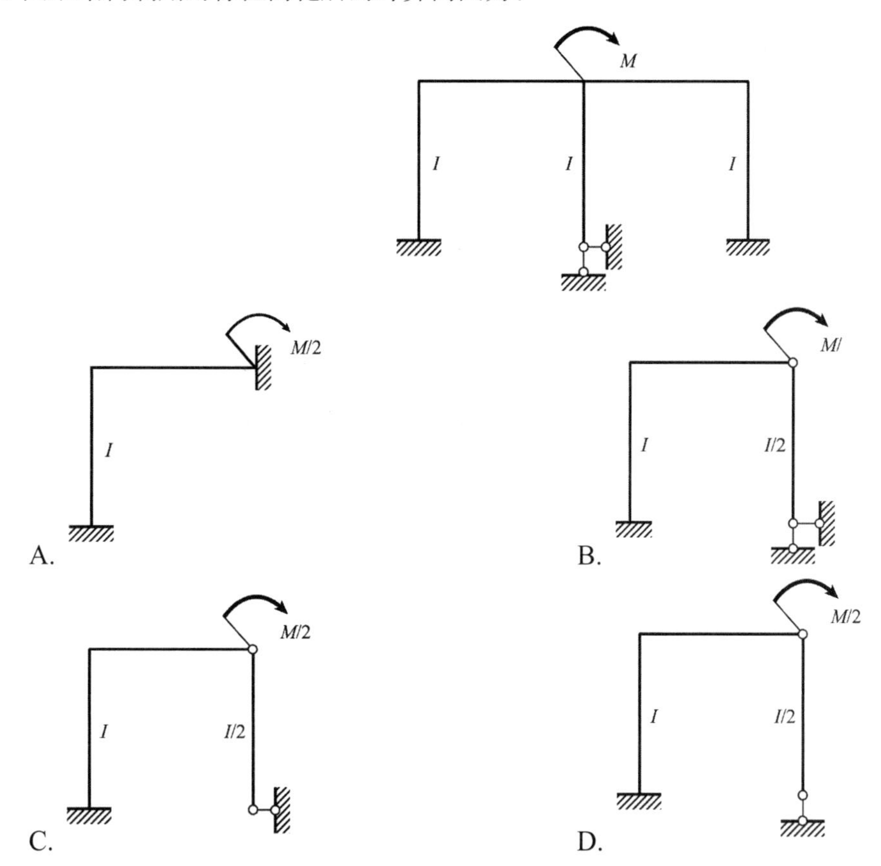

47. 多自由度体系的自由振动是：

A. 简谐振动

B. 若干简谐振动的叠加

C. 衰减周期振动

D. 难以确定

48. 图示体系杆的质量不计，$EI_1 = \infty$，则体系的自振频率ω等于：

A. $\sqrt{\frac{3EI}{ml}}$

B. $\frac{1}{h}\sqrt{\frac{3EI}{ml}}$

C. $\frac{2}{h}\sqrt{\frac{EI}{ml}}$

D. $\frac{1}{h}\sqrt{\frac{EI}{3ml}}$

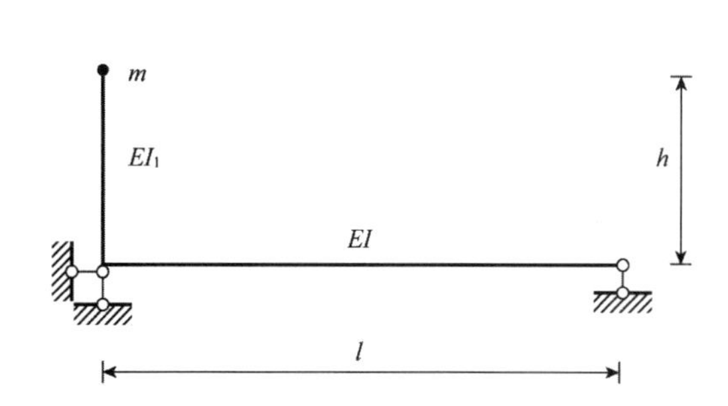

49. 结构试验分为生产性试验和研究性试验两类，下列不属于研究性试验解决的问题的是：

A. 综合鉴定建筑的设计和施工质量

B. 为发展和推广新结构提供实践经验

C. 为制定设计规范提供依据

D. 验证结构计算理论的假定

50. 试验装置设计和配置应满足一定的要求，下列要求错误的是：

A. 采用先进技术，满足自动化要求，减轻劳动强度，方便加载，提高试验效率和质量

B. 应使试件的跨度、支承方式、支撑等条件和受力状态满足设计计算简图，并在整个试验过程中保持不变

C. 试验装置不应分担试件应承受的试验荷载，也不应阻碍试件变形的自由发展

D. 试验装置应有足够的强度和刚度，并有足够的储备，在最大的试验荷载作用下，保证加载设备参与结构试件工作

51. 一个电阻应变片（$R = 120\Omega$，$K = 2.0$），粘贴于混凝土轴心受拉构件平行于轴线方向，试件材料的弹性模量$E = 2 \times 10^5\text{MPa}$，若加载至应力$\sigma = 400\text{MPa}$时，应变片的阻值变化$\text{d}R$为：

A. 0.24Ω　　B. 0.48Ω

C. 0.42Ω　　D. 0.96Ω

52. 下列钢筋混凝土构件的各测量参数中，不适宜用位移计量测的是：

A. 简支梁的转角　　B. 截面曲率

C. 顶部截面应变　　D. 受扭构件的应变

53. 下列不能用超声法进行检测的是：

A. 混凝土的裂缝　　B. 混凝土的强度

C. 钢筋的位置　　D. 混凝土的内部缺陷

54. 黏性土处于什么状态时，含水量减小，土的体积不再发生变化？

A. 固态　　B. 可塑状态

C. 流动状态　　D. 半固体状态

55. 下列有关土的饱和度的表述，正确的是：

A. 土中水的质量与土粒的质量之比

B. 土中水的质量与土的质量之比

C. 土中水的体积与孔隙体积之比

D. 土中水的质量与土粒质量加水的质量的和之比

56. 下列说法错误的是：

A. 地下水位的升降对土中自重应力有影响

B. 地下水位的下降会使土中自重应力增大

C. 当地层中有不透水层存在时，不透水层中的静水压力为零

D. 当地层中存在有承压水层时，该地层的自重应力计算方法与潜水层相同，即该土层的重度取有效重度来计算

57. 某土层的压缩系数为 0.5MPa^{-1}，天然孔隙比为 0.8，土层厚度 1m，已知该十层受到的平均附加应力 $\overline{\sigma}_z = 60\text{kPa}$，则该土层的沉降量为：

A. 16.3mm　　　B. 16.7mm

C. 30mm　　　D. 33.6mm

58. 土坡高度为 8m，土的内摩擦角$\varphi = 10°(N_s = 9.2)$，$c = 25\text{kPa}$，$\gamma = 18\text{kN/m}^3$的土坡，其稳定安全系数为：

A. 1.6　　　B. 1.0

C. 2.0　　　D. 0.5

59. 在设计柱下条形基础的基础梁最小宽度时，下列说法正确的是：

A. 梁宽应大于柱截面的相应尺寸

B. 梁宽应等于柱截面的相应尺寸

C. 梁宽应大于柱截面宽、高尺寸中的最小值

D. 由基础梁强度计算决定

60. 某深层搅拌桩桩长 8m，桩径 0.5m，桩体压缩模量为 120MPa，置换率为 25%，桩间承载力特征值 110kPa，压缩模量为 6MPa，加固区受到平均应力为 121kPa，加固区的变形量为：

A. 13mm　　　B. 25mm

C. 28mm　　　D. 26mm

2011 年度全国勘察设计一级注册结构工程师执业资格考试基础考试（下）试题解析及参考答案

1. 解 密度是指材料在绝对密实状态单位体积的质量，不包括材料内部孔隙体积，所以密度大小与孔隙率无关。随孔隙率增大，材料的强度和耐久性下降，绝热性提高。

答案：C

2. 解 过火石灰很致密，水化很慢，为了消除过火石灰的危害，石灰需要进行陈伏处理，陈伏期为两星期以上。

答案：B

3. 解 在不影响混凝土强度的前提下（即保持水灰比不变），当混凝土的流动性太大或太小时，可通过增减水泥浆量来调整。

答案：B

4. 解 在混凝土配合比设计中，选用合理砂率可以降低骨料的空隙率和总表面积，因而在满足拌合物和易性要求的前提下，可减少水泥用量。

答案：C

5. 解 受环箍效应的影响，混凝土的轴心抗压强度小于立方体抗压强度。混凝土的抗剪强度小于抗压强度。由于水化收缩、干缩、泌水等使得混凝土在不受力时内部存在裂缝。徐变可以消除大体积混凝土因温度变形所产生的破坏应力，但会使预应力钢筋混凝土结构中的预加应力受到损失，所以徐变有利有弊。

答案：B

6. 解 试验时采用的弯心直径越小，弯心直径对试件直径的比值越小，说明对钢材的对冷弯性能要求越高。

答案：B

7. 解 纤维饱和点是指木材的细胞壁中充满吸附水，细胞腔和细胞间隙中没有自由水时的含水率。当含水率小于纤维饱和点时，木材强度随含水率降低而提高，而体积随含水率降低而收缩，所以纤维饱和点是木材物理力学性能发生改变的临界含水率。

答案：C

8. 解 进行往返路线水准测量，往测高差与返测高差之间应具备的关系是大小相等、符号相反。

答案：B

9. 解 测得距离为500m，故实际精度为：

$$m_{\mathrm{s}}=\pm(3+3\times10^{-6}\times500\times10^{3})=\pm4.5\mathrm{mm}$$

答案： C

10. 解 确定地面点位相对位置的三个基本观测量是水平距离、水平角及高差。

答案： B

11. 解 磁偏角和子午线收敛角分别是指磁子午线、中央子午线与真子午线之间的夹角。

答案： D

12. 解 水平角是测站点0与观测目标A、B之间的连线在水平面上的投影所形成的角度，与仪器高度变化无关，故水平角不变，竖直角是仪器中心和目标的连线与过仪器中心的水平线之间在竖直面上的投影，所以仪器高度变化，竖直角将发生改变。

答案： C

13. 解 《中华人民共和国建筑法》第七条规定，建筑工程开工前，建设单位应当按照国家有关规定向工程所在地县级以上人民政府建设行政主管部门申请领取施工许可证；但是，国务院建设行政主管部门确定的限额以下的小型工程除外。

答案： C

14. 解 《中华人民共和国城市房地产管理法》第二条规定，本法所称房地产交易，包括房地产转让、房地产抵押和房屋租赁。

答案： A

15. 解 《城市规划编制办法》第四十一条规定，控制性详细规划应当包括下列内容：

（一）确定规划范围内不同性质用地的界线，确定各类用地内适建、不适建或者有条件地允许建设的建筑类型。

（二）确定各地块建筑高度、建筑密度、容积率、绿地率等控制指标，确定公共设施配套要求、交通出入口方位、停车泊位、建筑后退红线距离等要求。

（三）提出各地块的建筑体量、体型、色彩等城市设计指导原则。

（四）根据交通需求分析，确定地块出入口位置、停车泊位、公共交通场站用地范围和站点位置、步行交通以及其他交通设施。规定各级道路的红线、断面、交叉口形式及渠化措施、控制点坐标和标高。

（五）根据规划建设容量，确定市政工程管线位置、管径和工程设施的用地界线，进行管线综合。确定地下空间开发利用具体要求。

（六）制定相应的土地使用与建筑管理规定。

答案： B

16. 解　《注册结构工程师执业资格制度暂行规定》第十八条规定了注册结构工程师的执业范围：

（一）结构工程设计；

（二）结构工程设计技术咨询；

（三）建筑物、构筑物、工程设施等调查和鉴定；

（四）对本人主持设计的项目进行施工指导和监督；

（五）建设部和国务院有关部门规定的其他业务。

另外，在我国做工程监理需要有监理工程师证书，所以凡是有第⑤条的选项都是不对的。

答案：A

17. 解　泥浆护壁成孔过程中，泥浆的主要作用是保护孔壁、防止塌孔和通过泥浆循环流动而排出土渣。

答案：B

18. 解　根据模板的施工工艺，拆模的顺序与支模的顺序相反，即先支的后拆，后支的先拆。承重部位的模板，须待结构混凝土达到一定强度后方可拆除，故先拆除非承重部分（如梁的侧模），后拆除承重部分（如梁的底模）。

答案：B

19. 解　《混凝土结构工程施工规范》（GB 50666—2011）第7.2.3条第1款规定，混凝土粗骨料的最大粒径不得超过构件截面最小尺寸的1/4和钢筋间最小净距的3/4。另需注意：对于实心板，则不超过板厚的1/3，且最大不得超过40mm。

答案：B

20. 解　“资源有限、工期最短”优化，是在保证任何工作的持续时间不发生改变、任何工作不中断、网络计划逻辑关系不变的前提下，通过调整出现资源冲突的若干工作的开始时间及其先后次序，使资源量满足限制要求，且工期增量又最小的过程。工期延长值＝排在前面工作的最早完成时间－排在后面工作的最迟开始时间，即$\Delta T_{m-n,i-j}=EF_{m-n}-LS_{i-j}$。调整中，若计算出的工期增量$\Delta\leqslant0$（这种情况仅会出现在所调整移动的资源冲突的工作均为非关键工作时，而工期是由关键工作决定的），则对工期无影响，即工期不变；若工期增量$\Delta>0$（这种情况出现在所调整移动的资源冲突的工作中含有关键工作，或该调整移动使非关键工作变成了关键工作），则工期将延长该正值。

答案：A

21. 解　流水施工中：

①组织非节奏（也称无节奏）流水施工时，应使每一个工作队都能在相邻施工段上连续施工。一般都通过选择适当的流水步距（如用“节拍累加错位相减取大差”确定）来实现。

②节奏（也称有节奏）流水施工的垂直进度图表中，各施工过程的施工进度线不一定都平行；等节奏者平行，异节奏者不平行。

③组织搭接施工时，不需要计算相邻施工过程的步距，而是据工艺顺序和施工条件，力争主导施工过程连续，非主导施工过程可以间断。

④对于非节奏专业流水施工，各施工段上允许出现暂时没有工作队投入施工的现象。即工作队应连续（在一个施工层内）、工作面可停歇。

答案：D

22. 解 根据适筋梁的破坏特点，受拉钢筋刚屈服时，受压边缘混凝土的应变应小于或等于其极限压应变ε_{cu}。

答案：D

23. 解 根据《混凝土结构设计规范》（GB 50010—2010）（2015 年版）第 7.2.3 条公式（7.2.3-1），抗弯刚度与截面有效高度的平方成正比，因此对挠度的影响最大。

答案：D

24. 解 根据框架结构“强柱弱梁”的抗震设计原则，选项 A 正确。

答案：A

25. 解 《高层建筑混凝土结构技术规程》（JGJ 3—2010）第 3.4.11 条规定，抗震设计时，伸缩缝、沉降缝的宽度均应符合抗震缝宽度的要求，并且沉降缝应从基础底至屋顶把结构分成两部分。

答案：D

26. 解 钢材经过冷加工后，其强度提高，但塑性和韧性降低。

答案：D

27. 解 钢结构轴心受压构件除了要进行强度、稳定计算（整体稳定、局部稳定）外，还必须满足长细比（刚度）的要求。

答案：D

28. 解 钢结构构件在连续反复荷载（正常使用荷载）作用下可能会发生疲劳破坏，钢结构构件的变形不受长期荷载作用的影响，所以均应采用荷载标准值。

答案：A

29. 解 《钢结构设计标准》（GB 50017—2017）第 11.2.6 条规定，角焊缝的搭接焊缝连接中，当焊缝计算长度l_w超过$60h_f$时，焊缝的承载力设计值应乘以折减系数α_f，$\alpha_f = 1.5 - l_w/(120h_f)$，并不小于 0.5。

答案：B

30. 解 块体尺寸、几何形状及表面的平整度对砌体的抗压强度有一定影响。

砌体内水平灰缝越厚，砂浆横向变形越大，砖内横向拉应力亦越大，砌体内的复杂应力状态亦随之加剧，砌体抗压强度降低。

砌体抗压强度随浇筑时砖的含水率的增加而提高，抗剪强度将降低，但施工中砖浇水过湿，施工操作困难，强度反而降低。

块体和砂浆的强度是影响砌体抗压强度的主要因素，块体和砂浆的强度高，砌体的抗压强度亦高。试验证明，提高砖的强度等级比提高砂浆的强度等级对增大砌体抗压强度的效果好。

答案：D

31. 解 《建筑结构可靠性设计统一标准》（GB 50068—2018）第 4.3.1 条规定，建筑结构均应进行承载能力极限状态设计，尚应进行正常使用极限状态设计。一般工业与民用建筑中的砌体构件，其安全等级为二级，且呈脆性破坏特征。第 3.2.6 条表 3.2.6 规定，安全等级为二级的延性破坏结构构件的可靠性指标为 3.2，脆性破坏结构构件的可靠性指标为 3.7。

答案：B

32. 解 根据《砌体结构设计规范》（GB 50003—2011）第 4.2.1 条表 4.2.1，判别因素包括屋盖或楼盖类别及横墙间距；第 4.2.2 条对刚性和刚弹性方案房屋的横墙做了具体的规定，包括墙上开洞、横墙厚度及长度。

答案：C

33. 解 无洞口墙梁主压力迹线呈拱形，作用于墙梁顶面的荷载通过墙体的拱作用向支座传递。托梁主要承受拉力，两者组成一拉杆拱受力机构。当洞口偏开在墙体一侧时，墙顶荷载通过墙体的大拱和小拱作用向两端支座及托梁传递。托梁既作为大拱的拉杆承受拉力，又作为小拱一端的弹性支座，承受小拱传来的垂直压力，因此偏洞口墙梁具有梁-拱组合受力机构。

答案：C

34. 解 采用三刚片规则进行分析。作解图，三个刚片用虚铰A、B、C两两相互连接，三铰不共线，组成几何不变且无多余约束的体系。

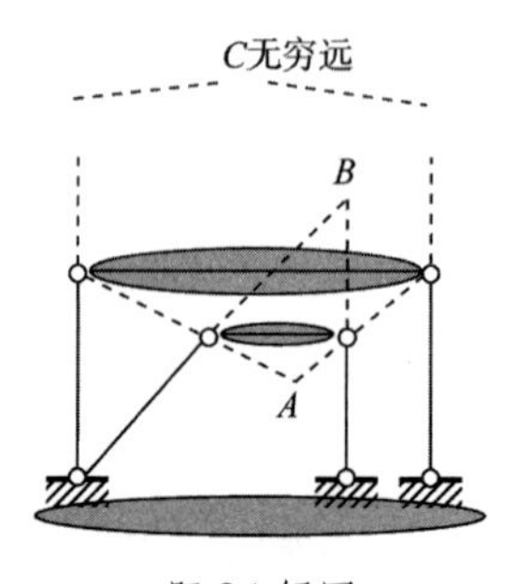

题 34 解图

答案：B

35. 解 由于支座A滑动，由平衡条件可知AC杆各截面剪力为零，再对顶铰取矩可知$M_{\mathrm{AC}}=0$，AC杆不受力，力全部由BD杆承受，所以$M_{\mathrm{BD}}=Ph$。

答案：C

36. 解 先由CB隔离体平衡，求得铰C处的剪力$Q_{CE}=-4\text{kN}$；再由CA隔离体平衡，求得$M_{AC}=4\text{kN}\cdot\text{m}$(右侧受拉)。

答案： C

37. 解 将附属部分、基本部分分割成两个隔离体，见解图，先由左边附属部分隔离体平衡，可得上弦杆轴力为P（压力），之后在基本部分上使用结点法可求得杆 1 轴力为

$$N_1=\sqrt{2}P/2(\text{拉力})$$

也可由解图 b）对A取矩求得右支座反力为$P/2$（向上），再按解图 c）平衡求得同样结果。

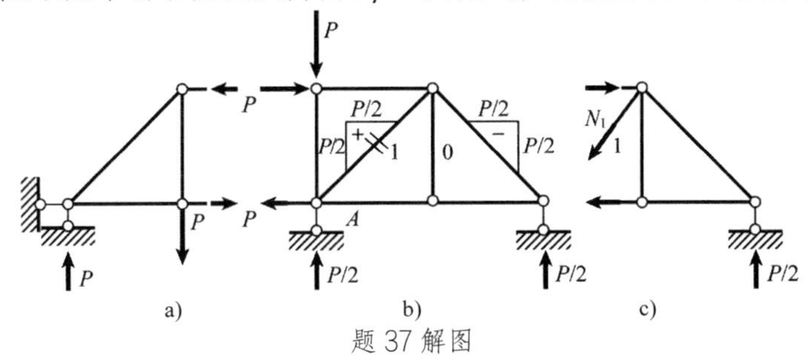

题 37 解图

答案： D

38. 解 虚功原理中的力状态与位移状态彼此独立无关。

答案： A

39. 解 位移法基本结构可视为单跨超静定梁的组合体。

答案： B

40. 解 两个横梁，每一横梁有一个独立线位移；4 个刚结点，每一刚结点有一个独立角位移。

答案： D

41. 解 去掉三个竖向链杆即成为静定结构。

答案： B

42. 解 本题三个竖杆每杆都相当于两端固定杆发生单位侧移的情况。依据形常数亦即转角位移方程可知：两端固定发生单位侧移引起的杆端弯矩值为$6EI/l^2$。

答案： D

43. 解 选项 A、B 图为静定结构，选项 C、D 图分别为 1、2 次超静定结构，约束越多，刚度越大，位移越小。

答案： D

44. 解 求δ_{12}时，X_1、X_2分别引起的单位弯矩图每杆均在异侧，相乘求和不可能为零。

答案： D

45. 解 三杆线刚度相同，远端均为固定端，故近端A的转动刚度、力矩分配系数、分配弯矩相同。

答案： B

46. 解 将中柱视为刚度为$I/2$、相距为零的两个柱子，根据对称结构承受反对称荷载取半边结构的简化规则选 D。

答案： D

47. 解 一般情况下，多自由度体系的自由振动是具有不同自振频率简谐振动的线性组合。

答案： B

48. 解 作解图，沿振动方向加单位力求柔度系数，代入频率计算公式，得

$$\delta = \frac{1}{EI}\frac{1}{2}hl \times \frac{2}{3}h = \frac{h^2 l}{3EI}$$

$$\omega = \sqrt{\frac{3EI}{mh^2 l}} = \frac{1}{h}\sqrt{\frac{3EI}{ml}}$$

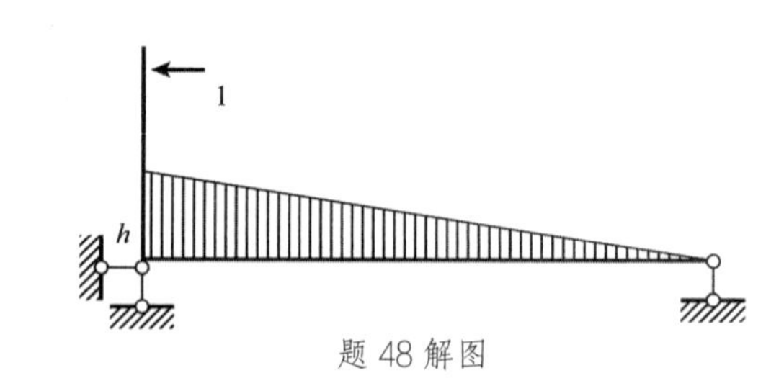

题 48 解图

答案： B

49. 解 选项 A 为生产性试验，其余均为研究性试验。

答案： A

50. 解 任何情况下加载装置均不应参与结构试件的工作。

答案： D

51. 解 加载至应力$\sigma = 400\text{MPa}$时，混凝土的应变$\varepsilon = \sigma/E = 400/2 \times 10^5 = 2 \times 10^{-3}$

由$K = \frac{\text{d}R}{R}/\varepsilon$，有$\text{d}R = KR\varepsilon = 2 \times 120 \times 2 \times 10^{-3} = 0.48\Omega$

答案： B

52. 解 转角（通过位移计测量固定在试件上刚性杆的两点位移差值）、截面曲率（利用位移计测出构件表面某一点及与之邻近两点之间的挠度差）和截面应变（通过两次加载位移计的差值）均可以采用位移计量测；受扭构件产生扭转变形，不适宜用位移计量测。

答案： D

53. 解 超声法可以用于检测混凝土的强度、混凝土的裂缝及内部缺陷。电磁感应法可用于检测钢筋混凝土结构中钢筋的位置、直径和保护层厚度。

答案： C

54. 解 黏性土处于固态，土的体积不随含水率减小而减小。

答案： A

55. 解 饱和度是用于说明土中孔隙中水的充满程度，由土中水的体积与孔隙体积之比表示。

答案： C

56. 解 地层中水下透水土层用有效重度计算，不透水土层用土的实际重度计算。

答案： D

57. 解 根据用压缩系数表示土层压缩量的计算公式，1m 厚土层的压缩量（沉降量）为：

$$\Delta s = \Delta h \frac{a \times \Delta p}{1 + e_1} = 1 \times \frac{0.5 \times 60}{1 + 0.8} = 16.7\text{mm}$$

或由土的压缩模量：

$$E_\text{s} = \frac{1 + e_1}{a} = \frac{1 + 0.8}{0.5} = 3.6\text{MPa}$$

计算土的压缩量：

$$s = \frac{\sigma_z}{E_\text{s}} h = \frac{60}{3.6} \times 1 = 16.7\text{mm}$$

答案： B

58. 解 根据稳定安全系数公式：

$$K = \frac{H_\text{cr}}{H}, \ H_\text{cr} = \frac{cN_\text{s}}{\gamma}$$

式中，H_cr为极限土坡高度，H为实际土坡高度。

计算可得$H_\text{cr} = \frac{25 \times 9.2}{18} = 12.78\text{m}$

则稳定安全系数$K = \frac{H_\text{cr}}{H} = \frac{12.78}{8} = 1.6$

答案： A

59. 解 根据基础梁和柱的受力特点，为了保证结构该结点具有足够的强度和刚度，要求基础梁宽应大于柱截面的相应尺寸。

答案： A

60. 解 根据复合地基压缩模量公式，可知

$$E_\text{sp} = mE_\text{p} + (1 - m)E_\text{s} = 0.25 \times 120 + (1 - 0.25) \times 6 = 34.5\text{MPa}$$

加固区变形量：

$$\Delta s = \frac{p}{E_\text{sp}} h = \frac{121}{34.5} \times 8 = 28\text{mm}$$

答案： C

2013 年度全国勘察设计一级注册结构工程师

执业资格考试试卷

基础考试

（下）

二〇一三年九月

应考人员注意事项

1. 本试卷科目代码为“2”，考生务必将此代码填涂在答题卡“科目代码”相应的栏目内，否则，无法评分。
2. 书写用笔：**黑色或蓝色钢笔、签字笔或圆珠笔**；
   填涂答题卡用笔：**黑色 2B 铅笔**。
3. 必须用书写用笔将工作单位、姓名、准考证号填写在答题卡和试卷相应的栏目内。
4. 本试卷由 60 题组成，每题 2 分，满分 120 分，本试卷全部为单项选择题，每小题的四个备选项中只有一个正确答案，错选、多选、不选均不得分。
5. 考生作答时，必须按**题号在答题卡上**将相应试题所选选项对应的**字母用 2B 铅笔涂黑**。
6. 在答题卡上书写与题意无关的语言，或在答题卡上作标记的，均按违纪试卷处理。
7. 考试结束时，由监考人员当面将试卷、答题卡一并收回。
8. 草稿纸由各地统一配发，考后收回。

单项选择题（共 60 题，每题 2 分。每题的备选项中只有一个最符合题意。）

1. 下列矿物中仅含有碳元素的是：

A. 石膏　　B. 石灰

C. 石墨　　D. 石英

2. 材料积蓄热量的能力称为：

A. 导热系数　　B. 热容量

C. 温度　　D. 传热系数

3. 有关通用硅酸盐水泥的技术性质和应用，下列叙述错误的是：

A. 水泥强度是指水泥胶砂强度，而非水泥净浆强度

B. 水泥熟料中，铝酸三钙水化速度最快，水化热最高

C. 水泥的细度指标作为强制性指标

D. 安定性不良的水泥严禁用于建筑工程

4. 混凝土材料在外部力学荷载、环境温湿度以及内部物理化学过程中发生变形，以下属于内部物理化学过程引起的变形的是：

A. 混凝土徐变　　B. 混凝土干燥收缩

C. 混凝土温度收缩　　D. 混凝土自身收缩

5. 在沿海地区，钢筋混凝土构件的主要耐久性问题是：

A. 内部钢筋锈蚀　　B. 碱-骨料反应

C. 硫酸盐反应　　D. 冻融破坏

6. 钢材试件受拉应力-应变曲线上从原点到弹性极限点称为：

A. 弹性阶段　　B. 屈服阶段

C. 强化阶段　　D. 颈缩阶段

7. 黏性土由半固态变成可塑状态时的界限含水率称为土的：

A. 塑性指数　　B. 液限

C. 塑限　　D. 最佳含水率

8. 测量工作应遵循的原则为：

A. 先测量，后计算　　B. 先控制，后碎部

C. 先平面，后高程　　D. 先低精度，后高精度

9. 坐标正算中，横坐标增量表示为：

A. $\Delta X_{AB}=D_{AB}\cdot\cos\alpha_{AB}$　　B. $\Delta Y_{AB}=D_{AB}\cdot\sin\alpha_{AB}$

C. $\Delta Y_{AB}=D\cdot\sin\alpha_{BA}$　　D. $\Delta X_{AB}=D\cdot\cos\alpha_{BA}$

10. 光学经纬仪的哪种误差可以通过盘左盘右取平均值的方法消除？

A. 对中误差　　B. 视准轴误差

C. 竖轴误差　　D. 照准误差

11. 某双频测距仪，测程为 1km，设计了精、粗两个测尺，精尺为 10m（载波频率$f_1=15\mathrm{MHz}$），粗尺为 1000m（载波频率$f_2=150\mathrm{MHz}$），测相精度为$1/1000$，则仪器所能达到的精度为：

A. 1m　　B. 1dm

C. 1cm　　D. 1mm

12. 在 1：500 地形图上量得两点间的距离为$d=234.5\mathrm{mm}$，则两地实际水平距离D为：

A. 117.25m　　B. 234.5m

C. 469.0m　　D. 1172.5m

13. 根据我国土地管理法，土地利用总体规划的编制原则之一是：

A. 严格控制农业建设占用未利用土地

B. 严禁占用基本农田

C. 严格控制土地利用率

D. 占用耕地与开发复垦耕地相平衡

14. 建设项目对环境可能造成轻度影响的，应当编制：

A. 环境影响报告书　　B. 环境影响报告表

C. 环境影响分析表　　D. 环境影响登记表

15. 节约资源是我国的基本国策，国家实施的能源发展战略为：

A. 开发为主，合理利用

B. 利用为主，加强开发

C. 开发与节约并举，把开发放在首位

D. 节约与开发并举，把节约放在首位

16. 国家对从事建设工程勘察设计活动的单位实行：

A. 资格管理制度　　B. 资质管理制度

C. 注册管理制度　　D. 执业管理制度

17. 在填方工程中，如采用透水性不同的土料单选分层填筑时，下层宜填筑：

A. 渗透系数极小的填料

B. 渗透系数较小的填料

C. 渗透系数中等的填料

D. 渗透系数较大的填料

18. 浇筑混凝土单向板时，施工缝应留置在：

A. 中间1/3跨度范围内且平行于板的长边

B. 平行于板的长边的任何位置

C. 平行于板的短边的任何位置

D. 中间1/3跨度范围内

19. 屋架采用反向扶直时，起重机立于屋架上弦一边，吊钩对位上弦中心，则臂与吊钩满足的关系是：

A. 升臂升钩　　B. 升臂降钩

C. 降臂升钩　　D. 降臂降钩

20. 单代号网络计划中，某工作最早完成时间与其紧后工作的最早开始时间之差为：

A. 总时差　　B. 自由时差

C. 虚工作　　D. 时间间隔

21. 施工过程中设计变更是经常发生的，下列有关设计变更处理的规定错误的是：

A. 对于变更较少的设计，设计单位可通过变更通知单，由建设单位自行修改，在修改的地方加盖图章，注明设计变更编号

B. 若设计变更对施工产生直接影响，涉及工程造价与施工预算的调整，施工单位应及时与建设单位联系，根据承包合同和国家有关规定，商讨解决办法

C. 设计变更与分包施工单位有关，应及时将设计变更交给分包施工单位

D. 设计变更若与以前洽商记录有关，要进行对照，看是否存在矛盾或不符之处

22. 下列不能用于提高钢筋混凝土构件中钢筋与混凝土间的黏结强度的处理措施是：

A. 减小钢筋净间距　　　　B. 提高混凝土的强度等级

C. 由光圆钢筋改为变形钢筋　　　　D. 配置横向钢筋

23. 除了截面形式和尺寸外其他均相同的单筋矩形截面和 T 形截面，当截面等高度及单筋矩形截面宽度与 T 形截面的翼缘计算宽度相同时，正确描述它们的正截面极限承载力的情况是：

A. 当受压区高度x小于 T 形截面翼缘厚度h_f'时，单筋矩形截面的正截面上的承载力M_u与 T 形截面的M_u^T相同

B. 当$x < h_f'$时，$M_u > M_u^T$

C. 当$x < h_f'$时，$M_u < M_u^T$

D. 当$x > h_f'$时，$M_u > M_u^T$

24. 在均布荷载作用下，必须按照双向板计算的钢筋混凝土板是：

A. 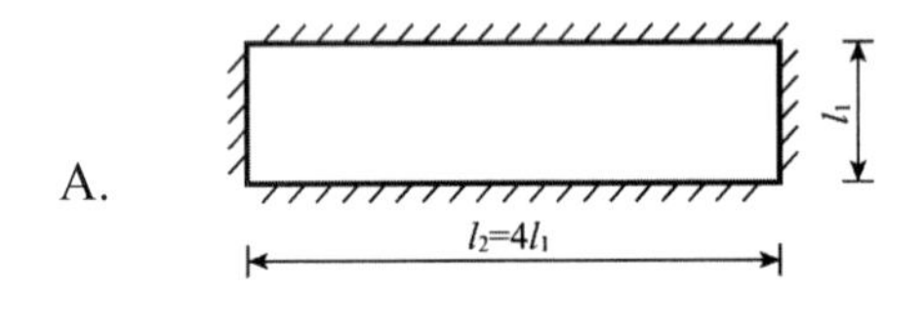

B. 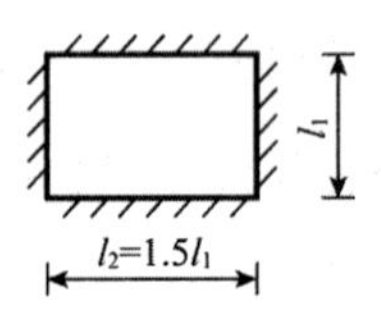

C.

D. 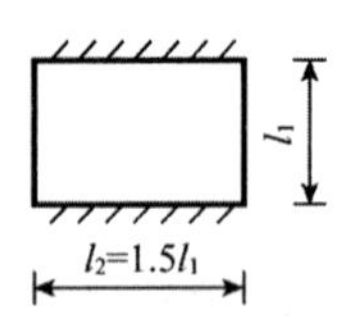

25. 下列关于钢筋混凝土单层厂房柱牛腿的说法，正确的是：

A. 牛腿应按照悬臂梁设计

B. 牛腿的截面尺寸根据斜裂缝控制条件和构造要求确定

C. 牛腿设计仅考虑斜截面承载力

D. 牛腿部位可允许带裂缝工作

26. 随着钢板厚度增加，钢材的：

A. 强度设计值下降　　　　B. 抗拉强度提高

C. 可焊性提高　　　　D. 弹性模量降低

27. 计算有侧移多层框架时，柱的计算长度系数取值：

A. 应小于 1.0　　　　B. 应大于 1.0

C. 应小于 2.0　　　　D. 应大于 2.0

28. 高强度螺栓摩擦型连接中，螺栓的抗滑移系数主要与：

A. 螺栓的直径有关

B. 螺栓预拉力值有关

C. 连接钢板厚度有关

D. 钢板表面处理方法有关

29. 设计采用钢桁架的屋盖结构时，必须：

A. 布置纵向支撑和刚性系杆降

B. 采用梯形桁架

C. 布置横向支撑和竖直支撑

D. 采用角钢杆件

30. 为防止砌体房屋墙体开裂，构造措施正确的是：

A. 对于三层及三层以上的房屋，长高比L/H宜小于或等于 3.5

B. 小型空心砌块，在常温施工时，宜将块体浇水湿润后再进行砌筑

C. 圈梁宜连续地设置在同一水平面上，在门窗洞口处不得断开

D. 多层砌块房屋，对外墙及内纵墙、屋盖处应设置圈梁，楼盖处应隔层设置

31. 下列关于伸缩缝的说法，不正确的是：

A. 伸缩缝应设在温度和收缩变形可能引起应力集中的部位

B. 伸缩缝应设在高度相差较大或荷载差异较大处

C. 伸缩缝的宽度与砌体种类，屋盖、楼盖类别，保温隔热层是否设置有关

D. 伸缩缝只将楼体及楼盖分开，不必将基础断开

32. 下列关于砂浆强度等级M_0的说法，正确的是：

① 施工阶段尚未凝结的砂浆；② 抗压强度为零的砂浆；

③ 用冻结法施工解冻阶段的砂浆；④ 抗压强度很小接近零的砂浆。

A. ①③　　B. ①②

C. ②④　　D. ②

33. 砌体在轴心受压时，块体的受力状态为：

A. 压力　　B. 剪力、压力

C. 弯矩、压力　　D. 弯矩、剪力、压力、拉力

34. 图示平面体系的计算自由度为：

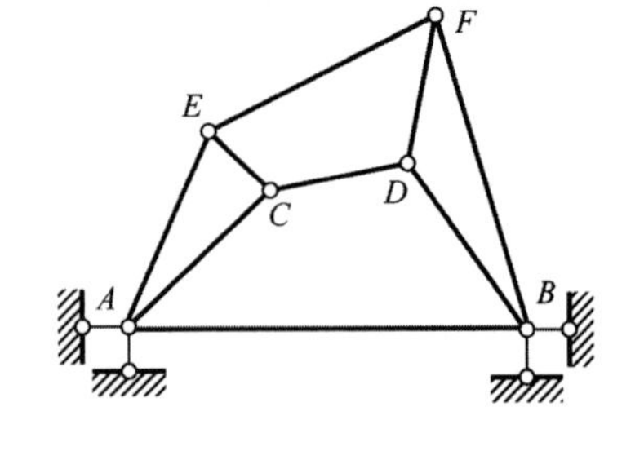

A. 2 个

B. 1 个

C. 0 个

D. −1 个

35. 图示静定三铰拱，拉杆 AB 的轴力等于：

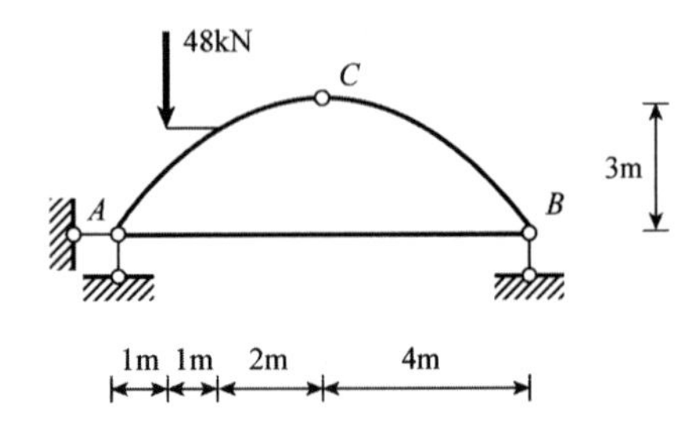

A. 6kN

B. 8kN

C. 10kN

D. 12kN

36. 下列方法中，不能减小静定结构弯矩的是：

A. 在简支梁的两端增加伸臂段，使之成为伸臂梁

B. 减小简支梁的跨度

C. 增加简支梁的梁高，从而增大截面惯性矩

D. 对于拱结构，根据荷载特征，选择合理的拱轴曲线

37. 图示结构$EI=$常数，截面高$h=$常数，线膨胀系数为α，外侧环境温度降低t℃，内侧环境温度升高t℃，引起的C点竖向位移大小为：

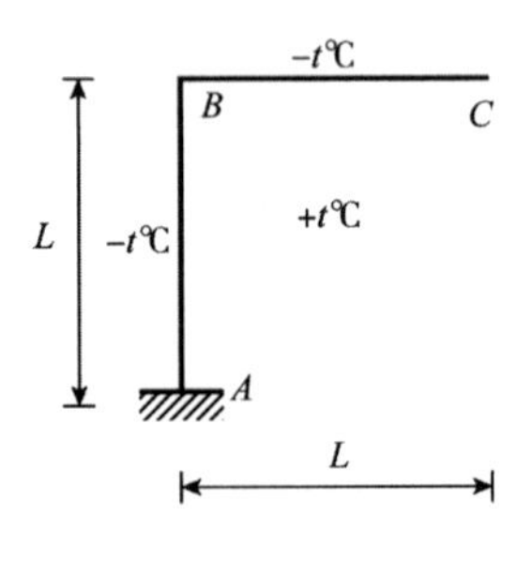

A. 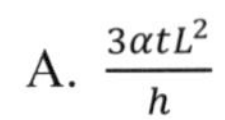 $\frac{3\alpha tL^2}{h}$

B. $\frac{4\alpha tL^2}{h}$

C. $\frac{9\alpha tL^2}{2h}$

D. $\frac{6\alpha tL^2}{h}$

38. 图示结构$EA=$常数，杆BC的转角为：

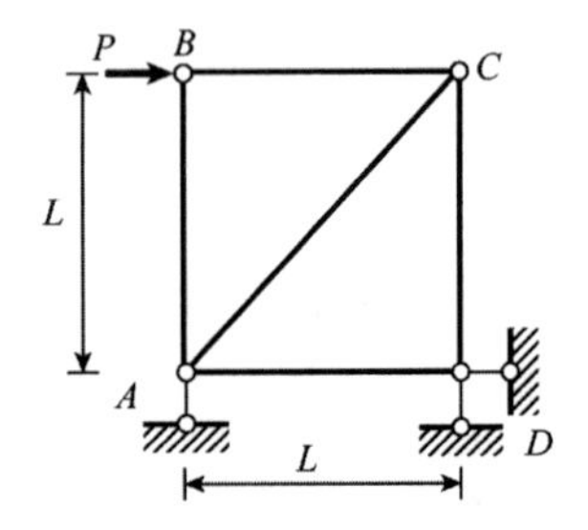

A. $P/(2EA)$

B. $P/(EA)$

C. $3P/(2EA)$

D. $2P/(EA)$

39. 用力法求解图示结构（$EI=$常数），基本体系及基本未知量如图所示，力法方程中的系数Δ_{1P}为：

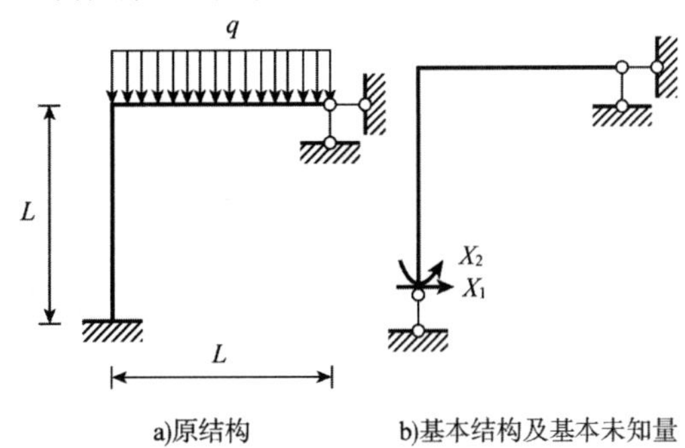

A. $-\frac{5qL^4}{36EI}$　　B. $\frac{5qL^4}{36EI}$

C. $-\frac{qL^4}{24EI}$　　D. $-\frac{5qL^4}{24EI}$

40. 图示结构，D支座沉降量为a，用力法求解（$EI=$常数），基本体系及基本变量如图所示，基本方程$\delta_{11}X_1+\Delta_{1C}=0$，则$\Delta_{1C}$为：

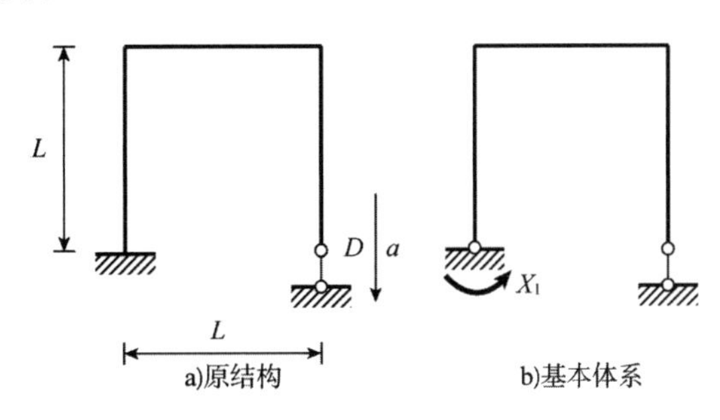

A. $-2a/L$　　B. $-3a/(2L)$

C. $-a/L$　　D. $-a/(2L)$

41. 用位移法求解图示结构，独立的基本未知量个数为：

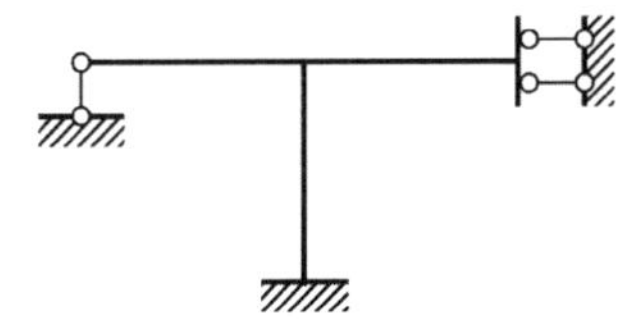

A. 1

B. 2

C. 3

D. 4

42. 图示结构AB，EI为常数，固定端A发生顺时针的支座转动θ，由此引起的B处的转角为：

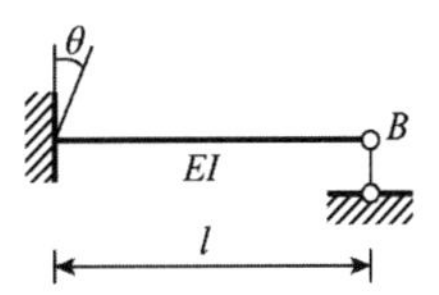

A. θ，顺时针

B. θ，逆时针

C. $\theta/2$，顺时针

D. $\theta/2$，逆时针

43. 用力矩分配法分析图示结构，先锁住节点 B，然后再放松，则传递到 C 处的力矩为：

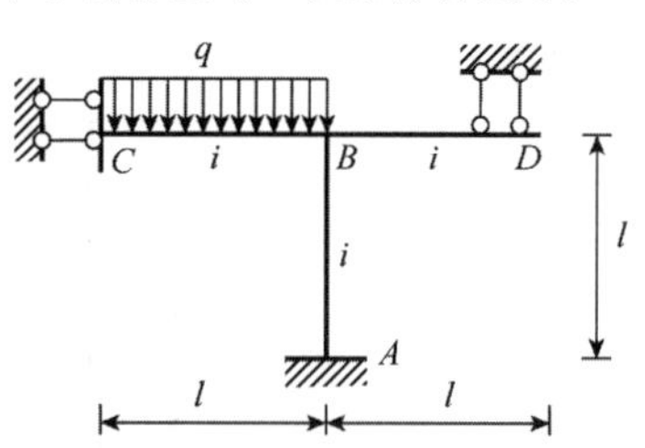

A. $ql^2/27$

B. $ql^2/54$

C. $ql^2/23$

D. $ql^2/46$

44. 若要保证图示结构在外荷载作用下，梁跨中截面产生负弯矩（上侧纤维受拉），可采用：

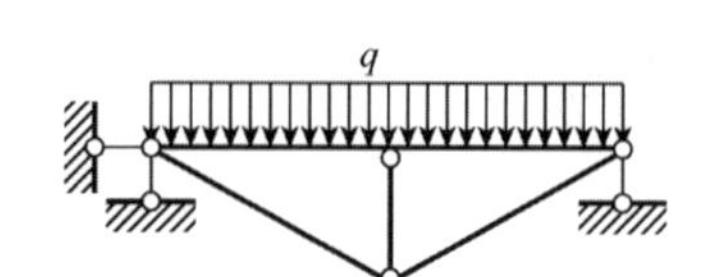

A. 增大二力杆刚度且减小横梁刚度

B. 减小二力杆刚度且增大横梁刚度

C. 减小均布荷载q

D. 该结构为静定结构，与构件刚度无关

45. 在图示移动荷载（间距 0.2m、0.4m 的三个集中力，大小为 6kN、10kN 和 2kN）作用下，结构A支座的最大弯矩为：

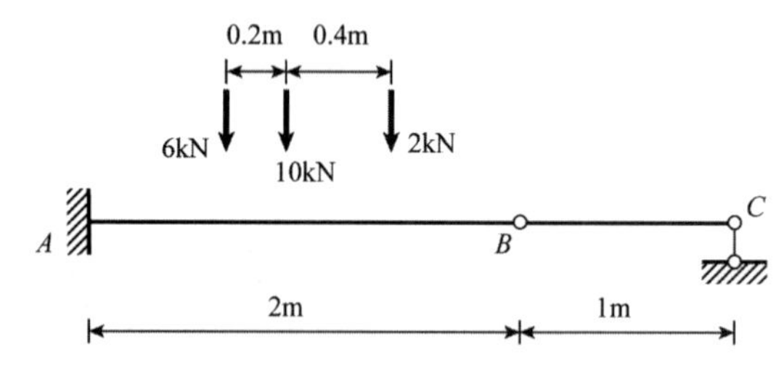

A. 26.4kN · m　　　　B. 28.2kN · m

C. 30.8kN · m　　　　D. 33.2kN · m

46. 如图所示，梁$EI=$常数，弹簧刚度为$k=48EI/l^3$，梁的质量忽略不计，则结构的自振频率为：

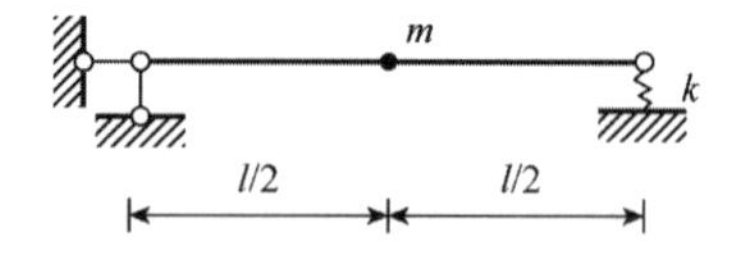

A. $\sqrt{\frac{32EI}{ml^3}}$

B. $\sqrt{\frac{192EI}{5ml^3}}$

C. $\sqrt{\frac{192EI}{9ml^3}}$

D. $\sqrt{\frac{96EI}{9ml^3}}$

47. 单自由度体系自由振动时实测 10 周后振幅衰减为最初的 1%，则阻尼比为：

A. 0.1025　　　　B. 0.0950

C. 0.0817　　　　D. 0.0733

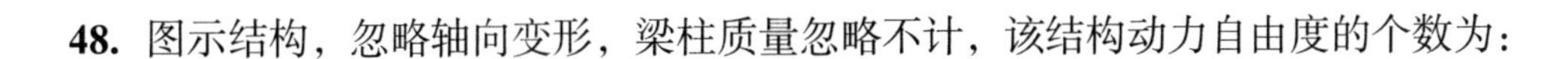

48. 图示结构，忽略轴向变形，梁柱质量忽略不计，该结构动力自由度的个数为：

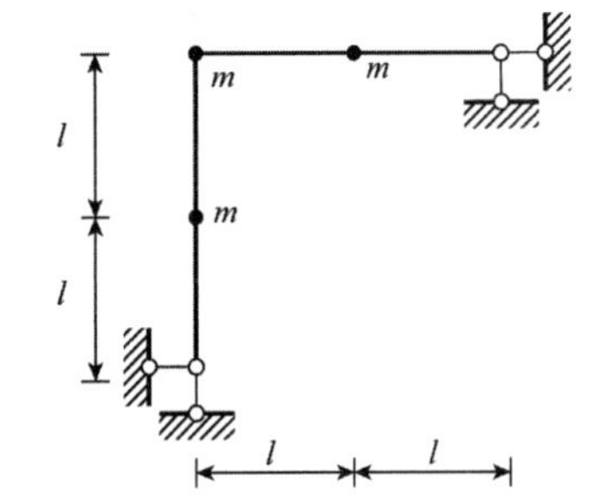

A. 1

B. 2

C. 3

D. 4

49. 下列不是低周反复加载试验优点的是：

A. 在试验过程中可以随时停下来观察结构的开裂和破坏状态

B. 便于检验数据和仪器的工作情况

C. 可按试验需要修正和改变加载历程

D. 试验的加载历程由研究者按力或位移对称反复施加

50. 柱子试验中铰支座是一个重要的试验设备，比较可靠灵活的铰支座是：

A. 圆球形铰支座　　B. 半球形铰支座

C. 可动铰支座　　D. 刀口铰支座

51. 下列不是拟静力试验优点的是：

A. 不需要对结构的恢复力特性做任何假设

B. 可以考察结构的动力特性

C. 加载的时间周期近乎静态，便于观察和研究

D. 能进行地震模拟振动台不能胜任的足尺或大比例尺模型的试验

52. 下列可用于检测钢筋锈蚀的方法是：

A. 电位差法　　B. 电磁感应法

C. 声音发射法　　D. 射线法

53. 结构静载试验对量测仪器精度的要求为：

A. 测量最大误差不超过 5%

B. 测量最大误差不超过 2%

C. 测量误差不超过 5%

D. 测量误差不超过 2%

54. 盛放在金属容器中的土样连同容器总重为 454g，经烘箱干燥后，总重变为 391g，空的金属容器重量为 270g，那么用百分比表示的土样的初始含水率为：

A. 52.07%　　　　B. 34.23%

C. 62.48%　　　　D. 25.00%

55. 均匀地基中地下水埋深为 1.40m，不考虑地基中的毛细效应，地基土重度为$15.8kN/m^3$，地下水位以下土体的饱和重度为$19.8kN/m^3$，则距地面 3.6m 处的竖向有效应力为：

A. 64.45　　　　B. 34.68

C. 43.68　　　　D. 71.28

56. 要估计一个曾经滑动过的古老边坡的稳定性，可采用的土体强度指标是：

A. 峰值强度　　　　B. 临界强度

C. 残余强度　　　　D. 特正应力强度

57. 在黏聚力为 10kPa，内摩擦角为 10°，重度为$18kN/m^3$的黏性土中，进行垂直开挖，侧壁保持不滑动的最大高度为：

A. 1.3m　　　　B. 0m

C. 5.2m　　　　D. 10m

58. 在黏性土地基上进行浅层平板载荷试验，采用 0.5m×0.5m 的载荷板，得到结果为：压力与沉降曲线（e-p曲线）初始段为线性，其板底压力与沉降的比值为25kPa/mm,方形承载板形状系数取 0.886，黏土的泊松比取 0.4，则地基土的变形模量为：$\left(E_0 = \omega(1-\mu^2)\frac{p}{s}b\right)$

A. 9303kPa　　　　B. 9653kPa

C. 9121kPa　　　　D. 8243kPa

59. 条形基础埋深 3.5m、宽度 3m，上部结构传至基础顶面的竖向力为200kN/m，偏心弯矩为50kN·m/m，基础自重和基础上的土重可按综合重度$20kN/m^3$考虑，则该基础底面边缘的最大压应力值为：

A. 141.6kPa　　　　B. 212.1kPa

C. 340.3kPa　　　　D. 169.5kPa

60. 按地基处理作用机理，强夯法属于：

A. 土质改良　　　　B. 土的置换

C. 土的补强　　　　D. 土的化学加固

2013 年度全国勘察设计一级注册结构工程师执业资格考试基础考试（下）试题解析及参考答案

1. 解 石膏的主要成分为硫酸钙，石灰的成分为氧化钙，石墨的成分为碳，石英的成分为氧化硅。所以仅含有碳元素的矿物为石墨。

答案：C

2. 解 导热系数和传热系数表示材料的传递热量的能力。热容量反映材料的蓄热能力。

答案：B

3. 解 测定水泥强度采用的是水泥和标准砂为 1∶3 的胶砂试件。水泥四种熟料矿物中铝酸三钙的水化速度最快，水化热最高。安定性不良的水泥会导致水泥混凝土开裂，影响工程质量，所以安定性不合格的水泥严禁用于建筑工程中。通用硅酸盐水泥的技术性质要求中，细度指标不是强制性指标。

答案：C

4. 解 徐变是指在持续荷载作用下，混凝土随时间发生的变形，属于外部力学荷载引起的变形。干燥收缩和温度收缩是由于环境温湿度变化引起的变形。混凝土自身收缩一方面是由于水泥水化过程中体积减小引起的，另一方面是由于水泥水化过程中消耗水分而产生的收缩，所以自身收缩属于混凝土内部物理化学过程引起的变形。

答案：D

5. 解 沿海地区钢筋混凝土构件主要考虑的耐久性是海水中所含氯盐对钢筋的锈蚀问题。

答案：A

6. 解 钢材试件受拉应力-应变曲线分为四个阶段，分别为弹性阶段、屈服阶段、强化阶段和颈缩阶段。其中，从原点到弹性极限点称为弹性阶段。

答案：A

7. 解 黏土由流态变成可塑态时的界限含水率称为土的液限，由可塑态变成半固态时的界限含水率称为土的塑限，由半固态变成固态时的界限含水率称为土的缩限。

答案：C

8. 解 测量工作应遵循的原则是“先控制，后碎部”。

答案：B

9. 解 坐标正算中，坐标增量的计算公式为：

$$\Delta X_{\mathrm{AB}} = D_{\mathrm{AB}} \cdot \cos\alpha_{\mathrm{AB}}\text{；}\ \Delta Y_{\mathrm{AB}} = D_{\mathrm{AB}} \cdot \sin\alpha_{\mathrm{AB}}$$

测量工作的横坐标轴为Y轴。

答案： B

10. 解 光学经纬仪视准轴误差可通过盘左盘右取平均值的方法消除。

答案： B

11. 解 测距仪的最终精度取决于精测尺及测相的精度，因精测尺精度为 10m，测相精度为 1/1000，故精测尺能到达的精度为：

$$m_{\mathrm{d}} = 10 \times \frac{1}{1000} = 0.01\mathrm{m} = 1\mathrm{cm}$$

答案： C

12. 解 两地实际水平距离为：$D = d \times M = 234.5 \times 500 = 117250\mathrm{mm} = 117.25\mathrm{m}$

答案： A

13. 解 2020 年 1 月 1 日新修订的《中华人民共和国土地管理法》规定如下：

第十七条　土地利用总体规划按照下列原则编制：

（一）落实国土空间开发保护要求，严格土地用途管制；

（二）严格保护永久基本农田，严格控制非农业建设占用农用地；

（三）提高土地节约集约利用水平；

（四）统筹安排城乡生产、生活、生态用地，满足乡村产业和基础设施用地合理需求，促进城乡融合发展；

（五）保护和改善生态环境，保障土地的可持续利用；

（六）占用耕地与开发复垦耕地数量平衡、质量相当。

答案： D

14. 解 《中华人民共和国环境影响评价法》第十六条规定,国家根据建设项目对环境的影响程度，对建设项目的环境影响评价实行分类管理。

建设单位应当按照下列规定组织编制环境影响报告书、环境影响报告表或者填报环境影响登记表（以下统称环境影响评价文件）：

（一）可能造成重大环境影响的，应当编制环境影响报告书，对产生的环境影响进行全面评价；

（二）可能造成轻度环境影响的，应当编制环境影响报告表，对产生的环境影响进行分析或者专项评价；

（三）对环境影响很小、不需要进行环境影响评价的，应当填报环境影响登记表。

答案： B

15. 解 《中华人民共和国节约能源法》第四条规定,节约资源是我国的基本国策。国家实施节约与开发并举、把节约放在首位的能源发展战略。

答案： D

16. 解　《中华人民共和国建筑法》第十三条规定,从事建筑活动的建筑施工企业、勘察单位、设计单位和工程监理单位，按照其拥有的注册资本、专业技术人员、技术装备和已完成的建筑工程业绩等资质条件，划分为不同的资质等级，经资质审查合格，取得相应等级的资质证书后，方可在其资质等级许可的范围内从事建筑活动。

答案： B

17. 解　当采用透水性不同的土料进行土方填筑时，不得混杂乱填，应将渗透系数较小的土填在上部，以避免或减少雨水渗入填土层；将渗透系数较大的填料填在下部，能使进入填土中的水快速下渗至地基，以避免在填土中出现水囊现象和浸泡基础。

答案： D

18. 解　《混凝土结构工程施工规范》(GB 50666—2011) 第 8.6.3 条第 2 款规定，单向板施工缝应留设在与跨度方向平行的任何位置，即平行于板的短边的任何位置。

答案： C

19. 解　升钩是将上弦提起，降臂是增加起重机起吊半径而前推上弦，使屋架立起、扶直。

答案： C

20. 解　在单代号网络计划中，某工作最早完成时间与其紧后工作的最早开始时间之差，是它们之间的时间间隔。而与其各紧后各工作最早开始时间的最小值之差才是自由时差。

答案： D

21. 解　《建设工程勘察设计管理条例》(国务院第 293 号令) 第二十八条规定，建设单位、施工单位、监理单位不得修建设工程勘察、设计文件；确需修改建设工程勘察、设计文件的，应当由原建设工程勘察、设计单位修改。经原建设工程勘察、设计单书面同意，建设单位也可以委托其他具有相应资质的建设工程观察、设计单位修改，修改单位对修改的勘察、设计文件承担相应责任。

可知，选项 A 所述“由建设单位自行修改、加盖图章……”，显然是不正确的处理方式。

答案： A

22. 解　钢筋与混凝土之间的黏结强度随混凝土强度等级的提高而提高；变形钢筋的黏结力比光面钢筋高 2~3 倍；配置横向钢筋 (如梁中的箍筋) 可以延缓径向劈裂裂缝的发展或限制裂缝的宽度，从而可以提高黏结强度。减小钢筋净距对提高黏结强度没有作用，相反，当钢筋净距过小时，还有可能出现混凝土水平劈裂而导致保护层剥落，从而使黏结强度显著降低，规范对钢筋的最小净距有明确的规定。

答案：A

23. 解　由于矩形截面梁的宽度b与 T 形截面的翼缘计算宽度b_f'相同，即$b = b_f'$，当$x < h_f'$时，$f_c bx = f_c b_f' x$，故$M_u = M_u^T$。

答案：A

24. 解　《混凝土结构设计规范》（GB 50010—2010）（2015 年版）第 9.1.1 条第 2 款规定，四边支承的板，当长边与短边之比不大于 2.0 时，应按双向板计算。选项 C 为悬臂板，选项 D 为两边支承板。

答案：B

25. 解　根据《混凝土结构设计规范》（GB 50010—2010）（2015 年版）第 9.3.10 条，牛腿的截面尺寸应符合裂缝控制要求，并且应满足一定的构造要求。

答案：B

26. 解　根据《钢结构设计标准》（GB 50017—2017）第 4.4.1 条表 4.4.1，随着钢材厚度或直径的增加，其强度设计值下降。

答案：A

27. 解　根据《钢结构设计标准》（GB 50017—2017）附录 E 表 E.0.2，有侧移框架柱的计算长度系数μ应大于 1.0。

答案：B

28. 解　根据《钢结构设计标准》（GB 50017—2017）第 11.4.2 条表 11.4.2-1，连接处构件接触面的处理方法不同，其抗滑移系数也不同。

答案：D

29. 解　钢桁架屋盖结构必须设置横向水平支撑和竖向支撑，纵向水平支撑只是在某些特定情况下需要设置。

答案：C

30. 解　《建筑地基基础设计规范》（GB 50007—2011）第 7.4.3 条规定，对于三层及三层以上的房屋，其长高比L/H宜小于或等于 2.5，因此选项 A 不正确。

《砌体结构工程施工质量验收规范》（GB 50203—2011）第 6.1.7 条规定，常温时小型空心砌块砌筑前不需要浇水，选项 B 不正确。

《砌体结构设计规范》（GB 50003—2011）第 7.1.5 条规定，圈梁可在门窗洞口处断开，但应在洞口上部增设相同截面的附加圈梁，选项 C 不正确。

《砌体结构设计规范》（GB 50003—2011）第 7.1.3 条规定【本条自 2022 年 1 月 1 日起废止】，住宅、办公楼等多层砌体结构民用房屋，且层数为 3～4 层时，应在底层和檐口标高处各设置一道圈梁。当层数超过 4 层时，除应在底层和檐口标高处各设置一道圈梁外，至少应在所有纵、横墙上隔层设置。多层砌体工业房屋，应每层设置现浇混凝土圈梁。设置墙梁的多层砌体结构房屋，应在托梁、墙梁顶面和檐口标高处设置现浇钢筋混凝土圈梁。可知选项 D 正确。

答案：D

31. 解 选项 B 应为沉降缝设置要求。

答案：B

32. 解 《砌体结构设计规范》（GB 50003—2011）第 3.2.4 条规定，施工阶段砂浆尚未硬化的新砌砌体的强度和稳定性，可按砂浆强度为零进行验算。用冻结法施工时，砂浆砌筑后即冻结，天气回暖后砂浆解冻尚未凝结时的强度等级为M_0。

答案：A

33. 解 灰缝厚度不均匀性导致块体受弯、受剪，块体与砂浆的弹性模量及横向变形系数不同使得块体内产生拉应力。

答案：D

34. 解 采用计算自由度公式计算。

按刚片系：$W=3\times9-2\times12-4=-1$

或按点系：$W=2\times6-9-4=-1$

答案：D（注：考试大纲未对体系的计算自由度提出要求）

35. 解 先整体平衡对A取矩求支座B的竖向反力，再取右半结构隔离体对C取矩求链杆拉力。

$$V_{\mathrm{B}}=\frac{48\times1}{8}=6\mathrm{kN}$$

$$N_{\mathrm{AB}}=\frac{6\times4}{3}=8\mathrm{kN}$$

答案：B

36. 解 给定荷载引起静定结构的弯矩与截面几何性质无关。

答案：C

37. 解 为求温度变化引起的位移，加单位力作单位弯矩图及单位轴力图，见解图。

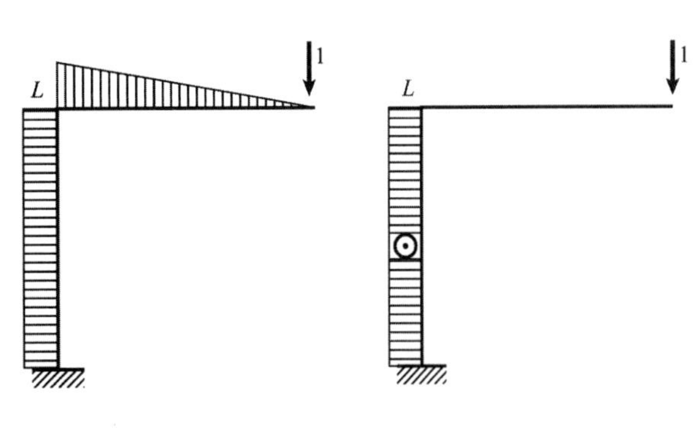

题 37 解图

按公式计算可得：

$$\Delta t=2t，t_0=0$$

$$\Delta_{\mathrm{Ct}}^{\mathrm{V}}=\frac{\alpha(2t)\left(\frac{1}{2}L\times L+L\times L\right)}{h}=\frac{3\alpha tL^2}{h}$$

答案： A

38. 解 为求转角，在BC杆上加单位力偶（化为结点力），见解图，按位移公式计算可得：

$$\theta_{\mathrm{BC}}=\frac{(-P)\left(-\frac{1}{L}\right)L}{EA}=\frac{P}{EA}$$

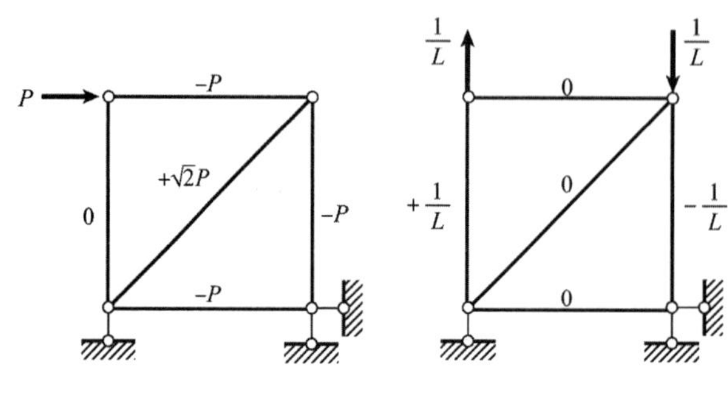

题 38 解图

答案： B

39. 解 作解图，图乘可得：

$$\Delta_{1\mathrm{P}}=\frac{1}{EI}\left(\frac{2}{3}\frac{qL^2}{8}L\right)\left(-\frac{1}{2}L\right)=-\frac{qL^4}{24EI}$$

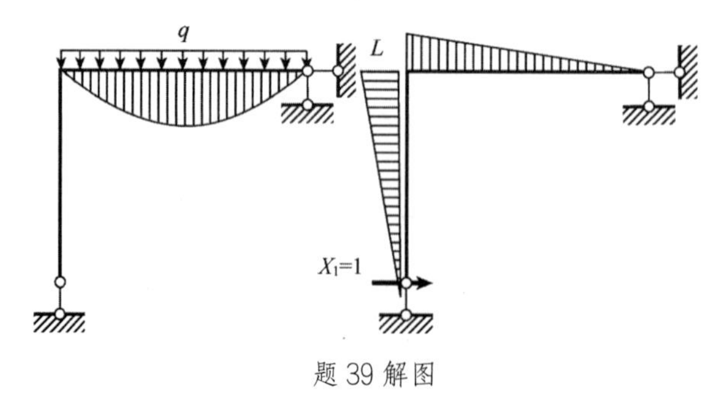

题 39 解图

答案： C

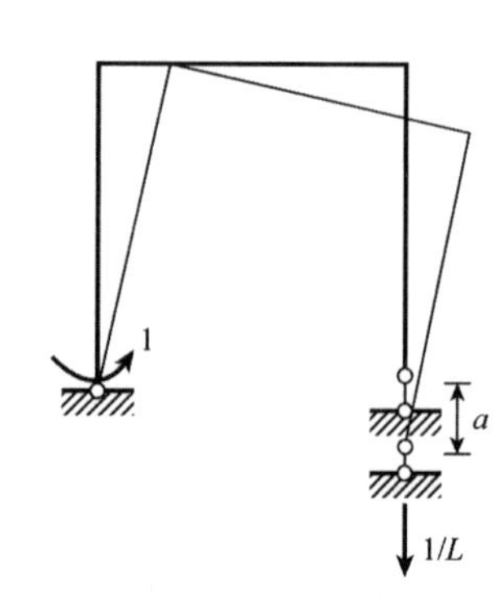

题 40 解图

40. 解 作解图，由几何关系，可得：

$$\Delta_{1\mathrm{C}}=-\left(\frac{a}{L}\right)$$

或由单位荷载法，得：

$$\Delta_{1\mathrm{C}}=-\Sigma\overline{R}c=-\left(\frac{1}{L}a\right)$$

答案： C

41. 解 只有一个刚结点，忽略轴向变形，无线位移，仅有一个独立结点角位移。

答案： A

42. 解 根据转角位移方程，令$M_{BA}=4i\theta_B+2i\theta_A=0$，则$\theta_B=-\frac{\theta_A}{2}=-\frac{\theta}{2}$。

答案：D

43. 解 按力矩分配法计算，可得：

$$M_{CB}^{C}=(-1)\frac{1}{4+4+1}\left(-\frac{ql^2}{3}\right)=\frac{ql^2}{27}$$

答案：A

44. 解 增大下部二力杆的刚度可减小梁的挠度和弯矩，有可能使梁产生负弯矩。

答案：A

45. 解 作M_A影响线，布置荷载最不利位置，见解图。

则
$$M_A=10\times(-2)+6\times(-1.8)+2\times(-1.2)=-33.2\text{kN}\cdot\text{m}$$

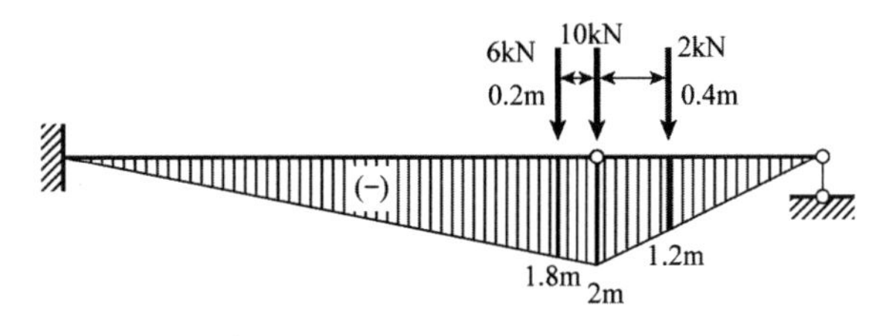

题45解图

答案：D

46. 解 沿振动方向加单位力，参照解图，可求得：

$$\delta=\frac{l^3}{48EI}+\frac{1}{2}\frac{1}{2}\frac{1}{2k}=\frac{5l^3}{192EI}$$

$$\omega=\sqrt{\frac{1}{m\delta}}=\sqrt{\frac{192EI}{5ml^3}}$$

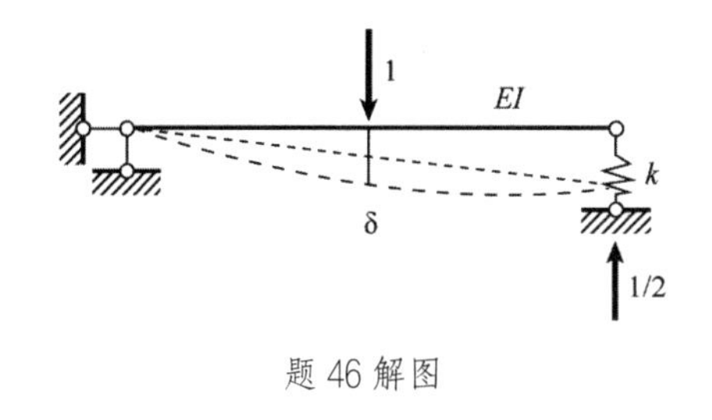

题46解图

答案：B

47. 解 按求阻尼比的公式计算：

$$\xi=\frac{1}{2\pi\times10}\ln\frac{1}{1/100}=0.07329$$

答案：D（此题需要用到能查自然对数的计算器）

48. 解 角处质点无振动，另外两个质点只能沿垂直于杆件方向振动，各有一个自由度。

答案：B

49. 解 选项A、B、C均为低周反复加载试验的优点。低周反复加载试验的不足之处在于试验的加载历程是事先由研究者主观确定的，由于荷载是按力或位移对称反复施加，与非线性地震反应相差甚远，故不能反映加载速率对结构的影响。

答案：D

50. 解 刀口铰支座常用于柱类构件。

答案：D

51. 解 结构的动力特性是结构本身的固有参数，结构动力特性试验一般包括自由振动法、共振法、脉动法。

答案：B

52. 解 钢筋的锈蚀可用电位差法检测。电磁感应法可用于检测钢筋混凝土结构中钢筋的位置、直径和保护层厚度；超声波法可用于检测混凝土的强度、混凝土的裂缝及内部缺陷；射线探伤有X射线探伤和γ射线探伤，主要用于检测钢材和焊缝的内部缺陷。

答案：A

53. 解 一般结构静载试验对量测仪器的精度要求，最大相对误差不超过±5%。

答案：A

54. 解

$$w=\frac{m_{土中水}}{m_{干土}}=\frac{m_{干燥前}-m_{干燥后}}{m_{干土}-m_{容器}}=\frac{454-391}{391-270}=\frac{63}{121}=52.07\%$$

答案：A

55. 解 据已知$z=3.6\mathrm{m}$，$z_1=1.4\mathrm{m}$，$z_2=3.6-1.4=2.2\mathrm{m}$

计算土中有效应力用浮重度（有效重度），则距地面3.6m处的竖向有效应力为：

$$\sigma'=\gamma z_1+\gamma' z_2=15.8\times1.4+(19.8-10)\times2.2=43.68\mathrm{kN/m^2}$$

答案：C

56. 解 对于一个未曾滑动、未产生过滑动面的土坡，可用峰值强度估计稳定性；曾经滑动过的土坡用残余强度估计稳定性。

答案：C

57. 解 根据朗肯主动土压力公式$\sigma=\gamma HK_\mathrm{a}-2c\sqrt{K_\mathrm{a}}$，令$\sigma=0$，受拉区（既非受拉也非受压区）高度：

$$H\leqslant\frac{2c}{\gamma\sqrt{K_\mathrm{a}}}=\frac{2\times10}{18\times\sqrt{\tan^2\left(45^\circ-\frac{10^\circ}{2}\right)}}=1.32\mathrm{m}$$

答案：A

58. 解 荷载试验变形模量公式：

$$E_0=\omega(1-\mu^2)\frac{P}{s}b$$

其中，ω为方形荷载板形状系数，μ为泊松比，P/s为底板压力与沉降之比，b为承压板宽度。

代入数据，计算得：

$$E_0 = 0.886 \times (1 - 0.4^2) \times 25 \times 0.5 \times 10^3 = 9303\text{kPa}$$

答案：A

59. 解 $\sum N = F + G = 200 + 20 \times 3.5 \times 3 = 410\text{kN/m}$

$$e = \frac{M}{\sum N} = \frac{50}{410} = 0.12\text{m}, \quad p = \frac{410}{3} = 136.7\text{kPa}$$

$$p_{\substack{\min \\ \max}} = \frac{\sum N}{b} \pm \frac{M}{W} = p\left(1 \pm \frac{6e}{b}\right) = \frac{410}{3}\left(1 \pm \frac{6 \times 0.12}{3}\right) = \begin{matrix} 169.5\text{kPa} \\ 103.9\text{kPa} \end{matrix}$$

答案：D

60. 解 可以认为强夯法加固地基过程对土的处理有三种作用：加密作用、固结作用和预加变形作用。包含空气和水的排出、颗粒成分在结构上的重新排列和颗粒组构或形态的改变。土的置换、补强和化学加固都需要加入其他材料，强夯是唯一不需要使用其他材料加固的方法。这里可理解土质改良是不借助其他材料的改良处理方法。

答案：A

2016年度全国勘察设计一级注册结构工程师执业资格考试试卷

基础考试
（下）

二〇一六年九月

应考人员注意事项

1. 本试卷科目代码为“2”，考生务必将此代码填涂在答题卡“科目代码”相应的栏目内，否则，无法评分。
2. 书写用笔：**黑色或蓝色钢笔、签字笔或圆珠笔**；

   填涂答题卡用笔：**黑色 2B 铅笔**。
3. 必须用书写用笔将工作单位、姓名、准考证号填写在答题卡和试卷相应的栏目内。
4. 本试卷由 60 题组成，每题 2 分，满分 120 分，本试卷全部为单项选择题，每小题的四个备选项中只有一个正确答案，错选、多选、不选均不得分。
5. 考生作答时，必须按**题号在答题卡上**将相应试题所选选项对应的**字母用 2B 铅笔涂黑**。
6. 在答题卡上书写与题意无关的语言，或在答题卡上作标记的，均按违纪试卷处理。
7. 考试结束时，由监考人员当面将试卷、答题卡一并收回。
8. 草稿纸由各地统一配发，考后收回。

单项选择题（共60题，每题2分。每题的备选项中只有一个最符合题意。）

1. 截面相同的混凝土的棱柱体强度（f_{cp}）与混凝土的立方体强度（f_{cu}），二者的关系是：

A. $f_{cp} < f_{cu}$　　B. $f_{cp} \leqslant f_{cu}$

C. $f_{cp} \geqslant f_{cu}$　　D. $f_{cp} > f_{cu}$

2. 500g潮湿的砂经过烘干后，质量变为475g，其含水率为：

A. 5.0%　　B. 5.26%　　C. 4.75%　　D. 5.50%

3. 伴随着水泥的水化和各种水化产物的陆续生成，水泥浆的流动性发生较大的变化，其中水泥浆的初凝是指其：

A. 开始明显固化　　B. 黏性开始减小

C. 流动性基本丧失　　D. 强度达到一定水平

4. 影响混凝土的徐变但不影响其干燥收缩的因素为：

A. 环境湿度　　B. 混凝土水灰比

C. 混凝土骨料含量　　D. 外部应力水平

5. 混凝土配合比设计中需要确定的基本变量不包括：

A. 混凝土用水量　　B. 混凝土砂率

C. 混凝土粗骨料用量　　D. 混凝土密度

6. 衡量钢材的塑性高低的技术指标为：

A. 屈服强度　　B. 抗拉强度

C. 断后伸长率　　D. 冲击韧性

7. 测定沥青的延度和针入度时，以下条件需保持恒定的是：

A. 室内温度　　B. 试件所处水浴的温度

C. 试件质量　　D. 试件的养护条件

8. 下列对正、反坐标方位角的描述，正确的是：

A. 正、反坐标方位角相差180°

B. 正坐标方位角比反坐标方位角小180°

C. 正、反坐标方位角之和为0°

D. 正坐标方位角比反坐标方位角大180°

9. 设v为一组同精度观测值改正数，则最或是值的中误差可表示为：

A. $m=\pm\sqrt{\frac{[vv]}{n(n-1)}}$　　B. $m=\pm\sqrt{\frac{[vv]}{n}}$

C. $m=\pm\frac{1}{n}\sqrt{\frac{[vv]}{n-1}}$　　D. $m=\pm\sqrt{\frac{[vv]}{n-1}}$

10. 坐标正算中，纵坐标增量可表示为：

A. $\Delta X_{\mathrm{AB}}=D_{\mathrm{AB}}\cdot\cos\alpha_{\mathrm{AB}}$　　B. $\Delta Y_{\mathrm{AB}}=D_{\mathrm{AB}}\cdot\sin\alpha_{\mathrm{AB}}$

C. $\Delta Y_{\mathrm{AB}}=D\cdot\sin\alpha_{\mathrm{BA}}$　　D. $\Delta X_{\mathrm{AB}}=D\cdot\cos\alpha_{\mathrm{BA}}$

11. 比列尺精度的意义可描述为：

A. 数字地形图上 0.1mm 所代表的实地长度

B. 传统地形图上 0.1mm 所代表的实地长度

C. 数字地形图上 0.3mm 所代表的实地长度

D. 传统地形图上 0.3mm 所代表的实地长度

12. 1∶500 地形图上，量得AB两点间的图上距离为 25.6mm，则AB间的实地距离为：

A. 51.2m　　B. 5.12m

C. 12.8m　　D. 1.25m

13. 某单位在当地环境保护行政主管部门行使现场环境检查时弄虚作假，则有关部门应该采取的措施是：

A. 对直接责任人员予以行政处分

B. 对该单位处以罚款

C. 责令该单位停产整顿

D. 对相关负责人员追究法律责任

14. 某超高层建筑施工中，一个塔吊分包商的施工人员因没有佩戴安全带加上作业疏忽而从高处坠落死亡。按我国《建筑工程安全生产管理条例》的规定，除工人本身的责任外，请问此意外的责任应：

A. 由分包商承担所有责任，总包商无需负责

B. 由总包商与分包商承担连带责任

C. 由总包商承担所有责任，分包商无需负责

D. 视分包合约的内容确定

15. 实行强制监理的建筑工程的范围由：

A. 国务院规定

B. 省自治区直辖市人民政府规定

C. 县级以上人民政府规定

D. 建筑工程所在地人民政府规定

16. 根据《建设工程安全生产管理条例》，下列不属于建设单位的责任和义务的是：

A. 向施工单位提供施工现场毗邻地区的地下管道的资料

B. 及时报告安全生产事故隐患

C. 保证安全生产投入

D. 将拆除工程发包给具有相应资质的施工单位

17. 在预制桩打桩过程中，如发现贯入度有骤减，说明：

A. 桩尖破坏

B. 桩身破坏

C. 桩下有障碍物

D. 遇软土层

18. 某工程冬季施工中使用普通硅酸盐水泥拌制的混凝土强度等级为 C40，则其要求防冻的最低立方体抗压强度为：

A. $5N/mm^2$

B. $10N/mm^2$

C. $12N/mm^2$

D. $15N/mm^2$

19. 砌筑砂浆的强度等级划分中，强度等级最高的是：

A. M20

B. M25

C. M10

D. M15

20. 描述流水施工空间参数的指标不包括：

A. 建筑面积

B. 施工段

C. 工作面

D. 施工层

21. 对工程网络进行工期-成本优化的主要目的是：

A. 确定工程总成本最低时的工期

B. 确定工程最短时的工程总成本

C. 确定工程总成本固定条件下的最短工期

D. 确定工期固定下的最低工程成本

22. 有关横向约束逐渐增加对混凝土竖向受压性能的影响，下列说法正确的是：

A. 受压强度不断提高，但其变形能力逐渐下降

B. 受压强度不断提高，但其变形能力保持不变

C. 受压强度不断提高，但其变形能力得到改善

D. 受压强度和变形能力均逐渐下降

23. 对于钢筋混凝土受压构件，当相对受压区高度大于 1 时，则：

A. 属于大偏心受压构件

B. 受拉钢筋受压但一定达不到屈服

C. 受压钢筋侧混凝土一定先被压溃

D. 受拉钢筋一定处于受压状态且可能先于受压钢筋达到屈服状态

24. 两端固定的均布荷载作用钢筋混凝土梁，其支座负弯矩与正弯矩的极限承载力绝对值相等。若按塑性内力重分布计算，支座弯矩调幅系数为：

A. 0.8　　B. 0.75

C. 0.7　　D. 0.65

25. 钢筋混凝土结构抗震设计中轴压比限值的作用是：

A. 使混凝土得到充分利用　　B. 确保结构的延性

C. 防止发生剪切破坏　　D. 防止柱的纵向屈曲

26. 常用结构钢材中，碳当量不作为交货条件的钢材型号是：

A. Q345A　　B. Q235B

C. Q345B　　D. Q235A

27. 焊接工字形截面钢梁设置腹板横向加劲肋的目的是：

A. 提高截面的抗弯强度　　B. 减少梁的挠度

C. 提高腹板局部稳定性　　D. 提高翼缘局部承载力

28. 计算钢结构螺栓连接超长接头承载力时，需要对螺栓的抗剪承载力进行折减，主要是考虑了：

A. 螺栓剪力分布不均匀的影响

B. 连接钢板厚度的影响

C. 螺栓等级的影响

D. 螺栓间距差异的影响

29. 简支平行弦钢屋架下弦杆的长细比应控制在：

A. 不大于 150　　B. 不大于 300

C. 不大于 350　　D. 不大于 400

30. 下列关于配筋砖砌体的说法，正确的是：

A. 轴向力的偏心距超过规定值时，宜采用网状配筋砌体

B. 网状配筋砌体抗压强度较无筋砌体提高的原因是由于砌体中配有钢筋，钢筋的强度高，可与砌体共同承担压力

C. 组合砖砌体在轴向压力下，钢筋混凝土面层与砌体共同承担轴向压力并对砌体有横向约束作用

D. 网状配筋砖砌体的配筋率越大，砌体强度越大

31. 按刚性方案计算的砌体房屋的主要特点为：

A. 空间性能影响系数η大，刚度大

B. 空间性能影响系数η小，刚度小

C. 空间性能影响系数η小，刚度大

D. 空间性能影响系数η大，刚度小

32. 砌体结构中构造柱的作用是：

① 提高砖砌体房屋的抗剪能力；

② 构造柱对砌体起约束作用，使砌体变形能力增强；

③ 提高承载力、减小墙的截面尺寸；

④ 提高墙、柱高厚比的限值。

A. ①②　　B. ①③④

C. ①②④　　D. ③④

33. 砌体在轴心受压时，块体的受力状态为：

A. 压力　　B. 剪力、压力

C. 弯矩、压力　　D. 弯矩、剪力、压力、拉力

34. 图示体系的几何组成为：

A. 几何不变，无多余约束

B. 几何不变，有多余约束

C. 瞬变体系

D. 常变体系

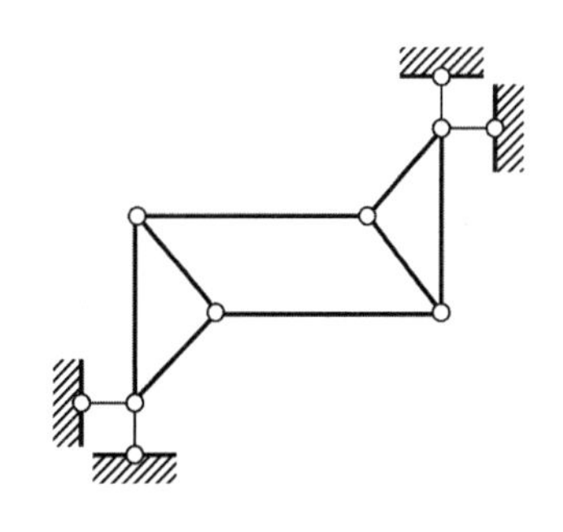

35. 静定结构在支座移动时会产生：

A. 内力　　B. 应力

C. 刚体位移　　D. 变形

36. 图示简支梁在所示移动荷载下，截面K的最大弯矩值为：

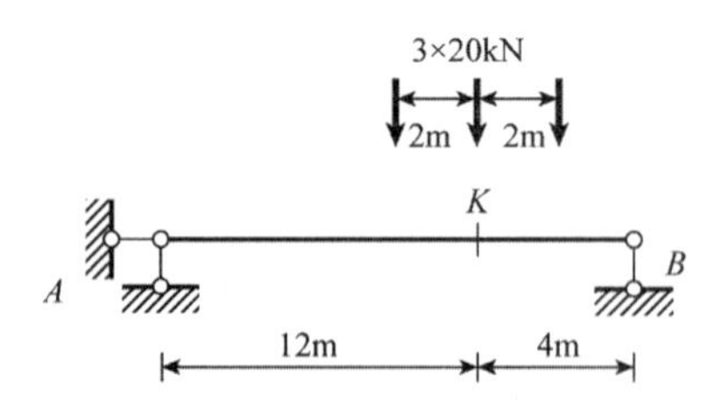

A. 90kN · m

B. 120kN · m

C. 150kN · m

D. 180kN · m

37. 图示三铰拱$y=\frac{4f}{l^2}x(1-x)$，$l=16\text{m}$，D右侧截面的弯矩值为：

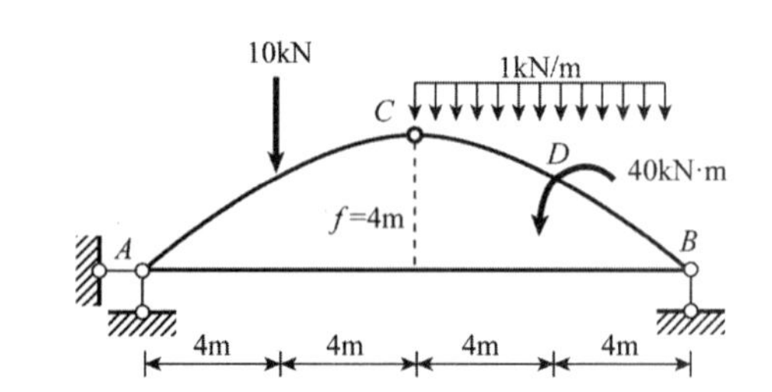

A. 26kN · m

B. 66kN · m

C. 58kN · m

D. 82kN · m

38. 图示结构杆 2 的内力为：

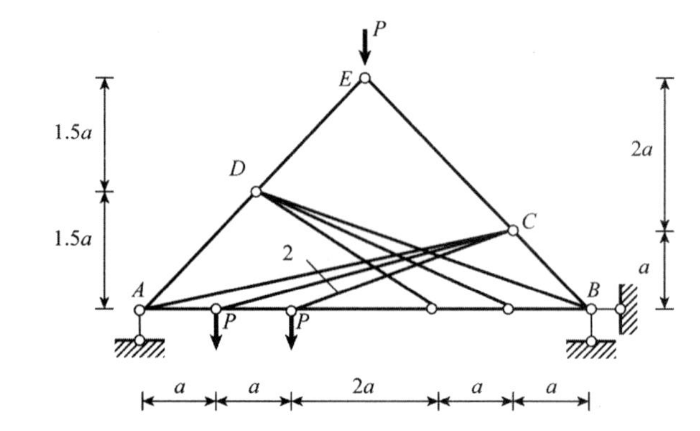

A. $-P$

B. $-\sqrt{10}P$

C. P

D. $\sqrt{10}P$

39. 图示对称结构C点水平位移$\Delta_{\text{CH}}=\Delta(\rightarrow)$，若$AC$杆$EI$增大一倍，$BC$杆$EI$不变，则$\Delta_{\text{CH}}$变为：

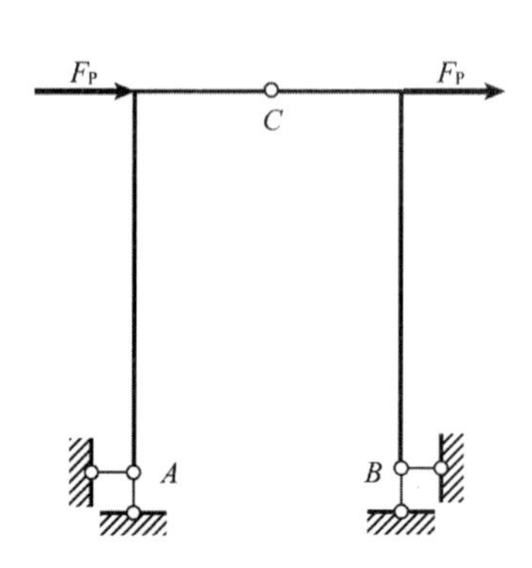

A. 2Δ

B. 1.5Δ

C. 0.5Δ

D. 0.75Δ

40. 图示结构K截面的弯矩值为：（以内侧受拉力为正）

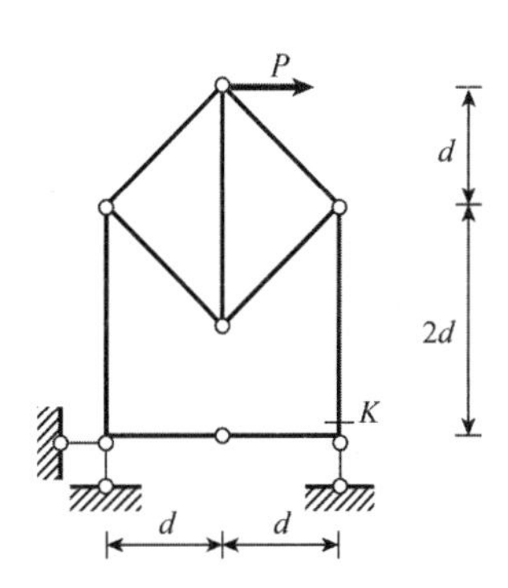

A. Pd

B. $-Pd$

C. $2Pd$

D. $-2Pd$

41. 图示等截面梁正确的M图是：

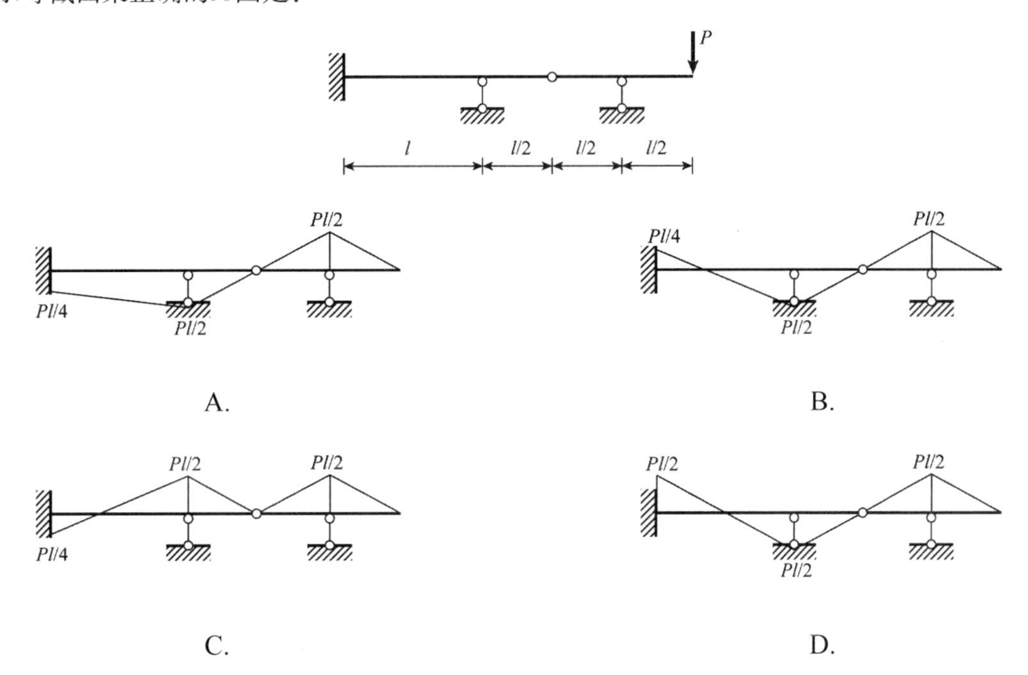

42. 图示结构EI为常数，当支座B发生沉降Δ时，支座梁B处梁截面的转角为：（以顺时针为正）

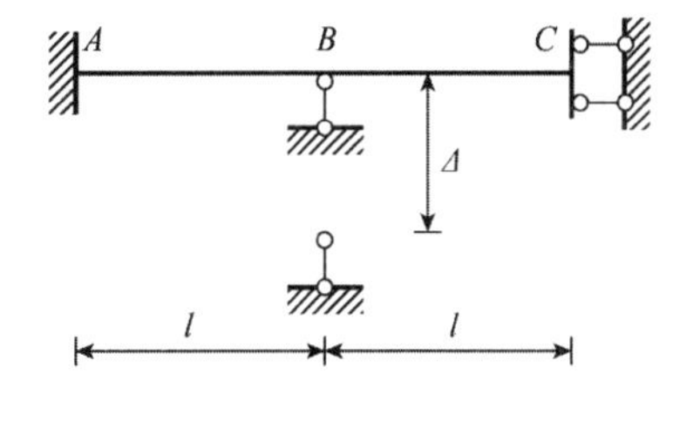

A. Δ/l

B. $1.2\Delta/l$

C. $1.5\Delta/l$

D. $\Delta/2l$

43. 图示结构B处弹性支座的弹簧刚度$k=6EI/l^3$，B结点向下的竖向位移为：

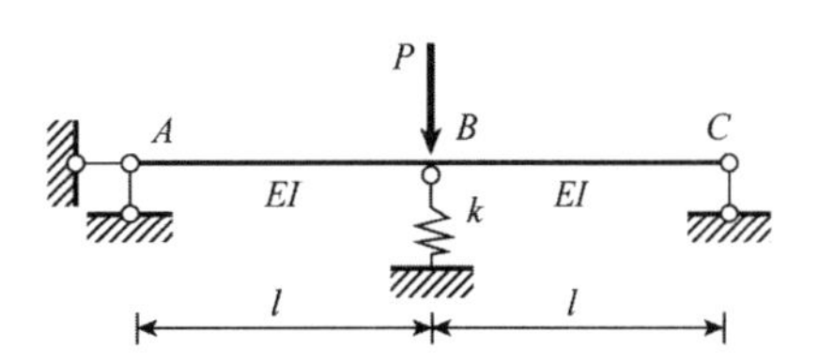

A. $\frac{Pl^3}{12EI}$

B. $\frac{Pl^3}{6EI}$

C. $\frac{Pl^3}{4EI}$

D. $\frac{Pl^3}{3EI}$

44. 图示M_{BA}值的大小为：

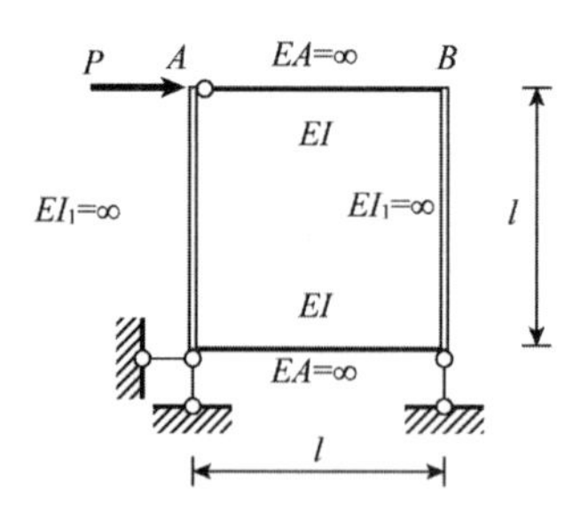

A. $Pl/2$

B. $Pl/3$

C. $Pl/4$

D. $Pl/5$

45. 欲使图示连续梁BC跨中点正弯矩与B支座负弯矩绝对值相等，则$EI_{AB}:EI_{BC}$应等于：

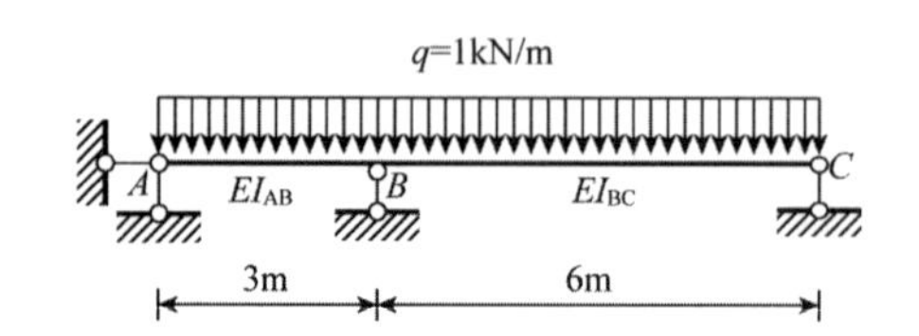

A. 2

B. 5/8

C. 1/2

D. 1/3

46. 图示结构用力矩分配法计算时，分配系数μ_{AC}为：

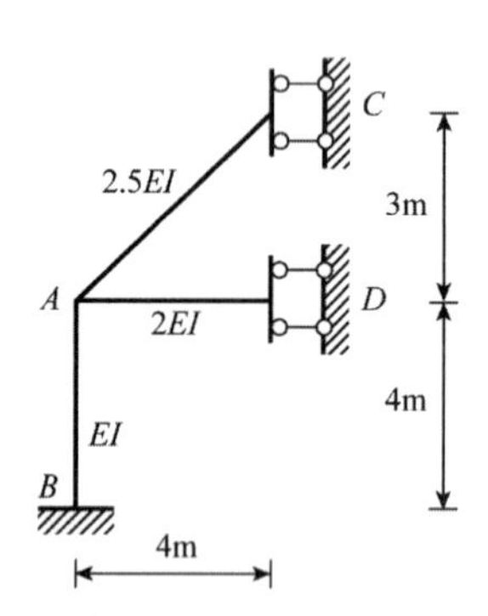

A. 1/4

B. 4/7

C. 1/2

D. 6/11

47. 在图示结构中，若要使其自振频率ω增大，可以：

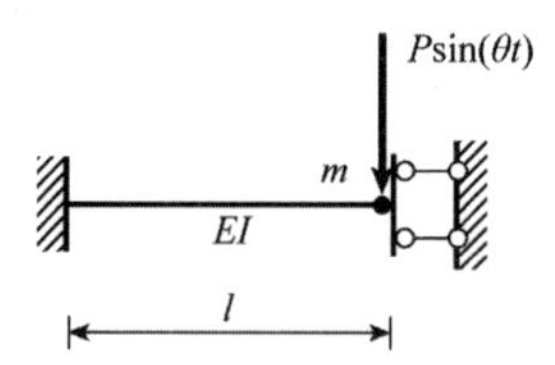

A. 增大P

B. 增大m

C. 增大EI

D. 增大I

48. 无阻尼等截面梁承受一静力荷载P，设在$t=0$时，撤掉荷载P，点m的动位移为：

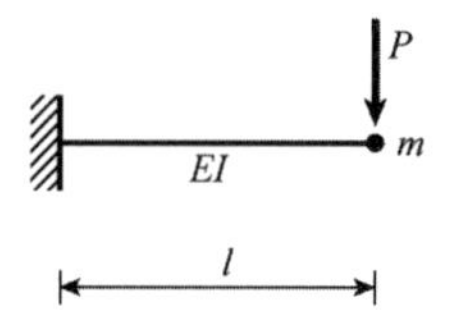

A. $y(t)=\frac{Pl^3}{3EI}\cos\sqrt{\frac{3EI}{ml^3}}t$

B. $y(t)=\frac{Pl^3}{3EI}\sin\sqrt{\frac{3EI}{ml^3}}t$

C. $y(t)=\frac{Pl^3}{8EI}\cos\sqrt{\frac{3EI}{ml^3}}t$

D. $y(t)=\frac{Pl^3}{8EI}\sin\sqrt{\frac{3EI}{ml^3}}t$

49. 通过测量混凝土棱柱体试件的应力-应变曲线，计算所用试件的刚度，已知棱柱体试件的尺寸为100mm×100mm×300mm，浇筑试件完毕并养护，且实测同批次立方体（150mm×150mm×150mm）强度为300kN，则使用下列哪种试验机完成上述试件的加载试验最合适？

A. 使用最大加载能力为300kN的抗压试验机进行加载

B. 使用最大加载能力为500kN的抗压试验机进行加载

C. 使用最大加载能力为1000kN的抗压试验机进行加载

D. 使用最大加载能力为2000kN的抗压试验机进行加载

50. 在检验构件承载能力的低周反复加载试验中，下列不属于加载制度的是：

A. 试验始终控制位移加载

B. 控制加载速度加载

C. 先控制作用力加载再转换位移控制加载

D. 控制作用力和位移的混合加载

51. 结构模型试验使用量纲分析法进行模型设计，下列基本量纲正确的是：

A. 长度[L]、应变[ε]、时间[T]

B. 长度[L]、时间[T]、应力[σ]

C. 长度[L]、时间[T]、质量[M]

D. 时间[T]、弹性模量[E]、质量[M]

52. 结构动力试验研究的计算分析中，下列不能由计算所得的参数为：

A. 结构的阻尼比

B. 结构的固有振型

C. 结构的固有频率

D. 结构的质量

53. 采用超声波法检测混凝土的内部缺陷，下列不适宜使用该方法检测的是：

A. 检测混凝土内部空洞和缺陷的范围

B. 检测混凝土表面损伤厚度

C. 检测混凝土内部钢筋直径和位置

D. 检测混凝土裂缝深度

54. 一层5.2m厚的黏土层，受到30kPa的地表超载作用，其渗透系数为0.0004m/d。根据以往经验，该层黏土会被压缩0.04m。如果仅上表面或下表面发生渗透，则计算的主固结的完成的时间约为：

A. 240d

B. 173d

C. 50d

D. 340d

55. 均匀地基中，地下水位埋深为 1.80m，毛细水向上渗流 0.60m,如果土的干重度为15.90kN/m^3，土的饱和重度为19kN/m^3，地表超载为25.60kN/m^2，那么地基埋深 3.50m 处垂直有效应力为：

A. 66.99　　B. 72.99

C. 70.38　　D. 41.39

56. 针对一项地基基础工程，是进行排水固结还是不排水固结，与下列哪项因素基本无关？

A. 地基渗透性　　B. 施工速率

C. 加载或者卸载　　D. 都无关

57. 无重饱和黏土地基受宽度为B的地表均布荷载q作用，饱和黏土的不排水抗剪强度为 50kPa，那么该地基的承载力为：

A. 105kPa　　B. 50kPa

C. 157kPa　　D. 257kPa

58. 在工程地质勘查中，能够直观观测地层结构和变化的方法是：

A. 坑探　　B. 钻探

C. 触探　　D. 地球物理勘探

59. 对于建筑体形复杂、荷载差异较大的框架结构，减小基础底面不均匀沉降的措施不包括采用：

A. 箱基　　B. 柱下条形基础

C. 筏基　　D. 单独基础

60. 某桩基础的桩截面为 400mm×400mm，建筑地基土层由上而下依次为粉质黏土（3m 厚）、中密粗砂（4m 厚）、微风化软质岩（5m 厚）。对应的桩周土摩擦力特征值分别为 20kPa、40kPa 和 65kPa，桩长为 9m，桩端岩土承载力特征值为 6000kPa，则单桩竖向承载力特征值为：

A. 1120kN　　B. 1420kN

C. 1520kN　　D. 1680kN

2016 年度全国勘察设计一级注册结构工程师执业资格考试基础考试（下）

试题解析及参考答案

1. 解 由于环箍效应的影响，相同受压面时，混凝土试件的高度越大，测出的强度结果越小。相同截面时，棱柱体试件的高度大于立方体试件的高度，所以测出的棱柱体试件强度小于立方体试件的强度。

答案：A

2. 解 含水率 = 所含水的质量/材料的干燥质量 = $(500-475)/475=5.26\%$

答案：B

3. 解 水泥浆的初凝是指浆体开始失去可塑性，即浆体开始出现明显的固化现象。而终凝是指浆体的可塑性全部失去，即浆体的流动性基本丧失。所以出现凝结现象时，浆体稠度增大，即浆体的黏度增大，但是强度还很低。

答案：A

4. 解 徐变是指混凝土在固定荷载作用下，随着时间变化而发生的变形，即徐变的大小与外部应力水平有关。干燥收缩是由于环境湿度低于混凝土自身湿度引起失水而导致的变形；环境湿度越小，水灰比越大（表明混凝土内部的自由水分越多），骨料（混凝土中的骨料具有减少收缩的作用）含量越低时，干缩越大。干缩与外部应力水平无关。

答案：D

5. 解 混凝土配合比设计的目的是确定各组成材料的用量，所以需要确定的基本变量中不包括混凝土的密度。

答案：D

6. 解 衡量钢材塑性高低的指标是断后伸长率。

答案：C

7. 解 沥青的针入度和延度随温度变化很敏感，试验时规定试件的温度，一般采取水浴的方式控制温度。所以测定沥青针入度和延度时，需保持试件所处水浴的温度恒定。

答案：B

8. 解 正、反坐标方位角的关系是彼此相差 180°。

答案：A

9. 解 同精度观测值最或是值（即平均值）的中误差计算公式为：

$$M=\pm\sqrt{\frac{[vv]}{n(n-1)}}$$

答案：A

10. 解　坐标正算中，坐标增量的计算公式为：

$$\Delta X_{\mathrm{AB}} = D_{\mathrm{AB}} \cdot \cos\alpha_{\mathrm{AB}}；\ \Delta Y_{\mathrm{AB}} = D_{\mathrm{AB}} \cdot \sin\alpha_{\mathrm{AB}}$$

测量工作中，纵坐标轴为X轴。

答案：A

11. 解　比例尺精度是指传统地形图上 0.1mm 所代表的实地长度。

答案：B

12. 解　实地距离$D = d \cdot M = 25.6 \times 500 = 12800\mathrm{mm} = 12.8\mathrm{m}$

答案：C

13. 解　见《中华人民共和国环境保护法》第三十五条，违反本法规定,有下列行为之一的，环境保护行政主管部门或者其他依照法律规定行使环境监督管理权的部门可以根据不同情节，给予警告或者处以罚款:

（1）拒绝环境保护行政主管部门或者其他依照法律规定行使环境监督管理权的部门现场检查或者在被检查时弄虚作假的；

（2）拒报或者谎报国务院环境保护行政主管部门规定的有关污染物排放申请事项的；

（3）不按国家规定缴纳超标准排污费的；

（4）引进不符合我国环境保护规定要求的技术和设备的；

（5）将产生严重污染的生产设备转移给没有污染防治能力的单位使用的。

答案：B

14. 解　《建设工程安全生产管理条例》第二十四条规定，建设工程实行施工总承包的，由总承包单位对施工现场的安全生产负总责。总承包单位依法将建设工程分包给其他单位的，分包合同中应当明确各自的安全生产方面的权利、义务。总承包单位和分包单位对分包工程的安全生产承担连带责任。分包单位应当服从总承包单位的安全生产管理，分包单位不服从管理导致生产安全事故的，由分包单位承担主要责任。

答案：B

15. 解　《中华人民共和国建筑法》第三十条，国家推行建筑工程监理制度。国务院可以规定实行强制监理的建筑工程的范围。

答案：A

16. 解　《建设工程安全生产管理条例》第二章第六条，建设单位应当向施工单位提供施工现场及毗邻区域内供水、排水、供电、供气、供热、通信、广播电视等地下管线资料，气象和水文观测资料，相邻建筑物和构筑物、地下工程的有关资料，并保证资料的真实、准确、完整。

第八条，建设单位在编制工程概算时，应当确定建设工程安全作业环境及安全施工措施所需费用。

第十一条，建设单位应当将拆除工程发包给具有相应资质等级的施工单位。

可见选项A、C、D是建设单位的责任和义务。而及时报告安全事故隐患是施工单位的责任，不是建设单位的责任。

答案：B

17. 解 在预制桩打桩过程中，若贯入度有骤减，说明桩下有障碍物。其他三种状况会出现贯入度骤增。

答案：C

18. 解 根据《混凝土结构工程施工规范》(GB 50666—2011)第10.2.12条第1款，冬季浇筑的混凝土，其受冻临界强度应符合下列要求：当采用蓄热法、暖棚法、加热法施工时，采用硅酸盐水泥、普通硅酸盐水泥配制的混凝土，不应低于设计混凝土强度等级值的30%；采用矿渣硅酸盐水泥、粉煤灰硅酸盐水泥、火山灰质硅酸盐水泥、复合硅酸盐水泥配制的混凝土，不应低于设计混凝土强度等级值的40%。因使用普通硅酸盐水泥，故取C40的30%，应为12MPa。

答案：C

19. 解 由《砌体结构设计规范》（GB 50003—2011）第3.2节可知，砌筑砂浆的强度等级最高的是M15或Mb20。

答案：D

20. 解 流水施工参数主要包括工艺参数、空间参数和时间参数三大类。其中，工艺参数主要包括施工过程数和流水强度，空间参数包括工作面、施工层和施工段，时间参数包括流水节拍、流水步距、流水工期、间歇时间、搭接时间等。可见，空间参数不包括“建筑面积”。

答案：A

21. 解 网络计划优化的目标包括工期、费用和资源。其中，工期优化的目的是使计划的工期符合要求；费用优化主要是寻求最低成本（费用）时的工期；资源优化是使资源按时间分布合理，强度降低。可见选项A符合题意。

答案：A

22. 解 横向约束抑制了混凝土内部开裂的倾向和体积的膨胀，可显著提高混凝土的抗压强度，同时其变形能力下降。

答案：A

23. 解 相对受压区高度（x/h_0）大于1时，属于小偏心受压构件，此时，构件接近全截面受压。当受拉钢筋配筋率较小时，有可能发生离轴向力较远一侧钢筋（受拉钢筋）受压屈服，混凝土被压碎的现象。

答案：D

24. 解 《混凝土结构设计规范》（GB 50010—2010）（2015年版）第5.4.3条规定，钢筋混凝土梁支座的负弯矩调幅幅度不宜大于25%。

答案：B

25. 解 轴压比是指柱组合的轴压力设计值与柱的全截面面积和混凝土轴心抗压强度设计值乘积之比值。限制柱的轴压比，主要是为了保证柱的塑性变形能力和结构的抗倒塌能力。

答案：B

26. 解 《钢结构设计标准》（GB 50017—2017）第4.3.3条第1款规定，Q235A钢不宜用于焊接结构；第4.3.2条规定，对焊接结构尚应具有碳当量的合格保证。

答案：D

27. 解 为了提高腹板的局部稳定性，设置加劲肋是一种经济有效的措施。防止梁腹板的剪切失稳、弯曲失稳和在局部压应力作用下失稳的有效措施，分别是设置横向加劲肋、纵向加劲肋和短加劲肋。

答案：C

28. 解 当螺栓接头连接长度l_1过大时，螺栓的受力很不均匀，端部的螺栓受力最大，往往首先破坏，并将依次向内逐个破坏。因此《钢结构设计标准》（GB 50017—2017）第11.4.5条规定，当连接长度$l_1 > 15d_0$（d_0为孔径）时，应将承载力设计值乘以折减系数。

答案：A

29. 解 屋架下弦杆一般为受拉杆件，《钢结构设计标准》（GB 50017—2017）第7.4.7条表7.4.7规定，一般建筑结构桁架的受拉杆件容许长细比为350。

答案：C

30. 解 《砌体结构设计规范》（GB 50003—2011）第8.1.1条第1款规定，偏心距超过截面核心范围，不宜采用网状配筋砖砌体构件，选项A不正确。

网状配筋砌体中，砌体纵向受压，钢筋横向受拉，相当于对砌体横向加压，使砌体处于三向受力状态，间接提高了砌体的承载能力，选项B不正确。

网状配筋砖砌体，钢筋网配置过少，将不能起到增强砌体强度的作用，但也不宜配置过多，《砌体结构设计规范》（GB 50003—2001）第8.1.3条第1款规定，网状配筋砖砌体中的体积配筋率不应小于

0.1%，也不应大于1%，选项D不正确。

组合砖砌体构件中，钢筋混凝土面层不仅能够提供抗压承载力，同时对砌体结构有横向约束作用，选项C正确。

答案：C

31. 解 刚性方案砌体房屋，纵墙顶端的水平位移很小，静力分析时可认为水平位移为零，其空间性能影响系数η即为零，刚度大。

答案：C

32. 解 构造柱不会提高砌体结构承受竖向荷载的能力，但可以间接提高砌体房屋的抗剪能力。根据《砌体结构设计规范》(GB 50003—2011)第6.1.2条第2款，构造柱可以提高砌体墙的允许高厚比，第②项为构造柱的作用。

答案：C

33. 解 灰缝厚度不均匀性导致块体受弯、受剪；块体与砂浆的弹性模量及横向变形系数不同，使得块体内产生拉应力。

答案：D

34. 解 按三刚片规则分析，右上三角形刚片与基础用右上铰连接，左下三角形刚片与基础用左下铰连接，两个三角形刚片用两个平行链杆连接形成无限远铰，三铰不共线，故体系几何不变，无多余约束。

答案：A

35. 解 静定结构没有多余约束，支座移动不产生内力和变形，只有刚体位移。

答案：C

36. 解 作M_K影响线如解图所示，按图示荷载最不利位置（用判别式或试算）可得：

$$M_{Kmax}=3\times20\times2.5=150\text{kN}\cdot\text{m}$$

答案：C

题36解图

37. 解 先整体平衡求右支座竖向反力，再取右半结构隔离体平衡求AB杆拉力，然后求D右截面弯矩，计算如下：

$$V_B=\frac{10\times4+1\times8\times12-40}{16}=6\text{kN}(\uparrow)$$

$$N_{AB}=\frac{6\times8-1\times8\times4+40}{4}=14\text{kN}(拉)$$

$$y_D=\frac{4\times4}{16^2}\times12\times(16-12)=3\text{m}$$

$$M_{D右}=6\times4-1\times4\times2-14\times3=-26\text{kN}\cdot\text{m}(上面受拉)$$

答案：A

38. 解 由结点法可知杆 2 轴力的竖向分力为P，再按比例关系可得杆 2 轴力为$\sqrt{10}P$（拉力）。

答案：D

39. 解 本题荷载引起的弯矩图及求位移加单位力引起的弯矩图均为反对称图形，故图乘时可分左、右分别图乘然后相加。按题意，位移可表达为：

$$\Delta_{\mathrm{CH}}=\Delta=\frac{1}{2}\Delta+\frac{1}{2}\Delta$$

当AC杆刚度由EI变为$2EI$时，由于图乘时刚度在分母，故新的位移为：

$$\Delta'_{\mathrm{CH}}=\frac{1}{2}\times\frac{1}{2}\Delta+\frac{1}{2}\Delta=\frac{3}{4}\Delta$$

答案：D

40. 解 本题为反对称受力状态，见解图，由右下竖杆隔离体平衡可得：

$$M_{\mathrm{K}}=P/2\times 2d=Pd$$

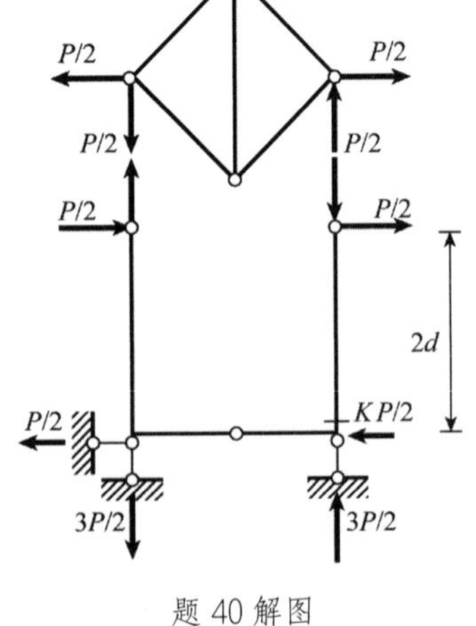

题 40 解图

答案：A

41. 解 此题左边第一跨为超静定梁，右边为静定梁。先求得右链杆支座处截面弯矩$Pl/2$（上部受拉）及铰接点弯矩 0，连直线，即可得到静定部分的弯矩图，并求得中间链杆处截面弯矩$Pl/2$（下部受拉），再按力矩分配法向远端（固定端）传递$1/2$，得全梁弯矩图，固定端截面弯矩为$Pl/4$（上部受拉）。

答案：B

42. 解 按位移法，取结点B隔离体见解图，利用转角位移方程，建立结点B的力矩平衡方程：

$$M_{\mathrm{BA}}+M_{\mathrm{BC}}=4i\theta_{\mathrm{B}}-6i\frac{\Delta}{l}+i\theta_{\mathrm{B}}=0$$

解得
$$\theta_{\mathrm{B}}=\frac{6\Delta}{5l}$$

题 42 解图

答案：B

43. 解 本题水平分力为零，可视为对称受力状态。根据对称性可知，当B点下沉Δ时截面B的转角为 0。截取结点B隔离体，见解图，利用杆件的侧移刚度系数，建立结点B的竖向力平衡方程：

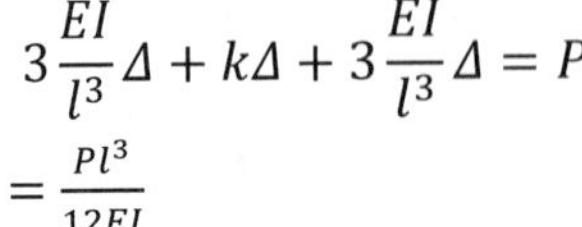

$$3\frac{EI}{l^3}\Delta+k\Delta+3\frac{EI}{l^3}\Delta=P$$

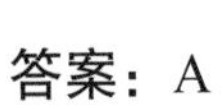

其中$k=6\frac{EI}{l^3}$，解得$\Delta=\frac{Pl^3}{12EI}$

题 43 解图

答案：A

44. 解 用静力平衡条件求得反力后，利用对称性可作解图所示转化，从而求得$M_{\mathrm{BA}}=\frac{Pl}{2}$。

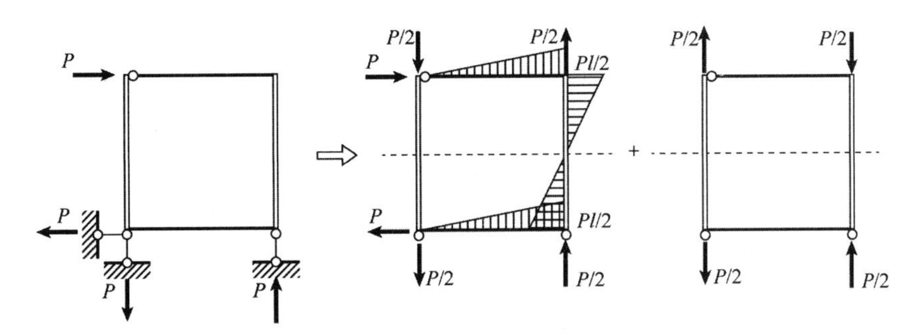

题 44 解图

答案：A

45. 解 梁的弯矩图示意如解图所示。

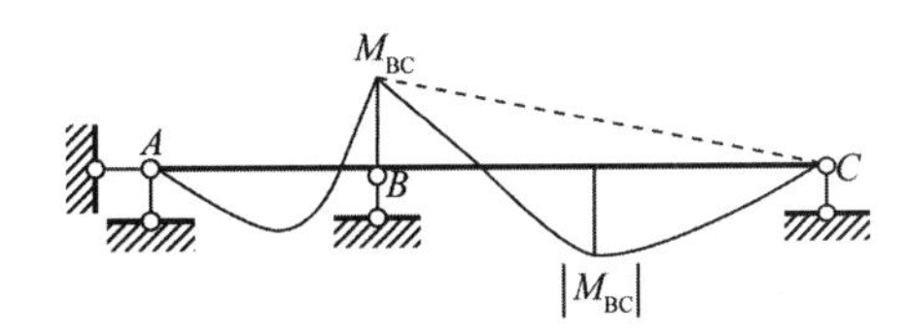

为满足题目条件，须有

$$|M_{BC}|+\frac{1}{2}|M_{BC}|=\frac{1\times 6^2}{8}$$

即

$$|M_{BC}|=3$$

按力矩分配法可得

$$\mu_{BC}=\frac{3\frac{EI_{BC}}{6}}{3\frac{EI_{AB}}{3}+3\frac{EI_{BC}}{6}}=\frac{I_{BC}}{2I_{AB}+I_{BC}}$$

$$M_{BC}=\frac{I_{BC}}{2I_{AB}+I_{BC}}\left[-\frac{1\times(3^2-6^2)}{8}\right]-\frac{1\times 6^2}{8}=\frac{1}{2\frac{I_{AB}}{I_{BC}}+1}\times\frac{27}{8}-\frac{9}{2}$$

注意M_{BC}为上部受拉的负弯矩，其绝对值需变号，满足题目条件有

$$|M_{BA}|=-\left(\frac{1}{2\frac{I_{AB}}{I_{BC}}+1}\times\frac{27}{8}-\frac{9}{2}\right)=3$$

解得：$\frac{I_{AB}}{I_{BC}}=\frac{5}{8}$

答案：B

46. 解 注意 C 端相当于固定端，用力矩分配系数公式计算。

$$\mu_{AC}=\frac{4\times\frac{2.5}{5}}{4\times\frac{1}{4}+\frac{2}{4}+4\times\frac{2.5}{5}}=\frac{4}{7}$$

答案：B

47. 解 由自振频率公式$\omega=\sqrt{\frac{k}{m}}$可知，刚度大，自振频率高。

答案：C

48. 解　按题意，质点做初速度为零、初位移为$\frac{Pl^3}{3EI}$（可用图乘法求得）的单自由度体系无阻尼自由振动，其运动方程为：

$$y(t)=y_0\cos\omega t+\frac{v_0}{\omega}\sin\omega t=\frac{Pl^3}{3EI}\cos\omega t$$

答案：A

49. 解　立方体试件的承压面积为$150\times150=22500\text{mm}^2$，棱柱体试件的承压面积仅为$100\times100=10000\text{mm}^2$，并且棱柱体的抗压强度较立方体的抗压强度低（约为 76%），所以选用最大加载能力为 300kN 的抗压试验机进行加载可以满足试验要求。

答案：A

50. 解　低周反复加载试验（拟静力试验）采用的加载制度包括力控制加载、位移控制加载和力-位移混合控制加载。

答案：B

51. 解　在方程中作为独立变数，可以直接测量的量称为基本量。在量纲分析中有两种基本量纲系统：绝对系统和质量系统。绝对系统的基本量纲为长度、时间和力，质量系统的基本量纲是长度、时间和质量。

答案：C

52. 解　结构的固有振型、固有频率和质量可由动力学原理计算得到，结构的阻尼系数（阻尼比）则需通过结构试验测定。

答案：A

53. 解　检测钢筋混凝土结构中钢筋的位置、直径和保护层厚度应采用电磁感应法。

答案：C

54. 解　沉降量$s=\frac{a_\text{v}}{1+e_0}pH$，则：

$$\frac{a_\text{v}}{1+e_0}=\frac{s}{pH}=\frac{0.04}{30\times5.2}=0.256\times10^{-3}\text{kPa}^{-1}$$

竖向固结系数为：

$$C_\text{v}=\frac{k(1+e_0)}{a\gamma_\text{w}}=0.0004\div0.256\times10^3\div10=0.1562$$

固结度$U_\text{z}=1$，$T_\text{v}=1$，故主固结时间为：

$$t=\frac{T_\text{v}H^2}{C_\text{v}}=\frac{1\times5.2^2}{0.1562}=173\text{d}$$

答案：B

55. 解　计算土中有效应力时，毛细水上升部分按饱和重度考虑，则

$$\sigma' = 25.6 + 15.9 \times (1.8 - 0.6) + 19 \times 0.6 + (19 - 10) \times (3.5 - 1.8)$$
$$= 71.38\text{kPa}$$

答案：C

56. 解　此题是针对地基进行排水或固结，与地基土的渗透性、施工速率都有关，但与加载或者卸载无关。

答案：C

57. 解　无重饱和黏土地基受宽度为B的地表均布荷载q作用时，土的抗剪强度等于土的不排水抗剪强度，相当于单轴试验（无侧限抗压强度试验），故地基承载力为50kPa。

答案：B

58. 解　坑探是挖开后直观观测地层结构及变化的方法，其他都是借助仪器设备的探查方法。

答案：A

59. 解　按照抵抗基础不均匀沉降能力从大到小排序是箱基、筏基、条形基础和独立基础，独立基础抵抗不均匀沉降能力最差。

答案：D

60. 解　根据单桩竖向承载力计算公式：

$$Q_{\text{uk}} = \sum u q_{\text{sk}i} l_i + A q_{\text{pk}}$$
$$= 4 \times 0.4 \times [20 \times 3 + 40 \times 4 + (9 - 3 - 4) \times 65] + 0.4^2 \times 6000$$
$$= 1520\text{kN}$$

答案：C

2017年度全国勘察设计一级注册结构工程师

执业资格考试试卷

基础考试

（下）

二〇一七年九月

应考人员注意事项

1. 本试卷科目代码为“2”，考生务必将此代码填涂在答题卡“科目代码”相应的栏目内，否则，无法评分。

2. 书写用笔：**黑色或蓝色钢笔、签字笔或圆珠笔**；

   填涂答题卡用笔：**黑色 2B 铅笔**。

3. 必须用书写用笔将工作单位、姓名、准考证号填写在答题卡和试卷相应的栏目内。

4. 本试卷由 60 题组成，每题 2 分，满分 120 分，本试卷全部为单项选择题，每小题的四个备选项中只有一个正确答案，错选、多选、不选均不得分。

5. 考生作答时，必须按**题号在答题卡上**将相应试题所选选项对应的**字母用 2B 铅笔涂黑**。

6. 在答题卡上书写与题意无关的语言，或在答题卡上作标记的，均按违纪试卷处理。

7. 考试结束时，由监考人员当面将试卷、答题卡一并收回。

8. 草稿纸由各地统一配发，考后收回。

单项选择题（共60题，每题2分。每题的备选项中只有一个最符合题意。）

1. 材料的孔隙率增加，特别是开口孔隙率增加时，会使材料的性能发生如下变化：

A. 抗冻性、抗渗性、耐腐蚀性提高

B. 抗冻性、抗渗性、耐腐蚀性降低

C. 密度、导热系数、软化系数提高

D. 密度、导热系数、软化系数降低

2. 当外力达到一定限度后，材料突然破坏，且破坏时无明显的塑性变形，材料的这种性质称为：

A. 弹性　　B. 塑性

C. 脆性　　D. 韧性

3. 硬化水泥浆体的强度与自身的孔隙率有关，与强度直接相关的孔隙率是指：

A. 总孔隙率　　B. 毛细孔隙率

C. 气孔孔隙率　　D. 层间孔隙率

4. 在我国西北干旱和盐渍土地区，影响地面混凝土构件耐久性的主要过程是：

A. 碱骨料反应　　B. 混凝土碳化反应

C. 盐结晶破坏　　D. 盐类化学反应

5. 混凝土材料的抗压强度与下列哪个因素不直接相关：

A. 集料强度　　B. 硬化水泥浆强度

C. 集料界面过渡区　　D. 拌和水的品质

6. 以下性质中哪个不属于石材的工艺性质：

A. 加工性　　B. 抗酸腐蚀性

C. 抗钻性　　D. 磨光性

7. 配制乳化沥青时需要加入：

A. 有机溶剂　　B. 乳化剂

C. 塑化剂　　D. 无机填料

8. 若$\Delta X_{AB} < 0$，且$\Delta Y_{AB} < 0$，则下列哪项表达了坐标方位角α_{AB}：

A. $\alpha_{AB} = \arctan\frac{\Delta Y_{AB}}{\Delta X_{AB}}$　　B. $\alpha_{AB} = \arctan\frac{\Delta Y_{AB}}{\Delta X_{AB}} + \pi$

C. $\alpha_{AB} = \pi - \arctan\frac{\Delta Y_{AB}}{\Delta X_{AB}}$　　D. $\alpha_{AB} = \arctan\frac{\Delta Y_{AB}}{\Delta X_{AB}} - \pi$

9. 某图幅编号为 J50B001001，则该图比例尺为：

A. 1∶100000　　B. 1∶50000

C. 1∶500000　　D. 1∶250000

10. 经纬仪测量水平角时，下列何种方法用于测量两个方向所夹的水平角：

A. 测回法　　B. 方向观测法

C. 半测回法　　D. 全圆方向法

11. 在工业企业建筑设计总平面图上，根据建（构）筑物的分布及建筑物的轴线方向，布设矩形网的主轴线，纵横两条主轴线要与建（构）筑物的轴线平行。下列关于主轴线上主点的个数的要求正确的是：

A. 不少于 2 个　　B. 不多于 3 个

C. 不少于 3 个　　D. 4 个以上

12. 用视距测量方法测量水平距离时，水平距离D可用下列哪项公式表示（l为尺间隔，α为竖直角）：

A. $D = Kl\cos^2\alpha$　　B. $D = Kl\cos\alpha$

C. $D = \frac{1}{2}Kl\sin^2\alpha$　　D. $D = \frac{1}{2}Kl\sin\alpha$

13. 在我国，房地产价格评估制度是根据以下哪一层级的法律法规确立的一项房地产交易基本制度：

A. 法律　　B. 行政法规

C. 部门规章　　D. 政府规范性文件

14. 《中华人民共和国节约能源法》所称的能源，是指以下哪些能源和电子、热力以及其他直接或者通过加工、转换而取得有用能的各种资源：

A. 煤炭、石油、天然气、生物质能　　B. 太阳能、风能

C. 煤炭、水电、核能　　D. 可再生能源和新能源

15. 根据《中华人民共和国建筑法》的规定，实施施工许可证制度的建筑工程（除国务院建设行政主管部门确定的限额以下的小型工程外），在施工开始前，下列哪个单位应当按照国家有关规定向工程所在地县级以上人民政府建设行政主管部门申请施工许可：

A. 建设单位　　B. 设计单位

C. 施工单位　　D. 监理单位

16. 违反工程建设强制性标准造成工程质量、安全隐患或者工程事故的，应按照《建设工程质量管理条例》的有关规定：

A. 对事故责任单位和责任人进行处罚

B. 对事故责任单位的上级单位进行处罚

C. 对事故责任单位的法定代理人进行处罚

D. 对事故责任单位的负责人进行处罚

17. 当沉桩采用以桩尖设计标高控制为主时，桩尖应处于的土层是：

A. 坚硬的黏土　　B. 碎石土

C. 风化岩　　D. 软土层

18. 冬期施工中配制混凝土用的水泥，应优先选用：

A. 矿渣水泥　　B. 硅酸盐水泥

C. 火山灰水泥　　D. 粉煤灰水泥

19. 对平面呈板式的六层钢筋混凝土预制结构吊装时，宜使用：

A. 人字桅杆式起重机　　B. 履带式起重机

C. 附着式塔式起重机　　D. 轨道式塔式起重机

20. 某工作最早完成时间与其所有紧后工作的最早开始时间之差中的最小值，称为：

A. 总时差　　B. 自由时差

C. 虚工作　　D. 时间间隔

21. 在施工过程中，对于来自外部的各种因素所导致的工期延长，应通过工期签证予以扣除，下列不属于应办理工期签证的情形是：

A. 不可抗拒的自然灾害（地震、洪水、台风等）导致工期拖延

B. 由于设计变更导致的返工时间

C. 基础施工时，遇到不可预见的障碍物后停止施工，进行处理的时间

D. 下雨导致场地泥泞，施工材料运输不通畅导致工期拖延

22. 当钢筋混凝土受扭构件还同时作用有剪力时，此时构件的受扭承载力将发生下列哪种变化：

A. 减小　　B. 增大

C. 不变　　D. 不确定

23. 在按《混凝土结构设计规范》（GB 50010—2010）所给的公式计算钢筋混凝土受弯构件斜截面承载力时，下列不需要考虑的是：

A. 截面尺寸是否过小

B. 所配的配箍是否大于最小配箍率

C. 箍筋的直径和间距是否满足其构造要求

D. 箍筋间距是否满足 10 倍纵向受力钢筋的直径

24. 下列给出的混凝土楼板塑性铰线正确的是：

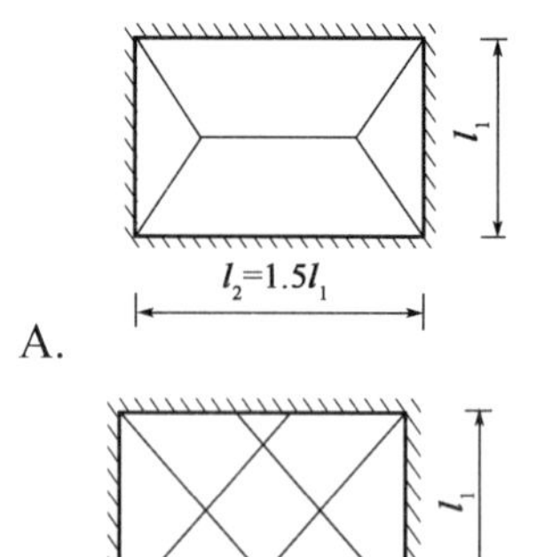

A.

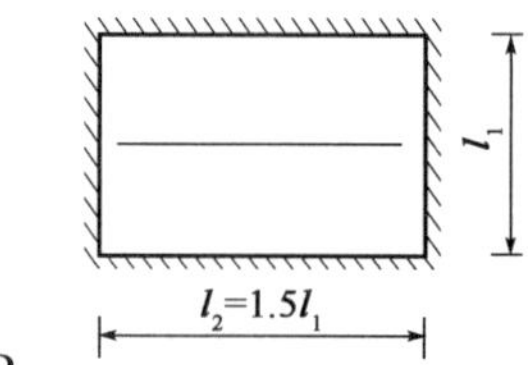

B.

C.

D.

25. 下列关于钢筋混凝土剪力墙结构的中边缘构件的说法中，不正确的是：

A. 分为构造边缘构件和约束边缘构件两类

B. 边缘构件内混凝土为受约束的混凝土，因此可提高墙体的延性

C. 构造边缘构件内可不设置箍筋

D. 所有剪力墙都要设置边缘构件

26. 高强度低合金钢划分为 A、B、C、D、E 五个质量等级，其划分指标为：

A. 屈服强度　　　B. 伸长率

C. 冲击韧性　　　D. 含碳量

27. 计算普通钢结构轴心受压构件的整体稳定性时，应计算：

A. 构件的长细比　　　B. 板件的宽厚比

C. 钢材的冷弯效应　　　D. 构件的净截面处应力

28. 计算角焊缝抗剪承载力时需要限制焊缝的计算长度，主要考虑了：

A. 焊脚尺寸的影响　　　B. 焊缝剪应力分布的影响

C. 钢材标号的影响　　　D. 焊缝检测方法的影响

29. 钢结构屋盖中横向水平支撑的主要作用是：

A. 传递吊车荷载　　B. 承受屋面竖向荷载

C. 固定檩条和系杆　　D. 提供屋架侧向支承点

30. 对于截面尺寸、砂浆、砌体强度等级都相同的墙体，下列说法正确的是：

A. 承载能力随偏心距的增大而增大

B. 承载能力随高厚比增加而减小

C. 承载能力随相邻横墙间距增加而增大

D. 承载能力不随截面尺寸、砂浆、砌体强度等级变化

31. 影响砌体结构房屋空间工作性能的主要因素是：

A. 房屋结构所用块材和砂浆的强度等级

B. 外纵墙的高厚比和门窗洞口的开设是否超过规定

C. 圈梁和构造柱的设置是否满足规范的要求

D. 房屋屋盖、楼盖的类别和横墙的距离

32. 进行墙梁设计时，下列说法正确的是：

A. 无论何种设计阶段，其顶面的荷载设计值计算方法相同

B. 托梁应按偏心受拉构件进行施工阶段承载力计算

C. 承重墙梁的支座处均应设落地翼墙

D. 托梁在使用阶段斜截面受剪承载力应按偏心受拉构件计算

33. 对多层砌体房屋总高度与总宽度的比值要加以限制，主要是为了考虑：

A. 避免房屋两个主轴方向尺寸差异大、刚度悬殊，产生过大的不均匀沉降

B. 避免房屋纵横两个方向温度应力不均匀，导致墙体产生裂缝

C. 保证房屋不致因整体弯曲而破坏

D. 防止房屋因抗剪不足而破坏

34. 图示体系的几何组成为：

A. 无多余约束的几何不变体系

B. 有多余约束的几何不变体系

C. 几何瞬变体系

D. 几何常变体系

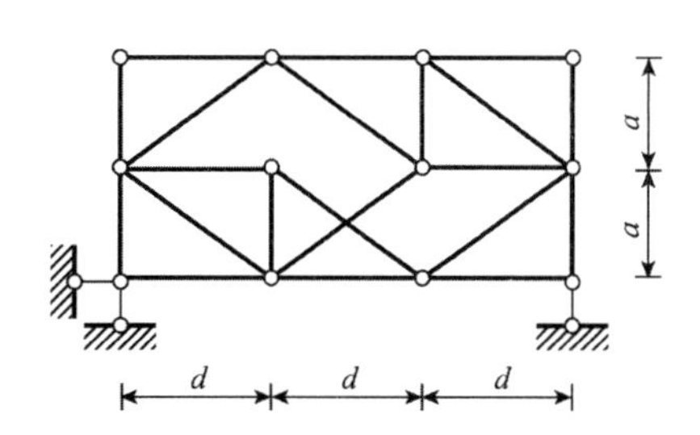

35. 图示刚架M_{ED}值为：

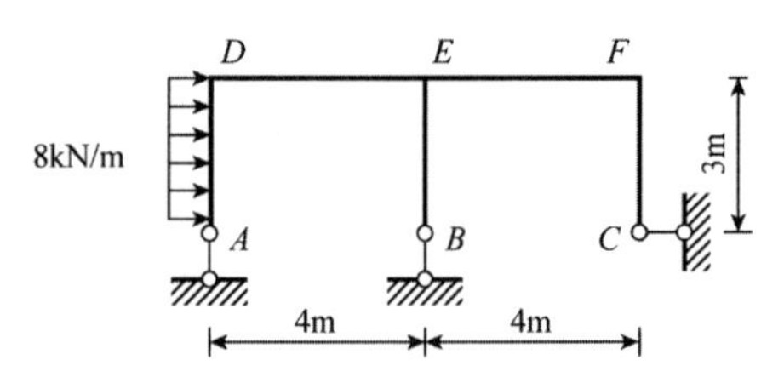

A. 36kN · m

B. 48kN · m

C. 60kN · m

D. 72kN · m

36. 图示对称 结构$M_{AD} = ql^2/36$（左拉），$F_{NAD} = -5ql/12$（压），则M_{BC}为（以下侧受拉为正）：

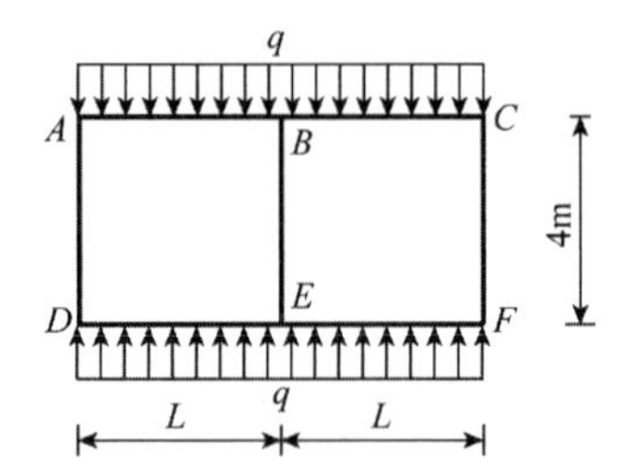

A. $-ql^2/6$

B. $ql^2/6$

C. $-ql^2/9$

D. $ql^2/9$

37. 图示圆弧曲梁K截面弯矩M_K（外侧受拉为正）影响线在C点的竖标为：

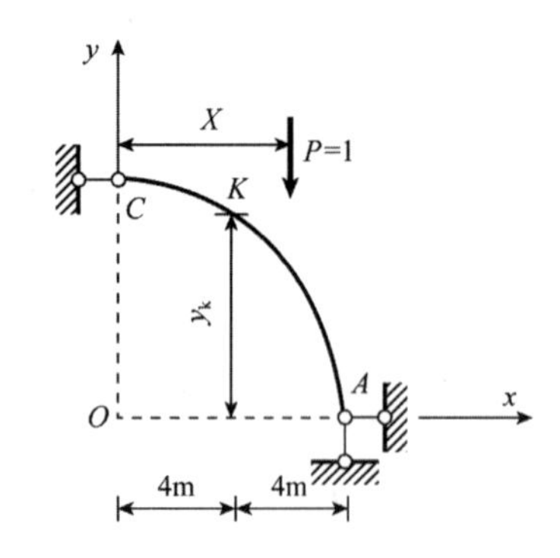

A. $4(\sqrt{3}-1)$

B. $4\sqrt{3}$

C. 0

D. 4

38. 图示三铰拱支座B的水平反力（以向右为正）等于：

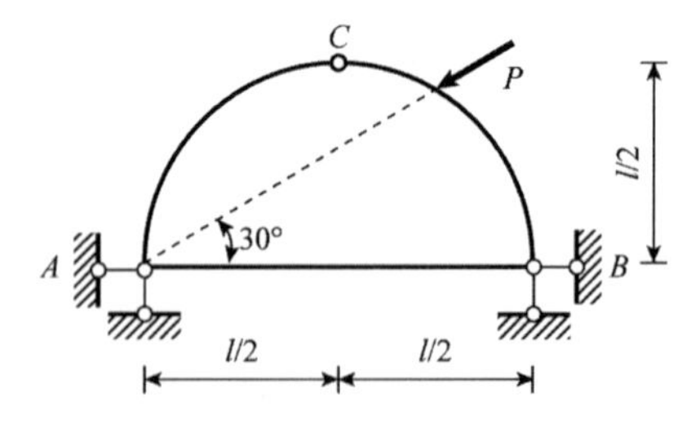

A. P

B. $\frac{\sqrt{2}}{2}P$

C. $\frac{\sqrt{3}}{2}P$

D. $\frac{\sqrt{3}-1}{2}P$

39. 图示结构忽略轴向变形和剪切变形，若增大弹簧刚度k，则结点A的水平位移Δ_{AH}：

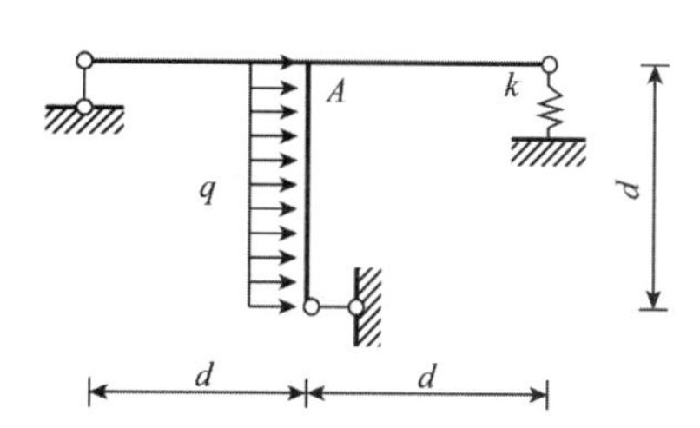

A. 增大

B. 减小

C. 不变

D. 可能增大，也可能减小

40. 图示结构$EI=$常数，在给定荷载作用下，水平反力H_A为：

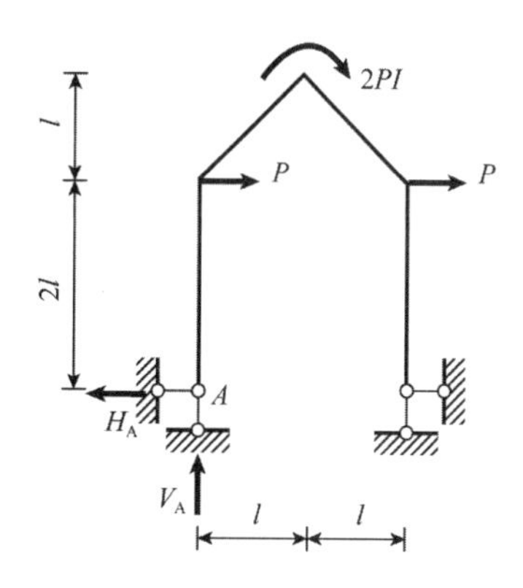

A. P

B. $2P$

C. $3P$

D. $4P$

41. 图示结构B处弹性支座的弹簧刚度$k=6EI/l^3$，则B截面的弯矩为：

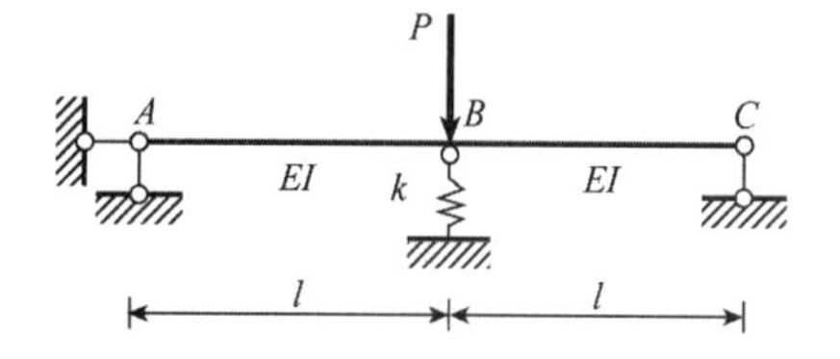

A. Pl

B. $Pl/2$

C. $Pl/3$

D. $Pl/4$

42. 图示梁的抗弯刚度为EI，长度为l，欲使梁中点C弯矩为零，则弹性支座刚度k的取值应为：

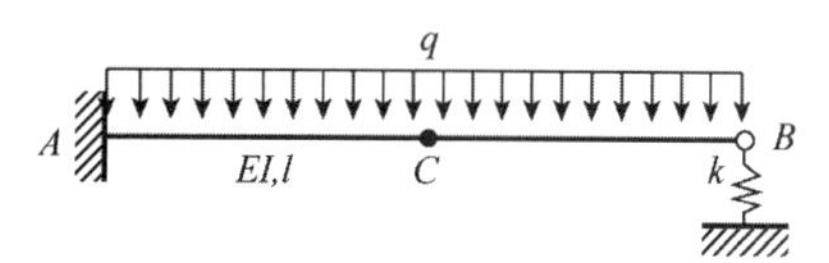

A. $3EI/l^3$

B. $6EI/l^3$

C. $9EI/l^3$

D. $12EI/l^3$

43. 图示两桁架温度均匀升高t（℃），则温度引起的结构内力为：

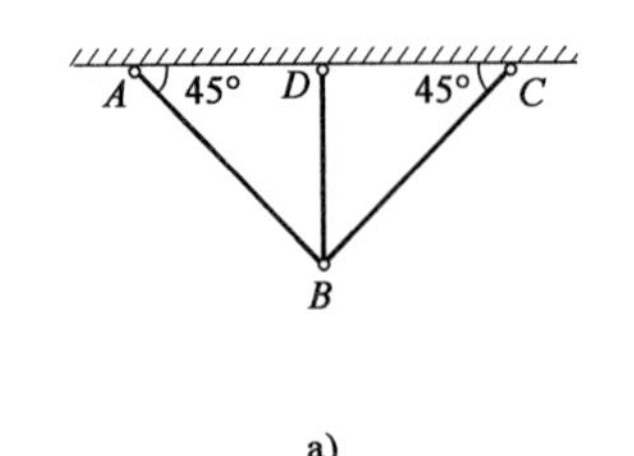

a)

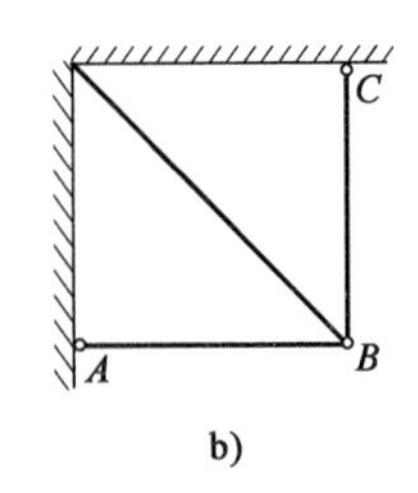

b)

A. a）无，b）有　　B. a）有，b）无

C. 两者均有　　D. 两者均无

44. 图示结构$EI=$常数，不考虑轴向变形，则M_{BA}为（以下侧受拉为正）：

A. $Pl/4$

B. $-Pl/4$

C. $Pl/2$

D. $-Pl/2$

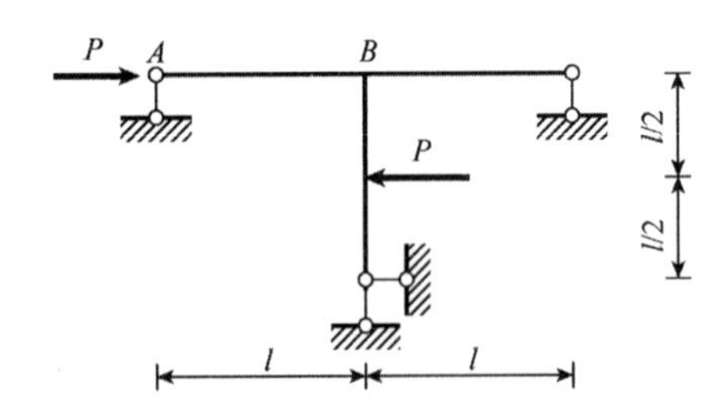

45. 图示结构用力矩分配法计算时，分配系数μ_{A4}为：

A. 1/4

B. 4/7

C. 1/2

D. 4/11

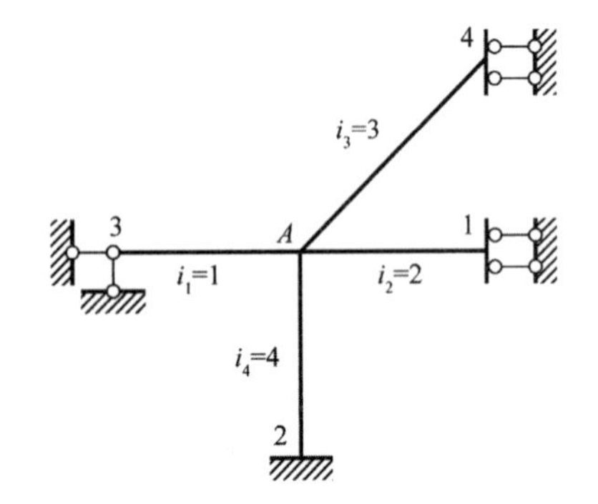

46. 图示结构，质量m在杆件中点，$EI=\infty$，弹簧刚度为k，则该体系的自振频率为：

A. $\sqrt{\frac{9k}{4m}}$

B. $\sqrt{\frac{2k}{m}}$

C. $\sqrt{\frac{9k}{2m}}$

D. $\sqrt{\frac{4k}{m}}$

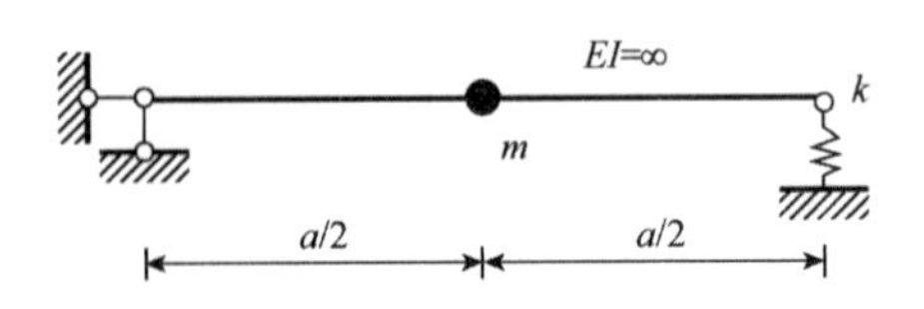

47. 图示单自由度体系受简谐荷载作用，简谐荷载频率等于结构自振频率的两倍，则位移的动力放大系数为：

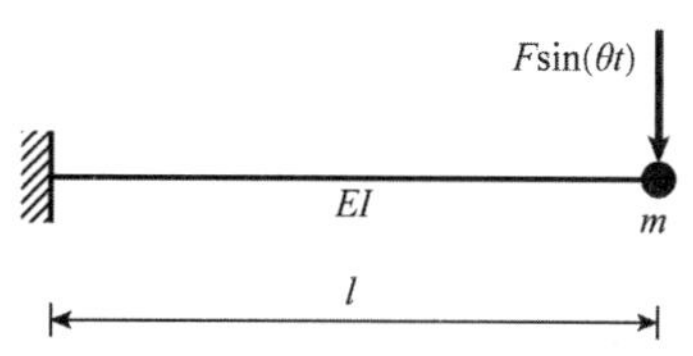

A. 2

B. 4/3

C. −1/2

D. −1/3

48. 由度体系自由振动时，实测振动 5 周后振幅衰减为$y_5 = 0.04y_0$，则阻尼比等于：

A. 0.05　　B. 0.02

C. 0.008　　D. 0.1025

49. 在结构试验室进行混凝土构件的最大承载能力试验，需在试验前计算最大加载值和相应变形值，应选取下列哪一项材料参数值进行计算：

A. 材料的设计值　　B. 实际材料性能指标

C. 材料的标准值　　D. 试件最大荷载值

50. 通过测量混凝土棱柱体试件的应力-应变曲线计算混凝土试件的弹性模量，棱柱体试件的尺寸为100mm×100mm×300mm，浇筑试件所用骨料的最大粒径为 20mm，最适合完成该试件应变测量的应变片为：

A. 标距为 20mm 的电阻应变片

B. 标距为 50mm 的电阻应变片

C. 标距为 80mm 的电阻应变片

D. 标距为 100mm 的电阻应变片

51. 对砌体结构墙体进行低周反复加载试验时，下列做法不正确的是：

A. 水平反复荷载在墙体开裂前采用荷载控制

B. 按位移控制加载时，应使骨架曲线出现下降段，下降到极限荷载的 90%，试验结束

C. 通常以开裂位移为控制参数，按开裂位移的倍数逐级加载

D. 墙体开裂后按位移进行控制

52. 为获得建筑结构的动力特性，常采用脉动法量测和分析，下列对该方法的描述中不正确的是：

A. 结构受到的脉动激励来自大地环境的扰动，包括地基的微振、周边车辆的运动

B. 还包括人员的运动和周围环境风的扰动

C. 上述扰动对结构的激励可以看作有限带宽的白噪声激励

D. 脉动实测时采集到的信号可认为是非各态历经的平稳随机过程

53. 采用下列哪一种方法可检测混凝土内部钢筋的锈蚀：

A. 电位差法　　B. 电磁感应法

C. 超声波法　　D. 声发射法

54. 厚度为 21.7mm 的干砂试样在固结仪中进行压缩试验，当垂直应力由初始的 10.0kPa 增加到 40.0kPa 后，试样厚度减小了 0.043mm，则该试样的体积压缩系数m_V（MPa^{-1}）为：

A. 8.40×10^{-2}　　B. 6.60×10^{-2}

B. 3.29×10^{-2}　　D. 3.40×10^{-2}

55. 一黏性土处于可塑状态时，土中水主要是：

A. 强结合水　　B. 弱结合水

C. 自由水　　D. 毛细水

56. 完全饱和的黏土试样在三轴不排水试验中，先将围压提高到 40.0kPa，然后再将垂直加载杆附加应力提高至 37.7kPa，则理论上该试样的孔隙水压力为：

A. 52.57kPa　　B. 40kPa

B. 77.7kPa　　D. 25.9kPa

57. 正常固结砂土地基土的内摩擦角为 30°，则其静止土压力系数为：

A. 0.50　　B. 1.0

C. 0.68　　D. 0.25

58. 软土上的建筑物为减小地基的变形和不均匀沉降，无效的措施是：

A. 减小基底附加应力　　B. 增大基础宽度和埋深

C. 增大基础的强度　　D. 增大上部结构的刚度

59. 某 4×4 等间距排列的端承桩群，桩径 1m，桩距 5m，单桩承载力 2000kN，则此群桩承载力为：

A. 32000kN　　B. 16000kN

C. 12000kN　　D. 8000kN

60. 按地基处理作用机理，加筋法属于：

A. 土质改良　　B.土的置换

C. 土的补强　　D. 土的化学加固

2017年度全国勘察设计一级注册结构工程师执业资格考试基础考试（下）

试题解析及参考答案

1. 解　随着开口孔隙率的增加，材料的密度不变，抗冻性、抗渗性、耐腐蚀性、耐水性（即软化系数）降低，导热性（即导热系数）提高。

答案：B

2. 解　在外力作用下材料产生变形，外力取消后变形消失，材料能完全恢复原来形状的性质称为弹性；在外力作用下材料产生变形，外力取消后仍保持变形后的形状和尺寸，但不产生裂隙的性质称为塑性；外力达到一定限度后，材料突然破坏，且破坏时无明显的塑性变形的性质称为脆性；材料在冲击或振动荷载作用下，能吸收较大的能量，同时产生较大的变形而不破坏的性质称为韧性。

答案：C

3. 解　硬化水泥浆体的强度取决于水泥的强度和水灰比。水灰比越大，硬化后多余水分蒸发留下的毛细孔隙越多，即毛细孔隙率越大，硬化水泥浆体强度越低。所以与硬化水泥浆体强度直接相关的是毛细孔隙率。

答案：B

4. 解　碱集料反应是指混凝土内水泥中的碱性氧化物（Na_2O+0.658K_2O）与集料中的活性 SiO_2 发生化学反应生成的碱硅酸凝胶吸水体积膨胀，引起混凝土裂缝，甚至破坏的现象。混凝土碳化反应是指混凝土中的 $Ca(OH)_2$ 在潮湿条件下与空气中 CO_2 反应生成 $CaCO_3$ 和 H_2O 的过程。盐结晶破坏是指盐类物质（如 Na_2SO_4、$MgSO_4$ 等硫酸盐）在干湿变化或降温作用下结晶产生体积膨胀而使混凝土表面产生剥蚀破坏的现象。盐类化学反应是指盐类中含有的各种离子（如 Cl^-、SO_4^{2-} 离子等）与混凝土中的成分发生化学反应而导致混凝土化学腐蚀破坏的现象。由于我国西北干旱和盐渍土地区存在大量盐类物质且湿度低，所以影响地面混凝土耐久性的主要过程为盐类化学反应。

答案：D

5. 解　混凝土主要由硬化水泥浆、集料及硬化水泥浆与骨料的界面过渡区组成，所以硬化水泥浆强度越高，骨料的强度越高，界面过渡区结合越紧密，则混凝土强度越高。所以混凝土材料的抗压强度与拌和水的品质没有直接关系。

答案：D

6. 解　石材的工艺性质是指石材开采及加工过程的难易程度，包括加工性、抗钻性、磨光性等。加工性是指岩石在开采、劈解、破碎与凿琢等加工工艺的难易程度；磨光性是指石材能否磨光成光滑平整表面的性质；抗钻性是指石材钻孔时的难易程度。所以抗酸腐蚀性不属于石材的工艺性质。

答案：B

7. 解　乳化沥青是沥青微粒分散在有乳化剂的水中而成的乳胶体，所以配制乳化沥青时需要加入乳化剂。

答案：B

8. 解　因为 $\Delta x_{\mathrm{AB}} < 0$，$\Delta y_{\mathrm{AB}} < 0$，根据测量坐标系中方位角及象限角之间的关系，可以判定该方位角位于第三象限内。

答案：B

9. 解　根据国家基本地图的分幅与编号方法，参见《国家基本比例尺地形图分幅和编号》（GB/T 13989—2012），地形图的编号以 1∶100 万为基础，大于该比例尺的地形图，如 1∶50 万、1∶25 万、1∶10 万等，应在 1∶100 万地形图编号之后加比例尺代号，再加行号和列号。由题中所给图幅的编号 J50B001001 可知：J50 为 1∶100 万的基本图，后面的比例尺代码 B 为 1∶50 万地形图，001、001 为该 1∶50 万地形图所在的行号和列号。

答案：C

10. 解　用经纬仪测量两个方向所夹的水平角通常采用测回法。半测回法适用于测量精度要求不高，不需盘左、盘右测量角度的情况。方向观测法和全圆测回法是同一种水平角测量方法，适用于两个以上方向的水平角测量。

答案：A

11. 解　采用建筑基线作为平面控制，基线布置应根据建筑物分布、场地地形和原有控制点的状况而定，基线点数不得少于 3 个。

答案：C

12. 解　视距测量水平距离计算公式为：$D = kl\cos^2\alpha$。式中，D为水平距离，k为视距常数，l为视距间隔，α为竖直角。

答案：A

13. 解　《中华人民共和国城市房地产管理法》第三十四条规定，国家实行房地产价格评估制度。所以本题答案应为法律。

答案：A

14. 解　《中华人民共和国节约能源法》第二条规定，本法所称能源，是指煤炭、石油、天然气、生物质能和电力、热力以及其他直接或者通过加工、转换而取得有用能的各种资源。

答案：A

15. 解 《中华人民共和国建筑法》第七条规定，建筑工程开工前，建设单位应当按照国家有关规定向工程所在地县级以上人民政府建设行政主管部门申请领取施工许可证；但是，国务院建设行政主管部门确定的限额以下的小型工程除外。

答案：A

16. 解 《建设工程质量管理条例》第三条规定，建设单位、勘察单位、设计单位、施工单位、工程监理单位依法对建设工程质量负责。

第七十四条规定，建设单位、设计单位、施工单位、工程监理单位违反国家规定，降低工程质量标准，造成重大安全事故，构成犯罪的，对直接责任人员依法追究刑事责任。

答案：A

17. 解 《建筑地基基础工程施工规范》（GB 51004—2015）第5.5.24条规定，终止沉桩应以桩端标高控制为主，贯入度控制为辅；当桩端处于坚硬或硬塑的黏性土、中密以上的粉土、砂土、碎石类土及风化岩时，沉桩时应以贯入度控制为主，桩端标高控制为辅。可见，选项A、B、C的土层均需以贯入度控制为主（属于端承桩），而选项D则应以桩端（桩尖）标高控制为主（属于摩擦桩）。

答案：D

18. 解 《混凝土结构施工规范》（GB 50666—2011）第10.2.1条规定，为提高混凝土早期强度增长率，以便尽快达到受冻临界强度，冬期施工宜优先选用硅酸盐水泥或普通硅酸盐水泥。使用其他水泥需通过试验确定混凝土在负温下的强度发展规律、抗渗性能等是否满足工程设计和施工进度要求。当采用蒸汽养护时，则宜采用具有较好蒸养适应性的矿渣硅酸盐水泥。

答案：B

19. 解 选项A，人字桅杆式起重机起重范围小，不便移动，仅能用于设备安装或少量平面尺寸小的构件吊装，不能用于大面积房屋结构吊装。选项B，履带式起重机适合于五层以下的房屋结构吊装。选项C，附着式塔式起重机起重高度大，但不能移动，吊装平面范围取决于臂长，适合于高层或超高层、塔式房屋结构吊装。选项D，轨道式塔式起重机移动方便、服务范围大，适合10层以下、长度较大的板式房屋结构吊装，且经济合理。

答案：D

20. 解 选项A，总时差是指在不影响工期的前提下，一项工作可以利用的机动时间；可用本工作最迟与最早开始时间或最迟与最早完成时间相减得到。选项B，自由时差是指在不影响其紧后工作最早开始的前提下，一项工作可以利用的机动时间；可用紧后工作的最早开始时间减本工作的最早完成时间得到，也可以说是"某工作最早完成时间与其紧后工作的最早开始时间之差"。选项C，虚工作不是时间参数，它是既不耗用时间；也不耗用资源的虚拟工作，在双代号网络计划中为正确表达前后工作之间的逻辑关系，在单代号网络计划中为保证开始和（或）结束成为唯一节点而设置的。选项D，时间间隔是指相邻两工作间可能存在的最大间歇时间。

答案： B

21. 解 工期签证是工程签证的一种。对非施工单位原因导致的工期延长，应通过工期签证予以扣除。可办理工期签证的情形主要有：

①不可抗力（如地震、洪水、台风等自然灾害）和社会政治原因（如战争、骚乱、罢工，政策、法规改变等）引起的工期延误；

②发包人的原因（如未能按照约定提供图纸、设备及材料、开工条件，设计变更或工程量增加，未按照约定日期支付费用等）引起的工期延误；

③签约时双方不可预见的因素（如挖掘到文物、地下管线、障碍物，恶劣天气等）引起的工期延误；

④停水、停电、停气引起的工期延误等。

选项D，属施工单位未按规定硬化场地和道路，自身原因造成的工期拖延，不属于应办理工期签证的情形。

答案： D

22. 解 钢筋混凝土受剪力和扭矩共同作用时，应考虑剪扭的相关性。此时构件的抗扭承载力为：

$$T = 0.35\beta_t f_t W_t + 1.2\sqrt{\zeta} f_{yv} \frac{A_{st1}A_{cor}}{s}$$

式中β_t为剪扭构件混凝土受扭承载力降低系数（$0.5 \leqslant \beta_t \leqslant 1.0$），所以剪力的存在将使受剪扭钢筋混凝土构件的抗扭承载力降低。

答案： A

23. 解 《混凝土结构设计规范》（GB 50010—2010）第6.3.1条给出了受剪截面的控制条件，目的是通过控制最小截面尺寸防止发生斜压破坏。第9.2.9条规定了配箍率$\rho_{sv} \geqslant 0.24 f_t / f_{yv}$，同时给出了箍筋的最小直径和箍筋最大间距的构造要求。

答案： D

24. 解 板的长短边之比$l_2/l_1 = 1.5$，为双向板。四边固定的双向板，板面负塑性铰线即为板的支座边线，斜向正塑性铰线由板角45°向板内延伸，并与跨中水平塑性铰线相交（均布荷载下，塑性铰线是直线）。

答案： A

25. 解 钢筋混凝土剪力墙结构边缘构件分为构造边缘构件和约束边缘构件两类，选项A正确。剪力墙内的边缘构件相当于暗柱，暗柱内的混凝土受到钢筋的约束，因此可提高墙体的延性，选项B正确。《建筑抗震设计规范》（GB 50011—2010）第6.4.5条规定，抗震墙两端和洞口两侧应设置边缘构件，边缘构件包括暗柱、端墙和翼墙，同时表6.4.5-2规定了抗震墙构造边缘构件的配筋要求，选项C错误，选项D正确。

答案：C

26. 解 钢材质量等级由A到E，其质量由低到高，划分指标为冲击韧性，其中A级为不要求V型冲击试验，B级为具有常温冲击韧性合格保证；C级为具有0℃（工作温度$-20℃ < t \leqslant 0℃$）冲击韧性合格保证；D级为具有$-20℃$（工作温度$t \leqslant -20℃$）冲击韧性合格保证；对于Q345、Q390钢，E级为具有$-40℃$（工作温度$t \leqslant -40℃$）冲击韧性合格保证。

答案：C

27. 解 《钢结构设计标准》（GB 50017—2017）第7.2.1条规定，普通钢结构轴心受压构件的稳定性应按下式计算：$\frac{N}{\varphi A} \leqslant f$，式中稳定性系数$\varphi$与构件的长细比、钢材型号和截面类别等有关。

答案：A

28. 解 侧面角焊缝在弹性工作阶段沿其长度方向受力是不均匀的，两端大中间小。如果焊缝不是太长，两端焊缝达到屈服后继续加载，应力会逐渐趋于均匀。焊缝越长，应力集中现象越严重，所以《钢结构设计标准》（GB 50017—2017）第11.2.6条规定，角焊缝的搭接焊接连接中，如果焊缝计算长度l_w超过$60h_f$，则焊缝的承载力设计值应乘以折减系数。

答案：B

29. 解 屋盖支撑的主要作用包括：①保证在施工和使用阶段厂房屋盖结构的空间几何稳定性；②保证屋盖结构的横向、纵向空间刚度和空间整体性；③为屋架弦杆提供必要的侧向支撑点，避免压杆侧向失稳和防止拉杆产生过大的振动；④承受和传递水平荷载。

答案：D

30. 解 《砌体结构设计规范》（GB 50003—2011）第5.1.1条规定，无筋砌体受压构件的承载力按下式计算：$N \leqslant \varphi f A$。式中，φ为高厚比β和轴向压力的偏心距e对受压构件承载力的影响系数，f为砌体的抗压强度设计值，A为截面面积。当$\beta \leqslant 3$时，$\varphi = \frac{1}{1+12(e/h)^2}$；当$\beta > 3$时，$\varphi = \frac{1}{1+12\left[\frac{e}{h}+\sqrt{\frac{1}{12}\left(\frac{1}{\varphi_0}-1\right)}\right]^2}$。式中，$\varphi_0$为轴向受压构件的稳定系数，$\varphi_0 = \frac{1}{1+\alpha\beta^2}$；$\alpha$为与砂浆强度等级有关的系数。

综上，偏心距增大，承载力减小，选项A错误；高厚比增加，承载力减小，选项B正确；承载力与相邻横墙间距无关，选项C错误；承载能力与截面尺寸、砂浆、砌体强度等级均有关，选项D错误。

答案：B

31. 解 砌体结构房屋静力计算时，根据房屋的空间工作性能分为刚性方案、刚弹性方案和弹性方案。影响房屋空间工作性能的主要因素为屋盖或楼盖的类别和横墙的间距。根据《砌体结构设计规范》

（GB 50003—2011）第 4.2.1 条表 4.2.1 可知，选项 D 正确。

答案：D

32. 解 《砌体结构设计规范》（GB 50003—2011）第 7.3.4 条规定，关于墙梁的计算荷载，规定了使用阶段和施工阶段不同的取值要求，选项 A 错误。第 7.3.11 条规定，托梁应按混凝土受弯构件进行施工阶段的受弯、受剪承载力验算，选项 B 错误。第 7.3.12 条第 6 款规定，承重墙梁的支座处应设置落地翼墙，当不能设置翼墙时，应设置落地且上、下贯通的混凝土构造柱，选项 C 正确。第 7.3.8 条规定，墙梁的托梁斜截面受剪承载力应按混凝土受弯构件计算，选项 D 错误。

答案：C

33. 解 若砌体房屋考虑整体弯曲进行验算，目前的方法即使在抗震设防烈度为 7 度时，超过三层就不满足要求，与大量的地震宏观调查结果不符。实际上，多层砌体房屋一般可以不做整体弯曲验算，但为了保证房屋的稳定性，《建筑抗震设计规范》（GB 50011—2010）第 7.1.4 条规定了多层砌体房屋总高度与总宽度的最大比值。

答案：C

34. 解 先去掉不影响几何构造性质的简支支座，再去掉四个角的二元体，可看出两个刚片用三根相互平行且等长的链杆相连，故原体系为常变体系。

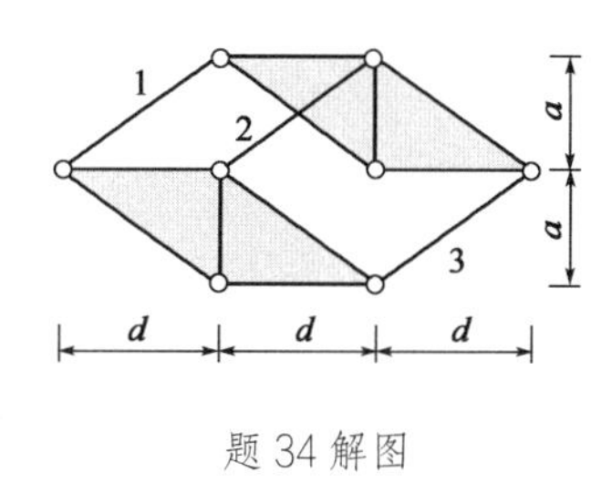

题 34 解图

答案：D

35. 解 先由整体水平力平衡可得，支座 C 的水平反力为：$8\text{kN/m}\times 3\text{m} = 24\text{kN}(\leftarrow)$，再取截面$E$以右为隔离体（见解图），对$E$取矩可得：

$$M_{\text{ED}} = 24\text{kN}\times 3\text{m} = 72\text{kN}\cdot\text{m}(\text{上侧受拉})$$

题 35 解图

答案：D

36. 解 本题为双轴对称结构承受双轴对称荷载，其内力为双轴对称，$M_{\text{BC}} = M_{\text{BA}}$，竖杆剪力为 0。取$AB$为隔离体，对$B$点取矩可得：

$$M_{\text{BA}} = \frac{5ql}{12}l - \frac{ql^2}{36} - ql\frac{l}{2} = -\frac{ql^3}{9}$$

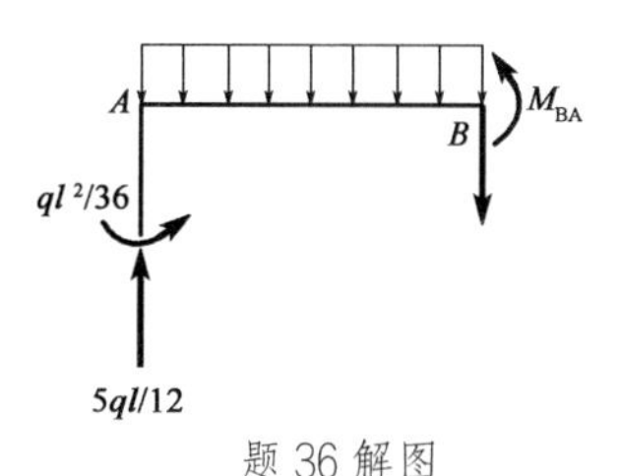

题 36 解图

答案：C

37. 解 根据影响线定义，所求M_{K}影响线在C点的竖标即为单位力作用在C点时M_{K}的值。令图中$x = 0$，由整体平衡对A点取矩，求得支座C的水平反力为 1（向右）。由几何关系可得：$y_{\text{K}} = 8\frac{\sqrt{3}}{2}\text{m} = 4\sqrt{3}\text{m}$。取截面$K$以左为隔离体，对$K$点取矩，可得：

$$M_{\text{K}} = 1\times 4 - 1\times(8 - 4\sqrt{3}) = 4(\sqrt{3} - 1)\text{m}(\text{外侧受拉})$$

答案：A

38. 解 由整体平衡对A点取矩可知，支座B的竖向反力为 0。再取BC为隔离体，将荷载P移动到图示位置分解，对C点取矩可求得支座B的水平反力

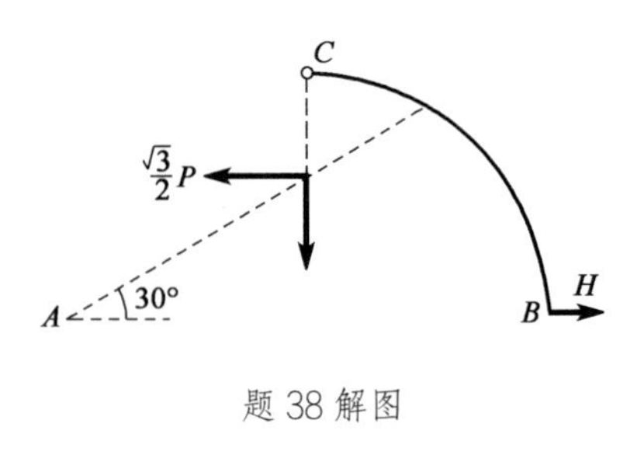

题 38 解图

$$H\frac{l}{2}-\frac{\sqrt{3}}{2}P\left(\frac{l}{2}-\frac{l}{2}\frac{1}{\sqrt{3}}\right)=0$$

$$H=\frac{\sqrt{3}-1}{2}P$$

答案：D

39. 解 根据位移计算公式，本题除考虑弯曲变形对位移的贡献外（与弹簧刚度无关），尚需叠加弹簧变形对位移的贡献，由于弹簧刚度在后者的分母中，所以当弹簧刚度增大时位移减小。

答案：B

40. 解 本题为对称结构承受反对称荷载，其反力必为反对称。由整体水平力平衡可知，两个支座的水平反力均为P，方向都向左。

答案：A

41. 解 用力法求解，由解图可得力法方程

$$\left(\frac{2l^3}{3EI}+2\frac{2}{k}\right)X_1-2\frac{P}{k}=0,\ k=\frac{6EI}{l^3}$$

解得 $X_1=\frac{P}{4}$，$M_B=X_1l=\frac{Pl}{4}$

答案：D

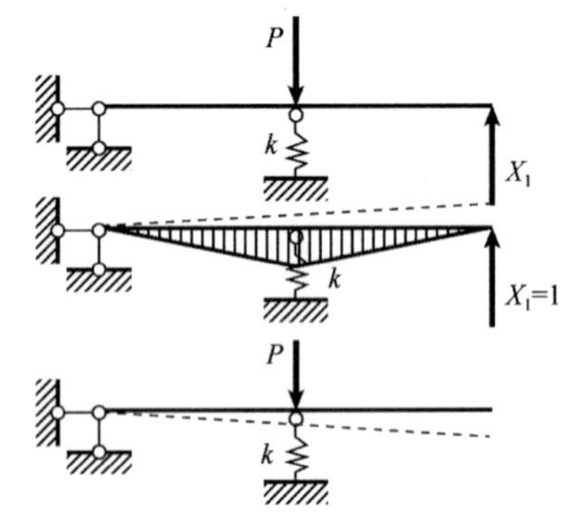

题 41 解图

42. 解 按力法求解，取支座B的弹簧压力X为基本未知量，可得力法方程

$$\frac{l^3}{3EI}X-\frac{ql^4}{8EI}=-\frac{X}{k}$$

当梁中点弯矩为 0 时，由CB段隔离体平衡可得，弹簧压力$X=ql/4$，代入上式解得

$$k=6\frac{EI}{l^3}$$

答案：B

43. 解 设想撤去铰B，当经历温度均匀升高时，若将竖杆伸长量计为Δ，则斜杆伸长量为$\sqrt{2}\Delta$，这时每杆下端可以上端铰为圆心，以伸长后的杆长为半径画弧（现为小变形用切线代替）。图 b）中三切线共同交于B'点，在此点重新用铰连接，既满足零内力平衡又满足变形协调，即为真实状态。而图 a）中三切线没有共同交点，即零内力无法满足变形协调，只有杆件受力才能保持端铰的连接。

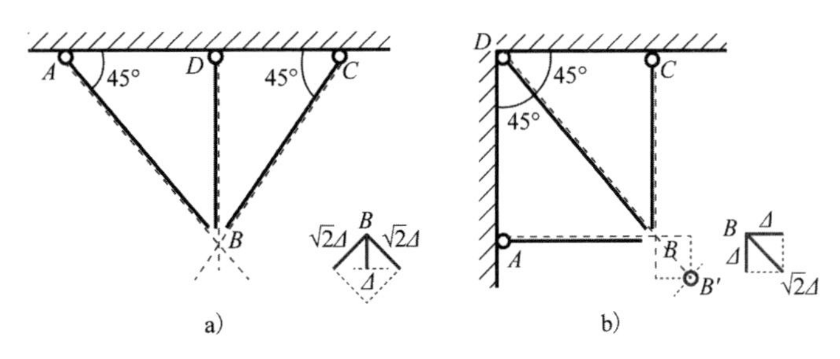

题 43 解图

答案：B

44. 解 本题为对称结构，可将荷载分解为对称与反对称的组合。图 a）弯矩为 0，图 b）为反对称受力状态，求得竖向反力后可得$M_{\mathrm{BA}}=-Pl/4$。

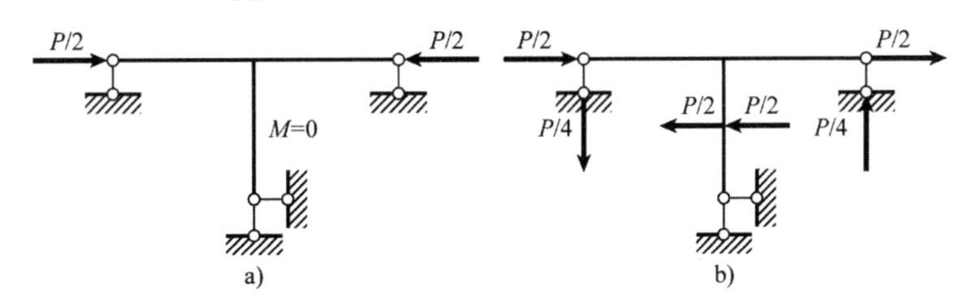

题 44 解图

答案：B

45. 解 按分配系数公式计算

$$\mu=\frac{4\times3}{2+4\times4+3\times1+4\times3}=\frac{12}{33}=\frac{4}{11}$$

答案：B

46. 解 沿质点振动方向加单位力（见解图），求得柔度系数$\delta=\frac{1}{2}\cdot\frac{1}{2k}=\frac{1}{4k}$，代入频率计算公式得$\omega=\sqrt{\frac{1}{m\delta}}=\sqrt{\frac{4k}{m}}$。

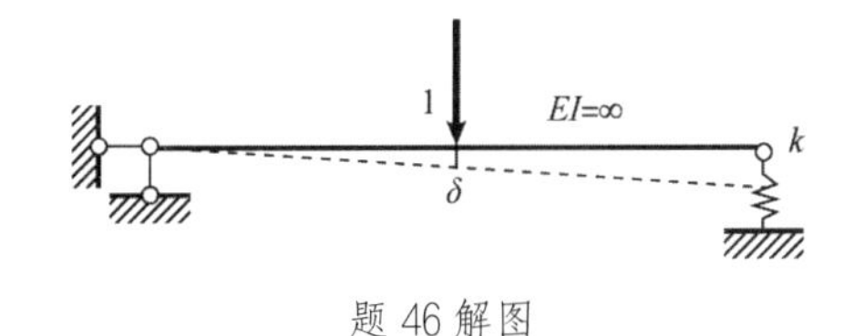

题 46 解图

答案：D

47. 解 按动力系数公式计算

$$\mu=\frac{1}{1-\left(\frac{\theta}{\omega}\right)^2}=\frac{1}{1-2^2}=-\frac{1}{3}$$

答案：D

48. 解 按阻尼比公式计算

$$\xi=\frac{1}{2\pi n}\ln\frac{y_k}{y_{k+n}}=\frac{1}{2\pi(5)}\ln\frac{1}{0.04}=0.1025$$

答案：D

49. 解 选项 A、C 是材料的强度指标，用于混凝土构件设计。构件试验用构件实际材料性能指标计算构件的最大承载力，因此答案是 B。选项 D 试件最大荷载值不存在。

答案：B

50. 解 用电阻应变测量混凝土试件的弹性模量，得到标距 1 范围内的平均应变，由于混凝土内有石子和砂浆，所以应变片的标距应大于混凝土中骨料最大粒径的 4 倍，因此选用标距为 100mm 的应变片。

答案：D

51. 解 对墙体进行低周反复加载试验，选项 A、C、D 都是正确的，选项 B 骨架曲线出现下降段，下降至极限荷载的 85%试验结束，不是 90%。

答案：B

52. 解 脉动法是通过量测环境随机激励而产生的结构微小振动，来分析其动力特性，所以选项 A、B 是正确的。脉动法的信号是白噪声信号，建筑物的脉动是一种平稳的各态历经的随机过程，因此选项 C 正确，选项 D 错误。

答案：D

53. 解 选项 A 电位差法用于检测混凝土内钢筋的锈蚀。选项 B 电磁感应法用于检测混凝土内钢筋的位置。选项 C、D 超声波法和发射法均用于检测钢材和焊缝的缺陷。

答案：A

54. 解 根据土体的体积压缩系数计算公式可得：

$$m_{\mathrm{v}}=\frac{\frac{\Delta h}{h}}{\Delta p}=\frac{\frac{0.043}{21.7}}{(40-10)\times10^{-3}}=6.60\times10^{-2}\mathrm{MPa}^{-1}$$

答案：B

55. 解 黏性土处于可塑状态时，土中水以弱结合水为主。这时两个相邻的黏土颗粒间结合水膜最外侧的弱结合水分子和带正电离子同时受到来自两个土颗粒电场力的作用，表现为两个土颗粒相互吸引（其是主要原因之一）。又由于这个电场力较弱，使得弱结合水分子具有一定的自由度，两土粒之间的联系不牢固，表观表现出土的可塑状态。

答案：B

56. 解 三轴不固结不排水试验，孔隙水压力仍为 40kPa。

答案：B

57. 解 土的静止土压力系数是指土体在无侧向变形条件下固结后的水平向主应力与竖向主应力之比，即原始应力状态下的水平向主应力与竖向主应力之比。其简化经验公式$K_0=1-\sin30°=0.5$。

答案：A

58. 解 基底附加应力P_0是荷载通过基础施加给基底以下、基础埋置深度处地基土体的应力增量，减小基底附加应力即可减小基底以下地基土体的压缩变形，故选项 A 正确。

由基底附加应力的计算公式$P_0 = P - \gamma h$可知，增大基础尺寸和埋深可减小P，增大γh，从而达到减小P_0，减小地基压缩变形的目的，故选项 B 正确。

增大上部结构刚度，可以减小基础自身变形引起的地基土体不均匀沉降故选项 D 正确。

增大基础自身强度不能使P_0减小，故选项 C 错误。

答案：C

59. 解 根据题意和《公路桥涵地基与基础设计规范》（JTG D63—2007），桩径 1m，桩距 5m，桩距大于两倍的桩径，不考虑群桩作用，符合端承桩叠加计算计算条件，则群桩承载力可按单桩承载力之和计算：$P_u = nQ_u = 4 \times 4 \times 2000 = 32000\text{kN}$。

答案：A

60. 解 加筋法是通过在土层埋设强度较高的土工聚合物、拉筋、受力拉杆等抗拉材料，达到改善土的力学性能、减小变形、提高地基承载力、维持土体稳定的目的。

答案：C

2018年度全国勘察设计一级注册结构工程师

执业资格考试试卷

基础考试

（下）

二〇一八年十月

应考人员注意事项

1. 本试卷科目代码为“2”，考生务必将此代码填涂在答题卡“科目代码”相应的栏目内，否则，无法评分。

2. 书写用笔：**黑色或蓝色钢笔、签字笔或圆珠笔**；

   填涂答题卡用笔：**黑色 2B 铅笔**。

3. 必须用书写用笔将工作单位、姓名、准考证号填写在答题卡和试卷相应的栏目内。

4. 本试卷由 60 题组成，每题 2 分，满分 120 分，本试卷全部为单项选择题，每小题的四个备选项中只有一个正确答案，错选、多选、不选均不得分。

5. 考生作答时，必须按**题号在答题卡上**将相应试题所选选项对应的**字母用 2B 铅笔涂黑**。

6. 在答题卡上书写与题意无关的语言，或在答题卡上作标记的，均按违纪试卷处理。

7. 考试结束时，由监考人员当面将试卷、答题卡一并收回。

8. 草稿纸由各地统一配发，考后收回。

单项选择题（共 60 题，每题 2 分。每题的备选项中只有一个最符合题意。）

1. 下列材料中属于韧性材料的是：

A. 烧结普通砖　　B. 石材

C. 高强混凝土　　D. 木材

2. 轻质无机材料吸水后，该材料的：

A. 密实度增加　　B. 绝热性能提高

C. 导热系数增大　　D. 孔隙率降低

3. 硬化的水泥浆体中，位于水化硅酸钙凝胶的层间孔隙中的水与凝胶有很强的结合作用，一旦失去，水泥浆体将会：

A. 发生主要矿物解体　　B. 保持体积不变

C. 发生显著的收缩　　D. 发生明显的温度变化

4. 混凝土配合比设计通常需满足多项基本要求，这些基本要求不包括：

A. 混凝土强度　　B. 混凝土和易性

C. 混凝土用水量　　D. 混凝土成本

5. 增大混凝土的骨料含量，混凝土的徐变和干燥收缩的变化规律为：

A. 都会增大　　B. 都会减小

C. 徐变增大，干燥收缩减小　　D. 徐变减小，干燥收缩增大

6. 衡量钢材的塑性变形能力的技术指标为：

A. 屈服强度　　B. 抗拉强度

C. 断后伸长率　　D. 冲击韧性

7. 在测定沥青的延度和针入度时，需保持以下哪一个条件恒定：

A. 室内温度　　B. 沥青试样的温度

C. 试件质量　　D. 试件的养护条件

8. 图根导线测量中，以下哪一项反映了导线全长相对闭合差精度要求：

A. $K \leqslant \frac{1}{2000}$　　B. $K \geqslant \frac{1}{2000}$

C. $K \leqslant \frac{1}{5000}$　　D. $K \approx \frac{1}{5000}$

9. 水准测量中，对每一测站的高差都必须采取措施进行检核测量，这种检核称为测站检核。下列哪一个属于常用的测站检核方法：

A. 双面尺法　　　　B. 黑面尺读数

C. 红面尺读数　　　　D. 单次仪器高法

10. 下列关于等高线的描述正确的是：

A. 相同等高距下，等高线平距越小，地势越陡

B. 相同等高距下，等高线平距越大，地势越陡

C. 同一幅图中地形变化大时，可选择不同的基本等高距

D. 同一幅图中任意一条等高线一定是封闭的

11. 设A、B坐标系为施工坐标系，A轴在测量坐标系中的方位角为α，施工坐标系的原点为O'，其坐标为x_0和y_0，下列可表达点P的施工坐标A_P、B_P转换为测量坐标x_P、y_P的公式是：

A. $\begin{pmatrix} x_\mathrm{P}-x_0 \\ y_\mathrm{P}-y_0 \end{pmatrix} = \begin{pmatrix} \cos\alpha & -\sin\alpha \\ \sin\alpha & \cos\alpha \end{pmatrix} \begin{pmatrix} A_\mathrm{P} \\ B_\mathrm{P} \end{pmatrix}$　　　　B. $\begin{pmatrix} x_\mathrm{P}-x_0 \\ y_\mathrm{P}-y_0 \end{pmatrix} = \begin{pmatrix} \cos\alpha & \sin\alpha \\ \sin\alpha & \cos\alpha \end{pmatrix} \begin{pmatrix} A_\mathrm{P} \\ B_\mathrm{P} \end{pmatrix}$

C. $\begin{pmatrix} x_\mathrm{P}-x_0 \\ y_\mathrm{P}-y_0 \end{pmatrix} = \begin{pmatrix} \sin\alpha & -\cos\alpha \\ \cos\alpha & \sin\alpha \end{pmatrix} \begin{pmatrix} A_\mathrm{P} \\ B_\mathrm{P} \end{pmatrix}$　　　　D. $\begin{pmatrix} x_\mathrm{P}-x_0 \\ y_\mathrm{P}-y_0 \end{pmatrix} = \begin{pmatrix} \sin\alpha & \cos\alpha \\ \cos\alpha & \sin\alpha \end{pmatrix} \begin{pmatrix} A_\mathrm{P} \\ B_\mathrm{P} \end{pmatrix}$

12. 偶然误差具有下列何种特性：

A. 测量仪器产生的误差　　　　B. 外界环境影响产生的误差

C. 单个误差的出现没有一定的规律性　　　　D. 大量的误差缺乏统计规律性

13. 建筑工程的消防设计图纸及有关资料应由以下哪一个单位报送公安消防机构审核：

A. 建设单位　　　　B. 设计单位

C. 施工单位　　　　D. 监理单位

14. 房地产开发企业销售商品住宅，保修期应从何时计起：

A. 工程竣工验收合格之日起

B. 物业验收合格之日起

C. 购房人实际入住之日起

D. 开发企业向购房人交付房屋之日起

15. 施工单位签署建设工程项目质量合格的文件上，必须有下列哪类工程师的签字盖章：

A. 注册建筑师　　B. 注册结构工程师

C. 注册建造师　　D. 注册施工管理师

16. 建设工程竣工验收，是由下列哪个部门负责组织实施？

A. 工程质量监督机构　　B. 建设单位

C. 工程监理单位　　D. 房地产开发主管部门

17. 某基坑回填工程，检查其填土压实质量时，应：

A. 每三层取一次试样　　B. 每 $1000m^3$ 取样不少于一组

C. 在每层上半部取样　　D. 以干密度作为检测指标

18. 下列有关先张法预应力筋放张的顺序，说法错误的是：

A. 压杆的预应力筋应同时放张

B. 梁应先同时放张预应力较大区域的预应力筋

C. 桩的预应力筋应同时放张

D. 板类构件应从板外边向里对称放张

19. 下列关于工作面的说法不正确的是：

A. 工作面是指安排专业工人进行操作或者布置机械设备进行施工所需的活动空间

B. 最小工作面所对应安排的施工人数和机械数量是最少的

C. 工作面根据专业工种的计划产量定额、操作规程和安全施工技术规程确定

D. 施工过程不同，所对应的描述工作面的计量单位不一定相同

20. 网络计划中的关键工作是：

A. 自由时差总和最大线路上的工作

B. 施工工序最多线路上的工作

C. 总持续时间最短线路上的工作

D. 总持续时间最长线路上的工作

21.《建筑工程质量管理条例》规定，在正常使用条件下，电气管线、给排水管道、设备安装和装修工程的最低保修期限为：

A. 3 年　　B. 2 年

C. 1 年　　D. 5 年

22. 关于钢筋混凝土受弯构件疲劳验算，下列描述正确的是：

A. 正截面受压区混凝土的法向应力图可取为三角形，而不再取抛物状分布

B. 荷载应取设计值

C. 应计算正截面受压边缘处混凝土的剪应力和钢筋的应力幅

D. 应计算纵向受压钢筋的应力幅

23. 关于钢筋混凝土矩形截面小偏心受压构件的构造要求，下列描述正确的是：

A. 宜采用高强度等级的混凝土

B. 宜采用高强度等级的纵筋

C. 截面长短边比值宜大于 1.5

D. 若采用高强度等级的混凝土，则需选用高强度等级的纵筋

24. 在均布荷载$q = 8\mathrm{kN/m^2}$作用下，如图所示的四边简支钢筋混凝土板最大弯矩应为：

4m

1m

A. 1kN · m　　B. 4kN · m

C. 8kN · m　　D. 16kN · m

25. 钢筋混凝土框架结构在水平荷载作用下的内力计算可采用反弯点方法，通常反弯点的位置在：

A. 柱的顶端　　B. 柱的底端

C. 柱高的中点　　D. 柱的下半段

26. 通过单向拉伸试验可检测钢材的：

A. 疲劳强度　　B. 冷弯角

C. 冲击韧性　　D. 伸长率

27. 计算钢结构框架柱弯矩作用平面内稳定性时采用的（高效）等效弯矩系数β_{mx}是考虑了：

A. 截面应力分布的影响　　B. 截面形状的影响

C. 构件弯矩分布的影响　　D. 支座约束条件的影响

28. 检测焊透对接焊缝质量时，如采用三级焊缝：

A. 需要进行外观检测和无损检测

B. 只需进行外观检测

C. 只需进行无损检测

D. 只需抽样 20%进行检测

29. 钢屋盖结构中常用圆管刚性系杆时，应控制杆件的：

A. 长细比不超过 200

B. 应力设计值不超过 150MPa

C. 直径和壁厚之比不超过 50

D. 轴向变形不超过 1/400

30. 作用在过梁上的荷载有砌体自重和过梁计算高度范围内的梁板荷载，对于砖砌体，可以不考虑高于$l_n/3$（l_n为过梁净跨）的墙体自重以及高度大于l_n上的梁板荷载，这是由于考虑了：

A. 起拱产生的荷载　　B. 应力重分布

C. 应力扩散　　D. 梁墙间的相互作用

31. 下列关于构造柱的说法，不正确的是：

A. 构造柱必须先砌墙后浇柱

B. 构造柱应设置在震害较重、连接构造较薄弱和易于应力集中的部位

C. 构造柱必须单独设基础

D. 构造柱最小截面尺寸为 240mm×180mm

32. 下列关于砖砌体的抗压强度与砖及砂浆的抗压强度的关系，说法正确的是：

①砖的抗压强度恒大于砖砌体的抗压强度；

②砂浆的抗压强度恒大于砖砌体的抗压强度；

③砌体的抗压强度随砂浆的强度提高而提高；

④砌体的抗压强度随块体的强度提高而提高。

A. ①②③④　　　B. ①③④

C. ②③④　　　D. ③④

33. 砌体房屋中对抗震不利的情况是：

A. 楼梯间设在房屋尽端

B. 采用纵横墙混合承重的结构布置方案

C. 纵横墙布置均匀对称

D. 高宽比为 1 : 1.5

34. 超静定结构是：

A. 有多余约束的几何不变体系　　　B. 无多余约束的几何不变体系

C. 有多余约束的几何可变体系　　　D. 无多余约束的几何可变体系

35. 图示刚架M_{EB}的大小为：

A. 36kN · m

B. 54kN · m

C. 72kN · m

D. 108kN · m

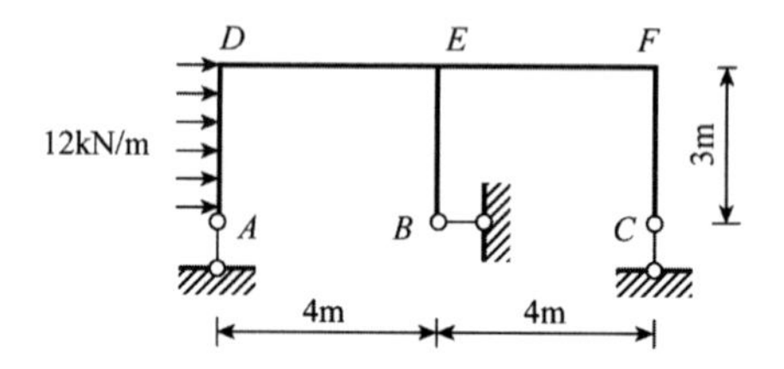

36. 图示对称结构$M_{AD}=ql^2/36$（左拉），$F_{N,AD}=-5ql/12$（压），则M_{BA}为（以下侧受拉为正）：

A. $-\frac{ql^2}{6}$

B. $\frac{ql^2}{6}$

C. $-\frac{ql^2}{9}$

D. $\frac{ql^2}{9}$

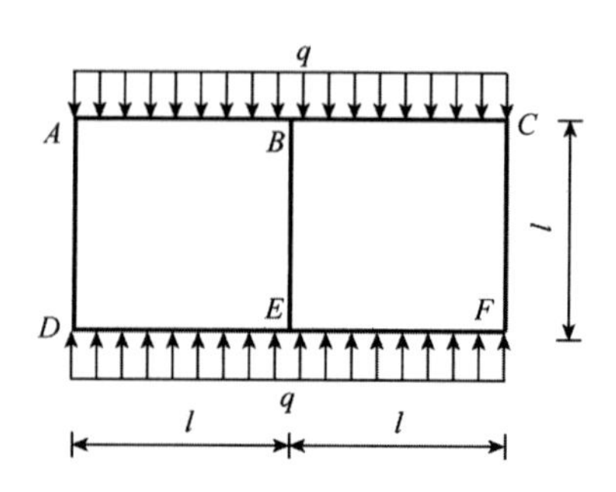

37. 图示结构中的反力F_H为：

A. M/L

B. $-M/L$

C. $2M/L$

D. $-2M/L$

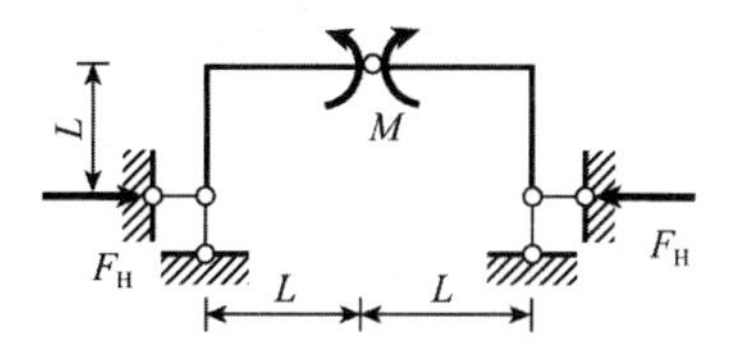

38. 图示结构忽略轴向变形和剪切变形，若减小弹簧刚度k，则A节点水平位移Δ_{AH}：

A. 增大

B. 减小

C. 不变

D. 可能增大，亦可能减小

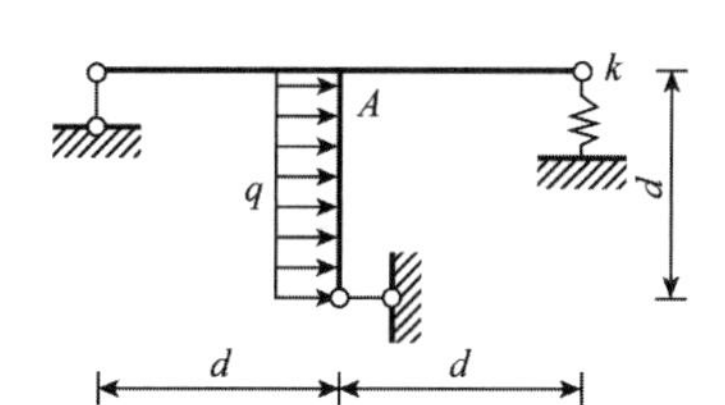

39. 图示结构$EI=$常数，在给定荷载作用下，竖向反力V_A为：

A. $-P$

B. $2P$

C. $-3P$

D. $4P$

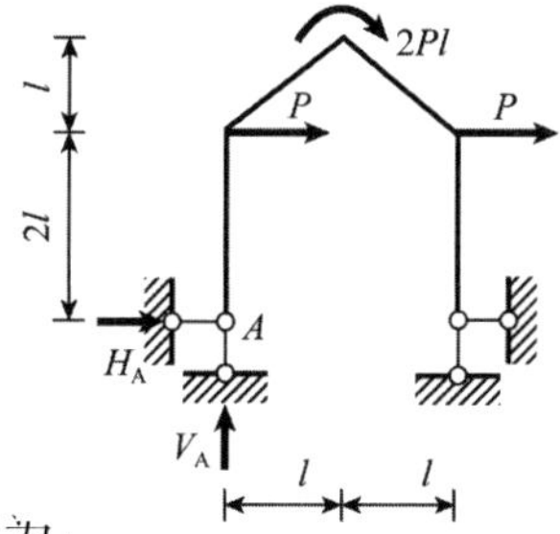

40. 图示三铰拱，若使水平推力$F_H=F_P/3$，则高跨比f/L应为：

A. $3/8$

B. $1/2$

C. $5/8$

D. $3/4$

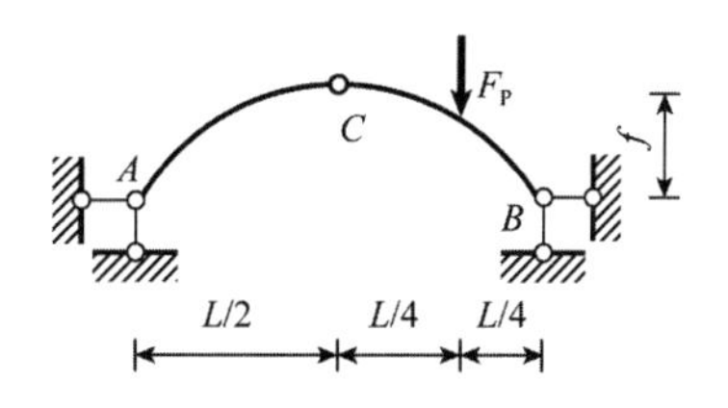

41. 图示结构B处弹性支座的弹簧刚度$k=12EI/l^3$，B截面的弯矩为：

A. $Pl/2$

B. $Pl/3$

C. $Pl/4$

D. $Pl/6$

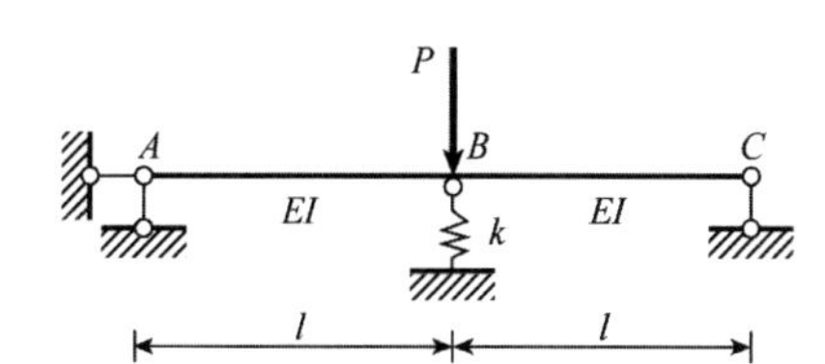

42. 图示两桁架温度均匀降低，则温度改变引起的结构内力状况为：

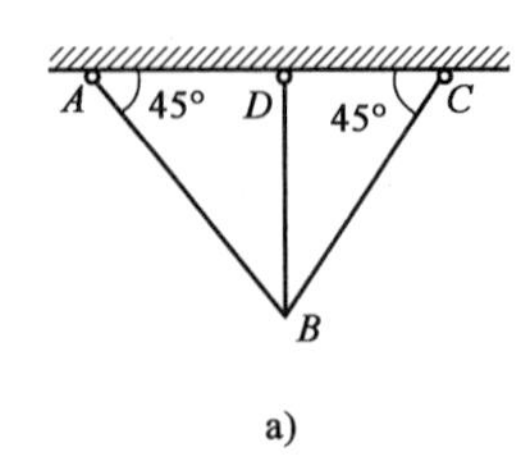

a)

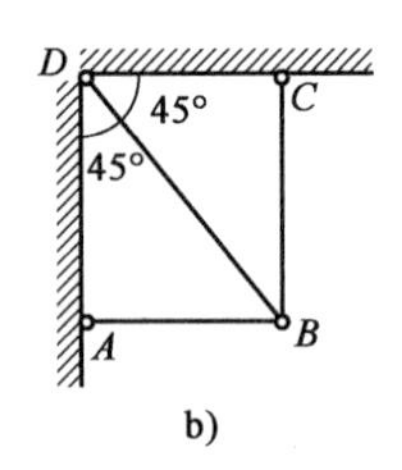

b)

A. a）无，b）有　　　　B. a）有，b）无

C. 两者均有　　　　D. 两者均无

43. 图示结构$EI=$常数，不考虑轴向变形，则$F_{Q,BA}$为：

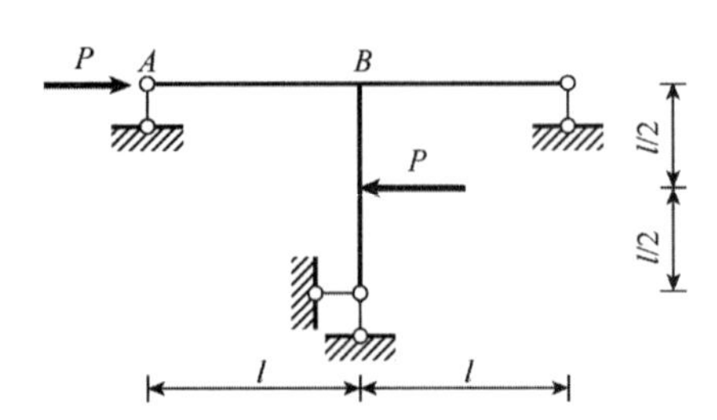

A. $P/4$

B. $-P/4$

C. $P/2$

D. $-P/2$

44. 图示圆弧曲梁K截面轴力F_{NK}（受拉为正）影响线在C点的竖标为：

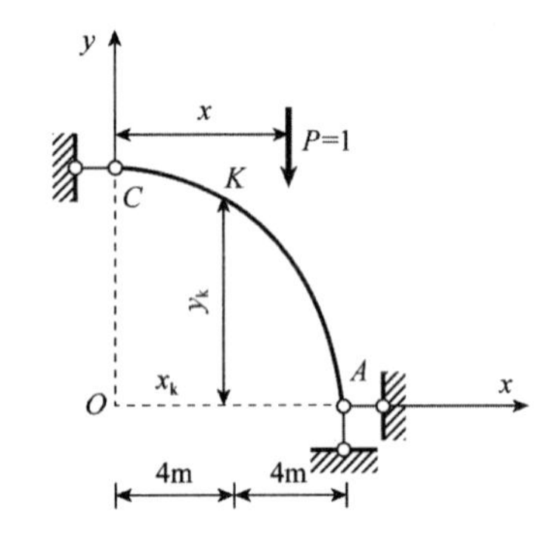

A. $\frac{\sqrt{3}-1}{2}$

B. $-\frac{\sqrt{3}-1}{2}$

C. $\frac{\sqrt{3}+1}{2}$

D. $-\frac{\sqrt{3}+1}{2}$

45. 图示结构用力矩分配法计算时，分配系数μ_{A4}为：

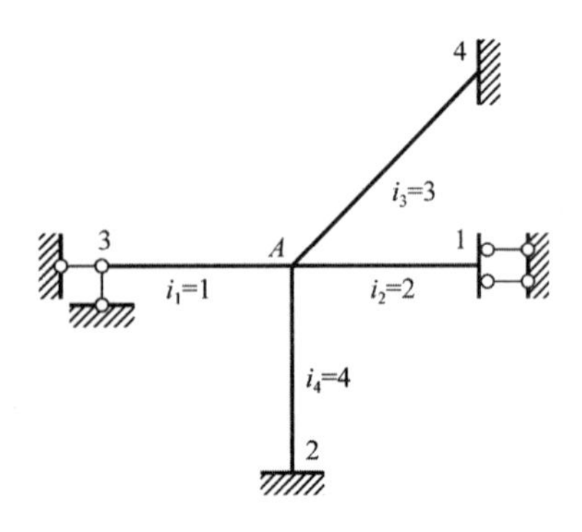

A. 1/4

B. 4/7

C. 1/2

D. 6/11

46. 有阻尼单自由度体系受简谐荷载作用，当简谐荷载频率等于结构自振频率时，与外荷载平衡的力是：

A. 惯性力　　B. 阻尼力

C. 弹性力　　D. 弹性力+惯性力

47. 单自由度体系受简谐荷载作用，当简谐荷载频率等于结构自振频率的 2 倍时，位移的动力放大系数为：

A. 2　　B. 4/3

C. $-1/2$　　D. $-1/3$

48. 不计阻尼时，图示体系的运动方程为：

A. $m\ddot{y}+\frac{24EI}{l^3}y=M\sin(\theta t)$

B. $m\ddot{y}+\frac{24EI}{l^3}y=\frac{3}{l}M\sin(\theta t)$

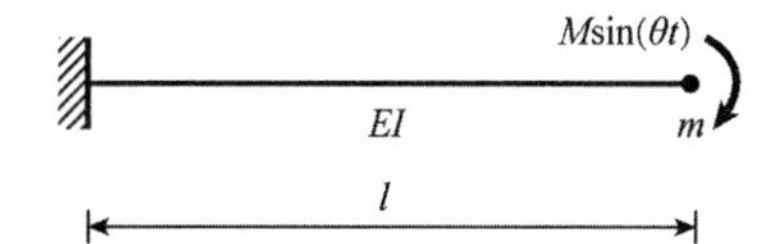

C. $m\ddot{y}+\frac{3EI}{l^3}y=\frac{3}{2l}M\sin(\theta t)$

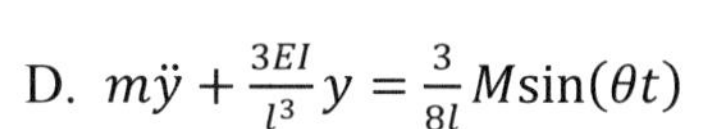

D. $m\ddot{y}+\frac{3EI}{l^3}y=\frac{3}{8l}M\sin(\theta t)$

49. 为测定结构材料的实际物理力学性能指标，应包括以下哪项内容：

A. 强度、变形、轴向应力-应变曲线

B. 弹性模量、泊松比

C. 强度、泊松比、轴向应力-应变曲线

D. 强度、变形、弹性模量

50. 标距$L=200$mm 的手持应变仪，用千分表进行量测读数，读数为 3 小格，测得的应变值为（μ_ε表示微应变）：

A. $1.5\mu_\varepsilon$　　B. $15\mu_\varepsilon$

C. $6\mu_\varepsilon$　　D. $12\mu_\varepsilon$

51. 利用电阻应变原理实测钢梁受到弯曲荷载作用下的弯曲应变，采用如图所示的测点布置和桥臂连接方式，则电桥的测试值是实际值的多少倍：

（注：ν是被测构件材料的泊松比）

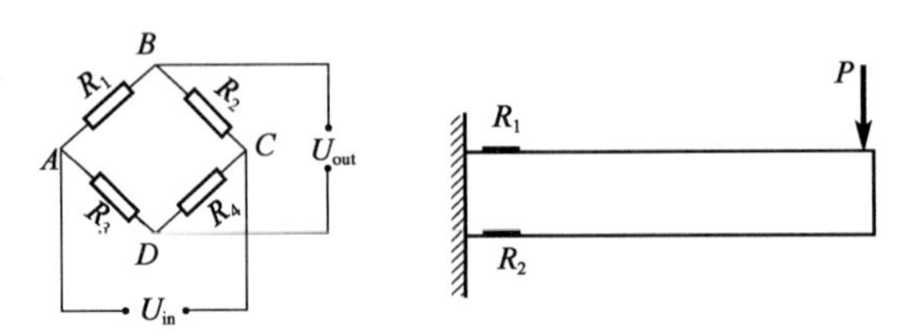

A. $2(1+\nu)$

B. 1

C. 2

D. $1+\nu$

52. 为获得建筑物的动力特性，下列激振方法错误的是：

A. 采用脉动法量测和分析结构的动力特性

B. 采用锤击激励的方法分析结构的动力特性

C. 对结构施加拟动力荷载分析结构的动力特性

D. 采用自由振动法分析结构的动力特性

53. 下列可用于检测混凝土内部钢筋锈蚀的方法是：

A. 声发射方法

B. 电磁感应法

C. 超声波法

D. 电位差法

54. 某外国，用固结仪试验结果计算土样的压缩指数（常数）时，不是用常数对数，而是用自然对数对应取值的。如果根据我国标准（常用对数），一个土样的压缩指数（常数）为 0.0112，则根据该外国标准，该土样的压缩指数为：

A. 4.86×10^{-3}

B. 5.0×10^{-4}

C. 2.34×10^{-3}

D. 6.43×10^{-3}

55. 一个厚度为 25mm 黏土试样的固结试验结果表明，孔隙水压力消散为 0 需要 11min，该试验仪在样品的上表面排水。如果地基中有一层 4.6m 厚的相同黏土层，上下两个面都可以排水，则该层黏土固结时间为：

A. 258.6d

B. 64.7d

C. 15.5d

D. 120d

56. 与地基的临界水力梯度（水力坡降）有关的因素为：

A. 有效重度　　　　B. 抗剪强度

C. 渗透系数　　　　D. 剪切刚度

57. 一个离心机模型堤坝高 0.10m，当离心加速度为 61g时破坏，则用同种材料修筑的真实堤坝的最大可能高度为：

A. 6.1m　　　　B. 10m

C. 61.1m　　　　D. 1m

58. 减小地基不均匀沉降的措施不包括：

A. 增加建筑物的刚度和整体性

B. 同一建筑物尽量采用同一类型的基础并埋置于同一土层中

C. 采用钢筋混凝土十字交叉条形基础或筏板基础、箱形基础等整体性好的基础形式

D. 上部采用静定结构

59. 对桩周土层、桩尺寸和桩顶竖向荷载都一样的摩擦桩，桩距为桩径 3 倍的群桩的沉降量比单桩的沉降量：

A. 大　　　　B. 小

C. 大或小均有可能　　　　D. 一样大

60. 土工聚合物在地基处理中的作用不包括：

A. 排水作用　　　　B. 加筋

C. 挤密　　　　D. 反滤

2018 年度全国勘察设计一级注册结构工程师执业资格考试基础考试（下）试题解析及参考答案

1. 解 材料受外力作用，当外力达到一定数值时，材料发生突然破坏，且破坏时无明显的塑性变形，这种性质称为脆性，具有这种性质的材料称为脆性材料。脆性材料的抗压强度比抗拉强度大很多，如烧结普通砖、混凝土、石材等，适合做承压构件。材料在冲击或振动荷载作用下，能吸收较大的能量，同时产生较大的变形而不破坏的性质称为韧性，具有这种性质的材料称为韧性材料，如建筑钢材、木材、橡胶、沥青等。

答案：D

2. 解 密实度是指材料中固体体积占总体积的百分率，孔隙率是指材料中孔隙体积占总体积的百分率，密实度＋孔隙率＝1，因此，密实度和孔隙率的大小取决于材料的结构，与材料含水状态无关。导热系数反映材料传导热量的能力，导热系数越大，材料的传热能力越强，绝热性能越差。轻质无机材料所含孔隙越多，导热系数越小，其绝热性能越好，但是当孔隙中吸水后，由于水的导热系数大于空气的导热系数，使得材料的导热系数增大，绝热性能降低。

答案：C

3. 解 硬化水泥浆体中水化硅酸钙凝胶中的层间水失去后，会导致凝胶颗粒相互靠近，表现出明显的体积减小，使水泥浆体发生显著的收缩。

答案：C

4. 解 混凝土配合比设计时需要满足各项技术和经济要求，技术要求包括施工和易性、强度和耐久性等，经济要求指在满足技术要求的前提下控制成本，所以混凝土用水量不属于需要满足的基本要求。

答案：C

5. 解 徐变是指混凝土在恒定荷载长期作用下，随时间而增加的变形。徐变是在外力作用下，混凝土中的凝胶体向毛细孔中迁移产生的收缩变形。干燥收缩是由于混凝土的毛细孔和凝胶孔中的水分失去所引起的。骨料，特别是粗骨料的主要作用是抑制收缩，所以增大混凝土中的骨料含量，可以降低浆体的含量，最终使徐变和干燥收缩减小。

答案：B

6. 解 屈服强度是钢材在拉应力-应变曲线中，屈服阶段所对应的强度。抗拉强度是指钢材在拉应力作用下所承受的极限荷载时的强度。断后伸长率是指钢材拉断后增加的长度占原始标距长度的百分比，是衡量钢材塑性变形能力的技术指标。冲击韧性指钢材抵抗冲击荷载作用的能力。

答案：C

7. 解 沥青的延度指沥青的延展度，延度越大，表明沥青的塑性越好。测定沥青延度时采用八字形标准试件，将制作好的试件浸入规定试验温度的水槽中 1~1.5h 后，以规定的速度拉伸试件至断裂时的长度（cm）即为延度。沥青的针入度表示沥青的黏性和稠度及抵抗剪切破坏的能力，针入度越大，沥青的黏性越小。在规定温度（比如 25℃）和 5s 时间内，在 100g 荷重下，标准针垂直穿入沥青试样的深度为针入度（1/10mm）。随着温度升高，沥青黏性降低，塑性增大；反之，随着温度降低，沥青黏性增大，塑性降低。所以在测定沥青的延度和针入度时，需保持沥青试样的温度。

答案：B

8. 解 图根导线测量中，导线全长相对闭合差精度要求$K \leqslant \frac{1}{2000}$。

答案：A

9. 解 水准测量中，测站的高差检核方法有双面尺法、变动仪器高法。

答案：A

10. 解 相同等高距下，等高线平距越小，表明地势越陡。

答案：A

11. 解 依题意，此处测量坐标系与施工坐标系间的转换公式为：

$$\begin{pmatrix} x_{\mathrm{P}} - x_0 \\ y_{\mathrm{P}} - y_0 \end{pmatrix} = \begin{bmatrix} \cos\alpha & -\sin\alpha \\ \sin\alpha & \cos\alpha \end{bmatrix} \begin{pmatrix} A_{\mathrm{P}} \\ B_{\mathrm{P}} \end{pmatrix}$$

答案：A

12. 解 大量的偶然误差具有统计规律性：有限性、集中性、对称性及抵偿性。换言之，单个偶然误差的出现没有一定的规律性。

答案：C

13. 解 消防设计图纸及有关资料应由设计单位报送公安消防机构审核。

答案：B

14. 解 《建设工程质量管理条例》第四十条规定，建设工程的保修期，自竣工验收合格之日起计算。

答案：A

15. 解 《注册建造师管理规定》第十二条规定，施工单位签署质量合格的文件上，必须有注册建造师的签字盖章。

答案：C

16. 解 《建设工程质量管理条例》第十六条规定，建设单位收到建设工程竣工报告后，应当组织设计、施工、工程监理等有关单位进行竣工验收。

答案：B

17. 解 填土压实质量是以填土压实后的干密度作为检测指标，以判断压实系数是否符合设计要求。可采用环刀法取样，取样部位应在每层压实后的下半部。取样组数，按照《建筑地基基础工程施工规范》（GB 51004—2015）第 8.5.9 条第 4 款规定，基坑和室内土方回填，每层按 100~500m^2 取样一组，且不应少于一组；柱基回填，每层抽样柱基总数的 10%，且不应少于 5 组；基槽和管沟回填，每层按 20~50m 取样一组，且不应少于一组；场地平整填土，每层按 400~900m^2 取样一组。

答案：D

18. 解 先张法预应力筋放张顺序的确定，应避免损坏构件。按照《混凝土结构工程施工规范》（GB 50666—2011）第 6.4.12 条规定，预应力筋放张宜采取缓慢放张工艺进行逐根或整体放张；对轴心受压构件，所用预应力筋宜同时放张；对受弯或偏心受压的构件，应先同时放张预压应力较小区域的预应力筋，再同时放张预压应力较大区域的预应力筋；不能满足上述要求时，应分阶段、对称、相互交错放张。梁属于受弯构件，故选项 B“先同时放张预应力较大区域的预应力筋”的说法是错误的。

答案：B

19. 解 “工作面”是流水施工的空间参数之一，是指某专业工种施工时为保证安全生产和有效操作所必须具备的活动空间。它的大小，应根据该工种工程的计划产量定额、操作规程和安全施工技术规程的要求来确定。施工过程不同，所对应的描述工作面的计量单位不一定相同，如砌墙按长度计量，而抹灰则按面积计量。最小工作面是指满足操作规程和安全施工技术规程所需的最小活动空间，并非能够安排的施工人数和机械数量的多少，故选项 B 不正确。

答案：B

20. 解 网络计划中，关键线路就是总持续时间最长的线路，它决定了工期，因此关键线路上的每项工作都是关键工作；关键线路上各工作的总时差、自由时差均为零（当计划工期与计算工期不等时，总时差、自由时差均为最小值）；工序数量多少与是否为关键线路无关。因此，仅选项 D 正确。

答案：D

21. 解 据《建筑工程质量管理条例》（2000 年国务院令第 279 号）第四十条规定，在正常使用条件下，建设工程的最低保修期限为：

（一）基础设施工程、房屋建筑的地基基础工程和主体结构工程，为设计文件规定的该工程的合理使用年限；

（二）屋面防水工程、有防水要求的卫生间、房间和外墙面的防渗漏，为 5 年；

（三）供热与供冷系统，为 2 个采暖期、供冷期；

（四）电气管线、给排水管道、设备安装和装修工程，为 2 年。

其他项目的保修期限由发包方与承包方约定。建设工程的保修期，自竣工验收合格之日起计算。故选项 B 正确。

答案： B

22. 解 《混凝土结构设计规范》（GB 50010—2010）第 6.7.1 条第 2 款规定，钢筋混凝土受弯构件的正截面疲劳应力验算时，假定受压区混凝土的法向应力图形取为三角形。

答案： A

23. 解 钢筋混凝土小偏心受压构件，其破坏形态为受压破坏，宜采用较高强度等级的混凝土。由于混凝土的极限压应变为 0.2%，根据变形协调，高强度等级的钢筋并不能充分发挥作用。

答案： A

24. 解 该板为单向板，跨度为 1m，取 1m 板带计算，则跨中最大弯矩为：

$$\frac{1}{8}ql^2 = \frac{1}{8} \times 8 \times 1(1\text{m 宽板带}) \times 1^2 = 1\text{kN} \cdot \text{m}$$

答案： A

25. 解 采用反弯点法计算水平荷载作用下钢筋混凝土框架结构的内力时，假定除底层以外的各个柱的上、下端节点转角均相同，即假定除底层外，各层框架柱的反弯点位于层高的中点；对于底层柱，则假定其反弯点位于距支座2/3层高处。

答案： C

26. 解 单向拉伸试验可检测钢材的屈服强度、抗拉强度（极限强度）和伸长率。

答案： D

27. 解 等效弯矩系数β_{mx}是考虑了构件弯矩非均匀分布的影响而引入的系数。

答案： C

28. 解 焊缝质量检验一般可采用外观检查和无损检测。焊缝质量检验和质量标准分为三级，一级焊缝的检验项目是外观检查和超声波探伤及射线探伤，探伤比例为 100%；二级焊缝的检验项目是外观检查和超声波探伤，探伤比例不低于 20%；三级焊缝的检查项目是对全部焊缝做外观检查。《钢结构工程施工质量验收规范》（GB 50205—2001）第 5.2.8 条规定，三级对接焊缝应按二级焊缝标准进行外观质量检验。

答案： B

29. 解 刚性系杆为受压构件，根据《钢结构设计标准》（GB 50017—2017）第 7.4.6 条规定，其容许长细比为 200。

答案： A

30. 解 试验表明，当过梁上的砖砌体的砌筑高度接近跨度的一半时，跨中挠度增量减小很快。随着砌筑高度的增加，跨中挠度增加极小。这是由于砌体砂浆随时间增长而逐渐硬化，使参加工作的砌体高度不断增加的缘故。正是这种砌体与过梁的组合作用，使作用在过梁上的砌体当量荷载仅相当于高度等于跨度的1/3的砌体自重。试验还表明，当在砖砌体高度约等于跨度的4/5位置施加荷载时，过梁挠度变化极微。可以认为，在高度大于或等于跨度的砌体上施加荷载时，由于过梁与砌体的组合作用，荷载将通过组合深梁传给砖墙，而不是单独通过过梁传给砖墙，故对过梁内应力增大不多。而过梁计算习惯上不是按组合截面而只是按钢筋混凝土构件考虑。为了简化计算，《砌体结构设计规范》（GB 50003—2011）第7.2.2条第1、2款规定，当过梁上的墙体高度h_w小于$l_n/3$（l_n为过梁净跨）时，墙体荷载应按墙体的均布自重采用，否则应按高度为$l_n/3$墙体的均布自重来采用。当梁、板下的墙体高度h_w小于过梁的净跨l_n时，过梁应计入梁、板传来的荷载，否则可不考虑梁、板荷载。

答案：D

31. 解　《砌体结构设计规范》（GB 50003—2011）第10.2.5条第4款规定，构造柱可不单独设置基础，但应伸入室外地面以下500mm，或与埋深小于500mm的基础圈梁相连。

答案：C

32. 解　《砌体结构设计规范》（GB 50003—2011）第3.2.1条规定，砖的强度等级（抗压强度）均大于砖砌体的抗压强度设计值，故①正确；砂浆的强度等级（抗压强度）普遍大于砖砌体的抗压强度设计值，但当砂浆强度为0时（施工阶段尚未硬化的砂浆），砖砌体的抗压强度均大于0，故②错误。砌体的抗压强度设计值随砂浆（砂浆强度为0时除外）、砖的强度等级的提高而提高，故③、④正确。

答案：B

33. 解　楼梯间设置在砌体房屋的尽端对抗震极为不利。《建筑抗震设计规范》（GB 50011—2010）第7.1.7条第4款规定，楼梯间不宜设置在房屋的尽端或转角处。

答案：A

34. 解　超静定结构的几何特征是：几何不变，有多余约束；其静力特征是：未知力数大于独立平衡方程式数。

答案：A

35. 解　由整体水平力平衡可得支座B的水平反力为$12 \times 3 = 36\text{kN}$（向左），再取$BE$为隔离体，对$E$取矩，可得：$M_{EB} = 36 \times 3 = 108\text{kN} \cdot \text{m}$。

答案：D

36. 解　本题为双轴对称结构，承受双轴对称荷载，其内力对双轴对称，竖杆剪力为零。取AB为隔离体（见解图），对B取矩得：

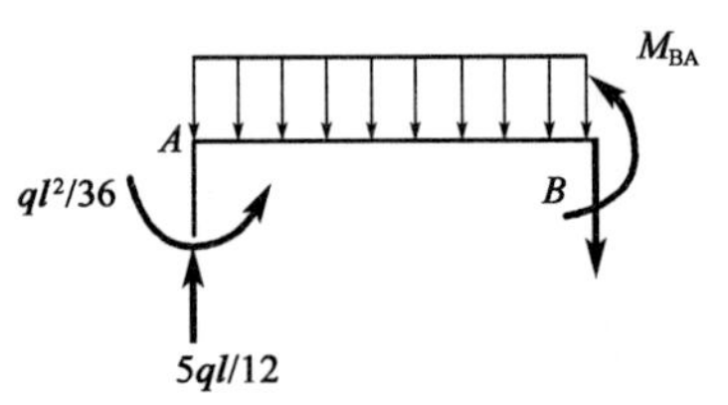

题36解图

$$M_{BA} = \frac{5ql}{12}l - \frac{ql^2}{36} - ql\frac{l}{2} = -\frac{ql^2}{9}$$

答案：C

37. 解　由对底铰力矩平衡可知，两个竖向反力为零，再由对顶铰力矩平衡：

$$F_{\mathrm{H}}L + M = 0$$

可得：$F_{\mathrm{H}} = -\frac{M}{L}$

答案：B

38. 解　在位移计算公式中，弹簧刚度在弹簧影响项的分母中，其值减小，位移增大。

答案：A

39. 解　本题竖向反力静定，由对右底铰的力矩平衡：

$$V_{\mathrm{A}} \times 2L + 2P \times 2L + 2PL = 0$$

可得：$V_{\mathrm{A}} = -3P$

答案：C

40. 解　由整体平衡可得，支座A的竖向反力为$F_{\mathrm{P}}/4$（向上）；然后求水平反力，令：

$$F_{\mathrm{H}} = \frac{\frac{F_{\mathrm{P}}}{4}\frac{L}{2}}{f} = \frac{F_{\mathrm{P}}}{3}$$

解得：$\frac{f}{L} = \frac{3}{8}$

答案：A

41. 解　**方法 1**：按力法求解，取截面B的弯矩为力法基本未知量X_1，参照解图建立力法方程：

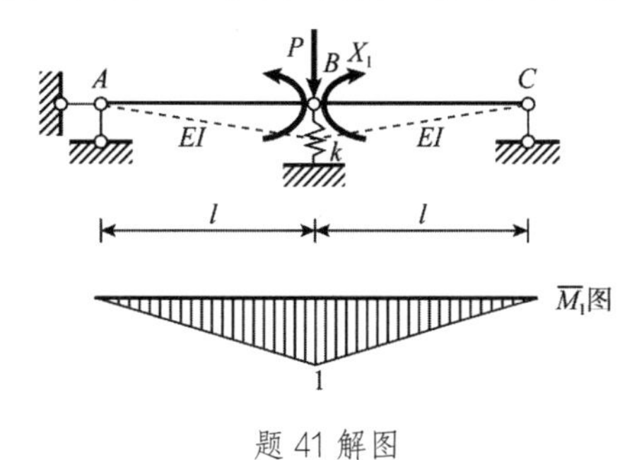

题 41 解图

$$\left[\frac{2}{EI}\left(\frac{1}{2}\times 1\times l\right)\frac{2}{3} + 2\frac{2}{kl}\frac{1}{l}\right]X_1 - 2\frac{P}{kl} = 0$$

代入$k = 12\frac{EI}{l^3}$，解得：

$$X_1 = \frac{Pl}{6}$$

方法 2：按位移法求解，取截面B的竖向位移$\varDelta$（向下）为位移法基本未知量，建立位移法方程：

$$\left[2\left(\frac{3EI}{l^3}\right) + k\right]\varDelta - P = 0$$

代入$k = \frac{12EI}{l^3}$，解得：

$$\varDelta = \frac{Pl^3}{18EI}$$

弯矩$M_{BC} = -3i_{BC}\frac{\Delta_{BC}}{l} = -3\frac{EI}{l}\frac{-\Delta}{l} = \frac{Pl}{6}$

答案：D

42. 解 设想撤去铰B，当经历温度均匀降低时，若竖杆缩短量为Δ，则斜杆缩短量为$\sqrt{2}\Delta$，如解图所示，这时每杆下端可以上端铰为圆心以缩短后的杆长为半径画弧（现为小变形用切线代替）寻找联结点。在图b）中三切线共同交于B'点，在此点重新用铰联结，既满足零内力平衡又满足变形协调，即为真实状态。而图a）中三切线没有共同交点，即零内力无法满足变形协调，只有杆件受力才能变形协调用铰联结。

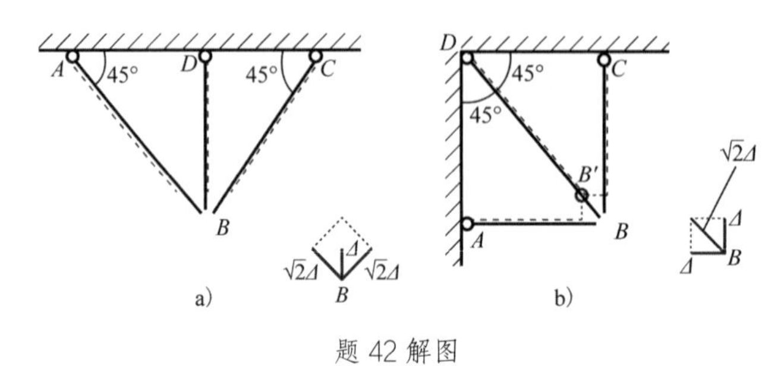

题42解图

答案：B

43. 解 本题为对称结构，可将荷载分解为对称与反对称的组合（见解图）。图a）弯矩及剪力为零，图b）为反对称受力状态，由平衡条件求得反力，进而可求得$F_{Q,BA} = -\frac{P}{4}$。

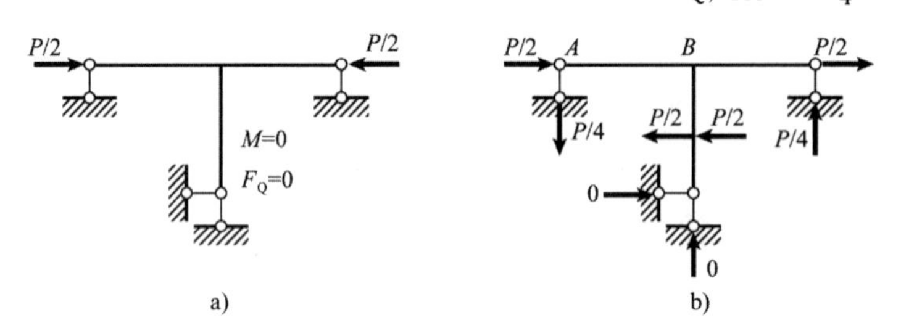

题43解图

答案：B

44. 解 所求即为当单位移动荷载行至C点（$x = 0$）时K截面的轴力，此时三个反力值均为1，可用轴力公式计算，也可取CK为隔离体（见解图）用平衡条件计算。

$$N_K(x = 0) = -\frac{\sqrt{3}}{2} - \frac{1}{2} = -\frac{\sqrt{3}+1}{2}$$

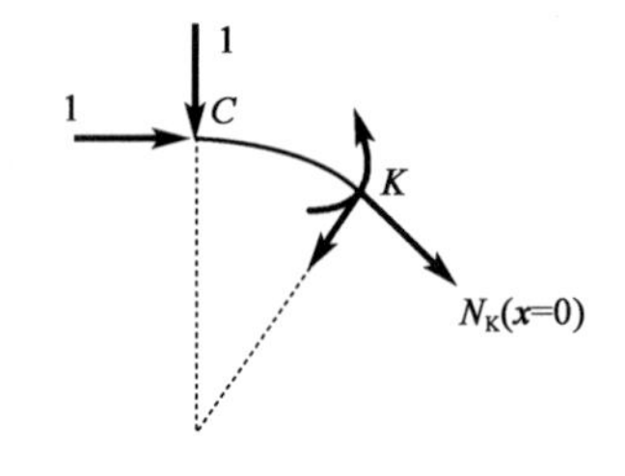

题44解图

答案：D

45. 解 按力矩分配系数公式计算：

$$\mu_{A4} = \frac{4 \times 3}{1 \times 2 + 4 \times 1 + 3 \times 1 + 4 \times 3} = \frac{4}{7}$$

答案：B

46. 解 有阻尼单自由度体系受简谐荷载作用，当荷载频率接近结构自振频率（接近共振）时，位移与荷载相差的相位角接近90°。故当荷载值为最大时，位移和加速度接近于零，因而弹性力和惯性力都接近于零，这时动荷载主要由阻尼力平衡。共振时阻尼力起重要作用，不容忽视。

答案： B

47. 解 按动力系数公式计算：

$$\beta = \frac{1}{1-\left(\frac{\theta}{\omega}\right)^2} = \frac{1}{1-2^2} = -\frac{1}{3}$$

答案： D

48. 解 本题动荷载不是沿质点振动方向，质点的动位移需分别考虑惯性力及动荷载的影响，应用叠加原理求得。为此，先按解图a）求柔度系数：

$$\delta_{11} = \frac{l^3}{3EI}\text{；}\ \delta_{12} = \frac{l^2}{2EI}$$

再按图b）加惯性力，用柔度法建立运动微分方程：

$$y = \delta_{11}(-m\ddot{y}) + \delta_{12}M\sin(\theta t) = \frac{l^3}{3EI}(-m\ddot{y}) + \frac{l^2}{2EI}M\sin(\theta t)$$

即：$m\ddot{y} + \frac{3EI}{l^3}y = \frac{3}{2l}M\sin(\theta t)$

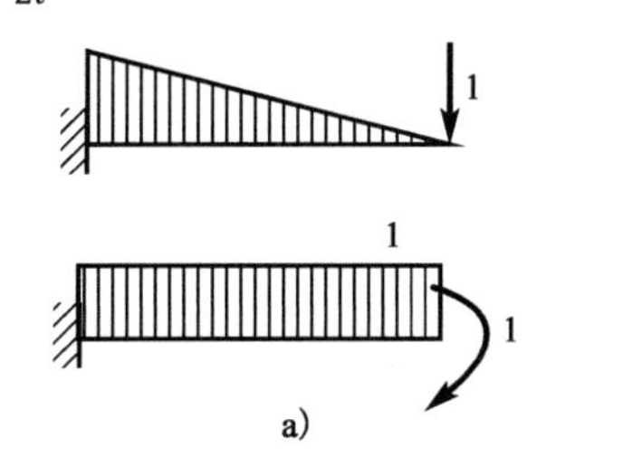

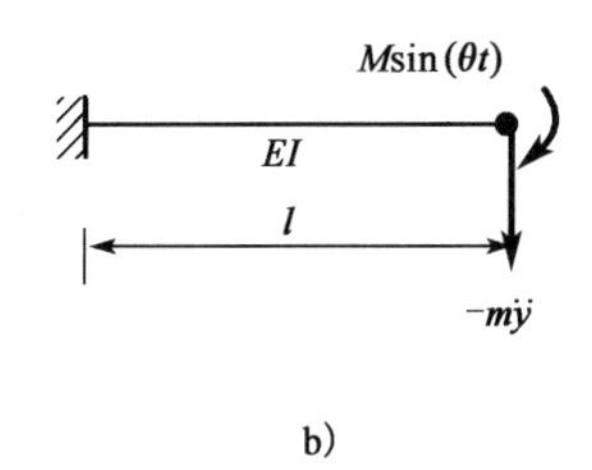

题48解图

答案： C

49. 解 结构材料有钢筋、混凝土、砖等。以混凝土为例，其物理力学性能指标有：

（1）强度，包括立方体抗压强度f_{cu}、轴心抗压强度f_c等。因此，选项B不正确。

（2）变形，有轴心应力-应变曲线等，选项C不正确。

（3）材料抵抗弹性变形能力的指标，如弹性模量E。

答案： D

50. 解 应变$\varepsilon = \frac{\Delta l}{l}$，千分表读数3小格，即$\Delta l = 3 \times 0.001\text{mm}$，$1\mu_\varepsilon = 10^{-6}$，$\varepsilon = \frac{3\times0.001}{200} \times 10^{-6} = 15\mu_\varepsilon$。

答案： B

51. 解 测试值是实测值的2倍。

答案： C

52. 解 建筑物的动力特性是指结构的自振频率、振型和阻尼系数等，可用脉动法、锤击激励和自由振动法量测与分析得到。拟动力荷载是结构的抗震试验，与动力特性试验无关。

答案： C

53. 解 声发射方法不属于非破损检测技术。电磁感应法可用于检测混凝土内部钢筋位置。超声波法可用于检测混凝土内部缺陷。电位差法可用于检测混凝土内部钢筋的锈蚀情况。

答案： D

54. 解

$$C_{c内} = \frac{e_1 - e_2}{\lg P_2 - \lg P_1} = 0.0112，e_1 - e_2 = C_{c内}(\lg P_2 - \lg P_1)$$
$$C_{c外} = \frac{e_1 - e_2}{\ln P_2 - \ln P_1} = C_{c内}(\lg P_2 - \lg P_1)$$

由$\lg b / \ln b = 0.43429$，得到：

$$C_{c外} = C_{c内} \times 0.43429 = 4.864 \times 10^{-3}$$

答案： A

55. 解 土的固结时间因数$T_v = \frac{C_v t}{H^2}$，双面排水H'取为$\frac{1}{2}H$，则

$$t = 11 \times \left(\frac{4600}{25} \times 2\right)^2 = 64.65\text{d}$$

答案： B

56. 解 $i_{cr} = \frac{\gamma_{sat}}{\gamma_w} - 1 = \frac{\gamma'}{\gamma_w}$，故临界水头梯度与有效重度有关。

答案： A

57. 解 根据《土工离心模型试验规程》（DL/T 5012—1999）第 4.0.3 条和第 4.0.4 条可知，模型率$n = \frac{L_P}{L_m}$，L_P为原型构筑物尺寸，L_m为模型尺寸，试验加速度$a = \frac{L_P}{L_m}g$，题中试验加速度为 61g，即$a = 61g$，则$\frac{L_P}{L_m} = 61$，因$L_m = 0.1\text{m}$，则$L_P = 6.1\text{m}$。

答案： A

58. 解 前三个都是有助于减小建筑物地基不均匀沉降的结构措施。

答案： D

59. 解 由于群桩效应，群桩的承载力一般小于单桩承载力之和，群桩的沉降一般大于单桩的沉降。

答案： A

60. 解 土工聚合物对土没有挤密作用。

答案： C

2019 年度全国勘察设计一级注册结构工程师

执业资格考试试卷

基础考试

（下）

二〇一九年十月

应考人员注意事项

1. 本试卷科目代码为“2”，考生务必将此代码填涂在答题卡“科目代码”相应的栏目内，否则，无法评分。
2. 书写用笔：**黑色或蓝色钢笔、签字笔或圆珠笔**；

   填涂答题卡用笔：**黑色 2B 铅笔**。
3. 必须用书写用笔将工作单位、姓名、准考证号填写在答题卡和试卷相应的栏目内。
4. 本试卷由 60 题组成，每题 2 分，满分 120 分，本试卷全部为单项选择题，每小题的四个备选项中只有一个正确答案，错选、多选、不选均不得分。
5. 考生作答时，必须按**题号在答题卡上**将相应试题所选选项对应的**字母用 2B 铅笔涂黑**。
6. 在答题卡上书写与题意无关的语言，或在答题卡上作标记的，均按违纪试卷处理。
7. 考试结束时，由监考人员当面将试卷、答题卡一并收回。
8. 草稿纸由各地统一配发，考后收回。

单项选择题（共 60 题，每题 2 分。每题的备选项中只有一个最符合题意。）

1. 亲水材料的润湿角：

A. ＞90°　　　　B. ≤90°

C. ＞45°　　　　D. ≤180°

2. 含水率 5%的砂 250g，其中所含的水量为：

A. 12.5g　　　　B. 12.9g

C. 11.0g　　　　D. 11.9g

3. 某工程基础部分使用大体积混凝土浇筑，为降低水泥水化温升，针对水泥可以采用如下哪项措施？

A. 加大水泥用量

B. 掺入活性混合材料

C. 提高水泥细度

D. 降低碱含量

4. 粉煤灰是现代混凝土材料胶凝材料中常见的矿物掺合物，其主要活性成分是：

A. 二氧化硅和氧化钙

B. 二氧化硅和三氧化二铝

C. 氧化钙和三氧化二铝

D. 氧化铁和三氧化二铝

5. 混凝土强度的形成受到其养护条件的影响，主要是指：

A. 环境温湿度　　　　B. 搅拌时间

C. 试件大小　　　　D. 混凝土水灰比

6. 石油沥青的软化点反映了沥青的：

A. 黏滞性　　　　B. 温度敏感性

C. 强度　　　　D. 耐久性

7. 钢材中的含碳量降低，会降低钢材的：

A. 强度　　　　B. 塑性

C. 可焊性　　　　D. 韧性

8. 下列表示AB两点间坡度的是：

A. $i_{AB}=\frac{h_{AB}}{D_{AB}}\%$　　B. $i_{AB}=\frac{H_B-H_A}{D_{AB}}$

C. $i_{AB}=\frac{H_A-H_B}{D_{AB}}$　　D. $i_{AB}=\frac{H_A-H_B}{D_{AB}}\%$

9. 下列哪一项是利用仪器所提供的一条水平视线来获取的？

A. 三角高程测量　　B. 物理高程测量

C. GPS 高程测量　　D. 水准测量

10. 下列对比例尺精度的解释正确的是：

A. 传统地形图上 0.1mm 所代表的实地长度

B. 数字地形图上 0.1mm 所代表的实地长度

C. 数字地形图上 0.2mm 所代表的实地长度

D. 传统地形图上 0.2mm 所代表的实地长度

11. 钢尺量距时，下列不需要的改正是：

A. 尺长改正

B. 温度改正

C. 倾斜改正

D. 地球曲率和大气折光改正

12. 建筑物的沉降观测是依据埋设在建筑物附件的水准点进行的，为了防止由于某个水准点的高程变动造成差错，一般至少埋设几个水准点？

A. 3 个　　B. 4 个

C. 6 个　　D. 10 个以上

13. 《中华人民共和国建筑法》关于申请领取施工许可证的相关规定中，下列表述中正确的是：

A. 需要拆迁的工程，拆迁完毕后建设单位才可以申请领取施工许可证

B. 建设行政主管部门应当自收到申请之日起一个月内，对符合条件的申请人颁发施工许可证

C. 建设资金必须全部到位后，建设单位才可以申请领取施工许可证

D. 领取施工许可证按期开工的工程，中止施工不满一年，恢复施工前已向颁发施工许可证机关报告

14. 根据《中华人民共和国招标投标法》依法必须进行招标的项目，其招标投标活动不受地区或者部门的限制。该规定体现了《中华人民共和国招标投标法》的下述哪一原则？

A. 公开　　B. 公平

C. 公正　　D. 诚实信用

15. 下列选项中错误的是：

A. 未依法进行环境影响评价的开发利用规划，不得组织施工；未依法进行环境影响评价的建设项目，不得开工建设

B. 已经进行了环境影响评价的规划所包含的具体建设项目，其环境影响评价内容建设单位可以简化

C. 环境影响评价文件中的环境影响报告书或者环境影响报告表，应当由具有环境影响评价资质的机构编制

D. 环境保护行政主管部门可以为建设单位指定对其建设项目进行环境影评价资质的机构

16. 取得注册结构工程师执业资格证书者，要从事结构工程设计业务的，须申请注册，下列情形中，可以予以注册的是：

A. 甲不具备完全民事行为能力

B. 乙曾受过刑事处罚，处罚完毕之日至申请注册之日已满 3 年

C. 丙因曾在结构工程设计业务中犯有错误并受到了行政处罚，处罚决定之日起至申请注册之日已满 3 年

D. 丁受到吊销注册结构工程师注册证书处罚，处罚决定之日起至申请注册之日已满 3 年

17. 作为检验填土压实质量控制指标的是：

A. 土的干密度　　B. 土的压实度

C. 土的压缩比　　D. 土的可松性

18. 采用钢管抽芯法留设孔道时，抽管时间宜为：

A. 混凝土初凝前

B. 混凝土初凝后、终凝前

C. 混凝土终凝后

D. 混凝土达到 30%设计强度

19. 设置脚手架连墙杆的目的是：

A. 抵抗风荷载　　B. 增加建筑结构的稳定性

C. 方便外装饰的施工操作　　D. 为悬挂吊篮创造条件

20. 进行“资源有限、工期最短”优化时，当将某工作移出超过限量的资源时段后，计算发现工期增量Δ小于零，以下说明正确的是：

A. 总工期不变　　B. 总工期会缩短

C. 总工期会延长　　D. 这种情况不会出现

21. 以整个建设项目或建筑群为编制对象，用以指导整个建筑群或建设项目施工全过程的各项施工活动的综合技术经济文件为：

A. 分部工程施工组织设计　　B. 分项工程施工组织设计

C. 施工组织总设计　　D. 单位工程施工组织设计

22. 建筑结构用的碳素钢强度与延性间的关系下列正确的是：

A. 强度越高，延性越高　　B. 延性不随强度而变化

C. 强度越高，延性越低　　D. 强度越低，延性越低

23. 钢筋混凝土受弯构件界限受压区高度确定的依据是：

A. 平截面假定及纵向受拉钢筋达到屈服和受压区边缘混凝土达到极限压应变

B. 平截面假定和纵向受拉钢筋达到屈服

C. 平截面假定和受压区边缘混凝土达到极限压应变

D. 仅平截面假定

24. 五等跨连续梁，为使第2跨与第3跨之间的支座上出现最大负弯矩，活荷载应布置在以下哪几跨？

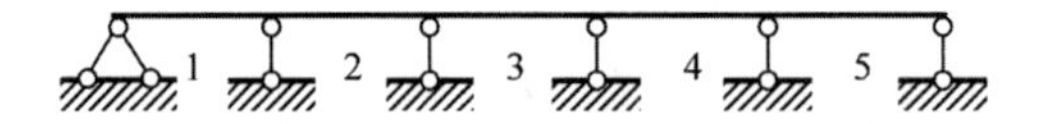

A. 第2、3、4跨　　B. 第1、2、3、4、5跨

C. 第2、3、5跨　　D. 第1、3、5跨

25. 高层筒中筒结构、框架-筒体结构设置加强层的作用是：

A. 使结构侧向位移变小和内筒弯矩减小

B. 增加结构刚度，不影响内力

C. 不影响刚度，增加结构整体性

D. 使结构刚度降低

26. 钢材检验塑性的试验方法为：

A. 冷弯试验　　　　B. 硬度试验

C. 拉伸试验　　　　D. 冲击试验

27. 设计钢结构圆管截面支撑压杆时，需要计算构件的：

A. 挠度　　　　B. 弯扭稳定性

C. 长细比　　　　D. 扭转稳定性

28. 采用三级对接焊缝拼接的钢板，如采用引弧板，计算焊缝强度时：

A. 应折减焊缝计算长度

B. 无须折减焊缝计算长度

C. 应折减焊缝厚度

D. 应采用角焊缝设计强度值

29. 结构钢材的碳含量指标反映了钢材的：

A. 屈服强度大小　　　　B. 伸长率大小

C. 冲击韧性大小　　　　D. 可焊性优劣

30. 砌体是由块材和砂浆组合而成的。砌体抗压强度与块材及砂浆强度的关系下列正确的是：

A. 砂浆的抗压强度恒小于砌体的抗压强度

B. 砌体的抗压强度随砂浆强度的提高而提高

C. 砌体的抗压强度与块材的抗压强度无关

D. 砌体的抗压强度与块材的抗拉强度有关

31. 截面尺寸为 240mm×370mm 的砌块短柱，当轴向力N的偏心距如图所示（尺寸单位：mm）时，受压承载力的大小顺序为：

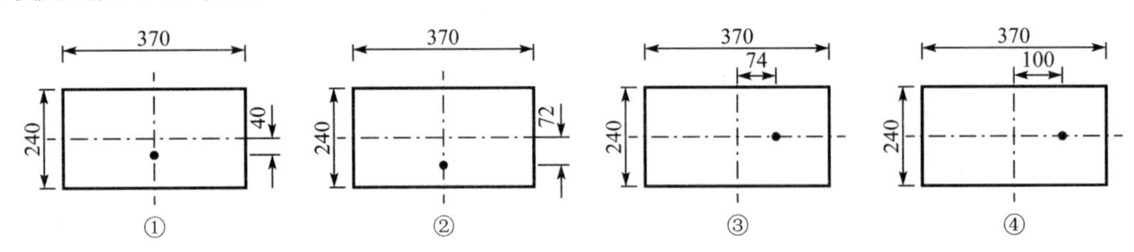

A. ①>③>④>②　　B. ①>②>③>④

C. ③>①>②>④　　D. ③>②>①>④

32. 砌体结构的设计原则是：

①采用以概率理论为基础的极限状态设计方法；

②按承载力极限状态设计，进行变形验算满足正常使用极限状态要求；

③按承载力极限状态设计，由相应构造措施满足正常使用极限状态要求；

④根据建筑结构的安全等级，按重要性系数考虑其重要程度。

A. ①②④　　B. ①③④

C. ②④　　D. ③④

33. 用水泥砂浆与用同等级混合砂浆砌筑的砌体（块材相同），两者的抗压强度：

A. 相等　　B. 前者小于后者

C. 前者大于后者　　D. 不一定

34. 超静定结构的计算自由度：

A. >0

B. <0

C. $=0$

D. 不定

35. 图示结构BC杆的轴力为：

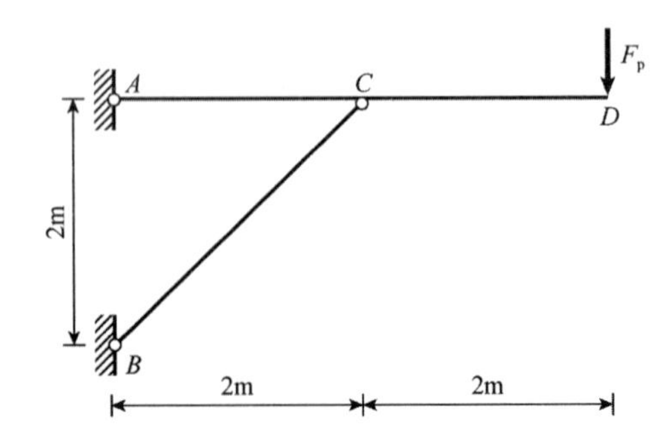

A. $-2F_p$

B. $-2\sqrt{2}F_p$

C. $-\sqrt{2}F_p$

D. $-4F_p$

36. 图示刚架M_{DC}为（下侧受拉为正）：

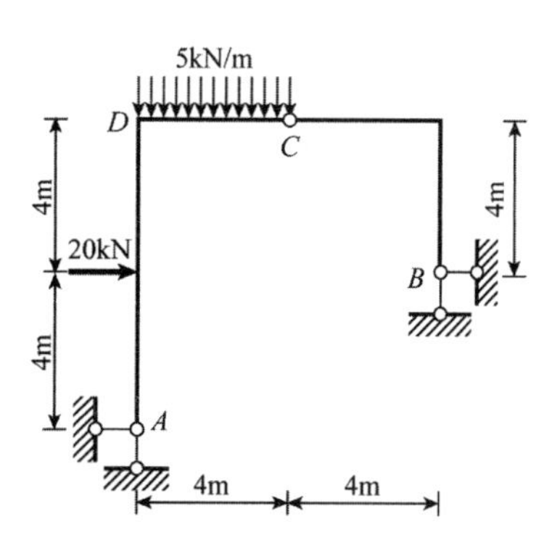

A. 20kN · m

B. 40kN · m

C. 60kN · m

D. 0kN · m

37. 图示三铰拱，若高跨比为1/2，则水平推力F_H为：

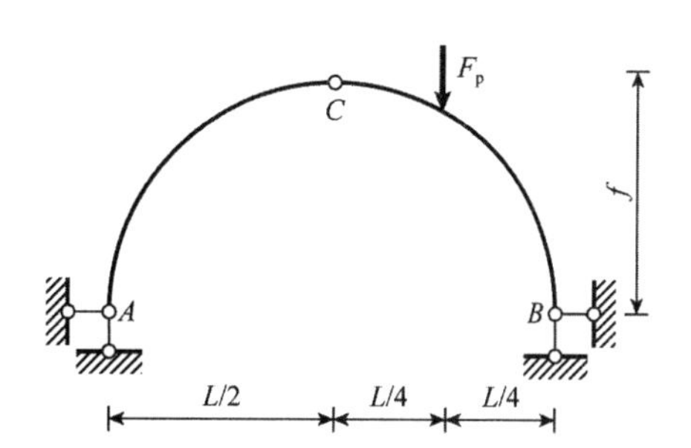

A. $\frac{1}{4}F_p$

B. $\frac{1}{2}F_p$

C. $\frac{3}{4}F_p$

D. $\frac{3}{8}F_p$

38. 图示桁架杆 1 的内力为：

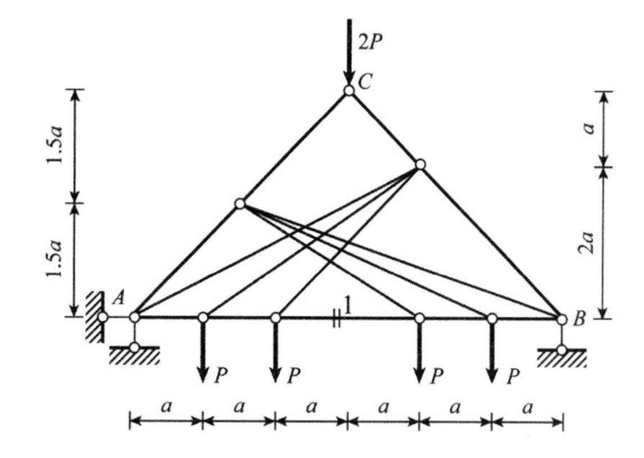

A. $-P$

B. $-2P$

C. P

D. $2P$

39. 图示三铰拱支座A的竖向反力（以向上为正）等于：

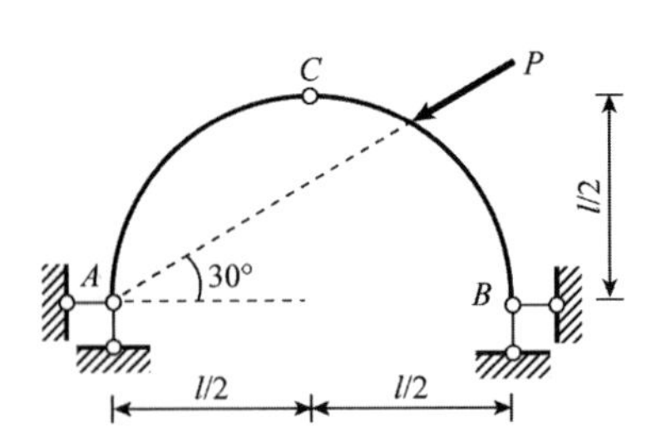

A. P

B. $\frac{1}{2}P$

C. $\frac{\sqrt{3}}{2}P$

D. $\frac{\sqrt{3}-1}{2}P$

40. 图示结构B截面转角位移为（以顺时针为正）：

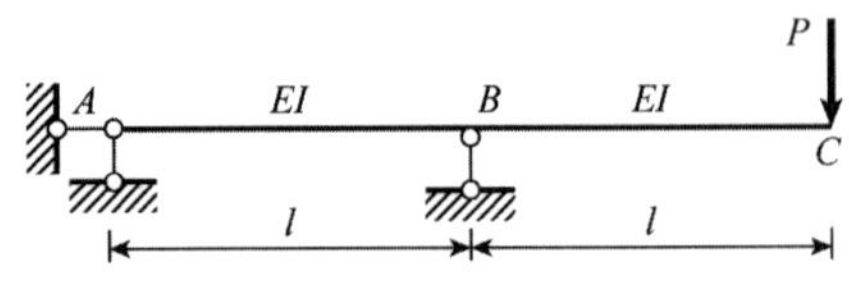

A. $\frac{Pl^2}{EI}$

B. $\frac{Pl^2}{2EI}$

C. $\frac{Pl^2}{3EI}$

D. $\frac{Pl^2}{4EI}$

41. 图示 a）结构如化为图 b）所示的等效结构，则图 b）中弹簧的等效刚度k_e为：

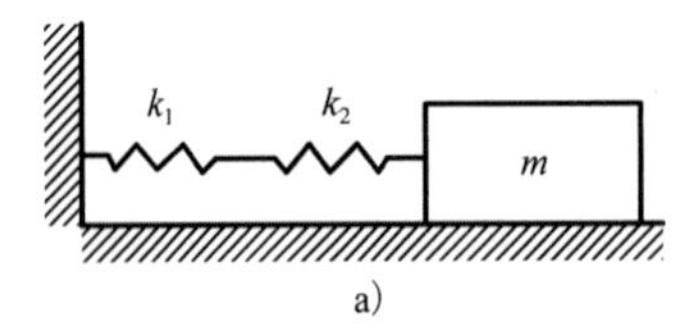

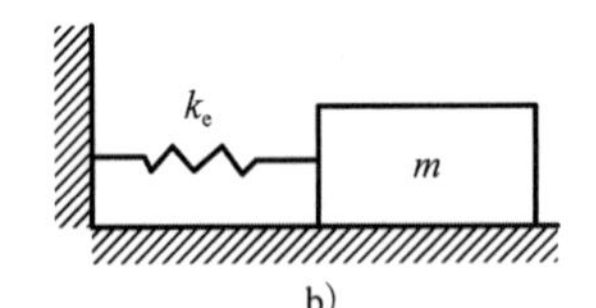

A. k_1+k_2

B. $\frac{k_1 \cdot k_2}{k_1+k_2}$

C. $\frac{k_1+k_2}{2}$

D. $\sqrt{k_1 \cdot k_2}$

42. 图示梁的抗弯刚度为EI，长度为l，$k=6EI/l^3$，跨中C截面的弯矩为（以下侧受拉为正）：

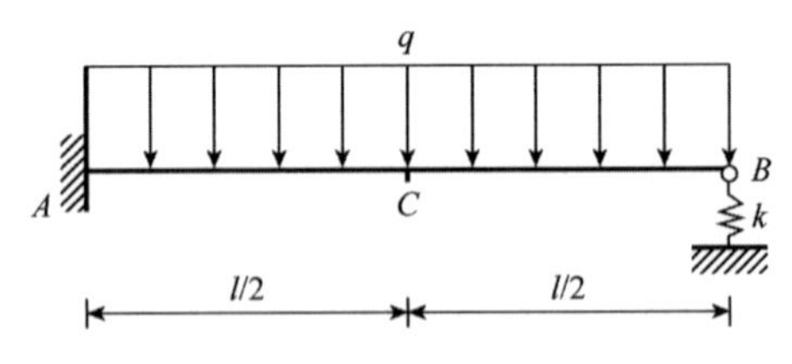

A. 0

B. $\frac{1}{32}ql^2$

C. $\frac{1}{48}ql^2$

D. $\frac{1}{64}ql^2$

43. 图示结构EI =常数，当支座A发生转角θ，则支座B处截面的转角为（以顺时针为正）：

A. $\frac{1}{3}\theta$

B. $\frac{2}{5}\theta$

C. $-\frac{1}{3}\theta$

D. $-\frac{2}{5}\theta$

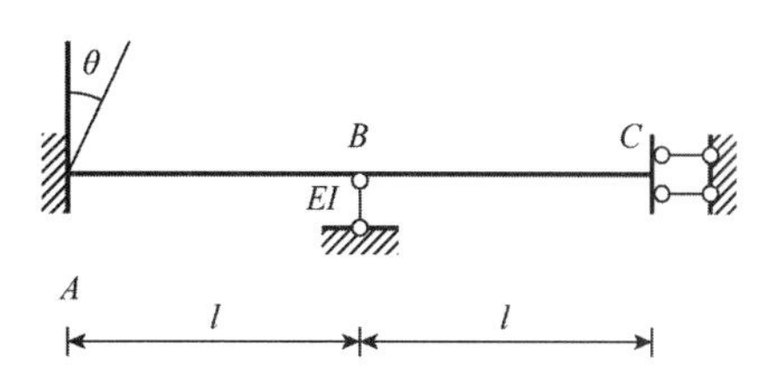

44. 图示结构用力矩分配法计算时，分配系数μ_{AC}为：

A. 1/4

B. 1/2

C. 2/3

D. 4/9

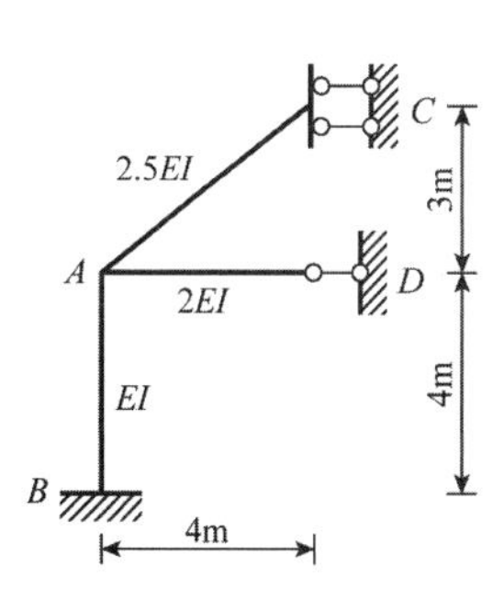

45. 图示结构B处弹性支座的弹簧刚度$k = 3EI/l^3$，则B结点向下的竖向位移为：

A. $\frac{Pl^3}{12EI}$

B. $\frac{Pl^3}{6EI}$

C. $\frac{Pl^3}{4EI}$

D. $\frac{Pl^3}{3EI}$

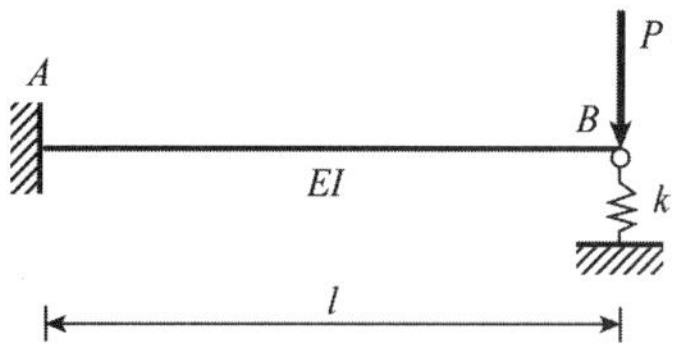

46. 图示简支梁在移动荷载作用下截面K的最大弯矩值是：

A. 120kN · m

B. 140kN · m

C. 160kN · m

D. 180kN · m

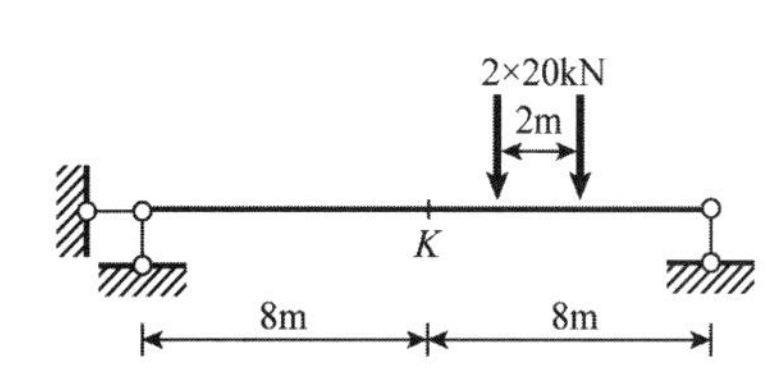

47. 设μ_a和μ_b分别表示图 a）、b）所示两结构的位移动力系数，则：

A. $\mu_a = \frac{1}{2}\mu_b$

B. $\mu_a = -\frac{1}{2}\mu_b$

C. $\mu_a = \mu_b$

D. $\mu_a = -\mu_b$

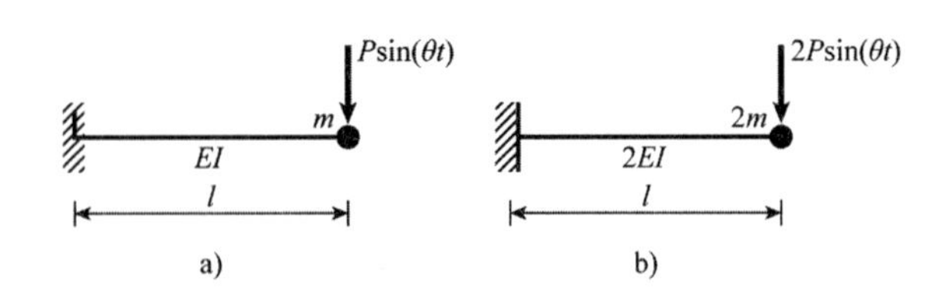

48. 单自由度体系自由振动时，实测振动 10 周后振幅衰减为$y_{10} = 0.0016y_0$，则阻尼比等于：

A. 0.05　　B. 0.02

C. 0.008　　D. 0.1025

49. 下述四种试验所选用的设备最不合适的是：

A. 采用试件表面刷石蜡后，四周封闭抽真空产生负压方法进行薄壳试验

B. 采用电液伺服加载装置对梁柱节点构件进行模拟地震反应试验

C. 采用激振器方法对吊车梁做疲劳试验

D. 采用液压千斤顶对桁架进行承载力试验

50. 结构试验前，应进行预载，以下结论不正确的是：

A. 混凝土结构预载值不可以超过开裂荷载值

B. 预应力混凝土结构预载值可以超过开裂荷载值

C. 钢结构的预载值可以加至使用荷载值

D. 预应力混凝土结构预载值可以加至使用荷载值

51. 对原结构损伤较小的情况下，在评定混凝土强度时，下列方法较为理想的是：

A. 回弹法　　B. 超声波法

C. 钻孔后装法　　D. 钻芯法

52. 应变片灵敏系数指下列哪一项：

A. 在单项应力作用下，应变片电阻的相对变化与沿其轴向的应变之比值

B. 在X、Y双向应力作用下，X方向应变片电阻的相对变化与Y方向应变片电阻的相对变化之比值

C. 在X、Y双向应力作用下，X方向应变值与Y方向应变值之比值

D. 对于同一单向应变值，应变片在此应变方向垂直安装时的指示应变与沿此应变方向安装时指示应变的比值（以百分数表示）

53. 下列量测仪表属于零位测定法的是：

A. 百分表应变量测装置（量测标距 250mm）

B. 长标距电阻应变计

C. 机械式杠杆应变仪

D. 电阻应变式位移计（量测标距 250mm）

54. 由两层土体组成的一个地基，其中上层为厚 4m 的粉砂层，其下则为粉质土层，粉砂的天然重度为 $17\mathrm{kN/m^3}$，而粉质黏土的重度为$20\mathrm{kN/m^3}$，那么埋深 6m 处的总竖向地应力为：

A. 108kPa　　B. 120kPa

C. 188kPa　　D. 222kPa

55. 软弱下卧层验算公式$p_z + p_{cz} \leqslant f_{az}$，其中$p_{cz}$为软弱下卧层顶面处土的自重应力，则下列说法正确的是：

A. p_{cz}的计算应当从基础底面算起

B. p_{cz}的计算应当从地下水位算起

C. p_{cz}的计算应当从基础顶面算起

D. p_{cz}的计算应当从地表算起

56. 土体的孔隙比为 47.71%，那么用百分比表示的该土体的孔隙率为：

A. 109.60%　　B. 91.24%

C. 67.70%　　D. 32.30%

57. 影响岩土抗剪强度的因素有：

A. 应力路径　　B. 剪胀性

C. 加载速度　　D. 以上都是

58. 桩基岩工程勘察中对碎石土宜采用的原位测试手段为：

A. 静力触探

B. 标准贯入试验

C. 旁压试验

D. 重型或超重型圆锥动力触探

59. 某匀质地基承载力特征值为100kPa，基础深度的地基承载力修正系数为1.45，地下水位深2m，水位以上天然重度为16kN/m^3、水位以下饱和重度为20kN/m^3的条形基础宽3m，则基础埋置深度为3m时，按深度修正后的地基承载力为：

A. 151kPa　　B. 165kPa

C. 171kPa　　D. 181kPa

60. 打入式敞口钢管桩属于：

A. 非挤土桩　　B. 部分挤土桩

C. 挤土桩　　D. 端承桩

2019年度全国勘察设计一级注册结构工程师执业资格考试基础考试（下）

试题解析及参考答案

1. 解　材料能被水润湿的性质称为亲水性，材料不能被水润湿的性质称为憎水性。一般可以按润湿边角的大小将材料分为亲水性材料和憎水性材料。润湿边角指在材料、水和空气的交点处，沿水滴表面的切线与水和固体接触面所形成的夹角。亲水性材料水分子之间的内聚力小于水分子与材料分子间的相互吸引力，润湿边角≤90°；憎水性材料的润湿边角>90°。

答案：B

2. 解　含水率是材料吸湿性的指标，为材料所含水的质量占材料干燥质量的百分比。即含水率$=\frac{m_1-m}{m}$，其中m_1为材料吸收空气中水分后的质量，m为材料干燥状态下的质量。所以可由$5\%=\frac{250-m}{m}$，得到$m=238.1\text{g}$，则$m_{水}=250-238.1=11.9\text{g}$。

答案：D

3. 解　为了降低大体积混凝土的水化温升，首先应减少水泥的用量，掺入活性混合材料。就水泥而言，应该控制水泥的细度、减少熟料矿物中铝酸三钙和硅酸三钙的含量。

答案：B

4. 解　粉煤灰的主要活性成分为活性氧化硅和活性氧化铝，这两种活性成分可以与氢氧化钙反应生成水化硅酸钙和水化铝酸钙而表现出水硬性。

答案：B

5. 解　养护是指控制合适的温度和湿度使水泥混凝土正常水化硬化。所以养护条件是指温度、湿度。

答案：A

6. 解　软化点反应石油沥青的温度稳定性，或温度敏感性、耐热性。

答案：B

7. 解　随着含碳量降低，钢材强度降低，塑性和韧性增大，可焊性提高，耐腐蚀性提高。所以建筑用钢多为低碳钢。

答案：A

8. 解　坡度为两点间的高差与实地水平距离之比。通常也将比值乘以100%来表示坡度，选项A应乘以100%。另外，选项C、D中，AB两点间的高差也应为H_B-H_A。所以此题选B。

答案：B

9. 解　用仪器提供水平视线，获取地面两点间的高差，属于水准测量。

答案：D

10. 解 传统地图上，比例尺精度为图上0.1mm所代表的实地长度。

答案：A

11. 解 钢尺量距的三项改正分别为尺长改正、温度改正和倾斜改正。不需要进行地球曲率和大气折光改正。

答案：D

12. 解 为防止某个水准点高程变动引起差错，规范规定至少埋设3个水准点。

答案：A

13. 解 2019年4月23日十三届人大第十次会议上对原《中华人民共和国建筑法》第八条做了较大修改，修改后的条文是：

第八条 申请领取施工许可证，应当具备下列条件：

（一）已经办理该建筑工程用地批准手续；

（二）依法应当办理建设工程规划许可证的，已经取得规划许可证；

（三）需要拆迁的，其拆迁进度符合施工要求；

（四）已经确定建筑施工企业；

（五）有满足施工需要的资金安排、施工图纸及技术资料；

（六）有保证工程质量和安全的具体措施。

建设行政主管部门应当自收到申请之日起七日（原为15日）内，对符合条件的申请颁发施工许可证。

根据修改后的第八条，可判断：

选项A错误，拆迁进度符合施工要求即可，不是全拆迁完。

选项B错误，是7日内，不是一个月。

选项C错误，有资金安排即可以，不是资金全部到位。

选项D符合，《中华人民共和国建筑法》第十条规定，在建的建筑工程因故中止施工的，建设单位应当自中止施工之日起一个月内，向发证机关报告，并按照规定做好建筑工程的维护管理工作。

建筑工程恢复施工时，应当向发证机关报告；中止施工满一年的工程恢复施工前，建设单位应当报发证机关核验施工许可证。

答案：D

14. 解 根据《中华人民共和国招标投标法》，依法必须进行招标的项目，其招标、投标活动不受地区或者部门的限制。该规定体现了《中华人民共和国招标投标法》的公平原则。

答案：B

15. 解 选项 A 正确。《中华人民共和国环境保护法》第十九条规定，编制有关开发利用规划，建设对环境有影响的项目，应当依法进行环境影响评价。

未依法进行环境影响评价的开发利用规划，不得组织实施；未依法进行环境影响评价的建设项目，不得开工建设。

选项 B 正确。按照《中华人民共和国环境影响评价法》第十八条，已经进行了环境影响评价的规划包含具体建设项目的，规划的环境影响评价结论应当作为建设项目环境影响评价的重要依据，建设项目环境影响评价的内容应当根据规划的环境影响评价审查意见予以简化。

选项 C 正确。《建设项目环境影响评价资质管理办法》自 2015 年 11 月 1 日起施行。第二条规定，为建设项目环境影响评价提供技术服务的机构，应当按照本办法的规定，向环境保护部申请建设项目环境影响评价资质（以下简称资质），经审查合格，取得《建设项目环境影响评价资质证书》（以下简称资质证书）后，方可在资质证书规定的资质等级和评价范围内接受建设单位委托，编制建设项目环境影响报告书或者环境影响报告表[以下简称环境影响报告书（表）]。环境影响报告书（表）应当由具有相应资质的机构（以下简称环评机构）编制。

选项 D 错误。按照《中华人民共和国环境影响评价法》第二十条，任何单位和个人不得为建设单位指定编制建设项目环境影响报告书、环境影响报告表的技术单位。

答案：D

16. 解 依据《注册结构工程师执业资格制度暂行规定》：

第十一条　有下列情形之一的，不予注册：

（一）不具备完全民事行为能力的。

（二）因受刑事处罚，自处罚完毕之日起至申请注册之日止不满 5 年的。

（三）因在结构工程设计或相关业务中犯有错误受到行政处罚或者撤职以上行政处分，自处罚、处分决定之日起至申请注册之日止不满 2 年的。

（四）受吊销注册结构工程师注册证书处罚，自处罚决定之日起至申请注册之日止不满 5 年的。

选项 C，丙虽受过行政处罚，但已满 3 年，超过了受行政处罚 2 年内不能注册的年限规定，因此可以重新注册。

答案：C

17. 解 土的干密度是指单位体积土固体颗粒的质量，是检验填土压实质量的控制指标。

答案：A

18. 解 混凝土初凝后抽管才能保证所留孔道不塌陷，而终凝后钢管将难以抽出且易拉裂混凝土，故应在混凝土初凝后、终凝前抽管。

答案： B

19. 解 连墙杆也称连墙件，是将脚手架架体与建筑主体结构连接，能将脚手架所受的部分拉力和压力传递给建筑结构的杆件。它对保证架体刚度和稳定、抵抗风荷载等水平荷载具有重要作用。故选项A符合题意。

答案： A

20. 解 “资源有限、工期最短”优化，是在保证任何工作的持续时间不发生改变、任何工作不中断、网络计划逻辑关系不变的前提下，通过调整出现资源冲突的若干工作的开始时间及其先后次序，使资源量满足限制要求，且工期增量又最小的过程。工期延长值=排在前面工作的最早完成时间−排在后面工作的最迟开始时间，即$\Delta T_{\mathrm{m-n,i-j}}=\mathrm{EF}_{\mathrm{m-n}}-\mathrm{LS}_{\mathrm{i-j}}$。调整中，若计算出的工期增量$\Delta\leqslant 0$（这种情况仅会出现在所调整移动的资源冲突的工作均为非关键工作时，而工期是由关键工作决定的），则对工期无影响，即工期不变；若为正值（这种情况出现在所调整移动的资源冲突的工作中含有关键工作，或该调整移动使非关键工作变成了关键工作），则工期将延长该正值。此题明确“工期增量Δ小于零”，故总工期不变。

答案： A

21. 解 《建筑施工组织设计规范》（GB/T 50502—2009）第2.0.2条规定，施工组织总设计是以若干单位工程组成的群体工程或特大型项目为主要对象编制的施工组织设计，对整个项目的施工过程起统筹规划、重点控制的作用。故选项C较符合题意。

答案： C

22. 解 碳素结构钢随着含碳量的增加，其强度提高，但塑性、冷弯性能、韧性、可焊性变差。

答案： C

23. 解 钢筋混凝土受弯构件正截面发生界限破坏时，纵向受拉钢筋达到屈服的同时，受压区边缘混凝土达到其极限压应变。

答案： A

24. 解 根据连续梁最不利荷载布置原则，为使第2跨与第3跨间的支座出现最大负弯矩，则应在该支座相邻两跨布置荷载，并隔跨布置，即在第2、3、5跨布置荷载。

答案： C

25. 解 当框架-核心筒结构的侧向刚度不能满足设计要求时，可以设置加强层以加强核心筒与周边框架的联系，从而提高结构的整体刚度，控制结构位移，并使内筒弯矩减小。

答案： A

26. 解 通过拉伸试验，可以得到钢材的抗拉强度、屈服强度、伸长率三项力学性能指标。伸长率反映了钢材塑性变形的能力。

答案： C

27. 解 根据《钢结构设计标准》（GB 50017—2017）第 7.4.6 条表 7.4.6，受压的支撑构件，其容许长细比为 200。

答案： C

28. 解 设置引弧板后，焊缝计算长度不需要折减。

答案： B

29. 解 碳当量反映了钢材的可焊性优劣。《钢结构设计标准》（GB 50017—2017）第 4.3.2 条规定，对焊接结构应具有碳当量的合格保证。

答案： D

30. 解 砌体的抗压强度随砂浆强度等级的提高而提高，见《砌体结构设计规范》(GB 50003—2011）第 3.2.1 条表 3.2.1-1~表 3.2.1-4。

答案： B

31. 解 e/h越小（e为偏心距，h为偏心方向柱的边长），受压构件承载力的影响系数φ越大，N_u越大。四种情况的e/h分别为 0.17、0.3、0.2、0.27。

答案： A

32. 解 《砌体结构设计规范》（GB 50003—2011）第 4.1.1 条规定，采用以概率理论为基础的极限状态设计方法；第 4.1.2 条规定，砌体结构应按承载能力极限状态设计，并满足正常使用极限状态的要求（一般通过构造措施）；第 4.1.4 条规定，根据建筑结构破坏可能产生后果的严重性，建筑结构应划分为三个安全等级，并按结构重要性系数考虑其重要程度。

答案： B

33. 解 《砌体结构设计规范》（GB 50003—2011）第 3.2.3 条第 2 款规定，当砌体用强度等级小于 M5.0 的水泥砂浆砌筑时，各类砌体的抗压强度设计值应乘以调整系数 0.9；其余同混合砂浆。

答案： D

34. 解 本题约束数大于刚片自由度数，故计算自由度为负值。

答案： B

35. 解 取杆AD为隔离体

$$\sum M_\mathrm{A}=0,\ F_\mathrm{p}\times 4+N_\mathrm{BC}\frac{1}{\sqrt{2}}\times 2=0$$

解得：$N_{BC} = -2\sqrt{2}F_p$

答案：B

36. 解　整体平衡，以BC杆与AD杆延长线的交点为矩心力矩平衡，可得支座A的水平反力为10kN（向左），再取AD杆为隔离体，可得$M_{DC} = 0$。

答案：D

37. 解　整体平衡对B点取矩，可得支座A的竖向反力为$F_p/4$；再由AC半拱平衡对C取矩，可得水平反力为$F_p/4$。

答案：A

38. 解　取解图图示截面之下为隔离体

$$\sum M_C = 0，N_1(3a) + P(a) + P(2a) - 3P(3a) = 0$$

解得：$N_1 = 2P$

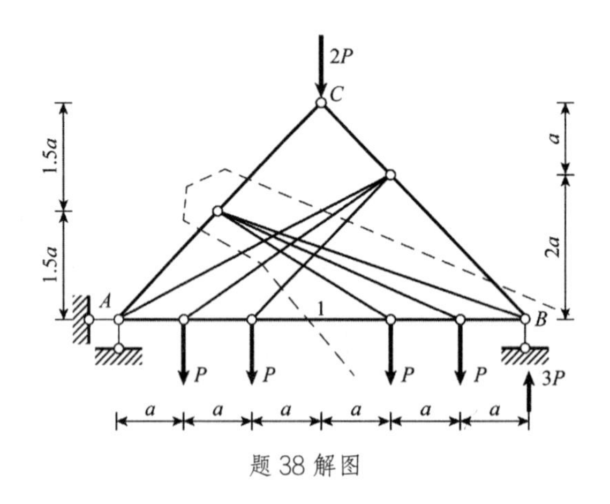

题38解图

答案：D

39. 解　整体平衡对B取矩，可得支座A的竖向反力为$P/2$（向上）。

答案：B

40. 解　根据杆端转动刚度形常数及结点B平衡，可得$3i\theta = Pl$，据此选C。

也可作弯矩图（见解图），用图乘法求得：

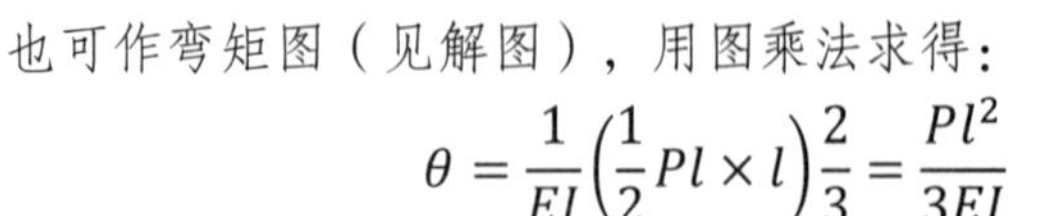

$$\theta = \frac{1}{EI}\left(\frac{1}{2}Pl \times l\right)\frac{2}{3} = \frac{Pl^2}{3EI}$$

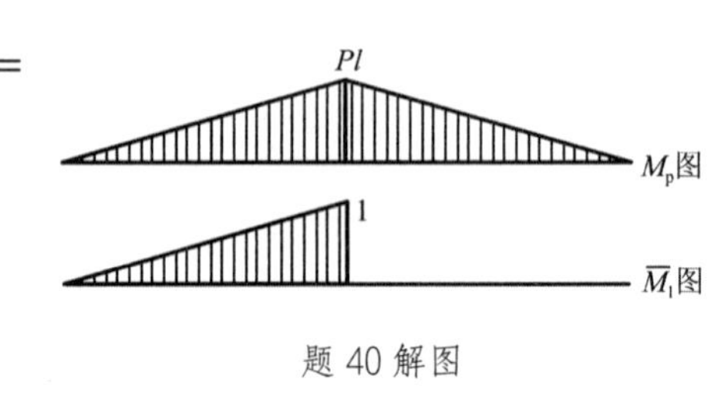

题40解图

答案：C

41. 解　本题两个弹簧串联，可直接根据刚度串联的规律选B。

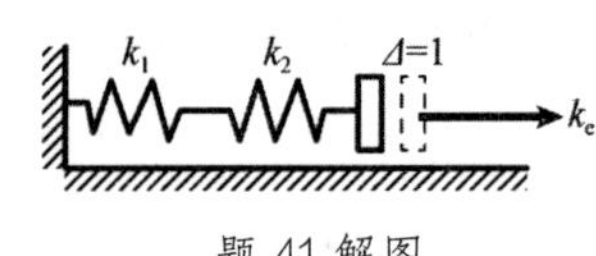

题41解图

也可根据刚度的定义来求解。弹簧的刚度是使弹簧单位伸长所需之力，由解图，令两个弹簧伸长之和等于单位值，可得：

$$\frac{1}{k_1}k_e+\frac{1}{k_2}k_e=1，k_e=\frac{k_1k_2}{k_1+k_2}$$

答案：B

42. 解 由解图建立力法方程：

$\delta_{11}X_1+\Delta_{1p}=-\frac{X_1}{k}$，已知$k=\frac{6EI}{l^3}$

求得$\delta_{11}=\frac{l^3}{3EI}$，$\Delta_{1p}=\frac{ql^4}{8EI}$

解得$X_1=\frac{ql}{4}$

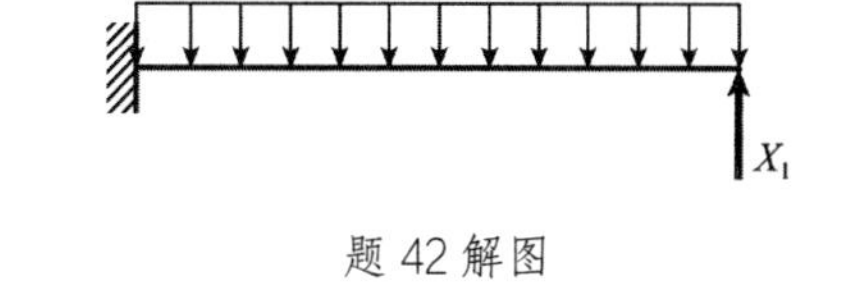

题 42 解图

再由CB段隔离体平衡，可得：$M_C=0$

答案：A

43. 解 按位移法，取结点B力矩平衡：

$$M_{BA}+M_{BC}=(4i\theta_B+2i\theta)+i\theta_B=0$$

解得：$\theta_B=-\frac{2}{5}\theta$

答案：D

44. 解 注意需将C端视为固定端、D端视为自由端计算转动刚度。

$$\mu_{AC}=\frac{4\times2.5EI/5}{4\times2.5EI/5+4\times EI/4}=\frac{2}{2+1}=\frac{2}{3}$$

答案：C

45. 解 设所求位移为Δ，按位移法取结点B平衡，可得：

$$\frac{3EI}{l^3}\Delta+k\Delta=P$$

已知$k=\frac{3EI}{l^3}$，解得$\Delta=\frac{Pl^3}{6EI}$

答案：B

46. 解 作M_K影响线并布置荷载不利位置如解图所示，可得：

$$M_K=140\text{kN}\cdot\text{m}$$

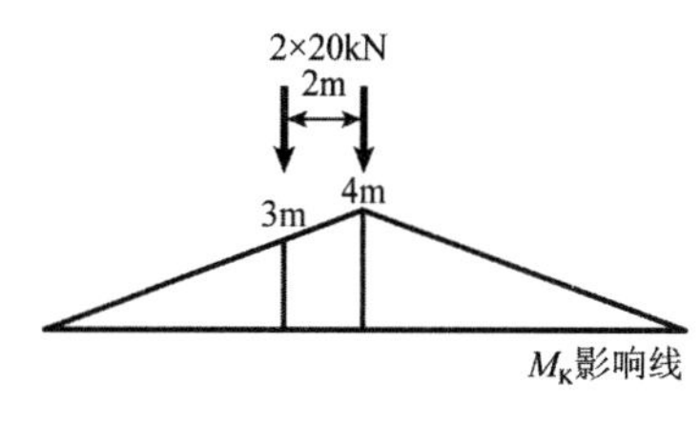

题 46 解图

答案：B

47. 解 两图外荷载的θ相同，结构的频率ω相同，

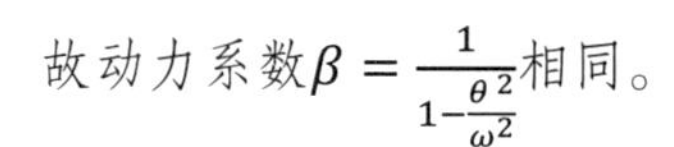
故动力系数$\beta=\frac{1}{1-\frac{\theta^2}{\omega^2}}$相同。

答案：C

48. 解 $\zeta=\frac{1}{2n\pi}\ln\frac{y_k}{y_{k+n}}=\frac{1}{2\times10\times\pi}\ln\frac{y_0}{0.0016y_0}=0.1025$

答案：D

49. 解 建筑结构的动力特性测试，或评估结构的抗震性能时，可采用激振法。工程结构的疲劳试验一般在疲劳试验机上进行，也可采用电液伺服加载系统。选项A、B、D中的试验所选用的设备是合适的。

答案：C

50. 解 《混凝土结构试验方法标准》（GB/T 50152—2012）第5.3.1条规定，混凝土结构预加载应控制试件在弹性范围内受力，不可以超过开裂荷载，不应产生裂缝及其他形式的加载残余值。超过开裂荷载后结构将发生非弹性变形，无法恢复。对于选项D，如果预应力混凝土结构的使用荷载小于开裂荷载，则是可行的。

答案：B

51. 解 回弹法和超声波法均属于无损检测方法，而回弹法是一种更为常用的检测混凝土强度的方法。钻孔后装法和钻芯法则属于半破损检测方法。

答案：A

52. 解 应变片的灵敏系数是指电阻丝单位应变所引起的电阻变化率，即应变片灵敏系数$K=\frac{\Delta R}{R}/\varepsilon$。

答案：A

53. 解 零位测量法是指用已知的标准量去抵消被测物理量对仪器引起的偏转，使被测量和标准量对仪器指示装置的效应经常保持相等（平衡），指示装置指零时的标准量即为被测物理量。而电阻应变计在使用过程中总需要平衡、清零。

答案：B

54. 解 竖向地应力（竖向自重应力）：$p=4\times17+2\times20=108\text{kN/m}^3$

答案：A

55. 解 p_{cz}为软弱下卧层顶面处土的竖向自重应力值，应该从原地面算起。

答案：D

56. 解 孔隙比$e=\frac{V_1}{V_2}=47.71\%=0.48$（注：孔隙比一般用小数表示）

孔隙率$n=\frac{V_1}{V_1+V_2}=\frac{e}{1+e}=32.3\%$

式中，V_1为孔隙的体积，V_2为固体颗粒的体积。

答案：D

57. 解 应力路径（加载次序）、剪胀性（剪切过程中体积膨胀）、加载速度均影响土的抗剪强度。

答案：D

58. 解 题中所涉及的静力触探、标准贯入试验（动力触探）、旁压试验和重型或超重型圆锥动力触探都是原位测定地基承载力的方法，这里只有重型动力触探试验更适用于粗颗粒较多的碎石土。

答案：D

59. 解 修正后的地基承载力特征值f_a的计算公式为：

$$f_a = f_{ak} + \eta_b \gamma (b-3) + \eta_d \gamma_m (d-0.5)$$

当基础宽度大于3m，埋置深度大于0.5m时，地基承载力特征值需进行深度、宽度修正。

据题中已知条件：承载力公式第一项均质地基土承载力特征值为$f_{ak} = 100\text{kPa}$；第二项宽度修正中基础宽度$b = 3\text{m}$，故第二项为0；第三项基础埋深范围内土的加权平均重度可由$\gamma_m \times 3 = 16 \times 2 + (20-10) \times 1$，计算得到$\gamma_m = 14\text{kN/m}^3$，基础埋深$d = 3\text{m}$，查表得$\eta_d = 1.45$（原题未给$\eta_d$，按1.45计算）。则代入公式得：

$$\begin{aligned} f_a &= f_{ak} + \eta_b \gamma (b-3) + \eta_d \gamma_m (d-0.5) \\ &= 100 + 0 + 1.45 \times 14 \times 2.5 \\ &= 150.75\text{kPa} \approx 151\text{kPa} \end{aligned}$$

答案：A

60. 解 打入式成桩是在没有事先成孔工序条件下（排土）将桩打入地基中，成桩过程中不涉及排土，但敞口钢管桩本身打入土中，仍有部分挤土作用。

答案：B

2020年度全国勘察设计一级注册结构工程师

执业资格考试试卷

基础考试

（下）

二〇二〇年十月

应考人员注意事项

1. 本试卷科目代码为“2”，考生务必将此代码填涂在答题卡“科目代码”相应的栏目内，否则，无法评分。

2. 书写用笔：**黑色或蓝色钢笔、签字笔或圆珠笔**；

   填涂答题卡用笔：**黑色 2B 铅笔**。

3. 必须用书写用笔将工作单位、姓名、准考证号填写在答题卡和试卷相应的栏目内。

4. 本试卷由 60 题组成，每题 2 分，满分 120 分，本试卷全部为单项选择题，每小题的四个备选项中只有一个正确答案，错选、多选、不选均不得分。

5. 考生作答时，必须按**题号在答题卡上**将相应试题所选选项对应的**字母用 2B 铅笔涂黑**。

6. 在答题卡上书写与题意无关的语言，或在答题卡上作标记的，均按违纪试卷处理。

7. 考试结束时，由监考人员当面将试卷、答题卡一并收回。

8. 草稿纸由各地统一配发，考后收回。

单项选择题（共 60 题，每题 2 分。每题的备选项中只有一个最符合题意。）

1. 具有一定的化学组成、内部质点周期排列的固体，称为：

A. 晶体 B. 凝胶体

C. 玻璃体 D. 溶胶体

2. 使钢材冷脆性加剧的主要元素是：

A. 碳（C） B. 硫（S）

C. 磷（P） D. 锰（Mn）

3. 硅酸盐水泥生产过程中添加适量的石膏，目的是调节：

A. 水泥的密度 B. 水泥的比表面积

C. 水泥的强度 D. 水泥的凝结时间

4. 混凝土用集料的内部孔隙充满水但表面没有水膜，该含水状态被称为：

A. 气干状态 B. 绝干状态

C. 润湿状态 D. 饱和面干状态

5. 混凝土的强度受到其材料组成的影响，决定混凝土强度的主要因素是：

A. 骨料密度 B. 砂的细度模数

C. 外加剂种类 D. 水灰（胶）比

6. 为了获得乳化沥青，需要在沥青中加入：

A. 乳化剂 B. 硅酸盐水泥

C. 矿粉 D. 石膏

7. 同种木材的各种强度中最高的是：

A. 顺纹抗拉强度 B. 顺纹抗压强度

C. 横纹抗拉强度 D. 横纹抗压强度

8. 下列哪项可作为测量内业工作的基准面？

A. 水准面 B. 参考椭球面

C. 大地水准面 D. 平均海水面

9. 采用水准仪测量A、B两点间的高差，将已知高程点A作为后视，待求点B作为前视，先后在两尺上读取读数，得到后视读数a和前视读数b，则A、B两点间的高差可以表示为：

A. $H_{BA}=a-b$　　B. $h_{AB}=a-b$

C. $H_{AB}=a-b$　　D. $h_{BA}=b-a$

10. 在1∶2000的地形图上，量得某水库图上汇水面积为$P=1.6\times10^{4}\mathrm{cm}^{2}$，某次降水过程雨量为（每小时平均降雨量）$m=50\mathrm{mm}$，降水持续时间$n$为 2.5h，设蒸发系数$k=0.4$，按汇水量$Q=P\cdot m\cdot n\cdot k$计算，本次降水汇水量为：

A. $1.0\times10^{11}\mathrm{cm}^{3}$　　B. $3.2\times10^{11}\mathrm{cm}^{3}$

C. $1.0\times10^{7}\mathrm{cm}^{3}$　　D. $2.0\times10^{4}\mathrm{cm}^{3}$

11. 在三角高程测量中，设水平距离为D，α为竖直角，仪器高为i，中丝读数为v，球气差改正为f，则测站点与目标点间高差可表示为：

A. $D\tan\alpha+i-v+f$　　B. $D\tan\alpha+v-i+f$

C. $D\cos^{2}\alpha+i-v+f$　　D. $D\cos^{2}\alpha+v-i+f$

12. 误差具有下列哪种特性？

A. 系统误差不具有累积性

B. 取均值可消除系统误差

C. 检校仪器可消除或减弱系统误差

D. 理论上无法消除或者减弱偶然误差

13. 某建设单位于 2010 年 3 月 20 日领到施工许可证，开工后于 2010 年 5 月 10 日中止施工，根据《中华人民共和国建筑法》，该建设单位向施工许可证发证机关报告的最迟期限应是 2010 年：

A. 6 月 19 日　　B. 8 月 9 日

C. 6 月 9 日　　D. 9 月 19 日

14. 根据《中华人民共和国招标投标法》，开标时，招标人应当邀请所有投标人参加，这一规定体现了招标投标活动的：

A. 公开原则　　B. 公平原则

C. 公正原则　　D. 诚实守信原则

15. 工人甲在施工作业过程中发现脚手架即将倒塌，迅速逃离了现场，随之倒塌的脚手架造成一死多伤的安全事故，则甲的行为：

A. 违法，因为只有在通知其他工人后，甲才可逃离

B. 违约，因为甲未能按照合同履行劳动义务

C. 不违法，甲在行使紧急避险权

D. 不违约，脚手架倒塌属于不可抗力

16. 下列有关评标方法的描述，说法错误的是：

A. 最低投标价法适合没有特殊要求的招标项目

B. 综合评估法适合没有特殊要求的招标项目

C. 最低投标价法通常带来恶性削价竞争，工程质量不容乐观

D. 综合评估法可用打分的方法或货币的方法评估各项标准

17. 某沟槽宽度为 10m，拟采用轻型井点降水，则其平面布置宜采用的形式为：

A. 单排　　B. 双排

C. 环形　　D. U 形

18. 混凝土施工缝宜留置在：

A. 结构受剪力较小且便于施工的位置

B. 遇雨停工处

C. 结构受弯矩较小且便于施工的位置

D. 结构受力复杂处

19. 在单位工程施工平面图设计中应该首先考虑的内容为：

A. 现场道路　　B. 垂直运输机械

C. 仓库和堆场　　D. 水电管网

20. 下列关于单位工程的施工流向安排的表述正确的是：

A. 对技术简单、工期较短的分部分项工程一般应优先施工

B. 室内装饰工程一般有自上而下、自下而上及自中而下再自上而中三种施工流向安排

C. 当有高低跨并列时，一般应从高跨向低跨处吊装

D. 室外装饰工程一般应遵循自下而上的流向

21. 某工程项目双代号网络计划中，混凝土浇捣工作 M 的最迟完成时间为第 25 天，其持续时间为 6 天。该工作共有三项紧前工作，分别是钢筋绑扎、模板制作和预埋件安装，它们的最早完成时间分别为第 10 天、第 12 天和第 13 天，则工作 M 的总时差为：

A. 9 天　　B. 7 天

C. 6 天　　D. 10 天

22. 建筑结构的可靠性包括：

A. 安全性、耐久性、经济性　　B. 安全性、适用性、经济性

C. 耐久性、经济性、适应性　　D. 安全性、适用性、耐久性

23. 正常使用下的钢筋混凝土受弯构件正截面受力工作状态为：

A. 混凝土无裂缝且纵向受拉钢筋未屈服

B. 混凝土有裂缝且纵向受拉钢筋屈服

C. 混凝土有裂缝且纵向受拉钢筋未屈服

D. 混凝土无裂缝且纵向受拉钢筋屈服

24. 在均布荷载作用下，钢筋混凝土双向板塑性铰线正确的是：

A. 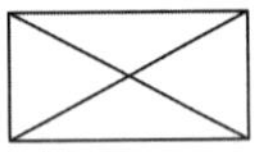　　B.

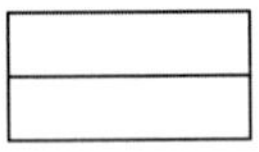

C. 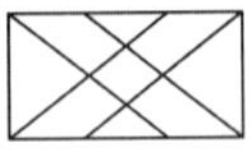　　D.

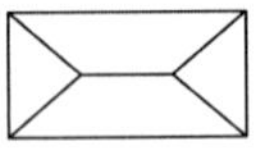

25. 下列关于框筒结构剪力滞后的规律说法正确的是：

A. 柱距不变，减小梁断面，剪力滞后现象减小

B. 结构上端剪力滞后现象增大

C. 正方形结构，边长增加，剪力滞后现象增大

D. 滞后效应与平面结构形状无关

26. 下列哪类钢材能保证−20℃时的冲击韧性：

A. Q235-A　　B. Q235-B

C. Q235-C　　D. Q235-D

27. 轴心受压钢构件常见的整体失稳模态是：

A. 弯曲失稳　　B. 扭转失稳

C. 弯扭失稳　　D. 以上三个都是

28. 可以只做外观检查的焊缝质量等级是：

A. 一级焊缝　　B. 二级焊缝

C. 三级焊缝　　D. 上述三种焊缝

29. 钢屋盖桁架结构中，腹杆和弦杆直接连接而不采用节点板，则腹杆的计算长度系数为：

A. 1　　B. 0.9　　C. 0.8　　D. 0.7

30. 砌体抗压强度恒比块材强度低的原因是：

①砌体受压时块材处于复杂应力状态；

②砌体中有很多竖缝，受压后产生应力集中现象；

③砌体受压时砂浆的横向变形大于块材的横向变形，导致块材在砌体中受拉；

④砌体中块材相互错缝咬接，整体性差。

A. ①③　　B. ②④

C. ①②　　D. ①④

31. 墙体为砌体结构，楼屋盖、圈梁为混凝土结构，这两种不同的材料共同工作，结构工程师在设计时需要特别重视：

A. 两种材料不同的弹性模量　　B. 两种材料不同的抗压强度

C. 两种材料不同的抗拉强度　　D. 两种材料不同的膨胀系数

32. 截面尺寸为 390mm×390mm 的混凝土砌块短柱，当轴向力N的偏心距如图所示时，其受压承载力的大小顺序为：

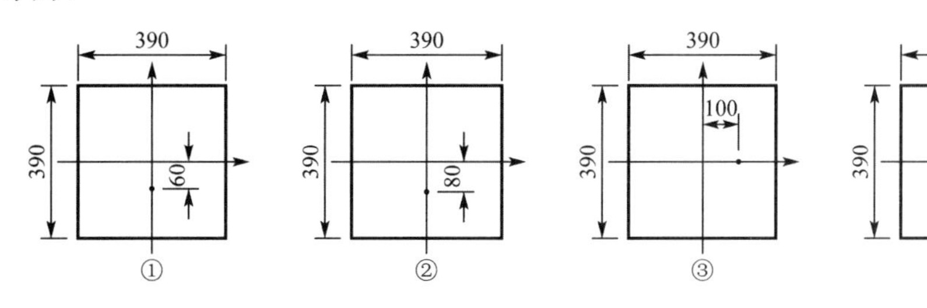

A. ①>③>④>②　　B. ①>②>③>④

C. ①>③>②>④　　D. ③>②>①>④

33. 现行《砌体结构设计规范》（GB 50003）对砌体房屋抗震横墙最大间距限制的目的是：

A. 保证房屋的空间工作性能

B. 保证楼盖具有传递地震作用给墙所需要的水平刚度

C. 保证房屋地震时不倒塌

D. 保证纵墙的高厚比满足要求

34. 几何可变体系的计算自由度为：

A. >0　　B. =0

C. <0　　D. 不确定

35. 图示刚架M_{DC}为（下侧受拉为正）：

A. 20kN · m

B. 40kN · m

C. 60kN · m

D. 80kN · m

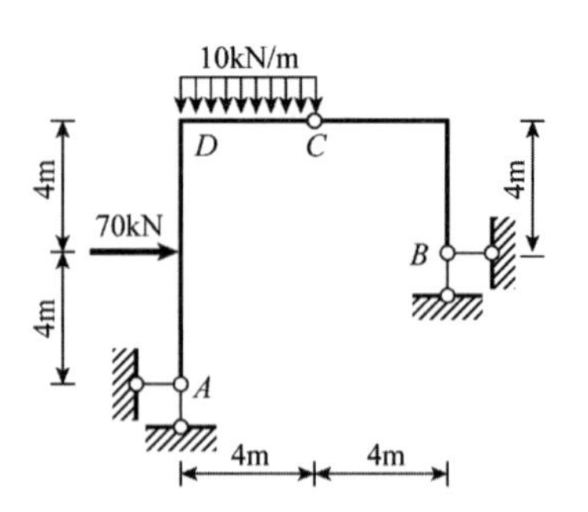

36. 图示三铰拱，$y=\frac{4f}{l^2}x(l-x)$，跨度$l=16\text{m}$，D截面右侧弯矩大小为（下侧受拉为正）：

A. 12kN · m

B. 20kN · m

C. 32kN · m

D. 68kN · m

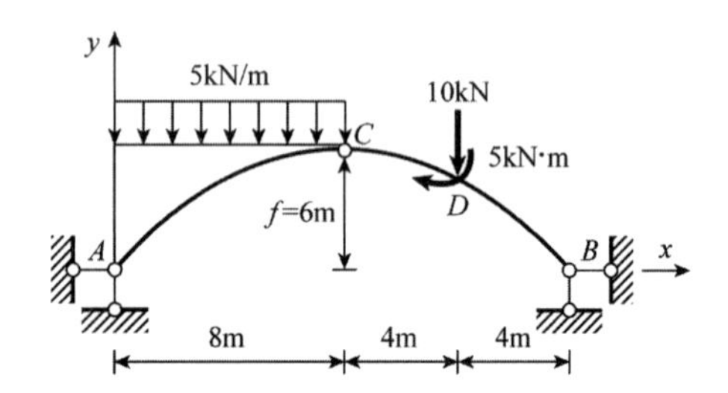

37. 图示结构杆件 1 的轴力为：

A. $-P$

B. $-P/2$

C. $\sqrt{2}P/2$

D. $\sqrt{2}P$

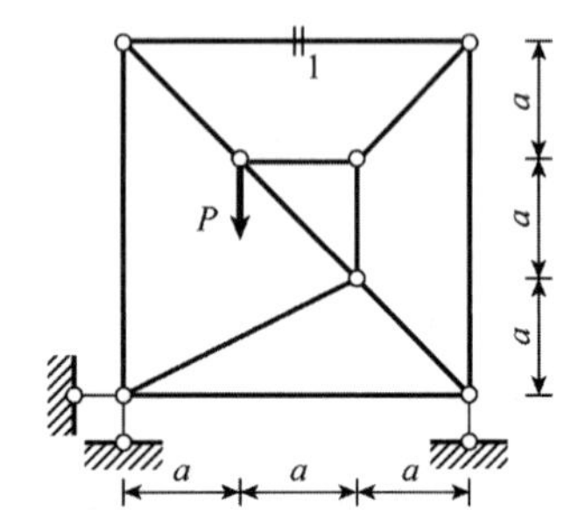

38. 图示结构杆 a 的轴力为：

A. $0.5F_P$

B. $-0.5F_P$

C. $1.5F_P$

D. $-1.5F_P$

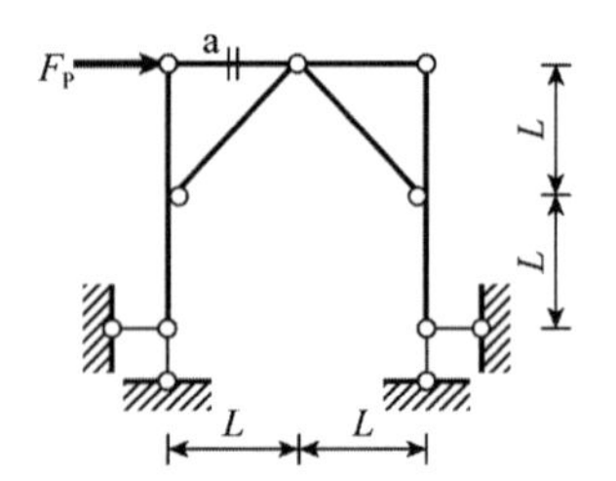

39. 图示结构的反力F_H为：

A. M/L

B. $-M/L$

C. $2M/L$

D. $-2M/L$

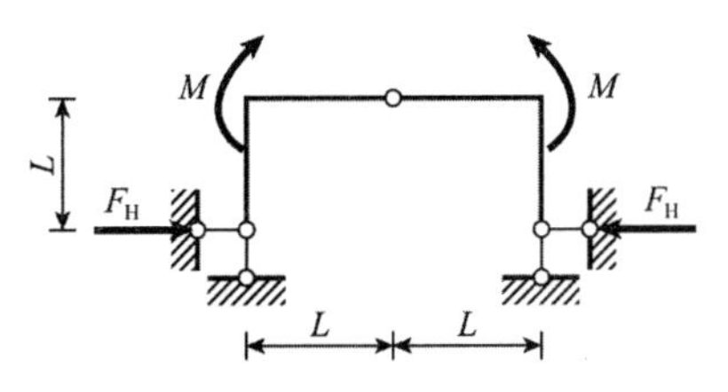

40. 图示结构不考虑轴向变形，$\Delta_{CH}=\Delta(\rightarrow)$，若结构$EI$增大一倍，则$\Delta_{CH}$变为：

A. 2Δ

B. 1.5Δ

C. 0.5Δ

D. 0.75Δ

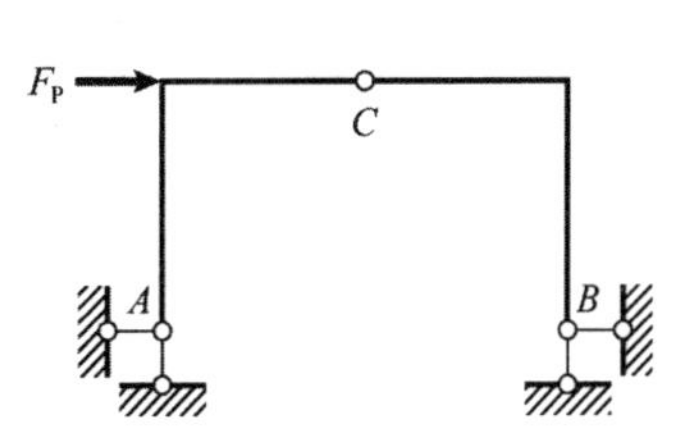

41. 图示结构$EI=$常数，在给定荷载作用下M_{BA}为（下侧受拉为正）：

A. $Pl/2$

B. $Pl/4$

C. $-Pl/4$

D. 0

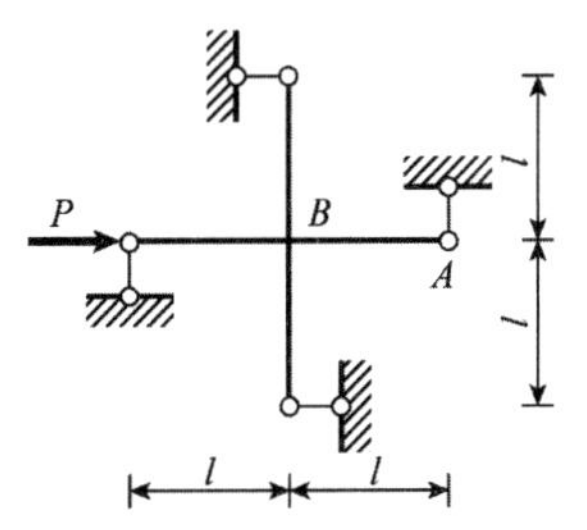

42. 图示结构M_{BA}的大小为：

A. $PL/2$

B. $PL/3$

C. $PL/4$

D. $PL/5$

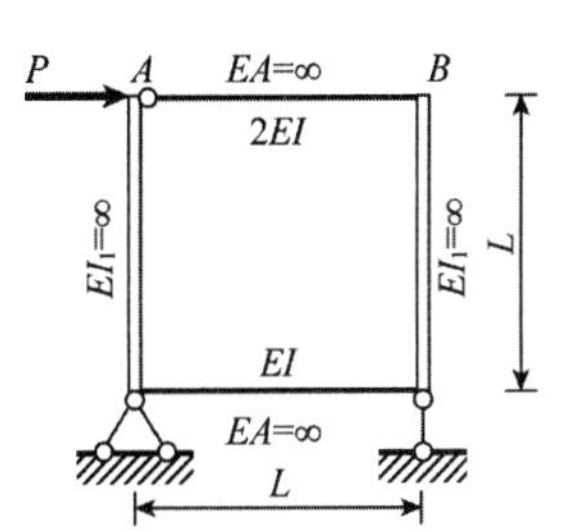

43. 图示结构$EI=$常数，当支座A发生转角θ时，支座B处梁截面竖向滑动位移为（以向下为正）：

A. $l\theta$

B. $\frac{1}{2}l\theta$

C. $-l\theta$

D. $-\frac{1}{2}l\theta$

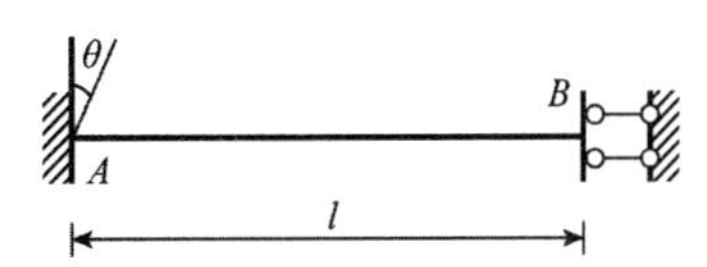

44. 图示结构M_{BA}为（以下侧受拉为正）：

A. $-\frac{1}{3}M$

B. $\frac{1}{3}M$

C. $-\frac{2}{3}M$

D. $\frac{2}{3}M$

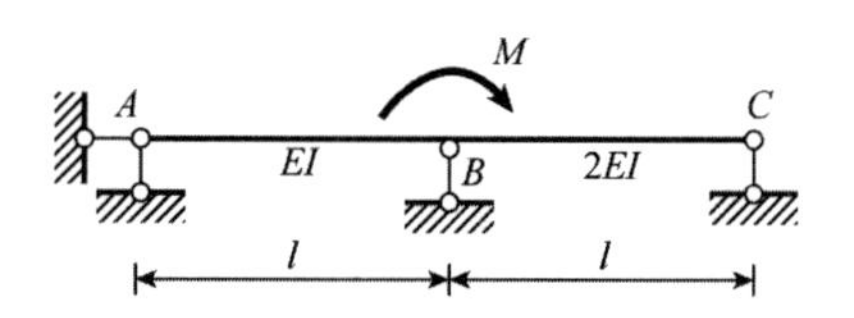

45. 图示结构B处弹性支座的弹簧刚度$k = 6EI/l^3$，则节点B向下的竖向位移为：

A. $\frac{Pl^3}{3EI}$

B. $\frac{Pl^3}{6EI}$

C. $\frac{Pl^3}{9EI}$

D. $\frac{Pl^3}{12EI}$

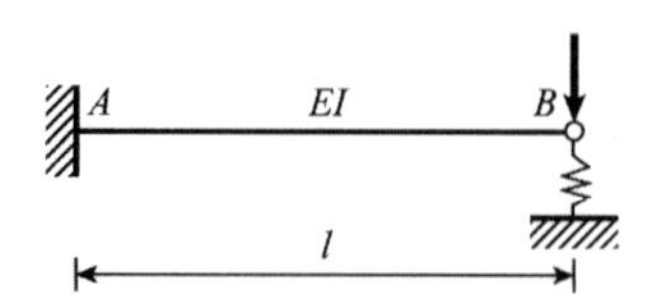

46. 图示简支梁在所示移动荷载下截面K的最大弯矩值为：

A. 90kN · m

B. 110kN · m

C. 120kN · m

D. 150kN · m

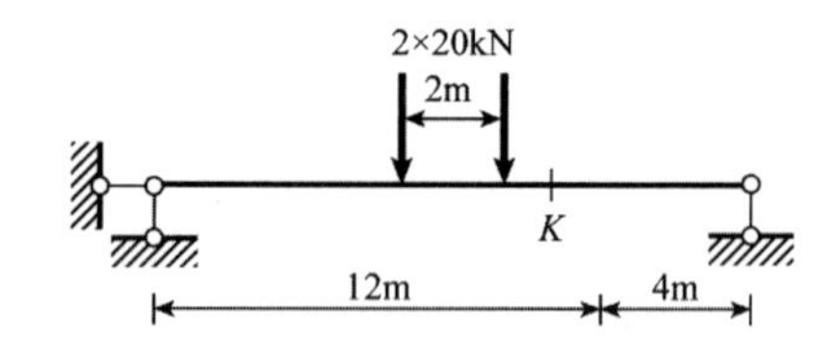

47. 设μ_a和μ_b分别表示图 a）和图 b）两结构的位移动力系数，则：

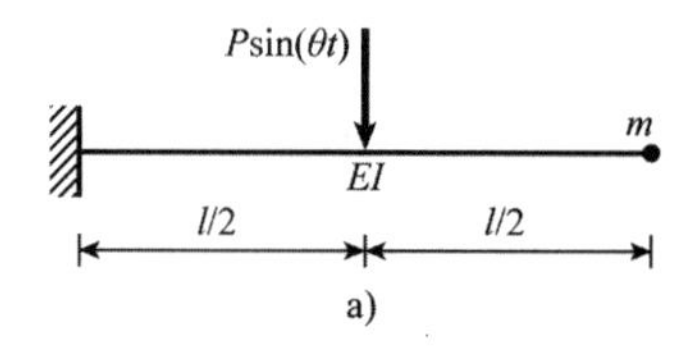

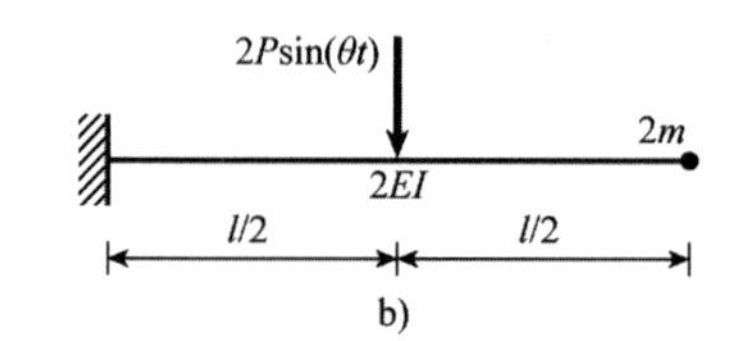

A. $\mu_a = \frac{1}{2}\mu_b$

B. $\mu_a = -\frac{1}{2}\mu_b$

C. $\mu_a = \mu_b$

D. $\mu_a = -\mu_b$

48. 单自由度体系自由振动，实测 10 周后振幅衰减为最初的 0.25%，则阻尼比为：

A. 0.25　　B. 0.02

C. 0.008　　D. 0.0954

49. 下列不是低周反复加载试验目的的是：

A. 研究结构动力特性

B. 研究结构在地震作用下的恢复力特性

C. 判断或鉴定结构的抗震性能

D. 研究结构的破坏机理

50. 我国应变片名义阻值一般取：

A. 240Ω　　B. 120Ω

C. 100Ω　　D. 80Ω

51. 对于试件的最大承载能力和相应变形计算，应按下列哪一项进行？

A. 材料的设计值　　B. 材料的标准值

C. 实际材料性能指标　　D. 材料设计值修正后的取值

52. 结构动力试验方法中，下列不能用于测得高阶频率的方法是：

A. 自由振动法　　B. 强迫振动

C. 主谐量法　　D. 谐量分析法

53. 用仪器对结构或构件进行内力和变形等各种参数的量测时，下列关于测点选择与布置的原则，不全面的是：

A. 测点宜少不宜多

B. 测点的位置必须具有代表性

C. 应布置校核性测点

D. 对试验工作的开展应该是方便的、安全的

54. 一个厚度为 25mm 的黏土试样固结试验结果表明，孔隙水压力从初始值到消减为零，用时 2min45s。如果地基中有一厚度为 4.6m 的相同黏土层，且该黏土层和试验样品的上下表面均可排水，则该黏土层的固结时间为：

A. 258.5d　　B. 120d

C. 64.7d　　D. 15.5d

55. 在饱和软土地基上快速堆放砂包，如果有一个测压管埋置在砂堆正下方的一定深度处，在砂堆堆放过程中，测压管水头会随时间：

A. 上升　　　　B. 不变

C. 下降　　　　D. 不确定

56. 某国家用固结仪试验结果计算土样的压缩指数（常数）时，不是用常数对数，而是用自然对数对应取值的。如果根据我国标准（常用对数），一个土样的压缩指数（常数）为 0.00485，有一个土样竖向应力增大为初始状态的 100 倍，则土样孔隙比将：

A. 增大 0.0112　　　　B. 减小 0.0112

C. 增大 0.0224　　　　D. 减小 0.0224

57. 直径为 38mm 的干砂样品，进行常规三轴试验，围压恒定为 24.33kPa，竖向加载杆的轴向力为 45.3N，则该样品的内摩擦角为：

A. 20.8°　　　　B. 22.3°

C. 24.2°　　　　D. 26.8°

58. 在标准贯入试验中，当锤击数已达 50 击，而实际贯入深度为 25cm 时，则相当于 30cm 的标准贯入试验锤击数N为：

A. 60　　　　B. 40

C. 50　　　　D. 80

59. 某均质地基承载力特征值为 100kPa，地下水位于地面以下 2m 处，基础深度的地基承载力修正系数为 1.5，水位上土层重度为 16kN/m^3，水位下土的饱和重度为 20kN/m^3，基础宽度为 3m，则地基承载力须达到 166kPa 时基础最小埋深为：

A. 3m　　　　B. 3.9m

C. 4.5m　　　　D. 5m

60. 地震 8 度以上的区域不能用下列哪种类型的桩：

A. 钻孔灌注桩　　　　B. 泥浆护壁钻孔灌注桩

C. 预应力混凝土管桩　　　　D. H 型钢桩

2020年度全国勘察设计一级注册结构工程师执业资格考试基础考试（下）试题解析及参考答案

1. 解 物质按照微观粒子排列方式分为晶体和非晶体（也称玻璃体）。

晶体的基本质点按照一定的规律排列，而且按照一定的周期重复出现，即具有各向异性的性质，具有固定的熔点。

玻璃体的粒子呈无序排列，也称无定型体，无固定熔点，各向同性，导热性差，且具有潜在的化学活性，在一定条件下容易与其他物质发生化学反应。

胶体属于非晶体，是微小固体粒子（粒径为1~100nm）分散在连续介质中而成，因为质点很微小，表面积很大，所以表面能很大，吸附能力很强，使胶体具有很强的黏结力，胶体又分为凝胶体、溶胶体和溶—凝胶体。

所以具有一定的化学组成、内部质点周期排列的固体为晶体。

答案：A

2. 解 随着含碳量的增加，钢材的强度和硬度提高，塑性和韧性降低，钢的冷脆性和时效敏感性增大，耐锈蚀性降低。锰为钢材的合金元素，可提高钢材的强度、耐腐蚀性和耐磨性，消除热脆性。硫是钢材的有害元素，会引起热脆性，使机械性能、焊接性能及抗腐蚀性能下降。磷也是有害元素，会引起冷脆性，降低塑性、韧性、焊接性和冷弯性，提高耐磨性及耐腐蚀性。所以使钢材冷脆性加剧的主要因素是磷。

答案：C

3. 解 硅酸盐水泥熟料中的铝酸三钙水化速度很快，影响水泥的正常凝结硬化，需要添加石膏延缓水化速度，所以添加石膏的目的是调节水泥的凝结时间。

答案：D

4. 解 混凝土用集料的含水状态分为四种：集料含水率等于或接近零时的状态为绝干状态；含水率和大气湿度相平衡时的状态称为气干状态；集料表面干燥没有水膜，而内部孔隙含水达到饱和时的状态为饱和面干状态；集料不仅内部孔隙充满水，而且表面还附有一层表面水时的状态为润湿状态。

答案：D

5. 解 混凝土的密实度或孔隙率会影响混凝土的强度，而水灰（胶）比会影响混凝土的孔隙率，所以水灰（胶）比决定了混凝土的强度。

答案：D

6. 解 乳化沥青是一种冷施工的防水涂料，是沥青微粒（粒径1μm）分散在有乳化剂的水中而成的乳胶体。所以为了获得软化沥青，需要在沥青中加入乳化剂。

答案：A

7. 解 木材的强度分为顺纹强度（受力方向与纤维生长方向一致）和横纹强度（受力方向与纤维生长方向垂直）。对于同种木材，顺纹抗拉强度最大。

答案：A

8. 解 大地水准面为测量内业工作的基准面。

答案：C

9. 解 按水准测量原理，依题意，A、B两点间的高差$h_{\mathrm{AB}}=a-b$。

答案：B

10. 解 实地汇水面积为：

$$P_{\mathrm{s}}=P\times M^2=1.6\times10^4\times2000^2=6.4\times10^{10}\mathrm{cm}^2=6.4\times10^6\mathrm{m}^2$$

降水量为：

$$Q=P_{\mathrm{s}}\cdot m\cdot n\cdot k=6.4\times10^6\times50\times10^{-3}\times2.5\times0.4=3.2\times10^5\mathrm{m}^3=3.2\times10^{11}\mathrm{cm}^3$$

答案：B

11. 解 三角测量高差计算公式为：$h=D\tan\alpha+i-v+f$。

答案：A

12. 解 检校仪器可消除或降低系统误差。

答案：C

13. 解 《中华人民共和国建筑法》第十条规定，在建的建筑工程因故中止施工的，建设单位应当自中止施工之日起一个月内，向发证机关报告，并按照规定做好建筑工程的维护管理工作。

答案：C

14. 解 《中华人民共和国招标投标法》第三十四条规定，开标应当在招标文件确定的提交投标文件截止时间的同一时间公开进行；开标地点应当为招标文件中预先确定的地点。

第三十五条规定：开标由招标人主持，邀请所有投标人参加。

答案：A

15. 解 《中华人民共和国安全生产法》第五十二条规定，从业人员发现直接危及人身安全的紧急情况时，有权停止作业或者在采取可能的应急措施后撤离作业场所。

答案：C

16. 解 2018 年 9 月 28 日住房和城乡建设部决定对《房屋建筑和市政基础设施工程施工招标投标

管理办法》作出修改后公布。其中第四十条规定：评标可以采用综合评估法、经评审的最低投标标价法或者法律法规允许的其他评标方法。

采用综合评估法的，应当对投标文件提出的工程质量、施工工期、投标价格、施工组织设计或者施工方案、投标人及项目经理业绩等，能否最大限度地满足招标文件中规定的各项要求和评价标准进行评审和比较。以评分方式进行评估的，对于各种评比奖项不得额外计分。

采用经评审的最低投标价法的，应当在投标文件能够满足招标文件实质性要求的投标人中，评审出投标价格最低的投标人，但投标价格低于其企业成本的除外。

从文件中可以看出采用经评审的最低投标价法的前提是在能够满足招标文件实质性要求的投标人中，评审出投标价格最低的投标人中标。如果有人恶性竞争，报价低于成本价，而不能满足招标文件的实质性要求是不能中标的。选项 C 完全否定了最低投标价法，是不符合文件精神的。

答案：C

17. 解 采用轻型井点降水，进行平面布置时，对沟槽宽度不大于 6m，且降水深度不超过 5m 者，可采用单排井点；对沟槽宽度大于 6m 或土质不良者，宜采用双排井点。由于单排或双排布置时，其两端的延伸长度均不应小于沟槽的宽度，故对面积较大的基坑，则宜采用环形布置。可见，对宽度为 10m 的沟槽，宜采用双排布置。需要注意的是，按照《建筑地基基础工程施工规范》（GB 51004—2015）表 7.3.1 的规定，轻型井点的排距不得大于 20m。

答案：B

18. 解 施工缝处由于连接较差，特别是粗骨料不能相互嵌固，使混凝土的抗剪强度受到很大影响。故《混凝土结构工程施工规范》（GB 50666—2011）第 8.6.1 条规定，施工缝和后浇带的位置应在混凝土浇筑前确定，并宜留设在结构受剪力较小且便于施工的位置。受力复杂的结构构件或有防水抗渗要求的结构构件，施工缝留设的位置应经设计单位确认。

答案：A

19. 解 起重及垂直运输机械的布置位置是施工方案与现场安排的重要体现，是关系到现场全局的中心一环；它直接影响到现场施工道路的规划、构件及材料堆场的位置、加工机械的布置及水电管线的安排，因此应首先布置。然后，布置运输道路，布置搅拌站、加工棚、仓库和材料、构件，布置行政管理及文化、生活、福利用临时设施，布置临时水电管网及设施。

答案：B

20. 解 确定施工起点流向时应考虑以下因素：

（1）建设单位的要求。如建设单位对生产、使用要求在先的部位应先施工。

（2）车间的生产工艺过程。先试车投产的段、跨优先施工，按生产流程安排施工流向。

（3）施工的难易程度。技术复杂、进度慢、工期长的部位或分部分项工程应先施工。

（4）构造合理、施工方便。如基础施工应“先深后浅”，一般为由下向上（逆作法除外）；当有高低跨并列时，应从并列处开始，由低跨向高跨处吊装；屋面卷材防水层应由檐口铺向屋脊；有外运土的基坑开挖应从距大门或坡道的远端开始等。

（5）保证质量和工期。如室内装饰及室外装饰面层的施工一般宜自上至下进行，有利于成品保护，但需结构完成后开始，使工期拉长；当工期极为紧张时，某些施工过程（如隔墙、抹灰等）也可自下而上，但应与结构施工保持足够的安全间隔；对高层建筑，也可采取沿竖向分区、在每区内自上而下（各区之间随结构自下而上）的装饰施工流向，既可使装饰工程提早开始以缩短工期，又易于保证质量和安全。

可见，选项B表述正确。

答案： B

21. 解 工作M的最迟开始时间为：$\mathrm{LS_M}=\mathrm{LF_M}-D_\mathrm{M}=25-6=19$天

工作M的最早开始时间为：$\mathrm{ES_M}=\max\{10,12,13\}=13$天

所以，工作M的总时差为：$\mathrm{TF_M}=\mathrm{LS_M}-\mathrm{ES_M}=19-13=6$天

答案： C

22. 解 建筑结构的可靠性包括安全性、适用性和耐久性。

答案： D

23. 解 普通钢筋混凝土梁允许带裂缝工作；只有达到承载能力极限状态时，纵向受拉钢筋才达到屈服。所以正常使用情况下，钢筋混凝土梁可以有裂缝，但纵向受拉钢筋未屈服。

答案： C

24. 解 在均布荷载作用下塑性铰线是直线。四边固定的双向板，板的负塑性铰线发生在板上部的固定边界处，板的正塑性铰线发生在板下部的正弯矩处，由板角45°向板内延伸，并与跨中水平塑性铰线相交，故选项D正确。

答案： D

25. 解 框筒结构在侧向力作用下的受力既相似于薄壁箱形结构，又有其自身的特点。在水平荷载作用下，与水平力作用方向平行的腹板框架和与水平力作用方向垂直的翼缘框架共同参与工作，因此具有空间工作性能。在翼缘框架中，角柱所受的轴力最大，通过裙梁的剪切变形向中部柱子传递，越靠近中部的柱子轴力越小，这与理想筒体结构拉、压应力均匀分布不同。在腹板框架内，各柱轴力也不是线性分布，由于裙梁的变形使得角柱的轴力偏大，中部柱子轴力偏小。这种现象称为剪力滞后，见解图。

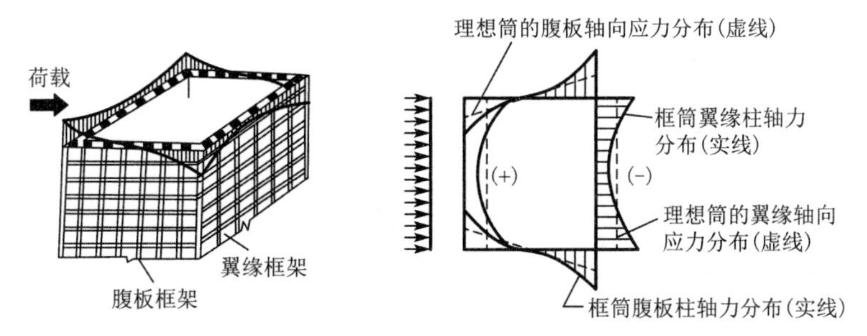

题 25 解图　框筒的剪力滞后

分析表明，随着裙梁高度（刚度）的增大，剪力滞后现象得到改善，但当裙梁的高度增加到一定程度后，剪力滞后现象改善不大。剪力滞后现象沿框筒高度是变化的，底部相对较为严重，越向上柱的轴力绝对值减小，剪力滞后现象缓和，轴力分布趋于平均。翼缘部分越长，剪力滞后也越大，中部柱的轴力会很小。因此，框筒水平尺寸过大或长方形平面都是不利的，理想的平面形状是正方形、圆形和正多边形。综上所述，选项 C 正确。

答案：C

26. 解　钢材牌号最后的字母代表钢材的质量等级，划分指标为冲击韧性。其中 A 级为不要求进行 V 型冲击试验；B 级为具有常温冲击韧性合格保证；C 级为具有 0℃（$-20℃<$工作温度$t\leqslant 0℃$）冲击韧性合格保证；D 级为具有$-20℃$（工作温度$t\leqslant -20℃$）冲击韧性合格保证。故选项 D 正确。

答案：D

27. 解　轴心受压构件整体失稳的破坏形式与截面形式有关。一般情况下，双轴对称截面，如工字形截面、H 形截面在失稳时只出现弯曲变形，称为弯曲失稳。单轴对称截面，如不对称工字形截面、T 形截面等在绕非对称轴失稳时是弯曲失稳，而绕对称轴失稳时，不仅出现弯曲变形还有扭转变形，称为弯扭失稳。对于十字形截面和 Z 形截面，除出现弯曲失稳外，还可能出现只有扭转变形的扭转失稳。

答案：D

28. 解　焊缝质量检验一般可采用外观检查及无损检测。焊缝质量检验和质量标准分为三级，一级焊缝的检验项目是外观检查和超声波探伤（或射线探伤），探伤比例 100%；二级焊缝的检验项目是外观检查和超声波探伤，探伤比例不低于 20%；三级焊缝的检查项目是对全部焊缝做外观检查。所以只做外观检查的是三级焊缝。

答案：C

29. 解　《钢结构设计标准》（GB 50017—2017）第 7.4.1 条规定，除钢管结构外，无节点板的腹杆计算长度在任意平面内均应取其几何长度。

答案：A

30. 解　由于砂浆灰缝厚度不均匀导致块材受弯、受剪，处于复杂应力状态；块材与砂浆的弹性模量及横向变形系数不同，使得块材在砌体内产生拉应力。

答案：A

31. 解 由于砌体与混凝土材料线膨胀系数不同，两种材料共同工作时，温度和收缩变形引起应力集中，导致砌体产生裂缝。为了防止或减轻砌体结构墙体的开裂，设计时应严格按《砌体结构设计规范》（GB 50003—2011）第6.5条的规定执行。

答案：D

32. 解 偏心距越大，边缘应力越大，受压承载力越小。①、②、③、④图中，偏心距越来越大，受压承载力越来越小。

答案：B

33. 解 多层砌体房屋的横向地震作用主要由横墙承担，地震中横墙间距大小对房屋倒塌影响很大，不仅横墙需具有足够的承载力，而且楼盖需具有传递地震作用给横墙的水平刚度。《砌体结构设计规范》（GB 50003—2011）对砌体房屋抗震横墙间距的限制，是为了满足楼盖对传递水平地震作用所需的刚度要求。

答案：B

34. 解 体系的计算自由度大于0、等于0、小于0都有可能的是几何可变体系。

答案：D

35. 解 取整体平衡，以BC与AD延长线的交点为矩心建立力矩平衡方程，可求得支座A的水平反力为40kN（向左），再由AD杆隔离体平衡对D点取矩可得$M_{\mathrm{DC}} = 40\mathrm{kN \cdot m}$。

答案：B

36. 解 D截面右侧弯矩$M_{\mathrm{D右}}$可由DB段隔离体平衡对D取矩求得，但需先求得支座B的竖向反力V_{B}、水平推力H_{B}及D点的竖向坐标y_{D}。

$$V_{\mathrm{B}} = \frac{5 \times 8 \times 4 + 10 \times 12 + 40}{16} = 20\mathrm{kN}(\uparrow)$$

$$H_{\mathrm{B}} = \frac{20 \times 8 - 10 \times 4 - 40}{6} = \frac{40}{3}\mathrm{kN}(\text{向左})$$

$$y_{\mathrm{D}} = \frac{4 \times 6}{16^2} \times 12 \times (16 - 12) = \frac{9}{2}\mathrm{m}$$

$$M_{\mathrm{D右}} = 20 \times 4 - \frac{40}{3} \times \frac{9}{2} = 20\mathrm{kN \cdot m}$$

答案：B

37. 解 从结构中部作水平截面取上部为隔离体，由水平力平衡条件可知，中间三角形的斜杆为零杆，然后用节点法可求得杆1的轴力为$-P$。

答案：A

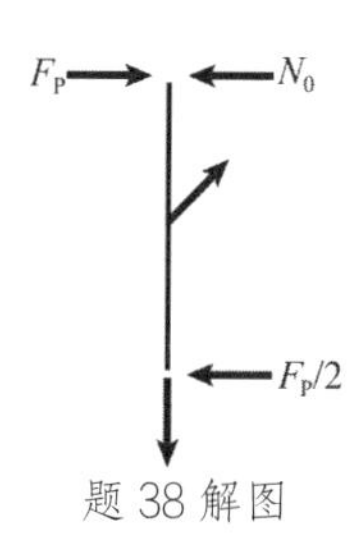

题 38 解图

38. 解 先由结构整体平衡求得支座水平反力为$F_P/2$，方向向左（也可利用对称性判断），然后取左边竖杆为隔离体（见解图），选杆中间铰为力矩中心建立力矩平衡方程，可求得杆 a 轴力为$3F_P/2$（压力）。

答案：D

39. 解 先由整体平衡求得竖向反力为 0，再取半边结构为隔离体，对中间铰取矩建立力矩平衡方程，可求得水平反力为M/L（向内）。

答案：A

40. 解 在线弹性结构位移计算公式中，刚度为分母，结构的位移与刚度成反比。

答案：C

41. 解 对称结构在对称荷载作用下，只产生对称的反力和内力，反对称的反力和内力一定为零。图示结构对水平及竖直两条杆件轴线均对称。图示荷载对水平杆轴对称，只产生对称力，反对称力为零，故知竖向链杆反力为零，水平杆弯矩为零。

答案：D

42. 解 由整体平衡求得支座水平反力为P（向左）、竖向反力为P（左下、右上）。在荷载作用下AB杆右移、刚性竖杆转动后，两个弹性杆发生相同的变形弹性曲线，中点为反弯点。设上面杆的剪力为Q，则下面杆的剪力为$Q/2$（因刚度减半）。作竖直截面，取半边结构为隔离体（见解图）建立竖向力平衡方程，可得：

$$Q+\frac{Q}{2}+P=0$$

即$Q=-\frac{2}{3}P$，则$M_{BA}=Q\frac{L}{2}=\frac{PL}{3}$（上面受拉）

题 42 解图

答案：B

43. 解 当支座A发生顺时针转动时支座B不可能向上滑动，可排除选项 C、D，选项 A 只有B端无支座、为自由端时才能发生，也可排除。

答案：B

44. 解 按力矩分配法可求得AB杆B端力矩分配系数为$1/3$，AB杆B端弯矩为$M/3$（上面受拉）。

答案：A

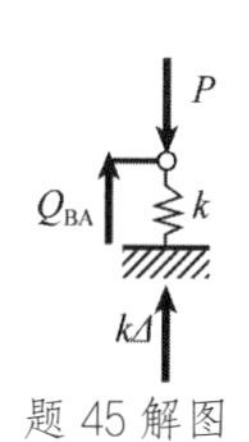

题 45 解图

45. 解 当B点下沉Δ时，截面B的剪力为$Q_{BA}=3\frac{EI}{l^3}\Delta$，作解图所示隔离体，建立竖向力平衡方程，可得：

$$Q_{BA}+k\Delta=(3+6)\frac{EI}{l^3}\Delta=P$$

$\Delta = \frac{Pl^3}{9EI}$

答案：C

46. 解 作K截面弯矩影响线并布置荷载的最不利位置，如解图所示，可得：

题 46 解图

$M_{\text{Kmax}} = 20 \times (3 + 2.5) = 110\text{kN} \cdot \text{m}$

答案：B

47. 解 两图荷载的干扰频率相同，结构自振频率相同，荷载虽未直接作用在振动质点上，计算动力反应需作适当转换，但位移动力系数计算公式仍然为$\beta = \frac{1}{1-\frac{\theta^2}{\omega^2}}$，故两图的动力系数相同。

答案：C

48. 解

$$\xi = \frac{1}{2n\pi}\ln\frac{y_k}{y_{k+n}} = \frac{1}{2 \times 10\pi}\ln\frac{y_0}{0.25\%y_0} = 0.095357$$

答案：D

49. 解 结构的动力特性是结构本身的固有参数，结构动力特性试验一般包括自由振动法、共振法、脉动法。低周反复加载试验（又称伪静力试验）的目的，首先是研究结构在地震作用下的恢复力特性，其次可以从强度、变形和能量三个方面判别和鉴定结构的抗震性能，第三是通过试验研究结构的破坏机理。

答案：A

50. 解 我国电阻应变片的名义阻值一般为120Ω。

答案：B

51. 解 《混凝土结构试验方法标准》（GB/T 50152—2012）第4.0.1条规定，混凝土结构试验中用于计算和分析的有关材料性能的参数应通过实测确定。

答案：C

52. 解 自由振动法设法（如突加荷载或突卸荷载）使结构产生自由振动，通过仪器记录下有衰减的自由振动曲线，由此可求出结构的基本频率和阻尼系数，但无法测得结构的高阶频率。

答案：A

53. 解 以上四条均为测点选择和布置的原则，不全面的为选项A，应为"在满足试验目的的前提下，测点宜少不宜多。"

答案：A

54. 解 根据太沙基一维固结理论，由$T_v = \frac{c_y t}{H^2}$，得到$t_1 = \frac{T_v {H_1}^2}{c_y}$，$t_2 = \frac{T_v {H_2}^2}{c_y}$。

依据题意可知，黏土试样厚度为25mm，黏土层厚度为4.6m，在双面排水条件下，H为土层厚度的一半，故：

$$\frac{t_1}{t_2}=\frac{{H_1}^2}{{H_2}^2}=\frac{(25\div 2)^2}{(4600\div 2)^2}$$

由题意可知，$t_1=2\text{min}45\text{s}$，可得到$t_2=64.7\text{d}$。

答案：C

55. 解 测压管水头$h=z+\frac{u}{\gamma_{\text{w}}}$，式中$z$为位置水头，$u$为孔隙水压力，$\gamma_{\text{w}}$为水的重度。

在砂堆堆放过程中，位置水头z保持不变，孔隙水压力变大，因此，测压管水头会随着时间上升。

答案：A

56. 解 根据用常用对数和自然对数表示的压缩指数的数值关系有：

$$C_1=\frac{e_1-e_2}{\ln p_2-\ln p_1}=\frac{\Delta e}{\ln(p_2/p_1)},\ C_2=\frac{e_1-e_2}{\lg p_2-\lg p_1}=\frac{\Delta e}{\lg(p_2/p_1)}$$

$$\frac{C_1}{C_2}=\frac{\lg(p_2/p_1)}{\ln(p_2/p_1)}=\frac{1}{\ln 10}$$

已知$C_1=0.00485$，可得出：$C_2=C_1\times\ln 10=0.0112$

已知应力增大为：$p_2=100p_1$，则有：

$$\Delta e=C_2\times\lg\left(\frac{p_2}{p_1}\right)=0.0112\times\lg 100=0.0224$$

即孔隙比减小了0.0224。

答案：D

57. 解 试样面积$A=\frac{1}{4}\pi d^2=\frac{1}{4}\times 3.14\times 0.038^2=0.00113354\text{m}^2$

轴向力$F=45.3\text{N}$，干砂$c=0$，竖向应力增量为$\Delta\sigma_1=F/A=45.3/0.00113354=39.96\text{kPa}$

已知围压σ_3为24.33kPa，则$\sigma_1=\Delta\sigma_1+\sigma_3$

根据极限平衡条件$\sigma_3=\sigma_1\tan^2(45°-\varphi/2)=(\Delta\sigma_1+\sigma_3)\tan^2(45°-\varphi/2)$

该样品的内摩擦角$\varphi=26.8°$

答案：D

58. 解 根据《岩土工程勘察规范》（GB 50021—2001）关于标准贯入试验的规定，相当于30cm的标准贯入试验锤击数N为：

$$N=30\times\frac{50}{\Delta S}=30\times\frac{50}{25}=60\text{ 击}$$

答案：A

59. 解

$$f_{\text{a}}=f_{\text{ak}}+\eta_{\text{b}}\gamma(b-3)+\eta_{\text{d}}(d-0.5)$$

由题意可知，$f_{\text{ak}}=100\text{kPa}$，基础埋深为$d=d_1(\text{水位上})+d_2(\text{水位下})$，埋深范围内地下水位以上$d_1=2\text{m}$，水位以上土的重度$\gamma_1=16\text{kN/m}^3$，水位以下土有效重度取为$\gamma_2=20-10=10\text{kN/m}^3$，水位

至基础底面的距离为d_2，基底埋深范围内土的加权平均重度为：

$$\gamma_m = \frac{16\times 2 + 10\times d_2}{2+d_2} = \frac{32+10d_2}{2+d_2}$$

深度修正系数为$\eta_d = 1.5$，基础宽度$b = 3\text{m}$，故：

$$166 = 100 + 1.5\times\gamma_m\times(d-0.5) = 100 + 1.5\times\frac{16\times 2 + 10\times d_2}{2+d_2}\times(2+d_2-0.5)$$

则d_2最小为 1.85m 时，承载力满足$f_a = 166\text{kPa}$的要求。根据题意，即地基承载力须达到 166kPa 时，基础埋深最小为$d = d_1 + d_2 = 2 + 1.85 = 3.85\text{m} \approx 3.9\text{m}$。

答案：B

60. 解　根据《建筑桩基技术规范》（JGJ 94—2008）第 3.3.2 条第 3 款规定，抗震设防烈度为 8 度及以上地区，不宜采用预应力混凝土管桩（PC）和预应力混凝土空心方桩（PS）。

答案：C

2021年度全国勘察设计一级注册结构工程师

执业资格考试试卷

基础考试

（下）

二〇二一年十月

应考人员注意事项

1. 本试卷科目代码为“2”，考生务必将此代码填涂在答题卡“科目代码”相应的栏目内，否则，无法评分。
2. 书写用笔：**黑色或蓝色钢笔、签字笔或圆珠笔**；

   填涂答题卡用笔：**黑色 2B 铅笔**。
3. 必须用书写用笔将工作单位、姓名、准考证号填写在答题卡和试卷相应的栏目内。
4. 本试卷由 60 题组成，每题 2 分，满分 120 分，本试卷全部为单项选择题，每小题的四个备选项中只有一个正确答案，错选、多选、不选均不得分。
5. 考生作答时，必须按**题号在答题卡上**将相应试题所选选项对应的**字母用 2B 铅笔涂黑**。
6. 在答题卡上书写与题意无关的语言，或在答题卡上作标记的，均按违纪试卷处理。
7. 考试结束时，由监考人员当面将试卷、答题卡一并收回。
8. 草稿纸由各地统一配发，考后收回。

单项选择题（共 60 题，每题 2 分。每题的备选项中只有一个最符合题意。）

1. 受水浸泡或处于潮湿环境中的重要建筑物所用材料，其软化系数：

A. >0.5　　B. >0.75

C. >0.85　　D. >0.9

2. 对于要求承受冲击荷载作用的土木工程结构，其所用材料应具有较高的：

A. 弹性　　B. 塑性

C. 脆性　　D. 韧性

3. 我国颁布的通用硅酸盐水泥标准中，符号“P·I”代表：

A. 普通硅酸盐水泥　　B. 硅酸盐水泥

C. 粉煤灰硅酸盐水泥　　D. 复合硅酸盐水泥

4. 配制高质量混凝土的基础是骨料的密实堆积，而实现骨料密实堆积需要骨料具有良好的：

A. 密度和强度　　B. 强度和含水量

C. 粒形和级配　　D. 强度和孔隙率

5. 我国使用立方体试块来测定混凝土抗压强度，其标准试块的边长为：

A. 100mm　　B. 125mm

C. 150mm　　D. 200mm

6. 冷弯试验除了可用来评价钢材的塑性变形能力外，还可用来评价钢材的：

A. 强度　　B. 冷脆性

C. 焊接质量　　D. 时效敏感性

7. 木材加工前，应将其干燥至：

A. 绝对干燥状态　　B. 标准含水状态

C. 平衡含水状态　　D. 饱和含水状态

8. 下列关于大地水准面的描述，正确的是：

A. 有无穷多个　　B. 外业测量基准面

C. 计算的基准面　　D. 绘图的基准面

9. 1：1000 的地形图宜采用：

A. 6°带高斯-克吕格投影

B. 3°带高斯-克吕格投影

C. 正轴等角割圆锥投影

D. 方位投影

10. 竖直角观测法中，竖盘指标差x可由下列何种方法计算？（盘左读数为L，盘右读数为R）

A. $x = R + L - 360°$

B. $x = R + L - 180°$

C. $x = \frac{1}{2}(R + L - 180°)$

D. $x = \frac{1}{2}(R + L - 360°)$

11. 高层建筑施工测量中，当建筑物总高H大于 150m，小于或等于 200m 时，轴线竖向投测偏差的控制精度为：

A. 40mm　　B. 50mm

C. 20mm　　D. 30mm

12. 设Δ为一组同精度观测值的偶然误差（真误差），下列可作为其中误差表达式的为：

A. $m = \sqrt{\frac{[\Delta\Delta]}{n}}$　　B. $m = \pm\sqrt{\frac{[\Delta\Delta]}{n-1}}$

C. $m = \pm\sqrt{\frac{[\Delta\Delta]}{n}}$　　D. $m = \sqrt{\frac{[\Delta\Delta]}{n-1}}$

13. 某建设单位于 2010 年 3 月 20 日领到施工许可证，但由于周边关系协调问题，一直没开工，下列有关说法正确的是：

A. 则其应于 2010 年 9 月 20 日之前申请延期

B. 若建设单位于 2010 年 5 月 20 日申请延期，则应于 2010 年 6 月 20 日之前开工

C. 建设单位在申请一次延期后，仍不能按时开工，则不能再次申请延期

D. 建设单位超过法定期限，既不开工又不申请延期，施工许可证作废

14. 招标人的下列行为不符合《中华人民共和国招标投标法》的是：

A. 在具有招标文件和评标能力的条件下，自行办理招标

B. 自行选择招标代理机构，并委托其办理招标

C. 不设置标底

D. 在招标公告中要求投标人必须为本地法人

15. 根据《中华人民共和国安全生产法》，从业人数不超过 100 人的设计单位：

A. 应当设置安全管理机构，并配备兼职安全生产管理人员

B. 应当设置安全管理机构，或配备专职安全生产管理人员

C. 不必设置专职安全管理机构，但必须配备专职或兼职安全管理人员

D. 可委托具有国家规定的相关专业技术人员提供安全管理服务

16. 甲某于 2010 年 4 月 20 日进行了一级结构工程师注册，若有效期届满前需要继续注册，其办理手续的最晚时间是：

A. 2012 年 3 月 20 日　　B. 2013 年 3 月 20 日

C. 2012 年 4 月 5 日　　D. 2013 年 4 月 5 日

17. 沉管灌注桩的承载力与施工方法有关，其承载能力由低到高为：

A. 复打法，单打法，反插法　　B. 单打法，复打法，反插法

C. 单打法，反插法，复打法　　D. 反插法，单打法，复打法

18. 某冬季施工使用普通硅酸盐水泥拌制的 C40 混凝土施工，允许混凝土受冻的最低强度为：

A. $5N/mm^2$　　B. $9N/mm^2$

C. $12N/mm^2$　　D. $16N/mm^2$

19. 吊装小型单层工业厂房的结构构件时，宜采用：

A. 履带式起重机　　B. 附着式塔式起重机

C. 人字拔杆式起重机　　D. 轨道式塔式起重机

20. 已知某工程有五个施工过程，分成 3 段组织全等节拍流水施工，工期为 55 天，工艺间歇和组织间歇的总和为 6 天，则各施工过程的流水步距为：

A. 3 天　　B. 5 天

C. 8 天　　D. 7 天

21. 横道图计划与网络计划相比，优点为：

A. 表达方式直观

B. 工作之间的逻辑关系清楚

C. 适用于手工编制计划

D. 适用于计划调整工作量的项目

22. 钢筋混凝土结构对钢筋性能的需求不包括：

A. 强度　　　　B. 耐火性

C. 塑性　　　　D. 与混凝土的黏结能力

23. 钢筋混凝土结构正截面承载力计算中，不考虑受拉区混凝土作用的原因是：

A. 受拉区混凝土全部开裂

B. 混凝土抗拉强度很低

C. 受拉区混凝土承担拉力很小，且靠近中和轴导致其获得的内力矩也很小

D. 平截面假定

24. 对于平面形状为矩形，且长短边之比不小于 3 的钢筋混凝土板，不应按单向板计算的是：

A. 仅在一边嵌固板　　　　B. 两对边支承板

C. 两邻边支承板　　　　D. 四边支承板

25. 根据我国相关抗震设计要求，以下说法错误的是：

A. 强柱弱梁　　　　B. 强节点

C. 强弯弱剪　　　　D. 强锚固

26. 增加钢结构钢材中的硫和磷含量可以：

A. 增加钢材的可焊性　　　　B. 降低钢材的塑性变形能力

C. 提高钢材的强度　　　　D. 提高结构的疲劳寿命

27. 简支吊车梁合理的截面形式为：

A.　　　　B.　　　　C.　　　　D.

28. 计算图中高强度螺栓承压型连接节点时，螺栓的：

A. 抗剪承载力设计值取$N_{\mathrm{v}}^{\mathrm{b}} = 0.9n_{\mathrm{f}}\mu P$

B. 抗压承载力设计值取$N_{\mathrm{c}}^{\mathrm{b}} = d\sum t\, f_{\mathrm{c}}^{\mathrm{b}}$

C. 抗拉承载力设计值取$N_{\mathrm{t}}^{\mathrm{b}} = 0.8P$

D. 以上三个计算公式都正确

29. 图示（尺寸单位：mm）槽钢屋架钢板节点采用角焊缝连接，每条焊缝l_w为：

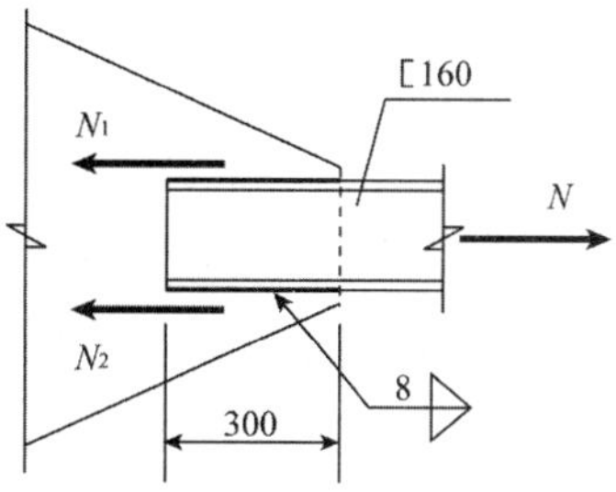

A. 300mm

B. 480mm

C. 292mm

D. 284mm

30. 砌体的弹性模量与下列哪些因素相关？

①砂浆强度等级；②块材类型；③砌体抗压强度；④砌体抗拉强度。

A. ①③ B. ①④

C. ①② D. ②③

31. 砌体结构中关于构造柱的作用，下列说法正确的是：

①提高砌体房屋的抗震性能；

②对砌体起约束作用，使砌体的变形性能提高；

③增加房屋刚度；

④提高墙的高度限值。

A. ①②④ B. ①③④

C. ①② D. ②③

32. 刚性和刚弹性方案房屋的横墙应符合一定要求，其中下列对多层砌体房屋的横墙厚度和长度的要求，正确的是：

①厚度不宜小于 120mm；

②厚度不宜小于 180mm；

③横墙长度不宜小于横墙高度的一半；

④横墙长度不宜小于横墙高度。

A. ①③ B. ①④

C. ②③ D. ②④

33. 多层砌体房屋中刚性方案的外墙，符合一定要求时静力计算可不考虑风荷载的影响，其要求是：

①屋面自重不小于$0.8\mathrm{kN/m^2}$；

②基本风压值为$0.4\mathrm{kN/m^2}$时，层高≤4m，房屋的总高≤28m；

③基本风压值为$0.6\mathrm{kN/m^2}$时，层高≤4m，房屋的总高≤24m；

④洞口水平截面面积不超过全截面面积的2/3。

A. ①②④　　　B. ①③④

C. ②③　　　D. ②④

34. 若某体系的计算自由度为0，则该体系：

A. 几何不变　　　B. 几何常变

C. 几何瞬变　　　D. 均有可能

35. 图示刚架M_{DC}大小为：

A. 20kN · m

B. 40kN · m

C. 60kN · m

D. 80kN · m

36. 图示桁架 a 杆轴力为：

A. −15kN

B. −20kN

C. −25kN

D. −30kN

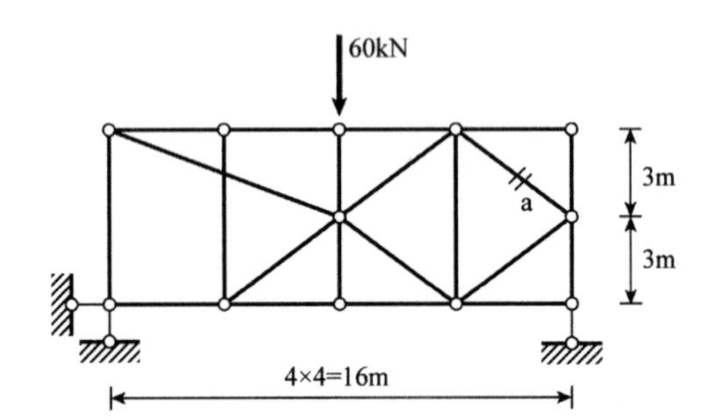

37. 图所示三铰拱支座B的水平反力（以向右为正）等于：

A. 0

B. $\frac{1}{2}P$

C. $\frac{\sqrt{2}}{2}P$

D. P

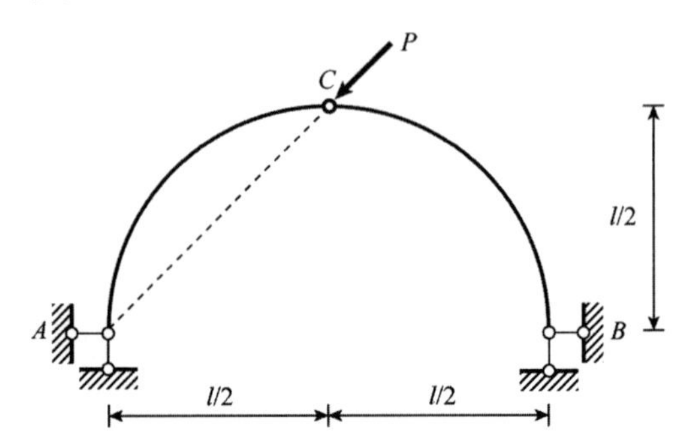

38. 图示结构中反力$F_{\rm H}$为：

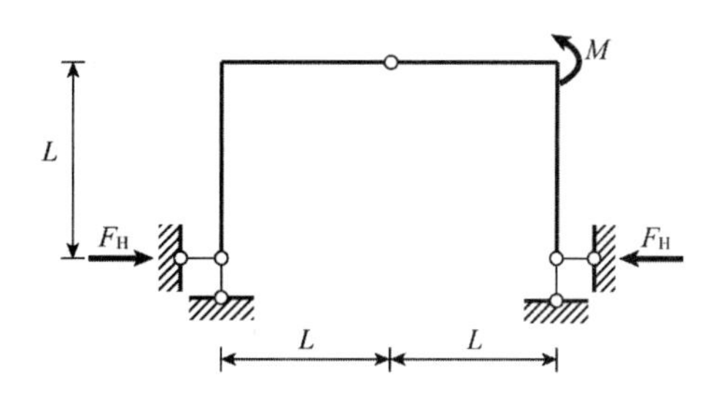

A. $\frac{M}{L}$

B. $-\frac{M}{L}$

C. $\frac{M}{2L}$

D. $-\frac{M}{2L}$

39. 图示简支梁B端转角位移$\theta_{\rm B}$大小为：

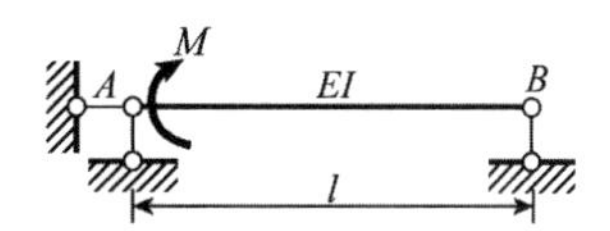

A. $\frac{Ml}{EI}$

B. $\frac{Ml}{2EI}$

C. $\frac{Ml}{3EI}$

D. $\frac{Ml}{6EI}$

40. 图示结构忽略轴向变形和剪切变形。若增大弹簧刚度k，则A点水平位移$\Delta_{\rm AH}$：

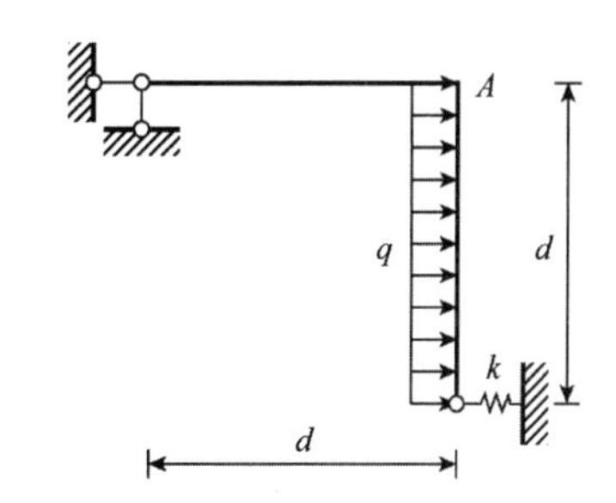

A. 增大

B. 减小

C. 不变

D. 可能增大，亦可能减小

41. 图示结构EI =常数，在给定荷载作用下，$F_{\rm QBC}$为：

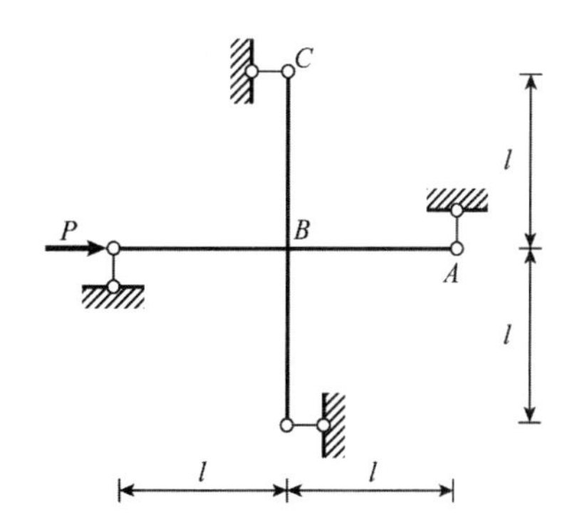

A. $P/4$

B. $P/2$

C. $-P/4$

D. $-P/2$

42. 图示结构$M_{\rm BA}$值的大小为：

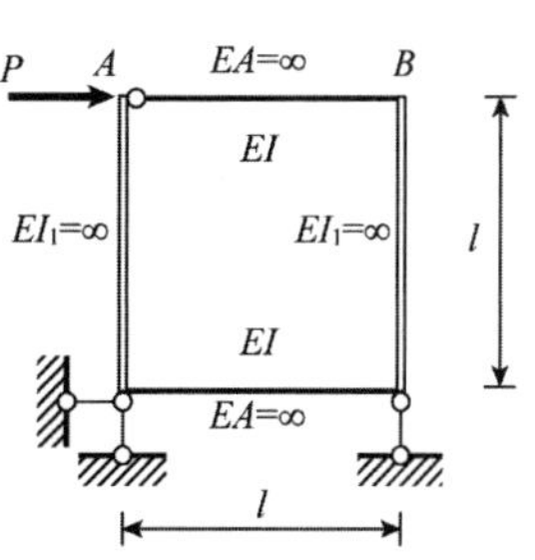

A. $Pl/2$

B. $Pl/3$

C. $Pl/4$

D. $Pl/5$

43. 图示结构EI =常数，当支座A发生转角θ时，支座B处梁截面弯矩大小为：

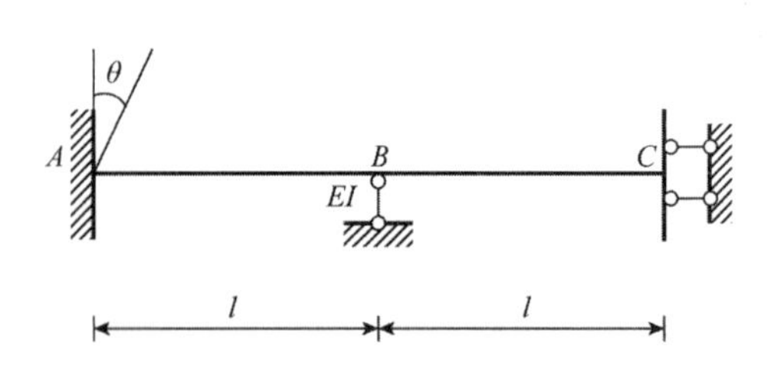

A. $\frac{2}{5}\frac{EI}{l}\theta$

B. $\frac{1}{2}\frac{EI}{l}\theta$

C. $\frac{EI}{l}\theta$

D. $2\frac{EI}{l}\theta$

44. 图示结构用力矩分配法计算时，分配系数μ_{AC}为：

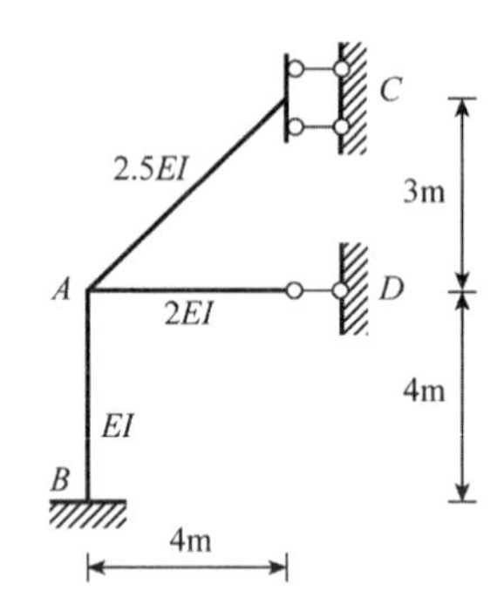

A. 1/6

B. 4/9

C. 1/5

D. 4/11

45. 图示结构B处弹性支座的弹簧刚度$k = 6EI/l^3$，则B截面转角位移大小为：

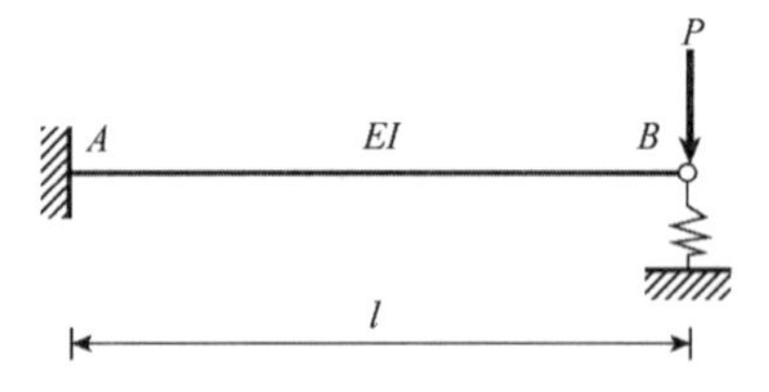

A. $\frac{Pl^2}{12EI}$

B. $\frac{Pl^2}{6EI}$

C. $\frac{Pl^2}{4EI}$

D. $\frac{Pl^2}{3EI}$

46. 图示简支梁移动荷载下截面K的最大弯矩值是：

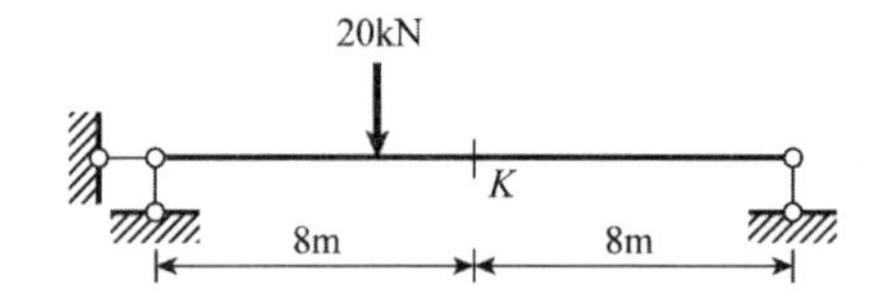

A. 40kN · m

B. 80kN · m

C. 120kN · m

D. 160kN · m

47. 图示单自由度体系受简谐荷载作用，简谐荷载频率等于结构自振频率的 2 倍，则位移的动力放大系数为：

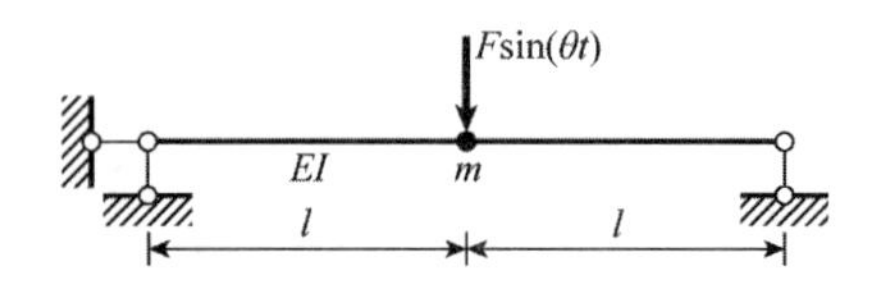

A. 2

B. 4/3

C. −1/2

D. −1/3

48. 单自由度体系自由振动时，实测振动 10 周后振幅衰减为$y_{10} = 0.01\, y_0$，则阻尼比等于：

A. 0.02　　B. 0.05

C. 0.0733　　D. 0.1025

49. 在测定材料力学性能试验中，下列阐述不正确的是：

A. 截面较小而高度较低的试件得出的抗压强度偏高

B. 混凝土试件的环箍效应对截面小的试件作用比对截面大的试件的作用要小

C. 材料的弹性模量会随着加载速度的增加而提高

D. 钢筋的强度会随着加载速度的增加而提高

50. 混凝土结构试验时，从加载结束至下一级开始加载，每级荷载的间歇时间不应少于：

A. 30min　　B. 20min

C. 10min　　D. 5min

51. 在确定试验的观测项目时，应该按哪一项考虑？

A. 整体变形测量

B. 局部变形测量

C. 首先考虑整体变形测量，其次考虑局部变形测量

D. 首先考虑局部变形测量，其次考虑整体变形测量

52. 屋架杆件的内力测量可能有下列四个，当屋架杆件不是薄壁杆件时，下面不需考虑的内力是：

A. 轴力（N）　　B. 弯矩（M_x）

C. 弯矩（M_y）　　D. 扭矩（T）

53. 下列用于混凝土强度的非破损检测的方法中，检测和分析评定结果的精度与可靠性低的为：

A. 超声波法　　B. 超声回弹综合法

C. 超声钻芯综合法　　D. 声速衰减系数综合法

54. 一砂土地基中，水位为地面下 1.5m 处，地下水以上砂土的天然重度为$17\mathrm{kN/m^3}$，而饱和砂土层重度为$19\mathrm{kN/m^3}$，那么埋深 4.5m 处的总竖向应力为：

A. 162kPa　　B. 111kPa

C. 85.5kPa　　D. 82.5kPa

55. 有一饱和软黏土地基，先将原来一直堆放着的重物快速移走，如果有一个测压管埋置在重物正下方的一定深度处，重物移走过程中，测压管水头会随时间：

A. 上升　　B. 不变

C. 下降　　D. 不确定

56. 土体的孔隙率为 52.29%，那么该土的孔隙比为：

A. 0.3434　　B. 0.4771

C. 0.9124　　D. 1.096

57. 对应直接剪切试验的快剪、固结快剪和慢剪试验，三轴压缩仪中进行的试验分别为：

A. 三轴压缩不固结不排水试验、固结不排水试验和固结排水试验

B. 三轴压缩固结排水试验、不固结不排水试验和固结不排水试验

C. 三轴压缩固结不排水试验、不固结不排水试验和固结排水试验

D. 三轴压缩固结排水试验、固结不排水试验和不固结不排水试验

58. 当采用标准贯入试验判别场地地震液化时，在需做判定的土层中，试验点的竖向间距为 1.0~1.5m，每层土的试验点数不宜少于：

A. 3 个　　B. 4 个

C. 5 个　　D. 6 个

59. 墙下条形基础埋深3m，受轴心荷载作用，上部结构传至基础顶面的竖向力为600kN/m，基础自重和基础上的土重可按综合重度20kN/m^{3}考虑，若修正后的地基承载力特征值为260kPa，则为满足地基承载力要求，条形基础最小宽度为：

A. 3m　　B. 4m

C. 5m　　D. 6m

60. 下列不会对已施工好的摩擦桩身产生向下摩阻力的情况是：

A. 桩顶荷载增大

B. 桩穿过欠固结的软黏土，而支撑于较坚硬的土层，桩周土在自重作用下随时间逐渐固结

C. 地下水位全面下降

D. 桩周自重湿陷性黄土浸水下沉

2021年度全国勘察设计一级注册结构工程师执业资格考试基础考试（下）试题解析及参考答案

1. 解 受水浸泡或处于潮湿环境中重要建筑物所用材料，应该为耐水材料，其软化系数应大于0.85。

答案：C

2. 解 在外力作用下材料发生变形，外力取消后变形消失，材料能完全恢复原来形状的性质称为弹性。在外力作用下材料发生变形，外力取消后仍保持变形后的形状和尺寸，但不产生裂缝的性质称为塑性。材料受外力作用，当外力达到一定数值时，材料发生突然破坏，且破坏时无明显的塑性变形，这种性质称为脆性。材料在冲击或振动荷载作用下，能吸收较大的能量，同时产生较大的变形而不破坏的性质称为韧性。所以对于要求承受冲击荷载作用的土木工程结构，其所用材料应具有较高的韧性。

答案：D

3. 解 我国颁布的通用硅酸盐水泥标准中，普通硅酸盐水泥的代号为P·O，硅酸盐水泥的代号为P·I和P·II，粉煤灰硅酸盐水泥的代号为P·F，复合硅酸盐水泥的代号为P·C。

答案：B

4. 解 当骨料堆积后空隙率越小，表明骨料堆积越密实。而骨料的粒形和级配是影响其堆积后空隙率的主要因素。当骨料粒形为小立方体或球形（即控制针片状颗粒）时，可以密实堆积；合理级配可以使骨料密实堆积。所以配制高质量混凝土时，骨料应具有良好的粒形和级配。

答案：C

5. 解 《混凝土物理力学性能试验方法标准》（GB/T 50081—2019）规定，测定混凝土立方体抗压强度的标准试件为边长150mm的立方体试件。

答案：C

6. 解 冷弯性能指钢材在常温下承受弯曲变形的能力。冷弯试验是通过试件弯曲处的塑性变形来实现的，能在一定程度上揭示钢材内部是否存在组织不均匀、内应力和夹杂物以及焊件施焊部位是否存在未融合、微裂缝、夹杂物等缺陷。所以，冷弯试验不仅可以用来评价钢材的塑性变形能力，还可以用来评价钢材的焊接质量。

答案：C

7. 解 木材含水率等于或接近零时的状态为绝对干燥状态；含水率与大气湿度相平衡时的状态称为平衡含水状态；木材孔隙含水达到饱和时的状态为饱和含水状态；因为含水率对木材强度影响很大，标准规定木材含水率为12%时的强度为标准强度，则含水率为12%时的状态为标准含水状态。为了避免木材含水率与环境湿度不同而产生体积胀缩变化，木材加工前应将其干燥至平衡含水状态。

答案：C

8. 解 大地水准面是外业测量工作的基准面。

答案：B

9. 解 我国国家基本比例尺地形图中，大中比例尺地形图采用高斯-克吕格投影，其中 1 : 2.5 万～1 : 50 万地形图采用 6° 带投影，1 : 1 万及更大比例尺地形图采用 3° 带投影，故 1 : 1000 的地形图宜采用 3° 带高斯-克吕格投影。

答案：B

10. 解 竖直角观测法中，竖盘指标差x可由$x=\frac{1}{2}(R+L-360°)$计算。

答案：D

11. 解 当建筑物总高H大于 150m 且小于或等于 200m 时，建筑物轴线竖向投测偏差应控制的精度为 30mm。参阅：《工程测量标准》(GB 50026—2020)。

答案：D

12. 解 在已知同精度观测值真误差Δ的情况下，中误差计算公式为：$m=\pm\sqrt{\frac{[\Delta\Delta]}{n}}$。

答案：C

13. 解 《中华人民共和国建筑法》第九条规定，建设单位应当自领取施工许可证之日起三个月内开工。因故不能按期开工的，应当向发证机关申请延期；延期以两次为限，每次不超过三个月。既不开工又不申请延期或者超过延期时限的，施工许可证自行废止。

答案：D

14. 解 依据《中华人民共和国招标投标法》第十二条，招标人有权自行选择招标代理机构，委托其办理招标事宜。任何单位和个人不得以任何方式为招标人指定招标代理机构。

招标人具有编制招标文件和组织评标能力的，可以自行办理招标事宜。

第十八条，……招标人不得以不合理的条件限制或者排斥潜在投标人，不得对潜在投标人实行歧视待遇。

根据以上条文，选项 D 以不合理的条件限制或排斥潜在的投标人。

答案：D

15. 解 《中华人民共和国安全生产法》第二十四条规定，矿山、金属冶炼、建筑施工、运输单位和危险物品的生产、经营、储存、装卸单位，应当设置安全生产管理机构或者配备专职安全生产管理人员。

前款规定以外的其他生产经营单位，从业人员超过一百人的，应当设置安全生产管理机构或者配备专职安全生产管理人员；从业人员在一百人以下的，应当配备专职或者兼职的安全生产管理人员。

答案：C

16. 解 《勘察设计注册工程师管理规定》第十二条规定，注册工程师每一注册期为 3 年，注册期满需继续执业的，应在注册期满前 30 日，按照本规定第七条规定的程序申请延续注册。

答案：B

17. 解 单打法成桩的断面一般不超过桩管断面的 1.3 倍，反插法成桩的断面有时可达到桩管断面的 1.5 倍，复打法成桩的断面可达到桩管断面的 1.8 倍，承载力大幅度提高。

答案：C

18. 解 《混凝土结构工程施工规范》(GB 50666 —2011）第 10.2.12 条关于冬期施工的混凝土受冻临界强度规定，采用硅酸盐水泥或普通硅酸盐水泥配制的混凝土，不应低于设计强度等级值的 30%；采用矿渣硅酸盐水泥、粉煤灰硅酸盐水泥、火山灰质硅酸盐水泥、复合硅酸盐水泥配制的混凝土，不应低于设计强度等级值的 40%；抗渗混凝土，不应低于设计强度等级值的 50%；有抗冻耐久性要求的混凝土，不应低于设计强度等级值的 70%。因本题为使用普通硅酸盐水泥拌制的 C40 混凝土，故最低强度为$40 \times 30\% = 12\mathrm{N/mm^2}$。

答案：C

19. 解 本题主要考查各种起重机的特点及适用范围。一般对 5 层以下的民用建筑或高度在 18m 以下的单层、多层工业厂房，可采用履带式、汽车式或轮胎式等自行杆式起重机；对 10 层以下的民用建筑宜采用轨道式塔式起重机，对于高层建筑可采用附着式塔式起重机，对于超高层建筑宜采用爬升式塔式起重机。拔杆式起重机移动困难，不适于厂房的结构吊装。可见，本题中“履带式起重机”较宜，故选 A。

答案：A

20. 解 本题考查的是流水工期计算公式。

由题可知，施工过程数$n = 5$；施工段数$m = 3$；施工层数未给，即层数$r = 1$；流水工期$T = 55$天；施工过程间歇（包括一层内的工艺间歇和组织间歇总和）$\sum S = 6$；无搭接，即$\sum C = 0$。

全等节拍流水工期的计算公式：

$$T = (rm + n - 1)K + \sum S - \sum C$$

代入数据，即：

$$55 = (1 \times 3 + 5 - 1)K + 6 - 0$$

解得流水步距$K = 7$天

注意：由于全等节拍流水施工的最重要的特点是各个施工过程的流水节拍全部相等，且流水步距等于流水节拍，故若该题改为求各施工过程的流水节拍，则结果不变。

答案：D

21. 解 横道图计划的优点：①形象直观（因为有时间坐标，各项工作的起止时间、作业持续时间、工作进度、总工期，以及流水作业状况都能一目了然）、通俗易懂、易于编制、流水表达清晰；②便于叠加计算资源需求量。缺点：不能反映各工作间的逻辑关系，不能反映哪些是主要的、关键性的工作，看不出计划中的潜力所在，也不能使用计算机进行计算、优化、调整。

网络计划的优点：①各项工作之间的逻辑关系表达清楚；②可以找出关键工作和关键线路；③可以进行各种时间参数的计算，找到计划的潜力，可以进行优化；④在计划执行过程中，对后续工作及总工期有预见性；⑤可利用计算机进行计算、优化、调整。缺点：①不能清晰地反映流水情况；②非时标的网络计划，不便于计算资源需求量。

可见，“表达方式直观”是横道图计划相比网络计划较为突出的优点。

答案：A

22. 解 钢筋与构件边缘之间的混凝土保护层，起着防止钢筋锈蚀和高温软化的作用，可提高结构的耐久性（耐火性），所以钢筋混凝土结构对钢筋性能的需求不包括耐火性。

答案：B

23. 解 混凝土的抗拉强度很低，在很小的荷载作用下受拉区开裂，在裂缝截面处，受拉区混凝土大部分退出工作，拉应力基本上由钢筋承担，只有靠近中和轴的很小部分混凝土受拉，其提供的内力矩也很小，所以在正截面承载力计算时，不考虑受拉区混凝土的作用。

答案：C

24. 解 根据《混凝土结构设计规范》（GB 50010—2010）第 9.1.1 条第 2 款 3），四边支承的板，当长边与短边长度之比不小于 3 时，宜按沿短边方向受力的单向板计算（选项 D 错）。选项 A，一边嵌固的板为悬臂板，应按单向板计算； 选项 B，两对边支承的板，无论长短边之比是多少，均属于单向受弯的板。选项 C，两邻边支承的板，是通过两个方向受弯将荷载传递给两相邻支承边的，不应按单向板计算。

答案：C

25. 解 根据《建筑抗震设计规范》（GB 50011—2010）（2016 年版）第 3.5.4 条第 2 款，混凝土结构构件应控制截面尺寸和受力钢筋、箍筋的设置，防止剪切破坏先于弯曲破坏（强剪弱弯）、混凝土的压溃先于钢筋的屈服（强柱弱梁）、钢筋的锚固黏结破坏先于钢筋破坏（强锚固黏结弱钢筋）。根据第 3.5.5 条，构件节点的破坏，不应先于其连接的构件（强节点弱构件）；预埋件的锚固破坏，不应先于连接件（强锚固弱连接）。综上所述，选项 C 不正确。

答案：C

26. 解 硫和磷是钢材中的有害元素。硫与铁的化合物为硫化铁，可使钢材的塑性、冲击韧性、疲劳强度和抗锈蚀性等大大降低。硫的含量过大，不利于钢材的焊接和热加工。磷的存在，可使钢材的强度和抗锈蚀性提高，但将严重降低钢材的塑性、冲击韧性、冷弯性能等，低温时使钢材变脆（冷脆），不利于钢材冷加工。

答案： B

27. 解 实腹式吊车梁一般采用工字形截面，设计时假定吊车横向水平荷载产生的弯矩全部由吊车梁上翼缘承受。另外，吊车梁上翼缘的宽度还应考虑固定轨道所需的构造尺寸要求，所以吊车梁应采用上翼缘宽、下翼缘窄的非对称工字形截面。

答案： A

28. 解 根据《钢结构设计标准》（GB 50017—2017）第 11.4.3 条，承压型连接的高强度螺栓的预拉力P与摩擦型连接相同；抗剪、抗拉和抗压承载力设计值的计算方法与普通螺栓相同。图示高强度螺栓承压型连接中应进行抗剪、抗压承载力设计。选项 A、C 为摩擦型高强度螺栓连接的抗剪和抗拉承载力设计值的计算公式。

答案： B

29. 解 根据《钢结构设计标准》（GB 50017—2017）第 11.2.2 条，每条角焊缝的计算长度取其实际长度减去$2h_{\rm f}$（$h_{\rm f}$为焊脚尺寸），即$l_{\rm w}=300-2h_{\rm f}=300-2\times8=284\rm mm$。

答案： D

30. 解 根据《砌体结构设计规范》（GB 50003—2011）第 3.2.5 条表 3.2.5-1，砌体的弹性模量与砌体的种类（块材类型）、砂浆的强度等级有关。

答案： C

31. 解 设置构造柱后可以提高砌体的变形性能，提高砌体房屋的抗震性能，但并不能增加砌体房屋的抗侧刚度，①、②项正确，③项错误。根据《砌体结构设计规范》（GB 50003—2011）第 6.1.2 条，设置构造柱可以提高墙的允许高厚比$[\beta]$，④项正确。

答案： A

32. 解 根据《砌体结构设计规范》（GB 50003—2011）第 4.2.2 条，刚性和刚弹性方案房屋的横墙应符合下列规定：横墙中有洞口时，洞口的水平截面面积不应超过横墙截面面积的 50%；横墙的厚度不宜小于 180mm；单层房屋的横墙长度不宜小于其高度，多层房屋的横墙长度不宜小于$H/2$（H为横墙总高度），②、③项满足要求。

答案： C

33. 解 根据《砌体结构设计规范》(GB 50003—2011)第 4.2.6 条第 2 款 1)、3)和表 4.2.6，当外墙符合下列要求时，静力计算可不考虑风荷载的影响：1)洞口水平截面面积不超过全截面面积的2/3；2)基本风压值为0.4kN/m^2时，层高≤4m，房屋的总高≤28m；3)基本风压值为0.6kN/m^2时，层高≤4m，房屋的总高≤18m；4)屋面自重不小于0.8kN/m^2。①、②、④项满足要求。

答案：A

34. 解 计算自由度为零时，体系不变、常变、瞬变都有可能。

答案：D

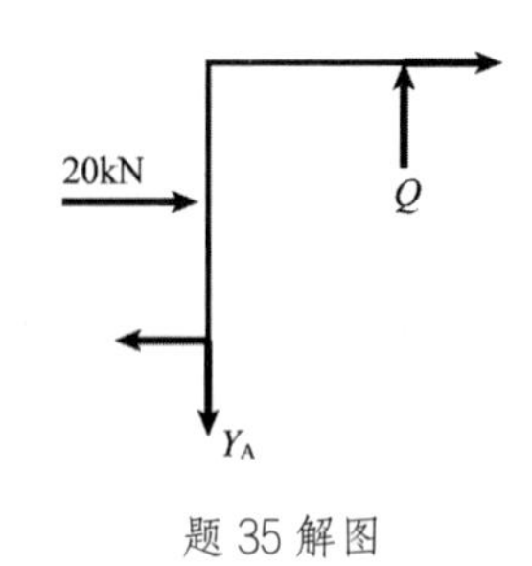

题 35 解图

35. 解 整体平衡可得支座A的竖向反力$Y_A = 5\text{kN}$(向下)

取C左隔离体(见解图)平衡，可得铰C截面剪力值$Q_C = 5\text{kN}$

所求弯矩$M_{DC} = 5\text{kN} \times 4\text{m} = 20\text{kN} \cdot \text{m}$(内侧受拉)

答案：A

36. 解 先由结构整体平衡求得支座反力后，作解图所示隔离体图，判断零杆，由平衡条件可得$N_a = -25\text{kN}$。

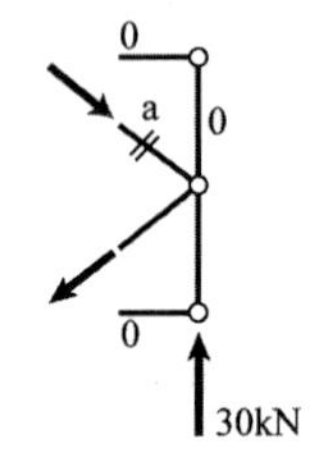

题 36 解图

答案：C

37. 解 本题AC部分为二力平衡，支座B的反力为零。

或先由结构整体平衡对A取矩，可知B的竖向反力为零；再取CB隔离体平衡，对C取矩(即M_C)为零，可得B的水平反力为零。

答案：A

38. 解 先考虑结构整体平衡，求得两个竖向反力值为$\frac{M}{2L}$(左上右下)；再取半结构平衡，对顶铰取矩(即M_C)为零,求得水平反力为$F_H = \frac{M}{2L}$。

答案：C

39. 解 作荷载弯矩图及求位移的单位弯矩图(见解图)，图乘可得：

$$\theta_B = \frac{1}{EI}\left(\frac{ML}{2}\right)\left(\frac{1}{3}\right) = \frac{ML}{6EI}$$

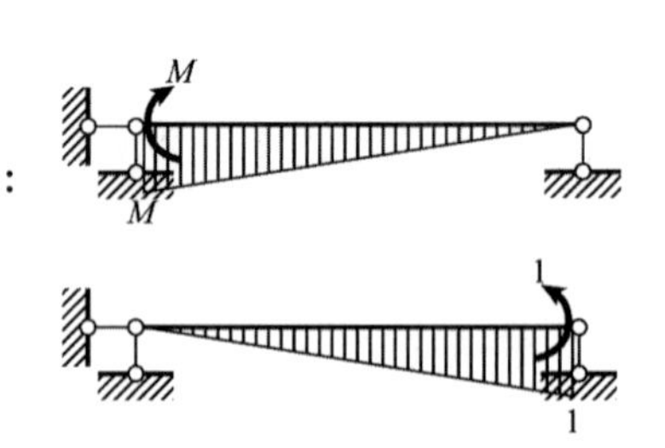

题 39 解图

答案：D

40. 解 既然忽略轴向变形，杆件长度不变，则A点水平位移为零，保持不变。

答案：C

41. 解 利用对称性，可判断两个水平链杆反力均为$P/2$(向左)，所求剪力为$F_{QBC} = -P/2$。

答案：D

42. 解 用静力平衡条件求得反力后，利用对称性可作图示转化，从而求得：

$$M_{\mathrm{BA}}=\frac{Pl}{2}$$

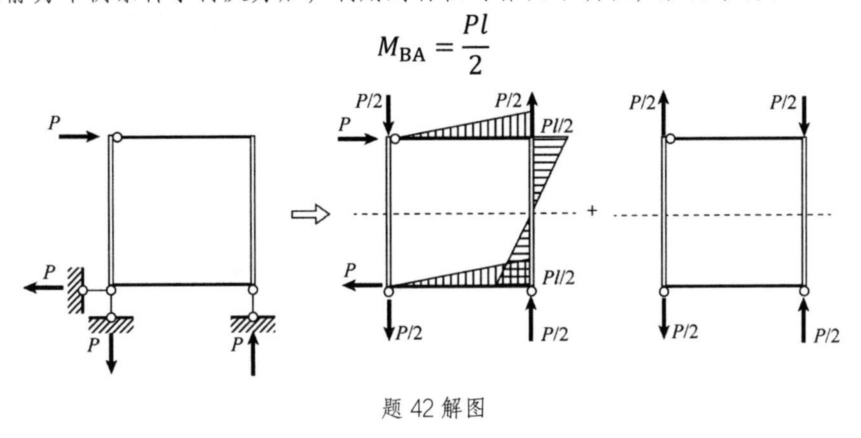

题 42 解图

答案：A

43. 解 本题为超静定结构，用位移法求解，取结点B隔离体（见解图）平衡，建立力矩平衡方程，并配合使用转角位移方程，可得

$$M_{\mathrm{BA}}+M_{\mathrm{BC}}=0$$

$$(4i\theta_{\mathrm{B}}+2i\theta)+i\theta_{\mathrm{B}}=0$$

解得 $\theta_{\mathrm{B}}=-\dfrac{2}{5}\theta$

$$M_{\mathrm{B}}=-M_{\mathrm{BA}}=M_{\mathrm{BC}}=i\theta_{\mathrm{B}}=-i\frac{2}{5}\theta=-\frac{2}{5}\frac{EI}{l}$$

题 43 解图

答案：A

44. 解 按力矩分配系数公式计算：

$$\mu_{\mathrm{AC}}=\frac{4\dfrac{EI}{5}}{4\dfrac{EI}{4}+0+4\dfrac{EI}{5}}=\frac{4}{9}$$

答案：B

45. 解 本题为一次超静定结构求位移问题。先用力法求解，选力法基本体系并建立力法基本方程（见解图 1）：

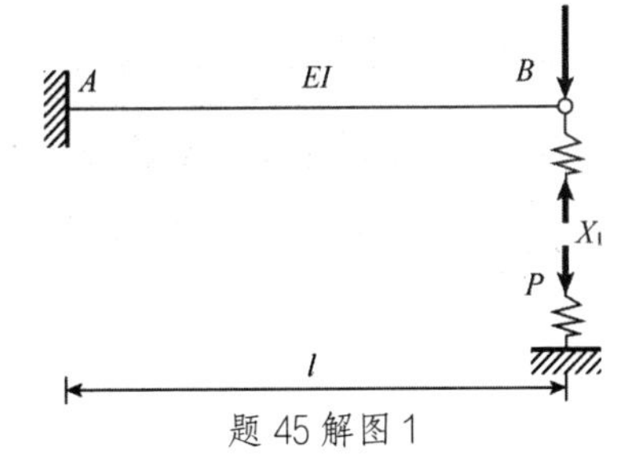

题 45 解图 1

$$\delta_{11}X_1+\varDelta_{1\mathrm{P}}=0$$

$$\left(\frac{1}{3}+\frac{1}{6}\right)\frac{l^3}{EI}X_1-\frac{Pl^3}{3EI}=0$$

解得　$X_1 = \dfrac{2}{3}P$

为求位移，再作解图 2，图乘可得B截面转角为：

$$\phi = \frac{1}{EI} \times \frac{Pl}{3} \times \frac{l}{2} \times 1 = \frac{Pl^2}{6EI}$$

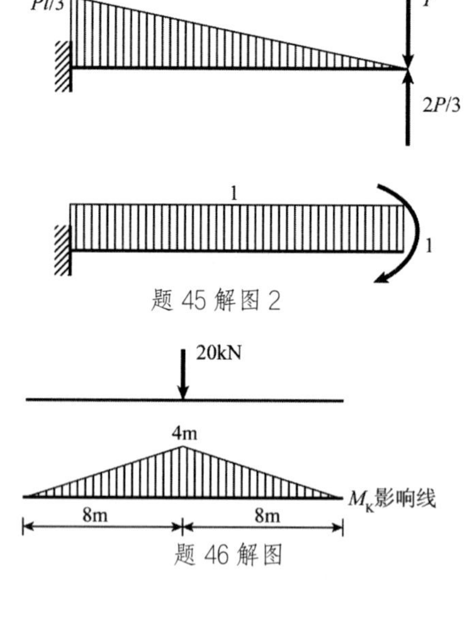

题 45 解图 2

题 46 解图

答案：B

46. 解　作影响线并布置荷载最不利位置（见解图），可得：

$$M_{\text{DKmax}} = 20\text{kN} \times 4\text{m} = 80\text{kN} \cdot \text{m}$$

答案：B

47. 解　根据题意，荷载频率与自振频率之比$\dfrac{\theta}{\omega} = 2$，代入求位移动力系数公式，可得：

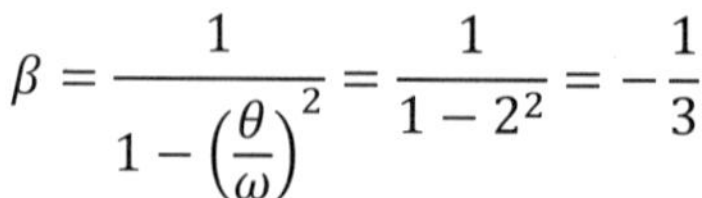

$$\beta = \frac{1}{1 - \left(\dfrac{\theta}{\omega}\right)^2} = \frac{1}{1 - 2^2} = -\frac{1}{3}$$

答案：D

48. 解　代入阻尼比公式计算：

$$\xi = \frac{1}{2\pi \times 10} \times \ln \frac{1}{0.01} = 0.07329$$

答案：C

49. 解　混凝土试件受压时，上、下表面与试验机承压板之间将产生阻止试件向外横向变形的摩阻力，像两道套箍一样将试件上、下两端套住，从而延缓裂缝的发展，提高试件的抗压强度，试件截面尺寸越小，高度越低，套箍作用越大，选项 A 正确、选项 B 错误；加载速度对材料的强度会产生影响，加载速度越快，材料的变形没有充分发展（变形小），测得的强度越高（弹性模量也相应提高），选项 C、D 正确。

答案：B

50. 解　根据《混凝土结构试验方法标准》（GB/T 50152—2012）第 5.3.4 条第 1 款，验证性试验每级荷载加载完成后的持荷时间不应少于 5～10min，且每级加载时间宜相等，选项 D 正确。

答案：D

51. 解　结构的整体变形能够概括试件受力后的全貌，任何部位的异常变形或局部破坏都能在整体变形中得到反映。对于某些结构构件，局部变形（如应变、裂缝、钢筋滑移等）也很重要，根据试验目的，也经常需要测定一些局部变形的项目。所以在确定试验的观测项目时，首先应考虑整体变形测量，其次考虑局部变形测量。

答案：C

52. 解 对于节点为铰接的屋架杆件，只需测量轴向力；对于节点为刚接或有节间荷载的屋架杆件，除轴向力外，还应考虑弯矩的影响；对于非薄壁杆件，一般可不考虑扭矩的影响。

答案：D

53. 解 非破损检测混凝土强度的方法，以硬化后混凝土的某些物理量与混凝土标准强度之间的相关性为基本依据，在不破坏结构混凝土的前提下，测量混凝土的某些物理量，如混凝土表面的回弹值、声速在混凝土内部的传播速度等，并按相关关系推出混凝土的强度作为检测结果。单一方法检测混凝土强度有一定的局限性，其影响因素也不完全相同。比如：声速主要反映的是材料的弹性性能，而回弹值则主要反映材料的表面硬度。因此，采用两种或两种以上的方法，能优缺互补，正负误差抵消，可提高测试的精度和可靠性。选项B、C、D均为采用两种方法综合评定混凝土强度，比选项A单一方法的效果好。（钻芯法属于半破损检测）

答案：A

54. 解 竖向总应力$\sigma = \gamma h_1 + \gamma_{\text{sat}} h_2 = 17 \times 1.5 + 19 \times (4.5 - 1.5) = 82.5\text{kPa}$

答案：D

55. 解 重物长期作用于饱和软黏土地基，孔隙水压力全部转换为有效应力，超静水压力为零。如将一直堆放着的重物快速移走，则在卸载过程中，由于黏性土具有一定的卸载回弹，孔隙水压力会出现减小的情况，测压管的水头有下降趋势。随着土的回弹趋于稳定，测压管水头也趋于稳定。

答案：C

56. 解 根据土体三项指标换算公式计算：

$$e = \frac{n}{1-n} = \frac{0.5229}{1-0.5229} = 1.096$$

答案：D

57. 解 因直剪试验有固结和剪切两个过程，但都不能严格控制排水条件，故只能用试验过程的快和慢来控制不排水和排水。直接剪切试验的快剪意味着两个过程都不排水，直接剪切试验的慢剪意味着两个过程都排水，而直接剪切试验的固结快剪意味着固结过程排水，剪切过程不排水。因此直接剪切试验的快剪、固结快剪和慢剪试验分别对应三轴试验的三轴压缩不固结不排水试验、固结不排水试验和固结排水试验。

答案：A

58. 解 《岩土工程勘察规范》（GB 50021—2001）（2009年版）第5.7.9条规定，每层土的试验点数不宜少于6个。

答案：D

59. 解 根据《建筑地基基础设计规范》(GB 50007—2011)第 5.2.2 条计算：

$$b \geqslant \frac{F}{f_a - \gamma_G d} = \frac{600}{260 - 20 \times 3} = 3\text{m}$$

答案：A

60. 解 由于各种原因，选项 B、C、D 桩周土均发生相对于桩向下的固结沉降，对桩产生向下的负摩阻力。而增大桩顶荷载，桩产生相对于土向下的位移，土则产生相对于桩的向上的正摩阻力。

答案：A

一级注册结构工程师执业资格考试
专业基础考试大纲

十、土木工程材料

10.1　材料科学与物质结构基础知识

材料的组成：化学组成　矿物组成及其对材料性质的影响

材料的微观结构及其对材料性质的影响：原子结构　离子键金属键　共价键和范德华力　晶体与无定形体（玻璃体）

材料的宏观结构及其对材料性质的影响

建筑材料的基本性质：密度　表观密度与堆积密度　孔隙与孔隙率

特征：亲水性与憎水性　吸水性与吸湿性　耐水性　抗渗性　抗冻性　导热性、强度与变形性能脆性与韧性

10.2　材料的性能和应用

无机胶凝材料：气硬性胶凝材料　石膏和石灰技术性质与应用

水硬性胶凝材料：水泥的组成　水化与凝结硬化机理　性能与应用

混凝土：原材料技术要求　拌和物的和易性及影响因素　强度性能与变形性能

耐久性-抗渗性、抗冻性、碱-骨料反应　混凝土外加剂与配合比设计

沥青及改性沥青：组成、性质和应用

建筑钢材：组成、组织与性能的关系　加工处理及其对钢材性能的影响　建筑钢材和种类与选用

木材：组成、性能与应用

石材和黏土：组成、性能与应用

十一、工程测量

11.1　测量基本概念

地球的形状和大小　地面点位的确定　测量工作基本概念

11.2　水准测量

水准测量原理　水准仪的构造、使用和检验校正　水准测量方法及成果整理

11.3　角度测量

经纬仪的构造、使用和检验校正　水平角观测　垂直角观测

11.4　距离测量

卷尺量距　视距测量　光电测距

11.5　测量误差基本知识

测量误差分类与特性　评定精度的标准　观测值的精度评定　误差传播定律

11.6　控制测量

平面控制网的定位与定向　导线测量　交会定点　高程控制测量

11.7　地形图测绘

地形图基本知识　地物平面图测绘　等高线地形图测绘

11.8　地形图应用

地形图应用的基本知识　建筑设计中的地形图应用　城市规划中的地形图应用

11.9　建筑工程测量

建筑工程控制测量　施工放样测量　建筑安装测量　建筑工程　变形观测

十二、职业法规

12.1　我国有关基本建设、建筑、房地产、城市规划、环保等方面的法律法规

12.2　工程设计人员的职业道德与行为准则

十三、土木工程施工与管理

13.1　土石方工程　桩基础工程

土方工程的准备与辅助工作　机械化施工　爆破工程　预制桩、灌注桩施工　地基加固处理技术

13.2　钢筋混凝土工程与预应力混凝土工程

钢筋工程　模板工程　混凝土工程　钢筋混凝土预制构件制作　混凝土冬、雨季施工　预应力混凝土施工

13.3　结构吊装工程与砌体工程

起重安装机械与液压提升工艺　单层与多层房屋结构吊装　砌体工程与砌块墙的施工

13.4　施工组织设计

施工组织设计分类　施工方案　进度计划　平面图　措施

13.5　流水施工原则

节奏专业流水　非节奏专业流水　一般的搭接施工

13.6　网络计划技术

双代号网络图　单代号网络图　网络计划优化

13.7　施工管理

现场施工管理的内容及组织形式　进度、技术、全面质量管理　竣工验收

十四、结构设计

14.1　钢筋混凝土结构

材料性能：钢筋　混凝土　黏结

基本设计原则：结构功能　极限状态及其设计表达式　可靠度

承载能力极限状态计算：受弯构件　受扭构件　受压构件　受拉构件　冲切　局压　疲劳

正常使用极限状态验算：抗裂　裂缝　挠度

预应力混凝土：轴拉构件　受弯构件

构造要求

梁板结构：塑性内力重分布　单向板肋梁楼盖　双向板肋梁楼盖　无梁楼盖

单层厂房：组成与布置　排架计算　柱　牛腿　吊车梁　屋架　基础

多层及高层房屋：结构体系及布置　框架近似计算　叠合梁　剪力墙结构　框-剪结构　框-剪结构设计要点　基础

抗震设计要点：一般规定　构造要求

14.2　钢结构

钢材性能：基本性能　影响钢材性能的因素　结构钢种类　钢材的选用

构件：轴心受力构件　受弯构件（梁）　拉弯和压弯构件的计算和构造

连接：焊缝连接　普通螺栓和高强度螺栓连接　构件间的连接

钢屋盖：组成　布置　钢屋架设计

14.3　砌体结构

材料性能：块材　砂浆　砌体

基本设计原则：设计表达式

承载力：抗压　局压

混合结构房屋设计：结构布置　静力计算　构造

房屋部件：圈梁　过梁　墙梁　挑梁

抗震设计要求：一般规定　构造要求

十五、结构力学

15.1　平面体系的几何组成

名词定义　几何不变体系的组成规律及其应用

15.2　静定结构受力分析与特性

静定结构受力分析方法　反力、内力的计算与内力图的绘制　静定结构特性及其应用

15.3　静定结构的位移

广义力与广义位移　虚功原理　单位荷载法　荷载下静定结构的位移计算　图乘法　支座位移和温度变化引起的位移　互等定理及其应用

15.4　超静定结构受力分析及特性

超静定次数　力法基本体系　力法方程及其意义　等截面直杆刚度方程　位移法基本未知量　基本体系　基本方程及其意义　等截面直杆的转动刚度　力矩分配系数与传递系数　单结点的力矩分配　对称性利用　半结构法　超静定结构位移超静定结构特性

15.5　影响线及应用

影响线概念　简支梁、静定多跨梁、静定桁架反力及内力影响线　连续梁影响线形状　影响线应用　最不利荷载位置　内力包络图概念

15.6　结构动力特性与动力反应

单自由度体系周期、频率、简谐荷载与突加荷载作用下简单结构的动力系数、振幅与最大动内力　阻尼对振动的影响　多自由度体系自振频率与主振型　主振型正交性

十六、结构试验

16.1　结构试验的试件设计、荷载设计、观测设计、材料的力学性能与试验的关系

16.2　结构试验的加载设备和量测仪器

16.3　结构静力（单调）加载试验

16.4　结构低周反复加载试验（伪静力试验）

16.5　结构动力试验

结构动力特性量测方法、结构动力响应量测方法

16.6　模型试验

模型试验的相似原理　模型设计与模型材料

16.7　结构试验的非破损检测技术

十七、土力学与地基基础

17.1　土的物理性质及工程分类

土的生成和组成　土的物理性质　土的工程分类

17.2　土中应力

自重应力　附加应力

17.3　地基变形

土的压缩性　基础沉降　地基变形与时间关系

17.4　土的抗剪强度

抗剪强度的测定方法　土的抗剪强度理论

17.5　土压力、地基承载力和边坡稳定

土压力计算　挡土墙设计　地基承载力理论　边坡稳定

17.6　地基勘察

工程地质勘察方法　勘察报告分析与应用

17.7　浅基础

浅基础类型　地基承载力设计值　浅基础设计　减少不均匀沉降损害的措施　地基、基础与上部结构共同工作概念

17.8　深基础

深基础类型　桩与桩基础的分类　单桩承载力　群桩承载力　桩基础设计

17.9　地基处理

地基处理方法　地基处理原则　地基处理方法选择

附录二

一级注册结构工程师执业资格考试
专业基础试题配置说明

土木工程材料	7 题
工程测量	5 题
职业法规	4 题
土木工程施工与管理	5 题
结构设计	12 题
结构力学	15 题
结构试验	5 题
土力学与地基基础	7 题

注：试卷题目数量合计 60 题，每题 2 分，满分为 120 分。考试时间为 4 小时。

上、下午总计 180 题，满分为 240 分。考试时间为 8 小时。